计算机科学与技术专业核心教材体系建设——建议使用时间

课程系列	基础系列	电类系列	程序系列	系统系列	应用系列	选修系列
四年级下						
四年级上			软件工程综合实践	计算机体系结构	计算机图形学	机器学习 物联网导论 大数据分析技术 数字图像技术
三年级下			软件工程 编译原理		人工智能导论 数据库原理与技术 嵌入式系统	
三年级上			算法设计与分析	计算机网络		
二年级下			数据结构	计算机系统综合实践		
二年级上	离散数学(下)	数字逻辑设计 数字逻辑设计实验	面向对象程序设计 程序设计实践	操作系统		
一年级下	离散数学(上) 信息安全导论	电子技术基础	计算机程序设计	计算机原理		
一年级上	大学计算机基础					

面向新工科专业建设计算机系列教材

编译原理与技术

微课版

郑艳伟　于东晓　周劲　编著

清华大学出版社
北京

内 容 简 介

本书聚焦编译器设计的难点、痛点，在第 1 章概述编译器的基本构成，并从编译角度介绍高级程序设计语言、目标语言和中间语言；第 2 章介绍文法的相关概念，以及如何进行程序语言设计的问题；第 3～9 章介绍编译器各组成部分的原理和设计，包括词法分析器、语法分析器、中间代码生成器、中间代码优化器、目标代码生成器，以及符号表管理和运行时存储空间组织。

本书可以作为高等学校计算机专业本科生的教材，也可供从事计算机应用的工程技术人员或其他自学者学习参考。本书力求使学生仅掌握一门高级语言，即可开发出一个完整可用的编译器，从根本上解决国外技术依赖问题。

版权所有，侵权必究。举报：010-62782989，beiqinquan@tup.tsinghua.edu.cn。

图书在版编目(CIP)数据

编译原理与技术：微课版 / 郑艳伟，于东晓，周劲编著. -- 北京：清华大学出版社，2025.5.
(面向新工科专业建设计算机系列教材). -- ISBN 978-7-302-68787-0

Ⅰ. TP314

中国国家版本馆 CIP 数据核字第 2025M3J693 号

策划编辑： 白立军
责任编辑： 杨 帆 常建丽
封面设计： 刘 键
责任校对： 刘惠林
责任印制： 刘海龙

出版发行： 清华大学出版社
网 址：https://www.tup.com.cn, https://www.wqxuetang.com
地 址：北京清华大学学研大厦 A 座 邮 编：100084
社 总 机：010-83470000 邮 购：010-62786544
投稿与读者服务：010-62776969，c-service@tup.tsinghua.edu.cn
质量反馈：010-62772015，zhiliang@tup.tsinghua.edu.cn
课件下载：https://www.tup.com.cn,010-83470236

印 装 者： 三河市龙大印装有限公司
经 销： 全国新华书店
开 本： 185mm×260mm 印 张：36.5 插 页：1 字 数：894 千字
版 次： 2025 年 5 月第 1 版 印 次：2025 年 5 月第 1 次印刷
定 价： 98.00 元

产品编号：101028-01

出版说明

一、系列教材背景

人类已经进入智能时代，云计算、大数据、物联网、人工智能、机器人、量子计算等是这个时代最重要的技术热点。为了适应和满足时代发展对人才培养的需要，2017年2月以来，教育部积极推进新工科建设，先后形成了“复旦共识”、“天大行动”和“北京指南”，并发布了《教育部高等教育司关于开展新工科研究与实践的通知》《教育部办公厅关于推荐新工科研究与实践项目的通知》，全力探索形成领跑全球工程教育的中国模式、中国经验，助力高等教育强国建设。新工科有两个内涵：一是新的工科专业；二是传统工科专业的新需求。新工科建设将促进一批新专业的发展，这批新专业有的是依托现有计算机类专业派生、扩展而成的，有的是多个专业有机整合而成的。由计算机类专业派生、扩展形成的新工科专业有计算机科学与技术、软件工程、网络工程、物联网工程、信息管理与信息系统、数据科学与大数据技术等。由计算机类学科交叉融合形成的新工科专业有网络空间安全、人工智能、机器人工程、数字媒体技术、智能科学与技术等。

在新工科建设的“九个一批”中，明确提出“建设一批体现产业和技术最新发展的新课程”“建设一批产业急需的新兴工科专业”。新课程和新专业的持续建设，都需要以适应新工科教育的教材作为支撑。由于各个专业之间的课程相互交叉，但是又不能相互包含，所以在选题方向上，既考虑由计算机类专业派生、扩展形成的新工科专业的选题，又考虑由计算机类专业交叉融合形成的新工科专业的选题，特别是网络空间安全专业、智能科学与技术专业的选题。基于此，清华大学出版社计划出版“面向新工科专业建设计算机系列教材”。

二、教材定位

教材使用对象为“211工程”高校或同等水平及以上高校计算机类专业及相关专业学生。

三、教材编写原则

（1）借鉴 *Computer Science Curricula* 2013（以下简称CS2013）。CS2013的核心知识领域包括算法与复杂度、体系结构与组织、计算科学、离散结构、图形学与可视化、人机交互、信息保障与安全、信息管理、智能系统、网络与通信、操作系统、基于平台的开发、并行与分布式计算、程序设计语言、软件开发基础、软件工程、系统基础、社会问题与专业实践等内容。

（2）处理好理论与技能培养的关系，注重理论与实践相结合，加强对学生思维方式的训练和计算思维的培养。计算机专业学生能力的培养特别强调理论学习、计算思维培养和实践训练。本系列教材以“重视理论，加强计算思维培养，突出案例和实践应用”为主要目标。

（3）为便于教学，在纸质教材的基础上，融合多种形式的教学辅助材料。每本教材可以有主教材、教师用书、习题解答、实验指导等。特别是在数字资源建设方面，可以结合当前出版融合的趋势，做好立体化教材建设，可考虑加上微课、微视频、二维码、MOOC等扩展资源。

四、教材特点

1. 满足新工科专业建设的需要

系列教材涵盖计算机科学与技术、软件工程、物联网工程、数据科学与大数据技术、网络空间安全、人工智能等专业的课程。

2. 案例体现传统工科专业的新需求

编写时，以案例驱动，任务引导，特别是有一些新应用场景的案例。

3. 循序渐进，内容全面

讲解基础知识和实用案例时，由简单到复杂，循序渐进，系统讲解。

4. 资源丰富，立体化建设

除了教学课件外，还可以提供教学大纲、教学计划、微视频等扩展资源，以方便教学。

五、优先出版

1. 精品课程配套教材

主要包括国家级或省级的精品课程和精品资源共享课程的配套教材。

2. 传统优秀改版教材

对于已经出版、得到市场认可的优秀教材，由于新技术的发展，计划给图书配上新的教学形式、教学资源的改版教材。

3. 前沿技术与热点教材

反映计算机前沿和当前热点的相关教材，例如云计算、大数据、人工智能、物联网、网络空间安全等方面的教材。

六、联系方式

联系人：白立军

联系电话：010-83470179

联系和投稿邮箱：bailj@tup.tsinghua.edu.cn

面向新工科专业建设计算机系列教材编委会

2019年6月

面向新工科专业建设计算机系列教材编委会

主　任：

张尧学　清华大学计算机科学与技术系教授　中国工程院院士/教育部高等学校软件工程专业教学指导委员会主任委员

副主任：

姓名	单位	职务
陈　刚	浙江大学	副校长/教授
卢先和	清华大学出版社	总编辑/编审

委　员：

姓名	单位	职务
毕　胜	大连海事大学信息科学技术学院	院长/教授
蔡伯根	北京交通大学计算机与信息技术学院	院长/教授
陈　兵	南京航空航天大学计算机科学与技术学院	院长/教授
成秀珍	山东大学计算机科学与技术学院	院长/教授
丁志军	同济大学计算机科学与技术系	系主任/教授
董军宇	中国海洋大学信息科学与工程学部	部长/教授
冯　丹	华中科技大学计算机学院	副校长/教授
冯立功	战略支援部队信息工程大学网络空间安全学院	院长/教授
高　英	华南理工大学计算机科学与工程学院	副院长/教授
桂小林	西安交通大学计算机科学与技术学院	教授
郭卫斌	华东理工大学信息科学与工程学院	副院长/教授
郭文忠	福州大学	副校长/教授
郭毅可	香港科技大学	副校长/教授
过敏意	上海交通大学计算机科学与工程系	教授
胡瑞敏	西安电子科技大学网络与信息安全学院	院长/教授
黄河燕	北京理工大学计算机学院	院长/教授
雷蕴奇	厦门大学计算机科学系	教授
李凡长	苏州大学计算机科学与技术学院	院长/教授
李克秋	天津大学计算机科学与技术学院	院长/教授
李肯立	湖南大学	副校长/教授
李向阳	中国科学技术大学计算机科学与技术学院	执行院长/教授
梁荣华	浙江工业大学计算机科学与技术学院	执行院长/教授
刘延飞	火箭军工程大学基础部	副主任/教授
陆建峰	南京理工大学计算机科学与工程学院	副院长/教授
罗军舟	东南大学计算机科学与工程学院	教授
吕建成	四川大学计算机学院(软件学院)	院长/教授
吕卫锋	北京航空航天大学	副校长/教授
马志新	兰州大学信息科学与工程学院	副院长/教授

毛晓光 国防科技大学计算机学院 副院长/教授
明 仲 深圳大学计算机与软件学院 院长/教授
彭进业 西北大学信息科学与技术学院 院长/教授
钱德沛 北京航空航天大学计算机学院 中国科学院院士/教授
申恒涛 电子科技大学计算机科学与工程学院 院长/教授
苏 森 北京邮电大学 副校长/教授
汪 萌 合肥工业大学 副校长/教授
王长波 华东师范大学计算机科学与软件工程学院 常务副院长/教授
王劲松 天津理工大学计算机科学与工程学院 院长/教授
王良民 东南大学网络空间安全学院 教授
王 泉 西安电子科技大学 副校长/教授
王晓阳 复旦大学计算机科学技术学院 教授
王 义 东北大学计算机科学与工程学院 教授
魏晓辉 吉林大学计算机科学与技术学院 教授
文继荣 中国人民大学信息学院 院长/教授
翁 健 暨南大学 副校长/教授
吴 迪 中山大学计算机学院 副院长/教授
吴 卿 杭州电子科技大学 教授
武永卫 清华大学计算机科学与技术系 副主任/教授
肖国强 西南大学计算机与信息科学学院 院长/教授
熊盛武 武汉理工大学计算机科学与技术学院 院长/教授
徐 伟 陆军工程大学指挥控制工程学院 院长/副教授
杨 鉴 云南大学信息学院 教授
杨 燕 西南交通大学信息科学与技术学院 副院长/教授
杨 震 北京工业大学信息学部 副主任/教授
姚 力 北京师范大学人工智能学院 执行院长/教授
叶保留 河海大学计算机与信息学院 院长/教授
印桂生 哈尔滨工程大学计算机科学与技术学院 院长/教授
袁晓洁 南开大学计算机学院 院长/教授
张春元 国防科技大学计算机学院 教授
张 强 大连理工大学计算机科学与技术学院 院长/教授
张清华 重庆邮电大学 副校长/教授
张艳宁 西北工业大学 副校长/教授
赵建平 长春理工大学计算机科学技术学院 院长/教授
郑新奇 中国地质大学(北京)信息工程学院 院长/教授
仲 红 安徽大学计算机科学与技术学院 院长/教授
周 勇 中国矿业大学计算机科学与技术学院 院长/教授
周志华 南京大学 副校长/教授
邹北骥 中南大学计算机学院 教授

秘书长：

白立军 清华大学出版社 副编审

FOREWORD

前言

编译器是将一种高级语言翻译成可以直接在机器上运行的低级语言的程序，是芯片和操作系统生态中必不可少的基础软件之一。一个操作系统，需要有可运行的编译器，程序员才能在上面开发各种应用软件，才能构建起应用生态。

编译原理与技术是讨论编译器设计与实现的课程，是一门理论性和实践性都很强的学科，一直以来是计算机相关专业最难掌握的课程之一。编译器前端的主要难点在于使用的形式语言与自动机相关理论，特别是有限自动机与下推自动机的理论及其应用；从中间代码生成到编译器后端的主要难点在于，它不是直接编码实现数据和硬件的操控，而是要编写程序生成代码，用生成的代码操控数据和硬件，从而实现程序编写者的意图。

本书面向计算机专业学生和编译器开发者，从底层阐述编译器的基本原理。在高级语言层面，引入目前流行的大部分语言特性，覆盖多种语言不同语句的编译方法。在目标语言方面，以x86为主，兼顾各种基于RISC指令集的架构，使编译的目标程序可以在真实机器上运行。在内容讲述方面，不仅介绍原理，更注重可转换为代码的算法设计，使本书内容具有可实现性。

使用本书

本书从底层阐述编译器的基本原理，并且设计可转换为代码的算法，使本书内容具有可实现性。高级语言层面，引入目前流行的大部分语言特性，覆盖多种语言不同语句的翻译模式，如除常用的if和while语句外，还包括C和MATLAB的for语句、switch语句、过程调用和返回、三元运算符、关系运算符结合等。目标语言方面，以采用CISC指令集的x86架构为主，兼顾RISC指令集的其他架构，使编译的目标程序可以在真实机器上运行。代码优化方面，对拓扑图构建和数据流分析进行了详细展开，设计了切实可行的全局优化和循环优化算法。目标代码生成方面，除简单代码生成器外，也引入了完整的图着色和线性扫描寄存器分配算法。

本书的教学参考学时数为64学时。编译过程的每个环节，本书都可能会有2~3个相互独立的实现方法，通过选择性讲授部分内容，可以在48学时内实现一个完整的编译器设计的介绍。下面是各章的概要介绍。

- 第1章给出编译器的基本概念、编译器组成的相关介绍；编译器涉及的语言，包括高级程序设计语言、目标语言和中间语言，以及本书使用的一些数学基础。
- 第2章介绍文法和语言的基本概念、使用文法设计高级程序语言的基本方法，以及一些文法等价变换方法。

- 第3章讨论词法分析，主要涉及有限自动机、正规文法这些工具的相关理论和应用，以及它们之间的相互转换。
- 第4章讨论语法分析，包括自顶向下的LL(1)分析法，以及自下而上的算符优先分析法、LR分析法。特别地，LL(1)和LR分析法都涉及了二义文法的处理。
- 第5章介绍符号表管理，梳理了符号表应当记录的内容。
- 第6章介绍运行时存储空间组织，包括目标代码运行时的活动、过程调用规范、运行时库的构建和调用、堆式存储分配的管理等。
- 第7章为语法分析配备各种动作，从而生成中间代码。
- 第8章讨论中间代码优化，涉及程序拓扑结构的识别、局部优化技术、数据流分析技术、全局优化和循环优化技术。
- 第9章讨论目标代码生成。简单代码生成器中涉及了所有形式的中间代码的翻译、基于语句重排的目标代码优化、面向循环的固定寄存器分配等内容。全局目标代码生成器则着重介绍图着色寄存器分配和线性扫描寄存器分配。最后讨论了窥孔优化。

一个48学时甚至更少学时数的可行方案是：第1章目标代码部分只介绍整型运算指令；第2章只介绍文法、语言、语法树和二义文法的概念；第3章介绍从正规式转换到NFA，然后确定为DFA，以及DFA化简的内容；第4章讨论LL(1)和LR分析法，甚至LL(1)分析法也可以不讲；第5章只介绍符号表内容的部分；第6章介绍栈帧结构、过程调用规范；第7章可以选择性地介绍一些代表性语句的翻译；第8章可以只介绍流图构建和DAG优化部分，如果允许，可以介绍数据流分析；第9章介绍简单代码生成器。

先修课

编译器的特点决定了学习它所需要的知识相当驳杂。学习本书的读者，应当拥有计算机专业的一些综合知识，至少应当掌握两门程序设计语言，并掌握数据结构中线性表、栈、队的相关知识。另外还需要一些其他课程的知识，如汇编程序设计、离散数学、计算机组成原理、操作系统、数据结构的树和图等，相关内容会在使用前进行回顾性介绍。

致谢

本书稿撰写历时1年8个月零1天，在这里，要感谢家人的支持。甚至家人可能比我更想看到本书成稿。每当遇到困难，思及此，就能平静下来，切入技术部分的思考，督促我完成了这项耗时且持久的工作。

另外，特别感谢我的学生们，同学们在科研方面的主动性使我可以有精力撰写本书。从我的第一个学生起，把事情做好，而不是完成工作交差，就刻入每位学生的基因中。新同学到来，学长学姐们会主动分享自己整理的学习资料，同学们看到好文章会主动做报告分享；遇到问题，同学们会主动解决；如此种种，为我节省了相当多的时间。

在编写本书过程中，我找到了一个称为ElegantBook的LaTeX开源模板，为本书的排版节省了大量时间和精力，感谢Ethan Deng等作者。

郑艳伟

2025年1月23日

CONTENTS

目录

第1章

编译器概述

本章主要介绍编译器的基本概念，并说明高级程序设计语言、机器语言和中间语言的基本结构，然后给出编译器的组成，最后介绍本书所用的一些数学基础。

1.1 编译器的基本概念

1.1.1 语言的分类

编译原理的研究对象是形式语言，而不是自然语言。

- **形式语言**（Formal Language），是用精确的数学或机器可处理的公式定义的语言。
- **自然语言**（Natural Language），就是人类讲的语言，如汉语、英语、法语、德语等。

自然语言不是人为设计出来的，而是自然进化的。虽然也有人试图强加一些规则到自然语言中，但大部分语法的形成是被公众认可的、约定俗成的。人们使用自然语言时，偶尔使用错误的语法并不会引起很大的歧义。自然语言是随着时代发展的，比如目前互联网上经常出现一些特定的说法，之后被很多人引用，成为日常用语的一部分。

形式语言则是为了特定应用而人为设计的语言，具有严格的语法（Syntax）规则。使用这种语言时，要求严格按照语法行事，出现任何一点错误都是不可接受的。编译原理的研究对象主要是程序设计语言，它是形式语言的一种，是专门为计算机编程设计的语言。形式语言一旦给出定义，就是固定不变的，人们必须在语法定义的约定下使用这种语言。只有改变定义，形式语言才有可能变化。

形式语言和自然语言最初采用相同的研究方法，但后来逐渐发展成为完全不同的学术分支。形式语言的研究工具主要是自动机理论，主要是有限自动机和下推自动机。自动机理论的核心是人工构造语法和语义规则，由计算机按该规则行事，识别或生成语言。自然语言目前的主要研究工具是统计学和神经网络，其理念是让计算机从大量数据中自学语言的相关知识。虽然形式语言和自然语言在某些局部领域可能相互借鉴，但整体来说是完全不同的发展方向。

本书有时会使用自然语言的例子，但这些例子只是为了直观地表示某些概念。本书所有的研究对象和方法，都是面向形式语言的。

1.1.2 程序设计语言分类

按与机器硬件的紧密程度划分，程序设计语言分为四类。

- **机器语言**，是机器能直接识别的程序语言或指令代码。
- **汇编语言**，将计算机指令用易于记忆的符号（称为助记符）表示。
- **高级语言**，由表达各种不同意义的“关键词”和“表达式”，按一定的语义规则组成的程序。
- **中间语言**，介于高级语言和机器语言，既与硬件无关从而便于高级语言转换，又容易转换为机器语言或汇编语言。

机器语言是计算机能直接识别的语言。计算机能执行的程序，必须由这种语言实现。如Windows系统下的可执行文件格式PE（Portable Executable）[1-2]，以及Linux下的可执行文件格式ELF（Executable and Linking Format）[3]，其代码区记录的都是机器语言指令。目前的机器指令体系主要包括复杂指令集（Complex Instruction Set Computing，CISC）、精简指令集（Reduced Instruction Set Computing，RISC）和显性并行指令计算（Explicitly Parallel Instruction Computing，EPIC），本书只关注前两者。

汇编语言只是在机器语言基础上，改用容易记忆的英文单词代替机器语言的二进制指令，这些英文单词称为助记符。汇编语言与机器语言代码有一一对应的关系，两者合称**低级语言**。

低级语言面向机器，人类直接编写这类程序比较困难。高级语言则正好相反，它向程序员隐藏了机器细节，提供人类容易理解的数据结构、数据操作语句和控制结构，使得人类更容易编写、阅读和维护代码。同时，高级语言程序不能直接在计算机上执行。本书介绍的编译器，其任务就是将高级语言程序转换为等价的、可以在机器上直接执行的低级语言程序。

虽然低级语言编程比较困难，但是程序员既可以编写高级语言程序，也可以编写低级语言程序。但对中间语言代码来说，一般不是由程序员编写的，其设计的初衷是作为高级语言向低级语言转换的一个桥梁，以方便和简化编译器的设计。但目前也发展出一种在虚拟机上运行的中间语言，如在Java虚拟机（Java Virtual Machine，JVM）上运行的ByteCode，Microsoft的MSIL（Microsoft Intermediate Language），以及Python语言的.pyc ByteCode。其作用类似汇编语言，但结构要比汇编语言高级得多，需要虚拟机二次编译或者解释才能执行。

1.1.3 编译程序

人类容易编写高级语言程序，但高级语言程序不能直接在计算机上执行。高级语言程序需要转换为机器语言，才能被机器执行。

- **翻译程序**，是这样一个程序，它能把一种语言程序（称为**源语言程序**），等价地转换为另一种语言程序（称为**目标语言程序**）。
- **编译程序**，是源语言为高级语言，目标语言为低级语言的翻译程序，又称为编译器（Compiler）。编译器是本书的主要研究对象。
- **解释程序**，以源语言程序作为输入，但不产生目标程序，而是边翻译边执行源程序本身，又称为解释器（Interpreter）。

- **汇编程序**，是将汇编语言翻译为机器语言的程序，又称为汇编器（Assembler）。

本课程研究编译程序，其输入为高级语言程序，输出为汇编语言程序或机器语言程序。这样就需要考虑3个程序：源（Source）程序、目标（Target）程序，以及编译器的实现（Implement）程序。用T形图表示这种关系，如图1.1所示，该图形表示使用I语言实现了一个编译器，它可以将S语言的程序编译为T语言。

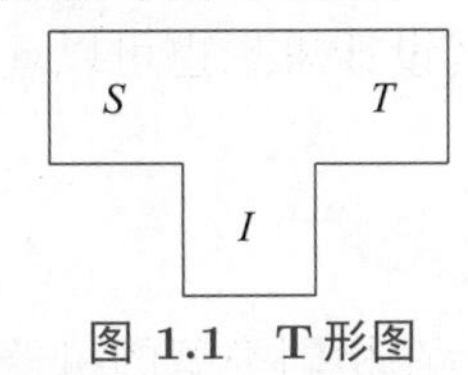

图 1.1 T形图

解释程序与编译程序的区别是不产生目标程序。编译程序的相关理论和方法同样适用于解释程序，本书不对解释程序做专门的说明。汇编程序的源语言指令和目标语言指令一一对应，虽然有些伪指令也需要翻译，但总体来说非常简单，本书也不做专门说明。

1.1.4 编译原理与技术的特点

编译原理与技术研究将高级程序设计语言转换为可执行代码的原理和实现技术，是理论性和实践性都很强的学科，是计算机专业最难掌握的科目之一。

第一，编译原理使用数学工具研究语言问题，是一门对数学基础要求比较高的课程。编译原理使用的数学工具，主要包括形式语言与自动机理论[4]。其中，自动机的概念在1936年由图灵（A. M. Turing）首次提出[5]，形式语言是1956年由乔姆斯基（Noam Chomsky）给出的一种文法的数学模型[6]。这些内容本身是离散数学和可计算问题中比较难的内容，数学与语言的结合也使这个问题变得更加困难。

第二，编译原理与技术是一门算法密集型课程。即使构造一个基本的编译器，大概也需要上百个算法。这些算法有的很简单，也有些颇为复杂，需要一些数学和计算机理论的支撑。

第三，与操作系统[7]一样，编译器是连接硬件与软件的桥梁。开发一个编译器，需要了解高级语言的特性，才能设计算法将其转换为目标语言。同时，也需要了解硬件的原理，以便访问内存等硬件资源。编译器不仅管理位于内层的硬件资源，而且管理和协调外层各种软件资源，是连接硬件与软件的桥梁。

第四，不同于操作系统，编译器使用生成的代码操作硬件资源，这是编译原理与其他课程的一个显著不同点。编写操作系统程序时，虽然需要了解软件和硬件，但这些程序都是我们自己编写的，各种代码和数据结构都在我们控制之下，只设计合适的算法即可。但是对编译器来说，需要根据程序员编写的高级语言程序的意图，生成代码去控制硬件资源。也就是说，除了需要设计操作硬件的算法，还需要设计一个算法去实现这个操作硬件的算法，这为编译器的实现增加了难度。

特别是对于第四点，需要区分两个程序运行时刻：

- **运行时**（Run-Time），特指生成的目标程序的运行时刻。
- **编译时**（Compile-Time），指编译器的运行时刻，也就是将高级语言翻译成目标语言的时刻。

编译时的代码和数据结构，都是编译器实现者直接编程操纵的，可以方便地进行控制。

运行时的代码和数据结构，是编译器生成的，特别是对运行时数据的操纵，一般需要编译器生成相应的代码进行控制，而不是由程序员直接编写代码控制。

深刻理解以上四点，可以在学习本课程时更有针对性。编译原理与技术是一门非常具有挑战性的课程，同时学习本课程也会获得很高的成就感。本书会介绍很多设计精妙的算法，我们尽量层层展开地介绍算法如此设计的原因，使读者理解这些算法设计的初衷。这些算法除了可用于编译器实现外，其设计思想也可以迁移到其他算法的设计，为算法设计思维的培养提供有益的借鉴。

1.1.5 编译程序的生成

程序员编写的程序，一般编译后在相同类型的机器上执行。这里的相同类型，指操作系统（如果有）、机器指令等都相同。或者简单来说，在一台机器上能运行的程序，如果直接复制到另一台机器上也能运行，就说这两台机器类型相同。如果有不同类型的两类机器，用 A 机器、B 机器等描述，不同字母表示不同类型的机器。

但有时程序员在 A 机器上编写的程序，需要在 B 机器上运行。比如研制了一种新类型的机器，为其开发程序，包括开发其上运行的编译器。或者在目标机器上编程不方便，需要在另一种机器上编程，在此机器上运行，最常见的例子是在计算机上编写程序，程序编译后在移动设备上运行。因此，研究编译器，需要区分如下两种机器：

- **宿主机**，指运行编译程序的机器。
- **目标机**，指运行编译程序所生成的目标程序的机器。

下面介绍编译器生成的几个典型场景。

1. 设计新语言

假设现在已经有语言 L_1 的编译器，是用 A 机器代码实现的，且可以生成 A 机器的代码。现在要开发一个新的语言 L_2，要求也用 A 机器代码实现，且可以生成 A 机器代码。其构造过程如图1.2所示，图中T形图中间带括号的数字序号表示构造步骤。对各步骤解释如下。

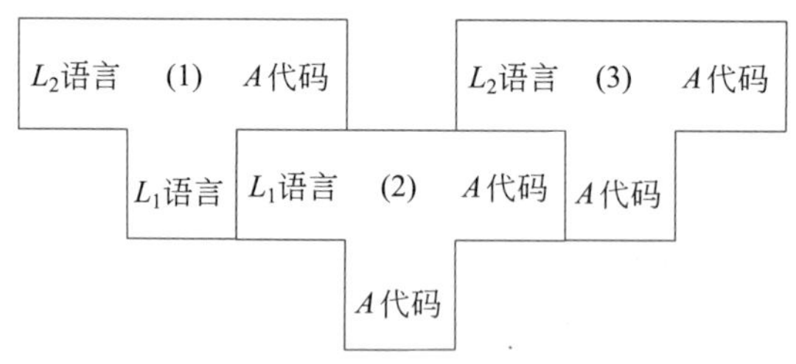

图 1.2　生成新语言的编译器

(1) 使用 L_1 语言编写编译器，使新开发的该编译器可以将 L_2 语言编译为 A 代码。

(2) 使用 A 代码实现的将 L_1 编译为 A 代码的编译器，对新编写的编译器代码进行编译。

(3) 编译后得到 A 代码实现的、将 L_2 语言编译为 A 代码的编译器。

2. 移植到新机器

目前已有 A 机器代码实现的、将 L 语言编译为 A 机器代码的编译器。现在开发了新机器 B，要将 L 语言编译器移植到 B 机器上，具体过程如图1.3所示，步骤如下。

(1) 使用 L 语言编写编译器，使新开发的该编译器可以将 L 语言编译为 B 代码。

(2) 使用 A 代码实现的将 L 语言编译为 A 代码的编译器，对新编写的编译器代码进行编译。

(3) 编译后得到A代码实现的、将L语言编译为B代码的编译器。此时该编译器只能在A机器上运行，还不能在B机器上运行。

(4) 复制使用L语言实现的、将L语言编译为B代码的编译器代码，使用A代码实现的、将L语言编译为B代码的编译器再次编译该代码。

(5) 编译后得到B代码实现的、将L语言编译为B代码的编译器，将该编译器复制到B机器即可运行。

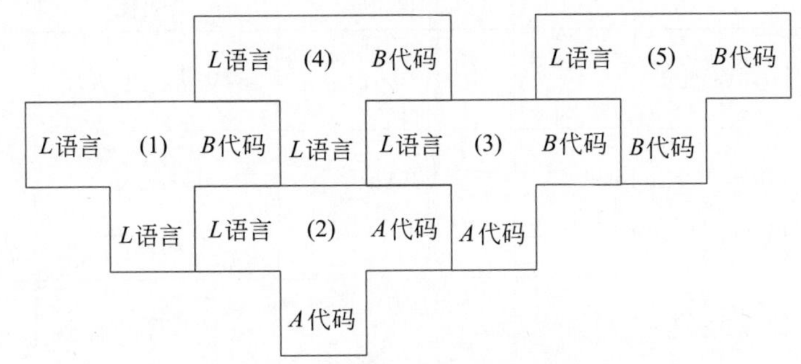

图 1.3 将现有语言移植到新机器

3. 自编译生成编译器

C语言编译器，是用C编译器自身构建的，称为自编译过程，具体如下。

(1) 先对语言的核心部分构造一个很小的编译程序，这部分可以用汇编语言等实现。

(2) 再以这个小的编译程序为工具，构造一个能编译更多语言成分的、较大的编译程序。

(3) 如此扩展，最后形成所期望的整个编译程序。

1.1.6 本书定位

本书参考的编译原理教材，按出版年份排序如表1.1所示。

表 1.1 国内外编译原理教材

年份	教材名称	作者/单位	出版社	特点
1995	*A Retargetable C Compiler : Design and Implementation*[8]	Christopher W. Fraser/ASU	Pearson Education	可变目标ANSIC编译器lcc的设计和实现
1996	*Compiler Construction*[9]	Niklaus Wirth/ETH	Addison-Wesley	递归下降实现Oberon-0编译器
1997	*Advanced Compiler Design and Implementation*[10]	Steven Muchnick/Sun	Morgan Kaufmann	“鲸书”，以代码描述算法，细节丰富
2000	程序设计语言编译原理[11]	陈火旺/国防科技大学	国防工业出版社	系统地介绍原理和实现
2002	编译原理[12]	韩太鲁/中国石油大学	中国石油大学出版社	简洁但全面

续表

年份	教材名称	作者/单位	出版社	特点
2004	*Modern Compiler Implementation in C*[13]	Andrew W. Appel/PU	Cambridge University	“虎书”，介绍现代编译器的结构、算法和实现
2005	编译原理[14]	蒋立源/西北工业大学	西北工业大学出版社	理论阐述清晰
2005	编译原理[15]	张素琴/清华大学	清华大学出版社	多源语言多目标语言
2007	Compilers: Principles, Techniques, & Tools[16]	V. Aho Alfred/CC	Pearson Education	“龙书”，系统阐述编译程序的各阶段
2009	编译原理实验教程[17]	张昱/中国科学技术大学	高等教育出版社	实验支持库
2011	*Engineering a Compiler*[18]	Keith D. Cooper /Rice	Morgan Kaufmann	实用且与时俱进
2012	*Modern Compiler Design*[19]	Dick Grune/VU	Springer	分通用和高级编译技术
2014	编译原理[20]	陈意云/中国科学技术大学	高等教育出版社	理论基础严密
2015	程序设计语言与编译——语言的设计和实现[21]	王晓斌/电子科技大学	电子工业出版社	包含程序语言设计
2016	自制编译器[22]	青木峰郎/无	人民邮电出版社	实践性强，内容浅显
2016	编译技术[23]	张莉/北京航空航天大学	高等教育出版社	分理论和实践两阶段
2019	编译原理及实践教程[24]	黄贤英/重庆理工大学	清华大学出版社	理论与实现技术结合

现在已经有很多构造编译程序的工具，如自动生成词法分析器的LEX（Lexical Analyzer Generator）、自动生成语法分析器的YACC（Yet Another Compiler Compiler）[16,25]等。开源项目LLVM（Low Level Virtual Machine）[26]则提供了一套中间代码和编译基础设施，并围绕这些设施提供了一套全新的编译策略，一些编译器的设计可以基于此开源框架进行。目前还有一些采用机器学习进行编译器自调优的学术研究[27]，主要应用在选择最佳优化和阶段排序这两个主要问题上。

为了使读者对编译器的底层原理有透彻的了解，本书避免使用已有的自动化工具，而是定位于从零徒手构建编译器，以及构造编译器所需的自动化工具。本书的起点是已有一套高级程序设计语言，如C、C++、C#、Java、Python等，其余工作都手工完成，包括① 构造所需工具；② 构造从源程序转换到目标代码的编译器。

1.2 高级程序设计语言

本节主要介绍高级语言（High-Level Programming Language）共有的一些技术特性。

1.2.1 高级语言分类

从语言范型角度看，现在的语言大致可分为命令式和声明式两大类。

1. 命令式语言

命令式语言又翻译为强制式语言（Imperative Language）、过程式语言等，其特点是每一步都是一个语句，由一系列语句组成程序。

(1) 面向过程语言。

面向过程语言（Procedure-Oriented Language）以过程作为基本单元，每个过程由一系列语句组成，以指明解决问题的步骤。此类语言的语法格式如代码1.1所示，要求程序员告诉计算机每一步如何执行，最终组成一个完整的程序。面向过程的语言包含顺序结构、分支结构、循环结构3种基本结构，代表语言如C[28-29]、Pascal[30]、FORTRAN[31]等。面向过程的语言一般还支持无条件转移结构（goto语句），它会导致面条式代码（Spaghetti Code），不建议使用。

代码 1.1 面向过程的语言

```
1    语句1;
2    语句2;
3    ……
4    语句n;
```

代码1.2为C语言实现的阶乘计算，此类语言需要指定每一步的计算步骤。

代码 1.2 C语言实现的阶乘计算

```
1    int factorial(int n) {
2      int f = 1;
3      for (; n > 0; n--)
4        f *= n;
5      return f;
6    }
```

(2) 面向对象语言。

面向对象语言（Object-Oriented Language）将对象作为基本程序结构单位，把世界看作由对象组成，而对象由数据和对数据的操作组成。

目前主流的面向对象语言，如C++[32-33]、C# [34]、Java[35]等，都是把对象抽象为类，作为对象的数据类型。对象称为类的实例，对象的数据在类中称为属性或成员变量，而对数据的操作称为方法或成员函数。面向对象的主要特征是支持如下特性。

- 封装性，指把客观事物抽象为类，把类内部的实现隐藏，只向外公开接口进行操作，不支持对数据的直接操作，以保证数据的完整性。
- 继承性，当两个类有大量属性和方法冗余时，一个类（子类）可以从另一个类（父类）继承，从而复用父类的属性和方法，在此基础上再声明自己额外的属性和方法，以减少代码冗余，提升可扩展性。

- 多态性，指动态绑定（Dynamic Binding），即在运行时判断所引用对象的实际类型，根据其实际的类型调用其相应的方法。

如果B是A的一个子类，由于面向对象的多态性，一个A类型的对象，可能是A的实例，也可能是B的实例。一个对象具体是哪个类的实例，编译时无法确定，只有运行时才能确定，这给编译带来了困难。

另外也有部分语言使用对象编程，但没有类的概念，称为基于对象的语言，如JavaScript[36]等。

2. 声明式语言

声明式语言（Declarative Language）是相对于命令式语言来说的，它不告诉计算机具体的执行步骤，只是告诉计算机执行的目标。计算机根据这些目标，选择最有效的内置算法执行。声明式语言以目标为导向，导致目标不同，语言形式也不一样。

(1) 函数式语言。

Lisp语言[37]是一种函数式语言，其最显著的特点是程序由表达式组成，而不是由语句组成。Lisp语言的函数可以逐层嵌套，形成复合函数，语法形式如代码1.3所示。

代码 1.3 函数式语言

```
1    函数n(...函数2(函数1(数据))...)
```

Lisp语言的表达式采用前缀式，也就是把运算符写在前面，运算数写在后面，且用空格隔开，用一对小括号括起来。如语句“(*␣3␣2)”表示“$3*2$”，“(−␣4␣(*␣3␣2))”表示“$4-3*2$”，其中符号“␣”为空格。

根据式(1.1)递归定义的阶乘运算，采用Lisp实现如代码1.4所示。第1行的De是关键字，表示定义了一个名为factorial的函数，形式参数是n。第2行的Cond表示条件表达式，后面可以跟多个条件。第一个条件是(Eqn ␣n␣ 0)，表示判断$n=0$是否成立，如果为真，就返回后面的1，为假，则继续判断后面的条件（如果有）。第二个条件$n>0$，应该用(Greaterp ␣n␣ 0)判断；但代码1.4中第3行使用T（Lisp中的真值常量），也就是只要不是$n=0$就为真。因此，第3行表示$n\neq 0$时，递归调用$n*$factorial$(n-1)$作为返回值。

$$f(n)=\begin{cases}1, & n=0\\ n*f(n-1), & n>0\end{cases} \tag{1.1}$$

代码 1.4 Lisp语言实现的阶乘计算

```
1    (De factorial (n)
2      (Cond ((Eqn n 0) 1)
3        (T (* n (factorial(- n 1))))))
```

(2) 基于规则的语言。

Prolog[38]是一种基于规则的语言，其执行过程是：检查一定的条件，当它满足某个条件，就执行某个动作。这类语言的语法通常如代码1.5所示。

代码 1.5 基于规则的语言

```
1    条件1 --> 动作1
2    条件2 --> 动作2
3    ......
```

```
4    条件n --> 动作n
```

Prolog实现的阶乘计算如代码1.6所示，“: –”表示“如果”，即如果右边的内容成立，则有左边的结论。从代码可以看出，阶乘计算在Prolog中就是定义了两条规则。

代码 1.6 Prolog实现的阶乘计算

```
1    factorial(0, Result) :-
2      Result is 1.
3    factorial(N, Result) :-
4      N > 0,
5      N1 is N-1,
6      factorial(N1, Result1),
7      Result is Result1 * N.
```

(3) 数据库查询语言。

数据库中的SQL（Structured Query Language）[39] 是一种高度非过程化的语言，用户只需要提出“干什么”，无须具体指明“怎么干”，像具体处理操作、存取路径选择等均由系统自动完成。如代码1.7的语句作用是，查询表A中列b的值为7的所有数据。

代码 1.7 SQL语句

```
1    Select * From A where b = 7
```

声明式语言虽然是人们追求的一种理想语言，但目前功能都很受限。如SQL虽然是声明式语言，但一般的数据库管理系统（Database Management System，DBMS）也提供一些控制语句，用于将SQL语句组合成称为存储过程的命令式语言结构。

(4) 正则表达式。

正则表达式（Regular Expression）[40] 又称为正规式，用来表达组成文本的规则。正则表达式是对字符串操作的一种逻辑公式，就是用事先定义好的一些特定字符及这些特定字符的组合，组成一个“规则字符串”，这个“规则字符串”有以下两个作用。

- 判断给定的字符串是否符合正则表达式的过滤逻辑，称作**匹配**。
- 从字符串中获取想要的符合正则表达式的特定部分，称作**提取**。

代码1.8所示的两个正则表达式，第1行是C语言的标识符，即以字母或下画线开头，后跟任意一个字母、数字或下画线。第2行的标识符中允许有中文字符。

代码 1.8 正则表达式

```
1    [A-Za-z_][A-Za-z0-9_]*
2    [\u4E00-\u9FA5A-Za-z_][\u4E00-\u9FA5A-Za-z0-9_]*
```

本书在词法分析章节中，将介绍正则表达式基本元素的形式化定义，并作为单词规则的描述方法之一。

(5) 组态语言与图形化语言。

组态（Configuration）即配置、设定，指用户通过类似“搭积木”的简单方式完成自己所需要的软件功能，而不需要编写计算机程序。使用这种开发环境的基本开发过程是，事先开发所需的基本软件单元，这些单元可以是任何人使用任意开发环境任意语言开发的，之后通过图形拖曳方式将这些基本单元进行组合，形成所需的功能。由于这种开发环境追求代码量少，因此也称为低代码平台，甚至零代码平台。

图形化语言具有清晰、直观的优点，如软件工程中的统一建模语言（Unified Modeling Language，UML）[41] 就采用图形表示语义。组态语言一般也采用图形化方法表示流程，但也有例外，如MATLAB[42] 的代码是由世界各地的开发者开发的模块组装而成的，可以看作一种组态语言，但它采用脚本而不是图形的方法进行编程。

1.2.2 程序结构

程序结构指如何通过子程序构成一个高级语言程序。一般命令式语言通过过程、函数、方法等构造整个程序。本书除非必要，不区分上述3个名字，它们可以混用。在面向对象的语言中还引入了类、程序包等更高级的概念。在考虑面向对象的编译之前，我们仅考虑面向过程的命令式语言。

1. 面向过程语言

C语言是一种典型的命令式语言，其过程是相互独立的，如代码1.9所示。其变量的作用域（Scope）规则如下。

- 在函数体外声明的变量为全局变量，变量声明后的任何函数都可以访问该变量。
- 函数体内声明的变量为局部变量，仅该函数内的代码可以访问。
- 函数的形式参数，也只有本函数代码可以访问。

代码 1.9 面向过程的语言

```
1   int a;
2   float f1(float x, float y) {
3     ...
4   }
5   void f2() {
6     int b;
7     ...
8   }
9   int main() {
10    ...
11  }
```

2. 过程嵌套语言

Pascal、JavaScript都是可以嵌套定义过程的语言。之所以考虑这类语言，是因为其符号表的组织对于其他类型语言的作用域控制有很好的借鉴意义。

典型的Pascal程序如代码1.10所示，程序main中定义了过程a1和a2，过程a1中又定义了函数a11。变量作用域规则为：

- 一个过程中声明的变量，对本过程有效。
- 一个过程中声明的变量，如果在其子过程中未重新声明，则该变量在该子过程中有效；如果其子过程对该变量重新声明，则该子过程访问的变量为重新声明过的变量。

代码 1.10 过程可嵌套定义的语言

```
1   program main;
2     var a: integer;
3     procedure a1(i, j: integer);
4       var b: real;
5       function a11(x, y: real) : real;
```

```
6          begin
7             ...
8          end {a11};
9       begin
10         ...
11      end {a1};
12    procedure a2(x, y: real)
13       begin
14          ...
15       end {a2};
16    begin
17       ...
18    end {main}.
```

3. 面向对象语言

C# 是一种典型的面向对象语言，如代码1.11所示。C# 支持命名空间（包）的概念，类放入命名空间里面，使用using引用命名空间。类里可以定义成员变量和方法，支持方法重载，类可以继承。Java结构与其类似。C++则把声明和实现分开，一般类里面只写属性和方法的声明，放在.h文件里面，方法的定义则放到同名的.cpp文件里。

代码 1.11　面向对象的语言

```
1    using System;
2    ...
3    namespace PersonObjects {
4       public class Person {
5          private string Name;
6          private int Age;
7          ...
8          public Person() {...} // 与类同名的为构造函数
9          public void Go(int nStep) {
10            ...
11         }
12         ...
13      }
14      public class Student : Person {
15         private string No; // 学号
16         ...
17      }
18   }
```

4. 动态语言

Python[43] 是一种动态语言，可以在实例化的对象中添加属性和方法，而不必一开始就在类中定义好；也可以为类添加属性和方法，这样会影响创建的所有对象。

代码1.12是Python语言的一个示例。第1行定义了一个类Person，第2~4行的构造函数设置了两个属性name和age。第5行实例化了Person类的一个对象p1，第7行为对象p1增加了一个Person类中没有的属性address，第9行则为Person类添加了一个属性No。

第12~13行定义了一个过程happy，第14行实例化了Person类的第2个对象p2，第15

行把过程happy动态添加到对象p2中，第16行进行了调用。

代码 **1.12** 动态语言

```
1   class Person:
2   def __init__(self, name, age): # 构造函数
3     self.name = name
4     self.age = age
5   p1 = Person("骑着大鹅来兜风", 7)
6   # 对象加属性
7   p1.address = "琼楼玉宇"
8   # 类加属性
9   Person.No = 202205;
10  ...
11  # 添加成员方法
12  def happy(self):
13    print("蓦然回首，那人却在灯火阑珊处！")
14  p2 = Person("最后一只恐龙", 7)
15  p2.happy = types.MethodType(happy, p2, Person)
16  p2.happy()
```

5. 基于对象语言

JavaScrip没有类的概念，是一种基于对象的语言（Object-Based Language），如代码1.13所示。对象的创建有多种模式：

- 直接创建模式，直接指定对象的属性和值，如第1~5行所示，当有多个类似对象时，需要重复多次类似代码。
- 工厂模式，参考函数模式，只是没有this指针。
- 构造函数模式，函数相当于类的概念，直接通过构造函数创建对象，使得对象的结构可以复用，构造函数有this指针指向构造函数的实例对象，如第7~14行所示。
- Prototype原型模式，可以通过Prototype添加方法，如第16~27行所示。

代码 **1.13** 基于对象的语言

```
1   // 直接创建对象
2   var PersonX = {
3     name: '骑着大鹅来兜风',       // 名字
4     age: 7,                       // 年龄
5   }
6   alert(PersonX.name);            // 输出骑着大鹅来兜风
7   // 构造函数模式
8   function CreatePerson2(name, age) { // 构造函数首字母大写
9     this.name = name;              // 添加属性
10    this.age = age;                // 添加属性
11  }
12  // 实例化
13  var x2 = new CreatePerson2("骑着大鹅来兜风", "7");
14  var y2 = new CreatePerson2("最后一只恐龙", "7");
15  alert(x2.name);                  // 输出骑着大鹅来兜风
16  // Prototype原型
17  function CreatePerson3(name, age) {
18    this.name = name;
```

```
19        this.age = age;
20     }
21     CreatePerson3.prototype.showName = function() {
22        alert(this.name);
23     }
24     // 生成实例。
25     var x3 = new CreatePerson2("骑着大鹅来兜风", "7");
26     var y3 = new CreatePerson2("最后一只恐龙", "7");
27     x3.showName();                  // 输出骑着大鹅来兜风
```

Go语言[44] 则通过结构体构造对象。Go方法是一种特殊类型的函数，该函数作用在接收者（Receiver）上，接收者是某种类型的变量，如代码1.14所示。

代码 1.14 基于对象的语言

```
1     type Person struct {
2        Name string
3        Age int
4     }
5     func (e *Person) ToString() string {
6        return "name=" + e.Name + "; age=" + strconv.Itoa(e.Age)
7     }
```

1.2.3 数据类型

数据是语言的操作对象，数据类型用来刻画数据的性质，具体包括3个要素。

- 用于区别这种类型的数据对象的属性，如占用字宽（字节数）等；
- 这种类型的数据对象可以具有的值；
- 可以对这种类型的对象施加的操作。

1. 基本数据类型

基本数据类型一般是处理器能直接处理的数据，是构成其他更复杂数据的基础，主要包括数值数据、逻辑数据、字符数据、指针数据等。为贴近目标语言的数据类型，整理高级语言的基本数据类型如表1.2所示，其中第2列对应的是汇编语言关键字，本节暂不考虑这列内容，将在目标语言模型部分讨论。

表 1.2 基本数据类型

关键字	汇编	说明	字宽	取值范围
byte	sbyte	8位有符号整型	1	$-128 \sim 127$
ubyte	byte	8位无符号整型	1	$0 \sim 255$
char	byte	字符型，等价于ubyte	1	$0 \sim 255$
bool	byte	布尔型，0为假，非0为真	1	{true, false}
short	sword	16位有符号整型	2	$-32\ 768 \sim 32\ 767$
ushort	word	16位无符号整型	2	$0 \sim 65\ 535$
int	sdword	32位有符号整型	4	$-2^{31} \sim 2^{31}-1$
uint	dword	32位无符号整型	4	$0 \sim 2^{32}-1$

续表

关键字	汇编	说　明	字宽	取值范围
long	qword	64位整型	8	—
—	tbyte	80位整型	10	—
float	real4	32位IEEE短实数，有效数字6位	4	$1.18 \times 10^{-38} \sim 3.40 \times 10^{38}$
double	real8	64位IEEE短实数，有效数字15位	8	$2.23 \times 10^{-308} \sim 1.79 \times 10^{308}$
real	real10	80位IEEE短实数，有效数字19位	10	$3.37 \times 10^{-4932} \sim 1.18 \times 10^{4932}$
*		32位指针，可以指向任何类型	4	$0 \sim 2^{32} - 1$

表1.2中的数据类型是对各种语言基本数据类型的归纳和抽象，其关键字与某种语言未必一致。如Pascal中的single类型对应表中的float类型，而其常用的real类型是6字节字宽的。表1.2中的real类型则对应Pascal中的extended类型。

这些关键字与C语言的各种关键字较为接近，但也略有区别。如C语言中没有real关键字，C语言中的(unsigned) long int为32位，64位的整型为(unsigned) long long int等。

2. 字节对齐

一个系统指令一次存取的最大字节数量，称为**基本字节单位**。32位系统的基本字节单位是4字节，64位系统的基本字节单位是8字节。内存空间可以看作由一系列连续的基本字节单位组成。

一个数据不能跨基本字节单位存储，这是因为CPU不能跨基本字节单位访问数据，这个操作称为**字节对齐**。比如32位系统，基本字节单位为00h–03h、04h–07h等，其中00h或者0x00都表示十六进制的整数0。如果一个int跨基本字节单位存储，如放到02h–05h的内存空间，有的系统需要分两次读取，有的系统直接出错中断。因此，内存中安排一个数据时，首先试图从当前位置开始分配空间，如果能在当前基本字节单位保存，则保存在当前位置；但如果从当前位置算起，该数据会超出一个基本字节单位的边界，则需要从下一个基本字节单位的开始位置开始存放。

例题1.1 数据空间分配　假设以下数据从地址1000h处开始分配空间。

- 依次安排数据“int a; bool b; int c;”，则a在1000h–1003h处，b在1004h处；c首先测试1005h位置，由于发现从1005h处存放会超出一个基本字节单位的边界，因此被安排在1008h–100Bh处。
- 依次安排数据“int a; bool b1; bool b2; int c;”，则a在1000h–1003h处，b1在1004h处，b2在1005h处，c在1008h–100Bh处。
- 依次安排数据“int a; bool b1; bool b2; short s1; short s2; int c;”，则a在1000h–1003h处，b1在1004h处，b2在1005h处，s1在1006h–1007h处，s2在1008h–1009h处，c在100Ch–100Fh处。

3. 数组

数组是由同一类型的数据组成的n维超立方体结构，一般采用一段连续单元存储。访问某个元素时，该元素距离每一维度的距离称为一个下标，每个维度的下标在该维的上下限之间变动。

如代码1.15第1行声明了一个10×20的二维数组。假设数组按行优先存储，且下标开始于0，那么先顺序存储第0行的20个元素，再顺序存储第1行的20个元素……以此类推，直到第9行的20个元素。第1维度的下标在$0\sim9$变动，第2维度的下标在$0\sim19$变动。第2行代码对元素$a[2,3]$赋值，这个元素距离数组初始元素的距离为$2\times20+3=43$。

代码 1.15 数组

```
1    int a[10, 20];
2    a[2, 3] = 5;
```

有的语言的数组，每个维度的上下限都可以指定，也有的语言数组元素是按列优先存储的，这些都取决于编译器设计者的意愿。

4. 结构体

结构体，有的语言也称为记录，是将已知类型的数据组合起来形成的一种结构。C语言的结构体定义如代码1.16所示。

代码 1.16 C语言的结构体定义

```
1    struct STUDENT {
2      char name[20]; // 姓名
3      uint num;      // 学号
4      bool gender;   // 性别
5    };
6    STUDENT stu1, stu2;
```

结构体的数据一般按出现顺序存储，如代码1.16中的学生结构体STUDENT，如果不考虑字节对齐，存储每个结构体对象使用25字节。第6行声明了两个结构体对象stu1和stu2，每个对象前20字节存放姓名name，然后用4字节存放学号num，再用1字节存放性别gender。在32位系统中，由于字节对齐的原因，该结构体占用空间为28字节。

1.2.4 语句形式

语句是构成程序的执行单元，一个程序由一系列语句组成。

1. 表达式

一个表达式由运算量（一般称为操作数）和运算符组成，如$x+y$，$x+y*z$，$x<y$都是表达式。表达式的递归定义如下。

定义 1.1 (表达式)

(1) 变量和常数是表达式。
(2) 如果E_1、E_2是表达式，θ是一个双目算符（也称二元算符），则$E_1\theta E_2$是表达式。
(3) 如果E是表达式，θ是单目算符（也称一元算符），则θE（或$E\theta$）是表达式。
(4) 如果E是表达式，则(E)是表达式。
以上运算经过有限次复合形成的是表达式。 ♣

运算符有优先级的概念，如先乘除后加减，就是乘除的优先级高于加减。总体上，算术运算符（加、减、乘、除、幂）、关系运算符（$=,\neq,<,\leqslant,>,\geqslant$）、逻辑运算符（与或非）的优先级由高到底，每种运算符内部也有各自的优先级，具体见表1.3。

结合性指相同优先级的两个符号连在一起时如何计算。如$x+y+z$先计算左边的加号，就称加法为左结合的；而两个连续的幂运算需要先计算右边的幂，就称幂运算是右结合的。需要注意的是，数学上成立的代数运算，在计算机中未必成立。如$(x+y)+z=x+(y+z)$在数学上是成立的，但在计算机中，由于离散化编码的原因，等号两边的结果至少在有效数位上经常产生差异。

表1.3中整理了常用运算符的特性，其中优先级由高到底排列。位运算因为优先级关系被分成了3组。

表 1.3　运算符及其性质

类　别	运　算　符	符　　号	结　合　性
位运算符	按位取反	$\sim$	右结合
算术运算符	幂	** (^)	右结合
	负	−(@)	右结合
	乘除、取余	*(×), /(÷), %	左结合
	加、减	+, −	左结合
位运算符	左移、右移	<<, >>	左结合
关系运算符	小于、大于	<, ⩽ (<=), >, ⩾ (>=)	不可结合
	等于、不等于	==, ≠ (! =, <>)	不可结合
位运算符	按位与	&	左结合
	按位异或	⊕ 或 ^	左结合
	按位或	|	左结合
逻辑运算符	非	¬, ! 或 not	右结合
	与	∧, && 或 and	左结合
	或	∨, || 或 or	左结合
三元运算符	三元运算符	?:	右结合
赋值运算符	赋值等	= 或:=	右结合

对于同一个符号，本书在理论推导和代码生成时可能采用不同的写法。如逻辑运算的非、与、或，推导时可能用¬、∧和∨，代码生成时则可能用!、&&和||，主要原因是前者追求书写的简洁和方便性，后者则需要在键盘上快速敲出。

C语言中的关系运算符是左结合的，实际上是把左边的布尔值结果作为操作数，参与下一级的比较，并不是严格意义上的“结合”。如$x<y<z$，是先计算$x<y$，然后把布尔值作为一个操作数再与z比较大小。本书的语义规则设计中，把$x<y<z$等价于$x<y\wedge y<z$，实现了真正意义上的关系运算符左结合，这部分内容将在中间代码生成中介绍。

2. 赋值语句

赋值语句形式如代码1.17所示，赋值等号左边是一个变量（包括数组元素），右边是一个表达式。第1行赋值语句的意义是，把x的值送入z所代表的单元，第2行则是把$x+y$的值送入数组元素$a[2,3]$所代表的单元。

代码 1.17　赋值语句形式

```
1    z = x;
2    a[2, 3] = x + y;
```

在赋值语句中，一个变量（名字）需要考虑两方面的特征：运行时的**存储单元**；该名字具有的**值**。由于赋值语句等号左边的名字需要考虑存储单元（地址），因此称为该名字的**左值**；右边的名字需要考虑值，称为**右值**。直观来说，名字的左值表示其存储单元的地址，右值表示存储单元的内容（如果该名字有存储单元）。

并不是所有元素都持有左值和右值。没有左值的元素不能被赋值，即不能放到赋值等号的左边。

- 变量既持有左值又持有右值；
- 常量只持有右值；
- 表达式只持有右值；
- 指针变量的右值是一个存储单元，因此指针变量的右值既持有左值又持有右值。

3. 声明语句

声明语句有两大类，一类如C语言，先写数据类型，再写变量名，如代码1.18所示。由于我们需要给声明的变量赋予数据类型属性，因此从左到右扫描字符串时，扫描到数据类型int就把它记下来，扫描到变量时把这个数据类型赋值给相应的变量。这种形式处理起来比较简单。

代码 1.18　C风格声明语句

```
1    int a, b; // C语言的声明语句
```

另一类如Pascal，先写变量名，再写数据类型，如代码1.19所示。数据类型在后的这种形式，会先扫描到变量名，等扫描完数据类型后，再回头把数据类型赋值给变量。这种形式处理起来与前者略有不同，我们对两种形式均进行考虑。

代码 1.19　Pascal风格声明语句

```
1    var a, b: integer; {Pascal语言的声明语句}
```

4. 无条件转移语句

很多语言支持无条件转移语句，转移语句也称为跳转语句。其基本语法是，声明一个标号L，某处用goto L直接跳转到L所代表的代码处，如代码1.20所示。标号L可以定义在goto语句之前，也可以定义在goto语句之后。有的语言需要标号是一个整数，但大部分语言标号L等同于标识符，此时L不应与任何变量、函数名等名字重名。

代码 1.20　无条件转移语句

```
1    goto L;
2    ...
3    L:
4    ...
5    goto L;
6    ...
```

虽然我们在编写高级语言程序时应避免使用goto语句，但goto语句是目标代码不可缺少的一部分。同时，goto语句的分析是switch等控制语句分析的基础，因此把goto语句纳入我们的编译系统。

5. if语句

if语句称为条件转移语句或分支语句，如代码1.21和代码1.22所示。不带else的if语句，通过判断条件表达式B的值，确定是否执行语句块S；带else的if语句，通过判断条件表达式B的值，确定是执行语句块S1还是执行语句块S2。

C风格的if语句用圆括号把控制条件B括起来，Pascal风格的if语句则在B之后加关键字then，它们的目的都是把B和S（或S1）的语句分开，并没有本质上的不同，我们只考虑其中一种即可。

代码 1.21　C风格的if语句

```
1    // C风格的if语句
2    if (B) S
3    if (B) S1 else S2
```

代码 1.22　Pascal风格的if语句

```
1    {Pascal风格的if语句}
2    if B then S
3    if B then S1 else S2
```

6. 三元运算

三元运算也称三目运算，如代码1.23所示，若B为真则返回表达式E1的值，否则返回E2的值。三元运算是表达式的一部分，在表达式翻译部分考虑。

代码 1.23　C风格if语句

```
1    B ? E1 : E2
```

7. switch语句

switch语句是一种多分支条件语句，如代码1.24所示。括号中的E是一个整型表达式（右值为整型），其返回值与case后面的值相等时，进入相应分支进行处理。case后面的值可以取负值。

switch语句可以带default，也可以不带default。如果E的值与所有case值都不同，当带default时，就进入default标号处执行；如果不带default，则直接跳出switch语句。

代码 1.24　switch语句

```
1    switch(E) {
2      case 0: ...
3      case 1: ...
4      ...
5      case n: ...
6      default: ...
7    }
```

switch语句也有两种风格。C语言风格的switch，需要用break语句显式地跳出整个switch语句。如果不写显式的break语句，如上例中执行case 0后，会自动滑到case 1执行。而大部分语言的switch语句，并不需要写显式的break，一般执行完某个case i后，会自动跳出switch语句。

显然，不需要显式break语句，而是自动跳出case区域的风格更符合大部分情况（虽然偶尔需要程序员重复敲一些代码），所以我们选择这种风格作为编译器的规则。

8. while 循环

while 循环语句如代码1.25所示，当B为真时执行S，B为假时跳出循环。while 语句两种风格的作用与if语句类似，只考虑其中一种即可。

代码 1.25 while 循环语句

```
1    while (B) S
2    while B do S
```

9. for 循环

代码1.26第1行是C语言风格的for，括号里面有3个子句：第1个子句int i = 1是变量初始化，这里可以声明新的变量，新声明的变量作用域只在这个循环中；第2个子句i <= n是判断，若条件为真则执行循环，为假则跳出循环；第3个子句i++ 为执行完循环附加执行的语句，一般为循环控制变量（也称为归纳变量）的更新。

第2~4行是MATLAB风格的for，i从1到n自增，每执行一次S循环变量i自增1，直到超出n后跳出循环，相当于第1行的C风格for语句。第5~7行则是指定了i自增的步长，即每次迭代i自增step，相当于for (i = 1; i <= n; i += step) S。

代码 1.26 for 循环语句

```
1    for (int i = 1; i <= n; i++) S
2    for i = 1 : n
3      S
4    end
5    for i = 1 : step : n
6      S
7    end
```

10. foreach 循环

目前很多语言都支持foreach语句，如代码1.27所示。可将该语句看作上述MATLAB风格for语句的扩展，其中的x相当于i，而Set相当于一个数组，x遍历这个数组完成循环。foreach语句的功能更强大，Set不需要是一个数组，只要其元素是可迭代枚举的就可以完成循环。

代码 1.27 foreach 循环语句

```
1    foreach (x in Set) S
```

11. 语句块

以上语句涉及的S，可能由多个语句组成，这些语句组成一个整体，称为语句块。C、C++、C#、Java等语言将语句块用花括号{···}括起来,Pascal之类的语言则用begin···end包起来，其作用是完全相同的。

Python采用在语句前放置相同数量空格或者跳格的形式确定一个语句块。由于空格和跳格都是空白符，编辑器上看不到，容易给程序员带来混乱，因此不建议采用这种方式。

12. 函数

函数的定义、返回与调用如代码1.28所示。

代码 1.28 函数的定义、返回与调用

```
1   int A(int x, float y) {
2      ...
3      return n;
4   }
5   void B() {
6      int i = 0;
7      float u = 3.14;
8      A(i, u);
9   }
```

函数定义中，Pascal这样的语言需要用Procedure、Function之类的关键字进行说明，而C之类的语言则不需要这种关键字。函数调用中，Pascal用关键字call表明是调用一个函数，而C直接使用函数名调用，不需要关键字指定。如果需要返回值，则用return关键字。

函数在有些语言中称为函数，在有些语言中称为过程，在面向对象中称为方法。函数、过程、方法略有区别，但本质上是指相同的概念，因此我们不加以区分。一般情况下，我们混用这3个名字，在具体的语言中则尽量遵循该语言的习惯称呼。

1.3 目标语言

从“计算机组成原理”[45]“微机原理”[46]或“操作系统”[7]课程我们知道，一个可执行程序平时存储在外部存储器（简称外存，也称为辅助存储器或辅存），以便持久化存储。执行时，先由操作系统将可执行程序从外存加载到内部存储器（Memory，简称内存，也称为主存储器或主存），然后使用CPU执行机器代码。CPU执行指令时，对数据的计算在寄存器（Register）中进行。寄存器的数量非常少，因此CPU在计算前将数据从内存加载到寄存器，计算完成后再写回到内存。

目标代码包括3种形式。

- 绝对机器代码：是能立即执行的机器语言代码，所有地址均已定位。在目前的复杂计算机系统中，由一个程序占用固定内存位置的情况已经极为少见，除非是机器刚刚启动时的跳转引导区程序的指令。
- 可重定位代码：这是目前常见的形式，其地址是一个相对位置，需要重新定位。对于编译器来说，生成的目标程序只需要计算出基于某个地址偏移的相对地址，链接器[47]把不同可重定位目标程序合并为一个程序，操作系统加载目标程序时和硬件配合将可重定位地址转换为绝对地址。
- 汇编代码：需经过汇编程序汇编，转换为可执行的机器语言代码。但汇编代码可读性好，使得代码生成的过程变得容易。绝大部分文献的目标代码都是汇编代码，我们也将汇编代码作为本书的目标语言。

1.3.1 CPU架构和指令集

(1) x86架构。

1978年6月8日，Intel发布了16位微处理器8086，Intel把这个通用计算机的标准缩写为x86[48-49]。x86采用CISC指令集，所有Intel和AMD早期的CPU都支持这种指令集，采用x86架构的厂商主要包括Intel和AMD。

发展到64位机器时，AMD率先制造出商用的兼容x86的CPU，称为AMD64。Intel首先设计了一种不兼容x86的全新64位指令集，通常称之为IA-64。后来，Intel也开始支持AMD64的指令集，但称为x86-64。因此，当指Intel的CPU架构或指令集时，我们仍然称之为x86系统或x86指令集；当需要区分64位和之前的32/16位机器时，分别称为x64和x86。

早期的8086 CPU只能计算整数，浮点数的运算需要一个协处理器芯片8087完成。到80486时，浮点数的协处理器芯片才集成到CPU芯片上，但两者仍然使用不同的寄存器和计算部件，处理整数和浮点数的部件分别称为CPU和FPU。

(2) ARM架构。

ARM架构[50] 是一个精简指令集处理器架构，主要面向嵌入式领域。采用ARM的厂商主要包括华为、苹果、谷歌、IBM等。

ARM是英国先进RISC机器（Advanced RISC Machines，ARM）公司的产品，该公司不生产具体芯片，只采用知识产权（Intellectual Property，IP）授权的方式允许半导体公司生产基于ARM的处理器产品。ARM7基于冯·诺依曼体系结构，ARM9基于哈佛体系结构。

(3) RISC-V架构。

RISC-V架构[51] 是基于精简指令集计算原理建立的开放指令集架构（Open Instruction Set Architecture，ISA），由RISC-V基金会运营，主要采用厂商包括三星、英伟达、西部数据。

2013年，RISC-V 使用伯克利软件套件（Berkeley Software Distribution，BSD）协议开源，这意味着几乎任何人都可以使用 RISC-V 指令集进行芯片设计和开发，商品化之后也不需要支付授权费用，因此得到很多厂商、高校和研究机构的关注。

(4) MIPS和LoongArch架构。

MIPS架构[52] 是一种采用精简指令集的处理器架构，由MIPS科技公司开发并授权。它是基于一种固定长度的定期编码指令集，主要采用厂商为龙芯。

2020年，龙芯发布了LoongArch架构[53]。LoongArch是全新的指令集，并非基于MIPS的扩展。MIPS只有3种指令格式，LoongArch重新设计了指令格式，使可用的格式多达10种，其中包含3种无立即数格式和7种有立即数格式。

(5) 本书的考虑。

可以看出，只有x86采用CISC指令集，其他3种都采用RISC指令集。相对来说，由于市场份额的原因，CISC架构应用更广泛。技术层面，CISC指令集更复杂，由于兼容历史版本的原因，指令也有很多特殊限制，寄存器数量也相对较少。总体来说，解决了CISC代码生成问题，其他架构下的指令集问题都容易解决，因此本书介绍以x86为主。

RISC机器一般具有较多的寄存器，除了加载/存储（load/store）指令之外，其余指令的所有操作数都必须来自寄存器，而不是内存。RISC指令集的运算指令非常统一，大部分形式为“op dest, arg1, arg2”。如“ADD R1, R0, R3”，表示R0的值加上R3的值，存入R1。在介绍目标代码翻译时，也兼顾RISC指令集。

1.3.2 寄存器

寄存器是暂存数据的部件，本部分介绍以x86的32位寄存器为主，其他为辅。

(1) 8个通用寄存器。

常用于一般算术运算的寄存器包括EAX、EBX、ECX和EDX。EDX和EAX还经常合并，用于存储乘法指令的积，或者存储除法指令的被除数，此时EDX存储高32位，EAX存储低32位，用EDX:EAX表示。ECX还可用于Loop指令的控制，其操作是将ECX设置为循环次数，Loop指令每循环一次ECX里的值自动减1，当减到0后循环终止。

对于高级语言程序来说，很多时候循环的迭代次数不但在编译时无法确定，甚至在运行时也无法在循环开始时计算得到。比如机器学习中，很多算法的收敛条件是预测值与实际值差的绝对值小到一个阈值以下，每次迭代的预测值与输入数据、算法拟合的参数数据都有关，无法事先确定循环次数。此时如果使用Loop指令，虽然可以通过修改ECX的内容控制是否收敛，但相对来说太麻烦了。另外，使用Loop指令也不利于优化算法的设计。因此，在编译器的目标代码中，我们并不使用Loop指令，因此也不需要使用ECX控制循环次数。

用于栈操作的寄存器包括ESP和EBP。ESP称为扩展堆栈指针寄存器，总是指向栈区的顶部，随着栈中压入数据和弹出数据而自动变化，一般也称为栈指针。当运行时刚刚进入一个新的函数，一般先将ESP的内容赋值给EBP，再为函数变量分配空间，使EBP总是指向当前函数在栈中的底部。可以通过EBP和函数中变量（包括局部变量和形式参数）的相对偏移量计算得到变量的地址，从而进行变量访问，因此EBP也称为帧指针。栈帧结构将在第6章介绍。

两个地址寄存器ESI和EDI，分别称为扩展源变址寄存器和扩展目的变址寄存器，一般用于串操作指令中。在编译器设计中，它们也可以当作普通的算术寄存器使用。

以上寄存器字母E换成R，就是对应的64为寄存器名称，如RAX、RBX……，可用于64位数据的处理；去掉前面的字母E，就是对应的16位寄存器名称，如AX、BX……，可用于16位数据的处理。另外，AX、BX、CX、DX 4个寄存器还可以进一步分解为4对8位寄存器，用于8位字节类数据的处理。如AX可以分解为AH和AL，分别对应AX寄存器的高8位和低8位。

通用寄存器及其长度如图1.4所示，一个系统可以使用位数等于或少于这个系统基本字节单位长度的寄存器，如32位系统下，EAX、AX、AH和AL都可以使用，但不能使用RAX。x64系统下，可以使用图1.4中的所有寄存器，另外还增加了R8~R15共8个通用寄存器。

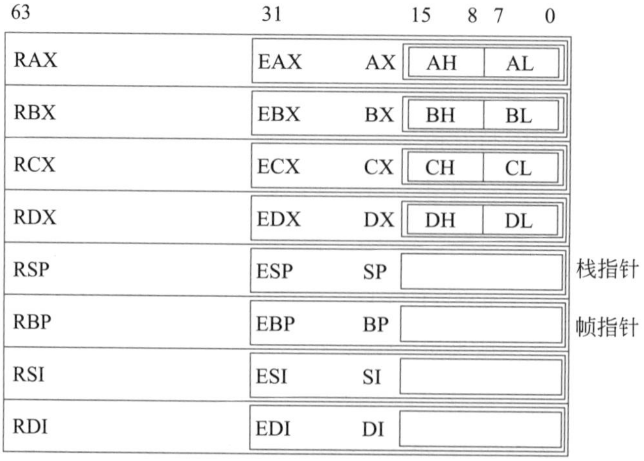

63	31		15　8	7　0	
RAX	EAX	AX	AH	AL	
RBX	EBX	BX	BH	BL	
RCX	ECX	CX	CH	CL	
RDX	EDX	DX	DH	DL	
RSP	ESP	SP			栈指针
RBP	EBP	BP			帧指针
RSI	ESI	SI			
RDI	EDI	DI			

图 1.4　通用寄存器及其长度

(2) 1个指令寄存器。

指令寄存器EIP总是指向下一条将要执行的指令。CPU总是从EIP位置加载指令然后执行，指令加载后EIP会自动增加刚刚加载的指令长度，因此会指向下一条指令。遇到转移指令（比如goto语句）时，修改EIP的值，使其指向转移目标语句，这样CPU就会自动执行EIP指向的新语句。

调用一个函数时，往往将EIP压入栈中，并将其内容修改为转移目标的地址。CPU就会加载转移目标的指令，从而转移到目标位置继续执行。被调函数返回时，弹出栈中EIP，也就使EIP变为转移前的下一条指令，因此会从调用位置之后开始执行。

(3) 6个段寄存器。

段寄存器都是16位，是16位寄存器时代遗留下来的概念，包括代码段寄存器CS、数据段寄存器DS、堆栈段寄存器SS、扩展段寄存器ES，以及80386后定义的两个段寄存器FS和GS。

在16位的8086 CPU中，数据线是16位，而地址线是20位，主要因为16位地址线总共有2^{16}（64K）字节的寻址空间，可以使用的内存太少了。但这种设计导致发送一个地址指令需要传送两次，也需要两个寄存器来存储数据或代码的地址。如CPU执行当前代码的地址总是在寄存器CS:IP中，真实地址是CS的内容左移4位（即乘以16），再加上IP的内容得到的地址。

32位CPU中已经有足够的寻址空间，因此程序员一般不需要修改段寄存器的值。在64位寄存器中，段寄存器的值总是设置为0，相当于废除了这些寄存器，因此我们不讨论段寄存器的细节。

(4) 1个标志寄存器。

标志寄存器有以下3个作用。

- 存储相关指令执行后的影响，如运算是否溢出等信息。
- 执行相关指令时提供行为依据，如转移指令前先比较两个数值，根据比较结果确定是否转移。
- 控制CPU的工作方式，如中断控制等。

编译器中常用的条件转移指令，一般是通过两个整数的运算，使得标志寄存器EFLAGS某些位发生变化，转移指令根据相应标志位的值确定是否转移（即作为行为依据）。EFLAGS中常用的位及其意义如图1.5所示，这些位的意义目前无须了解细节，知道其原理即可。

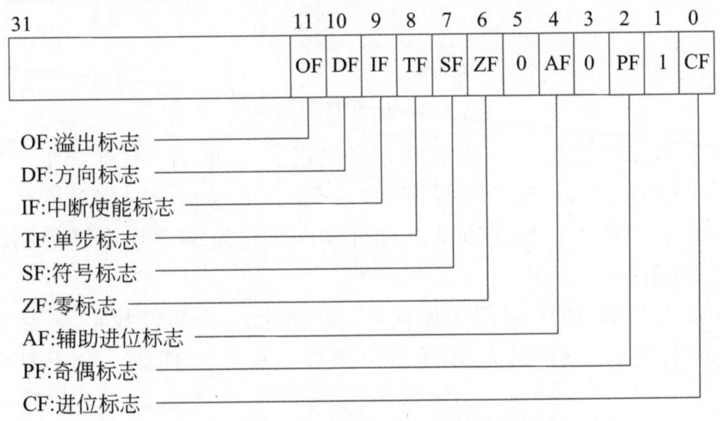

图 1.5 EFLAGS中常用的位及其意义

(5) 8个FPU浮点数寄存器。

FPU中有8个浮点数寄存器，进行浮点运算必须使用这些寄存器，而不是CPU的寄存器。这些寄存器记作ST(0)~ST(n)，其访问通过栈式指令实现。

FPU栈顶的寄存器总是记作ST(0)，这就导致如果只使用了2个寄存器，就只有ST(0)和ST(1)，访问不到其他寄存器（访问也没有意义）。如果弹出1个寄存器，原来的ST(0)弹出，原来的ST(1)变为ST(0)，没有了ST(1)。所以，这些寄存器编号在使用过程中是不断变化的。

(6) 3个16位FPU寄存器。

FPU有3个16位寄存器，包括控制寄存器、状态寄存器和标记寄存器。浮点数的比较指令影响状态寄存器中的状态字，但转移指令是根据CPU中的EFLAGS寄存器跳转的，因此需要将FPU状态字写入EFLAGS寄存器的对应位，然后才能正确跳转。这部分内容在浮点数比较指令部分讨论。

1.3.3 汇编程序结构

在讨论目标机器模型之前，有必要先了解目标代码运行时在内存中的组织形式。运行时内存中的一个程序大致可以分为4个区，如图1.6所示，从低地址端（地址较小端）到高地址端（地址较大的一端）依次为代码区、静态数据区、堆区和栈区。

- 代码区：存放编译器生成的指令代码，以机器指令的形式存在，由CPU一条条读取并执行。
- 静态数据区：存放运行过程中生命周期较长，且编译时偏移地址和长度可以完全确定的数据，一般存放静态变量。
- 堆区：主要用来存储用户动态申请的临时空间，一般由用户显式申请和释放，也可以由编译器生成代码自动隐式释放。
- 栈区：主要用来存放过程调用中需要传递的参数、过程中非动态申请的局部变量等，进入一个过程时为该过程分配空间，过程返回时释放该空间。

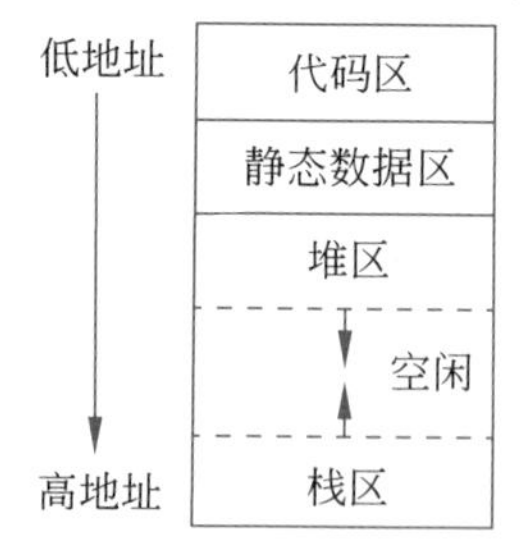

图 1.6 运行时内存空间

代码区和静态数据区在编译完成后就完全确定了，运行时不再变化。栈区和堆区则随着程序的运行不断变化。为了节省运行空间，一般让堆区和栈区相对增长，堆区从低地址端向高地址端逐步申请使用，栈区则从高地址端向低地址端逐步申请使用，因此堆区和栈区中间会有一段空闲区。

一个完整可执行的32位汇编程序如代码1.29所示。这部分我们主要了解一个完整汇编程序应该具有的结构，以了解在编译器中需要生成哪些代码，至于具体指令，后面逐步介绍。

代码 1.29 一个完整可执行的 32 位汇编程序

```
1      .386                     ; 伪指令，表示是32位程序
2      .model flat, stdcall     ; 内存模式flat，过程调用规范stdcall
3      .stack 4096              ; 堆栈大小4096
4
5      ; 标准Windows服务ExitProcess，需要一个退出码作参数
6      ExitProcess proto, dwExitCode: dword
7
8      .data                    ; 数据区
9      sum dword 0
10
11     .code                    ; 代码区
12     main proc                ; 过程名（函数名）
13       mov eax, 7
14       add eax, 70
15       mov sum, eax
16
17       invoke ExitProcess, 0  ; 调用操作系统的标准退出服务
18     main endp                ; 函数结束
19
20     end main                 ; 程序结束，end后面跟入口地址，再往后的内容会忽略
```

第1行的.386是一条伪指令，表示这是一个32位程序，分号后面是代码注释。第2行指明内存模式和过程调用规范，内存模式一般不需要改变，过程调用规范将在第6章介绍。第3行指明的堆栈大小为4096字节，4096正好是一页的大小。这3行在x64中是不需要的。

第6行声明了Windows操作系统的标准退出函数。在程序退出前，一定要调用这个函数，以便操作系统清理当前过程占用的存储空间，这个调用在第17行。这种模式就是调用一个外部程序时（第17行），需要在前面先声明这个函数（第6行）。对x64系统，第6行不再需要后面的参数，只保留ExitProcess proto即可。调用时，x64也不再支持invoke调用（这个关键字做了很多额外的工作），只支持call，需要自己处理参数传递，第17行改为两行代码：mov ecx 0和call ExitProcess。

第8行的.data是数据区的起始位置，对应静态数据区。在16位汇编中，数据区是用data segment ... data ends定义的，data这个标识符就是数据区的起始地址，需要把这个地址显式地装入数据段寄存器才能使用，32位系统不再需要这个操作。

第9行的sum是一个变量，它代表了一个地址。实际上，由于sum是数据区的第一个变量，它就在data区的开始位置，因此这个地址和数据区的地址是一致的。这个变量是dword型，数据类型可以参考表1.2第二列，dword占4字节，后面的0表示其初始值。如果再声明别的变量，就从这4字节之后继续分配空间。

第11行的.code声明从这里开始是代码区。如果取代码区的起始位置，通过访问code可以得到。但应该注意，CPU并不一定从代码区开始位置执行指令，而是看代码最后一行声明的程序入口点。对本代码是第20行，end关键字后面是过程名main，那么入口点函数就是main，也就是从main这个过程开始执行。本程序只是恰好code区第一个过程是main，所以恰好从这里开始执行而已。由于大部分代码区的起点“恰好”是程序入口点，因此64位汇编干脆默认就这样，取消了入口点的指定，第20行只写end即可。

第12～18行为过程main代码，过程体代码包含在“过程名 proc ... 过程名 endp”内。第13行是把常数7加载到寄存器EAX，第14行把EAX的内容与70相加，结果保存在EAX中，此时EAX中的内容变为77。第15行把寄存器EAX的内容写入sum指向的内存地址中。对x64，EAX改为RAX即可。第17行调用操作系统的进程退出指令，然后退出过程。

Windows下汇编语言的汇编和调试可以从微软下载masm工具。如果读者正在使用Visual Studio集成开发环境，则使用该环境可以直接完成汇编代码的编辑和汇编、调试工作，目前该环境微软提供的免费版本可以使用。

1.3.4 汇编指令

本节后续部分介绍本书编译器使用的汇编指令，这些指令是从x86处理器的指令中筛选出来的。

- 如果只涉及无符号整型操作，那么只需要掌握本节的2条传送指令（mov和lea）、5条算术运算指令（加、减、乘、除、负）和8条转移指令（1条无条件跳转、1条比较、6个关系算符对应6条条件转移）。
- 如果考虑有符号和无符号整数，指令就会出现稍微复杂的变化，包括有符号运算指令，以及增加6条有符号条件转移指令。
- 如果进一步考虑8位、16位、32位、64位整数，指令体系就会出现更加复杂的变化。
- 再考虑浮点运算，它们运行在FPU上，使用不同的寄存器和计算指令，自成一体。

因此，本部分内容可以根据源语言内容按需使用。

汇编语言的标识符（Identifier）规则如下。

- 可以包含1～247个字符。
- 不区分大小写。
- 第一个字符必须为大小写字母、下画线、@、?或$，其后的字符除这些外，还可以是数字。
- 标识符不能与汇编器的保留字相同。

由于汇编语言标识符允许出现@、?和$这些特殊符号，这就为我们带来很多便利。我们可以要求高级语言不能出现这些符号（大部分高级语言也是这么做的），由于在代码生成时需要生成很多临时变量，我们就可以让这些临时变量用特殊字符（如$）开头，后面跟一个数字，这样就保证了不会与用户变量产生冲突。如果高级语言的两个变量仅大小写不同，则可以在其中一个前面加一个特殊符号实现区分，诸如此类。对于用户变量的处理还有一种思路，就是用一个整数编码表示用户变量，生成目标代码时用一个特殊符号如@，加上这个整数编码表示变量，这样就解决了大小写名字冲突问题。当然，在这种规则下，编译器生成的代码中用户变量名已不可见，使用一个普通字母而不是特殊符号作为变量名的起始字符，也不会产生命名冲突问题。

关于汇编支持的数据类型，参考表1.2的内容，其中第二列为汇编语言数据类型的关键字。

1.3.5 寻址方式及记号约定

约定如下记号。

- imm：指常数，在汇编中称为立即数，如果需要，可以用imm8、imm16、imm32等进一步说明立即数的长度。

- reg：指寄存器，如果需要，可以用reg8、reg16、reg32等进一步说明寄存器的长度。
- mem：指内存地址，如果需要，可以用mem8、mem16、mem32等进一步说明内存数据的长度。

对寄存器来说，不同长度寄存器名字是不一样的，reg32一般指EAX、EBX等，reg16一般指AX、BX等，而reg8一般指AH、AL、BH、BL等。

x86共有7种寻址方式，对于编译器访问内存来说，一般使用如下方式。

- addr：addr是一个变量名，直接用该变量名代表的地址寻址，一般只有静态数据区的变量才能用这种方式访问。
- [reg]：用寄存器的内容作为地址寻址。
- const[reg]：用寄存器的内容加上const这个常数进行间接寻址。
- [reg + const]：寄存器的内容加上const作为地址，等价于const[reg]。

1.3.6 传送指令

传送指令的存和取都使用mov指令。所有如mov这种带有两个操作数的指令，第一个是目的操作数，第二个是源操作数。传送指令是将源操作数取到目的操作数中。

- mov reg, imm/reg/mem：目的操作数为寄存器reg，源操作数可以是立即数imm、寄存器reg或内存地址mem，该操作是将立即数imm或寄存器reg中的数据或内存地址mem中的数据送入目的操作数reg对应的寄存器中。
- mov mem, imm/reg：目的操作数为内存mem，源操作数可以是立即数imm或寄存器reg，该操作是将立即数imm或寄存器reg中的数据送入目的操作数mem对应的内存中。

传送指令不能使数据在两个内存地址之间传送，但串操作指令可以。

代码1.30是几个数据存取的例子。数据区定义了两个变量x和y，它们都是DWORD型，也就是各占4字节。x初始化为十进制的777，y后面的问号表示不初始化，只分配内存空间。

代码 1.30 mov指令示例

```
1   .data
2   x  dword 777
3   y  dword ?
4   .code
5   mov ebp, esp
6   mov eax, 0A000h
7   mov eax, x
8   mov y, eax
9   mov dword ptr x, 5678h
10  mov esi, offset x
11  mov eax, [esi + 4]
```

第5行将寄存器ESP的内容存入EBP。第6行把立即数A000h存入寄存器EAX，立即数后面的H表示它是一个十六进制数字。当十六进制数字最前面一个字符是字母时，会被汇编器认为是变量，因此前面加0表示它是一个数字。另外，0xA000是C语言等高级语言的记数法，x86汇编中不支持这种写法。

第7行把内存x的内容存入寄存器EAX，第8行把寄存器EAX的内容写入内存y对应的单元。

第9行试图将立即数5678H写入x对应的单元。因为x只代表一个地址的起始位置，汇编器不了解立即数占多少字节，也不了解x的数据类型和占用字节数，因此前面加上关键字DWORD PTR，表明按4字节的DWORD格式写入。

第10行的offset x指取变量x的地址，因此该行把x的地址送入寄存器ESI。第11行用[ESI + 4]访问内存，是将ESI指向的地址偏移4字节，而x的地址偏移4字节为y，因此把y的内容送入EAX。这种寻址方式在数组下标计算中经常用到。

另一个传送指令lea，称为取有效地址（Load Effective Address）指令：

- lea reg, [addr]：将有效地址addr写入寄存器reg。

该指令取源操作数addr的值作为地址，将这个地址写入目的操作数reg，而不是取这个地址的内容写入reg。

例题1.2 取有效地址指令

- lea eax, [1000h]：将地址1000h写入EAX。
- lea eax, dword ptr [ebx]：将EBX的值送入EAX。
- lea eax, x：将x的地址送入EAX。
- lea eax, [ebp + 32]：将寄存器EBP的值加上32送入EAX，与“mov eax, ebp”和“add eax, 32”这两条指令的组合等价。

1.3.7 基本运算指令

1. 加减法相关指令

加减法相关的指令包括以下几个。

- add reg, imm/reg/mem：两个操作数相加，结果存入目的操作数寄存器reg。
- sub reg, imm/reg/mem：两个操作数相减，结果存入目的操作数寄存器reg。
- inc reg：自增1，即寄存器reg中的数字加1。
- dec reg：自减1，即寄存器reg中的数字减1。
- neg reg：寄存器reg中的数字取反，即一元负运算。

现在的CPU是有add mem, reg、inc mem、neg mem这样的指令的。此类指令需要将数据从内存取出，使用相应的计算部件计算后再写回，使用的时钟周期较多。程序员当然可以使用这样的指令编程，但对于编译器来说，这些不可分割的操作不利于优化的处理，因此我们不考虑这样的指令。

2. 乘法指令

乘除法是比较特殊的指令，它们的指令相当丰富。无符号乘法只有一个操作数，而有符号乘法可以有1~3个操作数，具体如下。

- mul reg/mem：无符号乘法。
- imul reg/mem：有符号单操作数乘法。
- imul reg, imm/reg/mem：有符号双操作数乘法，目的操作数必须是寄存器，乘法结果放在目的操作数中。
- imul reg, imm/reg/mem, imm：有符号三操作数乘法，第一个操作数（目的操作数）

必须是寄存器，第三个操作数必须是立即数，乘法结果放在目的操作数中。

单操作数乘法指令只有一个操作数，为乘数。被乘数存储在一个固定寄存器中，乘积也放在固定的寄存器中，具体规则如下。

- 乘法指令操作数为reg8/mem8，被乘数在AL中，乘积存入AX。
- 乘法指令操作数为reg16/mem16，被乘数在AX中，乘积存入DX:AX；即高16位在DX中，低16位在AX中。
- 乘法指令操作数为reg32/mem32，被乘数在EAX中，乘积存入EDX:EAX；即高32位在EDX中，低32位在EAX中。

这就要求做乘法之前，如果要使用的固定寄存器被占用，就先要把这个寄存器清理出来。所谓清理寄存器，指将寄存器的数据保存到内存的操作，这样后续再使用这个数据时，就可以从内存取出，不至于数据丢失。

乘法使用EFLAGS寄存器的溢出标志OF和进位标志CF标记高位数据是否有用。示例如代码1.31所示，第3~5行为16位无符号乘法，由于2002h × 20h = 40040h，因此DX=4h，AX=40h。注意高16位的4h是放到DX中，而不是放到EAX的高16位中。进位标志CF和溢出标志均被置1，表示DX的内容不为0，不可以被丢弃。

代码 1.31 乘法示例

```
1   .code
2   ; 初始EAX = 00D7F7E0, EDX = 008F100A, 为随机值
3   mov ax, 2002h
4   mov bx, 20h
5   mul bx        ; EFLAGS = 00000A03, EAX = 00D70040, EDX = 008F0004
6
7   mov al, 4
8   mov bl, 4
9   imul bl       ; EFLAGS = 00000202, EAX = 00D70010, EDX = 008F0004
10
11  mov al, -4
12  imul bl       ; EFLAGS = 00000286, EAX = 00D7FFF0, EDX = 008F0004
13
14  mov ax, -4
15  mov bx, 4
16  imul ax, bx   ; EFLAGS = 00000286, EAX = 00D7FFF0, EDX = 008F0004
```

第7~9行为有符号乘法，4×4 = 16，因此AL = 16，可以放下整个结果。但是由于是有符号乘法，符号位在AH的最高位，因此为了表示正数，会有AH=0。标志寄存器CF=0，OF=0。

第11~12行为有符号乘法，BL未改变，仍然为4。$-4 \times 4 = -16$，因此用补码表示AX = FFF0h。标志寄存器SF = 1，表示符号为负。

单操作数的mul和imul都会生成两倍于源操作数位的结果，从而不丢失任何精度。这种情况下mul和imul的高位结果不同，不能互相替代。

单操作数乘法受限非常大，双操作数的imul则将两个操作数的乘积放到第一个操作数，超出部分截断，有如下优点。

- 不必将一个操作数放到固定寄存器EAX，可以使用任何寄存器。

- 计算结果放到目的操作数，也不需要固定寄存器EAX和EDX。
- 源操作数可以是立即数、寄存器或内存地址，而单操作数指令必须使用寄存器或内存地址，不能使用立即数乘法。

双操作数指令imul的结果位数和源操作数一致，这种情况下无符号和有符号乘法的结果一致，所以不需要再为无符号乘法设计相应的指令。如果算法不处理溢出，或者虽然处理溢出但不需要具体的结果，**无论有符号还是无符号乘法，编译器都会优先选择使用双操作数指令的imul。**

代码1.31第14~16行为有符号双操作数乘法,结果放在AX而非DX:AX中,AX = FFF0h，但EAX的高16位保持原来的值，EDX并未因符号扩展而出现变化。

另外，imul还有三操作数指令，由第二、第三个操作数相乘，结果放入第一个操作数，但限制第三个操作数必须是立即数。

3. 除法指令

除法指令只有单操作数指令，没有双操作数和三操作数指令。除法指令的操作数为除数。

- div reg/mem：无符号除法。
- idiv reg/mem：有符号除法。

被除数、商和余数使用固定寄存器规则：

- 除法指令操作数为reg8/mem8，被除数放入AX，商放入AL，余数放入AH。
- 除法指令操作数为reg16/mem16，被除数放入DX:AX，商放入AX，余数放入DX。
- 除法指令操作数为reg32/mem32，被除数放入EDX:EAX，商放入EAX，余数放入EDX。

但是有符号除法又有新问题。如32位除法中，如果被除数是负数，且一个32位寄存器能装下，那么由于被除数放到EDX:EAX这个整体中，就不能简单地将EDX置0，在EAX中放入被除数。需要把表示负数的符号位放到EDX的最高位，而不是EAX的最高位。

为了处理这种情况，提供了3个符号扩展指令，它们没有操作数，在调用有符号除法之前调用，用于将AL/AX/EAX的符号位扩展到AH/DX/EDX。

- cbw：将AL的符号位扩展到AH，调用idiv reg8/mem8前使用。
- cwd：将AX的符号位扩展到DX，调用idiv reg16/mem16前使用。
- cdq：将EAX的符号位扩展到EDX，调用idiv reg32/mem32前使用。

代码1.32为一个使用符号扩展进行有符号除法的例子。第2行被除数放入EAX，第3行除数放入EBX。第4行调用CDQ后，EDX:EAX这64位合起来表示 −10。第5行调用除法指令进行计算，商存入EAX，余数在EDX中。

代码 **1.32** 除法示例

```
1    .code
2    mov eax, -10  ; EAX = FFFFFFF5, EDX = 00330004
3    mov ebx, 4    ; EBX = 00000004
4    cdq           ; EAX = FFFFFFF5, EDX = FFFFFFFF
5    idiv ebx      ; EAX = FFFFFFFE, EDX = FFFFFFFD, 商-2余-3
```

4. 位操作指令

位操作比较简单，我们选取如下指令。

- shl reg, imm8/CL；左移，最低位补0，最高位移入EFLAGS寄存器的CF。源操作数表示左移多少位。
- shr reg, imm8/CL；右移，最高位补0，最低位移入CF。
- and reg, imm/reg/mem；按位与。
- or reg, imm/reg/mem；按位或。
- not reg, imm/reg/mem；按位取反。
- xor reg, imm/reg/mem；按位异或。

1.3.8 转移指令

转移指令也称为跳转指令，是将程序转移到目标地址处执行的指令。

1. 无条件转移指令

转移指令都需要一个目的地址，一般用标号实现，标号的地址即转移的目的地址，转移到标号位置即从标号定义处之后的第一个语句开始执行。标号命名规则与变量名相同，只不过定义在代码区，用名字后面加冒号表示。

无条件转移指令为jmp，示例如代码1.33所示。第3行定义了一个标号L1，用标号名加冒号表示。第1行和第6行各有一个无条件转移指令转移到L1，也就是从L1之后第4行的mov指令开始执行。

代码 1.33 无条件转移指令

```
1    jmp L1
2    ...
3    L1:
4    mov ...
5    ...
6    jmp L1
```

2. 条件转移指令

条件转移的过程是，先用cmp destination, source指令比较两个数，再使用转移指令根据比较结果转移到某个目标。指令cmp的实际操作是用目的操作数destination减去源操作数source，但并不保存结果到目的操作数，其目的只是影响EFLAGS寄存器的标志位。条件转移指令根据某些标志位，决定是否转移到目标标号处。

条件转移指令有很多冗余，针对每个关系运算符，有符号和无符号各选择一个指令使用即可，如表1.4所示。表中最后一列对指令字母做了说明，以便于记忆。

表 1.4 条件转移指令

转移条件	无符号转移	有符号转移	字母说明
相等转移	je		e: equal
不等转移	jne		n: not
大于转移	ja / jnbe	jg / jnle	a: above
大于或等于转移	jae / jnb	jge / jnl	g: greater than
小于转移	jb / jnae	jl / jnge	b: below
小于或等于转移	jbe / jna	jle / jng	l: less than

可以看出，大于和小于的转移指令都是成对出现的，如ja表示大于（above）转移，则对应有jnbe表示不小于或等于（not below and equal）转移，使用其中之一即可，一般选用前面的指令。

代码1.34中，第1行将EAX的内容置为5，第2行cmp指令因为EAX大于4，因此第3行的jg条件成立，会转移到L1对应的地址继续执行；否则不转移，继续执行第3行后面的指令。

还有一条jnz指令（第8行），表示非0转移，它的作用和jne完全相同，两条指令的二进制编码也相同。只是由于非0（not zero）表示真，因此中间代码中经常用这个指令表示一个布尔表达式为真时的转移。但翻译成目标代码时，还是翻译成该布尔变量和0进行比较（cmp），然后再调用jnz或jne指令。

代码 1.34　条件转移指令

```
1    mov eax, 5
2    cmp eax, 4 ; 由于eax中为5, 因此eax > 4
3    jg L1    ; 若eax中的值大于4则跳转
4    ...
5    L1:
6    ...
7    cmp eax, 0
8    jnz L1
```

1.3.9　栈操作指令

寄存器是公共资源，各种进程包括操作系统在内，都需要使用这些资源。使用公共资源的一个原则是，使用后要将公共资源恢复，使其看起来就像没有用过一样，防止影响其他程序的使用。一般使用寄存器前将其值保存到栈区，使用完后再将栈区保存的值恢复到寄存器。

程序管控资源的最小单位是过程，一个过程使用和恢复寄存器资源的策略是，进入过程时先将需要使用的寄存器压入栈中，退出前再把这些值弹出到相应寄存器，这样就恢复了现场。当需要入栈的寄存器较多时，也有可以使用全部寄存器入栈的指令。栈操作指令如下。

- push imm32/reg/mem; 将立即数/寄存器/内存压入栈顶，注意立即数只能是32位。
- pop reg/mem; 栈顶元素弹出，送入寄存器/内存。
- pushad; 按照EAX、ECX、EDX、EBX、ESP、EBP、ESI、EDI的顺序，将所有32位寄存器依次入栈。其中ESP是执行该指令之前的值，入栈后ESP的值会改变。
- popad; 按与pushad相反的顺序出栈。
- pushfd; EFLAGS状态寄存器入栈。
- popfd; EFLAGS状态寄存器出栈。

代码1.35展示了一个过程保护寄存器的例子。由于过程要使用EAX和EDX寄存器，因此进入过程后，第2、3行将这两个寄存器的值压入栈。中间使用这两个寄存器进行了运算，退出过程前的第8、9行，将这两个寄存器反序弹出，使其恢复原来的值。

代码 1.35 栈操作指令

```
1   sum proc
2     push eax
3     push edx
4     mov eax, 7
5     mov edx, 70
6     add eax, edx
7     ...
8     pop edx
9     pop eax
10  sum endp
```

当然，栈操作指令不仅用于寄存器现场的保存和恢复，一些涉及栈区数据的存储和获取，如参数传递、栈区开辟临时空间等，都可以使用这些指令。栈的增长方向为从高地址向低地址增长，即栈顶在低地址端。

1.3.10 浮点指令

由于浮点运算使用单独的FPU计算单元，也不考虑寄存器占用问题，因此相对来说浮点计算指令更加简单。下面指令我们用m32fp/m64fp/m80fp表示real4/real8/real10的数据内存地址，用ST(i)表示第i个寄存器，注意ST(0)总是在栈顶。

1. 初始化和异常处理指令

进行浮点计算前，先调用fint指令初始化，其作用是将FPU控制字设置为037FH，具体地：

- 屏蔽了所有浮点异常；
- 舍入模式设置为最近偶数；
- 计算精度设置为64位。

CPU和FPU是相互独立的单元，因此可以并行运行。如果浮点指令引发异常，后面跟的是整数或系统指令，它们会立即执行。假设第一条浮点指令将其输出送入一个内存地址，而第二条整数指令又要修改同一个内存操作数，那么异常处理程序就不能正确执行。

指令wait/fwait检查并处理未屏蔽浮点异常，代码1.36展示了这条指令的作用。代码第2行定义了dword类型的变量i，第4行的fild指令将i取到浮点寄存器ST(0)，这条指令马上在下面的“数据存取指令”中介绍；第5行调用fwait指令，第6行是一条整型指令，使内存i增1。

代码 1.36 浮点异常处理

```
1   .data
2     i dword 7
3   .code
4     fild i    ; 将整数加载到ST(0)
5     fwait     ; 等待处理异常
6     inc i     ; 整数加1
```

如果第4行的指令触发了异常，就会调用浮点异常处理子程序。如果没有第5行的fwait指令，会直接执行第6行，导致浮点异常处理子程序无法正确运行。如果有第5行的fwait或wait指令，则在执行下一条指令之前，强制处理器检查待处理且未屏蔽的浮点异常。这两条指令中的任一条都可以使指令等待，直到异常处理程序结束，才执行第6行指令。

2. 数据存取指令

用m32fp/m64fp/m80fp表示内存中32/64/80位浮点数地址，数据存取指令如下。

- fld m32fp/m64fp/m80fp/ST(i)；将浮点操作数复制到FPU栈顶寄存器，操作数可以是real4、real8、real10内存操作数或FPU寄存器。
- fild mem；将16位、32位、64位有符号整数源操作数转换为双精度浮点数，并加载到ST(0)。
- fst m32fp/m64fp/m80fp/ST(i);将ST(0)保存到操作数指向的内存/栈寄存器,ST(0)不弹出栈。
- fstp m32fp/m64fp/m80fp/ST(i)；将ST(0)保存到操作数指向的内存/栈寄存器，ST(0)弹出栈。
- fist mem16/mem32/mem64：将ST(0)转换为有符号整数，保存到目的操作数，保存的值可以是字、双字或8字节整数。默认向上舍入，由控制字的第10~11位控制。如果要改变舍入模式，可以用下面的FSTCW指令把控制字取到内存，然后修改相应控制位后再用FLDCW加载回去。
- fistp mem16/mem32/mem64：同FIST，但操作完成要将ST(0)弹出栈。
- fldcw mem16：从内存加载控制字。
- fstcw/fnstcw ax/mem16：保存控制字到AX寄存器/内存，fstcw等价于fwait + fnstcw。
- fstsw/fnstsw ax/mem16：保存状态字到AX寄存器/内存，fstsw等价于fwait + fnstsw。

代码1.37是浮点数存取的几个例子。

代码 1.37　浮点存取指令

```
1    .data
2      array real8 10 dup(?)  ; 10个real8类型的数据
3      One real8 77.7         ; 1个real8类型的数据
4    .code
5      fld One                ; 直接寻址
6      fld [array + 8]        ; 直接偏移
7      fld real8 ptr [esi]    ; 间接寻址
8      fld array[esi]         ; 变址寻址
```

取数指令的操作数不能是立即数，如果手工编程，可以在静态数据区定义变量，并用该立即数初始化，然后用fld指令取出。如果编译器操作，则需要实现IEEE的浮点数编码，压入栈中再用fld指令取出，这部分工作在目标代码生成中介绍，但有一些特殊常数可以用指令加载到栈顶，包括：

- fldz，将0.0压入栈顶。
- fld1，将1.0压入栈顶。
- fldl2t，将$\log_2 10$压入栈顶。
- fldl2e，将$\log_2 e$压入栈顶。
- fldpi，将π压入栈顶。
- fldlg2，将$\log_{10} 2$压入栈顶。

- fldln2，将 ln 2 压入栈顶。

3. 浮点计算指令

浮点数加、减、乘、除指令分别为fadd、fsub、fmul、fdiv，它们的操作高度一致，统一使用op表示；faddp、fsubp、fmulp、fdivp统一用opp表示，fiadd、fisub、fimul、fidiv统一用fiop表示；那么，这些指令的格式如下。

- op：没有操作数，ST(1) op ST(0) 的结果放入ST(1)，然后ST(0) 出栈，因此结果保留在栈顶。
- op m32fp/m64fp：ST(0) op m32fp/m64fp，存入ST(0)。
- op st(0), st(i)：ST(0) op ST(i)，存入ST(0)。
- op st(i), st(0)：ST(i) op ST(0)，存入ST(i)。
- opp st(i), st(0)：ST(i) op ST(0)，存入ST(i)，且ST(0) 出栈。
- fiop m16int/m32int：将源操作数转换为扩展双精度浮点数，再从ST(0) 中 fiop 该数，存入ST(0)。

另外有取反和取绝对值指令 fchs 和 fabs。

- fchs：ST(0) 取反。
- fabs：ST(0) 取绝对值。

4. 浮点比较转移

浮点数的比较指令有5个。

- fcom：比较ST(0) 与ST(1)。
- fcom m32fp/m64fp：比较ST(0) 与 m32fp/m64fp。
- fcom st(i)：比较ST(0) 与ST(i)。
- fcomp 指令操作数类型与执行的操作与fcom 指令相同，但要将ST(0) 弹出栈。
- fcompp 指令操作数类型与执行的操作与fcom 指令相同，但有两次出栈操作。

比较指令影响的是FPU的状态字，还需要以下两步修改CPU的EFLAGS，然后再调用整型编码的转移指令即可：① 用 fnstsw 指令把FPU状态字送入AX；② 用sahf 指令把AH复制到EFLAGS寄存器。

代码1.38为浮点数比较转移的例子。第6行将ST(0) 置为x，第7行ST(0) 和y比较，第8~9行根据浮点比较的结果修改EFLAGS寄存器，第10行根据比较结果进行转移。

代码 1.38 浮点转移指令

```
1     .data
2       x real8 1.2
3       y real8 3.0
4       n dword 0
5     .code
6       fld x      ; ST(0) = x
7       fcomp y    ; ST(0)和y比较
8       fnstsw ax  ; 将FPU的状态字送入AX
9       sahf       ; 将AH复制到EFLAGS
10      jge L1     ; 若x>=y，则跳过下一条指令
11      mov dword ptr n, 1 ; n = 1
12      L1: ...
```

1.4 中间语言

中间语言与具体机器特性无关，是源语言到目标语言的一个过渡，它有如下3方面的作用。

- 源语言生成中间语言后，生成不同目标机器语言时，只需修改中间代码到目标代码的映射部分，算法结构更清晰。
- 可对中间语言进行与机器无关的优化，有利于提高目标代码的质量。
- 考虑支持m种高级语言n种目标机器语言的编译，如果没有中间语言，需要设计$m \times n$种情形的组合，而如果采用一个中间语言过渡，只需要m种高级语言翻译为中间语言，以及中间语言翻译为n种目标语言，总共$m + n$种情形，可极大降低工作量。

我们不考虑虚拟机上的中间语言，目前用于编译器的中间语言主要包括三类：后缀式、图表示法和三地址码，如图1.7所示。

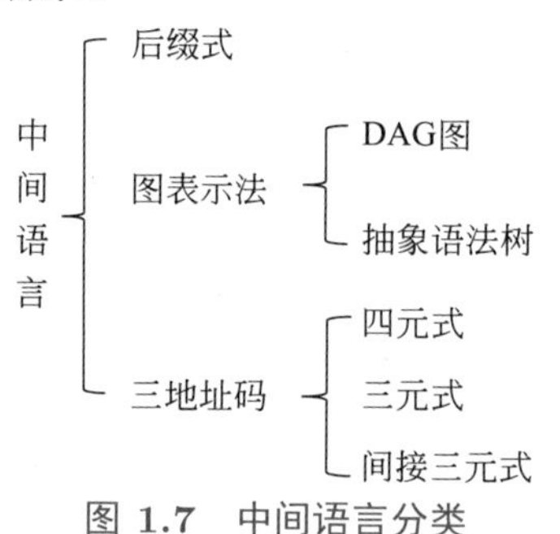

图 1.7　中间语言分类

源语言代码和目标语言代码都用正体表示。中间语言程序虽然也被称为代码，但它是源语言代码计算的中间过程，并需要进一步计算得到目标代码。因此，中间代码属于数学公式加工的中间结果，并需要进一步加工，且经常与数学公式混合在一起，一般使用斜体表示。

1.4.1　后缀式

后缀式又称为**逆波兰式**，是波兰逻辑学家卢卡西维奇（Lukasiewicz）发明的一种表达式表示方法。我们常用的把运算符写在运算数中间的表示法，称为**中缀式**，而后缀式则把运算量写在前面，运算符写在后面，如“$a + b$”写作“$ab+$”，“$a * b$”写作“$ab*$”等。

定义 1.2 (后缀式)

用$\lessdot E \gtrdot$表示程序表达式E的后缀式：

(1) 如果a是一个变量或常量，则$\lessdot a \gtrdot = a$；

(2) 如果θ是一个一元运算符，则$\lessdot \theta E \gtrdot = \lessdot E \gtrdot \theta$；

(3) 如果θ是一个二元运算符，则$\lessdot E_1 \theta E_2 \gtrdot = \lessdot E_1 \gtrdot \lessdot E_2 \gtrdot \theta$；

(4) $\lessdot (E) \gtrdot = \lessdot E \gtrdot$。 ♣

从中缀式生成后缀式的算法需要到中间代码生成阶段才能构造出来，目前我们采用手工构造的方式，对后缀式进行初步认识。手工构造后缀式关键是找到某个优先级最低的运算符，这个运算符把表达式分成左、右两部分，对两部分分别求后缀式，并把分开处的运算符放到最后。一般从左到右扫描运算符，如果一个运算符比它左、右运算符的优先级都低，就可以从这里分开。

例题 1.3 算术运算后缀式 计算$\lessdot a*b+c*d\gtrdot$

解 算术运算先算乘法，后算中间的加法，求后缀式从加法处分开。

$$\begin{aligned} & \lessdot a*b+c*d\gtrdot \\ = \ & \lessdot a*b\gtrdot \lessdot c*d\gtrdot + \\ = \ & \lessdot a\gtrdot \lessdot b\gtrdot * \lessdot c\gtrdot \lessdot d\gtrdot *+ \\ = \ & ab*cd*+ \end{aligned}$$

后缀式不使用括号，而且运算符出现的顺序就是计算顺序。计算时可以从左到右扫描表达式，遇到操作数入栈，遇到运算符从栈顶弹出相应数量操作数计算，计算结果再入栈，最后得到的栈顶数据就是计算结果。

如例题1.3中的后缀式，从左到右扫描，先a、b入栈，遇到二元运算符$*$后弹出两个运算数做乘法运算，得到$a*b$的结果，再将该结果入栈。继续扫描，c、d分别入栈，遇到$*$弹出两个运算数做乘法运算，得到$c*d$的结果，再入栈。此时栈中分别为$a*b$和$c*d$的结果，遇到$+$，弹出两个操作数计算，再压入，栈里就剩下一个$a*b+c*d$的结果，计算结束。

下面再看两个后缀式计算的例子。

例题 1.4 幂运算后缀式 计算$\lessdot(a+b)\hat{}(c*d+e)\hat{}f\gtrdot$，其中 ^ 为乘幂运算。

解 幂运算为右结合，计算时先算右边的 ^，求后缀式就先从左边的 ^ 把两部分分开。

$$\begin{aligned} & \lessdot(a+b)\hat{}(c*d+e)\hat{}f\gtrdot \\ = \ & \lessdot(a+b)\gtrdot \lessdot(c*d+e)\hat{}f\gtrdot \hat{} \\ = \ & \lessdot a+b\gtrdot \lessdot(c*d+e)\gtrdot \lessdot f\gtrdot \hat{}\hat{} \\ = \ & \lessdot a\gtrdot \lessdot b\gtrdot + \lessdot c*d+e\gtrdot \lessdot f\gtrdot \hat{}\hat{} \\ = \ & ab+\lessdot c*d\gtrdot \lessdot e\gtrdot +f\hat{}\hat{} \\ = \ & ab+cd*e+f\hat{}\hat{} \end{aligned}$$

例题 1.5 逻辑运算后缀式 计算$\lessdot a\leqslant b+c\wedge a>d\vee a+b\neq e\gtrdot$。

解 算术运算优先级高于关系运算，关系运算优先级高于逻辑运算，逻辑运算非、与、或的优先级依次由高到低。

$$\begin{aligned} & \lessdot a\leqslant b+c\wedge a>d\vee a+b\neq e\gtrdot \\ = \ & \lessdot a\leqslant b+c\wedge a>d\gtrdot \lessdot a+b\neq e\gtrdot \vee \\ = \ & \lessdot a\leqslant b+c\gtrdot \lessdot a>d\gtrdot \wedge \lessdot a+b\gtrdot \lessdot e\gtrdot \neq \vee \\ = \ & \lessdot a\gtrdot \lessdot b+c\gtrdot \leqslant \lessdot a\gtrdot \lessdot d\gtrdot > \wedge \lessdot a\gtrdot \lessdot b\gtrdot +e\neq \vee \\ = \ & a\lessdot b\gtrdot \lessdot c\gtrdot + \leqslant ad > \wedge ab+e\neq \vee \\ = \ & abc+ \leqslant ad > \wedge ab+e\neq \vee \end{aligned}$$

1.4.2 图表示法

图表示法包括有向无环图和抽象语法树。

抽象语法树（Abstract Syntax Tree，AST）是将操作符作为内部结点，操作数作为叶子结点构成的树形数据结构，如图1.8(a)所示为“$a*b+a*b$”的抽象语法树。抽象语法树还可以扩展到对语句的表示，如图1.8(b) 所示为“if $x > y$ then $x = y$ else if $x < 7$ then $x = 7$”的抽象语法树。

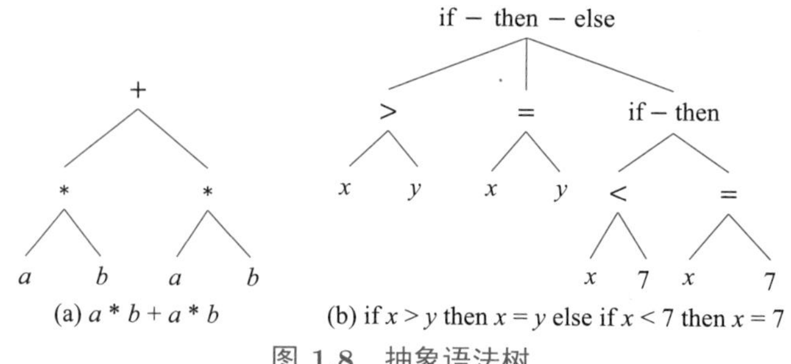

图 1.8　抽象语法树

抽象语法树从语法树中去掉那些对翻译不必要的信息，从而获得更有效的源程序中间表示。通过抽象语法树进行表达式求值，或者对程序进行解释执行，都是非常方便的。注意，把抽象语法树和语法树区分开，语法树将在第2章的文法部分介绍。

有向无环图（Directed Acyclic Graph，DAG）复用重复计算的子树。如图1.9所示为$a*b+a*b$的DAG，其中$a*b$只计算一次，因此能起到优化效果。DAG还能进行其他多种优化，是局部代码优化的重要工具，将在中间代码优化部分详细讨论。

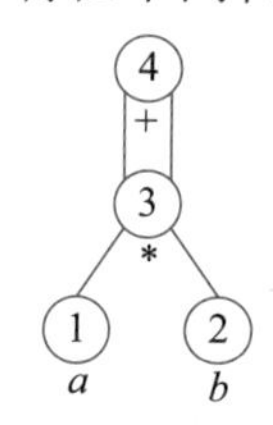

图 1.9　$a*b+a*b$的DAG

1.4.3　三地址码

三地址码如定义1.3所示，由于一个语句需要x、y、z三个变量地址，因此得名。

定义 1.3 (三地址码)

三地址码是由形如$z = x\theta y$的语句构成的序列，其中x、y、z为名字、常数或编译时产生的临时变量，θ为运算符。♣

1. 三地址码与四元式

定义1.3中的三地址码语句是一种非结构化的表示方式，适合人类理解。在计算机表示中，一般有四元式、三元式、间接三元式等结构化表示方法。本节先只考虑四元式，这是我们主要使用的中间代码形式，之后对三元式、间接三元式进行简单介绍。

定义1.3中语句对应的四元式为(θ, x, y, z)，其第1维度为操作符θ，第2、3维度为左操作数x和右操作数y，第4维度为左值z。当θ是一元运算符时，只使用第2维度的操作数，第3维度为空，可以用“−”表示。三地址码和四元式形式整理如表1.5所示。

寄存器分配专用三地址码，在目标代码生成的图着色部分，介绍溢出代价计算时才第一次用到。关于变量x在四元式中的位置，也在该部分解释。

三地址码每次处理一个运算，不能同时处理两个。当处理一个运算后，结果没地方存储时，可以考虑生成临时变量。为防止与用户变量重名，临时变量我们用“$”加一个数字表示。负号和减号一般在高级语言中都使用“−”表示，但在目标语言中对应不同指令。在三地址码中已经能区分负号和减号，因此用不同符号表示，减号仍然采用“−”，而一元负用“@”表示。

表 1.5 三地址码和四元式形式整理

类别	三地址码	四元式	说明
一般运算	$z=x\theta y$	(θ,x,y,z)	θ 为二元算符，如算术、关系、逻辑算符等；
	$z=\theta x$	$(\theta,x,-,z)$	θ 为一元算符，如一元负、逻辑非等；
	$z=x$	$(=,x,-,z)$	赋值运算
转移语句	goto L	$(j,-,-,L)$	无条件转移到 L；
	if a goto L	$(\text{jnz},a,-,L)$	若 a 为真则转移到 L，jnz 表示 not zero 时转移；
	if $x\theta y$ goto L	$(j\theta,x,y,L)$	若 $x\theta y$ 为真则转移到 L，θ 是关系算符，因此 $j\theta$ 是 $j=$、$j\neq$、$j<$、$j\leqslant$、$j>$、$j\geqslant$ 之一
数组	$z=x[i]$	$(=[],x,i,z)$	把地址 x 后面的第 i 个单元的内容赋值给 z；
	$z[i]=x$	$([]=,i,x,z)$	把 x 赋值给地址 z 后面的第 i 个单元
地址指针	$z=\&x$	$(\&,x,-,z)$	把 x 的地址赋值给 z；
	$z=*x$	$(=*,x,-,z)$	把地址 x 中的内容赋值给 z；
	$*z=x$	$(*=,x,-,z)$	把 x 写入地址 z
类型转换	$z=(\text{real})x$	$(i2r,x,-,z)$	将整型 x 转换为实型，并赋值给 z；
	$z=(\text{int})x$	$(r2i,x,-,z)$	将实型 x 转换为整型，并赋值给 z
过程定义	fun proc	(proc, fun, −, −)	过程开始标记，过程名字为fun；
	fun endp	(endp, fun, −, −)	过程结束标记，过程名字为fun
过程调用与返回	param x	$(\text{param},x,-,-)$	x 是函数实参；
	call p	$(\text{call},p,-,-)$	调用过程 p；
	ret x	$(\text{ret},x,-,-)$	返回 x；
	ret	(ret, −, −, −)	无返回值的返回语句
形参标记	def x	$(\text{def},-,-,x)$	形参 x 定值标记
寄存器分配专用	load x	$(\text{load},-,-,x)$	将变量 x 从主存加载到寄存器；
	store x	$(\text{store},x,-,-)$	将变量 x 从寄存器保存到主存

例题 1.6 四元式 构造 $y=a*-x+a*-x-b$ 的四元式。

解 四元式如下：

(1) $(@,x,-,\$1)$ (3) $(@,x,-,\$3)$ (5) $(+,\$2,\$4,\$5)$ (7) $(=,\$6,-,y)$

(2) $(*,a,\$1,\$2)$ (4) $(*,a,\$3,\$4)$ (6) $(-,\$5,b,\$6)$

2. 三元式

三元式的提出是为了避免把临时变量填入符号表。由于每个三地址码都有表示语句位置的地址序号，因此可以通过语句位置引用这个临时变量，这样只需要三个域。

例题 1.7 三元式 构造 $y = a * -x + a * -x - b$ 的三元式。

解 三元式如下：

(1) $(@, x, -)$
(2) $(*, a, (1))$
(3) $(@, x, -)$
(4) $(*, a, (3))$
(5) $(+, (2), (4))$
(6) $(-, (5), b)$
(7) $(=, a, (6))$

三元式里面不再有目的操作数，里面带括号的数字表示引用的地址，如 (1) 就是第 (1) 个三元式的结果。

3. 间接三元式

为了便于代码优化，有时不直接使用三元式表，而是另设一张指示器表，按运算的先后顺序列出有关三元式在三元式表中的位置，这张指示器表称为间接码表。代码优化过程中需要调整运算顺序时，只需重新安排间接码表。

例题 1.8 间接三元式 构造 $y = a * -x + a * -x - b$ 的间接三元式。

解 间接三元式代码：(1)、(2)、(1)、(2)、(3)、(4)、(5)。

三元式表为：

(1) $(@, x, -)$
(2) $(*, a, (1))$
(3) $(+, (2), (2))$
(4) $(-, (3), b)$
(5) $(=, a, (4))$

1.5 编译器组成

1.5.1 编译器框架

编译器的输入是源程序的字符串，输出是目标代码，整体上可以划分为“五个阶段＋两个任务”，如图1.10所示。

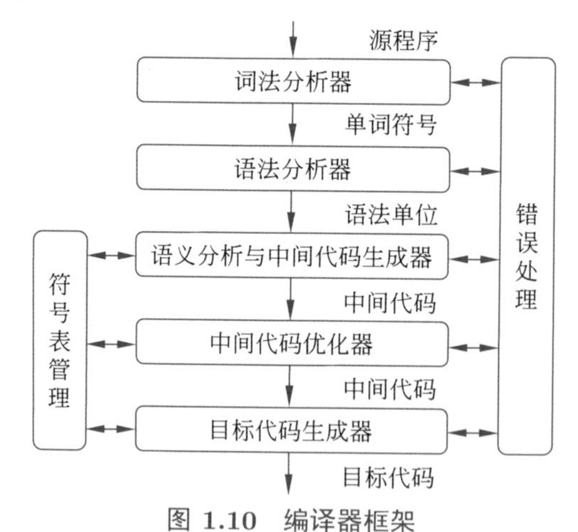

图 1.10 编译器框架

为了后续连续使用同一个例子，我们设计如代码1.39所示的简单C语言程序作为本节示例。

代码 1.39 一个用于表示编译器框架的 C 语言函数示例

```
1   int Fun(int x, int y) {
2     int a, b, var;
3     a = x + y;
4     b = x + y;
```

```
5        var = a * b;
6        return var;
7    }
```

1. 词法分析器

词法分析器（Lexical Analyzer）又称**扫描器**（Scanner），输入源程序的字符串，进行词法分析，输出单词符号串。输出的每个单词符号一般包括单词的名字和类别两个属性。代码1.39经过词法分析器得到的输出为

(1) (int, 关键字) (2) (Fun, 标识符) (3) ((, 界符) (4) (int, 关键字) (5) (x, 标识符) (6) (,, 界符) (7) (int, 关键字) (8) (y, 标识符) (9) (), 界符) (10) ({, 界符)
(11) (int, 关键字) (12) (a, 标识符) (13) (,, 界符) (14) (b, 标识符) (15) (,, 界符) (16) (var, 标识符) (17) (;, 界符) (18) (a, 标识符) (19) (=, 算符) (20) (x, 标识符)
(21) (+, 算符) (22) (y, 标识符) (23) (;, 界符) (24) (b, 标识符) (25) (=, 算符) (26) (x, 标识符) (27) (+, 算符) (28) (y, 标识符) (29) (;, 界符) (30) (var, 标识符)
(31) (=, 算符) (32) (a, 标识符) (33) (*, 算符) (34) (b, 标识符) (35) (;, 界符) (36) (return, 关键字) (37) (var, 标识符) (38) (;, 界符) (39) (}, 界符)

2. 语法分析器

语法分析器（Syntax Analyzer）又称分析器或解析器（Parser），对单词符号串进行语法分析，识别出各类语法单位，最终判断输入串是否构成语法上正确的程序。该阶段不产生实际的输出，只是判断程序语法是否正确。但这个阶段一般不会作为独立的阶段，会和语义分析、中间代码生成合并到一起，一边分析语法，一边分析语义并生成中间代码。

3. 语义分析器与中间代码生成器

语义分析器（Semantic Analyzer）与中间代码生成器（Intermediate Code Generator）按照语义规则对语法分析器归约（或推导）出的语法单位进行语义分析，并把它们翻译成一定形式的中间代码。这个过程以语法分析为导引，在语法分析过程中附加语义分析动作和中间代码生成动作，因此称为语法制导翻译。前面例子生成的中间代码如下。

(1) $(\mathrm{proc}, \mathrm{Fun}, -, -)$
(2) $(+, x, y, \$1)$
(3) $(=, \$1, -, a)$
(4) $(+, x, y, \$2)$
(5) $(=, \$2, -, b)$
(6) $(*, a, b, \$3)$
(7) $(=, \$3, -, \mathrm{var})$
(8) $(\mathrm{ret}, \mathrm{var}, -, -)$
(9) $(\mathrm{endp}, \mathrm{Fun}, -, -)$

4. 符号表管理

符号表（Symbol Table）用来记录每个名字及其属性，大致包括类别、类型、字宽、偏移量等信息。在中间代码生成时，声明语句的翻译结果填入符号表，其他语句的翻译结果为中间代码。

一般每个函数对应一个符号表，表1.6为上述C代码对应的符号表。从类别列看，该表中符号分为3类，形参变量、普通变量和临时变量。最后一列的偏移量，记录的是变量在内存中的相对位置。形参从0开始计算，第1个形参x的偏移量为0，第2个形参y的偏移量是x的偏移量加上x的字宽，因此是4。普通变量和临时变量统一计算偏移量，也从0开始计算。但是，并不是所有临时变量都需要分配空间，这是由寄存器数量决定的。只有当寄

存器数量不足，导致临时变量必须溢出到内存（溢出指保存到内存）时，才需要分配空间。如果临时变量不需要分配空间，则偏移量为 −1。

表 1.6　符号表

名　字	类　别	类　型	字　宽	偏　移　量
x	形参变量	sdword	4	0
y	形参变量	sdword	4	4
a	普通变量	sdword	4	0
b	普通变量	sdword	4	4
var	普通变量	sdword	4	8
$1	临时变量	sdword	4	−1
$2	临时变量	sdword	4	−1
$3	临时变量	sdword	4	−1

符号表中除这些基本信息外，在代码优化和目标代码生成阶段，还会通过数据流分析等方法填入变量的待用信息和活跃信息，以便为两个过程提供支持。

过程符号表一般伴随着中间代码生成的过程创建，在分析到声明语句时把变量填入。目标代码的变量地址是通过符号表中记录的偏移量计算得到的，所以中间代码生成到目标代码生成都需要符号表。

很多文献在词法分析时就填符号表，所以图1.10中符号表与编译器的5个步骤都有关联。但词法分析时，只能识别出一个个标识符，无法确定它是函数名、变量名还是标号名。词法分析时得到一个单词就填符号表，如果出现同名标识符，无法确定这是不同过程的两个变量（这时允许同名），还是同一过程的两个变量（这时不允许声明两个同名变量，但允许多次引用同一个变量），也不能确定两个同名的标识符应该使用一条记录还是分开记录。因此，经过语义分析，确定了标识符类型，并且确定了变量名、标号等属于哪个函数，再填写符号表才是合理的。按这个方法，图1.10中符号表应当仅与编译器后面三个步骤产生联系，与词法分析、语法分析无关。

5. 中间代码优化器

中间代码优化器（Intermediate Code Optimizer）对中间代码进行优化处理，结果如下所示。表达式 $x+y$ 只计算了一次，变量 a、$2、$b$ 都使用 $1 进行赋值，并删除了无用赋值。

(1) (proc, Fun, −, −)
(2) $(+, x, y, \$1)$
(3) (∗, $1, $1, $3)
(4) (=, $3, −, var)
(5) (ret, var, −, −)
(6) (endp, Fun, −, −)

6. 目标代码生成器

目标代码生成器（Code Generator）将中间代码翻译成目标代码。翻译为目标代码时，不活跃变量不需要存储到主存，得到的目标代码大致为：

(1) Fun proc
(2) push ebp
(3) mov ebp, esp
(4) push ebx
(5) push esi
(6) push edi
(7) sub esp, 12
(8) mov eax, [ebp + 8]
(9) add eax, [ebp + 12]
(10) mov ebx, eax
(11) imul ebx, eax
(12) mov eax, ebx

(13) jmp ?6
(14) ?6:
(15) add esp, 12
(16) pop edi
(17) pop esi
(18) pop ebx
(19) pop ebp
(20) ret 8
(21) Fun endp

其中，优化后的四元式(1)生成目标代码(1)，目标代码(2)~(3)为进入过程的通用操作，即保护帧指针EBP，并将栈指针ESP赋值给帧指针。目标代码(4)~(6)为被调方保护寄存器，目标代码(7)为局部变量开辟空间，由符号表知局部变量共需要存储12字节（临时变量都不需要存储），因此申请了12字节的空间。

目标代码(8)~(9)为四元式(2)生成的代码。形参的访问规则为EBP加一个偏移量，这个偏移量由符号表中对应变量的偏移量加上8得到。形参和局部变量的地址计算在运行时存储空间组织的部分介绍。

目标代码(10)~(11)为四元式(3)生成的代码。四元式(4)并不生成代码，但会记录var的值和$3一样，都保存在EBX中。四元式(5)生成目标代码(12)和(13)，其中(12)将返回值存入EAX，(13)转移到四元式(6)的代码。

目标代码(14)~(21)都是四元式(6)生成的代码。首先生成标号语句(14)，语句(15)清理局部变量的主存空间，(16)~(19)恢复保护的寄存器，(20)清理形参空间，(21)标记过程结束。

7. 错误处理

一个编译器需要应付程序员出现的各种错误。如果源程序有错误，编译程序应能发现这些错误，并尽量准确指出出错地点，以便于程序员调试修改。

词法分析阶段发现的错误一般是拼写错误，很可能遇到一些无法识别的符号导致出错。但很多在我们看来不符合规则的错误，也可能不被报错。如0x3G这种（0x表示十六进制，如果出现字母，则只能是A~F），词法分析很可能会放过这种错误，而是识别为十六进制3和标识符G。数字和标识符不能连在一起的错误，可能要等到语法分析才能发现。

大量错误会在语法分析阶段发现，也有些错误会推迟到语义分析阶段才能发现。中间代码生成阶段会发现更多的语义错误，比如字符串和整数相加这种错误。到了优化和目标代码生成阶段，可能会发现控制流转移目标不合法、代码未初始化之类的错误。

1.5.2 编译前端与后端

1.5.1节介绍的编译器五个阶段是按逻辑功能进行划分的。把源程序从头到尾扫描一次，进行相应的加工处理，生成新的结果，这个过程称为**一遍**（Pass）。

逻辑上来讲，比较清晰的划分是每个功能模块作为一遍，但实际实现时，往往需要各功能模块穿插进行。如词法分析部分，可以作为独立的一遍，输出单词符号串送给语法分析器；也可以作为一个子程序，公开一个取单词的过程，语法分析需要一个单词时调用一次该过程，词法分析程序就分析一个单词并返回，然后等待语法分析程序的下一次调用。又如中间代码生成，一般使用语法制导翻译的方法进行，在语法分析的同时就可以生成中间代码，两个功能模块完全融合在一起。而对于中间代码优化和目标代码优化等操作，则可能需要进行多遍才能完成。

概念上，可以把编译器分为前端和后端。

- **前端**（Front-End），指与源语言相关但与目标机器无关的部分，主要包括词法分析、语法分析、语义分析、中间代码生成、中间代码优化。

- **后端**（Back-End），指与目标机器有关的部分，包括目标代码生成、与目标机器有关的代码优化。

这样划分后，可以固定编译程序的前端，针对不同的目标机器修改后端，实现同一语言在不同后端上的运行。反之，也可以针对后端设计一种中间语言，让不同源语言的前端都编译到这个中间语言，实现多种语言的支持。

1.6 数学基础

本书使用了数理逻辑的一些符号，集合论中的一些基本运算，以及图论的一些相关知识，在此统一说明。这部分属于“离散数学”课程的内容，详细内容可以参考文献[54]。

1.6.1 数理逻辑和记号

公式或算法中的与、或、非符号，分别使用$\wedge$、$\vee$、$\neg$表示。如$\neg a \wedge x \leqslant y$，表示$a$不成立且$x \leqslant y$成立。代码中的与、或、非符号，则分别使用&&、||、!三个符号，主要因为前者书写简洁，后者容易使用键盘输入。

“如果P则Q”的逻辑，使用符号$P \rightarrow Q$表示；“P当且仅当Q”的逻辑，使用符号$P \leftrightarrows Q$表示。注意，这两个式子只是描述了句子的逻辑，这两个式子表达的逻辑未必为真。当$P \rightarrow Q$为永真式（又称重言式）时，称P蕴含Q，记作$P \Rightarrow Q$。这个符号和推导符号相同，要根据上下文区分。当$P \leftrightarrows Q$为永真式时，称P等价于Q，记作$P \Leftrightarrow Q$，它与$P \Rightarrow Q \wedge Q \Rightarrow P$等价。

全称量词“$\forall$”表示“所有的”，存在量词“$\exists$”表示“存在”。如用$I(x)$表示x是整数，用$P(x)$表示x是正整数，则$(\forall x)(P(x) \rightarrow I(x))$表示“对所有$x$，如果它是正整数，则它是整数”，即“所有正整数都是整数”；$(\exists x)(I(x) \wedge P(x))$表示“存在$x$，它是整数，也是正整数”。

使用$a \stackrel{\text{def}}{=} b$表示$a$定义为$b$。

关于符号的书写规则，对公式和算法中的变量，采用斜体表示，如x、sum。对代码中的所有符号，包括变量，都用正体书写，如$\mathrm{sum} = \mathrm{x} + \mathrm{y}$。但编译器采用数学工具加工语言，很多情况下数学公式的计算结果是某个代码，这时如果我们讨论的是数学公式的变换和计算规则，得到的结果也属于计算的一部分，则用斜体书写这些代码；如果讨论的是代码逻辑，则采用正体书写这些代码。对于代码部分，如1.4节所述，高级语言代码和目标语言代码采用正体书写，中间语言代码因为属于计算的中间过程，则采用斜体书写。

数学公式中的符号，一般采用单个大、小写字母或希腊字母，或者用较短的符号串表示。如果符号太长，数学公式的排版会非常不美观。基于这样的原因，本书很多符号采用了单个符号，或者小写字母组成的缩写形式，不得已时才会出现大写或较长的符号串。如低层次中间表示（Low-level Intermediate Representation）的数据结构，在算法中可能缩写为lir；下一个四元式（NeXt Quadruplet）缩写为nxq，等等。在编程实现时，为了代码的可读性，请尽量不要使用这种缩写形式，而是采用编程命名规范，如匈牙利命名法、驼峰命名法、帕斯卡命名法、下画线命名法等。数学要求简洁，代码要求整洁，文献[55]专门呈现了代码整洁的相关话题。

1.6.2 集合论

1. 集合的概念和表示

集合不能精确定义，一般把具有共同性质的东西汇聚为一个整体，就形成了集合。集合用花括号括起来。有两种方法可描述一个集合。

(1) 将集合中的元素都列举出来，如字母和数字组成的字母表 $\Sigma = \{a, b, \cdots, z, 0, 1, \cdots, 9\}$。

(2) 利用规则决定某一对象是否属于该集合，如 $\Sigma = \{x \mid 48 \leqslant ascii(x) \leqslant 57 \vee 97 \leqslant ascii(x) \leqslant 122\}$，其中 $ascii(x)$ 表示字符 x 的ASCII码，则集合 Σ 仍然表示字母和数字组成的字母表。

集合中的一个成员，可以称为属于这个集合，用符号 $\in$ 表示；不是集合的成员，则不属于这个集合，用符号 $\notin$ 表示。如上面所述的字母表，有 $a \in \Sigma, 8 \in \Sigma, A \notin \Sigma, 10 \notin \Sigma$ 等。

若集合 $A = B$，当且仅当它们有相同的成员，则用数理逻辑符号描述，如式(1.2)所示。

$$A = B \overset{\text{def}}{=} \forall x(x \in A \Leftrightarrow x \in B) \tag{1.2}$$

如果 A 的每个元素都是 B 的成员，则称 A 是 B 的子集，记作 $A \subseteq B$ 或 $B \supseteq A$，其定义如式(1.3)所示。

$$A \subseteq B \overset{\text{def}}{=} \forall x(x \in A \Rightarrow x \in B) \tag{1.3}$$

证明两个集合等价常用的一个定理如式(1.4)所示。

$$A = B \Leftrightarrow A \subseteq B \wedge B \subseteq A \tag{1.4}$$

如果 $A \subseteq B$，存在一个成员属于 B 但不属于 A，则称 A 是 B 的真子集，记作 $A \subset B$，其定义如式(1.5)所示。

$$A \subset B \overset{\text{def}}{=} (\forall x)(x \in A \Rightarrow x \in B) \wedge (\exists x)(x \in B \wedge x \notin A) \tag{1.5}$$

不包含任何元素的集合是空集合，记作 $\varnothing$，它是任意集合的子集。注意 $\varnothing \neq \{\varnothing\}$，但 $\varnothing \in \{\varnothing\}$。

在一定范围内，如果所有集合都是某一集合的子集，则该集合称为全集，记作 Ω。Ω 是所有可能成员的集合，即 $(\forall x)(x \in \Omega)$ 恒真。

2. 集合的运算

两个集合的交集（Intersection）、并集（Union）、差集（Difference）以及一个集合的补集（Complement），分别如式(1.6)、式(1.7)、式(1.8)和式(1.9)所示。

$$A \cap B \overset{\text{def}}{=} \{x \mid x \in A \wedge x \in B\} \tag{1.6}$$

$$A \cup B \overset{\text{def}}{=} \{x \mid x \in A \vee x \in B\} \tag{1.7}$$

$$A - B \overset{\text{def}}{=} \{x \mid x \in A \wedge x \notin B\} \tag{1.8}$$

$$\overline{A} \overset{\text{def}}{=} \{x \mid x \in \Omega \wedge x \notin A\} \tag{1.9}$$

集合差运算中，有 $A - B = A - A \cap B$ 和 $A - B = A \cap \overline{B}$。补集中，有 $\overline{A} = \Omega - A$。

例题1.9 集合运算 所有字母和数字构成的字母表为全集 $\Omega = \{a, b, \cdots, z, 0, 1, \cdots, 9\}$；有集合 $A = \{1, 3, 5, 7, 9\}, B = \{2, 4, 6, 7, 8\}, C = \{a, b, \cdots, z\}$。求 $A \cap B, A \cup B, A - B, \overline{A}, A \cap C$。

解 计算如下：

- $A \cap B = \{7\}$。
- $A \cup B = \{1,2,3,4,5,6,7,8,9\}$。
- $A - B = \{1,3,5,9\}$。
- $\overline{A} = \Omega - A = \{a, b, \cdots, z, 0, 2, 4, 6, 8\}$。
- $A \cap C = \varnothing$。

下面定义几个用于公式简写的运算符，如式 (1.10)～式 (1.14) 所示，其中的等号 (=) 表示赋值等。

$$A \cap = B \Leftrightarrow A = A \cap B \tag{1.10}$$

$$A \cup = B \Leftrightarrow A = A \cup B \tag{1.11}$$

$$A - = B \Leftrightarrow A = A - B \tag{1.12}$$

$$\bigcap_{i=1}^{n} A_i = A_1 \cap A_2 \cap \cdots \cap A_n \tag{1.13}$$

$$\bigcup_{i=1}^{n} A_i = A_1 \cup A_2 \cup \cdots \cup A_n \tag{1.14}$$

1.6.3 图论

在文法分析和代码生成、代码优化中，经常用到图（Graph）这种数据结构，如语法树、抽象语法树、DAG、流图、算符优先分析中的优先关系等。图结构中一个很重要的应用是寻找通路和回路，该问题在多个算法中都会用到，本节介绍该部分相关内容。

1. 邻接矩阵

邻接矩阵是图表示的一种方法。

定义 1.4 (邻接矩阵（Adjacency Matrix）)

如果一个图有 n 个结点，记作 $v_1, v_2, \cdots, v_n$，定义其邻接矩阵为 $\boldsymbol{A} = (a_{i,j})_{n \times n}$，其中：

$$a_{i,j} = \begin{cases} 1, & v_i\text{到}v_j\text{有边} \\ 0, & v_i\text{到}v_j\text{没有边} \end{cases} \tag{1.15}$$

♣

例题 1.10 邻接矩阵 如图1.11所示，按结点序号从小到大排序，其邻接矩阵如式 (1.16) 所示。

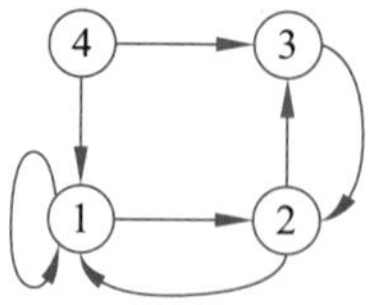

图 1.11 有向图

$$\boldsymbol{A} = \begin{pmatrix} 1 & 1 & 0 & 0 \\ 1 & 0 & 1 & 0 \\ 0 & 1 & 0 & 0 \\ 1 & 0 & 1 & 0 \end{pmatrix} \tag{1.16}$$

2. 通路数

现在考虑图中结点v_i到结点v_j的长度为2的路的数目。如果v_i到v_j有一条通路长度为2（即经过两条边），则必然经过且只经过一个结点，假设为v_k，即$v_i \to v_k \to v_j$，那么必然有$a_{i,k}=1, a_{k,j}=1$，也就是$a_{i,k}a_{k,j}=1$。反之，如果没有通路$v_i \to v_k \to v_j$，要么$a_{i,k}=0$，要么$a_{k,j}=0$，要么两者都是0，总之有$a_{i,k}a_{k,j}=0$。

我们测试所有n个结点，就得到了v_i到v_j长度为2的通路数目为$\sum\limits_{k=1}^{n} a_{i,k}a_{k,j}$，这恰好是邻接矩阵$\boldsymbol{A}$第$i$行和第$j$列的乘积。如果记$\boldsymbol{A}^2=\boldsymbol{A}\boldsymbol{A}=(a_{i,j}^{(2)})_{n\times n}$，则$a_{i,j}^{(2)}$就是结点$v_i$到$v_j$长度为2的通路数量。同理，$\boldsymbol{A}^m$的每个元素$a_{i,j}^{(m)}$，就是结点$v_i$到$v_j$长度为$m$的通路数量。

例题 1.11 通路数 图1.11中：

$$\boldsymbol{A}^2=\begin{pmatrix}2&1&1&0\\1&2&0&0\\1&0&1&0\\1&2&0&0\end{pmatrix},\quad \boldsymbol{A}^3=\begin{pmatrix}3&3&1&0\\3&1&2&0\\1&2&0&0\\3&1&2&0\end{pmatrix}$$

因此$v_1 \to v_1$长度为2的路有2条，长度为3的路有3条；
$v_2 \to v_4$长度为2的路有0条，长度为3的路有0条；
$v_3 \to v_3$长度为2的路有1条，长度为3的路有0条；
$v_4 \to v_3$长度为2的路有0条，长度为3的路有2条。

3. 可达矩阵

有时关心的不是边的数目，而是一个结点到另一个结点是否有通路。

定义 1.5 (可达矩阵（Reachability Matrix）)

如果一个图有n个结点，记作$v_1, v_2, \cdots, v_n$，定义其可达矩阵为$\boldsymbol{R}=(r_{i,j})_{n\times n}$，其中：

$$r_{i,j}=\begin{cases}1, & v_i\text{到}v_j\text{存在至少一条通路}\\0, & v_i\text{到}v_j\text{没有通路}\end{cases} \tag{1.17}$$

♣

可达矩阵记录了任意两个结点间是否至少存在一条通路，它适合做布尔运算。如果记

$$\boldsymbol{R}^{(k)}=r_{i,j}^{(k)}=\begin{cases}1, & a_{i,j}^{(k)}>0\\0, & a_{i,j}^{(k)}=0\end{cases} \tag{1.18}$$

也就是$\boldsymbol{A}^k$大于0的元素，对应的置$\boldsymbol{R}^{(k)}$为1，这相当于对$\boldsymbol{R}$通过布尔运算计算k次方。那么，$\boldsymbol{R}^{(k)}$记录了任意两结点是否可以通过k条通路到达。

将$\boldsymbol{R}^{(1)}, \boldsymbol{R}^{(2)}, \boldsymbol{R}^{(3)}, \cdots$做布尔或运算，如式(1.19)所示，就得到了可达矩阵。

$$\boldsymbol{R}=\boldsymbol{R}^{(1)}\vee\boldsymbol{R}^{(2)}\vee\boldsymbol{R}^{(3)}\vee\cdots=\bigvee_{k=1}^{\infty}\boldsymbol{R}^{(k)} \tag{1.19}$$

在实际计算中，显然k无须计算到无穷大（也不现实）。因为随着k增大，矩阵$\boldsymbol{R}$中1的个数会越来越多，而不会减少。如果图中结点数量为n，当计算到$k=n$时，$\boldsymbol{R}$就不会再变化（收敛）。这是因为一个结点到达另一个结点（含自身结点）的通路，经过的不重复结

点数量不会超过图的结点总数量。

例题1.12 可达矩阵　图1.11中，当$k=4$时收敛（即$k=3$和$k=4$得到的$\boldsymbol{R}$相同），得到

$$\boldsymbol{R}=\begin{pmatrix}1&1&1&0\\1&1&1&0\\1&1&0&0\\1&1&1&0\end{pmatrix}$$

即没有结点可以到达结点4；结点3能到达结点1、2，不能到达结点3本身和结点4；结点1、2、4都可以到达结点1、2、3。

第1章 编译器概述 内容小结

- 编译器研究如何将高级程序设计语言翻译为低级目标语言。
- 高级程序设计语言分为命令式语言和声明式语言，按程序结构可分为面向过程语言、过程嵌套语言、面向对象语言、动态语言和基于对象语言。
- CPU架构包括x86、ARM、RISC-V和LoongArch，其中x86使用CISC指令集，后三者使用RISC指令集。
- 中间语言分为后缀式、图表示法和三地址码3种形式。
- 编译器由词法分析器、语法分析器、语义分析与中间代码生成器、代码优化器、目标代码生成器共5个阶段性处理器组成，穿插符号表管理、错误处理两个过程。
- 中间代码优化之前和之后的部分分别称为编译器前端和后端。

第1章　习题

第1章　习题

请扫描二维码查看第1章习题。

第2章

文法与语言设计

形式语言与自动机理论是编译器分析和设计的数学工具，本章主要介绍形式语言的基本概念及语法分析的一些工具，然后介绍程序语言的设计方法，最后介绍文法常用的一些等价变换。

2.1 文法和语言

程序设计语言是使用数学公式定义出来的语言，这种定义规则就是文法，符合这些规则的全体句子构成语言。本节介绍文法和语言的基本概念。

2.1.1 基本概念

单词的本质是符合某些规则的字符串，句子的本质是符合某些规则的单词串。我们把字符或单词抽象成符号，采用描述的方法给出符号和字母表的概念。**字母表** Σ 是符号元素的非空有限集合，字母表中的元素称为**符号**，由 Σ 中的符号组成的任何有穷序列称为**符号串**。

例题 2.1 符号和字母表 若字母表 $\Sigma=\{a,b\}$，则 a,b 是符号，$a,b,aa,ab,ba,bb,$ $aaa,aab,abb,\cdots$ 都是符号串。符号串中的符号与顺序有关，ab 和 ba 是不同的符号串。

符号在编译的不同阶段，代表的意义有所不同。在**词法分析阶段**，我们的任务是识别出一个个单词，单词就是符号串。符号串是由一个个字符（字母）组成的，因此字符就是符号。所有可能字符组成的集合就是字母表，词法分析阶段所有可打印字符加上空白符、转义字符等组成了字母表。在**语法分析阶段**，任务是识别句子，因此符号指一个个单词，符号串就是句子，字母表就是可能的单词集合。在**语义分析和中间代码生成阶段**，一些语义动作也被看作符号。

不包含任何符号的符号串称为空符号串，有时也简称空字或空串，用 ε 表示。ε 表示这个符号串里什么也没有，而不是有一个“ε”这样的符号。用一个符号表示空符号串，主要是因为有时我们需要明确指明某个地方是空符号串，书写时我们需要指明空符号串所在的具体位置。我们总不能指着一个空白的地方说这里有一个空符号串，而另一个地方没有空符号串，所以采用了这样一个记号。

Σ 上符号所能组成的所有符号串的全体记为 Σ^*，其中包括空串 ε。不含任何元素的空集 $\{\}$ 用 $\varnothing$ 表示，注意 $\varepsilon,\varnothing$ 和 $\{\varepsilon\}$ 的区别。

例题 2.2 符号串集合 若字母表 $\Sigma=\{a,b\}$，则 $\Sigma^*=\{\varepsilon,a,b,aa,ab,ba,bb,aaa,$ $aab,aba,baa,\cdots\}$。

定义 2.1 (符号串的连接)

符号串x和y的连接，指x和y的符号按先后顺序串联在一起组成的新符号串，记作xy。

对任意符号串x，有$x\varepsilon = \varepsilon x = x$。 ♣

例题 2.3 符号串的连接 若$\Sigma = \{a, b\}, x = ab, y = abb$，则$xy = ababb, yx = abbab$。

显然，连接运算不满足交换律，即一般情况下$xy \neq yx$。

定义 2.2 (符号串的方幂)

设x是一个符号串，则$x^0 = \varepsilon, x^n = xx^{n-1} = x^{n-1}x$，其中$n = 1, 2, \cdots$ ♣

定义 2.3 (符号串的长度)

符号串的长度指符号串x中符号的个数，用$|x|$表示。 ♣

例题 2.4 符号串的长度 $|a| = 1, |aabb| = 4, |\varepsilon| = 0$。

定义 2.4 (符号串的前缀和后缀)

符号串的左部任意子串，称为符号串的前缀；符号串的右部任意子串，称为符号串的后缀。 ♣

例题 2.5 符号串的前缀和后缀 符号串$aabb$的前缀有$\varepsilon, a, aa, aab, aabb$，后缀有$\varepsilon, b, bb, abb, aabb$。

定义 2.5 (符号串集合的乘积)

设U, V是Σ^*的子集，即$U \subset \Sigma^*, V \subset \Sigma^*$，则$U, V$的积（连接）定义为$UV = \{\alpha\beta | \alpha \in U \wedge \beta \in V\}$。

特别地，$U\{\varepsilon\} = \{\varepsilon\}U = U$。 ♣

一般而言，$UV \neq VU$，但$(UV)W = U(VW)$。

例题 2.6 符号串集合的乘积 设$\Sigma = \{a, b, c\}, A = \{aa, bb\}, B = \{bc\}$，则$AB = \{aabc, bbbc\}$，$BA = \{bcaa, bcbb\}$。

定义 2.6 (符号串集合的方幂和闭包)

符号串集合U的方幂定义为$U^0 = \{\varepsilon\}, U^n = UU^{n-1} = U^{n-1}U$。

U的闭包定义为$U^* = U^0 \cup U^1 \cup U^2 \cup \cdots$

U的正则闭包定义为$U^+ = UU^* = U^1 \cup U^2 \cup U^3 \cup \cdots$ ♣

注意，本书只讨论**有限**集合，U^*中的每个符号串都是由U的符号串经过有限次连接而成的。

2.1.2 文法

定义语言就是确定这个语言能生成哪些句子。可以用下面的一些规则“生成”句子，其中箭头左边的符号可以用右边的符号串代替。

例题 2.7 句子生成规则

< 句子 >→< 主语 >< 谓语 >< 间接宾语 >< 直接宾语 >.

< 主语 >→< 代词 >

< 谓语 >→< 动词 >

< 间接宾语 >→< 代词 >

< 直接宾语 >→< 冠词 >< 名词 >

< 代词 >→he

< 代词 >→me

< 冠词 >→a

< 动词 >→gave

< 名词 >→book

通过将 < 句子 > 反复替换，可以得到一个句子：

< 句子 > ⇒ < 主语 >< 谓语 >< 间接宾语 >< 直接宾语 >.

⇒ < 代词 >< 动词 >< 代词 >< 冠词 >< 名词 >.

⇒ he gave me a book.

我们说例题2.7的规则可以生成或接受句子“he gave me a book.”“he gave he a book.”“me gave me a book.”和“me gave he a book.”。为了避免主格做宾语和宾格做主语的句子被接受，可以修改规则，把主语和宾语的代词分开。

例题 2.8 主格和宾格代词分开

< 句子 >→< 主语 >< 谓语 >< 间接宾语 >< 直接宾语 >.

< 主语 >→< 主格代词 >

< 谓语 >→< 动词 >

< 间接宾语 >→< 宾格代词 >

< 直接宾语 >→< 冠词 >< 名词 >

< 主格代词 >→he

< 宾格代词 >→me

< 冠词 >→a

< 动词 >→gave

< 名词 >→book

例题2.7和例题2.8这种用来描述句子生成规则的集合就是文法，下面分析如何描述这个文法，以给出文法的定义。

首先，上面两个例子中的形如 $A \to \alpha$ 的一条条规则，称为**产生式**。其次，产生式左边和右边的一个元素，包括用尖括号括起来的一个整体，以及单词的一个整体，都是符号。显然，尖括号括起来的这种符号和单词符号还有区别，尖括号括起来的符号会出现在产生式左边，代表了一类单词，称为**非终结符**或**非终极符**；单词只出现在产生式右边，一旦到达这些符号，就不能再继续被替换了，通常称它们为**终结符**或**终极符**。再次，从哪个非终结符开始替换也很重要，比如从 < 句子 > 开始，两个例子都能推出“he gave me a book.”这样的句子；如果从 < 主语 > 开始，例题2.8只能推出“he”，而例题2.7则只能推出“he”和“me”，不是我们期望的结果。因此，需要精心选择推导开始的符号，这个符号就称为**开始符号**。

通过以上分析，可以知道一个规则需要用产生式、非终结符、终结符和开始符号4个要素描述，下面给出其形式化定义。

定义 2.7 (文法和上下文无关文法)

文法是一个四元组：$G[S] = (V_N, V_T, P, S)$，其中V_N为非终结符集合，V_T为终结符集合，P为产生式集合，S为开始符号，且满足$V_N \cap V_T = \varnothing$，一般令$V = V_N \cup V_T$，$V$中的符号称为文法符号。

P中的每个产生式写作：$\alpha \to \beta$或$\alpha ::= \beta$，读作α定义为β。其中$\alpha \in V^*V_NV^*$，称为产生式左部；$\beta \in V^*$，称为产生式右部。

特别地，如果$\alpha \in V_N$，则称该文法为上下文无关文法（Context-Free Grammar）。♣

一般文法的非终结符用大写字母或尖括号括起来的名字表示，终结符用小写字母或不带尖括号的名字表示，有时也用符号是否出现在产生式左部判断是否为非终结符。符号串一般用希腊字母表示。$G[S]$有时候也简写为G，即不在其名字中指定开始符号，因为四元组最后一个元素已经指定了开始符号。

例题 **2.9** 文法

$$G = (\{N\}, \{0, 1\}, \{N \to 0N, N \to 1N, N \to 0, N \to 1\}, N)$$

其中，$V_N = \{N\}, V_T = \{0, 1\}, P = \{N \to 0N, N \to 1N, N \to 0, N \to 1\}, S = N$。

定义2.7中的$\alpha \in V^*V_NV^*$表示α中只要有一个非终结符即可，前后可以有任意的符号串（包括空串）。此时，使用产生式右部替换左部时，要求左部整个串一起被右部替换。如有产生式$\alpha A\beta \to \alpha\gamma\beta$，则只有遇到$\alpha A\beta$这个整体时，才能用$\alpha\gamma\beta$替换；而遇到$\xi A\eta$，其中$\xi \neq \alpha$或$\eta \neq \beta$时，$A$不能替换为$\gamma$。

如果$\alpha \in V_N$，即左部只有一个非终结符，如产生式为$A \to \gamma$，则A不管在什么情况下都可以替换为γ，与其左右符号（上下文）是什么无关，因此称为上下文无关文法。程序设计语言编译使用的主要工具是上下文无关文法。

为书写方便，如果有一些产生式左部符号相同，即有产生式$P \to \alpha_1, P \to \alpha_2, \cdots, P \to \alpha_n$，也常简写为$P \to \alpha_1 \mid \alpha_2 \mid \cdots \mid \alpha_n$，其中每个$\alpha_i$都称为候选式，符号“|”读作或，它与符号“→”都是元语言符号。

有时候，也可以只给出文法的开始符号和产生式，不给出其他要素，默认出现在产生式左部的是非终结符，未出现在产生式左部的为终结符。

例题 **2.10** 文法简写　$G[E]$：$E \to i|EAE, A \to +|*$。

这个例子中，根据上述规则可以分析得到：开始符号是E，$V_N = \{E, A\}, V_T = \{i, +, *\}$。从开始符号开始，通过产生右部替换左部可能得到的结果：

$E \Rightarrow i$

$E \Rightarrow EAE \Rightarrow EAi \Rightarrow E + i \Rightarrow i + i$

$E \Rightarrow EAE \Rightarrow EAEAE \Rightarrow EAEAi \Rightarrow EAE * i \Rightarrow EAi * i \Rightarrow E + i * i \Rightarrow i + i * i$

2.1.3 推导和归约

例题2.10后面3行的每一步，是用产生式右部替换左部的过程，这个过程称为推导。推导给出了一个证明，证明它所得到的这个结果，是被给定文法定义的一个结果。如果推导不出某个结果，那么它就不属于该文法定义的一个结果。

定义 2.8 (推导（Derivation）)

如果有产生式$A \rightarrow \gamma$，且有符号串$\alpha \in V^*, \beta \in V^*$，遇到$\alpha A\beta$时，用产生式右部替换左部，称$\alpha A\beta$直接推导出$\alpha\gamma\beta$，记作$\alpha A\beta \Rightarrow \alpha\gamma\beta$。

如果符号串$\alpha_1, \alpha_2, \cdots, \alpha_n \in V^*$，存在直接推导$\alpha_1 \Rightarrow \alpha_2, \alpha_2 \Rightarrow \alpha_3, \cdots, \alpha_{n-1} \Rightarrow \alpha_n$，则称存在一个从$\alpha_1$到$\alpha_n$的推导，或者说$\alpha_1$能推导出$\alpha_n$，记作$\alpha_1 \overset{+}{\Rightarrow} \alpha_n$；

如果允许$\alpha_1 = \alpha_n$，则可以记作$\alpha_1 \overset{*}{\Rightarrow} \alpha_n$。♣

定义 2.9 (归约（Reduction）)

推导的逆过程称为归约，如果有$\alpha_i \Rightarrow \alpha_j$，则$\alpha_j$可直接归约为$\alpha_i$，记作$\alpha_i \Uparrow \alpha_j$。

如果有$\alpha_1 \overset{+}{\Rightarrow} \alpha_n$，则称$\alpha_n$能归约为$\alpha_1$，记作$\alpha_n \Uparrow+ \ \alpha_1$。

如果允许$\alpha_1 = \alpha_n$，则可以记作$\alpha_n \Uparrow* \ \alpha_1$。♣

对于计算机程序来说，推导过程显然难以从符号串中任选一个符号进行替换，必须有一个替换的顺序，比如每次总是选择最左边或最右边的非终结符号进行替换。

定义 2.10 (规范推导和规范归约)

若推导过程中，总是最先替换最右(左)的非终结符，则称为最右(左)推导；

若归约过程中，总是最先归约最右(左)的符号串，则称为最右(左)归约。

句型的最右推导称为规范推导，其逆过程最左归约称为规范归约。♣

例题2.10给出的推导即最右推导，也就是规范推导；如果把这个推导从右往左看，就是最左归约，也就是规范归约。

我们从直观上理解一下规范归约。给出源程序后，从"人"的习惯讲，应该是从左到右阅读程序，然后逐步归约到开始符号。归约的顺序，显然是从左到右比较符合习惯，因此把这个归约顺序定义为规范归约。

由于"人"的习惯是从左到右阅读，所以采用推导的方法推导句子时，一般也是采用最左推导，而不是规范推导。不同方法对句子的语法成分识别的顺序是不一样的，讨论识别顺序时，一般指规范归约的顺序。

2.1.4 语言

定义 2.11 (语言)

对文法$G[S]$，如果有$S \overset{*}{\Rightarrow} \alpha, \alpha \in V^*$，则称$\alpha$是一个句型；如果$\alpha \in V_T^*$，则称$\alpha$是一个句子。

文法$G[S]$产生的句子的全体是一个语言，记为$L(G) = \{\alpha | S \overset{+}{\Rightarrow} \alpha \wedge \alpha \in V_T^*\}$。♣

从以上定义可以看出，句子是从开始符号可以推导出的、只包含终结符的符号串。句型是包含终结符和非终结符的混合符号串，也包括全终结符或全非终结符的符号串。句子一定是句型。

例题 2.11 句型和句子　文法 $G[E]: E \to E + E|E * E|(E)|i$

因为有推导：$E \Rightarrow E * E \Rightarrow E * (E + E) \Rightarrow E * (E + i) \Rightarrow E * (i + i) \Rightarrow i * (i + i)$

因此 $i * (i + i)$ 是该文法的一个句子，$E, E * E, E * (E + E), E * (E + i), E * (i + i), i * (i + i)$ 都是该文法的句型。

推导不一定要最右推导：$E \Rightarrow E * E \Rightarrow E * (E + E) \Rightarrow E * (i + E)$，因此 $E * (i + E)$ 也是该文法的一个句型。

多分析一些句子，发现例题2.11对所有带括号的加乘运算句子都能推导出来。这个文法的 i 一般对应标识符或常量这类单词（就是任何一个标识符或常量，如a、sum、7等都是 i），因此这个文法的语言就是带括号的加乘运算。如果加上减法产生式 $E \to E - E$ 和除法产生式 $E \to E/E$，就是四则运算的文法。

例题 2.12 语言　文法 G：<数字串>→<数字串><数字>|<数字>, <数字>→0|1|2|3|4|5|6|7|8|9，开始符号为<数字串>，试确定该文法产生的语言。

解　<数字串>用<数字>替换：<数字串>⇒<数字>，是0~9的单个数字。

<数字串>用<数字串><数字>替换，可多次替换：

<数字串>⇒<数字串><数字>⇒<数字><数字>

<数字串>⇒<数字串><数字>⇒<数字串><数字><数字>⇒<数字><数字><数字>

……

归纳得到，<数字串>用<数字串><数字>替换一次，就会多出一位数字，因此 $L(G)$ 表示十进制非负整数。

从例题2.12可以看出，如果一个非终结符同时出现在同一个产生式的左部和右部，就能产生出任意长度的句型，这种情况称为递归。形如 $A \to A\cdots$ 的产生式，称为**左递归产生式**；形如 $A \to \cdots A$ 的产生式，称为**右递归产生式**。

例题 2.13 文法设计　构造文法 G，使其描述的语言为非负偶数集合。

解　偶数要求要么是一位偶数数字，要么是以偶数数字结尾的十进制数字，因此可以参考例题2.12，只把最后一位数字设置为偶数就可以了。

<非负偶数>→<数字串><一位偶数>|<一位偶数>

<数字串>→<数字串><一位数字>|<一位数字>

<一位数字>→<一位偶数> | <一位奇数>

<一位偶数>→0|2|4|6|8

<一位奇数>→1|3|5|7|9

开始符号为<非负偶数>。

例题 2.14 语言　文法 $G[S]$：$S \to bA, A \to aA|a$，分析其表示的语言。

解　$A \to aA|a$ 是一种常见的产生式形式，先分析这个产生式：

$A \Rightarrow a$

$A \Rightarrow aA \Rightarrow aa$

$A \Rightarrow aA \Rightarrow aaA \Rightarrow aaa$

……

归纳得到，每用 $A \to aA$ 一次，就增加一个 a，所以 $A \to aA|a$ 表示有1到多个 a 的符号串。代入 $S \to bA$，得到以 b 为首后面跟1到多个 a 的符号串，用形式化方法表示为 $L(G) = \{ba^n|n \geqslant 1\}$。

例题2.15语言 文法$G[S]$：$S \to AB, A \to aA|a, B \to Ba|\varepsilon$，分析其表示的语言。

解 按照例题2.14的分析思路，可以得到A表示$a^n(n \geqslant 1)$，B表示$b^n(n \geqslant 0)$（也就是a^*），但a和b的数量是相互独立的，因此$L(G) = \{a^m b^n | m \geqslant 1, n \geqslant 0\}$。

例题2.16文法设计 构造语言$L(G) = \{a^n b^n | n \geqslant 0\}$对应的文法$G$。

解 该语言要求a和b的数量一致，所以增加一个a就要同时增加一个b。

如果某步形成了$aaabbb$这种形式，一般需要在aaa和bbb之间插入一个$a \times b$的形式，这样两边就各多出一个a和一个b。

综上可以得到$G = (\{S\}, \{a, b\}, \{S \to aSb|\varepsilon\}, S)$。

2.1.5 文法的Chomsky分类

Chomsky于1956年建立了形式语言的描述，并将文法划分为4种类型。

定义 2.12 (0型文法)

对文法$G = (V_N, V_T, P, S)$，G称为0型文法（Type 0 Grammar）或短语文法（Phrase Structure Grammar，PSG）。

$L(G)$称为0型语言或短语结构语言(PSL)、递归可枚举集（Recursively Enumerable Set）。 ♣

0型文法就是不施加任何限制的文法。

定义 2.13 (1型文法)

对文法$G = (V_N, V_T, P, S)$，产生式形式为$\alpha A\beta \to \alpha\gamma\beta$，其中$A \in V_N, \alpha \in V^*, \beta \in V^*, \gamma \in V^*$，$G$称为1型文法（Type 1 Grammar）或上下文有关文法（Context Sensitive Grammar，CSG）。

$L(G)$称为1型语言（Type 1 Language）或上下文有关语言（Context Sensitive Language，CSL）。 ♣

1型文法是上下文敏感的，对$\alpha A\beta \to \alpha\gamma\beta$，$A$只有在$\alpha$和$\beta$这个上下文中才能替换为$\gamma$。

定义 2.14 (2型文法)

对文法$G = (V_N, V_T, P, S)$，任何产生式$A \to \beta \in P$，均有$A \in V_N, \beta \in V^*$，G称为2型文法（Type 2 Grammar）或上下文无关文法（Context Free Grammar，CFG）。

$L(G)$称为2型语言（Type 2 Language）或上下文无关语言（Context Free Language，CFL）。 ♣

2型文法不必考虑上下文，β在任何情况下都可以替换A，语法分析中使用的文法就是这种文法。

定义2.15中的文法称为**右线性文法**，它还有一种对称结构$A \to Ba|b$，称为**左线性文法**。正规文法与正则表达式（正规式）等价，都可以处理单词描述，是词法分析的重要工具。

定义 2.15 (3型文法)

对文法$G=(V_N,V_T,P,S)$，产生式形式均为$A\to aB$或$A\to b$，其中$A\in V_N,B\in V_N,a\in V_T,b\in V_T\cup\{\varepsilon\}$，$G$称为3型文法（Type 3 Grammar），也称为正则文法或正规文法（Regular Grammar，RG）。

$L(G)$称为3型语言（Type 3 Language）或正则语言、正规语言（Regular Language，RL）。♣

2.2 语法树与二义文法

2.2.1 短语和句柄

我们在学习语文、外语等自然语言相关知识时，都有“短语”的概念。自然语言中的短语是由几个单词组成的、不可分割的语义单位，如“a cup of tea”一般指一杯茶，而“my cup of tea”指爱好、喜欢的东西，等等。我们把短语的概念引入形式语言的推导和归约过程，对产生式$A\to\beta$，显然右部的β是一个不可分割的整体，称为短语。

定义 2.16 (短语和直接短语)

对文法$G=(V_N,V_T,P,S)$，若$S\overset{*}{\Rightarrow}\alpha A\delta\overset{+}{\Rightarrow}\alpha\beta\delta$，则称$\beta$为句型$\alpha\beta\delta$相对于$A$的短语；如果$S\overset{*}{\Rightarrow}\alpha A\delta\Rightarrow\alpha\beta\delta$，则称$\beta$为句型$\alpha\beta\delta$相对于$A$的直接短语。♣

短语是上下文有关的。在句型$\alpha\beta\delta$中的短语β，在其他上下文中未必是短语。前面我们说上下文无关文法中如果有产生式$A\to\beta$，则β在任何情况下都可以替换A，这是对于生成各种句子来说的。而短语概念的提出，指程序员已经写出了程序，我们要从开始符号推导出这个程序，或者从这个程序开始逐步归约到开始符号，那么哪个产生式能用哪个产生式不能用就会受到限制，我们通过一个例子说明。

例题 2.17 无二义文法的短语　文法$G[E]:E\to E+T|T,T\to T*F|F,F\to(E)|i$，给出$i*(i+i)$的最右推导，并举出短语的例子。

解　$E\Rightarrow T\Rightarrow T*F\Rightarrow T*(E)\Rightarrow T*(E+T)\Rightarrow T*(E+F)\Rightarrow T*(E+i)\Rightarrow T*(T+i)\Rightarrow T*(F+i)\Rightarrow T*(i+i)\Rightarrow F*(i+i)\Rightarrow i*(i+i)$

由于有$E\overset{*}{\Rightarrow}T*F\overset{+}{\Rightarrow}T*(E)$，因此$(E)$是句型$T*(E)$相对于$F$的短语。

由于有$E\overset{*}{\Rightarrow}T*F\overset{+}{\Rightarrow}T*(i+i)$，因此$(i+i)$是句型$T*(i+i)$相对于$F$的短语。

由于有$E\overset{*}{\Rightarrow}F*(i+i)\Rightarrow i*(i+i)$，因此$i$是句型$i*(i+i)$相对于$F$的短语，而且是直接短语。

由于有$E\overset{*}{\Rightarrow}T*(E)\overset{+}{\Rightarrow}i*(i+i)$，因此$i+i$是句型$i*(i+i)$相对于$E$的短语。

$i+i$不是$i*i+i$短语，因为虽然有$E\overset{+}{\Rightarrow}i+i$，但从开始符号无法推导出$i*E$。

例题 2.18 二义文法的短语　作为对比，考虑例题2.11的文法$G[E]:E\to E+E|E*E|(E)|i$，确定$i+i$是否为$i*i+i$短语。

解　$E\Rightarrow E*E\Rightarrow i*E\Rightarrow i*E+E\Rightarrow i*i+E\Rightarrow i*i+i$

由于有$E\overset{*}{\Rightarrow}i*E\overset{+}{\Rightarrow}i*i+i$，因此$i+i$是句型$i*i+i$相对于$E$的短语。

同样是$i+i$，在例题2.17中，它是$i*(i+i)$的短语，但不是$i*i+i$的短语，所以短语实际限定了在什么情况下可以使用哪个候选式推导或归约。能使用的候选式$A \to \beta$，从推导角度看，能从开始符号推出一个包含左部符号A的句型，而且左部符号A用这个候选式β替换后，能进一步推出目标句子，所以从开始符号能推出目标句子；从归约角度看，给出的句子可以归约出一个句型，这个句型包含了这个候选式右部β，将β用A替换后，可以进一步归约到开始符号，因此给出的句子可以归约到开始符号。

例题2.17和例题2.18同样表示带括号的加乘运算，但例题2.17中$i+i$不是句型$i*i+i$的短语，而例题2.18中$i+i$是句型$i*i+i$的短语。这就涉及了文法上的区别，主要因为前者自带优先级关系，推导时不可能先推导乘法再推导加法，归约时不可能先归约加法再归约乘法；而后者没有优先级关系，因此文法对推导的顺序没有任何约束，先算乘法或先算加法都可以。这部分的区别在二义文法部分介绍。

对计算机算法来说，有意义的是直接短语。从推导的第k步到第$k+1$步所产生的短语是直接短语。推导或归约的过程，对计算机来说，总是使用直接短语进行替换。同时，计算机程序也应该有替换的顺序，为了和人类从左到右的阅读习惯相适应，我们可以规定总是用最左边的直接短语替换，这就是句柄的概念。

定义 2.17 (句柄)

句型的最左直接短语称为此句型的句柄。♣

例题 2.19 短语和句柄 对例题2.17的文法，给出$i_1*(i_2+i_3)$的所有短语、直接短语和句柄，此处对i加下标是为了区分句子中不同位置的单词i。

解 短语有$i_1, i_2, i_3, i_2+i_3, (i_2+i_3), i_1*(i_2+i_3)$，直接短语有$i_1, i_2, i_3$，句柄为$i_1$。

句柄概念的提出为文法的推导和归约顺序提供了一个思路。但从例题2.19可以看出，句柄的寻找还是很困难的。本书后续直到语法分析结束的一大部分内容，都是寻找推导和归约顺序的方法。

2.2.2 语法树

语法树（Syntax Tree）是表示句型推导过程的一个树形结构，根结点为开始符号。使用一个产生式推导，产生式右部符号就成为左部符号的子结点，推导过程就是构造树形结构的过程。最终语法树叶子结点从左到右为所要推导的句型，内部结点是推导过程中用到的非终结符。对同一个句型，可能有不同的推导次序可以到达这个句型。语法树隐藏了替换次序的信息，表现了一个静态的推导结构。

例题 2.20 语法树 例题2.17的文法$G[E]: E \to E+T|T, T \to T*F|F, F \to (E)|i$，给出$i*i+i$的两种推导过程，并画出语法树。

解 (1) $E \Rightarrow E+T \Rightarrow E+F \Rightarrow E+i \Rightarrow T+i \Rightarrow T*F+i \Rightarrow T*i+i \Rightarrow F*i+i \Rightarrow i*i+i$

(2) $E \Rightarrow E+T \Rightarrow T+T \Rightarrow T*F+T \Rightarrow F*F+T \Rightarrow i*F+T \Rightarrow i*i+T \Rightarrow i*i+F \Rightarrow i*i+i$

这两种推导分别是最右推导和最左推导，它们的语法树是一样的，如图2.1所示。

语法树具有丰富的信息。**从语法树中任取一棵子树，子树的叶子结点就构成了短语。**假设子树根结点是A，而叶子结点从左到右构成句型β，如图2.2(a)虚线框中所示，显然有$A \overset{+}{\Rightarrow} \beta$。去掉子树所有子结点，只保留子树根结点$A$，如图2.2(b)所示，此时所有叶子结点构成句型$\alpha A \gamma$。如果语法树根结点为$S$，则有$S \overset{*}{\Rightarrow} \alpha A \gamma$。综上，有$S \overset{*}{\Rightarrow} \alpha A \gamma \overset{+}{\Rightarrow} \alpha \beta \gamma$，因此子树叶子结点$\beta$是句型$\alpha A \gamma$相对于子树根结点$A$的短语。

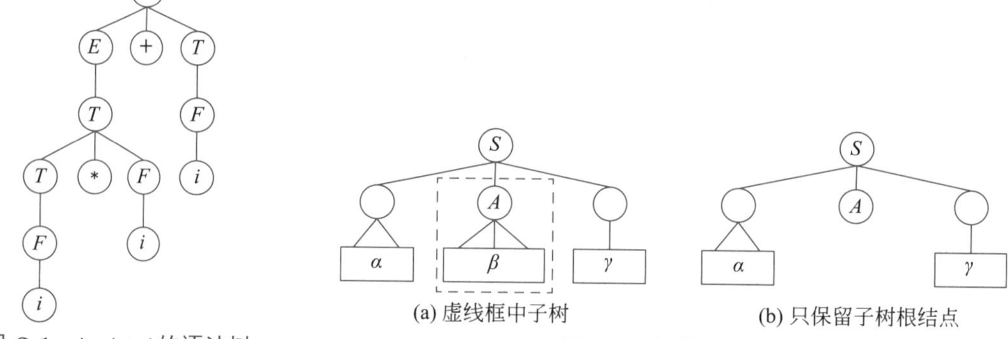

(a) 虚线框中子树　(b) 只保留子树根结点

图 2.1　$i*i+i$的语法树　图 2.2　短语的推导

从图2.1中任选一棵子树，如图2.3(a) 虚线框中所示，将叶子结点顺序连接起来得到$i*i$，就是相对于T的一个短语。找到所有子树，就找到了所有短语。

二层子树叶子结点构成直接短语，因为二层子树针对的是这个句型的最后一步推导。该树中有3棵二层子树，如图2.3(b) 虚线框中所示，所以共有3个直接短语，都是i。**最左二层子树的叶子结点就是句柄**，显然这里最左的i是句柄，而其他两个i不是句柄。

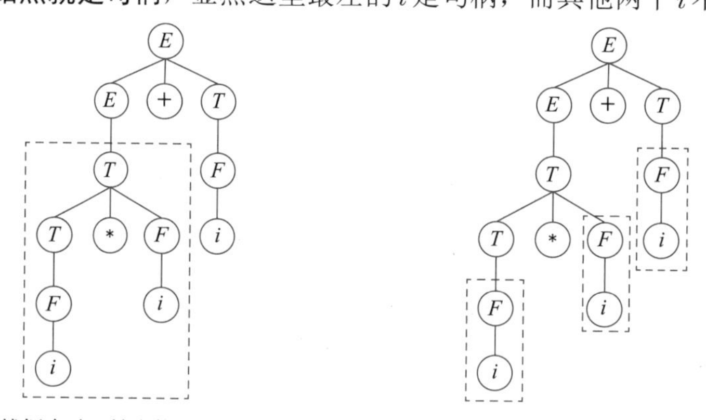

(a) 虚线框中叶子结点构成一个短语　(b) 虚线框中叶子结点构成直接短语

图 2.3　$i*i+i$的短语、直接短语和句柄

该例子是针对一个句子的，对句型同样适用。

虽然语法树为我们提供了一种寻找句柄的快速方法，但是这个方法对编译器算法设计来说是没有帮助的。因为构造语法树的过程，就是使用文法进行产生式推导或归约的过程，对计算机算法来说，只有找到句柄（或其他关键点）才能构造出语法树，反过来则不成立。目前语法树的创建只能人工进行，通过语法树寻找句柄的方法只是为我们分析句柄提供了一个非常直观的思路。

2.2.3　二义文法

我们再来讨论例题2.17和例题2.18两个文法的区别。2.2.2节已经讨论了例题2.17的文法，我们用最右推导和最左推导，得到的语法树是一样的。下面讨论例题2.18的文法。

例题 2.21 二义文法的语法树　例题2.18的文法$G[E]: E\rightarrow E+E|E*E|(E)|i$，给出$i*i+i$的两种推导过程，并画出语法树。

解　(1) $E\Rightarrow E*E\Rightarrow E*E+E\Rightarrow E*E+i\Rightarrow E*i+i\Rightarrow i*i+i$

(2) $E\Rightarrow E+E\Rightarrow E+i\Rightarrow E*E+i\Rightarrow E*i+i\Rightarrow i*i+i$

两个都是最右推导，但这两个推导是不一样的，它们的语法树也不一样，分别如图2.4(a)和图2.4(b)所示。

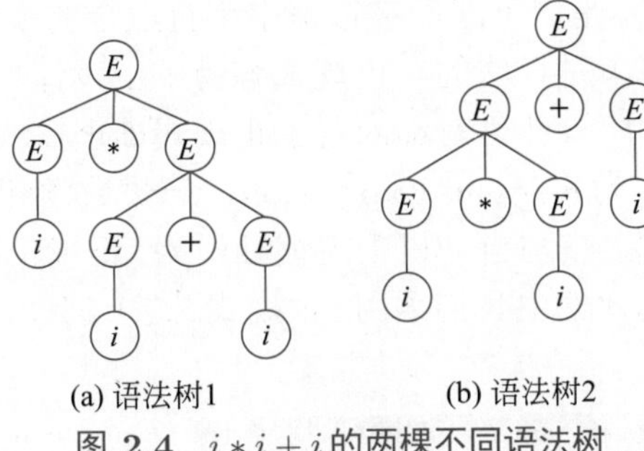

(a) 语法树1　　(b) 语法树2

图 2.4　$i*i+i$的两棵不同语法树

如果从语法树的叶子结点向根结点看归约过程，图2.4(a)先将$i+i$归约为E，再进一步归约乘法；图2.4(b)则先将$i*i$归约为E，再进一步归约加法。如果从运算优先级的角度看，就是对于句子$i*i+i$，图2.4(a)先计算加法，图2.4(b)先计算乘法。从这个角度看，这个文法没有给出运算优先级的说明，因此先算哪个都可以，一个句型有多种解释，则称这种文法为二义文法。

定义 2.18 (二义文法（Ambiguous Grammar）)

如果一个文法存在某个句型，其对应两棵不同的语法树，则称该文法为二义文法。♣

例题2.17的文法，任意给出一个句型，对应的语法树是唯一的，因此这个文法不是二义文法。这个文法严格定义了运算的优先级和结合性，可以使用不同的句子或句型进行测试，对于加法和乘法连在一起的情况，不管加法在前还是乘法在前，都会先归约乘法；两个加法（或乘法）连在一起的情况，一定是先计算左边的加法（或乘法），再计算右边的加法（或乘法）。

如果文法是非二义的，则该文法的句柄是唯一的，这样最左（右）推导或归约的路径就是唯一的，相对来说这种文法是容易处理的。

一般情况下，实现同样功能，二义文法比非二义文法简洁。另外，有些句子，如if语句，是没有非二义文法表示的，主要是因为if-then语句是if-then-else语句的前缀。通过人工指定优先级，或者人工指定其他规则（比如指定else与最接近的if语句匹配），是可以操控部分二义文法的，我们在语法分析部分会详细讨论这种方法。

总之，那些能够人工干预操控的二义文法，我们是可以使用的。如果没有办法操控，就需要使用非二义文法。

另外，关于二义文法的判定问题，如果能找到一个句型，其存在两棵不同的语法树，就能证明这个文法是二义文法。但早在1962年就从理论上证明了，文法的二义性是不可判定的[56-58]，因此，不要试图判断一个文法是非二义的。然而，上下文无关语法中的二义性，是语言设计和语法分析器生成中的普遍性问题，文献[59]中提出了一种基于局部正则近似和语法展开的技术，通过近似的歧义分析框架判定文法的非二义性，具有一定的实用性。

2.3　程序语言设计

本节讨论给定一个语言规则，如何设计其文法，即程序设计语言的设计问题。

2.3.1 正规式

正规式又称正则表达式，是用于匹配字符串中字符组合的模式。它给出了一个模板，用来描述符合什么规则的字符串是合法的。正规式容易手工设计，因此受到广大程序员的喜爱。目前几乎所有的高级程序设计语言都内置了正规式处理模块。

正规式对应的英文名称为Regular Expression，一般数学和程序设计语言领域习惯翻译为“正则表达式”，而形式语言与自动机中习惯翻译为“正规表达式”，两者可以分别简称为“正则式”和“正规式”。编译器中我们采用“正规式”这个翻译，它和高级语言中的正则表达式是同一个概念。

定义 2.19 (正规式（Regular Expression）)

(1) ε和$\varnothing$都是Σ上的正规式，它们表示的正规集分别为$\{\varepsilon\}$和$\varnothing$；

(2) $\forall a \in \Sigma$，它是Σ上的正规式，它表示的正规集为$\{a\}$；

(3) 假设U和V都是Σ上的正规式，它们表示的正规集分别为$L(U)$和$L(V)$，那么$(U|V),(U \cdot V),(U)^*$也是Σ上的正规式，它们表示的正规集分别是$L(U) \cup L(V), L(U)L(V)$和$(L(U))^*$。

仅由有限次使用上述三步骤得到的表达式是Σ上的正规式，仅由这些正规式表示的字集是Σ上的正规集。 ♣

“|”读作“或”，“·”读作“连接”，“*”读作“闭包”，这3个运算符的优先级由低到高。在不致引起混淆时，括号可以省去。连接符号“·”一般可以省略不写。

可以看出，正规式是使用字符串运算给出的一个递归定义，它可以方便地定义单词或句子的形式。

例题 2.22 正规式和正规集 令$\Sigma = \{a, b\}$，表2.1是Σ上的一些正规式和正规集。

表 2.1 例题 2.22

正规式	正规集
ab^*a	Σ上以a为首以a结尾，中间有任意多个b的字
$a(a\|b)^*a$	Σ上以a为首以a结尾的字（中间可以有任意多的任意符号）
$(a\|b)^*(aa\|bb)(a\|b)^*$	Σ上所有含有两个连续的a或两个连续的b的字

例题 2.23 正规式和正规集 令$\Sigma = \{a, b, \cdots, z, 0, 1, \cdots, 9\}$，表2.2是$\Sigma$上的一些正规式和正规集。

表 2.2 例题 2.23

正规式	正规集
$(a\|b\|\cdots\|z)(a\|b\|\cdots\|z\|0\|1\|\cdots\|9)^*$	Σ上“标识符”的全体
$(0\|1\|\cdots\|9)(0\|1\|\cdots\|9)^*$	Σ上“整数”的全体
$(0\|1\|\cdots\|9)(0\|1\|\cdots\|9)^*.(0\|1\|\cdots\|9)(0\|1\|\cdots\|9)^*$	Σ上“浮点数”的全体

有时我们也用U^+表示UU^*，如例题2.23中的“整数”和“浮点数”可分别表示为$(0|1|\cdots|9)^+$和$(0|1|\cdots|9)^+.(0|1|\cdots|9)^+$。其中“+”可读作“正闭包”。

注意，“+”是为了方便书写确定的一个正规式符号，并不是基本符号。正规式中这种为了方便书写定义的符号很多，目前已形成一个复杂、系统的规则描述，其语法和语义已由IEEE标准化为POSIX基本正规式（Basic Regular Expression，BRE）和扩展正规式（Extended Regular Expression，ERE）[60]。本书尽量只使用基本符号做推导，偶尔为了书写方便，可使用扩展符号“+”。

例题2.24构造正规式 令$\Sigma=\{0,1\}$，构造正规式，使其表示“包含偶数个0和偶数个1的字”。

解 显然这样的字必须有偶数位，把相邻的两个字符划分为一组，有以下3种情形：

- 00，这段已经满足要求；
- 11，这段也满足要求；
- 01或10，则向后搜索，遇到00或11就继续搜索，直到遇到01或10，那么这一段满足要求，对应正规式为$(01|10)(00|11)^*(01|10)$。

以上3种情况任意组合，就得到了最终结果$((01|10)(00|11)^*(01|10)\mid 00\mid 11)^*$。

2.3.2 正规式等价变换

定义 2.20 (正规式等价性)

若两个正规式U和V表示的正规集相同，则称两个正规式等价，记作$U=V$。♣

例题2.25等价正规式 令$\Sigma=\{a,b\}$：

$b(ab)^*=\{b,bab,babab,bababab,\ldots\}$

$(ba)^*b=\{b,bab,babab,bababab,\ldots\}$

所以$b(ab)^*=(ba)^*b$

另外，$(a|b)^*=(a^*b^*)^*$，两者都表示任意符号串的全体。

假设U,V,W均为正规式，显然以下计算规则普遍成立，可用于正规式的推导和计算。

- 交换律：$U|V=V|U,UV\neq VU$
- 结合律：$U|(V|W)=(U|V)|W,U(VW)=(UV)W$
- 分配律：$U(V|W)=UV|UW,(V|W)U=VU|WU$
- 重叠律：$U|U=U,UU\neq U$
- 乘法单位元：$\varepsilon U=U\varepsilon=U$
- $U^*=U^+|\varepsilon,U^+=UU^*$

2.3.3 基本运算的文法设计

正规式和3型文法等价，可以设计出自动生成3型文法的算法，这部分内容将在词法分析部分讨论。3型文法是2型文法的子集，设计与正规式等价的2型文法显然也不存在理论上的障碍。

然而，在语义分析和中间代码生成中，经常需要文法符号在推导或归约过程中传递信息，这就对文法提出了各种额外的要求。这些要求形形色色，也无法形式化描述，就形成了设计符合特殊要求文法的需求。这些文法无法提供统一的生成算法，一般依靠手工进行设计，本节及后续部分会讨论这些手工设计方法。先针对基本运算连接、或、闭包讨论对应的文法。

对连接运算$\alpha\beta$，有如下3个选择：

- $A \to \alpha B, B \to \beta$
- $A \to B\beta, B \to \alpha$
- $A \to BC, B \to \alpha, B \to \beta$

连接运算比较简单，可以从以上三组文法产生式中任选一组。

对或运算$\alpha \mid \beta$，产生式$A \to \alpha, A \to \beta$写成候选式形式为$A \to \alpha \mid \beta$，右部就是或运算的正规式。因此，设计$\alpha \mid \beta$的文法只需要反过来，$\alpha$和$\beta$的左部都是同一符号即可。

对闭包运算α^*，有左递归产生式和右递归产生式两种形式。

- 左递归：$A \to A\alpha \mid \varepsilon$
- 右递归：$A \to \alpha A \mid \varepsilon$

这两个文法等价，但产生句子（句型）的顺序有所区别。对句型$\alpha\alpha\alpha$，左递归产生式对应的语法树如图2.5(a) 所示，推导时会先处理右边的α，归约时先处理左边的α。右递归正好相反，如图2.5(b) 所示，推导时会先处理左边的α，归约时先处理右边的α。可以根据使用的是推导还是归约算法，以及需要从左还是从右处理选择相应的产生式。

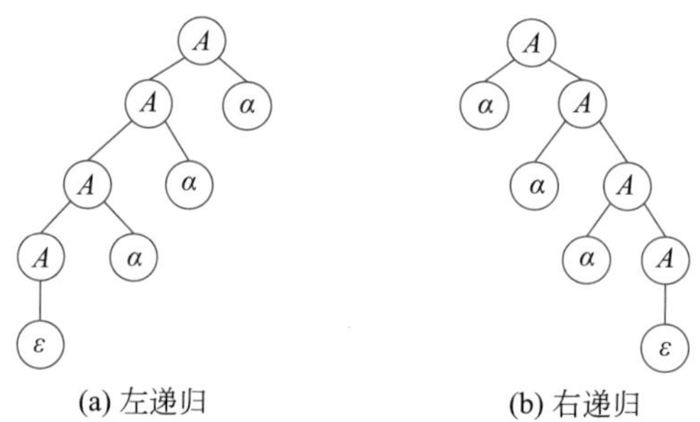

(a) 左递归　　(b) 右递归

图 2.5　$\alpha\alpha\alpha$ 的语法树

作为一个实际应用的例子，我们考虑过程的定义和调用语句。对过程定义，如 int Sum(int x, int y)，可以看作$T\ id(T\ id, T\ id)$，其中T为数据类型，id为过程名或变量名。考虑多个变量参数的情形，包含0到多个参数的过程定义，其正规式可以写作$T\ id(T\ id(,T\ id)^*|\varepsilon)$。

上述正规式把闭包部分提取出来，用一个新的非终结符号A表示，得到产生式$S \to T\ id(T\ id\ A|\varepsilon)$, $A \to (,T\ id)^*$。如果采用自下而上的归约方法，从左到右处理参数，就可以采用左递归产生式构造闭包运算：$A \to A, T\ id|\varepsilon$。

过程调用如Sum(x, y)，正规式为$id(id(,id)^*|\varepsilon)$，提取出闭包部分得到$S \to id(id\ A|\varepsilon)$, $A \to (,id)^*$。在学习到第6章运行时存储空间组织的参数传递规范时，会发现过程调用的参数需要从右往左处理。那么，仍然采用归约方法，就需要采用右递归产生式构造闭包运算：$A \to ,id\ A|\varepsilon$。

2.3.4　连接-闭包和闭包-连接

实际文法设计中，更常见的是连接-闭包或闭包-连接合并在一起的情形。如$\alpha\beta^*$这种连接-闭包结构，可以有如下选择。

- 左递归：$A \to A\beta|\alpha$
- 右递归：$A \to \alpha B, B \to \beta B|\varepsilon$（当然，$B$采用左递归或右递归方式均可，这里是为了设计右递归产生式）

左递归形式比较简洁，推导时会先处理右边的β，归约时先处理左边的β。右递归实际上是把闭包结构从连接-闭包中分离出来，与2.3.3节介绍的方法完全相同。

闭包连接结构如$\alpha^*\beta$，可以有如下选择。

- 左递归：$A \to B\beta, B \to B\alpha|\varepsilon$（当然，$B$采用左递归或右递归方式均可，这里是为了设计左递归产生式）
- 右递归：$A \to \alpha A|\beta$

常见的连接-闭包结构如C风格声明语句int a, b, c，用正规式可以表示为$T\ id(,id)^*$，用左递归结构可以设计为$A \to A,id|T\ id, T \to$int。这种设计的好处是，产生式$A \to T\ id$将T和A关联起来，可以在归约或推导时传递数据类型信息。

如图2.6(a)所示，我们考虑声明语句int a, b, c的归约过程。当int归约为T时，T得到了数据类型为int的信息。a是一个id，当$T\ id$归约为A时，一方面可以把T的数据类型信息赋值给a，另一方面把T的数据类型信息传递给左部符号A。之后，A,id归约为A时，右部符号A的数据类型信息可以继续向上传递给左部符号A，同时也可以赋值给其对应的id。这样，从左到右扫描符号串，就完成了数据类型的传递和赋值过程。

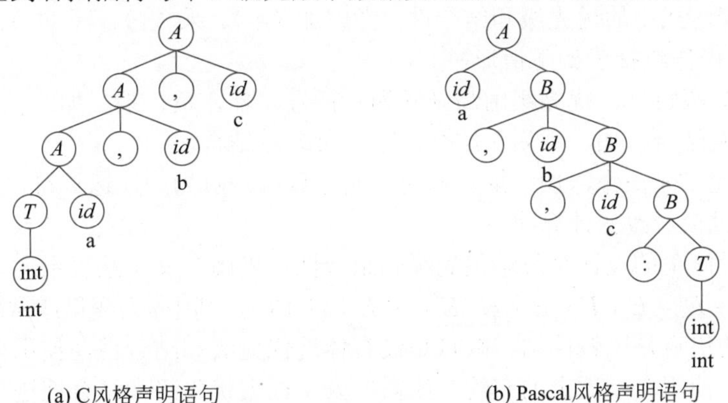

图 2.6 声明语句的语法树

如果采用闭包模块单独设计的方式，即采用右递归，则得到$A \to TB, B \to ,id\ B|\varepsilon$，$T \to$int。这种情况数据类型的传递路径应为$T$传递给$B$，然后左部符号$B$传递给右部的$B$，适用于自上而下的推导过程。

常见的闭包-连接结构如Pascal风格声明语句a, b, c: int，用正规式可以表示为$id(,id)^*:T$，用右递归可以设计为$A \to id\ B, B \to ,id\ B|:T, T \to$int。从图2.6(b)可以看出这个归约过程是从右往左的。当$:T$归约为B时，B获得了数据类型信息。当$,id\ B$归约为B时，右部符号B的数据类型信息可以赋值给id，也可以继续向上传递给左部符号B。

采用左递归，得到$A \to B:T, B \to B,id|id, T \to$int。这种情况同样适用于自上而下的推导过程。

2.3.5 拆分括号对

数组元素引用中，n维数组就有n维下标，下标是一个重复的信息，大致形式为$id[num, num, \cdots, num]$，其中$id$为数组名字，$num$为一个整数，表示下标（真实的下标应该是一个整型表达式，这里我们先讨论最简单的情形）。把该形式用正则表达式表示，为$id[num(,num)^*]$或$id[(num,)^*num]$，中括号内部是一个连接-闭包结构或者闭包-连接结构。

对数组来说，需要先算左边的维度，因为要计算元素偏移量，需要从左到右递归地计算。假设每维长度为n_i，每维下标为k_i，递归计算偏移量方法为：识别出第1维下标后，偏移量为$e_1 = k_1$；识别出第2维下标后，偏移量为$e_2 = e_1 \times n_2 + k_2$；识别出第3维下标后，偏移量为$e_3 = e_2 \times n_3 + k_3$，……。因此，数组下标识别应从左到右进行。这样，可以根据采用的推导还是归约方法，决定连接-闭包或闭包-连接结构的文法。

数组还有一个很重要的性质，就是翻译时每个维度长度n_i，需要根据名字id的信息查询符号表得到，这样就需要先处理id，并把这个名字传递给下标，至少应该将id和数组的第1维度关联起来并传递给它，后续维度可以从前一个维度获得这个名字。

为满足这一要求，可以设计文法为：$A \to L], L \to id[num|L, num$。这个设计的特点是打破了括号必须在同一个产生式中配对的固有思维，把表示数组下标的左、右中括号分别放在了不同的产生式中。去掉右括号后的部分在产生式中表示为L，它仍然是一个连接-闭包结构。但丢掉右括号的情况下，$L \to id[num$将数组名字和第1维度的下标关联起来了。

2.3.6 表达式的优先级与结合性

下面考虑表达式中的优先级和结合性，考虑加（+）、乘（*）、幂（^）、负（−）、括号5个操作，这些操作包括了如下情形。

- 不同优先级特性，优先级由高到低为：括号、幂、负、乘、加。
- 涵盖左右结合，加、乘为左结合，幂、负为右结合。
- 涵盖一元二元操作，加、乘、幂为二元运算符，负为一元运算符。
- 可以通过括号改变计算次序。

这个文法最简单的设计是忽略优先级和结合性，采用二义文法表示：

$G[E] : E \to E + E \mid E * E \mid E\hat{\ }E \mid -E \mid (E) \mid i$，其中$i$为变量或常量。

这个文法的优点是比较简洁，缺点是没有体现优先级和结合性，使用自上而下的推导方法无法分析，使用自下而上的归约方法需要人工根据优先级和结合性进行干预才能正确分析。

如果需要非二义文法，则需要为每个优先级的运算采用一个符号，设计文法如式(2.1)所示。

$$\begin{aligned} G[E] :& E \to E + T \mid T \\ & T \to T * F \mid F \\ & F \to -F \mid M \\ & M \to P\hat{\ }M \mid P \\ & P \to (E) \mid i \end{aligned} \tag{2.1}$$

例题2.26 非二义文法归约 使用式(2.1)的文法，采用规范归约将如下句子归约到开始符号：$2\hat{\ }3\hat{\ }4$、$a + -b + c$、$- - 7$。

解 (1) $2\hat{\ }3\hat{\ }4 \Uparrow P\hat{\ }3\hat{\ }4 \Uparrow P\hat{\ }P\hat{\ }4 \Uparrow P\hat{\ }P\hat{\ }P \Uparrow P\hat{\ }P\hat{\ }M \Uparrow P\hat{\ }M \Uparrow M \Uparrow F \Uparrow T \Uparrow E$

(2) $a+-b+c \Uparrow P+-b+c \Uparrow M+-b+c \Uparrow F+-b+c \Uparrow T+-b+c \Uparrow E+-b+c \Uparrow E+-P+c \Uparrow E+-M+c \Uparrow E+-F+c \Uparrow E+F+c \Uparrow E+T+c \Uparrow E+c \Uparrow E+P \Uparrow E+M \Uparrow E+F \Uparrow E+T \Uparrow E$

(3) $--7 \Uparrow --P \Uparrow --M \Uparrow --F \Uparrow -F \Uparrow F \Uparrow T \Uparrow E$

表达式类非二义文法的设计要点为：

- 优先级越低，越接近开始符号；优先级越高，越远离开始符号。
- 相同优先级的算符使用同一个左部符号，不同优先级的算符使用不同的左部符号。如增加减法，应该与加法使用同一个左部符号E，增加产生式$E \to E - T$；增加除法，应该与乘法使用同一个左部符号T，增加产生式$T \to T/F$。
- 在规范归约下，左结合的运算符使用左递归，如加法产生式$E \to E + T$。
- 在规范归约下，右结合的运算符使用右递归，如幂运算产生式$M \to P\hat{}M$。
- 一元运算符左部、右部使用同一符号，否则会面临无法接受相连符号的情况，如负运算$F \to -F$。

2.4 文法的等价变换

由于某些文法设计或者文法转换，可能会出现某些产生式，这些产生式的存在导致：①不能满足某种文法的要求，如3型文法中出现了不满足3型文法要求的产生式$A \to B, A \in V_N, B \in V_N$；②某个通用算法的适用性被破坏。

本节要解决的问题是把这些特殊产生式消除，或者转换为符合要求的产生式，同时保证消除前后的文法是等价的。本节内容都是后续算法需要用到的内容，但内容相对独立，并不一定非要现在学习。把这些等价变换算法聚拢在这里，只是为了后续查找方便。跳过这一节内容，并不影响后续内容的学习，可以在需要的时候再回头学习这部分内容。

在讨论文法等价变换之前，先给出等价文法的定义。

定义 2.21 (等价文法)

如果文法G_1和G_2满足$L(G_1) = L(G_2)$，则称文法G_1和G_2是等价的。

2.4.1 消除无用产生式

无用产生式是含有无用符号的产生式。无用符号有以下两种。

- 从开始符号无法推出的符号，这类符号永远使用不到，但在文法中占用计算资源，造成文法复杂臃肿。
- 该符号无法推导出句子，这种符号除上述危害外，还会导致错误的推导，直到推导到该符号，无法再往下进行，使得发现错误的时间延迟。

定义 2.22 (无用符号)

对文法$G = (V_N, V_T, P, S)$，对$\forall X \in V_N \cup V_T$，若$X$满足：

(1) $X \overset{*}{\Rightarrow} \omega$，其中$\omega \in V_T^*$；

(2) $S \overset{*}{\Rightarrow} \alpha X \beta$；

则称文法符号X是有用的，否则称X是无用符号。

产生式要求左部和右部的所有符号都是有用的。只要产生式含有一个无用符号，就会导致产生式或者不能从开始符号推出，或者无法推出句子，因此产生式就是无用的。

消除无用产生式包括两步，如算法2.1所示。第1行调用算法2.2删除无法推导出句子的无用符号和无用产生式，第2行调用算法2.3删除开始符号无法到达的无用符号和无用产生式。

定义 2.23 (无用产生式)

对文法 $G=(V_N,V_T,P,S)$，对任意 $A\rightarrow\beta\in P$，若产生式左部或右部含有无用符号，则称此产生式为无用产生式。♣

算法 2.1 消除无用产生式

输入： 文法 $G=(V_N,V_T,P,S)$

输出： 消除无用产生式后的文法 $G''=(V_N'',V_T'',P'',S'')$

```
1 G' =removeEndlessSymbols(G);
2 G'' =removeStartlessSymbols(G');
```

算法2.2的输入为文法 $G=(V_N,V_T,P,S)$，消除不能推导出句子的无用符号和无用产生式后，得到文法 $G'=(V_N',V_T',P',S')$ 并将其作为返回值。

算法 2.2 消除不能推导出句子的无用符号和无用产生式

输入： 文法 $G=(V_N,V_T,P,S)$

输出： 消除不能推导出句子的无用符号和无用产生式后的文法 $G'=(V_N',V_T',P',S')$

```
1  function removeEndlessSymbols(G):
2      V'_T = V_T, S' = S, V'_N = ∅, P' = ∅;
3      do
4          foreach A → x_1 x_2 ··· x_n ∈ P do
5              isEndless = false;
6              for i = 1 : n do
7                  if x_i ∉ V'_N ∪ V'_T ∪ {ε} then
8                      isEndless = true;
9                      break;
10                 end
11             end
12             if ¬isEndless then
13                 V'_N ∪= {A};
14                 P' ∪= {A → x_1 x_2 ··· x_n};
15                 P −= {A → x_1 x_2 ··· x_n};
16             end
17         end
18     while V'_N 有新元素加入;
19     return G';
20 end removeEndlessSymbols
```

第2行初始化，终结符集和开始符号保持不变，非终结符集和产生式集合置空。这个算法自始至终，都要保持非终结符集 V_N' 中的符号能推导出句子。算法的基本原理是：如果产生式右部所有符号都能推导出句子，则产生式左部符号能推导出句子，就把这个左部符号加入 V_N'，并把产生式加入 P'。最后剩下不能加入 V_N' 的非终结符，就是不能推导出句子的符号，连同其产生式可以一起删除。

第3~18行的do while循环，如果 V_N' 有新元素加入就继续循环，没有新元素加入就结束循环。do while循环内的第4~17行的foreach循环，是对原文法 P 中的每个产生式 $A\rightarrow$

$x_1x_2\cdots x_n$ 进行处理。首先置标志 $isEndless$ 为false（第5行），表示这个产生式右部的每个符号都能推导出句子。第6~11行对每个右部符号 x_i 进行测试，如果它不在 $V_N' \cup V_T' \cup \{\varepsilon\}$ 中（第7行），说明这个符号还不能推导出句子，因此将 $isEndless$ 置为true（第8行），并跳出循环（第9行）。

如果 $isEndless$ 为假（第12行），就是产生式 $A \to x_1x_2\cdots x_n$ 的右部符号都能推出句子的情形，就把 A 加入 V_N'（第13行），产生式加入 P'（第14行），并将产生式从原产生式集合 P 中移除（第15行）。这样，操作就过滤掉了右部不能推导出句子的产生式，最后返回 G' 即可（第19行）。

算法2.3的输入为算法2.2的输出文法 $G' = (V_N', V_T', P', S')$，消除开始符号不能到达的无用符号和无用产生式后，得到文法 $G'' = (V_N'', V_T'', P'', S'')$ 并将其作为输出。

定义 2.24 (开始符号可达)

某个符号 x 是开始符号可达的，指从开始符号可以推导出一个句型，这个句型中含有这个符号；即 $S \overset{*}{\Rightarrow} \cdots x \cdots$，其中 S 是文法的开始符号。
相反，如果一个符号 x 无法从开始符号推导出一个含有该符号的句型，则称该符号是开始符号不可达的。 ♣

算法 2.3 消除开始符号不能到达的无用符号和无用产生式

输入： 文法 $G' = (V_N', V_T', P', S')$
输出： 消除开始符号不能到达的无用符号和无用产生式后的文法 $G'' = (V_N'', V_T'', P'', S'')$

```
1  function removeStartlessSymbols(G′):
2      S″ = S′, V″_N = {S″}, V″_T = ∅, P″ = ∅;
3      do
4          foreach A → x1x2···xn ∈ P′ do
5              if A ∉ V″_N then continue;
6              for i = 1 : n do
7                  if xi ∈ V′_N then V″_N ∪= {xi};
8                  if xi ∈ V′_T then V″_T ∪= {xi};
9              end
10             P″ ∪= {A → x1x2···xn};
11             P′ −= {A → x1x2···xn};
12         end
13     while V″_N ∪ V″_T 有新元素加入;
14     return G″;
15 end removeStartlessSymbols
```

第2行初始化，开始符号不变，非终结符集只包含开始符号，终结符集和产生式集置空。该算法自始至终保证 V_N'' 和 V_T'' 中的符号都是开始符号可达的。算法的基本原理是：如果产生式左部是开始符号可达的，那么这个产生式右部的符号也是开始符号可达的，就把右部符号加入 V_N'' 或 V_T''，并把产生式加入 P''。最终剩下的不能加入的符号，就是开始符号不可达的，这些符号和对应产生式可以丢弃。

第3～13行的do while循环，循环条件是符号集（终结符集，或非终结符集之一，或全部）变大了；换句话说，当非终结符集和终结符集都不再扩大，循环终止。

第4～12行的foreach循环对每个产生式进行处理。如果左部符号A不在V_N''中，则说明到目前为止A是开始符号不可达的，因此跳过该产生式的处理（第5行），进行下一个产生式的处理。

如果该产生式左部符号$A \in V_N''$，则对右部的每个符号（第6行），如果是非终结符就加入V_N''（第7行），如果是终结符就加入V_T''（第8行）。右部符号处理完后把产生式加入P''（第10行），并将产生式从原产生式集P'移除（第11行），最后返回G''（第14行）。

例题2.27 消除无用符号和无用产生式 设文法$G[S] = (\{S,T,Q,R\},\{0,1\},P,S)$，消除其无用符号和无用产生式，其中$P = \{S \to 0S|T|R, T \to 0, Q \to 1Q|0, R \to 1R\}$

解 (1) 施行算法2.2的变换，消除不能推导出句子的无用符号和无用产生式。

- 初始化：$V_T' = \{0,1\}, S' = S, V_N' = \varnothing, P' = \varnothing$。
- 第1轮迭代
  - 产生式$S \to 0S$：由于$S \notin V_N' \cup V_T' \cup \{\varepsilon\}$，不将其加入$P'$，因此$V_N' = \varnothing, P' = \varnothing$。
  - 产生式$S \to T$：由于$T \notin V_N' \cup V_T' \cup \{\varepsilon\}$，不将其加入$P'$，因此$V_N' = \varnothing, P' = \varnothing$。
  - 产生式$S \to R$：由于$R \notin V_N' \cup V_T' \cup \{\varepsilon\}$，不将其加入$P'$，因此$V_N' = \varnothing, P' = \varnothing$。
  - 产生式$T \to 0$：由于$0 \in V_T'$，将其加入P'，因此$V_N' = \{T\}, P' = \{T \to 0\}$。
  - 产生式$Q \to 1Q$：由于$Q \notin V_N' \cup V_T' \cup \{\varepsilon\}$，不将其加入$P'$，因此$V_N' = \{T\}, P' = \{T \to 0\}$。
  - 产生式$Q \to 0$：由于$0 \in V_T'$，将其加入P'，因此$V_N' = \{T,Q\}, P' = \{T \to 0, Q \to 0\}$。
  - 产生式$R \to 1R$：由于$R \notin V_N' \cup V_T' \cup \{\varepsilon\}$，不将其加入$P'$，因此$V_N' = \{T,Q\}, P' = \{T \to 0, Q \to 0\}$。
- 第2轮迭代
  - 产生式$S \to 0S$：由于$S \notin V_N' \cup V_T' \cup \{\varepsilon\}$，有$V_N' = \{T,Q\}, P' = \{T \to 0, Q \to 0\}$。
  - 产生式$S \to T$：由于$T \in V_N'$，有$V_N' = \{T,Q,S\}, P' = \{T \to 0, Q \to 0, S \to T\}$。
  - 产生式$S \to R$：由于$R \notin V_N' \cup V_T' \cup \{\varepsilon\}$，有$V_N' = \{T,Q,S\}, P' = \{T \to 0, Q \to 0, S \to T\}$。
  - 产生式$Q \to 1Q$：由于$1 \in V_T', Q \in V_N'$，有$V_N' = \{T,Q,S\}, P' = \{T \to 0, Q \to 0, S \to T, Q \to 1Q\}$。
  - 产生式$R \to 1R$：由于$R \notin V_N' \cup V_T' \cup \{\varepsilon\}$，有$V_N' = \{T,Q,S\}, P' = \{T \to 0, Q \to 0, S \to T, Q \to 1Q\}$。
- 第3轮迭代
  - 产生式$S \to 0S$：由于$0 \in V_T', S \in V_N'$，有$V_N' = \{T,Q,S\}, P' = \{T \to 0, Q \to 0, S \to T, Q \to 1Q, S \to 0S\}$。
  - 产生式$S \to R$：由于$R \notin V_N' \cup V_T' \cup \{\varepsilon\}$，有$V_N' = \{T,Q,S\}, P' = \{T \to 0, Q \to 0, S \to T, Q \to 1Q, S \to 0S\}$。
  - 产生式$R \to 1R$：由于$R \notin V_N' \cup V_T' \cup \{\varepsilon\}$，有$V_N' = \{T,Q,S\}, P' = \{T \to 0, Q \to 0, S \to T, Q \to 1Q, S \to 0S\}$。
- 第4轮迭代，最后一步的V_N'与第3轮最后一步是相同的，不再扩大，所以循环结束：

$V_N' = \{T, Q, S\}, P' = \{T \to 0, Q \to 0, S \to T, Q \to 1Q, S \to 0S\}$

(2) 施行算法2.3的变换，消除开始符号不能到达的无用符号和无用产生式。

- 初始化：$S'' = S, V_N'' = \{S\}, V_T'' = \varnothing, P'' = \varnothing$。
- 第1轮迭代
  - 产生式$S \to 0S$：由于$S \in V_N'$，有$V_N'' = \{S\}, V_T'' = \{0\}, P'' = \{S \to 0S\}$。
  - 产生式$S \to T$：由于$S \in V_N'$，有$V_N'' = \{S, T\}, V_T'' = \{0\}, P'' = \{S \to 0S, S \to T\}$。
  - 产生式$T \to 0$：由于$T \in V_N'$，有$V_N'' = \{S, T\}, V_T'' = \{0\}, P'' = \{S \to 0S, S \to T, T \to 0\}$。
  - 产生式$Q \to 1Q$：由于$Q \notin V_N'$，有$V_N'' = \{S, T\}, V_T'' = \{0\}, P'' = \{S \to 0S, S \to T, T \to 0\}$。
  - 产生式$Q \to 0$：由于$Q \notin V_N'$，有$V_N'' = \{S, T\}, V_T'' = \{0\}, P'' = \{S \to 0S, S \to T, T \to 0\}$。
- 第2轮迭代
  - 产生式$Q \to 1Q$：由于$Q \notin V_N'$，有$V_N'' = \{S, T\}, V_T'' = \{0\}, P'' = \{S \to 0S, S \to T, T \to 0\}$。
  - 产生式$Q \to 0$：由于$Q \notin V_N'$，有$V_N'' = \{S, T\}, V_T'' = \{0\}, P'' = \{S \to 0S, S \to T, T \to 0\}$。
- 第2轮迭代最后一步的V_N''和V_T''与第1轮最后一次迭代相同，都不再扩大，循环结束。

最终得到的文法为$G''[S] = (\{S, T\}, \{0\}, \{S \to 0S, S \to T, T \to 0\}, S)$。

2.4.2 消除单非产生式

单非产生式是指右部只有一个符号且为非终结符号的产生式，如定义2.25所示。

定义 2.25 (单非产生式)

单非产生式，是指形如$A \to B, A \in V_N, B \in V_N$的产生式。♣

单非产生式有如下危害。

- 在推导或归约中，频繁用一个非终结符代替另一个非终结符，会使得推导或归约步骤过多，效率低下。这个问题不是不能忍受的，但消除单非产生式毕竟能提升效率。
- 在自动机转正规文法时会产生单非产生式，导致转换后的文法不再是正规文法，此时消除这种产生式是必须的。
- 单非产生式有可能造成回路，如$A_1 \Rightarrow A_2 \Rightarrow \cdots \Rightarrow A_n \Rightarrow A_1$造成$A_1 \stackrel{+}{\Rightarrow} A_1$这种回路，使得推导或归约产生死循环，消除单非产生式可以避免这种情况。

单非产生式$A \to B$的消除比较简单，把B为左部的所有产生式$B \to \alpha$都替换为$A \to \alpha$，然后把产生式$A \to B$删除即可。需要注意的是传递的单非产生式，即$A \to B, B \to C$的情形。

算法2.4为消除单非产生式的算法。输入为文法$G = (V_N, V_T, P, S)$，消除单非产生式后，得到的文法$G' = (V_N', V_T', P', S')$作为输出。

算法 2.4 消除单非产生式

```
输入：文法 G = (V_N, V_T, P, S)
输出：消除单非产生式后的文法 G' = (V_N', V_T', P', S')
1  S' = S, V_T' = V_T, V_N' = ∅, P' = ∅;
2  foreach A ∈ V_N do
3  |  W(A) = {A};
4  end
5  do
6  |  foreach A ∈ V_N do
7  |  |  if ∃A → B ∧ B ∈ V_N then
8  |  |  |  W(A) ∪= W(B);
9  |  |  end
10 |  end
11 while ∃W(A) 增大;
12 foreach A ∈ V_N do
13 |  foreach B ∈ W(A) do
14 |  |  P' ∪= {A → α|B → α ∧ α ∉ V_N}
15 |  end
16 end
17 foreach A → α ∈ P' do
18 |  V_N' ∪= {A}
19 end
```

第1行初始化，开始符号和终结符集保持不变，新的非终结符集和产生式集置空。第2~4行为每个非终结符A初始化了一个集合$W(A)$，这个集合用于记录A通过0到多步能推导出的单一非终结符，即$A \overset{*}{\Rightarrow} B$并且$B \in V_N$就有$B \in W(A)$。第2~4行初始化后$W(A)$只包含自身符号$A$。

第5~10行计算$W(A)$。对每个非终结符A（第6行），如果有$A \to B$这样的产生式，且$B \in V_N$（第7行），就将$W(B)$中的符号都并入$W(A)$（第8行）。这个过程保证了多步推导的单一非终结符可以加入$W(A)$集合。该过程需要进行多次，直到所有的$W(A)$都不再扩大为止（第11行）。

第12~16行对$B \to \alpha$的产生式，如果有$A \overset{*}{\Rightarrow} B$，也就是$B \in W(A)$，就将产生左部的$B$替换为$A$，具体操作为：对每个非终结符$A$（第12行），对$W(A)$中的每个非终结符$B$（第13行），如果有产生式$B \to \alpha$且$\alpha$不是单一非终结符，就把$A \to \alpha$这个产生式加入$P'$（第14行）。由于$A \in W(A)$，所以$A$自身的产生式也加入了$P'$。这个过程过滤掉了$\alpha \in V_N$的情况，也就是过滤掉了所有单非产生式。

第17~19行根据新的产生式集P'计算非终结符集。只要P'中产生式左部出现符号A（第17行），就加入新的非终结符集V_N'（第18行）。

例题 2.28 消除单非产生式 设文法$G[S] = (\{S, Q, R\}, \{0, 1\}, P, S)$，消除其单非产生式，其中$P = \{S \to QR \mid Q \mid R,\ Q \to 0Q \mid 1,\ R \to 1R \mid 0\}$

解 (1) 计算$W(A)$。

- 初始化：$W(S) = \{S\}, W(Q) = \{Q\}, W(R) = \{R\}$。
- 产生式$S \to Q$：将$W(Q)$并入$W(S)$，得到$W(S) = \{S, Q\}, W(Q) = \{Q\}, W(R) =$

$\{R\}$。

- 产生式 $S \to R$:将 $W(R)$ 并入 $W(S)$,得到 $W(S) = \{S, Q, R\}, W(Q) = \{Q\}, W(R) = \{R\}$。
- 第2轮迭代集合没有变化，最终结果为 $W(S) = \{S, Q, R\}, W(Q) = \{Q\}, W(R) = \{R\}$。

(2) 计算产生式集。

- 由 $W(S)$ 得 $S \to QR \mid 0Q \mid 1 \mid 1R \mid 0$。
- 由 $W(Q)$ 得 $Q \to 0Q \mid 1$。
- 由 $W(R)$ 得 $R \to 1R \mid 0$。

(3) 计算非终结符集，得到文法 $G'[S] = (\{S, Q, R\}, \{0, 1\}, P', S)$,

其中 $P' = \{S \to QR \mid 0Q \mid 1 \mid 1R \mid 0,\ Q \to 0Q \mid 1,\ R \to 1R \mid 0\}$

消除单非产生式会产生无用符号和无用产生式，可以调用算法2.1删除。

例题2.29 消除单非产生式后产生无用符号和无用产生式 设文法 $G[S] = (\{S, A, B, C\}, \{0\}, P, S)$，消除其单非产生式，其中 $P = \{S \to AB, A \to B, B \to C, C \to A \mid 0\}$

解 (1) 计算 $W(A)$。

- 初始化：$W(S) = \{S\}, W(A) = \{A\}, W(B) = \{B\}, W(C) = \{C\}$。
- 第1轮迭代
  - 产生式 $A \to B$：将 $W(B)$ 并入 $W(A)$，得到 $W(S) = \{S\}, W(A) = \{A, B\}, W(B) = \{B\}, W(C) = \{C\}$。
  - 产生式 $B \to C$：将 $W(C)$ 并入 $W(B)$，得到 $W(S) = \{S\}, W(A) = \{A, B\}, W(B) = \{B, C\}, W(C) = \{C\}$。
  - 产生式 $C \to A$：将 $W(A)$ 并入 $W(C)$，得到 $W(S) = \{S\}, W(A) = \{A, B\}, W(B) = \{B, C\}, W(C) = \{A, B, C\}$。
- 第2轮迭代
  - 产生式 $A \to B$：将 $W(B)$ 并入 $W(A)$，得到 $W(S) = \{S\}, W(A) = \{A, B, C\}, W(B) = \{B, C\}, W(C) = \{A, B, C\}$。
  - 产生式 $B \to C$：将 $W(C)$ 并入 $W(B)$，得到 $W(S) = \{S\}, W(A) = \{A, B, C\}, W(B) = \{A, B, C\}, W(C) = \{A, B, C\}$。
  - 产生式 $C \to A$：将 $W(A)$ 并入 $W(C)$，得到 $W(S) = \{S\}, W(A) = \{A, B, C\}, W(B) = \{A, B, C\}, W(C) = \{A, B, C\}$。
- 第3轮迭代无变化，结果为 $W(S) = \{S\}, W(A) = \{A, B, C\}, W(B) = \{A, B, C\}, W(C) = \{A, B, C\}$。

(2) 计算产生式集。

- 由 $W(S)$ 得 $S \to AB$。
- 由 $W(A)$ 得 $A \to 0$。
- 由 $W(B)$ 得 $B \to 0$。
- 由 $W(C)$ 得 $C \to 0$。

(3) 计算非终结符集，得到文法 $G'[S] = (\{S, A, B, C\}, \{0\}, P', S)$,

其中 $P' = \{S \to AB, A \to 0, B \to 0, C \to 0\}$

(4) 根据算法2.1删除无用产生式，得到最终文法

$G'[S]=(\{S,A,B\},\{0\},P',S)$，其中 $P'=\{S\to AB, A\to 0, B\to 0\}$

2.4.3 消除空符产生式

空符产生式是形如 $A\to\varepsilon$ 的产生式。有的算法要求文法除开始符号外，不能有空符产生式，使用这类算法需要消除空符产生式。

定义 2.26 (消除或规范空符产生式)

任给一文法 $G=(V_N,V_T,P,S)$，

若 $\varepsilon\notin L(G)$，则可以消除任何空符产生式；

若 $\varepsilon\in L(G)$，除消除空符产生式外，还需要增加一个空符产生式 $S\to\varepsilon$，称为规范空符产生式。

♣

算法2.5首先计算可推导出空符的非终结符集 W。第2行将 W 初始化为空集，第3~5行首先将产生式右部为 ε 的左部符号加入集合 W。

算法 2.5 计算可推导出空符的非终结符集

输入： 文法 $G=(V_N,V_T,P,S)$

输出： 可推导出空符的非终结符集 W

```
1  function getEmptableVN(G):
2      W = ∅;
3      foreach A → β ∈ P do
4          if β = ε then W ∪= {A} ;
5      end
6      do
7          foreach A → X1X2···Xn ∈ P do
8              isEmptable = true;
9              for i = 1 : n do
10                 if Xi ∉ W then
11                     isEmptable = false;
12                     break;
13                 end
14             end
15             if isEmptable then W ∪= {A} ;
16         end
17     while W 增大;
18     return W;
19 end getEmptableVN
```

如果一个产生式右部的所有符号都属于 W，则其右部可以推导出 ε，那么左部符号也能推导出 ε，需要加入 W。第7~16行遍历所有候选式做如上所述判断，对每个产生式 $A\to X_1X_2\cdots X_n$，先将标志 $isEmptable$ 置为true（第8行），表示右部所有符号均可空。然后对右部的每个符号 X_i（第9行），如果 $X_i\notin W$（第10行），则右部不可空，将 $isEmptable$ 置为false（第11行），并跳出循环（第12行）。如果产生式右部所有符号可空，$isEmptable$ 会保持true值，此时将左部符号 A 并入 W（第15行）。

如果遍历完所有产生式（第7~16行），有非终结符加入 W 使得 W 增大，就再进行一轮迭代（第6~17行），直至 W 不再增大为止。最后返回求得的 W（第18行）。

消除空符产生式的思路是，对于产生式$A \to X_1X_2\cdots X_n$的每个右部符号X_i：

- 如果$X_i \in W$，就使X_i分别取自身和ε两个值，使产生式分裂为$A \to X_1X_2\cdots X_{i-1}X_iX_{i+1}\cdots X_n$和$A \to X_1X_2\cdots X_{i-1}X_{i+1}\cdots X_n$。
- 如果$X_i \notin W$，则X_i只能取自身值，保持原有产生式不变$A \to X_1X_2\cdots X_{i-1}X_iX_{i+1}\cdots X_n$。

对产生式右部的每个符号都做这样的处理，如果产生式右部有k个符号属于W，就会派生出2^k个产生式。这些产生式去掉形如$A \to \varepsilon$的产生式，就得到了消除空符的产生式。

算法2.6使用递归思想实现上述思路。算法输入为文法$G = (V_N, V_T, P, S)$，以及算法2.5计算得到的W；消除空符产生式后输出文法$G' = (V_N, V_T, P', S)$。

算法 2.6 消除空符产生式

输入： 文法$G = (V_N, V_T, P, S)$

输出： 消除空符产生式后的文法$G' = (V_N, V_T, P', S)$

```
1  function removeEmptyProduction(G, W):
2      P' = ∅;
3      foreach A → X1X2···Xn ∈ P do
4          derive(P', A, W, ε, X1X2···Xn);
5      end
6      return G' = (VN, VT, P', S);
7  end removeEmptyProduction
8  function derive(&P', A, W, left, right):
9      if right = ε then
10         if left ≠ ε then
11             P' ∪= {A → left};
12         end
13     else
14         derive(P', A, W, left + right[1], right[2 : end]);
15         if right[1] ∈ W then
16             derive(P', A, W, left, right[2 : end]);
17         end
18     end
19 end derive
```

过程removeEmptyProduction()实现空符产生式的消除。第2行先将新的产生式集P'置空，然后对每个产生式（第3行）调用derive()过程实现对该产生式的分裂（第4行），最后返回G'（第6行）。其中derive()过程含有5个参数：

- P'，为新的产生式集合，采用引用方式传递参数，因此derive()过程中对P'的修改，也会造成当前过程removeEmptyProduction()中P'的改变。
- A，为当前处理产生式的左部。
- W，为算法2.5计算得到的可推导出空符的非终结符集。
- $left$，是一个字符串，为产生式右部已经分裂过的前缀，初始为空串ε。如$X_1X_2\cdots X_n$，如果分裂到X_k，$left$即前缀$X_1\cdots X_k$中，所有$X_i(i = 1, 2, \cdots, k)$被自身或ε（如果$X_i \in W$）替换后的一个字符串实例。
- $right$，是一个字符串，为产生式右部的后缀，该部分尚未分裂，初始为整个产生式右部字符串。如 $X_1X_2\cdots X_n$，如果分裂到 X_k，$right$ 即后缀 $X_{k+1}\cdots X_n$。

第8~19行的derive()过程中，如果 $right=\varepsilon$（第9行），且 $left\neq\varepsilon$（第10行），则将产生式 $A\rightarrow left$ 加入集合 P'（第11行）。这里，$left$ 需要用其字符串值替换，如 $left=\beta$，则产生式应为 $A\rightarrow\beta$。

如果 $right\neq\varepsilon$（第13行），则先从 $right$ 最左边取一个符号，连接到 $left$ 最右边进行派生（第14行）：

- $left+right[1]$ 表示取 $right$ 最左边符号，连接到 $left$ 最右边。
- $right[2:end]$ 表示取 $right$ 的左边第2个符号到符号串末尾，也就是丢弃了最左边符号。

如果 $right$ 最左边符号属于 W（第15行），还需要将其用 ε 替换，也就是第16行，$left$ 不变，$right$ 丢弃最左边符号。

算法2.7为规范或消除空符产生式的过程。第1行调用算法2.5计算可推导出空符的非终结符集 W，第2行调用算法2.6消除空符产生式得到 G'。消除空符产生式后可能出现形如 $S\rightarrow S$ 的产生式，将其从 P' 移除（第3行）。如果 $S\in W$（第4行），说明开始符号 S 可以推导出 ε，也就是 $\varepsilon\in L(G)$，因此将产生式 $S\rightarrow\varepsilon$ 加入 P'（第5行）。

算法 2.7 消除或规范空符产生式

输入： 文法 $G=(V_N,V_T,P,S)$

输出： 消除或规范空符产生式后的文法 $G'=(V_N,V_T,P',S)$

```
1 W =getEmptableVN(G);
2 G' =removeEmptyProduction(G, W);
3 P' -= {S → S};
4 if S ∈ W then
5 |  P' ∪= {S → ε};
6 end
```

例题 2.30 消除或规范空符产生式 设文法 $G[S]:S\rightarrow AS|AB|\varepsilon, A\rightarrow a|\varepsilon, B\rightarrow b|AS$，试消除或规范空符产生式。

解 (1) 求可推导出空符的非终结符集 W。

- 初始化 $W=\varnothing$。
- 由 $S\rightarrow\varepsilon$ 和 $A\rightarrow\varepsilon$，有 $W=\{S,A\}$。
- $B\rightarrow AS$ 的右部符号都属于 W，因此 $B\in W$，即 $W=\{S,A,B\}$。

(2) 消除空符产生式。

- 初始化 $P'=\varnothing$。
- 产生式 $S\rightarrow AS$，分裂得到 $\{S\rightarrow AS, S\rightarrow S, S\rightarrow A, S\rightarrow\varepsilon\}$。
- 产生式 $S\rightarrow AB$，分裂得到 $\{S\rightarrow AB, S\rightarrow A, S\rightarrow B, S\rightarrow\varepsilon\}$。
- 产生式 $S\rightarrow\varepsilon$，分裂得到 $\{S\rightarrow\varepsilon\}$。
- 产生式 $A\rightarrow a$，分裂得到 $\{A\rightarrow a\}$。
- 产生式 $A\rightarrow\varepsilon$，分裂得到 $\{A\rightarrow\varepsilon\}$。
- 产生式 $B\rightarrow b$，分裂得到 $\{B\rightarrow b\}$。
- 产生式 $B\rightarrow AS$，分裂得到 $\{B\rightarrow AS, B\rightarrow S, B\rightarrow A, B\rightarrow\varepsilon\}$。

(3) 以上集合求并集，去掉 $S\rightarrow S$，以及右部为 ε 的产生式，得到 $P'=\{S\rightarrow AS, S\rightarrow$

$A, S \to AB, S \to B, A \to a, B \to b, B \to AS, B \to S, B \to A\}$。

整理得 $P' = \{S \to AS|AB|A|B, A \to a, B \to b|AS|S|A\}$。

(4) 由于 $S \in W$，因此加入 $S \to \varepsilon$，得到 $P' = \{S \to AS|AB|A|B|\varepsilon, A \to a, B \to b|AS|S|A\}$。

第2章 文法与语言设计 内容小结

- 一个文法是一个四元组，包括非终结符集、终结符集、产生式集和开始符号。
- 用产生式右部替换左部符号的过程，称为推导，其逆过程称为归约。
- 最右推导称为规范推导，其逆过程最左归约称为规范归约。
- 开始符号能推导出的句子全体称为语言。
- 短语是某个上下文中的一个语法单位，最左直接短语称为句柄。
- 语法树任意子树叶子结点构成短语，二层子树叶子结点构成直接短语，最左二层子树叶子结点构成句柄。
- 如果文法中存在某个句型对应两棵不同的语法树，则这个文法为二义文法。
- 文法的等价变换包括消除无用产生式、单非产生式和空符产生式。

第 2 章 习题

第2章 习题

请扫描二维码查看第2章习题。

第3章

词 法 分 析

本章介绍词法分析器的设计与实现，并介绍自动机、正规文法这些词法分析的核心工具，以及它们之间、它们与正规式之间的相互转换。

3.1 词法分析器的设计

3.1.1 词法分析器的任务

在1.5.1节编译器框架中，我们已经介绍了词法分析器的输出是单词类别和单词值的二元组序列，或者称为单词串。

单词识别的最直观想法是通过分隔符（如空格、回车换行符等）把单词隔开，分割成一个个子串，然后每个子串根据其构成判断其类别。这种方式编程非常复杂，需要根据不同情况做各种适配，在源程序文件较小时可以适用，但效率极差，源程序规模较大时其运行时间是不可接受的。词法分析器的任务，是期望对源代码字符串进行一次从左到右的扫描，就能识别出所有单词及其类别。

单词的类别一般分为以下5种。

- **标识符**：用来表示各种名字，如变量名、数组名、过程名、标号名等。
- **关键字**：由程序语言定义的有固定意义的标识符，也称为保留字或基本字，如int、while、if等。
- **常数**：一般有整型、实型、布尔型、字符型、字符串型等，如7、3.1415926、true、“Hello world!”。
- **运算符**：如+、−、*、/等。
- **界符**：如逗号、分号、括号、//、/*、*/等。

其中，关键字、运算符和界符都是确定的，一般根据语言的复杂程度不同，有几十个或上百个。标识符和常数的数量一般不加限制，但标识符一般有长度限制。整型、实型、布尔型、字符型常数一般由固定长度的字节表示，字符串型则受数组最大长度限制。

一般来说，为了使用方便，单词类别在程序中使用整型编号表示。一个语言的单词符号如何分类、分几类、怎样编码，是一个技术性问题，主要取决于处理上的方便，大致规则如下。

- 标识符一般统归为一类，因为词法分析时，这个标识符表示的是变量名、数组名、过程名，还是标号名，是无法确定的，适合于统一归类。

- 常数宜按类型分类，如整型、实型、布尔型、字符型、字符串型各一类。
- 关键字可以将全体视为一类，也可以一字一类。
- 运算符可以一符一类，也可以把具有一定共性的运算符视为一类，如加减一类、乘除一类等。注意：有些二义符号，如减号和负号，需要到语义分析阶段才能区分。
- 界符一般一符一类。

3.1.2 词法分析器设计需要考虑的问题

词法分析器设计需要考虑几个问题，首先考虑的是**把词法分析器作为独立的一遍，还是作为一个子过程**。

作为独立的一遍，即输入原始字符串，输出完整的单词二元组序列，再送给语法分析器，如图3.1(a)所示。这种方式的优点是结构非常清晰，缺点是需要先把词法分析跑完一遍，如果语法分析一开始就发现了错误，那么词法分析这一遍的后续工作都白做了。

把词法分析作为一个子程序，即公开一个过程，语法分析需要一个单词就调用这个过程。词法分析器分析出一个单词就返回，然后等待语法分析器的下一次调用，如图3.1(b)所示。这种方式与作为独立一遍相比，优缺点恰好相反，可以根据语言的特点和喜好选择。

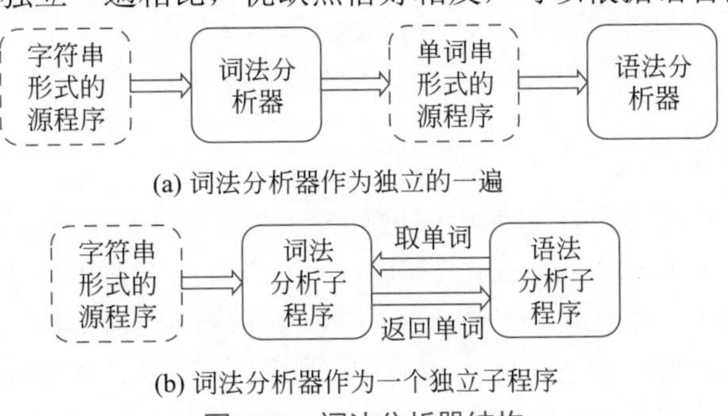

图 3.1 词法分析器结构

第二个问题是源程序中**注释和空白**的处理问题，这里的空白包括回车符、换行符、跳格符和空格符。最早的编译器把词法分析分为过滤（Screening）和扫描（Scanning）两个阶段[61]，过滤即词法分析前的**预处理**过程，其作用是将注释和空白转换为一个空格符，将连续的注释和空白合并为一个空格；扫描即识别单词的阶段。实际上，注释和空白也可以与单词识别一起处理，读到这些字符直接丢弃即可，在实现部分我们会讨论这种方式。

第三个问题是读入源程序的**缓冲区**问题。目前大部分计算机系统能提供给编译器使用的内存空间，相对于源程序文件大小来说，可以说是无限大的。但同时也无法避免在资源受限机器上跑编译程序的情况。假如某台机器的内存不足以装下整个源程序，就会出现内存中一个完整单词被截断的情况。

当内存受限时，需要设定一个缓冲区长度，也就是一次读入多少字符，假设这个长度是512，而标识符最大长度限定是256。当识别一个单词时，不管缓冲区设置得多大，只要不能完整读入源程序，总会出现如图3.2(a)所示的情况：一个指针记录了标识符的起点，然后搜索指示器向右扫描，未扫描到单词结束位置，缓冲区到末尾了，这样就造成一个完整的单词不在内存里，无法记录下来。一种可行的解决方案是，把从标识符起点到缓冲区末尾的部分移动到缓冲区头部，读入源程序剩余部分，把缓冲区剩下的部分填满，然后继续识别这个单词。这种方式需要在内存中移动部分字符，导致效率下降。

双缓冲策略则可以解决这种问题。如图3.2(b)所示，我们将缓冲区一分为二，每个缓冲区长度不小于标识符最大长度，两个缓冲区形成环状结构，即第2个缓冲区链接在第1个缓冲区尾部，第1个缓冲区也链接在第2个缓冲区尾部。当一个缓冲区在当前识别的单词未结束时到达了缓冲区尾部，就将另一个缓冲区填满，从另一个缓冲区的头部继续搜索。两个缓冲区互补使用，就能保证一个单词总在内存中，直至整个源程序扫描结束。

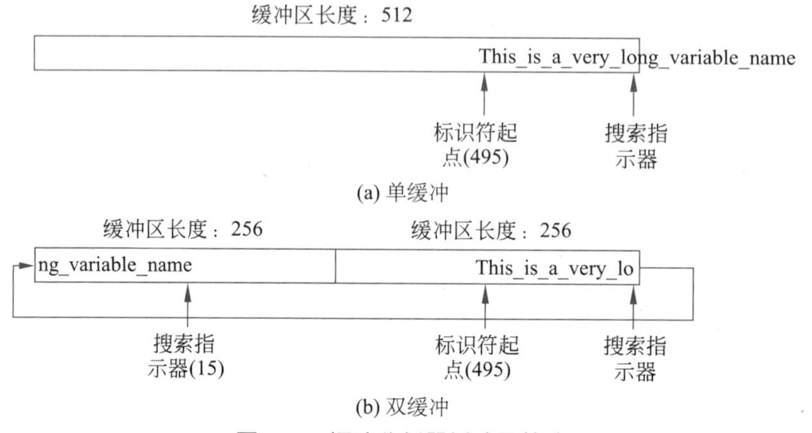

图 3.2　词法分析器缓冲区策略

3.1.3　状态转换图

状态转换图是对具有多种状态的程序进行控制的有效方法，对识别单词也很有效。**状态转换图**（State Transition Diagram，STD）是一个有向图，用结点表示状态，有向边上的**标记**为字符，表示在一个状态下，若输入字符为该标记，则转移到有向边指向的状态。

一个转换图只有有限个状态，即结点有限，如图3.3所示。这些状态中有一个状态称为**初态**，用箭头表示，如状态0；至少有一个**终态**，用双圈表示，如状态2。

设 $\Sigma = \{a, b, \cdots, z, A, B, \cdots, Z, 0, 1, \cdots, 9\}$，图3.3(a)是识别 Σ 上标识符的状态转换图。初始状态为0，当遇到一个字母符号时，就转移到状态1；再遇到字母或数字时，还是转移到状态1；当遇到不是字母和数字的其他符号时，转移到终态2，表示识别出了一个单词。图3.3(b)则是识别 Σ 上整数的转换图，可以做类似的分析。

图 3.3　状态转换图

终态上加星号，表示多读了一个字符，需要把这个字符退回给词法分析器，这个多读符号的策略称为**超前搜索**。像FORTRAN这样的语言，关键字可以用作普通标识符，导致需要超前搜索很多字符才能确定该单词是关键字还是普通标识符。而目前的大部分语言，不允许把关键字作为普通标识符使用，同时除算符和界符外两个单词之间要求至少有一个空白符，这样最多只超前搜索1个字符，就可以识别出一个单词。

可以看出，如果能把识别各类单词的状态转换图组合成一个整体，并且当前状态和输入符号能唯一确定下一个状态时，就可以方便地实现单词识别。一开始可以设置状态为初态0，字符扫描指示器指向第一个字符。每步根据当前状态和当前字符确定下一个状态，状态转移后扫描指示器读入下一个符号。当到达终态后，就成功识别出一个单词。然后把状态重置为初态，字符扫描指示器回退一个字符，重新开始这个过程去识别下一个单词。

本章后续部分主要研究状态转换图的构造理论，最后用状态转换图实现一个词法分析器。

3.2 有限自动机

当一个问题比较复杂时，通常从以下两个角度切入。

- 从“人”的角度，设计一个人类比较容易理解且容易构造的规则或模型。对单词描述来说，2.3.1节介绍的正规式正是这样一个工具。
- 从“计算机”的角度，设计一个计算机算法比较容易实现的模型。前面所述的状态转换图是一个好的工具，但是需要对其施加一定的限制，后面定义为确定有限自动机。

然后，我们需要寻找一个算法，将人构造的模型转换为计算机能理解的模型。

3.2.1 确定有限自动机

对3.1.3节介绍的状态转换图，只有当一个状态和一个输入符号能唯一确定下一个状态，才能比较方便地编程实现。下面对具有这个特点的状态转换图给出形式化定义。

定义 3.1（确定有限自动机（Deterministic Finite Automata，DFA））

一个确定有限自动机M是一个五元组：$M=(S,\Sigma,\delta,s_0,F)$，其中

(1) S是状态的非空有限集合，$\forall s\in S$，s称为M的一个状态；

(2) Σ是一个有限字母表，它的每一个元素称为一个输入字符（或符号、字母）；

(3) $\delta: S\times\Sigma\to S$，是状态转换函数（也称状态转移函数）集，对$\forall(s,a)\in S\times\Sigma$，$\delta(s,a)=t$表示$M$在状态$s$读入字符$a$，转移到状态$t$，并向右移动读入下一个字符；

(4) $s_0\in S$，是唯一的初态；

(5) $F\subseteq S$，是一个终态集，其中的每个元素称为终态（或可接受状态）。♣

DFA的最重要特点是δ，它是一个从$S\times\Sigma$到S的单值映射。对$\delta(s,a)=t$，称t为s的后继状态，这里t是唯一确定的，不会同一个状态有两条标记相同的射出弧导向不同状态。换句话说，如果有$\delta(s,a)=t_1,\delta(s,a)=t_2$，则$t_1$和$t_2$一定是同一个状态。

DFA的确定性还体现在，DFA上没有ε弧。如果有，则意味着一个状态不经过任何输入就可以到达另一个状态，这也是不允许的。

初态s_0是唯一的，意味着开始状态也是唯一确定的。终态集F可空，但没有终态的DFA对我们没有意义，因此我们只讨论F非空的情形。

例题 3.1DFA 定义 写出图3.4所示状态转换图对应的DFA。

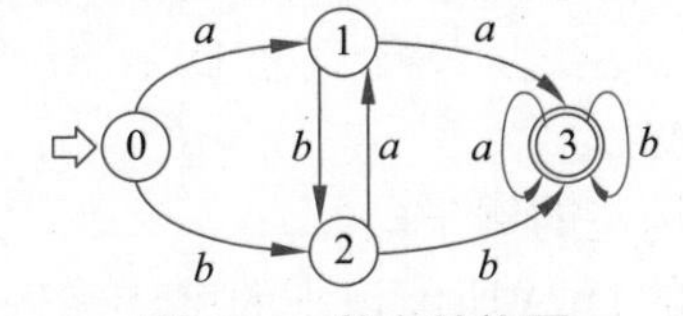

图 3.4 状态转换图

解 DFA $M=\{\{0,1,2,3\},\{a,b\},\boldsymbol{\delta},0,\{3\}\}$，其中$\boldsymbol{\delta}$：$\delta(0,a)=1,\delta(0,b)=2,\delta(1,a)=$

$3, \delta(1,b)=2, \delta(2,a)=1, \delta(2,b)=3, \delta(3,a)=3, \delta(3,b)=3$.

定义 3.2 (状态转换矩阵)

一个DFA的转换函数可以用表格或矩阵表示。表格的行表示状态，列表示输入字符，单元格元素表示$\delta(s,a)$的值，其对应的矩阵称为状态转换矩阵。♣

例题 3.2 状态转换矩阵 例题3.1的DFA的转换函数用表格表示如表3.1所示。

表 3.1 表格形式的状态转换矩阵

状 态	a	b
0	1	2
1	3	2
2	1	3
3	3	3

用状态转换矩阵表示如式(3.1)所示。

$$\boldsymbol{\delta}=\begin{pmatrix}1 & 2\\ 3 & 2\\ 1 & 3\\ 3 & 3\end{pmatrix} \tag{3.1}$$

状态转换矩阵的元素排列，与状态、输入符号的排列顺序都有关，因此把表格也称作状态转换矩阵。

定义 3.3 (字的识别与语言)

对Σ^*上的任何字α，若存在一条从初态结点到某一终态结点的通路，且这条通路上所有有向弧的标记符连接成的字等于α，则称α可为DFA M所识别（也称读出或接受）。

若M的初态结点同时又是终态结点，则空字ε可为M所识别。

DFA M所能识别的字的全体记为$L(M)$，称为DFA M所能识别的语言。♣

如果一个DFA M的输入字母表为Σ，也称M是Σ上的一个DFA。

定理 3.1 (正规集与DFA的等价性)

Σ上的字集$V \subseteq \Sigma^*$是正规的，等价于存在Σ上的DFA M，使得$V=L(M)$。♡

对于这个定理，在本章后续内容通过构造法证明，即对任意的正规式对应的字集V，都能构造DFA M使得$V=L(M)$；反之，对于任意DFA M，都能构造一个正规式，假设它表示的字集是V，则有$V=L(M)$。

下面先看几个DFA分析和构造的例子。

例题 3.3 分析DFA 分析图3.4的DFA所能识别的字（字集）。

解 DFA要识别一个字，必须进入终态，此处终态为3。

要进入终态3，有两条路径：状态1通过a弧进入，或状态2通过b弧进入，此外没有其他路径。

若走状态1的路径，因为状态1只有两条射入的弧，标记都为a，因此该路径要到达状态3，必须先接受1个a到达状态1，再接受一个a到达状态3，故接受包含aa的字。

用同样的分析可得，若走状态2的路径，接受包含bb的字。

故该DFA接受包含aa或bb的字。

例题3.4设计DFA 设计$\Sigma = \{0,1\}$上的DFA M，使其能识别有偶数个0偶数个1的字。

解 DFA设计问题的关键，是找到状态和转换函数，这两个要素又密切相关。

识别一个字，可以看作从初态到终态状态变化的一个动态过程，每走一步，接受一个字符。

对本问题，可以考虑统计每一步识别出数字中0和1的个数的奇偶性，不同奇偶性组合作为一个状态；从某个状态再输入一个数字0或1，就导致状态改变。

我们对状态做如下编号。

- 状态0：偶数个0偶数个1。此时后面如果读入0（通过0弧转移），则变为奇数个0偶数个1；如果读入1，则变为偶数个0奇数个1。
- 状态1：偶数个0奇数个1。此时后面如果读入0，则变为奇数个0奇数个1；如果读入1，则变为偶数个0偶数个1。
- 状态2：奇数个0偶数个1。此时后面如果读入0，则变为偶数个0偶数个1；如果读入1，则变为奇数个0奇数个1。
- 状态3：奇数个0奇数个1。此时后面如果读入0，则变为偶数个0奇数个1；如果读入1，则变为奇数个0偶数个1。

根据以上分析，得到转换函数：

$\delta(0,0) = 2, \delta(0,1) = 1, \delta(1,0) = 3, \delta(1,1) = 0, \delta(2,0) = 0, \delta(2,1) = 3, \delta(3,0) = 1, \delta(3,1) = 2$

终态显然是偶数个0偶数个1的状态，即状态0；空字也符合偶数个0偶数个1的要求，所以初态也是状态0。DFA如图3.5所示。

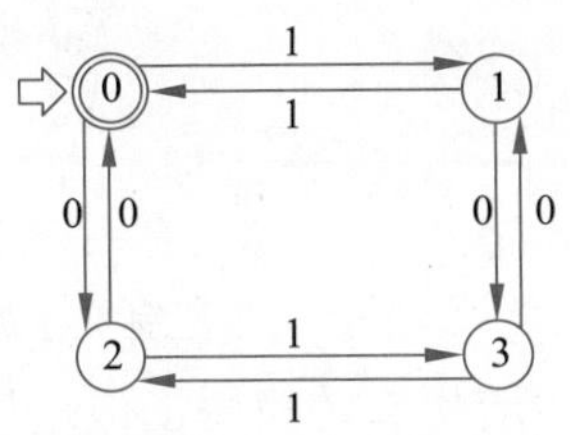

图 3.5 接受偶数个0偶数个1的DFA

例题3.5设计DFA 设计$\Sigma = \{0,1,\cdots,9\}$上的DFA M，使其接受能被3整除的十进制数字。

解 假设到某个状态已识别出的数字部分记作n，那么经过一个标记为i的弧后，相当于在n后加了一位数字i，这个数字就变为$10n+i$。

可以考虑将数字除以3的余数作为状态，那么后面加上一位数字i后，其除以3的余数也是唯一确定的，即转移到的状态唯一确定。

- 状态0：$n\%3 = 0$，则$10n\%3 = 0$

  - $(10n+(0|3|6|9))\%3=0$
  - $(10n+(1|4|7))\%3=1$
  - $(10n+(2|5|8))\%3=2$
- 状态1：$n\%3=1$，则 $10n\%3=(9n+n)\%3=n\%3=1$
  - $(10n+(0|3|6|9))\%3=1$
  - $(10n+(1|4|7))\%3=2$
  - $(10n+(2|5|8))\%3=0$
- 状态2：$n\%3=2$，则 $10n\%3=(9n+n)\%3=n\%3=2$
  - $(10n+(0|3|6|9))\%3=2$
  - $(10n+(1|4|7))\%3=0$
  - $(10n+(2|5|8))\%3=1$

根据以上分析，DFA如图3.6所示。终态显然是余数为0的状态，即状态0；用排除法可以确定初态为0，但会接受空字。

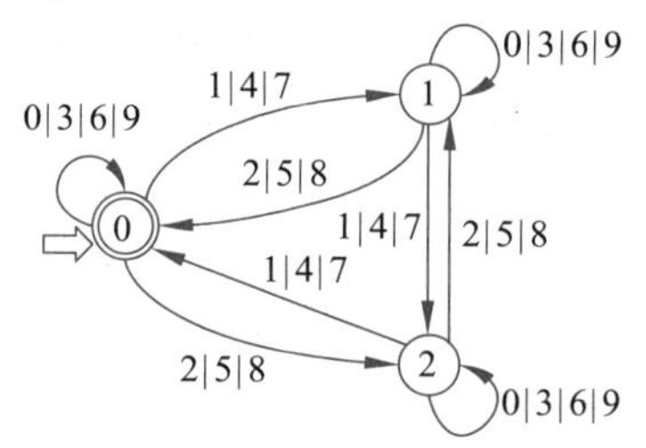

图 3.6　接受能被3整除的十进制数字的DFA

例题3.5的思路可以解决任意进制的余数或整除问题。如构造 $\Sigma=\{0,1\}$ 上能被4整除的二进制数，余数为 $0\sim3$ 共4个状态。到达当前状态识别的数字如果为 n，则再读入数字0变为 $2n$，读入数字1变为 $2n+1$，这样得到的DFA如图3.7(a)所示。

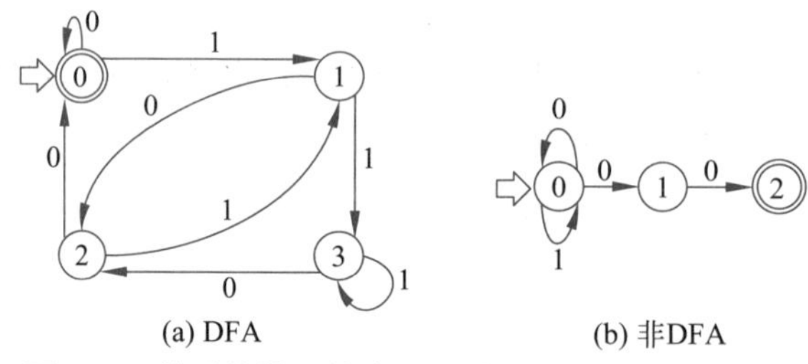

图 3.7　接受能被4整除的二进制数字的状态转换图

有时候利用一些规则更容易构造状态转换图，但这样构造时一定要谨慎。如能被4整除的二进制数字，其最后两位必须都是0。根据这个规则，可能构造出图3.7(b)所示的状态转换图。抛开是否接受空串这一点，该状态转换图确实能接受被4整除的二进制数，但它不是DFA，因为同时存在 $\delta(0,0)=0$ 和 $\delta(0,0)=1$。

例题3.6 应用DFA　一个人带着狼、羊和白菜要从一条河左岸渡到右岸。有一条船，恰好能装下人和其他三件东西中的一件。如果没有人照看，狼会吃羊，羊会吃白菜。用DFA找出渡河方案。

解　把人和各种东西存在左岸和右岸的情况作为状态，如表3.2所示。初态是人、狼、羊、白菜都在左岸，终态是人、狼、羊、白菜都在右岸。

表 3.2 状态编码

状　　态	左　　岸	右　　岸	说　　明
0	人、狼、羊、白菜	∅	初态
1	人、狼、羊	白菜	
2	人、狼、白菜	羊	
3	人、羊、白菜	狼	
—	狼、羊、白菜	人	左岸狼吃羊，羊吃白菜
—	人、狼	羊、白菜	右岸羊吃白菜
4	人、羊	狼、白菜	
—	人、白菜	狼、羊	右岸狼吃羊
—	狼、羊	人、白菜	左岸狼吃羊
5	狼、白菜	人、羊	
—	羊、白菜	人、狼	左岸羊吃白菜
—	人	狼、羊、白菜	右岸狼吃羊，羊吃白菜
6	狼	人、羊、白菜	
7	羊	人、狼、白菜	
8	白菜	人、狼、羊	
9	∅	人、狼、羊、白菜	终态

有向弧上标记的符号，用$G(x)$和$R(x)$分别表示人带x从左岸到右岸和从右岸返回，G和R分别表示人自己到右岸和从右岸返回，则可构造转换矩阵如表3.3所示。

表 3.3 状态转移矩阵

状态	左　　岸	G(狼)	G(羊)	G(白菜)	G	R(狼)	R(羊)	R(白菜)	R
0	人、狼、羊、白菜	—	5	—	—	—	—	—	—
1	人、狼、羊	7	6	—	—	—	—	—	—
2	人、狼、白菜	8	—	6	5	—	—	—	—
3	人、羊、白菜	—	8	7	—	—	—	—	—
4	人、羊	—	9	—	7	—	—	—	—
5	狼、白菜	—	—	—	—	—	0	—	2
6	狼	—	—	—	—	—	1	2	—
7	羊	—	—	—	—	1	—	3	4
8	白菜	—	—	—	—	2	3	—	—
9	∅	—	—	—	—	—	4	—	—

从DFA中找到从状态0到状态9的一条通路就是一个渡河方案，最短通路就是最佳渡河方案。状态转换图比较凌乱，可以通过状态转换矩阵寻找通路。

我们找到一条最短路径：

$$0 \xrightarrow{G(\text{羊})} 5 \xrightarrow{R} 2 \xrightarrow{G(\text{狼})} 8 \xrightarrow{G(\text{羊})} 3 \xrightarrow{G(\text{白菜})} 7 \xrightarrow{R} 4 \xrightarrow{G(\text{羊})} 9$$

即渡河方案为①人带羊到右岸；②人自己返回；③人带狼到右岸；④人带羊返回；⑤人带白菜到右岸；⑥人自己返回；⑦人带羊到右岸。

通过前面的例题可以看出，DFA 虽然易于编程实现，但是构造非常困难。人类容易构造的，往往是“非确定”的有限自动机。如构造能被4整除的二进制数字时，显然图3.7(b) 比图3.7(a) 更容易想到。又如，构造接受 aa 或 bb 的 DFA，构造图3.4是非常困难的，但构造“非确定”的图3.8却很容易。因此，我们放松 DFA 中确定性的限制，给出非确定有限自动机的概念。

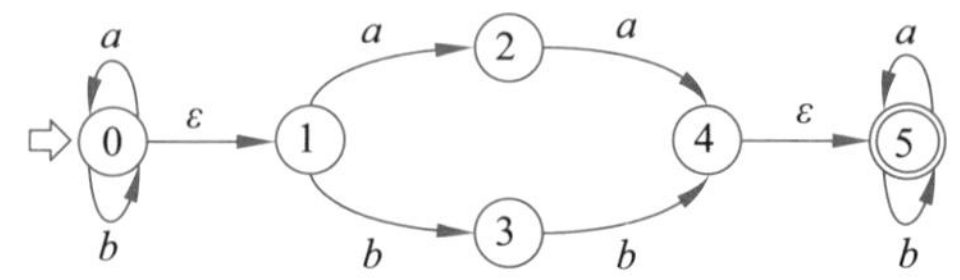

图 3.8 包含 aa 或 bb 的 NFA

3.2.2 非确定有限自动机

定义 3.4 (非确定有限自动机（Non-Deterministic Finite Automata，NFA）)

一个非确定有限自动机 M 是一个五元组：$M=(S,\Sigma,\hat{\delta},S_0,F)$，其中

(1) S 是状态的非空有限集合；

(2) Σ 是一个有限字母表；

(3) $\hat{\delta}:S\times\Sigma^*\to 2^S$，是扩充的状态转换函数；

(4) $S_0\subseteq S$，是非空初态集；

(5) $F\subseteq S$，是可空终态集。 ♣

其中扩充的状态转换函数 $\hat{\delta}$ 定义如下。

定义 3.5 (扩充的状态转换函数)

$\hat{\delta}:S\times\Sigma^*\to 2^S$ 由 δ 定义扩充而来，主要扩充规则为：

(1) $\hat{\delta}(s,\varepsilon)=\{s\}$；

(2) $\hat{\delta}(s,wa)=\{t\mid \exists r\in\hat{\delta}(s,w)\wedge t=\delta(r,a)\}$，其中 $a\in\Sigma,w\in\Sigma^*$。 ♣

其中第 (1) 条规则定义了通过空符号到达自身；第 (2) 条规则指明状态 s 通过符号串 w 到达状态 r（可能不止一个），r 再通过 a 到达 t，那么 s 通过 wa 到达 t。

当 $(s,a)\in S\times\Sigma$ 时，δ 和 $\hat{\delta}$ 是一致的，证明见式 (3.2)。

$$
\begin{aligned}
\hat{\delta}(s,a) &= \hat{\delta}(s,\varepsilon a)\\
&= \{t\mid \exists r\in\hat{\delta}(s,\varepsilon)\wedge t=\delta(r,a)\}\\
&= \{t\mid \exists r\in\{s\}\wedge t=\delta(r,a)\}\\
&= \{t\mid t=\delta(s,a)\}\\
&= \{\delta(s,a)\}
\end{aligned}
\tag{3.2}
$$

NFA 一般是**带空移动**的，即含有 ε 弧，可以经过空符号进行移动，需要区分时这种 NFA 称为 ε-NFA。在 ε-NFA 中，δ 和 $\hat{\delta}$ 是不同的，我们只考虑 $\delta/\hat{\delta}:S\times(\Sigma\cup\{\varepsilon\})\to 2^S$ 的情况：

- 当 $a\neq\varepsilon$ 时，$t=\delta(s,a)$ 表示 s 上有一条 a 弧到达 t；而 $t\in\hat{\delta}(s,a)$ 表示 s 可能经过了

很多条箭弧才到达t，其中一条必须是a弧，其他都是ε弧。

- 当s到自身有ε弧时，$s=\delta(s,\varepsilon)$；而s到自身没有ε弧时，$s\neq\delta(s,\varepsilon)$。但不管$s$到自身有没有$\varepsilon$弧，$s\in\hat{\delta}(s,\varepsilon)$总是成立的。

例题 3.7DFA 与 NFA 图3.8所示的ε-NFA，其状态转换函数δ和扩充状态转换函数$\hat{\delta}$的比较如表3.4所示。

表 3.4 状态转换函数δ和扩充状态转换函数$\hat{\delta}$的比较

状态	δ			$\hat{\delta}$		
	ε	a	b	ε	a	b
0	1	0	0	$\{0,1\}$	$\{0,1\}$	$\{0,1\}$
1	—	2	3	$\{1\}$	$\{2\}$	$\{3\}$
2	—	4	—	$\{2\}$	$\{4,5\}$	$\varnothing$
3	—	—	4	$\{3\}$	$\varnothing$	$\{4,5\}$
4	5	—	—	$\{4,5\}$	$\{5\}$	$\{5\}$
5	—	5	5	$\{5\}$	$\{5\}$	$\{5\}$

有时为了书写简洁，会用δ表示$\hat{\delta}$，可以通过上下文进行区分。

由于NFA的弧上允许为Σ^*，因此只要能写出正规式，就可以构造NFA为只有一个初态和一个终态，把正规式标记到初态到终态的弧上，如包含aa或bb的NFA，可以构造NFA如图3.9所示。

$(a|b)^*(aa|bb)(a|b)^*$ (0 → 1)

图 3.9 包含aa或bb的NFA

目前，我们已经找到了构造NFA的简单方法，它的难度和正规式构造是等价的，只要能构造出正规式，就能构造出NFA。那么，如果NFA能转换成DFA，则解决了DFA构造难的问题，下面讨论NFA确定化为DFA的问题。

3.2.3 非确定有限自动机确定化

显然，DFA是NFA的一个特例，如果每个NFA也对应一个DFA，则证明了DFA和NFA等价。

定理 3.2 (NFA与DFA的等价性)

对于每个NFA M，存在一个DFA M'，使得$L(M)=L(M')$；即NFA与DFA是等价的。 ♡

这个定理可以使用构造法进行证明，即对每个NFA，都可以构造一个等价的DFA。这里我们不对这个定理进行严格的数学证明，只给出NFA构造DFA的算法。

NFA 确定化算法

NFA和DFA的区别，一是NFA有多个初态，而DFA只有一个初态；二是状态转换函数不同。对前者，先将NFA的初态化为唯一，为统一起见，也使终态唯一。对后者，分两步进行：把映射 $S \times \Sigma^* \to 2^S$ 转换为 $S \times (\Sigma \cup \{\varepsilon\}) \to 2^S$，再进一步转换为 $S \times \Sigma \to S$。

算法3.1为NFA确定化过程，输入为NFA M，输出为确定化后的DFA M'。算法共分3步。

(1) 第1行的makeSingleStartAndEndState()函数，将NFA M 的初态和终态唯一化。

(2) 第2行的splitArrows()函数，将NFA M' 的每个箭弧分裂为只有单个符号或ε，即将映射 $S \times \Sigma^* \to 2^S$ 转换为 $S \times (\Sigma \cup \{\varepsilon\}) \to 2^S$，称为箭弧单符化。

(3) 第3行的determineNFA()函数，将NFA M' 确定化，即将映射 $S \times (\Sigma \cup \{\varepsilon\}) \to 2^S$ 转换为 $S \times \Sigma \to S$。

算法 3.1 NFA确定化

```
输入: NFA M = (S, Σ, δ, S_0, F)
输出: DFA M′，使得 L(M) = L(M′)
1 M′ = makeSingleStartAndEndState(M);
2 M′ = splitArrows(M′);
3 M′ = determineNFA(M′);
```

下面分别介绍这3个函数的相关算法，最后举例说明其执行过程。

1. 初态和终态唯一化

使NFA的初态和终态都唯一，可以引入新初态 X，从 X 向原初态引 ε 弧；引入新终态 Y，从原终态向 Y 引 ε 弧。这样转换后，初态和终态唯一，且与原NFA等价。如图3.10(a)的NFA有两个初态和两个终态，经变换后得到图3.10(b)的NFA，其只有一个初态 X 和一个终态 Y。

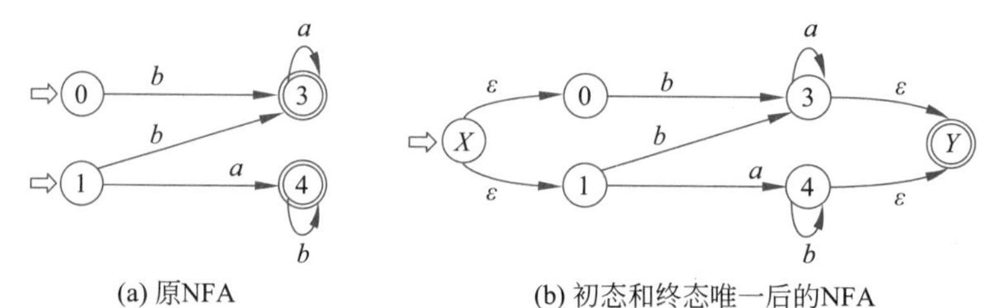

图 3.10 使初态和终态唯一

算法3.2将NFA初态和终态化为唯一。算法输入为具有多个初态和终态的NFA M，输出的NFA M' 初态和终态均唯一。

算法 3.2 使NFA初态和终态唯一

```
输入: NFA M = (S, Σ, δ, S_0, F)
输出: NFA M′ = (S′, Σ′, δ′, S′_0, F′)
1 NFA makeSingleStartAndEndState(M):
2 |   S′ = S ∪ {X, Y}, Σ′ = Σ, δ′ = δ, S′_0 = {X}, F′ = {Y};
3 |   foreach s ∈ S_0 do
4 |   |   δ′ ∪= {δ(X, ε) = s};
5 |   end
6 |   foreach s ∈ F_0 do
7 |   |   δ′ ∪= {δ(s, ε) = Y};
8 |   end
```

算法 3.2 续

```
9  |  return M';
10 end makeSingleStartAndEndState
```

第2行初始化，状态集S'在原状态集S基础上增加两个新的状态X和Y，字母表和状态转换函数取原NFA M的相应集合；新的初态集S_0'中只有一个初态X，新的终态集F'中只有一个终态Y。第3~5行从X向原初态引ε弧，第6~8行从原终态向Y引ε弧。最后将得到的M'返回（第9行）。

2. 箭弧单符化

使每条箭弧上或者是单个字符，或者是ε，简称箭弧单符化。这个过程的本质是把映射$S \times \Sigma^* \to 2^S$转换为$S \times (\Sigma \cup \{\varepsilon\}) \to 2^S$。对NFA反复施行图3.11的变换，直至每个有向边或者标记为单个字符，或者标记为ε。图3.11中，k为新插入的状态结点。

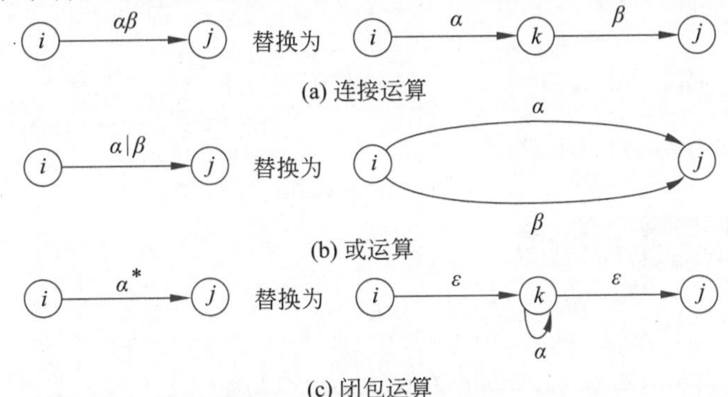

图 3.11 使每个有向边或者标记为单个字符，或者标记为ε

箭弧上的正规式有多个运算符时（包括省略的连接运算符），要从优先级最低的运算符开始分裂。

例题3.8 箭弧分裂 选择分裂的运算符。

- $\alpha\beta^*$，省略的连接运算符优先级最低，因此可以看作α与β^*的连接，选择图3.11(a)进行替换。
- $\alpha^*|\beta\gamma$，或运算优先级最低，因此可以看作α^*与$\beta\gamma$的或，选择图3.11(b)进行替换。
- $\alpha^*\beta|\gamma\delta$，或运算优先级最低，因此可以看作$\alpha^*\beta$与$\gamma\delta$的或，选择图3.11(b)进行替换。
- $(\alpha|\beta)(\gamma|\delta)$，由于括号优先级最高，因此它们之间的连接运算优先级最低，可以看作$(\alpha|\beta)$与$(\gamma|\delta)$的连接，选择图3.11(a)进行替换。
- 由于闭包优先级高，因此只有α^*这种形式时，才会用到图3.11(c)进行替换。

目前阶段，构造自动分裂算法还是不太可能的。在学习到语法制导翻译，直到7.2.3节，我们才给出一个完美的箭弧分裂算法：通过扫描整个正规式，同时构造出NFA，使得每条边或者是单个字符或者是ε。目前splitArrows()这个过程，我们只能采用手工分裂方式进行替代。

3. NFA确定化

NFA确定化即把映射$S \times (\Sigma \cup \{\varepsilon\}) \to 2^S$转换为$S \times \Sigma \to S$。NFA确定化比较复杂，下面一步步推导出算法思路。

如果两个状态由ε弧连在一起，如图3.12(a)中的状态1和状态2，这样的状态应合并成一个状态。因为如果从初态 s_0 有 $\hat{\delta}(s_0,w)=\{s\},\delta(s,\varepsilon)=t$，则有 $\hat{\delta}(s_0,w)=\hat{\delta}(s_0,w\varepsilon)$，因此有 $\delta(\hat{\delta}(s_0,w),\varepsilon)\in\hat{\delta}(s_0,w)$。而 $\delta(\hat{\delta}(s_0,w),\varepsilon)=\delta(s,\varepsilon)=t$，因此 $t\in\hat{\delta}(s_0,w)$。根据以上结论，①将 s 和 t 合并是自洽的，这种合并对到达这些状态时识别的字符串没有影响；②这种合并也是必须的，否则会导致 $\hat{\delta}(s_0,w)$ 的不确定性。

我们把这个情况拓广到集合的情况，如图3.12(b) 所示。假设有集合 $I=\{s_1,s_2,\cdots,s_m\}$，现有集合 $J=\{t_j\mid(\exists s_i)\delta(s_i,\varepsilon)=t_j\}$，也就是 I 中元素通过 ε 弧到达的状态组成了集合 J。如果集合 I 中的状态能合并成一个状态，那么由于 $\delta(s_i,\varepsilon)=t_j$ 确定的 s_i 和 t_j 也要合并，因此 I 和 J 也能合并，即 $I\cup J$ 能合并。我们把 $I\cup J$ 定义为集合 I 的 ε-闭包。

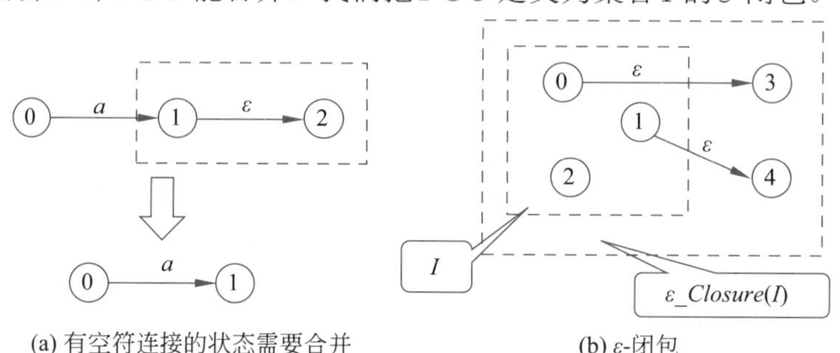

(a) 有空符连接的状态需要合并　　(b) ε-闭包

图 3.12　ε 弧到达

定义 3.6 (集合 I 的 ε-闭包)

集合 I 的 ε-闭包，记作 $\varepsilon\text{-}Closure(I)$：

(1) 若 $q\in I$，则 $q\in\varepsilon\text{-}Closure(I)$；

(2) 若 $q\in I,\delta(q,\varepsilon)=q'$，则 $q'\in\varepsilon\text{-}Closure(I)$。♣

$\varepsilon\text{-}Closure(I)$ 即 I 自身及其通过 ε 弧到达的状态的集合。如果 I 中的状态能合并，那么 $\varepsilon\text{-}Closure(I)$ 状态就能合并。剩下的问题就是找出能合并的那些状态集 I。

如图3.13(a) 所示，由同一个状态 0，通过 a 弧到达状态 1 和 3 应该合并为一个状态。首先，如果这两个状态不合并，就无法消除不确定性。其次，合并后接受的符号串无影响。假设 $\delta(s_i,a)=t_1,\delta(s_i,a)=t_2,\hat{\delta}(t_1,w_1)=\{Y\},\hat{\delta}(t_2,w_2)=\{Y\}$，我们将 t_1 和 t_2 合并为 t，只要保持 $\delta(s_i,a)=t,\hat{\delta}(t,w_1)=\{Y\},\hat{\delta}(t,w_2)=\{Y\}$ 即可。再结合 ε-闭包的结论，如果 t_1,t_2 能合并，那么 $\varepsilon\text{-}Closure(\{t_1,t_2\})$ 也能合并。

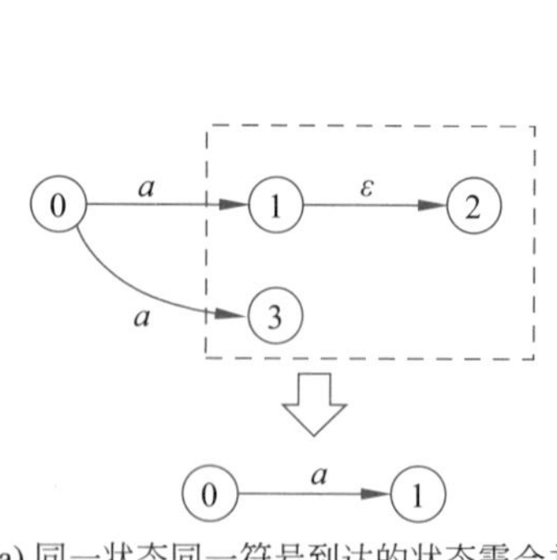

(a) 同一状态同一符号到达的状态需合并

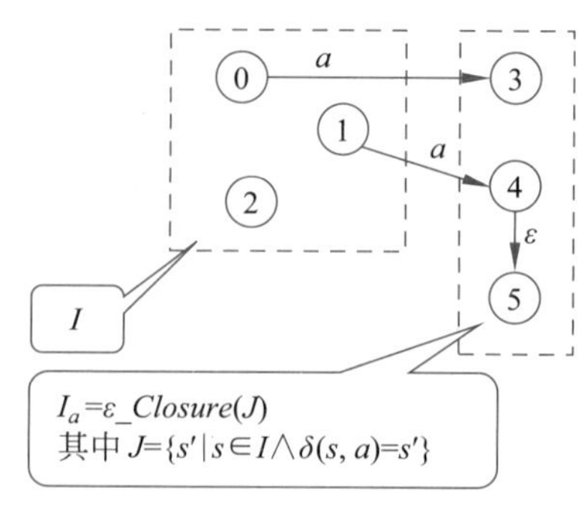

(b) I_a 转移闭包

图 3.13　a 弧到达

由于目前我们的NFA有唯一初态X，所以可合并状态ε-$Closure(\{X\})$也是唯一的。我们把这个集合看作一个状态，又可以通过a弧转移找到下一组可以合并的状态集。以此类推，就可以找到所有可合并状态。先定义集合I的a转移。

定义 3.7 (集合I的a转移)

$I_a = Go(I,a) = \varepsilon\text{-}Closure(J)$，其中 $J = \{s' \mid s \in I \wedge \delta(s,a) = s'\}$。♣

这个定义中，J是I的元素通过a弧能直接到达的状态集合，I_a则是J再加上J中元素通过ε弧能到达的元素。最后的NFA确定化过程如算法3.3所示。

算法 3.3 NFA确定化

输入： NFA $M = (S, \{a_1, a_2, \cdots, a_k\}, \delta, \{X\}, \{Y\})$，其中映射$\delta : S \times (\Sigma \cup \{\varepsilon\}) \to 2^S$

输出： 等价的DFA M'，其中映射$\delta' : S \times \Sigma \to S$

1 **DFA** determineNFA(M):
2 　构造具有$k+1$列的表，记作第$0,1,2,\cdots,k$列；
3 　首行首列（第0列）置为ε-$Closure(\{X\})$；
4 　**do**
5 　　如果某一行的第0列已确定，记为I，则该行第i列填入I_{a_i}；
6 　　检查该行上的所有状态子集I_{a_i}，如果未出现在第0列，则填充到后面空行的第0列；
7 　**while** 所有行都计算完毕；
8 　每个状态子集视为新的状态，首行首列为初态，包含原终态Y的状态子集为新终态，得到DFA M'；
9 　return M';
10 end determineNFA

4. 确定化示例

NFA确定化示例

例题3.9NFA确定化　构造正规式$(a|b)^*(aa|bb)(a|b)^*$的DFA。

解　【步骤一】构造NFA，使其初态和终态唯一。由于给出的是正规式，因此可以直接给出初态X和终态Y，将正规式放到X到Y的箭弧，如图3.14所示。

图 3.14　构造初态和终态唯一的NFA

【步骤二】分裂，使箭弧上标记为$\Sigma \cup \{\varepsilon\}$，如图3.15所示。

- 分裂图3.14中的第一个连接运算，得到图3.15(a)。
- 分裂图3.15(a)的$0 \xrightarrow{(aa|bb)(a|b)^*} Y$上的连接运算，得到图3.15(b)。
- 分裂图3.15(b)的$X \xrightarrow{(a|b)^*} 0$的闭包、$0 \xrightarrow{aa|bb} 1$的或、$1 \xrightarrow{(a|b)^*} Y$的闭包运算，得到图3.15(c)。
- 分裂图3.15(c)的$2 \xrightarrow{a|b} 2$的或、$0 \xrightarrow{aa} 1$的连接、$0 \xrightarrow{bb} 1$的连接、$3 \xrightarrow{a|b} 3$的或运算，

得到图3.15(d)。

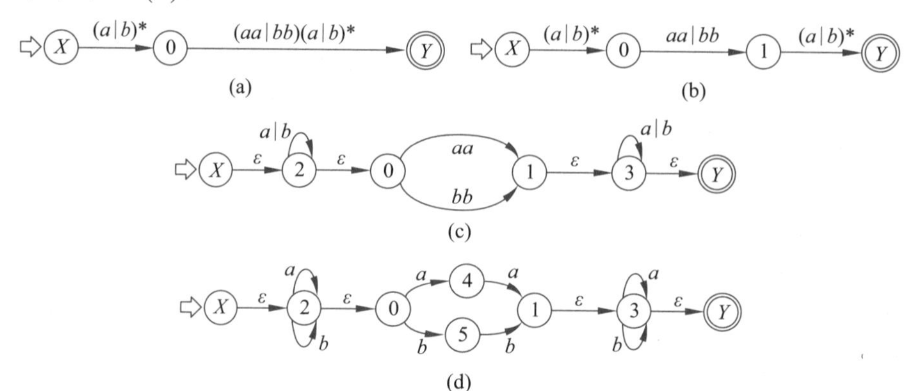

图 3.15　NFA 分裂过程

【步骤三】确定化

利用算法3.3，计算NFA可合并状态子集如表3.5所示，以下是各步骤的解释。

- 首行首列：此处为$\varepsilon\text{-}Closure(\{X\})$，首先$X \in \varepsilon\text{-}Closure(\{X\})$，由$\delta(X,\varepsilon)=2$得到$2 \in \varepsilon\text{-}Closure(\{X\})$，再由$\delta(2,\varepsilon)=0$得到$0 \in \varepsilon\text{-}Closure(\{X\})$，最终得到$\varepsilon\text{-}Closure(\{X\})=\{X,0,2\}$。
- 第0行：$I=\{X,0,2\}$
  - 第1列I_a：由$\delta(2,a)=2, \delta(0,a)=4$，得到$\{2,4\} \subseteq I_a$；再由$\delta(2,\varepsilon)=0$，得到$0 \in I_a$；最终得到$I_a=\{0,2,4\}$。$I_a$未出现在第0列，因此填入第1行第0列。
  - 第2列I_b：由$\delta(2,b)=2, \delta(0,b)=5, \delta(2,\varepsilon)=0$，得到$I_b=\{0,2,5\}$。$I_b$未出现在第0列，因此填入第2行第0列。
- 第1行：$I=\{0,2,4\}$
  - 第1列I_a：由$\delta(2,a)=2, \delta(0,a)=4, \delta(4,a)=1$，再由$\delta(2,\varepsilon)=0, \delta(1,\varepsilon)=3, \delta(3,\varepsilon)=Y$，得到$I_a=\{0,1,2,3,4,Y\}$。$I_a$未出现在第0列，因此填入第3行第0列。
  - 第2列I_b：由$\delta(2,b)=2, \delta(0,b)=5, \delta(2,\varepsilon)=0$，得到$I_b=\{0,2,5\}$。$I_b$已出现在第0列，因此不再填入。
- 第2行：$I=\{0,2,5\}$
  - 第1列I_a：由$\delta(0,a)=4, \delta(2,a)=2$，以及$\delta(2,\varepsilon)=0$，有$I_a=\{0,2,4\}$。$I_a$已在第0列出现，因此不再填入。
  - 第2列I_b：由$\delta(0,b)=5, \delta(2,b)=2, \delta(5,b)=1$，以及$\delta(1,\varepsilon)=3, \delta(3,\varepsilon)=Y, \delta(2,\varepsilon)=0$，有$I_b=\{0,1,2,3,5,Y\}$。$I_b$未在第0列出现，因此$I_b$填入第4行第0列。
- 第3行：$I=\{0,1,2,3,4,Y\}$
  - 第1列I_a：由$\delta(0,a)=4, \delta(2,a)=2, \delta(3,a)=3, \delta(4,a)=1$，以及$\delta(1,\varepsilon)=3, \delta(2,\varepsilon)=0, \delta(3,\varepsilon)=Y$，有$I_a=\{0,1,2,3,4,Y\}$。$I_a$已在第0列出现，因此不再填入。
  - 第2列I_b：由$\delta(0,b)=5, \delta(2,b)=2, \delta(3,b)=3$，以及$\delta(2,\varepsilon)=0, \delta(3,\varepsilon)=Y$，有$I_b=\{0,2,3,5,Y\}$。$I_b$未出现在第0列，因此$I_b$填入第5行第0列。

- 第4行：$I=\{0,1,2,3,5,Y\}$
  - 第1列I_a：由$\delta(0,a)=4,\delta(2,a)=2,\delta(3,a)=3$，以及$\delta(2,\varepsilon)=0,\delta(3,\varepsilon)=Y$，有$I_a=\{0,2,3,4,Y\}$。$I_a$未出现在第0列，因此$I_a$填入第6行第0列。
  - 第2列I_b：由$\delta(0,b)=5,\delta(2,b)=2,\delta(3,b)=3,\delta(5,b)=1$，以及$\delta(1,\varepsilon)=3,\delta(2,\varepsilon)=0,\delta(3,\varepsilon)=Y$，有$I_b=\{0,1,2,3,5,Y\}$。$I_b$已在第0列出现，因此不再填入。
- 第5行：$I=\{0,2,3,5,Y\}$
  - 第1列I_a：由$\delta(0,a)=4,\delta(2,a)=2,\delta(3,a)=3$，以及$\delta(2,\varepsilon)=0,\delta(3,\varepsilon)=Y$，有$I_a=\{0,2,3,4,Y\}$。$I_a$已在第0列出现，因此不再填入。
  - 第2列I_b：由$\delta(0,b)=5,\delta(2,b)=2,\delta(3,b)=3,\delta(5,b)=1$，以及$\delta(1,\varepsilon)=3,\delta(2,\varepsilon)=0,\delta(3,\varepsilon)=Y$，有$I_b=\{0,1,2,3,5,Y\}$。$I_b$已在第0列出现，因此不再填入。
- 第6行：$I=\{0,2,3,4,Y\}$
  - 第1列I_a：由$\delta(0,a)=4,\delta(2,a)=2,\delta(3,a)=3,\delta(4,a)=1$，以及$\delta(1,\varepsilon)=3,\delta(2,\varepsilon)=0,\delta(3,\varepsilon)=Y$，有$I_a=\{0,1,2,3,4,Y\}$。$I_a$已在第0列出现，因此不再填入。
  - 第2列I_b：由$\delta(0,b)=5,\delta(2,b)=2,\delta(3,b)=3$，以及$\delta(2,\varepsilon)=0,\delta(3,\varepsilon)=Y$，有$I_b=\{0,2,3,5,Y\}$。$I_b$已在第0列出现，因此不再填入。

表 3.5 NFA可合并状态子集

行号/列号	0	1	2
	I	I_a	I_b
0	$\{X,0,2\}$	$\{0,2,4\}$	$\{0,2,5\}$
1	$\{0,2,4\}$	$\{0,1,2,3,4,Y\}$	$\{0,2,5\}$
2	$\{0,2,5\}$	$\{0,2,4\}$	$\{0,1,2,3,5,Y\}$
3	$\{0,1,2,3,4,Y\}$	$\{0,1,2,3,4,Y\}$	$\{0,2,3,5,Y\}$
4	$\{0,1,2,3,5,Y\}$	$\{0,2,3,4,Y\}$	$\{0,1,2,3,5,Y\}$
5	$\{0,2,3,5,Y\}$	$\{0,2,3,4,Y\}$	$\{0,1,2,3,5,Y\}$
6	$\{0,2,3,4,Y\}$	$\{0,1,2,3,4,Y\}$	$\{0,2,3,5,Y\}$

然后用行号作为状态编号，替换表中的状态子集，得到DFA状态转移矩阵，如表3.6所示。

表 3.6 DFA状态转移矩阵

I	I_a	I_b
0	1	2
1	3	2
2	1	4
3	3	5
4	6	4

续表

I	I_a	I_b
5	6	4
6	3	5

画出状态转换图，首行首列状态0为初态，含有原终态Y的状态3、4、5、6为终态，得到图3.16所示的DFA。

例题3.10 NFA确定化 例题2.24设计了能接受偶数个0偶数个1的正规式((01|10)(00|11)*(01|10) | 00 | 11)*，试求其DFA。

解 【步骤一】构造NFA，使其初态和终态唯一，如图3.17所示。

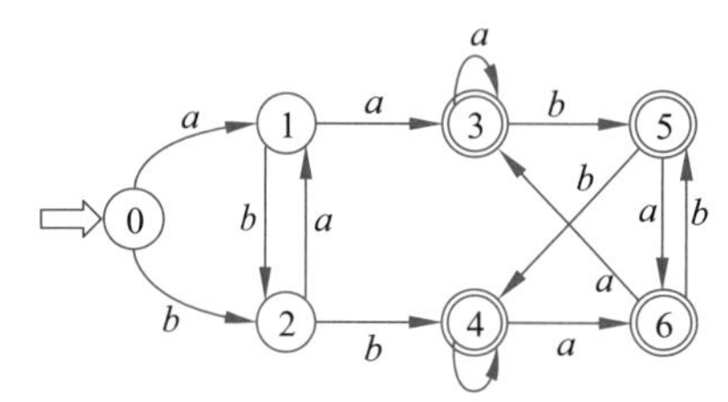

图 3.16 确定化后的DFA

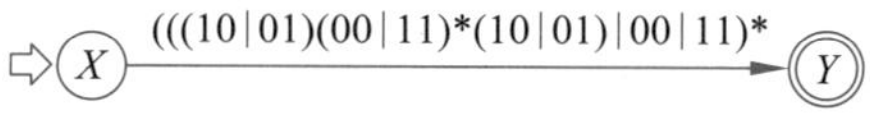

(((10|01)(00|11)*(10|01)|00|11)*

图 3.17 构造初态和终态唯一的NFA

【步骤二】分裂，使边上标记为$\Sigma\cup\{\varepsilon\}$，如图3.18所示。

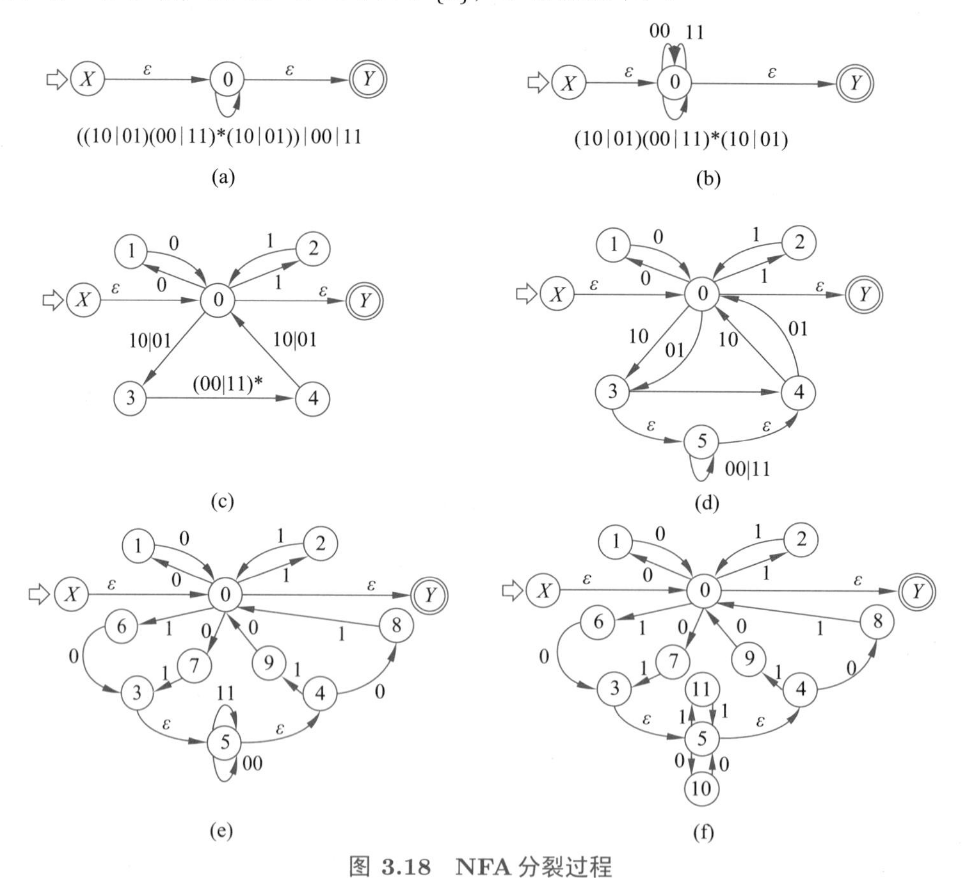

图 3.18 NFA分裂过程

- 分裂图3.17中的闭包运算，得到图3.18(a)。

- 分裂图3.18(a) 的 $0 \xrightarrow{((10|01)(00|11)^*(10|01))|00|11} 0$ 上的或运算，得到图3.18(b)。
- 分裂图3.18(b) 的 $0 \xrightarrow{00} 0$ 的连接、$0 \xrightarrow{11} 0$ 的连接、$0 \xrightarrow{(10|01)(00|11)^*(10|01)} 0$ 的连接运算，得到图3.18(c)。
- 分裂图3.18(b) 的 $0 \xrightarrow{10|01} 3$ 的或、$4 \xrightarrow{10|01} 0$ 的或、$3 \xrightarrow{(00|11)^*} 4$ 的闭包运算,得到图3.18(d)。
- 分裂图3.18(d) 的 $0 \xrightarrow{10} 3$ 的连接、$0 \xrightarrow{01} 3$ 的连接、$4 \xrightarrow{10} 0$ 的连接、$4 \xrightarrow{01} 0$ 的连接、$5 \xrightarrow{00|11} 5$ 的或运算，得到图3.18(e)。
- 分裂图3.18(e) 的 $5 \xrightarrow{00} 5$ 的连接、$5 \xrightarrow{11} 5$ 的连接运算，得到图3.18(f)。

【步骤三】确定化，按照前述步骤逐步填写状态子集表，如表3.7所示。

表 3.7 NFA 可合并状态子集

行号/列号	0	1	2
	I	I_0	I_1
0	$\{X,0,Y\}$	$\{1,7\}$	$\{2,6\}$
1	$\{1,7\}$	$\{0,Y\}$	$\{3,4,5\}$
2	$\{2,6\}$	$\{3,4,5\}$	$\{0,Y\}$
3	$\{0,Y\}$	$\{1,7\}$	$\{2,6\}$
4	$\{3,4,5\}$	$\{8,10\}$	$\{9,11\}$
5	$\{8,10\}$	$\{4,5\}$	$\{0,Y\}$
6	$\{9,11\}$	$\{0,Y\}$	$\{4,5\}$
7	$\{4,5\}$	$\{8,10\}$	$\{9,11\}$

- 首行首列：由 $\delta(X,\varepsilon)=0, \delta(0,\varepsilon)=Y$，得到 $\varepsilon\text{-}Closure(\{X\})=\{X,0,Y\}$，填入第1行第0列。
- 第0行：$I=\{X,0,Y\}$
  - 第1列 I_0：由 $\delta(0,0)=1, \delta(0,0)=7$，有 $I_0=\{1,7\}$，填入第1行第0列。
  - 第2列 I_1：由 $\delta(0,1)=2, \delta(0,1)=6$，有 $I_1=\{2,6\}$，填入第2行第0列。
- 第1行：$I=\{1,7\}$
  - 第1列 I_0：由 $\delta(1,0)=0, \delta(0,\varepsilon)=Y$，有 $I_0=\{0,Y\}$，填入第3行第0列。
  - 第2列 I_1：由 $\delta(7,1)=3, \delta(3,\varepsilon)=5, \delta(5,\varepsilon)=4$，有 $I_1=\{3,4,5\}$，填入第4行第0列。
- 第2行：$I=\{2,6\}$
  - 第1列 I_0：由 $\delta(6,0)=3, \delta(3,\varepsilon)=5, \delta(5,\varepsilon)=4$，有 $I_0=\{3,4,5\}$，已在第4行第0列出现。
  - 第2列 I_1：由 $\delta(2,1)=0, \delta(0,\varepsilon)=Y$，有 $I_1=\{0,Y\}$，已在第3行第0列出现。
- 第3行：$I=\{0,Y\}$
  - 第1列 I_0：由 $\delta(0,0)=1, \delta(0,0)=7$，有 $I_0=\{1,7\}$，已在第1行第0列出现。
  - 第2列 I_1：由 $\delta(0,1)=2, \delta(0,1)=6$，有 $I_1=\{2,6\}$，已在第2行第0列出现。
- 第4行：$I=\{3,4,5\}$
  - 第1列 I_0：由 $\delta(4,0)=8, \delta(5,0)=10$，有 $I_0=\{8,10\}$，填入第5行第0列。

  - 第2列I_1：由$\delta(4,1)=9,\delta(5,1)=11$，有$I_1=\{9,11\}$，填入第6行第0列。
- 第5行：$I=\{8,10\}$
  - 第1列I_0：由$\delta(10,0)=5,\delta(5,\varepsilon)=4$，有$I_0=\{4,5\}$，填入第7行第0列。
  - 第2列I_1：由$\delta(8,1)=0,\delta(0,\varepsilon)=Y$，有$I_1=\{0,Y\}$，已在第3行第0列出现。
- 第6行：$I=\{9,11\}$
  - 第1列I_0：由$\delta(9,0)=0,\delta(0,\varepsilon)=Y$，有$I_0=\{0,Y\}$，已在第3行第0列出现。
  - 第2列I_1：由$\delta(11,1)=5,\delta(5,\varepsilon)=4$，有$I_1=\{4,5\}$，已在第7行第0列出现。
- 第7行：$I=\{4,5\}$
  - 第1列I_0：由$\delta(4,0)=8,\delta(5,0)=10$，有$I_0=\{8,10\}$，已在第5行第0列出现。
  - 第2列I_1：由$\delta(4,1)=9,\delta(5,1)=11$，有$I_1=\{9,11\}$，已在第6行第0列出现。

用行号作为状态编号，替换表中的状态子集，得到DFA状态转移矩阵，如表3.8所示。

表 3.8　DFA 状态转移矩阵

I	I_0	I_1
0	1	2
1	3	4
2	4	3
3	1	2
4	5	6
5	7	3
6	3	7
7	5	6

画出状态转换图，首行首列状态0为初态，含有原终态Y的状态0、3为终态，得到图3.19所示的DFA。

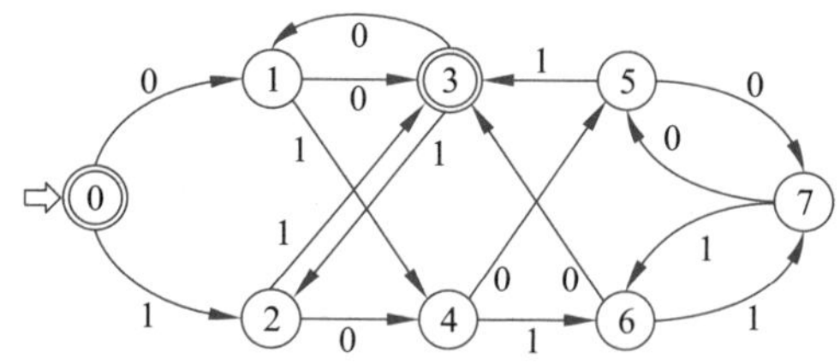

图 3.19　确定化后的DFA

例题3.9得到的图3.16的DFA，与图3.8中的DFA，都接受aa或bb的字符串，但例题3.9得到的DFA复杂很多。同样，例题3.10得到的图3.19的DFA，与图3.5中的DFA，都接受偶数个0偶数个1的字符串，但例题3.10得到的DFA也复杂很多。这就引出了DFA的化简问题。

3.2.4　确定有限自动机化简

DFA 化简

DFA M 化简指寻找一个状态数比 M 少的DFA M'，使得 $L(M) = L(M')$；最终目标是找到状态数最少那个 M'。

减少状态的方法就是合并一些状态。状态合并有两个思路：

- 以终态为基准，如果两个状态到达终态识别的字符串相同，就把它们合并起来，如图3.20(a) 所示。
- 以初态为基准，如果初态到达两个状态识别的字符串相同，就把它们合并起来，如图3.20(b) 所示。

(a) 以终态为基准寻找可合并状态

(b) 以初态为基准寻找可合并状态

图 3.20 DFA 合并状态

这两个条件，满足其中之一即可，我们把可以合并的状态定义为等价状态。但是后续分析会看到，无遗漏地寻找所有等价状态是比较困难的，但是寻找不等价状态相对来说简单。而终态与其他状态有明显区别，所以我们选择以终态为基准定义等价状态。

定义 3.8 (等价状态与可区别状态)

如果状态 s 和 t 同时满足以下条件，就称它们是等价状态：

- 如果从 s 出发能读出某个字 w 停在终态，那么从 t 出发也能读出字 w 停在终态；
- 如果从 t 出发能读出某个字 w 停在终态，那么从 s 出发也能读出字 w 停在终态。

如果状态 s 和 t 不是等价状态，则称它们是可区别的。♣

定理 3.3 (状态等价传递定理)

若 $\delta(u,a) = s, \delta(v,a) = t$，且 s,t 等价，则 u,v 等价。♡

证明 如图3.21所示，我们把所有终态都看作 Y。

- 若有 $\hat{\delta}(u,aw) = \{Y\}$，则 $\hat{\delta}(s,w) = \{Y\}$；因为 s,t 等价，故 $\hat{\delta}(t,w) = \{Y\}$，因此 $\hat{\delta}(v,aw) = \{Y\}$。
- 若有 $\hat{\delta}(v,aw) = \{Y\}$，则 $\hat{\delta}(t,w) = \{Y\}$；因为 s,t 等价，故 $\hat{\delta}(s,w) = \{Y\}$，因此 $\hat{\delta}(s,aw) = \{Y\}$。

根据等价状态的定义知 u,v 等价。

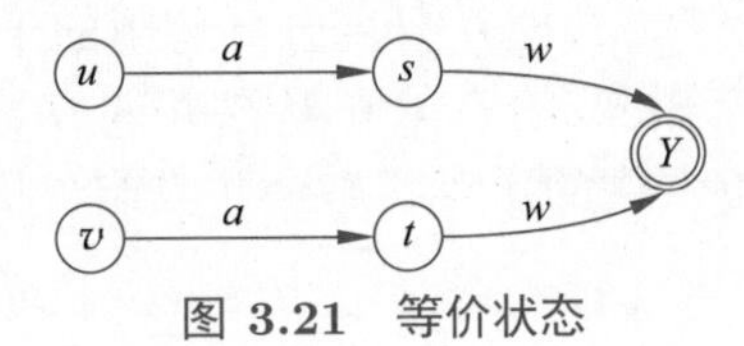

图 3.21 等价状态

用这种方法找等价状态比较困难，但是寻找可区别状态却是容易的。首先，终态和非终态是可区别的，因为终态可以接受空串，但非终态不能接受空串。所以，一开始我们可以把终态和非终态进行区分，形成两个初始子集。每个时刻的每个子集内部的状态可能等价，也可能不等价，但两个不同子集肯定是可区别的。

检查每个子集，看里面的状态是否可区别，如果可区别，就再划分成不同的子集。对一个子集的状态u和v，如果$\delta(u,a)=s$，考虑到DFA中状态转移是唯一确定的，则v有如下两种情况可与u区别：

- $\delta(v,a)=t$，s和t属于不同子集，则u,v可区别。这是因为s和t可区别，必然存在一个字w或者s可接受t不可接受，或者t可接受s不可接受。那么，对字aw，或者u可接受v不可接受，或者v可接受u不可接受，因此u和v可区别。
- 若$\delta(v,a)$不存别，则u,v可区别。这是因为u可接受以a为首的字，而v不可以。

根据以上分析，如果一个子集I中的某些状态，通过某个a弧引入某个子集J，而I中的另一些状态没有a弧引入子集J，那么这两部分状态就是可区别的，可以划分为不同子集，这样就得到了DFA化简的状态子集划分方法，如算法3.4所示。

算法 3.4 DFA化简的状态子集划分算法

输入： DFA $M=(S,\Sigma,\delta,S_0,F)$

输出： DFA M'，M'是使得$L(M)=L(M')$成立的状态数最少的DFA

```
1  Π = {S − F, F};
2  do
3  |  foreach I^(i) ∈ (Π = {I^(1), I^(2), ···, I^(m)}) do
4  |  |  if (∃a ∈ Σ ∧ ∃s1 ∈ I^(i) ∧ ∃s2 ∈ I^(i)) 使得(δ(s1,a) ∈ I^(j) ∧ δ(s2,a) ∉ I^(j))
   |  |   then
5  |  |  |  I^(i1) = {s|s ∈ I^(i) ∧ δ(s,a) ∈ I^(j)};
6  |  |  |  I^(i2) = I^(i) − I^(i1);
7  |  |  |  Π −= {I^(i)};
8  |  |  |  Π ∪= {I^(i1), I^(i2)};
9  |  |  end
10 |  end
11 while Π 不能再划分;
12 合并Π中的状态子集I^(i);
13 含有原初态的状态子集为新初态，含有原终态的状态子集为新终态;
```

算法第1行将状态集S划分为终态集F和非终态集$S-F$两个子集，形成初次划分Π。第2~11行的do···while对Π的每个子集不断划分，直到不能再划分为止（也就是Π内的集合数量不再增加）。

第3~10行的foreach对Π的每个子集进行划分。第4行的if语句条件中，$I^{(i)}$中存在两个状态s_1和s_2，其中一个通过a弧射入某个集合$I^{(j)}$，而另一个状态通过a弧没有射入该集合（包括没有a弧的情况）。这时就可以把$I^{(i)}$一分为二，第5行为$I^{(i)}$中有a弧射入$I^{(j)}$的状态子集，构成$I^{(i1)}$；第6行为$I^{(i)}$去掉$I^{(i1)}$部分后剩下的子集，作为$I^{(i2)}$。第7行从Π中去掉原来的$I^{(i)}$，第8行把$I^{(i)}$分裂成的$I^{(i1)}$和$I^{(i2)}$并入Π。

划分完成后，把每个集合$I^{(i)}$中的所有状态合并成一个状态（第12行），最后确定新初态和新终态（第13行）。

例题3.11DFA化简 化简图3.16所示的DFA。

解 (1) 初次划分，将终态和非终态分开：$\Pi_0 = \{\{0,1,2\},\{3,4,5,6\}\}$

(2) 考察子集$\{0,1,2\}$：$\delta(0,a) = 1 \in \{0,1,2\}, \delta(1,a) = 3 \in \{3,4,5,6\}, \delta(2,a) = 1 \in \{0,1,2\}$

根据达到子集不同进行划分：$\Pi_1 = \{\{0,2\},\{1\},\{3,4,5,6\}\}$

(3) 考察子集$\{0,2\}$：$\delta(0,b) = 2 \in \{0,2\}, \delta(2,b) = 4 \in \{3,4,5,6\}$

根据达到子集不同进行划分：$\Pi_2 = \{\{0\},\{2\},\{1\},\{3,4,5,6\}\}$

(4) 考察子集$\{3,4,5,6\}$：

$\delta(3,a) = 3 \in \{3,4,5,6\}, \delta(4,a) = 6 \in \{3,4,5,6\}, \delta(5,a) = 6 \in \{3,4,5,6\}, \delta(6,a) = 3 \in \{3,4,5,6\}$,

$\delta(3,b) = 5 \in \{3,4,5,6\}, \delta(4,b) = 4 \in \{3,4,5,6\}, \delta(5,b) = 4 \in \{3,4,5,6\}, \delta(6,b) = 5 \in \{3,4,5,6\}$

不能再划分，因此最终划分为$\Pi = \{\{0\},\{2\},\{1\},\{3,4,5,6\}\}$

将Π中状态子集合并，如图3.22(a)中虚线框所示。合并后如图3.22(b)所示，与图3.4完全一致。

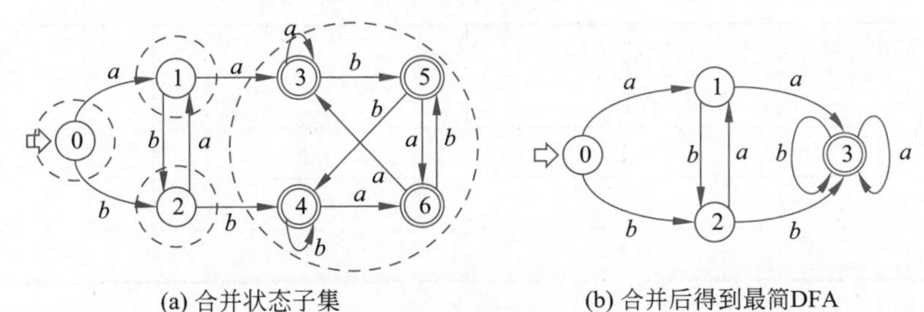

(a) 合并状态子集　　(b) 合并后得到最简DFA

图 3.22 DFA化简

关于状态子集合并后画有向边的原则，对Π的任意两个状态子集$I^{(i)} = \{s_1^{(i)}, s_2^{(i)}, \cdots, s_m^{(i)}\}$和$I^{(j)} = \{s_1^{(j)}, s_2^{(j)}, \cdots, s_n^{(j)}\}$，这里仍然用$I^{(i)}$和$I^{(j)}$表示合并后的状态：

- 如果所有$s_u^{(i)} \in I^{(i)}$到部分或全部$s_v^{(j)} \in I^{(j)}$有a弧，则有$\delta(I^{(i)}, a) = I^{(j)}$（有$a$弧）;
- 如果所有$s_u^{(i)} \in I^{(i)}$到全部$s_v^{(j)} \in I^{(j)}$没有a弧，则$\delta(I^{(i)}, a) \neq I^{(j)}$（没有$a$弧）;
- 如果部分$s_u^{(i)} \in I^{(i)}$到部分或全部$s_v^{(j)} \in I^{(j)}$有a弧，部分$s_u^{(i)} \in I^{(i)}$没有a弧，则说明$I^{(i)}$的状态是可区别的，还可以再划分。

以上方法对$i = j$的情况也成立。

例题3.12 DFA化简 化简图3.19所示的DFA。

解 (1) 初次划分，将终态和非终态分开：$\Pi_0 = \{\{1,2,4,5,6,7\},\{0,3\}\}$

(2) 考察子集$\{1,2,4,5,6,7\}$：

$\delta(1,0) = 3 \in \{0,3\}, \delta(2,0) = 4 \in \{1,2,4,5,6,7\}, \delta(4,0) = 5 \in \{1,2,4,5,6,7\}$,

$\delta(5,0) = 7 \in \{1,2,4,5,6,7\}, \delta(6,0) = 3 \in \{0,3\}, \delta(7,0) = 5 \in \{1,2,4,5,6,7\}$,

根据达到子集不同进行划分：$\Pi_1 = \{\{2,4,5,7\},\{1,6\},\{0,3\}\}$

(3) 考察子集$\{2,4,5,7\}$：

$\delta(2,1) = 3 \in \{0,3\}, \delta(4,1) = 6 \in \{1,6\}, \delta(5,1) = 3 \in \{0,3\}, \delta(7,1) = 6 \in \{1,6\}$,

根据达到子集不同进行划分：$\Pi_2 = \{\{2,5\},\{4,7\},\{1,6\},\{0,3\}\}$

(4) 考察子集$\{2,5\}$：

$\delta(2,0)=4\in\{4,7\},\delta(5,0)=7\in\{4,7\},\delta(2,1)=3\in\{0,3\},\delta(5,1)=3\in\{0,3\}$，不能再划分。

(5) 考察子集$\{4,7\}$：

$\delta(4,0)=5\in\{2,5\},\delta(7,0)=5\in\{2,5\},\delta(4,1)=6\in\{1,6\},\delta(7,1)=6\in\{1,6\}$，不能再划分。

(6) 考察子集$\{1,6\}$：

$\delta(1,0)=3\in\{0,3\},\delta(6,0)=3\in\{0,3\},\delta(1,1)=4\in\{4,7\},\delta(6,1)=7\in\{4,7\}$，不能再划分。

(7) 考察子集$\{0,3\}$：

$\delta(0,0)=1\in\{1,6\},\delta(3,0)=1\in\{1,6\},\delta(0,1)=2\in\{2,5\},\delta(3,1)=2\in\{2,5\}$，不能再划分。

综上，得到最终划分为$\Pi=\{\{2,5\},\{4,7\},\{1,6\},\{0,3\}\}$

根据最终划分Π及图3.19中的状态转移，得到状态转移矩阵，如表3.9所示。根据表3.9画出状态转换图，与图3.5完全相同。

表 3.9　合并状态后的状态转换表

状 态 子 集	新状态编号 I	I_0	I_1
$\{0,3\}$	0	1	2
$\{1,6\}$	1	0	3
$\{2,5\}$	2	3	0
$\{4,7\}$	3	2	1

3.2.5 正规式与有限自动机的等价性

我们已经知道DFA和NFA在接受语言的能力上是等价的，把DFA和NFA合称FA（有限自动机），它们与正规式也是等价的。

定理 3.4 (正规式与FA的等价性)

- 对任何FA M，都存在一个正规式r，使得$L(r)=L(M)$；
- 对任何正规式r，都存在一个FA M，使得$L(M)=L(r)$。

♡

证明　对任何FA M，构造正规式r，使得$L(r)=L(M)$。

首先使初态和终态唯一。增加新的初态X和终态Y，由X向所有原初态引ε弧，由原终态向Y引ε弧。显然，对新得到的NFA M'，有$L(M')=L(M)$。

然后，按图3.23的规则，逐步合并有向边，直至只剩下状态X、Y，以及从X到Y的一条有向边，则有向边上的表达式即为所求r。

证明过程中的方法虽然直观，但是并不能直接用于从FA到正规式的构造，因为FA中的有向边往往带有循环，难以呈现图3.23所示的清晰结构。如果有兴趣，可以试一下图3.4，会发现很难构造出$(a|b)^*(aa|bb)(a|b)^*$这样的正规式。FA转换为正规式，一般采用3.3节介绍的正规文法过渡。

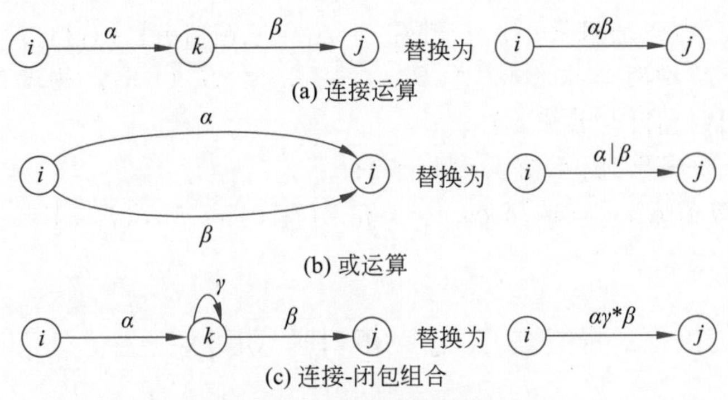

(a) 连接运算

(b) 或运算

(c) 连接-闭包组合

图 3.23 有向边合并规则

证明 对任何正规式r，构造NFA M，使得$L(M)=L(r)$。

使用r中运算符的数目（或、连接、闭包）的数学归纳法证明。

(1) r中有0个运算符，则有$r=\varepsilon, r=\varnothing, r=a$ 3种情况，其中$a\in\Sigma$，如图3.24所示构造3个NFA，显然满足要求。

(a) r=ε (b) r=∅ (c) r=a

图 3.24 有0个运算符的正规式构造NFA

(2) 假设当r的运算符少于k ($k\geqslant 1$)个时，当r有k个运算符时有3种情况。

情况1: $r=r_1|r_2$，由归纳假设，对r_i，$\exists M_i=(S_i,\Sigma_i,\delta_i,\{q_i\},\{f_i\})$，使得$L(M_i)=L(r_i)$，其中$i=1,2$。

如图3.25(a)，新增两个状态$q_0\notin S_1\cup S_2, f_0\notin S_1\cup S_2$，构造NFA $M=\{S_1\cup S_2\cup\{q_0,f_0\},\Sigma_1\cup\Sigma_2,\delta,\{q_0\},\{f_0\}\}$，其中$\delta$为：

- $\delta=\delta_1\cup\delta_2$，该步将原$M_1$和$M_2$的有向边加入$\delta$；
- 增加有向边$\delta(q_0,\varepsilon)=q_1,\delta(q_0,\varepsilon)=q_2$，该步从$q_0$向原初态引$\varepsilon$弧；
- 增加有向边$\delta(f_1,\varepsilon)=f_0,\delta(f_2,\varepsilon)=f_0$，该步从原终态向$f_0$引$\varepsilon$弧。

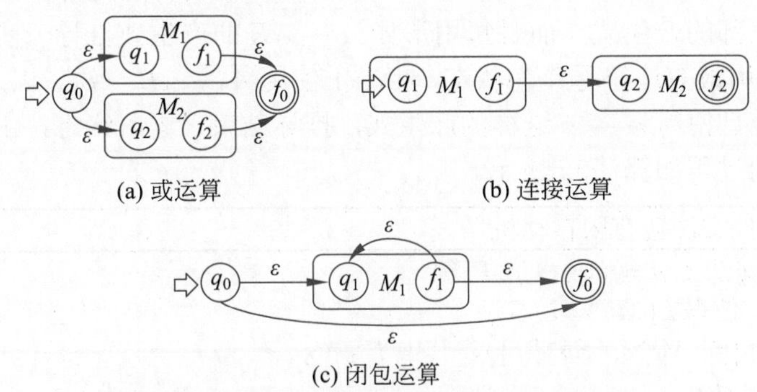

(a) 或运算 (b) 连接运算

(c) 闭包运算

图 3.25 有k个运算符的正规式构造NFA

情况2: $r=r_1r_2$，由归纳假设，对r_i，$\exists M_i=(S_i,\Sigma_i,\delta_i,\{q_i\},\{f_i\})$，使得$L(M_i)=L(r_i)$，其中$i=1,2$。

如图3.25(b)，构造NFA $M=\{S_1\cup S_2,\Sigma_1\cup\Sigma_2,\delta,\{q_1\},\{f_2\}\}$，其中$\delta$为：

- $\delta=\delta_1\cup\delta_2$，该步将原$M_1$和$M_2$的有向边加入$\delta$；
- 增加有向边$\delta(f_1,\varepsilon)=q_2$，该步从$M_1$原终态向$M_2$原初态引$\varepsilon$弧。

情况3：$r = r_1^*$，由归纳假设，对r_1，$\exists M_1 = (S_1, \Sigma_1, \delta_1, \{q_1\}, \{f_1\})$，使得$L(M_1) = L(r_i)$。如图3.25(c)，新增两个状态$q_0 \notin S_1 \cup S_2, f_0 \notin S_1 \cup S_2$，构造NFA $M = \{S_1 \cup \{q_0, f_0\}, \Sigma_1, \delta, \{q_0\}, \{f_0\}\}$，其中$\delta$为：

- $\delta = \delta_1$，该步将原M_1的有向边加入δ；
- 增加有向边$\delta(q_0, \varepsilon) = q_1, \delta(q_0, \varepsilon) = f_0, \delta(f_1, \varepsilon) = f_0, \delta(f_1, \varepsilon) = q_1$，该步构造闭包运算。

3.3 正规文法

正规文法又称3型文法，定义2.15已给出其定义，它有两种形式：

- 右线性正规文法：产生式形式为$A \to \alpha B$或$A \to \beta$；
- 左线性正规文法：产生式形式为$A \to B\alpha$或$A \to \beta$；

其中$\alpha \in V_T, \beta \in V_T \cup \{\varepsilon\}, A \in V_N, B \in V_N$。

定理 3.5 (正规文法与FA的等价性)

- 对每一个正规文法G，都存在一个FA M，使得$L(M) = L(G)$；
- 对每一个FA M，都存在一个右线性文法G_R和一个左线性文法G_L，使得$L(G_R) = L(G_L) = L(M)$。

♡

由于正规文法分左、右线性文法，因此下面对其分别进行讨论。

3.3.1 右线性文法转有限自动机

为了导出右线性文法转有限自动机的算法，先看一个右线性文法的推导过程。

例题3.13 右线性文法推导　文法$G[A]: A \to aA|bB|a, B \to aA$

推导句子$aabaa$：$A \Rightarrow aA \Rightarrow aaA \Rightarrow aabB \Rightarrow aabaA \Rightarrow aabaa$

从该例可以看出，右线性文法在推导时，只有最右边的符号是非终结符，那么只能使用以这个符号为左部的产生式。而且每用形如$A \to \alpha B$的产生式推导一步，相当于识别出一个符号α。如果用最右边符号作为状态，相当于使用$A \to \alpha B$一次，识别出一个α，状态由A转移到B。一旦使用$A \to \beta$这样的产生式，推导结束，进入终态，由此得到右线性文法转有限自动机的过程如算法3.5所示。

算法 3.5　右线性文法转有限自动机

输入： 右线性文法 $G_R = (V_N, V_T, P, S)$

输出： FA M，使得$L(M) = L(G_R)$

```
1 令 M = (V_N ∪ {f}, V_T, δ, {S}, {f})，其中 f ∉ V_N;
2 foreach p ∈ P do
3 |   if p形如A → αB then δ(A, α) = B;
4 |   if p形如A → β then δ(A, β) = f;
5 end
```

该算法将非终结符作为状态，开始符号为初态，并且增加了一个状态f作为终态。对形如$A \to \alpha B$的产生式，从A向B引α弧；对形如$A \to \beta$的产生式，从A向终态f引β弧。

例题3.14 右线性文法转FA　文法$G[A]: A \to aA|bB|a, B \to aA$，构造与其等价的FA。

解 将非终结符A, B作为状态，文法开始符号A为初态，增加一个新的状态f作为终态，如图3.26所示。

- 对产生式$A \to aA$，由A向A引a弧；
- 对产生式$A \to bB$，由A向B引b弧；
- 对产生式$A \to a$，由A向f引a弧；
- 对产生式$B \to aA$，由B向A引a弧。

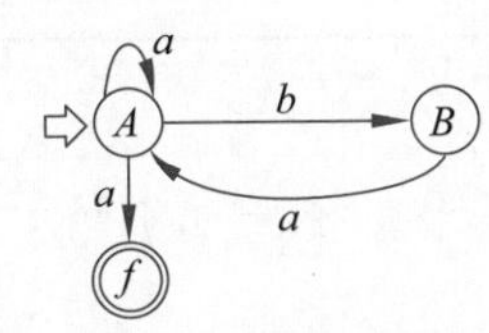

图 3.26 右线性文法转FA

例题3.15 右线性文法转FA 文法$G[S]: S \to aA|bB|\varepsilon, A \to aB|bA, B \to aS|bA|\varepsilon$，构造与其等价的FA。

解 将非终结符S, A, B作为状态，文法开始符号S为初态，增加一个新的状态f作为终态，如图3.27所示。

- 对产生式$S \to aA$，由S向A引a弧；
- 对产生式$S \to bB$，由S向B引b弧；
- 对产生式$S \to \varepsilon$，由S向f引ε弧；
- 对产生式$A \to aB$，由A向B引a弧；
- 对产生式$A \to bA$，由A向A引b弧；
- 对产生式$B \to aS$，由B向S引a弧；
- 对产生式$B \to bA$，由B向A引b弧；
- 对产生式$B \to \varepsilon$，由B向f引ε弧。

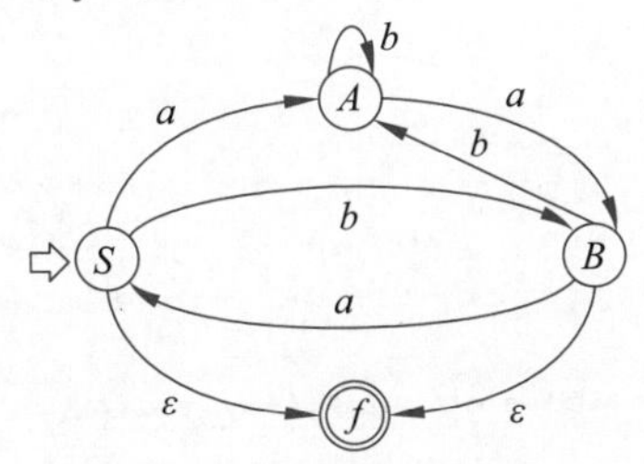

图 3.27 右线性文法转FA

3.3.2 左线性文法转有限自动机

例题3.16 左线性文法推导 文法$G[Z]: Z \to U0|V1, U \to Z1|1, V \to Z0|0$

推导句子1010：$Z \Rightarrow U0 \Rightarrow Z10 \Rightarrow U010 \Rightarrow 1010$

左线性文法的推导过程中，最左边为非终结符，我们还是以非终结符作为状态。但从推导过程可以看出，左线性文法的终结符，是从右向左逐个出现的；但FA识别符号串是从左向右逐符号识别，两个过程的方向相反。该例中第一步使用$Z \to U0$时，识别出最右边一个字符0，对FA来说应该是它识别的最后一个字符，因此应通过0弧到达终态；推导最后一步使用$U \to 1$时，识别出最左边符号1，对FA来说是识别出第一个字符1，应从开始符号通过字符1到达状态U。所以我们应该把左线性文法的推导过程反过来看，如果还以推导过程的非终结符号作为状态，那么状态变换是按推导过程从右向左的，最终到达的状态是文法开始符号 Z。

算法3.6将左线性文法转换为FA。该算法将非终结符作为状态，开始符号为终态，并且增加了一个状态 s_0 作为初态。对形如 $A \to B\alpha$ 的产生式，从 B 向 A 引 α 弧；对形如 $A \to \beta$ 的产生式，从初态 s_0 向终态 A 引 β 弧。

算法 3.6 左线性文法转有限自动机

输入: 左线性文法 $G_L = (V_N, V_T, P, S)$

输出: FA M，使得 $L(M) = L(G_L)$

```
1 令 M = (V_N ∪ {s_0}, V_T, δ, {s_0}, {S})，其中 s_0 ∉ V_N;
2 foreach p ∈ P do
3 |  if p形如A → Bα then δ(B, α) = A;
4 |  if p形如A → β then δ(s_0, β) = A;
5 end
```

例题 3.17 左线性文法转 FA 文法 $G[Z]: Z \to U0|V1, U \to Z1|1, V \to Z0|0$，构造与其等价的FA。

解 将非终结符 Z,U,V 作为状态，文法开始符号 Z 为终态，并增加一个新的状态 s_0 作为初态，如图3.28所示。

- 对产生式 $Z \to U0$，由 U 向 Z 引 0 弧；
- 对产生式 $Z \to V1$，由 V 向 Z 引 1 弧；
- 对产生式 $U \to Z1$，由 Z 向 U 引 1 弧；
- 对产生式 $U \to 1$，由 s_0 向 U 引 1 弧；
- 对产生式 $V \to Z0$，由 Z 向 V 引 0 弧；
- 对产生式 $V \to 0$，由 s_0 向 V 引 0 弧。

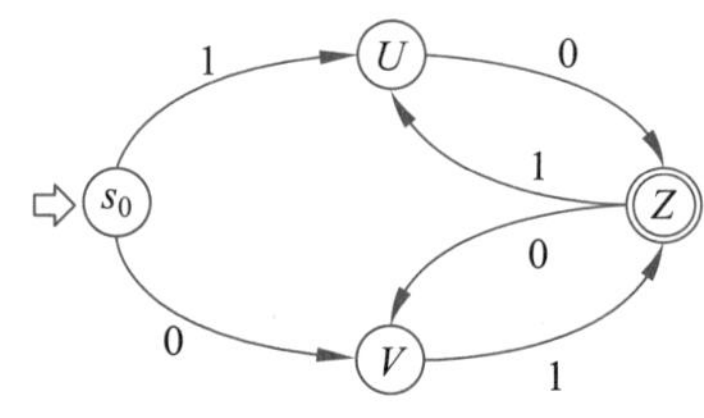

图 3.28 左线性文法转 FA

3.3.3 有限自动机转右线性文法

有限自动机转右线性文法是右线性文法转有限自动机的逆过程，如算法3.7所示。

算法 3.7 有限自动机转右线性文法

输入: FA $M = (S, \Sigma, \delta, \{S_0\}, F)$

输出: 右线性文法 G_R，使得 $L(G_R) = L(M)$

```
1 令 G_R = (S, Σ, P, S_0), P = ∅;
2 foreach (δ(S_i, a) = S_j) ∈ δ do
3 |  P ∪= {S_i → aS_j};
4 |  if S_j ∈ F then P ∪= {S_i → a};
5 end
6 if S_0 ∈ F then  P ∪= {S_0 → ε} ;
```

该算法的核心是三方面：

- 如果 S_i 到 S_j 有 a 弧，则增加产生式 $S_i \to aS_j$；
- 如果 S_j 是终态，再增加一个产生式 $S_i \to a$；
- 如果初态 S_0 同时又是终态，则增加一个空符产生式 $S_0 \to \varepsilon$。

例题 3.18FA 转右线性文法 将图3.29(a) 和图3.29(b) 所示的 FA 转为右线性文法 G_R。

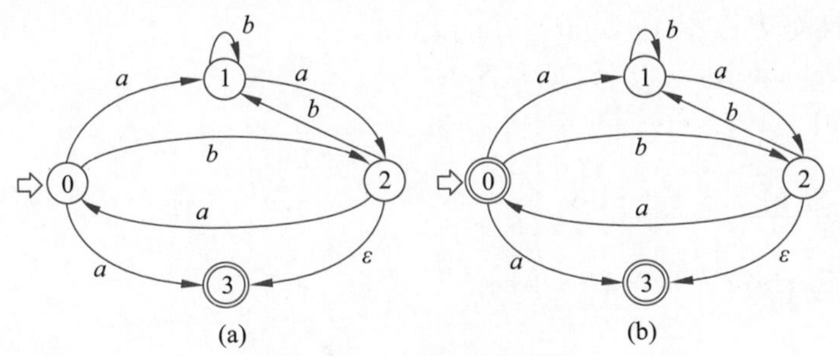

图 3.29 FA 转右线性文法

解 对图3.29(a) 的 FA，

- 由 $\delta(0,a)=1$ 得到 $S_0 \to aS_1$；
- 由 $\delta(0,a)=3$ 得到 $S_0 \to a|aS_3$；
- 由 $\delta(0,b)=2$ 得到 $S_0 \to bS_2$；
- 由 $\delta(1,a)=2$ 得到 $S_1 \to aS_2$；
- 由 $\delta(1,b)=1$ 得到 $S_1 \to bS_1$；
- 由 $\delta(2,a)=0$ 得到 $S_2 \to aS_0$；
- 由 $\delta(2,b)=1$ 得到 $S_2 \to bS_1$；
- 由 $\delta(2,\varepsilon)=3$ 得到 $S_2 \to \varepsilon|S_3$；

整理得 $G_R=(\{S_0,S_1,S_2\},\{a,b\},P,S_0)$，

其中 P：$S_0 \to aS_1|bS_2|aS_3|a, S_1 \to aS_2|bS_1, S_2 \to aS_0|bS_1|S_3|\varepsilon$。

求得的文法中出现了无用符号 S_3，以及单非产生式 $S_1 \to S_3$。利用 2.4.1 节消除无用符号和无用产生式的相关算法，得到：

$G_R=(\{S_0,S_1,S_2\},\{a,b\},P,S_0)$，其中 P：$S_0 \to aS_1|bS_2|a, S_1 \to aS_2|bS_1, S_2 \to aS_0|bS_1|\varepsilon$。

此时单非产生式也一并消除了，如果没有消除，还需要用 2.4.2 节的算法删除单非产生式。

对图3.29(b) 的 FA，与图3.29(a) 相比，初态 0 同时也是终态，所以增加一个空符产生式 $S_0 \to \varepsilon$，得到：

$G_R=(\{S_0,S_1,S_2\},\{a,b\},P,S_0)$，其中 P：$S_0 \to aS_1|bS_2|a|\varepsilon, S_1 \to aS_2|bS_1, S_2 \to aS_0|bS_1|\varepsilon$。

3.3.4 有限自动机转左线性文法

有限自动机转左线性文法是左线性文法转有限自动机的逆过程。由于 FA 的终态转换为左线性文法后为开始符号，为简便起见，应让终态唯一。如果 FA 终态不唯一，则增加新终态，由原终态向新终态引 ε 弧即可。这步操作不再赘述，因此我们只考虑终态唯一的情况。

算法3.8将终态唯一的FA转换为左线性文法，核心包括两方面：

- 如果S_i到S_j有a弧，则增加产生式$S_j \to S_ia$；
- 如果S_i是初态，再增加一个产生式$S_j \to a$；

算法 3.8 有限自动机转左线性文法

输入： FA $M=(S,\Sigma,\delta,\{S_0\},\{S_f\})$
输出： 左线性文法 G_L，使得$L(G_L)=L(M)$

```
1 if S_0 有射入弧 then G_L = (S, Σ, P, S_f);
2 else G_L = (S − {S_0}, Σ, P, S_f);
3 P = ∅;
4 foreach (δ(S_i, a) = S_j) ∈ δ do
5 |   P ∪= {S_j → S_i a};
6 |   if S_i = S_0 then P ∪= {S_j → a};
7 end
```

例题 3.19 FA 转左线性文法 将图3.29(a)所示的FA转为左线性文法G_L。

解 初态有射入弧，因此构造$G_L=(\{S_0,S_1,S_2,S_3\},\{a,b\},P,S_3)$

- 由$\delta(0,a)=1$得到$S_1 \to S_0a|a$；
- 由$\delta(0,a)=3$得到$S_3 \to S_0a|a$；
- 由$\delta(0,b)=2$得到$S_2 \to S_0b|b$；
- 由$\delta(1,a)=2$得到$S_2 \to S_1a$；
- 由$\delta(1,b)=1$得到$S_1 \to S_1b$；
- 由$\delta(2,a)=0$得到$S_0 \to S_2a$；
- 由$\delta(2,b)=1$得到$S_1 \to S_2b$；
- 由$\delta(2,\varepsilon)=3$得到$S_3 \to S_2$；

P整理得 $S_0 \to S_2a, S_1 \to S_0a|S_1b|S_2b|a, S_2 \to S_0b|S_1a|b, S_3 \to S_0a|S_2|a$。

求得的文法中出现了单非产生式$S_3 \to S_2$，用2.4.2节的算法删除单非产生式，得到P：
$S_0 \to S_2a, S_1 \to S_0a|S_1b|S_2b|a, S_2 \to S_0b|S_1a|b, S_3 \to S_0a|S_1a|S_0b|a|b$。

3.3.5 正规式转右线性文法

正规式转右线性文法如算法3.9所示。

算法 3.9 正规式转右线性文法

输入： 正规式r
输出： 右线性文法 $G_R=(V_N,V_T,P,S)$，使得$L(G_R)=L(r)$

```
1 P = {S → r};
2 while 存在产生式p，其右部不是右线性文法形式 do
3 |   if p形如A → αβ then p替换为A → αB, B → β;
4 |   if p形如A → α|β then p替换为A → α, A → β;
5 |   if p形如A → α*β then p替换为A → αA, A → β;
6 end
7 根据得到的产生式P确定V_N, V_T;
```

例题 3.20 正规式转右线性文法 将正规式$r=(a|b)^*(aa|bb)(a|b)^*$转换为右线性文法G_R，使$L(G_R)=L(r)$。

解 转换过程如下：

- $P=\{S\to(a|b)^*(aa|bb)(a|b)^*\}$
- $S\to(a|b)^*(aa|bb)(a|b)^*$ 利用 $A\to\alpha^*\beta$ 进行分解，得到 $P=\{S\to(a|b)S,S\to(aa|bb)(a|b)^*\}$
- $S\to(a|b)S$ 分解得到 $S\to aS,S\to bS$
  $S\to(aa|bb)(a|b)^*$ 分解得到 $S\to(aa|bb)S_1,S_1\to(a|b)^*$
  因此，$P=\{S\to aS,S\to bS,S\to(aa|bb)S_1,S_1\to(a|b)^*\}$
- $S\to(aa|bb)S_1$ 分解为 $S\to aaS_1,S\to bbS_1$
  $S_1\to(a|b)^*$ 利用 $A\to\alpha^*\beta$ 进行分解，其中 $\beta=\varepsilon$，得到 $S_1\to(a|b)S_1,S_1\to\varepsilon$
  因此，$P=\{S\to aS,S\to bS,S\to aaS_1,S\to bbS_1,S_1\to(a|b)S_1,S_1\to\varepsilon\}$
- 继续分解，得到 $P=\{S\to aS,S\to bS,S\to aS_2,S_2\to aS_1,S\to bS_3,S_3\to bS_1,S_1\to aS_1,S_1\to bS_1,S_1\to\varepsilon\}$

整理得 $G_R=(\{S,S_1,S_2,S_3\},\{a,b\},P,S)$；
其中 $P=\{S\to aS|bS|aS_2|bS_3,S_1\to aS_1|bS_1|\varepsilon,S_2\to aS_1,S_3\to bS_1\}$

3.3.6 正规式转左线性文法

正规式转左线性文法如算法3.10所示。

算法 3.10 正规式转左线性文法

输入: 正规式 r
输出: 左线性文法 $G_L=(V_N,V_T,P,S)$，使得 $L(G_L)=L(r)$

```
1 P = {S → r};
2 while 存在产生式p，其右部不是左线性文法形式 do
3  |  if p形如A → αβ then p替换为A → Bβ, B → α;
4  |  if p形如A → α|β then p替换为A → α, A → β;
5  |  if p形如A → αβ* then p替换为A → α, A → Aβ;
6 end
7 根据得到的产生式P确定V_N, V_T;
```

例题3.21 正规式转左线性文法 将正规式 $r=(a|b)^*(aa|bb)(a|b)^*$ 转换为左线性文法 G_L，使得 $L(G_L)=L(r)$。

解 转换过程如下：

- $P=\{S\to(a|b)^*(aa|bb)(a|b)^*\}$
- $S\to(a|b)^*(aa|bb)(a|b)^*$ 利用 $A\to\alpha\beta^*$ 进行分解，得到 $P=\{S\to(a|b)^*(aa|bb),S\to S(a|b)\}$
- $S\to(a|b)^*(aa|bb)$ 分解得到 $S\to S_1(aa|bb),S_1\to(a|b)^*$
  $S\to S(a|b)$ 分解得到 $S\to Sa,S\to Sb$
  因此，$P=\{S\to S_1(aa|bb),S_1\to(a|b)^*,S\to Sa,S\to Sb\}$
- $S\to S_1(aa|bb)$ 分解为 $S\to S_1aa,S\to S_1bb$
  $S_1\to(a|b)^*$ 利用 $A\to\alpha\beta^*$ 进行分解，其中 $\alpha=\varepsilon$，得到 $S_1\to S_1(a|b),S_1\to\varepsilon$
  因此，$P=\{S\to S_1aa,S\to S_1bb,S_1\to S_1(a|b),S_1\to\varepsilon,S\to Sa,S\to Sb\}$
- 继续分解，得到 $P=\{S\to S_2a,S_2\to S_1a,S\to S_3b,S_3\to S_1b,S_1\to S_1a,S_1\to$

$S_1b, S_1 \to \varepsilon, S \to Sa, S \to Sb\}$

整理得 $G_L = (\{S, S_1, S_2, S_3\}, \{a, b\}, P, S)$；

其中 $P = \{S \to Sa|Sb|S_2a|S_3b, S_1 \to S_1a|S_1b|\varepsilon, S_2 \to S_1a, S_3 \to S_1b\}$

3.3.7 正规文法转正规式

正规文法转正规式，反复利用以下规则合并文法的产生式，最后只剩下一个开始符号定义的产生式，并且产生式右部不含非终结符合，那么产生式右部即为所求正规式。

- 右线性文法
  - $A \to \alpha B, B \to \beta$，替换为 $A \to \alpha\beta$
  - $A \to \alpha_1, A \to \alpha_2$，替换为 $A \to \alpha_1|\alpha_2$
  - $A \to \alpha A, A \to \beta$，替换为 $A \to \alpha^*\beta$
- 左线性文法
  - $A \to B\alpha, B \to \beta$，替换为 $A \to \beta\alpha$
  - $A \to \alpha_1, A \to \alpha_2$，替换为 $A \to \alpha_1|\alpha_2$
  - $A \to A\alpha, A \to \beta$，替换为 $A \to \beta\alpha^*$

例题 3.22 右线性文法转正规式 将右线性文法 $G[S] : S \to aS|bS|aB|bC, A \to aA|bA|\varepsilon, B \to aA, C \to bA$ 转为正规式。

解 转换过程如下：

- 由 $S \to aS|bS|aB|bC$ 得到 $S \to (a|b)S|(aB|bC)$，进一步得到 $S \to (a|b)^*(aB|bC)$
- 将 $B \to aA, C \to bA$ 代入上式，得到 $S \to (a|b)^*(aaA|bbA)$，即 $S \to (a|b)^*(aa|bb)A$
- 由 $A \to aA|bA|\varepsilon$ 得到 $A \to (a|b)A|\varepsilon$，进一步得到 $A \to (a|b)^*$
- 将第 (3) 步结果代入第 (2) 步，得到 $S \to (a|b)^*(aa|bb)(a|b)^*$

最终得到正规式：$(a|b)^*(aa|bb)(a|b)^*$

例题 3.23 左线性文法转正规式 将左线性文法 $G[S] : S \to Ba|Cb|Sa|Sb, A \to Aa|Ab|\varepsilon, B \to Aa, C \to Ab$ 转为正规式。

解 转换过程如下：

- 由 $S \to Ba|Cb|Sa|Sb$ 得到 $S \to (Ba|Cb)|S(a|b)$，进一步得到 $S \to (Ba|Cb)(a|b)^*$
- 将 $B \to Aa, C \to Ab$ 代入上式，得到 $S \to (Aaa|Abb)(a|b)^*$，即 $S \to A(aa|bb)(a|b)^*$
- 由 $A \to Aa|Ab|\varepsilon$ 得到 $A \to A(a|b)|\varepsilon$，进一步得到 $A \to (a|b)^*$
- 将第 (3) 步结果代入第 (2) 步，得到 $S \to (a|b)^*(aa|bb)(a|b)^*$

最终得到正规式：$(a|b)^*(aa|bb)(a|b)^*$

3.3.8 3种工具的转换

到目前为止，我们已经详细介绍了FA、正规式、正规文法3种用于词法分析的工具，它们是完全等价的。其中正规式人类容易设计，DFA容易编程实现，正规文法则适合做数学推导以及作为正规式和FA之间转换的桥梁，它们之间的关系如图3.30所示。

这3者之间及内部转换总结如下。

- FA内部，NFA和DFA可以互转，DFA可以进一步化简为最简DFA；
- 正规文法内部，左、右线性文法互转并不那么直接，一般先转换为正规式或FA，再进一步转换为另一种正规文法；

- FA和正规文法之间容易互转；
- 正规文法和正规式之间容易互转；
- 正规式容易转换为FA，但是FA转换为正规式并不容易，一般需要借助正规文法完成转换。

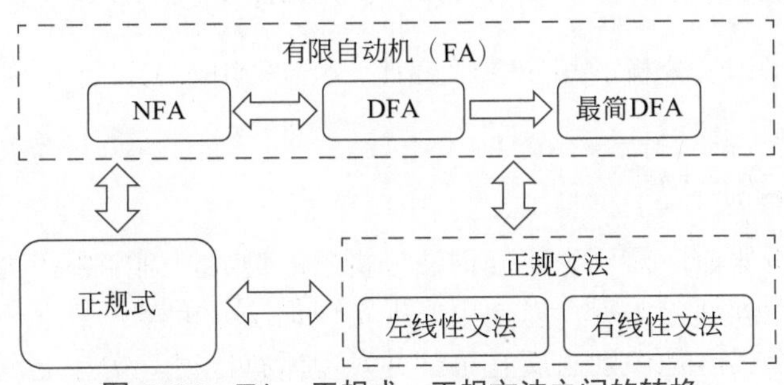

图 3.30 FA、正规式、正规文法之间的转换

3.3.9 有限自动机转正规式

有限自动机直接转正规式，虽然在3.2.5节的正规式与有限自动机的等价性证明中给出了一种直观的构造方法，但实际操作中这种转换非常不容易，主要原因在于FA中有很多循环，导致转换中无法厘清适用的状态转移路径，因此常使用正规文法作中介。

下面的例子用来说明如何将FA转换为正规式。这个例子相当复杂，只是为了让读者了解这种转换过程，以及一个看似简单问题的复杂程度。

例题3.24 FA转正规式 写出能被3整除十进制数的正规式。

解 图3.6中已给出接受能被3整除十进制数的DFA，在此基础上，先转换为正规文法，再转正规式。

【步骤一】DFA转右线性文法

为书写简洁，记$\alpha \to 0|3|6|9, \beta \to 1|4|7, \gamma \to 2|5|8$

(1) 由状态0射出的弧，有 $S_0 \to \alpha S_0|\beta S_1|\gamma S_2|\alpha$

(2) 由状态1射出的弧，有 $S_1 \to \alpha S_1|\beta S_2|\gamma S_0|\gamma$

(3) 由状态2射出的弧，有 $S_2 \to \alpha S_2|\beta S_0|\gamma S_1|\beta$

(4) S_0既为初态又是终态，可以接受ε，为简便，我们把空符号单列，写成$S_0' \to S_0|\varepsilon$的形式，其中S_0'为新的开始符号，这样我们只需推导出S_0，然后与ε做或运算即可得到最终的正规式。

【步骤二】右线性文法转正规式

为进一步书写简洁，记$\lambda \to \alpha^*\alpha, \mu \to \alpha^*\beta, \nu \to \alpha^*\gamma$

(1) 由1(1)：$S_0 \to \alpha^*(\beta S_1|\gamma S_2|\alpha)$，即$S_0 \to \mu S_1|\nu S_2|\lambda$

(2) 由1(2)：$S_1 \to \alpha^*(\beta S_2|\gamma S_0|\gamma)$，即$S_1 \to \mu S_2|\nu S_0|\nu$

(3) 由1(3)：$S_2 \to \alpha^*(\beta S_0|\gamma S_1|\beta)$，即$S_2 \to \mu S_0|\nu S_1|\mu$

(4) 将2(3)代入2(2)：$S_1 \to \mu(\mu S_0|\nu S_1|\mu)|\nu S_0|\nu$，即$S_1 \to (\mu\mu|\nu)S_0|\mu\nu S_1|\mu\mu|\nu$

(5) 将2(3)代入2(1)：$S_0 \to \mu S_1|\nu(\mu S_0|\nu S_1|\mu)|\lambda$，即$S_0 \to \nu\mu S_0|(\nu\nu|\mu)S_1|\nu\mu|\lambda$

(6) 由2(4)，消掉右部递归的S_1，得到 $S_1 \to (\mu\nu)^*((\mu\mu|\nu)S_0|\mu\mu|\nu)$

(7) 将2(6)代入2(5)：$S_0 \to \nu\mu S_0|(\nu\nu|\mu)(\mu\nu)^*((\mu\mu|\nu)S_0|\mu\mu|\nu)|\nu\mu|\lambda$

即$S_0 \to (\nu\mu|(\nu\nu|\mu)(\mu\nu)^*(\mu\mu|\nu)S_0)|(\nu\nu|\mu)(\mu\nu)^*\mu\mu|(\nu\nu|\mu)(\mu\nu)^*\nu|\nu\mu|\lambda$

(8) 由2(7)：$S_0 \to (\nu\mu|(\nu\nu|\mu)(\mu\nu)^*(\mu\mu|\nu))^*((\nu\nu|\mu)(\mu\nu)^*\mu\mu|(\nu\nu|\mu)(\mu\nu)^*\nu|\nu\mu|\lambda)$

(9) 2(8)的右部，与ε或运算，即为最终结果。

3.4 词法分析器的实现

我们已经介绍了词法分析的相应数学工具，本节采用人工设计正规式，使用DFA实现单词识别。

3.4.1 词法分析器边界

在实现词法分析器前，需要先明确词法分析器的边界，确定哪些功能由词法分析器实现，哪些功能放到后续部分实现，以便更好地实现词法分析器。

词法分析的一个误区是识别出所有单词并发现所有错误。实际上，词法分析是基于单词的形式，也就是词法构成规则的，这些规则不涉及单词的上下文信息。因此，有些看上去似乎属于词法构成的规则，只要涉及上下文信息，就需要放到语法甚至语义分析中识别，这是词法分析需要注意的一个重要问题。编译器设计的原则是，能提前处理的信息要提前处理，但不属于该阶段的任务，需要留到后续模块完成。

要识别出单词，词法分析程序需要至少预读一个符号。如词法分析中，已经扫描了字符串“if”，后面遇到空白或左括号之类，才能确定这是关键字，此时多读了一个符号，需要退给词法分析程序。而“if”后如果是字母、数字或下画线，则可以确定这是一个标识符，但是只有读到非字母、数字、下画线的符号，才能确定这个标识符结束，这时也多读了一个符号。我们词法分析器的设计，期望只预读一个符号就可以识别出所有单词及其类别。

关于词法分析器的边界说明如下。

- 连续两个标识符，如“x—y”，两个标识符x和y之间有一个空格，只预读一个符号时，词法分析器应识别出两个标识符。两个标识符连在一起属于语法错误，需要到语法分析时才能发现。
- 标识符与数字连接在一起，如“x—100”，标识符x和数字100之间有一个空格，此时词法分析应识别出一个标识符和一个数字，词法分析无法发现这种语法错误。
- 数字和标识符连在一起，如“2x”，在只预读一个字符的前提下，当数字和标识符之间没有空格时，是能发现这种错误的；而如果有空格，则无法发现这种错误。但这种错误是否放到词法分析部分处理值得商榷，如果放到词法分析部分处理，就需要区分数字后面跟的是一般字母还是空白、算符、界符等；如果放到语法分析处理，数字后面遇到任何非数字都可以认为识别出一个数字，显然后者更容易处理。
- 代码中混合的注释，如“x/*comment*/y”，大部分预处理作为独立一遍的编译器，都会把注释转换为空格，识别出来两个标识符x和y。实际上，把注释删除也是可以的，这样得到一个标识符xy，根据设计的方便性选择其中一个作为语言标准即可。
- 数字常数的符号，不在词法分析时确定。因为对“−5”之类的表达式，不根据上下文无法确定是负5还是减5，词法分析识别出一个减号和一个数字5，到语法分析和语义分析时再确定减号和负号。
- 幂运算符“**”由两个乘号组成，左移运算符“<<”由两个小于号组成，自增“++”

和自减“−−”分别由两个加号和两个减号组成，此类字符在词法分析中是可以和乘号、小于号、加号、减号区分的，规则是较长字符串优先。当然，这类运算符也可以识别为两个符号，遗留到语法分析中再进行处理。

- 三元运算符“?:”由一个问号和一个冒号组成，可看作两个单词，到语法分析和语义分析时再进行组合。

3.4.2 单词正规式

首先定义一些公共字符集，如表3.10所示。

表 3.10 字符集

<table>
<tr><th>类 别</th><th>正 规 式</th><th>说 明</th></tr>
<tr><td><字母></td><td>a|b|··· |z|A|B|··· |Z</td><td>大小写字母</td></tr>
<tr><td><数字></td><td>0|1|2|··· |9</td><td>一位数字</td></tr>
<tr><td><任意></td><td>Σ</td><td>任意字符</td></tr>
<tr><td><其他></td><td></td><td>射出弧标记外的任意字符</td></tr>
<tr><td><H数字></td><td>0|1|2|··· |9|A|B|C|D|E|F|a|b|c|d|e|f</td><td>十六进制数字</td></tr>
<tr><td><空白></td><td>\t|\n|\r|␣</td><td>␣表示空格</td></tr>
<tr><td><标首></td><td><字母> | _</td><td>标识符首字母</td></tr>
<tr><td><标中></td><td><字母> | <数字> | _</td><td>标识符非首字母</td></tr>
</table>

然后定义常用单词的正规式，主要是标识符、常量、注释，如表3.11所示。很多语言的常量数据类型相当复杂，如浮点数小数点左右的数字可以省略一个但不能同时省略、指数形式的输入，等等。这些复杂的输入形式只是增加了设计的复杂程度，并不影响词法分析器实现的本质问题。作为一个示例，我们采用相对简洁的单词形式，有兴趣的读者可以自行加入其他形式的单词形式。

表 3.11 常用单词的正规式

<table>
<tr><th>类 别</th><th>正 规 式</th></tr>
<tr><td><标识符></td><td><标首><标中>*</td></tr>
<tr><td><整数></td><td><数字>$^+$</td></tr>
<tr><td><H整数></td><td>0x<H数字>$^+$</td></tr>
<tr><td><实数></td><td><数字>$^+$. <数字>$^+$</td></tr>
<tr><td><字符></td><td>‘<任意>’</td></tr>
<tr><td><字符串></td><td>“<任意>*”</td></tr>
<tr><td><单行注释></td><td>//<任意>*(\r|\n)</td></tr>
<tr><td><多行注释></td><td>/*<任意>**/</td></tr>
</table>

其中<字符>和<字符串>支持转义字符，包括：

- \r，回车符
- \n，换行符
- \t，跳格符（水平制表符）

- \'，单引号
- \"，双引号
- \\，反斜杠
- \<整数>，十进制ASCII码（注意，这个与C语言不同）
- \x<H数字>$^+$，十六进制ASCII码

界符包括：逗号、分号、小括号、花括号。

关键字包括：byte、ubyte、char、bool、short、ushort、int、uint、float、double、var、true、false、if、else、while、for、switch、case、default、goto、foreach、void、main。

运算符包括：=、+、−、*、/、%、**、<、<=、>、>=、==、!=、!、&&、||、&、|、~、^、<<、>>、?、:。

界符、关键字和运算符都采用一字（符）一类。关键字可以先按标识符识别，再查表得到；也可以直接用DFA识别，我们选择后者。

3.4.3 识别单词的DFA

词法分析程序需要将这些正规式整合成一个完整DFA。目前为止，正规式转DFA的过程还无法采用算法自动实现，主要是NFA单符化的过程需要手工完成，因此这部分我们展示一个手工设计的DFA。当学习了语法制导翻译后，可以实现正规式自动转换为DFA的算法。

由于篇幅限制，一页A4纸难以展示这个完整的DFA，并且其原理是重复的，因此我们选取一部分子集做示例，剩余部分读者可以自行添加。

这个展示的示例包括了所有标识符、常量、注释、界符，以及部分关键字和运算符。关键字我们选择int、float、if、else、while等少数几个，其他关键字类似处理；也可以不把关键字加入DFA，识别完标识符后通过查表确定是标识符还是关键字。运算符包括=、+、−、*、/、%、**，其中展示了*和**的区分方法。

关于DFA的几种状态，做一下特殊说明。

- 状态0：是唯一的初态。
- 状态 −1：两个终态之一，为识别一个单词成功的状态。
- 状态 −2：两个终态之一，为出错状态。
- 状态 −1的前驱状态：用于区分识别出的单词类别，可以用这个状态作为单词类别的编码。
- 其他状态，属于正常内部状态。

DFA识别出一个单词时，总是预读了一个字符，需要把这个字符退回给词法分析器，也就是到达状态 −1后，词法分析器根据前一个状态确定单词类别，并根据当前位置记录识别出的单词，然后将扫描器指针回退一个字符，并把状态置为初态0，开始下一个单词的识别。

进入终态 −2表示出错。DFA中可以显式或隐式跳转到这个状态，显式跳转指DFA中有射入该状态的弧，通过该弧跳转；隐式跳转指当前输入字符在DFA当前状态下查询不到下一个状态，则默认跳转到状态 −2。

DFA在初态，如果遇到空白符（如空格、回车、换行、跳格等）则空转，也就是把这些空白符忽略。

如果程序末尾没有空白符，比如以}结尾，会导致缺少预读字符而无法到达终态 −1。为解决这个问题，从文件中读取程序到文件末尾时，需要自动在后面追加一个空白符。

图3.31为识别关键字和标识符部分的DFA。先看标识符识别，int、float、if、else和while这5个关键字的首字母包括i、f、e、w，当状态0遇到的字符不是这些字母，且为标首时（标首指字母和下画线，标中指字母、数字和下画线，见表3.10定义），转到状态19（最下面一行）。状态19遇到标中，就转移到本身19，遇到其他字符转到终态 −1，表示识别出一个标识符。

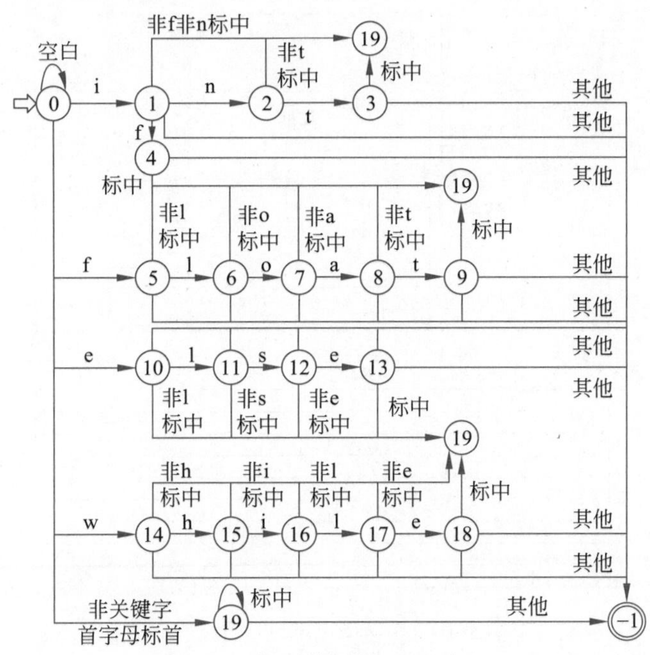

图 3.31　识别单词的DFA之1/4

识别关键字int的路径为$0 \xrightarrow{i} 1 \xrightarrow{n} 2 \xrightarrow{t} 3 \xrightarrow{\text{其他}} -1$，识别关键字if的路径为$0 \xrightarrow{i} 1 \xrightarrow{f} 4 \xrightarrow{\text{其他}} -1$。这两个关键字都通过i进入状态1，然后根据下一个字符进入不同分支：n、f分别进入int和if识别，而非f非n的标中，说明这是一个普通标识符，转移到状态19进入标识符识别。图3.31中多次出现状态19，是因为将所有有向边引到同一结点会比较凌乱，因此将结点19画在多处。这些状态19是同一结点，其射入和射出的弧取并集即可。

状态1射出的n弧、f弧、非f非n标中弧，三者的并集是标中。状态1上射出的另外一条弧，标记为其他，即非标中（包括空白、界符、算符），“其他”这条路径说明这个i自身就是一个完整的标识符，所以转移到状态 −1，表示已经识别出一个单词。

状态2识别出t后进入状态3，表示还在int关键字的分支。而非t标中表示这是一个标识符，转到状态19。除这两种情况外，说明in是一个标识符，转到状态 −1。其他状态转移类似，请读者自行分析。

如前所述，状态 −1 的前一个状态代表了单词类别，比如状态19代表标识符，状态3代表关键字int，状态4代表if，等等。但是，状态1也可以转移到 −1，这表示识别出了标识符i，所以状态1也表示标识符。这些表示特殊标识符的状态，应该与状态19合并，它们表示的是同一类单词。

另外还需注意一点，在目前我们的DFA中，状态2是表示标识符的，它代表识别出了标识符in。但如果包含了foreach语句，in就会成为关键字，此时状态2不再表示标识符，而是代表关键字in的类别。所以，每个状态代表的单词类别，需要根据关键字集合确定。

图3.32为识别数字和算符、界符部分的DFA。0开头的，可能是数字，也可能是十六进制数字。状态0遇到字符0进入状态20，如果再遇到x，即为十六进制数字，进入状态21；如果遇到数字，则是十进制数字，进入状态23；遇到小数点，则是小数，进入状态24；其他则是单独的一位数字0，进入状态 −1。状态21后面必须是十六进制数字，否则就是错误，错误的情况进入状态 −2。

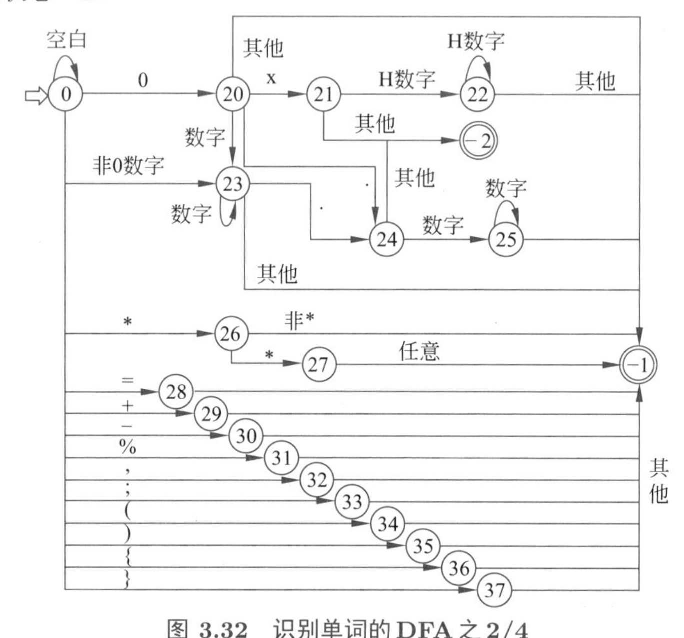

图 3.32　识别单词的DFA之2/4

非0数字进入状态23，此后可以接受多位数字，均在状态23。如果遇到小数点，则为小数，进入状态24；其他字符则是数字结束，进入状态 −1。小数点后至少一位数字，如果没有数字，则出错，进入状态 −2。

状态26和状态27分别为识别乘号 * 和幂 ** 的状态，状态28~37则为各种算符、界符的识别，但不包括除号 (/)。

图3.33为识别字符和字符串常量的DFA。遇到单引号进入状态38，开始单个字符的识别。如果是转义字符，即遇到反斜杠进入状态41，分十六进制数字和十进制数字两种情况。识别转义字符之所以要特殊处理，是因为要把它们转换成内码表示，比如换行符 \n 要转换成ASCII码0A存储，而不是分 \ 和 n 两个字符存储，完成识别时需要匹配一个动作进行转换。再次遇到单引号表示已经识别出这个字符，但为了预读一个字符与前面保持一致，这里并没有直接进入状态 −1，而是读一个字符再进入状态 −1，这样就可以与前面一样回退一个字符。

字符串的转义字符识别略有不同，主要体现在数字和十六进制数字作为转义字符输入时。这是因为字符常量对数字的结束符一定是单引号，可以把单引号之前的数字进行转义。而字符串常量的数字结束符不确定是什么，所以为了方便处理，识别出数字或十六进制数字转义后，应回退一个字符，然后继续处理字符串常量。

图3.34为识别注释的DFA。单行注释以//开头，多行注释包含在/*··· */之间。状态0

遇到/时，移到状态51。此时如果后面跟的不是/，也不是*，则不是注释，而是除号，直接转状态 −1。状态51遇到/进入单行注释识别，遇到回车\r或换行符\n结束（Windows下先遇到回车符，Linux下只遇到换行符）。多行注释的结束，可能会写多个*才写/，即以类似“*********/”的形式作为多行注释的结束，这是设计中需要考虑的一个问题。

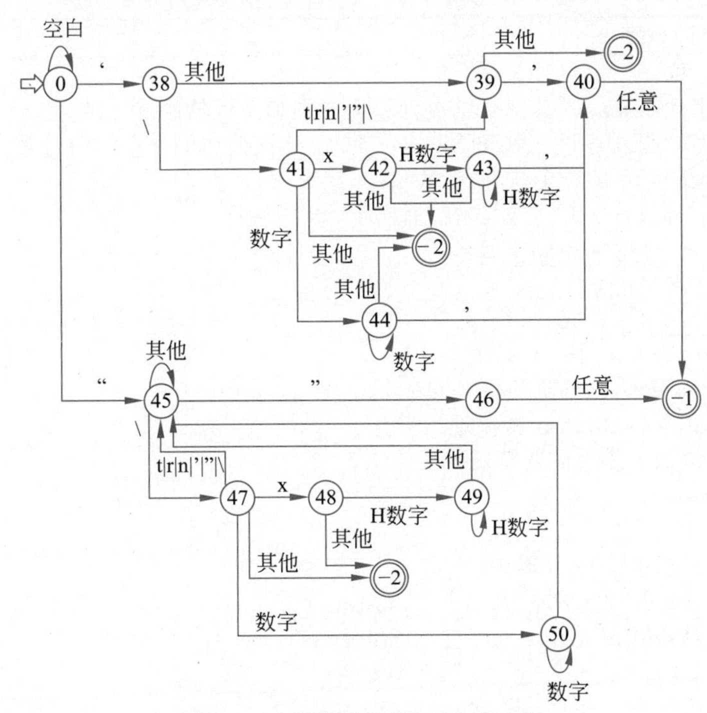

图 3.33　识别单词的DFA之3/4

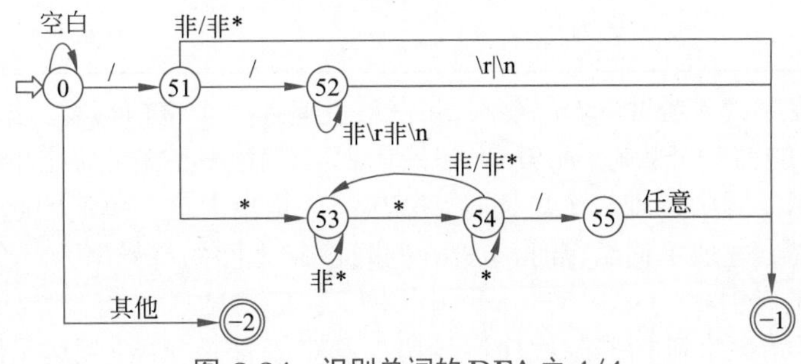

图 3.34　识别单词的DFA之4/4

与其他单词识别不同的是，注释识别出来后不需要做记录，直接丢弃即可。

3.4.4　单词识别算法

本部分只介绍主体算法框架，需要特殊处理的情形，在3.4.3节DFA设计中已做分析，不再赘述。

用到的几个函数或属性如下。

- $buffer.length$，指数组$buffer$的长度。
- $buffer[i:j]$，取数组的i到j之间的元素，含i和j。
- $getNextState(state, symbol)$，根据当前状态和当前符号，返回转移的状态。

- $tokens.add(type, value)$，将单词类型和单词值作为二元组加入$tokens$记录下来，注意标识符的单词类型需要整合。

算法3.11为单词识别的主体框架，输入一个文件，将单词类别和单词值按二元组组成序列输出。

算法 3.11 单词识别

输入： 文件名称
输出： 单词序列$tokens$，其每个结点为单词类别和单词值的二元组

```
1  根据文件名称将源程序读入字符数组 buffer，并在最后加一个空白符号;
2  当前状态 state = 0, 前一个状态 preState = −1;
3  当前符号指针 pCur = 0，开始位置指针 pStart = −1;
4  while pCur < buffer.length do
5  |   pStart = pCur;
6  |   while state ≠ −1 do
7  |   |   preState = state;
8  |   |   state = getNextState(preState, buffer[pCur]);
9  |   |   if state = −2 then 报错退出;
10 |   |   判断该状态是否需要特殊处理;
11 |   |   pCur++;
12 |   end
   |   // 目前识别出了一个单词
13 |   if PreState ≠ 52 ∧ PreState ≠ 55 then
14 |   |   tokens.add(preState, buffer[pStart : pCur − 1]);
15 |   end
16 |   pCur − −;
17 |   state = 0;
18 end
```

第1行将源程序读入缓冲区$buffer$，并在最后追加一个空白符号。第2行将状态$state$初始化为0，$state$的前一个状态$preState$初始化为-1，由$preState$确定单词类别。第3行初始化输入符号指针，其中识别一个单词时，$pStart$总是指向这个单词的起始位置，而$pCur$逐个字符向后扫描；发现单词结尾时，$pStart$和$pCur$之间的符号串为一个单词，其中最后一个符号是预读的符号。

第4~18行开始逐字符扫描源程序符号串，结束条件是$pCur$到达了缓冲区$buffer$末尾。第5行将$pStart$指向$pCur$位置，这是一个单词的开始符号位置。第6~12行由$pCur$逐字符向后扫描，直至$state = -1$到达一个单词的结尾。首先将$preState$置为当前状态$state$（第7行），而DFA根据当前状态和当前符号确定下一个状态，赋值给$state$（第8行）。如果$state = -2$，则报错退出（第9行）。每转换一个新状态，需要判断是否为转义字符，如果是，则进行转义处理（第10行），然后$pCur$读取下一个符号（第11行），当$state = -1$时结束一个单词的识别（第6行）。

识别一个单词后，状态为52或55为注释；非注释时（第13行），将前一个状态$preState$作为单词类别，$pStart$到$pCur - 1$之间为单词值，存入$tokens$（第14行）。之后，回退预读的字符（第16行），并将状态重新置初态0（第17行），进入下一个单词的识别。

第3章 词法分析 内容小结

- 词法分析器可以作为独立的一遍，也可以作为一个独立子程序由语法分析器调用。
- DFA由当前状态和当前符号唯一确定下一个状态，容易编程实现，用于单词识别。
- NFA容易设计，但不适合编程实现，可以通过确定化算法转换为DFA。
- 正规文法、正规式和FA是等价的，可以互相转换。

第3章 习题

第3章 习题

请扫描二维码查看第3章习题。

第4章

语 法 分 析

语法分析是在词法分析得到的单词序列基础上，通过文法规则判断该单词序列是否符合该语言的语法规范。语法分析中的文法符号不再是字母，而是单词。语法分析的输入是词法分析得到的单词序列，输出仅是该程序合法/不合法的判定，以及不合法时的出错信息。语法分析本身并没有代码变换形式的产出，需要到语义分析和中间代码生成时才会进一步转换代码形式。但语法分析却是后续语义分析和翻译的基础，因为目前流行的翻译方法就是语法制导翻译，需要伴随语法分析的过程进行代码生成。

第2章已经介绍了推导和归约的概念，它们对应两种不同的语法分析方式。

- **自上而下分析**：从文法的开始符号开始，向下推导，推出句子。
- **自下而上分析**：从句子开始，向上归约，归约到文法的开始符号。

本章主要介绍3种语法分析方法，其中LL(1)分析法属于自上而下分析方法，算符优先分析法和LR分析法属于自下而上分析方法。算符优先分析法只适用于算符文法，内容仅供感兴趣的读者参考，略过4.2节的学习并不影响后续内容的阅读。

4.1 LL(1)分析法

LL(1)分析法于1968年由Foster提出[62]，后被Knuth进行了理论化完善[63]。LL(1)的第1个L表示从左到右扫描输入串（Left-to-Right），第2个L表示最左推导（Leftmost Derivation），1表示分析时每步只需向右查看一个符号。

很多文献用前、后说明语法分析的顺序，LL(1)中的1表述为向前查看一个符号。本书尽量用左、右描述，因为前、后在自然语言中有很大歧义。比如，给定一个字符串，我们从左到右处理这个字符串。如果按时间序，我们把先做的工作称为前，后做的工作称为后，那么显然字符串左边是“前”；如果按进度序，工作行进方向称为前，已经做完的方向称为后，显然字符串右边是“前”；两者方向恰好相反。为避免歧义，尽量改为左、右表述算法处理方向。

4.1.1 自上而下分析

自上而下分析是从开始符号开始，逐步向下推导，推出句子的过程。那么，推导过程中，如果一个非终结符有多个候选式，就要选择一个候选式进行推导，最直观的想法就是用候选式一个个试探。

为了分析方便，一般在输入串前后各加一个字母表中不存在的特殊符号，作为程序分析开始和结束的标识。这个特殊符号本书一般用"#"，程序实现时可以使用一个不可打印的特殊字符（单词）。如字符串 xyz 写成 $\#xyz\#$，自上而下分析一般只用末尾的 # 作为结束标识，前面可以不加；自下而上分析则一般要归约成 $\#S\#$ 的形式才算成功，其中 S 是开始符号。

考虑最左推导，首先解析器指向输入串的第1个单词，用于推导的只有一个开始符号（暂时称为推导串）。然后重复以下过程，直至推导成功或失败。

- 如果推导串当前符号是终结符，且与输入串当前符号相同，就匹配了一个符号，解析器指向输入串的下一个单词，推导串指向下一个符号。
- 如果推导串当前符号是终结符，但与输入串当前符号不同，则该候选式无法匹配，退回更换下一个候选式试探，这个过程称为**回溯**。如果没有候选式可供试探，则失败。
- 如果推导串当前符号是非终结符，则使用该非终结符的下一个候选式替换；如果没有候选式可供试探，则退回当前非终结符所在产生式，用下一个候选式再次试探；如果无法再退回，则失败。

例题 4.1 试探法推导 有文法 $G = (\{S, A\}, \{x, y, z, *\}, \{S \to xAy|z, A \to *|**\}, S)$，采用回溯试探法写出句子 $x*y, x**y, z, x$ 的推导过程，并构造语法树。

解 分析过程如下：

- 对句子 $x*y\#$，$S \Rightarrow xAy \Rightarrow x*y$，一次试探即可成功，如图4.1(a) 所示。
- 对句子 $x**y\#$，语法树如图4.1(b) 所示。
  - $S \Rightarrow xAy \Rightarrow x*y$，两步分别匹配了 $x*$，但推导串的 y 和输入串的 $*$ 匹配失败，回溯。
  - $S \Rightarrow xAy \Rightarrow x**y$，匹配成功。
- 对句子 $z\#$，语法树如图4.1(c) 所示。
  - $S \Rightarrow xAy$，但推导串的 x 和输入串的 z 匹配失败，回溯。
  - $S \Rightarrow z$，匹配成功。
- 对句子 $x\#$，
  - $S \Rightarrow xAy \Rightarrow x*y$，$x$ 匹配成功，但第2个符号推导串为 $*$，输入串的 # 说明应该没有字符了，因此匹配失败，回溯。
  - $S \Rightarrow xAy \Rightarrow x**y$，$x$ 匹配成功，但第2个符号推导串为 $*$，与输入串的 # 匹配失败，回溯。
  - $S \Rightarrow z$，匹配失败，回溯。
  - 没有可以再进行匹配的候选式，匹配失败。

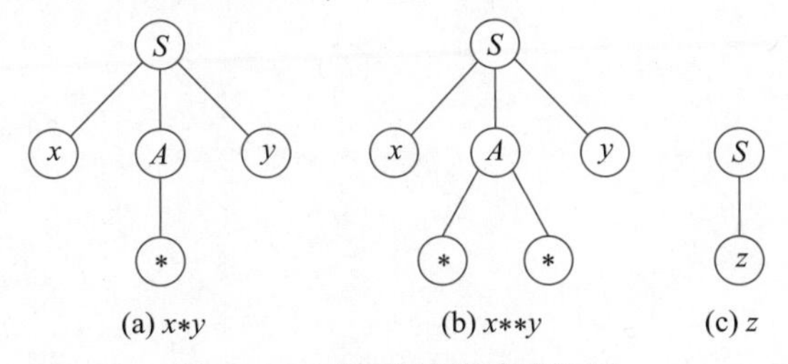

图 4.1 用回溯法构造语法树

用回溯法试探有如下几个缺点。

- 回溯法穷尽一切可能试探，因此效率极低，代价极高，基本不可行。
- 当一个非终结符用某一个候选式匹配成功时，这种成功可能是暂时的，这种虚假匹配需要更复杂的回溯技术。
- 中间代码生成时，会导致虚假匹配后已经生成一大堆中间代码和符号表记录，必须推倒重来，既麻烦又费时，因此最好设法消除回溯。

例题4.1中，一个消除回溯的考虑是利用候选式第一个字符的信息。如匹配$x*y, x**y$和x时，可以只用候选式$S \to xAy$试探，使用$S \to z$一定不会成功，因为这个产生式右部首字符是z，而待匹配句子的第一个符号是x。同样，匹配句子z时，只使用$S \to z$试探即可。

根据这样的思路，再看一个例子。

例题 4.2 根据首字符确定候选式 有如下 3 个文法，它们接受语言$L(G_1) = L(G_2) = L(G_3) = a^+$，试构造句子$aaa$的语法树。

- $G_1[S] : S \to aA, A \to S|\varepsilon$
- $G_2[S] : S \to Sa|a$
- $G_3[S] : S \to aS|a$

解 G_1匹配句子aaa的语法树如图4.2(a)所示。根结点S根据句子的第1个输入符号a，很容易确定使用其唯一候选式aA匹配是合理的，这样S的左孩子匹配输入串的第1个a。右孩子A有两个候选式，由于S的第一个符号是a，而ε则表示匹配结束，因此遇到a用S匹配，遇到#用ε匹配。当前输入符号是aaa的第2个a，所以用S匹配。然后S再用aA这个候选式，匹配第2个a。同样，匹配第3个a后，输入串遇到#，A使用候选式ε匹配，分析成功。

G_2匹配句子aaa的过程如图4.2(b)所示。这个文法存在左递归，S的右部第一个符号可以是a，所以根据当前输入符号a无法确定用哪个候选式。如果采用试探法，S用候选式Sa试探，这时左孩子为S，并未匹配任何输入符号，因此当前符号还是第1个a。然后我们不得不对左孩子S再用Sa试探，如此反复，形成死循环。

G_3匹配句子aaa的过程如图4.2(c)所示。由于S的两个候选式最左符号都是a，即有左公因子，所以不得不采用试探法。如果用aS试探，会将a逐步匹配，匹配完第3个a后，如图4.2(c)所示，才发现最后一个S不能匹配。这样只得把最后一个试探推翻，重新用a匹配才能形成整个句子。

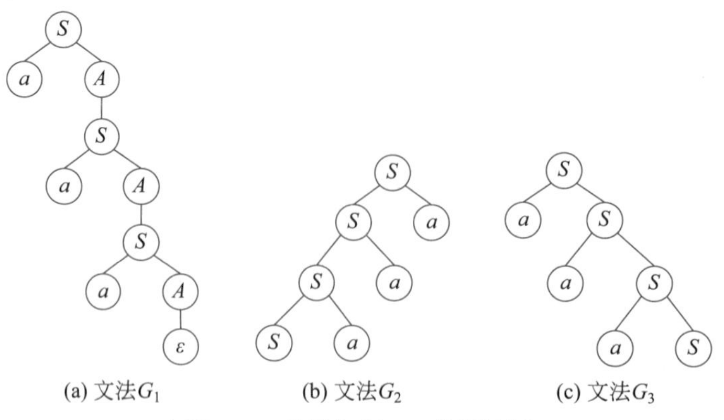

图 4.2 构造句子aaa的语法树

这3个文法中，只有第一个文法无须回溯成功匹配了句子。第二个文法的问题在于左递归造成无限循环，第三个文法的问题在于左公因子造成的不确定性。

综上分析，在进行自上而下的语法分析之前，需要对文法进行预处理，确保文法符合如下要求。

(1) 文法不含回路，即不含形如$A \overset{+}{\Rightarrow} A$的推导。对上下文无关文法，回路一定是单非产生式产生的，通过2.4.2节介绍的算法2.4可以消除单非产生式。

(2) 文法不含左递归。

(3) 文法不含左公因子。

下面介绍消除左递归和消除左公因子的方法。

4.1.2 消除显式左递归

左递归产生式在自上而下的语法分析中会造成无限循环，是采用自上而下分析法必须消除的一类产生式。

定义 4.1 (左递归产生式)

左递归产生式，是指形如$R \to R\alpha \mid \beta$的产生式，其中符号串β的最左边符号不是R。同样，形如$R \to \alpha R \mid \beta$的产生式称为右递归产生式，其中符号串$\beta$的最右边符号不是$R$。 ♣

一般地，这种由产生式直接表现出来的左递归形式，也称为显式左递归或直接左递归，以便与4.1.3节将要介绍的隐含左递归或间接左递归进行区别。

通过2.3节的分析可以知道，产生式$R \to R\alpha|\beta$表示的正规式为$\beta\alpha^*$。可以考虑把α^*部分转换为一个右递归产生式$R' \to \alpha R'|\varepsilon$，前面再加上$\beta$部分即可，如算法4.1第3行所示。

算法 4.1 消除显式左递归产生式

输入： 文法$G=(V_N, V_T, P, S)$

输出： 消除显式左递归的文法

```
1 foreach R ∈ V_N do
2 |   if R为左部的产生式形如R → Rα|β then
3 |   |   产生式替换为R → βR', R' → αR'|ε;
4 |   end
5 end
```

例题 4.3 消除左递归 消除如下产生的左递归：$R \to R\alpha_1 \mid R\alpha_2 \mid \cdots \mid R\alpha_n \mid \beta_1 \mid \beta_2 \mid \cdots \mid \beta_m$，其中$\beta_1, \beta_2, \cdots, \beta_m$不含有前缀$R$。

解 产生式变换为$R \to R(\alpha_1 \mid \alpha_2 \mid \cdots \mid \alpha_n) \mid (\beta_1 \mid \beta_2 \mid \cdots \mid \beta_m)$

把$(\alpha_1 \mid \alpha_2 \mid \cdots \mid \alpha_n)$作为一个整体，看作算法4.1中的$\alpha$，把$(\beta_1 \mid \beta_2 \mid \cdots \mid \beta_m)$看作$\beta$：

$R \to (\beta_1 \mid \beta_2 \mid \cdots \mid \beta_m)R', R' \to (\alpha_1 \mid \alpha_2 \mid \cdots \mid \alpha_n)R'|\varepsilon$

例题 4.4 消除左递归 消除如下文法的左递归：$G[E]=(\{E,T,F\}, \{+,*,(,),i\}, P, E)$，其中$P=\{E \to E+T \mid T, T \to T*F \mid F, F \to (E) \mid i\}$。

解 逐个非终结符处理：

- 由$E \to E+T \mid T$得$E \to TE', E' \to +TE' \mid \varepsilon$。

- 由$T \to T*F \mid F$得$T \to FT^{'}, T^{'} \to *FT^{'} \mid \varepsilon$。
- 产生式$F \to (E) \mid i$没有左递归。

最终得到消除左递归文法：$G^{'}[E] = (\{E, E^{'}, T, T^{'}, F\}, \{+, *, (,), i\}, P^{'}, E)$，
其中$P^{'} = \{E \to TE^{'}, E^{'} \to +TE^{'} \mid \varepsilon, T \to FT^{'}, T^{'} \to *FT^{'} \mid \varepsilon, F \to (E) \mid i\}$。

4.1.3 消除隐含左递归

有时候左递归并不是直接显示出来的，如产生式$S \to Qa \mid a, Q \to Rb \mid b, R \to Sc \mid c$，有推导$S \Rightarrow Q \cdots \Rightarrow R \cdots \Rightarrow S \cdots$，构成隐含左递归。

定义 4.2 (隐含左递归)

如果一个文法不存在直接左递归，但存在推导$R \overset{+}{\Rightarrow} R \cdots$，则称该文法存在隐含左递归。♣

隐含左递归也会造成自上而下分析的死循环。消除隐含左递归的思路是：给出非终结符的一个排序，让排序靠后的非终结符，只能出现在排序靠前的非终结符右部，经过改造后可以把隐含左递归转换为显式左递归，最后用算法4.1消除显式左递归即可。

算法4.2的作用是消除隐含左递归。第1行给出非终结符的一个排序，这个排序是任意指定的，但一旦指定就不能改变。

算法 4.2 消除隐含左递归

输入： 文法$G = (V_N, V_T, P, S)$

输出： 消除隐含左递归的文法

```
1 对所有非终结符给出一个排序 A1, A2, ..., An
2 foreach Ai → α ∈ P do
3 │  while Ai → Ajγ ∧ j < i ∧ Aj → δ1 | δ2 | ... | δm do
4 │  │  产生式替换为 Ai → δ1γ|δ2γ | ... | δmγ;
5 │  end
6 │  施行算法4.1消除 Ai 的显式左递归
7 end
8 施行算法2.1消除无用符号和无用产生式
```

第2~7行的for循环对每个产生式遍历，如果（第3行的while）：

- A_i右部的最左符号是非终结符A_j，
- A_j的排序比A_i靠前（$j < i$），
- A_j有产生式$A_j \to \delta_1 \mid \delta_2 \mid \cdots \mid \delta_m$，

则用A_j的右部替换$A_i \to A_j\gamma$中的A_j（第4行）。如果替换后右部的最左边符号仍然是非终结符，且排序在左部符号前面，则重复这个过程。最终，如果产生式右部的最左符号仍是非终结符，则形成$A_i \to A_k \cdots$这样的产生式，其中$k \geqslant i$。如果$k = i$，则施行算法4.1会消除直接左递归（第6行）。

注意这个算法很可能产生无用产生式，最后第8行要消除无用符号和无用产生式。

例题 4.5 消除隐含左递归 消除如下文法的左递归：$G[S] = (\{S, Q, R\}, \{a, b, c\}, P, S)$，其中$P = \{S \to Qa \mid a, Q \to Rb \mid b, R \to Sc \mid c\}$。

解 (1) 给出一个排序S, Q, R，转换最左非终结符。

- 由$S \to Qa|a$，Q排在S后面，不需要转换。
- 由$Q \to Rb|b$，R排在Q后面，不需要转换。
- 由$R \to Sc|c$,S排在R前面,需要转换:$R \Rightarrow Sc \mid c \Rightarrow Qac \mid ac \mid c \Rightarrow Rbac \mid bac \mid ac \mid c$。

(2) 产生式$R \to Rbac \mid bac \mid ac \mid c$为显式左递归，消除之，得到

$R \to (bac \mid ac \mid c)R', R' \to bacR' \mid \varepsilon$

(3) 这些产生式中没有无用产生式,最后得到的文法为$G'[S] = (\{S, Q, R, R'\}, \{a, b, c\}, P', S)$,

其中$P' = \{S \to Qa \mid a, Q \to Rb \mid b, R \to bacR' \mid acR' \mid cR', R' \to bacR' \mid \varepsilon\}$。

消除隐含左递归的结果，与非终结符的排序是有关的。

例题 4.6 消除隐含左递归 消除如下文法的左递归：$G[S] = (\{S, Q, R\}, \{a, b, c\}, P, S)$，要求非终结符按$R, Q, S$排序，其中$P = \{S \to Qa \mid a, Q \to Rb \mid b, R \to Sc \mid c\}$。

解 (1) 由$S \to Qa \mid a$，Q排在S前面，需要转换：

$S \Rightarrow Qa \mid a \Rightarrow Rba \mid ba \mid a \Rightarrow Scba \mid cba \mid ba \mid a$

(2) 消除显式左递归：$S \to cbaS' \mid baS' \mid aS', S' \to cbaS' \mid \varepsilon$

由于开始符号是S，到这里我们发现Q, R是开始符号不可达的，因此就没必要转换了。

(3) 最后得到的文法为$G'[S] = (\{S, S'\}, \{a, b, c\}, P', S)$，

其中$P' = \{S \to cbaS' \mid baS' \mid aS', S' \to cbaS' \mid \varepsilon\}$。

显然，例题4.6的结果比例题4.5的结果简洁很多，但可以证明这两个文法是等价的。

定义 4.3 (文法开始符号到符号距离)

假设从开始符号最少k步推出左边第一个符号为x的句型，则称开始符号到x的距离为k。♣

非终结符按与开始符号的距离从近到远的逆序排序（也就是从远到近），得到的消除左递归的文法是最简洁的。

4.1.4 消除左公因子

定义 4.4 (左公因子)

如果同一个非终结符的两个候选式具有相同的非空前缀，就说两个候选式有左公因子。♣

含左公因子的产生式形如$A \to \alpha B_1 \mid \alpha B_2 \mid \cdots \mid \alpha B_n \mid \beta_1 \mid \beta_2 \mid \cdots \mid \beta_m$，其中候选式$\alpha B_1, \alpha B_2, \cdots, \alpha B_n$有左公因子$\alpha$。产生或提取左公因子，可以改写为$A \to \alpha(B_1 \mid B_2 \mid \cdots \mid B_n) \mid \beta_1 \mid \beta_2 \mid \cdots \mid \beta_m$，其中$\alpha(B_1 \mid B_2 \mid \cdots \mid B_n)$部分可以看作两个正规式的连接，$B_1 \mid B_2 \mid \cdots \mid B_n$用一个非终结符替换即可，那么提取左公因子后产生式变为$A \to \alpha B \mid \beta_1 \mid \beta_2 \mid \cdots \mid \beta_m$，$B \to B_1 \mid B_2 \mid \cdots \mid B_n$。

算法4.3的作用是消除文法的左公因子。第2~7行遍历所有非终结符，如果某个非终结符A的候选式有左公因子（第3行），则将提取并消除左公因子后的产生式并入产生式集P（第4行），并将原左公因子产生式从P中移除（第5行）。最后，如果一轮迭代中某些候选式提取了左公因子，则进行下一轮迭代（第1~8行循环）。

算法 4.3 消除文法的左公因子

输入： 文法 $G=(V_N,V_T,P,S)$

输出： 消除左公因子的文法

```
1 do
2   foreach A ∈ V_N do
3     if A → αB_1 | αB_2 | ··· | αB_n | β_1 | β_2 | ··· | β_m then
4       P ∪= {A → αB, B → B_1 | B_2 | ··· | B_n};
5       P −= {A → αB_1 | αB_2 | ··· | αB_n};
6     end
7   end
8 while |P| 增大;
```

例题 4.7 消除左公因子 消除如下产生式的左公因子：$S \to \text{if } B \text{ then } S \mid \text{if } B \text{ then } S \text{ else } S$

解 产生式有左公因子 if B then S，提取左公因子得到 $S \to \text{if } B \text{ then } SX$，$X \to \text{else } S \mid \varepsilon$

4.1.5 首符集 *First*

First 集合

根据前述分析，我们考虑通过候选式的第一个终结符确定使用哪个候选式进行匹配，把候选式的第一个终结符号的集合定义为终结首符集，简称首符集或头符号集，用 *First* 表示。

定义 4.5 (终结首符集 *First*)

候选式 α 的终结首符集定义为：$First(\alpha)=\{a|\alpha \overset{*}{\Rightarrow} a\cdots, a\in V_T\}$；

特别地，如果有 $\alpha \overset{*}{\Rightarrow} \varepsilon$，则 $\varepsilon \in First(\alpha)$。

如果 $A\in V_N$ 有候选式 $A\to\alpha_1|\alpha_2|\cdots|\alpha_n$，则 $First(A)=\bigcup_{i=1}^{n} First(\alpha_i)$。 ♣

对 $A\to\alpha_1|\alpha_2|\cdots|\alpha_n$，如果 $First(\alpha_1)\cap First(\alpha_2)\cap\cdots\cap First(\alpha_n)=\varnothing$，则可以根据输入串的当前符号属于哪个 $First(\alpha_i)$，准确地指派候选式 α_i 进行匹配。

算法4.4可同时计算非终结符和候选式的 *First* 集合。算法将终结符的 *First* 集合初始化为自身（第1行），这就是最终结果。非终结符的 *First* 集合初始化为空集（第2行），迭代求解。

整个算法一遍遍地扫描产生式进行处理，直到扫描某轮后所有的 $First(X)$ 都不再扩大为止（第3~8行）。每次迭代，对每个产生式 $X \to Y_1Y_2\cdots Y_k$（第4行），调用函数 getFirst4Candidate() 求候选式 $Y_1Y_2\cdots Y_k$ 的 *First* 集合（第5行），并将其并入左部符号 X 的 *First* 集合（第6行）。

对函数 getFirst4Candidate()（第9~26行），先判断候选式长度是否为0（第10行）。如果是，即候选式为 ε，则候选式的 *First* 集合只含有 ε（第11行），然后返回（第12行）。

候选式非空的情形，先将 $First(Y_1)$ 集合去掉 ε 后加入 $First(X)$（第14行）。然后置标

志 $isEmpty$ 为真（第15行），这个标志表示产生式右部的 $Y_1Y_2\cdots Y_k$ 是否可以推导出空串。从符号 Y_2 到 Y_k（第16行），依次检查每个 Y_i 左边的 Y_{i-1} 是否能推导出 ε，即 $\varepsilon \in First(Y_{i-1})$（第17行），如果是，则 $Y_1Y_2\cdots Y_{i-1} \overset{*}{\Rightarrow} \varepsilon$，这时把 $First(Y_i)$ 去掉 ε 加入 $First(X)$（第18行）。如果不是（第19行），说明前缀 $Y_1Y_2\cdots Y_{i-1}$ 不能推导出 ε，将标志 $isEmpty$ 置为假（第20行），退出循环（第21行）。

算法 4.4 求符号 $X \in V_N \cup V_T$ 及候选式的 $First$ 集合

输入： 文法 $G=(V_N, V_T, P, S)$

输出： 每个符号 X 的首符集 $First(X)$

```
1  对所有 X ∈ V_T，置 First(X) = {X};
2  对所有 X ∈ V_N，置 First(X) = ∅;
3  do
4      foreach X → Y1Y2···Yk ∈ P do
5          First(Y1Y2···Yk) = getFirst4Candidate(Y1Y2···Yk);
6          First(X) ∪= First(Y1Y2···Yk);
7      end
8  while ∃First(X) 增大;
9  function getFirst4Candidate(Y1Y2···Yk):
10     if |Y1Y2···Yk| = 0 then
11         First(Y1Y2···Yk) = {ε};
12         return First(Y1Y2···Yk);
13     end
14     First(Y1Y2···Yk) = First(Y1) − {ε};
15     isEmpty = true;
16     for i = 2 : k do
17         if ε ∈ First(Y_{i−1}) then
18             First(Y1Y2···Yk) ∪= (First(Yi) − {ε})
19         else
20             isEmpty = false;
21             break;
22         end
23     end
24     if isEmpty ∧ ε ∈ First(Yk) then First(Y1Y2···Yk) ∪= {ε} ;
25     return First(Y1Y2···Yk);
26 end getFirst4Candidate
```

如果 $isEmpty$ 标志为真，说明 $Y_1Y_2\cdots Y_{k-1} \overset{*}{\Rightarrow} \varepsilon$。如果 $\varepsilon \in First(Y_k)$ 也成立，即 $Y_k \overset{*}{\Rightarrow} \varepsilon$，则 $\varepsilon \in First(X)$（第24行）。最后返回该候选式的 $First$ 集合（第25行）。

例题 4.8 求 $First$ 集合 文法 $G[S]$ 产生式如下，求每个非终结符的 $First$ 集合。

(1) $S \to ABCDE$　　(3) $B \to bC|\varepsilon$　　(5) $D \to Ec|\varepsilon$

(2) $A \to a|\varepsilon$　　(4) $C \to DE|\varepsilon$　　(6) $E \to dA|\varepsilon$

解 初始化，$First(S) = First(A) = First(B) = First(C) = First(D) = First(E) = \varnothing$

- 第1轮迭代
  - 产生式(1)，由于右部符号 $First$ 集合均为空，因此没有元素被加入 $First(S)$ 中。

  - 产生式(2)，$A \to a$将右部的a加入$First(A)$，$A \to \varepsilon$将右部的ε加入$First(A)$，因此$First(A) = \{a, \varepsilon\}$。
  - 产生式(3)，右部第一个符号为终结符b，加入$First(B)$；终结符b不可能再推导出ε，因此无须再考虑b右边的符号。$B \to \varepsilon$需要将ε加入，因此$First(B) = \{b, \varepsilon\}$。
  - 产生式(4)，右部第一个符号为D，$First(D) = \varnothing$，因此没有符号加入$First(C)$；$C \to \varepsilon$需要将ε加入，因此$First(C) = \{\varepsilon\}$。
  - 产生式(5)，$D \to \varepsilon$需要将ε加入，因此$First(D) = \{\varepsilon\}$。
  - 产生式(6)，两个候选式分别将d和ε加入，因此$First(E) = \{d, \varepsilon\}$。
- 第2轮迭代
  - 产生式(1)，由于右部所有符号的$First$集合均含有ε，因此右部所有符号的$First$集合去掉ε都加入$First(S)$，最后再将ε加入，因此$First(S) = \{a, b, d, \varepsilon\}$。
  - 产生式(2)，没有变化，仍然是$First(A) = \{a, \varepsilon\}$。
  - 产生式(3)，没有变化，因此$First(B) = \{b, \varepsilon\}$。
  - 产生式(4)，由$\varepsilon \in First(D)$，因此将$First(E) - \{\varepsilon\}$加入$First(C)$，因此$First(C) = \{d, \varepsilon\}$。
  - 产生式(5)，$First(E) - \{\varepsilon\}$加入，因此$First(D) = \{d, \varepsilon\}$。又因为$\varepsilon \in First(E)$，因此$First(c) - \{\varepsilon\}$加入，最终得到$First(D) = \{c, d, \varepsilon\}$。
  - 产生式(6)，没有变化，$First(E) = \{d, \varepsilon\}$。
- 第3轮迭代
  - 产生式(1)，右部所有符号的$First$集合去掉ε都加入$First(S)$，最后得到$First(S) = \{a, b, c, d, \varepsilon\}$。
  - 产生式(2)，$First(A) = \{a, \varepsilon\}$。
  - 产生式(3)，$First(B) = \{b, \varepsilon\}$。
  - 产生式(4)，加入$First(D) - \{\varepsilon\}$，得到$First(C) = \{c, d, \varepsilon\}$。
  - 产生式(5)，$First(D) = \{c, d, \varepsilon\}$。
  - 产生式(6)，$First(E) = \{d, \varepsilon\}$。
- 第3轮后集合仍有变化，需要再进行第4轮。第4轮后与第3轮相比没有变化，算法结束。

最终结果为$First(S) = \{a, b, c, d, \varepsilon\}$，$First(A) = \{a, \varepsilon\}$，$First(B) = \{b, \varepsilon\}$，$First(C) = \{c, d, \varepsilon\}$，$First(D) = \{c, d, \varepsilon\}$，$First(E) = \{d, \varepsilon\}$。

4.1.6 后继符集 $Follow$

$Follow$ 集合

假设当前最左非终结符为A，A有候选式$A \to \alpha_1|\alpha_2|\cdots|\alpha_n$，输入串当前输入符号为$a$。如前所述，如果$a \in First(\alpha_i)$，我们就可以准确指派候选式$\alpha_i$去匹配$A$。但如果$(\forall\alpha_i)a \notin First(\alpha_i)$，但$(\exists\alpha_j)\varepsilon \in First(\alpha_j)$，那么是否可以用$\alpha_j$（也就是$\varepsilon$）匹配$A$呢？

例题 4.9 空符匹配　文法$G[S] : S \to xAy|z, A \to *|\varepsilon$，试匹配句子$xy$。

解 匹配过程：$S \Rightarrow xAy \Rightarrow xy$，如图4.3所示。

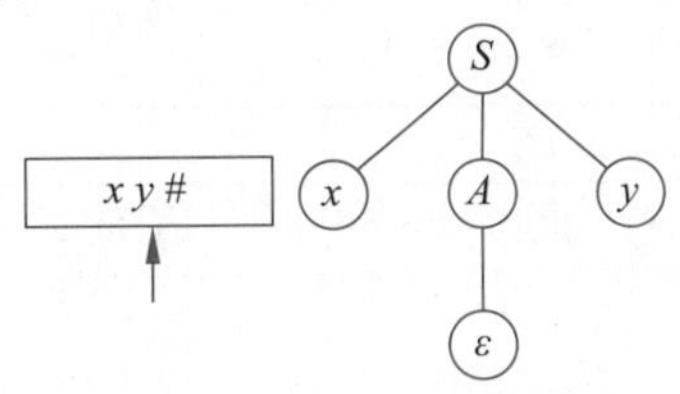

图 4.3 句子xy的识别

本例中，匹配完x，当前输入符号为y，要匹配的符号为A。此时，y不在任何A的候选式的$First$集合中，而ε在$First(\varepsilon)$中，是否可以用ε匹配A？我们在已经推导出的句型xAy中，向A右边看一个符号，如果A右边跟的是y，A就可以用ε替换；否则，当前输入符号y在这里的出现就是一种语法错误。因此，一个非终结符后面跟的符号，与当前符号一起，确定了该非终结符能否被ε替换。

定义 4.6 (后继符集 $Follow$)

文法$G[S]$中，非终结符A的后继符集定义为：$Follow(A) = \{a|S \overset{*}{\Rightarrow} \cdots Aa \cdots, a \in V_T\}$；特别地，若有$S \overset{*}{\Rightarrow} \cdots A$，则$\# \in Follow(A)$。♣

若当前输入符号为a，$A \to \alpha_1|\alpha_2|\cdots|\alpha_n$，$(\forall\alpha_i)a \notin First(\alpha_i)$，但$(\exists\alpha_j)\varepsilon \in First(\alpha_j)$，那么当$a \in Follow(A)$时，就可以用$\alpha_j$匹配$A$；若$a \notin Follow(A)$，则$a$在这里的出现就是一个语法错误。

因此，要无回溯地指派候选式，此处又多了一个条件，当$(\exists\alpha_j)\varepsilon \in First(\alpha_j)$时，要求$Follow(A)$与所有候选式$First$集合的交集为空，即若有$\varepsilon \in First(A)$，则有$First(A) \cap Follow(A) = \varnothing$。

算法4.5用于求所有非终结符号的$Follow$集合。第1行将开始符号的$Follow$集合初始化为#（因为输入串后面加了一个#），第2行将其他非终结符初始化为空集。

第3~9行处理产生式右部每个非终结符Y_i，其后面子串的头部符号是可以跟在Y_i后面的符号。对每个产生式（第3行），从左到右遍历其右部符号（第4行）。如果Y_i为非终结符（第5行），则对Y_i后面的子串，也就是$Y_{i+1}Y_{i+2}\cdots Y_k$求$First$集，去掉ε后并入$Follow(Y_i)$（第6行）。

第10~22行处理某个非终结符Y_i右边子串为空，导致左部符号可以跟的符号，也可以跟在Y_i后面的问题。该部分需要迭代求解，结束条件为所有非终结符号X的$Follow$集合都不再增大。

对每个产生式（第11行），最后一个符号Y_k如果是非终结符，则把左部符号X的$Follow$集并入$Follow(Y_k)$（第12行）；如果最后一个符号不是非终结符，则对该产生式的处理结束（第13行）。

然后从右到左遍历其右部符号（第14行）。如果Y_i为非终结符，且其右边符号Y_{i+1}可空（第15行），左部符号X的$Follow$集并入$Follow(Y_i)$（第16行）。一旦出现终结符，或者非终结符右边符号不可能为空（第17行），则退出该产生式处理（第18行）。

例题 4.10 求$First$和$Follow$集合 求文法$G[E]$的每个非终结符的终结首符集和后继符集，该文法为消除左递归后的带括号加乘运算。

(1) $E \to TE'$　　(3) $T \to FT'$　　(5) $F \to (E)|i$

(2) $E' \to +TE'|\varepsilon$　　(4) $T' \to *FT'|\varepsilon$

算法 4.5　求 $X \in V_N$ 的 $Follow$ 集合

输入： 文法 $G=(V_N, V_T, P, S)$，每个非终结符号 X 的 $First$ 集

输出： 每个 $X \in V_N$ 的后继符集 $Follow(X)$

```
1  Follow(S) = {#};
2  ∀X ∈ V_N, X ≠ S，置 Follow(X) = ∅;
3  foreach X → Y_1Y_2···Y_k ∈ P do
4  |   for i = 1 : k − 1 do
5  |   |   if Y_i ∈ V_N then
6  |   |   |   Follow(Y_i) ∪= (First(Y_{i+1}Y_{i+2}···Y_k) − {ε});
7  |   |   end
8  |   end
9  end
10 do
11 |   foreach X → Y_1Y_2···Y_k ∈ P do
12 |   |   if Y_k ∈ V_N then  Follow(Y_k) ∪= Follow(X) ;
13 |   |   else  continue ;
14 |   |   for i = k − 1 : −1 : 1 do
15 |   |   |   if Y_i ∈ V_N ∧ ε ∈ First(Y_{i+1}) then
16 |   |   |   |   Follow(Y_i) ∪= Follow(X);
17 |   |   |   else
18 |   |   |   |   break;
19 |   |   |   end
20 |   |   end
21 |   end
22 while ∃Follow(X) 增大;
```

解　(1) 求 $First$ 集合，所有非终结符的 $First$ 集合都初始化为空集。

- 第 1 轮迭代
  - 产生式 (1)，得到 $First(E) = \varnothing$
  - 产生式 (2)，得到 $First(E') = \{+, \varepsilon\}$
  - 产生式 (3)，得到 $First(T) = \varnothing$
  - 产生式 (4)，得到 $First(T') = \{*, \varepsilon\}$
  - 产生式 (5)，得到 $First(F) = \{(, i\}$
- 第 2 轮迭代
  - 产生式 (1)，没有变化，$First(E) = \varnothing$
  - 产生式 (2)，没有变化，$First(E') = \{+, \varepsilon\}$
  - 产生式 (3)，将 $First(F) - \{\varepsilon\}$ 加入，得到 $First(T) = \{(, i\}$
  - 产生式 (4)，没有变化，$First(T') = \{*, \varepsilon\}$
  - 产生式 (5)，没有变化，$First(F) = \{(, i\}$
- 第 3 轮迭代
  - 产生式 (1)，将 $First(T) - \{\varepsilon\}$ 加入，$First(E) = \{(, i\}$
  - 产生式 (2)，没有变化，$First(E') = \{+, \varepsilon\}$

  - 产生式(3)，没有变化，$First(T) = \{(, i\}$
  - 产生式(4)，没有变化，$First(T^{'}) = \{*, \varepsilon\}$
  - 产生式(5)，没有变化，$First(F) = \{(, i\}$
- 第4轮迭代所有$First$集合都不再变化，因此第3轮迭代就是最终结果。

(2) 求$Follow$集合，$Follow(E) = \{\#\}$，其他非终结符的$Follow$集合初始化为空集。

- 处理非终结符号后子串首符集
  - 产生式(1)：$Follow(T) = Follow(T) \cup (First(E^{'}) - \{\varepsilon\}) = \{+\}$
  - 产生式(2)：$Follow(T) = Follow(T) \cup (First(E^{'}) - \{\varepsilon\}) = \{+\}$
  - 产生式(3)：$Follow(F) = Follow(F) \cup (First(T^{'}) - \{\varepsilon\}) = \{*\}$
  - 产生式(4)：$Follow(F) = Follow(F) \cup (First(T^{'}) - \{\varepsilon\}) = \{*\}$
  - 产生式(5)：$Follow(E) = Follow(E) \cup (First()) - \{\varepsilon\}) = \{), \#\}$
  - 整理：$Follow(E) = \{), \#\}, Follow(E^{'}) = \varnothing, Follow(T) = \{+\}, Follow(T^{'}) = \varnothing, Follow(F) = \{*\}$.
- 处理左部符号对右部非终结符的影响，第1轮迭代
  - 产生式(1)：$Follow(T) = Follow(T) \cup Follow(E) = \{+,), \#\}$,
    $Follow(E^{'}) = Follow(E^{'}) \cup Follow(E) = \{), \#\}$.
  - 产生式(2)：$Follow(T) = Follow(T) \cup Follow(E^{'}) = \{+,), \#\}$.
  - 产生式(3)：$Follow(F) = Follow(F) \cup Follow(T) = \{+, *,), \#\}$,
    $Follow(T^{'}) = Follow(T^{'}) \cup Follow(T) = \{+,), \#\}$.
  - 产生式(4)：$Follow(F) = Follow(F) \cup Follow(T^{'}) = \{+, *,), \#\}$.
  - 产生式(5)：无非终结符后面子串为空。
  - 第1轮后整理:$Follow(E) = \{), \#\}, Follow(E^{'}) = \{), \#\}, Follow(T) = \{+,), \#\}$,
    $Follow(T^{'}) = \{+,), \#\}, Follow(F) = \{+, *,), \#\}$.
- 第2轮迭代
  - 产生式(1)：$Follow(T) = Follow(T) \cup Follow(E) = \{+,), \#\}$,
    $Follow(E^{'}) = Follow(E^{'}) \cup Follow(E) = \{), \#\}$.
  - 产生式(2)：$Follow(T) = Follow(T) \cup Follow(E^{'}) = \{+,), \#\}$.
  - 产生式(3)：$Follow(F) = Follow(F) \cup Follow(T) = \{+, *,), \#\}$,
    $Follow(T^{'}) = Follow(T^{'}) \cup Follow(T) = \{+,), \#\}$.
  - 产生式(4)：$Follow(F) = Follow(F) \cup Follow(T^{'}) = \{+, *,), \#\}$.
  - 产生式(5)：无非终结符后面子串为空。
  - 第2轮后整理:$Follow(E) = \{), \#\}, Follow(E^{'}) = \{), \#\}, Follow(T) = \{+,), \#\}$,
    $Follow(T^{'}) = \{+,), \#\}, Follow(F) = \{+, *,), \#\}$.

第2轮结果与第1轮结果比没有变化，因此第1轮和第2轮结果就是最终结果。

4.1.7 LL(1)预测分析表

LL(1)预测分析表

目前为止，我们已确定了能进行自上而下LL(1)分析的条件。

定义 4.7 (LL(1) 文法)

对每个产生式 $A \to \alpha_1|\alpha_2|\cdots|\alpha_n$

- $\bigcap_{i=1}^{n} First(\alpha_i) = \varnothing$；
- 若 $\varepsilon \in First(A)$，则 $First(A) \cap Follow(A) = \varnothing$。

满足以上条件的文法称为LL(1)文法。♣

LL(1)文法定义的第一个条件限定了如果 ε 出现，最多能出现在一个候选式中，不能两个候选式中都含有 ε。

对LL(1)文法，根据当前要替换的非终结符，以及当前输入符号，即可唯一确定使用哪个候选式匹配。我们可以将这些信息构造在一张表 M 中，行为非终结符 A，列为终结符 a，那么 $M[A,a]$ 就是非终结符 A 遇到输入符号 a 应该采用的候选式，这张表称为LL(1)**预测分析表**，简称LL(1)分析表。文法分析过程的每一步，通过查表即可确定使用的候选式。

算法4.6的作用是构造LL(1)分析表。对每个产生式（第2行），第3~5行根据左部符号 A 和当前输入符号 a 确定使用哪个候选式匹配；第6~10行当 $\varepsilon \in First(\alpha)$ 时，根据左部符号 A 和 A 的后继符号 b 确定是否可以用空符匹配。结果中，如果LL(1)分析表的 $M[A,a]$ 为空白，则表示出错。

算法 4.6 构造LL(1)分析表

输入： 文法 $G = \{V_N, V_T, P, S\}$

输出： 文法 G 的LL(1)分析表

```
1  构造空LL(1)分析表，行为 A ∈ V_N，列为 a ∈ V_T，A与a对应的元素记为 M[A,a];
2  foreach 产生式 A → α do
3  |   foreach a ∈ First(α) do
4  |   |   if a ≠ ε then  M[A,a] = A → α ;
5  |   end
6  |   if ε ∈ First(α) then
7  |   |   foreach b ∈ Follow(A) do
8  |   |   |   M[A,b] = A → α;
9  |   |   end
10 |   end
11 end
```

例题 4.11 构造LL(1)分析表 构造例题4.10文法的LL(1)分析表。

解 例题4.10中已经求出每个非终结符的 $First$ 集合，构造LL(1)分析表需要使用每个候选式的 $First$ 集，在例题4.10的计算过程中通过调用getFirst4Candidate()过程也已求出。$Follow$ 集合直接使用例题4.10的结果即可。整理 $First$ 和 $Follow$ 集合如表4.1所示。

表 4.1 $First$ 和 $Follow$ 集合

产 生 式	候选式1 $First$	候选式2 $First$	$Follow$
(1) $E \to TE'$	$First(TE') = \{(, i\}$		$Follow(E) = \{), \#\}$
(2) $E' \to +TE' \vert \varepsilon$	$First(+TE') = \{+\}$	$First(\varepsilon) = \{\varepsilon\}$	$Follow(E') = \{), \#\}$
(3) $T \to FT'$	$First(FT') = \{(, i\}$		$Follow(T) = \{+,), \#\}$

续表

产 生 式	候选式1 $First$	候选式2 $First$	$Follow$
(4) $T' \to *FT'\|\varepsilon$	$First(*FT') = \{*\}$	$First(\varepsilon) = \{\varepsilon\}$	$Follow(T') = \{+,), \#\}$
(5) $F \to (E)\|i$	$First((E)) = \{(\}$	$First(i) = \{i\}$	$Follow(F) = \{+, *,), \#\}$

填表过程如下：

- 由表4.1第1行的$First(TE')$：$M[E, (] = M[E, i] = E \to TE'$
- 由表4.1第2行的$First(+TE')$：$M[E', +] = E' \to +TE'$
- 由表4.1第2行的$First(\varepsilon)$和$Follow(E')$：$M[E',)] = M[E', \#] = E' \to \varepsilon$
- 由表4.1第3行的$First(FT')$：$M[T, (] = M[T, i] = T \to FT'$
- 由表4.1第4行的$First(*FT')$：$M[T', *] = T' \to *FT'$
- 由表4.1第4行的$First(\varepsilon)$和$Follow(T')$:$M[T', +] = M[T',)] = M[T', \#] = T' \to \varepsilon$
- 由表4.1第5行的$First((E))$：$M[F, (] = F \to (E)$
- 由表4.1第5行的$First(i)$：$M[F, i] = F \to i$

以上整理如表4.2所示。

表 4.2 LL(1) 分析表

	i	$+$	$*$	$($	$)$	$\#$
E	$E \to TE'$			$E \to TE'$		
E'		$E' \to +TE'$			$E' \to \varepsilon$	$E' \to \varepsilon$
T	$T \to FT'$			$T \to FT'$		
T'		$T' \to \varepsilon$	$T' \to *FT'$		$T' \to \varepsilon$	$T' \to \varepsilon$
F	$F \to i$			$F \to (E)$		

4.1.8 LL(1) 分析程序

本节讨论如果组织数据结构和算法，通过查LL(1) 分析表实现LL(1) 语法分析程序。

LL(1) 分析程序

例题 4.12LL(1) 分析 使用最左推导，通过查询表4.2，写出$x+y$的推导过程。

解 文法中的符号i，代表任何一个变量或常量；输入串后面加#，即$x+y\#$，当前符号指向第一个单词x。

为了方便讨论，我们在推导步骤上面加了序号：

$E \overset{1}{\Rightarrow} TE' \overset{2}{\Rightarrow} FT'E' \overset{3}{\Rightarrow} iT'E' \overset{4}{\Rightarrow} iE' \overset{5}{\Rightarrow} i+TE' \overset{6}{\Rightarrow} i+FT'E' \overset{7}{\Rightarrow} i+iT'E' \overset{8}{\Rightarrow} i+iE' \overset{9}{\Rightarrow} i+i$

(1) 符号串为$x+y\#$，当前符号为x，对应符号i；最左非终结符号为E，查询LL(1)分析表，得到$M[E, i] = E \to TE'$，用右部替换，得到TE'。

(2) 现在最左非终结符是T，当前符号仍为i，由于$M[T, i] = T \to FT'$，因此替换后变为$FT'E'$。

(3) 最左非终结符是F，由于$M[F, i] = F \to i$，因此替换后变为$iT'E'$。i与x匹配，输

入串读下一个符号+。

(4) 最左非终结符是T'，由于$M[T',+]=T'\to\varepsilon$，替换后变为iE'。

(5) 最左非终结符是E'，由于$M[E',+]=E'\to+TE'$，替换后变为$i+TE'$。+与+匹配，输入串读下一个符号y。

(6) 最左非终结符是T，由于$M[T,i]=T\to FT'$，替换后变为$i+FT'E'$。

(7) 最左非终结符是F，由于$M[F,i]=F\to i$，替换后变为$i+iT'E'$。i与y匹配，输入串读下一个符号#。

(8) 最左非终结符是T'，由于$M[T',\#]=T'\to\varepsilon$，替换后变为$i+iE'$。

(9) 最左非终结符是E'，由于$M[E',\#]=E'\to\varepsilon$，替换后变为$i+i$，匹配完成。

下面根据例题4.12的推导过程设计算法。

首先，一个小问题是如何判断匹配已经结束。从例题看，到第(7)步已经把$x+y$匹配完毕，后续过程是如何判定匹配成功的问题。如果一开始就在开始符号后面放一个#，即用$E\#$开始推导，那么最后这个#会和$x+y\#$后面的#碰到一起，以此可以方便地判断匹配完成。

其次，每次我们总是替换最左非终结符，但最左非终结符在符号串的中间位置，不管采用什么样的数据结构，都难以在符号串中间灵活读写。由于符号匹配后即不再使用，因此可以考虑把匹配的终结符“丢弃”。如第(3)步形成$iT'E'$后，i与x匹配了，我们就可以把i丢弃，变成$T'E'$，这样就变成总是操作最左符号，比之前操作中间的符号方便了一点。

最后，考虑最左部符号的操作问题。显然，队列是两头操作，队头删除结点，队尾增加结点，难以在一端进行删除和增加，而这个算法需要在队头同时删除和增加符号。适应这种操作的数据结构是栈，如果把右边看作栈顶，需要把符号串的顺序反过来，即初始栈为$\#E$。此时栈顶为E，要替换为TE'，需要保证原来最左的T在栈顶，那么就要求候选式右部是反序进栈的，即先进E'再进T。据此，就完成了这个数据结构的设计，这个栈称为**文法符号栈**。

LL(1)分析器框架如图4.4所示，其使用的数据结构包括文法符号栈、输入串和LL(1)预测分析表M。每一步，总控程序读取文法符号栈栈顶符号、输入串当前符号，然后根据这两个信息查询预测分析表，得到该步应当执行的动作，如算法4.7所示。

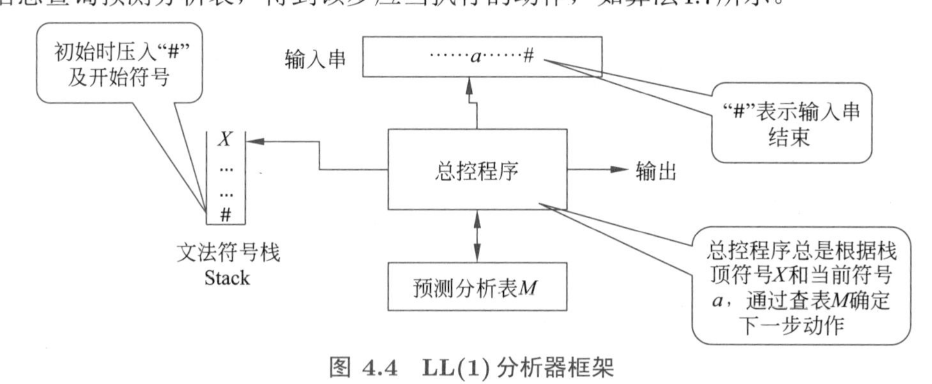

图 4.4 LL(1)分析器框架

文法符号栈初始压入#和开始符号（第1行），输入串最后加一个#（第2行）。总控程序最外层为一个死循环（第3~15行），当识别一个句子成功或出错时退出该循环。

第4行先取到栈顶符号X和当前输入符号a，如果符号X为终结符（第5行），有3种情况：

- 栈顶符号与当前符号匹配，且是#，则分析成功，算法结束（第6行）。
- 栈顶符号与当前符号匹配，但不是#，则符号栈弹出X，a读入下一个符号（第7行）。
- 栈顶符号与当前符号不匹配，出错，退出（第8行）。

算法 4.7 LL(1) 分析算法

```
  输入: 输入串，以及LL(1)预测分析表
  输出: 语法分析成功或失败结果
1 文法符号栈压入#和开始符号;
2 输入串后面加#，指针指向第一个符号;
3 while true do
4 |  取栈顶符号X和输入串当前符号a;
5 |  if X ∈ V_T then
6 |  |  if X = a ∧ X = # then 分析成功，退出;
7 |  |  else if X = a ∧ X ≠ # then 栈顶弹出X，a指向下一个符号;
8 |  |  else if X ≠ a then 出错，退出;
9 |  else
10|  |  查询LL(1)分析表得到M[X,a];
11|  |  if M[X,a]为空白 then 出错，退出;
12|  |  弹出栈顶的X;
13|  |  产生式M[X,a]的右部反序进栈（如果右部为ε，ε不进栈）;
14|  end
15 end
```

如果X是非终结符（第9行），则查LL(1)分析表（第10行）。如果$M[X,a]$为空白，则出错，退出（第11行）；否则，将X用产生式右部替换，具体操作为弹出栈顶的X（第12行），产生式右部反序进栈（第13行）。如果产生式右部为ε，因为ε表示什么也没有，因此ε不进栈。

例题4.13LL(1) 分析 根据例题4.11的LL(1)分析表，分析句子$i+(i+i)*i$的推导过程。

解 分析过程如表4.3所示。

表 4.3 句子$i+(i+i)*i$的LL(1)分析过程

序号	文法符号栈	输 入 串	动 作 说 明
1	$\#E$	$i+(i+i)*i\#$	初始化
2	$\#E'T$	$i+(i+i)*i\#$	弹出E，产生式$E\to TE'$右部反序入栈
3	$\#E'T'F$	$i+(i+i)*i\#$	弹出T，产生式$T\to FT'$右部反序入栈
4	$\#E'T'i$	$i+(i+i)*i\#$	弹出F，产生式$F\to i$右部反序入栈
5	$\#E'T'$	$+(i+i)*i\#$	i匹配，出栈，并读下一个符号
6	$\#E'$	$+(i+i)*i\#$	弹出T'，产生式$T'\to\varepsilon$右部不入栈
7	$\#E'T+$	$+(i+i)*i\#$	弹出E'，产生式$E'\to +TE'$右部反序入栈
8	$\#E'T$	$(i+i)*i\#$	$+$匹配，出栈，并读下一个符号
9	$\#E'T'F$	$(i+i)*i\#$	弹出T，产生式$T\to FT'$右部反序入栈
10	$\#E'T')E($	$(i+i)*i\#$	弹出F，产生式$F\to (E)$右部反序入栈

续表

序号	文法符号栈	输　入　串	动 作 说 明
11	$\#E'T')E$	$i+i)*i\#$	(匹配，出栈，并读下一个符号
12	$\#E'T')E'T$	$i+i)*i\#$	弹出 E，产生式 $E\to TE'$ 右部反序入栈
13	$\#E'T')E'T'F$	$i+i)*i\#$	弹出 T，产生式 $T\to FT'$ 右部反序入栈
14	$\#E'T')E'T'i$	$i+i)*i\#$	弹出 F，产生式 $F\to i$ 右部反序入栈
15	$\#E'T')E'T'$	$+i)*i\#$	i 匹配，出栈，并读下一个符号
16	$\#E'T')E'$	$+i)*i\#$	弹出 T'，产生式 $T'\to\varepsilon$ 右部不入栈
17	$\#E'T')E'T+$	$+i)*i\#$	弹出 E'，产生式 $E'\to +TE'$ 右部反序入栈
18	$\#E'T')E'T$	$i)*i\#$	+ 匹配，出栈，并读下一个符号
19	$\#E'T')E'T'F$	$i)*i\#$	弹出 T，产生式 $T\to FT'$ 右部反序入栈
20	$\#E'T')E'T'i$	$i)*i\#$	弹出 F，产生式 $F\to i$ 右部反序入栈
21	$\#E'T')E'T'$	$)*i\#$	i 匹配，出栈，并读下一个符号
22	$\#E'T')E'$	$)*i\#$	弹出 T'，产生式 $T'\to\varepsilon$ 右部不入栈
23	$\#E'T')$	$)*i\#$	弹出 E'，产生式 $E'\to\varepsilon$ 右部不入栈
24	$\#E'T'$	$*i\#$	) 匹配，出栈，并读下一个符号
25	$\#E'T'F*$	$*i\#$	弹出 T'，产生式 $T'\to *FT'$ 右部反序入栈
26	$\#E'T'F$	$i\#$	* 匹配，出栈，并读下一个符号
27	$\#E'T'i$	$i\#$	弹出 F，产生式 $F\to i$ 右部反序入栈
28	$\#E'T'$	$\#$	i 匹配，出栈，并读下一个符号
29	$\#E'$	$\#$	弹出 T'，产生式 $T'\to\varepsilon$ 右部不入栈
30	$\#$	$\#$	弹出 E'，产生式 $E'\to\varepsilon$ 右部不入栈
31	$\#$	$\#$	# 匹配，成功

4.1.9 二义文法的LL(1)分析

if-then语句是if-then-else语句的前缀，语言本身有二义性，构造它们的文法一定是二义文法，本节讨论这种二义文法的处理。

例题4.14构造LL(1)分析表　文法 $G[S]: S\to \text{if } B \text{ then } S|\text{if } B \text{ then } S \text{ else } S|s, B\to b$，构造其LL(1)分析表。（该文法的 B 为布尔表达式，S 为语句或语句块，为了简化例题规模，我们用终结符 b 和 s 终结它们。）

解　(1) 由于文法有左公因子，因此先提取左公因子。

$G[S]: S\to \text{if } B \text{ then } SA|s, A\to \text{else } S|\varepsilon, B\to b$

(2) 构造所有非终结符的 $First$ 集合。

$First(S)=\{\text{if}, s\}, First(A)=\{\text{else}, \varepsilon\}, First(B)=\{b\}$

进一步得到各候选式的 $First$ 集合：

- $S \to \text{if } B \text{ then } SA|s : First(\text{if } B \text{ then } SA) = \{\text{if}\}, First(s) = \{s\}$
- $A \to \text{else } S|\varepsilon : First(\text{else } S) = \{\text{else}\}, First(\varepsilon) = \{\varepsilon\}$
- $B \to b : First(b) = \{b\}$

(3) 构造所有非终结符的$Follow$集合。

$Follow(S) = \{\text{else}, \#\}, Follow(A) = \{\text{else}, \#\}, Follow(B) = \{\text{then}\}$

(4) 构造LL(1)分析表，如表4.4所示。

其中对产生式$A \to \text{else } S|\varepsilon$

- 候选式else S，由于$First(\text{else } S) = \{\text{else}\}$，因此有$M[A, \text{else}] = A \to \text{else } S$
- 候选式ε,由于$First(\varepsilon) = \{\varepsilon\}, Follow(A) = \{\text{else}, \#\}$,因此有$M[A, \text{else}] = M[A, \#] = A \to \varepsilon$

这样$M[A, \text{else}]$就有两个产生式，称为产生了冲突。

表 4.4 if语句的含冲突的LL(1)分析表

	if	then	else	b	s	#
S	$S \to \text{if } B \text{ then } SA$				$S \to s$	
A			$A \to \text{else } S$ $A \to \varepsilon$			$A \to \varepsilon$
B				$B \to b$		

由于A作为右部符号出现在产生式$S \to \text{if } B \text{ then } SA$中，$M[A, \text{else}]$表示$A$遇到输入符号else时如何处理。如果选择$A \to \text{else } S$，则构成了if B then S else S；如果选择$A \to \varepsilon$，则构成了if B then S。如果规定else与最接近的if匹配，显然应该选择$A \to \text{else } S$，因此修改为$M[A, \text{else}] = A \to \text{else } S$，即从表4.4中$M[A, \text{else}]$处删除$A \to \varepsilon$，最终结果如表4.5所示。

表 4.5 if语句的LL(1)分析表

	if	then	else	b	s	#
S	$S \to \text{if } B \text{ then } SA$				$S \to s$	
A			$A \to \text{else } S$			$A \to \varepsilon$
B				$B \to b$		

例题4.15分析句子 根据LL(1)分析表4.5，分析句子if b then if b then s else s的推导过程。

解 分析过程如表4.6所示。

表 4.6 句子if b then if b then s else s的LL(1)分析过程

序号	文法符号栈	输 入 串	动 作 说 明
1	$\#S$	if b then if b then s else $s\#$	初始化
2	$\#AS$ then B if	if b then if b then s else $s\#$	产生式$S \to \text{if } B \text{ then } SA$
3	$\#AS$ then B	b then if b then s else $s\#$	if匹配
4	$\#AS$ then b	b then if b then s else $s\#$	产生式$B \to b$

续表

序号	文法符号栈	输入串	动作说明
5	$\#AS$ then	then if b then s else $s\#$	b 匹配
6	$\#AS$	if b then s else $s\#$	then 匹配
7	$\#AAS$ then B if	if b then s else $s\#$	产生式 $S \rightarrow$ if B then SA
8	$\#AAS$ then B	b then s else $s\#$	if 匹配
9	$\#AAS$ then b	b then s else $s\#$	产生式 $B \rightarrow b$
10	$\#AAS$ then	then s else $s\#$	b 匹配
11	$\#AAS$	s else $s\#$	then 匹配
12	$\#AAs$	s else $s\#$	产生式 $S \rightarrow s$
13	$\#AA$	else $s\#$	s 匹配
14	$\#AS$ else	else $s\#$	产生式 $A \rightarrow$ else S
15	$\#AS$	$s\#$	else 匹配
16	$\#As$	$s\#$	产生式 $S \rightarrow s$
17	$\#A$	$\#$	s 匹配
18	$\#$	$\#$	产生式 $A \rightarrow \varepsilon$
19	$\#$	$\#$	$\# = \#$，匹配成功

上述通过人工干预消解LL(1)冲突的方法，只适用于一类句子是另一类句子的前缀的情况。对于加乘运算的二义文法 $G[E]: E \rightarrow E+E|E*E|(E)|i$，由于其本质是消除了算符优先级和结合性信息，如果采用前述方法消解冲突，得到的LL(1)分析表虽然也能正常进行分析，但结果并不正确。因此，表达式二义文法不能被LL(1)分析法识别。

4.1.10 递归下降分析器

4.1.8节介绍的LL(1)预测分析程序，采用文法符号栈对分析过程中的文法符号进行暂存和处理。LL(1)文法还有一种实现代价更低的实现方法，它由一组递归函数组成，每个函数对应文法的一个非终结符，这样的一个分析程序称为**递归下降分析器**（Recursive Descent Parser）。

图4.5是根据LL(1)分析表4.2设计的一个递归下降分析器，其中符号说明如下。

- 文法共用5个符号 E、E'、T、T'、F，对应图中的函数名分别为E、EPrime、T、TPrime、F。
- 符号sym是一个全局变量，指向当前的单词符号，sym.next操作为指向下一个单词。
- Error为出错情况，调用错误诊断程序处理错误并退出。
- 初始时sym指向第一个单词，然后调用开始符号对应的函数E()，如果正常结束，则说明输入的单词序列是一个合法的句子。

图4.5(a)为符号 E 对应的函数。在LL(1)分析表4.2中，E 在符号 i 和 (位置对应产生式 $E \rightarrow TE'$，因此遇到这两个符号时，先后调用 T 和 E' 对应的函数T()和EPrime()。若当前单词不是这两个符号时，则出错，退出。

图4.5(b)为符号 E' 对应的函数。在LL(1)分析表4.2中，E' 在符号 $+$ 位置对应产生式

$E \to +TE'$，因此遇到 + 说明匹配了一个符号，读入下一个符号，然后先后调用 T 和 E' 对应的函数 T() 和 EPrime()；E' 在符号) 和 # 位置对应产生式 $E \to \varepsilon$，也就是用空符匹配符号 E'，因此遇到这两个符号时直接返回。若当前单词不是这 3 个符号，则出错，退出。

图4.5(c) 为符号 T 对应的函数。在 LL(1) 分析表4.2中，T 在符号 i 和 (位置对应产生式 $T \to FT'$，因此遇到这两个符号时，先后调用 F 和 T' 对应的函数 F() 和 TPrime()。若当前单词不是这两个符号时，则出错，退出。

图4.5(d) 为符号 T' 对应的函数。在 LL(1) 分析表4.2中，T' 在符号 $*$ 位置对应产生式 $T \to *FT'$，因此遇到 $*$ 说明匹配了一个符号，读入下一个符号，然后先后调用 F 和 T' 对应的函数 F() 和 TPrime()；T' 在符号 +、) 和 # 位置对应产生式 $E \to \varepsilon$，也就是用空符匹配符号 T'，因此遇到这 3 个符号时直接返回。若当前单词不是这四个符号时，则出错，退出。

图4.5(e) 为符号 F 对应的函数。在 LL(1) 分析表4.2中，F 在符号 i 位置对应产生式 $F \to i$，因此遇到符号 i 时，读入下一个符号；F 在符号 (位置对应产生式 $F \to (E)$，因此遇到符号 (时，因为匹配了左括号而读入下一个符号，然后调用 E 对应的函数 E()，最后再匹配右括号；若匹配了右括号，则读入下一个符号；若未能匹配，则出错，退出。若当前单词不是 i 和左括号这两个符号时，则出错，退出。

```
void E(){
    if (sym = 'i' || sym = '(') {
        T(); EPrime();
    }
    else Error;
}
```

(a) 符号E对应的函数

```
void EPrime(){
    if (sym = '+') {
        sym = sym.next;
        T(); EPrime();
    }
    elseif (sym = ')' || sym = '#')
        return;
    else Error;
}
```

(b) 符号E'对应的函数

```
void T(){
    if (sym = 'i' || sym = '(') {
        F(); TPrime();
    }
    else Error;
}
```

(c) 符号T对应的函数

```
void TPrime(){
    if (sym = '*') {
        sym = sym.next;
        F(); TPrime();
    }
    elseif (sym = '+' || sym = ')' || sym = '#')
        return;
    else Error;
}
```

(d) 符号T'对应的函数

```
void F(){
    if (sym = 'i')
        sym = sym.next;
    elseif (sym = '(') {
        sym = sym.next; E();
        if (sym = ')')
            sym = sym.next;
        else Error;
    }
    else Error;
}
```

(e) 符号F对应的函数

图 4.5 LL(1) 分析表 4.2 对应的递归下降分析器

从上面的过程可以看出，递归下降分析器很容易实现，因此这种方法在一些小型编译程序中得到广泛应用。阻碍递归下降分析器在大型编译系统中应用的原因有以下两个。

- 文法本身表达能力的限制。LL(1) 分析法对文法有诸多限制，这些限制导致 LL(1) 文法的表达能力较弱。有些语法规则使用 LL(1) 文法无法表达，必须通过文法变换才能实现，这限制了 LL(1) 文法的使用。
- 语义分析的复杂性。后续的语义分析和中间代码生成阶段，需要为每个候选式配备一组属性和动作。由于 LL(1) 文法消除左递归导致文法产生式的物理意义不直观，从而为动作设计带来巨大困难，因此，在一些大型编译器设计中，往往采用 LR 分析法，而不是LL(1)分析法。

4.2 算符优先分析法

算符优先分析法于1963年由Floyd提出[64]，是一种快速语法分析方法。它定义算符之间的优先关系，借助优先关系寻找可归约串进行归约。这里的算符指所有终结符，而不是传统意义上的运算符。算符优先分析是自下而上的归约过程，但不是一种规范归约过程。

算符优先关系是定义在两个相继出现的终结符a和b之间的关系，这种关系有以下3种。

- $a \lessdot b$：a的优先级低于b；
- $a \doteq b$：a的优先级等于b；
- $a \gtrdot b$：a的优先级高于b。

算符优先关系不是偏序关系，与比较运算的$<$、$=$、$>$性质不同，如：

- $a \gtrdot b$未必有$b \lessdot a$
  - 由$i+i-i$，有$+ \gtrdot -$；
  - 由$i-i+i$，有$- \gtrdot +$。
- $a \doteq b$未必有$b \doteq a$
  - $(\doteq)$，但“)”和“(”之间并没有优先关系。

4.2.1 算符优先文法

定义 4.8 (算符文法)

一个文法，如果其任意产生式右部不含两个相继的非终结符，即不含形如$\cdots AB \cdots$的符号串，则称该文法为算符文法。 ♣

在自下而上分析中，先归约的子串算符优先级比后归约的子串高。体现在文法中，距离开始符号远的算符必须先归约，因此优先级高。

定义 4.9 (算符优先文法（Operator Precedence Grammar）)

假定G是一个不含ε-产生式的算符文法，对于任何一对$a \in V_T, b \in V_T$，如果至多满足下述3种关系之一，则称G为算符优先文法：

- $a \doteq b$，当且仅当G中含有形如$A \rightarrow \cdots ab \cdots$或$A \rightarrow \cdots aBb \cdots$的产生式；
- $a \lessdot b$，当且仅当G中含有形如$A \rightarrow \cdots aB \cdots$的产生式，且有$B \stackrel{+}{\Rightarrow} b \cdots$或$B \stackrel{+}{\Rightarrow} Cb \cdots$；
- $a \gtrdot b$，当且仅当G中含有形如$A \rightarrow \cdots Bb \cdots$的产生式，且有$B \stackrel{+}{\Rightarrow} \cdots a$或$B \stackrel{+}{\Rightarrow} \cdots aC$；

其中$A \in V_N, B \in V_N, C \in V_N$。 ♣

算符优先文法中，要求每个句型中的两个终结符或者连在一起，或者中间仅有一个非终结符。对两个符合该条件的终结符，如果它们出现在同一个产生式右部，那么它们是一起归约的，因此优先级相同；否则，先归约优先级高的终结符。

例题 4.16 算符优先级 文法 $G[E]: E \to E+T|T, T \to T*F|F, F \to P\hat{}F|P, P \to (E)|i$，从这个文法我们看几个运算符优先级的情况：

- $E \to E+T, E \overset{+}{\Rightarrow} E+T$，因此 $+ \gtrdot +$
- $E \to E+T, T \overset{+}{\Rightarrow} T*F$，因此 $+ \lessdot *$
- $E \to E+T, T \overset{+}{\Rightarrow} P\hat{}F$，因此 $+ \lessdot \hat{}$
- $E \to E+T, T \overset{+}{\Rightarrow} (E)$，因此 $+ \lessdot ($
- $F \to P\hat{}F, F \overset{+}{\Rightarrow} P\hat{}F$，因此 $\hat{} \lessdot \hat{}$
- $P \to (E)$，因此 $(\doteq)$

4.2.2 首尾终结符集

由定义4.9可以看出，优先级相等的算符可以通过产生式直接确定；优先级低于某个算符的算符，与句型的第一个终结符密切相关，包括终结符在最左端第1位，以及在最左端第2位但第1位是非终结符两种情况；优先级高于某个算符的算符，与句型的最后一个终结符密切相关，包括终结符在最右端第1位，以及在最右端第2位但最右端第1位是非终结符两种情况。我们把后面两种情况，分别称为首终结符和尾终结符。

定义 4.10 (首尾终结符集)

集合 $FirstV_T(A) = \{a|A \overset{+}{\Rightarrow} a\cdots \vee A \overset{+}{\Rightarrow} Ba\cdots, a \in V_T, A \in V_N, B \in V_N\}$ 称为首终结符集；

集合 $LastV_T(A) = \{a|A \overset{+}{\Rightarrow} \cdots a \vee A \overset{+}{\Rightarrow} \cdots aB, a \in V_T, A \in V_N, B \in V_N\}$ 称为尾终结符集。 ♣

非终结符 A 的首终结符集 $FirstV_T(A)$ 与 LL(1) 分析法中的首终结符集 $First(A)$ 的区别是：$First(A)$ 中的 a，只包含 A 能推出的句型中首字符是 a 的情形；$FirstV_T(A)$ 还包含首字符是一个非终结符，第二个字符是 a 的情形。还有一个区别是，如果 $A \overset{*}{\Rightarrow} \varepsilon$，则 $\varepsilon \in First(A)$；而算符优先文法中不含 ε-产生式，因此总有 $\varepsilon \notin FirstV_T(A)$ 成立。

可通过遍历产生式构造首终结符集，如算法4.8所示。

算法 4.8 求符号 $A \in V_N$ 的 $FirstV_T$ 集合

输入： 文法 $G = (V_N, V_T, P, S)$

输出： 每个非终结符 A 的首终结符集 $FirstV_T(A)$

```
1  foreach A ∈ V_N do
2  |   FirstV_T(A) = ∅;
3  end
4  foreach p ∈ P do
5  |   if p形如 A → a··· then  FirstV_T(A) ∪= {a} ;
6  |   if p形如 A → Ba··· then  FirstV_T(A) ∪= {a} ;
7  end
8  do
9  |   foreach p ∈ P do
10 |   |   if p形如 A → B··· then  FirstV_T(A) ∪= FirstV_T(B) ;
11 |   end
12 while ∃FirstV_T(A) 增大;
```

第1~3行将所有非终结符的$FirstV_T$集合初始化为空集。第4~7行处理产生式显式的首终结符，对所有形如$A \to a\cdots$和$A \to Ba\cdots$的产生式，将终结符a并入$FirstV_T(A)$。第8~12行处理产生式右部第一个符号为非终结符（后面称为首非终结符）的情形：不断地遍历产生式，遇到形如$A \to B\cdots$的产生，就将$FirstV_T(B)$并入$FirstV_T(A)$。这个过程反复进行，直至所有$FirstV_T(A)$都不再扩大为止。

尾终结符集的构造类似，如算法4.9所示。第1~3行将所有非终结符的$LastV_T$集合初始化为空集。第4~7行处理尾终结符，对所有形如$A \to \cdots a$和$A \to \cdots Ba$的产生式，将终结符a并入$LastV_T(A)$。第8~12行处理产生式右部最后一个符号为非终结符（后面称为尾非终结符）的情形：不断地遍历产生式，遇到形如$A \to \cdots B$的产生，就将$LastV_T(B)$并入$LastV_T(A)$。这个过程反复进行，直至所有$LastV_T(A)$都不再扩大为止。

算法 4.9 求符号$A \in V_N$的$LastV_T$集合

输入： 文法$G = (V_N, V_T, P, S)$

输出： 每个非终结符A的尾终结符集$LastV_T(A)$

```
1  foreach A ∈ V_N do
2  |  LastV_T(A) = ∅;
3  end
4  foreach p ∈ P do
5  |  if p形如A → ···a then  LastV_T(A) ∪= {a} ;
6  |  if p形如A → ···aB then  LastV_T(A) ∪= {a} ;
7  end
8  do
9  |  foreach p ∈ P do
10 |  |  if p形如A → ···B then LastV_T(A) ∪= LastV_T(B);
11 |  end
12 while (∃A)LastV_T(A)增大;
```

例题 4.17 首尾终结符集 文法$G[E]: E \to E+T|T, T \to T*F|F, F \to P\hat{}F|P, P \to (E)|i$，构造其首尾终结符集。

解 首尾终结符集都初始化为空集。

- 产生式显式的首、尾终结符
  - 产生式$E \to E+T|T$:
    $FirstV_T(E) = FirstV_T(E) \cup \{+\} = \{+\}, LastV_T(E) = LastV_T(E) \cup \{+\} = \{+\}$
  - 产生式$T \to T*F|F$:
    $FirstV_T(T) = FirstV_T(T) \cup \{*\} = \{*\}, LastV_T(T) = LastV_T(T) \cup \{*\} = \{*\}$
  - 产生式$F \to P\hat{}F|P$:
    $FirstV_T(F) = FirstV_T(F) \cup \{\hat{}\} = \{\hat{}\}, LastV_T(F) = LastV_T(F) \cup \{\hat{}\} = \{\hat{}\}$
  - 产生式$P \to (E)|i$:
    $FirstV_T(P) = FirstV_T(P) \cup \{(, i\} = \{(, i\}, LastV_T(P) = LastV_T(P) \cup \{), i\} = \{), i\}$
- 产生式首、尾非终结符影响，第1轮迭代
  - 产生式$E \to E+T|T$：$FirstV_T(E) = FirstV_T(E) \cup FirstV_T(T) = \{+, *\}$,
    $LastV_T(E) = LastV_T(E) \cup LastV_T(T) = \{+, *\}$

  - 产生式$T \to T * F|F$：$FirstV_T(T) = FirstV_T(T) \cup FirstV_T(F) = \{*, \hat{}\}$，$LastV_T(T) = LastV_T(T) \cup LastV_T(F) = \{*, \hat{}\}$
  - 产生式$F \to P\hat{}F|P$：$FirstV_T(F) = FirstV_T(F) \cup FirstV_T(P) = \{\hat{}, (, i\}$，$LastV_T(F) = LastV_T(F) \cup LastV_T(P) = \{\hat{},), i\}$
  - 产生式$P \to (E)|i$：无首、尾非终结符，$FirstV_T(P) = \{(, i\}; LastV_T(P) = \{), i\}$
- 第2轮迭代
  - 产生式$E \to E + T|T$：$FirstV_T(E) = FirstV_T(E) \cup FirstV_T(T) = \{+, *, \hat{}\}$；$LastV_T(E) = LastV_T(E) \cup LastV_T(T) = \{+, *, \hat{}\}$
  - 产生式$T \to T * F|F$：$FirstV_T(T) = FirstV_T(T) \cup FirstV_T(F) = \{*, \hat{}, (, i\}$；$LastV_T(T) = LastV_T(T) \cup LastV_T(F) = \{*, \hat{},), i\}$
  - 产生式$F \to P\hat{}F|P$：$FirstV_T(F) = FirstV_T(F) \cup FirstV_T(P) = \{\hat{}, (, i\}$；$LastV_T(F) = LastV_T(F) \cup LastV_T(P) = \{\hat{},), i\}$
  - 产生式$P \to (E)|i$：无首、尾非终结符，$FirstV_T(P) = \{(, i\}; LastV_T(P) = \{), i\}$
- 第3轮迭代
  - 产生式$E \to E+T|T$：$FirstV_T(E) = FirstV_T(E) \cup FirstV_T(T) = \{+, *, \hat{}, (, i\}$；$LastV_T(E) = LastV_T(E) \cup LastV_T(T) = \{+, *, \hat{},), i\}$
  - 产生式$T \to T * F|F$：$FirstV_T(T) = FirstV_T(T) \cup FirstV_T(F) = \{*, \hat{}, (, i\}$；$LastV_T(T) = LastV_T(T) \cup LastV_T(F) = \{*, \hat{},), i\}$
  - 产生式$F \to P\hat{}F|P$：$FirstV_T(F) = FirstV_T(F) \cup FirstV_T(P) = \{\hat{}, (, i\}$；$LastV_T(F) = LastV_T(F) \cup LastV_T(P) = \{\hat{},), i\}$
  - 产生式$P \to (E)|i$：无首、尾非终结符，$FirstV_T(P) = \{(, i\}; LastV_T(P) = \{), i\}$
- 第4轮迭代
  - 产生式$E \to E+T|T$：$FirstV_T(E) = FirstV_T(E) \cup FirstV_T(T) = \{+, *, \hat{}, (, i\}$；$LastV_T(E) = LastV_T(E) \cup LastV_T(T) = \{+, *, \hat{},), i\}$
  - 产生式$T \to T * F|F$：$FirstV_T(T) = FirstV_T(T) \cup FirstV_T(F) = \{*, \hat{}, (, i\}$；$LastV_T(T) = LastV_T(T) \cup LastV_T(F) = \{*, \hat{},), i\}$
  - 产生式$F \to P\hat{}F|P$：$FirstV_T(F) = FirstV_T(F) \cup FirstV_T(P) = \{\hat{}, (, i\}$；$LastV_T(F) = LastV_T(F) \cup LastV_T(P) = \{\hat{},), i\}$
  - 产生式$P \to (E)|i$：无首、尾非终结符，$FirstV_T(P) = \{(, i\}; LastV_T(P) = \{), i\}$
- 第4轮迭代没有再变化，结束。

4.2.3 使用栈求首、尾终结符集

使用算法4.8和算法4.9求首、尾终结符集，算法过程直观、易理解，但编程实现集合运算和收敛条件判断较为复杂。

算法4.10使用栈求符号$A \in V_N$的$FirstV_T$集合。第1~3行初始化了一个布尔型的二维数组$F[A, a]$，该数组的行为所有非终结符A，列为所有终结符a，用来标记a是否属于$FirstV_T(A)$，初始值为false。第4行建立了一个栈S_F，用来存储(A, a)对。初次确定$a \in FirstV_T(A)$时，就将(A, a)压入S_F。

第5~9行遍历所有产生式，如果产生式形如$A \to a\cdots$或$A \to Ba\cdots$（第6行），就可以确定$a \in FirstV_T(A)$。此时将$F[A, a]$置为true，并将(A, a)对入栈（第7行）。

第10~17处理栈内元素。当栈非空时（第10行），弹出栈顶的(A,a)对（第11行）。对每个产生式（第12行），查找右部最左符号为A的产生式（第13行if第一个条件）。如果找到，则可以确定$a \in FirstV_T(B)$；如果还有$\neg F(B,a)$（第13行if第二个条件），表示是初次找到$a \in FirstV_T(B)$这个关系，此时将$F[B,a]$置为true，并将(B,a)对入栈（第14行）。

算法 4.10 使用栈求符号$A \in V_N$的$FirstV_T$集合

```
    输入: 文法 G = {V_N, V_T, P, S}
    输出: 每个符号 A 的首终结符集 FirstV_T(A)
 1  foreach A ∈ V_N ∧ a ∈ V_T do
 2  |   F[A, a] = false;
 3  end
 4  建立栈 S_F(A, a)，初始化为空;
 5  foreach p ∈ P do
 6  |   if p 形如 A → a··· 或 A → Ba··· then
 7  |   |   F[A, a] = true;  S_F.push(A, a);
 8  |   end
 9  end
10  while ¬S_F.isEmpty do
11  |   (A, a) = S_F.pop();
12  |   foreach p ∈ P do
13  |   |   if p 形如 B → A··· ∧ ¬F(B, a) then
14  |   |   |   F[B, a] = true;  S_F.push(B, a);
15  |   |   end
16  |   end
17  end
```

算法4.11使用栈求符号$A \in V_N$的$LastV_T$集合。第1~3行初始化了一个布尔型的二维数组$L[A,a]$，该数组的行为所有非终结符A，列为所有终结符a，用来标记a是否属于$LastV_T(A)$，初始值为false。第4行建立了一个栈S_L，用来存储(A,a)对。当初次确定$a \in LastV_T(A)$时，就将(A,a)压入S_L。

第5~9行遍历所有产生式，如果产生式形如$A \rightarrow \cdots a$或$A \rightarrow \cdots aB$（第6行），就可以确定$a \in LastV_T(A)$，此时将$L[A,a]$置为true，并将(A,a)对入栈（第7行）。

第10~17处理栈内元素。当栈非空时（第10行），弹出栈顶的(A,a)对（第11行）。对每个产生式（第12行），查找右部最右符号为A的产生式（第13行if第一个条件）。如果找到，则可以确定$a \in LastV_T(B)$；如果还有$\neg L(B,a)$（第13行if第二个条件），表示是初次找到$a \in LastV_T(B)$这个关系，此时将$L[B,a]$置为true，并将(B,a)对入栈（第14行）。

算法 4.11 使用栈求符号$A \in V_N$的$LastV_T$集合

```
    输入: 文法 G = {V_N, V_T, P, S}
    输出: 每个符号 A 的尾终结符集 LastV_T(A)
 1  foreach A ∈ V_N ∧ a ∈ V_T do
 2  |   L[A, a] = false;
 3  end
 4  建立栈 S_L(A, a)，初始化为空;
```

算法 4.11 续

```
5  foreach p ∈ P do
6  |  if p形如A → ···a或A → ···aB then
7  |  |  L[A, a] = true; S_L.push(A, a);
8  |  end
9  end
10 while ¬S_L.isEmpty do
11 |  (A, a) = S_L.pop();
12 |  foreach p ∈ P do
13 |  |  if p形如B → ···A ∧ ¬L(B, a) then
14 |  |  |  L[B, a] = true; S_L.push(B, a);
15 |  |  end
16 |  end
17 end
```

例题4.18使用栈求首、尾终结符集 文法$G[E]$：$E \to E+T|T, T \to T*F|F, F \to P\hat{}F|P, P \to (E)|i$，求其首、尾终结符集。

解 (1) 求首终结符集

建立行为非终结符、列为终结符的空F数组，如表4.7所示，表中空代表false。算法过程如表4.8所示，其中第2列为在F表中置true的元素。

表 4.7 首终结符集数组 $FirstV_T$

	+	*	^	(	)	i
E	true	true	true	true		true
T		true	true	true		true
F			true	true		true
P				true		true

表 4.8 使用栈求首终结符集

序号	置true	S_F	动作说明
1	$(E,+)$	$(E,+)$	产生式$E \to E+T\|T$
2	$(T,*)$	$(E,+)(T,*)$	产生式$T \to T*F\|F$
3	$(F,\hat{})$	$(E,+)(T,*)(F,\hat{})$	产生式$F \to P\hat{}F\|P$
4	$(P,()$	$(E,+)(T,*)(F,\hat{})(P,()$	产生式$P \to (E)$
5	(P,i)	$(E,+)(T,*)(F,\hat{})(P,()(P,i)$	产生式$P \to i$
6	(F,i)	$(E,+)(T,*)(F,\hat{})(P,()(F,i)$	栈顶(P,i)，产生式$F \to P\hat{}F\|P$
7	(T,i)	$(E,+)(T,*)(F,\hat{})(P,()(T,i)$	栈顶(F,i)，产生式$T \to F$
8	(E,i)	$(E,+)(T,*)(F,\hat{})(P,()(E,i)$	栈顶(T,i)，产生式$E \to T, T \to T*F$
9		$(E,+)(T,*)(F,\hat{})(P,()$	栈顶(E,i)，无形如$X \to E\cdots$的产生式
10	$(F,()$	$(E,+)(T,*)(F,\hat{})(F,()$	栈顶$(P,()$，产生式$F \to P\hat{}F\|P$
11	$(T,()$	$(E,+)(T,*)(F,\hat{})(T,()$	栈顶$(F,()$，产生式$T \to F$

续表

序号	置 true	S_F	动作说明
12	$(E,()$	$(E,+)(T,*)(F,\hat{})(E,()$	栈顶 $(T,()$，产生式 $E\to T, T\to T*F$
13		$(E,+)(T,*)(F,\hat{})$	栈顶 $(E,()$，无形如 $X\to E\cdots$ 的产生式
14	$(T,\hat{})$	$(E,+)(T,*)(T,\hat{})$	栈顶 $(F,\hat{})$，产生式 $T\to F$
15	$(E,\hat{})$	$(E,+)(T,*)(E,\hat{})$	栈顶 $(T,\hat{})$，产生式 $E\to T, T\to T*F$
16		$(E,+)(T,*)$	栈顶 $(E,\hat{})$，无形如 $X\to E\cdots$ 的产生式
17	$(E,*)$	$(E,+)(E,*)$	栈顶 $(T,*)$，产生式 $E\to T, T\to T*F$
18		$(E,+)$	栈顶 $(E,*)$，无形如 $X\to E\cdots$ 的产生式
19			栈顶 $(E,+)$，无形如 $X\to E\cdots$ 的产生式

(2) 求尾终结符集

建立行为非终结符、列为终结符的 L 数组，如表4.9所示，表中空代表 false。算法过程如表4.10所示，其中第 2 列为在 L 表中置 true 的元素。

表 4.9 尾终结符集数组 $LastV_T$

	+	*	^	(	)	i
E	true	true	true		true	true
T		true	true		true	true
F			true		true	true
P					true	true

表 4.10 使用栈求尾终结符集

序号	置 true	S_L	动作说明
1	$(E,+)$	$(E,+)$	产生式 $E\to E+T\|T$
2	$(T,*)$	$(E,+)(T,*)$	产生式 $T\to T*F\|F$
3	$(F,\hat{})$	$(E,+)(T,*)(F,\hat{})$	产生式 $F\to P\hat{}F\|P$
4	$(P,))$	$(E,+)(T,*)(F,\hat{})(P,))$	产生式 $P\to(E)$
5	(P,i)	$(E,+)(T,*)(F,\hat{})(P,))(P,i)$	产生式 $P\to i$
6	(F,i)	$(E,+)(T,*)(F,\hat{})(P,))(F,i)$	栈顶 (P,i)，产生式 $F\to P$
7	(T,i)	$(E,+)(T,*)(F,\hat{})(P,))(T,i)$	栈顶 (F,i)，产生式 $T\to T*F\|F, F\to P\hat{}F$
8	(E,i)	$(E,+)(T,*)(F,\hat{})(P,))(E,i)$	栈顶 (T,i)，产生式 $E\to E+T\|T$
9		$(E,+)(T,*)(F,\hat{})(P,))$	栈顶 (E,i)，无形如 $X\to\cdots E$ 的产生式
10	$(F,))$	$(E,+)(T,*)(F,\hat{})(F,))$	栈顶 $(P,))$，产生式 $F\to P$
11	$(T,))$	$(E,+)(T,*)(F,\hat{})(T,))$	栈顶 $(F,))$，产生式 $T\to T*F\|F, F\to P\hat{}F$
12	$(E,))$	$(E,+)(T,*)(F,\hat{})(E,))$	栈顶 $(T,))$，产生式 $E\to E+T\|T$
13		$(E,+)(T,*)(F,\hat{})$	栈顶 $(E,))$，无形如 $X\to\cdots E$ 的产生式
14	$(T,\hat{})$	$(E,+)(T,*)(T,\hat{})$	栈顶 $(F,\hat{})$，产生式 $T\to T*F\|F, F\to P\hat{}F$
15	$(E,\hat{})$	$(E,+)(T,*)(E,\hat{})$	栈顶 $(T,\hat{})$，产生式 $E\to E+T\|T$

续表

序号	置true	S_L	动作说明
16		$(E,+)(T,*)$	栈顶$(E,\hat{})$，无形如$X \to \cdots E$的产生式
17	$(E*)$	$(E,+)(E,*)$	栈顶$(T,*)$，产生式$E \to E+T\|T$
18		$(E,+)$	栈顶$(E,*)$，无形如$X \to \cdots E$的产生式
19			栈顶$(E,+)$，无形如$X \to \cdots E$的产生式

4.2.4 算符优先分析表

算符优先分析表中，需要计算#与所有终结符的优先关系。为完成这个计算，对文法$G[S]$，增加新的产生式$S' \to \#S\#$，并将S'作为新的开始符号。

算符优先分析表构造过程如算法4.12所示。第1行构造G所有非终结符的$FirstV_T$和$LastV_T$。第2行增加产生式$S' \to \#S\#$以拓广文法，S'为新的开始符号，且并入非终结符集，终结符则增加了一个符号#。

算法 4.12 求文法的算符优先分析表

输入: 文法$G=(V_N,V_T,P,S)$
输出: 文法G的算符优先分析表

```
1  构造G所有非终结符的FirstV_T和LastV_T;
2  构造文法G' = (V'_N, V'_T, P', S')，其中
     V'_N = V_N ∪ {S'}, V'_T = V_T ∪ {#}, P' = P ∪ {S' → #S#};
3  foreach A → X_1X_2···X_n ∈ P' do
4    for i = 1 : n−1 do
5      if X_i ∈ V_T ∧ X_{i+1} ∈ V_T then
6        置X_i ≐ X_{i+1};
7      end
8      if i ⩽ n−2 ∧ X_i ∈ V_T ∧ X_{i+1} ∈ V_N ∧ X_{i+2} ∈ V_T then
9        置X_i ≐ X_{i+2};
10     end
11     if X_i ∈ V_T ∧ X_{i+1} ∈ V_N then
12       foreach b ∈ FirstV_T(X_{i+1}) do
13         置X_i ⋖ b;
14       end
15     end
16     if X_i ∈ V_N ∧ X_{i+1} ∈ V_T then
17       foreach a ∈ LastV_T(X_i) do
18         置a ⋗ X_{i+1};
19       end
20     end
21   end
22 end
```

第3~22行遍历所有产生式，对每个产生式的右部从左到右扫描（第4行），有4种情况：

- 第5~7行，X_iX_{i+1}为V_TV_T组合，则$X_i \doteq X_{i+1}$；

- 第8~10行，$X_iX_{i+1}X_{i+2}$为$V_TV_NV_T$组合，则$X_i \doteq X_{i+2}$；
- 第11~15行，X_iX_{i+1}为V_TV_N组合，则对$\forall b \in FirstV_T(X_{i+1})$，置$X_i \lessdot b$；
- 第16~20行，X_iX_{i+1}为V_NV_T组合，则对$\forall a \in LastV_T(X_i)$，置$a \gtrdot X_{i+1}$。

例题4.19 构造算法优先分析表 文法$G[E]: E \to E+T|T, T \to T*F|F, F \to P\hat{}F|P, P \to (E)|i$，求其算符优先分析表。

解 前述例题中已经计算出$FirstV_T$和$LastV_T$，下面使用前述计算结果：

$FirstV_T(E) = \{+, *, \hat{}, (, i\}, FirstV_T(T) = \{*, \hat{}, (, i\}, FirstV_T(F) = \{\hat{}, (, i\}, FirstV_T(P) = \{(, i\}.$

$LastV_T(E) = \{+, *, \hat{},), i\}, LastV_T(T) = \{*, \hat{},), i\}, LastV_T(F) = \{\hat{},), i\}, LastV_T(P) = \{), i\}.$

增加产生式$E' \to \#E\#$，对每个产生式进行处理（右部长度不到2的产生式不会影响结果，下述步骤略去）：

- 产生式$E' \to \#E\#$
  - $\#E$为V_TV_N型，有$\# \lessdot +, \# \lessdot *, \# \lessdot \hat{}, \# \lessdot (, \# \lessdot i$
  - $\#E\#$为$V_TV_NV_T$型，有$\# \doteq \#$
  - $E\#$为V_NV_T型，有$+ \gtrdot \#, * \gtrdot \#, \hat{} \gtrdot \#,) \gtrdot \#, i \gtrdot \#$
- 产生式$E \to E+T$
  - $E+$为V_NV_T型，有$+ \gtrdot +, * \gtrdot +, \hat{} \gtrdot +,) \gtrdot +, i \gtrdot +$
  - $E+T$不是$V_TV_NV_T$型
  - $+T$为V_TV_N型，有$+ \lessdot *, + \lessdot \hat{}, + \lessdot (, + \lessdot i$
- 产生式$T \to T*F$
  - $T*$为V_NV_T型，有$* \gtrdot *, \hat{} \gtrdot *,) \gtrdot *, i \gtrdot *$
  - $T*F$不是$V_TV_NV_T$型
  - $*F$为V_TV_N型，有$* \lessdot \hat{}, * \lessdot (, * \lessdot i$
- 产生式$F \to P\hat{}F$
  - $P\hat{}$为V_NV_T型，有$) \gtrdot \hat{}, i \gtrdot \hat{}$
  - $P\hat{}F$不是$V_TV_NV_T$型
  - $\hat{}F$为V_TV_N型，有$\hat{} \lessdot \hat{}, \hat{} \lessdot (, \hat{} \lessdot i$
- 产生式$P \to (E)$
  - $(E$为V_TV_N型，有$(\lessdot +, (\lessdot *, (\lessdot \hat{}, (\lessdot (, (\lessdot i$
  - (E)为$V_TV_NV_T$型，有$(\doteq)$
  - $E)$为V_NV_T型，有$+ \gtrdot), * \gtrdot), \hat{} \gtrdot),) \gtrdot), i \gtrdot)$

综上，得到算符优先分析表，如表4.11所示，其中空白表示没有优先关系。

表 4.11 算符优先分析表

	+	*	^	i	(	)	#
+	⋗	⋖	⋖	⋖	⋖	⋗	⋗
*	⋗	⋗	⋖	⋖	⋖	⋗	⋗
^	⋗	⋗	⋖	⋖	⋖	⋗	⋗
i	⋗	⋗	⋗			⋗	⋗

续表

	$+$	$*$	$\hat{}$	i	(	)	#
(	$\lessdot$	$\lessdot$	$\lessdot$	$\lessdot$	$\lessdot$	$\doteq$	
)	$\gtrdot$	$\gtrdot$	$\gtrdot$			$\gtrdot$	$\gtrdot$
#	$\lessdot$	$\lessdot$	$\lessdot$	$\lessdot$	$\lessdot$		$\doteq$

4.2.5 算符优先分析程序

2.2.1节给出了短语的概念，如果有$S \stackrel{*}{\Rightarrow} \alpha A\delta \stackrel{+}{\Rightarrow} \alpha\beta\delta$，则称$\beta$是句型$\alpha\beta\delta$的一个短语。在算符优先分析中，归约使用素短语的概念。

定义 4.11 (素短语（Prime Phrase）和最左素短语)

素短语是这样一个短语，它至少包含一个终结符，且除它自身外，不再包含任何更小的素短语。最左素短语是处于句型最左边的那个素短语。♣

"素"这个字使用的是素数的素（Prime），表示最小不可分割（类比素数不可分解质因数）。一个包含终结符的短语，如果不可再分割成更小的包含终结符的短语，它就是素短语。

例题 4.20 短语与素短语 我们知道，语法树中任何子树叶子结点构成短语，二层子树叶子结点构成直接短语，最左二层子树叶子结点构成句柄。

图4.6(a)为句型$i_1 * i_2 + i_3$的语法树，可以看出短语有$i_1, i_2, i_3, i_1 * i_2, i_1 * i_2 + i_3$，直接短语有$i_1, i_2, i_3$，句柄为$i_1$。从素短语角度看，素短语有$i_1, i_2, i_3$，最左素短语为$i_1$，与句柄是一致的。

图4.6(b)为句型$T * F + i_3$的语法树，可以看出短语有$T * F, i_3, T * F + i_3$，直接短语有$T * F, i_3$，句柄为$T * F$。从素短语角度看，素短语有$T * F, i_3$，最左素短语为$T * F$，与句柄一致。

图4.6(c)为句型$F * i_2 + i_3$的语法树，可以看出短语有$F, i_2, i_3, F * i_2, F * i_2 + i_3$，直接短语有$F, i_2, i_3$，句柄为$F$。从素短语角度看，素短语有$i_2, i_3$，最左素短语为$i_2$，与句柄并不一致。

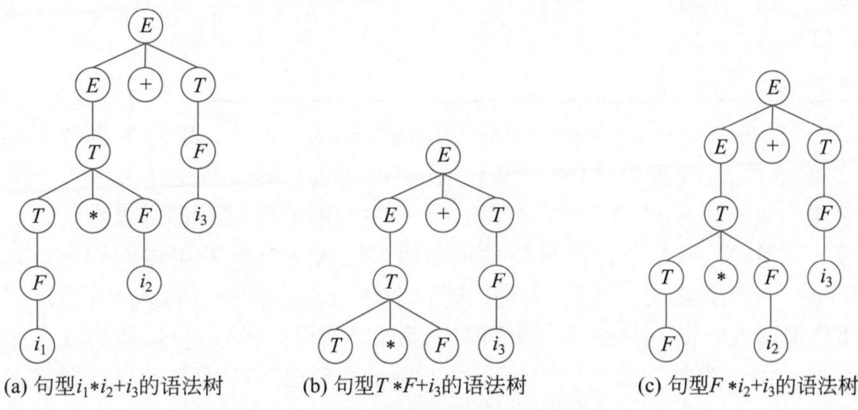

(a) 句型$i_1*i_2+i_3$的语法树　(b) 句型$T*F+i_3$的语法树　(c) 句型$F*i_2+i_3$的语法树

图 4.6 短语与素短语举例

算符优先分析总是对最左素短语进行归约，因此它并不是一种规范归约方法。我们使用如下的最左素短语定理构造算符优先分析算法，但并不对这个定理进行形式化证明。

定理 4.1 (最左素短语定理)

一个算符优先文法 G 的任何句型 $\#N_1a_1N_2a_2\cdots N_na_nN_{n+1}\#$，其中 $a_i \in V_T, N_i \in V_N \cup \{\varepsilon\}$，它的最左素短语，是满足如下条件的最左子串 $N_ja_j\cdots N_ia_iN_{i+1}$，

- $a_{j-1} \lessdot a_j$，
- $a_j \doteq a_{j+1} \doteq \cdots \doteq a_{i-1} \doteq a_i$，
- $a_i \gtrdot a_{i+1}$.

♡

算法4.13是基于最左素短语定理的算符优先分析实现。算法需要构造一个符号栈，初始为压入一个 $\#$，k 总指向栈顶（第1行）。输入串后加 $\#$，当前符号记作 a（第2行）。

算法 4.13 算符优先分析

输入: 输入串，以及算符优先分析表
输出: 输入串合法或不合法结果

1 初始化：$k=1$，符号栈 $S[k]=\#$;
2 输入串后加 $\#$，当前输入符号记作 a;
3 **do**
4 　把下一个符号读入 a;
5 　$j = S[k] \in V_T\ ?\ k\ :\ k-1$;
6 　**while** $S[j] \gtrdot a$ **do**
7 　　**do**
8 　　　$q = S[j]$;
9 　　　$j = S[j-1] \in V_T\ ?\ j-1\ :\ j-2$;
10 　　**while** $\neg(S[j] \lessdot q)$;
11 　　**if** $S[j+1]S[j+2]\cdots S[k]$ 与某个产生式右部符号一一对应 **then**
12 　　　$k = j+1$;
13 　　　$S[k] = N$;
14 　　**else** 报错，退出；
15 　**end**
16 　**if** $S[j] \lessdot a \vee S[j] \doteq a$ **then** $S[++k] = a$；
17 　**else** 报错，退出；
18 **while** 栈顶不是 $\#N\#$;
19 宣布成功;

第3~18行的外层循环，结束条件是符号栈内形成 $\#N\#$，其中 N 为非终结符，此时分析成功（第19行）。在算符优先分析中，我们不在意非终结符是什么，统一用符号 N 表示，它只负责占据一个字符的位置，任何一个产生式的非终结符都可以看作 N。如产生式 $E \to E+T$，看作 $N \to N+N$，只要栈顶是素短语 $N+N$，就可以归约为 N。

第4行读入下一个输入符号到 a，初始时读入下一个字符指读输入串的第一个符号，除此之外，都是指读入当前符号的下一个符号。第5行则根据栈顶符号，把 j 定位到距离栈顶最近的终结符。由于算符文法不会出现两个连续的非终结符，因此如果栈顶 $S[k]$ 不是终结符，则栈顶下的符号 $S[k-1]$ 必是终结符，这就是第5行伪代码的逻辑。

之后的代码，根据栈顶最近的终结符 $S[j]$ 与当前符号 a 的关系确定动作，有如下3种

情况。

- $S[j] \gtrdot a$，即栈顶优先级高，对应第6~15行的while循环，这个循环的功能是进行归约，细节后续分析。归约后还需要执行后续两个情况之一，也就是要么移进，要么报错。
- $S[j] \lessdot a$ 或 $S[j] \doteq a$，对应第16行的if语句，此时向符号栈移进一个符号。
- 其他，即 $S[j]$ 和 a 不存在优先关系，对应第17行的else，报错，退出。

注意：$S[j] \gtrdot a$ 成立时，一直在while循环中。当循环退出时，第16、17行必然执行其中之一。

下面分析第6~15行的while循环。第7~10行为一个do⋯while循环，其功能是从位置 j（距离栈顶最近的终结符）开始，向栈底方向搜索，找到第一个优先级低于相邻终结符的终结符。假设右侧为栈顶，如栈内为 $N+(N)$，则 $S[j]=)$，因为 $(\doteq)$，$+\lessdot($，因此经过这个do⋯while循环后，$S[j]=+$，从 $j+1$ 位置到栈顶 k 就是要归约的最左素短语。

第11~14行为归约过程。if语句的判断条件，$S[j+1]S[j+2]\cdots S[k]$ 与某个产生式右部符号一一对应，是指先找到一个产生式右部，其长度与这个最左素短语同长，记作 $R_1R_2\cdots R_{k-j}$。然后按位置进行对应，如果 $S[j+i]\in V_N$，则要求 $R_i\in V_N$；如果 $S[j+i]\in V_T$，则要求 $R_i=S[j+i]$。也就是同一个位置，V_N 对 V_N，V_T 则要求相等，这样就算一一对应。如 $N+N$ 与产生式右部 $E+T$ 是一一对应的，但是与 $E*T$ 不对应，因为终结符 $+\neq *$。

算符优先分析中，归约时不需要明确归约的非终结符，只要确定这个位置是非终结符即可。所以，归约过程中，可以任找一个非终结符，比如 N，归约过程中用到的所有非终结符，都用这一个符号即可。由于栈顶的 $S[j+1]S[j+2]\cdots S[k]$ 是最左素短语，因此从 $j+1$ 到栈顶符号都弹出，再压入归约的符号 N，N 就在 $j+1$ 的位置。第12行把栈顶修改到 $j+1$ 位置，第13行把栈顶归约为某个非终结符号 N。

如果找不到与栈顶的最左素短语一一对应的产生式右部，就应当报错，退出（第14行）。很多文献并没有这一步的判断（第11行if语句的判断条件），后续会通过一个例子讨论这个判断的必要性。

另外，每次计算完 j 的值后，应对其取值进行检查。如果出现 $j\leqslant 0$，则报错，退出。

例题 4.21 算符优先分析 文法 $G[E]: E\to E+T|T, T\to T*F|F, F\to P\,\hat{}\,F|P, P\to(E)|i$，分析句子 $i\,\hat{}\,i+(i+i)*i$。

解 算符优先分析表如表4.11所示，分析过程如表4.12所示。第1列的“迭代”，整数部分表示迭代次数序号，小数部分表示该次迭代的分步骤。算法第6~15行，可能导致连续多次归约，如果没有归约，则迭代序号只有整数部分而没有小数部分；如果有 n 次归约，小数部分编号依次为1~n；而算法最后第16行的移进或第17行的报错，小数部分编号为 $n+1$。

表 4.12 句子 $i\,\hat{}\,i+(i+i)*i$ 的算符优先分析过程

迭代	符 号 栈	输 入 串	动 作 依 据
0	$\#$	$i\,\hat{}\,i+(i+i)*i\#$	初始化
1	$\#i$	$\hat{}\,i+(i+i)*i\#$	$\#\lessdot i$，移进
2.1	$\#N$	$\hat{}\,i+(i+i)*i\#$	$i\gtrdot\hat{}$，归约 $P\to i$
2.2	$\#N\hat{}$	$i+(i+i)*i\#$	$\#\lessdot\hat{}$，移进
3	$\#N\hat{}\,i$	$+(i+i)*i\#$	$\hat{}\lessdot i$，移进

续表

迭代	符 号 栈	输 入 串	动 作 依 据
4.1	$\#N\hat{}N$	$+(i+i)*i\#$	$i \gtrdot +$，归约 $P \to i$
4.2	$\#N$	$+(i+i)*i\#$	$\hat{} \gtrdot +$，归约 $F \to P\hat{}F$
4.3	$\#N+$	$(i+i)*i\#$	$\# \lessdot +$，移进
5	$\#N+($	$i+i)*i\#$	$+ \lessdot ($，移进
6	$\#N+(i$	$+i)*i\#$	$(\lessdot i$，移进
7.1	$\#N+(N$	$+i)*i\#$	$i \gtrdot +$，归约 $P \to i$
7.2	$\#N+(N+$	$i)*i\#$	$(\lessdot +$，移进
8	$\#N+(N+i$	$)*i\#$	$+ \lessdot i$，移进
9.1	$\#N+(N+N$	$)*i\#$	$i \gtrdot)$，归约 $P \to i$
9.2	$\#N+(N$	$)*i\#$	$+ \gtrdot)$，归约 $E \to E+T$
9.3	$\#N+(N)$	$*i\#$	$(\doteq)$，移进
10.1	$\#N+N$	$*i\#$	$) \gtrdot i$，归约 $P \to (E)$
10.2	$\#N+N*$	$i\#$	$+ \lessdot *$，移进
11	$\#N+N*i$	$\#$	$* \lessdot i$，移进
12.1	$\#N+N*N$	$\#$	$* \gtrdot \#$，归约 $P \to i$
12.2	$\#N+N$	$\#$	$* \gtrdot \#$，归约 $T \to T*F$
12.3	$\#N$	$\#$	$+ \gtrdot \#$，归约 $E \to E+T$
12.4	$\#N\#$		$\# \doteq \#$，移进
13	$\#N\#$		栈顶为 $\#N\#$，成功

从该例可以看出，算符优先分析越过了所有单非产生式的归约。如括号里面的第一个 i，由于是加法的左操作数，归约过程应为 $i \Uparrow P \Uparrow F \Uparrow T \Uparrow E$，括号中第二个 i 归约过程（第8步到第9.1步）应为 $i \Uparrow P \Uparrow F \Uparrow T$，但算符优先分析只需要把 i 归约为某个非终结符 N，不需要使用单非产生式归约，因此效率较高。

例题 4.22 归约产生式对应的必要性 使用例题4.21的文法分析句子 $(i+)*i$。

解 分析过程如表4.13所示。

表 4.13 句子 $(i+)*i$ 的算符优先分析过程

迭代	符号栈	输入串	动 作 依 据
0	$\#$	$(i+)*i\#$	初始化
1	$\#($	$i+)*i\#$	$\# \lessdot ($，移进
2	$\#(i$	$+)*i\#$	$(\lessdot i$，移进
3.1	$\#(N$	$+)*i\#$	$i \gtrdot +$，归约 $P \to i$
3.2	$\#(N+$	$)*i\#$	$(\lessdot +$，移进
4	$\#(N+$	$)*i\#$	$+ \gtrdot)$，但 $N+$ 找不到可对应的产生式右部，因此出错，退出

从这个例子可以看出，如果没有算法4.13第11行与产生式右部的匹配判断，本例第4步的 $N+$ 会归约为 N，从而产生误匹配。

4.2.6 优先函数

进行算符优先分析时，一般不使用算符优先分析表，而是为每个终结符关联两个自然数与之对应，称为**算符优先函数**，定义如下。

定义 4.12 (算符优先函数)

每个终结符 θ 关联两个自然数 $f(\theta)$ 和 $g(\theta)$，规则为：

- 若 $\theta_1 \lessdot \theta_2$，则 $f(\theta_1) < g(\theta_2)$；
- 若 $\theta_1 \doteq \theta_2$，则 $f(\theta_1) = g(\theta_2)$；
- 若 $\theta_1 \gtrdot \theta_2$，则 $f(\theta_1) > g(\theta_2)$。

函数 $f(\theta)$ 称为入栈优先函数，$g(\theta)$ 称为比较优先函数。♣

优先函数使用自然数表示，便于比较运算；而且把 n 个运算符的 $n \times n$ 算符优先分析表，用 $2 \times n$ 的优先函数表表示，这样可节省存储空间。但同时，原先不存在比较关系的两个终结符，由于与自然数相对应，变得可比较了，因此会掩盖那些不可比较的错误。解决方案是：对不可比较的终结符，单独设置标识，根据栈顶符号和当前符号，排除那些原来不可比较的情形。

注意：对应一个算符优先分析表的优先函数不是唯一的，如果存在一对优先函数 $f(\theta)$ 和 $g(\theta)$，这些函数同时加减一个数显然还是优先函数，因此必然存在无穷多对优先函数。

同时，由于算符优先关系不是偏序关系，因此有的算符优先表不存在优先函数。如表4.14所示，如果存在优先函数，由第一行，有 $f(a) = g(a), f(a) < g(b)$，因此有 $g(a) < g(b)$。由第二行，有 $f(b) = g(a), f(b) = g(b)$，因此有 $g(a) = g(b)$。显然两者矛盾，因此该优先分析表不存在优先函数。

表 4.14 无优先函数的优先分析表

	a	b
a	$\doteq$	$\lessdot$
b	$\doteq$	$\doteq$

算法4.14采用图方法构造算符优先函数。首先为每个终结符 a 构造两个结点 f_a 和 g_a（第1行），然后对每对终结符 a 和 b，根据其优先关系画有向弧（第2~8行）。f_a 结点能到达的结点数量就是 $f(a)$（第9行），g_a 结点能到达的结点数量就是 $g(a)$（第10行）。最后需要检查构造的算符优先函数与算符优先分析表是否矛盾，没有矛盾才构成优先函数（第11~12行）。

表4.11的算符优先分析表根据算法4.14构造的有向图如图4.7所示。通过这个图求一个结点到达的结点数量是困难的，我们通过可达矩阵理论实现到达结点数量的计算。

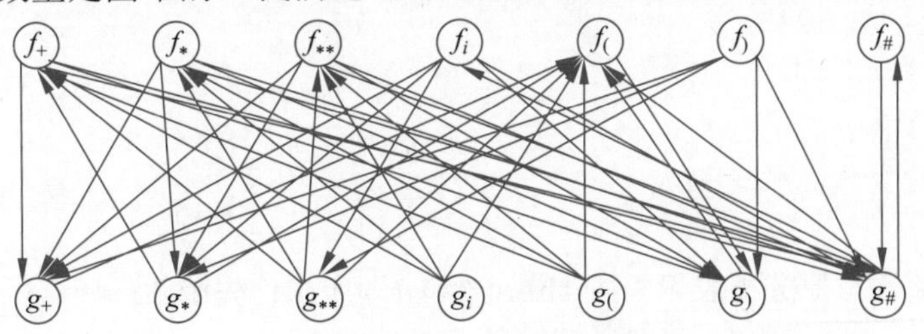

图 4.7 优先函数有向图

算法 4.14 构造算符优先函数

输入: 算符优先分析表

输出: 每个符号 a 的优先函数 $f(a)$ 和 $g(a)$

1 对所有 $a \in V_T$，构造两个结点 f_a 和 g_a;
2 **foreach** $a \in V_T$ **do**
3 　**foreach** $b \in V_T$ **do**
4 　　**if** $a \gtrdot b$ **then** 从 f_a 画有向弧到 g_b;
5 　　**if** $a \lessdot b$ **then** 从 g_b 画有向弧到 f_a;
6 　　**if** $a \doteq b$ **then** 从 f_a 画有向弧到 g_b，也从 g_b 画有向弧到 f_a;
7 　**end**
8 **end**
9 $f(a) =$ 结点 f_a 能到达的结点数量（含自身）;
10 $g(a) =$ 结点 g_a 能到达的结点数量（含自身）;
11 **if** f 和 g 的关系与原分析表无矛盾 **then** f 和 g 即所求优先函数;
12 **else** 原算符优先分析表不存在优先函数;

4.2.7 用可达矩阵构造算符优先函数

可以使用1.6.3节介绍的可达矩阵理论构造算符优先函数，如算法4.15所示。该算法与算法4.14相比，不再构造图上的边，而是直接构造可达矩阵。之后，根据式(1.19)，直接计算两结点间通路数量。

算法 4.15 用可达矩阵构造算符优先函数

输入: 算符优先分析表

输出: 每个符号 a 的优先函数 $f(a)$ 和 $g(a)$

1 对 $V_T = \{b_1, b_2, \cdots, b_n\}$，构造邻接矩阵 $\boldsymbol{A} = (a_{i,j})_{2n\times 2n}$，行号 i 和列号 j 从小到大对应元素均为 $f_{b_1}, f_{b_2}, \cdots, f_{b_n}, g_{b_1}, g_{b_2}, \cdots, g_{b_n}$，所有元素初始化为0;
2 **foreach** $i = 1 : n$ **do**
3 　**foreach** $j = 1 : n$ **do**
4 　　**if** $b_i \gtrdot b_j$ **then** $a_{i,n+j} = 1$;
5 　　**if** $b_i \lessdot b_j$ **then** $a_{n+j,i} = 1$;
6 　　**if** $b_i \doteq b_j$ **then** $a_{i,n+j} = 1, a_{n+j,i} = 1$;
7 　**end**
8 **end**
9 **for** $i = 1 : 2n$ **do**
10 　$a_{i,i} = 1$
11 **end**
12 $R = \bigvee_{k=1}^{2n} A^{(k)}$;
13 **foreach** $b_i \in V_T$ **do**
14 　$f(b_i) = \sum_{k=1}^{2n} a_{i,k}$;
15 　$g(b_i) = \sum_{k=1}^{2n} a_{n+i,k}$;
16 **end**
17 **if** f 和 g 的关系与原分析表无矛盾 **then** f 和 g 即所求优先函数;
18 **else** 原算符优先分析表不存在优先函数;

算法4.15首先构造一个所有元素均为0的邻接矩阵，行和列元素的顺序均按 $f_{b_1}, f_{b_2}, \cdots, f_{b_n}, g_{b_1}, g_{b_2}, \cdots, g_{b_n}$ 排列。第2~8行根据元素两两之间的优先级填写邻接矩阵，等价于算法4.14中的画弧的过程。第9~11行则把主对角线置1，等价于将自身结点计算在可达结点内。

第12行为按布尔运算计算可达矩阵，根据1.6.3节的内容，这个运算将在 $2n$ 步骤内收敛。第13~16行统计每个结点的可达结点数量，作为算符优先函数。第17~18行与算法4.14一致，检查优先函数的合法性。

例题 4.23 用可达矩阵构造优先函数 根据表4.11所示的算符优先分析表，构造其优先函数。

解 结点按照 f_+，f_*，$f_{\hat{}}$，f_i，$f_($，$f_)$，$f_\#$，g_+，g_*，$g_{\hat{}}$，g_i，$g_($，$g_)$，$g_\#$ 的顺序排序，得到的邻接矩阵为

$$
\boldsymbol{A} = \begin{pmatrix}
1 & 0 & 0 & 0 & 0 & 0 & 0 & 1 & 0 & 0 & 0 & 0 & 1 & 1 \\
0 & 1 & 0 & 0 & 0 & 0 & 0 & 1 & 1 & 0 & 0 & 0 & 1 & 1 \\
0 & 0 & 1 & 0 & 0 & 0 & 0 & 1 & 1 & 0 & 0 & 0 & 1 & 1 \\
0 & 0 & 0 & 1 & 0 & 0 & 0 & 1 & 1 & 1 & 0 & 0 & 1 & 1 \\
0 & 0 & 0 & 0 & 1 & 0 & 0 & 0 & 0 & 0 & 0 & 0 & 1 & 0 \\
0 & 0 & 0 & 0 & 0 & 1 & 0 & 1 & 1 & 1 & 0 & 0 & 1 & 1 \\
0 & 0 & 0 & 0 & 0 & 0 & 1 & 0 & 0 & 0 & 0 & 0 & 0 & 0 \\
0 & 0 & 0 & 0 & 1 & 0 & 1 & 1 & 0 & 0 & 0 & 0 & 0 & 0 \\
1 & 0 & 0 & 0 & 1 & 0 & 1 & 0 & 1 & 0 & 0 & 0 & 0 & 0 \\
1 & 1 & 1 & 0 & 1 & 0 & 1 & 0 & 0 & 1 & 0 & 0 & 0 & 0 \\
1 & 1 & 1 & 0 & 1 & 0 & 1 & 0 & 0 & 0 & 1 & 0 & 0 & 0 \\
1 & 1 & 1 & 0 & 1 & 0 & 1 & 0 & 0 & 0 & 0 & 1 & 0 & 0 \\
0 & 0 & 0 & 0 & 1 & 0 & 0 & 0 & 0 & 0 & 0 & 0 & 1 & 0 \\
0 & 0 & 0 & 0 & 0 & 0 & 1 & 0 & 0 & 0 & 0 & 0 & 0 & 1
\end{pmatrix} \tag{4.1}
$$

经计算，得到可达矩阵为

$$
\boldsymbol{R} = \begin{pmatrix}
1 & 0 & 0 & 0 & 1 & 0 & 1 & 1 & 0 & 0 & 0 & 0 & 1 & 1 \\
1 & 1 & 0 & 0 & 1 & 0 & 1 & 1 & 1 & 0 & 0 & 0 & 1 & 1 \\
1 & 0 & 1 & 0 & 1 & 0 & 1 & 1 & 1 & 0 & 0 & 0 & 1 & 1 \\
1 & 1 & 1 & 1 & 1 & 0 & 1 & 1 & 1 & 1 & 0 & 0 & 1 & 1 \\
0 & 0 & 0 & 0 & 1 & 0 & 0 & 0 & 0 & 0 & 0 & 0 & 1 & 0 \\
1 & 1 & 1 & 0 & 1 & 1 & 1 & 1 & 1 & 1 & 0 & 0 & 1 & 1 \\
0 & 0 & 0 & 0 & 0 & 0 & 1 & 0 & 0 & 0 & 0 & 0 & 0 & 0 \\
0 & 0 & 0 & 0 & 1 & 0 & 1 & 1 & 0 & 0 & 0 & 0 & 1 & 0 \\
1 & 0 & 0 & 0 & 1 & 0 & 1 & 1 & 1 & 0 & 0 & 0 & 1 & 1 \\
1 & 1 & 1 & 0 & 1 & 0 & 1 & 1 & 1 & 1 & 0 & 0 & 1 & 1 \\
1 & 1 & 1 & 0 & 1 & 0 & 1 & 1 & 1 & 0 & 1 & 0 & 1 & 1 \\
1 & 1 & 1 & 0 & 1 & 0 & 1 & 1 & 1 & 0 & 0 & 1 & 1 & 1 \\
0 & 0 & 0 & 0 & 1 & 0 & 0 & 0 & 0 & 0 & 0 & 0 & 1 & 0 \\
0 & 0 & 0 & 0 & 0 & 0 & 1 & 0 & 0 & 0 & 0 & 0 & 0 & 1
\end{pmatrix} \tag{4.2}
$$

每行元素相加得到对应的优先函数，如表4.15所示。

表 4.15 优先函数表

	+	*	^	i	(	)	#
f	6	8	8	11	2	11	2
g	5	7	10	10	10	2	2

4.3 LR分析法

1965年，Knuth提出了LR分析法[65]，但直接实现效率极低。后来经过DeRemer[66]、Aho等[67]、Anderson等[68]、Joliat[69]的持续改进，成为高效且分析能力最强的方法。LR(k)的L表示从左到右扫描输入串，R表示最右推导的逆过程（即规范归约），k表示分析时每步向右查看k个符号。

若文法能构造一个LR分析表，使它的每一个动作都唯一，则称为LR文法。LR分析法是一个方法族，有4大类[70-71]。

- LR(0)：局限性极大，但是建立其他分析表的基础；
- SLR(1)：又称为简单LR或SLR，虽有一些文法构造不出SLR分析表，但这是一种比较容易实现，又极有实用价值的方法；
- LR(1)：又称为规范LR，能力最强；
- LALR(1)：又称为向前LR或LALR，能力介于SLR和规范LR(1)，可高效实现。

LR分析具有以下特点。

- 大多数用上下文无关文法描述的语言都可用LR分析器识别；
- LR分析法比算符优先分析法或其他“移进-归约”技术应用范围更加广泛，而且识别效率不比它们差；
- LR能分析的文法包含LL(1)能分析的文法；
- LR分析法在从左到右扫描输入串时就能发现任何错误，并能准确指出出错地点。

4.3.1 LR(0)分析的基本思想

LR(0)分析的基本思想

LR(0)分析的基本思想是，将产生式每分析一个符号作为一个状态，构造FA。我们在产生式右部加一个小圆点，表示已经处理到那个位置，将其作为FA的状态，这个状态称为**LR(0)项目**，在不至于引起混淆的情况下也简称**项目**。

例题 4.24LR(0)项目 对产生式$A \to XYZ$，有如下LR(0)项目：

- $A \to \cdot XYZ$：表示进入该产生式的识别，将要识别第一个符号X；
- $A \to X \cdot YZ$：表示已识别完X，将要识别Y；
- $A \to XY \cdot Z$：表示已识别完Y，将要识别Z；
- $A \to XYZ\cdot$：表示已识别完整个符号串，将进行归约，以进入上一层符号串（左部符号A所在句型）的识别。

例题4.24中，处理完一个符号，就会转入下一个状态。例如，在状态$A \to X \cdot YZ$处理完Y后，就进入状态$A \to XY \cdot Z$，因此前一个状态到后一个状态有一条Y弧。处理某个符号的过程，对于终结符来说，确定该终结符与输入符号匹配或不匹配即可；对非终结符号来说，则需要进入该符号的右部逐个符号进行处理。如Y有产生式$Y \to UV$，处理符号Y即自动转入$Y \to \cdot UV$进行处理，因此状态$A \to X \cdot YZ$应向$Y \to \cdot UV$引ε弧。这个小圆点在右部最左边的LR(0)项目$Y \to \cdot UV$，称为非终结符Y的第一个项目；同样，$A \to \cdot XYZ$是A的第一个项目。当Y右部处理到$Y \to UV \cdot$后，则回退到其上层，也就是退回到状态$A \to X \cdot YZ$，然后再转入$A \to XY \cdot Z$进行处理。

归纳以上规则如下。

- 如果产生式$A \to \alpha$右部长度为k，由于在右部任意位置插入一个小圆点会构成一个LR(0)项目（FA的状态），因此它有$k+1$个LR(0)项目；特别地，$A \to \varepsilon$只有一个LR(0)项目$A \to \cdot$。
- 从状态$A \to \alpha \cdot B\beta$向$A \to \alpha B \cdot \beta$引$B$弧，其中$B \in V_T \cup V_N$。
- 若$B \in V_N$且有产生式$B \to \gamma$，则从状态$A \to \alpha \cdot B\beta$向$B$的第一个项目$B \to \cdot\gamma$引$\varepsilon$弧。
- 初态为开始符号的第一个项目，任何项目都可以作为终态。

例题4.25 构造NFA 有文法$G[S]: S \to aA, A \to bA|c$，构造其NFA。

解 文法G的NFA如图4.8所示，左上角的数字为设置的状态编号。

构造过程如下。

- 产生式$S \to aA$有3个状态：$S \to \cdot aA, S \to a \cdot A, S \to aA \cdot$。
  - 状态$S \to \cdot aA$向$S \to a \cdot A$引a弧；
  - 状态$S \to a \cdot A$向$S \to aA \cdot$引A弧。
- 产生式$A \to bA$有3个状态：$A \to \cdot bA, A \to b \cdot A, A \to bA \cdot$。
  - 状态$A \to \cdot bA$向$A \to b \cdot A$引b弧；
  - 状态$A \to b \cdot A$向$A \to bA \cdot$引A弧。
- 产生式$A \to c$有2个状态：$A \to \cdot c, A \to c \cdot$。
  - 状态$A \to \cdot c$向$A \to c \cdot$引c弧。
- 状态$S \to a \cdot A$的小圆点后为非终结符A，因此向A的第一个项目$A \to \cdot bA$和$A \to \cdot c$引ε弧。
- 状态$A \to b \cdot A$的小圆点后为非终结符A,因此向A的第一个项目$A \to \cdot bA$和$A \to \cdot c$引ε弧。

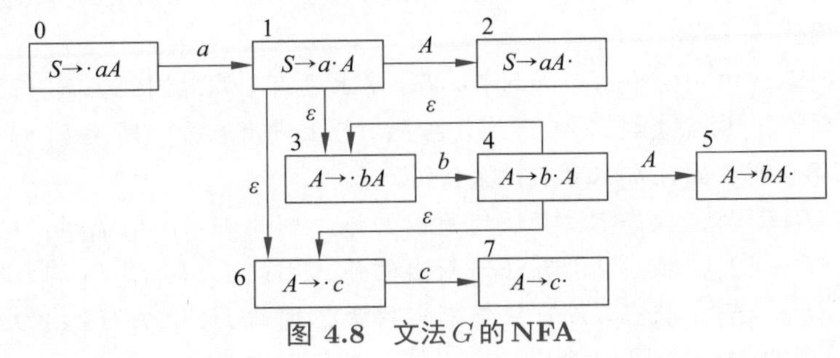

图 4.8 文法G的NFA

下面将构造的NFA确定化，以实现无回溯的句子识别。

例题4.26NFA确定化 将例题4.25的NFA确定化。

解 NFA的可合并状态子集如表4.16所示。

表 4.16 NFA的可合并状态子集

行号/列号	0	1	2	3	4
	I	I_a	I_b	I_c	I_A
0	$\{0\}$	$\{1,3,6\}$	$\varnothing$	$\varnothing$	$\varnothing$
1	$\{1,3,6\}$	$\varnothing$	$\{3,4,6\}$	$\{7\}$	$\{2\}$
2	$\{3,4,6\}$	$\varnothing$	$\{3,4,6\}$	$\{7\}$	$\{5\}$
3	$\{7\}$	$\varnothing$	$\varnothing$	$\varnothing$	$\varnothing$
4	$\{2\}$	$\varnothing$	$\varnothing$	$\varnothing$	
5	$\{5\}$	$\varnothing$	$\varnothing$	$\varnothing$	

状态合并过程如下。

- 首行首列为$\varepsilon\text{-}Closure(\{0\})=\{0\}$
- 第0行，$I=\{0\}$
  - 第1列I_a：由$\delta(0,a)=1$得到$1\in I_a$；再由$\delta(1,\varepsilon)=3,\delta(1,\varepsilon)=6$得到$3\in I_a,6\in I_a$；因此$I_a=\{1,3,6\}$，而$\{1,3,6\}$未出现在第0列，因此加入第1行第0列。
  - 第2列I_b：由于状态0上没有b弧，因此$I_b=\varnothing$。
  - 第3列I_c：由于状态0上没有c弧，因此$I_c=\varnothing$。
  - 第4列I_A：由于状态0上没有A弧，因此$I_A=\varnothing$。
- 第1行，$I=\{1,3,6\}$
  - 第1列I_a：由于状态1、3、6上均没有a弧，因此$I_a=\varnothing$。
  - 第2列I_b：由$\delta(3,b)=4$得到$4\in I_b$；再由$\delta(4,\varepsilon)=3,\delta(4,\varepsilon)=6$得到$3\in I_a,6\in I_b$；因此$I_b=\{3,4,6\}$，而$\{3,4,6\}$未出现在第0列，因此加入第2行第0列。
  - 第3列I_c：由$\delta(6,c)=7$得到$7\in I_c$，7上没有ε弧，因此$I_c=\{7\}$；$\{7\}$未出现在第0列，因此加入第3行第0列。
  - 第4列I_A：由$\delta(1,A)=2$得到$2\in I_A$，2上没有ε弧，因此$I_A=\{2\}$；$\{2\}$未出现在第0列，因此加入第4行第0列。
- 第2行，$I=\{3,4,6\}$
  - 第1列I_a：由于状态3、4、6上均没有a弧，因此$I_a=\varnothing$。
  - 第2列I_b：由$\delta(3,b)=4$得到$4\in I_b$；再由$\delta(4,\varepsilon)=3,\delta(4,\varepsilon)=6$得到$3\in I_a,6\in I_b$；因此$I_b=\{3,4,6\}$。
  - 第3列I_c：由$\delta(6,c)=7$得到$7\in I_c$，7上没有ε弧，因此$I_c=\{7\}$。
  - 第4列I_A：由$\delta(4,A)=5$得到$5\in I_A$，5上没有ε弧，因此$I_A=\{5\}$；$\{5\}$未出现在第0列，因此加入第5行第0列。
- 第3行，$I=\{7\}$：状态7没有任何射出的弧，因此I_a,I_b,I_c,I_A均为空集。
- 第4行，$I=\{2\}$：状态2没有任何射出的弧，因此I_a,I_b,I_c,I_A均为空集。
- 第5行，$I=\{5\}$：状态5没有任何射出的弧，因此I_a,I_b,I_c,I_A均为空集。

合并状态得到DFA，如图4.9所示。

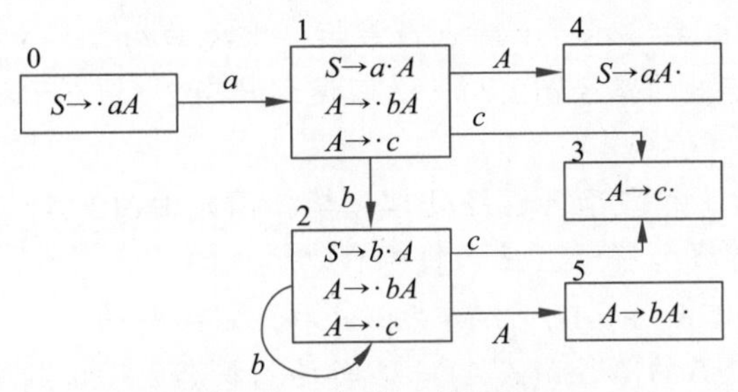

图 4.9 文法G的DFA

下面举例说明句子的识别过程。

例题4.27识别句子 使用图4.9的DFA识别句子$abbc$。

解 以状态0作为初态，根据当前状态和当前输入符号a，确定下一个状态，这个过程与DFA的识别过程完全相同。

使用一个栈结构记录经过状态的路径，当在DFA中“前进”时，状态压入栈；当需要按原路径回退时，状态弹出栈。

使用一个栈记录已经处理过的符号，当在DFA中“前进”时，符号压入栈；当需要归约时，产生式右部符号弹出栈，然后压入左部符号。

状态栈、符号栈、输入串的变化过程如表4.17所示，每个步骤解释如下。

表 4.17 句子$abbc$的识别过程

步骤	状态栈	符号栈	输入串
1	0	#	$abbc$#
2	01	#a	bbc#
3	012	#ab	bc#
4	0122	#abb	c#
5	01223	#$abbc$	#
6	01225	#$abbA$	#
7	0125	#abA	#
8	014	#aA	#
9	0	#	#

- 步骤1：初始化
  - 初态为0，也就是当前状态为0，把0压入状态栈。
  - 符号串两端加#，左端的#压入符号栈，右边的#加到输入串。
- 步骤2：由$\delta(0,a)=1$，进入状态1
  - 状态1压入状态栈，符号a压入符号栈，输入串读下一个符号。
- 步骤3：由$\delta(1,b)=2$，进入状态2
  - 状态2压入状态栈，符号b压入符号栈，输入串读下一个符号。
- 步骤4：由$\delta(2,b)=2$，进入状态2
  - 状态2压入状态栈，符号b压入符号栈，输入串读下一个符号。
- 步骤5：由$\delta(2,c)=3$，进入状态3
  - 状态3压入状态栈，符号c压入符号栈，输入串读下一个符号。

- 步骤6：状态3中$A \to c\cdot$，小圆点在最后，需要归约
  - 按照进入状态3的路径$\delta(2,c)=3$回退到状态2，相当于状态栈弹出2，符号栈弹出c。
  - c归约为A后，相当于A已经处理完毕，因此由$\delta(2,A)=5$再转移到状态5，状态5压入状态栈，符号A压入符号栈。
- 步骤7：状态5中$A \to bA\cdot$，小圆点在最后，需要归约
  - 按照进入状态5的路径$\delta(2,A)=5$回退到状态2，相当于状态栈弹出5，符号栈弹出A。
  - 按照进入状态2的路径$\delta(2,b)=2$回退到状态2，相当于状态栈弹出2，符号栈弹出b。
  - bA归约为A后，相当于A已经处理完毕，因此由$\delta(2,A)=5$再转移到状态5，状态5压入状态栈，符号A压入符号栈。
- 步骤8：状态5中$A \to bA\cdot$，小圆点在最后，需要归约
  - 按照进入状态5的路径$\delta(2,A)=5$回退到状态2，相当于状态栈弹出5，符号栈弹出A。
  - 按照进入状态2的路径$\delta(1,b)=2$回退到状态1，相当于状态栈弹出2，符号栈弹出b。
  - bA归约为A后，相当于A已经处理完毕，因此由$\delta(1,A)=4$再转移到状态4，状态4压入状态栈，符号A压入符号栈。
- 步骤9：状态4中$S \to aA\cdot$，小圆点在最后，需要归约
  - 按照进入状态4的路径$\delta(1,A)=4$回退到状态1，相当于状态栈弹出4，符号栈弹出A。
  - 按照进入状态1的路径$\delta(0,a)=1$回退到状态0，相当于状态栈弹出1，符号栈弹出a。
  - aA归约为S后，相当于S已经处理完毕，虽然状态0没有S弧，但考虑到S是初态，且符号栈和输入串都只剩一个#，可以认为识别成功。

从例题4.25和例题4.26可以看出，可以用DFA描述一个文法所表示的语言。但是，从例题4.27对一个句子的识别过程可以看出，使用DFA识别一个句子，不像词法分析仅依靠DFA就能识别出单词。识别句子还需要记录下状态转移的路径，归约时需要依据状态转移路径回退。如在步骤6，状态栈记录的状态转移路径是$0 \to 1 \to 2 \to 2 \to 5$，当使用状态5的$bA$归约为$A$时，由于$A \to bA$的右部长度为2，因此状态栈弹出2个状态相当于状态原路退回，符号栈弹出2个符号相当于右部符号被弹出。然后再根据左部符号压入状态和符号。

造成这种区别的原因，是词法分析用的是3型文法，产生式右部最多有一个终结符和一个非终结符。终结符在箭弧的标记上，而非终结符包含在状态中，即不同非终结符对应不同状态。而且，对右线性文法，非终结符只会出现在句型最右端；对左线性文法，非终结符只会出现在句型最左端。而语法分析用的是2型文法，产生式右部含有多个符号，长度不定，需要用一个栈辅助记录这个归约过程。

句子分析过程中，实际需要的只有状态路径，也就是只需要状态栈，符号栈只是随着状态的变化而变化。在DFA基础上增加一个分析栈（状态栈），这种自动机称为**下推自动机**（Pushdown Automata）。下推自动机与有穷自动机的区别，就是前者比后者多一个分

析栈，具体理论推导可以参考文献[4,72]。

4.3.2 拓广文法

例题4.27第9步返回初态0后，无法转移到其他状态，通过判断符号栈和输入串的符号都是#，确定分析成功。为了使归约操作完全统一，也就是返回初态0仍能转移，可以考虑通过拓广文法使S弧出现在DFA中。

拓广文法是一种引入新的开始符号，将原开始符号作为普通符号的方法。设原开始符号为S，引入新开始符号S'，并引入单非产生式$S' \to S$。拓广文法过程如算法4.16所示。

算法 4.16 拓广文法过程

输入： 文法$G=(V_N,V_T,P,S)$
输出： 拓广文法$G'=(V_N',V_T',P',S')$
1 引入新的开始符号S'；
2 $V_N'=V_N\cup\{S'\}$；
3 $V_T'=V_T$；
4 $P'=P\cup\{S'\to S\}$；

例题4.28 拓广文法 设文法$G[S]: S\to aA, A\to bA|c$，构造其拓广文法。

解 拓广文法为

$$G[S'] = (\{S',S,A\},\ \{a,b,c\},\ \{S'\to S, S\to aA, A\to bA|c\},\ S')$$

图4.9所示文法G拓广文法后的DFA如图4.10所示，此时回退到状态0时一定是一个子串归约为S，这样一定会转移到状态1，而进入状态1可以作为成功识别一个句子的判定依据。

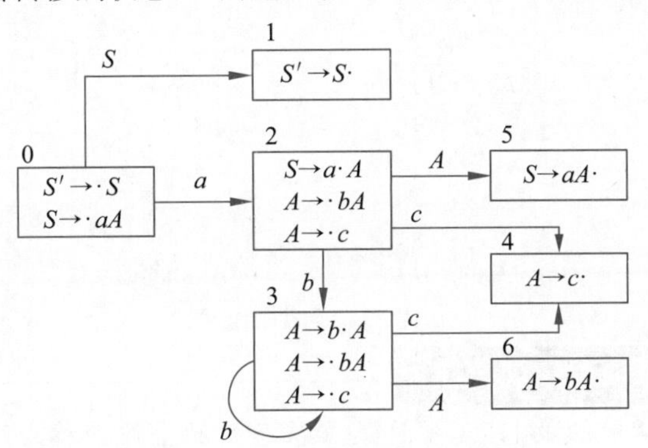

图 4.10 文法G拓广文法后的DFA

4.3.3 LR(0)项目集规范族

LR(0)项目集规范族

在规范推导和规范归约过程中得到的每个中间过程，包括开始符号和句子，都称为规范句型。

定义 4.13 (规范句型)

规范推导或规范归约得到的句型，称为规范句型。♣

表4.17中每个步骤，将符号栈和输入串连接起来（忽略#），就构成了规范句型。符号栈中的符号串总是规范句型的一个前缀。

例题4.27中，归约操作总是在符号栈栈顶进行。LR分析法是一种规范归约方法，栈顶一旦构成句柄，就进行归约。从输入串移进符号到符号栈时，LR分析法需要保证不能在栈顶形成句柄后仍然移进符号，即要保证符号栈的符号串是句柄以前部分的前缀。栈顶形成句柄后，一旦再从输入串移进符号，就错过了归约的时机，符号栈里这个前缀就“死”掉了。我们把句柄及句柄以前部分的前缀，称为活前缀。

定义 4.14 (活前缀)

活前缀是规范句型的一个前缀，它不含句柄以后的任何符号。♣

例题 4.29 活前缀　例题4.25的文法$G[S]: S \to aA, A \to bA|c$，求$abbc$和$abA$的活前缀。

解　$abbc$的语法树如图4.11(a)所示，句柄为c，因此活前缀有$\varepsilon, a, ab, abb, abbc$。

abA的语法树如图4.11(b)所示，句柄为bA，因此活前缀有ε, a, ab, abA。

表4.17符号栈中的符号串，总是规范句型的一个活前缀。4.3.1节例题中DFA的状态，就是识别文法句型活前缀的LR(0)项目集。我们把DFA中这些项目集的全体，称为LR(0)项目集规范族（族一般指集合的集合）。

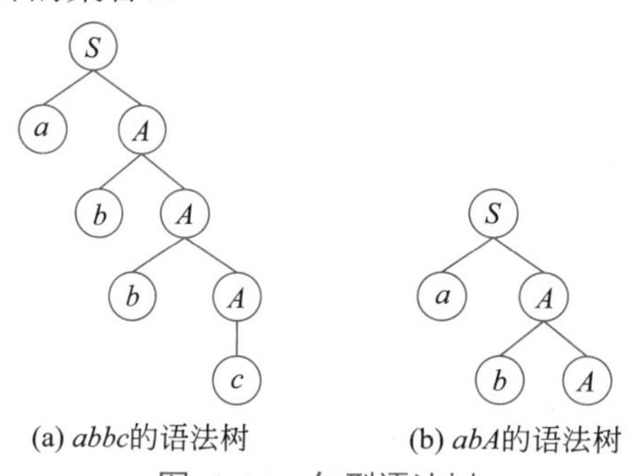

(a) $abbc$的语法树　　(b) abA的语法树

图 4.11　句型语法树

定义 4.15 (LR(0)项目集规范族)

构成识别一个文法活前缀的DFA项目集（状态）的全体，称为这个文法的LR(0)项目集规范族。♣

4.3.4　LR(0)项目集规范族的构造

LR(0)项目集规范族的构造

LR(0) 项目集规范族中的 ε 弧，必会且只会出现在形如 $A \to \alpha \cdot B\beta$ 的项目到 $B \to \cdot\gamma$ 之间。因此，不同于一般的 NFA 确定化为 DFA 的工作，LR(0) 项目集规范族可以一步完成 DFA 的构造，无须先构造 NFA，为此需要明确如下概念。

定义 4.16 (LR(0) 项目集 I 的闭包)

LR(0) 项目集 I 的闭包 $Closure(I)$ 定义为

- 若 $\forall i \in I$，则 $i \in Closure(I)$；
- 若 $A \to \alpha \cdot B\beta \in I, B \in V_N$，则对 B 的任何产生式 $B \to \gamma$，有 $B \to \cdot\gamma \in Closure(I)$。

♣

直观上讲，该定义就是寻找 I 中小圆点后为非终结符的项目，然后把这个非终结符为左部的第一个 LR(0) 项目都纳入 $Closure(I)$ 集合中。$Closure(I)$ 的定义与第3章定义3.6中的 ε-$Closure(I)$ 完全相同，都是**集合 I 与 I 中元素通过 ε 弧到达元素**的并集。只是历史习惯原因，导致两者的记号不完全一样。

与第3章的定义3.7类似，定义集合 I 的转移如下。

定义 4.17 (LR(0) 项目集 I 的 X 转移)

对 $\forall X \in V_T \cup V_N$，LR(0) 项目集 I 的 X 转移定义为：$I_X = Go(I, X) = Closure(J)$，其中 $J = \{A \to \alpha X \cdot \beta | A \to \alpha \cdot X\beta \in I\}$。

♣

这个定义可以分两步理解。

(1) 找到 I 中小圆点后面为 X 的项目，将小圆点移到 X 后，得到 J；

(2) 求 $Closure(J)$，即 J 中或新加入 $Closure(J)$ 中的项目，如果小圆点后为非终结符，这个非终结符为左部的第一个 LR(0) 项目都纳入 $Closure(J)$ 集合中，最后得到的就是 $Go(I, X)$。

通过以上定义，容易得到直接构造 LR(0) 项目集规范族的方法，如算法4.17所示。

算法4.17首先拓广文法（第1行），然后计算新的开始符号 S' 的第一个项目 $I = \{Closure(S' \to \cdot S)\}$（第2行）。第3行初始化了3个数据结构：

- LR(0) 项目集规范族 C，用来记录每个状态（项目集）的内容，初始化为 $\{I\}$。
- 状态转移集合 δ，用来记录 $Go(I, X) = I_X$ 表示的箭弧，初始化为空集。
- 项目集队列 que，用来记录哪些项目集还没有处理，初始 I 入队。

第4~14行的循环，对队列中的所有项目集进行处理，直至队列为空。先出队一个项目集，记作 I（第5行）。对 I 中的每个项目（第6行），找到小圆点后的符号 X（如果小圆点在最后，则不需要处理），求 $Go(I, X)$，记作 I_X（第7行）。$Go(I, X)$ 所代表的箭弧 $\delta(I, X) = I_X$ 并入状态转移集合 δ（第8行）。如果 I_X，也就是 $Go(I, X)$ 不在项目集规范族 C 中（第9行），则 I_X 加入 C（第10行），并且将 I_X 入队（第11行）。

一般把算法4.17中得到的 C 称为 LR(0) 项目集规范族，但要描述完整的 LR(0) 项目集信息，还需要状态转移等内容，可以用有限状态自动机描述。对文法 $G[S] = (V_N, V_T, P, S)$ 的拓广文法的 LR(0) 项目集规范族，用 DFA $M = (S_M, \Sigma_M, \delta_M, s_M, F_M)$ 表示，各分量如下。

- 有限状态集：$S_M = C$。

- 有限字母表：$\Sigma_M = V_N \cup V_T$。
- 映射：$\delta_M = \delta$。
- 初态：$s_M = \{Closure(S' \to \cdot S)\}$。
- 终态集：$F_M = C$。

算法 4.17 LR(0) 项目集规范族的构造

输入： 文法 $G[S] = (V_N, V_T, P, S)$

输出： 文法 $G[S]$ 的拓广文法的 LR(0) 项目集规范族 C，状态转移 δ

```
1  拓广文法 G'[S'] = (V_N ∪ {S'}, V_T, P ∪ {S' → S}, S')，其中 S' ∉ V_N;
2  I = Closure(S' → ·S);
3  初始化 LR(0) 项目集规范族 C = {I}，状态转移集合 δ = ∅，项目集队列 que.en(I);
4  while ¬que.isEmpty do
5  |  I = que.de();
6  |  foreach A → α · Xβ ∈ I do
7  |  |  I_X = Go(I, X);
8  |  |  δ ∪ = {δ(I, X) = I_X};
9  |  |  if I_X ∉ C then
10 |  |  |  C ∪ = I_X;
11 |  |  |  que.en(I_X);
12 |  |  end
13 |  end
14 end
```

我们已经使用符号 I_X 表示 $Go(I,X)$，那么表示 C 中的状态时，不适合再使用 $I_0, I_1, \cdots, I_n$ 表示。为了区别，使用带括号的上标，即 $I^{(0)}, I^{(1)}, \cdots, I^{(n)}$ 表示 C 中的各状态。

例题 4.30LR(0) 项目集规范族构造 有文法 $G[S] : S \to aA, A \to bA|c$，构造其拓广文法的 LR(0) 项目集规范族。

解 拓广文法：$G'[S'] : S' \to S, S \to aA, A \to bA|c$

构造过程如下。

- 初始化：$I^{(0)} = Closure(S' \to \cdot S) = \{S' \to \cdot S, S \to \cdot aA\}$。其中 $S' \to \cdot S$ 的小圆点后面是一个非终结符 S，因此把 S 的第一个 LR(0) 项目 $S \to \cdot aA$ 加入集合中。
- 集合 $I^{(0)}$ 的小圆点后面有两个符号 S, a。
  - $I^{(1)} = Go(I^{(0)}, S) = \{S' \to S\cdot\}$。此处将小圆点移到 S 之后，由于小圆点后面没有非终结符，因此没有新的项目加入。
  - $I^{(2)} = Go(I^{(0)}, a) = \{S \to a \cdot A, A \to \cdot bA, A \to \cdot c\}$。此处将小圆点移到 a 后，这时小圆点后是非终结符 A，因此需要把 A 的第一个项目加入集合 $I^{(2)}$ 中，包括 $A \to \cdot bA$ 和 $A \to \cdot c$。
- 集合 $I^{(1)}$ 小圆点后没有符号。
- 集合 $I^{(2)}$ 的小圆点后面有 3 个符号 A, b, c。
  - $I^{(3)} = Go(I^{(2)}, A) = \{S \to aA\cdot\}$。此处将小圆点移到 A 之后，小圆点后面不再有非终结符，因此没有新的项目加入。
  - $I^{(4)} = Go(I^{(2)}, b) = \{A \to b \cdot A, A \to \cdot bA, A \to \cdot c\}$。此处将小圆点移到 b 之后，这时小圆点后是非终结符 A，因此需要把 A 的第一个项目加入集合 $I^{(4)}$ 中，包括

$A \to \cdot bA$和$A \to \cdot c$。

- $I^{(5)} = Go(I^{(2)}, c) = \{A \to c\cdot\}$。此处将小圆点移到$c$之后，小圆点后面不再有非终结符，因此没有新的项目加入。

- 集合$I^{(3)}$小圆点后没有符号。
- 集合$I^{(4)}$的小圆点后面有3个符号A, b, c。
  - $I^{(6)} = Go(I^{(4)}, A) = \{A \to bA\cdot\}$。此处将小圆点移到$A$之后，小圆点后面不再有非终结符，因此没有新的项目加入。
  - $I^{(4)} = Go(I^{(4)}, b) = \{A \to b \cdot A, A \to \cdot bA, A \to \cdot c\}$。此处将小圆点移到$b$之后，这时小圆点后是非终结符$A$，因此需要把$A$的第一个项目加入集合$I^{(4)}$中，包括$A \to \cdot bA$和$A \to \cdot c$。这样得到的$Go(I^{(4)}, b)$与$I^{(4)}$是同一个集合，不是新的集合，不需要再加入LR(0)项目集规范族C。
  - $I^{(5)} = Go(I^{(4)}, c) = \{A \to c\cdot\}$。此处将小圆点移到$c$之后，小圆点后面不再有非终结符，因此没有新的项目加入，该集合与$I^{(5)}$是同一个集合。
- 集合$I^{(5)}$小圆点后没有符号。
- 集合$I^{(6)}$小圆点后没有符号。

将$I^{(i)}$看作状态，对每个$I^{(j)} = Go(I^{(i)}, X)$，从状态$I^{(i)}$到$I^{(j)}$引X弧，即可得到DFA，如图4.12所示。

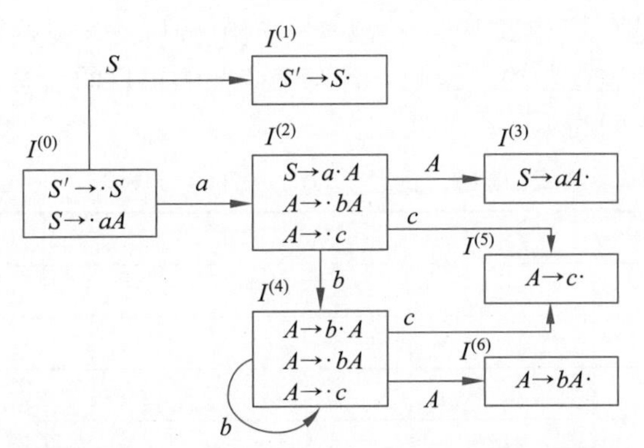

图 **4.12** 文法G拓广文法的**LR(0)**项目集规范族

4.3.5 LR(0)分析表构造

LR(0) 分析表构造

分析LR(0)项目，共有4种类别。

- 接受项目，为形如$S' \to \alpha\cdot$的项目，其中S'为开始符号。当进入该项目所在状态，且当前符号为结束符#，表示成功识别出句子。
- 归约项目，为形如$A \to \alpha\cdot$的项目，其中A不是开始符号，表示此时可以用该候选式进行归约。
- 移进项目，为形如$A \to \alpha \cdot a\beta$的项目，其中$a \in V_T$，表示此时匹配当前符号$a$，然后读入下一个符号。

- 待约项目，为形如 $A \to \alpha \cdot B\beta$ 的项目，其中 $B \in V_N$，表示将进行非终结符号 B 的归约。

LR(0) 分析表需要将 LR(0) 项目集规范族中的这些项目，用一张表保存起来，供分析器查阅使用。

表4.18为例题4.30对应的 LR(0) 分析表。该表的行表示状态，我们用例题中集合 $I^{(i)}$ 的上标 i 表示，如第 1 列所示。列表示符号，其中增加了一个 # 作为终结符号，这个符号是符号串最后一个符号的标识。该表把终结符的部分称为**动作（Action）**，把非终结符的部分称为**转移（Goto）**。动作表中状态 i 和符号 $x \in V_T$ 确定的单元格，记作 $Action[i, x]$；转移表中状态 i 和符号 $X \in V_N$ 确定的单元格，记作 $Goto[i, X]$。

对于接受项目，对应例题4.30中的集合 $I^{(1)}$。这个状态遇到结束符号 # 才能接受，因此 $Action[1, \#] = acc$。acc（Accept）这个符号表示接受输入串，识别成功。

移进项目和待约项目都表示状态转移，但依据历史形成的记号法则，动作表中填入符号“s”连接一个表示后继状态的数字，而转移表中只填写后继状态的数字。如 $I^{(2)} = Go(I^{(0)}, a)$，则 $Action[0, a] = s2$；$I^{(1)} = Go(I^{(0)}, S)$，则 $Goto[0, S] = 1$。

归约项目需要说明用哪个产生式进行归约，为了填表方便，我们给每个产生式编号，用符号“r”连接一个产生式编号，表示用第几个产生式进行归约。如把这些产生式编号为 $(0)S' \to S, (1)S \to aA, (2)A \to bA, (3)A \to c$，其中每个产生式前面括号里的数字表示产生式编号，那么“$r1$”就表示产生式 $S \to aA$。对 LR(0) 分析法，只要遇到归约项目，不管当前输入符号是什么，都进行归约。因此，含有某个归约项目的状态集，在动作表中该行所有终结符号位置都填入归约用的产生式。

表 4.18　例题 4.30 的 LR(0) 分析表

状态	*Action*				*Goto*	
	a	b	c	#	S	A
0	$s2$				1	
1				acc		
2		$s4$	$s5$			3
3	$r1$	$r1$	$r1$	$r1$		
4		$s4$	$s5$			6
5	$r3$	$r3$	$r3$	$r3$		
6	$r2$	$r2$	$r2$	$r2$		

综上，可以归纳 LR(0) 分析表构造，如算法4.18所示。

该算法第 1~4 行的循环遍历所有转移 $Go(I^{(i)}, a) = I^{(j)}$，根据弧上的符号 a 是终结符号还是非终结符号填写动作表和转移表。终结符相应位置填 sj，非终结符直接填写数字 j。

第 5~14 行的循环遍历 LR(0) 项目集，对项目集中的归约项目（第 6~13 行），如果归约项目左部为开始符号，则在项目集代表的行、# 所在列位置填写 acc（第 7 行）；如果归约项目左部不是开始符号（第 8 行），则在项目集代表的整个行都填写归约项目产生式 rk（第 9~11 行）。

算法 4.18 LR(0) 分析表构造算法

输入: 拓广文法 $G[S^{'}]$ 的 LR(0) 项目集规范族 C，状态转移集 δ

输出: LR(0) 分析表

```
1  foreach Go(I^(i), a) = I^(j) ∈ δ do
2  |  if a ∈ V_T then Action[i, a] = sj ;
3  |  else if a ∈ V_N then Goto[i, a] = j ;
4  end
5  foreach I^(i) ∈ C do
6  |  foreach A → α· ∈ I^(i) do
7  |  |  if A = S' then Action[i, #] = acc ;
8  |  |  else
9  |  |  |  foreach a ∈ V_T ∪ {#} do
10 |  |  |  |  Action[i, a] = rk，其中 k 是产生式 A → α 的编号;
11 |  |  |  end
12 |  |  end
13 |  end
14 end
```

例题 4.31 构造 LR(0) 分析表 构造例题4.30的 LR(0) 分析表。

解 表4.18中已经给出了该分析表结果，下面分析填表过程。

首先给产生式编号：$(0)S^{'} \to S, (1)S \to aA, (2)A \to bA, (3)A \to c$

构造 LR(0) 分析表过程如下。

首先遍历状态转移：

- 集合 $I^{(0)}$
  - $I^{(1)} = Go(I^{(0)}, S)$，因此 $Goto[0, S] = 1$。
  - $I^{(2)} = Go(I^{(0)}, a)$，因此 $Action[0, a] = s2$。
- 集合 $I^{(1)}$ 没有射出的弧。
- 集合 $I^{(2)}$
  - $I^{(3)} = Go(I^{(2)}, A)$，因此 $Goto[2, A] = 3$。
  - $I^{(4)} = Go(I^{(2)}, b)$，因此 $Action[2, b] = s4$。
  - $I^{(5)} = Go(I^{(2)}, c)$，因此 $Action[2, c] = s5$。
- 集合 $I^{(3)}$ 没有射出的弧。
- 集合 $I^{(4)}$
  - $I^{(6)} = Go(I^{(4)}, A)$，因此 $Goto[4, A] = 6$。
  - $I^{(4)} = Go(I^{(4)}, b)$，因此 $Action[4, b] = s4$。
  - $I^{(5)} = Go(I^{(4)}, c)$，因此 $Action[4, c] = s5$。
- 集合 $I^{(5)}$ 没有射出的弧。
- 集合 $I^{(6)}$ 没有射出的弧。

然后遍历所有状态：

- 集合 $I^{(0)}$，没有接受项目和归约项目。
- 集合 $I^{(1)}$，有接受项目 $S^{'} \to S\cdot$，因此 $Action[1, \#] = acc$。
- 集合 $I^{(2)}$，没有接受项目和归约项目。

- 集合 $I^{(3)}$，有归约项目 $S \to aA\cdot$，对应产生式 (1)，因此 $Action[3,x] = r1, x \in V_T \cup \{\#\}$。
- 集合 $I^{(4)}$，没有接受项目和归约项目。
- 集合 $I^{(5)}$，有归约项目 $A \to c\cdot$，对应产生式 (3)，因此 $Action[5,x] = r3, x \in V_T \cup \{\#\}$。
- 集合 $I^{(6)}$，有归约项目 $A \to bA\cdot$，对应产生式 (2)，因此 $Action[6,x] = r2, x \in V_T \cup \{\#\}$。

4.3.6 LR 分析器

LR 分析器

所有 LR 分析表，包括已介绍的 LR(0) 分析表和将要介绍的 SLR(1)、LR(1) 和 LALR(1) 分析表，它们的结构都是一样的，只是分析表的构造方法有所不同。LR 分析器采用完全相同的分析算法，也就是本节介绍的 LR 分析算法，适用于 LR(0)、SLR(1)、LR(1) 和 LALR(1) 等所有 LR 分析法。

LR 分析器又称 LR 分析程序，结构如图4.13所示。整个分析过程可以看作 3 个数据结构的变化。

- 输入串：即单词序列符号串，在末尾追加 # 作为结束标志。
- 状态栈：如例题4.27所示，使用产生式归约时，需要使状态按原转移路径退回，因此用一个栈记录状态的转移路径，便于退回操作。
- 符号栈：每次状态转移，都对应一个符号的处理，因此用一个栈记录状态栈中状态对应的符号变化。符号栈有助于明确归约过程，但对于 LR 分析过程没有作用，此处保留该栈，以便于在中间代码生成时用于记录属性信息。

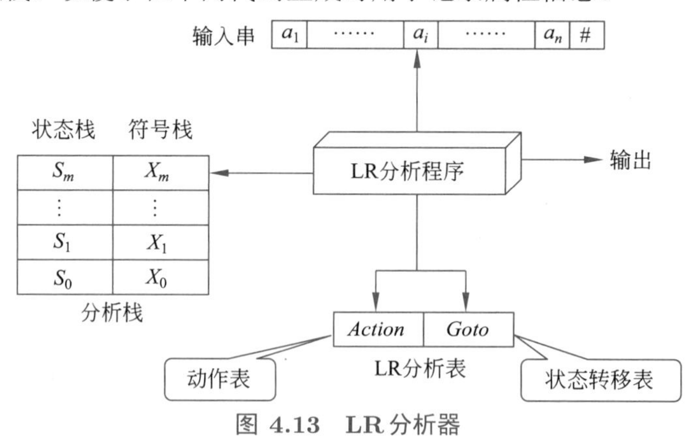

图 4.13 LR 分析器

状态栈和符号栈合称分析栈。LR 分析程序每步查询 LR 分析表（包括动作表 *Action* 和状态转移表 *Goto*），然后操作输入串、状态栈和符号栈产生相应变化，直至接受或拒绝要识别的符号串。

LR 分析法是非常符合哲理的，其基本思想综合了“历史”“展望”和“现实”三方面的材料。LR(0) 项目中，小圆点已经记录了已处理和将要处理的符号，所以状态体现了产生式这个局部信息的历史和展望。LR分析法中，记住已经移进和归约出的整个符号串和状态转移路径，即"记住历史"；根据所用的产生式推测未来可能碰到的输入符号，即"展望未来"。当一串貌似句柄的符号串呈现于分析栈的顶端时，根据"历史""展望"和"现实"的输入符号三方面材料，确定栈顶符号串是否构成相对于某一个产生式的句柄。

LR分析法工作过程可以看成三元组（状态栈，符号栈，输入串）的变化过程，如算法4.19所示。

初始化时，状态栈压入初态，符号栈压入#，输入串末尾加#（第1行），每步状态栈和符号栈的长度总是相同的。若某步三元组为$(s_0s_1\cdots s_m, \#X_1X_2\cdots X_m, a_ia_{i+1}\cdots a_n\#)$（第2行），即状态栈和符号栈各有$m+1$个元素，此时根据状态栈栈顶状态$s_m$和当前输入符号$a_i$查分析表，得到$Action[s_m, a_i]$。

第4行的if语句判断条件为$Action[s_m, a_i] = sk$，即移进，此时将状态k压入状态栈，当前符号a_i压入符号栈，读入下一个符号a_{i+1}（第5行）。

第6行的else if语句判断条件为$Action[s_m, a_i] = rk$，即使用第k个产生式进行归约，假设这个产生式是$A \to \beta$，则需要如下4步处理。

(1) 状态栈弹出$|\beta|$个状态，其中$|\beta|$为产生式右部的长度，此时栈顶状态为$s_{m-|\beta|}$（第7行状态栈）。

(2) 符号栈弹出$|\beta|$个符号，此时栈顶符号为$X_{m-|\beta|}$（第7行符号栈）。

(3) 根据状态栈栈顶状态$s_{m-|\beta|}$和产生式左部符号A查状态转移表，得到$Goto[s_{m-|\beta|}, A]$，记作s（第8行）。

(4) 状态栈压入状态s，符号栈压入产生式左部A（第9行）。

算法 4.19 LR分析法

输入： LR分析表，输入串$a_1a_2\cdots a_n$

输出： 分析成功或失败

```
1  初始化：(s_0, #, a_1a_2···a_n#)，其中 s_0 是LR分析表的初态;
2  假设某步结果为 (s_0s_1···s_m, #X_1X_2···X_m, a_ia_{i+1}···a_n#);
3  while true do
4  |  if Action[s_m, a_i] = sk then
5  |  |  三元组更新为 (s_0s_1···s_mk, #X_1X_2···X_ma_i, a_{i+1}···a_n#);
6  |  else if Action[s_m, a_i] = rk，且第k个应产生式为 A → β then
7  |  |  三元组更新为 (s_0s_1···s_{m-|β|}, #X_1X_2···X_{m-|β|}, a_ia_{i+1}···a_n#);
8  |  |  查表得到 s = Goto[s_{m-|β|}, A];
9  |  |  三元组更新为 (s_0s_1···s_{m-|β|}s, #X_1X_2···X_{m-|β|}A, a_ia_{i+1}···a_n#);
10 |  else if Action[s_m, a_i] = acc then
11 |  |  宣布分析成功，退出
12 |  else if Action[s_m, a_i] 为空白 then
13 |  |  报错，退出
14 |  end
15 end
```

第10、12行的else if语句分别为分析成功和出错的情况，两种情况均导致该算法结束。

例题4.32 使用LR分析器分析句子 使用表4.18的分析表分析句子$abbc$。

解 分析过程如表4.19所示。

表 4.19 句子 $abbc$ 的识别过程

步骤	状态栈	符号栈	输入串	说　明
1	0	#	$abbc$#	初始化
2	02	#a	bbc#	$Action[0,a]=s2$，移进
3	024	#ab	bc#	$Action[2,b]=s4$，移进
4	0244	#abb	c#	$Action[4,b]=s4$，移进
5	02445	#$abbc$	#	$Action[4,c]=s5$，移进
6	02446	#$abbA$	#	$Action[5,\#]=r3$，用 $A\to c$ 归约。状态栈、符号栈各弹出 1 个元素，查 $Goto[4,A]=6$，状态栈压入 6，符号栈压入 A
7	0246	#abA	#	$Action[6,\#]=r2$，用 $A\to bA$ 归约。状态栈、符号栈各弹出 2 个元素，查 $Goto[4,A]=6$，状态栈压入 6，符号栈压入 A
8	023	#aA	#	$Action[6,\#]=r2$，用 $A\to bA$ 归约。状态栈、符号栈各弹出 2 个元素，查 $Goto[2,A]=3$，状态栈压入 3，符号栈压入 A
9	01	#S	#	$Action[3,\#]=r1$，用 $S\to aA$ 归约。状态栈、符号栈各弹出 2 个元素，查 $Goto[0,A]=1$，状态栈压入 1，符号栈压入 S
10	01	#S	#	$Action[1,\#]=acc$，宣布识别成功，结束

4.3.7 LR(0) 分析法的局限性

LR(0) 分析法是其他 LR 分析法的基础，但 LR(0) 分析法本身局限性极大，下面通过例子说明。

例题 4.33 构造 LR(0) 分析表 有文法 $G[E]: E\to E{+}T|T, T\to T{*}P|P, P\to F\,\hat{}\,P|F, F\to (E)|i$，其中 ^ 为幂运算算符，构造其拓广文法的 LR(0) 分析表。

解 拓广文法并为产生式编号，$G'[E']$：

(0) $E'\to E$　　(3) $T\to T*P$　　(6) $P\to F$

(1) $E\to E+T$　　(4) $T\to P$　　(7) $F\to (E)$

(2) $E\to T$　　(5) $P\to F\,\hat{}\,P$　　(8) $F\to i$

构造 LR(0) 项目集规范族：

- 初始化：$I^{(0)}=Closure(E'\to\cdot E)=\{E'\to\cdot E, E\to\cdot E+T, E\to\cdot T, T\to\cdot T*P, T\to\cdot P, P\to\cdot F\,\hat{}\,P, P\to\cdot F, F\to\cdot(E), F\to\cdot i\}$。其中 $E'\to\cdot E$ 小圆点后为非终结符号 E，因此将 E 的第 1 个 LR(0) 项目 $E\to\cdot E+T$ 和 $E\to\cdot T$ 加入项目集；新加入的 $E\to\cdot T$ 小圆点后为非终结符号 T，因此再把 T 的第 1 个 LR(0) 项目加入；……；以此类推，依次加入后续项目。
- 集合 $I^{(0)}$ 的小圆点后有符号 $E, T, P, F, (, i$
  - $I^{(1)}=Go(I^{(0)},E)=\{E'\to E\cdot, E\to E\cdot{+}T\}$
  - $I^{(2)}=Go(I^{(0)},T)=\{E\to T\cdot, T\to T\cdot{*}P\}$

- $I^{(3)} = Go(I^{(0)}, P) = \{T \to P\cdot\}$
- $I^{(4)} = Go(I^{(0)}, F) = \{P \to F \cdot \hat{} P, P \to F\cdot\}$
- $I^{(5)} = Go(I^{(0)}, () = \{F \to (\cdot E), E \to \cdot E + T, E \to \cdot T, T \to \cdot T * P, T \to \cdot P, P \to \cdot F \hat{} P, P \to \cdot F, F \to \cdot(E), F \to \cdot i\}$
- $I^{(6)} = Go(I^{(0)}, i) = \{E \to i\cdot\}$

• 集合$I^{(1)}$的小圆点后有符号$+$
- $I^{(7)} = Go(I^{(1)}, +) = \{E \to E + \cdot T, T \to \cdot T * P, T \to \cdot P, P \to \cdot F \hat{} P, P \to \cdot F, F \to \cdot(E), F \to \cdot i\}$

• 集合$I^{(2)}$的小圆点后有符号$*$
- $I^{(8)} = Go(I^{(2)}, *) = \{T \to T * \cdot P, P \to \cdot F \hat{} P, P \to \cdot F, F \to \cdot(E), F \to \cdot i\}$

• 集合$I^{(3)}$的小圆点后没有符号

• 集合$I^{(4)}$的小圆点后有符号$\hat{}$
- $I^{(9)} = Go(I^{(4)}, \hat{}) = \{P \to F \hat{} \cdot P, P \to \cdot F \hat{} P, P \to \cdot F, F \to \cdot(E), F \to \cdot i\}$

• 集合$I^{(5)}$的小圆点后有符号$E, T, P, F, (, i$
- $I^{(10)} = Go(I^{(5)}, E) = \{F \to (E\cdot), E \to E \cdot +T\}$
- $I^{(2)} = Go(I^{(5)}, T)$
- $I^{(3)} = Go(I^{(5)}, P)$
- $I^{(4)} = Go(I^{(5)}, F)$
- $I^{(5)} = Go(I^{(5)}, ()$
- $I^{(6)} = Go(I^{(5)}, i)$

• 集合$I^{(6)}$的小圆点后没有符号

• 集合$I^{(7)}$的小圆点后有符号$T, P, F, (, i$
- $I^{(11)} = Go(I^{(7)}, T) = \{E \to E + T\cdot, T \to T \cdot *P\}$
- $I^{(3)} = Go(I^{(7)}, P)$
- $I^{(4)} = Go(I^{(7)}, F)$
- $I^{(5)} = Go(I^{(7)}, ()$
- $I^{(6)} = Go(I^{(7)}, i)$

• 集合$I^{(8)}$的小圆点后有符号$P, F, (, i$
- $I^{(12)} = Go(I^{(8)}, P) = \{T \to T * P\cdot\}$
- $I^{(4)} = Go(I^{(8)}, F)$
- $I^{(5)} = Go(I^{(8)}, ()$
- $I^{(6)} = Go(I^{(8)}, i)$

• 集合$I^{(9)}$的小圆点后有符号$P, F, (, i$
- $I^{(13)} = Go(I^{(9)}, P) = \{P \to F \hat{} P\cdot\}$
- $I^{(4)} = Go(I^{(9)}, F)$
- $I^{(5)} = Go(I^{(9)}, ()$
- $I^{(6)} = Go(I^{(9)}, i)$

• 集合$I^{(10)}$的小圆点后有符号$), +$
- $I^{(14)} = Go(I^{(10)},)) = \{F \to (E)\cdot\}$
- $I^{(7)} = Go(I^{(10)}, +)$

- 集合 $I^{(11)}$ 的小圆点后有符号 $*$
  - $I^{(8)} = Go(I^{(11)}, *)$
- 集合 $I^{(12)}$ 的小圆点后没有符号
- 集合 $I^{(13)}$ 的小圆点后没有符号
- 集合 $I^{(14)}$ 的小圆点后没有符号

构造 LR(0) 项目集规范族后，无须再画 DFA 图表示，直接填写 LR 分析表即可。例题 4.33 的 LR(0) 分析表如表4.20所示，构造过程如下。遍历状态转移：

表 4.20 例题 4.33 的 LR(0) 分析表

状态	Action							Goto			
	+	*	^	(	)	i	#	E	T	P	F
0				$s5$		$s6$		1	2	3	4
1	$s7$						acc				
2	$r2$	$s8/r2$	$r2$	$r2$	$r2$	$r2$	$r2$				
3	$r4$	$r4$	$r4$	$r4$	$r4$	$r4$	$r4$				
4	$r6$	$r6$	$s9/r6$	$r6$	$r6$	$r6$	$r6$				
5				$s5$		$s6$		10	2	3	4
6	$r8$	$r8$	$r8$	$r8$	$r8$	$r8$	$r8$				
7				$s5$		$s6$			11	3	4
8				$s5$		$s6$				12	4
9				$s5$		$s6$				13	4
10	$s7$				$s14$						
11	$r1$	$s8/r1$	$r1$	$r1$	$r1$	$r1$	$r1$				
12	$r3$	$r3$	$r3$	$r3$	$r3$	$r3$	$r3$				
13	$r5$	$r5$	$r5$	$r5$	$r5$	$r5$	$r5$				
14	$r7$	$r7$	$r7$	$r7$	$r7$	$r7$	$r7$				

- 集合 $I^{(0)}$
  - $I^{(1)} = Go(I^{(0)}, E)$，因此 $Goto[0, E] = 1$。
  - $I^{(2)} = Go(I^{(0)}, T)$，因此 $Goto[0, T] = 2$。
  - $I^{(3)} = Go(I^{(0)}, P)$，因此 $Goto[0, P] = 3$。
  - $I^{(4)} = Go(I^{(0)}, F)$，因此 $Goto[0, F] = 4$。
  - $I^{(5)} = Go(I^{(0)}, ()$，因此 $Action[0, (] = s5$。
  - $I^{(6)} = Go(I^{(0)}, i)$，因此 $Action[0, i] = s6$。
- 集合 $I^{(1)}$
  - $I^{(7)} = Go(I^{(1)}, +)$，因此 $Action[1, +] = s7$。
- 集合 $I^{(2)}$
  - $I^{(8)} = Go(I^{(2)}, *)$，因此 $Action[2, *] = s8$。
- 集合 $I^{(3)}$ 没有射出的弧。
- 集合 $I^{(4)}$
  - $I^{(9)} = Go(I^{(4)}, \hat{})$，因此 $Action[4, \hat{}] = s9$。

- 集合$I^{(5)}$
  - $I_{10}=Go(I^{(5)},E)$，因此$Goto[5,E]=10$。
  - $I^{(2)}=Go(I^{(5)},T)$，因此$Goto[5,T]=2$。
  - $I^{(3)}=Go(I^{(5)},P)$，因此$Goto[5,P]=3$。
  - $I^{(4)}=Go(I^{(5)},F)$，因此$Goto[5,F]=4$。
  - $I^{(5)}=Go(I^{(5)},()$，因此$Action[5,(]=s5$。
  - $I^{(6)}=Go(I^{(5)},i)$，因此$Action[5,i]=s6$。
- 集合$I^{(6)}$没有射出的弧。
- 集合$I^{(7)}$
  - $I_{11}=Go(I^{(7)},T)$，因此$Goto[7,T]=11$。
  - $I^{(3)}=Go(I^{(7)},P)$，因此$Goto[7,P]=3$。
  - $I^{(4)}=Go(I^{(7)},F)$，因此$Goto[7,F]=4$。
  - $I^{(5)}=Go(I^{(7)},()$，因此$Action[7,(]=s5$。
  - $I^{(6)}=Go(I^{(7)},i)$，因此$Action[7,i]=s6$。
- 集合$I^{(8)}$
  - $I^{(12)}=Go(I^{(8)},P)$，因此$Goto[8,P]=12$。
  - $I^{(4)}=Go(I^{(8)},F)$，因此$Goto[8,F]=4$。
  - $I^{(5)}=Go(I^{(8)},()$，因此$Action[8,(]=s5$。
  - $I^{(6)}=Go(I^{(8)},i)$，因此$Action[8,i]=s6$。
- 集合$I^{(9)}$
  - $I^{(13)}=Go(I^{(9)},P)$，因此$Goto[9,P]=13$。
  - $I^{(4)}=Go(I^{(9)},F)$，因此$Goto[9,F]=4$。
  - $I^{(5)}=Go(I^{(9)},()$，因此$Action[9,(]=s5$。
  - $I^{(6)}=Go(I^{(9)},i)$，因此$Action[9,i]=s6$。
- 集合$I^{(10)}$的小圆点后有符号$),+$
  - $I^{(14)}=Go(I^{(10)},))$，因此$Action[10,)]=s14$。
  - $I^{(7)}=Go(I^{(10)},+)$，因此$Action[10,+]=s7$。
- 集合$I^{(11)}$的小圆点后有符号$*$
  - $I^{(8)}=Go(I^{(11)},*)$，因此$Action[11,*]=s8$。

遍历所有状态：

- 集合$I^{(0)}$，没有接受项目和归约项目。
- 集合$I^{(1)}$，有接受项目$E'\to E\cdot$，因此$Action[1,\#]=acc$。
- 集合$I^{(2)}$，有归约项目$E\to T\cdot$，对应产生式(2)，因此第2行填$r2$。前面已经填写了$Action[2,*]=s8$，现在又有$Action[2,*]=r2$，我们先把该部分记录下来，暂不处理。
- 集合$I^{(3)}$，有归约项目$T\to P\cdot$，对应产生式(4)，因此第3行填$r4$。
- 集合$I^{(4)}$，有归约项目$P\to F\cdot$，对应产生式(6)，因此第4行填$r6$。
- 集合$I^{(5)}$，没有接受项目和归约项目。
- 集合$I^{(6)}$，有归约项目$F\to i\cdot$，对应产生式(8)，因此第6行填$r8$。
- 集合$I^{(7)}$，没有接受项目和归约项目。

- 集合$I^{(8)}$，没有接受项目和归约项目。
- 集合$I^{(9)}$，没有接受项目和归约项目。
- 集合$I^{(10)}$，没有接受项目和归约项目。
- 集合$I^{(11)}$，有归约项目$E \to E + T\cdot$，对应产生式(1)，因此第11行填$r1$。
- 集合$I^{(12)}$，有归约项目$T \to T * P\cdot$，对应产生式(3)，因此第12行填$r3$。
- 集合$I^{(13)}$，有归约项目$P \to F\hat{\ }P\cdot$，对应产生式(5)，因此第13行填$r5$。
- 集合$I^{(14)}$，有归约项目$F \to (E)\cdot$，对应产生式(7)，因此第14行填$r7$。

表4.20中出现了动作不唯一的情况，称为出现了LR(0)**冲突**，这3处冲突分别为

- $Action[2,*] = s8, Action[2,*] = r2$
- $Action[4,\hat{\ }] = s9, Action[4,\hat{\ }] = r6$
- $Action[11,*] = s8, Action[11,*] = r1$

LR(0)项目集可归纳为如下3种情况。

- 若项目集只有移进和归约项目，如图4.14(a)所示，则不会产生冲突。
- 若项目集既有移进项目，又有归约项目，如图4.14(b)所示，则产生移进-归约冲突，此时既有$Action[i,a] = sj$，又有$Action[i,a] = rk$。
- 若项目集有多个归约项目，如图4.14(c)所示，则产生归约-归约冲突，此时对$\forall a \in V_T \cup \{\#\}$，既有$Action[i,a] = rk_1$，又有$Action[i,a] = rk_2$。

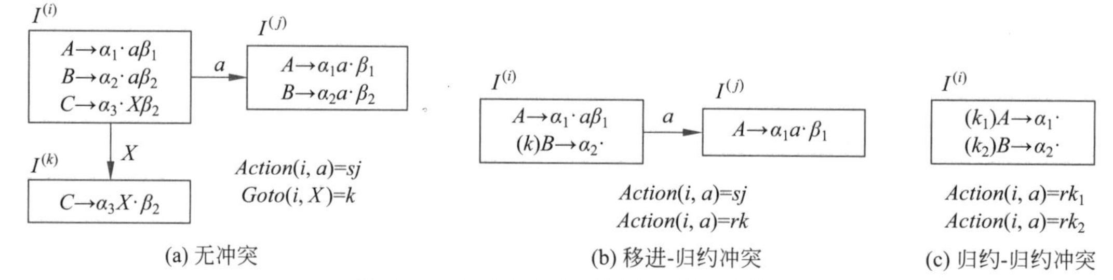

图 4.14 LR(0)项目不同情况及冲突

下面通过一个例子分析产生冲突的原因，从而找到解决冲突的办法。

例题4.34分析句子 使用表4.20所示的分析表识别句子$i*i$。

解 句子$i*i$的识别过程如表4.21所示。

表 4.21 句子$i*i$的识别过程

步骤	状态栈	符号栈	输入串	说明
1	0	#	$i*i\#$	初始化
2	06	$\#i$	$*i\#$	$Action[0,i] = s6$，移进
3	04	$\#F$	$*i\#$	$Action[6,*] = r8$，用$F \to i$归约。状态栈、符号栈各弹出1个元素，$Goto[0,F] = 4$，4入状态栈，F入符号栈
4	03	$\#P$	$*i\#$	$Action[4,*] = r6$，用$P \to F$归约。状态栈、符号栈各弹出1个元素，$Goto[0,P] = 3$，3入状态栈，P入符号栈
5	02	$\#T$	$*i\#$	$Action[3,*] = r4$，用$T \to P$归约。状态栈、符号栈各弹出1个元素，$Goto[0,T] = 2$，2入状态栈，T入符号栈
6	02	$\#T$	$*i\#$	$Action[2,*]$处出现移进-归约冲突，报错，退出

分析例题4.34第6步的移进-归约冲突，发现该步面临两个选择：要么选择$s8$移进$*$；要么选择$r2$利用$E \to T$将T归约为E。

如果选择移进，那么加上输入串的部分形成$T*i$，这个句型是有可能归约到开始符号E'的。但如果选择T归约为E，加上输入串的部分形成$E*i$，这个句型是不可能归约到开始符号E'的。那么，这里栈顶归约到T移进和归约到E再移进的区别是什么呢？

分析文法可以知道，符号E后面不能跟$*$，而符号T后面是可以跟$*$的，这为我们改进LR(0)分析法提供了一个思路。填写LR(0)分析表时，遇到归约的情况，将所有$a \in V_T \cup \{\#\}$处都填入归约产生式。实际上，若当前输入符号为a，归约产生式为$A \to \beta$，如果产生式左部符号A后面可以跟a，那么从当前步骤看用这个产生式归约就没有问题；如果A后面不能跟a，那么归约为A后就无法进一步归约为开始符号，这里输入串中a的出现就是一个语法错误。所以，可以通过向后看一个符号的方法解决LR(0)分析法的冲突问题。

4.3.8 SLR(1)分析表构造

4.1.6节中，使用后继符集$Follow$向右看一个符号。为解决LR(0)分析的冲突问题，我们也使用后继符集简单地向右看一个符号，这就是简单LR分析法，也称为SLR或SLR(1)分析法。

SLR(1)分析的基本思想是：若$A \to \alpha \cdot \in I^{(i)}$，当$a \in Follow(A)$时，才置$Action[i,a] = rk$，其中$k$为该产生式编号。这是因为若$a \notin Follow(A)$，说明$A$后面不能跟$a$，如果把$\alpha$归约为$A$，一定不能归约到开始符号。

算法4.20为SLR(1)分析表构造过程，与LR(0)分析表构造算法相比，只修改了第9行，在$a \in Follow(A)$的列才置为归约产生式。

算法 4.20 SLR(1)分析表构造算法

输入： 拓广文法$G[S']$的LR(0)项目集规范族，以及非终结符的$Follow$集合

输出： SLR(1)分析表

```
1  foreach Go(I^(i), a) = I^(j) ∈ δ do
2  |   if a ∈ V_T then  Action[i,a] = sj ;
3  |   else if a ∈ V_N then  Goto[i,a] = j ;
4  end
5  foreach I^(i) ∈ C do
6  |   foreach A → α· ∈ I^(i) do
7  |   |   if A = S' then  Action[i,#] = acc ;
8  |   |   else
9  |   |   |   foreach a ∈ Follow(A) do
10 |   |   |   |   Action[i,a] = rk，其中k是产生式A → α的编号;
11 |   |   |   end
12 |   |   end
13 |   end
14 end
```

例题4.35 构造SLR(1)分析表 构造例题4.33中文法的SLR(1)分析表。

解 拓广文法$G'[E']$的产生式编号：

(0) $E' \to E$　　(3) $T \to T * P$　　(6) $P \to F$

(1) $E \to E + T$　　(4) $T \to P$　　(7) $F \to (E)$

(2) $E \to T$　　(5) $P \to F\hat{}P$　　(8) $F \to i$

LR(0) 项目集规范族、状态转移的填写与例题4.33完全相同，下面只考虑归约项目的填写。

首先构造首符集 $First$：

$First(E') = \{(, i\}$　　$First(T) = \{(, i\}$　　$First(F) = \{(, i\}$

$First(E) = \{(, i\}$　　$First(P) = \{(, i\}$

使用首符集 $First$ 构造后继符集 $Follow$：

$Follow(E') = \{\#\}$　　$Follow(P) = \{\#, +, *,)\}$

$Follow(E) = \{\#, +,)\}$　　$Follow(F) = \{\hat{}, \#, +, *,)\}$

$Follow(T) = \{\#, +, *,)\}$

SLR(1) 分析表如表4.22所示，遍历所有状态过程如下。

表 4.22　例题 4.35 的 SLR(1) 分析表

状态	*Action*							*Goto*			
	+	*	^	(	)	*i*	#	*E*	*T*	*P*	*F*
0				*s*5		*s*6		1	2	3	4
1	*s*7						*acc*				
2	*r*2	*s*8			*r*2		*r*2				
3	*r*4	*r*4			*r*4		*r*4				
4	*r*6	*r*6	*s*9		*r*6		*r*6				
5				*s*5		*s*6		10	2	3	4
6	*r*8	*r*8	*r*8		*r*8		*r*8				
7				*s*5		*s*6			11	3	4
8				*s*5		*s*6				12	4
9				*s*5		*s*6				13	4
10	*s*7				*s*14						
11	*r*1	*s*8			*r*1		*r*1				
12	*r*3	*r*3			*r*3		*r*3				
13	*r*5	*r*5			*r*5		*r*5				
14	*r*7	*r*7	*r*7		*r*7		*r*7				

- 集合 $I^{(0)}$，没有接受项目和归约项目。
- 集合 $I^{(1)}$，有接受项目 $E' \to E\cdot$，因此 $Action[1, \#] = acc$。
- 集合 $I^{(2)}$，有归约项目 $E \to T\cdot$，对应产生式 (2)，因此 $Action[2, a] = r2$，其中 $a \in Follow(E)$，即 $Action[2, \#] = r2, Action[2, +] = r2, Action[2,)] = r2$。
- 集合 $I^{(3)}$，有归约项目 $T \to P\cdot$，对应产生式 (4)，因此 $Action[3, a] = r2$，其中 $a \in Follow(T)$，即 $Action[3, \#] = r4, Action[3, +] = r4, Action[3, *] = r4, Action[3,)] = r4$。
- 集合 $I^{(4)}$，有归约项目 $P \to F\cdot$，对应产生式 (6)，因此 $Action[4, a] = r6$，其中 $a \in$

$Follow(P)$,即 $Action[4,\#]=r6, Action[4,+]=r6, Action[4,*]=r6, Action[4,)]=r6$。

- 集合 $I^{(5)}$，没有接受项目和归约项目。
- 集合 $I^{(6)}$，有归约项目 $F\to i\cdot$，对应产生式(8)，因此 $Action[6,a]=r8$，其中 $a\in Follow(F)$,即 $Action[6,\hat{}\,]=r8, Action[6,\#]=r8, Action[6,+]=r8, Action[6,*]=r8, Action[6,)]=r8$。
- 集合 $I^{(7)}$，没有接受项目和归约项目。
- 集合 $I^{(8)}$，没有接受项目和归约项目。
- 集合 $I^{(9)}$，没有接受项目和归约项目。
- 集合 $I^{(10)}$，没有接受项目和归约项目。
- 集合 $I^{(11)}$，有归约项目 $E\to E+T\cdot$，对应产生式(1)，因此 $Action[11,a]=r1$，其中 $a\in Follow(E)$，即 $Action[11,\#]=r1, Action[11,+]=r1, Action[11,)]=r1$。
- 集合 $I^{(12)}$，有归约项目 $T\to T*P\cdot$，对应产生式(3)，因此 $Action[12,a]=r3$，其中 $a\in Follow(T)$，即 $Action[12,\#]=r3, Action[12,+]=r3, Action[12,*]=r3, Action[12,)]=r3$。
- 集合 $I^{(13)}$，有归约项目 $P\to F\hat{}P\cdot$，对应产生式(5)，因此 $Action[13,a]=r5$，其中 $a\in Follow(P)$，即 $Action[13,\#]=r5, Action[13,+]=r5, Action[13,*]=r5, Action[13,)]=r5$。
- 集合 $I^{(14)}$，有归约项目 $F\to(E)\cdot$，对应产生式(7)，因此 $Action[14,a]=r7$，其中 $a\in Follow(F)$，即 $Action[14,\hat{}\,]=r7, Action[14,\#]=r7, Action[14,+]=r7, Action[14,*]=r7, Action[14,)]=r7$。

可以看到，用这种方法消除了LR(0)分析表的冲突。

4.3.9 SLR(1)分析法的局限性

下面通过例子说明SLR(1)分析法的局限性。

例题4.36 构造SLR(1)分析表 有文法 $G[S]: S\to aAaAb, S\to aBb, A\to a, B\to a$，构造其拓广文法的SLR(1)分析表。

解 拓广文法为 $G'[S']$ 并为产生式编号：

(0) $S'\to S$　　(2) $S\to aBb$　　(4) $B\to a$

(1) $S\to aAaAb$　　(3) $A\to a$

构造LR(0)项目集规范族：

- 初始化：$I^{(0)}=Closure(S'\to\cdot S)=\{S'\to\cdot S, S\to\cdot aAaAb, S\to\cdot aBb\}$。
- 集合 $I^{(0)}$ 的小圆点后有符号 S,a
  - $I^{(1)}=Go(I^{(0)},S)=\{S'\to S\cdot\}$。
  - $I^{(2)}=Go(I^{(0)},a)=\{S\to a\cdot AaAb, S\to a\cdot Bb, A\to\cdot a, B\to\cdot a\}$。
- 集合 $I^{(1)}$ 的小圆点后没有符号。
- 集合 $I^{(2)}$ 的小圆点后有符号 A,B,a
  - $I^{(3)}=Go(I^{(2)},A)=\{S\to aA\cdot aAb\}$。
  - $I^{(4)}=Go(I^{(2)},B)=\{S\to aB\cdot b\}$。
  - $I^{(5)}=Go(I^{(2)},a)=\{A\to a\cdot, B\to a\cdot\}$。

- 集合$I^{(3)}$的小圆点后有符号a
  - $I^{(6)} = Go(I^{(3)}, a) = \{S \to aAa \cdot Ab, A \to \cdot a\}$。
- 集合$I^{(4)}$的小圆点后有符号b
  - $I^{(7)} = Go(I^{(4)}, b) = \{S \to aBb \cdot\}$。
- 集合$I^{(5)}$的小圆点后没有符号。
- 集合$I^{(6)}$的小圆点后有符号A, a
  - $I^{(8)} = Go(I^{(6)}, A) = \{S \to aAaA \cdot b\}$。
  - $I^{(9)} = Go(I^{(6)}, a) = \{A \to a \cdot\}$。
- 集合$I^{(7)}$的小圆点后没有符号。
- 集合$I^{(8)}$的小圆点后有符号b
  - $I^{(10)} = Go(I^{(8)}, b) = \{S \to aAaAb \cdot\}$。
- 集合$I^{(9)}$的小圆点后没有符号。
- 集合$I^{(10)}$的小圆点后没有符号。

对应DFA如图4.15所示。注意，图4.15仅为了观察直观，构造分析表是不需要这张图的。

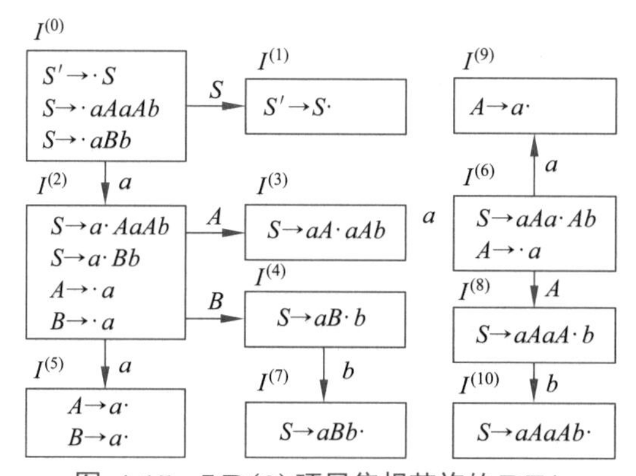

图 4.15 LR(0)项目集规范族的DFA

下面构造SLR(1)分析表，首先构造首符集$First$：

$First(S') = \{a\}$ $First(S) = \{a\}$ $First(A) = \{a\}$ $First(B) = \{a\}$

使用首符集$First$构造后继符集$Follow$：

$Follow(S') = \{\#\}$ $Follow(S) = \{\#\}$ $Follow(A) = \{a, b\}$ $Follow(B) = \{b\}$

SLR(1)分析表如表4.23所示，遍历所有状态转移过程如下。

表 4.23 例题4.36的SLR(1)分析表

状态	*Action*			*Goto*		
	a	b	#	S	A	B
0	$s2$			1		
1			acc			
2	$s5$				3	4
3	$s6$					
4		$s7$				
5	$r3$	$r3/r4$				

续表

状态	Action			Goto		
	a	b	#	S	A	B
6	$s9$				8	
7			$r2$			
8		$s10$				
9	$r3$	$r3$				
10			$r1$			

- 集合$I^{(0)}$
  - $I^{(1)} = Go(I^{(0)}, S)$，因此$Goto[0, S] = 1$。
  - $I^{(2)} = Go(I^{(0)}, a)$，因此$Action[0, a] = s2$。
- 集合$I^{(1)}$没有射出的弧
- 集合$I^{(2)}$
  - $I^{(3)} = Go(I^{(2)}, A)$，因此$Goto[2, A] = 3$。
  - $I^{(4)} = Go(I^{(2)}, B)$，因此$Goto[2, B] = 4$。
  - $I^{(5)} = Go(I^{(2)}, a)$，因此$Action[2, a] = s5$。
- 集合$I^{(3)}$
  - $I^{(6)} = Go(I^{(3)}, a)$，因此$Action[3, a] = s6$。
- 集合$I^{(4)}$
  - $I^{(7)} = Go(I^{(4)}, b)$，因此$Action[4, b] = s7$。
- 集合$I^{(5)}$没有射出的弧
- 集合$I^{(6)}$
  - $I^{(8)} = Go(I^{(6)}, A)$，因此$Goto[6, A] = 8$。
  - $I^{(9)} = Go(I^{(6)}, a)$，因此$Action[6, a] = s9$。
- 集合$I^{(7)}$没有射出的弧
- 集合$I^{(8)}$
  - $I^{(10)} = Go(I^{(8)}, b)$，因此$Action[8, a] = s10$。
- 集合$I^{(9)}$没有射出的弧
- 集合$I^{(10)}$没有射出的弧

遍历所有状态过程如下。

- 集合$I^{(0)}$，没有接受项目和归约项目。
- 集合$I^{(1)}$，有接受项目$S' \to S\cdot$，因此$Action[1, \#] = acc$。
- 集合$I^{(2)}$，没有接受项目和归约项目。
- 集合$I^{(3)}$，没有接受项目和归约项目。
- 集合$I^{(4)}$，没有接受项目和归约项目。
- 集合$I^{(5)}$，有归约项目$A \to a\cdot$和$B \to a\cdot$，分别对应产生式(3)和(4)。$Follow(A) = \{a, b\}$，因此$Action[5, a] = r3, Action[5, b] = r3$；$Follow(B) = \{b\}$，因此$Action[5, b] = r4$。

- 集合$I^{(6)}$，没有接受项目和归约项目。
- 集合$I^{(7)}$，有归约项目$S \to aBb\cdot$，对应产生式(2)。$Follow(S)=\{\#\}$，因此$Action[7,\#]=r2$。
- 集合$I^{(8)}$，没有接受项目和归约项目。
- 集合$I^{(9)}$，有归约项目$A \to a\cdot$，对应产生式(3)。$Follow(A)=\{a,b\}$，因此$Action[9,a]=r3, Action[9,b]=r3$。
- 集合$I^{(10)}$，有归约项目$S \to aAaAb\cdot$，对应产生式(1)。$Follow(S)=\{\#\}$，因此$Action[10,\#]=r1$。

例题4.36中，$Action[5,b]$处出现了归约-归约冲突。当状态5遇到输入符号b时，既可以用$r3$将a归约A，又可以用$r4$将a归约B。下面仍然通过例子寻找产生冲突的原因。

例题 4.37LR 分析 使用表4.23所示的SLR(1)分析表识别句子$aaaab$和aab。

解 句子$aaaab$的识别过程如表4.24所示。

表 4.24 句子$aaaab$的识别过程

步骤	状态栈	符号栈	输入串	说　明
1	0	#	$aaaab\#$	初始化
2	02	$\#a$	$aaab\#$	$Action[0,a]=s2$，移进
3	025	$\#aa$	$aab\#$	$Action[2,a]=s5$，移进
4	023	$\#aA$	$aab\#$	$Action[5,a]=r3$，用$A \to a$归约。状态栈、符号栈各弹出1个元素，$Goto[2,A]=3$，3入状态栈，A入符号栈
5	0236	$\#aAa$	$ab\#$	$Action[3,a]=s6$，移进
6	02369	$\#aAaa$	$b\#$	$Action[6,a]=s9$，移进
7	02368	$\#aAaA$	$b\#$	$Action[9,b]=r3$，用$A \to a$归约。状态栈、符号栈各弹出1个元素，$Goto(6,A)=8$，8入状态栈，A入符号栈
8	0236$\underline{10}$	$\#aAaAb$	#	$Action[8,b]=s10$，移进，下画线表示10是一个整体
9	01	$\#S$	#	$Action[10,\#]=r1$，用$S \to aAaAb$归约。状态栈、符号栈各弹出5个元素，$Goto(0,S)=1$，1入状态栈，S入符号栈
10	01	$\#S$	#	$Action[1,\#]=acc$，识别成功

在第3步的状态5，由于当前输入符号为a，可以确定此时a要归约为A，不会产生冲突。句子aab的识别过程如表4.25所示。在第3步的状态5，由于后面符号为b，导致a的归约有A和B两个选择，从而产生归约-归约冲突。

表 4.25 句子aab的识别过程

步骤	状态栈	符号栈	输入串	说　明
1	0	#	$aab\#$	初始化
2	02	$\#a$	$ab\#$	$Action[0,a]=s2$，移进
3	025	$\#aa$	$b\#$	$Action[2,a]=s5$，移进
4	025	$\#aa$	$b\#$	$Action[5,b]$处出现归约-归约冲突，报错，退出

该例中，aab归约的第4步，如果将a归约为A，与后面输入串连接后得到的aAb，它不能进一步归约为开始符号；而如果将a归约为B，则与后面输入串连接后得到的aBb可以归约为S，从而可以进一步归约为开始符号S'。

产生这种冲突的原因，是从$Follow$集合的观点看，A右边可以跟b，B右边也可以跟b，那么，遇到当前符号是b时，就不确定应该归约为哪个符号了。仔细分析A所跟符号的时机，会发现当$S \to a \cdot AaAb$时，小圆点右边的A是待约符号，此时A右边只能跟a；当$S \to aAa \cdot Ab$时，小圆点右边的A是待约符号，此时A右边只能跟b。

由于$I^{(5)} = Go(I^{(2)}, a)$，因此状态5是通过状态2进入的，而状态2的LR(0)项目$S \to a \cdot AaAb$说明了A后面只能跟a，而$S \to a \cdot Bb$说明了B后面只能跟b。根据这个分析，$Action[5, b] = r4$，而不是$Action[5, b] = r3$。

实际上，$Follow$集合说明了一个非终结符号后面可以跟哪些符号，而没有说明在什么情况下可以跟哪些符号，后者就是LR(1)分析法要解决的问题。

4.3.10 LR(1)项目集规范族的构造

LR(1)项目集规范族的构造

基于以上分析，我们为LR(0)项目配上搜索字符，以确定在什么情况下非终结符后可以跟哪些终结符号。

定义 4.18 (LR(k)项目)

文法$G[S']$的一个LR(0)项目$A \to \alpha \cdot \beta$加上k个搜索符$a_1a_2\cdots a_k$，就构成了一个LR(k)项目：$[A \to \alpha \cdot \beta, a_1a_2\cdots a_k]$；其中$a_i \in V_T$，要求存在规范推导：

$$S' \overset{*}{\Rightarrow} \cdots Aa_1a_2\cdots a_k \cdots \Rightarrow \cdots \alpha\beta a_1a_2\cdots a_k \cdots \tag{4.3}$$

♣

LR(k)项目中的搜索符串$a_1a_2\cdots a_k$又称为展望串。我们仅考虑$k = 1$的情况，LR(1)项目$[A \to \alpha\cdot, a]$说明了当α后面跟的符号是a时，α可以归约为A，从而整个句型可以进一步归约为开始符号S'。$Follow$集合的方法说明A后面可以为a，因此α可以归约为A，但是不能确定是否可进一步归约为开始符号S'。

定义 4.19 (LR(1)有效项目)

称文法$G[S']$的一个LR(1)项目$[A \to \alpha \cdot \beta, a]$对活前缀$\gamma$是有效的，如果存在规范推导：

$$S' \overset{*}{\Rightarrow} \delta AW \Rightarrow \delta\alpha\beta W \tag{4.4}$$

其中$\gamma = \delta a, a \in First(W)$；若$W = \varepsilon$，则$a = \#$。

♣

例题 4.38LR(1)有效项目 有文法$G'[S']: S' \to S, S \to BB, B \to aB, B \to b$，举例说明LR(1)有效项目。

解 (1) 有推导：$S' \Rightarrow S \Rightarrow BB \Rightarrow BaB \Rightarrow Bab \Rightarrow aBab \Rightarrow aaBab \Rightarrow aaaBab$，

即 $S' \overset{*}{\Rightarrow} aaBab \Rightarrow aaaBab$；

因此，在句型 $aaaBab$ 中，项目 $[B \to a \cdot B, a]$ 对活前缀 aaa 是有效的。

(2) 有推导：$S' \Rightarrow S \Rightarrow BB \Rightarrow BaB \Rightarrow BaaB$，即 $S' \overset{*}{\Rightarrow} BaB \Rightarrow BaaB$；

因此，在句型 $BaaB$ 中，项目 $[B \to a \cdot B, \#]$ 对活前缀 Baa 是有效的。

求LR(1)有效项目的关键是求出搜索符，为进一步完成DFA构建，需明确以下概念。

定义 4.20 (LR(1) 项目集 I 的闭包)

LR(1) 项目集 I 的闭包 $Closure(I)$ 定义为

- 若 $\forall i \in I$，则 $i \in Closure(I)$；
- 若 $[A \to \alpha \cdot B\beta, a] \in I, B \in V_N$，且 $B \to \gamma$ 是一个产生式，则对 $\forall b \in First(\beta a)$，有 $[B \to \cdot\gamma, b] \in Closure(I)$。

♣

可以看出，$Closure$ 闭包计算中LR(0)项目与4.3.4节的构造方法完全相同。搜索符为 $First(\beta a)$，它是式(4.5)两种情况的综合写法：当 $\beta \neq \varepsilon$ 时，B 后跟的符号就是 β 的首字符（终结首符集）$First(\beta)$，此时搜索符 a 无效；当 $\beta = \varepsilon$ 时，B 后跟的符号就是 A 后面跟的符号 a。

$$First(\beta a) = \begin{cases} First(\beta), & \beta \neq \varepsilon \\ a, & \beta = \varepsilon \end{cases} \tag{4.5}$$

定义 4.21 (LR(1) 项目集 I 的 X 转移 $Go(I, X)$)

对 $\forall X \in V_N \cup V_T$，LR(1) 项目集 I 的 X 转移定义为 $Go(I, X) = Closure(J)$，其中 $J = \{[A \to \alpha X \cdot \beta, a] | [A \to \alpha \cdot X\beta, a] \in I\}$。

♣

例题 4.39LR(1) 项目集转移 有文法 $G[S]: S \to AB, A \to a, B \to b$，

(1) 若 $I = \{[S \to \cdot AB, \#]\}$，求 $Closure(I)$；

(2) 若 $I = \{[S \to \cdot AB, \#], [A \to \cdot a, b]\}$，求 $Go(I, A)$ 和 $Go(I, a)$。

解 (1) 由于 $First(B\#) = \{b\}$，因此 $Closure(I) = \{[S \to \cdot AB, \#], [A \to \cdot a, b]\}$；

(2) 由于 $First(\#) = \{\#\}$，因此 $Go(I, A) = \{[S \to A \cdot B, \#], [B \to \cdot b, \#]\}$；而 $Go(I, a) = \{[A \to a \cdot, b]\}$。

LR(1)项目集规范族的构造如算法4.21所示，与LR(0)相比，仅是把LR(0)项目替换为LR(1)项目，其他方面没有区别。

算法 4.21 LR(1) 项目集规范族的构造

输入： 文法 $G[S] = (V_N, V_T, P, S)$

输出： 文法 $G[S]$ 的拓广文法的LR(1)项目集规范族 C

1 拓广文法 $G'[S'] = (V_N \cup \{S'\}, V_T, P \cup \{S' \to S\}, S')$，其中 $S' \notin V_N$；
2 $I = \{Closure([S' \to \cdot S, \#])\}$；
3 初始化LR(1)项目集规范族 $C = \{I\}$，状态转移集合 $\delta = \varnothing$，项目集队列 $que.en(I)$；
4 **while** $\neg que.isEmpty$ **do**
5 　$I = que.de()$；
6 　**foreach** $[A \to \alpha \cdot X\beta, a] \in I$ **do**
7 　　$I_X = Go(I, X)$；

算法 4.21 续

```
8        δ ∪= {δ(I, X) = I_X};
9        if I_X ∉ C then
10           C ∪= I_X;
11           que.en(I_X);
12       end
13   end
14 end
```

例题4.40LR(1)项目集规范族构造 有文法$G[S]: S \to aAaAb, S \to aBb, A \to a, B \to a$，构造其拓广文法的LR(1)项目集规范族。

解 拓广文法为$G'[S']$并为产生式编号：

(0) $S' \to S$　　(2) $S \to aBb$　　(4) $B \to a$

(1) $S \to aAaAb$　　(3) $A \to a$

求各非终结符号的$First$集合：

$First(S') = \{a\}$　$First(S) = \{a\}$　$First(A) = \{a\}$　$First(B) = \{a\}$

构造LR(1)项目集规范族：

- 初始化：$I^{(0)} = Closure\{[S' \to \cdot S, \#]\} = \{[S' \to \cdot S, \#], [S \to \cdot aAaAb, \#], [S \to \cdot aBb, \#]\}$。
- 集合I_0的LR(0)项目小圆点后有符号S, a
  - $I^{(1)} = Go(I^{(0)}, S) = \{[S' \to S\cdot, \#]\}$
  - $I^{(2)} = Go(I^{(0)}, a) = \{[S \to a \cdot AaAb, \#], [S \to a \cdot Bb, \#], [A \to \cdot a, a], [B \to \cdot a, b]\}$
- 集合$I^{(1)}$的LR(0)项目小圆点后没有符号
- 集合$I^{(2)}$的LR(0)项目小圆点后有符号A, B, a
  - $I^{(3)} = Go(I^{(2)}, A) = \{[S \to aA \cdot aAb, \#]\}$
  - $I^{(4)} = Go(I^{(2)}, B) = \{[S \to aB \cdot b, \#]\}$
  - $I^{(5)} = Go(I^{(2)}, a) = \{[A \to a\cdot, a], [B \to a\cdot, b]\}$
- 集合$I^{(3)}$的LR(0)项目小圆点后有符号a
  - $I^{(6)} = Go(I^{(3)}, a) = \{[S \to aAa \cdot Ab, \#], [A \to \cdot a, b]\}$
- 集合$I^{(4)}$的LR(0)项目小圆点后有符号b
  - $I^{(7)} = Go(I^{(4)}, b) = \{[S \to aBb\cdot, \#]\}$
- 集合$I^{(5)}$的LR(0)项目小圆点后没有符号
- 集合$I^{(6)}$的LR(0)项目小圆点后有符号A, a
  - $I^{(8)} = Go(I^{(6)}, A) = \{[S \to aAaA \cdot b, \#]\}$
  - $I^{(9)} = Go(I^{(6)}, a) = \{[A \to a\cdot, b]\}$
- 集合$I^{(7)}$的LR(0)项目小圆点后没有符号
- 集合$I^{(8)}$的LR(0)项目小圆点后没有符号
- 集合$I^{(9)}$的LR(0)项目小圆点后没有符号

例题4.41文法G拓广文法的LR(1)项目集规范族如图4.16所示，同样，该图不是必须的。

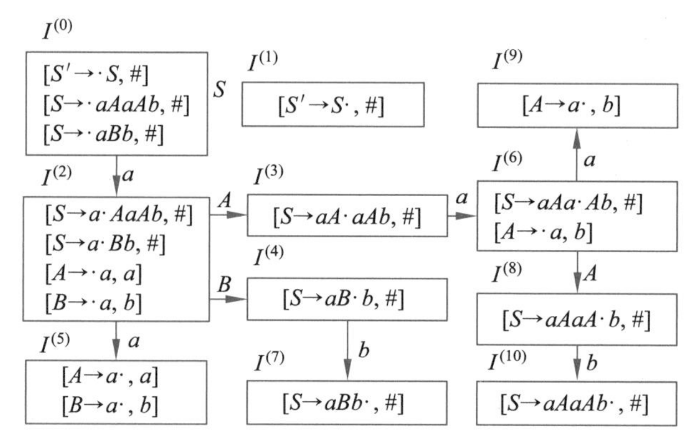

图 4.16　例题 4.41 文法 G 拓广文法的 LR(1) 项目集规范族

4.3.11　LR(1) 分析表构造

LR(1) 分析表构造如算法4.22所示。与 LR(0)、SLR(1) 分析表构造的区别，仅在于第 8 行，产生式编号 rk 只填写在搜索符位置。注意，LR(1) 项目的搜索符可能有多个候选，使用或符号（“|”）分隔。如 $[A \to \alpha\cdot, a|b]$ 表示搜索符可以是 a，也可以是 b，此时可以理解为有 $[A \to \alpha\cdot, a]$ 和 $[A \to \alpha\cdot, b]$ 两个 LR(1) 项目。

算法 4.22　LR(1) 分析表构造算法

输入： 拓广文法 $G'[S']$ 的 LR(1) 项目集规范族
输出： LR(1) 分析表

```
1  foreach Go(I^(i), a) = I^(j) ∈ δ do
2  |   if a ∈ V_T then  Action[i, a] = sj ;
3  |   else if a ∈ V_N then  Goto[i, a] = j ;
4  end
5  foreach I^(i) ∈ C do
6  |   foreach [A → α·, a] ∈ I^(i) do
7  |   |   if A = S′ then  Action[i, #] = acc ;
8  |   |   else  Action[i, a] = rk，其中 k 是产生式 A → α 的编号 ;
9  |   end
10 end
```

例题 **4.41LR(1)** 分析表构造　构造例题4.40的 LR(1) 分析表。

解　表4.26中给出了该分析表结果，下面分析填表过程。

首先给产生式编号：$(0)S' \to S, (1)S \to aAaAb, (2)S \to aBb, (3)A \to a, (4)B \to a$

构造 LR(1) 分析表过程如下，首先遍历状态转移：

- 集合 $I^{(0)}$
  - $I^{(1)} = Go(I^{(0)}, S)$，因此 $Goto[0, S] = 1$。
  - $I^{(2)} = Go(I^{(0)}, a)$，因此 $Action[0, a] = s2$。
- 集合 $I^{(1)}$ 没有射出的弧。
- 集合 $I^{(2)}$
  - $I^{(3)} = Go(I^{(2)}, A)$，因此 $Goto[2, A] = 3$。
  - $I^{(4)} = Go(I^{(2)}, B)$，因此 $Goto[2, B] = 4$。
  - $I^{(5)} = Go(I^{(2)}, a)$，因此 $Action[2, a] = s5$。

- 集合 $I^{(3)}$
  - $I^{(6)} = Go(I^{(3)}, a)$，因此 $Goto[3, a] = s6$。
- 集合 $I^{(4)}$
  - $I^{(7)} = Go(I^{(4)}, b)$，因此 $Goto[4, b] = s7$。
- 集合 $I^{(5)}$ 没有射出的弧。
- 集合 $I^{(6)}$
  - $I^{(8)} = Go(I^{(6)}, A)$，因此 $Goto[6, A] = 8$。
  - $I^{(9)} = Go(I^{(6)}, a)$，因此 $Goto[6, a] = s9$。
- 集合 $I^{(7)}$ 没有射出的弧。
- 集合 $I^{(8)}$
  - $I^{(10)} = Go(I^{(8)}, b)$，因此 $Goto[8, b] = s10$。
- 集合 $I^{(9)}$ 没有射出的弧。
- 集合 $I^{(10)}$ 没有射出的弧。

然后遍历所有状态：

- 集合 $I^{(0)}$，没有接受项目和归约项目。
- 集合 $I^{(1)}$，有接受项目 $S' \to S\cdot$，因此 $Action[1, \#] = acc$。
- 集合 $I^{(2)}$，没有接受项目和归约项目。
- 集合 $I^{(3)}$，没有接受项目和归约项目。
- 集合 $I^{(4)}$，没有接受项目和归约项目。
- 集合 $I^{(5)}$，有归约项目 $[A \to a\cdot, a]$，对应产生式 (3)，因此 $Action[5, a] = r3$；有归约项目 $[B \to a\cdot, b]$，对应产生式 (4)，因此 $Action[5, b] = r4$。
- 集合 $I^{(6)}$，没有接受项目和归约项目。
- 集合 $I^{(7)}$，有归约项目 $[S \to aBb\cdot, \#]$，对应产生式 (2)，因此 $Action[7, \#] = r2$。
- 集合 $I^{(8)}$，没有接受项目和归约项目。
- 集合 $I^{(9)}$，有归约项目 $[A \to a\cdot, b]$，对应产生式 (3)，因此 $Action[9, b] = r3$。
- 集合 $I^{(10)}$，有归约项目 $[S \to aAaAb\cdot, \#]$，对应产生式 (1)，因此 $Action[10, \#] = r1$。

表 4.26 例题 4.41 的 LR(1) 分析表

状态	*Action*			*Goto*		
	a	*b*	#	*S*	*A*	*B*
0	*s*2			1		
1			*acc*			
2	*s*5				3	4
3	*s*6					
4		*s*7				
5	*r*3	*r*4				
6	*s*9				8	
7			*r*2			
8		*s*10				

续表

状态	Action			Goto		
	a	b	$\#$	S	A	B
9		$r3$				
10			$r1$			

例题 4.42LR(1) 分析表构造 构造文法 $G[S]$ 的 LR(1) 分析表：$S \to QQ, Q \to oQ, Q \to p$

解 拓广文法并给产生式编号：$(0)S' \to S, (1)S \to QQ, (2)Q \to oQ, (3)Q \to p$

求各非终结符号的 $First$ 集合：$First(S') = \{o,p\}, First(S) = \{o,p\}, First(Q) = \{o,p\}$

构造 LR(1) 项目集规范族：

- 初始化：$I^{(0)} = Closure\{[S' \to \cdot S, \#]\} = \{[S' \to \cdot S, \#], [S \to \cdot QQ, \#], [Q \to \cdot oQ, o|p], [Q \to \cdot p, o|p]\}$。
- 集合 I_0 的 LR(0) 项目小圆点后有符号 S, Q, o, p
  - $I^{(1)} = Go(I^{(0)}, S) = \{[S' \to S\cdot, \#]\}$。
  - $I^{(2)} = Go(I^{(0)}, Q) = \{[S \to Q \cdot Q, \#], [Q \to \cdot oQ, \#], [Q \to \cdot p, \#]\}$。
  - $I^{(3)} = Go(I^{(0)}, o) = \{[S \to o \cdot Q, o|p], [Q \to \cdot oQ, o|p], [Q \to \cdot p, o|p]\}$。
  - $I^{(4)} = Go(I^{(0)}, p) = \{[Q \to p\cdot, o|p]\}$
- 集合 $I^{(1)}$ 的 LR(0) 项目小圆点后没有符号。
- 集合 $I^{(2)}$ 的 LR(0) 项目小圆点后有符号 Q, o, p
  - $I^{(5)} = Go(I^{(2)}, Q) = \{[S \to QQ\cdot, \#]\}$。
  - $I^{(6)} = Go(I^{(2)}, o) = \{[Q \to o \cdot Q, \#], [Q \to \cdot oQ, \#], [Q \to \cdot p, \#]\}$。
  - $I^{(7)} = Go(I^{(2)}, p) = \{[Q \to p\cdot, \#]\}$。
- 集合 $I^{(3)}$ 的 LR(0) 项目小圆点后有符号 Q, o, p
  - $I^{(8)} = Go(I^{(3)}, Q) = \{[S \to oQ\cdot, o|p]\}$。
  - $I^{(3)} = Go(I^{(3)}, o)$。
  - $I^{(4)} = Go(I^{(3)}, p)$。
- 集合 $I^{(4)}$ 的 LR(0) 项目小圆点后没有符号。
- 集合 $I^{(5)}$ 的 LR(0) 项目小圆点后没有符号。
- 集合 $I^{(6)}$ 的 LR(0) 项目小圆点后有符号 Q, o, p
  - $I^{(9)} = Go(I^{(6)}, Q) = \{[S \to oQ\cdot, \#]\}$。
  - $I^{(6)} = Go(I^{(6)}, o)$。
  - $I^{(7)} = Go(I^{(6)}, p)$。
- 集合 $I^{(7)}$ 的 LR(0) 项目小圆点后没有符号。
- 集合 $I^{(8)}$ 的 LR(0) 项目小圆点后没有符号。
- 集合 $I^{(9)}$ 的 LR(0) 项目小圆点后没有符号。

例题 4.42 文法 G 拓广文法的 LR(1) 项目集规范族如图4.17所示。

构造 LR(1) 分析表，首先遍历状态转移：

- 集合 $I^{(0)}$
  - $I^{(1)} = Go(I^{(0)}, S)$，因此 $Goto[0, S] = 1$。

– $I^{(2)} = Go(I^{(0)}, Q)$，因此 $Action[0, Q] = 2$。
– $I^{(3)} = Go(I^{(0)}, o)$，因此 $Action[0, o] = s3$。
– $I^{(4)} = Go(I^{(0)}, p)$，因此 $Action[0, p] = s4$。

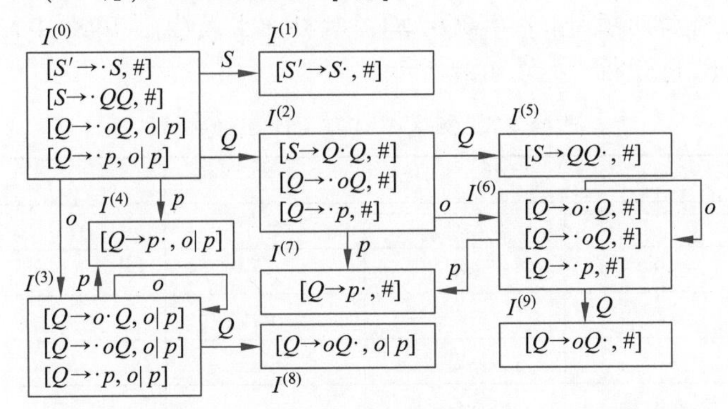

图 4.17 例题 4.42 文法 G 拓广文法的 LR(1) 项目集规范族

- 集合 $I^{(1)}$ 没有射出的弧。
- 集合 $I^{(2)}$
  – $I^{(5)} = Go(I^{(2)}, Q)$，因此 $Goto[2, Q] = 5$。
  – $I^{(6)} = Go(I^{(2)}, o)$，因此 $Goto[2, o] = s6$。
  – $I^{(7)} = Go(I^{(2)}, p)$，因此 $Action[2, p] = s7$。
- 集合 $I^{(3)}$
  – $I^{(8)} = Go(I^{(3)}, Q)$，因此 $Goto[3, Q] = 8$。
  – $I^{(3)} = Go(I^{(3)}, o)$，因此 $Goto[3, o] = s3$。
  – $I^{(4)} = Go(I^{(3)}, p)$，因此 $Action[3, p] = s4$。
- 集合 $I^{(4)}$ 没有射出的弧。
- 集合 $I^{(5)}$ 没有射出的弧。
- 集合 $I^{(6)}$
  – $I^{(9)} = Go(I^{(6)}, Q)$，因此 $Goto[6, Q] = 9$。
  – $I^{(6)} = Go(I^{(6)}, o)$，因此 $Goto[6, o] = s6$。
  – $I^{(7)} = Go(I^{(6)}, p)$，因此 $Action[6, p] = s7$。
- 集合 $I^{(7)}$ 没有射出的弧。
- 集合 $I^{(8)}$ 没有射出的弧。
- 集合 $I^{(9)}$ 没有射出的弧。

遍历所有状态：

- 集合 $I^{(0)}$，没有接受项目和归约项目。
- 集合 $I^{(1)}$，有接受项目 $S' \to S\cdot$，因此 $Action[1, \#] = acc$。
- 集合 $I^{(2)}$，没有接受项目和归约项目。
- 集合 $I^{(3)}$，没有接受项目和归约项目。
- 集合 $I^{(4)}$，有归约项目 $[Q \to p\cdot, o|p]$，对应产生式 (3)，因此 $Action[4, o] = r3, Action[4, p] = r3$。
- 集合 $I^{(5)}$，有归约项目 $[S \to QQ\cdot, \#]$，对应产生式 (1)，因此 $Action[5, \#] = r1$。
- 集合 $I^{(6)}$，没有接受项目和归约项目。

- 集合 $I^{(7)}$，有归约项目 $[Q \rightarrow p\cdot, \#]$，对应产生式(3)，因此 $Action[7, \#] = r3$。
- 集合 $I^{(8)}$，有归约项目 $[Q \rightarrow oQ\cdot, o|p]$，对应产生式(2)，因此 $Action[8, o] = r2$，$Action[8, p] = r2$。
- 集合 $I^{(9)}$，有归约项目 $[Q \rightarrow oQ\cdot, \#]$，对应产生式(2)，因此 $Action[9, \#] = r2$。

例题4.42的LR(1)分析表如表4.27所示。

表 4.27　例题4.42的LR(1)分析表

状态	*Action*			*Goto*	
	o	p	#	S	Q
0	$s3$	$s4$		1	2
1			acc		
2	$s6$	$s7$			5
3	$s3$	$s4$			8
4	$r3$	$r3$			
5			$r1$		
6	$s6$	$s7$			9
7			$r3$		
8	$r2$	$r2$			
9			$r2$		

4.3.12　LALR(1)项目集规范族的构造

考察图4.17中的状态 $I^{(4)} = \{[Q \rightarrow p\cdot, o|p]\}$ 和状态 $I^{(7)} = \{[Q \rightarrow p\cdot, \#]\}$，两者的LR(0)项目相同，均为 $Q \rightarrow p\cdot$，只有搜索符不同。同样，状态 $I^{(8)}$ 和 $I^{(9)}$、状态 $I^{(3)}$ 和 $I^{(6)}$ 均为LR(0)项目相同，而搜索符不同。

定义 4.22 (同心集)

若两个LR(1)项目集的LR(0)项目全部相同，则称两个LR(1)项目具有相同的心；具有相同的心的项目集称为同心集。♣

可以考虑将同心集的搜索符合并，这样可以减少状态数量，从而提升LR分析器的效率。LR(1)项目集规范族通过合并同心集得到LALR(1)项目集规范族，如算法4.23所示。其分析表构造与LR(1)分析表构造完全相同。

算法 4.23　LALR(1)项目集规范族构造

输入: LR(1)项目集规范族 $\{I^{(1)}, I^{(2)}, \cdots, I^{(n)}\}$
输出: LALR(1)项目集规范族

1 **foreach** 同心集 $I^{(1)}, I^{(2)}, \cdots, I^{(k)}$ **do**
2 　将 $I^{(1)}, I^{(2)}, \cdots, I^{(k)}$ 合并成一个LALR(1)项目 J_p，其中 J_p 的搜索符集合等于 $I^{(1)}, I^{(2)}, \cdots, I^{(k)}$ 搜索符集合的并集;
3 　原LR(1)项目导入同心集 $I^{(1)}, I^{(2)}, \cdots, I^{(k)}$ 的弧，现导入 J_p;
4 　原从同心集 $I^{(1)}, I^{(2)}, \cdots, I^{(k)}$ 导出的弧，现从 J_p 导出;
5 **end**

图4.17合并同心集后，得到的LALR(1)项目集规范族如图4.18所示。

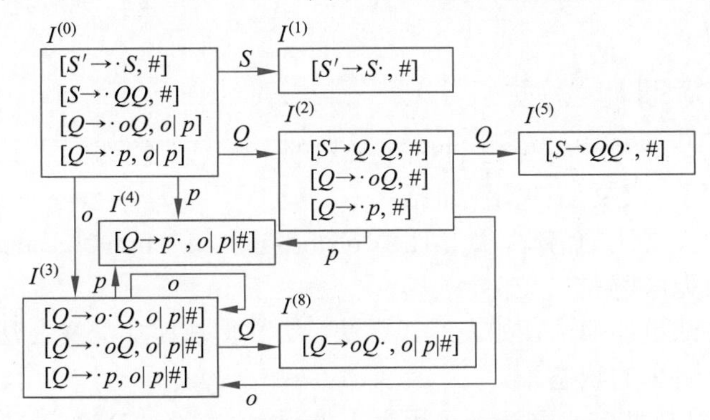

图 4.18 图4.17的LALR(1)项目集规范族

如果LR(1)项目集规范族不存在移进-归约冲突，则合并同心集不会产生新的移进-归约冲突，下面用反证法证明这一点。

证明 假设合并前的同心集为$\{I^{(1)}, I^{(2)}, \cdots, I^{(k)}\}$，合并后状态为$I^{(new)}$。

假设合并后的$I^{(new)}$存在新的移进-归约冲突，即面临当前输入符号a，同时存在如下两个动作：

- $[A \to \alpha\cdot, a]$要求采取归约动作；
- $[A \to \beta \cdot a\gamma, b]$要求采取移进动作。

由于$(\forall I^{(i)})(1 \leqslant i \leqslant k) \to (\exists x)[A \to \beta \cdot a\gamma, x] \in I^{(i)}$，这意味着$[A \to \alpha\cdot, a]$和$[A \to \beta \cdot a\gamma, x]$原来同处于某一个LR(1)项目集中，即原来的LR(1)项目集就存在移进-归约冲突，与LR(1)项目集规范族不存在移进-归约冲突矛盾。

如果LR(1)项目集规范族不存在归约-归约冲突，合并同心集后却可能产生新的归约-归约冲突。

例题4.43 产生合并冲突的同心集 构造文法$G[S]$拓广文法的LR(1)项目集规范族，并确定合并同心集是否会产生新的归约-归约冲突。$G[S]: S \to aAd|bBd|bAe|aBe, A \to c, B \to c$

解 文法$G[S]$的LR(1)项目集规范族如图4.19所示，其中$I^{(6)}$和$I^{(9)}$是同心集。

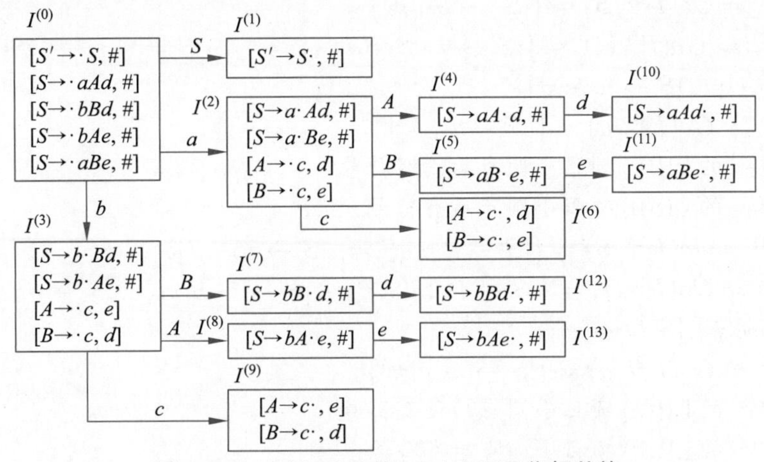

图 4.19 文法$G[S]$的LR(1)项目集规范族

如果合并同心集$I^{(6)}$和$I^{(9)}$，得到$\{[A \to c\cdot, d|e], [B \to c\cdot, d|e]\}$，显然产生了归约-归约

冲突。因为遇到符号d或e时，无法确定是使用$A \to c$将栈顶的c归约为A，还是使用$B \to c$将栈顶的c归约为B。

4.3.13 二义文法的LR分析

用二义文法构造LR分析表产生冲突是必然的，但只要能驾驭二义文法，使用二义文法也是可以的。使用二义文法的情况包括：

- 无法避免二义文法的情况，如if-then-else语句中，if-then是if-then-else的前缀，这个文法的设计无法避免二义性。
- 使用二义文法更加简洁，如表达式文法，二义文法比非二义文法简洁很多，生成的分析表也有更少的状态。

本节讨论这两种典型二义文法，采用人工干预方法消除LR冲突。

1. if-then-else文法

if-then-else文法是一种典型的二义文法，可以表示如下。

$G[S]: S \to if\ b\ then\ S\ else\ S|if\ b\ then\ S|a$

其中终结符号a表示任意其他类型的句子，b表示布尔表达式。

$if\ b\ then$是三个终结符号连在一起，为书写简洁起见，用一个终结符号i表示；终结符号$else$用e表示，那么得到简化的if-then-else文法为$G[S]: S \to iSeS|iS|a$，下面构造该文法的LR(1)分析表。

例题4.44 if-then-else文法的LR(1)分析表 构造文法$G[S]$拓广文法的LR(1)项目集规范族。$G[S]: S \to iSeS|iS|a$

解 拓广文法并为产生式编号：$G'[S']: (0)S' \to S, (1)S \to iSeS, (2)S \to iS, (3)S \to a$。

求各非终结符号的$First$集合：$First(S') = \{i, a\}, First(S) = \{i, a\}$

构造LR(1)项目集规范族：

- 初始化：$I^{(0)} = Closure\{[S' \to \cdot S, \#]\} = \{[S' \to \cdot S, \#], [S \to \cdot iSeS, \#], [S \to \cdot iS, \#], [S \to \cdot a, \#]\}$。
- 集合I_0的LR(0)项目小圆点后有符号S, i, a
  - $I^{(1)} = Go(I^{(0)}, S) = \{[S' \to S\cdot, \#]\}$
  - $I^{(2)} = Go(I^{(0)}, i) = \{[S \to i \cdot SeS, \#], [S \to i \cdot S, \#], [S \to \cdot iSeS, e|\#], [S \to \cdot iS, e|\#], [S \to \cdot a, e|\#]\}$
  - $I^{(3)} = Go(I^{(0)}, a) = \{[S \to a\cdot, \#]\}$
- 集合$I^{(1)}$的LR(0)项目小圆点后没有符号
- 集合$I^{(2)}$的LR(0)项目小圆点后有符号S, i, a
  - $I^{(4)} = Go(I^{(2)}, S) = \{[S \to iS \cdot eS, \#], [S \to iS\cdot, \#]\}$
  - $I^{(5)} = Go(I^{(2)}, i) = \{[S \to i \cdot SeS, e|\#], [S \to i \cdot S, e|\#], [S \to \cdot iSeS, e|\#], [S \to \cdot iS, e|\#], [S \to \cdot a, e|\#]\}$
  - $I^{(6)} = Go(I^{(2)}, a) = \{[S \to a\cdot, e|\#]\}$
- 集合$I^{(3)}$的LR(0)项目小圆点后没有符号
- 集合$I^{(4)}$的LR(0)项目小圆点后有符号e
  - $I^{(7)} = Go(I^{(4)}, e) = \{[S \to iSe\cdot S, \#], [S \to \cdot iSeS, \#], [S \to \cdot iS, \#], [S \to \cdot a, \#]\}$
- 集合$I^{(5)}$的LR(0)项目小圆点后有符号S, i, a

- $I^{(8)} = Go(I^{(5)}, S) = \{[S \to iS \cdot eS, e|\#], [S \to iS\cdot, e|\#]\}$
- $I^{(5)} = Go(I^{(5)}, i)$
- $I^{(6)} = Go(I^{(5)}, a)$

- 集合 $I^{(6)}$ 的 LR(0) 项目小圆点后没有符号
- 集合 $I^{(7)}$ 的 LR(0) 项目小圆点后有符号 S, i, a
  - $I^{(9)} = Go(I^{(7)}, S) = \{[S \to iSeS\cdot, \#]\}$
  - $I^{(2)} = Go(I^{(7)}, i)$
  - $I^{(3)} = Go(I^{(7)}, a)$
- 集合 $I^{(8)}$ 的 LR(0) 项目小圆点后有符号 e
  - $I^{(10)} = Go(I^{(8)}, e) = \{[S \to iSe \cdot S, e|\#], [S \to \cdot iSeS, e|\#], [S \to \cdot iS, e|\#], [S \to \cdot a, e|\#]\}$
- 集合 $I^{(9)}$ 的 LR(0) 项目小圆点后没有符号
- 集合 $I^{(10)}$ 的 LR(0) 项目小圆点后有符号 S, i, a
  - $I^{(11)} = Go(I^{(10)}, S) = \{[S \to iSeS\cdot, e|\#]\}$
  - $I^{(5)} = Go(I^{(10)}, i)$
  - $I^{(6)} = Go(I^{(10)}, a)$
- 集合 $I^{(11)}$ 的 LR(0) 项目小圆点后没有符号

填 LR(1) 分析表的过程略，可以得到 LR(1) 分析表如表4.28所示。

表 4.28 例题 4.44 的 LR(1) 分析表

状态	*Action*				*Goto*
	i	*e*	*a*	#	*S*
0	*s*2		*s*3		1
1				*acc*	
2	*s*5		*s*6		4
3				*r*3	
4		*s*7		*r*2	
5	*s*5		*s*6		8
6		*r*3		*r*3	
7	*s*2		*s*3		9
8		*r*2/*s*10		*r*2	
9				*r*1	
10	*s*5		*s*6		11
11		*r*1		*r*1	

该 LR(1) 分析表在 $Action[8, e]$ 处产生了移进-归约冲突，既有 $Action[8, e] = r2$，又有 $Action[8, e] = s10$。

考虑状态 $I^{(8)} = \{[S \to iS \cdot eS, e|\#], [S \to iS\cdot, e|\#]\}$，这里 $Action[8, e] = r2$ 是由项目

$[S \rightarrow iS\cdot, e|\#]$造成的。而要用产生式$S \rightarrow iS\cdot$进行归约，显然符号栈栈顶已经形成了$iS$，也就是栈顶为$if\ b\ then\ S$。现在问题变为，栈顶为$iS$，当前符号为$e$（也就是$else$）时，应该对栈顶的$iS$进行归约，还是将$e$移进？

我们规定$else$与最近的if关键字匹配。当栈顶为iS而当前符号为e时，如果将iS归约，e就会匹配这个iS之前的if关键字，违反了$else$与最近的if匹配这一规定。而如果移进e，栈顶变为iSe，期待后续输入串再归约出一个S，栈顶形成$iSeS$再归约，这样符合$else$与最近的if匹配这一规则。

根据以上分析，应使$Action[8,e]=s10$，即保留移进动作，删除归约动作$r2$。

例题 4.45if-then-else语句分析 使用消除冲突后的表4.28分析句子$if\ b\ then\ if\ b\ then\ a\ else\ if\ b\ then\ a$，即$iiaeia$。

解 分析过程如表4.29所示。

表 4.29 句子$iiaeia$的识别过程

步骤	状态栈	符号栈	输入串	说　明
1	0	#	$iiaeia\#$	初始化
2	02	$\#i$	$iaeia\#$	$Action[0,i]=s2$，移进
3	025	$\#ii$	$aeia\#$	$Action[2,i]=s5$，移进
4	0256	$\#iia$	$eia\#$	$Action[5,a]=s6$，移进
5	0258	$\#iiS$	$eia\#$	$Action[6,e]=r3$，用$S \rightarrow a$归约。分析栈弹出1个元素，$Goto[5,S]=8$，8入状态栈，S入符号栈
6	025810	$\#iiSe$	$ia\#$	$Action[8,e]=s10$，移进（此处为原冲突位置）
7	0258105	$\#iiSei$	$a\#$	$Action[10,i]=s5$，移进
8	02581056	$\#iiSeia$	#	$Action[5,a]=s6$，移进
9	02581058	$\#iiSeiS$	#	$Action[6,\#]=r3$，用$S \rightarrow a$归约。分析栈弹出1个元素，$Goto[5,S]=8$，8入状态栈，S入符号栈
10	02581011	$\#iiSeS$	#	$Action[8,\#]=r2$，用$S \rightarrow iS$归约。分析栈弹出2个元素，$Goto[10,S]=11$，11入状态栈，S入符号栈
11	024	$\#iS$	#	$Action[11,\#]=r1$，用$S \rightarrow iSeS$归约。分析栈弹出4个元素，$Goto[2,S]=4$，4入状态栈，S入符号栈
12	01	$\#S$	#	$Action[4,\#]=r2$，用$S \rightarrow iS$归约。分析栈弹出2个元素，$Goto[0,S]=1$，1入状态栈，S入符号栈
13	01	$\#S$	#	$Action[1,\#]=acc$，宣布识别成功，结束

2. 算术表达式二义文法

带括号的加乘运算二义文法为$G[E]: E \rightarrow E+E|E*E|(E)|i$。

非二义文法为$G[E]: E \rightarrow E+T|T, T \rightarrow T*F|F, F \rightarrow (E)|i$。

二义文法相对于非二义文法来说，具有句型简单、LR分析表状态数量少、改变运算符优先级不用修改文法等优点。但构造LR分析表会产生冲突，本节考虑采用人工干预的方法消除这种冲突。

例题 4.46 算术表达式二义文法的 LR(1) 分析表 构造加乘运算二义文法 $G[E]$ 的拓广文法的 LR(1) 项目集规范族。

解 拓广文法为 $G'[E']$ 并为产生式编号：

(0) $E' \to E$　　(2) $E \to E * E$　　(4) $E \to i$

(1) $E \to E + E$　　(3) $E \to (E)$

求各非终结符号的 $First$ 集合：$First(E') = \{(, i\}, First(E) = \{(, i\}$。

构造 LR(1) 项目集规范族：

- 初始化：$I^{(0)} = Closure\{[E' \to \cdot E, \#]\} = \{[E' \to \cdot E, \#], [E \to \cdot E + E, +|*|\#], [E \to \cdot E * E, +|*|\#], [E \to \cdot(E), +|*|\#], [E \to \cdot i, +|*|\#]\}$；该步计算过程如下：
  - 由项目 $[E' \to \cdot E, \#]$，需在 $I^{(0)}$ 中加入 $[E \to \cdot E + E, \#], [E \to \cdot E * E, \#], [E \to \cdot(E), \#], [E \to \cdot i, \#]$
  - 由新加入的项目 $[E \to \cdot E + E, \#]$，需在 $I^{(0)}$ 中加入 $[E \to \cdot E + E, +], [E \to \cdot E * E, +], [E \to \cdot(E), +], [E \to \cdot i, +]$
  - 由新加入的项目 $[E \to \cdot E * E, *]$，需在 $I^{(0)}$ 中加入 $[E \to \cdot E + E, *], [E \to \cdot E * E, *], [E \to \cdot(E), *], [E \to \cdot i, *]$
  - 新加入的项目 $[E \to \cdot E + E, +|*], [E \to \cdot E * E, +|*]$ 仍需考虑，但不会再增加新的搜索符
  - 以上搜索符取并集，得到最终的 $I^{(0)}$
- 集合 $I^{(0)}$ 的 LR(0) 项目小圆点后有符号 $E, (, i$
  - $I^{(1)} = Go(I^{(0)}, E) = \{[E' \to E\cdot, \#], [E \to E\cdot + E, +|*|\#], [E \to E\cdot * E, +|*|\#]\}$
  - $I^{(2)} = Go(I^{(0)}, () = \{[E \to (\cdot E), +|*|\#], [E \to \cdot E + E, +|*|)], [E \to \cdot E * E, +|*|)], [E \to \cdot(E), +|*|)], [E \to \cdot i, +|*|)]\}$
  - $I^{(3)} = Go(I^{(0)}, i) = \{[E \to i\cdot, +|*|\#]\}$
- 集合 $I^{(1)}$ 的 LR(0) 项目小圆点后有符号 $+, *$
  - $I^{(4)} = Go(I^{(1)}, +) = \{[E \to E + \cdot E), +|*|\#], [E \to \cdot E + E, +|*|\#], [E \to \cdot E * E, +|*|\#], [E \to \cdot(E), +|*|\#], [E \to \cdot i, +|*|\#]\}$
  - $I^{(5)} = Go(I^{(1)}, *) = \{[E \to E * \cdot E), +|*|\#], [E \to \cdot E + E, +|*|\#], [E \to \cdot E * E, +|*|\#], [E \to \cdot(E), +|*|\#], [E \to \cdot i, +|*|\#]\}$
- 集合 $I^{(2)}$ 的 LR(0) 项目小圆点后有符号 $E, (, i$
  - $I^{(6)} = Go(I^{(2)}, E) = \{[E \to (E\cdot), \#], [E \to E\cdot + E, +|*|)], [E \to E\cdot * E, +|*|)]\}$
  - $I^{(7)} = Go(I^{(2)}, () = \{[E \to (\cdot E), +|*|)], [E \to \cdot E + E, +|*|)], [E \to \cdot E * E, +|*|)], [E \to \cdot(E), +|*|)], [E \to \cdot i, +|*|)]\}$
  - $I^{(8)} = Go(I^{(2)}, i) = \{[E \to i\cdot, +|*|)]\}$
- 集合 $I^{(3)}$ 的 LR(0) 项目小圆点后没有符号
- 集合 $I^{(4)}$ 的 LR(0) 项目小圆点后有符号 $E, (, i$
  - $I^{(9)} = Go(I^{(4)}, E) = \{[E \to E + E\cdot, +|*|\#], [E \to E\cdot + E, +|*|\#], [E \to E\cdot * E, +|*|\#]\}$
  - $I^{(2)} = Go(I^{(4)}, ()$

  - $I^{(3)} = Go(I^{(4)}, i)\}$
- 集合 $I^{(5)}$ 的 LR(0) 项目小圆点后有符号 $E, (, i$
  - $I^{(10)} = Go(I^{(5)}, E) = \{[E \rightarrow E * E\cdot, +|*|\#], [E \rightarrow E \cdot +E, +|*|\#], [E \rightarrow E \cdot *E, +|*|\#]\}$
  - $I^{(2)} = Go(I^{(5)}, ()$
  - $I^{(3)} = Go(I^{(5)}, i)\}$
- 集合 $I^{(6)}$ 的 LR(0) 项目小圆点后有符号 $), +, *$
  - $I^{(11)} = Go(I^{(6)},)) = \{[E \rightarrow (E)\cdot, +|*|\#]\}$
  - $I^{(12)} = Go(I^{(6)}, +) = \{[E \rightarrow E + \cdot E, +|*|)], [E \rightarrow \cdot E + E, +|*|)], [E \rightarrow \cdot E * E, +|*|)], [E \rightarrow \cdot(E), +|*|)], [E \rightarrow \cdot i, +|*|)]\}$
  - $I^{(13)} = Go(I^{(6)}, *) = \{[E \rightarrow E * \cdot E, +|*|)], [E \rightarrow \cdot E + E, +|*|)], [E \rightarrow \cdot E * E, +|*|)], [E \rightarrow \cdot(E), +|*|)], [E \rightarrow \cdot i, +|*|)]\}$
- 集合 $I^{(7)}$ 的 LR(0) 项目小圆点后有符号 $E, (, i$
  - $I^{(14)} = Go(I^{(7)}, E) = \{[E \rightarrow (E\cdot), +|*|)], [E \rightarrow E\cdot +E, +|*|)], [E \rightarrow E\cdot *E, +|*|)]\}$
  - $I^{(7)} = Go(I^{(7)}, ()$
  - $I^{(8)} = Go(I^{(7)}, i)\}$
- 集合 $I^{(8)}$ 的 LR(0) 项目小圆点后没有符号
- 集合 $I^{(9)}$ 的 LR(0) 项目小圆点后有符号 $+, *$
  - $I^{(4)} = Go(I^{(9)}, +)$
  - $I^{(5)} = Go(I^{(9)}, *)$
- 集合 $I^{(10)}$ 的 LR(0) 项目小圆点后有符号 $+, *$
  - $I^{(4)} = Go(I^{(10)}, +)$
  - $I^{(5)} = Go(I^{(10)}, *)$
- 集合 $I^{(11)}$ 的 LR(0) 项目小圆点后没有符号
- 集合 $I^{(12)}$ 的 LR(0) 项目小圆点后有符号 $E, (, i$
  - $I^{(15)} = Go(I^{(12)}, E) = \{[E \rightarrow E + E\cdot, +|*|)], [E \rightarrow E \cdot +E, +|*|)], [E \rightarrow E \cdot *E, +|*|)]\}$
  - $I^{(7)} = Go(I^{(12)}, ()$
  - $I^{(8)} = Go(I^{(12)}, i)\}$
- 集合 $I^{(13)}$ 的 LR(0) 项目小圆点后有符号 $E, (, i$
  - $I^{(16)} = Go(I^{(13)}, E) = \{[E \rightarrow E * E\cdot, +|*|)], [E \rightarrow E \cdot +E, +|*|)], [E \rightarrow E \cdot *E, +|*|)]\}$
  - $I^{(7)} = Go(I^{(13)}, ()$
  - $I^{(8)} = Go(I^{(13)}, i)\}$
- 集合 $I^{(14)}$ 的 LR(0) 项目小圆点后有符号 $), +, *$
  - $I^{(17)} = Go(I^{(14)},)) = \{[E \rightarrow (E)\cdot, +|*|)]\}$
  - $I^{(12)} = Go(I^{(14)}, +)$
  - $I^{(13)} = Go(I^{(14)}, *)\}$
- 集合 $I^{(15)}$ 的 LR(0) 项目小圆点后有符号 $+, *$

  - $I^{(12)} = Go(I^{(15)}, +)$
  - $I^{(13)} = Go(I^{(15)}, *)\}$
- 集合 $I^{(16)}$ 的 LR(0) 项目小圆点后有符号 $+, *$
  - $I^{(12)} = Go(I^{(16)}, +)$
  - $I^{(13)} = Go(I^{(16)}, *)\}$
- 集合 $I^{(17)}$ 的 LR(0) 项目小圆点后没有符号

填 LR(1) 分析表的过程略，可以得到 LR(1) 分析表如表4.30所示。

表 4.30 例题 4.46 的 LR(1) 分析表

状态	*Action*						*Goto*
	+	*	(	)	*i*	#	*E*
0			$s2$		$s3$		1
1	$s4$	$s5$				acc	
2			$s7$		$s8$		6
3	$r4$	$r4$				$r4$	
4			$s2$		$s3$		9
5			$s2$		$s3$		10
6	$s12$	$s13$		$s11$			
7			$s7$		$s8$		14
8	$r4$	$r4$		$r4$			
9	$r1/s4$	$r1/s5$				$r1$	
10	$r2/s4$	$r2/s5$				$r2$	
11	$r3$	$r3$				$r3$	
12			$s7$		$s8$		15
13			$s7$		$s8$		16
14	$s12$	$s13$		$s17$			
15	$r1/s12$	$r1/s13$		$r1$			
16	$r2/s12$	$r2/s13$		$r2$			
17	$r3$	$r3$		$r3$			

表达式二义文法人工干预消除冲突

表4.30中共有 8 处出现冲突，下面逐一分析。

- $Action[9, +] = r1/s4$: $r1$ 说明栈顶形成了 $E+E$，当前符号为 $+$，因此栈顶与输入串形成了 $E+E+X$ 的形式，其中 $X = i$ 或 $X = E$（下同，不再说明）。由于加法是左结合的，因此应先计算左边的加法，即先将$E+E$进行归约，因此$Action[9,+]=r1$。

- $Action[9,*]=r1/s5$：$r1$说明栈顶形成了$E+E$，当前符号为$*$，因此栈顶与输入串形成了$E+E*X$的形式。由于乘法的优先级高于加法，因此应先计算右边的乘法，即先移进$*$以形成$E*X$的形式，因此$Action[9,*]=s5$。
- $Action[10,+]=r2/s4$：$r2$说明栈顶形成了$E*E$，当前符号为$+$，因此栈顶与输入串形成了$E*E+X$的形式。由于乘法的优先级高于加法，因此应先计算左边的乘法，即先将$E*E$进行归约，因此$Action[10,+]=r2$。
- $Action[10,*]=r2/s5$：$r2$说明栈顶形成了$E*E$，当前符号为$*$，因此栈顶与输入串形成了$E*E*X$的形式。由于乘法是左结合的，因此应先计算左边的乘法，即先将$E*E$进行归约，因此$Action[10,*]=r2$。
- $Action[15,+]=r1/s12$：$r1$说明栈顶形成了$E+E$，当前符号为$+$，因此栈顶与输入串形成了$E+E+X$的形式。由于加法是左结合的，因此应先计算左边的加法，即先将$E+E$进行归约，因此$Action[15,+]=r1$。
- $Action[15,*]=r1/s13$：$r1$说明栈顶形成了$E+E$，当前符号为$*$，因此栈顶与输入串形成了$E+E*X$的形式。由于乘法的优先级高于加法，因此应先计算右边的乘法，即先移进$*$以形成$E*X$的形式，因此$Action[15,*]=s13$。
- $Action[16,+]=r2/s12$：$r2$说明栈顶形成了$E*E$，当前符号为$+$，因此栈顶与输入串形成了$E*E+X$的形式。由于乘法的优先级高于加法，因此应先计算左边的乘法，即先将$E*E$进行归约，因此$Action[16,+]=r2$。
- $Action[16,*]=r2/s13$：$r2$说明栈顶形成了$E*E$，当前符号为$*$，因此栈顶与输入串形成了$E*E*X$的形式。由于乘法是左结合的，因此应先计算左边的乘法，即先将$E*E$进行归约，因此$Action[16,*]=r2$。

例题4.47 算术表达式语句分析 使用消除冲突后的表4.30分析句子$i*(i+i*i)*i$。

解 句子$i*(i+i*i)*i$的识别过程如表4.31所示。

表 4.31 句子$i*(i+i*i)*i$的识别过程

步骤	状态栈	符号栈	输入串	说明
1	0	$\#$	$i*(i+i*i)*i\#$	初始化
2	03	$\#i$	$*(i+i*i)*i\#$	$Action[0,i]=s3$，移进
3	01	$\#E$	$*(i+i*i)*i\#$	$Action[3,*]=r4$：$E\to i$，分析栈弹出1个元素，$Goto[0,E]=1$，1入状态栈，E入符号栈
4	015	$\#E*$	$(i+i*i)*i\#$	$Action[1,*]=s5$，移进
5	0152	$\#E*($	$i+i*i)*i\#$	$Action[5,(]=s2$，移进
6	01528	$\#E*(i$	$+i*i)*i\#$	$Action[2,i]=s8$，移进
7	01526	$\#E*(E$	$+i*i)*i\#$	$Action[8,+]=r4$：$E\to i$，分析栈弹出1个元素，$Goto[2,E]=6$，6入状态栈，E入符号栈

续表

步骤	状态栈	符号栈	输入串	说明
8	0152612	$\#E*(E+$	$i*i)*i\#$	$Action[6,+]=s12$，移进
9	01526128	$\#E*(E+i$	$*i)*i\#$	$Action[12,i]=s8$，移进
10	015261215	$\#E*(E+E$	$*i)*i\#$	$Action[8,*]=r4$：$E\to i$，分析栈弹出1个元素，$Goto[12,E]=15$，15入状态栈，E入符号栈
11	01526121513	$\#E*(E+E*$	$i)*i\#$	$Action[15,*]=s13$，移进
12	015261215138	$\#E*(E+E*i$	$)*i\#$	$Action[13,i]=s8$，移进
13	0152612151316	$\#E*(E+E*E$	$)*i\#$	$Action[8,)]=r4$：$E\to i$，分析栈弹出1个元素，$Goto[13,E]=16$，16入状态栈，E入符号栈
14	015261215	$\#E*(E+E$	$)*i\#$	$Action[16,)]=r2$：$E\to E*E$，分析栈弹出3个元素，$Goto[12,E]=15$，15入状态栈，E入符号栈
15	01526	$\#E*(E$	$)*i\#$	$Action[15,)]=r1$：$E\to E+E$，分析栈弹出3个元素，$Goto[2,E]=6$，6入状态栈，E入符号栈
16	0152611	$\#E*(E)$	$*i\#$	$Action[6,)]=s11$，移进
17	01510	$\#E*E$	$*i\#$	$Action[11,*]=r3$：$E\to(E)$，分析栈弹出3个元素，$Goto[5,E]=10$，10入状态栈，E入符号栈
18	01	$\#E$	$*i\#$	$Action[10,*]=r2$：$E\to E*E$，分析栈弹出3个元素，$Goto[0,E]=1$，1入状态栈，E入符号栈
19	015	$\#E*$	$i\#$	$Action[1,*]=s5$，移进
20	0153	$\#E*i$	$\#$	$Action[5,i]=s3$，移进
21	01510	$\#E*E$	$\#$	$Action[3,\#]=r4$：$E\to i$，分析栈弹出1个元素，$Goto[5,E]=10$，10入状态栈，E入符号栈
22	01	$\#E$	$\#$	$Action[10,\#]=r2$：$E\to E+E$，分析栈弹出3个元素，$Goto[0,E]=1$，1入状态栈，E入符号栈
23	01	$\#E$	$\#$	$Action[1,\#]=acc$，识别成功，结束

第4章 语法分析 内容小结

- 自上而下分析从文法的开始符号开始，向下推导，推出句子；自下而上分析从句子开始，向上归约，归约到文法开始符号。
- LL(1)分析法的第1个L表示从左到右扫描输入串，第2个L表示最左推导，1表示分析时每步只需向右查看一个符号。
- LL(1)分析法是一种最左推导，总控程序根据符号栈栈顶符号和当前输入符号，查询LL(1)预测分析表确定下一步的动作。
- 算符优先分析定义算符之间的优先关系，借助优先关系寻找最左素短语进行归约。
- LR(k)分析法的L表示从左到右扫描输入串，R表示最右推导的逆过程，k表示分析时每步向右查看k个符号，综合了“历史”“展望”和“现实”三方面的材料。
- LR分析法是一种最左归约，总控程序根据状态栈栈顶状态和输入串当前符号，查询LR分析表确定下一步动作，状态栈、符号栈和输入串产生相应变化，直至接受或拒绝要识别的符号串。

第4章　习题

第 4 章　习题

请扫描二维码查看第4章习题。

第5章

符号表管理

编译过程中，编译程序需要不断记录和反复查证出现在源程序中各种名字的属性。早期的编译器中，由于编译器实现语言数据类型的限制，这些信息被设计为各种各样的表格，称为符号表。虽然目前编译器的实现语言多为面向对象的语言，可以将这些信息组织成类对象的结构，但本书依然沿用符号表的称呼。

本章主要关注面向过程的源语言，介绍符号表在编译器中的作用、符号表存储的内容及组织方式，以及符号表的排序和查找等相关算法。

5.1 作用与操作

在1.5.1节已经给出一个符号表的示例。具体来说，符号表有如下3个作用。

- 收集符号属性。如各种变量名及其数据类型、数据长度、内存偏移量等，以及各种过程、标号等，均记入符号表，供后续使用时查证。
- 上下文语义合法性检查的依据。如声明一个float类型的变量x，检查符号表，若发现已经有一个同名的int型变量，则报错。
- 作为目标代码生成阶段地址分配和使用的依据。如每个变量在目标代码生成时需要确定其在内存分配的相对位置，当生成目标代码时，需要查询符号表获取访问地址。

编译期间，对符号表的操作大致分为5类。

- 往表中填入一个新的名字及其属性。
- 对给定名字，查询该名字是否已在表中。
- 对给定名字，查询它的某些属性信息。
- 对给定名字，往表中填写或者更新它的某些信息。
- 删除一个或一组无用的项。

5.2 表项内容

本章介绍符号表的一些常规表项内容，对于特殊用途的表项，等到讨论具体问题时再具体分析。一个符号表填写的恰当时机是已经知道了该名字是变量、过程还是标号，以及数据类型等较为详细的信息，这就需要在语义分析时填写符号表。符号表的具体填写方法在语义分析和中间代码生成部分讨论，本节只讨论符号表应当具有的表项内容，本章后续章节会介绍符号表的组织、结构和查找。

5.2.1 变量

对于**变量**，它们的属性一般包括如下信息，这些信息均来自变量声明语句。

- 名字，一般用字符串表示。
- 数据类型，如整型、实型、布尔型、字符型等，参考表1.2的内容，一般用整型编码表示。
- 类别，如全局变量、局部变量、临时变量、形式参数等；有时全局变量和局部变量通过所在符号表区分，而不是使用作用域信息区分，因此可以统称为普通变量，可以用整型编码表示。
- 宽度（或字宽），指该具体数据类型占用的字节数，如整型、实型分别为4和8，而数组则是元素数量乘以每个元素宽度的值，一般用整数表示。
- 偏移量，即相对于某个基地址的偏移地址，一般用整数表示。形参和局部变量分开计算偏移量，两者第一个变量的偏移量都是0，加上这个变量的宽度是下一个变量的偏移量。

代码5.1为一个函数Fun及其声明语句的示例，其对应的符号表中的变量信息如表5.1所示。形参有x和y，普通变量有i、j、u、v、arr，它们都是局部变量。第一个形参x和第一个普通变量i的偏移量都是0，一个变量的偏移量加上它的宽度，就是下一个变量的偏移量。这个偏移量是将来在内存中为变量分配空间的基础。

代码 5.1 变量声明示例

```
1    int Fun(int x, int y) {
2      int i, j;
3      double u, v;
4      int arr[2, 3, 4];
5      ...
6    }
```

表 5.1 符号表中的变量信息

名　字	数据类型	类　别	宽　度	偏 移 量
x	int	形参变量	4	0
y	int	形参变量	4	4
i	int	普通变量	4	0
j	int	普通变量	4	4
u	double	普通变量	8	8
v	double	普通变量	8	16
arr	array(2, 3, 4, int)	普通变量	96	24

5.2.2 数组

如果变量为**数组**，除在表5.1中记录数组的基本信息外，还需要增加以下两个字段。

- 数组维度数。
- 静态地址，指编译时确定的基准地址偏移，由数组每个维度的下界及每个维度的长度共同确定。C语言数组下界为0，那么静态地址总是0，可以省略该项。Pascal由声明语句确定数组下界，因此编译时才能确定。动态地址则是运行时才能确定的地址，因此不会记录到符号表中。

数组还需要建立一个子表记录每个维度的信息，称为**内情向量表**，包括如下信息。

- 每个维度的下界。现在大部分语言下界是固定不变的，如C语言数组下界为0，MATLAB数组下界为1，因此可以省略该项。Pascal在声明语句中确定数组下界，该项是必须的。
- 每个维度的上界。
- 每个维度的元素数。元素数、维度上界与维度下界，给出两项即可计算另外一项，因此属于冗余信息，可以根据计算的方便性确定记录哪些项或者全部记录。

代码5.1的第4行数组arr，在表5.1中最后一行记录的数据类型为array(2, 3, 4, int)，这是一种数据类型的形式化描述，称为类型描述符。类型描述符包含了数组每个维度的信息，以及元素的数据类型，将在语义分析和中间代码生成的类型检查部分详细说明。

表5.2为数组arr的内情向量表，表5.1的变量arr应有一个指针指向这个内情向量表。对C语言来说，维度下界总是0，可以省略；每个维度的元素数总比维度上界多1，这两项保留一项即可。

表 5.2 数组arr的内情向量表

维 度	下 界	上 界	元 素 数
0	0	1	2
1	0	2	3
2	0	3	4

5.2.3 结构体

如果变量为**结构体**，应建立内情向量表额外记录结构体各分量的信息。一般来说，结构体子表结构等同于变量表结构。

代码5.2中，第1~5行定义了一个结构体STRU，第6行声明了一个STRU类型的变量s。表5.3第1行为结构体STRU的定义，它不是一个具体的变量，因此运行时不占用内存，偏移量无须计算。它的数据类型记为struct，而类别登记为结构体。该行还应有一个指针，指向结构体的内情向量表，也就是指向表5.4。

代码 5.2 结构体示例

```
1    struct STRU {
2      int a;
3      float b[20];
4      double c;
5    };
6    STRU s;
```

表5.3中第2行的s是一个具体的变量，需要分配内存空间，它作为第一个变量偏移量为0。它的数据类型记为struct(STRU)，这样，通过STRU可以查询到它的定义，也就是表5.3的第1行，再通过该行的指针，可以查询到其内情向量信息。

表 5.3　符号表中的结构体

名　字	数据类型	类　别	宽　度	偏移量
STRU	struct	结构体	92	—
s	struct(STRU)	普通变量	92	0

表5.4为结构体的内情向量表，这个表与变量表一样。其中第2行的变量b是一个数组，因此应当有一个指针，指向这个数组的内情向量表，此处略。

表 5.4　结构体的内情向量表

名　字	数据类型	类　别	宽　度	偏移量
a	int	结构体成员	4	0
b	array(20, float)	结构体成员	80	4
c	double	结构体成员	8	84

5.2.4　过程

对于**过程（函数）**，它们的属性一般包括如下信息。

- 名字。
- 是否为程序的外部过程？
- 入口地址，对于能通过名字使用call指令调用的目标语言，可以省略该项；对于编译为可执行代码的编译器，必须包含该项。
- 返回值类型。
- 返回值长度。
- 过程中普通变量的总宽度。这个字段是一个冗余数据，可以通过过程符号表的最后一个变量偏移量加上字宽得到，它是运行时分配过程总空间的依据。

符号表中过程的记录，在5.3节的符号表结构组织中会详细讨论。

5.2.5　标号

对于**标号**，它们的属性一般包括如下信息，更具体的设计将在标号语句翻译部分介绍。

- 名字。
- 标号地址。对于通过名字进行转移的目标语言，该项可以省略。
- 是否已定义。有些标号的转移在定义之前，遇到“goto L”语句时先将标号L填入符号表，此时标号尚未定义；遇到“L:”时，标号才算已定义。

5.3　结构组织

将一个符号表看作一个对象，考虑在内存中如何组织各表的关联关系的问题，称为符号表的结构组织。

5.3.1　嵌套定义过程

Pascal是典型的允许嵌套定义过程的语言，一个示例如代码5.3所示，该代码分析如下。

- 最外层过程（程序）为Proc1，该过程在第2~3行声明了变量a和x，过程体定义在第27~29行。
- 在变量声明和过程体之间，分别在第4、9、15行定义了3个内层子过程Proc11、Proc12和Proc13。
  - Proc11在第5行定义了变量i，过程体定义在第6~8行，其中调用了变量a。
  - Proc12有形参i和j，过程体定义在第10~14行，其中调用了变量x、a、i和j。
  - Proc13在第16行定义了变量k和v，第17行又定义了子过程（函数）Proc131，Proc13的过程体定义在第24~26行。
    * Proc131中定义了变量i和j，过程体定义在第19~23行，其中调用了变量a和v，以及过程Proc12。

代码 5.3 Pascal语言过程嵌套定义示例

```
1    program Proc1;
2    var a: array[0..10] of integer;
3      x: integer;
4    procedure Proc11;
5      var i: integer;
6      begin
7      ... a...
8      end {Proc11}
9    procedure Proc12 (i, j: integer);
10     begin
11       x = a[i];
12       a[i] = a[j];
13       a[j] = x;
14     end {Proc12};
15   procedure Proc13 (m, n: integer);
16     var k, v: integer;
17     function Proc131 (y, z: integer) : integer;
18       var i, j: integer;
19       begin
20         ...a...v...
21         Proc12(i, j);
22         ...
23       end {Proc131};
24     begin
25       ...
26     end {Proc13};
27   begin
28     ...
29   end {Proc1}.
```

一个典型的嵌套过程定义的变量作用域规则为：

- 访问变量如果在本过程声明或为本过程形参，则使用本过程的局部变量或形参。
- 访问变量如果不是本过程局部变量或形参，则在上层父过程局部变量或形参中查找，若找到，则使用。
- 如果父过程仍未找到访问变量，则继续向上级父过程查找，直到找到，或者不再有父过程为止（调用的变量不存在）。

根据该规则，Proc12访问的变量，或者为Proc12的局部变量或形参，或者为Proc1的局部变量或形参，但不会是Proc11、Proc13或Proc131的局部变量或形参。Proc131中调用的变量，可能是Proc131、Proc13或Proc1中的局部变量或形参，而不会是其他过程的局部变量或形参。

例题5.1 变量作用域举例 代码5.3中：

- Proc12中访问的变量i和j，为本过程Proc12的形参变量。
- Proc12中访问的变量x和a，为父过程Proc1的局部变量。
- Proc131中访问的变量a，为父过程的父过程Proc1的局部变量。
- Proc131中访问的变量v，为父过程Proc13的局部变量。
- Proc131中访问的变量i和j，为本过程Proc131的局部变量。

考虑到变量作用域问题，嵌套过程的符号表适合每个过程一个符号表，组织如图5.1所示。

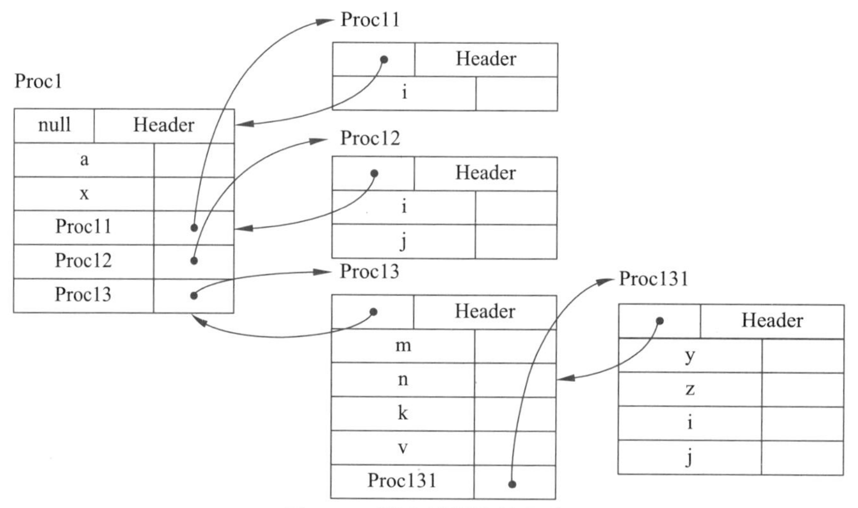

图 5.1 嵌套过程的符号表

每个符号表都有一个指向父过程的指针，如果没有父过程，则该项为null；另外有一个Header域，用来存放过程的各种必须信息，如累积内存占用量等，这里不做讨论；其余部分为该过程中出现的名字，包括变量和过程。各种名字在编译器实现中可以使用类的对象实例描述，以包含名字描述所需的详细信息；也可以是指针指向一个名字属性表，以描述名字详细信息。这里的详细信息，指5.2节介绍的符号表项内容。

- 过程Proc1的父过程指针为null，表示没有父过程。
- 过程Proc1中存放了变量a和x。
- 过程Proc1的名字Proc11，指向Proc11子表。
  - Proc11表父过程指针指向Proc1。
  - Proc11中有局部变量i。
- 过程Proc1的名字Proc12，指向Proc12子表。
  - Proc12表父过程指针指向Proc1。
  - Proc12中有形参变量i和j。

- 过程Proc1的名字Proc13，指向Proc13子表。
  - Proc13表父过程指针指向Proc1。
  - Proc13中有形参变量m和n，以及局部变量k和v。
  - Proc13中的名字Proc131，指向Proc131子表。
    * Proc131表父过程指针指向Proc13。
    * Proc131中有形参变量y和z，以及局部变量i和j。

过程符号表的父指针使得当前过程找不到要引用的变量时，可以到父过程符号表查找，直至最顶层没有父结点的过程符号表，满足了作用域访问要求。

5.3.2 符号表栈

符号表在中间代码生成、代码优化和目标代码生成的全过程中都会被使用。为每个过程建立一个符号表，可方便过程内变量的管理，但需要设计好符号表建立的时机。

此处设计一个不太严谨的过程嵌套定义文法，其核心包括如下3个产生式。

- 产生式“$D \to \text{proc id}(\cdots); D; S$”：“proc”代表了program、procedure和function关键字，过程的参数目前我们不关注，用省略号表示。该产生式表明D可以是一个过程，过程中又可以嵌套定义过程D，而S表示“begin $\cdots$ end”构成的语句块。
- 产生式“$D \to \text{id} : T$”表明D可以是一行变量声明（这里没有设计多变量同时声明的情况），其中T是数据类型。
- 产生式“$D \to D; D$”表明D可以出现任意多个，也就是声明多个变量或定义多个过程，中间用分号作为分隔符。

根据这个文法，如果采用自下而上的分析法，可以处理到“proc id”时，也就是LR(0)项目为“$D \to \text{proc id} \cdot (\cdots); D; S$”时，创建该过程的符号表，因为后续将要识别形参和局部变量，该过程的符号表创建后才能填写。到整个产生式“$D \to \text{proc id}(\cdots); D; S\cdot$”进行归约时，结束该过程的符号表的处理。

通过符号表栈管理嵌套符号表，可以使栈顶总是指向当前编译过程的符号表。具体来说，处理到“proc id”时创建符号表并压入符号表栈，使得栈顶为当前过程的符号表。遇到形参声明或过程内声明语句插入新名字时，只需要在当前栈顶符号表插入，查询符号只查询当前栈顶符号表及其逐级父表。当过程分析完成，整个产生式归约时，不再需要栈顶符号表，因此从符号表栈中弹出符号表，栈顶变为该过程的父过程符号表。本章不总结符号表管理的算法，因为这些动作是伴随语法分析执行的，将在语法制导翻译的章节介绍，本节只通过一个例子说明符号表栈的组织和变化过程。

例题5.2 符号表的变化过程 说明代码5.3分析过程中符号表的变化过程。

解 过程符号表栈如图5.2所示，其中左边箭头由子表指向父表，右边箭头由父表指向子表。

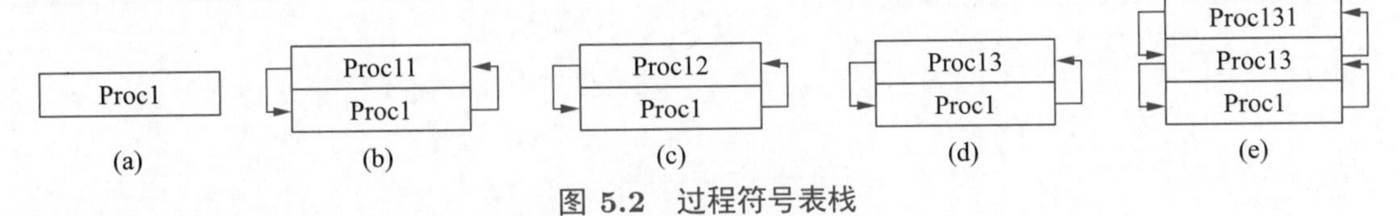

图 5.2 过程符号表栈

以下为扫描代码5.3，对其进行语义分析时产生的动作：

- 第1行为过程Proc1入口，创建符号表Proc1并入栈，如图5.2(a)所示。

- 第 4 行为过程 Proc11 入口，在栈顶符号表 Proc1 中登记名字 Proc11，然后创建符号表 Proc11 并入栈，如图5.2(b) 所示。
- 第 8 行为过程 Proc11 出口，栈顶符号表 Proc11 出栈，符号表栈恢复图5.2(a) 情况。此时 Proc1 中仍保留着 Proc11 的名字及其他信息，以便后续调用该过程时使用；Proc11 只是出栈，但并不删除，以便后续步骤继续查询和使用该表；下同。
- 第 9 行为过程 Proc12 入口，在栈顶符号表 Proc1 中登记名字 Proc12，然后创建符号表 Proc12 并入栈，如图5.2(c) 所示。
- 第 14 行为过程 Proc12 出口，栈顶符号表 Proc12 出栈，符号表栈恢复图5.2(a) 情况。
- 第 15 行为过程 Proc13 入口，在栈顶符号表 Proc1 中登记名字 Proc13，然后创建符号表 Proc13 并入栈，如图5.2(d) 所示。
- 第 17 行为过程 Proc131 入口，在栈顶符号表 Proc13 中登记名字 Proc131，然后创建符号表 Proc131 并入栈，如图5.2(e) 所示。
- 第 23 行为过程 Proc131 出口，栈顶符号表 Proc131 出栈，符号表栈恢复图5.2(d) 情况。
- 第 26 行为过程 Proc13 出口，栈顶符号表 Proc13 出栈，符号表栈恢复图5.2(a) 情况。
- 第 29 行为过程 Proc1 出口，栈顶符号表 Proc1 出栈，符号表栈清空。

通过符号表栈的这种操作，可以方便地在生成中间代码的同时，构建出图5.1所示的符号表树形结构。

5.3.3 非嵌套定义过程

非嵌套定义过程比嵌套定义过程符号表更容易组织，但考虑到作用域问题，也可以参考嵌套定义过程的组织方式。如可以将全局变量和过程名记入全局符号表，作为程序的根符号表；每个过程符号表是这个根表的子表。如果语言支持循环中声明变量，并规定循环中声明变量的作用域为循环内，则可以为循环单独建立一个符号表。

代码5.4是一个 C 风格语言非嵌套过程定义示例，其中定义了两个全局变量 a 和 b，以及 4 个过程 Proc1、Proc2、Proc3 和 main。

代码 5.4　C 风格语言非嵌套过程定义示例

```
1    int a, b;
2    void Proc1(int i, int j) {
3      int k;
4      ...
5    }
6    void Proc2() {
7      ...
8      for (int i = 1; i < 100; i++) {
9        int j = 0;
10       ...
11     }
12     ...
13   }
14   void Proc3() {
15     int i;
16     ...
```

```
17    }
18    int main() {
19        ...
20        return 0;
21    }
```

过程Proc2的for循环中定义了循环变量i和j，其作用域限制在声明变量的循环中。需要注意的是循环变量j，循环每次迭代都会遇到这个声明语句，因此有两种理解：①每次迭代完成j就出了作用域，因此每次迭代j都重新分配地址并重新赋初始值；②编译时只会扫描声明语句一次，填入符号表并计算偏移地址，因此j每次迭代地址均相同，不会重新分配地址，但赋值操作生成的代码在for循环中，因此每次迭代仅重新赋初始值。C++的语法规则未对①或②做任何保证，因此不同编译器可以做不同选择。根据MSVC编译器的目标指令，该编译器选择的是②。

图5.3为代码5.4的符号表结构。全局变量、过程都记入全局符号表，全局符号表和每个过程符号表都建立双向指针互相指向对方，用于：①调用过程中，调用过程先进入全局符号表，再从全局符号表定位被调过程符号表，以确定形参等信息；②某个过程中，访问的变量不在本过程符号表中时，查证全局符号表中是否存在该变量。

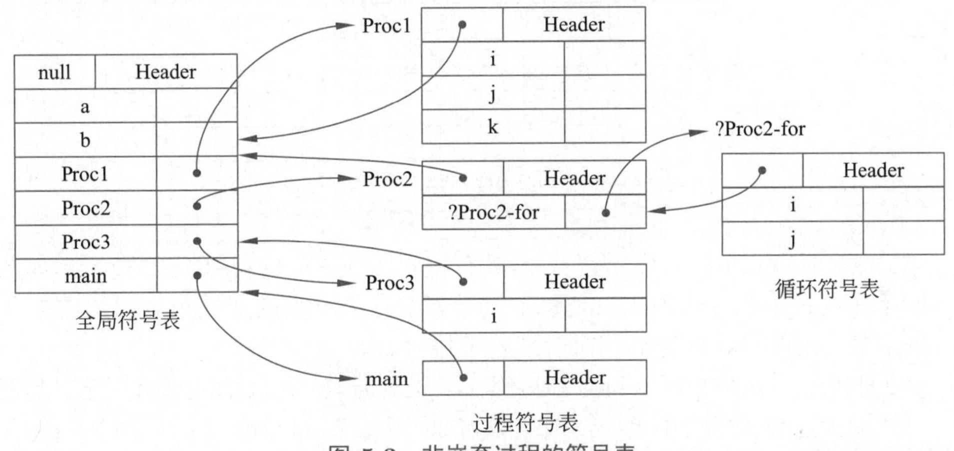

图 5.3 非嵌套过程的符号表

过程Proc2中的循环，在Proc2符号表中登记了一个虚拟的过程“?Proc2-for”，用来记录该循环对应的虚拟过程符号表的指针。注意，这仅是一种可行的设计，读者当然可以自行设计能保证循环变量作用域的符号表组织规则。

5.4 内容组织

考虑符号表的内容，在内存中如何存放和操纵符号表数据的问题，称为符号表的内容组织。符号表的内容组织与编译器实现语言相关，不同实现语言会导致符号表内容组织有极大差异。

5.4.1 表格组织

不同种类的符号，属性信息有差异。有的编程语言需要自行设计表格内容组织，图5.4展示了常见的3种表格内容组织方式。

第1种符号

符号	属性1	属性2	属性3

第2种符号

符号	属性1	属性2	属性4

第3种符号

符号	属性2	属性3	属性5	属性6	属性7	属性8

(a) 相同属性种类的符号组织在一起

第1、2、3种符号

符号	属性1	属性2	属性3	属性4	属性5	属性6	属性7	属性8

(b) 所有符号都组织在一张表中

第1、2种符号

符号	属性1	属性2	属性3	属性4

第3种符号

符号	属性2	属性3	属性5	属性6	属性7	属性8

(c) 根据符号属性相似程度分类组织成若干张表

图 5.4　符号表内容组织

- 第1种组织方式是构造多个符号表，具有相同属性种类的符号组织在一起，如图5.4(a) 所示。这种组织方式的优点是每个符号表中存放符号的属性个数和结构完全相同，缺点是一遍编译程序需要同时管理若干符号表。
- 第2种组织方式是把所有符号都组织在一张符号表中，如图5.4(b) 所示。这种组织方式的优点是管理集中单一，缺点是增加了大量空间开销。
- 第3种组织方式是根据符号属性相似程度分类组织成若干张表，如图5.4(c) 所示。这种组织方式的优点是减少了空间开销，缺点是增加了表格管理的复杂性。

表格组织需要根据实际情况取得一个管理复杂度和空间开销上的平衡。如变量、过程、标号一般采用不同表格管理。基本变量（基本数据类型的形参、局部变量、全局变量）虽然属性有差异，但一般放入一张表。数组、结构体的差别较大，一般放入不同表，但它们又有很多属性与基本变量相同，所以也可以先与基本变量一起存入变量表，再通过一个指针指向一个特殊细节表格，称为内情向量表；数组指向的一般是表示各维度信息的内情向量表，结构体指向的是表示各分量数据类型、存储地址等信息的内情向量表。

5.4.2　表记录组织

如果选择了不支持表格、结构体和对象的编译器实现语言，就需要自己组织表记录在内存的存储方式。

整数需要多个字节存放时，有大尾编码和小尾编码之分。

- 大尾编码即高位字节放低地址端。如果地址左低右高，则1234h用两字节存放，大尾编码为12 34；如果用4字节存放，大尾编码为00 00 12 34。

- 小尾编码即高位字节放高地址端。如果地址左低右高，则1234h用两字节存放，小尾编码为34 12；如果用4字节存放，小尾编码为34 12 00 00。

字符串有以下3种存储方式。

- 固定宽度法。比如约定名字最长为256字符，那么可以用256字节长度的空间表示名字字符串，不足256字节的可以用特殊符号如整数0补足。这种方法容易计算地址，如需要跳过一个名字时，直接跳过256字节即可。但一般程序员写名字大概只有几个字符长度，大量空间被浪费了。
- 终止符法。C语言等用整数0结束字符串，这显然能避免空间的浪费，但同时带来了地址计算的问题，遇到需要跳过字符串的情况，需要一字节一字节扫描，直到遇到整数0才确定到达了字符串尾。
- 指定长度法。即先用一个数字指定字符串长度，后面再接字符串。如用2字节小尾编码表示字符串长度，则0C 00 48 65 6C 6C 6F 20 77 6F 72 6C 64 21的前两字节表示字符串长度为12，后面12字节就是其内容，ASCII编码为"Hello world!"。该方式能节省存储空间，同时需要跳过一个字符串时，只查看前2字节即可。

一些可以枚举的字段，如数据类型、种属、作用域等，一般用整型编码表示。浮点数编码一般依据IEEE 754标准，具体编码规则可以参考"计算机组成原理"[45]课程的相关内容。

不支持结构体和对象的语言，可以指定一个存储地址，从该地址开始存放记录。一条记录一般按某个指定顺序存放各字段值，各记录按顺序存放，完成符号表存放。

例题5.3 表记录存储 写出符号表5.5的表记录存储内容。

表 5.5 符号表

名　字	数据类型	类　别	宽　度	偏移量
n	int	形参变量	4	0
sum	float	普通变量	4	0
product	double	普通变量	8	4

解 对符号表记录做如下约定。

- 名字：用指定长度法存储，由于名字长度不超过256字符，因此使用1字节表示。
- 数据类型：int、float、double分别编码为0、1、2，用1字节表示。
- 类别：普通变量、形参变量分别编码为0、1，用1字节表示。
- 宽度：用1字节表示。
- 偏移量：用2字节小尾编码表示。

考虑到32位CPU的基本字节单位为4，需要将数据对齐到4字节。具体来说，名字长度用0补齐到4的倍数，数据类型、类别、宽度加上1字节0对齐到4字节，偏移量加上两字节0对齐到4字节。

可以得到的存储数据如下，这些字节按顺序存储，为方便阅读，每变量一行：

01 6E 00 00 00 01 04 00 00 00 00 00

03 73 75 6D 01 00 04 00 00 00 00 00

07 70 72 6F 64 75 63 74 02 00 08 00 04 00 00 00

5.4.3 面向对象的组织

目前使用的大部分语言都支持面向对象，采用面向对象的方法可以更方便地组织表格内容。

面向对象的一个重要关系是继承关系，也称为泛化关系，指的是一个类（子类）继承另外一个类（父类）的功能，并可以增加自己额外的一些功能。继承关系的一个重要特性是，子类对象可以赋值给父类类型的变量。如创建一个符号类父类，变量、过程、标号都继承自这个父类，那么使用一个符号类的数组或列表，可以存放任意子类的对象，这样就方便地把不同类型的名字都用一个表格（数组或列表）统一管理，而不必考虑不同子类的属性多少问题。

图5.5是符号表设计的类图结构。其中使用了继承和组合两种关系，其图形符号如左上角图例所示。组合关系是一种包含关系，即整体包含部分，也称为强聚合，要求代表整体的对象负责代表部分的对象的生命周期。图5.5中仅列出了类名和属性，隐藏了类的方法；属性后面冒号后为数据类型，包括字符串（string）、整型（int）、布尔型（bool）和枚举型（enum）。符号类Symbol为斜体，表示该类为抽象类，不能实例化，其对象只能用子类的对象赋值。

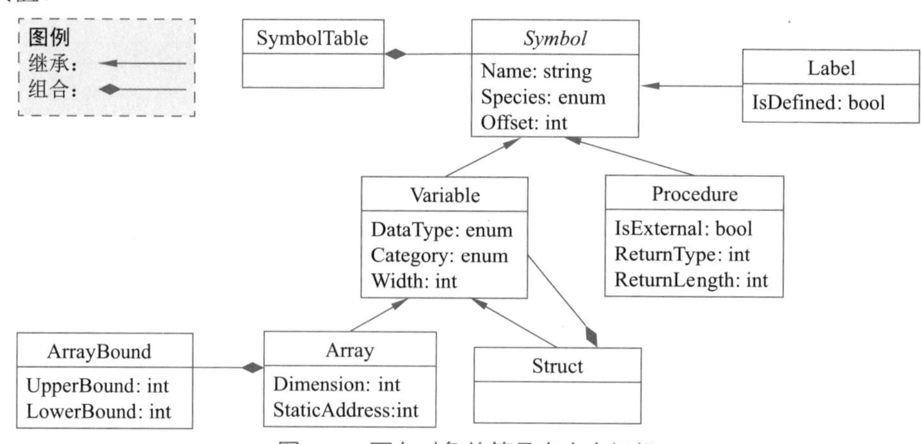

图 5.5 面向对象的符号表内容组织

图5.5中，类及属性的含义如表5.6所示。图5.5中，符号表类SymbolTable与符号类Symbol是组合关系，指SymbolTable对象中包含多个Symbol对象。变量类Variable、过程类Procedure、标号类Label都继承自符号类Symbol，数组类Array和结构体类Struct又继承自变量类。数组类Array中包含多个边界ArrayBound对象，结构体类Struct中则包含多个变量类Variable对象。

表 5.6 类及属性的含义

类 名	类含义	属 性	属性含义	说 明
SymbolTable	符号表			
Symbol	符号	Name	名字	
		Species	种属	简单变量、数组、结构体、枚举、过程、标号
		Offset	偏移地址	

续表

类　名	类含义	属　性	属性含义	说　明
Variable	变量	DataType	数据类型	
		Category	类别	普通变量、循环变量、形参变量
		Width	宽度	整型和地址为4，实型为8，数组为元素数量×字宽
Array	数组	Dimension	维度	
		StaticAddress	静态地址	
ArrayBound	数组边界	UpperBound	数组上界	
		LowerBound	数组下界	
Struct	结构体			
Procedure	过程	IsExternal	外部过程？	
		ReturnType	返回值类型	
		ReturnLength	返回值长度	
Label	标号	IsDefined	定义否？	

代码5.5是C++语言中使用列表泛型存储不同子类对象的示意性代码。可以如第2行所示，在SymbolTable对象中创建一个Symbol对象指针类型的列表lstSymbols，这个列表就可以存放任意的子类对象，包括变量对象、过程对象和标号对象。这种组织方式，编译器程序设计人员不必再关心每个对象属性的多少，显然更便于操作。

代码 5.5　C++语言符号表内容组织示例

```
1    ...
2    list<Symbol *> lstSymbols;
3    lstSymbols.push_back(new Variable(...));
4    lstSymbols.push_back(new Variable(...));
5    lstSymbols.push_back(new Procedure(...));
6    lstSymbols.push_back(new Label(...));
7    ...
```

5.5　排序与查找

符号表在编译过程中会被频繁访问。当遇到变量声明语句或过程定义语句，需要先进行一次读操作查询名字是否存在，再进行一次写操作写入符号表。变量的每次引用或者过程的每次调用，都需要查询该名字的信息。因此，建立符号表的快速存取结构非常重要。

5.5.1　线性组织

线性组织指将名字按出现顺序（推导或归约顺序）填入符号表。该方法的优点是插入速度快，空间效率高，缺点是查询需要遍历符号表，因此速度较慢，时间效率低。

代码5.6是一个变量声明的例子，线性组织得到的符号表如图5.6所示。由于符号表的查询操作远多于插入操作，因此不推荐此种存储方式。

代码 5.6　变量声明的例子

```
1    int i, j;
2    float sum, product;
3    int num, length;
```

符号	属性
i	
j	
sum	
product	
num	
length	

图 5.6　符号表的线性排序

5.5.2　二叉树

线性组织的查询效率低，因此考虑采用一种数据结构对名字进行排序。排序前，需要考虑采用哪种关键字进行索引。由于符号表大都通过变量名、过程名等名字进行查询，因此可以将名字字符串作为关键字。

将字符串作为关键字，就需要定义字符串比较大小的规则。一个常用的规则是：从左至右依次比较每个字符，当字符不同时将码值（ASCII码或者Unicode码或者其他）较小者定义为较小字符串。当字符相同时，则继续向右比较，直至较短字符串的每个字符都进行了比对。当两个字符串长度相同且每个字符都相同时，称为两个字符串相等。当两个字符串长度不同且较短字符串的每个字符与较长字符串每个对应位置的字符相同时，较短的字符串小。

二叉树是一种常见的用于排序的数据结构，其规则是总是让左孩子结点比父结点小，而右孩子结点比父结点大。二叉树可以在插入结点的同时实现排序，一个可行的递归排序方案如算法5.1所示。

算法 5.1　在二叉树中插入结点

输入： 要插入的新结点 $iNode$，要插入的树的根结点 $rNode$，假设其关键字属性为 $name$，左右孩子属性分别为 $left$ 和 $right$

输出： 结点 $iNode$ 插入该树后得到的新树

```
1  function insert(iNode, rNode):
2      if rNode = null then
3          rNode = iNode;
4          return;
5      end
6      if iNode.name ⩽ rNode.name then
7          if rNode.left = null then rNode.left = iNode;
8          else insert(iNode, rNode.left);
9      else
10         if rNode.right = null then rNode.right = iNode;
11         else insert(iNode, rNode.right);
12     end
13 end insert
```

二叉树构造的结果与名字出现的顺序相关。代码5.6构造的二叉树如图5.7(a)所示，该树退化为一个线性表。如果更换变量声明的顺序为代码5.7，则二叉树如图5.7(b)所示，该树明显比较平衡。

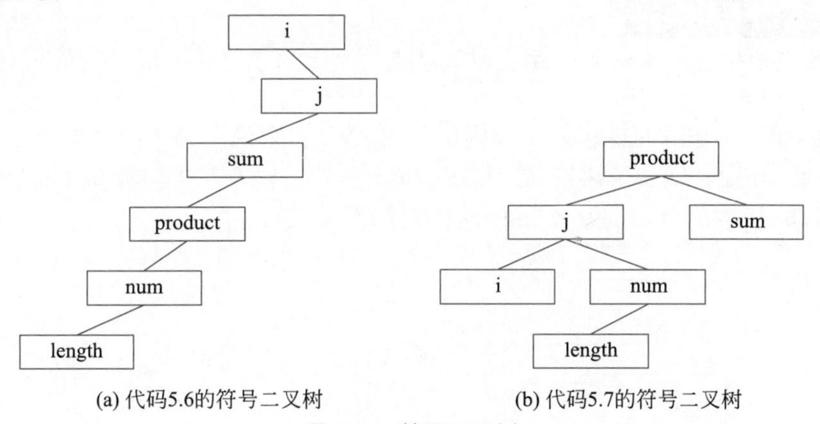

(a) 代码5.6的符号二叉树　　(b) 代码5.7的符号二叉树

图 5.7　符号二叉树

代码 5.7　更换例题 5.6 变量声明的顺序

```
1    float product, sum;
2    int j, i;
3    int num, length;
```

二叉树查找算法如算法5.2所示。

算法 5.2　二叉树查找算法

输入: 要查找的关键字 key，要查找的树根结点 $rNode$，假设其关键字属性为 $name$，左右孩子属性分别为 $left$ 和 $right$

输出: 找到与 key 相同的结点返回该结点，否则返回 $null$

1 **Node*** find($key, rNode$):
2 　**if** $rNode$ = null **then** return null ;
3 　**if** $key = rNode.name$ **then** return $rNode$;
4 　**else if** $key < rNode.name$ **then** return find($key, rNode.left$) ;
5 　**else** return find($key, rNode.right$) ;
6 end find

二叉树插入和查找算法的时间复杂度，最差都是退化为线性链表的情况，为 $O(n)$；最好的情形都是 $O(\log_2 n)$。

5.5.3　平衡二叉树

我们无法控制程序设计人员的变量声明顺序，为了避免二叉树退化为线性表，可以采用平衡二叉树。平衡二叉树是苏联数学家Adelson-Velskii和Landis在1962年提出的一种二叉树结构，根据科学家的英文名字也称为AVL树[73]。AVL树的插入和查找时间复杂度都是 $O(\log_2 n)$，它具有如下性质。

- 可以是空树。
- 如果不是空树，任何结点的左子树和右子树都是AVL树，且左、右子树的高度差的绝对值不超过1。

1. 平衡因子

使用平衡因子衡量AVL树中每个结点的平衡程度。

定义 5.1 (平衡因子)

某结点的左子树与右子树的高度差即该结点的平衡因子（Balance Factor，BF）。

图5.8中标出了图5.7两棵树的平衡因子。对AVL树来说，每个结点平衡因子取值只能取 −1、0和1，分别表示右子树较高，左右子树一样高，以及左子树较高。每个结点的平衡因子绝对值都不应大于1，因此图5.8的两棵树都不是AVL树。

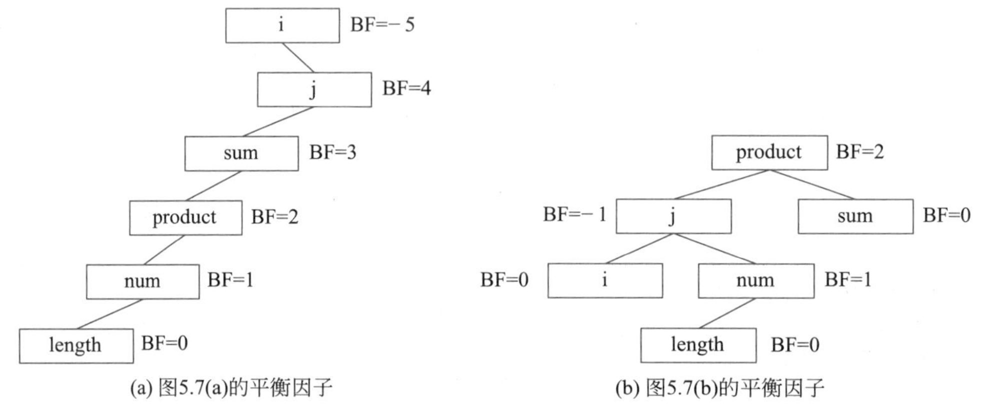

图 5.8 符号二叉树的平衡因子

二叉树平衡因子的计算如算法5.3所示。

算法 5.3 二叉树平衡因子的计算

输入： 二叉树根结点 $rNode$，假设每个结点关键字属性为 $name$，左、右孩子属性分别为 $left$ 和 $right$，以该结点为根的子树高度和平衡因子分别为 $height$ 和 bf

输出： 二叉树各结点的平衡因子

```
1  function calcBF(rNode):
2      if rNode.left = null then
3          if rNode.right == null then
4              rNode.height = 0;
5              rNode.bf = 0;
6          else
7              calcBF(rNode.right);
8              rNode.height = rNode.right.height + 1;
9              rNode.bf = −rNode.right.height;
10         end
11     else
12         calcBF(rNode.left);
13         if rNode.right = null then
14             rNode.height = rNode.left.height + 1;
15             rNode.bf = rNode.left.height;
16         else
17             calcBF(rNode.right);
```

算法 5.3 续

```
18            if rNode.left.height > rNode.right.height then
19                rNode.height = rNode.left.height + 1;
20            else
21                rNode.height = rNode.right.height + 1;
22            end
23            rNode.bf = rNode.left.height − rNode.right.height;
24        end
25    end
26 end calcBF
```

定义 5.2 (最小失衡子树)

从新插入的结点向上查找，以第一个平衡因子的绝对值超过 1 的结点为根的子树，称为最小失衡子树。♣

每次插入新结点，都需要重新计算平衡因子，然后从插入结点位置向上查找最小失衡子树。如果找到，则通过旋转使得二叉树重新达到平衡。根据最小失衡子树的旋转方向，有左旋和右旋两种基本操作。

2. 左旋

图5.9(a) 为一棵 AVL 树，插入结点 sum，如图5.9(b) 所示。重新计算平衡因子，从新插入结点 sum 向上查找，找到最小失衡子树根结点为 j。由于该失衡子树右子树较高，因此通过左旋使其重新达到平衡。

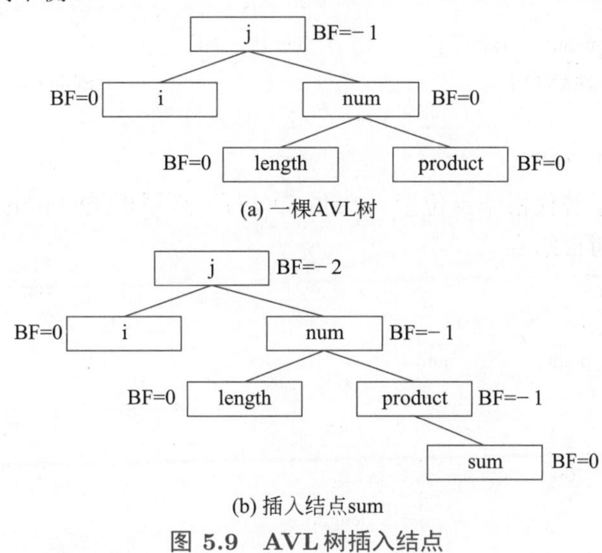

图 5.9 AVL 树插入结点

左旋操作分 3 步，包括：

- 结点的右孩子替代根结点位置。如图5.10(a) 所示，原根结点 j 的右孩子结点 num 成为新的子树根结点。
- 右孩子的左子树变为该结点的右子树。如图5.10(b) 所示，原根结点 j 的右孩子结点 num 的左孩子 length，现在成为原子树根结点 j 的右孩子。

- 结点本身变为右孩子的左子树。如图5.10(c)所示，原根结点j成为新子树根结点num的左孩子。

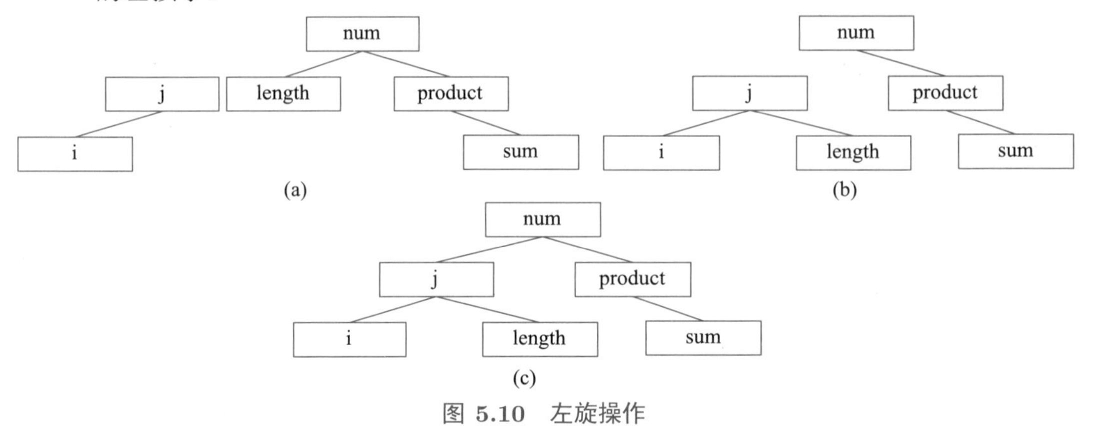

图 5.10　左旋操作

3. 右旋

图5.11(a)为一棵AVL树，插入结点i，如图5.11(b)所示。重新计算平衡因子，从新插入结点i向上查找，找到最小失衡子树根结点为num。由于该失衡子树左子树较高，因此通过右旋使其重新达到平衡。

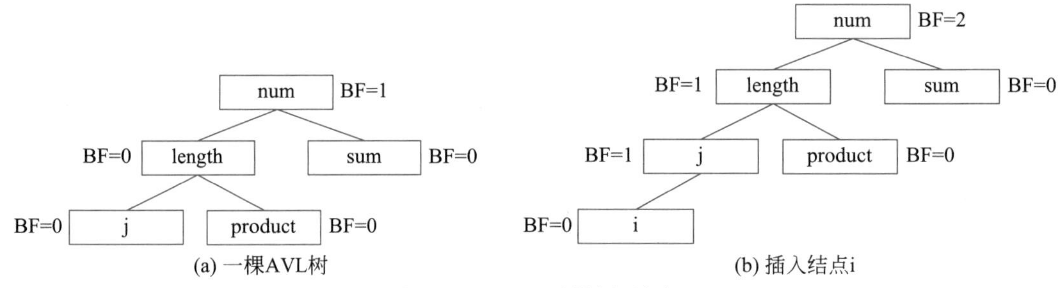

图 5.11　AVL 树插入结点

右旋操作分3步，包括：

- 结点的左孩子替代根结点位置。如图5.12(a)所示，原根结点num的左孩子结点length成为新的子树根结点。

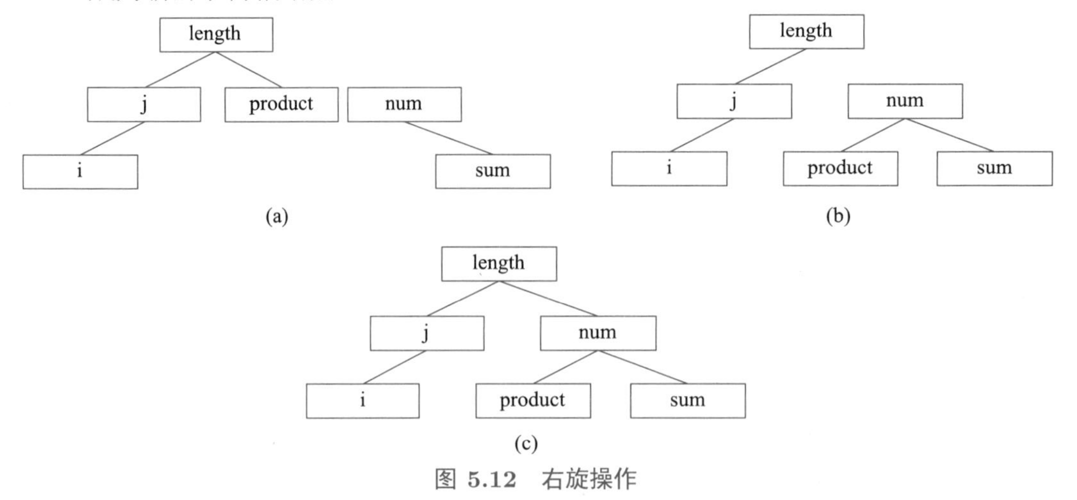

图 5.12　右旋操作

- 左孩子的右子树变为该结点的左子树。如图5.12(b)所示，原根结点num的左孩子结点length的右孩子product，现在成为原子树根结点num的左孩子。
- 结点本身变为左孩子的右子树。如图5.12(c)所示，原根结点num成为新子树根结点length的右孩子。

4. AVL树的结点插入

AVL树的左旋和右旋操作，是由结点插入方式决定的。插入一个新结点后，假设找到了最小失衡子树，其根结点为rNode，则根据结点的4种插入方式选择相应操作。

- 在rNode的左孩子的左子树插入结点（记作LL），则rNode执行一次右旋操作即可。在图5.11中插入结点i就是这种情况，注意如果插入的不是i而是k，最小失衡子树还是num，那么还是在左孩子的左子树插入结点（虽然k是j的右孩子），还是相同的操作。
- 在rNode的右孩子的右子树插入结点（记作RR），则rNode执行一次左旋操作即可。在图5.9中插入结点sum就是这种情况，如果插入的是object而不是sum，也是同样操作。
- 在rNode的左孩子的右子树插入结点（记作LR），则先对rNode的左孩子执行一次左旋操作（RR），再对rNode执行一次右旋操作（LL）。图5.13(a)为一棵AVL树，插入num结点后失衡，如图5.13(b)所示，最小失衡子树根结点为product，新插入结点num在其左孩子的右子树中。先将product的左孩子length左旋得到图5.13(c)，再将product右旋得到图5.13(d)，二叉树重新获得平衡。

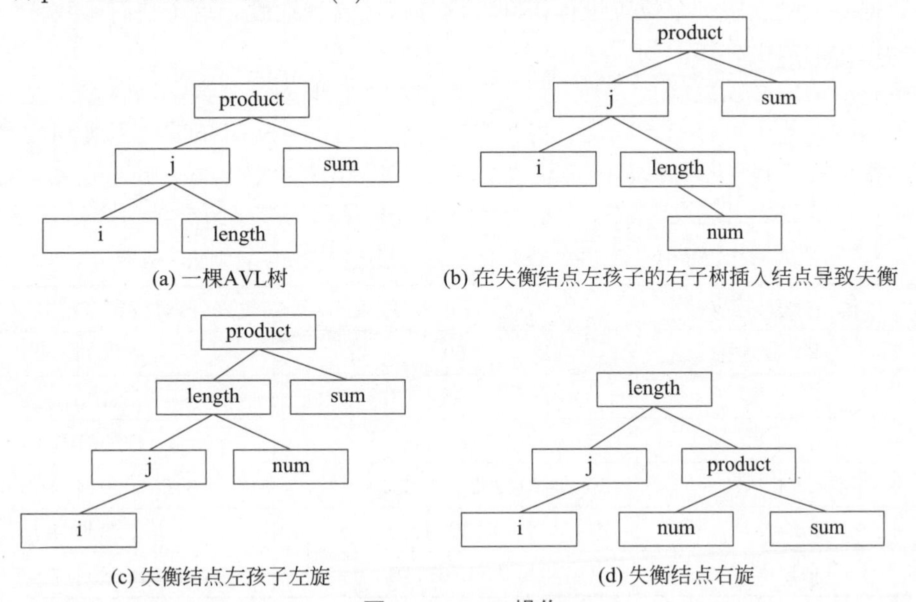

图 5.13 LR操作

- 在rNode的右孩子的左子树插入结点（记作RL），则先对rNode的右孩子执行一次右旋操作（LL），再对rNode执行一次左旋操作（RR）。图5.14(a)为一棵AVL树，插入num结点后失衡，如图5.14(b)所示，最小失衡子树根结点为j，新插入结点num在其右孩子的左子树中。先将j的右孩子product右旋得到图5.14(c)，再将j左旋得到图5.14(d)，二叉树重新获得平衡。

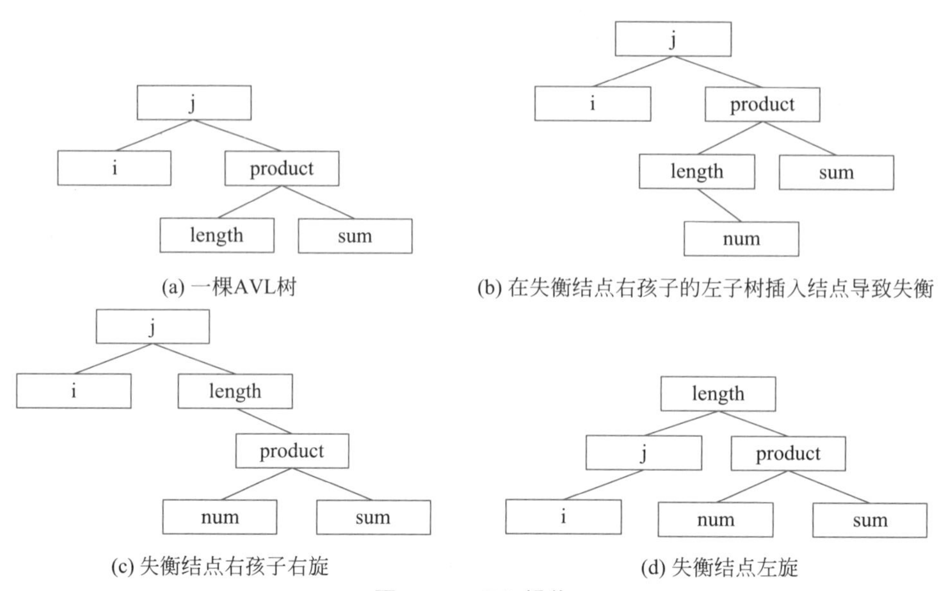

(a) 一棵AVL树

(b) 在失衡结点右孩子的左子树插入结点导致失衡

(c) 失衡结点右孩子右旋

(d) 失衡结点左旋

图 5.14 RL 操作

AVL 树的查找操作与普通二叉树完全相同。

5.5.4 哈希表

哈希表（Hash Table，也叫散列表），通过设计一个关于键值（Key）的函数，将所需查询的数据映射到表中一个位置进行访问，这加快了查找速度。这个映射函数称作散列函数，存放记录的数组称作散列表。

哈希表的键值必须是整数类型，因此需要将名字映射为一个数字。名字映射为数字是一个技术问题，一个可行的方案是，将名字中所有字母的ASCII值的十六进制数字首尾连接起来，将形成的十六进制字串作为其数字表示，如表5.7为代码5.6中出现的名字的数字映射。这种方式虽然会出现过长数字表示，但使用后面介绍的数字折叠法可以解决这个问题。

表 5.7 采用十六进制 ASCII 码首尾相连实现名字转为数字表示

名　字	十六进制 ASCII 值	对应十进制数字
i	69	105
j	6A	106
sum	73756D	7566701
product	70726F64756374	31651020143944564
num	6E756D	7239021
length	6C656E677468	119182899770472

哈希表的键值用数字表示后，有以下 3 个工作需要处理。

- 构造存储映射函数，这个函数即 Key 到存储位置的映射。需要注意的是，只要存储空间有限，就无法避免两个不同键值映射到同一存储位置，这种情况称为哈希冲突。构造映射函数时，应考虑尽可能地减少冲突，但无法完全避免冲突。
- 解决哈希冲突，即产生冲突时，采用一种策略，使冲突的元素找到合适的位置存储，并在查找时仍能找到它。

- 名字的查找。

1. 构造存储映射函数

常见的哈希映射函数构造法包括以下几种。

- 直接定址法：$H(\text{Key}) = (a \times \text{Key} + b)\%m$，其中$m$是哈希表的长度，%为求余运算；$a$和$b$是设定常数，用于尽可能地避免冲突。如令$a = 1, b = 0, m = 10$，即$H(\text{Key}) = \text{Key}\%10$，可以得到前3个元素的存储位置如图5.15所示。其中sum和num产生了冲突，因为它们的键值除以10的余数都是1，后续再解决这个问题。

0	1	2	3	4	5	6	7	8	9
	sum/num	length		product	i	j			

图 5.15 直接定址法

- 数字分析法：取中间某些有区分度的数字。如身份证号作为Key，同一地区的前6位可能都相同，可以取生日开始的8+3位作为Key，然后再定址。这种方式对名字Key意义不大。
- 平方取中法：如果关键字的每一位都有某些数字重复出现频率很高的现象，可以先求Key的平方以扩大差异，再取中间数位作为最终存储地址。
- 数字折叠法：如果数字的位数很多，可以将数字分割为几部分，取它们的叠加和作为哈希地址。名字映射为数字即可采用这种方式，可以将名字中每个字母的ASCII相加作为地址值，或者将其作为Key值再次使用直接定址法定址，这就解决了出现超长数字的问题。
- 除留余数法：$H(\text{Key}) = \text{Key}\%p$，其中$p$为不大于表长$m$的质数或者不包含小于20的质因数的合数。

2. 解决哈希冲突

解决哈希冲突的方法有3种：开放定址法、再哈希法和链地址法。

开放定址法即如果出现了$H(\text{Key}_u) = H(\text{Key}_v)$，则将$H_i = [H(\text{Key}_i) + d_i]\%m$作为新地址。其中$d_i$是一个序列，从$i = 1$开始探测，直至没有冲突。$d_i$序列一般有如下形式。

- 线性探测再散列：$d_i = c \times i$，其中c为设定的常数。
- 平方探测再散列：$d_i = 1^2, -1^2, 2^2, -2^2, \cdots$
- 随机探测再散列（双探测再散列）：d_i是一组伪随机数列（只要种子确定，伪随机序列就是确定的）。

图5.16为使用$H(\text{Key}) = \text{Key}\%10$进行散列，使用$d_i = i$进行线性探测再散列解决冲突。图5.16(a)中，名字按i、j、sum、product、num、length顺序填表。sum个位为1，因此会先占据位置1。之后num填表时，发现位置1已被占用，使用$d_1 = 1$进行探测，即$H(\text{Key}) = (\text{Key} + 1)\%10$得到位置2，这个位置是空的，因此num填入位置2。length填表时，发现位置2已被占用，使用$d_1 = 1$进行探测，即$H(\text{Key}) = (\text{Key} + 1)\%10$得到位置3，这个位置是空的，因此length填入位置3。

图5.16(b)中，名字按i、j、sum、product、length、num顺序填表。sum先占据位置1，length占据位置2。num填表时，发现位置1已被占用，使用$d_1 = 1$进行探测，即$H(\text{Key}) = (\text{Key}+1)\%10$得到位置2，这个位置仍被占用。再使用$d_2 = 2$进行探测，即$H(\text{Key}) = (\text{Key}+2)\%10$得到位置3，这个位置是空的，因此num填入位置3。

图5.17为平方探测再散列，按i、j、sum、product、length、num顺序填表的结果。sum

和length分别占据位置1和2，num填表时，发现位置1已被占用，使用$d_1=1^2$进行探测，即$H(\text{Key})=(\text{Key}+1)\%10$得到位置2，这个位置仍被占用。再使用$d_2=-1^2$进行探测，即$H(\text{Key})=(\text{Key}-1)\%10$得到位置0，这个位置是空的，因此num填入位置0。

图 5.16 线性探测再散列$d_i=i$

图 5.17 平方探测再散列，按i、j、sum、product、length、num顺序填表

再哈希法即定义多个哈希函数，发生冲突时，就再次使用另一个函数哈希，直至无冲突。再哈希法每次冲突都要重新哈希，计算时间增加。

链地址法指将所有键值冲突的记录存储在同一个线性链表中。表5.7中的变量，再加上变量s、y和e，它们的Key值分别为115、121和101，得到的链地址结构如图5.18所示。

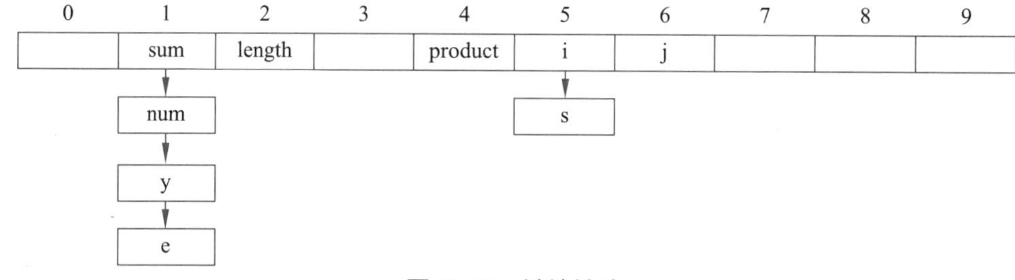

图 5.18 链地址法

3. 名字的查找

当需要查找一个名字时，先按与哈希存储时相同的规则构建数字键值，并用相同方法哈希定位存储地址，然后查看该地址名字是否与要查找的名字一致。若一致，则返回；若不一致，则说明此处产生了冲突。

发现冲突时再用与哈希存储时一致的冲突解决策略进行探测，并比较再散列位置名字与要查找的名字是否一致。若不一致，则继续探测，直到找到该名字，或者确定该名字不存在为止。

第5章 符号表管理 内容小结

- 符号表的主要作用包括收集符号属性、作为语义合法性检查的依据、作为目标代码生成阶段地址分配和使用的依据。
- 每个过程可以建立一个符号表，可以使用树形结构组织过程的符号表；通过符号表栈，可以方便地进行符号表的管理工作。
- 符号表内容可以通过表格方式组织，也可以通过面向对象的方式组织。
- 符号表的排序与查找，可以采用线性组织、二叉树、平衡二叉树、哈希表等多种方式。

第 5 章 习题

第5章　习题

请扫描二维码查看第5章习题。

第6章 运行时存储空间组织

运行时存储空间组织，是指在目标代码运行时刻，源代码中的各种变量、常量等用户定义的量，在主存中是如何存放的，以及如何访问它们。在程序语言中，程序中使用的存储单元都用标识符表示，它们对应的内存地址或者在编译时由编译程序分配，或者在运行时由编译程序生成的目标程序分配。存储组织与管理，就是将标识符和存储单元关联起来，进行存储分配、访问和释放。

6.1 目标代码运行时的活动

本节讨论目标代码运行时刻，存储空间划分和分配的基本概念。

6.1.1 运行时存储空间访问

在1.3.3节汇编程序结构的介绍中，已经通过图1.6介绍了运行时内存空间的划分。从运行时存储空间组织的角度，编译器生成的代码有时需要按地址访问各区内容。不同区域的访问方式有明显区别，具体介绍如下。

- 对代码区，一般是转移指令转移到某个位置继续执行，可以通过建立标号（label），通过无条件转移指令或条件转移指令实现跳转。
- 对静态数据区，可以为每个数据指定一个名字，通过“offset 变量名”可以得到该变量地址。名字可以是程序员写的名字，也可以是编译器自动生成的名字。
- 对栈区动态数据，一般通过push和pop指令进行操作，也可以通过EBP和ESP加上一个偏移量访问一个数据。
- 对堆区动态数据，一般动态申请分配空间，在6.5节会详细介绍。

6.1.2 栈帧结构

一个过程的活动指该过程的一次执行。一个过程由编译器生成的代码只有一个，但因为运行时可以被多次调用，因此可以有多个活动。过程的每个活动也称为过程的一个实例，每次活动其形参变量和局部变量的取值都可能不同。

过程的一个活动的生存期，指从执行该过程体第一步操作到最后一步操作之间的操作序列。如果a和b都是过程的活动，那么它们的生存期或者是不重叠的，或者是嵌套的。图6.1展示了代码6.1的活动，进程从程序入口点main进入后，先调用过程a；a返回后又调用b，过程b中又调用a；a、b依次返回后又调用c，过程c中又调用b，过程b中又调用a；当a、b、c依次返回后，main过程返回。可以看出，它们的生命周期或者嵌套，或者前后相连，不会出现重叠的情况。后续内容中，对过程 b 中调用过程 a 的情形，称 b 为**调用方**或**主调方**，a 为**被调方**。

代码 6.1 C 语言过程调用

```
1   void a() {
2      ...
3   }
4   void b() {
5      a();
6   }
7   void c() {
8      b();
9   }
10  int main() {
11     a();
12     b();
13     c();
14     return 0;
15  }
```

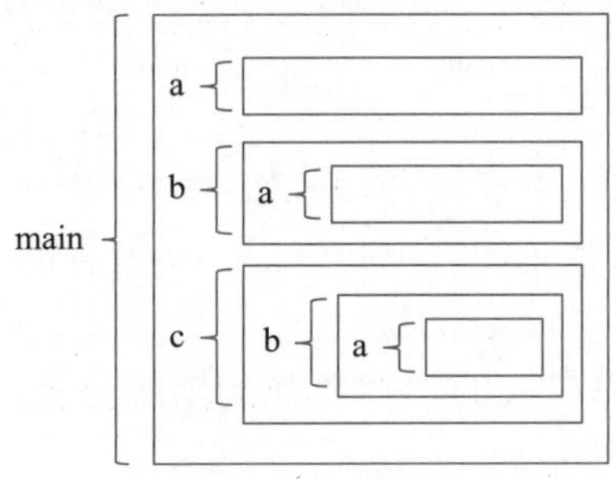

图 6.1 过程的活动

为了管理过程在一次活动中所需要的数据，在栈中使用一个连续的存储块存储这些信息，这样的一个连续存储块称为**活动记录**（Activation Record），也称为**栈帧**（Stack Frame）**结构**。当过程调用时，产生活动记录（栈帧），并压入栈区；过程返回时，从栈区弹出。一般表示一个过程的逻辑存储结构时，我们称之为活动记录；关注其在内存中的存储位置关系时，称之为栈帧，但它们指的是同一个概念。

有的编程语言允许函数不仅是独立的代码块，还可以携带数据和状态。这个概念在 JavaScript 和 Rust 中称为闭包[74]，在 Python、C++、Java 中称为 Lambda[33,43,75]。在这样的情形中，因为函数返回仍需访问其中的变量，因此活动记录未必在栈上，就不再是栈帧结构，本书不讨论这种情况。

图6.2展示了代码6.1的栈帧变化情况，注意运行时的栈帧与编译时的符号表栈的区别。

- 进入 main 过程后，建立 main 过程的活动记录，如图6.2(a) 所示。
- 调用过程 a 后，建立 a 过程的活动记录，如图6.2(b) 所示。
- 过程 a 返回后，弹出 a 过程的活动记录，回到图6.2(a) 的状态。
- 调用过程 b 后，建立 b 过程的活动记录，如图6.2(c) 所示。
- 过程 b 中调用过程 a 后，建立 a 过程的活动记录，如图6.2(d) 所示。
- 过程 a 返回后，弹出 a 过程的活动记录，回到图6.2(c) 的状态。

- 过程b返回后，弹出b过程的活动记录，回到图6.2(a)的状态。
- 调用过程c后，建立c过程的活动记录，如图6.2(e)所示。
- 过程c中调用过程b后，建立b过程的活动记录，如图6.2(f)所示。
- 过程b中调用过程a后，建立a过程的活动记录，如图6.2(g)所示。
- 过程a返回后，弹出a过程的活动记录，回到图6.2(f)的状态。
- 过程b返回后，弹出b过程的活动记录，回到图6.2(e)的状态。
- 过程c返回后，弹出c过程的活动记录，回到图6.2(a)的状态。
- 过程main返回后，整个内存空间被清理。

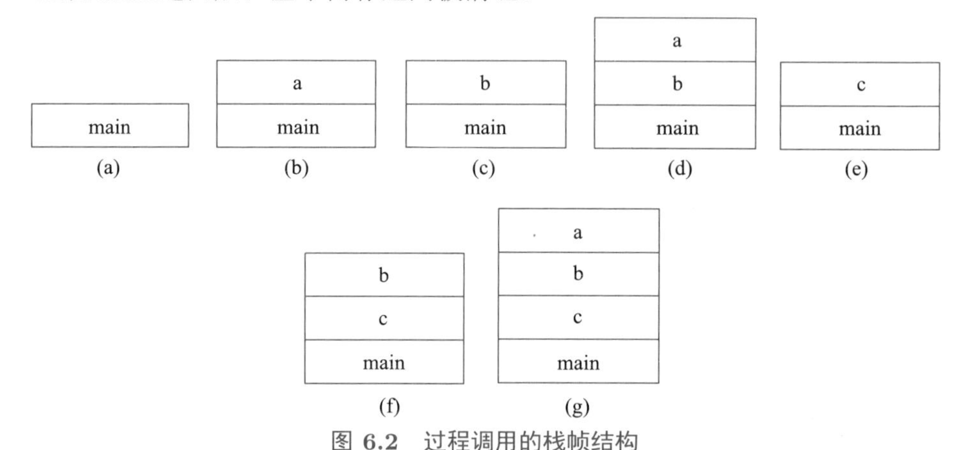

图 6.2 过程调用的栈帧结构

不同编译器的活动记录可能不同。大致上，一个过程的活动记录记录了如下信息，如图6.3所示。

- 形式单元：存放调用方传入的实在参数的地址或值，对当前函数来说为形式参数单元。
- 连接数据
  - 返回地址：存放调用该过程的指令的下一条指令地址，用于被调过程返回时，转移到调用方继续执行。对于x86系统，call指令调用一个过程时，会自动调用push eip，压入的EIP内容就是返回地址。
  - 动态链：指向该过程前的最新活动记录的指针，也就是调用该过程的主调过程的活动记录。运行时，使运行栈上各活动记录按动态建立的次序结成链，链首是位于栈顶的帧。对于x86系统，进入一个过程后显式调用push ebp指令，这样就把调用方的EBP入栈，这就是动态链，由被调方指向调用方。返回前，通过pop ebp使EBP恢复到调用前的值。
  - 静态链：指向静态直接外层最新活动记录的指针，用来访问非局部数据，主要在嵌套定义过程中使用。
- 寄存器：本过程使用的寄存器，在此处保存其值，以便过程返回前恢复这些寄存器的值，这种方式称为被调方保护寄存器。如果是调用方保护寄存器，则调用前使寄存器进栈，被调过程返回后再出栈，因此寄存器在形式单元的下方（高地址端）。当前流行的寄存器保护方式是：一部分寄存器由调用方保护；另一部分由被调方保护，因此动态链上方和形式单元下方都应有寄存器空间，将在过程调用规范中介绍。
- 局部数据

– 局部变量：该过程的局部变量。
– 内情向量：数组、结构体的有关信息。
– 临时变量：中间代码生成过程中生成的、需要保存的临时变量。

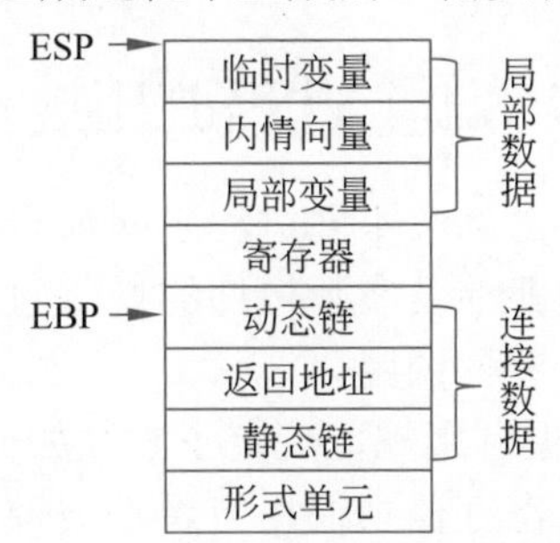

图 6.3 过程的活动记录（栈帧结构）

寄存器ESP总是指向栈最顶部的数据，这是CPU自动控制的，称为**栈指针**，即压入一个变量，ESP会自动向栈顶移动相应字节数；弹出一个变量，ESP自动向栈底移动相应字节数。也可以手工修改ESP的值，如“add esp 4”相当于从栈顶弹出了一个整数，“sub esp 4”相当于从栈顶开辟了一个整数空间。

寄存器EBP总是指向动态链位置，而动态链位置保存的是前一个活动记录的EBP值。当进入一个新的过程时，通过“push ebp”和“mov ebp, esp”实现这一点。EBP是整个活动记录的基地址，其他部分的变量，都应能通过EBP加/减一个偏移量计算出来。由于EBP是一个栈帧的基准指针，因此EBP称为**帧指针**。

6.1.3 存储空间分配策略

运行时存储空间分配策略有3种。

- 静态分配策略：编译时对数据对象分配固定的存储单元，且在运行时始终保持不变。
- 栈式动态分配策略：运行时把存储器作为一个栈进行管理，每当调用一个过程时，它所需要的存储空间就动态地分配于栈顶；一旦退出，它占用的空间就释放。
- 堆式动态分配策略：运行时把存储器组织成堆结构，以方便用户进行存储空间的申请与回收；用户申请时从堆中分配一块空间，释放时退回给堆。

静态分配策略指在编译时就能确定每个数据在运行时刻的存储空间需求，因而在编译时就可以给它们分配固定的内存空间。这种分配策略要求程序代码中不存在可变数据结构（如可变数组），也不允许嵌套或递归，因为它们都会导致编译程序无法计算准确的存储空间需求。一般来说，非运行时动态分配空间的全局变量、静态局部变量、静态全局变量都可以采用静态分配策略存储在静态数据区。FORTRAN这样的语言，全部可以采用静态分配策略。静态分配策略比较简单，本书不展开讨论。

栈式动态分配策略，由一个运行时栈实现。在栈式分配策略中，程序对数据区的需求在编译时是完全未知的，只有到运行时刻才能计算得到。该方式在运行时进入一个程序模块时，必须知道该程序模块所需的数据区大小，才能为其分配内存，这个所需数据区大小一般记录在符号表中。形参变量、非运行时动态分配空间的局部变量等采用栈式动态分配策略存储在栈区。非运行时动态分配空间的全局变量虽然可以使用静态分配策略，但在支持栈式分配的编译器中一般采用栈式分配。

静态分配策略要求在编译时能知道所有数据的存储要求，栈式动态分配策略要求在过程的入口处必须知道所有的存储要求，而对于编译时或运行时模块入口处都无法确定存储要求的数据结构，其内存分配采用堆式动态分配策略存储在堆区。堆式分配的数据如new运算符或malloc()函数申请的非常数长度的数组、可变长度的对象实例等。

6.2 过程调用规范

对目标代码来说，同一进程内部、不同进程之间都会涉及过程调用，这些过程可能是由完全无关的程序员编写的，这就涉及参数传递的规范问题。对编译器来说，也应服从相同的规范，以便按统一方式进行过程调用。

一般通过栈区传递参数，过程调用规范规定了参数如何入栈、返回值如何传递、入栈的参数由调用方还是被调方清理、寄存器由调用方还是被调方保护等问题。目前有fast call、std call、cdecl、x64等过程调用规范。

本节首先介绍高级程序参数传递的形式，然后介绍目标语言中的过程调用规范，最主要是导出变量地址计算公式，最后对ARM规范等进行简单介绍。

6.2.1 高级程序参数传递

过程调用时，主调过程和被调过程交流信息，可以通过参数传递和返回值实现。过程定义中的参数，称为**形式参数**，简称**形参**，如代码6.2中第1行过程sum的参数x和y。形参在编译时只是占据一个位置，并不知道它的值是什么。主调过程调用被调过程时，主调过程传入的是形参的值，这些传入的参数称为**实在参数**，简称**实参**，如代码6.2中第6行调用sum时传入的参数a和b。本节讨论参数传递的外在表现形式，其中传值、传址、引用等是目前主流的参数传递方式。

(1) 传值。

传值（call-by-value）是最简单的参数传递方式。代码6.2中的例子，就是一种传值的方式。其表现形式为调用过程main将局部变量a和b，传送给被调过程的形参x和y。此时x、y拥有了a和b的值，在过程sum中可以使用它们，但是对x、y的修改并不会影响主调过程main中a和b的值。

代码 6.2 传值

```
1    void sum(int x, int y) {
2       return x + y;
3    }
4    int main() {
5       int a = 0, b = 1;
6       printf("a + b = %d\n", sum(a, b));
7       return 0;
8    }
```

(2) 传址。

传址（call-by-pointer），也称传地址，是把参数的地址作为值进行传递。如代码6.3的例子中，main过程中调用swap过程时，实参&a和&b取到了a和b的存储单元的地址，这两个地址都是32位整数。调用后，这两个地址以值的形式传递给被调过程的形参x和y，而*x和*y表示这两个地址中的内容。对*x和*y修改后，相当于修改了这两个地址中的内容，因此返回主调过程main后，这两个单元的内容已经改变了，因此a和b的值也交换了。

代码 6.3 传址

```
1    void swap(int *x, int *y) {
2       int a = *x;
3       *x = *y;
4       *y = a;
5    }
6    int main() {
7       int a = 0, b = 1;
8       swap(&a, &b);
9       printf("a = %d, b = %d\n", a, b);
10      return 0;
11   }
```

(3) 引用。

引用（call-by-reference），是以地址的方式传递参数，传递后，形参和实参都是同一个对象，只是它们名字不同。代码6.4是引用传递的例子，编译到swap方法时知道它需要的参数是地址类型，当调用这个过程时，编译器需要将参数地址传进来。因此，在main中调用swap时，把a和b的地址传递给x和y，它们名字不同但对应的存储单元完全相同，因此在被调过程中对x、y的修改，也影响到调用过程中a和b的值。

虽然引用和传址在高级语言中是完全不同的概念，引用比传址的写法简洁很多，但它们的本质都是传递地址，它们生成的目标代码是完全一样的。

代码 6.4 引用

```
1    void swap(int &x, int &y) {
2       int a = x;
3       x = y;
4       y = a;
5    }
6    int main() {
7       int a = 0, b = 1;
8       swap(a, b);
9       printf("a = %d, b = %d\n", a, b);
10      return 0;
11   }
```

(4) 传结果。

以传址或引用方式进行参数传递时，参数传递前需要将实在参数初始化。而实际编程时，有时有些参数只用于返回被调用方计算出来的值，这些参数在主调过程中不需要初始化。C# 提供了一种传结果的方式，即参数值不从主调过程传入，只从被调过程传出到主调过程，如代码6.5所示。这种参数传递方式需要用关键字out说明。

代码 6.5 传结果

```
1    void A(out int x) {
2       x = 100;
3       ...
4    }
5    void B() {
6       int a;
```

```
7        A(out a);
8        Console.WriteLine("a={0}", a);
9     }
```

(5) 传名字。

传名字是 Algol 60[76] 采用的一种参数传递方法，过程调用时，简单地把过程调用语句，用被调过程的代码替换，替换时使用文本替换的方式把形参名字替换为实参名字。当替换后的名字与现有变量重名时，需要使用不同的标识符分别表示这些局部名字。

6.2.2 std call

过程调用规范

std call 的全称是 standard call（标准调用），因为它是 C++的标准调用方式。std call 也被称为 Pascal 调用约定，因为 Pascal 是早期很常见的一种教学用计算机程序设计语言。std call 规则为：参数反序进栈，用 EAX 寄存器传递返回值，由被调用过程清理栈区。如代码6.2，main 过程调用 sum 过程，sum 过程接收两个参数，求和后用 EAX 返回。代码6.6是对应的调用 sum 过程的汇编代码。

先看第 10~16 行的 main 过程。第 11~12 行压入实参 a 和 b，分别对应形参 x 和 y。因为参数反序进栈，因此 $y = 1, x = 0$。只要有数据压入栈（执行 push 指令）或出栈（执行 pop 指令），ESP 寄存器的值就会自动变化，总是指向栈顶数据。立即数默认是 32 位的，因此 x、y 都是 4 字节，每压入一个立即数，ESP 减少 4 字节（栈顶在内存低地址端），最后 ESP 比原来少 8。

第 13 行调用 sum 过程。call 指令被送到 CPU 指令缓存时，EIP 已经指向 call 指令的下一条指令，即 EIP 指向第 14 行的 ret。执行 call 指令时，会自动将 EIP 压入栈中，也就是把第 14 行的指令地址压入栈中，同时 ESP 又减少 4 字节。注意，在调用一个函数之前，如果 EAX 中有有用的数据，一定要保存到主存，因为 EAX 是作为函数返回值使用的，这点在后面的寄存器保护部分再讨论。

代码 6.6 std call 的汇编代码

```
1     sum proc
2        push ebp
3        mov ebp, esp    ; 堆栈帧的基址
4        mov eax, [ebp + 8] ; 第一个参数
5        add eax, [ebp + 12] ; 第二个参数
6        pop ebp
7        ret 8              ; 清除栈帧
8     sum endp
9
10    main proc
11       push dword ptr 1
12       push dword ptr 0
13       call sum
```

```
14        ret
15    main endp
16    end main
```

执行call指令会修改EIP为sum过程的地址，因此会进入第1行过程标识对应的地址执行。第1行可以理解为一个特殊的标号，通过call+ 名字转移，而不是一条可以执行的指令。由于要使用EBP寄存器，因此该过程一开始，也就是第2行压入EBP，此时ESP又减少4字节，比原来总共少16字节，栈区自顶向下依次是原EBP、返回地址、x的值和y的值。

第3行把ESP送入EBP，这也是一个常规操作。因为堆栈变化ESP就会变化，我们用EBP把现在的栈顶记录下来，以它作为基地址计算，即使用栈指针修改帧指针，此时栈帧的情况如图6.4所示。

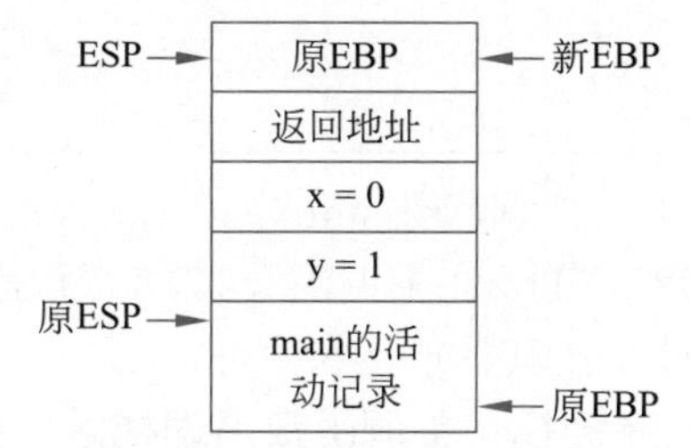

图 6.4 sum过程的栈帧

第4行开始取参数，从图6.4可以看出，[EBP + 8] 中存放的是x，送入了EAX。第5行[EBP + 12] 中存放的是y，这样就把y加入EAX，此时EAX中存放的是x+y的值，也就是要返回的值。

第6行恢复EBP，此时栈中只有返回地址和x、y两个变量，共12字节。第7行ret返回到原函数，ret 8指令相当于先执行pop eip，再将ESP加8。pop eip会把返回地址弹出到EIP寄存器，EIP寄存器中存放的永远是将要执行的指令，因此会转移到主调过程call指令的下一条指令，也就是第14行开始执行。ESP加上8，即释放了8字节空间，相当于弹出了x和y，将栈区恢复到调用sum之前的状态。

总之，**std call规范参数反序进栈，被调函数清理栈区，用EAX寄存器传递返回值。** 参数反序进栈的意义在于，从帧指针EBP的角度看（从栈顶往栈底看），形式参数x和y是按照正序排列的。

需要注意的是，ret后只能跟立即数，不能跟寄存器、内存地址等。C语言中有printf和scanf函数，调用方可以传入不定数量个参数，因此编译时无法确定参数个数，也就是被调函数自己无法确定ret后面的立即数是多少，只能由调用方确定。如果调用方传递这个值给被调方，因为不是立即数，被调方又不能使用，因此变长参数过程不能使用std call。

6.2.3 C调用规范

C调用规范一般写作cdecl（C Declaration），是C/C++函数默认的调用规范。基本规则为：参数反序进栈，主调函数负责清理参数栈，返回值存放在EAX寄存器。代码6.7是代码6.2对应的采用C调用规范的汇编代码。

代码 6.7 cdecl的汇编代码

```
1     sum proc
```

```
2        push ebp
3        mov ebp, esp       ; 堆栈帧的基值
4        mov eax, [ebp + 8]   ; 第一个参数，也可以用8[ebp]
5        add eax, [ebp + 12]  ; 第二个参数，也可以用12[ebp]
6        pop ebp
7        ret
8    sum endp
9
10   main proc
11       push 1
12       push 0
13       call sum
14       add esp, 8  ; 从堆栈移除传递的参数
15       ret
16   main endp
17   end main
```

与std call规范的区别在于，被调函数sum中，第7行的ret后面没有立即数，因此只返回主调过程，并不会释放形参空间。在主调函数第13行调用sum过程之后，第14行通过add esp 8指令直接修改栈指针，使其释放形参空间。

总之，**C调用规范参数反序进栈，主调函数清理栈区，EAX寄存器传递返回值。** C语言中调用printf和scanf这种变长参数的过程，编译器可以计算主调过程中参数占用的空间，使用C调用规范可以把它们所占字节数加到ESP上恢复栈帧空间，因此该规范能处理不定数量的参数传递。

使用C调用规范，需要将汇编程序头部的伪代码“.model flat, stdcall”修改为“.model flat, C”，并包含“ucrt.lib”和“legacy_stdio_definitions.lib”两个库文件。

6.2.4 x64调用规范

fast call是微软提出的一种过程调用规范，它用寄存器而不是内存传递参数，以提升参数传递速度。但在当时寄存器数量非常少的情况下，传参寄存器还需要用于普通计算。由于过程调用要保护现场，调用完成要恢复现场，因此调用时无法避免读写内存，使得该规范实际并不快，后来该方案被放弃。

x64恢复了fast call规范，使用寄存器传参，被调方清理栈空间，返回值存入RAX。微软的MSVC（Microsoft Visual C++运行时库）前4个参数依次使用RCX、RDX、R8、R9进行传递，超过4个参数通过栈帧传参，即从第5个参数开始反序入栈。GCC（GNU Compiler Collection）则前6个参数依次使用RDI、RSI、RDX、RCX、R8、R9传递，从第7个参数开始反序入栈。这里的GCC是一个能编译多种语言的编译器[77]，最开始作为C语言的编译器（GNU C Compiler），现在除了C语言，还支持C++、Java、Pascal等语言，并支持多种硬件平台的目标语言。

在x64下，虽然使用寄存器传参，但在调用一个过程的时候，仍然会申请一个参数预留空间，用来保存传递的参数。调用过程的地方，这些值没有写入进去，但大部分编译器包括MSVC和GCC，在进入被调过程后，会首先将寄存器的值写入栈帧中。后面使用形参的值，还是通过访问栈帧获得。

6.2.5 寄存器保护

寄存器保护和地址计算

寄存器由调用方还是被调方保护，也是需要斟酌的问题。在前述内容中，我们一直采用被调方保护寄存器的策略。这样，可以在过程入口处调用“pushad”指令保护所有寄存器，过程退出前调用“popad”指令恢复所有寄存器。

当一个过程有返回值时，使用EAX传递参数，那么被调过程需要修改EAX的值，在返回时就不能保证EAX是调用前的原值。如果EAX在调用一个过程前保存了有效数据，就需要主调方对其进行保护。使用“popad”指令还有一个副作用，如果EAX中已经计算出了返回值，“popad”指令会使用EAX的旧值将其覆盖。因此，调用“popad”指令之前，需要先将EAX的值写入主存空间，调用“popad”指令之后再从主存取回，做了很多无谓的访存操作。

GCC规定EAX、ECX和EDX这3个寄存器为调用方保护，而EBX、ESI和EDI这3个寄存器为被调方保护。GCC这样规定的原因，可能是跨过程转移的需要。这里的跨过程转移，不是指过程调用，而是通过标号后加两个冒号，通过无条件转移或条件转移指令进行跨过程转移。条件转移指令最多需要两个寄存器作为CMP指令的操作数。如果压入EIP后转移，返回后从当前位置后续指令继续执行，就需要保护条件转移指令中的两个寄存器，加上EAX，就需要保护3个寄存器。

虽然我们不建议过程间转移，但由于很多编译器采用了GCC标准，比如6.3节介绍的C运行时库函数printf和scanf，都由主调过程保护EAX、ECX和EDX。我们也不得不采用相同的标准，否则调用这些过程就会出错。

6.2.6 地址计算

过程的变量在栈帧中无法体现名字，一般通过帧指针EBP加一个偏移量按地址进行存取操作，这需要进一步明确栈指针ESP和帧指针EBP的精确位置。我们称ESP总是指向栈顶元素，但栈顶元素可能占多个字节，实际ESP总是指向栈顶字节的起始位置，或者说是被使用的栈帧地址最低那一位。

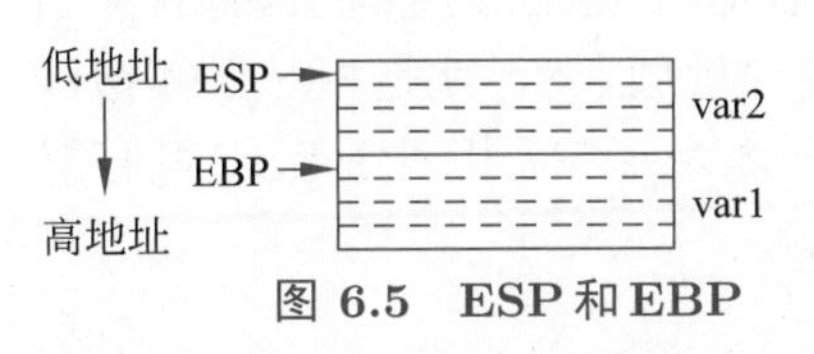

图 6.5 ESP和EBP

考虑代码6.8，其中变量var1和var2都是DWORD型。执行这段代码后，称ESP指向var2，EBP指向var1。但是这两个变量都是4字节，按字节来说，EBP和ESP分别指向var1和var2的最低地址端的那个字节，如图6.5所示。这两个变量都是32位，按位来说，EBP和ESP分别指向var1和var2的最低地址端的那个二进制位。理解这一点，才能理解变量地址的计算规则。

代码 6.8 ESP和EBP

```
1    push var1
2    mov ebp, esp
3    push var2
```

根据前述过程调用规范，得到一个过程的栈帧，如图6.6(a) 所示。从栈底往栈顶看，依次包括如下内容。

(1) 主调过程保护的EAX、ECX、EDX寄存器。

(2) m个形参变量，按声明顺序的反序入栈。

(3) 返回地址，是调用call指令时自动压入的EIP寄存器内容。

(4) 原EBP，即主调过程的帧指针，被调过程的帧指针指向这个位置，从而构成了动态链。

(5) 被调过程保护的EBX、ESI、EDI寄存器。

(6) n个变量，这里变量包括普通变量和临时变量。

形参和变量的访问，通过帧指针EBP加上一个偏移量计算得到。符号表中的形参，按顺序分配空间，得到一个偏移量值，如图6.6(b) 所示，其中上标 f 和 v 分别表示形参和变量。形参1的偏移量为0，形参 k 的偏移量为前一个形参 $k-1$ 的偏移量加上形参 $k-1$ 的字宽，如式 (6.1) 所示。如有过程 "void fun(int a, double b, float c, int d)"，四个变量分别占4字节、8字节、4字节、4字节，第一个变量a的偏移量从0开始计算，四个变量偏移量分别为0、4、12、16。

$$\delta_k^f = \begin{cases} 0, & k = 1 \\ \delta_{k-1}^f + w_{k-1}^f, & k > 1 \end{cases} \tag{6.1}$$

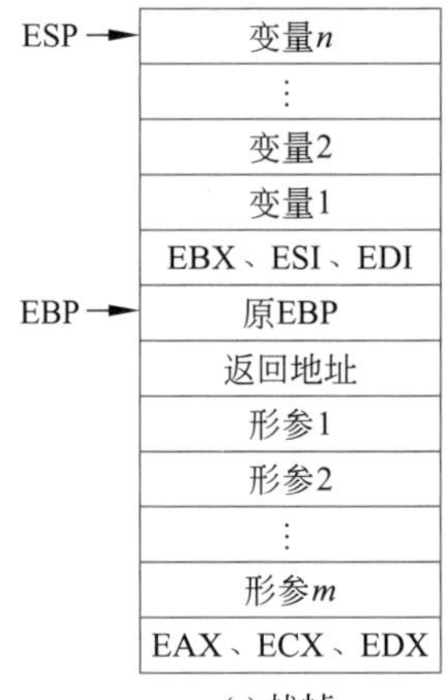

(a) 栈帧

名字	类别	……	字宽	偏移量
形参1	形参	……	w_1^f	δ_1^f
形参2	形参	……	w_2^f	δ_2^f
⋮	⋮	⋮	⋮	⋮
形参m	形参	……	w_m^f	δ_m^f
变量1	变量	……	w_1^v	δ_1^v
变量2	变量	……	w_2^v	δ_2^v
⋮	⋮	⋮	⋮	⋮
变量n	变量	……	w_n^v	δ_n^v

(b) 符号表

图 6.6　栈帧和符号表

图6.6(a) 中，EBP指向"原EBP"的最低位，因此加4后指向"返回地址"的最低位，加8后指向"形参1"的最低位。要访问形参 k，符号表中的偏移量加上8，就是相对于帧指针EBP的偏移量。如果符号表中形参 k 的偏移量为 δ_k^f，用 $\hat{\delta}_k^f$ 表示形参 k 相对于EBP寄存器的偏移量，则可以使用式 (6.2) 计算得到该值。

$$\hat{\delta}_k^f = \delta_k^f + 8 \tag{6.2}$$

计算得到 $\hat{\delta}_k^f$ 后，"EBP + $\hat{\delta}_k^f$"就是形参 k 的地址。如将图6.6(a) 中的形参 k 加载到寄存器EAX，可以使用指令"mov eax, [EBP + $\hat{\delta}_k^f$]"实现，其中 $\hat{\delta}_k^f$ 是可以在编译时通过查符号表计算得到的一个常数。

符号表中的变量，包括局部变量和临时变量等，也按顺序分配空间。第一个变量的偏移量，重新从0开始计算，而不是在形参偏移量基础上累加，实际上就是EBP两侧的变量分别计算偏移量，如式 (6.3) 所示。

$$\delta_k^v = \begin{cases} 0, & k=1 \\ \delta_{k-1}^v + w_{k-1}^v, & k>1 \end{cases} \tag{6.3}$$

如果保护寄存器按EBX、ESI、EDI顺序压入栈，EBP减4字节指向EBX的最低位，减8字节指向ESI的最低位，减12字节指向EDI的最低位。要想指向变量1的最低位，需要再减去变量1的字宽。从与EBP距离的角度看，由于变量1在符号表的偏移量为0，因此变量1的偏移量加变量1的字宽，再加12是到EBP的距离。变量k的偏移量，加上变量k的字宽，再加上12，是变量k与EBP的距离。因此，符号表偏移量到帧指针偏移量的计算规则如式 (6.4) 所示。

$$\hat{\delta}_k^v = \delta_k^v + w_k^v + 12 \tag{6.4}$$

计算得到$\hat{\delta}_k^v$后，"EBP $-$ $\hat{\delta}_k^v$"就是变量k的地址。如将图6.6(b) 中的变量k加载到寄存器EAX，可以使用指令"mov eax, [EBP $-$ $\hat{\delta}_k^v$]"实现，其中$\hat{\delta}_k^v$是可以在编译时通过查符号表计算得到的一个常数。

用$\hat{\delta}$表示某个形参或变量计算得到的距离EBP的偏移量，参数传递时，传值就是访问存储单元的内容，将[EBP $\pm$ $\hat{\delta}$]（形参为加，变量为减）取到某个寄存器，再push到栈中即可。传址和引用都是访问地址，先mov R EBP将帧指针加载到某个寄存器R，再add/sub R $\hat{\delta}$，然后push R到栈中即为传地址。取有效指令也可以通过lea R, [EBP $\pm$ $\hat{\delta}$]，将地址"EBP $\pm$ $\hat{\delta}$"直接取到寄存器R。

6.2.7 ARM规范

ARM过程调用规范为：

(1) 参数少于4个时，按从左到右的顺序依次放在R0、R1、R2、R3中，这4个寄存器被调方使用时，不需恢复原来的内容。

(2) 参数多于4个时，前4个放在R0、R1、R2、R3中，剩余的反序入栈，即从右到左入栈，第5个最后入栈。

(3) 被调方使用R3之后的寄存器时，需要返回前恢复原来的值。

(4) 被调方可以使用堆栈，但一定要保证堆栈指针（R13）在进入时和退出时相等。

(5) R14用于保存返回地址，使用前一定要备份。

(6) 返回值为32位时，通过R0返回；返回值为64位时，R0放低32位，R1放高32位。

6.3 运行时库

汇编程序有时需要调用运行时库，有时也需要把自己的代码封装为运行时库。本节以C运行时库的输入/输出为例讨论运行时库的调用，以幂运算为例讨论运行时库的封装。

6.3.1 使用C运行时库输入/输出

使用汇编语言将一段字符串显示到屏幕，基本原理是将字符串复制到显示缓冲区（固定的内存地址），字符串就会自动显示。如果处理比较灵活的输入/输出问题，需要的代码量是很大的。C运行时库提供了printf和scanf函数实现灵活的输入/输出功能，本书也采用这种方式进行输入和输出。

假设要实现如代码6.9所示的功能。首先用printf输出一段字符串“Input a number: ”，提示用户输入一个数字，然后用scanf接收一个整数数字的输入，最后用printf输出3个寄存器的值。输出的3个寄存器值，EAX是在程序中设定的77，EBX是通过scanf让用户输入的值，ECX是原来寄存器存放的一个随机值（未置初值）。

代码 **6.9** 输入/输出示例对应C语句

```
1    printf("Input a number: ");
2    scanf("%d", &nInputValue);
3    printf("eax = %d, ebx = %d, ecx = %d", eax, ebx, ecx);
```

汇编代码如代码6.10所示。调用printf和scanf需要两个文件msvcrt.inc和msvcrt.lib，分别用include和includelib把它们包含在文件中，如第4~5行所示。这两个文件可以在masm的SDK库文件中找到。

代码 **6.10** 输入/输出示例

```
1    .386
2    .model flat, stdcall
3    .stack 4096
4    include msvcrt.inc
5    includelib msvcrt.lib
6    ExitProcess PROTO, dwExitCode: dword
7    .data
8      sPrompt db "Input a number: ", 0
9      sOutput db "eax = %d, ebx = %d, ecx = %d", 0dh, 0ah, 0
10     nInputValue dword ?
11     sInputFormat db '%d', 0
12   .code
13   main proc
14     push offset sPrompt
15     call crt_printf
16     add esp, 4
17     push offset nInputValue
18     push offset sInputFormat
19     call crt_scanf
20     add esp, 8
21     mov eax, 77
22     mov ebx, nInputValue
23     push ecx
24     push ebx
25     push eax
26     push offset sOutput
27     call crt_printf
28     add esp, 16
29     push 0h
30     call ExitProcess
31   main endp
32   end main
```

.data数据区定义了输入/输出的数据。第8行的sPrompt是要输出到屏幕的字符串，后面的0表示以0结尾。C语言字符串中的转义字符‘\0’，会自动转换为整数0，是字符串的结尾，而汇编中直接使用数字0即可。第9行的sOutput是printf输出3个寄存器内容的格式字符串，注意回车换行不要用“\r \n”，这两个符号是C语言定义的转义字符，自动转换为0dh和0ah。第10行的nInputValue是scanf输入后存放的变量，第11行的sInputFormat则指定输入格式为整数，以整数0标记字符串结尾。

.code部分，第14~16行实现了代码6.9第1行的printf。这个printf只有一个参数，第14行的“offset sPrompt”获得这个字符串的首地址，将这个地址入栈作为printf函数的第一个也是唯一一个参数。第15行调用printf（对应的名字是crt_printf）。如前所述，printf和scanf使用C调用规范，由调用方恢复栈指针，因此第16行是调用printf后恢复栈区。

第17~20行实现了代码6.9第2行的scanf。这个scanf有两个参数，这两个参数要反序入栈。先入栈的是存放输入整数的地址（第17行），然后是输入格式字符串的地址（第18行）。第19行调用scanf，第20行恢复栈顶指针。

第21~22行是随意设置寄存器值的两行代码。其中第21行把寄存器EAX置为77，第22行把scanf输入的数字nInputValue传送到EBX，而ECX的值则采用原来硬件保存的值（未初始化的值）。

第23~28行实现了代码6.9第3行的printf。这个printf语句有4个参数，也是反序入栈。第23~25行依次压入ECX、EBX、EAX，这是输出的3个整数。第26行压入输出格式字符串的首地址，第27行调用crt_printf进行展示。形参中的3个寄存器加1个地址，总共16字节，因此第28行将ESP加16恢复栈顶。

第29~30行调用操作系统的标准退出函数ExitProcess，也是采用压栈的方式传递参数，以替代之前用的invoke调用。

需要特别注意的是，如printf之类的变长实参函数，可变实参列表中的每个实参都要经过称为**默认实参提升**的额外转换。如把一个float传参给printf，压入栈的应该用double的8字节，而不是float的4字节。默认实参提升包括：

- std::nullptr_t转换到void*(C++11起)。
- float转换到double。
- bool、char、short及无作用域枚举转换到int或更宽的整数类型。

另外，默认参数提升只针对printf。这个函数传入的是值类型，它只区分整数、浮点数两个类型，通过默认参数提升固定存储单元的大小。scanf传入的是地址，它是数据类型敏感的，因为不同类型对内存存取的方式完全不同，它不会进行默认参数提升。

6.3.2 编译器生成输入/输出代码

前述输入/输出汇编代码中，在静态数据区手工声明了scanf所需的输入变量，并将输入/输出的格式字符串也放入了静态数据区。调用输入/输出函数时，将变量地址和字符串首地址传递给printf或scanf。

这种实现方式在编译器中存在一些问题。以代码6.11为例的C语言，声明了两个变量a和b，然后使用scanf输入诸如“3+4”的字符串，输出“=7”这样的结果。6.3.1节的手工实现方式存在如下问题：

- 格式字符串本身是常量或者局部变量，在静态代码区设置大量此类数据，需要考虑命名冲突问题。一个思路是设置一个常量表，为每个常量设置一个全局唯一的名字，从技术上可以解决这个问题。

- 有时格式字符串是动态计算出来的，在运行时才能得到，在这种场景下编译时为其创建静态变量是不可能的，本节讨论这种情况的处理方法。

代码 6.11 输入/输出示例对应 C 语句

```
1   void Fun() {
2     scanf("%d+%d", &a, &b);
3     printf("=%d\r\n", a + b);
4   }
```

为解决以上问题，一个可行的方案是，在栈帧中为格式字符串开辟一个存储空间，从低地址端写入这个字符串，用完即清理。代码6.12展示了这样处理的一段代码，其模仿了编译器生成的代码风格（但不严格是）。编译器自动生成的代码都相当长，但逻辑比较简单，解释如下。

- 第 2~6 行：保护和设置帧指针 EBP，被调方保护寄存器 EBX、ESI 和 EDI。
- 第 7 行：为局部变量 a 和 b 分配空间。符号表中需要分配空间的变量，包括局部变量、临时变量（不包括形参变量），都采用直接修改栈指针 ESP 的方式分配空间，这样生成的指令比较简洁。同时，这些变量的值尚未确定，通过 push 指令申请空间是不适宜的。
- 第 8 行：为 scanf 的格式字符串 "%d+%d\0" 分配空间，其对应的十六进制 ASCII 编码为 "25 64 2B 25 64 00"，总共 6 字节。为对齐到 4 的倍数字节，申请 8 字节空间。
- 第 9~14 行：将格式字符串 "%d+%d\0" 写入新申请的空间。其中 EBP−28 与 ESP、EBP−27 与 ESP+1 等是相同的地址。
- 第 15~20 行：计算 b、a、格式字符串的主存地址，分别保存在 EBX、ECX、EDX 3 个寄存器中。这些地址都是通过帧指针 EBP 减去一个偏移量计算得到的。
- 第 21~23 行：调用 scanf 之前，根据 GCC 标准，主调方保护寄存器 EAX、ECX、EDX。跟踪寄存器信息可以发现，scanf 确实修改了这 3 个寄存器的值，而 ECX 和 EDX 后续还需要使用，如果不进行保护，代码6.12就无法正常运行。
- 第 24~26 行：参数按 b、a、格式字符串顺序入栈，3 个参数都是传地址。
- 第 27~28 行：调用 scanf，并清理调用 scanf 占用的形参空间。
- 第 29~31 行：恢复保护的寄存器 EDX、ECX、EAX。
- 第 32 行：释放格式字符串占用的 8 字节的空间，至此，为调用 scanf 申请的所有空间都清理完毕。
- 第 33 行：为 printf 的格式字符串 "=%d\r\n\0" 分配空间，其对应的十六进制 ASCII 编码为 "3D 25 64 0D 0A 00"，总共 6 字节。为对齐到 4 的倍数字节，申请 8 字节空间。
- 第 34~39 行：将格式字符串 "=%d\r\n\0" 写入新申请的空间。
- 第 40~41 行：计算 a+b 的值。a 和 b 的地址分别保存在 ECX、EBX 中，因此直接使用。如果把 [ECX] 和 [EBX] 分别修改为 [EBP−20] 和 [EBP−16] 也是一样的。
- 第 42~43 行：计算 printf 的格式字符串的地址，存放在 EDI 寄存器。
- 第 44~46 行：调用 printf 之前，主调方保护寄存器 EAX、ECX、EDX。
- 第 47~48 行：参数按 a+b 的结果、格式字符串顺序入栈。前者传值，后者传地址。
- 第 49~50 行：调用 printf，并清理调用本过程占用的栈空间。

- 第51~54行：恢复保护的寄存器EDX、ECX、EAX，释放格式字符串占用的8字节的空间。至此，为调用printf申请的所有空间都清理完毕。
- 第55行：释放局部变量a、b占用的空间。
- 第56~59行：恢复被调过程保护的寄存器（含帧指针）EDI、ESI、EBX、EBP。

代码 **6.12** 输入/输出示例

```
1   Fun proc
2       push ebp
3       mov ebp, esp
4       push ebx
5       push esi
6       push edi
7       sub esp, 8
8       sub esp, 8
9       mov [ebp - 28], byte ptr 25h
10      mov [ebp - 27], byte ptr 64h
11      mov [ebp - 26], byte ptr 2bh
12      mov [ebp - 25], byte ptr 25h
13      mov [ebp - 24], byte ptr 64h
14      mov [ebp - 23], byte ptr 0h
15      mov ebx, ebp
16      sub ebx, 20
17      mov ecx, ebp
18      sub ecx, 16
19      mov edx, ebp
20      sub edx, 28
21      push eax
22      push ecx
23      push edx
24      push ebx
25      push ecx
26      push edx
27      call crt_scanf
28      add esp, 12
29      pop edx
30      pop ecx
31      pop eax
32      add esp, 8
33      sub esp, 8
34      mov [ebp - 28], byte ptr 3dh
35      mov [ebp - 27], byte ptr 25h
36      mov [ebp - 26], byte ptr 64h
37      mov [ebp - 25], byte ptr 0dh
38      mov [ebp - 24], byte ptr 0ah
39      mov [ebp - 23], byte ptr 0h
40      mov esi, [ecx]
41      add esi, [ebx]
42      mov edi, ebp
43      sub edi, 28
44      push eax
```

```
45        push ecx
46        push edx
47        push esi
48        push edi
49        call crt_printf
50        add esp, 8
51        pop edx
52        pop ecx
53        pop eax
54        add esp, 8
55        add esp, 8
56        pop edi
57        pop esi
58        pop ebx
59        pop ebp
60    Fun endp
```

6.3.3 幂运算

幂运算虽然在很多语言中都是基本运算，但它无法用硬件电路直接实现，因此没有对应的基本汇编指令。幂运算的实现代价非常大，用编译器为一个基本运算生成几十行代码是不合常理的。在了解运行时库的相关内容后，可以把幂运算设计成运行时库，使用时直接调用。本节先讨论幂运算的基本原理和代码实现，后续讨论其封装。

(1) 指数运算相关指令。

首先应当明确，对基本运算，只能接受$O(1)$时间复杂度的实现。即使整数次幂a^n的计算，也不应采用n个a相乘的策略实现，因为它的时间复杂度是$O(n)$。

我们先了解可以使用的与幂运算相关的指令。幂运算属于超越函数指令（Transcendental Instructions），这类指令包括如下几个。

- FYL2X：计算$\mathrm{ST}(1)\times\log_2\mathrm{ST}(0)$，并将其存入ST(1)，再弹出ST(0)，此时计算结果在新的ST(0)中。
- FYL2XP1：计算$\mathrm{ST}(1)\times\log_2(\mathrm{ST}(0)+1)$，并将其存入ST(1)，再弹出ST(0)，此时计算结果在新的ST(0)中。
- F2XM1：把ST(0)替换为$2^{\mathrm{ST}(0)}-1$，要求运算前ST(0)必须在区间$[-1,1]$。
- FSCALE：计算$\mathrm{ST}(0)\times 2^{\mathrm{ST}(1)}$，存入ST(0)，要求ST(1)必须是$[-32768, 32767]$范围内的整数。
- FSIN：将ST(0)替换为$\sin(\mathrm{ST}(0))$，单位为弧度。
- FCOS：将ST(0)替换为$\cos(\mathrm{ST}(0))$，单位为弧度。
- FSINCOS：先计算$\sin(\mathrm{ST}(0))$和$\cos(\mathrm{ST}(0))$，然后将ST(0)替换为$\sin(\mathrm{ST}(0))$，再压入$\cos(\mathrm{ST}(0))$，即余弦在栈顶，正弦在ST(1)，单位为弧度。
- FPTAN：将ST(0)替换为$\tan(\mathrm{ST}(0))$，再压入1。
- FPATAN：将ST(1)替换为$\arctan\dfrac{\mathrm{ST}(1)}{\mathrm{ST}(0)}$，再弹出ST(0)。

(2) 幂运算原理。

以上指令可以通过硬件电路高效实现，但是直接的幂指运算指令是以2为底的F2XM1

和FSCALE，需要经过一些推导才能完成幂运算。

假设要计算a^b，考虑式(6.5)，把任意底a的幂运算，变换为底为2的幂运算，就可以用FYL2X指令计算出指数部分。

$$a^b = 2^{\log_2(a^b)} = 2^{b\log_2 a} \tag{6.5}$$

由于指令F2XM1要求参数在[−1,1]范围，而FSCALE需要指数参数是整数，因此计算出式(6.5)最右边等号后的指数部分后，需要再把它分成整数和小数两部分。记$x = [b\log_2 a]$为整数部分，$y = [b\log_2 a] - x$为小数部分，则有

$$a^b = 2^{x+y} = 2^y \times 2^x \tag{6.6}$$

通过FIST指令可以实现取整运算，从而得到x，进一步得到y。再通过F2XM1指令对y操作得到2^y-1，再加上1得到2^y。此时x是整数，压入ST(1)，而将2^y存入ST(0)，使用FSCALE就可以得到$2^y \times 2^x$，即最终结果。

(3) 幂运算实现。

下面根据上述推导，编写实现幂运算的过程PowerEE。该过程的原型是powerEE(real8 Base8, real8 Exponent8, real8 &Result8)，第1个参数是底数（64位），第2个参数是指数（64位），第3个参数是返回结果的地址（地址都是32位，这个地址存放的数字是64位），参数传递采用C调用规范。

第3个参数使用传址作为返回值，主要考虑：

- 浮点运算使用寄存器传参时，需要先将FPU的寄存器内容写入主存，再取到CPU的寄存器EAX，反而比主存传参耗时更长。
- 双精度浮点数需要两个寄存器才能保存其数据，在32位过程调用规范中并未对此进行约定。

PowerEE中的两个E，表示底数和指数都是8字节（eight），读者可据此编写real4、real10，以及整数类型的幂运算过程。

PowerEE如代码6.13所示，解释如下。

- 第4~8行：设置帧指针和保护寄存器。
- 第9行：浮点计算需要频繁使用临时空间，本过程根据需要分配了4字节的空间，供计算过程中作为临时变量使用。
- 第10~15行：由于用到取整操作，因此需要设置控制字为截断模式。整数操作使用CPU指令，因此需要使用主存在CPU和FPU间交换数据，交互数据使用第9行分配的临时空间，即[EBP−16]。第10行将FPU控制字传送到主存的临时变量空间，控制字为16位；第11行将控制字备份到AX以便后续恢复原值时使用。第12行将控制字传送到BX，第13行修改为截断模式，然后存入主存空间（第14行），再从主存传送到FPU（第15行）。
- 第16~17行将指数和底数（两个都是形参）依次入栈，完成后分别存放在ST(1)和ST(0)。ST(0)的底数Base8记作a，ST(1)的指数Exponent8记作b。
- 第18行：该指令计算“ST(1) × $\log_2$ ST(0)”，将结果存入ST(1)并将ST(0)出栈，执行该指令后栈顶ST(0)为$b\log_2 a$。
- 第19行：将ST(0)的$b\log_2 a$取整，存入临时变量空间，即$[b\log_2 a]$存入临时变量空间。由于第10~15行设置了截断模式，因此取整为截断而不是四舍五入等其他模式。

- 第 20 行：将整数部分 $[b\log_2 a]$ 取回寄存器ST(0)，此时原来ST(0) 的 $b\log_2 a$ 被压入ST(1)。
- 第 21 行：ST(1) 的 $b\log_2 a$ 减去栈顶的整数部分，只剩小数部分。然后整数部分出栈，因此栈顶为小数部分 $b\log_2 a - [b\log_2 a]$。
- 第 22 行：第 21 行执行后ST(0) 在 $[-1,1]$ 范围，执行 f2xm1 后，得到 $2^{\mathrm{ST}(0)} - 1$，即栈顶为 $2^{b\log_2 a-[b\log_2 a]} - 1$。
- 第 23 行：将常数 1 取到栈顶，此时ST(1) 为 $2^{b\log_2 a-[b\log_2 a]} - 1$，ST(0) 为常数 1。
- 第 24 行：ST(1) + ST(0) 存入ST(1)，并弹出ST(0)，栈顶为 $2^{b\log_2 a-[b\log_2 a]}$。
- 第 25 行：取整数部分到栈顶ST(0)，ST(0) 为 $[b\log_2 a]$，ST(1) 为 $2^{b\log_2 a-[b\log_2 a]}$。
- 第 26 行：ST(0) 和ST(1) 交换，得到ST(0) 为 $2^{b\log_2 a-[b\log_2 a]}$，ST(1) 为 $[b\log_2 a]$。
- 第 27 行：计算 $\mathrm{ST}(0) \times 2^{\mathrm{ST}(1)}$，即栈顶为 $2^{b\log_2 a-[b\log_2 a]} \times 2^{[b\log_2 a]} = 2^{b\log_2 a} = a^b$。
- 第 28~29 行：取出结果 Result8 的地址，然后把最终结果写入这个地址。
- 第 30~31 行：第 11 行将 FPU 原控制字在 AX 做了备份，第 30 行将其传送到临时变量空间，第 31 行再将其传送到 FPU，因此相当于恢复了 FPU 的原控制字。
- 第 32 行：释放临时变量空间。
- 第 33~36 行：恢复保护的寄存器。

代码 6.13 Power.inc 文件-PowerEE 过程

```
1   ; power(real8 Base8, real8 Exponent8, real8 &Result8)
2   .code
3     PowerEE proc NEAR32
4       push ebp ; 保留EBP
5       mov ebp, esp
6       push ebx
7       push esi
8       push edi
9       sub esp, 4
10      fstcw [ebp - 16]
11      mov ax, [ebp - 16]
12      mov bx, ax
13      or bx, 110000000000b
14      mov [ebp - 16], bx
15      fldcw [ebp - 16]
16      fld real8 ptr [ebp + 16]
17      fld real8 ptr [ebp + 8]
18      fyl2x
19      fist dword ptr [ebp - 16]
20      fild dword ptr [ebp - 16]
21      fsub
22      f2xm1
23      fld1
24      fadd
25      fild dword ptr [ebp - 16]
26      fxch
27      fscale
28      mov ebx, [ebp + 24]
29      fstp qword ptr [ebx]
```

```
30        mov [ebp - 16], ax
31        fldcw [ebp - 16]
32        add esp, 4
33        pop edi
34        pop esi
35        pop ebx
36        pop ebp
37      PowerEE endp
```

6.3.4 跨文件调用

这个PowerEE之类的过程，可以放入一个独立文件中，如Power.asm。也可以将其后缀修改，如修改为Power.inc，其中inc是include的前3个字母，被包含文件一般使用这个后缀。需要调用这个过程的地方，可以通过include将文件包含进去使用（代码6.14第6行）。需要注意的是，这个Power.inc文件（或.asm）没有.386、.model等信息，可以有.data和.code，也可以没有，但最后一定不要有end指令。代码6.13中PowerEE过程第3行的PowerEE proc后面有个near32关键字，这是段内调用的关键字，在32位程序中已经不涉及段寄存器的修改。

代码6.14主要是说明外部文件的调用，以及浮点数传参的方法。因此，这段代码的其他部分还是采用手工编写方式以突出主要问题，不规范的部分包括：

- 数据在静态区分配。
- 没有按照规范在过程开始保护寄存器EBP、EBX、ESI和EDI，在过程结束前恢复寄存器。
- 没有在调用过程PowerEE和printf前保护寄存器EAX、ECX、EDX，在调用完成后恢复寄存器。特别是调用printf过程，本代码只是因为恰好没有使用这3个寄存器，才得以正确执行。

代码 6.14 主调方过程

```
1     .386
2     .model flat, C
3     .stack 4096
4     include msvcrt.inc
5     includelib msvcrt.lib
6     include Power.inc
7     ExitProcess PROTO, dwExitCode: dword
8     .data
9       nInputValue1 real8 2.5
10      nInputValue2 real8 3.4
11      Result8 real8 ?
12      sOutput db "answer = %lf", 0dh, 0ah, 0
13    .code
14      main proc
15        push offset Result8
16        fld nInputValue2
17        sub esp, 8
18        fstp qword ptr [esp]
19        fld nInputValue1
```

```
20          sub esp, 8
21          fstp qword ptr [esp]
22          call PowerEE
23          add esp, 20
24          fld Result8
25          sub esp, 8
26          fstp qword ptr [esp]
27          push offset sOutput
28          call crt_printf
29          add esp, 12
30          push 0h
31          call ExitProcess
32      main endp
33      end main
```

对该代码简要说明如下。

- 第1~7行：文件头、包含的文件、标准退出服务声明，其中第6行为实现幂运算的文件。
- 第8~12行：静态数据区，其中nInputValue1和nInputValue2分别是幂运算的底数和指数，Result8是幂运算的返回地址，sOutput是输出格式字符串。
- 第15行：PowerEE过程的第3个参数，即存放结果的地址入栈，占4字节。注意，Result8这个数据占8字节，但不管数据多长，32位的地址总是占4字节。
- 第16~18行：PowerEE过程的第2个参数，即指数部分入栈，占8字节。先将浮点数取到栈顶ST(0)（第16行），然后在栈顶分配8字节的空间（第17行），最后将ST(0)保存到刚分配的空间（第18行）。
- 第19~21行：PowerEE过程的第1个参数，即底数部分入栈，占8字节。
- 第22~23行：调用PowerEE过程，并释放申请的20字节形参空间。
- 第24~26行：printf第2个参数，即幂运算的结果入栈，占8字节。
- 第27行：printf第1个参数，即格式字符串首地址入栈，占4字节。
- 第28~29行：调用printf过程，并释放申请的12字节形参空间。
- 第30~31行：调用标准退出服务函数。

6.3.5 封装库

上述不同文件中的过程调用，采用的是include整个文件的方式，对编译器编译的用户程序，可以采用这种方式把不同文件整合为一个整体。

但对于幂计算过程这种非用户编写的过程，是编译器提供给用户的功能，可以称为系统过程。这种过程应该封装成库文件（分动态库.dll和静态库.lib），如同调用C运行时库的printf和scanf一样，.inc文件只向用户暴露过程接口，而代码存放在.lib或.dll中，这就是库的封装。

封装库时，如使用Visual Studio的IDE，可以创建一个静态库（.lib）项目，然后删掉所有的文件和文件夹，添加一个.asm文件。静态库内容如代码6.15所示，该文件包含.386和.model伪指令（第1~2行），.code之前用“public 过程名”声明公开给其他调用的过程（第3行）。每个过程的定义写在.code段（第5~7行），可以在这里写多个过程，但只有公开的过程才能被外部程序调用。如果公开多个过程，这些过程都需要在.code之前用“public 过程名”声明。该文件最后有end，但是end后没有入口过程名（第8行）。

代码 6.15 静态库 Power.asm

```
1    .386
2    .model flat, C
3    public PowerEE
4    .code
5      PowerEE proc
6        ...
7      PowerEE endp
8    end
```

假设该代码保存的文件名为Power.asm，那么编译后会得到一个Power.lib文件，这就是编译后的静态库文件。

调用时，需要在调用前用proto声明该过程的名字、参数等信息。这些信息可以写入.inc文件，这样，调用该过程时，只需要包含这个.inc文件，以避免在每个调用该过程的文件中重复使用proto声明。如前述PowerEE过程，假设将这个文件命名为Power.inc，则可以在该文件中声明PowerEE，如代码6.16所示。

代码 6.16 静态库中公开过程的声明 Power.inc

```
1    PowerEE proto,
2      Base8: real8,
3      Exponent8: real8,
4      pResult8: dword
```

将Power.inc和Power.lib复制到某个.asm文件相同的目录，然后在.asm文件中用“include Power.inc”和“includelib Power.lib”包含这两个文件，就可以在.asm文件的.code区调用它们公开的过程了。

6.4 嵌套定义过程

6.4.1 静态链

非嵌套过程活动记录的连接数据中，使用了动态链指向该过程之前的最新活动记录，但没有使用静态链。在嵌套过程中，需要使用静态链指向直接外层最新活动记录，以便存取外层变量时计算其地址。

代码6.17为Pascal语言的一个过程嵌套定义实例，过程Proc1中定义了子过程Proc11和Proc12，Proc11中定义了子过程Proc111。用一个数字表示过程定义嵌套的层次，最外围的Proc1为第0层过程，其子过程Proc11和Proc12为第1层，Proc11的子过程Proc111为第2层，……，如图6.7所示。

代码 6.17 Pascal语言的一个过程嵌套定义示例

```
1    program Proc1;
2      var a, x: integer;
3      procedure Proc11 (b: integer);
4        var i: integer;
5        procedure Proc111 (u, v: integer);
```

```
6           var c, d: integer;
7           begin
8              ... if u = 1 then Proc111(u+1, v); ...
9              v := (a + c) * (b - d); ...
10          end {Proc111}
11       begin
12          ... Proc111(1, x); ...
13       end {Proc11}
14    procedure Proc12;
15       var c, i: integer;
16       begin
17          a := 1; Proc11(c); ...
18       end {Proc12}
19    begin
20       a := 0;
21       Proc12;
22       ...
23    end {Proc1}
```

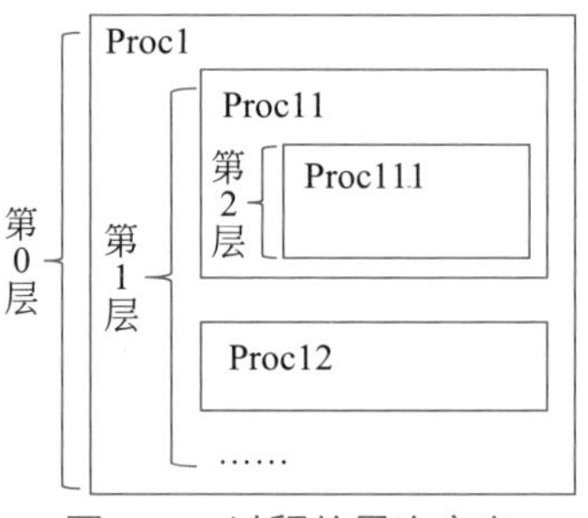

图 6.7　过程的层次定义

代码6.17也包含了一个过程调用的实例：过程Proc1调用了Proc12，过程Proc12又调用Proc11，过程Proc11再调用Proc111，过程Proc111又在if语句中调用了Proc111。其活动记录如图6.8所示。大部分文献的动态链和静态链都指向前一过程的活动记录的最底下一个单元，但这样的操作需要换算到帧指针EBP单元的相对位置，涉及形参所占空间的计算，不利于内存单元的访问。我们自己构造的编译器，以帧指针EBP为基准，即动态链和静态链都指向EBP所在单元，也就是指向动态链单元，具体过程如下。

- Proc1运行，如图6.8(a)所示。动态链为0，表示为空。静态链是主调过程创建的，因此最顶层过程无静态链。栈帧从下到上依次是返回地址、动态链、被调过程保护的3个寄存器、局部变量。动态链应该是EBP，但最顶层过程不会用到动态链，图中用0表示。对于局部变量，“a, x : integer”形式的声明语句，会以反序方式填入符号表，也就是x是第1个变量，a是第2个变量，因此地址也是反序；而对于“int a, x”形式的声明语句，则顺序填入符号表，这点将在中间代码生成中介绍。
- 过程Proc1调用了Proc12，如图6.8(b)所示，6~12为新增过程Proc12的活动记录。位置6处为主调过程保护的寄存器，位置7处为静态链，位置8~12同图6.8(a)。位置9的动态链指向前一个活动过程Proc1，其EBP为位置2（这里写的是图中相对位置，而不是EBP值，下同）；位置7的静态链指向父过程Proc1，其EBP为位置2。
- 过程Proc12调用了Proc11，如图6.8(c)所示，13~20为新增过程Proc11的活动记录。位置14处为形参b。位置18的动态链指向前一个活动过程Proc12，其EBP为位置9；位置15的静态链指向父过程Proc1，其EBP为位置2。

- 过程Proc11调用了Proc111，如图6.8(d)所示，21~29为新增过程Proc111的活动记录。位置26的动态链指向前一个活动过程Proc11，其EBP为位置18；位置24的静态链指向父过程Proc11，其EBP为位置18。
- 过程Proc111在if语句中调用了Proc111，如图6.8(e)所示，30~38为新增过程Proc111的活动记录。位置35的动态链指向前一个活动过程Proc111，其EBP为位置26；位置33的静态链指向父过程Proc11，其EBP为位置18。

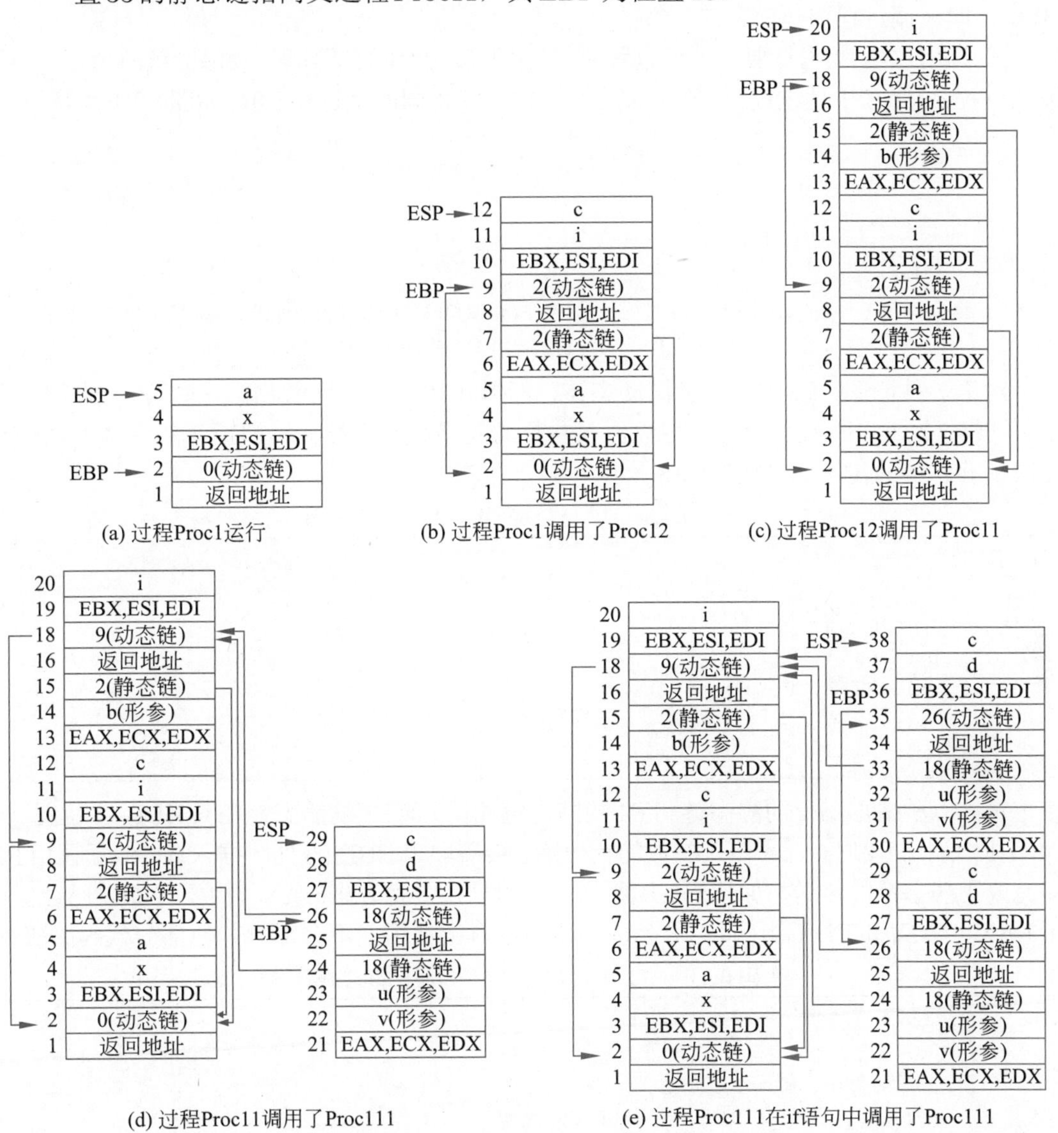

图 6.8 嵌套过程调用的活动记录

使用静态链后，动态链EBP和形式单元之间多了静态链这个单元，因此形式单元偏移多出4字节。式(6.2)中的“+8”修改为“+12”，如式(6.7)所示。

$$\hat{\delta}_k^f = \delta_k^f + 12 \tag{6.7}$$

6.4.2 静态链构建

当一个过程P1调用过程P2时，主调过程需要：

(1) 保护寄存器EAX、ECX、EDX。

(2) 传递形参。

(3) 为被调过程P2构建静态链。

(4) 使用call指令调用过程P2。

之后的工作交由被调过程P2处理。其中第(1)、(2)、(4)步前面已经讨论，本节讨论第(3)步，即被调过程构建静态链的方法。

P1调用过程P2时，要么被调过程P2是主调过程P1的子过程，如图6.9(a)所示；要么被调过程P2是和主调过程P1平级的过程，它们有相同的父过程P0，如图6.9(b)所示。

(a) P2是P1的子过程　　(b) P2和P1为P0的同级子过程

图 6.9　过程P2调用P1的两种情形

对第一种情形，P2的静态链同动态链，都指向P1，因此两者相同，均为P1的EBP地址。这样，在P1中调用P2时，生成传入参数的代码后，接着压入EBP，然后调用P2，即完成了静态链的传送，如代码6.18所示。

代码 6.18　P2是P1子过程的静态链构造

```
1    P1 proc
2       ...
3       ; 此处为压入实参结束位置
4       push ebp  ; P2的静态链
5       call P2   ; 调用P2
6       ...
7    P1 endp
```

对第二种情形，P2的静态链和P1的静态链相同，而P1的静态链在其EBP+8位置。因此，P1中调用P2时，生成传入参数的代码后，接着取出EBP+8处数据入栈，然后调用P2，即完成了静态链的传送，如代码6.19所示。这里使用了寄存器EAX，由于传参前已经保护了EAX、ECX和EDX，因此这3个寄存器可以自由使用，不会影响其他部分代码的执行。

代码 6.19　P1和P2是同级子过程的静态链构造

```
1    P1 proc
2       ...
3       ; 此处为压入实参结束位置
4       mov eax, [ebp + 8] ; 取出EBP+8处数据
5       push eax           ; P2的静态链
6       call P2            ; 调用P2
7       ...
8    P1 endp
```

6.4.3 外层变量访问

访问父过程变量，可以通过静态链进行。如在图6.8(d)或图6.8(e)的当前活动过程Proc111中，要访问其父过程的父过程Proc1的变量a，需要先用静态链定位到父过程Proc11，再用Proc11的静态链定位到Proc1，再根据Proc1中a的偏移量访问。其中a在符号表中位置是第2个，其$\delta_a^v = 4, w_a^v = 4$，由式(6.4)得$\hat{\delta}_a^v = 4 + 4 + 12 = 20$。静态链总是在EBP+8位置，因此可以生成取a值到EBX的代码，如代码6.20所示。

代码 6.20 通过静态链访问父过程变量

```
1   Proc111 proc
2     ...
3     mov ebx, [ebp + 8] ; 取出Proc111静态链内容
4     mov ebx, [ebx + 8] ; 取出Proc11静态链内容
5     mov ebx, [ebx - 20] ; 取出a的值
6     ...
7   Proc111 endp
```

- 第3行：取出Proc111静态链内容，对图6.8(d)，将单元24的内容，即单元18的地址存入EBX；对图6.8(e)，则将单元33的内容，即单元18的地址存入EBX。此时EBX中存放的是过程Proc11的动态链。
- 第4行：取出Proc11静态链内容，将单元15的内容，即单元2的地址存入EBX。此时EBX中存放的是过程Proc1的动态链。
- 第5行：将a的值加载到EBX。

过程嵌套的层次在编译时是已知的，可以存入符号表。访问变量时，通过符号表查询到当前过程的嵌套层次l_c。在符号表中逐层向上查找变量，假设在第l_p层找到该变量，且根据符号表计算得到其相对于EBP的偏移量为$\hat{\delta}$。生成将该变量加载到某个寄存器R的代码，如算法6.1所示，其中过程gen()表示生成代码。

算法 6.1 加载变量的目标代码生成

输入： 当前过程层次l_c，变量声明所在过程层次l_p，变量相对于EBP的偏移量为$\hat{\delta}$，变量加载的目的寄存器R

输出： 生成加载变量到寄存器R的代码

```
1 if l_c = l_p then
2 |   gen("mov R, [ebp ± δ̂]");
3 else if l_c > l_p then
4 |   gen("mov R, [ebp + 8]");
5 |   for i = 1 : l_c − l_p − 1 do
6 |   |   gen("mov R, [R + 8]");
7 |   end
8 |   gen("mov R, [R ± δ̂]");
9 end
```

算法6.1中，如果是访问本过程声明的变量，即$l_c = l_p$（第1行），则根据形参还是普通变量确定位置，直接取出存入寄存器（第2行）。如果是父过程声明的变量（第3行），先取

出静态链内容到寄存器 R（第4行），然后生成 $l_c - l_p - 1$ 个取静态链指令（第5~7行），最后取数据到寄存器（第8行）。

6.4.4 嵌套层次显示表

为提高访问非局部变量的速度，可以引入指针数组指向本过程的所有外层，称为**嵌套层次显示表**（display）。嵌套层次显示表是一个小栈，自栈顶向下依次指向当前层、直接外层、直接外层的直接外层、……、直至最外层（0层）。使用嵌套层次显示表，不需要再使用静态链，但当过程P1调用过程P2时，P2需要知道其直接外层的嵌套层次显示表。

如前所述，当P2为P1的子过程时，如图6.9(a)，P2的直接外层为P1；当P2和P1同级时，如图6.9(b)，P2的直接外层为P0。这样，需要主调过程将P2直接外层的display地址作为一个参数传递，称为**全局嵌套层次显示表（全局display）**。带嵌套层次显示表的活动记录如图6.10所示，其中保护的寄存器放到动态链和display表之间，纯粹是为了处理上的方便，后续会详细介绍。

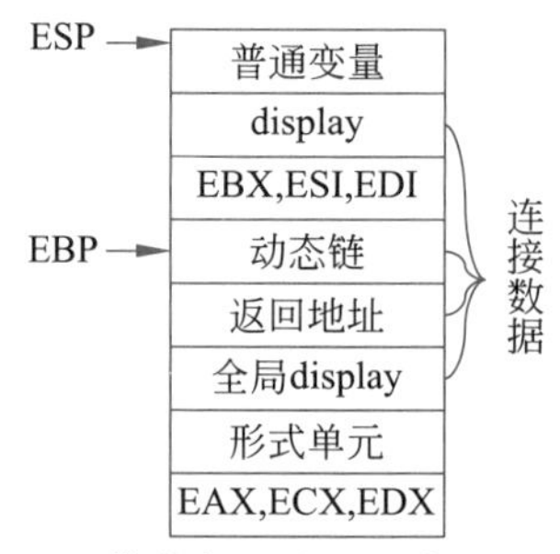

图 6.10 带嵌套层次显示表的活动记录

6.4.1节过程中，使用嵌套层次显示表的活动记录如图6.11所示。

- 过程Proc1运行，如图6.11(a)所示。本过程的display，也是本过程动态链地址2。
- 过程Proc1调用了Proc12，如图6.11(b)所示，7~15为新增过程Proc12的活动记录。位置8的全局display指向父过程Proc1，其EBP位置为2；位置10的动态链指向前一个活动过程Proc1，其EBP位置为2；位置13的display为自己的动态链位置10，位置12的display为父过程Proc1的动态链位置2。
- 过程Proc12调用了Proc11，如图6.11(c)所示，16~24为新增过程Proc12的活动记录。位置18的全局display指向父过程Proc1，其EBP位置为2；位置20的动态链指向前一个活动过程Proc11，其EBP位置为10；位置23的display为自己的动态链位置20，位置22的display为父过程Proc1的动态链位置2。
- 过程Proc11调用了Proc111，如图6.11(d)所示，25~36为新增过程Proc111的活动记录。位置28的全局display指向父过程Proc11，其EBP位置为20；位置30的动态链指向前一个活动过程Proc11，其EBP位置为20；位置34的display为本过程的动态链位置30，位置33的display为父过程Proc11的动态链位置20，位置32的display为父过程的父过程Proc1的动态链位置2。
- 过程Proc111在if语句中调用了Proc111，如图6.11(e)所示，37~48为新增过程Proc111的活动记录。位置40的全局display指向父过程Proc11，其EBP位置为20；位置42的动态链指向前一个活动过程Proc111，其EBP位置为30；位置46的display为本过程的动态链位置42，位置45的display为父过程Proc11的动态链位置20，位置 44 的 display 为父过程的父过程 Proc1 的动态链位置 2。

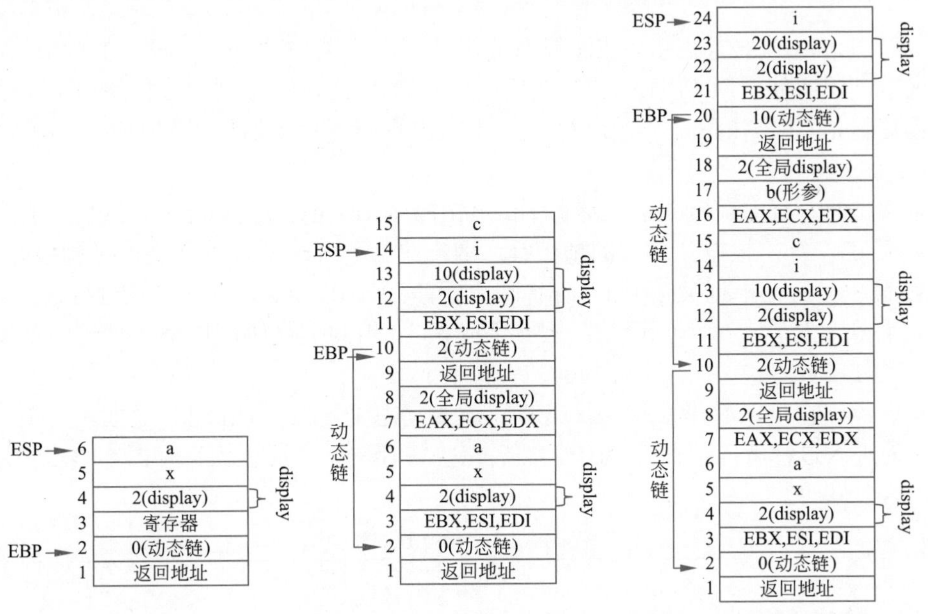

(a) 过程Proc1运行 (b) 过程Proc1调用了Proc12 (c) 过程Proc12调用了Proc11

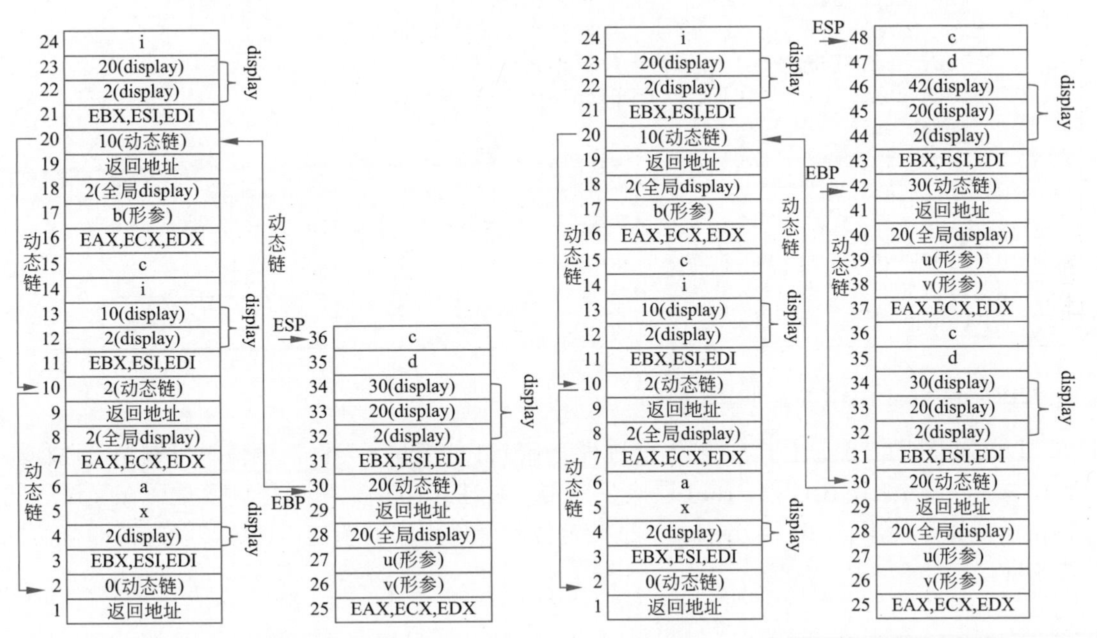

(d) 过程Proc11调用了Proc111 (e) 过程Proc111在if语句中调用了Proc111

图 6.11　嵌套过程调用使用 display 的活动记录

假设当前过程为第 l_c 层，使用 display 后，帧指针 EBP（动态链）和普通变量之间插入了 l_c+1 个 display，因此变量单元偏移多出 $4(l_c+1)$ 字节。式 (6.4) 中需要增加相应的偏移量，如式 (6.8) 所示。

$$\hat{\delta}_k^v = \delta_k^v + w_k^v + 12 + 4(l_c+1) \tag{6.8}$$

6.4.5 display表的构建

全局display就是静态链，按照静态链构造算法传递。关于display表的构造，先从符号表查询本过程所处层次，假设为n。然后通过全局display定位到父过程的display入口，从父过程复制$n-1$个display，最后存入自身EBP即可，具体如代码6.21所示，第5~11行为构造display表。

- 第5行：通过当前过程的帧指针，取出全局display的内容，即父过程的帧指针。
- 第6~7行：根据父过程的帧指针，取出第1个display，并入当前过程栈。
- 第8~9行：根据父过程的帧指针，取出第2个display，并入当前过程栈。由于本过程所处层次n编译时已知，因此生成$n-1$组此类代码，在编译时就可以确定。
- 第11行：压入本层的display。

从该代码也可以看出，将保护寄存器放入动态链EBP和display之间，是很自然的事情，因为进入过程就应该保存EBP，然后保护寄存器，之后任何寄存器都可以使用，退出过程前恢复即可。

代码 6.21　display表构造

```
1    P2 proc
2       push ebp       ; 保存动态链
3       mov ebp, esp  ; 新EBP指向动态链位置
4       push ebx, esi, edi ; 保护寄存器，为节省纸面空间写入了一行
5       mov eax, [ebp + 8] ; 取出全局display
6       mov ebx, [eax - 16] ; 第1个display
7       push ebx
8       mov ebx, [eax - 20] ; 第2个display
9       push ebx
10      ...                 ; 若P2处于第n层，就生成n-1个复制display的代码
11      push ebp            ; 本层display
12      ...
13   P2 endp
```

6.4.6 通过display访问变量

以访问图6.11(d)或图6.11(e)当前过程Proc111的变量a为例，编译时可知当前过程层次$l_c = 2$，变量a所在过程Proc1层次$l_c = 0$。通过式(6.9)，可以得到变量所在父过程的display位置。使用[EBP − dis(l_c)]，直接定位到父过程的动态链，通过该动态链即可访问其变量。

$$\mathrm{dis}(l_c) = 12 + 4(l_c + 1) \tag{6.9}$$

本例中，Proc1的display偏移$\mathrm{dis}(l_c) = 12 + 4 \times 1 = 16$，由此取a值如代码6.22所示：第1行取到Proc1的动态链地址EBP，并保存到EBX；第2行从Proc1的栈帧取到a的值。

代码 6.22　通过display表取变量值

```
1    mov ebx, [ebp - 16] ; 取到Proc1的动态链地址EBP
2    mov eax, [ebx - 24] ; 取到变量a的值
```

6.5 堆式存储分配

如果程序语言允许用户自由申请和释放空间，这时应该使用堆式（Heap）动态存储分配方案。可以通过调用C运行时库的malloc()、free()函数在堆上申请或释放空间。当需要自己设计堆管理的功能时，则可以采用本节介绍的相关方法，自行编写堆式分配的空间管理程序，但这种方法需要应用程序有访问堆区的权限，因为目前很多系统已经将这些功能放入内核中。

6.5.1 堆区首地址

对堆区的管理，需要知道堆区的起始地址。可以在程序开始处获得ESP的值，这是栈区开始地址，而栈区长度可以由编译器在“.stack 栈区长度”中指定。栈区开始地址减去栈区长度，即堆区起始地址，可以设置一个变量（如available）表示可用空间起始位置，存入静态数据区，如代码6.23所示，以便后续访问使用。

代码 6.23 获取并保存堆的起始地址

```
1    .386
2    .model flat, stdcall
3    .stack 4096 ; 栈长度
4    .data
5      available dword ?      ; 定义变量available存储堆地址
6    .code
7      main proc
8        mov ebx, esp        ; 在对栈做任何操作之前调用，因此是栈的起始地址
9        sub ebx, 4096       ; 减去栈长度，即堆起始地址
10       mov available, ebx  ; 保存到变量
11       ...
12       main endp
13     end main
```

但32位及32位以后的一些操作系统，把不同应用程序的相同区（称为段）组合到了一起，以便于空间管理。如大部分应用程序都会调用C运行时库，那么把代码段（即代码区）组织到一起，让各应用共用同一个C运行时库代码，更方便管理。这样，堆区和栈区也被分开，需要使用系统给出的方式获得堆区起始地址。而16位及16位之前的系统，以及如STM32[78-79]之类的32位系统，堆和栈仍然共用一个区。

6.5.2 定长块管理

堆式分配最简单的方法是定长块管理。初始化时，将堆空间划分为等长的块，用链表首尾相连，链首地址也就是堆的起始地址，使用变量available记录，如图6.12(a)所示。

初始化时每个块都是空闲块，空闲块在首地址处开辟一个整型空间（4字节），存放下一个块的地址，这就是图6.12中的链表指针。代码6.24为定长块堆区初始化，其创建了10块长度为256的空闲块并组成链表。考虑到本代码可以事先写好作为编译器系统过程供用户程序调用，因此使用了Loop等复杂结构的指令。

代码 6.24 定长块堆区初始化

```
1    initFixedLenHeap proc
```

```
2        ... ; 帧指针设置和保护寄存器
3        mov eax, available ; 获得堆区首地址
4        mov ecx, 9      ; 循环9次
5        initFixedLenHeapLabel: ; 标号
6          mov ebx, eax ; 用另一个寄存器计算指针
7          add ebx, 256 ; 下一块的地址
8          mov [eax], ebx ; 写入指向下一块的指针
9          mov eax, ebx ; eax中存放了下一块的地址, 继续下一次迭代
10       loop initFixedLenHeapLabel
11       mov dword ptr [eax], 0 ; 最后一个结点指针为0, 表示链表结束
12       ... ; 恢复保护的寄存器
13     initFixedLenHeap endp
```

当程序员申请一个空间时，从编译器的角度看是诸如“int *p = new int[10]”之类的语句，可以把available值写入p的地址，从用户角度看即分配空间成功，可以使用这个空间。在此之前，将available值修改为其指向地址处存放的整型值，这样链首的块就从空闲链表中去掉，available指向原第二块空闲块。图6.12(b) 显示了有4个块被占用的情况。

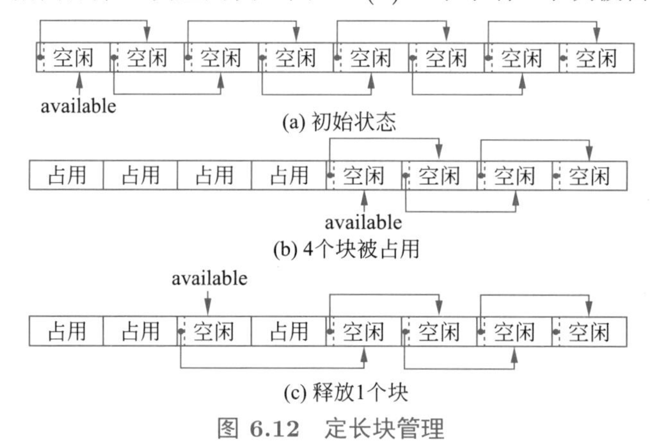

图 6.12　定长块管理

代码6.25中的过程malloc分配空间给用户变量使用，一次分配一个固定长度（用户申请长度应小于固定块长度）。该过程需要一个参数，即用户申请的变量地址，采用C调用规范，过程example展示了malloc的调用示例。

代码 6.25　定长块堆区空间分配

```
1      malloc proc
2        ... ; 帧指针设置和保护寄存器
3        mov eax, available ; 获得堆区首地址
4        mov ebx, [ebp + 8] ; 参数, 也就是用户申请变量的地址
5        mov [ebx], eax  ; 分配空间给用户变量
6        mov ebx, [eax]  ; 读取下一个空闲块指针
7        mov available, ebx ; available指向下一个空闲块
8        ... ; 恢复保护的寄存器
9      malloc endp
10
11     example proc
12       ...
13       mov eax, [ebp - C] ; 获得活动记录中的用户变量地址
```

```
14        push eax      ; 参数入栈
15        call malloc
16        ...
17     example end
```

当用户释放一个块时，这个块重新变为空闲。此时将这个块起始位置处的整型值修改为available值，并把available修改为该块地址，这个块就重新进入空闲列表，且在链首，图6.12(c)为释放第3个占用块后的情形。代码6.26中的过程free释放用户变量空间，并作为新链首入链。

代码 6.26　定长块堆区空间释放

```
1      free proc
2         ... ; 帧指针设置和保护寄存器
3         mov eax, available ; 获得堆区首地址
4         mov ebx, [ebp + 8] ; 参数，也就是用户变量的地址
5         mov [ebx], eax   ; 用户变量指向原链首
6         mov available, ebx ; 用户变量作为新链首，即available
7         ... ; 恢复保护的寄存器
8      free endp
```

6.5.3 保留元数据

描述数据的数据称为**元数据**（Meta Data）。6.5.2节例子中，堆区存储块链表指针就是元数据，我们在分配给用户空间时，这个元数据空间也一起分配给了用户，用户数据会覆盖链表指针。当用户释放空间时，这个链表指针被重新计算并写入块首字节。

这点对于简单的定长块是适用的，但略微复杂的情况，就涉及元数据需要保留的问题。此时，不管数据块空闲还是被占用，均保留元数据区，仅把剩余空间分配给用户，如图6.13所示。如每块占256字节的空间，链表指针元数据占用4字节，那么分配给用户的只有252字节。

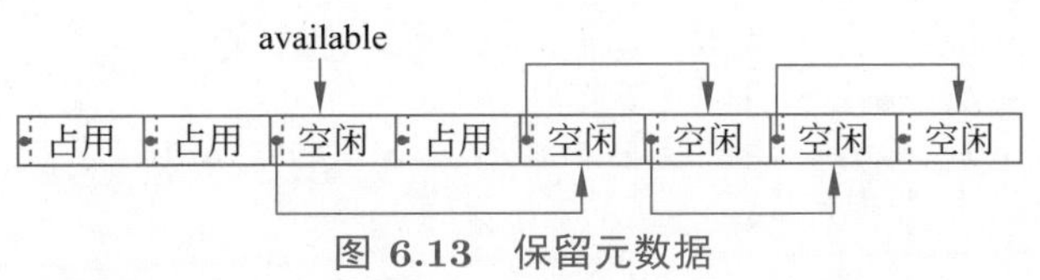

图 6.13　保留元数据

分配空间时，指针指向可以分配给用户的起始地址，元数据放在用户数据之前的单元中。代码6.27为保留元数据的定长块堆区初始化，其中第4行在堆区首地址基础上偏移了4字节的元数据，记入eax寄存器，并在第5行写回available。这步当然在计算堆区首地址时处理更合理，但考虑到适配不同类型的管理模式，以及不再改动前面代码的需求，我们选择在过程initKeepingMeta中实现。这个过程也是在编译器初始化时执行一次，是可以接受的一个修改。现在eax指向的是用户数据区，所以第10行和第13行访问元数据区时，都偏移了 −4字节。

代码 6.27　保留元数据的定长块堆区初始化

```
1      initKeepingMeta proc
2         ... ; 帧指针设置和保护寄存器
3         mov eax, available ; 获得堆区首地址
4         add eax, 4       ; 跳过元数据区
```

```
5       mov available, eax ; 写回堆区用户首地址
6       mov ecx, 9      ; 循环9次
7       initKeepingMetaLabel: ; 标号
8         mov ebx, eax ; 用另一个寄存器计算指针
9         add ebx, 256 ; 下一块地址
10        mov [eax - 4], ebx ; 写入指向下一块的指针
11        mov eax, ebx ; eax中存放了下一块的地址，继续下一次迭代
12      loop initKeepingMetaLabel
13      mov dword ptr [eax - 4], 0 ; 最后一个结点指针为0，表示链表结束
14      ... ; 恢复保护的寄存器
15    initKeepingMeta endp
```

空间分配与前述代码唯一不同的是，读取链表指针时，将当前数据区指针偏移 -4 字节，如代码6.28第6行所示。

代码 6.28　保留元数据的定长块堆区空间分配

```
1     malloc proc
2       ... ; 帧指针设置和保护寄存器
3       mov eax, available ; 获得堆的用户区首地址
4       mov ebx, [ebp + 8] ; 参数，也就是用户申请变量的地址
5       mov [ebx], eax  ; 分配空间给用户变量
6       mov ebx, [eax - 4] ; 读取下一个空闲块指针
7       mov available, ebx ; available指向下一个空闲块
8       ... ; 恢复保护的寄存器
9     malloc endp
```

空间释放类似，代码6.29第5行偏移 -4 字节访问元数据区。

代码 6.29　保留元数据的定长块堆区空间释放

```
1     free proc
2       ... ; 帧指针设置和保护寄存器
3       mov eax, available ; 获得堆区首地址
4       mov ebx, [ebp + 8] ; 参数，也就是用户申请变量的地址
5       mov [ebx - 4], eax ; 用户变量指向原链首
6       mov available, ebx ; 用户变量作为新链首，即available
7       ... ; 恢复保护的寄存器
8     free endp
```

6.5.4　变长块管理

初始化时，堆区为一整块，用变量 available 记录块的地址，如图6.14(a) 所示。空闲块首地址处除了记录下一个块的地址外，还需要记录该块的长度，为了处理方便，再增加一个指向左结点的指针形成双链表，因此元数据共占用 3 个整型空间位置，如图6.14(d) 所示，初始化如代码6.30所示。

代码 6.30　变长块堆区初始化

```
1     initVariableLenHeap proc
2       ... ; 帧指针设置和保护寄存器
3       mov eax, available        ; 获得堆区首地址
4       mov dword ptr [eax], 0    ; 左结点指针，0表示没有前驱
5       mov dword ptr [eax + 4], 0    ; 右结点指针，0表示没有后继
```

```
 6      mov dword ptr [eax + 8], 244 ; 本结点的用户数据区长度, 256 - 12 = 244
 7      add eax, 12          ; 偏移过元数据区
 8      mov available, eax ; 写回堆区首地址
 9      ... ; 恢复保护的寄存器
10   initVariableLenHeap endp
```

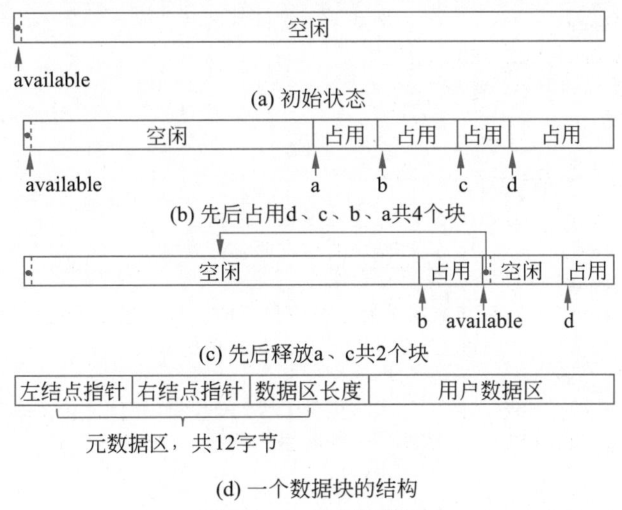

图 6.14 变长块管理

用户申请空间时，从一个整块里分割出满足需要的一小块，我们采用从数据块尾部分配的方案，图6.14(b) 显示了 d、c、b、a 共 4 个块被顺序占用的情况。释放数据区时需要知道其长度，因此应该多分配 4 字节，记录分配的用户数据区长度。具体来说，假设申请长度为 k，首先需要找到空间大于 $k+4$ 的一个空闲数据块，分配时从该块尾部（高地址端）分配长度为 k 的数据块给用户，再往前 4 字节记录这块数据的长度。

申请空间如代码6.31的过程 malloc 所示，该过程需要两个参数，分别为用户变量地址和用户申请空间长度，返回值 EAX 为 0 表示分配不成功。另外增加了一个用于查找空间大于 k 的数据块的过程 getBlock，该过程需要一个参数，即用户申请空间长度，返回值为用户区数据地址，使用 EAX 传递。

代码 6.31 变长块堆区空间分配

```
 1   getBlock proc
 2      ... ; 帧指针设置和保护寄存器
 3      mov ebx, [ebp + 8]      ; 获得参数, 即用户申请空间长度
 4      mov eax, available      ; 获得堆区首地址
 5      LoopBegin:              ; 迭代查找符合要求的数据块
 6         cmp [eax - 4], ebx   ; 比较当前块长度与用户申请空间长度
 7         jae Exit             ; 找到满足要求的块, 此时EAX中就是返回值
 8         mov eax, [eax - 8]   ; 下一个结点地址放入eax
 9         cmp eax, 0           ; 是不是有下一个结点
10         je Exit              ; 找不到满足要求的块, 此时EAX中为0, 即返回值
11         goto LoopBegin       ; 继续验证下一个块
12      Exit:
13         ... ; 恢复保护的寄存器
14   getBlock endp
15   malloc proc
```

```
16      ... ; 帧指针设置和保护寄存器
17      ; 查找满足要求的块
18      ... ; 保护EAX、ECX、EDX寄存器
19      mov ebx, [ebp + 12]  ; 用户变量长度
20      add ebx, 4           ; 多出4字节用来存储长度
21      push ebx             ; 传递实参
22      call getBlock        ; 用首次满足法获得满足要求的块
23      ... ; 恢复EAX、ECX、EDX寄存器
24      ; 检验是否找到了满足要求的块
25      cmp eax, 0
26      je Exit
27      ; 从数据块尾部分配空间给用户
28      mov ecx, [ebp + 8]   ; 用户变量地址
29      mov edx, eax         ; 该数据块的用户变量区地址
30      add edx, [eax - 4]   ; 该数据块末尾
31      sub edx, ebx       ; 该数据块要分配给用户的地址，包含了用户变量长度的存放空间
32      add edx, 4           ; 去掉用户变量长度的存放空间
33      mov [ecx], edx       ; 分配给用户变量
34      mov [edx - 4], ebx   ; 记录用户变量长度 + 4字节存放该长度的空间
35      sub [eax - 4], ebx   ; 数据块长度减去分配出去的长度
36      Exit:
37         ... ; 恢复保护的寄存器
38   malloc endp
```

用户释放时，如果释放块能和现有空闲块合并，则合并；若不能，则成链。图6.14(c)为按a、c顺序释放后的情况，释放a后合并，释放b后成链。释放过程如代码6.32所示，过程free需要一个参数，即用户变量地址。该过程还有一些琐碎的细节没有考虑，如堆区空间用尽导致available为空的情形、用户申请空间过小导致创建新结点元数据区域空间不足（小于12字节）等，可以自行添加这些检测和处理。

代码 6.32　变长块堆区空间释放

```
1    free proc
2       ... ; 帧指针设置和保护寄存器
3       mov eax, [ebp + 8] ; 用户变量地址
4       mov edx, [eax - 4] ; 用户变量长度（含4字节长度信息）
5       mov ebx, available ; 数据链首
6       ; 查找是否存在一个数据块，其与该用户变量首尾相连
7       Search:
8          ; 测试用户变量是否在当前结点尾部
9          mov ecx, ebx          ; 当前结点
10         add ecx, [ebx - 4]    ; 到达结点尾部
11         add ecx, 4            ; 加上存放用户变量长度的4字节
12         cmp eax, ecx
13         je MergeToTail        ; 在尾部
14         ; 测试用户变量是否在当前结点头部
15         mov ecx, eax          ; 用户变量起始
16         add ecx, edx          ; 用户变量尾部，多出4字节
17         add ecx, 8            ; 加上链结点元数据长度，12 - 4 = 8
18         cmp ebx, ecx
19         je MergeToHead        ; 在头部
```

```
20        ; 下一个结点
21        mov ebx, [ebx - 4]      ; 移入下一个结点
22        cmp ebx, 0
23        je NewNode             ; 没找到首尾相连的结点
24        goto Search            ; 进入下一次迭代
25      ; 用户变量在当前结点尾部
26      MergeToTail:
27        add [ebx - 4], edx      ; 当前结点长度把用户数据区包含进去
28        goto Exit
29      ; 用户变量在当前结点头部
30      MergeToHead:
31        mov ecx, [ebx - 12]     ; 搬运左结点地址
32        mov [eax - 4], ecx      ; 搬运到用户区第1字节
33        mov ecx, [ebx - 8]      ; 搬运右结点地址
34        mov [eax], ecx          ; 搬运到用户区第2字节
35        mov ecx, [ebx - 4]      ; 搬运数据区长度
36        add ecx, edx            ; 加上用户区数据长度
37        mov [eax + 4], ecx      ; 运到用户区第2字节
38        add eax, 8              ; 跳过元数据区
39        ; 让前驱指向该结点
40        mov ecx, [eax - 12]     ; 前驱
41        cmp ecx, 0
42        je NoLeft               ; 无前驱
43        mov [ecx - 8], eax      ; 前驱的右链指向本结点
44        goto NextPointThis      ; 处理后继结点
45      NoLeft:                   ; 无前驱
46        mov available, eax      ; 当前结点为头结点
47      NextPointThis:            ; 让后继指向该结点
48        mov ecx, [eax - 8]      ; 后继
49        cmp ecx, 0
50        je NoNext               ; 无后继
51        mov [ecx - 12], eax     ; 后继的左链指向本结点
52        goto Exit
53      NoNext:
54        mov dword ptr [eax - 8], 0 ; 后继为空
55        goto Exit
56      ; 没找到首尾相连的结点，当前结点作为头结点
57      NewNode:
58        add eax, 8                 ; 用户变量结点让出12字节元数据区（原来已有4字节）
59        mov ecx, [eax - 12]        ; 用户变量长度
60        sub ecx, 12                ; 减去元数据区长度
61        mov [eax - 4], ecx         ; 写入
62        mov dword ptr [eax - 12], 0  ; 无前驱
63        mov ecx, available         ; 原链首
64        mov [eax - 8], ecx         ; 指向原链首
65        mov [ecx - 12], eax        ; 原链首左指针指向本结点
66        mov available, eax         ; 本结点成为新链首
67      Exit:
68        ... ; 恢复保护的寄存器
69    free endp
```

当用户申请一个空间时，如果有多个空闲块满足要求，则有3种**空闲块分配策略**。

- 首次满足法：只要在空闲块链表中找到满足需要的一块，就分配；如果该块比申请的块大不了多少，就整块分配出去，以避免空闲块链表中留下许多无用的小碎块。
- 最优满足法：将空闲链中不小于申请块，且最接近申请块的空闲块分配给用户；需要将链表块从小到大排序，此种方法长时间运行可能产生很多小碎片块。
- 最差满足法：将空闲块中不小于申请块，且最大的空闲块的一部分分配给用户；此时链表块从大到小排序，分配时不需要查找，此种方法长时间运行结点大小会趋于均匀。

6.5.5 存储回收

以上堆式管理中，用户释放占用块，就立即回收存储空间。如果多个指针变量指向同一个地址，那么释放一个变量立即回收的策略，会造成其他变量的不安全访问。一个存储的智能回收策略是，当所有指针变量都释放后，才回收存储空间，分显式回收和隐式回收两种方法。

显式回收由用户指令进行存储空间回收。一种做法是：在每个块中都存放一个称为**引用计数**的整型变量，初始值为0，表示未被使用。每次这个地址赋值给一个变量一次，引用计数就增1；如果引用该空间的变量被释放一次，引用计数就减1。当引用计数变为0时，表示没有变量再引用这个空间，可以释放。

隐式存储回收，指无须程序员显式释放空间。需要编写一个垃圾回收子程序，它与用户程序并行工作，自动将不再需要的空间释放。具体做法是：每次检测在生命周期中的变量是否引用了一个块，回收过程通常分为两个阶段。

- 第一个阶段为标记阶段，对已分配的块跟踪程序中各指针的访问路径，如果某个块被访问过，就给这个块加一个标记。
- 第二个阶段为回收阶段，首先将所有未加标记的存储块回收到一起，并插入空闲块链表中，然后消除在存储块中所加的全部标记。

第6章 运行时存储空间组织 内容小结

- ❑ 在栈中使用一个连续的存储块存储过程活动信息，这样的一个连续存储块称为活动记录或栈帧。
- ❑ 存储空间分配策略包括静态分配、栈式动态分配和堆式动态分配。
- ❑ 过程调用规范中，std call和cdecl均参数反序进栈，用EAX寄存器传递返回值，但std call由被调函数清理栈区，cdecl由主调函数清理栈区。
- ❑ 寄存器保护中，主调函数保护EAX、ECX、EDX，被调函数保护EBX、ESI和EDI。
- ❑ 嵌套过程使用静态链访问父过程变量；嵌套层次表可以更高效地访问父过程变量。
- ❑ 用户动态申请的空间使用堆式存储；堆分为定长块管理和变长块管理两种方式。

第6章　习题

第 6 章　习题

请扫描二维码查看第6章习题。

第7章

语法制导翻译与中间代码生成

语法分析完成后，后续的任务是语义分析和中间代码生成。语义分析先进行静态语义检查，主要包括以下内容。

- 类型检查：检查运算的操作数类型是否与操作符相符，如两个字符串可以进行加法运算，但是如果进行乘法运算应该报错。允许运算符重载的语言中，如果重载了加法运算符，两个对象进行加法操作可能是合法的，但如果没有重载加法运算符，则应报错。
- 控制流检查：控制流语句必须转移到合法的地方，如C语言的“goto L”语句中的标号L，必须在本过程的某个地方定义；break如果不包含在while、for、switch语句中，则报错。
- 一致性检查：如同一个过程中同一个变量、标号只能定义一次，同一个switch语句的case标号不能相同。
- 相关名字检查：如有的语言要在过程定义开始和结束位置各出现一次过程名，需要检查这两个相关名字的一致性。
- 名字的作用域分析：确定名字的作用域范围，这点已在符号表设计部分和活动记录组织部分进行了说明。

静态语义检查正确后，再根据语义规则翻译成中间代码。目前编译器的主流做法是，静态语义检查和中间代码生成都伴随语法分析同时进行。以语法分析为主线，伴随静态语义检查和中间代码生成的动作执行，因此称为语法制导翻译。

本章首先介绍语法制导翻译的理论问题，包括如何设计静态语义检查和中间代码生成的属性和动作，以及如何伴随语法分析进行计算的问题。然后根据不同语句形式，介绍各种语句的翻译，包括声明语句、赋值语句、布尔表达式、控制语句、过程调用等，最后介绍类型检查系统。

对于本章四元式形式的中间代码，如“$100.(\theta, x, y, z)$”，如果用q表示这个四元式，四元式的各分量采用q的如下属性表示。

- oprt：运算符，本例为$q.\text{oprt} = \theta$。
- left：左值，本例为$q.\text{left} = z$。
- opnd1：左操作数，本例为$q.\text{opnd1} = x$。
- opnd2：右操作数，本例为$q.\text{opnd2} = y$。
- quad：四元式编号，本例为$q.\text{quad} = 100$。

7.1 属性文法及其计算

7.1.1 属性翻译文法

属性翻译文法也称为**属性文法**（Attribute Grammar）或**翻译文法**（Translation Grammar），于1968年由Knuth提出[80]，是在上下文无关文法的基础上，为每个符号配备若干**属性**。

在翻译过程中，需要传递的信息都可以设置一个属性记录它。如四则运算文法中，$G[E]$: $E \to E+E|E*E|(E)|i$，一个句子$i+i*i$的归约过程为$i+i*i \Uparrow E+i*i \Uparrow E+E*i \Uparrow E+E*E \Uparrow E+E \Uparrow E$。如果要计算表达式$3+4*5$的值，为了在归约过程中能够传递这个值，可以为符号$E$配备一个属性，比如叫$value$，记作$E.value$。3、4、5的值由词法分析器得到，用属性如$lexvalue$表示，那么句子$i+i*i$的3个终结符号$i$，它们各自的属性$i.lexvalue$值分别为3、4、5。在$i$归约为$E$时，可以定义一个规则把$i.lexvalue$传递给$E.value$，这样归约为$E+E*E$时，3个$E$的属性$E.value$就分别为3、4、5。在$E*E$归约为$E$时，可以将前面两个$E$的属性值$E.value$相乘，乘积传递给左部符号$E$的属性$E.value$。按类似规则一步步传递，归约到开始符号$E$时，属性$E.value$的值就是最终的计算结果。

一个符号可以有多个属性。比如除关心符号的值外，还关心符号的数据类型，因为两个数字做运算时，浮点指令和整型指令是不同的，需要根据不同数据类型选择不同的指令。那么E除有$value$属性外，还可以再给它配备一个属性$type$，表示其数据类型（数据类型在程序中可以用编码表示，但书面表达中一般用int、$real$之类的关键字表示，以便直观）。总之，一个符号可以自由地配备若干属性，至于配备多少，完全取决于翻译的需要。

一个产生式中可能多次出现同一个符号，但这些相同符号的属性值可能不同。比如$E \to E*E$中，右部两个$E.value$相乘，赋值给左部符号的$E.value$。右部两个$E.value$值分别为4和5，归约后左部符号的$E.value$值为20。实际上，从文法角度看，产生式中的3个E是同一个符号；而从属性文法看，它们属性的取值不同，可以看作符号E的3个不同实例。为区分同一个产生式的同一个符号的不同实例，给符号加下标表示，如这个产生式写成$E \to E_1 * E_2$，其中E就表示左部符号，$E.value=20$；E_1和E_2分别为右部的两个符号，$E_1.value=4, E_2.value=5$。在考虑属性值时，E、E_1和E_2是不同的符号（实际是不同的实例），但在考虑语法分析时，又把它们看作是同一个符号，相当于面向对象中对象和类的关系。符号加下标的目的是区分不同实例，所以$E \to E*E$写成$E \to E_1 * E_2$、$E_{\text{left}} \to E_{\text{opnd1}} * E_{\text{opnd2}}$等都是合理的。

符号的实例只需在同一个产生式中区分，不同产生式的符号不需要区分，因为属性值的计算不会跨产生式进行。但同时，跨产生式会产生属性值的传递，此时可能出现一个产生式的某个符号实例，转换为另一个产生式的另一个符号实例的情况。例如，句型$E+E*E$，后面的乘法先归约，使用的是$E \to E_1 * E_2$这个产生式，句型$E+E*E$中的$E*E$对应这个产生式的$E_1 * E_2$，而归约后得到$E+E$，加号后面的E对应产生式$E \to E_1 * E_2$左部的E。然后，加法进行归约，使用产生式$E \to E_1 + E_2$，句型$E+E$中加号后面的E对应这个产生式的E_2。也就是说，在这个句型的归约中，产生式$E \to E_1 * E_2$的左部符号E，与$E \to E_1 + E_2$中的E_2是同一个实例，$E.value$自然传递到了$E_2.value$。

属性文法的核心是属性值如何传递和计算的问题，比如$E \to E_1 * E_2$中，为什么是

$E.value = E_1.value * E_2.value$？这种计算的规则是指定的，称为语义规则，而语义规则也将属性分为两种，如定义7.1所示。

定义 7.1 (语义规则、综合属性与继承属性)

每个产生式 $A \to \alpha$ 都有一套与之关联的语义规则，规则形式为

$$b = f(c_1, c_2, \cdots, c_k) \tag{7.1}$$

这里 f 是一个函数，满足以下情况之一。

- b 是产生式左部符号 A 的属性，且 $c_1, c_2, \cdots, c_k$ 是产生式右部文法符号的属性，则称 b 是 A 的综合属性（Synthesized Attribute）。
- b 是产生式右部某个符号的属性，且 $c_1, c_2, \cdots, c_k$ 是产生式左部符号 A 或右部任何符号的属性，则称 b 为继承属性（Inherited Attribute）。

以上两种情况，都称属性 b 依赖属性 $c_1, c_2, \cdots, c_k$。♣

一个属性是继承属性还是综合属性，取决于定义它的产生式如何定义的语义规则。对产生式左部符号的属性，有如下可能。

- 该属性值由右部符号的属性计算求得，那么它是综合属性。
- 在本产生式没有计算该属性值的语义规则，它的值是由别的产生式计算后传递过来的，一般这种传递是在推导（自上而下翻译）时由另外一个产生式的右部符号传递的，因此该属性一般是继承属性。反过来说，左部符号的继承属性是从其他产生式计算求得的。
- 该属性依赖的属性中，有本产生式左部符号的属性，一般也认为是综合属性，又分为以下两种情况。
  - 该属性由本产生式左部符号的综合属性和右部符号属性计算求得，只要不存在循环依赖，那么依赖的这个综合属性显然可由右部符号求得，那么本属性也可转换为由右部符号求得，因此是综合属性。如 $A \to BC$ 中，有语义规则 $A.a = f(A.x, B.b, C.c)$，而 $A.x$ 是综合属性，即 $A.x = g(B.b, C.c)$，那么可改写为 $A.a = f(g(B.b, C.c), B.b, C.c)$，即 $A.a$ 改写为综合属性。
  - 该属性由本产生式左部符号的继承属性和右部符号属性计算求得，一般自上而下分析中继承属性已经计算得到，所以这种情况是允许的。而自下而上分析中无法实现一次计算，需要迭代多次才能完成计算，可以通过改写文法避免这种计算规则的出现。

总之，左部符号的属性，应该避免其由本符号计算的情况，所以定义7.1中未涉及这种情况的讨论。那么剩下的两种情况，由本产生式的右部符号计算的，就是综合属性；由其他产生式的右部符号计算求得，然后传递过来的，就是继承属性。

右部符号的属性类似。如果是由本产生式其他符号计算求得的，就是继承属性。这个继承属性传递给其他产生式的左部符号，它依然是继承属性。如果右部符号的属性由其他产生式的左部符号综合属性传递过来，就是综合属性。

特别地，①终结符号的属性由词法分析器提供，规定其为综合属性；②开始符号的继承属性，指定其初始化的值（即不是计算得到的）。

7.1.2 综合属性的自下而上计算

综合属性非常适合自下而上的计算。表7.1是一个台式计算器的属性文法，除第一个产生式外，所有属性均为综合属性。第一个产生式的语义规则是一个动作，把E的属性值打印出来。

表 7.1 台式计算器的属性文法

序号	产 生 式	语 义 规 则
1	$L \to E$	$print(E.value);$
2	$E \to E_1 + E_2$	$E.value = E_1.value + E_2.value;$
3	$E \to E_1 - E_2$	$E.value = E_1.value - E_2.value;$
4	$E \to E_1 * E_2$	$E.value = E_1.value * E_2.value;$
5	$E \to E_1/E_2$	$E.value = E_1.value/E_2.value;$
6	$E \to (E_1)$	$E.value = E_1.value;$
7	$E \to num$	$E.value = num.lexvalue;$

例如，要计算$(3+4)*5$，图7.1为其语法树。为方便说明，语法树中附带了属性值，并用带圆圈的数字对每个结点进行了编号。

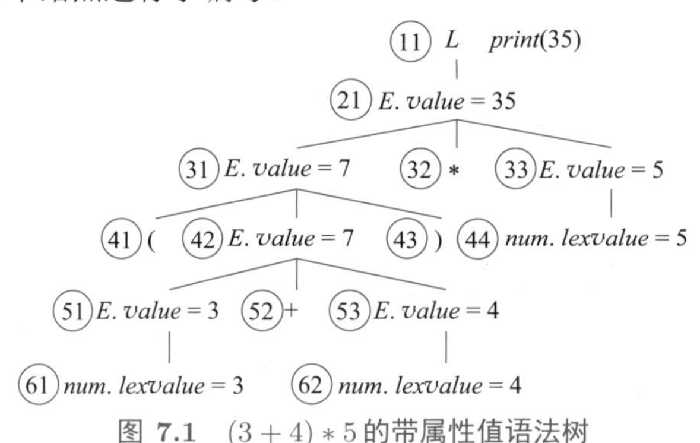

图 7.1 $(3+4)*5$的带属性值语法树

如果进行自下而上的归约，过程如下。

- 结点61通过词法分析获得数字3的值，向上归约，通过产生式7的语义规则，计算得到结点51的属性值$E.value = 3$。
- 结点62通过词法分析获得数字4的值，向上归约，通过产生式7的语义规则，计算得到结点53的属性值$E.value = 4$。
- 结点51、52、53的$E+E$向上归约，通过产生式2的语义规则，计算得到结点42的属性值$E.value = 7$。
- 结点41、42、43的(E)向上归约，通过产生式6的语义规则，计算得到结点31的属性值$E.value = 7$。
- 结点44通过词法分析获得数字5的值，向上归约，通过产生式7的语义规则，计算得到结点33的属性值$E.value = 5$。
- 结点31、32、33的$E*E$向上归约，通过产生式4的语义规则，计算得到结点21的属性值$E.value = 35$。
- 结点21向上归约为L，执行产生式1的语义动作，打印出35的结果。

7.1.3 继承属性的自上而下计算

继承属性非常适合自上而下的计算。表7.2是一个声明语句的属性文法，其中$setType(id.name, L.type)$将符号表中名字为$id.name$的变量设置为$L.type$数据类型。其中$id.name$和$T.type$为综合属性，$L.type$为继承属性。

表 7.2 声明语句的属性文法

序号	产 生 式	语 义 规 则
1	$D \to TL$	$L.type = T.type;$
2	$T \to \text{int}$	$T.type = \text{int};$
3	$T \to \text{real}$	$T.type = \text{real};$
4	$L \to L_1, id$	$L_1.type = L.type;$ $setType(id.name, L.type);$
5	$L \to id$	$setType(id.name, L.type);$

例如，要处理声明语句int a, b, c，图7.2为其语法树。假设结点51、43、34的综合属性已通过词法分析获得，结点21的综合属性通过结点31获得，现在进行自上而下的推导，属性计算过程如下。

- 开始符号结点11向下推导，根据产生式1的语义规则，结点22从结点21获得属性值$L.type = \text{int}$。
- 结点22向下推导，根据产生式4的语义规则，计算得到结点32的属性值$L.type = \text{int}$；然后执行$setType(c, \text{int})$，将变量c的数据类型设置为int类型。
- 结点32向下推导，根据产生式4的语义规则，计算得到结点41的属性值$L.type = \text{int}$；然后执行$setType(b, \text{int})$，将变量b的数据类型设置为int类型。
- 结点41向下推导，根据产生式5的语义规则，通过执行$setType(a, \text{int})$，将变量a的数据类型设置为int类型。

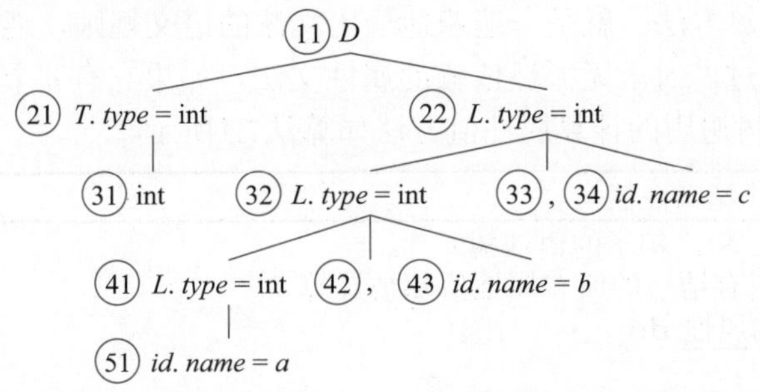

图 7.2 声明语句int a, b, c的带属性值语法树

7.1.4 依赖图

综合属性适合自下而上的计算，继承属性适合自上而下的计算。但显然，一个属性文法不可能只有综合属性或者只有继承属性。而且即使文法只有一种属性，编译器设计者也应该根据实际需要和个人喜好选择自上而下分析或自下而上分析，这就需要研究各种不同属性的计算问题。

依赖图是表示属性计算顺序的一种工具。如果有语义规则$b = f(c_1, c_2, \cdots, c_k)$，则$b$依

赖 $c_i(i=1,2,\cdots,k)$，那么必须确定所有 c_i 的值后，才能计算 b。依赖图就是将语法树中每个文法符号的每个属性作为一个结点，如果 b 依赖 c_i，就从 c_i 向 b 画一条有向边，其中动作可以作为一个虚结点。由此可以看出，依赖图是语法树的计算顺序图，是针对一个具体的句子或句型而言的，不是针对文法的。

图7.3(a) 为图7.1的语法树的依赖图，其中 $print$ 作为一个虚结点出现在依赖图中。图7.3(b) 是图7.2语法树的依赖图，其中 $setType$ 作为一个虚结点出现在依赖图中。可以看出，依赖图中仅保留了结点的属性、虚结点以及表示计算顺序的有向边。

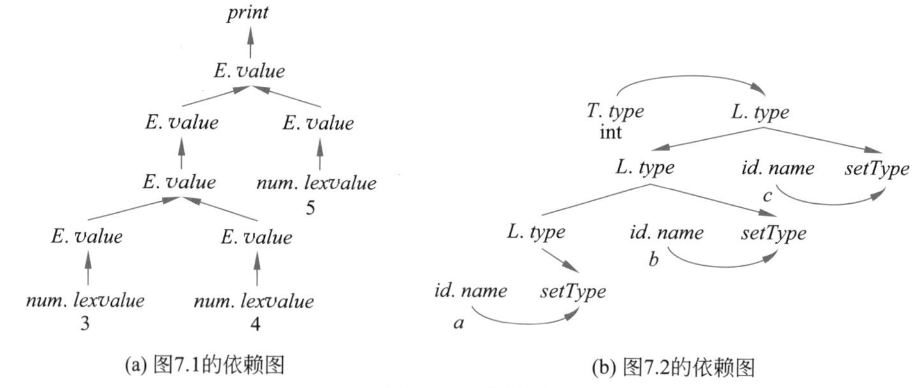

图 7.3　依赖图

如果一个属性文法不存在属性之间的循环依赖关系，称该文法为**良定义的**。为设计编译程序，只处理良定义的属性文法。依赖图表达了属性的计算顺序。一个有向非循环图的拓扑序是图中结点的任何顺序 $m_1,m_2,\cdots,m_k$，使得边必须是从序列中前面的结点指向后面的结点。也就是说，如果 $m_i \to m_j$ 是依赖图的一条边，则 m_i 必须排在 m_j 前。如果不存在循环依赖，会有一种或多种可行的计算顺序。依赖图本身只是给出了可能的计算顺序，对于指导计算意义并不大。

7.1.5　树遍历的计算方法

所谓树遍历的计算方法，就是一遍遍地遍历文法的语义规则，遇到能计算的属性就计算，不能计算的就跳过。对于无循环依赖的属性文法，如果它有 n 个属性，那么最多遍历 n 遍就能完成计算。树遍历的计算属性值方法如算法7.1所示。

算法 7.1　树遍历计算属性值

输入： 属性文法 $G[S]$，句子的语法树
输出： 语法树中所有结点的所有属性值都被计算

```
1  while ∃未计算的属性 do
2  |  access(S);
3  end
4  function access(X):
5  |  foreach X → Y1Y2···Ym do
6  |  |  for i = 1 : m do
7  |  |  |  if Yi ∈ VN then
8  |  |  |  |  计算 Yi 所有能计算的继承属性;
9  |  |  |  |  access(Yi);
10 |  |  |  end
11 |  |  end
```

算法 7.1 续

```
12 │ │ 计算X所有能计算的综合属性;
13 │ end
14 end access
```

算法假定已经构造出语法树，从语法树的根结点（开始符号）开始，采用递归方法，基于深度优先计算每个非终结符号的属性。具体来说，如果有未计算的属性，就进入开始符号S进行处理（第1~3行）。

第4~14行为处理符号X的过程。对每个以X为左部的产生式（第5行），对产生式右部的每个符号（第6行），如果该符号为非终结符（第7行），则计算该符号所有能计算的继承属性（第8行），然后递归地进入该符号进行处理（第9行）。当以X为左部的产生式右部的符号都处理完成后，计算X所有能计算的综合属性（第12行）。

例题 7.1 属性及其计算 表7.3是一个属性文法，其中符号"||"表示字符串的连接，初始值$S.a=$'!'。

（1）判断各属性是继承属性还是综合属性。

（2）计算句子fun的语法树的各属性值。

表 7.3 一个有趣的属性文法

序号	产 生 式	语 义 规 则
1	$S \to FUN$	$N.h=$'e' || $S.a$; $F.c=$'e' || $N.g$; $S.b=$'m' || $F.d$; $U.e=$'a' || $S.b$;
2	$F \to f$	$F.d=$'h' || $F.c$;
3	$U \to u$	$U.f=$'I' || $U.e$;
4	$N \to n$	$N.g=$'r' || $N.h$;

解 (1) 判断各属性是继承属性还是综合属性。

- S的属性
  - $S.a$直接赋初值'!'，是继承属性。
  - $S.b$由产生式$S \to FUN$的语义规则$S.b=$'m' || $F.d$计算，即左部符号属性由右部符号属性计算求得，为综合属性。
- F的属性
  - $F.c$由产生式$S \to FUN$的语义规则$F.c=$'e' || $N.g$计算，即右部符号属性由其他符号属性计算求得，为继承属性。
  - $F.d$由产生式$F \to f$的语义规则$F.d=$'h' || $F.c$计算，即左部符号属性由左部符号继承属性计算求得，为综合属性。
- U的属性
  - $U.e$由产生式$S \to FUN$的语义规则$U.e=$'a' || $S.b$计算，即右部符号属性由其他符号属性计算求得，为继承属性。
  - $U.f$由产生式$U \to u$的语义规则$U.f=$'I' || $U.e$计算，即左部符号属性由左部符

号继承属性计算求得，为综合属性。

- N的属性
  - $N.h$由产生式$S \to FUN$的语义规则$N.h =$'e' || $S.a$计算，即右部符号属性由其他符号属性计算求得，为继承属性。
  - $N.g$由产生式$N \to n$的语义规则$N.g =$'r' || $N.h$计算，即左部符号属性由左部符号继承属性计算求得，为综合属性。

(2) 计算句子fun的语法树的各属性值，先构造语法树如图7.4所示。

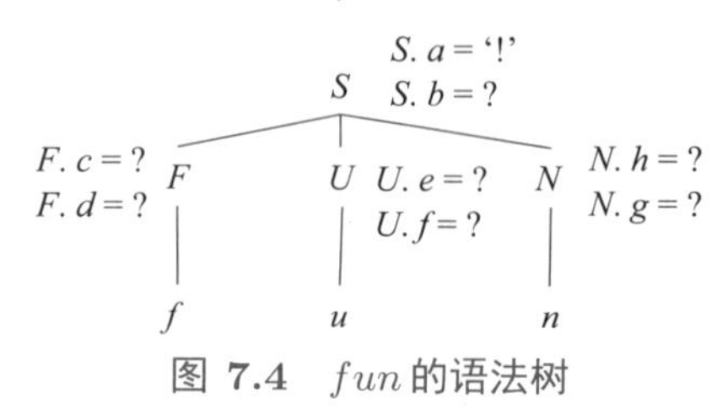

图 **7.4**　fun的语法树

计算过程如下。

- 第1次迭代，access(S)。
  - F的继承属性$F.c =$'e' || $N.g$，无法计算。
  - access(F)
    * F为左部的产生式，右部符号无非终结符号，综合属性$F.d =$'h' || $F.c$，无法计算。
  - U的继承属性$U.e =$'a' || $S.b$，无法计算。
  - access(U)
    * U为左部的产生式，右部符号无非终结符号，综合属性$U.f =$'I' || $U.e$，无法计算。
  - N的继承属性$N.h =$ 'e' || $S.a$，可以计算，$N.h =$'$e!$'。
  - access(N)
    * N为左部的产生式，右部符号无非终结符号，综合属性$N.g =$'r' || $N.h$，可以计算，$N.g =$'$re!$'。
  - S的综合属性$S.b =$'m' || $F.d$，无法计算。
- 第2次迭代，access(S)。
  - F的继承属性$F.c =$'e' || $N.g$，可以计算，$F.c =$'$ere!$'。
  - access(F)
    * F为左部的产生式，右部符号无非终结符号，综合属性$F.d =$'h' || $F.c$，可以计算，$F.d =$'$here!$'。
  - U的继承属性$U.e =$'a' || $S.b$，无法计算。
  - access(U)
    * U为左部的产生式，右部符号无非终结符号，综合属性$U.f =$'I' || $U.e$，无法计算。
  - N的继承属性$N.h =$'$e!$'已计算。
  - access(N)
    * N为左部的产生式，右部符号无非终结符号，综合属性$N.h =$'$re!$'已计算。

  - S 的综合属性 $S.b =$'m' || $F.d$，可以计算，$S.b =$'$mhere!$'。
- 第3次迭代，access(S)。
  - F 的继承属性 $F.c =$'$ere!$' 已计算。
  - access(F)
    * F 为左部的产生式，右部符号无非终结符号，综合属性 $F.d =$'$here!$' 已计算。
  - U 的继承属性 $U.e =$'a' || $S.b$，可以计算，$U.e =$'$amhere!$'。
  - access(U)
    * U 为左部的产生式，右部符号无非终结符号，综合属性 $U.f =$'I' || $U.e$，可以计算，$U.f =$'$Iamhere!$'。
  - N 的继承属性 $N.h =$'$e!$' 已计算。
  - access(N)
    * N 为左部的产生式，右部符号无非终结符号，综合属性 $N.h =$'$re!$' 已计算。
  - S 的综合属性 $S.b =$'$mhere!$' 已计算。

至此，所有属性值都已计算，最后计算的一个属性为 $U.f =$'$Iamhere!$'。

7.1.6 一遍扫描的处理方法

树遍历的属性计算算法效率无法让人满意。在7.2节和7.3节，本书试图构造一遍扫描就能实现属性计算的方法，包括文法和算法两方面的设计。

一遍扫描的处理方法是在语法分析的同时计算属性值，而不是语法分析构造语法树后进行属性计算，而且无须构造实际的语法树（当然如果需要，也可以构造）。当一个属性值不再用于计算其他属性值时，编译程序不必再保留这个属性值（如果需要，也可以保留）。

一遍扫描的处理方法受语法分析方法的影响。如前面章节的介绍，自下而上分析很自然地适合计算综合属性，自上而下分析很自然地适合计算继承属性。后续将对属性文法施加一些限制，以实现综合属性的自上而下计算，以及继承属性的自下而上计算，这样就使各种属性计算适应不同的语法分析方法。

语法制导翻译（Syntax-Directed Translation，SDT）是为文法的每个产生式配上一组语义规则，并且在语法分析的同时执行这些语义规则，完成有关语义分析和中间代码生成的工作。在自上而下的分析中，当一个产生式被用于推导时，执行对应语义规则；在自下而上的分析中，当一个产生式被用于归约时，执行对应语义规则。

7.2 S-属性文法

7.2.1 S-属性文法的自下而上计算

S-属性文法是属性文法的一个子类，其中只含有综合属性。综合属性可以在分析输入符号串的同时，由自下而上的分析器计算，通常使用LR分析器。

在4.3.6节中，把LR分析器看作是状态栈、文法符号栈和输入串三个元组的变化。实际分析过程中，通过状态值和当前符号查LR分析表确定下一步的动作；归约时，从状态栈和符号栈弹出元素（弹出元素数量等于产生式右部长度），然后根据栈顶状态和归约产生式左部确定压入状态栈的状态（转移），归约产生式的左部就是压入符号栈的符号。从这个过程可以看出，从来没有使用文法符号栈的信息查表，它只是跟随状态栈的变化而变化。

基于这样的情况，可以把文法符号栈改造成属性栈，也就是用这个栈存放需要计算的属性值，如图7.5所示。对于不存在这个属性的符号，依然占据属性位置。也就是原来保存符号的地方，现在用来保存对应的属性；即使这个属性不存在，也要用占位符占住这个位置，以保持其数量与状态一致。归约时，弹出状态的同时弹出属性，属性计算完毕压入转移状态时，也压入新计算的属性。总之，原来对符号的操作，都变为对属性的操作。

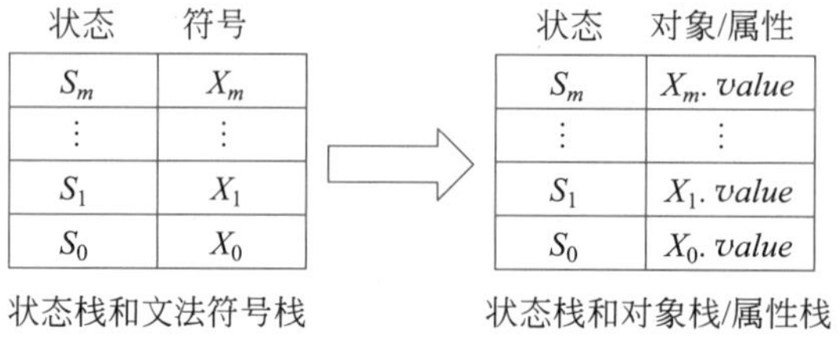

状态	符号
S_m	X_m
⋮	⋮
S_1	X_1
S_0	X_0

状态栈和文法符号栈

⇒

状态	对象/属性
S_m	$X_m.value$
⋮	⋮
S_1	$X_1.value$
S_0	$X_0.value$

状态栈和对象栈/属性栈

图 7.5　LR分析器的文法符号栈改造为对象栈/属性栈

这样解决了S-属性文法自下而上的计算问题，但也带来新问题：当一个文法有很多个属性时，就需要建立很多个属性栈，管理起来极其麻烦。这是纯粹的技术性问题，如果使用面向对象的语言实现编译器程序，可以把这个栈做成文法符号的对象栈，即文法符号就是一个类，栈里放的是类的实例对象。由于类可以自由地设置多个属性，只要让这些符号类都从同一个基类继承即可统一管理，这样每个符号对象就可以附加任意数量的属性，而且只需要用一个对象栈管理。

显然S-属性文法不能解决大部分问题，但是对于一类简单问题，如表达式的相关处理，是非常容易的。前面已经介绍了台式计算器，后续两节介绍表达式的另外两个典型应用，即抽象语法树构建和NFA的箭弧单符化。

7.2.2　构造表达式的抽象语法树

在1.4.2节的图表示中间代码中，已经介绍了抽象语法树的概念，它是将操作符作为内部结点、操作数作为叶子结点构成的树形数据结构。生成表达式的抽象语法树可以使用S-属性文法实现，为此，定义如下属性和元操作。

- $makeNode(op, left, right)$：建立一个运算符号结点，该结点标号是操作符$op$，左右孩子结点分别为$left$和$right$。
- $makeLeaf(id, name)$：建立一个标识符结点，该结点标号为id，另一个参数$name$记录标识符名字（或者记录指向符号表中该名字的指针）。
- $makeLeaf(num, value)$：建立一个常数结点，该结点标号为num，另一个参数$value$记录该常数的值。
- $node$：为抽象语法树中的结点指针，书面表示时内部结点记作$(op, left, right)$（单目运算符可以只使用左孩子结点），叶子结点记作$(id, name)$或$(num, value)$。

S-属性翻译文法如表7.4所示。

表 7.4　构建表达式抽象语法树的属性文法

序号	产 生 式	语 义 规 则
1	$E \rightarrow E_1 + E_2$	$makeNode(+, E_1.node, E_2.node);$
2	$E \rightarrow E_1 * E_2$	$makeNode(*, E_1.node, E_2.node);$

续表

序号	产 生 式	语 义 规 则
3	$E \to (E_1)$	$E.node = E_1.node;$
4	$E \to id$	$E.node = makeLeaf(id, id.lexvalue);$
5	$E \to num$	$E.node = makeLeaf(num, num.lexvalue);$

该文法不再重复构造LR分析表，而是使用4.3.13节中算术表达式的LR分析表，也就是表4.30消除冲突后的结果作为分析表。这个分析表中终结符的产生式只有一个，即$E \to i$，而表7.4的属性文法有两个产生式4和5，把id和num都看作i，通过词法分析器提供的类别信息（标识符还是常数），可以确定调用$makeLeaf$的某个版本：标识符调用$makeLeaf(id, name)$，常数调用$makeLeaf(num, value)$。

LR分析在进行书写时，前面例子中状态栈和符号栈都是左部为栈底，右部为栈顶。由于现在需要记录符号的属性信息，这样显然不容易分隔不同符号。为清晰且节省空间，没有属性的符号还像原来一样只写符号本身，有属性的符号把属性写成"属性 = 值"的形式，并用花括号括起来，紧跟在所属符号后。例如，"$A\{a = 0, b = 1\}ab$"表示符号栈有3个符号Aab，其中A有两个属性$A.a = 0$和$A.b = 1$，a和b没有属性。

例题 7.2 构造抽象语法树　根据表7.4的S-属性文法，构造句子$2 * (a + b)$的抽象语法树。

解　表7.5展示了句子的分析过程，符号栈按前述规则显示了符号的属性信息。移进动作中，如果有连续的移进，将其合并为一行，如第4~6步和第8~9步。归约动作中，当创建结点时，图7.6展示了抽象语法树的构造过程。表7.5的"说明"列中，对归约动作说明了其对应的图中的变化过程。

表 7.5　构建句子$2 * (a + b)$的抽象语法树

步骤	状态栈	符 号 栈	输入串	说 明
1	0	#	$2*(a+b)$#	初始化
2	03	#2	$*(a+b)$#	移进
3	01	$\#E\{node = (num, 2)\}$	$*(a+b)$#	归约，图7.6(a)
4~6	01528	$\#E\{node = (num, 2)\} * (a$	$+b)$#	3步移进
7	01526	$\#E\{node = (num, 2)\} * (E\{node = (id, a)\}$	$+b)$#	归约，图7.6(b)
8~9	$01526\underline{12}8$	$\#E\{node = (num, 2)\} * (E\{node = (id, a)\} + b$	)#	2步移进
10	$01526\underline{12}\underset{\sim}{15}$	$\#E\{node = (num, 2)\} * (E\{node = (id, a)\} + E\{node = (id, b)\}$	)#	归约，图7.6(c)
11	01526	$\#E\{node = (+, a, b)\}$ 前为 $\#E\{node = (num, 2)\} * (E\{node = (+, a, b)\}$	)#	归约，图7.6(d)
12	$01526\underline{11}$	$\#E\{node = (num, 2)\} * (E\{node = (+, a, b)\})$	#	移进
13	$015\underline{10}$	$\#E\{node = (num, 2)\} * E\{node = (+, a, b)\}$	#	归约
14	01	$\#E\{node = (*, num, +)\}$	#	归约，图7.6(e)
15	01	$\#E\{node = (*, num, +)\}$	#	成功

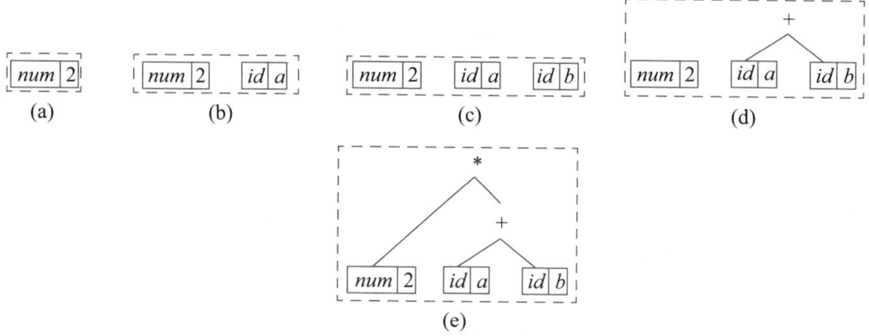

图 7.6 构造句子 $2 * (a + b)$ 抽象语法树过程

7.2.3 NFA 箭弧单符化

NFA 箭弧单符化

在词法分析的3.2.3节，正规式转为DFA时，一开始构建只有一个初态和一个终态的NFA，将正规式放到初态到终态的箭弧上。然后逐步分裂正规式，使每个箭弧上为ε，或单个符号。这个箭弧单符化过程，当时无法使用算法实现，需要人工确定从正规式的什么位置进行分裂。而使用S-属性文法，可以扫描一遍正规式，一步实现箭弧单符化的NFA。为设计该S-属性文法，定义如下属性和元操作。

- $newState$：生成一个新的状态结点。状态为整型，一般从0或1开始，每生成一个状态结点，则自动加1。
- $start$：NFA 的初态。
- end：NFA 的终态。
- $addEdge(start, c, end)$：从状态 $start$ 向状态 end 引 c 弧。

表7.6为NFA 箭弧单符化的属性文法。

表 7.6 NFA 箭弧单符化的属性文法

序号	产 生 式	语 义 规 则
1	$E \to E_1 \mid E_2$	$E.start = newState;$ $E.end = newState;$ $addEdge(E.start, \varepsilon, E_1.start);$ $addEdge(E.start, \varepsilon, E_2.start);$ $addEdge(E_1.end, \varepsilon, E.end);$ $addEdge(E_2.end, \varepsilon, E.end);$
2	$E \to E_1 E_2$	$E.start = E_1.start;$ $E.end = E_2.end;$ $addEdge(E_1.end, \varepsilon, E_2.start);$

续表

序号	产 生 式	语 义 规 则
3	$E \to E_1*$	$E.start = E_1.start;$ $E.end = E_1.end;$ $addEdge(E_1.start, \varepsilon, E_1.end);$ $addEdge(E_1.end, \varepsilon, E_1.start);$
4	$E \to (E_1)$	$E.start = E_1.start;$ $E.end = E_1.end;$
5	$E \to c$	$E.start = newState;$ $E.end = newState;$ $addEdge(E.start, c, E.end);$

属性文法的语义规则说明如下。

- 产生式1为或运算，如图7.7(a)所示。已有接受E_1和E_2的两个NFA，语义动作为生成两个新的状态$E.start$和$E.end$作为新初态和新终态，从$E.start$向原来两个NFA的初态分别引ε弧，从原来两个NFA的终态分别向$E.end$引ε弧。
- 产生式2为与运算，如图7.7(b)所示。已有接受E_1和E_2的两个NFA，语义动作为从$E_1.end$向$E_2.start$引ε弧，使两个NFA首尾相接，$E_1.start$作为新初态，$E_2.end$作为新终态。
- 产生式3为闭包运算，如图7.7(c)所示。已有接受E_1的NFA，语义动作为从$E_1.start$向$E_1.end$引ε弧，从$E_1.end$向$E_1.start$引ε弧，$E_1.start$作为新初态，$E_1.end$作为新终态。
- 产生式4为括号运算，如图7.7(d)所示。已有接受E_1的NFA，语义动作为原NFA不变，$E_1.start$作为新初态，$E_1.end$作为新终态。

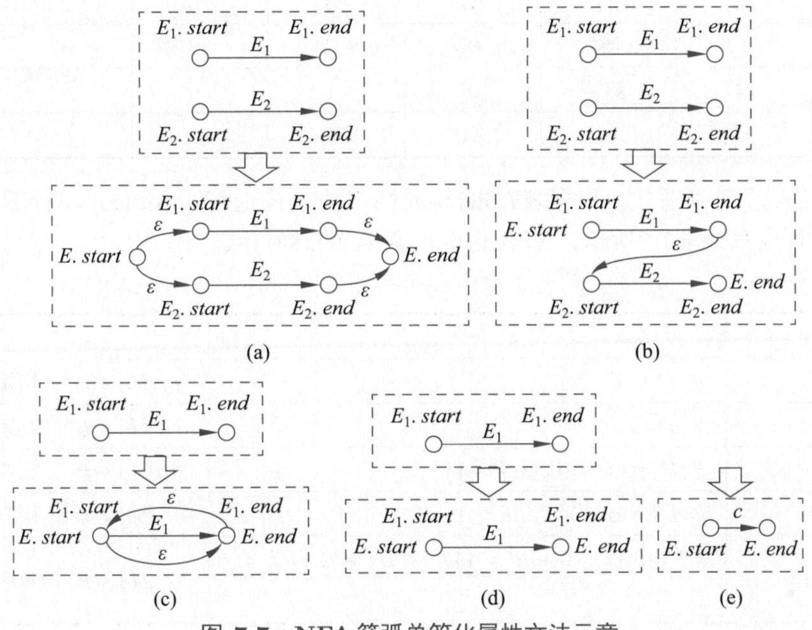

图 7.7 NFA箭弧单符化属性文法示意

- 产生式5为终结符c，是单个符号的识别，如图7.7(e)所示。语义动作为生成两个新的状态$E.start$和$E.end$作为新初态和新终态，从$E.start$向$E.end$引c弧。

该文法在扫描正规式的同时创建NFA，且时刻保证NFA箭弧上只有单个符号或ε。最终生成的NFA保证初态和终态唯一。

文法的LR(1)分析表如表7.7所示。

表 7.7 NFA箭弧单符化文法的LR(1)分析表

状态	*Action*						*Goto*
	|	*	(	)	c	#	E
0			$s2$		$s3$		1
1	$s4$	$s6$	$s2$		$s3$	acc	5
2			$s8$		$s9$		7
3	$r5$	$r5$	$r5$		$r5$	$r5$	
4			$s2$		$s3$		10
5	$r2$	$s6$	$r2$		$r2$	$r2$	5
6	$r3$	$r3$	$r3$		$r3$	$r3$	
7	$s12$	$s14$	$s8$	$s11$	$s9$		13
8			$s8$		$s9$		15
9	$r5$	$r5$	$r5$	$r5$	$r5$		
10	$r1$	$s6$	$s2$		$s3$	$r1$	5
11	$r4$	$r4$	$r4$		$r4$	$r4$	
12			$s8$		$s9$		16
13	$r2$	$s14$	$r2$	$r2$	$r2$		13
14	$r3$	$r3$	$r3$	$r3$	$r3$		
15	$s12$	$s14$	$s8$	$s17$	$s9$		13
16	$r1$	$s14$	$s8$	$r1$	$s9$		13
17	$r4$	$r4$	$r4$	$r4$	$r4$		

例题7.3 NFA箭弧单符化 根据表7.6的S-属性文法，构造句子$(aa|bb)*$的NFA。

解 句子分析过程如表7.8所示，NFA构造过程如图7.8所示。

表 7.8 构建句子$(aa|bb)*$的NFA

步骤	状态栈	符 号 栈	输入串	说 明
1	0	#	$(aa\|bb)*\#$	初始化
2~3	029	$\#(a$	$a\|bb)*\#$	2步移进
4	027	$\#(E\{start=0,end=1\}$	$a\|bb)*\#$	归约，图7.8(a)
5	0279	$\#(E\{start=0,end=1\}a$	$\|bb)*\#$	移进
6	02713	$\#E\{start=0,end=1\}E\{start=2,end=3\}$	$\|bb)*\#$	归约，图7.8(b)

续表

步骤	状态栈	符 号 栈	输入串	说 明
7	027	$\#(E\{start=0, end=3\}$	$\|bb)*\#$	归约，图7.8(c)
8~9	027129	$\#(E\{start=0, end=3\}\|b$	$b)*\#$	2步移进
10	0271216	$\#(E\{start=0, end=3\}\|E\{start=4, end=5\}$	$b)*\#$	归约，图7.8(d)
11	02712169	$\#(E\{start=0, end=3\}\|E\{start=4, end=5\}b$	$)*\#$	移进
12	027121613	$\#(E\{start=0, end=3\}\|E\{start=4, end=5\}E\{start=6, end=7\}$	$)*\#$	归约，图7.8(e)
13	0271216	$\#(E\{start=0, end=3\}\|E\{start=4, end=7\}$	$)*\#$	归约，图7.8(f)
14	027	$\#(E\{start=8, end=9\}$	$)*\#$	归约，图7.8(g)
15	02711	$\#(E\{start=8, end=9\})$	$*\#$	移进
16	01	$\#E\{start=8, end=9\}$	$*\#$	归约，图不变
17	016	$\#E\{start=8, end=9\}*$	$\#$	移进
18	01	$\#E\{start=8, end=9\}$	$\#$	归约，图7.8(h)
19	01	$\#E\{start=8, end=9\}$	$\#$	成功

最终得到的NFA如图7.8(h)所示，初态为8，终态为9。

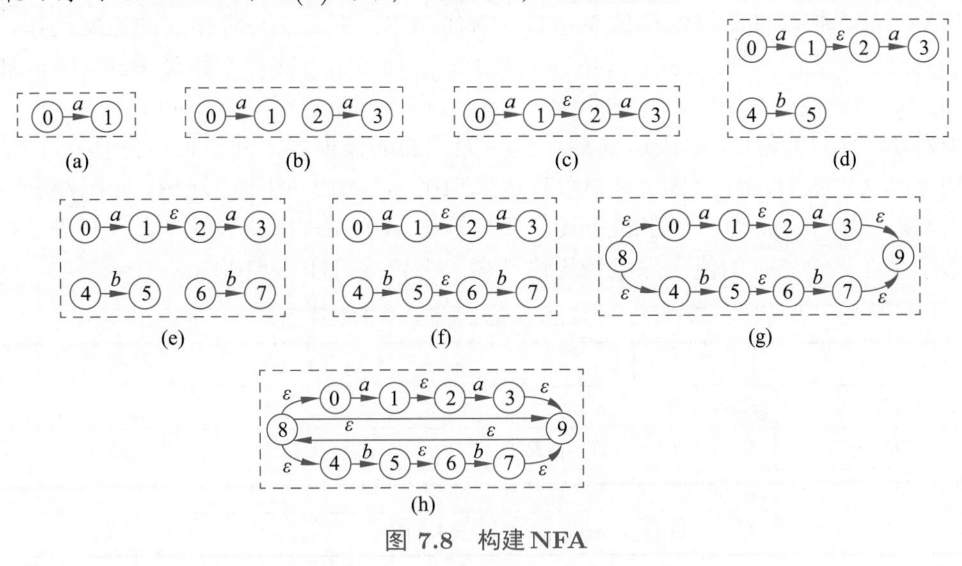

图 7.8 构建NFA

7.3 L-属性文法

L-属性文法可以一次遍历就计算出所有属性值，且具有很强的表达能力，本节讨论这类属性文法。

定义 7.2 (L-属性文法)

如果对于每个产生式$A \to X_1X_2\cdots X_n$，其语义规则中的每个属性满足以下条件之一。

- 是综合属性；
- 是$X_i(1 \leqslant i \leqslant n)$的继承属性，且$X_i$仅依赖左部符号$A$的继承属性，或$X_i$的左边符号$X_j(1 \leqslant j < i)$的属性。

称该文法为L-属性文法。♣

L-属性文法未对综合属性做任何限制，而S-属性文法是只含综合属性的文法，因此S-属性文法一定是L-属性文法。如果实现L-属性文法的自上而下和自下而上计算，那么S-属性文法用相同的方法一定可以实现相同的计算。

L-属性文法的继承属性，用其左部符号的继承属性和右部左边符号的属性计算，包括以下两层含义。

- L-属性文法的继承属性，不能用左部符号的综合属性计算。
- L-属性文法的继承属性，不能用本符号或其右边符号计算。

7.3.1 翻译模式

前述的属性文法中，一直关注属性的计算，其中也出现了一些动作，如$setType$、$makeNode$、$makeLeaf$、$addEdge$等。实际上，属性的计算规则也可以看作一个动作，如$E.value = E_1.value + E_2.value$、$E.value = E_1.value$等，只不过前者用函数或过程表示，而后者用赋值表达式表示。

从本节起，把属性计算的赋值表达式也看作动作。把文法符号相关的语义动作，用花括号{}括起来，插入产生式右部合适的位置上，这种表示方式称为**翻译模式**（Translation Schemes）。翻译模式考虑了动作的位置，动作放在不同位置会产生不同效果。

表7.9是一个加减法中缀表达式翻译成后缀式的翻译模式，动作可以看作一个虚符号，这个翻译模式也是L-属性文法。对中缀表达式“$100 - 1 + 12$”构建语法树，如图7.9所示。第4个翻译模式中，$print$动作打印的是其左部符号num的$lexvalue$属性，表现在语法树中就是打印的是左兄弟结点的值。深度遍历语法树，会依次打印出“$\underline{100}\ 1 - \underline{12}+$”。

表 7.9 加减法构建后缀表达式的翻译模式

序　号	翻译模式
1	$E \to TR$
2	$R \to +T\{print(+)\}R_1 \mid \varepsilon$
3	$R \to -T\{print(-)\}R_1 \mid \varepsilon$
4	$T \to num\{print(num.lexvalue)\}$

动作的位置很重要，如果第2、3个翻译模式的$print$动作在符号T前，打印出来就是中缀表达式。如果动作放在符号R_1后，则会先顺序打印数字，然后反序打印运算符，如“$100 - 1 + 12$”会被打印为“$\underline{100}\ 1\ \underline{12} + -$”。

翻译模式中动作的位置有如下要求。

(1) 产生式右部符号的继承属性，必须在这个符号左边的动作中计算出来。

(2) 一个动作不能引用这个动作右边符号的综合属性。

(3) 产生式左部符号的综合属性，只有在它所引用的所有属性都计算出来后才能计算。

其中第(3)个条件是显然的，也容易满足，即将所有综合属性计算的动作，都放到整个产生式末尾即可。第(2)个条件也很显然，因为综合属性是在这个符号的子树遍历完后才能计算出来的，所以右边符号的综合属性计算，在时间上一定在当前符号后，因此当前符号不能引用。第(1)个条件是因为，当前符号的继承属性，是给子树结点引用的，如果在前面动作中未计算出来，进入当前结点子树后会引用一个未被计算的属性。

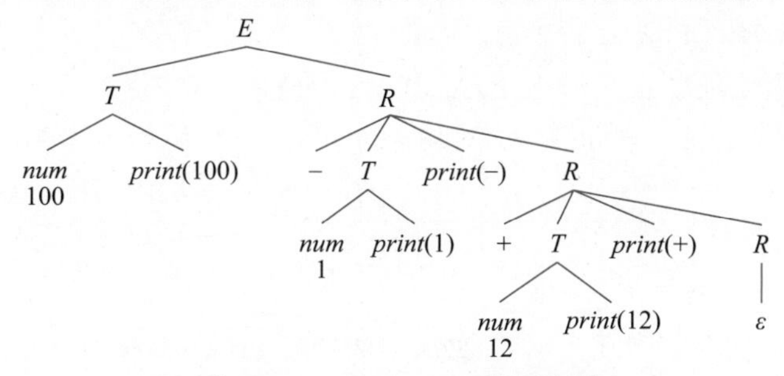

图 7.9 $100-1+12$ 的语法树

例如，翻译模式 $S \rightarrow A_1A_2\{A_1.inherit=0, A_2.inherit=1\}, A \rightarrow a\{print(A.inherit)\}$，不满足条件(1)，也就是 A_1 和 A_2 的两个继承属性未在该符号前计算出来。句子 aa 的语法树如图7.10(a)所示，深度优先到 $print$ 动作时，父结点属性还未定值，无法打印。

翻译模式修改为 $S \rightarrow \{A_1.inherit=0\}A_1\{A_2.inherit=1\}A_2, A \rightarrow a\{print(A.inherit)\}$，则满足条件(1)。句子 aa 的语法树如图7.10(b)所示，深度优先到 $print$ 动作时，父结点属性已定值，可以打印。

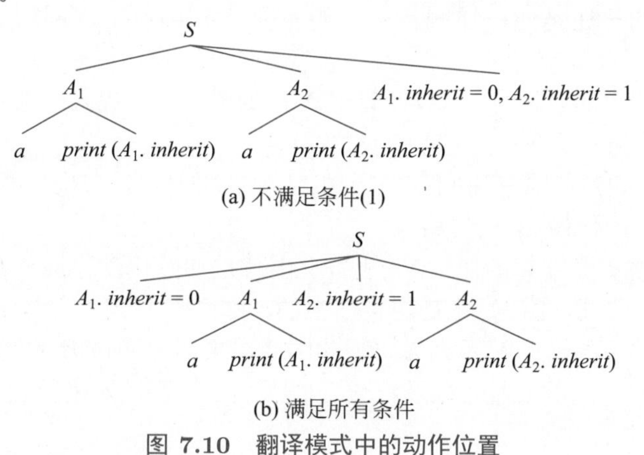

图 7.10 翻译模式中的动作位置

7.3.2 L-属性文法自上而下计算

继承属性是自然适合自上而下计算的，而综合属性只要放在产生式最右边就可以自上而下计算，从这个角度看，L-属性文法自上而下计算似乎不存在障碍。然而，自上而下分析要求消除文法的左递归，继承属性消除左递归后仍然可以用继承属性表示，但综合属性消除左递归后，是否仍然可以放在产生式最右边，是一个需要考虑的问题。考虑左递归文法 $A \rightarrow AX|Y$ 消除左递归后的综合属性计算问题，一个典型的计算综合属性的左递归翻译模式如表7.10所示。

表 7.10 带左递归的翻译模式

序 号	翻译模式
1	$A \to A_1X\{A.a = g(A_1.a, X.x)\}$
2	$A \to Y\{A.a = f(Y.y)\}$

以句型YXX为例，讨论其属性计算过程，语法树如图7.11所示。自上而下计算时，相当于深度优先遍历语法树，计算过程如下。

- 结点42，得到：$A_2.a = f(Y.y)$。
- 结点33，得到：$A_1.a = g(A_2.a, X.x) = g(f(Y.y), X.x)$。
- 结点23，得到：$A.a = g(A_1.a, X.x) = g(g(f(Y.y), X.x), X.x)$。

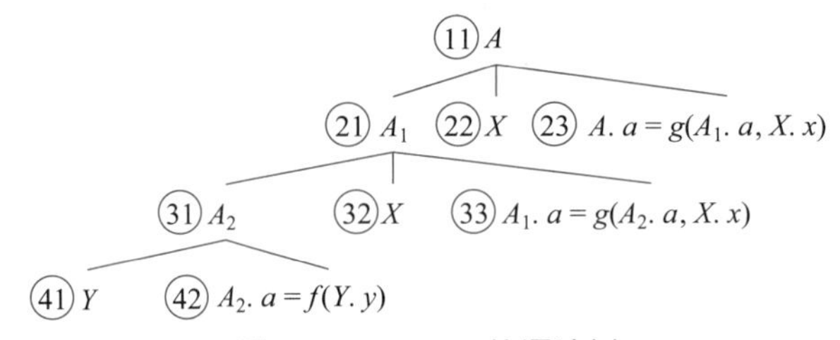

图 7.11 YXX的语法树

计算从最底层的$Y.y$开始，由递归符号A承载需要传递的属性，逐步向上传播并计算，最后计算出顶层的$A.a$。该翻译模式计算的3个关键点如下。

(1) 初始化是从符号Y的属性$Y.y$开始的，该属性代入函数$f(\cdot)$提供了第一步计算的值。

(2) 中间结果的传递是通过递归符号A的属性$A.a$传递的，属性值递归时的传递必须通过递归符号完成。

(3) 递归符号传递的属性$A.a$，以及符号X的属性$X.x$，代入函数$g(\cdot)$，完成递归符号属性$A.a$的计算。

产生式$A \to AX|Y$消除左递归后，形如$A \to YB, B \to XB|\varepsilon$。根据前述翻译模式的3个关键点，需要对动作做如下转换：

(1) 初始化必须从符号Y的属性$Y.y$开始，也就是初始化动作应该是$f(Y.y)$，而含有Y的产生式是$A \to YB$，因此初始化是这个产生的动作。

(2) 消除左递归后的递归符号为B，因此中间结果需要通过B的属性传递。

(3) 递归符号B传递的属性，以及符号X的属性$X.x$，代入函数$g(\cdot)$，完成递归符号B属性的计算。

由关键点(1)，初始化动作必须放到产生式$A \to YB$中，使用Y的属性$Y.y$计算。由关键点(2)，这个初始化的属性必须赋值给递归符号B的属性，也就是B的属性由左部符号Y的属性求得，因此这个属性成了继承属性，记作$B.i$。而继承属性的计算，必须在这个符号之前完成，那么动作只能安排在Y和B之间，因此这个产生式对应的翻译模式为$A \to Y\{B.i = f(Y.y)\}B$。

继承属性跨产生式的传递是传递给产生式的左部符号，即$B \to XB_1$的左部符号B继承了来自另外产生式的计算，向后传递就需要传递给右部的递归符号B_1。根据关键点(3)，函数$g(\cdot)$的两个参数，为左部B和右部X的参数，计算结果赋值给右部符号B_1。同样，根据继承属性计算必须在这个符号前完成的原则，动作应放在X和B_1之间，即翻译模式为$B \rightarrow X\{B_1.i = g(B.i, X.x)\}B_1$。

完成上述两个关键翻译模式的设计后，就可以正确求出所需要的属性值。问题是，现在的求值过程是从左部向右部传递的，从语法树上看是从上往下传递的，最后的结果存储在$B.i$中。而消除左递归前，属性值最终结果存在树根的$A.a$中。为解决这个问题，只需要为B增加一个综合属性$B.s$，借助空符产生式$B \rightarrow \varepsilon$将$B.i$传递给$B.s$，然后通过递归符号向上传递，最后通过$A \rightarrow YB$将$B.s$传递给$A.a$。综合属性计算必须放在产生式最右边，因此得到消除左递归后的翻译模式如表7.11所示。

表 7.11 消除左递归后的翻译模式

序　号	翻 译 模 式
1	$A \rightarrow Y\{B.i = f(Y.y)\}B\{A.a = B.s\}$
2	$B \rightarrow X\{B_1.i = g(B.i, X.x)\}B_1\{B.s = B_1.s\}$
3	$B \rightarrow \varepsilon\{B.s = B.i\}$

YXX的语法树如图7.12所示，深度优先遍历的计算过程如下。

- 结点22，得到：$B.i = f(Y.y)$。
- 结点32，得到：$B_1.i = g(B.i, X.x) = g(f(Y.y), X.x)$。
- 结点42，得到：$B_2.i = g(B_1.i, X.x) = g(g(f(Y.y), X.x), X.x)$。
- 结点52，得到：$B_2.s = B_2.i = g(g(f(Y.y), X.x), X.x)$。
- 结点44，得到：$B_1.s = B_2.s = g(g(f(Y.y), X.x), X.x)$。
- 结点34，得到：$B.s = B_1.s = g(g(f(Y.y), X.x), X.x)$。
- 结点24，得到：$A.a = B.s = g(g(f(Y.y), X.x), X.x)$。

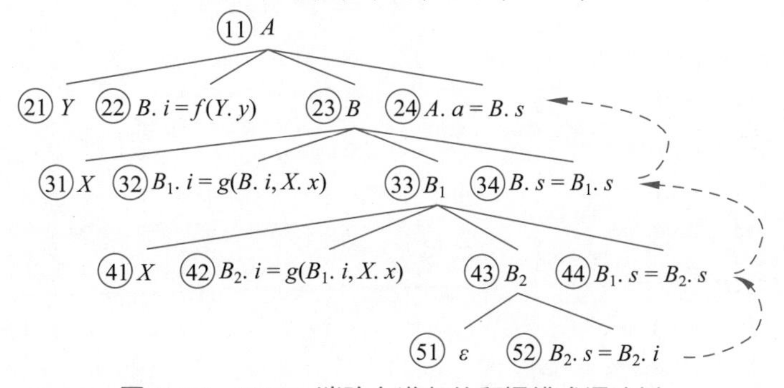

图 7.12 YXX消除左递归的翻译模式语法树

从以上步骤可以清晰地看出，属性自上而下计算，然后自下而上传递的过程，图中虚线表示综合属性传递的方向。

以语法分析中4.1节LL(1)分析法使用的算术运算文法为例，说明一个台式计算器的自上而下分析过程。首先根据左递归文法设计动作，如表7.12所示。

表 7.12 带左递归的台式计算器翻译模式

序　号	翻 译 模 式
1	$E \rightarrow E_1 + T\{E.value = E_1.value + T.value\}$
2	$E \rightarrow T\{E.value = T.value\}$

续表

序　号	翻译模式
3	$T \to T_1 * F\{T.value = T_1.value * F.value\}$
4	$T \to F\{T.value = F.value\}$
5	$F \to (E)\{F.value = E.value\}$
6	$F \to i\{F.value = i.lexvalue\}$

按前述推导出来的模板消除左递归，如表7.13所示。

表 7.13　消除左递归的台式计算器翻译模式

序　号	翻译模式
1	$E \to T\{E^{'}.i = T.value\}E^{'}\{E.value = E^{'}.s\}$
2	$E' \to +T\{E_1{}'.i = T.value + E'.i\}E_1{}'\{E'.s = E_1{}'.s\}$
3	$E' \to \varepsilon\{E'.s = E'.i\}$
4	$T \to F\{T^{'}.i = F.value\}T^{'}\{T.value = T^{'}.s\}$
5	$T' \to *F\{T_1{}'.i = F.value * T'.i\}T_1{}'\{T'.s = T_1{}'.s\}$
6	$T' \to \varepsilon\{T'.s = T'.i\}$
7	$F \to (E)\{F.value = E.value\}$
8	$F \to i\{F.value = i.lexvalue\}$

例题 7.4 台式计算器自上而下计算　根据表7.13的L-属性文法，计算$2 * (3 + 4)$的值。

解　根据表4.2的LL(1)预测分析表，推导过程得到属性计算顺序如下，可以根据推导过程构造语法树如图7.13所示。

- 结点42：$F.value = 2$
- 结点32：$T^{'}.i = 2$
- 结点82：$F.value = 3$
- 结点72：$T^{'}.i = 3$
- 结点84：$T^{'}.s = 3$
- 结点74：$T.value = 3$
- 结点62：$E^{'}.i = 3$
- 结点92：$F.value = 4$
- 结点86：$T^{'}.i = 4$
- 结点94：$T^{'}.s = 4$
- 结点88：$T.value = 4$
- 结点77：$E_1^{'}.i = 7$
- 结点8a：$E_1^{'}.s = 7$
- 结点79：$E^{'}.s = 7$
- 结点64：$E.value = 7$
- 结点54：$F.value = 7$
- 结点45：$T_1^{'}.i = 14$

- 结点56：$T_1^{'}.s = 14$
- 结点47：$T^{'}.s = 14$
- 结点34：$T.value = 14$
- 结点22：$E^{'}.i = 14$
- 结点36：$E^{'}.s = 14$
- 结点24：$E.value = 14$

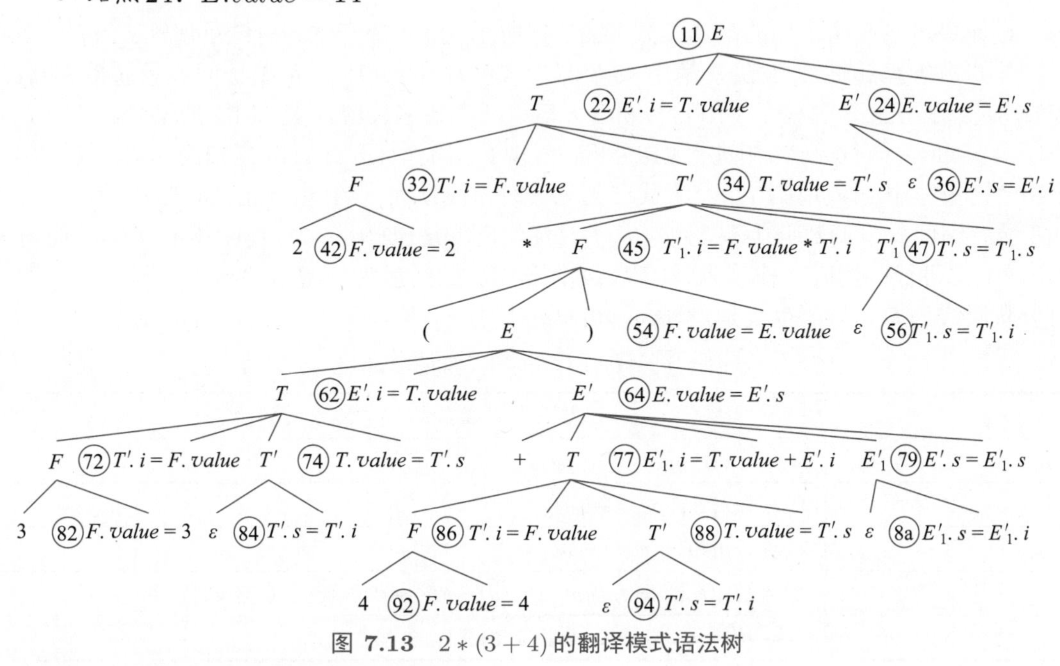

图 7.13 $2 * (3 + 4)$ 的翻译模式语法树

7.3.3 L-属性文法自下而上计算

自下而上的翻译方法中，要求所有动作都放到产生式末尾。综合属性本身是总在产生式末尾的，而继承属性必须在本符号出现前计算，因此必然在产生式中间，而不是末尾。

语义动作不在产生式末尾的处理方法很简单，就是在动作处引入空符产生式，将动作放到空符产生式的末尾。例如，$A \to \alpha\{action\}\beta$ 中，当 $\beta \neq \varepsilon$ 时，动作 $\{action\}$ 不在末尾，可以改写为 $A \to \alpha M \beta, M \to \varepsilon\{action\}$，这样动作就被移到产生式末尾。

但这样会出现一个副作用，就是当继承属性依赖左边符号属性时，会造成跨产生式的属性访问。如 $A \to X\{Y.y = f(X.x)\}Y$，改写后把动作放到末尾，得到 $A \to XMY, M \to \varepsilon\{Y.y = f(X.x)\}$。

仔细分析以上翻译模式的可行性，实际在 M 出现时，X 已经在栈顶，且关于 X 的属性都已经计算完成。因此，在 M 的产生式中，$X.x$ 是可用的，它可以从属性栈中被访问到。不能用的是 $Y.y$，因为这时候 Y 还没有在符号栈内出现。基于这样的思路，将 $Y.y$ 替换为 M 的属性，即 M 的翻译模式修改为 $M \to \varepsilon\{M.y = f(X.x)\}$，原来使用 $Y.y$ 属性的地方，都替换为使用 $M.y$ 即可。

这样修改后，属性 $X.x$ 因为不在 $M \to \varepsilon$ 这个产生式中，导致其指代不明。为解决这一问题，使用栈数组表示栈中符号的位置关系，利用分析栈中存储的属性进行计算。对于栈中元素形成的数组，用 obj 表示；归约前的栈顶，用 top 表示，即归约前栈为“$\cdots X$”，因此$obj[top] = X$；归约后的栈顶，用$ntop$表示（new top），即归约后栈为“$\cdots XM$”，因此$obj[ntop] = M, obj[ntop-1] = X$。这样，原翻译模式就可以改写为$A \to \alpha M\beta, M \to \varepsilon\{obj[ntop].y = f(obj[top].x)\}$。

由于自下而上分析中，当处理到某个符号时，其左部符号都已归约出来，因此其属性值均已计算。只要访问的符号已经在栈中（已入栈且尚未出栈），那么对其任何属性的访问都是安全的。

设计C风格声明语句的翻译模式如表7.14所示，第1个产生式有继承属性$L.type$，第4个产生式有继承属性$L_1.type$，第4、5个产生式的动作$setType$都要访问继承属性$L.type$。表7.15是该文法拓广文法的LR(1)分析表，其中产生式编号就是表7.14中的编号。使用一个声明语句如“$int\ a, b, c$”为例进行LR分析，发现数据类型int或$real$先归约为T，其持有类型信息。第一个id使用第5个产生式归约为L时，栈顶为$\cdots T\ id$的形式，归约后为$\cdots TL$的形式，因此此时的数据类型，可以从$T.type$，也就是$obj[top-1].type$得到。L, id使用第4个产生式进行归约时，栈顶为$\cdots TL, id$的形式，归约后为$\cdots TL$的形式，因此数据类型可以从原栈的L获得，也就是$obj[top-2].type$。

表 7.14　C风格声明语句的翻译模式

序　号	翻译模式
1	$D \to T\{L.type = T.type\}L$
2	$T \to int\{T.type = integer\}$
3	$T \to real\{T.type = real\}$
4	$L \to \{L_1.type = L.type\}L_1, id\{setType(id.name, L.type)\}$
5	$L \to id\{setType(id.name, L.type)\}$

表 7.15　构建NFA文法的LR(1)分析表

状态	Action					Goto		
	int	real	id	,	#	D	T	L
0	s3	s4				1	2	
1					acc			
2			s6					5
3			r2					
4			r3					
5				s7	r1			
6				r5	r5			
7			s8					5
8				r4	r4			

根据以上分析，可以把翻译模式改写为表7.16的形式。

更进一步分析会发现，每次归约T总在分析栈里，因此完全可以取T的数据类型，没有必要再用L存储该属性，那么得到表7.17的翻译模式。

表 7.16 C风格声明语句的翻译模式（使用 L 存储属性）

序号	产 生 式	语 义 动 作
1	$D \to TL$	
2	$T \to int$	$\{obj[ntop].type = int;\}$
3	$T \to real$	$\{obj[ntop].type = real;\}$
4	$L \to L_1, id$	$\{setType(obj[top].name, obj[top-2].type);$ $obj[ntop].type = obj[top-2].type;\}$
5	$L \to id$	$\{setType(obj[top].name, obj[top-1].type);$ $obj[ntop].type = obj[top-1].type;\}$

表 7.17 C风格声明语句的翻译模式（不使用 L 存储属性）

序号	产 生 式	语 义 动 作
1	$D \to TL$	
2	$T \to int$	$\{obj[ntop].type = int;\}$
3	$T \to real$	$\{obj[ntop].type = real;\}$
4	$L \to L_1, id$	$\{setType(obj[top].name, obj[top-3].type);\}$
5	$L \to id$	$\{setType(obj[top].name, obj[top-1].type);\}$

例题 7.5 声明语句的语义计算 使用表7.15的LR(1)分析表，分析声明语句real a, b, c，根据表7.17的翻译模式写出属性变化。

解 分析过程如表7.18所示。

表 7.18 声明语句 **real a, b, c** 的分析过程

步骤	状态栈	符 号 栈	输入串	说 明
1	0	#	$real\ a, b, c$#	初始化
2	04	#$real$	a, b, c#	移进
3	02	#$T\{type = real\}$	a, b, c#	归约
4	026	#$T\{type = real\}a$	$, b, c$#	移进
5	025	#$T\{type = real\}L$	$, b, c$#	归约，$setType(a, real)$
6~7	02578	#$T\{type = real\}L, b$	$, c$#	移进
8	025	#$T\{type = real\}L$	$, c$#	归约，$setType(b, real)$
9~10	02578	#$T\{type = real\}L, c$	#	移进
11	025	#$T\{type = real\}L$	#	归约，$setType(c, real)$
12	01	#D	#	归约
13	01	#D	#	成功

这种使用分析栈中符号位置跨产生式访问属性的方法，需要特别注意不同产生式同一符号的位置冲突。如表7.19的翻译模式，当使用第3个产生式归约时，需要访问 $C.i$，这时候栈顶有以下两种情况。

- 情形1：栈顶为$\cdots Ac$，此时根据第1个产生式，$C.i$就是$A.s$，而A在$obj[top-1]$处。
- 情形2：栈顶为$\cdots ABc$，此时根据第2个产生式，$C.i$就是$A.s$，而A在$obj[top-2]$处。

表 7.19　位置冲突的翻译模式

序号	产　生　式	语 义 动 作
1	$S \to AC$	$\{C.i = A.s;\}$
2	$S \to ABC$	$\{C.i = A.s;\}$
3	$C \to c$	$\{C.s = g(C.i);\}$

总之，根据当前符号，要访问的符号A可能在$top-1$处，也可能在$top-2$处，也就是第3个产生式的动作，无法确定是$\{obj[ntop].s = g(obj[top-1].s)\}$，还是$\{obj[ntop].s = g(obj[top-2].s)\}$。

为解决这一问题，还是借助空符产生式，将第2个产生式的$A.s$属性取到$top-1$处，具体翻译模式如表7.20所示。当栈顶为$\cdots AB$将要移进c前，会先压入M形成$\cdots ABM$，这时$M.s$取自$M.i$，也就是$A.s$，将$A.s$变成$M.s$，移进c后使用$top-1$处的属性值即可。

表 7.20　消除位置冲突的翻译模式

序号	产　生　式	语 义 动 作
1	$S \to AC$	$\{C.i = A.s;\}$
2	$S \to ABMC$	$\{M.i = A.s, C.i = M.s;\}$
3	$C \to c$	$\{C.s = g(C.i);\}$
4	$M \to \varepsilon$	$\{M.s = M.i;\}$

7.3.4　综合属性代替继承属性

有时，为避免继承属性，可以修改基础文法，使用综合属性代替继承属性。由于在自下而上分析中，综合属性可以避免跨产生式的属性访问，因此是后续翻译模式设计中优先采用的方法。

如Pascal的声明语句为数据类型在后，形如“a, b, c : real”的形式，即“$id(,id)^* : type$”的形式，不考虑语义动作，可能设计文法为$G[D] : D \to L : T, T \to int|real, L \to L, id|id$。由于$L$先于$T$归约，因此$L$归约时无法获知数据类型，需要将$L$与数据类型关联，让归约从右往左进行。一个可行的文法为$G[D] : D \to id\ L, T \to int|real, L \to , id\ L| : T$，也就是先把$:T$归约为$L$，然后把原来$L$的左递归改成右递归，使归约从右往左进行。其翻译模式如表7.21所示，可以看出属性均为综合属性，适合自下而上的计算，而且避免了跨产生式访问。

表 7.21　Pascal声明语句的翻译模式

序号	产　生　式	语 义 动 作
1	$D \to id\ L$	$\{setType(id.name, L.type);\}$
2	$T \to integer$	$\{T.type = int;\}$
3	$T \to real$	$\{T.type = real;\}$

续表

序号	产 生 式	语 义 动 作
4	$L \rightarrow ,id\ L_1$	$\{L.type = L_1.type;$ $setType(id.name, L_1.type);\}$
5	$L \rightarrow : T$	$\{L.type = T.type;\}$

同样地，C风格的声明语句也可以改写为使用综合属性的文法，关键点是将T和id关联，归约为L，然后使用L向后传递，这样可以避免在分析栈内跨产生式的访问，如表7.22所示。

表 7.22 C风格声明语句的翻译模式（使用综合属性）

序号	产 生 式	语 义 动 作
1	$D \rightarrow L$	
2	$T \rightarrow int$	$\{T.type = int;\}$
3	$T \rightarrow real$	$\{T.type = real;\}$
4	$L \rightarrow T\ id$	$\{L.Type = T.type;$ $setType(id.name, T.type);\}$
5	$L \rightarrow L_1, id$	$\{L.Type = L_1.type;$ $setType(id.name, L_1.type);\}$

例题7.6 声明语句的语义计算 分析声明语句real a, b, c，根据表7.22的翻译模式写出属性变化。

解 翻译过程如表7.23所示。

表 7.23 声明语句real a, b, c的分析过程

步骤	符 号 栈	输入串	说 明
1	$\#$	$real\ a, b, c\#$	初始化
2	$\#real$	$a, b, c\#$	移进
3	$\#T\{type = real\}$	$a, b, c\#$	归约
4	$\#T\{type = real\}a$	$, b, c\#$	移进
5	$\#L\{type = real\}$	$, b, c\#$	归约，$setType(a, real)$
6~7	$\#L\{type = real\}, b$	$, c\#$	2步移进
8	$\#L\{type = real\}$	$, c\#$	归约，$setType(b, real)$
9~10	$\#L\{type = real\}, c$	$\#$	2步移进
11	$\#L\{type = real\}$	$\#$	归约，$setType(c, real)$
12	$\#D$	$\#$	归约
13	$\#D$	$\#$	成功

7.4 声明语句的翻译

声明语句中声明的变量，需要将其名字、数据类型等信息填入符号表，以便后续翻译过程查询使用。另外，变量声明时需要为其安排运行时内存空间的地址，该信息也填入符号表。

7.4.1 Pascal风格过程内声明语句

Pascal风格过程内声明语句的翻译

Pascal风格过程内声明语句形如“a, b, c: integer”，声明语句分析的结果是填写符号表，为此，定义如下属性和元操作。

- $name$：变量id的名字，其值来自词法分析器。
- $type$：数据类型，基本类型取值为int（属性值的书面表示自定，这里取简写的int，而不是完整的$integer$）或$real$，用$pointer(type)$表示$type$类型的指针。
- $width$：字宽，其中int占4字节，$real$占8字节，指针占4字节。
- $offset$：是一个全局变量，记录变量运行时在过程中的地址偏移量；开始时置0，每安排一个变量，增加相应字宽。
- $\log(name, category, type, width, offset)$：将名字、类别、数据类型、字宽和运行时在过程中的地址偏移量登记到符号表。登记到符号表中的类别信息$category$，是一个枚举类型，取值可以是普通变量、过程、形式参数等。过程中的声明语句只涉及普通变量（全局变量和局部变量），因此log函数默认登记的是普通变量，用$variable$表示这个枚举值。

根据7.3节讨论的文法和翻译模式，设计Pascal过程内声明语句如表7.24所示。

表 7.24 Pascal过程内声明语句的翻译模式

序号	产 生 式	语 义 规 则
1	$P \to MD$	
2	$M \to \varepsilon$	$\{offset = 0;\}$
3	$D \to D; D$	
4	$D \to id\ L$	$\{\log(id.name, variable, L.type, L.width, offset);$ $offset += L.width;\}$
5	$L \to , id\ L_1$	$\{\log(id.name, variable, L_1.type, L_1.width, offset);$ $offset += L_1.width;$ $L.type = L_1.type;\ L.width = L_1.width;\}$
6	$L \to : T$	$\{L.type = T.type; L.width = T.width;\}$
7	$T \to integer$	$\{T.type = int; T.width = 4;\}$
8	$T \to real$	$\{T.type = real; T.width = 8;\}$
9	$T \to char$	$\{T.type = char; T.width = 1;\}$
10	$T \to \hat{}\ T_1$	$\{T.type = pointer(T_1.type); T.width = 4;\}$

对产生式和语义动作解释如下。

- 产生式1：P是整个程序的开始符号，D为声明语句，M是为了加入动作设置的空符产生式。

- 产生式2：空符产生式，在移进声明语句的符号前设置了动作$offset = 0$，也就是过程内声明语句处理前将变量偏移地址初始化为0，以便后续累加这个偏移量。
- 产生式3：为识别多条声明语句，将多个声明语句用分号分隔开，这里分号是分隔符，不是语句结束符。这个产生式是有二义的，规定分号左结合。
- 产生式4~5：都是归约了一个变量id，都要登记进符号表，并将全局变量$offset$增加相应字宽。产生式5从右到左逐步归约变量，还要用综合属性传递类型和字宽给左部符号L。产生式4归约的是最左边的变量，归约完这条声明语句就处理完毕，不需要再传递属性信息。
- 产生式7~10：根据关键字将数据类型、字宽初始化。产生式10中的符号“^”在Pascal中表示指针。

文法的LR(1)分析表如表7.25所示。

表 7.25 Pascal风格过程内声明语句（表7.24）的LR(1)分析表

状态	*Action*								*Goto*				
	id	*int*	*real*	^	,	:	;	#	*P*	*M*	*D*	*L*	*T*
0	*r*2								1	2			
1								*acc*					
2	*s*4										3		
3							*s*5	*r*1					
4					*s*7	*s*8						6	
5	*s*4										9		
6							*r*4	*r*4					
7	*s*10												
8		*s*12	*s*13	*s*14									11
9							*r*3	*r*3					
10					*s*7	*s*8						15	
11							*r*6	*r*6					
12							*r*7	*r*7					
13							*r*8	*r*8					
14		*s*12	*s*13	*s*14									16
15							*r*5	*r*5					
16							*r*9	*r*9					

例题7.7 Pascal过程内声明语句翻译 使用表7.25的LR(1)分析表，分析声明语句“i, j: integer; a, b: real”，根据表7.24的翻译模式填写符号表。

解 分析过程如表7.26所示，得到的符号表如表7.27所示。

表 7.26　例题 7.7 的分析过程

步骤	状 态 栈	符 号 栈	输 入 串	说 明
1	0	$\#$	$i,j:integer;a,b:real\#$	初始化
2	02	$\#M$	$i,j:integer;a,b:real\#$	归约，$offset=0$
3～7	024710812	$\#Mi,j:integer$	$;a,b:real\#$	5 步移进
8	024710811	$\#Mi,j:T\{type=int,\ width=4\}$	$;a,b:real\#$	归约
9	02471015	$\#Mi,jL\{type=int,\ width=4\}$	$;a,b:real\#$	归约
10	0246	$\#MiL\{type=int,\ width=4\}$	$;a,b:real\#$	归约，填入变量 j，$offset=4$
11	023	$\#MD$	$;a,b:real\#$	归约，填入变量 i，$offset=8$
12～17	02354710813	$\#MD;a,b:real$	$\#$	6 步移进
18	02354710811	$\#MD;a,b:T\{type=real,\ width=8\}$	$\#$	归约
19	0235471015	$\#MD;a,bL\{type=real,\ width=8\}$	$\#$	归约
20	023546	$\#MD;aL\{type=real,\ width=8\}$	$\#$	归约，填入变量 b，$offset=16$
21	02359	$\#MD;D$	$\#$	归约，填入变量 a，$offset=24$
22	023	$\#MD$	$\#$	归约
23	01	$\#P$	$\#$	归约
24	01	$\#P$	$\#$	成功

表 7.27　例题 7.7 的符号表

名 字	类 别	类 型	字 宽	偏 移 量
j	variable	int	4	0
i	variable	int	4	4
b	variable	real	8	8
a	variable	real	8	16

本书的声明语句，没有考虑字节对齐问题。如果考虑字节对齐，应在产生式4、5登记符号表前，判断当前变量是否跨基本字节单元存储。

- 对 $L.type$ 为integer、real、指针等长度是4的倍数的数据，如果 $offset\%4\neq0$。
- 对 $L.type$ 为 $char$、$short$ 等长度小于4的数据，如果 $L.width>4-offset\%4$。

以上两种情况，都需要通过 $offset+=(4-offset\%4)$ 将 $offset$ 补齐到4的倍数。请读者自行完善该设计。

7.4.2 Pascal风格过程定义与声明语句

Pascal风格过程定义与声明语句的翻译

Pascal风格过程定义如“proc fun(i, j : integer; x, y: real)”，关键字program、procedure、function都用proc代替。其中形式参数的定义，与过程内变量的定义形式完全相同。所以一个直观的思想是复用普通变量的产生式，得到“$D \to proc\ id(D_1)D_2S$”，其中D为过程定义或普通变量声明语句，普通变量声明可以复用7.4.1节介绍的产生式；而S是其他类型语句的开始符号。

由于D可以是过程定义或普通变量声明，原文法中有$D \to D;D$这样的产生式，因此D_2自然地满足了过程嵌套定义的需求，也就是D_2处也可以定义过程。D_1是形参，只要限定其中不能定义过程，就可以产生合法的Pascal风格过程定义。

但这种方式在设计翻译模式时却会产生问题。由于声明语句“var1, var2, ⋯, varn: type”定义的变量是从右到左识别的，因此识别顺序为“varn, ⋯, var2, var1”。对过程“proc fun(i, j : integer; x, y: real)”的形参，在符号表中出现的顺序为“j, i, y, x”，如图7.14所示，其对应的地址偏移量$offset$为0、4、8、16。而过程调用规范要求实参反序进栈，因此从寄存器EBP向高地址端看，形参出现的顺序是“i, j, x, y”，对应的地址分别为EBP+8、EBP+12、EBP+16、EBP+24。这导致了从符号表的$offset$无法计算出栈帧中的形参地址。

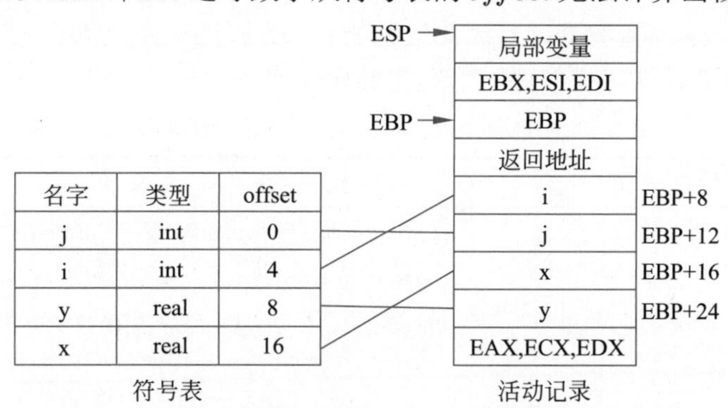

图 7.14 符号表变量偏移量与活动记录变量地址的对应关系

根据前几节的讨论，Pascal声明语句中变量的识别必须是从右到左的，现在需要把它们的顺序反过来。栈是先进后出的，适合将一个序列颠倒顺序，因此一个可行的办法是采用一个栈管理形参，识别出一个形参就入栈，等到一个声明语句识别完最左边变量时，再把栈中元素弹出并填入符号表，同时计算$offset$。

关于嵌套定义过程的符号表组织和生命周期管理，已在第5章的5.3.1节和5.3.2节介绍，其核心思想是识别完过程名字id就创建该过程符号表并入符号表栈，过程扫描结束整个产生式归约时从符号表栈弹出符号表（但不销毁符号表）。这样，需要在“proc id”识别完成，形参移进符号栈前创建符号表，因此把过程定义前面的部分“proc id(”用一个新的符号代替。

同时，原文法中的二义产生式$D \to D;D$，考虑用非二义的$Dlist \to D|Dlist;D$代替。

过程定义的语义规则需要如下属性和元操作。

- $tblptr$：即table pointer的简写，为符号表栈，存放指向符号表的指针。
- $offset$：是一个整数栈，栈结点记录一个过程中局部变量或形参变量的偏移地址。形参变量分析结束时，存放的是形参变量总字节数；形参分析结束后重新置0，过程结束时，存放的是整个过程的局部变量总字节数。
- $varstack$：即variable stack，为变量栈，栈结点是词法分析器得到的单词指针类型，书写时用变量名字表示，$varstack.isEmpty$属性标记该栈是否为空。
- $category$：是一个枚举类型，表示变量类别，普通变量用$variable$表示，形参用$formal$表示。
- $proc$：记录过程的名字。
- $makeTable(previous)$：创建一张新符号表，并返回指向新表的指针；参数$previous$是父过程的符号表指针。
- $log(table, name, category, type, width, offset)$：在指针$table$指向的符号表中，填入一个符号，$name$、$category$、$type$、$width$、$offset$分别表示符号的名字、类别、数据类型、字宽和地址偏移量。
- $logSize(table, size)$：记录指针$table$指向的符号表占用的总字节数$size$，该信息存放在一个过程的符号表的表头中。
- $logProc(table, name, newtable, size)$：在指针$table$指向的符号表中，为名字为$name$的过程建立一个新项；参数$newtable$指向过程$name$的符号表，$size$为该过程中变量占用的总字节数。$logSize(\cdot)$和$logProc(\cdot)$中的$size$，写入符号表的表头，不要写入与变量共用的$width$属性内。过程的$width$属性将来用作保存返回值宽度，目前还没有设计返回值的翻译，因此过程的$width$属性初始化为0。

表7.28为Pascal过程定义与声明语句的翻译模式。

表 7.28　Pascal过程定义与声明语句的翻译模式

序号	产 生 式	语 义 规 则
1	$P \to MDlist$	$\{logSize(tblptr.top, width); tblptr.pop(); offset.pop();\}$
2	$M \to \varepsilon$	$\{category = variable; t = makeTable(null);$ $tblptr.push(t); offset.push(0);\}$
3	$Dlist \to D$	
4	$Dlist \to Dlist; D$	
5	$F \to proc\ id($	$\{t = makeTable(tblptr.top);$ $tblptr.push(t); offset.push(0);$ $category = formal; F.proc = id.name;\}$
6	$D \to FVlist); NDlist; S$	$\{t = tblptr.pop(); w = offset.pop();$ $logProc(tblptr.top, F.proc, t, w);\}$
7	$D \to FVlist); NS$	$\{t = tblptr.pop(); w = offset.pop();$ $logProc(tblptr.top, F.proc, t, w);\}$
8	$N \to \varepsilon$	$\{offset.top = 0; category = variable;\}$
9	$D \to Vlist$	

续表

序号	产 生 式	语 义 规 则
10	$Vlist \to V$	
11	$Vlist \to Vlist; V$	
12	$V \to \varepsilon$	
13	$V \to id\ L$	$\{log(tblptr.top, id.name, category, L.type,$ $L.width, offset.top);$ $offset.top = offset.top + L.width;$ while $!varstack.isEmpty$ { $v = varstack.pop();$ $log(tblptr.top, v, category, L.type,$ $L.width, offset.top);$ $offset.top += L.width;\}\}$
14	$L \to , id\ L_1$	$\{varstack.push(id.name);$ $L.type = L_1.type; L.width = L_1.width;\}$
15	$L \to : T$	$\{L.type = T.type; L.width = T.width;\}$
16	$T \to integer$	$\{T.type = int; T.width = 4;\}$
17	$T \to real$	$\{T.type = real; T.width = 8;\}$
18	$T \to char$	$\{T.type = char; T.width = 1;\}$
19	$T \to \hat{}\,T_1$	$\{T.type = pointer(T_1.type); T.width = 4;\}$

对各产生式和语义动作解释如下。

- 产生式1：为整个程序的产生式，其归约时整个程序编译完成，记录根符号表所占字节数，然后将符号表栈和地址偏移量栈都弹出，最终结果是这两个栈均为空。
- 产生式2：是一个为插入动作而构造的空符产生式，在编译开始就归约出来，因此是整个编译器程序的初始化。首先，将变量类别 $category$ 置为普通变量 $variable$。然后，创建一张空符号表，并压入符号表栈 $tblptr$，这个表也是顶级的父表，后面称为**根符号表**。最后，将地址偏移量0压入 $offset$ 栈。
- 产生式3~4：两个产生式共同定义了由分号分隔的多个 D，后续产生式定义了 D 为过程定义和变量声明语句，产生式无语义动作。
- 产生式5：识别出一个过程定义语句中过程的名字，此时为该过程创建一个符号表并入栈，0入 $offset$ 栈，变量类别 $category$ 设置为形参 $formal$，并用 $F.proc$ 记录过程名字 $id.name$。
- 产生式8：参考 N 在产生式6和产生式7中的位置，为形参识别完成、过程内变量和子过程识别开始前插入动作。考虑到形参和过程内局部变量分开计算地址偏移量，因此将 $offset$ 栈顶重新置0；类别 $category$ 则改为 $variable$，表示开始普通变量的识别。
- 产生式6：产生式中 $Vlist$ 表示变量声明语句，$Dlist$ 表示变量声明语句或子过程定义语句，S 表示除声明语句外的其他语句。使用该产生式归约表示整个过程已经编译完成，因此符号表栈和地址偏移栈栈顶元素都弹出，也就是弹出产生式5压入的符号表和地址偏移量，弹出后分别赋值给t和w。现在栈顶变成目前要结束的这个过程的父过程符号表，$logProc(\cdot)$在此符号表中登记刚刚弹出的符号表项内容，名字为$id.name$，一个指针指向当前结束的这个过程，并记录该过程局部变量所占总字节数为w。

- 产生式7：同产生式6，区别仅在于产生式7中，S之前没有声明局部变量。
- 产生式9：$Vlist$是0到多个变量声明语句，产生式6~7使得D可以是过程定义，产生式9使得D也可以是变量声明语句，该产生式不需要有语义动作。
- 产生式10~11：使得$Vlist$可以是一系列用分号分隔开的V，而一个V就是一个变量声明语句，形参声明以及局部变量声明都可以表示为V。
- 产生式12：是为适应过程定义中无形参的情况。
- 产生式14：为识别出一个变量id，此时将变量名字压入栈$varstack$，而不是直接填符号表，数据类型$type$和大小$width$则通过综合属性传递。
- 产生式13：识别出最后一个变量id，将该变量直接登记到当前符号表，并根据$offset$栈顶计算地址偏移。然后将$varstack$记录的变量逐个出栈，按与L一致的信息登记到符号表，并更新$offset$栈顶字节数，完成该声明语句中变量的反序操作。
- 产生式15~19：与表7.24的产生式6~10相同。

从该翻译模式开始，不再提供关于文法的LR(1)分析表，请读者自行构造。相应地，例题中也不再展示状态栈的变化，只展示符号栈的变化。

例题7.8 Pascal风格过程定义与声明语句翻译 分析句子“a, b: integer; proc sum(x, y : real); i, j : integer; S”，填写符号表，其中S是文法中其他类型语句的开始符号。

解 分析过程如表7.29所示，填写符号表如表7.30和表7.31所示。

由于输入串较长，难以在一行中全部展示，用“⋯”表示未展示出来的部分。说明列中出现的一个数字加“归约”，如“16归约”，表示使用产生式16进行归约。

表 7.29 例题 7.8 的分析过程

步骤	符号栈	输入串	说明
1	$\#$	$a,b:integer;\cdots\#$	初始化
2	$\#M$	$a,b:integer;\cdots\#$	创建符号表7.30并入栈，0入$offset$栈，$category=variable$
3	$\#Ma,b:integer$	$;proc\ sum(x,\cdots\#$	移进
4	$\#Ma,b:T\{type=int, width=4\}$	$;proc\ sum(x,\cdots\#$	16归约
5	$\#Ma,bL\{type=int,width=4\}$	$;proc\ sum(x,\cdots\#$	15归约
6	$\#MaL\{type=int,width=4\}$	$;proc\ sum(x,\cdots\#$	14归约，b进$varstack$
7	$\#MV$	$;proc\ sum(x,\cdots\#$	13归约，a,b填表，$offset$栈顶为8
8	$\#MVlist$	$;proc\ sum(x,\cdots\#$	10归约

续表

步骤	符号栈	输入串	说明
9	$\#MD$	$;proc\ sum(x,\cdots\#$	9归约
10	$\#MDlist$	$;proc\ sum(x,\cdots\#$	3归约
11	$\#MDlist;proc\ sum($	$x,y:real);\cdots\#$	移进
12	$\#MDlist;F\{proc=sum\}$	$x,y:real);\cdots\#$	5归约，创建表7.31并入栈，0入$offset$栈，$category=formal$
13	$\#MDlist;F\{proc=sum\}x,y:real$	$);i,j:integer;S\#$	移进
14	$\#MDlist;F\{proc=sum\}x,y:T\{type=real,width=8\}$	$);i,j:integer;S\#$	17归约
15	$\#MDlist;F\{proc=sum\}x,y\ L\{type=real,width=8\}$	$);i,j:integer;S\#$	15归约
16	$\#MDlist;F\{proc=sum\}x\ L\{type=real,width=8\}$	$);i,j:integer;S\#$	14归约，y入$varstack$
17	$\#MDlist;F\{proc=sum\}V$	$);i,j:integer;S\#$	13归约，x,y填表，$offset$栈顶为16
18	$\#MDlist;F\{proc=sum\}Vlist$	$);i,j:integer;S\#$	10归约
19	$\#MDlist;F\{proc=sum\}Vlist);$	$i,j:integer;S\#$	移进
20	$\#MDlist;F\{proc=sum\}Vlist);N$	$i,j:integer;S\#$	8归约，$offset$栈顶置0，$category=variable$
21	$\#MDlist;F\{proc=sum\}Vlist);Ni,j:integer$	$;S\#$	移进
22	$\#MDlist;F\{proc=sum\}Vlist);Ni,j:T\{type=int,width=4\}$	$;S\#$	16归约
23	$\#MDlist;F\{proc=sum\}Vlist);Ni,jL\{type=int,width=4\}$	$;S\#$	15归约
24	$\#MDlist;F\{proc=sum\}Vlist);NiL\{type=int,width=4\}$	$;S\#$	14归约，j入$varstack$
25	$\#MDlist;F\{proc=sum\}Vlist);NV$	$;S\#$	13归约，i,j填表，$offset$栈顶为8
26	$\#MDlist;F\{proc=sum\}Vlist);NVlist$	$;S\#$	10归约
27	$\#MDlist;F\{proc=sum\}Vlist);ND$	$;S\#$	9归约

续表

步骤	符号栈	输入串	说明
28	$\#MDlist; F\{proc = sum\}Vlist);$ $ND; S$	#	移进
29	$\#MDlist; D$	#	6归约，表7.31出栈，表7.30增加 sum 过程
30	$\#MDlist$	#	4归约
31	$\#P$	#	1归约，表7.30出栈
32	$\#P$	#	成功

表 7.30 例题7.8的根符号表（全局符号表）

名字	类别	类型	字宽	偏移量
a	variable	int	4	0
b	variable	int	4	4
sum	proc	—	—	指向表7.31

表 7.31 过程sum的符号表

名字	类别	类型	字宽	偏移量
x	formal	real	8	0
y	formal	real	8	8
i	variable	int	4	0
j	variable	int	4	4

7.4.3 Pascal风格数组声明

Pascal风格数组声明的翻译

Pascal的数组可以在声明语句中指定下标的上下限，而且上下限可以是任何标量类型，如整数、布尔、枚举或子范围。这里关注声明语句翻译这一核心问题，限定上下限为整数，一些数组定义的例子如代码7.1所示。

代码 7.1 Pascal数组声明

```
1    a : array[1..3] of integer;
2    b : array[-10..10] of integer;
3    c : array[0..3, 0..3] of real;
```

- 第1行定义了一个整型数组 a，可以容纳3个元素，分别为 $a[1], a[2], a[3]$。
- 第2行定义了一个整型数组 b，可以容纳21个元素，下标从 -10 到10。
- 第3行定义了一个二维实型数组。

增加一维数组的数据类型，相当于在表7.28的声明语句中增加一个一维数组的数据类型定义$T \to array[num..num]\ of\ T$，其中产生式右部的$T$可以是$integer$、$real$、指针，甚至是数组本身。如果是多维数组，中括号里的下标应为$num..num(,num..num)^*$。

下面通过一个元素存储位置的推导，确定需要记入符号表项的信息。设声明语句中的n维数组，第i个维度的下标下界为low_i，上界为$high_i$，每个维度的元素数$n_i = high_i - low_i + 1$。记每个元素的字宽为w，即integer类型$w = 4$，real类型$w = 8$。数组的基地址，也就是数组第一个元素的地址设为$base$，这个值可以查询符号表中为该变量安排的偏移量$offset$，通过6.2.6节介绍的公式计算出来。有了以上信息，当访问一个数组元素$id[i_1, i_2, \cdots, i_n]$时，就可以计算其存储地址。为能够得到一个规律性的公式，先写出1~3维，也就是$n = 1, 2, 3$时的地址计算公式，分别如式(7.2)、式(7.3)和式(7.4)所示。

$$base + (i_1 - low_1) \times w \tag{7.2}$$

$$base + ((i_1 - low_1) \times n_2 + (i_2 - low_2)) \times w \tag{7.3}$$

$$base + (((i_1 - low_1) \times n_2 + (i_2 - low_2)) \times n_3 + (i_3 - low_3)) \times w \tag{7.4}$$

进一步对3个式子进行等价变换，得到式(7.5)、式(7.6)和式(7.7)。

$$base + i_1 \times w - low_1 \times w \tag{7.5}$$

$$base + (i_1 \times n_2 + i_2) \times w - (low_1 \times n_2 + low_2) \times w \tag{7.6}$$

$$base + ((i_1 \times n_2 + i_2) \times n_3 + i_3) \times w - ((low_1 \times n_2 + low_2) \times n_3 + low_3) \times w \tag{7.7}$$

之所以如此拆解，是因为每个式子都可以写成$base + D - C$的形式。其中，$base$是基地址；D称为动态地址，是因为计算时需要用到每个维度的下标i_k，这个值只有在运行时才能确定；C称为静态地址，因为计算时所需的low_k和n_k在编译时是可以计算得出的。考虑编译时将常数C计算出来，存入符号表，那么只需要生成运行时计算动态地址的代码即可。

关于C的计算方法，考虑到每次归约处理一个维度，因此写成递归计算的方式，如式(7.8)所示。

$$c_1 = low_1, c_2 = c_1 \times n_2 + low_2, \cdots, c_k = c_{k-1} \times n_k + low_k \tag{7.8}$$

这样在处理声明语句的第1个维度时，赋初始值得到$c_1 = low_1$。当处理第k个维度时，就将前一个维度的c_{k-1}值，乘以本维度的元素数n_k，再加上本维度的下标下限low_k，就得到本维度的静态地址c_k值。所有维度处理完毕，就是最终所求的静态地址C。静态地址C当然可以通过记录的数组内情向量信息，每次使用时由编译器计算，但如果在符号表中存储这个冗余数据，显然会使编译效率更高，毕竟每次访问一个元素，这个值就要使用一次，访问过于频繁。因此采用空间换时间的策略，编译时递归地计算这个冗余数据，并将其存储到符号表。

另外一个需要考虑的数据是每个维度的元素数$n_i = high_i - low_i + 1$，因为这个信息在计算动态地址D时需要使用，因此保留该值能使后续计算更加方便。如果编译时可用存储资源稀缺，也可以放弃$high_i$的存储，因为后续翻译中大多数场合特别是运行时，使用n_i而不是$high_i$，生成运行时指令计算n_i的代价是很高昂的。当然也可以编译时每次用到n_i时计算，但总归存储n_i要比存储$high_i$方便一些。

到目前为止，需要存入符号表的内容，除数组作为普通变量应保存的内容外，还需要保存每个维度下标的上下限对 $(low_i, high_i)$ 和元素数 n_i，这3项每个维度对应一个记录，可以考虑使用子表存储（内情向量表）；另外需要存储的还有静态地址 C，整个数组对应一个，可以直接存入符号表主表。数组数据结构已在第5章符号表部分介绍，如果采用面向对象的组织方式可以参考图5.5的存储方式。

在文法中，数组类型形式化的表示方式可以设计为 $array(low_1..high_1, low_2..high_2, \cdots, low_n..high_n, type)$ 的形式，这种表示方式称为类型表达式，在7.8节类型检查部分再做系统说明。该类型表达式中，$low_i..high_i$ 表示一个维度的下界-上界对，$type$ 表示该数组的数据类型。需要注意的是，在实现时，数组数据类型与整型、实型是非常不同的数据类型，不能只给它一个编码，而是需要一个复杂的数据结构记录这些信息，在 log 时将这些信息都填入符号表，包括构建包含 $low_i, high_i, n_i$ 的内情向量表。

数组声明需要增加如下属性和元操作。

- dim：维度，即当前维度为第几维。
- $static$：数组静态地址 C，由式 (7.8) 递归计算得到。
- $number$：数组总元素数，递归计算得到，用于计算数组占用总字节数。
- $dope$：指dope vector，用来记录上下限和该维度元素数的内情向量表，符号 T、L、A 都配备该属性，并作为综合属性传递。
- $log(\cdot)$：在符号表中登记符号，与前述操作相比增加了子表 $dope$、静态地址 $static$ 两个参数，子表非空时，该项符号设置指向子表的指针。
- $makeDope(dim, low, high, number)$：构建数组内情向量表并返回，并登记如下信息，即维度 dim、下标下限 low、下标上限 $high$、该维度元素数 $number$，其中 $number = high - low + 1$。
- $logDope(dope, dim, low, high, number)$：在数组内情向量表 $dope$ 中增加一条记录，记录信息包括维度 dim、下标下限 low、下标上限 $high$、该维度元素数 $number$，并返回该子表。
- $array(dope, type)$：由数组内情向量表、数据类型构造数组的类型表达式，并作为数据类型返回。

Pascal过程内数组声明的翻译模式如表7.32所示。

表 7.32 Pascal过程内数组声明的翻译模式

序号	产 生 式	语 义 规 则
1~12	与表7.28的产生式1~12相同	
13	$V \to id\ L$	$\{log(tblptr.top, id.name, category, L.type, L.width, offset.top, L.dope, L.static);$ $offset.top += L.width;$ while $!varstack.isEmpty$ { $v = varstack.pop();$ $log(tblptr.top, v, category, L.type, L.width, offset.top, L.dope, L.static);$ $offset.top += L.width; \}\}$

续表

序号	产 生 式	语 义 规 则
14	$L \rightarrow, id\ L_1$	$\{varstack.push(id.name);$ $L.type = L_1.type; L.width = L_1.width;$ $L.dope = L_1.dope; L.static = L_1.static;\}$
15	$L \rightarrow: T$	$\{L.type = T.type; L.width = T.width;$ $L.dope = T.dope; L.static = T.static;\}$
16	$T \rightarrow integer$	$\{T.type = int; T.width = 4;$ $T.dope = null; T.static = 0;\}$
17	$T \rightarrow real$	$\{T.type = real; T.width = 8;$ $T.dope = null; T.static = 0;\}$
18	$T \rightarrow char$	$\{T.type = char; T.width = 1;$ $T.dope = null; T.static = 0;\}$
19	$T \rightarrow \hat{}\,T_1$	$\{T.type = pointer(T_1.type); T.width = 4;$ $T.dope = null; T.static = 0;\}$
20	$A \rightarrow array[num_1..num_2$	$\{A.dim = 1; n = num_2 - num_1 + 1;$ $A.dope = makeDope(1, num_1, num_2, n);$ $A.static = num_1; A.number = n;\}$
21	$A \rightarrow A_1, num_1..num_2$	$\{A.dim = A_1.dim + 1; n = num_2 - num_1 + 1;$ $A.dope = logDope(A_1.dope, A.dim, num_1, num_2, n);$ $A.static = A_1.static * n + num_1;$ $A.number = A_1.number * n;\}$
22	$T \rightarrow A]\ of\ T_1$	$\{T.type = array(A.dope, T_1.type);$ $T.width = A.number * T_1.width;$ $T.dope = A.dope; T.static = A.static;\}$

对翻译模式中的语义动作说明如下。

- 产生式1~12：与表7.28的产生式1~12相同。
- 产生式20：为数组结构识别的开始，也就是数组声明的第1个维度，因此$A.dim$赋值为1。根据第一个维度的上下界求出本维度元素数量n，然后构造内情向量表，并增加$(1, num_1, num_2, n)$这条记录，由$A.dope$携带该表指针传递。静态地址$A.static$根据式(7.8)初始化为num_1，而元素数量$A.number$初始化为该维度元素数量n。
- 产生式21：每使用该产生式一次，向右识别出一个维度，因此维度$A.dim$增加1。子表$A.dope$在原来基础上增加一条记录(dim, num_1, num_2, n)，静态地址$A.static$根据式(7.8)乘以n加上num_1递归计算新识别的维度，元素数量$A.number$为已识别维度元素数量乘以本维度元素数量n。
- 产生式22：为数组结构识别的结束，首先由内情向量表$A.dope$和数据类型$T_1.type$构造数组的类型表达式，赋值给综合属性$T.type$。然后计算宽度$T.width$为元素数

量 $A.number$ 与数据类型宽度 $T_1.width$ 的乘积。最后传递子表和静态地址信息。

- 产生式16~19：由于符号 T 新增两个属性 $dope$ 和 $static$，简单变量不需要使用这些属性，因此分别赋值为 $null$ 和0。
- 产生式15：T 向 L 增加了 $dope$ 和 $static$ 两个属性的传递。
- 产生式13~14：log(·)操作增加了前述两个参数 $dope$ 和 $static$，并增加这两个属性的传递动作。产生式13仍未考虑字节对齐，请读者自行修订。

例题 7.9 Pascal风格数组声明的翻译 分析声明语句“a: array[0..3,1..5] of real; x: integer”，填写符号表。

解 分析过程如表7.33所示，填写符号表如表7.34所示。

其中符号表中的数组，如果按照第5章符号表中图5.5所示的面向对象组织方式，数组应单独一个类，继承自变量，比变量多了“静态地址”和“维度”属性。同时，数组有1到多个上下限对，包含在数组对象中。

这里为了简略，本例题仅将变量表增加“静态地址”和“维度”这两列，供数组填写，其他普通变量不填写。每个数组的上下限对和元素数量，单独建子表，属性 $.dope$ 在步骤中未展示，内容如表7.35所示。

表 7.33 例题7.9的分析过程

步骤	符号栈	输入串	说明
1	$\#$	$a:array[0..3,\cdots\#$	初始化
2	$\#M$	$a:array[0..3,\cdots\#$	2归约，创建表7.34并入栈，0入 $offset$ 栈，$category=variable$
3	$\#Ma:array[0..3$	$,1..5]\ of\ real;\cdots\#$	移进
4	$\#Ma:A\{dim=1,static=0,number=4\}$	$,1..5]\ of\ real;\cdots\#$	20归约，创建表 7.35并增加第1行
5	$\#Ma:A\{dim=1,static=0,number=4\},1..5$	$]\ of\ real;\cdots\#$	移进
6	$\#Ma:A\{dim=2,static=1,number=20\}$	$]\ of\ real;\cdots\#$	21归约，表7.35增加第2行
7	$\#Ma:A\{dim=2,static=1,number=20\}]\ of\ real$	$;x:integer\#$	移进
8	$\#Ma:A\{dim=2,static=1,number=20\}]\ of\ T\{type=real\}$	$;x:integer\#$	17归约
9	$\#Ma:T\{type=array(0..3,1..5,real),width=160,static=1\}$	$;x:integer\#$	22归约
10	$\#MaL\{type=array(0..3,1..5,real),width=160,static=1\}$	$;x:integer\#$	15归约

续表

步骤	符号栈	输入串	说明
11	$\#MV$	$;x:integer\#$	13归约，填入符号 a，$offset$ 栈顶为160
12	$\#MDlist$	$;x:integer\#$	10、9、3归约
13	$\#MDlist;x:integer$	$\#$	移进
14	$\#MDlist;x:T\{type=int,width=4,static=0\}$	$\#$	16归约
15	$\#MDlist;xL\{type=int,width=4,static=0\}$	$\#$	15归约
16	$\#MDlist;V$	$\#$	13归约，填入符号 x，$offset$ 栈顶为164
17	$\#MDlist;D$	$\#$	10、9归约
18	$\#MDlist$	$\#$	4归约
19	$\#P$	$\#$	1归约，符号表栈和 $offset$ 出栈
20	$\#P$	$\#$	成功

表 7.34 例题 7.9 的符号表

名字	类别	类型	大小	偏移量	静态地址
a	variable	array(0..3, 1..5, real)	160	0	1
x	variable	int	4	160	0

表 7.35 数组a的内情向量表

维度	下限	上限	元素数
1	0	3	4
2	1	5	5

7.4.4 Pascal风格结构体声明

Pascal中的结构体称为**记录**,代码7.2定义了一个记录,其中记录的名字是RecordName，field1、field2、⋯、fieldn是该字段名字，type1、type2、⋯⋯、typen是该字段数据类型，type、record和end都是关键字。当声明记录RecordName后，就可以像使用integer、real这样的数据类型一样使用RecordName，如第7行就定义了该类型的一个变量r。

代码 7.2 Pascal结构体声明

```
1    type RecordName = record
2      field1: type1;
3      field2: type2;
4      …
```

```
5       fieldn: typen;
6     end;
7     var r : RecordName;
```

表7.36为Pascal过程内结构体声明的翻译模式，其中新增动作如下。

- $lookup(table, name)$：从符号表$table$中查找名字为$name$的符号记录，并返回。

表 7.36 Pascal过程内结构体声明的翻译模式

序号	产 生 式	语 义 规 则
1~22	与表7.32中产生式1~22相同	
23	$R \to type\ id = record$	$\{t = makeTable(tblptr.top);$ $tblptr.push(t); offset.push(0);$ $category = recmem; R.name = id.name;\}$
24	$D \to RVlist; end$	$\{t = tblptr.pop(); w = offset.pop();$ $category = variable;$ $log(tblptr.top, R.name, record, -, w, -, t, 0);\}$

25	$T \to id$	$\{p = lookup(tblptr.top, id.name);$
		if $p = null$ then Error;
		else if $p.category \neq record$ then Error;
		else {
		$T.type = record(id.name); T.width = p.width;$
		$T.dope = p.dope; T.static = 0;\}\}$

由于结构体内部是变量声明的样式，因此复用表7.32中产生式及语义规则即可，在此基础上增加支持结构体声明的产生式。

- 产生式23：识别出一个记录的名字，为内部成员生成一个内情向量表，并将其压入$tblptr$栈，$offset$栈中则压入0。$category$设置为$recmem$，即record member，表示记录成员。记录存入符号表时，与变量不同的是并不占据运行时空间，只用于查证其详细信息。在声明一个记录类型的变量时，才会为变量分配空间。
- 产生式24：为整个记录处理完成。将内情向量表出栈，地址偏移量出栈并赋值给一个变量w，把$category$修改为$variable$。$T.type$形式化表示为$record(name)$，$name$对应的子表中记录了结构体的详细信息，因此这种记法能完整表示结构体。该数据类型所占字节数$width$为$offset$栈刚弹出的值，$dope$则指向结构体成员的内情向量表，$static$为0。
- 产生式25：当id作为一个数据类型T时，从符号表查询是否有该id作为名字的结构体类型。如果没有，包括查询不到或者查询到但类型不是记录，则报错退出。否则，使用记录的详细信息初始化T的各属性。

例题 7.10 Pascal风格结构体声明的翻译 分析语句“type Stu = record Name: array[0..20] of char; Age : integer; end; s : Stu”，填写符号表。

解 分析过程如表7.37所示，填写符号表如表7.38、表7.39和表7.40所示。

表 7.37 例题 7.10的分析过程

步骤	符 号 栈	输 入 串	说 明
1	$\#$	$type\ Stu = record \cdots \#$	初始化
2	$\#M$	$type\ Stu = record \cdots \#$	2 归约，创建表7.38并入栈，0 入 $offset$ 栈，$category = variable$
3	$\#M\ type\ Stu = record$	$Name : array[\cdots \#$	移进
4	$\#MR\{name = Stu\}$	$Name : array[\cdots \#$	23 归约，创建表7.39并入栈，0 入 $offset$ 栈，$category = recmem$
5	$\#MR\{name = Stu\}Name : array[0..20$	$]of\ char; Age : \cdots \#$	移进
6	$\#MR\{name = Stu\}Name : A\{dim = 1, number = 21, static=0\}$	$]of\ char; Age : \cdots \#$	20 归约，创建表7.40
7	$\#MR\{name = Stu\}Name : A\{dim = 1, number = 21, static = 0\}]of\ char$	$; Age : integer; \cdots \#$	移进
8	$\#MR\{name = Stu\}Name : A\{dim = 1, number = 21, static = 0\}]of\ T\{type = char, width = 1\}$	$; Age : integer; \cdots \#$	18 归约
9	$\#MR\{name = Stu\}Name : T\{type = array(0..20, char), width = 21, static = 1\}$	$; Age : integer; \cdots \#$	22 归约
10	$\#MR\{name = Stu\}Name\ L\{type = array(1, 0..20, char), width = 21, static = 1\}$	$; Age : integer; \cdots \#$	15 归约
11	$\#MR\{name = Stu\}V$	$; Age : integer; \cdots \#$	13 归约，$Name$ 填表
12	$\#MR\{name = Stu\}Vlist$	$; Age : integer; \cdots \#$	10 归约
13	$\#MR\{name = Stu\}Vlist; Age : integer$	$; end; s : Stu\#$	移进
14	$\#MR\{name = Stu\}Vlist; Age : T\{type = int, width = 4\}$	$; end; s : Stu\#$	16 归约

续表

步骤	符号栈	输入串	说明
15	$\#MR\{name=Stu\}Vlist;Age\ L\{type=int,width=4\}$	$;end;s:Stu\#$	15 归约
16	$\#MR\{name=Stu\}Vlist;V$	$;end;s:Stu\#$	13 归约，Age 填表
17	$\#MR\{name=Stu\}Vlist$	$;end;s:Stu\#$	11 归约
18	$\#MR\{name=Stu\}Vlist;end$	$;s:Stu\#$	移进
19	$\#MD$	$;s:Stu\#$	24 归约，弹出符号表和 $offset$ 栈，登记 Stu
20	$\#MDlist$	$;s:Stu\#$	3 归约
21	$\#MDlist;s:Stu$	$\#$	移进
22	$\#MDlist;s:T\{type=record(Stu),width=25\}$	$;\#$	25 归约
23	$\#MDlist;s\ L\{type=record(Stu),width=25\}$	$\#$	15 归约
24	$\#MDlist;V$	$\#$	13 归约，s 填表
25	$\#MDlist;D$	$\#$	10、9 归约
26	$\#MDlist$	$\#$	4 归约
27	$\#P$	$\#$	1 归约，记录顶层尺寸并出栈
28	$\#P$	$\#$	成功

表 7.38　例题 7.10 的根符号表（全局符号表）

名字	类别	类型	大小	偏移量	静态地址
Stu	record	—	25	—	0
s	variable	record(Stu)	25	0	0

表 7.39　结构体 Stu 的内情向量表

名字	类别	类型	大小	偏移量	静态地址
Name	recmem	char	21	0	0
Age	recmem	int	4	21	0

表 7.40　数组 Name 的内情向量表

维度	下限	上限	元素数
1	0	20	21

结构体的偏移量，由结构体类型变量的偏移量，加上其成员偏移量构成。如要访问 s.Age，先从表7.38查到s的偏移量为0；再根据s的类型record(Stu)查找记录Stu，从其成

员符号表7.39查到Age的偏移量为21；两者相加，即$0+21=21$，为s.Age的偏移量。

7.4.5 C风格函数定义与声明语句

C风格的声明语句如代码7.3所示。

代码 7.3 C风格的声明语句

```
1   int a, b, c;
2   int x[2][3][4];
3   int y[2,3,4];
4   struct Stu {
5     char Name[21];
6     int Age;
7   };
8   struct Stu s;
9   float sum(float x, float y) {
10    return x + y;
11  }
```

C风格的声明语句是数据类型在前，变量名在后，如第1行所示。

C/C++的数组如第2行所示，数组是迭代定义的，如二维数组可以看作数组的数组，n维数组是由$n-1$维数组构成的数组。这种迭代定义的声明语句虽然形式优美，但是内情向量一个维度就是一个子表，效率很差，管理麻烦，因此还是按照非迭代定义的方式组织该数组。C#数组如第3行所示，对于非迭代定义数组，这种结构更加简洁，因此选择这种形式作为C风格数组。C风格数组的下标下界为0，因此静态地址总为0，无须编译时计算。

第4~7行定义了一个与7.4.4节Pascal记录一致的结构体Stu,注意第7行后面必须有分号。第8行则定义了该结构体类型的一个变量s。第9~11行为C风格过程定义的形式，过程中不允许嵌套定义过程。

C风格声明语句与Pascal另一个非常重要的不同点是，C风格变量声明语句不要求连续放在过程开头，而是可以和非声明语句掺杂在一起。在全局数据区，可以交替出现变量声明和函数定义；在函数内部，可以交替出现变量声明和普通赋值语句、控制语句等。

C风格的变量声明有3种形式，用$type$表示数据类型，id表示变量名，整理如下。

- 形式参数：以逗号作为参数的分隔符，每个变量都需要指明数据类型，形式为$type\ id(,type\ id)^*|\varepsilon$。
- 结构体成员：以分号作为成员结束符，每个变量都需要指明数据类型，形式为$(type\ id;)^*$。
- 变量声明：以分号作为声明结束符，可以多个变量指明为同一数据类型，形式为$(type\ id(,id)^*;)^*$。

3种形式非常类似但有略微差别，每种形式需要单独设计产生式和语义规则，但重复性很高。为简化设计，突出本质问题，将其统一到变量声明的形式。也就是说，我们设计的翻译模式中，形式参数、结构体成员和变量声明都以分号作为结束符，且可以多个变量使用同一数据类型进行说明。

C风格过程定义与声明语句的翻译，较Pascal声明语句介绍中新增或修改的动作和属性如下。

- $log(table, name, category, type, width, offset)$：在指针$table$指向的符号表中，为名

字为$name$的变量建立一个新项。$category$为类别，其取值$variable$、$formal$、$array(\cdot)$、$struct$、$strumem$分别表示普通变量、形式变量、数组、结构体和结构体成员。$type$为该变量数据类型，$width$为该变量占用的字节数，$offset$为运行时的偏移量。

- $logProc(table, name, type, newtable, width, size)$：在指针$table$指向的符号表中，为名字为$name$的过程建立一个新项。参数$newtable$指向过程$name$的符号表，$type$为该过程返回值，$width$为该过程返回值字宽，$size$为过程中变量占用的总字节数（记录在表头处）。
- $makeDope(dim, num)$：创建数组内情向量表，其中只包含一条记录，该记录包括维度dim和元素数num。
- $logDope(dope, dim, num)$：在数组内情向量表$dope$中增加一条记录，该记录包括维度dim和元素数num。
- $set(pvar, type, width)$：针对符号表中的一个符号记录$pvar$，修改其数据类型为$type$，修改其字宽为$width$。
- $struct(name)$：结构体数据类型，结构体的名字为$name$。
- $array(dope, type)$：使用内情向量表$dope$和数据类型$type$构造数组的形式化描述，形如$array(num_1, \cdots, num_n, type)$。

C风格过程定义与声明语句的翻译模式如表7.41所示。

表 7.41 C风格过程定义与声明语句的翻译模式

序号	产 生 式	语 义 规 则
1	$P \to UD$	$\{t = tblptr.pop(); w = offset.pop(); logSize(t, w); \}$
2	$U \to \varepsilon$	$\{t = makeTable(null); tblptr.push(t);$ $offset.push(0); category = variable; \}$
3	$D \to G$	
4	$D \to DG$	
5	$G \to M$	
6	$M \to V;$	
7	$M \to MV;$	
8	$S \to \{Slist\}$	
9	$Slist \to S$	
10	$Slist \to Slist\ S$	
11	$S \to M$	
12	$F \to T\ id($	$\{t = makeTable(tblptr.top); tblptr.push(t);$ $offset.push(0); category = formal;$ $F.name = id.name; F.type = T.type; F.width = T.width; \}$
13	$G \to FM)NS$	$\{t = tblptr.pop(); w = offset.pop();$ $logProc(tblptr.top, F.name, F.type, t, F.width, w); \}$
14	$N \to \varepsilon$	$\{offset.top = 0; category = variable; \}$

续表

序号	产 生 式	语 义 规 则
15	$V \to T\ id$	$\{log(tblptr.top, id.name, category, T.type, T.width, offset.top);$ $offset.top\ += T.width; V.name = id.name;$ $V.type = T.type; V.width = T.width;\}$
16	$V \to V_1, id$	$\{log(tblptr.top, id.name, category, V_1.type, V_1.width, offset.top);$ $offset.top\ += V_1.width; V.name = id.name;$ $V.type = V_1.type; V.width = V_1.width;\}$
17	$V \to \varepsilon$	$\{V.type = void; V.width = 0; V.name = null;\}$
18	$T \to void$	$\{T.type = void; T.width = 0;\}$
19	$T \to int$	$\{T.type = int; T.width = 4;\}$
20	$T \to float$	$\{T.type = float; T.width = 4;\}$
21	$T \to double$	$\{T.type = double; T.width = 8;\}$
22	$T \to char$	$\{T.type = char; T.width = 1;\}$
23	$T \to T_1*$	$\{T.type = pointer(T_1.type); T.width = 4;\}$
24	$A \to V[num$	$\{A.dim = 1; A.dope = makeDope(1, num);$ $A.number = num; A.name = V.name;$ $A.type = V.type; A.width = V.width;\}$
25	$A \to A_1, num$	$\{A.dim = A_1.dim + 1; A.name = A_1.name;$ $A.dope = logDope(A_1.dope, A.dim, num);$ $A.number = A_1.number * num;$ $A.type = A_1.type; A.width = A_1.width;\}$
26	$V \to A]$	$\{V.type = A.type; V.width = A.width;$ $V.name = A.name; w = A.number * A.width;$ $p = lookup(tblptr.top, A.name);$ $set(p, array(A.dope, A.type), w);$ $offset.top = offset.top + w - A.width;\}$
27	$R \to struct\ id\{$	$\{t = makeTable(tblptr.top); tblptr.push(t);$ $offset.push(0); category = strumem; R.name = id.name;\}$
28	$G \to RM\};$	$\{t = tblptr.pop(); w = offset.pop(); category = variable;$ $log(tblptr.top, R.name, struct, -, w, -);\}$
29	$T \to struct\ id$	$\{p = lookup(tblptr.top, id.name);$ if $p = null$ then Error; else if $p.category \neq struct$ then Error; else $\{T.type = struct(id.name); T.width = p.width;\}\}$

产生式与语义规则具体分析如下。

- 产生式1~2：程序。
  - 产生式2：为空符产生式，左部符号U在产生式1的右部的最左边，因此程序开始分析即触发其动作。其语义规则包括创建一个父表为空的符号表，也就是最顶层符号表并入符号表栈 $tblptr$；0入偏移量栈 $offset$，将变量类别 $category$ 置为普通变量 $variable$。

- 产生式1：为整个程序分析完成，将根符号表的变量总字节数登记。除最顶层符号表外，其他符号表在登记时记录，因此只有根符号表需要额外记录该值。然后将符号表栈和偏移量栈都弹出一个元素，这些元素是产生式2压入的，因此弹出后清空了两个栈。

- 产生式3~4：构造了一个由多个连续的"G"构成的序列。而产生式5、13、28使 G 可以为变量声明、函数定义、结构体定义，因此这些产生式是全局变量声明、函数定义、结构体定义的构造。
- 产生式5~7：多变量声明的组合。
  - 产生式6~7：构造了一个由多个"V;"构成的序列，而 V 是一个变量声明语句，因此这些产生式是多个连续的变量声明。
  - 产生5：使得 G 可以为变量声明。
- 产生式8~11：函数内语句。
  - 产生式8：定义了函数内语句是由花括号{}括起来的 $Slist$。
  - 产生式9~10：定义了 $Slist$ 是由一系列 S 连接而成。
  - 产生式11：其中 V 为变量声明语句，因此该产生式定义了 S 可以是一个声明语句。至于 S 的其他语句形式，将在后面的章节介绍。本产生式还产生了一个副作用：如果函数体中只有一条语句，不用花括号括起来是合法的。
- 产生式12~14：函数定义。
  - 产生式12：函数定义的开始部分，创建一个以当前栈顶符号表为父表的新符号表并入栈 $tblptr$，将0入偏移量栈 $offset$，将变量类别置为形参类型 $formal$。最后，将函数名 $id.name$、返回值类型 $type$、返回值字宽 $F.width$ 通过左部符号的综合属性传递。
  - 产生式14：在函数内语句 S 移进前触发。其动作包括将偏移量栈 $offset$ 栈顶置0，变量类别置为普通变量类型 $variable$。
  - 产生式13：为函数分析完成，弹出了符号表栈和偏移量栈的栈顶元素。在栈顶符号表（该函数的父表）登记该函数的信息，包括名字 $F.name$、返回值类型 $F.type$、返回值字宽 $F.width$、该函数符号表指针 t，以及该函数内局部变量总字节数 w。
- 产生式15~17：声明语句。
  - 产生式15：识别出了声明语句中最左侧第一个变量，将其登记到符号栈栈顶符号表，包括名字 $id.name$、类别 $category$、数据类型 $T.type$、字宽 $T.width$ 和偏移量 $offset.top$。然后偏移量增加相应字宽，最后是数据类型 $type$、字宽 $width$ 和名字 $name$ 共3个属性的传递。传递名字 $name$ 的意义是为数组分析提供信息，也就是考虑 $T\ id[num_1, \cdots, num_n]$ 的情况。
  - 产生式16：识别出声明语句后续一个变量，语义规则与产生式13相同。
  - 产生式17：定义了 V 可以为空，在函数定义中没有形参时使用。
- 产生式18~23：各种数据类型的归约，实现文法符号 T 的属性初始化，包括数据类型 $type$ 和字宽 $width$。C风格数组先识别出前面的 $T\ id$，再处理后面中括号中的内容，不需要T记录内情向量表信息，因此不再需要$dope$属性。C风格数组下标下限为0，因此静态地址总为0，不再需要$static$属性。

- 产生式24~26：数组。
  - 产生式24：用产生式15或16识别出一个变量后，又识别出数组下标。当前为识别出第1个维度，将$A.dim$置1，并创建内情向量表。记录维度元素数$number$、数组名字$name$、数组数据类型$type$和数组一个元素字宽$width$。
  - 产生式25：识别出数组的下一个维度，将维度加1，并记录内情向量表。其他属性继续向上传递。
  - 产生式26：数组识别结束，先传递V所需的属性，然后计算数组总字节数w。从当前符号表查找$A.name$的名字，找到后将其数据类型修改为数组类型，将字宽修改为w。偏移量的计算，在用产生式14或15归约时，语义动作已经将$offset.top$增加了一个元素的字宽，因此此处加上w后要减掉一个元素的字宽。
- 产生式27~29：结构体。
  - 产生式27：识别出结构体定义时触发。为结构体创建一个符号表并入栈，将0压入偏移量栈，类别设置为结构体成员$strumem$。
  - 产生式28：结构体定义识别完成，弹出符号表及偏移量，把$category$修改为$variable$，然后在当前符号表（结构体符号表弹出后）记录结构体信息，包括名字$name$、类别$struct$和结构体总字宽w。
  - 产生式29：声明一个结构体类型的变量时，将$struct\ id$归约为T。先从符号表查询该名字，该名字不存在或类型不是结构体时，则报错，退出；否则，构造数据类型为$struct(id.name)$，字宽为结构体总字节数。

例题7.11 C风格声明语句的翻译 分析代码7.4，填写符号表。

代码 7.4 C风格声明语句示例

```
1    struct Point {
2      double Coor[10, 2];
3      int Num;
4    };
5    void Fun(int i, j; int k;) {
6      struct Point p;
7    }
```

解 分析过程如表7.42所示，填写符号表如表7.43、表7.44、表7.45和表7.46所示。

表 7.42 例题7.11的分析过程

步骤	符号栈	输入串	说明
1	$\#$	$struct\ Point\{\cdots\#$	初始化
2	$\#U$	$struct\ Point\{\cdots\#$	2归约，创建表7.43， $category = variable$
3	$\#U\ struct\ Point\{$	$double\ Coor\cdots\#$	移进
4	$\#UR\{name = Point\}$	$double\ Coor\cdots\#$	27归约，创建表7.44， $category = strumem$

续表

步骤	符号栈	输入串	说明
5	$\#UR\{name = Point\}double$	$Coor[10,2];int\cdots\#$	移进
6	$\#UR\{name = Point\}$ $T\{type = double, width = 8\}$	$Coor[10,2];int\cdots\#$	21 归约
7	$\#UR\{name = Point\}$ $T\{type = double, width = 8\}$ $Coor$	$[10,2];intNum;\cdots\#$	移进
8	$\#UR\{name = Point\}$ $V\{type = double, width = 8,$ $name = Coor\}$	$[10,2];intNum;\cdots\#$	15 归约，登记 $Coor$，偏移量栈顶为 8
9	$\#UR\{name = Point\}$ $V\{type = double, width = 8,$ $name = Coor\}[10$	$,2];intNum;\}\cdots\#$	移进
10	$\#UR\{name = Point\}$ $A\{dim = 1, number = 10,$ $type = double, width = 8,$ $name = Coor\}$	$,2];intNum;\}\cdots\#$	24 归约，创建表7.45并增加第 1 行
11	$\#UR\{name = Point\}$ $A\{dim = 1, number = 10,$ $type = double, width = 8,$ $name = Coor\},2$	$];intNum;\}\cdots\#$	移进
12	$\#UR\{name = Point\}$ $A\{dim = 2, number = 20,$ $type = double, width = 8,$ $name = Coor\}$	$];intNum;\}\cdots\#$	25 归约，表7.45增加第 2 行
13	$\#UR\{name = Point\}$ $A\{dim = 2, number = 20,$ $type = double, width = 8,$ $name = Coor\}]$	$;int\ Num;\};\cdots\#$	移进
14	$\#UR\{name = Point\}$ $V\{type = double, width = 8,$ $name = Coor\}$	$;int\ Num;\};\cdots\#$	26 归约，修改 $Coor$ 数据类型和大小，偏移量 160
15	$\#UR\{name = Point\}$ $V\{type = double, width = 8,$ $name = Coor\};$	$int\ Num;\};\cdots\#$	移进
16	$\#UR\{name = Point\}M$	$int\ Num;\};\cdots\#$	6 归约

续表

步骤	符 号 栈	输 入 串	说 明
17	$\#UR\{name = Point\}M\ int$	$Num; \}; void \cdots \#$	移进
18	$\#UR\{name = Point\}MT\{type = int, width = 4\}$	$Num; \}; void \cdots \#$	19归约
19	$\#UR\{name = Point\}MT\{type = int, width = 4\}Num$	$; \}; void\ Fun \cdots \#$	移进
20	$\#UR\{name = Point\}MV\{type = int, width = 4, name = Num\}$	$; \}; void\ Fun \cdots \#$	15归约，登记Num，偏移量栈顶为164
21	$\#UR\{name = Point\}MV\{type = int, width = 4, name = Num\};$	$\}; void\ Fun(\cdots \#$	移进
22	$\#UR\{name = Point\}M$	$\}; void\ Fun(\cdots \#$	7归约
23	$\#UR\{name = Point\}M\};$	$void\ Fun(\cdots \#$	移进
24	$\#UG$	$void\ Fun(\cdots \#$	28归约，表7.43登记$Point$
25	$\#UD$	$void\ Fun(\cdots \#$	3归约
26	$\#UDT\{type = void, width = 0\}$	$Fun(int\ i, j; \cdots \#$	移进后18归约
27	$\#UDT\{type = void, width = 0\}Fun($	$int\ i, j; \cdots \#$	移进
28	$\#UDF\{name = Fun, type = void\}$	$int\ i, j; \cdots \#$	12归约，创建表7.46，$category = formal$
29	$\#UDF\{name = Fun, type = void\}\ T\{type = int, width = 4\}$	$i, j; \cdots \#$	移进后19归约
30	$\#UDF\{name = Fun, type = void\}\ V\{name = i, type = int, width = 4\}$	$, j; int\ k \cdots \#$	移进后15归约，i填表
31	$\#UDF\{name = Fun, type = void\}\ V\{name = j, type = int, width = 4\}$	$; int\ k; \cdots \#$	移进后16归约，j填表
32	$\#UDF\{name = Fun, type = void\}M$	$int\ k;) \cdots \#$	移进后6、5归约

续表

步骤	符号栈	输入串	说明
33	$\#UDF\{name=Fun,type=void\}MT\{type=int,width=4\}$	$k;)\{struct\cdots\#$	移进后 19 归约
34	$\#UDF\{name=Fun,type=void\}M\ V\{name=k,type=int,width=4\}$	$;)\{struct\cdots\#$	移进后 15 归约，登记 k
35	$\#UDF\{name=Fun,type=void\}M$	$)\{struct\cdots\#$	移进后 7 归约
36	$\#UDF\{name=Fun,type=void\}M)N$	$\{struct\ Point\ p;\}\#$	移进后 14 归约，$category=varialble$
37	$\#UDF\{name=Fun,type=void\}M)N\ \{T\{type=struct(Point),width=164\}$	$p;\}\#$	移进后 29 归约
38	$\#UDF\{name=Fun,type=void\}M)N\ \{V\{type=struct(Point),width=164,name=p\}$	$;\}\#$	移进后 15 归约，登记 p
39	$\#UDF\{name=Fun,type=void\}M)N\ S$	$\#$	移进后 6、11 归约
40	$\#UDG$	$\#$	13 归约，登记 Fun
41	$\#P$	$\#$	4、1 归约
42	$\#P$	$\#$	成功

表 7.43　例题 7.11 的根符号表（全局符号表）

名　字	类　别	类　型	大　小	偏移量
Point	struct	—	164	—
Fun	function	void	164	0

表 7.44　结构体 Point 成员的符号表

名　字	类　别	类　型	大　小	偏移量
Coor	strumem	array(10,2,double)	160	0
Num	strumem	int	4	160

表 7.45　数组 Coor 的内情向量表

维　度	元素数
1	10
2	2

表 7.46 函数 Fun 的符号表

名　字	类　别	类　型	大　小	偏 移 量
i	formal	int	4	0
j	formal	int	4	4
k	formal	int	4	8
p	variable	struct(Point)	164	0

7.5 表达式与赋值语句的翻译

Pascal风格过程定义中，产生式6和产生式7的过程体均用符号S表示，这里S为过程体中的语句序列。C风格的过程定义中，产生式13的函数体也是符号S，且定义了一种S语句为声明语句。本节继续扩充前述文法中S的功能，使其能接受赋值语句。因此，后续均将S作为语句的开始符号。

7.5.1 算术表达式与赋值语句

算术表达式与赋值语句的翻译

本节的算术运算包括加减乘除负运算，翻译中需要用到的元操作或属性如下。

- nxq：即next quadruplet，是一个整数，指向将要生成但尚未生成的四元式。每生成一个四元式，nxq自动加1。
- $E.val$：为一个值或者一个指针。当为指针时，指向符号表中某个符号的位置；当为值时，表示一个常数。
- $id.name$：id为一个变量，其属性$name$是该变量的名字，来自词法分析器。
- $num.value$：num为一个常量，其属性$value$是该常量的值，来自词法分析器。
- $lookup(table, name)$：从符号表$table$开始逐级向上查找符号$name$，找到，则返回；否则，返回空值$null$。
- $newTemp$：生成一个临时变量。可以自行定义生成临时变量名字的规则，为防止与用户变量重名，规定临时变量为“$”加一个数字，数字从1开始递增。例如，生成的第1个临时变量为$1，第2个为$2，……。大部分临时变量并不需要在内存中存储，但在当前阶段无法确定这点，因此生成一个临时变量后，先将该临时变量登记到符号表，$offset$则置为-1，表示不需要存储。当目标代码生成阶段确定其需要存储时，再修改其$offset$值。通过后续介绍的“类型检查”，可以推断临时变量的数据类型和字宽，这些信息也存入符号表。
- $gen(\theta, arg1, arg2, result)$：生成一个四元式$(\theta, arg1, arg2, result)$，该四元式的编号为$nxq$，生成四元式后$nxq$自动加1。

算术表达式与赋值语句的翻译模式如表7.47所示。

表 7.47 算术表达式与赋值语句的翻译模式

序号	产生式	语义规则
1	$S \to A$	
2	$A \to id = E$	$\{p = lookup(tblptr.top, id.name);$ if $(p \neq null)$ then $gen(=, E.val, -, p)$; else Error;}
3	$E \to E_1 + E_2$	$\{E.val = newTemp; gen(+, E_1.val, E_2.val, E.val);\}$
4	$E \to E_1 - E_2$	$\{E.val = newTemp; gen(-, E_1.val, E_2.val, E.val);\}$
5	$E \to E_1 * E_2$	$\{E.val = newTemp; gen(*, E_1.val, E_2.val, E.val);\}$
6	$E \to E_1 / E_2$	$\{E.val = newTemp; gen(/, E_1.val, E_2.val, E.val);\}$
7	$E \to -E_1$	$\{E.val = newTemp; gen(@, E_1.val, -, E.val);\}$
8	$E \to (E_1)$	$\{E.val = E_1.val;\}$
9	$E \to id$	$\{p = lookup(tblptr.top, id.name);$ if $(p = null)$ then Error; else $E.val = p;\}$
10	$E \to num$	$\{E.val = num.value;\}$

翻译模式中的产生式和语义规则解释如下。

- 产生式1：符号A表示赋值语句。
- 产生式2：将表达式E的值赋给变量id。首先从符号表查找该变量，若找到，则生成一条赋值四元式；否则，报错退出。
- 产生式3~6：为四则运算表达式，首先生成一个临时变量，然后生成四元式，将计算结果赋值给新生成的临时变量。
- 产生式7：为一元负操作。到目前为止，已经能够根据归约产生式区分负号和减号，因此负号用另外一个符号@表示（编写编译器程序时，运算符用整数编码表示，负号和减号从此处开始用不同的编码表示）。首先生成一个临时变量，然后生成四元式，将取负结果赋值给新生成的临时变量。
- 产生式8：括号运算，只需要传递属性即可。
- 产生式9：为一个变量的归约，从符号表查询到该符号后赋值给$E.val$。
- 产生式10：为一个常量的归约，将该常量的值赋值给$E.val$。

例题7.12 算术表达式赋值语句翻译 分析赋值语句“x = (a + 3) * −b”，假设所有名字在符号表中都存在，初始时$nxq = 100$。

解 分析过程如表7.48所示，说明列中的“n归约”表示用编号为n的产生式进行归约，“生成n”表示生成编号为n的四元式。生成的中间代码如表7.49所示。

表 7.48 例题7.12的分析过程

步骤	符号栈	输入串	说明
1	$\#$	$x = (a+3) * -b\#$	初始化
2	$\#x = (a$	$+3) * -b\#$	移进
3	$\#x = (E\{val = a\}$	$+3) * -b\#$	9归约
4	$\#x = (E\{val = a\} + 3$	$) * -b\#$	移进
5	$\#x = (E\{val = a\} + E\{val = 3\}$	$) * -b\#$	10归约

续表

步骤	符号栈	输入串	说明
6	$\#x = (E\{val = \$1\}$	$) * -b\#$	3归约，生成100
7	$\#x = (E\{val = \$1\})$	$* - b\#$	移进
8	$\#x = E\{val = \$1\}$	$* - b\#$	8归约
9	$\#x = E\{val = \$1\} * -b$	$\#$	移进
10	$\#x = E\{val = \$1\} * -E\{val = b\}$	$\#$	9归约
11	$\#x = E\{val = \$1\} * E\{val = \$2\}$	$\#$	7归约，生成101
12	$\#x = E\{val = \$3\}$	$\#$	5归约，生成102
13	$\#A$	$\#$	2归约，生成103
14	$\#S$	$\#$	1归约
15	$\#S$	$\#$	成功

表 7.49 例题 7.12 生成的中间代码

$100.(+, a, 3, \$1)$	$102.(*, \$1, \$2, \$3)$
$101.(@, b, -, \$2)$	$103.(=, \$3, -, x)$

7.5.2 Pascal风格数组的引用

Pascal风格数组的引用的翻译

关于Pascal数组动态地址部分，需要生成代码在运行时计算得到。根据式(7.5)、式(7.6)和式(7.7)，可以得到数组$a[i_1, i_2, \cdots, i_k]$动态地址的递推式如式(7.9)所示。

$$d_1 = i_1, d_2 = d_1 \times n_2 + i_2, \cdots, d_k = d_{k-1} \times n_k + i_k \tag{7.9}$$

目前需要考虑的语言成分包括以下3类。

- 表达式：只持有右值，不能出现在赋值运算符左边。
- 简单变量：持有左值和右值，既可以出现在赋值运算符左边，也可以出现在右边。
- 数组变量：持有左值和右值，既可以出现在赋值运算符左边，也可以出现在右边。

表达式仍然使用符号E表示。

简单变量和数组变量需要记录的信息不同。如前所述，简单变量只需要记录变量的值，这个值对变量来说是符号表中指向该符号的指针，对常量来说是其右值。而数组变量需要记录数组的名字，以便查询内情向量；还应记录维度信息，以便查询每个维度的元素数n_i。另外，数组元素相对于数组首元素的偏移量是通过式(7.9)递归计算出来的，这个过程必须在运行时计算，因此需要生成运行时代码实现该过程的计算，需要一个临时变量持有中间结果的值，这个临时变量也应该用一个属性记录。

根据这个需求，以及需要把数组的名字和下标关联起来这个要求，构造数组文法如下。

- $Elist \to id[E$：将数组名字与第1维度关联，且保证了数组下标可以是表达式。这样 $Elist$ 就可以把数组的名字传递下去，也可以把第1个维度按式(7.9)第1次递归计算的中间结果传递下去。
- $Elist \to Elist_1, E$：后续维度的识别，可以继续传递数组名字和各维度递归计算的中间结果。
- $L \to Elist]$：用 L 表示一个数组元素，当 $Elist$ 计算完成，不再需要维度信息，仅剩下数组名字和计算出来的该元素偏移量需要传递给 L。
- $L \to id$：为统一，简单变量也先归约为 L，再归约为 E 作为表达式参与计算。

根据这样的设计，简单变量和数组都用 L 表示，表达式用 E 表示。赋值运算符左边只能用 L，而赋值运算符右边可以是 L，也可以是 E，所以设计赋值运算符右边的 L 可以进一步归约为 E，也就是增加产生式 $E \to L$，以使赋值等号右边符号统一为 E。

本部分增加的属性和元操作如下。

- $Elist$ 的属性如下。
  - val：同 $E.val$，记录一个临时变量，这个临时变量记录了数组元素相对于数组基地址的偏移量。
  - $array$：记录数组在符号表中的指针，书写时用数组名字代表这个指针。
  - dim：记录数组的维度。
- L 的属性如下。
  - val：同 $E.val$，记录一个变量或常量。
  - $offset$：简单变量为 $null$，数组变量为相对于基地址的偏移量。
- $limit(array, j)$：从符号表查询数组内情向量，返回其第 j 维的长度。
- $w = getWidth(array)$：从符号表查询数组，返回其单元素字宽。实现时需要注意，我们设计的符号表中，符号大小记录的是数组总字节数，而不是单元素字宽，需要根据单元素数据类型确定单元素字宽。
- 符号表中的指针 $array$ 或 val，可以直接访问符号表中的列数据，如 $Elist.array.static$ 表示静态地址，$Elist.array.offset$ 或 $Elist.val.offset$ 都表示相应符号的偏移量等。

带数组引用的算术表达式翻译模式如表7.50所示。

表 7.50　Pascal 数组引用的翻译模式

序号	产 生 式	语 义 规 则
1	$S \to A$	
2	$A \to L = E$	{if $L.offset = null$ then $gen(=, E.val, -, L.val)$; else $gen([] =, L.offset, E.val, L.val)$; }
3	$E \to E_1 + E_2$	$\{E.val = newTemp; gen(+, E_1.val, E_2.val, E.val);\}$
4	$E \to E_1 - E_2$	$\{E.val = newTemp; gen(-, E_1.val, E_2.val, E.val);\}$
5	$E \to E_1 * E_2$	$\{E.val = newTemp; gen(*, E_1.val, E_2.val, E.val);\}$
6	$E \to E_1 / E_2$	$\{E.val = newTemp; gen(/, E_1.val, E_2.val, E.val);\}$
7	$E \to -E_1$	$\{E.val = newTemp; gen(@, E_1.val, -, E.val);\}$
8	$E \to (E_1)$	$\{E.val = E_1.val;\}$

续表

序号	产 生 式	语 义 规 则
9	$E \to L$	{ if $L.offset = null$ then $E.val = L.val$; else $\{E.val = newTemp$; $gen(=[], L.val, L.offset, E.val);\}\}$
10	$L \to id$	$\{p = lookup(tblptr.top, id.name)$; if $p = null$ then Error; else $\{L.val = p; L.offset = null;\}\}$
11	$L \to num$	$\{L.val = num.value; L.offset = null;\}$
12	$Elist \to id[E$	$\{Elist.dim = 1; Elist.val = E.val$; $Elist.array = lookup(tblptr.top, id.name);\}$
13	$Elist \to Elist_1, E$	$\{t = newTemp; Elist.dim = Elist_1.dim + 1$; $n = limit(Elist_1.array, Elist.dim)$; $gen(*, Elist_1.val, n, t); gen(+, t, E.val, t)$; $Elist.array = Elist_1.array; Elist.val = t;\}$
14	$L \to Elist]$	$\{w = getWidth(Elist.array); s = Elist.array.static$; $L.val = newTemp; L.offset = newTemp$; $gen(\&, Elist.array, -, L.val); gen(-, L.val, s, L.val)$; $gen(*, w, Elist.val, L.offset);\}$

翻译模式中的产生式和语义规则解释如下。

- 产生式1、3~8：同表7.47。
- 产生式2：将赋值运算符左边换成L。当$L.offset = null$，也就是等号左边为简单变量时，生成四元式将等号右边符号赋值给左边。当$L.offset \neq null$，也就是等号左边为数组元素时，$L.val$代表数组名字，也就是数组基地址，$L.offset$为相对于基地址的偏移量，因此$L.val[L.offset]$表示该数组元素，生成四元式将$E.val$赋值给该元素。
- 产生式9：当L在等号右边时，需要归约为E，此时将失去$offset$属性。对于简单变量，直接将$L.val$传递给$E.val$即可。如果是数组，则将数组元素$L.val[L.offset]$赋值给一个临时变量，由$E.val$持有这个临时变量继续传递。
- 产生式10~11:为简单变量和常数的识别,$L.val$的获取同表7.47的$E.val$,而$L.offset$直接赋值为$null$。
- 产生式12：为数组名字和第1维度的识别，用dim记录维度，$array$记录数组在符号表的指针，val记录第1维度下标对应的变量。
- 产生式13：为识别一个维度，先生成一个临时变量t，维度加1，查询该维度的元素数n。生成的两个四元式中，$Elist_1.val$即为式(7.9)的前一个维度的d_i，第1个四元式乘以n，第2个四元式加上当前维度的下标，完成一次递归计算。最后，传递$array$属性和val属性。
- 产生式14：为数组识别完成。从符号表中查出数组单元素字宽w和静态地址s。为

$L.val$ 和 $L.offset$ 都生成临时变量，生成四元式取得数组基地址，减去静态地址，由 $L.val$ 携带；再将当前元素相对于基地址的偏移量 $Elist.val$ 乘以单字宽，成为以字节为单位的偏移量，由 $L.offset$ 携带。

例题 7.13 Pascal风格数组引用的翻译 分析赋值语句"x = a[b + c, i, j]"，假设所有名字在符号表中都存在，初始时 $nxq = 100$。其中数组声明：a : array[1..10, 2..5, 3..6] of real。

解 静态地址：$C = (((low_1 \times n_2) + low_2) * n_3 + low3) \times 8 = (((1 \times 4) + 2) * 4 + 3) \times 8 = 216$，该信息应已在声明语句翻译时，通过递归计算记录到了符号表中，可以通过查表获得。

分析过程如表7.51所示，生成的中间代码如表7.52所示。

表 7.51 例题7.13的分析过程

步骤	符号栈	输入串	说明
1	$\#$	$x = a[b + c, i, j]\#$	初始化
2	$\#x$	$= a[b + c, i, j]\#$	移进
3	$\#L\{val = x, offset = null\}$	$= a[b + c, i, j]\#$	10 归约
4	$\#L\{val = x, offset = null\} = a[b$	$+c, i, j]\#$	移进
5	$\#L\{val = x, offset = null\} = a[L\{val = b, offset = null\}$	$+c, i, j]\#$	10 归约
6	$\#L\{val = x, offset = null\} = a[E\{val = b\}$	$+c, i, j]\#$	9 归约
7	$\#L\{val = x, offset = null\} = a[E\{val = b\} + c$	$, i, j]\#$	移进
8	$\#L\{val = x, offset = null\} = a[E\{val = b\} + L\{val = c, offset = null\}$	$, i, j]\#$	10 归约
9	$\#L\{val = x, offset = null\} = a[E\{val = b\} + E\{val = c\}$	$, i, j]\#$	9 归约
10	$\#L\{val = x, offset = null\} = a[E\{val = \$1\}$	$, i, j]\#$	3 归约，生成 100
11	$\#L\{val = x, offset = null\} = Elist\{dim = 1, array = a, val = \$1\}$	$, i, j]\#$	12 归约
12	$\#L\{val = x, offset = null\} = Elist\{dim = 1, array = a, val = \$1\}, i$	$, j]\#$	移进
13	$\#L\{val = x, offset = null\} = Elist\{dim = 1, array = a, val = \$1\}, L\{val = i, offset = null\}$	$, j]\#$	10 归约
14	$\#L\{val = x, offset = null\} = Elist\{dim = 1, array = a, val = \$1\}, E\{val = i\}$	$, j]\#$	9 归约

续表

步骤	符 号 栈	输 入 串	说 明
15	$\#L\{val = x, offset = null\} = Elist\{dim = 2, array = a, val = \$2\}$	$,j]\#$	13 归约，生成 101、102
16	$\#L\{val = x, offset = null\} = Elist\{dim = 2, array = a, val = \$2\}, j$	$]\#$	移进
17	$\#L\{val = x, offset = null\} = Elist\{dim = 2, array = a, val = \$2\}, L\{val = j, offset = null\}$	$]\#$	10 归约
18	$\#L\{val = x, offset = null\} = Elist\{dim = 2, array = a, val = \$2\}, E\{val = j\}$	$]\#$	9 归约
19	$\#L\{val = x, offset = null\} = Elist\{dim = 2, array = a, val = \$3\}$	$]\#$	13 归约，生成 103、104
20	$\#L\{val = x, offset = null\} = Elist\{dim = 2, array = a, val = \$3\}]$	$\#$	移进
21	$\#L\{val = x, offset = null\} = L\{val = \$4, offset = \$5\}$	$\#$	14 归约，生成 105、106、107
22	$\#L\{val = x, offset = null\} = E\{val = \$6\}$	$\#$	9 归约，生成 108
23	$\#A$	$\#$	2 归约，生成 109
24	$\#S$	$\#$	1 归约
25	$\#S$	$\#$	成功

表 7.52 例题 7.13 生成的中间代码

$100.(+, b, c, \$1)$	$105.(\&, a, -, \$4)$
$101.(*, \$1, 4, \$2)$	$106.(-, \$4, 216, \$4)$
$102.(+, \$2, i, \$2)$	$107.(*, 8, \$3, \$5)$
$103.(*, \$2, 4, \$3)$	$108.(=[], \$4, \$5, \$6)$
$104.(+, \$3, j, \$3)$	$109.(=, \$6, -, x)$

下面对生成的中间代码做简要说明。四元式 100 得到 $\$1 = b+c$，101 得到 $\$2 = 4(b+c)$，就是乘第 2 个维度的元素数；102 得到 $\$2 = 4(b+c)+i$，即加第 2 个维度的下标。四元式 103 和 104 乘第 3 个维度的元素数，再加第 3 个维度的下标。至此，\$3 中保存了 $a[b+c, i, j]$ 这个数组元素对基地址 a 的元素偏移量，四元式 107 乘以元素字宽，就得到相对于基地址的字节偏移量，保存在 \$5 中。

四元式 105 中 &a 代表数组的基地址，四元式 106 将其减去静态地址 216，保存到 \$4。108 将基地址 + 字节偏移量的内容取出，存入 \$6，这也是要访问的数组元素的值。最后的四元式109将$6赋值给左部变量x。

这里说明一下四元式中名字的含义。变量的名字，既代表这个变量的值，也代表这个变量的地址。在运行时存储空间组织中，已经介绍了使用帧指针EBP和符号表中记录的$offset$计算变量地址的方法。对于简单变量，是访问名字所代表的地址中的内容。如四元式100中，b、c和$1都是指它们名字代表的地址中的内容，即将$b$和$c$这两个地址中的内容取出并相加，然后存入$1地址中。

四元式105中的&则是取数组a的地址，其操作是使用EBP和$offset$计算得到的值，赋值给$4，而不是从这个地址取内容赋值给$4。因此这个四元式的结果就是$4持有了数组的基地址，四元式106再减去静态地址的值。而四元式108中的$4[$5]，指的是$4偏移$5作为地址，取这个地址中的内容赋值给$6。

7.5.3 C风格数组的引用

数组元素引用中，C风格语句下标下界为0，因此较Pascal风格语句少了静态地址一项。表7.53为C数组引用的翻译模式，相对于Pascal翻译模式有如下修改。

- 产生式2：产生式右部后面加了分号，以与C风格其他语句一致，语义规则没有变化。
- 产生式14：去掉了Pascal中$L.val$减去静态地址后赋值给$L.val$的操作。

表 7.53　C数组引用的翻译模式

序号	产 生 式	语 义 规 则
1	与表7.50中产生式1相同	
2	$A \to L = E;$	{if $L.offset = null$ then $gen(=, E.val, -, L.val)$; else $gen([] =, L.offset, E.val, L.val)$; }
3~13	与表7.50中产生式3~13相同	
14	$L \to Elist]$	$\{w = getWidth(Elist.array);$ $L.val = newTemp; gen(\&, Elist.array, -, L.val);$ $L.offset = newTemp; gen(*, w, Elist.val, L.offset); \}$

7.5.4 结构体的引用

Pascal风格和C风格的结构体引用没有本质区别。由于C风格的结构体形式上更加简洁，下面以C风格结构体为例说明其引用的翻译。如代码7.5所示，第1~4行定义了结构体（后续称为结构体定义），第5行声明了一个结构体对象（后续称为结构体对象），第8行为结构体数组成员的一个元素赋值，第9行引用了这个结构体对象的一个属性。

在符号表中，结构体的定义和结构体对象的声明各是一个独立的记录，它们可能在同一个符号表中也可能不在。如结构体定义在全局数据区，那么它保存在根符号表中。如果结构体对象声明也是全局的，它们就在同一个符号表中；如果某个函数中声明了一个结构体对象，那么这个对象在这个函数的符号表中，与结构体定义就不在同一个表中。不管哪种情况，根据结构体对象，通过逐级访问父表总是可以找到结构体定义的。

结构体定义指向一个成员记录子表，该子表记录了该结构体的成员信息。结构体对象记录的$offset$同一般变量一样，是相对于某个地址的偏移量，可以通过EBP偏移计算得到，称为结构体偏移量。结构体定义指向的成员信息中，也记录了一个$offset$，是相对于结构体对象基地址的偏移量，称为成员偏移量。两个偏移量相加，就是该成员相对于某个地址的偏移量。

代码 7.5 C风格结构体

```
1    struct Point {
2      double Coor[10, 2];
3      int Num;
4    };
5    struct Point p;
6    int n;
7    …
8    p.Coor[0, 1] = 0;
9    n = p.Num;
```

这样，相对于普通变量来说，结构体成员地址的确定需要额外增加一个结构体对象的基地址信息，用属性$base$表示。引用结构体成员时，结构体定义语句已经分析完成，结构体成员符号表（内情向量表）已经从符号表栈中弹出，需要根据符号表中结构体定义的指针查询该子表，用属性$memtbl$记录。为了不修改前述已经设计出的翻译模式，对结构体成员的数组类型，其下标表达式列表（原文法中的$Elist$）使用一个新的符号$SElist$表示，而非结构体成员的数组下标表达式列表仍然使用$Elist$表示。

结构体引用的翻译需要增加的属性和元操作如下。

- $base$：记录结构体对象的基地址。
- $memtbl$：结构体成员子表。
- $p.getStructName()$：根据结构体对象p在符号表中记录的类型信息，得到结构体定义的名字。
- $q.getMem()$：根据结构体定义q，得到其成员子表。

表7.54为结构体引用的翻译模式。

表 7.54 结构体引用的翻译模式

序号	产 生 式	语 义 规 则
1~14	与表7.53产生式1~14相同	
15	$R \to id.$	$\{p = lookup(tblptr.top, id.name);$ $q = lookup(tblptr.top, p.getStructName());$ $R.base = newTemp; gen(\&, p, -, R.base);$ $R.memtbl = q.getMem();\}$
16	$L \to R\ id$	$\{p = lookup(R.memtbl, id.name);$ $L.val = newTemp; L.offset = null;$ $gen(=[], R.base, p.offset, L.val);\}$
17	$SElist \to R\ id[E$	$\{SElist.dim = 1; SElist.val = E.val;$ $SElist.array = lookup(R.memtbl, id.name);$ $SElist.base = R.base;\}$

续表

序号	产 生 式	语 义 规 则
18	$SElist \to SElist_1, E$	$\{t = newTemp; SElist.dim = SElist_1.dim + 1;$ $n = limit(SElist_1.array, SElist.dim);$ $gen(*, SElist_1.val, n, t); gen(+, t, E.val, t);$ $SElist.array = SElist_1.array; SElist.val = t;$ $SElist.base = SElist_1.base;\}$
19	$L \to SElist]$	$\{w = getWidth(SElist.array);$ $off = SElist.array.offset;$ $L.val = newTemp; gen(+, SElist.base, off, L.val);$ $L.offset = newTemp; gen(*, w, SElist.val, L.offset);\}$

对翻译模式中新增的产生式和语义规则解释如下。

- 产生式15：遇到“*id.*”认为是一个结构体引用，先通过*id.name*找到符号表中的结构体对象p，再通过p中记录的结构体定义的名字找到结构体定义q。把结构体基地址赋值给一个临时变量，由$R.base$传递。结构体定义指向的结构体成员内情向量表由属性$R.memtbl$传递。
- 产生式16:结构体成员为一个简单变量,此时$L.val$应该持有该成员的值,$L.offset = null$。根据*id.name*从结构体成员子表中找到成员p，其偏移量即为相对于基地址$R.base$的字节偏移量，因此用$R.base[p.offset]$即可取到该成员的值，生成代码赋值给$L.val$持有的变量即可。
- 产生式17: 结构体成员为数组。将维度dim置1，代表维度偏移的临时变量$E.val$传递给$SElist.val$，数组指针$array$从成员子表查到，结构体对象基地址$R.base$传递给$SElist.base$。
- 产生式18：与表7.50产生式13相比，增加了$base$属性的传递，其他均相同。
- 产生式19：$L.val$的计算，是数组基地址$SElist.base$，加上结构体成员表中记录的该数组的字节偏移量$SElist.array.offset$，两者之和就是数组真实的起始地址。如果是Pascal数组，则再生成一个四元式，从$L.val$中减去静态地址即可。$L.offset$则是从基地址算起元素偏移的字节数，因此$L.val[L.offset]$就是该数组元素的地址。

例题7.14结构体引用语句的翻译 翻译代码7.5中的句子“{p.Coor[0, 1] = 0; n = p.Num;}”，假设所有名字在符号表中都存在，初始时$nxq = 100$。其中符号表信息参考表7.43、表7.44和表7.45。

解 分析过程如表7.55所示，生成的中间代码如表7.56所示。

其中第19~20步的归约，使用了表7.41（C风格函数定义与声明语句）中的产生式9；第30~31步的归约，使用了产生式10；第32~33步的归约，使用了产生式8。

表 7.55 例题7.14的分析过程

步骤	符 号 栈	输 入 串	说 明
1	#	$\{p.Coor[0,1]\cdots\#$	初始化
2	#{p.	$Coor[0,1] = 0;\cdots\#$	移进

续表

步骤	符号栈	输入串	说明
3	$\#\{R\{base = \$1\}$	$Coor[0,1] = 0; \cdots \#$	15归约，生成100
4	$\#\{R\{base = \$1\}Coor[0$	$,1] = 0; \cdots \#$	移进
5	$\#\{R\{base = \$1\}Coor[L\{val = 0, offset = null\}$	$,1] = 0; \cdots \#$	11归约
6	$\#\{R\{base = \$1\}Coor[E\{val = 0\}$	$,1] = 0; \cdots \#$	9归约
7	$\#\{SEList\{dim = 1, val = 0, base = \$1, array = Coor\}$	$,1] = 0; \cdots \#$	17归约
8	$\#\{SEList\{dim = 1, val = 0, base = \$1, array = Coor\}, 1$	$] = 0; \cdots \#$	移进
9	$\#\{SEList\{dim = 1, val = 0, base = \$1, array = Coor\}, L\{val = 1, offset = null\}$	$] = 0; \cdots \#$	11归约
10	$\#\{SEList\{dim = 1, val = 0, base = \$1, array = Coor\}, E\{val = 1\}$	$] = 0; \cdots \#$	9归约
11	$\#\{SEList\{dim = 2, val = \$2, base = \$1, array = Coor\}$	$] = 0; \cdots \#$	18归约，生成101、102
12	$\#\{SEList\{dim = 2, val = \$2, base = \$1, array = Coor\}]$	$= 0; \cdots \#$	移进
13	$\#\{L\{val = \$3, offset = \$4\}$	$= 0; \cdots \#$	19归约，生成103、104
14	$\#\{L\{val = \$3, offset = \$4\} = 0$	$; n = p.Num; \}\#$	移进
15	$\#\{L\{val = \$3, offset = \$4\} = L\{val = 0, offset = null\}$	$; n = p.Num; \}\#$	11归约
16	$\#\{L\{val = \$3, offset = \$4\} = E\{val = 0\}$	$; n = p.Num; \}\#$	9归约
17	$\#\{L\{val = \$3, offset = \$4\} = E\{val = 0\};$	$n = p.Num; \}\#$	移进
18	$\#\{A$	$n = p.Num; \}\#$	2归约，生成105
19	$\#\{S$	$n = p.Num; \}\#$	1归约
20	$\#\{Slist$	$n = p.Num; \}\#$	归约
21	$\#\{Slist\ n$	$= p.Num; \}\#$	移进
22	$\#\{Slist\ L\{val = n, offset = null\}$	$= p.Num; \}\#$	10归约
23	$\#\{Slist\ L\{val = n, offset = null\} = p.$	$Num; \}\#$	移进
24	$\#\{Slist\ L\{val = n, offset = null\} = R\{base = \$5\}$	$Num; \}\#$	15归约，生成106

续表

步骤	符号栈	输入串	说明
25	$\#\{Slist\ L\{val = n, offset = null\} = R\{base = \$5\}Num$	;}#	移进
26	$\#\{Slist\ L\{val = n, offset = null\} = L\{val = \$6, offset = null\}$	;}#	16归约，生成107
27	$\#\{Slist\ L\{val = n, offset = null\} = E\{val = \$6\}$	;}#	9归约
28	$\#\{Slist\ L\{val = n, offset = null\} = E\{val = \$6\};$	}#	移进
29	$\#\{Slist\ A$	}#	2归约，生成108
30	$\#\{Slist\ S$	}#	1归约
31	$\#\{Slist$	}#	归约
32	$\#\{Slist\}$	#	移进
33	$\#S$	#	归约
34	$\#S$	#	成功

表 7.56　例题 7.14 生成的中间代码

100.$(\&, p, -, \$1)$	105.$([] =, \$4, 0, \$3)$
101.$(*, 0, 2, \$2)$	106.$(\&, p, -, \$5)$
102.$(+, \$2, 1, \$2)$	107.$(= [], \$5, 160, \$6)$
103.$(+, \$1, 0, \$3)$	108.$(=, \$6, -, n)$
104.$(*, 8, \$2, \$4)$	

7.5.5　作为逻辑运算的布尔表达式

布尔表达式有以下两个作用。

- 作为逻辑运算，获得逻辑值。
- 作为控制语句的条件式。

本节介绍作为逻辑运算的布尔表达式翻译，作为控制语句的条件式翻译将在7.6节的控制语句翻译中介绍。

布尔表达式涉及以下3种运算符。

- 算术运算符，即加、减、乘、除、负、幂等运算。
- 逻辑运算符，优先级由高到低为：非（!）、与（&&）、或（||）。其中非运算右结合，与运算和或运算左结合。
- 关系运算符，包括等于（==）、不等于（!=）、小于（<）、小于或等于（<=）、大于（>）、大于或等于（>=）。对诸如a < b < c的操作，C语言把a < b的布尔值看作整型，再与c进一步比较；本书则规定a < b < c等价于a < b && b < c，这个规则在控制语句翻译中再介绍。从这个角度来说，规定关系运算符优先级相同，且均

为左结合。

- 3种运算符优先级由高到低依次为：算术运算符、关系运算符、逻辑运算符。

语义规则中，布尔表达式有两种不同的计算方法。第1种方法是像算术运算一样，一步不差地从表达式各部分值计算整个表达式的值。第2种方法是进行优化计算，例如 $E_1 \&\& E_2$ 中，如果 $E_1.val = 0$（0表示假），则整个产生式为0，不必再计算 E_2；$E_1||E_2$ 中，如果 $E_1.val = 1$（1表示真），则整个产生式为1，不必再计算 E_2。本节介绍第1种方法的翻译，关于优化计算的方法，本节不介绍，在7.6节的控制语句翻译中作为控制条件的优化翻译方法介绍，可以将其改写到本节的布尔表达式求值的翻译模式中。

一个关系运算如 $a\theta b$ 可以生成4条四元式，如表7.57所示。假设该关系式的值存入临时变量\$1，由于取值可能为真，也可能为假，因此必然生成两条四元式：把0赋值给\$1和把1赋值给\$1，分别对应四元式101和103。四元式100判断 $a\theta b$，若为真，则转移到103，也就是给\$1赋值为1的四元式；若为假，则不转移，继续执行101，此时给\$1赋值为0。四元式101后面跟着一个无条件转移，跳过赋值为1的四元式103，因为如果不跳过103，则\$1又会被赋值为1，结果错误。

表 7.57　句子" $a\theta b$ "生成的中间代码

$100.(j\theta, a, b, 103)$
$101.(=, 0, -, \$1)$
$102.(j, -, -, 104)$
$103.(=, 1, -, \$1)$
$104.\cdots$

根据这一思路，设计布尔表达式的翻译模式如表7.58所示。在四元式的程序实现中，运算符用整数编码而非键盘敲入的字符表示；为书写简洁，书面书写时非、与、或分别用符号¬、∧、∨表示，关系运算也用简写形式。

表 7.58　作为逻辑运算的布尔表达式翻译模式

序号	产 生 式	语 义 规 则
1~19	与表7.54产生式1~19相同	
20	$E \to E_1 \&\& E_2$	$\{E.val = newTemp; gen(\wedge, E_1.val, E_2.val, E.val);\}$
21	$E \to E_1 \vert\vert E_2$	$\{E.val = newTemp; gen(\vee, E_1.val, E_2.val, E.val);\}$
22	$E \to !E_1$	$\{E.val = newTemp; gen(\neg, E_1.val, -, E.val);\}$
23	$E \to E_1 \theta E_2$	$\{E.val = newTemp;$ $gen(j\theta, E_1.val, E_2.val, nxq + 3); gen(=, 0, -, E.val);$ $gen(j, -, -, nxq + 2); gen(=, 1, -, E.val);\}$

对布尔运算表达式翻译模式说明如下。

- 产生式20~21：与、或运算，与加减乘除的语义规则类似。
- 产生式22：非运算，与一元负的语义规则类似。
- 产生式23：两个产生式比较，生成新的临时变量 $E.val$ 后，生成类似表7.57的4个四元式。首先生成条件转移语句，此时 nxq 就指向将要生成的这条四元式，因此条件

为真时的转移目标 $nxq+3$ 就跳过将要生成的3条四元式，指向将要生成的第4条四元式，即给 $E.val$ 赋值为1的那条四元式。条件转移语句后，即条件为假时顺序执行的四元式，该四元式给 $E.val$ 赋值为0。再往后是无条件转移语句，此时 nxq 变为指向当前这条语句，因此转移目标 $nxq+2$ 跳过给 $E.val$ 赋值为1的四元式。最后生成给 $E.val$ 赋值为1的四元式。

例题7.15作为逻辑运算的布尔表达式翻译 翻译布尔表达式“x = a < b || c <= i + j && e;”，假设所有名字在符号表中都存在，初始时 $nxq = 100$。其中 e 为布尔类型变量。

解 分析过程如表7.59所示，生成的中间代码如表7.60所示。

表 7.59 例题7.15的分析过程

步骤	符号栈	输入串	说明
1	$\#$	$x = a < b\|\| \cdots \#$	初始化
2	$\#x$	$= a < b\|\| \cdots \#$	移进
3	$\#L\{val = x, offset = null\}$	$= a < b\|\| \cdots \#$	10归约
4	$\#L\{val = x, offset = null\} = a$	$< b\|\| \cdots \#$	移进
5	$\#L\{val = x, offset = null\} = L\{val = a, offset = null\}$	$< b\|\| \cdots \#$	10归约
6	$\#L\{val = x, offset = null\} = E\{val = a\}$	$< b\|\| \cdots \#$	9归约
7	$\#L\{val = x, offset = null\} = E\{val = a\} < b$	$\|\|c <= i + j \cdots \#$	移进
8	$\#L\{val = x, offset = null\} = E\{val = a\} < E\{val = b\}$	$\|\|c <= i + j \cdots \#$	10归约后9归约
9	$\#L\{val = x, offset = null\} = E\{val = \$1\}$	$\|\|c <= i + j \cdots \#$	23归约，生成100~103
10	$\#L\{val = x, offset = null\} = E\{val = \$1\}\|\|c$	$<= i + j \cdots \#$	移进
11	$\#L\{val = x, offset = null\} = E\{val = \$1\}\|\|E\{val = c\}$	$<= i + j \cdots \#$	10归约后9归约
12	$\#L\{val = x, offset = null\} = E\{val = \$1\}\|\|E\{val = c\} <= i$	$+j\&\&e; \#$	移进
13	$\#L\{val = x, offset = null\} = E\{val = \$1\}\|\|E\{val = c\} <= E\{val = i\}$	$+j\&\&e; \#$	10归约后9归约
14	$\#L\{val = x, offset = null\} = E\{val = \$1\}\|\|E\{val = c\} <= E\{val = i\} + j$	$\&\&e; \#$	移进

续表

步骤	符号栈	输入串	说明
15	$\#L\{val=x,offset=null\}=E\{val=\$1\}\|\|E\{val=c\}<=E\{val=i\}+E\{val=j\}$	&&e;#	10归约后9归约
16	$\#L\{val=x,offset=null\}=E\{val=\$1\}\|\|E\{val=c\}<=E\{val=\$2\}$	&&e;#	3归约，生成104
17	$\#L\{val=x,offset=null\}=E\{val=\$1\}\|\|E\{val=\$3\}$	&&e;#	23归约，生成105~108
18	$\#L\{val=x,offset=null\}=E\{val=\$1\}\|\|E\{val=\$3\}\&\&e$	;#	移进
19	$\#L\{val=x,offset=null\}=E\{val=\$1\}\|\|E\{val=\$3\}\&\&E\{val=e\}$	;#	10归约后9归约
20	$\#L\{val=x,offset=null\}=E\{val=\$1\}\|\|E\{val=\$4\}$	;#	20归约，生成109
21	$\#L\{val=x,offset=null\}=E\{val=\$5\}$	;#	21归约，生成110
22	$\#L\{val=x,offset=null\}=E\{val=\$5\};$	#	移进
23	$\#A$	#	2归约，生成111
24	$\#S$	#	1归约
25	$\#S$	#	成功

表 7.60 例题 7.15 生成的中间代码

100.$(j<,a,b,103)$	106.$(=,0,-,\$3)$
101.$(=,0,-,\$1)$	107.$(j,-,-,109)$
102.$(j,-,-,104)$	108.$(1,=,-,\$3)$
103.$(1,=,-,\$1)$	109.$(\wedge,\$3,e,\$4)$
104.$(+,i,j,\$2)$	110.$(\vee,\$1,\$4,\$5)$
105.$(j\leqslant,c,\$2,108)$	111.$(=,\$5,-,x)$

7.5.6 地址和指针的引用

C风格的地址和指针程序如代码7.6所示。第1~2行声明语句中，x是一个double类型的普通变量，p是一个double类型的指针（地址）。第4行将x的地址赋值给指针p，第5行将地址p中保存的内容赋值给x，第6行将x赋值给指针p指向的内容。

指针的引用和赋值有明显区别。第5行的指针引用，是将地址p中的内容取出，可以在

p 归约时生成四元式将其赋值给一个临时变量，形如 (=, p, –, \$1)。而给指针赋值不能这样处理，需要指针和后面的赋值等一起处理，如第6行的代码生成形如 (*=, x, –, p) 的四元式。

代码 7.6 C风格的地址和指针程序

```
1    double x;
2    double* p;
3    ...
4    p = &x;
5    x = *p;
6    *p = x;
```

表7.61设计了地址和指针的翻译模式。

表 7.61 地址和指针的翻译模式

序号	产 生 式	语 义 规 则
1~23	与表7.58产生式1~23相同	
24	$E \rightarrow \&L$	$\{E.val = newTemp;$ if $L.offset = null$ then $gen(\&, L.val, -, E.val);$ else $gen(+, L.val, L.offset, E.val); \}$
25	$E \rightarrow *L$	$\{E.val = newTemp;$ if $L.offset = null$ then $gen(= *, L.val, -, E.val);$ else $\{gen(= [], L.val, L.offset, E.val);$ $gen(= *, E.val, -, E.val); \}\}$
26	$A \rightarrow *L = E$	$\{t = newTemp;$ if $L.offset = null$ then $gen(* =, E.val, -, L.val);$ else $\{gen(= [], L.val, L.offset, t);$ $gen(* =, E.val, -, t); \}\}$

对翻译模式的产生式和语义规则说明如下。

- 产生式24：取地址。简单变量直接生成取地址四元式。数组的 $L.val$ 本身是首元素基地址，加上偏移量即为元素地址。
- 产生式25：指针引用。简单变量直接生成指针引用四元式。数组首先取到 $L.val[L.offset]$，再把该元素值作为地址取指针。
- 产生式26：指针赋值。简单变量直接生成指针赋值四元式。数组首先取到 $L.val[L.offset]$，再把该元素值作为地址，将 $E.val$ 写入。

例题 7.16 地址和指针引用语句的翻译 翻译代码“p = &x; *p = x + *p;”，假设所有名字在符号表中都存在，初始时 $nxq = 100$。该例题没有带花括号，认为归约到 $Slist$ 为结束。

解 分析过程如表7.62所示，生成的中间代码如表7.63所示。

表 7.62 例题 7.16 的分析过程

步骤	符 号 栈	输 入 串	说 明
1	$\#$	$p = \&x; *p = x + *p; \#$	初始化
2	$\#p$	$= \&x; *p = x + *p; \#$	移进

续表

步骤	符 号 栈	输 入 串	说 明
3	$\#L\{val=p,offset=null\}$	$=\&x;*p=x+*p;\#$	10归约
4	$\#L\{val=p,offset=null\}=\&x$	$;*p=x+*p;\#$	移进
5	$\#L\{val=p,offset=null\}=$ $\&L\{val=x,offset=null\}$	$;*p=x+*p;\#$	10归约
6	$\#L\{val=p,offset=null\}=E\{val=$ $\$1\}$	$;*p=x+*p;\#$	24归约，生成100
7	$\#L\{val=p,offset=null\}=E\{val=$ $\$1\};$	$*p=x+*p;\#$	移进
8	$\#A$	$*p=x+*p;\#$	2归约，生成101
9	$\#S$	$*p=x+*p;\#$	1归约
10	$\#Slist$	$*p=x+*p;\#$	声明语句9归约
11	$\#Slist\ *p$	$=x+*p;\#$	移进
12	$\#Slist\ *L\{val=p,offset=null\}$	$=x+*p;\#$	10归约
13	$\#Slist\ *L\{val=p,offset=null\}=x$	$+*p;\#$	移进
14	$\#Slist\ *L\{val=p,offset=null\}=$ $E\{val=x\}$	$+*p;\#$	10归约后9归约
15	$\#Slist\ *L\{val=p,offset=null\}=$ $E\{val=x\}+*p$	$;\#$	移进
16	$\#Slist\ *L\{val=p,offset=null\}=$ $E\{val=x\}+*L\{val=p\}$	$;\#$	10归约
17	$\#Slist\ *L\{val=p,offset=null\}=$ $E\{val=x\}+E\{val=\$2\}$	$;\#$	25归约，生成102
18	$\#Slist\ *L\{val=p,offset=null\}=$ $E\{val=\$3\}$	$;\#$	3归约，生成103
19	$\#Slist\ *L\{val=p,offset=null\}=$ $E\{val=\$3\};$	$\#$	移进
20	$\#Slist\ A$	$\#$	26归约，生成104
21	$\#Slist\ S$	$\#$	1归约
22	$\#Slist$	$\#$	声明语句10归约
23	$\#Slist$	$\#$	成功

表 7.63 例题 7.16 生成的中间代码

100.$(\&,x,-,\$1)$	103.$(+,x,\$2,\$3)$
101.$(=,\$1,-,p)$	104.$(*=,\$3,-,p)$
102.$(=*,p,-,\$2)$	

7.6 控制语句的翻译

本节继续扩充前述文法中S的功能，使其能接受控制语句。

7.6.1 真、假出口链

真、假出口链及其操作

布尔表达式作为控制语句的逻辑条件时，仅用于对语句分支的选择，不需要使用一个临时变量保留其值。以“if (B) S_1 else S_2”为例，如图7.15所示，该语句有以下3个代码区。

- 布尔表达式B生成的代码，记作$B.code$。
- 语句序列S_1生成的代码，记作$S_1.code$。
- 语句序列S_2生成的代码，记作$S_2.code$。

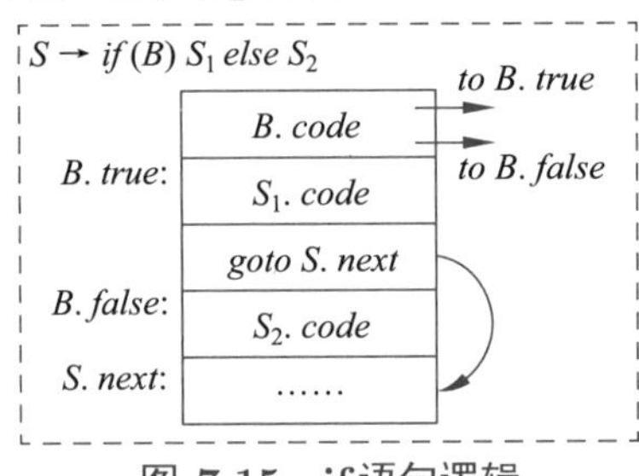

图 7.15　if语句逻辑

B总有以下两个出口。

- **真出口：**记作$B.true$，即B为真时的转移地址，指向S_1的第一个四元式。
- **假出口：**记作$B.false$，即B为假时的转移地址，指向S_2的第一个四元式。

S_1和S_2之间有一条无条件转移语句，执行完S_1要转移到整个if语句的后面。如果整个if语句块记作S，则语句后的第一条四元式位置记作$S.next$。

例题7.17 手工翻译if语句　对语句if (a $>$ c || b $<$ d) S_1 else　S_2，其对应的三地址码如代码7.7所示，其中符号S_1和S_2在代码中分别用S1和S2表示。

代码 7.7　if语句的三地址码

```
1      if a > c goto L2
2      goto L1
3   L1: if b < d goto L2
4      goto L3
5   L2: S1的代码序列
6      goto Lnext
7   L3: S2的代码序列
8   Lnext:
```

该代码有4个标号：第3行的L1，为条件表达式中b $<$ d的判断；第5行的L2，为S1的代码序列；第7行的L3，为S2的代码序列；第8行的Lnext，为整个if语句的后续语句。

第1行，如果a $>$ c成立，则不需要判断b $<$ d，直接转移到L2，也就是S1的代码序

列；若a > c不成立，则第2行转移到L1，也就是b < d的判断。第3行，如果b < d成立，也转移到L2；否则，第4行转移到L3，也就是S2的代码序列。S1和S2的代码之间，也就是第6行，转移到整个if语句后，也就是第8行的Lnext。

生成的四元式如表7.64所示，其中每行三地址码对应一条四元式，假设S1的代码为四元式104～114，S2的代码为四元式116～119。

表 7.64 if语句可能的中间代码

$100.(j >, a, c, 104)$	$104.S_1 \cdots$
$101.(j, -, -, 102)$	$115.(j, -, -, 120)$
$102.(j <, b, d, 104)$	$116.S_2 \cdots$
$103.(j, -, -, 116)$	$120.\cdots$

例题7.17中，手工写出了if语句的三地址码和四元式代码。但是编译器翻译时，会遇到这样的问题：在翻译到第1行的三地址码时，转移的目标L2是不知道的，也就是四元式100中第4个区段的104无法预知，需要翻译到S1的代码，即第5行三地址码或四元式104才能确定。同样的，第2行的L1（四元式101的转移目标）、第3行的L2（四元式102的转移目标）、第4行的L3（四元式103的转移目标）、第6行的Lnext（四元式115的转移目标），都需要翻译后续语句时才能确定。

解决这个问题的思路是，生成四元式时，暂不确定转移标号，而是把指向同一目标的四元式组成一个链表（如四元式100和102的转移目标相同），确定目标后再**回填**。由于转移是由布尔表达式B确定的，因此为B赋予两个综合属性$B.trueList$和$B.falseList$，分别表示表达式B的真、假出口链，这两个链分别记录了B为真和B为假时待回填的四元式链。如翻译B时，$B.trueList$中记录了四元式100和102，当翻译到104时，使用104回填$B.trueList$，就将四元式100和102的第4个区段填上了104。

四元式链回填前，链中四元式的第4个区段是没有用的，因此可以把第4区段用来构造链表。如图7.16所示，当$B.trueList = r$或$B.falseList = r$时，r就是一条链，r的第4个区段q就表示q是r下一个结点，q的第4个区段p表示p是q下一个结点，p的第4个区段0（如果是指针，则为$null$）表示四元式链结束。当$B.trueList \neq r$且$B.falseList \neq r$时，r的第4个区段就是真实的转移地址，即转移到q，而不是与q成链。

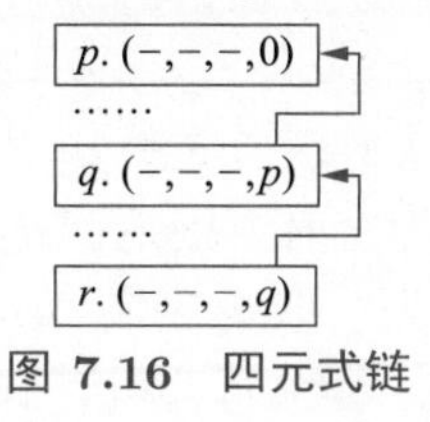

图 7.16 四元式链

7.6.2 四元式链操作

作为条件控制的布尔表达式翻译需要增加如下属性和元操作。

- $trueList$：真出口链。
- $falseList$：假出口链。
- $quad$：四元式编号。
- $makeList(q)$：创建一个四元式链，该链只包含一个结点即四元式q，返回链表头指针。

- $merge(p1,p2)$：合并两个四元式链，将 $p2$ 和 $p1$ 两个链首尾相连。当 $E_1\&\&E_2$ 归约时，由于 E_1 和 E_2 的假出口相同，因此需要合并它们的 $falseList$；当 $E_1||E_2$ 归约时，由于 E_1 和 E_2 的真出口相同，因此需要合并它们的 $trueList$。
- $backPatch(p,t)$：将四元式链 p 的所有结点的第 4 个区段，用四元式 t 回填。

下面讨论合并和回填两个操作的算法。

对于链数据结构来说，插入链首比插入链尾操作方便，因为插入链尾需要遍历整条链。由于生成四元式的编号是逐四元式变大的，因此待回填链都是大编号四元式在链首，小编号四元式在链尾。图7.17(a) 是两个四元式链，其中 $p1=r,p2=w$，合并后也应保持大编号四元式在链首，如图7.17(b) 所示。$merge(p1,p2)$ 操作将 $p2$ 作为链首，只需将 $p2$ 链尾的四元式第 4 个区段修改为 $p1$ 链首的四元式编号即可，合并过程如算法7.2所示。

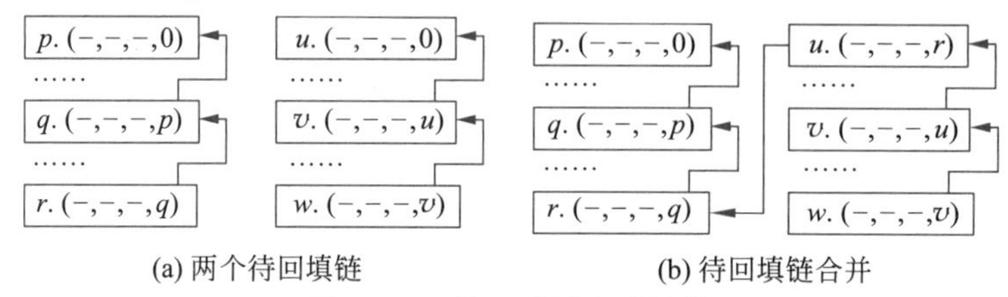

图 7.17 待回填链合并操作

算法 7.2 待回填链合并

输入: 待合并四元式指针 $*q_1$ 和 $*q_2$
输出: 合并后的四元式链首指针

```
1  Quad * Merge(Quad *q1, Quad *q2)
2      if q1 = null then return q2;
3      if q2 = null then return q1;
4      Quad *q = q2;
5      while q.left ≠ null do
6          q = q.left;
7      end
8      q.left = q1;
9      return q2;
10 end Merge
```

算法7.2中，输入为待合并四元式链链首指针 q_1 和 q_2，合并后 q_2 为链首，q_1 在链尾，返回合并后的链首。第 2~3 行，当 q_1 为空时，则返回 q_2；q_2 为空时，则返回 q_1。当两者都非空时，第 4~7 行找到 q_2 的链尾。首先，取 q_2 链首为 q（第 4 行），只要第 4 区段 $q.left$ 不为空（第 5 行），就将第 4 区段赋值给 q（第 6 行），相当于读下一个四元式。找到 q_2 的链尾后，q 指向 q_2 链尾四元式这个位置，将其第 4 区段设置为 q_1 即可（第 8 行）。最后，返回合并后的链首（第 9 行）。

下面讨论四元式链的回填操作。假设图7.18(a) 为待回填链 p，回填操作 $backPatch(p,t)$ 即将该链所有四元式第 4 区段修改为 t，如图7.18(b) 所示。

算法7.3使用四元式 $*t$ 回填四元式链 $*q$。第 2 行声明了一个四元式类型的临时变量指针。当 $q\neq null$ 时（第 3 行），先将链首指向的四元式，也就是第 2 个四元式赋值给临时变量$temp$（第4行），然后把链首的第4区段置为t（第5行）；再把$temp$，也就是原来链首指向的四元式置为新的链首（第6行）。重复这个过程，直到四元式链全部回填完。

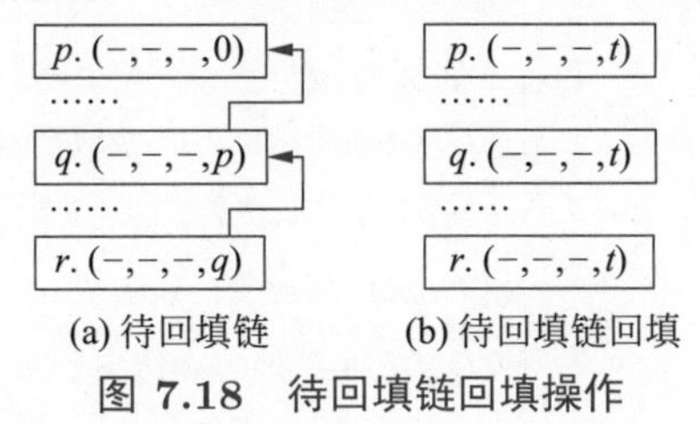

图 7.18 待回填链回填操作

算法 7.3 四元式回填

输入： 使用四元式$*t$回填四元式链$*q$

输出： 回填后的四元式序列

```
1 Quad * backPatch(Quad *q, Quad *t)
2     Quad *temp;
3     while q ≠ null do
4         temp = q.left;
5         q.left = t;
6         q = temp;
7     end
8 end backPatch
```

7.6.3 作为条件控制的布尔表达式

作为条件控制的布尔表达式的翻译

作为条件控制的布尔表达式翻译模式，如表7.65所示。

表 7.65 作为条件控制的布尔表达式翻译模式

序号	产 生 式	语 义 规 则
1	$B \rightarrow B_1 \mid\mid MB_2$	$\{backPatch(B_1.falseList, M.quad);$ $B.trueList = merge(B_1.trueList, B_2.trueList);$ $B.falseList = B_2.falseList;\}$
2	$B \rightarrow B_1 \ \&\& \ MB_2$	$\{backPatch(B_1.trueList, M.quad);$ $B.falseList = merge(B_1.falseList, B_2.falseList);$ $B.trueList = B_2.trueList;\}$
3	$M \rightarrow \varepsilon$	$\{M.quad = nxq;\}$
4	$B \rightarrow !B_1$	$\{B.trueList = B_1.falseList;$ $B.falseList = B_1.trueList;\}$
5	$B \rightarrow (B_1)$	$\{B.trueList = B_1.trueList;$ $B.falseList = B_1.falseList;\}$

续表

序号	产 生 式	语 义 规 则
6	$B \to E_1\theta E_2$	$\{B.trueList = makeList(nxq);$ $B.falseList = makeList(nxq+1);$ $gen(j\theta, E_1.val, E_2.val, 0); gen(j, -, -, 0);\}$
7	$B \to E$	$\{B.trueList = makeList(nxq);$ $B.falseList = makeList(nxq+1);$ $gen(jnz, E.val, -, 0); gen(j, -, -, 0);\}$

对翻译模式说明如下。

- 产生式3：在产生式1和产生式2的B_2之前，此时的nxq就是B_2的第1个四元式编号，因此该产生式用$M.quad$记录了B_2的第1个四元式编号。
- 产生式1：B_1为假时才需要判断B_2，因此B_2的第1条四元式，也就是$M.quad$，就是B_1的假出口地址，因此用$M.quad$回填B_1的假出口链。B_1和B_2都为真时，出口地址相同，但目前还不能确定这个地址，因此合并两条链，由左部符号$B.trueList$继续传递。B_2为假时，B_1一定为假，否则不会进入B_2判断，目前B_1的假出口链已经回填，B_2的假出口未知，因此由左部符号$B.falseList$继续传递。
- 产生式2：B_1为真时才需要判断B_2，因此B_2的第1条四元式，也就是$M.quad$，就是B_1的真出口地址，因此用$M.quad$回填B_1的真出口链。B_1和B_2都为假时，出口地址相同，但目前还不能确定这个地址，因此合并两条链，由左部符号$B.falseList$继续传递。B_2为真时，B_1一定为真，否则不会进入B_2判断，目前B_1的真出口链已经回填，B_2的真出口未知，因此由左部符号$B.trueList$继续传递。
- 产生式4：非操作，只需将左部符号和右部符号的真、假出口链调转即可。
- 产生式5：括号操作，真、假出口链保持不变。
- 产生式6：两个表达式比较，其中θ为关系运算符，此时生成两条四元式，分别是为真转移和为假转移。从生成四元式之前时间看，新生成的两条四元式编号分别为nxq和$nxq+1$，因此分别创建真、假出口链且分别包含四元式nxq和$nxq+1$。
- 产生式7：一个单独的布尔表达式，此时也生成两条四元式，分别是为真转移（jnz即not zero转移，也就是非0转移）和为假转移。从生成四元式之前时间看，新生成的两条四元式编号分别为nxq和$nxq+1$，因此分别创建真、假出口链且分别包含四元式nxq和$nxq+1$。

例题7.18 作为条件控制的布尔表达式翻译 翻译控制语句条件式“a < b || c <= i + j && e”，假设所有名字在符号表中都存在，初始时$nxq=100$。其中e为布尔类型变量。

解 分析过程如表7.66所示，生成的中间代码如表7.67所示。当中间代码回填或成链时，会修改生成代码的第4个区段。中间代码表分为两列，第1列为初始生成的代码，如果第1列的四元式因被回填或成链而修改了第4区段内容，则写入第2列。也就是说，最终的代码结构，某个四元式如果第2列有代码的就用第2列四元式，第2列没有代码的就用第1列四元式。

表 7.66 例题7.18的分析过程

步骤	符号栈	输入串	说明
1	$\#$	$a<b\|\|c<=\cdots\#$	初始化
2	$\#a$	$<b\|\|c<=\cdots\#$	移进
3	$\#E\{val=a\}$	$<b\|\|c<=\cdots\#$	表达式10、9归约
4	$\#E\{val=a\}<b$	$\|\|c<=i+j\cdots\#$	移进
5	$\#E\{val=a\}<E\{val=b\}$	$\|\|c<=i+j\cdots\#$	表达式10、9归约
6	$\#B\{trueList=100,falseList=101\}$	$\|\|c<=i+j\cdots\#$	6归约，生成100、101
7	$\#B\{trueList=100,falseList=101\}\|\|$	$c<=i+j\&\&e\#$	移进
8	$\#B\{trueList=100,falseList=101\}\|\|M\{quad=102\}$	$c<=i+j\&\&e\#$	3归约
9	$\#B\{trueList=100,falseList=101\}\|\|M\{quad=102\}c$	$<=i+j\&\&e\#$	移进
10	$\#B\{trueList=100,falseList=101\}\|\|M\{quad=102\}E\{val=c\}$	$<=i+j\&\&e\#$	表达式10、9归约
11	$\#B\{trueList=100,falseList=101\}\|\|M\{quad=102\}E\{val=c\}<=i$	$+j\&\&e\#$	移进
12	$\#B\{trueList=100,falseList=101\}\|\|M\{quad=102\}E\{val=c\}<=E\{val=i\}$	$+j\&\&e\#$	表达式10、9归约
13	$\#B\{trueList=100,falseList=101\}\|\|M\{quad=102\}E\{val=c\}<=E\{val=i\}+j$	$\&\&e\#$	移进
14	$\#B\{trueList=100,falseList=101\}\|\|M\{quad=102\}E\{val=c\}<=E\{val=i\}+E\{val=j\}$	$\&\&e\#$	表达式10、9归约
15	$\#B\{trueList=100,falseList=101\}\|\|M\{quad=102\}E\{val=c\}<=E\{val=\$1\}$	$\&\&e\#$	表达式3归约，生成102
16	$\#B\{trueList=100,falseList=101\}\|\|M\{quad=102\}B\{trueList=103,falseList=104\}$	$\&\&e\#$	6归约，生成103、104
17	$\#B\{trueList=100,falseList=101\}\|\|M\{quad=102\}B\{trueList=103,falseList=104\}\&\&$	$e\#$	移进

续表

步骤	符 号 栈	输 入 串	说 明
18	$\#B\{trueList = 100, falseList = 101\}\|\|M\{quad = 102\}B\{trueList = 103, falseList = 104\}\&\&M\{quad = 105\}$	$e\#$	3 归约
19	$\#B\{trueList = 100, falseList = 101\}\|\|M\{quad = 102\}B\{trueList = 103, falseList = 104\}\&\&M\{quad = 105\}e$	#	移进
20	$\#B\{trueList = 100, falseList = 101\}\|\|M\{quad = 102\}B\{trueList = 103, falseList = 104\}\&\&M\{quad = 105\}E\{val = e\}$	#	表达式 10、9 归约
21	$\#B\{trueList = 100, falseList = 101\}\|\|M\{quad = 102\}B\{trueList = 103, falseList = 104\}\&\&M\{quad = 105\}B\{trueList = 105, falseList = 106\}$	#	7 归约，生成 105、106
22	$\#B\{trueList = 100, falseList = 101\}\|\|M\{quad = 102\}B\{trueList = 105, falseList = 106\}$	#	2 归约，105 回填 103，合并 104、106
23	$\#B\{trueList = 105, falseList = 106\}$	#	1 归约，102 回填 101，合并 100、105
24	$\#B\{trueList = 105, falseList = 106\}$	#	成功

表 7.67　例题 7.18 生成的中间代码

生成四元式	回填或成链
$100.(j <, a, b, 0)$	
$101.(j, -, -, 0)$	$101.(j, -, -, 102)$
$102.(+, i, j, \$1)$	
$103.(j \leqslant, c, \$1, 0)$	$103.(j \leqslant, c, \$1, 105)$
$104.(j, -, -, 0)$	
$105.(jnz, e, -, 0)$	$105.(jnz, e, -, 100)$
$106.(j, -, -, 0)$	$106.(j, -, -, 104)$

例题7.18中间代码生成完成后，符号 B 还有两条四元式链需要回填。其真出口链含四元式 105、100，假出口链含四元式 106、104，需要嵌入某个控制语句后，才能确定转移地址。下节介绍一般控制语句翻译，将这个布尔表达式嵌入某个语句中，确定其真假出口链的指向地址。

7.6.4 if和while语句

if和while语句的翻译

本节介绍if-then、if-then-else和while共3条语句的翻译，其中if-then-else语句的控制逻辑已在7.6.1节作为条件控制的布尔表达式中介绍，如图7.15所示。下面介绍另外两个语句。

if-then语句的产生式为$S \to if\ (B)\ S_1$，有两个代码区$B.code$和$S_1.code$，控制逻辑如图7.19(a)所示。布尔表达式B的真出口转移到S_1代码的第1条四元式$B.true$，假出口为整个语句的下一条语句$S.next$。

while语句产生式为$S \to while\ (B)\ S_1$，有两个代码区$B.code$和$S_1.code$，以及循环体的一个无条件转移语句，如图7.19(b)所示。布尔表达式B的真出口转移到S_1代码的第1条四元式$B.true$，假出口为整个语句的下一条语句$S.next$。在S_1代码结束后，需要生成一条代码转移到整个语句的开始$S.begin$，这个位置也是布尔表达式B的代码的开始。

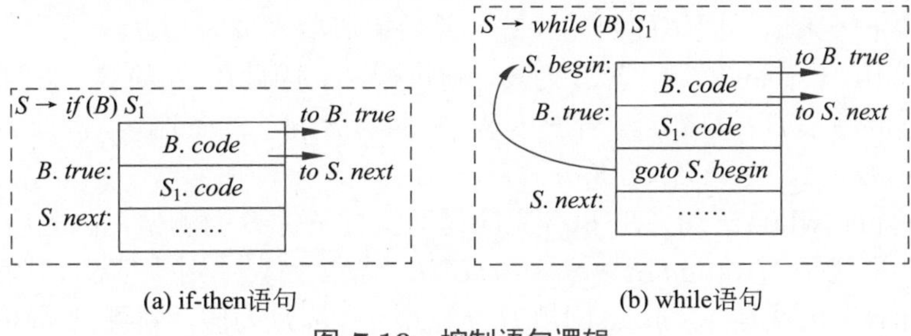

(a) if-then语句　　(b) while语句

图 7.19 控制语句逻辑

这3条语句都需要紧跟在本语句后面的下一条语句位置，增加一个属性$nextList$，记录需要用下一条语句位置回填的四元式链。

if和while语句的翻译模式如表7.68所示。

表 7.68 if和while语句的翻译模式

序号	产 生 式	语 义 规 则
1~7	与表7.65中产生式1~7相同	
8	$S \to if\ (B)\ M_1 S_1 N$ $else\ M_2 S_2$	$\{backPatch(B.trueList, M_1.quad);$ $backPatch(B.falseList, M_2.quad);$ $S.nextList =$ $merge(S_1.nextList, N.nextList, S_2.nextList);\}$
9	$N \to \varepsilon$	$\{N.nextList = makeList(nxq); gen(j, -, -, 0);\}$
10	$S \to if\ (B)\ M S_1$	$\{backPatch(B.trueList, M.quad);$ $S.nextList = merge(B.falseList, S_1.nextList);\}$
11	$S \to while\ (M_1 B)$ $M_2 S_1$	$\{backPatch(S_1.nextList, M_1.quad);$ $backPatch(B.trueList, M_2.quad);$

续表

序号	产 生 式	语 义 规 则
		$S.nextList = B.falseList;$ $gen(j, -, -, M_1.quad);\}$
12	$S \to \{Slist\}$	$\{S.nextList = Slist.nextList;\}$
13	$Slist \to S$	$\{Slist.nextList = S.nextList;\}$
14	$Slist \to Slist_1\ MS$	$\{backPatch(Slist_1.nextList, M.quad);$ $Slist.nextList = S.nextList;\}$
15	$S \to A$	$\{S.nextList = null;\}$

翻译模式说明如下。

- 产生式9：在产生式8的S_1和S_2之间产生跳过S_2的无条件跳转语句，将这个待回填四元式用$N.nextList$传递。
- 产生式8：if-then-else语句，若B为真，则执行S_1，因此用S_1的第1条四元式，也就是$M_1.quad$回填$B.trueList$；若B为假，则执行S_2，因此用S_2的第1条四元式，也就是$M_2.quad$回填$B.falseList$。S_1、N、S_2的下一条语句都是S的下一条语句，因此待下一条语句回填的四元式链合并后赋值给$S.nextList$。
- 产生式10：if-then语句，若B为真，则执行S_1，因此用S_1的第1条四元式，也就是$M_1.quad$回填$B.trueList$。若B为假，则执行S的下一条语句，因此$B.falseList$和$S_1.nextList$合并后赋值给$S.nextList$。
- 产生式11：while语句，S_1执行完应返回执行条件B的测试，因此用B的第1条四元式，也就是$M_1.quad$回填$S_1.nextList$。若B为真，则执行S_1，因此用S_1的第1条四元式，也就是$M_2.quad$回填$B.trueList$；若B为假，则跳出循环，也就是转移到整个while语句后，因此$B.falseList$赋值给$S.nextList$。整个while语句归约时，S_1已翻译完成，因此生成一条无条件转移到B起始位置的指令。
- 产生式12：对应C风格声明语句中的产生式8，增加了待回填四元式链$nextList$的传递过程。
- 产生式13：对应C风格声明语句中的产生式9，增加了待回填四元式链$nextList$的传递过程。这里的S是整个函数的第1条语句，因此S前面不会有语句需要回填。
- 产生式14：对应C风格声明语句中的产生式10，识别出一个语句，用这条语句的第1个四元式回填上一句的$nextList$，并将这句的$nextList$传递给左部符号。
- 产生式15：A为赋值语句，对应原表达式与赋值语句的产生式1。由于现在每个语句都需要$S.nextList$属性，因此初始化了一个空链赋值给它（赋值语句不需要回填）。

例题7.19 if语句的翻译 续例题7.18，翻译控制语句“if (a < b || c <= i + j && e) x = y + z; else x = 0;”，从布尔表达式已经归约完成，即符号栈中为“$\#if\ (B\{trueList = 105, falseList = 106\})$”开始后续分析，例题7.18生成的已回填中间代码直接复用。

解 分析过程如表7.69所示，生成的中间代码如表7.70所示。中间代码表分为两列，第1列为初始生成的代码，如果第1列的四元式因被回填或成链而修改了第4区段内容，则写入第2列。

为节省幅面，表7.69中的第二列“符号栈”列，$S.nextList$为空的没有标出，即S后面

没有 $nextList$ 属性的，其 $nextList$ 为空。

表 7.69 例题 7.19 的分析过程

步骤	符 号 栈	输 入 串	说 明
25	$\#if(B\{trueList=105,falseList=106\})$	$x=y+z;\ \cdots\#$	续例题7.18
26	$\#if(B\{trueList=105,falseList=106\})M\{quad=107\}$	$x=y+z;\ \cdots\#$	3 归约
27	$\#if(B\{trueList=105,falseList=106\})M\{quad=107\}x$	$=y+z;\ \cdots\#$	移进
28	$\#if(B\{trueList=105,falseList=106\})M\{quad=107\}L\{val=x,offset=null\}$	$=y+z;\ \cdots\#$	表达式 10 归约
29	$\#if(B\{trueList=105,falseList=106\})M\{quad=107\}L\{val=x,offset=null\}=y$	$+z;\ else\ x=0;\#$	移进
30	$\#if(B\{trueList=105,falseList=106\})M\{quad=107\}L\{val=x,offset=null\}=E\{val=y\}$	$+z;\ else\ x=0;\#$	表达式 10、9 归约
31	$\#if(B\{trueList=105,falseList=106\})M\{quad=107\}L\{val=x,offset=null\}=E\{val=y\}+z$	$;\ else\ x=0;\#$	移进
32	$\#if(B\{trueList=105,falseList=106\})M\{quad=107\}L\{val=x,offset=null\}=E\{val=y\}+E\{val=z\}$	$;\ else\ x=0;\#$	表达式 10、9 归约
33	$\#if(B\{trueList=105,falseList=106\})M\{quad=107\}L\{val=x,offset=null\}=E\{val=\$2\}$	$;\ else\ x=0;\#$	表达式 3 归约，生成 107
34	$\#if(B\{trueList=105,falseList=106\})M\{quad=107\}L\{val=x,offset=null\}=E\{val=\$2\};$	$else\ x=0;\#$	移进
35	$\#if(B\{trueList=105,falseList=106\})M\{quad=107\}A$	$else\ x=0;\#$	表达式 2 归约，生成 108
36	$\#if(B\{trueList=105,falseList=106\})M\{quad=107\}S$	$else\ x=0;\#$	表达式 1 归约
37	$\#if(B\{trueList=105,falseList=106\})M\{quad=107\}SN\{nextList=109\}$	$else\ x=0;\#$	9 归约，生成 109

续表

步骤	符号栈	输入串	说明
38	$\#if(B\{trueList=105,falseList=106\})M\{quad=107\}SN\{nextList=109\}else$	$x=0;\#$	移进
39	$\#if(B\{trueList=105,falseList=106\})M\{quad=107\}SN\{nextList=109\}elseM\{quad=110\}$	$x=0;\#$	3归约
40	$\#if(B\{trueList=105,falseList=106\})M\{quad=107\}SN\{nextList=109\}elseM\{quad=110\}x$	$=0;\#$	移进
41	$\#if(B\{trueList=105,falseList=106\})M\{quad=107\}SN\{nextList=109\}elseM\{quad=110\}L\{val=x,offset=null\}$	$=0;\#$	表达式10归约
42	$\#if(B\{trueList=105,falseList=106\})M\{quad=107\}SN\{nextList=109\}elseM\{quad=110\}L\{val=x,offset=null\}=0$	$;\#$	移进
43	$\#if(B\{trueList=105,falseList=106\})M\{quad=107\}SN\{nextList=109\}elseM\{quad=110\}L\{val=x,offset=null\}=E\{val=0\}$	$;\#$	表达式11、9归约
44	$\#if(B\{trueList=105,falseList=106\})M\{quad=107\}SN\{nextList=109\}elseM\{quad=110\}L\{val=x,offset=null\}=E\{val=0\};$	$\#$	移进
45	$\#if(B\{trueList=105,falseList=106\})M\{quad=107\}SN\{nextList=109\}elseM\{quad=110\}S$	$\#$	表达式2、1归约，生成110
46	$\#S\{nextList=109\}$	$\#$	8归约，107回填105、100，110回填106、104
47	$\#S\{nextList=109\}$	$\#$	成功

表 7.70　例题 7.19 生成的中间代码

生成四元式	回填或成链
$100.(j<,a,b,0)$	$100.(j<,a,b,107)$
$101.(j,-,-,102)$	

续表

生成四元式	回填或成链
102.$(+, i, j, \$1)$	
103.$(j \leqslant, c, \$1, 105)$	
104.$(j, -, -, 0)$	104.$(j, -, -, 110)$
105.$(jnz, e, -, 100)$	105.$(jnz, e, -, 107)$
106.$(j, -, -, 104)$	106.$(j, -, -, 110)$
107.$(+, y, z, \$2)$	
108.$(=, \$2, -, x)$	
109.$(j, -, -, 0)$	
110.$(=, 0, -, x)$	

读者可自行分析生成四元式的正确性。最后$S.nextList = 109$需要等下一个语句翻译时才能回填。四元式109即在代码x = y + z和x = 0之间，需要转移到整个if语句后面的那条无条件转移指令。

例题7.20 while和if嵌套语句的翻译 翻译句子“while (i < 100) if (a < b) i = i + 1; x = 0;”，假设$nxq = 100$。

解 分析过程如表7.71所示，生成的中间代码如表7.72所示。$S.nextList$为空的没有标出，即S后面没有$nextList$属性的，其$nextList$为空。

表 7.71 例题 7.20 的分析过程

步骤	符号栈	输入串	说明
1	$\#$	$while(i < \cdots \#$	初始化
2	$\#while($	$i < 100) \cdots \#$	移进
3	$\#while(M\{quad = 100\}$	$i < 100) \cdots \#$	3归约
4	$\#while(M\{quad = 100\}i$	$< 100) \cdots \#$	移进
5	$\#while(M\{quad = 100\}E\{val = i\}$	$< 100) \cdots \#$	表达式10、9归约
6	$\#while(M\{quad = 100\}E\{val = i\} < 100$	$)if(a < b) \cdots \#$	移进
7	$\#while(M\{quad = 100\}E\{val = i\} < E\{val = 100\}$	$)if(a < b) \cdots \#$	表达式11、9归约
8	$\#while(M\{quad = 100\}B\{trueList = 100, falseList = 101\}$	$)if(a < b) \cdots \#$	6归约，生成100、101
9	$\#while(M\{quad = 100\}B\{trueList = 100, falseList = 101\})$	$if(a < b) \cdots \#$	移进
10	$\#while(M\{quad = 100\}B\{trueList = 100, falseList = 101\})M\{quad = 102\}$	$if(a < b) \cdots \#$	3归约
11	$\#while(M\{quad = 100\}B\{trueList = 100, falseList = 101\})M\{quad = 102\}if(a$	$< b)i = \cdots \#$	移进

续表

步骤	符号栈	输入串	说明
12	$\#while(M\{quad=100\}B\{trueList=100,falseList=101\})M\{quad=102\}if(E\{val=a\}$	$<b)i=\cdots\#$	表达式10、9归约
13	$\#while(M\{quad=100\}B\{trueList=100,falseList=101\})M\{quad=102\}if(E\{val=a\}<b$	$)i=i+1\cdots\#$	移进
14	$\#while(M\{quad=100\}B\{trueList=100,falseList=101\})M\{quad=102\}if(E\{val=a\}<E\{val=b\}$	$)i=i+1\cdots\#$	表达式10、9归约
15	$\#while(M\{quad=100\}B\{trueList=100,falseList=101\})M\{quad=102\}if(B\{trueList=102,falseList=103\}$	$)i=i+1\cdots\#$	6归约，生成102、103
16	$\#while(M\{quad=100\}B\{trueList=100,falseList=101\})M\{quad=102\}if(B\{trueList=102,falseList=103\})$	$i=i+1;\cdots\#$	移进
17	$\#while(M\{quad=100\}B\{trueList=100,falseList=101\})M\{quad=102\}if(B\{trueList=102,falseList=103\})M\{quad=104\}$	$i=i+1;\cdots\#$	3归约
18	$\#while(M\{quad=100\}B\{trueList=100,falseList=101\})M\{quad=102\}if(B\{trueList=102,falseList=103\})M\{quad=104\}S$	$x=0;\#$	算术表达式移进并归约，生成104、105
19	$\#while(M\{quad=100\}B\{trueList=100,falseList=101\})M\{quad=102\}S\{nextList=103\}$	$x=0;\#$	10归约，104回填102
20	$\#S\{nextList=101\}$	$x=0;\#$	11归约，100回填103，102回填100，生成106
21	$\#Slist\{nextList=101\}$	$x=0;\#$	13归约
22	$\#Slist\{nextList=101\}M\{quad=107\}$	$x=0;\#$	3归约
23	$\#Slist\{nextList=101\}M\{quad=107\}S$	$\#$	表达式移进并归约，生成107
24	$\#Slist\{nextList=0\}$	$\#$	14归约，107回填101
25	$\#Slist\{nextList=0\}$	$\#$	成功

表 7.72 例题 7.20 生成的中间代码

生成四元式	回填或成链
100.$(j<, i, 100, 0)$	100.$(j<, i, 100, 102)$
101.$(j, -, -, 0)$	101.$(j, -, -, 107)$
102.$(j<, a, b, 0)$	102.$(j<, a, b, 104)$
103.$(j, -, -, 0)$	103.$(j, -, -, 100)$
104.$(+, i, 1, \$1)$	
105.$(=, \$1, -, i)$	
106.$(j, -, -, 100)$	
107.$(=, 0, -, x)$	

本例包含两条语句，一条while语句（里面嵌套了if语句）和一条赋值语句x = 0。while语句归约后，产生式101是待回填四元式，它是当a < b为假时，转移到while语句后的四元式。下一条语句x = 0移进前，在第22步用$M.quad$记录了将要翻译的这条语句的四元式编号107。翻译x = 0后，在第24步使用107将四元式101回填。

7.6.5 C风格for语句

C风格for语句的翻译

C风格for语句如代码7.8的第1~3行所示，为复用之前的翻译模式，修改为第4~6行的形式，即语句3也需要分号结束。一个具体的例子如7~9行所示，for关键字后第1个语句将变量i初始化，然后判断i < 100是否成立，若成立，则执行for语句块，若不成立，则退出循环。执行完语句块后，执行i++，然后再转向i < 100的判断。

代码 7.8 C风格for语句

```
1    for (语句1; 布尔表达式2; 语句3) {
2        语句块
3    }
4    for (语句1; 布尔表达式2; 语句3;) {
5        语句块
6    }
7    for (i = 0; i < 100; i++;) {
8        …
9    }
```

for语句的产生式可以设计为$S \rightarrow for(S_1 B; S_2)\ S_3$，其执行逻辑如图7.20所示。生成代码时，按顺序生成S_1、B、S_2、S_3的代码块。B的真出口指向S_3的起始位置$S_3.begin$，假出口指向S的后一条语句$S.next$。S_2执行完后转向B的判断$B.begin$，S_3执行完则转向执行S_2的语句$S_2.begin$。这个产生式中，如果S_1、S_2或S_3有多个语句，都需要用花括号括起来。

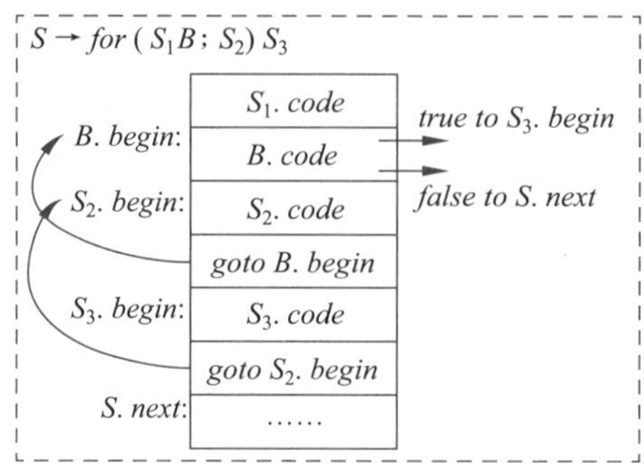

图 7.20　C风格for语句的逻辑结构

C风格for语句的翻译模式如表7.73所示。

表 7.73　C风格for语句的翻译模式

序号	产 生 式	语 义 规 则
1~15	与表7.68产生式1~15相同	
16	$S \to for(S_1M_1B;M_2S_2N)$ M_3S_3	$\{backPatch(B.trueList, M_3.quad);$ $backPatch(S_1.nextList, M_1.quad);$ $backPatch(S_2.nextList, M_1.quad);$ $backPatch(S_3.nextList, M_2.quad);$ $backPatch(N.nextList, M_1.quad);$ $gen(j, -, -, M_2.quad);$ $S.nextList = B.falseList;\}$

产生式16的每个动作解释如下。

- 若B为真，则执行S_3，因此用S_3的第1个四元式，也就是$M_3.quad$回填$B.trueList$。
- S_1执行完应执行B的判断，因此用B的第1个四元式，也就是$M_1.quad$回填$S_1.nextList$。$S_1.nextList$需要回填（非空）的一个情形是，S_1是一个if-then-else语句（显然无法避免这一点），其待回填四元式是then语句和else语句之间的无条件转移，它应当跳转到B的位置继续执行。
- S_2执行完应执行B的判断，因此用B的第1个四元式，也就是$M_1.quad$回填$S_2.nextList$。
- S_3执行完应执行S_2，因此用S_2的第1个四元式，也就是$M_2.quad$回填$S_3.nextList$。
- N的位置，也就是S_2和S_3之间，生成了一条无条件跳转指令，应转移到B的位置。因此用B的第1个四元式，也就是$M_1.quad$回填$N.nextList$。
- S_3后生成一个无条件转移语句，转移到S_2，也就是$M_2.quad$的位置。
- 现在S_1、S_2、S_3的$nextList$都已回填，只剩下$B.falseList$尚未确定。若B为假，则应该转移到整个语句后，因此$B.falseList$赋值给$S.nextList$。

例题 7.21 C风格for语句翻译　翻译句子“for(i = 0; i < 100; i = i + 1;) sum = sum + 1; x = 0;”，假设$nxq = 100$。

解　分析过程如表7.74所示，生成的中间代码如表7.75所示。

表 7.74 例题 7.21 的分析过程

步骤	符号栈	输入串	说明
1	$\#$	$for(i=0;i<100\cdots\#$	初始化
2	$\#for($	$i=0;i<100;\cdots\#$	移进
3	$\#for(S$	$i<100;i=i+1;\cdots\#$	移进表达式并归约，生成100
4	$\#for(SM\{quad=101\}$	$i<100;i=i+1;\cdots\#$	3归约
5	$\#for(SM\{quad=101\}B\{trueList=101,falseList=102\}$	$;i=i+1;)sum\cdots\#$	移进语句并归约，生成101、102
6	$\#for(SM\{quad=101\}B\{trueList=101,falseList=102\};$	$i=i+1;)sum\cdots\#$	移进
7	$\#for(SM\{quad=101\}B\{trueList=101,falseList=102\};M\{quad=103\}$	$i=i+1;)sum\cdots\#$	3归约
8	$\#for(SM\{quad=101\}B\{trueList=101,falseList=102\};M\{quad=103\}S$	$)sum=sum+\cdots\#$	移进语句并归约，生成103、104
9	$\#for(SM\{quad=101\}B\{trueList=101,falseList=102\};M\{quad=103\}SN\{nextList=105\}$	$)sum=sum+\cdots\#$	9归约，生成105
10	$\#for(SM\{quad=101\}B\{trueList=101,falseList=102\};M\{quad=103\}SN\{nextList=105\})$	$sum=sum+1;\cdots\#$	移进
11	$\#for(SM\{quad=101\}B\{trueList=101,falseList=102\};M\{quad=103\}SN\{nextList=105\})M\{quad=106\}$	$sum=sum+1;\cdots\#$	3归约
12	$\#for(SM\{quad=101\}B\{trueList=101,falseList=102\};M\{quad=103\}SN\{nextList=105\})M\{quad=106\}S$	$x=0;\#$	移进语句并归约，生成106、107
13	$\#S\{nextList=102\}$	$x=0;\#$	16归约，106回填101，101回填105，生成108
14	$\#Slist\{nextList=102\}$	$x=0;\#$	13归约
15	$\#Slist\{nextList=102\}M\{quad=109\}$	$x=0;\#$	3归约
16	$\#Slist\{nextList=102\}M\{quad=109\}S$	$\#$	移进语句并归约，生成109
17	$\#Slist\{nextList=0\}$	$\#$	14归约，109回填102
18	$\#Slist\{nextList=0\}$	$\#$	成功

表 7.75　例题 7.21 生成的中间代码

生成四元式	回填或成链
$100.(=, 0, -, i)$	
$101.(j<, i, 100, 0)$	$101.(j<, i, 100, 106)$
$102.(j, -, -, 0)$	$102.(j, -, -, 109)$
$103.(=, i, 1, \$1)$	
$104.(=, \$1, -, i)$	
$105.(j, -, -, 0)$	$105.(j, -, -, 101)$
$106.(=, sum, 1, \$2)$	
$107.(=, \$2, -, sum)$	
$108.(j, -, -, 103)$	
$109.(=, 0, -, x)$	

7.6.6　MATLAB 风格 for 语句

MATLAB 风格 for 语句的翻译

Pascal 风格 for 语句如代码7.9第 1~3 行所示，其等价的 C 语言循环如第 4~6 行所示。即“循环变量”用“初值”初始化，循环条件为小于或等于“终值”，也就是大于“终值”时跳出循环，每次迭代“循环变量”自增 1。

MATLAB 风格与 Pascal 风格 for 语句非常接近，但更简洁，它将 to 关键字用冒号代替，赋值等:= 修改为只有一个等号，如第 7~9 行所示。一个具体的例子如第 10~12 行所示，循环变量 i 从 1 循环到 100，总共循环了 100 次。另外，MATLAB 可以指定每次循环的步长（Pascal 不可以），如第 13~15 行所示，每次迭代“循环变量”增加一个“步长”。具体的例子如第 16~18 行所示，循环变量 i 从 100 开始，每次迭代减 1，循环到 1，共循环 100 次。当步长为负时，循环结束条件变为“循环变量 $<$ 终值”。

采用 MATLAB 风格 for 语句形式，但为了与 C 风格语句形式统一，将循环变量赋值部分加括号，去掉 do 关键字。如第 10~12 行语句形式为“for (i = 1 : 100) $\cdots$”，第 16~18 行语句形式为“for (i = 100 : −1 : 1) $\cdots$”。

代码 7.9　Pascal 和 MATLAB 风格 for 语句

```
1    for 循环变量 := 初值 to 终值 do {
2        语句块
3    }
4    for (循环变量 = 初值; 循环变量 <= 终值; 循环变量++) {
5        语句块
6    }
```

```
7      for 循环变量 = 初值 : 终值 do {
8         语句块
9      }
10     for i = 1 : 100 do {
11        …
12     }
13     for 循环变量 = 初值 : 步长 : 终值 do {
14        语句块
15     }
16     for i = 100 : -1 : 1 do {
17        …
18     }
```

图7.21为MATLAB风格for语句的逻辑结构。默认步长for语句产生式可以设计为$S \to for(id = E_1 : E_2)\ S_1$，如图7.21(a)所示，$E_1.val$和$E_2.val$分别是循环变量$id$的初值和终值。生成$E_1$代码后，把初值$E_1.val$赋值给$id$，然后生成$E_2$代码，判断$id$是否大于终值$E_2.val$。若为真，则跳出循环，即真出口指向$S.next$；若为假，则执行$S_1$，即假出口指向$S_1.begin$。$S_1$执行完成后，将$id$增加一个步长，然后再次转向$E_2.code$的第1个四元式$E_2.begin$，并判断$id$是否大于终值$E_2.val$。之所以$id$自增后转移到$E_2.begin$，而不是$id > E_2.val$的判断，是为了支持循环中对$E_2$的修改。如有代码"for (i = 1 : n + 1)"，循环中修改了n的值，循环次数会随之变化。如果id自增后转移到$id > E_2.val$，则循环中修改n的值，循环次数不会改变。

指定步长for语句产生式可以设计为$S \to for(id = E_1 : E_2 : E_3)\ S_1$，此时$E_2.val$为步长而$E_3.val$为终值，如图7.21(b)所示。先生成$E_1$代码，并把初值$E_1.val$赋值给$id$，然后依次生成$E_2$、$E_3$代码。由于编译时无法确定$E_2.val$的值，因此需要生成一条四元式判断$E_2.val$的正负，为正则跳出循环的条件为$id > E_3.val$；为负则跳出循环的条件为$id < E_3.val$，其他逻辑同默认步长的for语句。该结构支持循环中对步长和循环次数的修改。如果id自增后转移到$E_2.val > 0$的判断，则循环中修改步长和循环终值无效，不会影响循环次数。

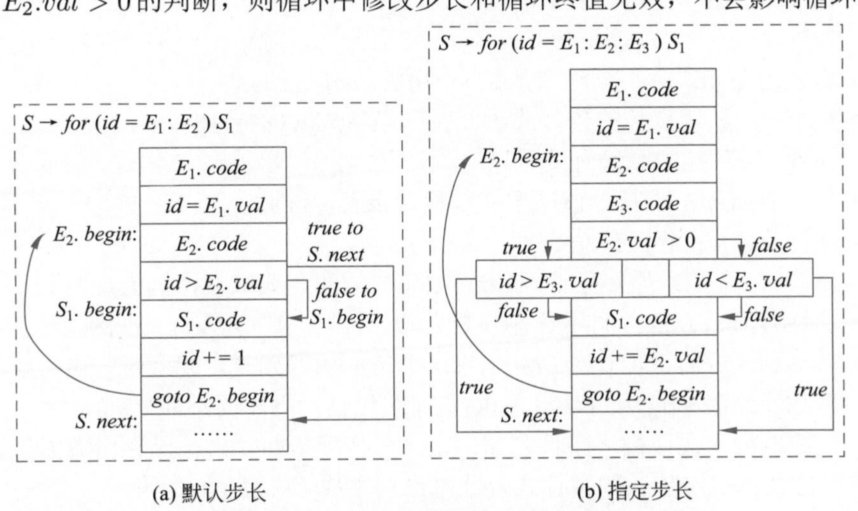

图 7.21 MATLAB风格for语句的逻辑结构

MATLAB风格for语句的翻译模式如表7.76所示。

表 7.76 MATLAB风格for语句的翻译模式

序号	产 生 式	语 义 规 则
1~16	与表7.73产生式1~16相同	
17	$S \to for(H)\ S_1$	$\{gen(+, H.var, H.step, H.var);$ $gen(j, -, -, H.condi);$ $backPatch(S_1.nextList, nxq - 2);$ $S.nextList = H.trueList;\}$
18	$J \to id = E_1:$	$\{J.var = lookup(tblptr.top, id.name);$ $gen(=, E_1.val, -, J.var);\}$
19	$H \to JME_2$	$\{H.var = J.var; H.step = 1;$ $H.end = E_2.val; H.condi = M.quad;$ $H.trueList = makeList(nxq);$ $gen(j >, H.var, E_2.val, 0);\}$
20	$H \to JME_2 : E_3$	$\{H.var = J.var; H.step = E_2.val;$ $H.end = E_3.val; H.condi = M.quad;$ $gen(j \leqslant, E_2.val, 0, nxq + 3);$ $H.trueList = makeList(nxq);$ $gen(j >, H.var, E_3.val, 0);$ $gen(j, -, -, nxq + 2);$ $H.trueList = merge(H.trueList, makeList(nxq));$ $gen(j <, H.var, E_3.val, 0);\}$

对各产生式的语义规则解释如下。

- 产生式18：循环变量和初值的确定，此时已经生成E_1的代码。
  - 属性$J.var$：记录循环变量。
  - 生成的四元式：将循环变量$J.var$用$E_1.val$初始化。
- 产生式19：默认步长的条件式，此时已经生成E_2的代码。
  - 属性$H.var$：记录循环变量。
  - 属性$H.step$：步长，该产生式是默认步长，因此为1。
  - 属性$H.end$：循环终值。
  - 属性$H.condi$：循环条件（Condition）的四元式编号，为E_2的第1条四元式。
  - 属性$H.trueList$：循环条件判断为$id > E_2.val$，为真时，则跳出循环，也就是转移到$S.next$，用$trueList$记录这个待回填四元式。为假时，由于翻译完E_2接着翻译S_1，因此会自动滑下执行S_1的代码，不需要额外处理。
  - 生成的四元式：循环条件判断，是一个待回填四元式，已经由$H.trueList$记录。
- 产生式20：指定步长的条件式，此时已经生成E_2、E_3的代码。
  - 属性$H.var$、$H.step$、$H.end$、$H.condi$：同产生式19的语义规则。
  - 生成的第1条四元式:判断步长$E_2.val$是否小于或等于0。当前四元式编号为nxq，为真的判断条件为$id < E_3.val$，对应四元式编号为$nxq + 3$；为假的判断条件为

$id > E_3.val$，下一条指令即为该条件，因此自动滑下来，即会执行下一条指令，无须额外处理。

- $H.trueList = makeList(nxq)$：下一条指令为 $id > E_3.val$ 的判断，为真时，跳出循环，因此需要用for循环的下一条语句回填。此时，该待回填四元式使用 $H.trueList$ 记录。
- 生成的第2条四元式：步长为正的循环条件判断，即 $id > E_3.val$，为真时转移到 $S.next$，是一条需要回填的四元式，已被 $H.trueList$ 记录；为假时自动滑下执行下一条四元式。
- 生成的第3条四元式：$id > E_3.val$ 为假时，转移到 S_1 的代码，因此跳过下一条四元式。
- $H.trueList = merge(H.trueList, makeList(nxq))$：下一条四元式是步长为负时，$id < E_3.val$ 的判断，为真时跳出循环，因此需要用for循环的下一条语句回填。该操作与原来记录的 $H.trueList$ 成链，并仍然由 $H.trueList$ 记录向后传递。
- 生成的第4条四元式：步长为负的循环条件判断，即 $id < E_3.val$，为真时转移到 $S.next$，是一条需要回填的四元式，已由 $H.trueList$ 记录。如果该条件为假，转移到 S_1 的第1条四元式，而下一条指令恰好是 S_1 的第1条四元式，因此自动滑下即可，无须额外处理。

• 产生式17：for循环，生成 S_1 代码后的处理。
  - 生成的第1条四元式：循环变量增加一个步长。
  - 生成的第2条四元式：无条件转移到 E_2 的第1条四元式，重新开始一轮迭代。
  - 回填动作：S_1 语句如果需要转移到后面语句，应转移到循环变量自增语句，以启动下一轮迭代，故用 $nxq - 2$ 回填 $S_1.nextList$。
  - 属性 $S.nextList$：需要使用for循环的下一条语句的第1个四元式回填的，由 $H.trueList$ 记录，直接赋值即可。

例题7.22 MATLAB风格for语句翻译 翻译句子“for(i = 100 : −1 : a − b) sum = sum + i; x = 0;”，假设 $nxq = 100$。

解 分析过程如表7.77所示，生成的中间代码如表7.78所示。

表 7.77 例题7.22的分析过程

步骤	符号栈	输入串	说明
1	$\#$	$for(i = 100 : \cdots \#$	初始化
2	$\#for(i = 100$	$: -1 : a - b) \cdots \#$	移进
3	$\#for(i = E\{val = 100\}$	$: -1 : a - b) \cdots \#$	归约
4	$\#for(i = E\{val = 100\} :$	$-1 : a - b) \cdots \#$	移进
5	$\#for(J\{var = i\}$	$-1 : a - b) \cdots \#$	18归约，生成100
6	$\#for(J\{var = i\}M\{quad = 101\}$	$-1 : a - b) \cdots \#$	3归约
7	$\#for(J\{var = i\}M\{quad = 101\} - 1$	$: a - b) \cdots \#$	移进
8	$\#for(J\{var = i\}M\{quad = 101\}E\{val = -1\}$	$: a - b) \cdots \#$	归约

续表

步骤	符号栈	输入串	说明
9	$\#for(J\{var=i\}M\{quad=101\}E\{val=-1\}:E\{val=\$1\}$	$)sum=\cdots\#$	移进并归约，生成 101
10	$\#for(H\{var=i,step=-1,end=\$1,condi=101,trueList=105\}$	$)sum=\cdots\#$	20 归约，生成 102~105
11	$\#for(H\{var=i,step=-1,end=\$1,condi=101,trueList=105\})L\{val=sum,offset=null\}$	$=sum+i;\cdots\#$	移进并归约
12	$\#for(H\{var=i,step=-1,end=\$1,condi=101,trueList=105\})L\{val=sum,offset=null\}=E\{val=\$2\};$	$x=0;\#$	移进并归约，生成 106
13	$\#for(H\{var=i,step=-1,end=\$1,condi=101,trueList=105\})S$	$x=0;\#$	归约，生成 107
14	$\#S\{nextList=105\}$	$x=0;\#$	17 归约，生成 108、109
15	$\#Slist\{nextList=105\}$	$x=0;\#$	归约
16	$\#Slist\{nextList=105\}M\{quad=110\}$	$x=0;\#$	归约
17	$\#Slist\{nextList=105\}M\{quad=110\}S$	$\#$	移进并归约，生成 110
18	$\#Slist\{nextList=null\}$	$\#$	归约，110 回填 105、103
19	$\#Slist\{nextList=null\}$	$\#$	成功

表 7.78 例题 7.22 生成的中间代码

生成四元式	回填或成链
$100.(=,100,-,i)$	
$101.(-,a,b,\$1)$	
$102.(j\leqslant,-1,0,105)$	
$103.(j>,i,\$1,0)$	$103.(j>,i,\$1,110)$
$104.(j,-,-,106)$	
$105.(j<,i,\$1,103)$	$105.(j<,i,\$1,110)$
$106.(+,sum,i,\$2)$	
$107.(=,\$2,-,sum)$	
$108.(+,i,-1,i)$	
$109.(j,-,-,101)$	
$110.(=,0,-,x)$	

7.6.7 标号-goto语句

标号-goto语句的翻译

虽然现代软件工程方法不提倡使用goto语句，但标号-goto语句在大部分语言中广泛存在，且该语句翻译可以为switch语句的翻译提供一些借鉴，下面讨论此类语句的翻译。

代码7.10是标号-goto语句的一些示例。标号是用名字跟一个冒号，代表代码中的一个地址。如第4行所示，L是标号的名字，“L:”称为标号的定义。可以通过goto这个名字，本例即“goto L”，将程序逻辑转移到标号定义处继续执行。goto语句可以在标号定义前（如第2行），也可以在标号定义后（如第6行），但转移的目标一般限制在一个函数的内部，不能跨函数转移。

代码 7.10　标号-goto语句

```
1    …
2    goto L;
3    …
4    L: …
5    …
6    goto L;
7    …
```

goto L语句翻译为一条无条件转移语句即可，但如果goto L在L的定义前出现，则翻译goto L时不能确定转移目标地址，因此需要等到翻译L的定义语句时回填。标号-goto语句的翻译，一般借助符号表完成，一个标号在符号表中包括如下字段。

- $name$：即标号的名字。
- $type$：数据类型，标号类型设定为$label$。
- $isDefined$：一个布尔量，表示“定义否”。
  - 如果标号定义前遇到goto语句，则把该标号填入符号表，$isDefined$字段记录为未定义（用false或0表示）。
  - 遇到标号定义时。
    - 如果该标号未出现在符号表中，就登记它，且$isDefined$字段记录为已定义（用true或1表示）。
    - 如果该标号已出现在符号表中，且$isDefined$为未定义，则将其修改为已定义。
    - 如果该标号已出现在符号表中，且$isDefined$为已定义，则标号被重复定义，报错，退出。
- $address$：标号地址。
  - 如果标号已定义，为该标号的真实地址。
  - 如果标号未定义，则记录待回填四元式链首地址。

基于这样的设计，遇到标号定义时，如果该标号已出现在符号表中，且$isDefined$为未定义，此时$address$为待回填四元式链，除要将$isDefined$修改为已定义外，还应用nxq

回填 $address$ 为链首的四元式链。

遇到goto L语句，查询符号表中的名字L，有以下3种情况。

- 符号表中不存在名字L，说明goto L先于标号定义出现，将标号登记进符号表，$isDefined$ 字段为未定义，$address$ 字段为当前语句生成的四元式地址。
- 符号表中存在名字L。
  - 如果 $isDefined$ 字段记录为已定义，则直接生成无条件转移语句，跳转目标就是 $address$ 字段记录的内容。
  - 如果 $isDefined$ 字段记录为未定义，说明在此之前已经出现goto L，现在又遇到goto L，此时生成一条四元式，其第4区段为符号表中记录的地址（成链），然后把 $address$ 字段修改为当前四元式地址（待回填四元式链首）。

设计标号-goto语句的翻译模式，需要增加以下元操作。

- $logLabel(tbl, name, type, isDefined, address)$：在符号表 tbl 中登记一个标号，其名字为 $name$，类型为 $type$，定义否为 $isDefined$，地址为 $address$。标号类型定义为 $label$。
- $modifyLabel(p, attribute = value)$：将指针 p 指向的符号进行修改，把属性 $attribute$ 的值修改为 $value$。

表7.79为标号-goto语句的翻译模式。

表 7.79 标号-goto语句的翻译模式

序号	产 生 式	语 义 规 则
1~20	与表7.76产生式1~20相同	
21	$S \to label\ S_1$	$S.nextList = S_1.nextList;$
22	$label \to id:$	$\{p = lookup(tblptr.top, id.name);$ if $p = null$ then $logLabel(tblptr.top, id.name, label, true, nxq);$ else if $p.type \neq label \vee p.isDefined = true$ then Error; else $\{backPatch(p.address, nxq);$ $modifyLabel(p, isDefined = true, address = nxq);\}\}$
23	$S \to goto\ id;$	$\{p = lookup(tblptr.top, id.name);$ if $p = null$ then $\{$ $logLabel(tblptr.top, id.name, label, false, nxq);$ $gen(j, -, -, 0);\}$ else if $p.type \neq label$ then Error; else if $p.isDefined = true$ then $gen(j, -, -, p.address);$ else $\{gen(j, -, -, p.address);$ $modifyLabel(p, address = nxq - 1);\}$ $S.nextList = null;\}$

对新增产生式解释如下。

- 产生式21：$label$ 是标号定义，因此该产生式将标号定义和紧随其后的语句合并，形成语句符号 S，它保证了标号定义语句融入整个语句系统中。

- 产生式22：标号定义语句，首先从符号表中查询该名字，根据查询结果做如下处理。
  - 情况1：$p = null$，说明标号不存在，登记该标号，定义否为已定义（$true$），地址为将要生成的四元式地址（nxq，即紧跟这个标号定义的四元式编号）。
  - 情况2：$p.type \neq label$，说明存在一个重名的符号，且不是标号类型，出错退出。
  - 情况3：$p.isDefined = true$，说明存在一个重名的标号，出错退出。
  - 情况4：其他情况，即标号已存在但未定义，说明在该标号之前先遇到goto语句登记了这个标号，$p.address$字段记录的是待回填四元式链链首。先用当前标号地址nxq回填四元式链$p.address$，再将符号表地址修改为当前地址nxq，将定义否修改为已定义。
- 产生式23：goto语句，首先从符号表中查询该名字，根据查询结果做如下处理。
  - 情况1：$p = null$，说明标号不存在，登记该标号，定义否为未定义（$false$），地址为待回填四元式nxq，然后生成一个无条件转移语句，该语句需要回填转移目标。
  - 情况2：$p.type \neq label$，说明存在一个重名的符号，且不是标号类型，出错退出。
  - 情况3：$p.isDefined = true$，说明标号已定义，直接生成无条件转移语句，跳转目标即为符号表中记录的地址$p.address$。
  - 情况4：其他情况，即标号已存在但未定义，说明之前已经遇到goto语句登记了这个标号，符号表中记录的$p.address$是待回填链。现在新生成一个无条件转移语句，该语句也是需要回填的，因此第4区段填$p.address$，使其指向原来待回填链的链首。然后修改符号表，使其地址为刚刚生成的四元式编号$nxq - 1$，因此新生成的四元式成为待回填链的链首。
  - 最后，将$S.nextList$置空，以与其他语句统一。

例题7.23 标号-goto语句翻译 翻译句子“goto L; goto L; L: x = y + z; goto L;”，假设$nxq = 100$。

解 分析过程如表7.80所示，生成的中间代码如表7.82所示。符号表变化如表7.81所示，本例题只涉及一个标号L，因此只有一行发生变化，但为展示清晰，每次修改重新登记一行，即下一行是对上一行修改的结果，而不是在符号表中新登记一行。

表 7.80 例题 7.23 的分析过程

步骤	符 号 栈	输 入 串	说 明
1	$\#$	$goto\ L; goto\ L; \cdots \#$	初始化
2	$\#goto\ L;$	$goto\ L; L : \cdots \#$	移进
3	$\#S$	$goto\ L; L : \cdots \#$	23归约，登记符号行1，生成100
4	$\#Slist$	$goto\ L; L : \cdots \#$	归约
5	$\#Slist\ M\{quad = 101\}$	$goto\ L; L : \cdots \#$	归约
6	$\#Slist\ M\{quad = 101\}goto\ L;$	$L : x = y + z; \cdots \#$	移进
7	$\#Slist\ M\{quad = 101\}S$	$L : x = y + z; \cdots \#$	23归约，修改符号为行2，生成101
8	$\#Slist$	$L : x = y + z; \cdots \#$	归约

续表

步骤	符 号 栈	输 入 串	说 明
9	$\#Slist\ L:$	$x=y+z;goto\ L;\#$	移进
10	$\#Slist\ label$	$x=y+z;goto\ L;\#$	22归约，102回填101、100，修改符号为行3
11	$\#Slist\ label\ S$	$goto\ L;\#$	移进并归约，生成102、103
12	$\#Slist\ S$	$goto\ L;\#$	21归约
13	$\#Slist$	$goto\ L;\#$	归约
14	$\#Slist\ goto\ L;$	$\#$	移进
15	$\#Slist\ S$	$\#$	23归约，生成104
16	$\#Slist$	$\#$	归约
17	$\#Slist$	$\#$	成功

表 7.81 例题7.23的符号表变化

行 号	名字（name）	类别（type）	定义否（isDefined）	地址（address）
1	L	label	false	100
2	L	label	false	101
3	L	label	true	102

表 7.82 例题7.23生成的中间代码

生成四元式	回填或成链
$100.(j,-,-,0)$	$100.(j,-,-,102)$
$101.(j,-,-,100)$	$101.(j,-,-,102)$
$102.(+,y,z,\$1)$	
$103.(=,\$1,-,x)$	
$104.(j,-,-,102)$	

7.6.8 switch语句

switch语句的翻译

代码7.11为switch语句示例，首先计算表达式E的值，当其值等于某个case后面的常量c_i（代码中用c加数字i表示）时，就执行相应部分的语句S_i（代码中用S加数字i表示）；如果E的值与所有c_i都不相等，则执行default部分的语句。default是可有可无的，当没有default且E的值与任何一个c_i都不相等时，就跳出switch语句体，不执行任何语句。

代码 7.11 switch语句

```
1   switch (E) {
2     case c1: S1;
```

```
3      case c2: S2;
4      …
5      case cn_1: Sn_1;
6      default: Sn;
7    }
```

另外，对C系列语言，如果执行了某个c_i的语句序列S_i，S_i后面又没有显式的break语句，就会滑下来执行c_{i+1}的语句，直到执行到switch语句，最后自动滑出该语句。其他语言则不需要显式的break语句，如果E的值等于某个c_i，就只执行c_i的代码。显然，后者更符合逻辑，我们也采用隐式break的方式。

switch语句的目标代码可以考虑如代码7.12所示的结构。第4~8行代码，为每个"case c_i"建立一个对应的标号L_i，标号定义后面是对应的语句S_i，最后是一条转移到整个switch语句后的无条件转移语句。这样，当表达式的值与某个c_i相等时，就可以转移到标号L_i，且只执行相应的S_i代码。对default部分，如同case部分一样，构建了一个标号L_n，当表达式的值与所有c_i都不相等时，转移到标号L_n。第4~8行这个代码区称为case区。

代码 7.12 代码 7.11 的switch语句翻译结构

```
1    T = E.val;
2    goto test;
3
4    L1: S1; goto S.next;
5    L2: S2; goto S.next;
6    …
7    Ln_1: Sn_1; goto S.next;
8    Ln: Sn; goto S.next;
9
10   test:
11     if T = c1 goto L1;
12     if T = c2 goto L2;
13     …
14     if T = cn_1 goto Ln_1;
15     goto Ln;
16
17   S.next:
```

代码第1行将表达式的值赋值给了一个临时变量T，第2行转移到test标号位置。第10~15行为test标号区，在这个区，逐个判断哪个c_i与临时变量T相等，相等则转移到对应的标号L_i。如果都不相等，则执行到第15行时，无条件转移到default对应的标号L_n。这样，通过一进入switch就转移到test标号区，判断后转移到对应case区的标号部分，执行完语句再转移到整个switch语句后，完成整个switch语句的执行。

下面讨论switch语句的文法设计问题。首先，在进入case分析前，应该生成一个临时变量获取表达式值$E.val$，以及一个goto test语句的指令。可以考虑把switch (E)这部分作为一个子串进行归约，即设计一个产生式为$W \rightarrow switch(E)$。其次，default部分比较简单，这部分可有可无，可以设计产生式为$X \rightarrow default : S|\varepsilon$。

比较复杂的是case部分。单纯翻译代码7.12的case区是容易的，但应该考虑在翻译到c_i :时，生成标号L_i，此时可知，当表达式值$E.val$等于c_i时，应转移到L_i位置，这个位置的四

元式编号为nxq。那么二元组(c_i, nxq)对应该记录下来，等到生成test区时使用，可以考虑使用队列数据结构记录这个数对。因此，case c_i :的冒号后需要有一个动作记录这个数对，文法产生式中冒号和后面的S_i部分应该分开。设计产生式为$U \to CS$和$C \to casec: |Ucasec:$，两者合起来就是$U \to case\ c : S|U\ case\ c : S$的形式，也就是$(case\ c : S)^+$。

最后，把以上3部分组合，得到的最顶层产生式为$S \to W\{UX\}$。

switch语句的翻译模式如表7.83所示，其中操作$rmLabel(L)$表示删除名为L的标签。

表 7.83　switch语句的翻译模式

序号	产 生 式	语 义 规 则
1~23	与表7.79产生式1~23相同	
24	$W \to switch(E)$	$\{que.init();$ $W.val = newTemp; gen(=, E.val, -, W.val);$ $logLabel(tblptr.top, test, case, false, nxq); gen(j, -, -, 0);$ $logLabel(tblptr.top, next, case, false, 0);\}$
25 26 27	$C \to case\ c :$ $C \to U\ case\ c :$ $U \to CS$	$\{que.en(c, nxq);\}$ $\{que.en(c, nxq);\}$ $\{p = lookup(tblptr.top, next);$ $gen(j, -, -, p.address);$ $modifyLabel(p, address = nxq - 1);\}$
28 29	$X \to default : MS$ $X \to \varepsilon$	$\{X.quad = M.quad;$ $p = lookup(tblptr.top, next);$ $gen(j, -, -, p.address);$ $modifyLabel(p, address = nxq - 1);\}$ $\{X.quad = null;\}$
30	$S \to W\{UX\}$	$\{p = lookup(tblptr.top, test);$ $backPatch(p.address, nxq);$ while $(!que.isEmpty)$ 　$\{(c, addr) = que.de(); gen(j=, W.val, c, addr);\}$ if $X.quad \neq null$ then $gen(j, -, -, X.quad);$ $p = lookup(tblptr.top, next); S.nextList = p.address;$ $rmLabel(test); rmLabel(next);\}$

对语义规则解释如下。

- 产生式24：$switch(E)$的归约。
  - 初始化一个队列que，用来存放(c_i, q_i)数对，其中c_i为case关键字后面的数字，q_i为case c_i后续第1个四元式编号。
  - 生成一个临时变量，存放$E.val$的值，并由W的综合属性val传递。
  - 登记$test$标号，类别为$case$，定义否为$false$，地址为将要生成的一条无条件转移语句，这条语句在翻译到$test$区时回填。

  - 生成需要用 $test$ 区地址回填的无条件转移语句。
  - 登记 $next$ 标号，类别为 $case$，定义否为 $false$，地址为0，生成每个case语句后的 $goto\ S.next$ 时成链。
- 产生式25~26：将 c 值和该标号后的第1个四元式编号入队。
- 产生式27：一个 $case\ c\ S$ 翻译完成，生成转移到switch语句后的无条件转移语句。先查找 $next$ 标号，生成第4个区段为 $p.address$ 的转移语句，使其指向原待回填四元式链链首；然后把该四元式编号（四元式已经生成，因此编号为 $nxq-1$）填入符号表 $p.address$，使其成为新的链首。
- 产生式28：完成 $default$ 部分的翻译，用 $X.quad$ 记录其 S 的第1个四元式，其他动作同产生式26和产生式27。
- 产生式29：没有 $default$ 部分，将 $X.quad$ 置空，以区分带 $default$ 的语句。
- 产生式30：整个switch语句翻译完成，生成 $test$ 区代码。
  - 查询 $test$ 标号，使用 $test$ 区地址回填该链。
  - 对队列进行出队操作（$de()$）得到一个 $(c, addr)$ 对。生成四元式，当 $W.val$ 与 c 相等时，转移到地址 $addr$，也就是case c 对应的语句地址。
  - 当 $X.quad$ 非空，即存在 $default$ 部分时，生成无条件转移到其 S 语句部分的四元式。
  - 查找 $next$ 标号，将其传递给 $S.nextList$。
  - 删除 $test$ 和 $next$ 标签，以防止该过程中有其他switch语句时产生冲突。

例题7.24 switch语句翻译 翻译句子“switch(flag){case 0:sum = sum + x; case 1:sum = sum−x; default:sum = x;} flag = −1;”，假设 $nxq=100$。

解 分析过程如表7.84所示，生成的中间代码如表7.86所示。符号表变化如表7.85所示，本例涉及地址字段的修改，修改时用箭头⇒指向修改后的新值。

表 7.84 例题7.24的分析过程

步骤	符号栈	输入串	说明
1	$\#$	$switch(flag)\cdots\#$	初始化
2	$\#switch(flag$	$)\{case\ 0:\cdots\#$	移进
3	$\#switch(E\{val=flag\}$	$)\{case\ 0:\cdots\#$	归约
4	$\#switch(E\{val=flag\})$	$\{case\ 0:\cdots\#$	移进
5	$\#W\{val=\$1\}$	$\{case\ 0:\cdots\#$	24归约，生成100、101，que 初始化，登记符号行1、2
6	$\#W\{val=\$1\}\{case\ 0:$	$sum=sum+x;\cdots\#$	移进
7	$\#W\{val=\$1\}\{C$	$sum=sum+x;\cdots\#$	25归约，$que.en(0,102)$
8	$\#W\{val=\$1\}\{CS$	$case\ 1:\cdots\#$	移进并归约，生成102、103

续表

步骤	符号栈	输入串	说明
9	$\#W\{val=\$1\}\{U$	$case\ 1:\cdots\#$	27归约，生成104，修改$next$地址为104
10	$\#W\{val=\$1\}\{U\ case\ 1:$	$sum=sum-x;\cdots\#$	移进
11	$\#W\{val=\$1\}\{C$	$sum=sum-x;\cdots\#$	26归约，$que.en(1,105)$
12	$\#W\{val=\$1\}\{CS$	$default:sum\cdots\#$	移进并归约，生成105、106
13	$\#W\{val=\$1\}\{U$	$default:sum\cdots\#$	27归约，生成107，修改$next$地址为107
14	$\#W\{val=\$1\}\{U\ default:$	$sum=x;\cdots\#$	移进
15	$\#W\{val=\$1\}\{U\ default:M\{quad=108\}$	$sum=x;\cdots\#$	归约
16	$\#W\{val=\$1\}\{U\ default:M\{quad=108\}S$	$\}flag=-1;\#$	移进并归约，生成108
17	$\#W\{val=\$1\}\{UX\{quad=108\}$	$\}flag=-1;\#$	28归约，生成109，修改$next$地址为109
18	$\#W\{val=\$1\}\{UX\{quad=108\}\}$	$flag=-1;\#$	移进
19	$\#S\{nextList=109\}$	$flag=-1;\#$	30归约，110回填101，生成110、111、112
20	$\#Slist\{nextList=109\}$	$flag=-1;\#$	归约
21	$\#Slist\{nextList=109\}M\{quad=113\}$	$flag=-1;\#$	归约
22	$\#Slist\{nextList=109\}M\{quad=113\}S$	$\#$	移进并归约，生成113、114
23	$\#Slist$	$\#$	归约，113回填109、107、104
24	$\#Slist$	$\#$	成功

表 7.85　例题 7.24 的符号表变化

行　号	名　字	类　别	定 义 否	地　址
1	test	case	false	101
2	next	case	false	0⇒104⇒107⇒109

表 7.86 例题7.24生成的中间代码

生成四元式	回填或成链
100.$(=, flag, -, \$1)$	
101.$(j, -, -, 0)$	101.$(j, -, -, 110)$
102.$(+, sum, x, \$2)$	
103.$(=, \$2, -, sum)$	
104.$(j, -, -, 0)$	104.$(j, -, -, 113)$
105.$(-, sum, x, \$3)$	
106.$(=, \$3, -, sum)$	
107.$(j, -, -, 104)$	107.$(j, -, -, 113)$
108.$(=, x, -, sum)$	
109.$(j, -, -, 107)$	109.$(j, -, -, 113)$
110.$(j=, \$1, 0, 102)$	
111.$(j=, \$1, 1, 105)$	
112.$(j, -, -, 108)$	
113.$(@, 1, -, \$4)$	
114.$(=, \$4, -, flag)$	

7.6.9 break和continue语句

break和continue语句的翻译

break用于跳出循环或switch语句，continue用于跳出循环的一次迭代，继续下一次迭代。break和continue都对应生成一条无条件转移语句，在得到转移目标后回填。不同于$nextList$属性，break和continue不是使用下一条语句回填，break使用当前所在循环语句或switch语句的下一条语句回填，continue根据循环语句不同使用本层循环的条件判断语句或自增语句回填，因此应设计新的属性记录这些待回填语句。

- $brkList$：break语句对应的待回填四元式链。
- $ctnList$：continue语句对应的待回填四元式链。

break和continue语句的翻译模式相对简单，如表7.87所示，都是生成一条无条件转移指令，并设置$brkList$和$ctnList$两个属性。

表 7.87 break和continue语句的翻译模式

序号	产 生 式	语 义 规 则
31	$S \to break;$	$\{S.brkList = makeList(nxq); S.ctnList = null;$ $S.nextList = null; gen(j, -, -, 0);\}$
32	$S \to continue;$	$\{S.brkList = null; S.ctnList = makeList(nxq);$ $S.nextList = null; gen(j, -, -, 0);\}$

但增加这两个语句后，对其他语句的影响甚为广泛。表7.88为相应语句在原来语义规则基础上，新增或修改的一系列动作，表中未涉及的语义规则保持不变。

表 7.88 break 和 continue 对其他语句翻译模式新增或修改的动作

序号	产 生 式	语 义 规 则
8	$S \to if(B)M_1S_1N$	$\{S.brkList = merge(S_1.brkList, S_2.brkList);$
	$else\ M_2S_2$	$S.ctnList = merge(S_1.ctnList, S_2.ctnList);\}$
10	$S \to if\ (B)\ MS_1$	$\{S.brkList = S_1.brkList; S.ctnList = S_1.ctnList;\}$
11	$S \to while\ (M_1B)M_2S_1$	$\{backPatch(S_1.ctnList, M_1.quad);$
		$S.nextList = merge(B.falseList, S_1.brkList);$
		$S.brkList = null; S.ctnList = null;\}$
12	$S \to \{Slist\}$	$\{S.brkList = Slist.brkList; S.ctnList = Slist.ctnList;\}$
13	$Slist \to S$	$\{Slist.brkList = S.brkList; Slist.ctnList = S.ctnList;\}$
14	$Slist \to Slist_1\ MS$	$\{Slist.brkList = merge(Slist_1.brkList, S.brkList);$
		$Slist.ctnList = merge(Slist_1.ctnList, S.ctnList);\}$
16	$S \to for(S_1M_1BM_2S_2N)$	$\{backPatch(S_3.ctnList, M_2.quad);$
	M_3S_3	$S.nextList = merge(B.falseList, S_3.brkList);$
		$S.brkList = null; S.ctnList = null;\}$
17	$S \to for(H)\ S_1$	$\{backPatch(S_1.ctnList, nxq - 2);$
		$S.nextList = merge(H.trueList, S_1.brkList);$
		$S.brkList = null; S.ctnList = null;\}$
25	$C \to case\ c:$	$\{C.brkList = null;\}$
26	$C \to U\ case\ c:$	$\{C.brkList = U.brkList;\}$
27	$U \to CS$	$\{U.brkList = merge(C.brkList, S.brkList);\}$
28	$X \to default: MS$	$\{X.brkList = S.brkList;\}$
29	$X \to \varepsilon$	$\{X.brkList = null;\}$
30	$S \to W\{UX\}$	$\{p = lookup(tblptr.top, next);$
		$S.nextList = merge(p.address, U.brkList, X.brkList);$
		$S.brkList = null; S.ctnList = null;\}$

对新增或修改的动作说明如下。

- 产生式8: if-else语句中的break或continue，是为跳出外层循环或switch而设置，因此由循环体中 S_1、S_2 的相应四元式链合并，向左部符号传递 $brkList$ 和 $ctnList$ 两个属性。
- 产生式10：if语句中的break或continue，S_1 向左部符号传递 $brkList$ 和 $ctnList$ 两个属性。
- 产生式11：while语句用条件表达式的第1条四元式，也就是 $M_1.quad$ 回填continue语句生成的转移语句，以进入下一次迭代。原来 B 的假出口转移到 S 的下一条语句，现在break生成的无条件转移语句也要转移到 S 的下一条语句，因此将两者合并，赋

值给 $S.nextList$。最后 $S.brkList$ 和 $S.ctnList$ 都置空，防止将待回填四元式继续带入更上层的语句。

- 产生式12、13、14：并行排列的语句，两个属性逐语句传递。
- 产生式16：C风格for语句，只有 S_3 涉及的break或continue需要处理，条件式中的 S_1 和 S_2 无须处理。continue语句转移到自增语句 S_2，而不是条件式 B，因此用 $M_2.quad$ 回填 $S_3.ctnList$。B 为假和break语句都转移到for语句后面的语句，因此两者合并后赋值给 $S.nextList$。最后，$S.brkList$ 和 $S.ctnList$ 都置空。
- 产生式17：MATLAB风格for语句，使用自增四元式 $nxq-2$ 回填continue语句。H 为真（循环变量值超出上界为真）和break语句都转移到for语句后面的语句，因此两者合并后赋值给 $S.nextList$。最后，$S.brkList$ 和 $S.ctnList$ 都置空。
- 产生式25：case语句的case c 部分，将 $brkList$ 置空，无须处理 $ctnList$ 属性，因为switch语句不使用continue。
- 产生式26：将 $U.brkList$ 向左传递。
- 产生式27：C 和 S 中都可能出现break，因此合并后赋值给 $U.brkList$。
- 产生式28、29：switch中default部分的处理。
- 产生式30：switch语句原来的语义规则中，$next$ 标号对应的 $p.address$ 是需要用下一条语句回填的。现在 $U.brkList$ 和 $X.brkList$ 都有可能需要用下一条语句回填，因此将三者合并，赋值给 $S.nextList$。最后，$S.brkList$ 和 $S.ctnList$ 都置空。

例题7.25 break和continue语句的翻译 翻译代码“for(i = 1 : 100) if(i < 50) continue; else break;x = 0;”，假设 $nxq = 100$。

解 分析过程如表7.89所示，生成的中间代码如表7.90所示。当表示四元式链的属性为空链时，该属性省略。

表 7.89 例题7.25的分析过程

步骤	符 号 栈	输 入 串	说 明
1	$\#$	$for(i=1:\cdots\#$	初始化
2	$\#for(i=1$	$:100)\cdots\#$	移进
3	$\#for(i=E\{val=100\}$	$:100)\cdots\#$	归约
4	$\#for(i=E\{val=100\}:$	$100)\ if\cdots\#$	移进
5	$\#for(J\{var=i\}$	$100)\ if\cdots\#$	18归约，生成100
6	$\#for(J\{var=i\}M\{quad=101\}$	$100)\ if\cdots\#$	3归约
7	$\#for(J\{var=i\}M\{quad=101\}E\{val=100\}$	$)\ if(i<50)\cdots\#$	移进并归约
8	$\#for(H\{var=i,step=1,end=100,condi=101,trueList=101\}$	$)\ if(i<50)\cdots\#$	19归约，生成101
9	$\#for(H\{var=i,step=1,end=100,condi=101,trueList=101\})if(E\{val=i\}<E\{val=50\}$	$)continue;\cdots\#$	移进并归约

续表

步骤	符号栈	输入串	说明
10	$\#for(H\{var=i,step=1,end=100,condi=101,trueList=101\})if(B\{trueList=102,falseList=103\}$	$)continue;\cdots\#$	6 归约，生成 102、103
11	$\#for(H\{var=i,step=1,end=100,condi=101,trueList=101\})if(B\{trueList=102,falseList=103\})$	$continue;\cdots\#$	移进
12	$\#for(H\{var=i,step=1,end=100,condi=101,trueList=101\})if(B\{trueList=102,falseList=103\})M\{quad=104\}$	$continue;\cdots\#$	3 归约
13	$\#for(H\{var=i,step=1,end=100,condi=101,trueList=101\})if(B\{trueList=102,falseList=103\})M\{quad=104\}continue;$	$else\ break;\cdots\#$	移进
14	$\#for(H\{var=i,step=1,end=100,condi=101,trueList=101\})if(B\{trueList=102,falseList=103\})M\{quad=104\}S\{ctnList=104\}$	$else\ break;\cdots\#$	29 归约，生成 104
15	$\#for(H\{var=i,step=1,end=100,condi=101,trueList=101\})if(B\{trueList=102,falseList=103\})M\{quad=104\}S\{ctnList=104\}N\{nextList=105\}$	$else\ break;\cdots\#$	9 归约，生成 105
16	$\#for(H\{var=i,step=1,end=100,condi=101,trueList=101\})if(B\{trueList=102,falseList=103\})M\{quad=104\}S\{ctnList=104\}N\{nextList=105\}else$	$break;x=0\#$	移进
17	$\#for(H\{var=i,step=1,end=100,condi=101,trueList=101\})if(B\{trueList=102,falseList=103\})M\{quad=104\}S\{ctnList=104\}N\{nextList=105\}elseM\{quad=106\}$	$break;x=0\#$	3 归约

续表

步骤	符号栈	输入串	说明
18	$\#for(H\{var=i,step=1,end=100,condi=101,trueList=101\})if(B\{trueList=102,falseList=103\})M\{quad=104\}S\{ctnList=104\}N\{nextList=105\}elseM\{quad=106\}break;$	$x=0\#$	移进
19	$\#for(H\{var=i,step=1,end=100,condi=101,trueList=101\})if(B\{trueList=102,falseList=103\})M\{quad=104\}S\{ctnList=104\}N\{nextList=105\}elseM\{quad=106\}S\{brkList=106\}$	$x=0\#$	28 归约，生成 106
20	$\#for(H\{var=i,step=1,end=100,condi=101,trueList=101\})S\{nextList=105,ctnList=104,brkList=106\}$	$x=0\#$	8 归约，104 回填 102，106 回填 103
21	$\#S\{nextList=106\}$	$x=0\#$	17 归约，生成 107、108，107 回填 105，107 回填 104，101、106 成链
22	$\#Slist\{nextList=106\}$	$x=0;\#$	归约
23	$\#Slist\{nextList=106\}M\{quad=109\}$	$x=0;\#$	归约
24	$\#Slist\{nextList=106\}M\{quad=109\}S$	$\#$	移进并归约，生成 109
25	$\#Slist$	$\#$	归约，109 回填 106、101
26	$\#Slist$	$\#$	成功

表 7.90 例题 7.25 生成的中间代码

生成四元式	回填或成链	回填或成链 2
$100.(=,1,-,i)$ $101.(j>,i,100,0)$	$101.(j>,i,100,109)$	
$102.(j<,i,50,0)$	$102.(j<,i,50,104)$	
$103.(j,-,-,0)$	$103.(j,-,-,106)$	
$104.(j,-,-,0)$	$104.(j,-,-,107)$	
$105.(j,-,-,0)$	$105.(j,-,-,107)$	

续表

生成四元式	回填或成链	回填或成链 2
106.$(j,-,-,0)$	106.$(j,-,-,101)$	106.$(j,-,-,109)$
107.$(+,i,-1,i)$		
108.$(j,-,-,101)$		
109.$(=,0,-,x)$		

例题7.25中，continue和break语句造成四元式105是永远不会执行的，这条语句将在后续优化过程中被删除。

7.6.10 三元运算符

三元运算符的翻译

本节讨论C语言中三元运算符“? :”的翻译。这个三元运算符实际属于表达式的计算，其产生式可以设计为$E \rightarrow B?E_1 : E_2$。三元运算的运行逻辑为，当逻辑表达式$B$为真时，返回$E_1.val$；当$B$为假时，返回$E_2.val$。返回值由产生式左部符号$E$的属性$E.val$持有。

三元运算符的逻辑结构如图7.22所示。B、E_1、E_2按顺序生成相应代码，B的真出口为E_1的第一条四元式，B的假出口为E_2的第一条四元式。E_1、E_2的最后一条四元式，是将$E_1.val$、$E_2.val$分别赋值给$E.val$，以使$E.val$最终持有整个表达式的值。E_1和E_2之间有一条无条件转移语句，跳过E_2的代码，转移到整个语句的下一条语句。

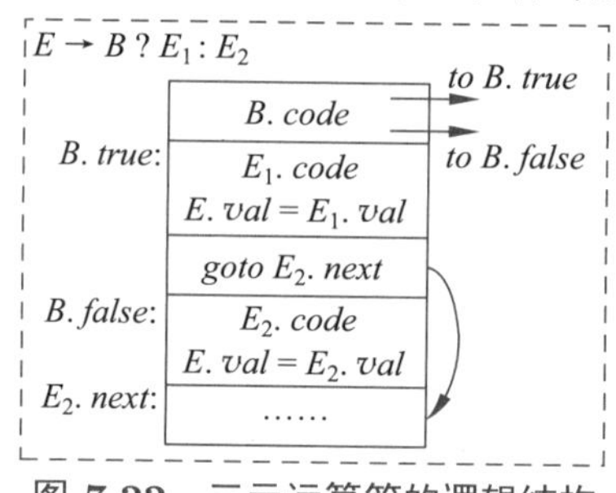

图 7.22　三元运算符的逻辑结构

表7.91为三元运算符的翻译模式，其产生式编号接续表达式翻译模式表。

语义规则说明如下。

- 产生式27：B为真值的产生式E_1部分。
  - 表达式E_1已经翻译完成，因此生成临时变量，并把E_1的结果赋值给它。该临时变量由左部符号Bt携带，后续计算完E_2还需要为该临时变量赋值。
  - 生成跳过E_2的转移语句，该语句待回填，由$Bt.nextList$携带。
  - 使用E_1的第1个四元式，也就是$M_1.quad$，回填$B.trueList$；下一条四元式是E_2的第1个四元式，因此用下一条四元式nxq回填$B.falseList$。
- 产生式28：B为假值的产生式E_2部分。
  - 表达式E_2已经翻译完成，因此把E_2的结果赋值给$Bt.val$，并将这个临时变量赋值给$E.val$携带。

- 下一条四元式是“? :”表达式结束后的第1个四元式，因此用下一条四元式nxq回填$Bt.nextList$。

表 7.91 三元运算符的翻译模式

序号	产 生 式	语 义 规 则
1~26	与表7.61产生式1~26相同	
27	$Bt \to B?M_1E_1$	$\{Bt.val = newTemp; gen(=, E_1.val, -, Bt.val);$ $Bt.nextList = makeList(nxq); gen(j, -, -, 0);$ $backPatch(B.trueList, M_1.quad);$ $backPatch(B.falseList, nxq);\}$
28	$E \to Bt : E_2$	$\{E.val = Bt.val; gen(=, E_2.val, -, Bt.val);$ $backPatch(Bt.nextList, nxq);\}$

例题 7.26 三元运算符表达式翻译 续例题7.18，翻译表达式“x = a < b || c <= i + j && e ? y + z : 0;”，从布尔表达式已经归约完成，即符号栈中为“$\#L\{val = x\} = B\{trueList = 105, falseList = 106\}$”开始后续分析。当$L.offset = null$时省略这个属性，前例生成的中间代码直接复用。

解 分析过程如表7.92所示，生成的中间代码如表7.93所示。

表 7.92 例题 7.26 的分析过程

步骤	符 号 栈	输 入 串	说 明
25	$\#L\{val = x\} = B\{trueList = 105, falseList = 106\}$	$?y + z : 0; \#$	续例题7.18
26	$\#L\{val = x\} = B\{trueList = 105, falseList = 106\}?$	$y + z : 0; \#$	移进
27	$\#L\{val = x\} = B\{trueList = 105, falseList = 106\}?M\{quad = 107\}$	$y + z : 0; \#$	归约
28	$\#L\{val = x\} = B\{trueList = 105, falseList = 106\}?M\{quad = 107\}E\{val = \$2\}$	$: 0; \#$	移进并归约，生成107
29	$\#L\{val = x\} = Bt\{val = \$3, nextList = 109\}$	$: 0; \#$	27归约，生成108、109，107回填105，110回填106
30	$\#L\{val = x\} = Bt\{val = \$3, nextList = 109\} : E\{val = 0\}$	$; \#$	移进并归约
31	$\#L\{val = x\} = E\{val = \$3\}$	$; \#$	28归约，生成110，111回填109

续表

步骤	符 号 栈	输 入 串	说 明
32	$\#L\{val=x\}=E\{val=\$3\};$	#	移进
33	$\#S$	#	归约，生成111
34	$\#S$	#	成功

表 7.93 例题7.26生成的中间代码

生成四元式	回填或成链
$100.(j<,a,b,0)$	$100.(j<,a,b,107)$
$101.(j,-,-,102)$	
$102.(+,i,j,\$1)$	
$103.(j\leqslant,c,\$1,105)$	
$104.(j,-,-,0)$	$104.(j,-,-,110)$
$105.(jnz,e,-,100)$	$105.(jnz,e,-,107)$
$106.(j,-,-,104)$	$106.(j,-,-,110)$
$107.(+,y,z,\$2)$	
$108.(=,\$2,-,\$3)$	
$109.(j,-,-,0)$	$109.(j,-,-,111)$
$110.(=,0,-,\$3)$	
$111.(=,\$3,-,x)$	

7.6.11 关系运算符的结合

关系运算符的结合的翻译

在数学上，经常使用诸如“0 < x < y”的表达式，但这种形式在大部分程序设计语言中是禁止的。虽然C语言在形式上允许这种表达式的存在，但实际处理中是将“0 < x”计算得到的布尔值作为一个数字，再参与到与y的比较中，因此是一种虚假的结合。

本节讨论关系运算符真正意义上的结合。规定关系运算符是左结合的，对关系表达式 $E_1\theta_1E_2\theta_2\cdots\theta_{n-1}E_n$，等价于 $E_1\theta_1E_2\wedge E_2\theta_2E_3\wedge\cdots\wedge E_{n-1}\theta_{n-1}E_n$。可以使用两个产生式表示这个表达式：$B\rightarrow E_1\theta E_2, B\rightarrow B_1\theta E$，其中第1个产生式是表7.65的产生式6，第2个产生式是新增产生式。

这个翻译的唯一障碍在于，当 $E_1\theta E_2$ 归约为 B 时，B 应当持有第2个表达式的值 $E_2.val$，以便 $B_1\theta E$ 归约时，能让 $E_2.val$ 与 $E.val$ 进行比较。为此，为 B 配置一个新的属性 $val2$，用来传递关系运算的第2个变量。表7.94为关系运算符左结合的翻译模式。

表 7.94 关系运算符左结合的翻译模式

序号	产 生 式	语 义 规 则
6	$B \to E_1\theta E_2$	$\{B.trueList = makeList(nxq);$ $B.falseList = makeList(nxq+1);$ $gen(j\theta, E_1.val, E_2.val, 0); gen(j, -, -, 0);$ $B.val2 = E_2.val;\}$
33	$B \to B_1\theta ME$	$\{bachPatch(B_1.trueList, M.quad); B.val2 = E.val$ $B.trueList = makeList(nxq);$ $B.falseList = makeList(nxq+1);$ $gen(j\theta, B_1.val2, E.val, 0); gen(j, -, -, B_1.falseList);\}$

对翻译模式说明如下。

- 产生式6：与原产生式6的语义规则相比，增加了最后一条语义动作$B.val2 = E_2.val$，即使用$B.val2$传递第2个操作数。
- 产生式33：为新增产生式。
  - 当B_1为真时，进入$B_1\theta E$的判断，因此使用E的第1个四元式$M.quad$回填$B_1.trueList$。
  - 使用$B.val2$传递第2个操作数，即$B.val2 = E.val$。
  - 建立B的真、假出口链。
  - 生成真、假出口四元式，与产生式6动作相同。由于B_1的假出口与B的假出口相同，B的假出口四元式与$B_1.falseList$成链。
- 其他产生式保持不变。

例题7.27 关系运算符结合语句的翻译 翻译句子“if (x < a + b > y + z) x = 1; z = 0;”，假设$nxq = 100$。

解 分析过程如表7.95所示，生成的中间代码如表7.96所示。

表 7.95 例题7.27的分析过程

步骤	符 号 栈	输 入 串	说 明
1	$\#$	$if(x < \cdots \#$	初始化
2	$\#if(x$	$< a+b\cdots\#$	移进
3	$\#if(E\{val=x\}$	$< a+b\cdots\#$	归约
4	$\#if(E\{val=x\} < a+b$	$> y+z)\cdots\#$	移进
5	$\#if(E\{val=x\} < E\{val=\$1\}$	$> y+z)\cdots\#$	归约，生成100
6	$\#if(B\{trueList=101, falseList=102, val2=\$1\}$	$> y+z)\cdots\#$	6归约，生成101、102
7	$\#if(B\{trueList=101, falseList=102, val2=\$1\} >$	$y+z)\cdots\#$	移进
8	$\#if(B\{trueList=101, falseList=102, val2=\$1\} > M\{quad=103\}$	$y+z)\cdots\#$	归约

续表

步骤	符号栈	输入串	说明
9	$\#if(B\{trueList = 101, falseList = 102, val2 = \$1\} > M\{quad = 103\}y+z$	$)x = 1; \cdots \#$	移进
10	$\#if(B\{trueList = 101, falseList = 102, val2 = \$1\} > M\{quad = 103\}E\{val = \$2\}$	$)x = 1; \cdots \#$	归约，生成 103
11	$\#if(B\{trueList = 104, falseList = 105, val2 = \$2\}$	$)x = 1; \cdots \#$	33 归约，103 回填 101，生成 104、105
12	$\#if(B\{trueList = 104, falseList = 105, val2 = \$2\})$	$x = 1; z = 0; \#$	移进
13	$\#if(B\{trueList = 104, falseList = 105, val2 = \$2\})M\{quad = 106\}$	$x = 1; z = 0; \#$	归约
14	$\#if(B\{trueList = 104, falseList = 105, val2 = \$2\})M\{quad = 106\}S\{nextList = null\}$	$z = 0; \#$	移进并归约，生成 106
15	$\#S\{nextList = 105\}$	$z = 0; \#$	10 归约，106 回填 104
16	$\#Slist\{nextList = 105\}$	$z = 0; \#$	13 归约
17	$\#Slist\{nextList = 105\}M\{quad = 107\}$	$z = 0; \#$	归约
18	$\#Slist\{nextList = 105\}M\{quad = 107\}S\{nextList = null\}$	$\#$	移进并归约，生成 107
19	$\#Slist\{nextList = null\}$	$\#$	14 归约，107 回填 105
20	$\#Slist\{nextList = null\}$	$\#$	成功

表 7.96　例题 7.27 生成的中间代码

生成四元式	回填或成链
$100.(+, a, b, \$1)$	
$101.(j <, x, \$1, 0)$	$101.(j <, x, \$1, 103)$
$102.(j, -, -, 0)$	$102.(j, -, -, 107)$
$103.(+, y, z, \$2)$	
$104.(j >, \$1, \$2, 0)$	$104.(j >, \$1, \$2, 106)$
$105.(j, -, -, 102)$	$105.(j, -, -, 107)$
$106.(=, 1, -, x)$	
$107.(=, 0, -, z)$	

7.7 过程语句的翻译

本节继续扩充前述文法中S的功能，并修改前述声明语句的翻译模式，使其能接受过程处理的各种语句。

7.7.1 过程的开始与结束标记

在汇编中，每个过程需要在过程的开始和结束位置标记代码，对应四元式分别为$(proc, fun, -, -)$和$(endp, fun, -, -)$。这些标记的生成比较简单，只需修改表7.41中C过程定义与声明语句的翻译模式，增加相应的四元式代码生成动作即可，如表7.97所示。

- 产生式12：过程开始产生式，增加生成四元式$gen(proc, id.name, -, -)$的语义动作。
- 产生式13：过程结束产生式，增加生成四元式$gen(endp, F.name, -, -)$的语义动作。

表 7.97 表7.41中C过程定义与声明语句的翻译模式的修改

序号	产 生 式	语 义 规 则
12	$F \to T\ id($	$\{t = makeTable(tblptr.top); tblptr.push(t);$ $offset.push(0); category = formal;$ $F.name = id.name; F.type = T.type;$ $gen(proc, id.name, -, -);\}$
13	$G \to FM)NS$	$\{t = tblptr.pop(); w = offset.pop();$ $logProc(tblptr.top, F.name, F.type, t, w);$ $gen(endp, F.name, -, -);\}$

7.7.2 返回语句

返回语句的翻译，一般形如“return E;”或“return;”，只需生成相应的四元式即可，如表7.98所示。

表 7.98 返回语句的翻译模式

序号	产 生 式	语 义 规 则
1	$S \to return\ E;$	$\{gen(ret, E.val, -, -); S.nextList = null;\}$
2	$S \to return;$	$\{gen(ret, -, -, -); S.nextList = null;\}$

7.7.3 过程调用

过程调用的翻译

过程调用既可以作为一个单独的语句，也可以作为表达式的一部分。为了统一，将过程调用先归约为符号E，再增加一个$S \to E;$的产生式，以覆盖两种情况。产生式$S \to E;$还有一个副作用，使得不赋值的表达式，如“x + y;”也成为合法语句。

一般过程调用的参数是反序进栈的，因此，过程调用翻译过程中，也考虑反序生成参数列表。表7.99为过程调用的翻译模式。

表 7.99 过程调用的翻译模式

序号	产 生 式	语 义 规 则
3	$S \to E;$	$\{S.nextList = null;\}$
4	$E \to id(Elist$	$\{gen(call, id.name, -, -);$ $p = lookup(tblptr.top.parent, id.name);$ if $p.category \neq function$ then Error; else if $p.type = void$ then $E.val = null;$ else $\{E.val = newTemp; gen(=, id.name, -, E.val);\}\}$
5	$E \to id()$	同 4
6	$Elist \to E, Elist_1$	$\{gen(param, E.val, -, -);\}$
7	$Elist \to E)$	$\{gen(param, E.val, -, -);\}$

语义规则说明如下。

- 产生式3：使表达式和过程调用可以独立成为一个句子。
- 产生式4：为过程调用中所有参数翻译完成，对整个过程调用进行处理时触发。
  - 生成调用过程的四元式 $gen(call, id.name, -, -)$。
  - 对C风格程序，过程定义都登记在根符号表中，也就是当前符号表的父表中。从该表查询到调用的过程 $id.name$，赋值给 p，供后续操作使用。
  - 如果调用的不是过程，则出错退出。
  - 如果返回值类型为 $void$，则 $E.val = null$。
  - 如果返回值类型不是 $void$，生成一个临时变量，把过程名赋值该临时变量。
- 产生式5：没有形参的过程调用，语义规则同产生式4。
- 产生式6：向左识别出一个参数，生成参数四元式即可。
- 产生式7：识别出最右边一个参数，直接生成参数四元式即可。

例题7.28 过程调用语句的翻译 翻译句子“z = sum(x + y, 2 * i);”，假设 $nxq = 100$。

解 分析过程如表7.100所示，生成的中间代码如表7.101所示。

表 7.100 例题 7.28 的分析过程

步骤	符 号 栈	输 入 串	说 明
1	#	$z =$ $sum(x + y, \cdots \#$	初始化
2	$\#z$	$= sum(x + y, \cdots \#$	移进
3	$\#L\{val = z, offset = null\}$	$= sum(x + y, \cdots \#$	归约
4	$\#L\{val = z, offset = null\} = sum($	$x + y, 2 * i); \#$	移进
5	$\#L\{val = z, offset = null\} =$ $sum(E\{val = \$1\}$	$, 2 * i); \#$	移进并归约，生成100
6	$\#L\{val = z, offset = null\} =$ $sum(E\{val = \$1\}, E\{val = \$2\}$	$); \#$	移进并归约，生成101

续表

步骤	符号栈	输入串	说明
7	$\#L\{val=z,offset=null\}=$ $sum(E\{val=\$1\},E\{val=\$2\})$	;#	移进
8	$\#L\{val=z,offset=null\}=$ $sum(E\{val=\$1\},Elist$	;#	7归约，生成102
9	$\#L\{val=z,offset=null\}=$ $sum(Elist$	;#	6归约，生成103
10	$\#L\{val=z,offset=null\}=$ $E\{val=\$3\}$	;#	4归约，生成104、105
11	$\#L\{val=z,offset=null\}=$ $E\{val=\$3\};$	#	移进
12	$\#S$	#	归约，生成106
13	$\#S$	#	成功

表 7.101 例题7.28生成的中间代码

100.$(+,x,y,\$1)$
101.$(*,2,i,\$2)$
102.$(param,\$2,-,-)$
103.$(param,\$1,-,-)$
104.$(call,sum,-,-)$
105.$(=,sum,-,\$3)$
106.$(=,\$3,-,z)$

7.8 类型检查

类型检查即构造**类型表达式**，将类型相关的规则赋给文法的语义规则，从而避免因类型不匹配导致的运行时错误。如果类型检查在编译时进行，则称为**静态类型检查**；如果类型检查在运行时进行，则称为**动态类型检查**。

如果不需要动态检查类型错误，则称为**良类型系统**。良类型系统使得只需要进行静态检查，就可以避免目标程序运行时发生类型错误。如果一种语言的编译器能保证编译通过的程序运行时不会出现类型错误则这种语言称为**良类型的**。有些检查只能动态进行，如数组下标越界，编译器无法保证运行时下标一定落在限定范围内。

7.8.1 类型表达式

类型表达式即构造一个类型描述系统，使类型信息能够通过文法符号的属性进行传递，并设定语义规则进行计算。

类型表达式或者是基本类型，或者由类型构造符施加到类型表达式得到。基本类型和类型构造符都取决于具体语言，以C语言表达式为例，定义如下。

(1) 一个基本类型是一个类型表达式。基本类型有 *bool*、*char*、*byte*、*ubyte*、*short*、*ushort*、*int*、*uint*、*long*、*ulong*、*float*、*double* 等。另外，还有一个专用基本类型 *error*，表示类型错误；基本类型 *void*，表示没有数据类型。本书为简化描述，使用 *int* 和 *real* 分别表示整型和实型两类代表性的基本类型。

(2) 类型表达式可以命名，因此一个类型名是一个类型表达式。

(3) 用类型构造符施加于类型表达式，得到一个新的类型表达式。

- 数组。如果 T 是一个类型表达式，则 $array(I,T)$ 是一个类型表达式，表示一个数组类型，其中 I 是下标集合。像 C、MATLAB 这种下标下限是常量的语言，I 的每个维度用一个数字表示即可，如 $array(2,3,4,int)$ 为一个三维 int 型数组，其三个维度分别为 2、3、4，C 语言中下标范围为 0..1、0..2、0..3。像 Pascal 这种下标下限可变的语言，I 的每个维度需要用两个数字表示，如 $array(0..2,2..3,1..4,int)$。
- 乘积。如果 T_1 和 T_2 是两个类型表达式，则其笛卡儿（Cartesian）乘积 $T_1 \times T_2$ 是一个类型表达式，算符"×"为左结合。
- 结构体。结构体类型可以看作各成员类型的笛卡儿积，结构体与乘积的区别在于结构体成员有名字，名字不同则成员不同。因此，每个成员类型是 $name \times T$，类型构造符 *struct* 施加于所有成员类型的笛卡儿积，就构成了结构体的类型表达式。代码7.5中的结构体，*Point* 是类型名，可以用 $struct(Point)$ 表示这个结构体类型，其具体的类型表达式为 $struct((Coor \times array(10,2,double)) \times (Num \times int))$。
- 指针。如果 T 是一个类型表达式，则 $pointer(T)$ 表示"指向 T 类型对象的指针"类型。如 int *p; 变量 p 具有 $pointer(int)$ 类型。
- 函数。函数可以看作将形参类型加工为返回值类型的映射，如函数 int sum(int x, int y)，其类型表达式为 $int \times int \rightarrow int$。

(4) 类型表达式可以包含变量，变量的值是类型表达式。

7.8.2 翻译模式

类型检查即检查文法的各成分的数据类型是否合法，为每个符号配备数据类型属性 *type*。变量 *id* 的数据类型，在声明语句中已经记入符号表；常量 *num* 的数据类型，可以由词法分析器得到，用 *num.type* 表示。那么可以设计典型产生式的类型检查翻译模式如表7.102所示（该表只展示类型检查的语义规则，这些语义规则应并入前面章节介绍的翻译模式）。

表 7.102　类型检查的翻译模式

序号	产 生 式	语 义 规 则
1	$E \rightarrow L$	$\{E.type = L.type;\}$
2	$L \rightarrow id$	$\{p = lookup(tblptr.top, id.name); L.type = p.type;\}$
3	$L \rightarrow num$	$\{L.type = num.type;\}$
4	$E \rightarrow E_1 \theta E_2$ （θ 为算术算符）	{if $E_1.type = int \wedge E_2.type = int$ then $E.type = int$; else if $E_1.type = real \wedge E_2.type = real$ then $E.type = real$; else $E.type = error$;}

续表

序号	产 生 式	语 义 规 则
5	$E \to E_1 \theta E_2$ （θ为关系算符）	{if $E_1.type = int \wedge E_2.type = int$ then $E.type = bool$; else if $E_1.type = real \wedge E_2.type = real$ then $E.type = bool$; else $E.type = error$; }
6	$E \to E_1 \theta E_2$ （θ为逻辑算符）	{if $E_1.type = bool \wedge E_2.type = bool$ then $E.type = bool$; else $E.type = error$; }
7	$Elist \to id[E$	{$p = lookup(tblptr.top, id.name)$; if $p.type = array(s,t) \wedge E.type = int$ then $Elist.type = p.type$; else $Elist.type = error$; }
8	$Elist \to Elist_1, E$	{if $Elist_1.type = array(s,t) \wedge E.type = int$ then $Elist.type = Elist_1.type$; else $Elist.type = error$; }
9	$L \to Elist]$	{if $Elist.type = array(s,t)$ then $L.type = t$; else $L.type = error$; }
10	$R \to id.$	{$p = lookup(tblptr.top, id.name)$; if $p.type = struct(s)$ then $R.type = p.type$; else $R.type = error$; }
11	$L \to R\ id$	{$p = lookup(R.memtbl, id.name)$; $L.type = p.type$; }
12	$L \to \&id$	{$p = lookup(tblptr.top, id.name)$; $L.type = pointer(p.type)$; }
13	$L \to *id$	{$p = lookup(tblptr.top, id.name)$; if $p.type = pointer(t)$ then $L.type = t$; else $L.type = error$; }
14	$S \to L = E$	{if $L.type = E.type$ then $S.type = void$; else $S.type = error$; }
15	$B \to E$	{if $E.type = bool$ then $B.type = bool$; else $B.type = error$; }
16	$S \to if\ B\ then\ S_1$	{if $B.type = bool$ then $S.type = void$; else $S.type = error$; }
17	$S \to if\ B\ then\ S_1$ $else\ S_2$	{if $B.type = bool$ then $S.type = void$; else $S.type = error$; }
18	$S \to while\ B\ do\ S_1$	{if $B.type = bool$ then $S.type = void$; else $S.type = error$; }

续表

序号	产 生 式	语 义 规 则
19	$S \to for\ S_1BS_2\ do\ S_3$	{if $B.type = bool$ then $S.type = void$; else $S.type = error$; }
20	$I \to E_1 : E_2$	{if $(E_1.type = int \wedge E_2.type = int)$ $\vee(E_1.type = real \wedge E_2.type = real)$ then $I.type = E_1.val \times E_2.val \times E_1.type$; else $I.type = error$; }
21	$I \to E_1 : E_2 : E_3$	{if $(E_1.type = int \wedge E_2.type = int \wedge E_3.type = int)$ $\vee(E_1.type = real \wedge E_2.type = real \wedge E_3.type = real)$ then $I.type = E_1.val \times E_2.val \times E_3.val \times E_1.type$; else $I.type = error$; }

对表中的语义规则说明如下。

- 产生式1：简单变量或数组变量 L 归约为表达式的开始符号 E，直接进行类型表达式的属性传递即可。
- 产生式2~3：简单变量和常数。
  - 产生式2：简单变量的数据类型取符号表中存储的类型，该类型由声明语句填写。
  - 产生式3：常量的数据类型由词法分析器识别。
- 产生式4~6：表达式计算，本节只讨论同类型表达式之间的运算，下节讨论自动类型转换。
  - 产生式4：算术运算，整型之间运算得到整型，实型之间运算得到实型，否则为出错的情况。
  - 产生式5：关系运算，只能整型之间比较，或实型之间比较，运算结果为布尔型。
  - 产生式6：逻辑运算，只能在布尔型之间进行逻辑运算，运算结果为布尔型。
- 产生式7~9：数组的引用。
  - 产生式7：数组 id 的数据类型必须是 $array(s,t)$ 的形式，其中 s 是一系列整数，t 是一个基本类型；下标必须是整数。
  - 产生式8：$Elist$ 必须是数组，下标必须是整数。
  - 产生式9：$L.type$ 取数组元素的类型，也就是 t。
- 产生式10~11：结构体成员的引用，成员为数组时，请自行设计。
  - 产生式10：查表取得结构体类型 $struct(s)$，在我们设计的系统中，s 是结构体的类型名，传递给 $R.type$。
  - 产生式11：从成员符号表查找其引用的成员，将成员数据类型作为 $L.type$。
- 产生式12~13：地址和指针的引用。
  - 产生式12:地址的引用,根据 id 的基本类型,构造执行它的指针类型赋值给 $L.type$。
  - 产生式13：指针的引用，要求 id 必须是一个指针类型，则 $L.type$ 为该指针指向的元素类型。
- 产生式14：赋值语句，要求等号两边的类型相同，该语句无类型。

- 产生式15～18：一般控制语句。
  - 产生式15：作为控制条件的布尔表达式，要求E为$bool$型。
  - 产生式16：if语句，要求B为$bool$型。
  - 产生式17：if-else语句，要求B为$bool$型。
  - 产生式18：while语句，要求B为$bool$型。
- 产生式19～21：for语句。
  - 产生式19：C风格for语句，要求B为$bool$型。
  - 产生式20：MATLAB风格for语句的循环条件（与表7.76中的产生式略有区别），要求E_1和E_2均为数值型且类型相同。
  - 产生式21：MATLAB风格for语句的循环条件（与表7.76中的产生式略有区别），要求E_1、E_2和E_3均为数值型且类型相同。

另外，对于生成的临时变量，也需要存入符号表，此时需要确定其数据类型。可以根据类型检查的规则，如表达式生成的临时变量采用产生式4～6确定其数据类型。

7.8.3 隐式转换

隐式转换的翻译

在表达式翻译中，当有两个不同类型的量进行计算时，需要从以下操作中二选一。

- 拒绝运算。
- 自动进行类型转换。

7.8.2节我们选择了第一种操作，即拒绝运算。当前大部分编译器支持隐式类型转换，也称为自动类型转换（Coercion），即如遇到一个整型和一个实型进行四则运算时，自动将整型转换为实型再运算。为支持隐式数据类型转换，中间代码中不同类型运算符需要分开，如区分整型加、实型加、整型减、实型减等。这样做是合适的，毕竟目标机器中，不同数据类型的算术运算指令是不同的。如x86中，整型加法指令为add，实型加法指令是fadd，它们是不一样的。实际上真实系统中的指令划分更细，如x86的无符号乘法指令为mul，而有符号乘法指令为imul。

考虑表1.2的基本数据类型，当参与二元运算的两个运算量不同时，根据字宽有如下情况。

- 运算量同宽，且同为有符号量或无符号量，如ubyte、bool、char三个类型都占1字节，且都为无符号量，可以直接进行运算，无须生成转换代码。
- 运算量同宽，且一个为有符号量，另一个为无符号量，如int、uint，无须生成转换代码，采用有符号指令进行运算。这当然会产生溢出错误，即uint最高位为1时，会作为负数处理，这个错误的判定需要在运行时完成。
- 运算量不同宽，则先生成窄类型转换为宽类型的转换代码，赋值给一个临时变量，再用这个临时变量和宽类型做相应计算，这个过程称为拓宽或宽化（英文都是widden）。

为简化翻译模式说明原理，在算术运算和关系运算中只考虑整型和实型两种类型，分别用int和real表示并做如下改变。

- 若算术算符为θ，分别用θ_i、θ_r表示整型θ运算和实型θ运算。
- 若条件转移算符为$j\theta$，分别用$j\theta_i$、$j\theta_r$表示整型$j\theta$转移和实型$j\theta$转移。

用表7.103中的产生式29和产生式30，分别替换原算术表达式中的加减乘除操作，以及原逻辑运算中的关系运算。其中使用的类型转换四元式为$(i2r, x, -, z)$和$(r2i, x, -, z)$，具体请回顾表1.5的内容。

表 7.103 表达式类型隐式转换的翻译模式

序号	产 生 式	语 义 规 则
29	$E \to E_1\theta E_2$ （θ为算术运算）	$\{E.val = newTemp;$ if $E_1.type = int \wedge E_2.type = int$ then $\{gen(\theta_i, E_1.val, E_2.val, E.val); E.type = int;\}$ else if $E_1.type = real \wedge E_2.type = real$ then $\{gen(\theta_r, E_1.val, E_2.val, E.val); E.type = real;\}$ else if $E_1.type = int \wedge E_2.type = real$ then $\{t = newTemp; gen(i2r, E_1.val, -, t);$ $gen(\theta_r, t, E_2.val, E.val); E.type = real;\}$ else if $E_1.type = real \wedge E_2.type = int$ then $\{t = newTemp; gen(i2r, E_2.val, -, t);$ $gen(\theta_r, E_1.val, t, E.val); E.type = real;\}$ else $\{E.type = error;$ Error; $\}\}$
30	$E \to E_1\theta E_2$ （θ为关系运算）	$\{E.val = newTemp;$ if $E_1.type = int \wedge E_2.type = int$ then $\{gen(j\theta_i, E_1.val, E_2.val, nxq + 3);\}$ else if $E_1.type = real \wedge E_2.type = real$ then $\{gen(j\theta_r, E_1.val, E_2.val, nxq + 3);\}$ else if $E_1.type = int \wedge E_2.type = real$ then $\{t = newTemp; gen(i2r, E_1.val, -, t);$ $gen(j\theta_r, t, E_2.val, nxq + 3);\}$ else if $E_1.type = real \wedge E_2.type = int$ then $\{t = newTemp; gen(i2r, E_2.val, -, t);$ $gen(j\theta_r, E_1.val, t, nxq + 3);\}$ else $\{E.type = error;$ Error; $\}$ $E.type = bool; gen(=, 0, -, E.val);$ $gen(j, -, -, nxq + 2); gen(=, 1, -, E.val);\}$

例题 7.29 隐式类型转换 翻译表达式“x = y + i * j”，假设所有名字在符号表中都存在，初始时$nxq = 100$。其中i、j为整型变量，x、y为实型变量。

解 分析过程如表7.104所示，生成的中间代码如表7.105所示。

表 7.104 例题 7.29 的分析过程

步骤	符号栈	输入串	说明
1	$\#$	$x=y+i*j\#$	初始化
2	$\#x$	$=y+i*j\#$	移进
3	$\#L\{val=x,type=real,offset=null\}$	$=y+i*j\#$	10 归约
4	$\#L\{val=x,type=real,offset=null\}=y$	$+i*j\#$	移进
5	$\#L\{val=x,type=real,offset=null\}=E\{val=y,type=real\}$	$+i*j\#$	10 归约后 9 归约
6	$\#L\{val=x,type=real,offset=null\}=E\{val=y,type=real\}+i$	$*j\#$	移进
7	$\#L\{val=x,type=real,offset=null\}=E\{val=y,type=real\}+E\{val=i,type=integer\}$	$*j\#$	10 归约后 9 归约
8	$\#L\{val=x,type=real,offset=null\}=E\{val=y,type=real\}+E\{val=i,type=integer\}*j$	$\#$	移进
9	$\#L\{val=x,type=real,offset=null\}=E\{val=y,type=real\}+E\{val=i,type=integer\}*E\{val=j,type=integer\}$	$\#$	10 归约后 9 归约
10	$\#L\{val=x,type=real,offset=null\}=E\{val=y,type=real\}+E\{val=\$1,type=integer\}$	$\#$	29 归约，生成 100
11	$\#L\{val=x,type=real,offset=null\}=E\{val=\$2,type=real\}$	$\#$	29 归约，生成 101、102
12	$\#A$	$\#$	2 归约，生成 103
13	$\#S$	$\#$	1 归约
14	$\#S$	$\#$	成功

表 7.105 例题 7.29 生成的中间代码

$100.(*_i,i,j,\$1)$	$102.(+_r,y,\$3,\$2)$
$101.(i2r,\$1,-,\$3)$	$103.(=,\$2,-,x)$

本节只介绍了一个非常简化的模型，其他情况可以类似地进行设计。如表7.102中，产生式6的 $E_1.type$、$E_2.type$，以及产生式16～18的 $B.type$，可以不必是 $bool$ 型，只要它们字宽为1，即可以直接参与各种运算。如果一字节（bool、byte、char 型等）a 与一个整型 b 进行计算，应生成 $(b2i,a,-,\$1)$ 之类的转换，再用 $\$1$ 与 b 进行计算。总之，隐式转换适用于窄类型向宽类型转换，它需要考虑的情况极其多样，但基本原理都是一样的。

7.8.4 显式转换

类型宽化处理时可以隐式转换，相反地，类型窄化则必须显式转换，也称为强制类型转换（Cast）。当然，宽化处理既可以隐式转换，也应支持显式转换。表达式类型显式转换的翻译模式如表7.106所示。

表 7.106 表达式类型显式转换的翻译模式

序号	产 生 式	语 义 规 则
31	$E \to (T)E_1$	{if $T.type = int \wedge E_1.type = int$ then {$E.val = E_1.val; E.type = int;$} else if $T.type = real \wedge E_1.type = real$ then {$E.val = E_1.val; E.type = real;$} else if $T.type = int \wedge E_1.type = real$ then {$E.val = newTemp; gen(r2i, E_1.val, -, E.val);$ $E.type = int;$} else if $T.type = real \wedge E_1.type = int$ then {$E.val = newTemp; gen(i2r, E_1.val, -, E.val);$ $E.type = real;$} else {$E.type = error$; Error; }}

第7章 语法制导翻译与中间代码生成 内容小结

- 为上下文无关文法的每个符号配备若干属性，称为属性文法。
- 语法制导翻译是为文法的每个产生式配一组语义规则，在语法分析的同时执行它，完成语义分析和中间代码生成工作。
- S-属性文法是只含有综合属性的文法；L-属性文法一次遍历就计算出所有属性值，且具有很强的表达能力。
- 声明语句的翻译主要是填写符号表；声明语句包括过程定义、形参声明、变量声明、数组声明、结构体声明等语法成分。
- 表达式与赋值语句翻译包括算术表达式、布尔表达式、数组引用、结构体引用、地址和指针引用等语法成分的翻译。
- 控制语句翻译包括作为条件控制的布尔表达式、if和while语句、C风格for语句、MATLAB风格for语句、标号-goto语句、switch语句、三元运算符、break和continue语句、关系运算符结合语句。
- 过程调用的翻译包括过程开始与结束标记、返回语句、过程调用的翻译。
- 类型表达式即构造一个类型描述系统，使类型信息能够通过文法符号的属性进行传递，并设定语义规则进行计算。

第7章　习题

第 7 章 习题

请扫描二维码查看第7章习题。

第8章

中间代码优化

本章讨论如何对程序进行各种等价变换，从而使得生成的代码更有效，这种变换称为**优化**（Optimazition）。优化可以在编译的各个阶段进行，主要有以下两类。

- 一类优化在目标代码生成前，对中间代码进行优化，这类优化不依赖具体的计算机。
- 另一类优化在目标代码上进行，依赖具体的计算机。

本章主要讨论第一类优化。

代码优化是编译器方面研究的热点问题，当前基于静态单赋值（Static Single Assignment，SSA）优化是一个很重要的研究分支。本书只讨论优化的基本问题，并未涉及SSA的相关概念，对该问题感兴趣的读者，可以参考2022年出版的一部文献*SSA-Based Compiler Design*[81]。

8.1 程序的拓扑结构

进行代码优化时，往往需要了解程序的拓扑结构，如基本代码单元、数据的流向、循环结构的识别等，本节介绍这些拓扑结构的识别问题。

8.1.1 优化代码例子

选择一个具有循环同时又比较简洁的代码作为本章优化的例子，冒泡排序是一个比较符合要求的算法。如要对一个长度为n的数组$a[0:n]$排序，先以$a[0:9]=\{10, 0, 45, 48, 5, 77, 21, 4, 50\}$为例，说明排序过程。

第1轮冒泡如下。

(1) 比较第0、1个元素，$10>0$，交换两个元素，得到a[0 : 9] = {0, 10, 45, 48, 5, 77, 21, 4, 50}。

(2) 比较第1、2个元素，$10<45$，不做任何操作，仍然是a[0 : 9] = {0, 10, 45, 48, 5, 77, 21, 4, 50}。

(3) 比较第2、3个元素，$45<48$，不做任何操作，仍然是a[0 : 9] = {0, 10, 45, 48, 5, 77, 21, 4, 50}。

(4) 比较第3、4个元素，$48>5$，交换两个元素，得到a[0 : 9] = {0, 10, 45, 5, 48, 77, 21, 4, 50}。

(5) 比较第4、5个元素，$48<77$，不做任何操作，仍然是a[0 : 9] = {0, 10, 45, 5, 48, 77, 21, 4, 50}。

(6) 比较第 5、6 个元素，$77 > 21$，交换两个元素，得到 a[0 : 9] = {0, 10, 45, 5, 48, 21, 77, 4, 50}。

(7) 比较第 6、7 个元素，$77 > 4$，交换两个元素，得到 a[0 : 9] = {0, 10, 45, 5, 48, 21, 4, 77, 50}。

(8) 比较第 7、8 个元素，$77 > 50$，交换两个元素，得到 a[0 : 9] = {0, 10, 45, 5, 48, 21, 4, 50, 77}。

第 1 轮冒泡，对第 0 到 $n-2$ 个元素，每个元素与其右邻元素比较，如果当前元素大于右邻元素，则交换。经过第 1 轮冒泡，最大的元素 77 出现在最右边位置。第 2 轮，无须再比较最后一个元素，因此从第 0 到 $n-3$ 个元素，与其右邻元素比较，如果当前元素大于右邻元素，则交换，得到 a[0 : 9] = {0, 10, 5, 45, 21, 4, 48, 50, 77}。经过第 2 轮冒泡，次大的元素 50 出现在右边第 2 位的位置。最终，经过 $n-1$ 轮排序，可以得到最终排序的数组。

冒泡排序程序如代码8.1所示，代码采用了第 7 章设计的 MATLAB 风格 for 循环形式，第 3 行的外层循环控制冒泡轮次，总共循环 $n-1$ 轮。第 4 行的内层循环控制比较的元素，每轮冒泡从 0 到 $n-i-1$ 依次与右邻元素比较，大则交换。

翻译为中间代码如表8.1所示。代码8.1中，后面的注释为对应的表8.1中的四元式编号，如 Q100 表示编号为 100 的四元式，Q100~103 表示编号为 100~103 的 4 个四元式。

表 8.1 冒泡排序代码第 4~16 行生成的中间代码

100.$(proc, bubble, -, -)$	113.$(*, 4, \$7, \$9)$	126.$(=[], \$17, \$18, \$19)$
101.$(=, 1, -, i)$	114.$(=[], \$8, \$9, \$10)$	127.$([]=, \$15, \$19, \$14)$
102.$(-, n, 1, \$1)$	115.$(j>, \$6, \$10, 117)$	128.$(+, j, 1, \$20)$
103.$(j>, i, \$1, 136)$	116.$(j, -, -, 132)$	129.$(\&, a, -, \$21)$
104.$(=, 0, -, j)$	117.$(\&, a, -, \$11)$	130.$(*, 4, \$20, \$22)$
105.$(-, n, i, \$2)$	118.$(*, 4, j, \$12)$	131.$([]=, \$22, temp, \$21)$
106.$(-, \$2, 1, \$3)$	119.$(=[], \$11, \$12, \$13)$	132.$(+, j, 1, j)$
107.$(j>, j, \$3, 134)$	120.$(=, \$13, -, temp)$	133.$(j, -, -, 105)$
108.$(\&, a, -, \$4)$	121.$(\&, a, -, \$14)$	134.$(+, i, 1, i)$
109.$(*, 4, j, \$5)$	122.$(*, 4, j, \$15)$	135.$(j, -, -, 102)$
110.$(=[], \$4, \$5, \$6)$	123.$(+, j, 1, \$16)$	136.$(endp, bubble, -, -)$
111.$(+, j, 1, \$7)$	124.$(\&, a, -, \$17)$	
112.$(\&, a, -, \$8)$	125.$(*, 4, \$16, \$18)$	

代码 8.1 冒泡排序代码

```
1    void bubble(int a[], int n) {
2      int i, j, temp;
3      for (i = 1 : n - 1) {          // Q101-103
4        for (j = 0 : n - i - 1) {  // Q104-107
5          if (a[j] > a[j + 1]) {   // Q108-116
6            temp = a[j];           // Q117-120
7            a[j] = a[j + 1];       // Q121-127
8            a[j + 1] = temp;       // Q128-131
9          }                        // Q132-133
```

```
10          }                           // Q134-135
11        }
12      }
```

8.1.2 基本块划分

基本块划分

基本块和流图是中间代码优化的基础，局部优化要在基本块内进行，全局优化要通过流图确定基本块间的数据流向。本节介绍基本块的概念和划分算法。

基本块（Basic Block）指程序中一段顺序执行的语句序列，它只有一个入口和一个出口，入口就是其中第一条语句，出口是其中最后一条语句。不能有任何语句转移到基本块内部语句，只能转移到第一条语句；基本块内也不能有转移语句，只有最后一条语句可以是转移语句。

本章介绍的优化都是过程内优化，将一个过程的中间代码序列划分基本块，如算法8.1所示。

首先遍历一遍四元式，确定基本块入口语句。满足以下条件之一的，可以判定为基本块入口语句。

- 过程的第1个语句。
- 作为转移语句（包括条件转移和无条件转移）转移目标的语句。
- 紧跟在条件转移语句后的语句。

算法8.1第1行把过程的第1个语句标记为基本块入口语句。第2~9行遍历所有语句，找出基本块入口语句。第3~6行把条件转移语句的转移目标，以及条件转移语句的下一条语句标记为基本块入口语句。第7行把无条件转移语句的转移目标标记为基本块入口语句。第8行把ret语句看作转移语句，转移目标为过程最后一条语句，即endp语句标记为基本块入口语句。

根据以上入口语句，可以构造基本块。基本块入口语句到以下语句之间的部分构成一个基本块。

- 后续的另一个入口语句（不含该入口语句）。
- 一条转移语句（含该转移语句）。
- 停机语句（含该停机语句）。

过程最后一条语句endp看作停机语句，ret语句则看作转移语句（如前面第8行所述）。

算法8.1第11行从q_1开始（第10行$i = 1$）找第一个入口语句。找到一个入口语句后（第12行），如果q_i已经是最后一条语句，则q_i自己构成一个基本块（第13行）。如果q_i不是最后一条语句，则从下一条语句往后遍历（第14行）：如果找到下一个入口语句（第15行），则两者之间不含最后一条语句作为一个基本块（第16行），下轮迭代从本轮找到的最后一条语句开始（第17行）；如果找到转移或停机语句（第19行），两者之间含最后一条语句作为一个基本块（第20行），下轮迭代从本轮找到的最后一条语句的下一个语句开始（第21行）。

算法 8.1 基本块划分算法

```
   输入: 过程的中间代码 q1, q2, ···, qn
   输出: 划分基本块的代码
 1 q1 标记为基本块入口语句;
 2 for i = 1 : n do
 3     if qi 形如 (jθ, −, −, qj) then
 4         qj 标记为基本块入口语句;
 5         if i < n then qi+1 标记为基本块入口语句;
 6     end
 7     if qi 形如 (j, −, −, qj) then  qj 标记为基本块入口语句 ;
 8     if qi 形如 (ret, −, −, −) then  qn 标记为基本块入口语句 ;
 9 end
10 i = 1;
11 while i ⩽ n do
12     if qi 是基本块入口语句 then
13         if i = n then  qi 是一个基本块 ;
14         for j = i + 1 : n do
15             if qj 是基本块入口语句 then
16                 qi, qi+1, ···, qj−1 是一个基本块;
17                 i = j;
18                 break;
19             else if qj 是转移或停机语句 then
20                 qi, qi+1, ···, qj 是一个基本块;
21                 i = j + 1;
22                 break;
23             end
24         end
25     else
26         i + +;
27     end
28 end
29 删除不在任何基本块内的语句;
```

如果某个 q_i 不是基本块入口，即该四元式不属于任何基本块，则继续扫描下一个语句（第 26 行）。最后，由于第 26 行跳过的，不属于任何基本块的语句可以删除（第 29 行），删除的语句一般是无条件转移语句后面无法到达的语句。

例题 8.1 基本块划分　对表8.1的中间代码划分基本块。

解　(1) 寻找基本块入口四元式。

- 100：是第 1 个四元式，标记为基本块入口四元式。
- 103：条件转移语句，其转移目标 136 和下一条语句 104 是基本块入口。
- 107：条件转移语句，其转移目标 134 和下一条语句 108 是基本块入口。
- 115：条件转移语句，其转移目标 117 和下一条语句 116 是基本块入口。
- 116：无条件转移语句，其转移目标 132 是基本块入口。
- 133：无条件转移语句，其转移目标 105 是基本块入口。

- 135：无条件转移语句，其转移目标102是基本块入口。

综上，基本块入口语句编号从小到大为：100、102、104、105、108、116、117、132、134、136。

(2) 从每个入口语句向后查找，构建基本块。其中B_k是基本块编号，$i \sim j$表示四元式i到j（含j）组成一个基本块，后面是判定理由。

- B_1：100~101。102是下一个基本块入口。
- B_2：102~103。104是下一个基本块入口。
- B_3：104。105是下一个基本块入口。
- B_4：105~107。108是下一个基本块入口。
- B_5：108~115。115是转移语句。
- B_6：116。117是下一个基本块入口。
- B_7：117~131。132是下一个基本块入口。
- B_8：132~133。133是转移语句。
- B_9：134~135。135是转移语句。
- B_{10}：136。最后一条语句为停机语句。

在数据结构设计上，可以建立基本块对象，每个基本块对象包含多个四元式地址，以便通过基本块找到其包含的四元式。而四元式的数据结构已经在第7章的序言部分给出，包括$oprt$（运算符）、$left$（左值）、$opnd1$（左操作数）、$opnd2$（右操作数）和$quad$（四元式编号）。本章基于基本块结构的需要，为四元式数据结构增加一个分量$block$，表示四元式所属基本块。

8.1.3 流图构建

流图构建

流图（Flow Graph）以基本块为结点，用有向弧表示控制的流向。按照8.1.2节介绍的基本块划分算法，如果基本块按照识别出来的顺序从1开始依次编号，则流图的构造规则如下。

- 如果基本块B_i的最后一条语句不是转移语句或停机语句，且不是最后一个基本块，则会顺序执行B_{i+1}，因此B_i向B_{i+1}引有向弧。
- 如果B_i最后一条四元式是无条件转移语句，且转移目标是B_j的第1条四元式，则执行完B_i后执行B_j，B_i向B_j引有向弧。
- 如果B_i最后一条四元式是条件转移语句，且转移目标是B_j的第1条四元式，则执行完B_i后可能执行B_j，也可能执行B_{i+1}（如果$i < n$），因此B_i向B_j、B_i向B_{i+1}分别引有向弧。
- 如果B_i最后一条四元式是返回语句ret，则B_i向B_n引有向弧，其中B_n是过程最后一个基本块，此种情况块内只有一条endp语句。

流图中，如果B_i到B_j有有向弧，则B_i称为B_j的**前驱**（Predecessor），B_j称为B_i的**后继**（Successor）。B_i的前驱结点集合记作$P(B_i)$，后继结点集合记作$S(B_i)$。

流图构造算法如算法8.2所示。

算法 8.2 流图构造算法

输入：按原中间代码顺序生成的基本块 $B_1, B_2, \cdots, B_n$

输出：流图

1 基本块 $B_1, B_2, \cdots, B_n$ 作为结点，B_1 为首结点;
2 **for** $i = 1 : n$ **do**
3 　**if** B_i 最后一条四元式不是转移语句或停机语句 **then**
4 　　**if** $i < n$ **then** B_i 向 B_{i+1} 画有向弧;
5 　**else if** B_i 最后一条四元式是无条件转移语句，且转移目标是 B_j 的第 1 条四元式 **then**
6 　　B_i 向 B_j 画有向弧;
7 　**else if** B_i 最后一条四元式是条件转移语句，且转移目标是 B_j 的第 1 条四元式 **then**
8 　　B_i 向 B_j 画有向弧;
9 　　**if** $i < n$ **then** B_i 向 B_{i+1} 画有向弧;
10 　**else if** B_i 最后一条四元式是 ret 语句 **then**
11 　　B_i 向 B_n 画有向弧;
12 　**end**
13 **end**

例题 8.2 构造流图　对例题8.1的基本块构造流图。

解　构造流图如图8.1所示。

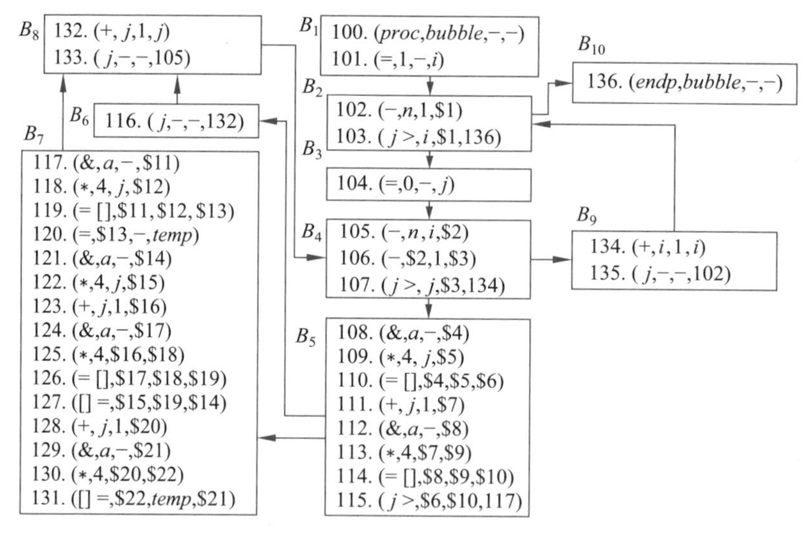

图 8.1　例题 8.1 的流图

- B_1 的最后一条语句是非转移语句，向后续基本块 B_2 引有向弧。
- B_2 的最后一条语句是条件转移语句，向后续基本块 B_3、转移目标136所在基本块 B_{10} 分别引有向弧。
- B_3 的最后一条语句是非转移语句，向后续基本块 B_4 引有向弧。
- B_4 的最后一条语句是条件转移语句，向后续基本块 B_5、转移目标134所在基本块 B_9 分别引有向弧。

- B_5 的最后一条语句是条件转移语句，向后续基本块 B_6、转移目标117所在基本块 B_7 分别引有向弧。
- B_6 的最后一条语句是无条件转移语句，向转移目标132所在基本块 B_8 引有向弧。
- B_7 的最后一条语句是非转移语句，向后续基本块 B_8 引有向弧。
- B_8 的最后一条语句是无条件转移语句，向转移目标105所在基本块 B_4 引有向弧。
- B_9 的最后一条语句是无条件转移语句，向转移目标102所在基本块 B_2 引有向弧。
- B_{10} 的最后一条语句是非转移语句，且是最后一个基本块，无须引有向弧。

对每个基本块 B_i，可以记其中的四元式为 $q_{i,1}, q_{i,2}, \cdots, q_{i,n_i}$，也即基本块 B_i 中有 n_i 个四元式，四元式如果用 $q_{i,j}$ 编号，第1维度下标与基本块编号相同，第2维度为四元式在当前基本块中的序号。根据这个记法，有 $q_{i,j}.block = B_i$。在不引起歧义的情况下，下标的逗号可以省略，即 $q_{i,j}$ 也可以写作 q_{ij}。注意 $q_{i,j}$ 只是针对四元式和基本块之间的关系给出的一种记法，$q_{i,j}.quad$ 仍然是中间代码生成时得到的、全局唯一的四元式编号。在不引起混淆的前提下，四元式编号和 $q_{i,j}$ 符号可以混用，都表示同一条四元式。

以流图8.1为例，B_2 中有两个四元式，因此 $n_2 = 2$。四元式102和103可以分别记作 $q_{2,1}$ 和 $q_{2,2}$；$q_{2,1}.quad = 102, q_{2,2}.quad = 103$。$q_{2,1}$ 和102表示的是同一条四元式，$q_{2,1}$ 和 q_{2,n_2} 则分别表示 B_2 的第一条四元式和最后一条四元式。

8.1.4 支配结点

支配结点

全局优化时，经常需要知道基本块间的拓扑结构。支配结点[82] 又称必经结点，是表示拓扑的一种结构。

定义 8.1 (支配结点)

如果流图中每一条从入口结点到结点 B_j 的路径都经过结点 B_i，称 B_i 支配（dominate）B_j，或称 B_i 是 B_j 的支配结点，记作 $B_i\ dom\ B_j$。♣

$B_i\ dom\ B_j$，从拓扑图上看，就是要从开始结点达到 B_j，就必须经过 B_i，因此 B_i 是 B_j 的必经结点。显然，每个结点都是自身的必经结点，因此 $B_i\ dom\ B_i$ 总成立；开始结点的支配结点只有它自身。

定义 8.2 (支配结点集)

结点 B_j 的所有支配结点的集合，称为 B_j 的支配结点集，记作 $Dom(B_j)$。♣

也就是说，如果 $B_i\ dom\ B_j$，则 $B_i \in Dom(B_j)$。显然，$B_i \in Dom(B_i)$；对开始结点 $entry$，有 $Dom(entry) = \{entry\}$。

如果结点 B_i 支配 B_j 的所有前驱结点，如图8.2(a) 所示，才能推出 B_i 支配 B_j。如果 B_j 有某个前驱结点 B_k 不受 B_i 支配，如图8.2(b) 所示，则可以有路径不经过 B_i 到达 B_k，进一步到达 B_j，因此 B_i 不是 B_j 的支配结点。也就是说，B_j 的所有前驱的支配结点取交集，即

$\bigcap_{B_u \in P(B_j)} Dom(B_u)$，再加上 B_j 结点本身，就是 B_j 的支配结点。

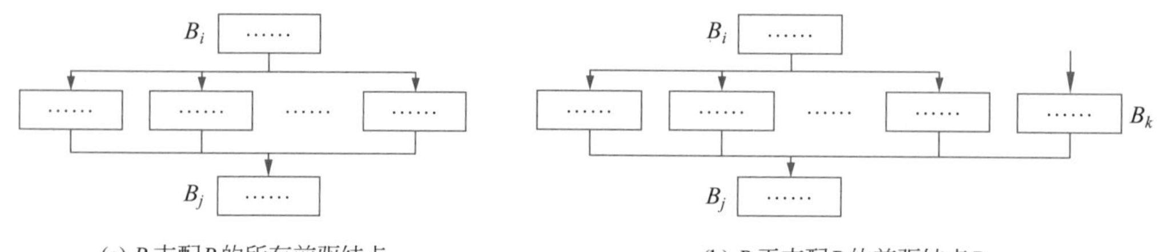

(a) B_i支配B_j的所有前驱结点　　(b) B_i不支配B_j的前驱结点B_k

图 8.2　B_i dom B_j 的条件

算法8.3使用迭代策略求支配结点集。第1行将基本块入口结点 $entry$ 的 Dom 集合初始化为仅含有它自身，第2~4行将其他基本块的 Dom 集合初始化为全集。第6~8行，将除入口基本块外的任何一个基本块 B_i（第6行），将其所有前驱的 Dom 集合求交集，再加上 B_i 本身，作为 $Dom(B_i)$（第7行）。除入口外的所有基本块遍历一轮，如果存在某个 B_i 的 Dom 集合发生了变化，则重复这个过程（第9行），直至没有 B_i 的 Dom 集合发生变化为止。

算法 8.3　计算支配结点集

输入： 流图，基本块集合为 $N = \{B_1, B_2, \cdots, B_m\}$，其中开始结点为 $entry$

输出： $Dom(B_i)$

```
1  Dom(entry) = {entry};
2  foreach Bi ∈ N − {entry} do
3  |   Dom(Bi) = N;
4  end
5  do
6  |   foreach Bi ∈ N − {entry} do
7  |   |   Dom(Bi) = ( ∩_{Bj∈P(Bi)} Dom(Bj) ) ∪ {Bi};
8  |   end
9  while ∃Dom(Bi) 变化;
```

例题 8.3 支配结点　根据例题8.2的流图8.1，求各结点的支配结点。

解　初始化如下。

- 初始结点 B_1：$Dom(B_1) = \{B_1\}$
- 其他结点 $B_2 \sim B_{10}$：$Dom(B_i) = \{B_1, B_2, B_3, B_4, B_5, B_6, B_7, B_8, B_9, B_{10}\}$

第1轮迭代如下。

- 结点 B_2：$Dom(B_2) = Dom(B_1) \cap Dom(B_9) \cup \{B_2\} = \{B_1, B_2\}$
- 结点 B_3：$Dom(B_3) = Dom(B_2) \cup \{B_3\} = \{B_1, B_2, B_3\}$
- 结点 B_4：$Dom(B_4) = Dom(B_3) \cap Dom(B_8) \cup \{B_4\} = \{B_1, B_2, B_3, B_4\}$
- 结点 B_5：$Dom(B_5) = Dom(B_4) \cup \{B_5\} = \{B_1, B_2, B_3, B_4, B_5\}$
- 结点 B_6：$Dom(B_6) = Dom(B_5) \cup \{B_6\} = \{B_1, B_2, B_3, B_4, B_5, B_6\}$
- 结点 B_7：$Dom(B_7) = Dom(B_5) \cup \{B_7\} = \{B_1, B_2, B_3, B_4, B_5, B_7\}$
- 结点 B_8：$Dom(B_8) = Dom(B_6) \cap Dom(B_7) \cup \{B_8\} = \{B_1, B_2, B_3, B_4, B_5, B_8\}$
- 结点 B_9：$Dom(B_9) = Dom(B_4) \cup \{B_9\} = \{B_1, B_2, B_3, B_4, B_9\}$

- 结点B_{10}：$Dom(B_{10}) = Dom(B_2) \cup \{B_{10}\} = \{B_1, B_2, B_{10}\}$

第2轮迭代如下。

- 结点B_2：$Dom(B_2) = Dom(B_1) \cap Dom(B_9) \cup \{B_2\} = \{B_1, B_2\}$
- 结点B_3：$Dom(B_3) = Dom(B_2) \cup \{B_3\} = \{B_1, B_2, B_3\}$
- 结点B_4：$Dom(B_4) = Dom(B_3) \cap Dom(B_8) \cup \{B_4\} = \{B_1, B_2, B_3, B_4\}$
- 结点B_5：$Dom(B_5) = Dom(B_4) \cup \{B_5\} = \{B_1, B_2, B_3, B_4, B_5\}$
- 结点B_6：$Dom(B_6) = Dom(B_5) \cup \{B_6\} = \{B_1, B_2, B_3, B_4, B_5, B_6\}$
- 结点B_7：$Dom(B_7) = Dom(B_5) \cup \{B_7\} = \{B_1, B_2, B_3, B_4, B_5, B_7\}$
- 结点B_8：$Dom(B_8) = Dom(B_6) \cap Dom(B_7) \cup \{B_8\} = \{B_1, B_2, B_3, B_4, B_5, B_8\}$
- 结点B_9：$Dom(B_9) = Dom(B_4) \cup \{B_9\} = \{B_1, B_2, B_3, B_4, B_9\}$
- 结点B_{10}：$Dom(B_{10}) = Dom(B_2) \cup \{B_{10}\} = \{B_1, B_2, B_{10}\}$

第2轮迭代与第1轮迭代结果相同，因此即为最终结果。

8.1.5 回边识别

回边识别

回边是基于循环识别的需求提出的，循环具有如下两个基本性质。

- 循环必须有唯一的入口点，称为**入口结点**。
- 至少有一条路径回到入口结点。

入口结点必是循环的支配结点，回到支配结点的那条边称为回边，流图中的回边用来识别循环。

定义 8.3 (回边)

如果$B_i\ dom\ B_j$，且$B_j \rightarrow B_i$是流图中的一条有向边，则称$B_j \rightarrow B_i$是流图中的一条回边。♣

回边识别如算法8.4所示，输入为中间代码所有基本块，输出为回边集合$backEdges$。

算法 8.4 回边识别

输入： 流图，基本块记为$N = \{B_1, B_2, \cdots, B_m\}$

输出： 回边集合$backEdges$

```
1 backEdges = ∅;
2 计算每个结点 B_i 的支配结点 Dom(B_i);
3 foreach B_i ∈ N do
4 |   foreach B_j ∈ Dom(B_i) do
5 |   |   if 存在边 B_i → B_j then  backEdges ∪= {B_i → B_j} ;
6 |   end
7 end
```

算法第1行初始化回边集合$backEdges$为空，第2行计算每个结点B_i的支配结点$Dom(B_i)$。对每个基本块B_i（第3行），遍历它的每个支配结点B_j（第4行），如果存在边$B_i \rightarrow B_j$，则该边为回边，加入回边集合 *backEdges*（第5行）。

例题 8.4 回边 根据例题8.2的流图8.1，以及例题8.3求得的支配结点集，求回边。

解 根据支配结点集求回边。

- 结点 B_1：$Dom(B_1) = \{B_1\}$
  - 没有 $B_1 \to B_1$，因此不是回边。
- 结点 B_2：$Dom(B_2) = \{B_1, B_2\}$
  - 没有 $B_2 \to B_1$，因此不是回边。
  - 没有 $B_2 \to B_2$，因此不是回边。
- 结点 B_3：$Dom(B_3) = \{B_1, B_2, B_3\}$
  - 没有 $B_3 \to B_1$，因此不是回边。
  - 没有 $B_3 \to B_2$，因此不是回边。
  - 没有 $B_3 \to B_3$，因此不是回边。
- 结点 B_4：$Dom(B_4) = \{B_1, B_2, B_3, B_4\}$
  - 没有 $B_4 \to B_1$，因此不是回边。
  - 没有 $B_4 \to B_2$，因此不是回边。
  - 没有 $B_4 \to B_3$，因此不是回边。
  - 没有 $B_4 \to B_4$，因此不是回边。
- 结点 B_5：$Dom(B_5) = \{B_1, B_2, B_3, B_4, B_5\}$
  - 没有 $B_5 \to B_1$，因此不是回边。
  - 没有 $B_5 \to B_2$，因此不是回边。
  - 没有 $B_5 \to B_3$，因此不是回边。
  - 没有 $B_5 \to B_4$，因此不是回边。
  - 没有 $B_5 \to B_5$，因此不是回边。
- 结点 B_6：$Dom(B_6) = \{B_1, B_2, B_3, B_4, B_5, B_6\}$
  - 没有 $B_6 \to B_1$，因此不是回边。
  - 没有 $B_6 \to B_2$，因此不是回边。
  - 没有 $B_6 \to B_3$，因此不是回边。
  - 没有 $B_6 \to B_4$，因此不是回边。
  - 没有 $B_6 \to B_5$，因此不是回边。
  - 没有 $B_6 \to B_6$，因此不是回边。
- 结点 B_7：$Dom(B_7) = \{B_1, B_2, B_3, B_4, B_5, B_7\}$
  - 没有 $B_7 \to B_1$，因此不是回边。
  - 没有 $B_7 \to B_2$，因此不是回边。
  - 没有 $B_7 \to B_3$，因此不是回边。
  - 没有 $B_7 \to B_4$，因此不是回边。
  - 没有 $B_7 \to B_5$，因此不是回边。
  - 没有 $B_7 \to B_7$，因此不是回边。
- 结点 B_8：$Dom(B_8) = \{B_1, B_2, B_3, B_4, B_5, B_8\}$
  - 没有 $B_8 \to B_1$，因此不是回边。
  - 没有 $B_8 \to B_2$，因此不是回边。

  - 没有 $B_8 \to B_3$，因此不是回边。
  - 有 $B_8 \to B_4$，因此是回边。
  - 没有 $B_8 \to B_5$，因此不是回边。
  - 没有 $B_8 \to B_8$，因此不是回边。
- 结点 B_9：$Dom(B_9) = \{B_1, B_2, B_3, B_4, B_9\}$
  - 没有 $B_9 \to B_1$，因此不是回边。
  - 有 $B_9 \to B_2$，因此是回边。
  - 没有 $B_9 \to B_3$，因此不是回边。
  - 没有 $B_9 \to B_4$，因此不是回边。
  - 没有 $B_9 \to B_9$，因此不是回边。
- 结点 B_{10}：$Dom(B_{10}) = \{B_1, B_2, B_{10}\}$
  - 没有 $B_{10} \to B_1$，因此不是回边。
  - 没有 $B_{10} \to B_2$，因此不是回边。
  - 没有 $B_{10} \to B_{10}$，因此不是回边。

综上，总共有2条回边：$B_8 \to B_4$ 和 $B_9 \to B_2$。

8.1.6 循环识别

循环识别

下面根据回边给出循环结构的定义。

定义 8.4 (循环)

如果 $B_j \to B_i$ 是回边，则结点 B_i、B_j，以及从 B_i 到 B_j 的不经过 B_i 的通路上的所有结点，共同组成一个循环。

B_i 是循环的唯一入口结点；有一条有向边引出到循环通路以外结点的结点，为循环出口结点。♣

循环记作一个四元组：$L = (blocks, edges, entry, exits)$，其中 $blocks$ 是组成循环 L 的基本块，$edges$ 是 $blocks$ 中结点之间的边，$entry$ 为入口基本块，$exits$ 为出口基本块的集合。$edges$ 是一个冗余信息，通过 $blocks$ 可以重构出边，因此求循环时也常忽略，用三元组表示循环，即 $L = (blocks, entry, exits)$。

找到回边 $B_j \to B_i$ 后，需要找到所有 B_i 到 B_j 的通路，且通路不经过 B_i，以识别循环，如算法8.5所示。该算法采用深度优先搜索，循环 L 使用三元组表示，输出 $Lset$ 是求出的循环的集合。算法初始化中，第1行将循环集合 $Lset$ 置空，第2行使用算法8.4计算了回边集合 $backEdges$。

第3~6行为主体循环，对每一个回边 $B_i \to B_j$ 寻找对应的循环。第4行的 $path$ 是一个结点栈，记录已经搜索过的、可能构成通路的结点，先将其置空。第5行调用深度优先搜索（Depth-First Search, DFS）函数进行深度优先搜索寻找通路，它的4个参数如第7行所示。

- *start*：路径的起始结点，即回边 $B_i \to B_j$ 中的 B_j。
- *end*：路径的终止结点，即回边 $B_i \to B_j$ 中的 B_i。
- *node*：当前处理的结点，为路径 *path* 栈顶结点的一个后继结点，初始时传入路径起点 B_j。
- *path*：寻找通路过程中形成的路径，初始时为空。

第7~17行为DFS函数。首先将当前处理结点 *node* 压入路径栈 *path*（第8行）。如果 *node* 是路径的终止结点 *end*（第9行），则找到一条 $start \to end$ 的通路，也就是找到一个循环。第10行建立这个循环，并将其加入 *Lset*。

- 循环结点为 *path* 中的结点。
- 循环入口为路径起点 *start*。
- 循环出口为导出到非循环结点 B_v 的那些循环结点 B_u。

如果 *node* 不是路径的终止结点 *end*（第11行），则遍历 *node* 的所有后继结点 B_k（第12行）：如果 B_k 不在 *path* 中，则递归地调用DFS函数（第13行）。

退出DFS函数前，都从 *path* 弹出栈顶结点（第16行），即回退一个结点。

算法 8.5 循环识别

输入: 流图，基本块记为 $N = \{B_1, B_2, \cdots, B_m\}$

输出: 循环集合 *Lset*

```
1  Lset = ∅;
2  计算回边集合 backEdges;
3  foreach Bi → Bj ∈ backEdges do
4  |   path = ∅;
5  |   DFS(Bj, Bi, Bj, path);
6  end
7  function DFS(start, end, node, path):
8  |   path.push(node);
9  |   if node = end then
10 |   |   Lset ∪= (path, start, {Bu | Bu ∈ path ∧ (∃Bv)Bv ∉ path ∧ Bu → Bv});
11 |   else
12 |   |   foreach Bk ∈ S(node) do
13 |   |   |   if Bk ∉ path then DFS(start, end, Bk, path) ;
14 |   |   end
15 |   end
16 |   path.pop();
17 end DFS
```

例题 8.5 循环 流图8.3中，对回边 $B_6 \to B_2$，求循环。

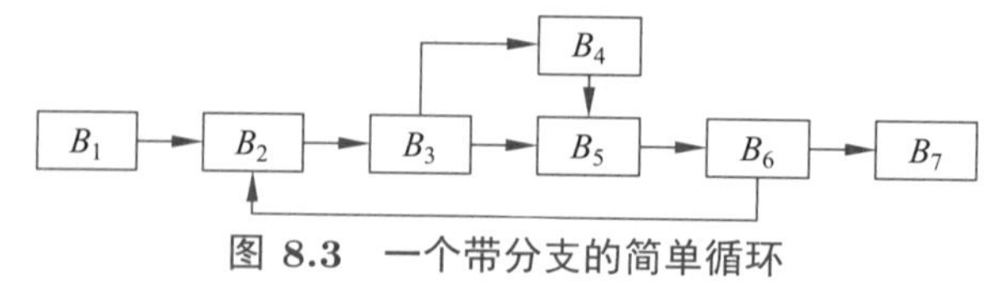

图 8.3 一个带分支的简单循环

解 对回边 $B_6 \to B_2$，寻找 B_2 到 B_6 的通路。*path* 使用集合符号（花括号）表示，但是它是一个栈，其中的元素是有序的。

(1) 初始化，$path = \varnothing$，调用 $\text{DFS}(B_2, B_6, B_2, path)$。

(2) $path = \{B_2\}$，$S(B_2) = \{B_3\}$，调用 $\text{DFS}(B_2, B_6, B_3, path)$。

(3) $path = \{B_2, B_3\}$，$S(B_3) = \{B_4, B_5\}$，调用 $\text{DFS}(B_2, B_6, B_4, path)$。

(4) $path = \{B_2, B_3, B_4\}$，$S(B_4) = \{B_5\}$，调用 $\text{DFS}(B_2, B_6, B_5, path)$。

(5) $path = \{B_2, B_3, B_4, B_5\}$，$S(B_5) = \{B_6\}$，调用 $\text{DFS}(B_2, B_6, B_6, path)$。

(6) $path = \{B_2, B_3, B_4, B_5, B_6\}$，$B_6$ 为终点，识别出一个循环：$L = (\{B_2, B_3, B_4, B_5, B_6\}, B_2, \{B_6\})$。

(7) $path$ 连续弹出 B_6、B_5、B_4，恢复到第 (3) 步，$path = \{B_2, B_3\}$，调用 $\text{DFS}(B_2, B_6, B_5, path)$。

(8) $path = \{B_2, B_3, B_5\}$，$S(B_5) = \{B_6\}$，调用 $\text{DFS}(B_2, B_6, B_6, path)$。

(9) $path = \{B_2, B_3, B_5, B_6\}$，$B_6$ 为终点，识别出一个循环：$L = (\{B_2, B_3, B_5, B_6\}, B_2, \{B_3, B_6\})$。

(10) $path$ 中元素依次弹出，算法结束。

最终识别出以下两个循环。

- $L_1 = (\{B_2, B_3, B_4, B_5, B_6\}, B_2, \{B_6\})$
- $L_2 = (\{B_2, B_3, B_5, B_6\}, B_2, \{B_3, B_6\})$

例题 8.6 循环 根据例题8.4求得的回边，求流图8.1的循环。

解 例题8.4共求得2个回边，分别测试。

- 回边 $B_8 \to B_4$

(1) 初始化，$path = \varnothing$，调用 $\text{DFS}(B_4, B_8, B_4, path)$。

(2) $path = \{B_4\}$，$S(B_4) = \{B_5, B_9\}$，调用 $\text{DFS}(B_4, B_8, B_5, path)$。

(3) $path = \{B_4, B_5\}$，$S(B_5) = \{B_6, B_7\}$，调用 $\text{DFS}(B_4, B_8, B_6, path)$。

(4) $path = \{B_4, B_5, B_6\}$，$S(B_6) = \{B_8\}$，调用 $\text{DFS}(B_4, B_8, B_8, path)$。

(5) $path = \{B_4, B_5, B_6, B_8\}$，$B_8$ 为终点，识别出一个循环：$L = (\{B_4, B_5, B_6, B_8\}, B_4, \{B_4, B_5\})$。

(6) $path$ 弹出 B_8、B_6，回退到第 (3) 步，$path = \{B_4, B_5\}$，调用 $\text{DFS}(B_4, B_8, B_7, path)$。

(7) $path = \{B_4, B_5, B_7\}$，$S(B_7) = \{B_8\}$，调用 $\text{DFS}(B_4, B_8, B_8, path)$。

(8) $path = \{B_4, B_5, B_7, B_8\}$，$B_8$ 为终点，识别出一个循环：$L = (\{B_4, B_5, B_7, B_8\}, B_4, \{B_4, B_5\})$。

(9) $path$ 弹出 B_8、B_7、B_5，回退到第 (2) 步，$path = \{B_4\}$，调用 $\text{DFS}(B_4, B_8, B_9, path)$。

(10) $path = \{B_4, B_9\}$，$S(B_9) = \{B_2\}$，调用 $\text{DFS}(B_4, B_8, B_2, path)$。

(11) $path = \{B_4, B_9, B_2\}$，$S(B_2) = \{B_3, B_{10}\}$，调用 $\text{DFS}(B_4, B_8, B_3, path)$。

(12) $path = \{B_4, B_9, B_2, B_3\}$，$S(B_3) = \{B_4\}$，但 $B_4 \in path$，不调用 DFS。

(13) $path$ 弹出 B_3，回退到第 (11) 步，$path = \{B_4, B_9, B_2\}$，调用 $\text{DFS}(B_4, B_8, B_{10}, path)$。

(14) $path = \{B_4, B_9, B_2, B_{10}\}$，$S(B_{10}) = \varnothing$。

(15) $path$ 中元素依次弹出，本回边迭代完成。

- 回边 $B_9 \to B_2$

(1) 初始化，$path = \varnothing$，调用 $\text{DFS}(B_2, B_9, B_2, path)$。

(2) $path = \{B_2\}$，$S(B_2) = \{B_3, B_{10}\}$，调用DFS$(B_2, B_9, B_3, path)$。

(3) $path = \{B_2, B_3\}$，$S(B_3) = \{B_4\}$，调用DFS$(B_2, B_9, B_4, path)$。

(4) $path = \{B_2, B_3, B_4\}$，$S(B_4) = \{B_5, B_9\}$，调用DFS$(B_2, B_9, B_5, path)$。

(5) $path = \{B_2, B_3, B_4, B_5\}$，$S(B_5) = \{B_6, B_7\}$，调用DFS$(B_2, B_9, B_6, path)$。

(6) $path = \{B_2, B_3, B_4, B_5, B_6\}$，$S(B_6) = \{B_8\}$，调用DFS$(B_2, B_9, B_8, path)$。

(7) $path = \{B_2, B_3, B_4, B_5, B_6, B_8\}$，$S(B_8) = \{B_4\}$，但$B_4 \in path$，不调用DFS。

(8) $path$弹出B_8、B_6，回退到第(5)步，$path = \{B_2, B_3, B_4, B_5\}$，调用DFS$(B_4, B_8, B_7, path)$。

(9) $path = \{B_2, B_3, B_4, B_5, B_7\}$，$S(B_7) = \{B_8\}$，调用DFS$(B_2, B_9, B_8, path)$。

(10) $path = \{B_2, B_3, B_4, B_5, B_7, B_8\}$，$S(B_8) = \{B_4\}$，但$B_4 \in path$，不调用DFS。

(11) $path$弹出B_8、B_7、B_5，回退到第(4)步，$path = \{B_2, B_3, B_4\}$，调用DFS$(B_2, B_9, B_9, path)$。

(12) $path = \{B_2, B_3, B_4, B_9\}$，$B_9$为终点，识别出一个循环：$L = (\{B_2, B_3, B_4, B_9\}, B_2, \{B_2, B_4\})$。

(13) $path$弹出B_9、B_4、B_3，回退到第(2)步，$path = \{B_2\}$，调用DFS$(B_2, B_9, B_{10}, path)$。

(14) $path = \{B_2, B_{10}\}$，$S(B_{10}) = \varnothing$，不调用DFS。

(15) $path$中元素依次弹出，本回边迭代完成。

综上，共找到以下3个循环。

- $L_1 = (\{B_4, B_5, B_6, B_8\}, B_4, \{B_4, B_5\})$。
- $L_2 = (\{B_4, B_5, B_7, B_8\}, B_4, \{B_4, B_5\})$。
- $L_3 = (\{B_2, B_3, B_4, B_9\}, B_2, \{B_2, B_4\})$。

在高级程序语言中，代码8.1共有两个循环，分别是第3行和第4行的for循环；但在中间代码层，找到3个循环。这是因为高级程序语言的第5行代码是一个if语句，if条件成立或不成立，会走两条不同的路径，从而形成不同的循环。当if条件成立时，循环为$B_4 \to B_5 \to B_7 \to B_8 \to B_4$，对应中间代码的循环$L_2$；当if条件不成立时，循环为$B_4 \to B_5 \to B_6 \to B_8 \to B_4$，对应中间代码的循环$L_1$。而中间代码的循环$L_3$对应高级程序语言第3行的循环，这个循环主要完成从$B_4$进入第4行循环，以及循环变量$i$的自增（$B_9$）两个工作。

8.1.7 循环层次

优化情况下，识别出循环即可。但目标代码生成中，有时候需要计算循环的深度。最外层循环深度为1；一个循环内的紧邻循环，深度为2；……。如代码8.1中，第3行循环深度为1，第4行循环深度为2。同时，认为第4行循环是第3行循环的子循环（内层循环），第3行循环是第4行循环的父循环（外层循环）。

为此，为循环描述增加3个元组（变为6元组）。

- $depth$：循环深度，默认为1。
- $parent$：父循环，默认为null。
- $children$：子循环集合，默认为$\varnothing$。

这3个新增元组都指定了默认值，以便从3元组扩充到6元组。

从中间代码角度，如果循环L_2是L_1的子循环，其特征为L_1存在一个出口结点，这个结点是L_2的入口结点。另外需要考虑一个结点既是循环入口结点又是循环出口结点的情况，内层循环的入口结点必然也是一个出口结点，此时应该仅把它当作入口结点看待，防止两个循环互为出口和入口结点产生死循环。算法8.6根据这个条件，按层次判断循环的包含关系。

算法 8.6 循环层次识别

```
输入: 循环集合 Lset = {L1, L2, ··· , Lm}
输出: 循环的新增3个属性
1  所有循环3个新增属性取默认值;
2  level = 1;
3  do
4  |  findChild = false;
5  |  foreach Li ∈ {Lk | Lk ∈ Lset ∧ Lk.depth = level} do
6  |  |  foreach Lj ∈ Lset do
7  |  |  |  if Lj ≠ Li ∧ Lj.entry ∈ Li.exits − {Li.entry} then
8  |  |  |  |  Li.children ∪ = {Lj};
9  |  |  |  |  Lj.parent = Li;
10 |  |  |  |  Lj.depth = level + 1;
11 |  |  |  |  findChild = true;
12 |  |  |  end
13 |  |  end
14 |  end
15 |  level + +;
16 while findChild;
```

初始时$level = 1$（第2行），逐步增加深度对循环进行处理。对某个$level$值，先将找到孩子结点标志$findChild$置为false（第4行）。对深度为$level$的每一个结点L_i（第5行），遍历$Lset$中的每个循环L_j（第6行），如果其不是L_i且其入口结点属于L_i的出口结点但不是L_i的入口结点（第7行），则判定L_j为L_i的子循环，3个属性设置如第8~10行，并把找到孩子结点标志$findChild$置为true（第11行）。处理完一个循环深度，$level$增1（第15行），进入更深层次循环的处理。如果深度为某个$level$的子循环不存在，则跳出第16行的while循环，算法结束。

例题 8.7 循环层次 根据例题8.6求得的循环，计算循环层次。

解 初始每个循环深度均为1，$level = 1$时，计算过程如下。

- L_1：$L_1.exits - \{L_1.entry\} = \{B_5\}$
  - $L_2.entry = B_4 \notin L_1.exits - \{L_1.entry\}$，因此$L_2$不是$L_1$的子循环。
  - $L_3.entry = B_2 \notin L_1.exits - \{L_1.entry\}$，因此$L_3$不是$L_1$的子循环。
- L_2：$L_2.exits - \{L_2.entry\} = \{B_5\}$
  - $L_1.entry = B_4 \notin L_2.exits - \{L_2.entry\}$，因此$L_1$不是$L_2$的子循环。
  - $L_3.entry = B_2 \notin L_2.exits - \{L_2.entry\}$，因此$L_3$不是$L_2$的子循环。
- L_3：$L_3.exits - \{L_3.entry\} = \{B_4\}$
  - $L_1.entry = B_4 \in L_3.exits - \{L_3.entry\}$，因此$L_1$是$L_3$的子循环，$L_3.children =$

$\{L_1\}, L_1.parent = L_3, L_1.depth = 2$。

- $L_2.entry = B_4 \in L_3.exits - \{L_3.entry\}$，因此 L_2 是 L_3 的子循环，$L_3.children = \{L_1, L_2\}, L_2.parent = L_3, L_2.depth = 2$。

寻找 $Level = 2$ 的循环的子循环，计算过程如下。

- L_1：$L_1.exits - \{L_1.entry\} = \{B_5\}$
  - $L_2.entry = B_4 \notin L_1.exits - \{L_1.entry\}$，因此 L_2 不是 L_1 的子循环。
  - $L_3.entry = B_2 \notin L_1.exits - \{L_1.entry\}$，因此 L_3 不是 L_1 的子循环。
- L_2：$L_2.exits - \{L_2.entry\} = \{B_5\}$
  - $L_1.entry = B_4 \notin L_2.exits - \{L_2.entry\}$，因此 L_1 不是 L_2 的子循环。
  - $L_3.entry = B_2 \notin L_2.exits - \{L_2.entry\}$，因此 L_3 不是 L_2 的子循环。

$Level = 2$ 时未找到子循环，算法结束，最终结果如下。

- $L_1 = (\{B_4, B_5, B_6, B_8\}, B_4, \{B_4, B_5\}, 2, L_3, \varnothing)$。
- $L_2 = (\{B_4, B_5, B_7, B_8\}, B_4, \{B_4, B_5\}, 2, L_3, \varnothing)$。
- $L_3 = (\{B_2, B_3, B_4, B_9\}, B_2, \{B_2, B_4\}, 1, \text{null}, \{L_1, L_2\})$。

8.1.8 支配树

流图中存在环，在代码结构分析时较为复杂。支配树抽取支配结构的核心关系，去掉环，对程序分析来说更容易处理，目前已在编译器相关领域得到广泛应用。在介绍支配树构造方法前，需要了解严格支配和直接支配的概念。

定义 8.5 (严格支配（Strict Dominate）)

如果 B_i dom B_j，且 $B_i \neq B_j$，则称 B_i 严格支配 B_j，记作 B_i $sdom$ B_j。
结点 B_j 的严格支配结点的集合，记作 $SDom(B_j)$。 ♣

支配结点包含自身，严格支配结点去掉自身结点即可，即 $SDom(B_j) = Dom(B_j) - \{B_j\}$。

例题 8.8 严格支配 例题8.3的严格支配结点集如下。

- $SDom(B_1) = Dom(B_1) - \{B_1\} = \{B_1\} - \{B_1\} = \varnothing$
- $SDom(B_2) = Dom\{B_2\} - \{B_2\} = \{B_1, B_2\} - \{B_2\} = \{B_1\}$
- $SDom(B_3) = Dom\{B_3\} - \{B_3\} = \{B_1, B_2, B_3\} - \{B_3\} = \{B_1, B_2\}$
- $SDom(B_4) = Dom\{B_4\} - \{B_4\} = \{B_1, B_2, B_3, B_4\} - \{B_4\} = \{B_1, B_2, B_3\}$
- $SDom(B_5) = Dom\{B_5\} - \{B_5\} = \{B_1, B_2, B_3, B_4, B_5\} - \{B_5\} = \{B_1, B_2, B_3, B_4\}$
- $SDom(B_6) = Dom\{B_6\} - \{B_6\} = \{B_1, B_2, B_3, B_4, B_5, B_6\} - \{B_6\} = \{B_1, B_2, B_3, B_4, B_5\}$
- $SDom(B_7) = Dom\{B_7\} - \{B_7\} = \{B_1, B_2, B_3, B_4, B_5, B_7\} - \{B_7\} = \{B_1, B_2, B_3, B_4, B_5\}$
- $SDom(B_8) = Dom\{B_8\} - \{B_8\} = \{B_1, B_2, B_3, B_4, B_5, B_8\} - \{B_8\} = \{B_1, B_2, B_3, B_4, B_5\}$
- $SDom(B_9) = Dom\{B_9\} - \{B_9\} = \{B_1, B_2, B_3, B_4, B_9\} - \{B_9\} = \{B_1, B_2, B_3, B_4\}$
- $SDom(B_{10}) = Dom\{B_{10}\} - \{B_{10}\} = \{B_1, B_2, B_{10}\} - \{B_{10}\} = \{B_1, B_2\}$

如果有 $SDom(B_j) = \{B_1, \cdots, B_u, \cdots, B_v, \cdots, B_i\}$,则必然存在一个路径 $B_1 \rightarrow \cdots \rightarrow$

$B_u \rightarrow \cdots \rightarrow B_v \rightarrow \cdots \rightarrow B_i \rightarrow \cdots \rightarrow B_j$。这条路径上结点出现的顺序可能不同，比如$B_v$可能出现在$B_u$前，但路径总是单线的，且有一个距离$B_j$最近的结点，称为直接支配结点。

定义 8.6 (直接支配（Immediately Dominate）)

对$B_i \in Dom(B_j)$，如果$(\forall B_u \in Dom(B_j) - \{B_i, B_j\}) \rightarrow B_u\ dom\ B_i$，称$B_i$直接支配$B_j$，记作$B_i\ idom\ B_j$。♣

定义8.6直接支配的概念，实际给出了“最近结点”的严格定义。如果B_i是支配B_j的结点中，被所有其他结点支配的结点，B_i就是支配B_j的最近结点，也就是B_j的直接支配结点。直接支配结点是唯一的，有时候也记作$IDom(B_j) = B_i$。

这个定义也隐含给出了直接支配结点的求法。从$Dom(B_j)$的支配结点集中去掉自身，也就是$SDom(B_j)$中，两两之间判断是否存在$B_u\ dom\ B_v$的关系。如果存在，则从$SDom(B_j)$中删除B_u，直至剩下一个元素，就是$IDom(B_j)$。

具有直接支配关系的结点间连线，就得到一个无环图。将起始结点$entry$看作根结点，就得到一棵树，这棵树称为支配树。

定义 8.7 (支配树（Dominator Tree）)

除开始结点$entry$外，每个结点B_j从$IDom(B_j)$向B_j连一条边，则构成一棵树，这棵树称为原图的支配树。♣

算法8.7为构造支配树的过程。第1行为构造支配树的结点集，第2行计算每个结点的支配结点集Dom。

算法 8.7 构造支配树

```
   输入: 流图，基本块集合 N = {B1, B2, ··· , Bm}，其中开始结点为entry
   输出: 支配树
 1 置所有基本块为支配树的结点;
 2 求支配结点集 Dom;
 3 foreach Bi ∈ N − {entry} do
 4 |   SDom = Dom(Bi) − {Bi};
 5 |   while | SDom | > 1 do
 6 |   |   for i = | SDom | − 1 : −1 : 1 do
 7 |   |   |   if SDom[i] ∈ Dom(SDom[i + 1]) then
 8 |   |   |   |   SDom− = {SDom[i]};
 9 |   |   |   else if SDom[i + 1] ∈ Dom(SDom[i]) then
10 |   |   |   |   SDom− = {SDom[i + 1]};
11 |   |   |   end
12 |   |   end
13 |   end
14 |   SDom[1] 向 Bi 连一条边;
15 end
16 以entry为根结点，得到支配树;
```

第3~15行的循环处理除开始结点$entry$外的所有结点。第4行先从支配结点集中去掉当前结点，得到严格支配结点集$SDom$。第5~13行求直接支配结点：当$SDom$中结点数量大于1时（第5行），从后向前遍历所有元素（第6行），如果两个相邻结点之间有支配关系，则从集合中去掉支配结点（第7~11行）。第6~12行只是两个相邻结点之间比较，如果不能使元素数量变为1，就重新开始一次迭代。支配结点的性质决定了每次迭代至少会有一个结点（最后要求的直接支配结点）与其相邻的结点有支配关系，因此一定会删除至少一个结点。

第5~13行的循环执行完后，$SDom$中剩余的唯一的一个结点就是直接支配结点，也就是$IDom(B_i) = SDom[1]$。因此，从$SDom[1]$到B_i引一条边（第14行）。最后得到的图，就是以$entry$为根的树（第16行）。

例题8.9 支配树 对例题8.3构造支配树。

解 构造过程如下。

- $SDom(B_2) = \{B_1\}$，只有1个结点，从B_1向B_2连一条边。
- $SDom(B_3) = \{B_1, B_2\}$
  - $B_1 \in Dom(B_2)$，因此$SDom(B_3) = SDom(B_3) - \{B_1\} = \{B_2\}$。
  - $\mid SDom(B_3) \mid = 1$，从B_2向B_3连一条边。
- $SDom(B_4) = \{B_1, B_2, B_3\}$
  - $B_2 \in Dom(B_3)$，因此$SDom(B_4) = SDom(B_4) - \{B_2\} = \{B_1, B_3\}$。
  - $B_1 \in Dom(B_3)$，因此$SDom(B_4) = SDom(B_4) - \{B_1\} = \{B_3\}$。
  - $\mid SDom(B_4) \mid = 1$，从B_3向B_4连一条边。
- $SDom(B_5) = \{B_1, B_2, B_3, B_4\}$
  - $B_3 \in Dom(B_4)$，因此$SDom(B_5) = SDom(B_5) - \{B_3\} = \{B_1, B_2, B_4\}$。
  - $B_2 \in Dom(B_4)$，因此$SDom(B_5) = SDom(B_5) - \{B_2\} = \{B_1, B_4\}$。
  - $B_1 \in Dom(B_4)$，因此$SDom(B_5) = SDom(B_5) - \{B_1\} = \{B_4\}$。
  - $\mid SDom(B_5) \mid = 1$，从B_4向B_5连一条边。
- $SDom(B_6) = \{B_1, B_2, B_3, B_4, B_5\}$
  - $B_4 \in Dom(B_5)$，因此$SDom(B_6) = SDom(B_6) - \{B_4\} = \{B_1, B_2, B_3, B_5\}$。
  - $B_3 \in Dom(B_5)$，因此$SDom(B_6) = SDom(B_6) - \{B_3\} = \{B_1, B_2, B_5\}$。
  - $B_2 \in Dom(B_5)$，因此$SDom(B_6) = SDom(B_6) - \{B_2\} = \{B_1, B_5\}$。
  - $B_1 \in Dom(B_5)$，因此$SDom(B_6) = SDom(B_6) - \{B_1\} = \{B_5\}$。
  - $\mid SDom(B_6) \mid = 1$，从B_5向B_6连一条边。
- $SDom(B_7) = \{B_1, B_2, B_3, B_4, B_5\}$
  - $B_4 \in Dom(B_5)$，因此$SDom(B_7) = SDom(B_7) - \{B_4\} = \{B_1, B_2, B_3, B_5\}$。
  - $B_3 \in Dom(B_5)$，因此$SDom(B_7) = SDom(B_7) - \{B_3\} = \{B_1, B_2, B_5\}$。
  - $B_2 \in Dom(B_5)$，因此$SDom(B_7) = SDom(B_7) - \{B_2\} = \{B_1, B_5\}$。
  - $B_1 \in Dom(B_5)$，因此$SDom(B_7) = SDom(B_7) - \{B_1\} = \{B_5\}$。
  - $\mid SDom(B_7) \mid = 1$，从B_5向B_7连一条边。
- $SDom(B_8) = \{B_1, B_2, B_3, B_4, B_5\}$
  - $B_4 \in Dom(B_5)$，因此$SDom(B_8) = SDom(B_8) - \{B_4\} = \{B_1, B_2, B_3, B_5\}$。
  - $B_3 \in Dom(B_5)$，因此$SDom(B_8) = SDom(B_8) - \{B_3\} = \{B_1, B_2, B_5\}$。
  - $B_2 \in Dom(B_5)$，因此$SDom(B_8) = SDom(B_8) - \{B_2\} = \{B_1, B_5\}$。
  - $B_1 \in Dom(B_5)$，因此$SDom(B_8) = SDom(B_8) - \{B_1\} = \{B_5\}$。

- $|\ SDom(B_8)\ | = 1$，从 B_5 向 B_8 连一条边。

- $SDom(B_9) = \{B_1, B_2, B_3, B_4\}$
  - $B_3 \in Dom(B_4)$，因此 $SDom(B_9) = SDom(B_9) - \{B_3\} = \{B_1, B_2, B_4\}$。
  - $B_2 \in Dom(B_4)$，因此 $SDom(B_9) = SDom(B_9) - \{B_2\} = \{B_1, B_4\}$。
  - $B_1 \in Dom(B_4)$，因此 $SDom(B_9) = SDom(B_9) - \{B_1\} = \{B_4\}$。
  - $|\ SDom(B_9)\ | = 1$，从 B_4 向 B_9 连一条边。
- $SDom(B_{10}) = \{B_1, B_2\}$
  - $B_1 \in Dom(B_2)$，因此 $SDom(B_{10}) = SDom(B_{10}) - \{B_1\} = \{B_2\}$。
  - $|\ SDom(B_{10})\ | = 1$，从 B_2 向 B_{10} 连一条边。

以入口结点 B_1 为根，得到支配树如图8.4所示。

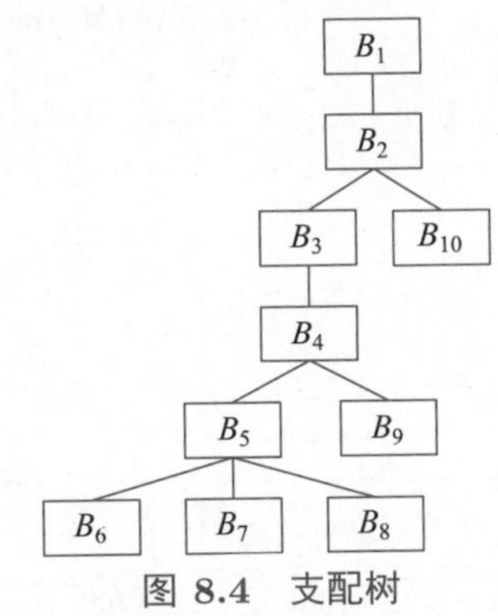

图 8.4 支配树

支配树实际上是将直接支配结点用树形结构表示，直接支配结点是控制某个结点最近的关键结点。优化或代码生成时，处理有环图比较复杂，因此很多算法构造针对支配树的操作，可以简化算法设计的复杂度。

8.1.9 四元式编号调整

代码优化过程中，经常面临插入和删除四元式代码后，四元式编号调整的问题。

1. 删除四元式

删除一条代码时，无须刻意保持四元式编号连续，保留编号的“孔洞”对后续优化和目标代码生成工作并没有影响。但如果删除的四元式是某个基本块的第1条四元式，就应考虑它是不是某个转移语句的转移目标。如果是，则需要修改这个转移目标为该语句的下一条语句。

删除四元式 $q_{u,v}$ 如算法8.8所示，如果算法删除了四元式，则返回true，否则，返回false。

算法第1~12行处理 $v = 1$，也就是要删除的四元式是基本块 B_u 的第1条四元式的情形。第2~5行求 $q_{u,v}$ 的下一条四元式，记为 nxq。

- 第2行为 $q_{u,v}$ 不是 B_u 的最后一条四元式的情形，这时取 $q_{u,v}$ 的下一条四元式作为 nxq。
- 第3~4行是 B_u 只有一条四元式，且 B_u 只有一个后继基本块的情形（第3行），此时取后继基本块 B_w 的第一条四元式作为 nxq（第4行）。
- 第5行为 B_u 只有一条四元式，但后继基本块 $S(B_u)$ 不是一个的情形，使用该通用算法不能删除该四元式，直接返回false，算法结束。

至此，如果 $q_{u,v}$ 能删除，则 nxq 中保存了 $q_{u,v}$ 的下一条四元式。

算法 8.8 删除四元式

输入： 当前过程的流图，基本块集合为 $N=\{B_1,B_2,\cdots,B_m\}$，基本块 B_i 的四元式编号 $q_{i,1},q_{i,2},\cdots,q_{i,n_i}$，要删除的四元式 $q_{u,v}$

输出： 删除 $q_{u,v}$ 后的四元式；如果删除成功，则返回 true；否则，返回 false

```
1  if v = 1 then
2  |  if v < n_u then  nxq = q_{u,v+1} ;
3  |  else if |S(B_u)| = 1 then
4  |  |  if B_w ∈ S(B_u) then  nxq = q_{w,1} ;
5  |  else  return false ;
6  |  foreach B_i ∈ P(B_u) do
7  |  |  if q_{i,n_i} 为转移语句∧q_{i,n_i}.left = q_{u,v}.quad then
8  |  |  |  q_{i,n_i}.left = nxq.quad ;
9  |  |  |  if 没有边 B_i → nxq.block then  从 B_i 到 nxq.block 引有向边 ;
10 |  |  end
11 |  end
12 end
13 删除四元式 q_{u,v};
14 if nxq.block ≠ B_u then  删除 B_u 及其关联的边 ;
15 return true;
```

第6~11行遍历 B_u 的所有前驱基本块 $P(B_u)$，假设当前基本块为 B_i（第6行），如果其最后一条语句 q_{i,n_i} 是转移语句，且转移目标 $q_{i,n_i}.left$ 是 $q_{u,v}$（第7行），则将转移目标修改为 $q_{u,v}$ 的下一个四元式 nxq（第8行）；如果 B_i 到 nxq 所在基本块没有边（第3~4行会出现这种情况），则引有向边（第9行）。

最后，第13行删除四元式 $q_{u,v}$；第14行是第3~4行转移到 B_u 的后继基本块的情况，此时 B_u 中没有四元式，可以删除；第15行返回 true。

2. 插入四元式

插入一条新代码，面临四元式编号重复的问题，这显然会对转移语句造成混乱。

转移语句的转移目标，一定是过程内的四元式。过程间的转移，通过 call 指令调用过程的名字转移，而不是通过四元式地址转移。因此，保证一个过程内没有四元式编号重复即可，无须在全局范围内保证这一点。

一个自然的解决方案是，新插入的四元式按其前一个四元式编号加1进行编号，如果造成编号重复，就从后一条四元式开始让每个四元式编号加1，直至过程结束，或者直至新修改的四元式编号与后一条四元式编号不同。注意，每次修改一个基本块的第一条四元式，就需要检查每个基本块最后一条语句是否为转移语句，如果是转移语句且转移目标为正在修改的编号，应将转移目标修改为新编号。

插入四元式后编号自增如算法8.9所示。输入参数中，假设在四元式 $q_{u,v}$ 后面插入一条新的代码，那么从 $q_{u,v}$ 下一条语句开始修改编号，保证四元式编号连续自增，直至过程结束，或者直至因为填补“孔洞”导致四元式编号后续不会再重复（四元式编号“孔洞”是删除四元式导致编号不连续造成的）。

算法第1行用 nxq 记录下一条四元式编号。第2行的 for 循环是对当前基本块，从 $q_{u,v}$ 的下一条语句 $q_{u,v+1}$，到当前基本块最后一个四元式 q_{u,n_u} 迭代。第3行将编号 nxq 赋值给

当前四元式 $q_{u,j}$，然后自增1。第4行判断当前新编号是否小于下一条四元式编号，如果是，则后续四元式不会再有编号重复，退出。

第6行从下一个基本块开始，迭代剩余基本块；第7行迭代基本块中的每个四元式。中间的第8~14行为修改每个基本块的第一个四元式前，检测每个基本块（第9行）最后一个语句是否为转移语句（第10行），如果是且第4区段为当前要修改的四元式编号，则修改为新的四元式编号 nxq（第11行）。完成第1条四元式检测后，第15行修改当前四元式编号，并使 nxq 自增1；第16行判断后续四元式是否不再重复，如果是，则退出。

算法 8.9 四元式编号自增

输入： 当前过程的流图，基本块集合为 $N = \{B_1, B_2, \cdots, B_m\}$，基本块 B_i 的四元式编号 $q_{i,1}, q_{i,2}, \cdots, q_{i,n_i}$，从四元式 $q_{u,v}$ 的下一条语句开始保证四元式编号连续

输出： 重新编号后的四元式

```
1  nxq = q_{u,v}.quad + 1;
2  for j = v+1 : n_u do
3  |   q_{u,j}.quad = nxq++;
4  |   if j < n_u ∧ q_{u,j}.quad < q_{u,j+1}.quad then return;
5  end
6  for i = u+1 : m do
7  |   for j = 1 : n_i do
8  |   |   if j = 1 then
9  |   |   |   for k = 1 : m do
10 |   |   |   |   if q_{k,n_k}.oprt = j ∨ q_{k,n_k}.oprt = jθ ∨ q_{k,n_k}.oprt = jnz then
11 |   |   |   |   |   if q_{k,n_k}.left = q_{i,j}.quad then q_{k,n_k}.left = nxq ;
12 |   |   |   |   end
13 |   |   |   end
14 |   |   end
15 |   |   q_{i,j}.quad = nxq++;
16 |   |   if j < n_i ∧ q_{i,j}.quad < q_{i,j+1}.quad then return;
17 |   end
18 end
```

保持四元式编号不重复，是一个纯粹的技术问题，读者也可以设计自己的算法解决这一问题。中间代码优化中也涉及插入新的基本块的问题，主要是在循环入口前插入循环前置结点，这个操作也不再赘述。

8.2 常用优化技术

8.2.1 优化的基本概念

优化的目的是产生更有效的代码，对代码的各种变换应遵循以下原则。

- 等价原则：经过优化的代码不应改变程序运行的结果。
- 有效原则：优化后所产生的目标代码运行时间较短，占用的存储空间较小。
- 合算原则：应尽可能以较低的代价取得较好的优化效果。

本节介绍常用的一些优化技术，了解其优化效果，具体的优化算法则在后续章节逐步介绍。在说明优化技术前，需要明确以下几个概念。

定义 8.8 (定值和引用)

- 对某个变量定值，指某个语句对该变量赋值。
- 对某个变量引用，指某个语句使用了该变量的值。

♣

例如，四元式$(+, x, y, z)$，即对z定值，并引用了x和y。

定义 8.9 (活跃变量)

给定程序中的一个点p，如果一个变量x在这个点后被引用，则称变量x在点p是活跃的（Live）；否则，称变量不活跃（Dead）。

♣

活跃变量分析是代码优化中非常重要的一项技术。如果一个变量是活跃的，就需要小心处置该变量占用的资源，保证该变量的值是正确的。如果一个变量不再活跃（被杀死），则对其赋值不再有意义，可以删除，其占用的寄存器等资源也可以释放。

8.2.2 删除公共子表达式

所谓公共子表达式（Common Subexpression），是指同一个运算多次出现。如图8.1中的基本块B_7，$4 * j$的操作在四元式118和四元式122中重复，分别赋值给\$12和\$15，那么四元式122可以直接使用前面计算的值，改为$(=, \$12, -, \$15)$。

实际上，可以在更大范围内讨论公共子表达式的消除问题。如要进入B_7，必须要经过B_5（B_7的支配结点），而B_5中的四元式109也进行了$4 * j$的操作，赋值给\$5。由于四元式109到B_7的两个$4 * j$操作之间，j和\$5都未被定值，那么B_5中的$4 * j$计算结果\$5，可以传递给B_7使用，四元式118和四元式122分别可以替换为$(=, \$5, -, \$12)$和$(=, \$5, -, \$15)$。如果$B_5$不是$B_7$的支配结点，或者$B_5$的$4 * j$计算到$B_7$的计算之间有对$j$或\$5的定值，则不能这样复用计算结果。

同样地，取a地址的操作在四元式108、112、117、121、124、129中重复计算，$j + 1$的操作在四元式111、123、128、132中重复计算。删除公共子表达式后的流图如图8.5所示。

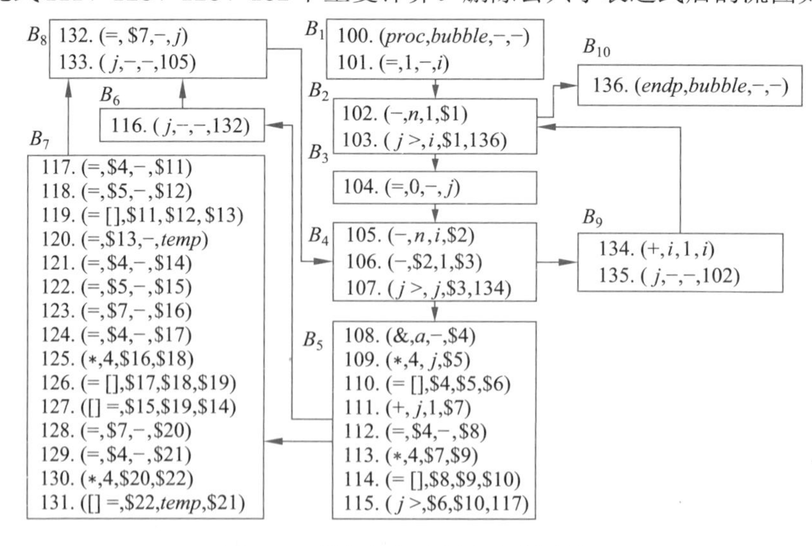

图 8.5 删除公共子表达式后的流图

8.2.3 复写传播

复写传播（Copy Propagation）指一个值被多次复制（Copy）使用，期间其值未曾改变（传播原值）。例如，图8.5B_5中的四元式112将\$4赋值给\$8后，\$4和\$8都未被定值，在四元式114中又引用了\$8，则对\$8的引用可以更换为对\$4的引用。复写传播后的流图如图8.6所示。

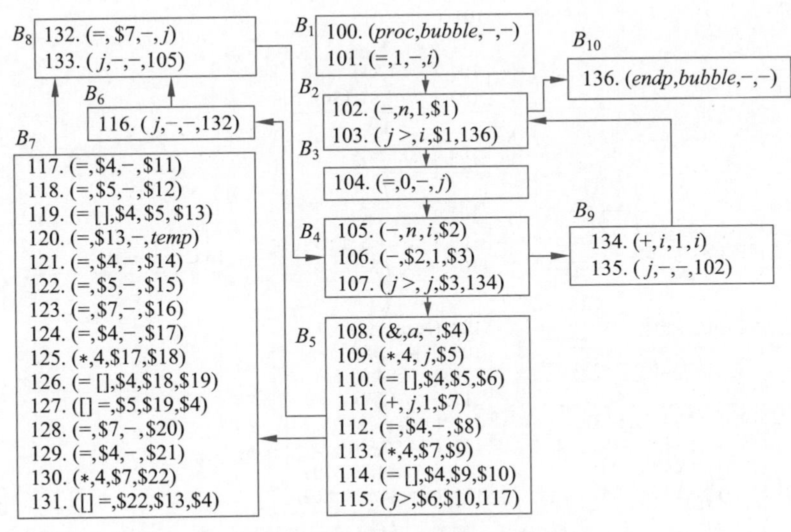

图 8.6 复写传播后的流图

复写传播并不能对代码产生优化效果，但是却可以为后续删除无用赋值提供基础。同时，有时候需要多遍优化才能达到最终效果，例如由于\$7的复写传播，四元式125和四元式130分别修改为$(*, 4, \$7, \$18)$和$(*, 4, \$7, \$22)$，因此与四元式113又构成公共子表达式，因此进一步优化为$(=, \$9, -, \$18)$和$(=, \$9, -, \$22)$，后续对\$18和\$22的引用又进一步替换为对\$9的引用。在图8.6的基础上，再进行一轮删除公共子表达式和复写传播的操作，结果如图8.7所示。

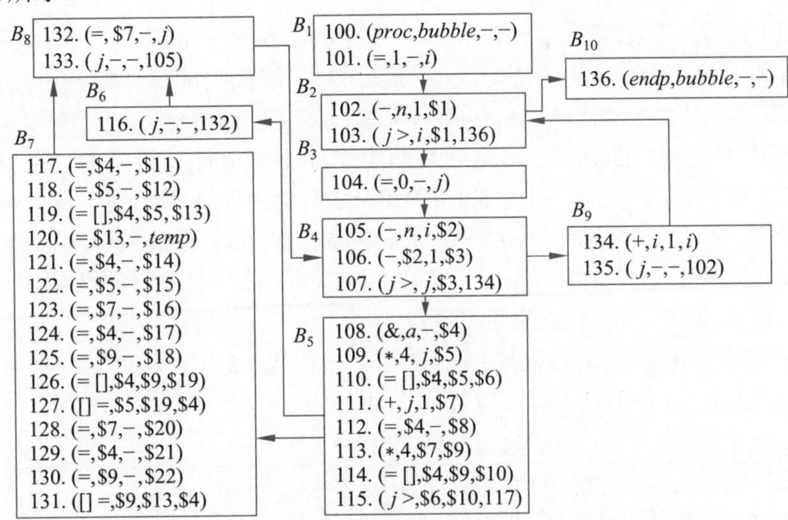

图 8.7 再次删除公共子表达式和复写传播后的流图

8.2.4 删除无用赋值

复写传播后，会发现很多变量赋值后未被使用，例如 B_7 中的 \$11~\$12、\$14~\$18、\$20~\$22，这些临时变量都可以删掉。删除无用赋值后的流图如图8.8所示，可以看到基本块 B_7 得到了极大的化简。

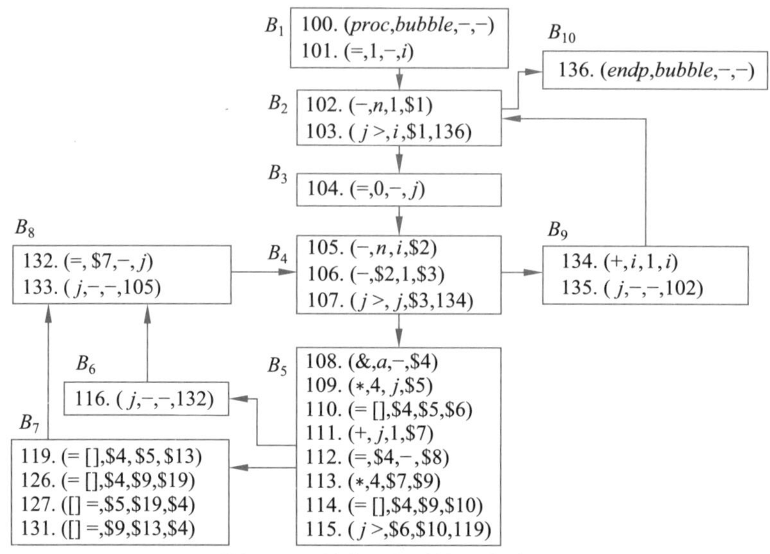

图 8.8 删除无用赋值后的流图

如果删除了一个基本块的第1个四元式，需要检查其前驱的最后一个四元式是否为转移语句。如果是转移语句且转移目标是要删除的四元式，那么需要把转移目标修改为删除四元式的后继四元式，相关操作已在算法8.8中介绍。例如，图8.7中的 B_7 删除四元式117时，基本块 B_5 的最后一个四元式115的转移目标为117，因此该目标改为117的后继四元式118。之后，删除118时转移目标又修改为119，而119没有删除，为最后的转移目标。

8.2.5 代码外提

我们设计的MATLAB风格for循环，如代码8.1第6行，循环中的 $n - i - 1$ 计算，对应四元式105和四元式106。先考虑105.$(-, n, i, \$2)$，该代码的操作数 n 和 i，在两个内层循环 $B_4 \to B_5 \to B_6 \to B_8 \to B_4$ 和 $B_4 \to B_5 \to B_7 \to B_8 \to B_4$ 值都未改变，则这两个量称为循环不变量。四元式105是通过两个循环不变量计算得到的，可以提到循环外面。四元式105提到循环外后，四元式106中的\$2也变为循环不变量，也可以提到循环外面。图8.9为代码外提后的流图，B_N 为新增基本块，称为循环的前置结点，四元式105和四元式106被外提到循环前置结点中。注意 i 对内层两个循环是循环不变量，但对外层循环 $B_2 \to B_3 \to B_4 \to B_9 \to B_2$ 不是循环不变量。

或者使用更直观的高级语言程序展示原理，如代码8.2中第1行的for循环，等价于第3~8行的while循环。$n-1$ 的计算可以提到循环外面，如第10~16行所示。

代码 8.2 循环代码外提的例子

```
1    for (i = 1 : n - 1) {⋯}
2
3    i = 1;
```

```
4      while (i <= n - 1)
5      {
6        …
7        i++;
8      }
9
10     i = 1;
11     t = n - 1;
12     while (i <= t)
13     {
14       …
15       i++;
16     }
```

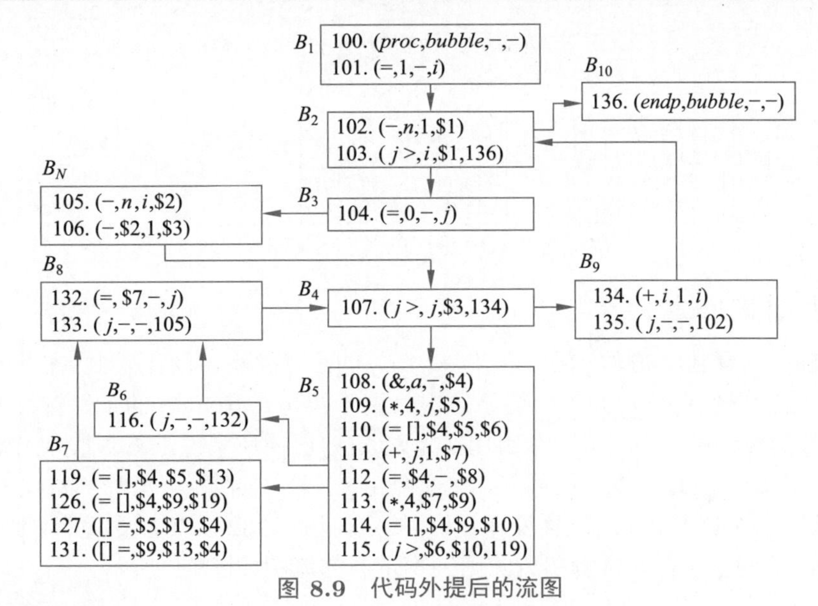

图 8.9　代码外提后的流图

8.2.6　强度削弱

如图8.9所示，在 $B_4 \to B_5 \to B_6/B_7 \to B_8 \to B_4$ 组成的循环中，由四元式111可知，每次 j 增1。由四元式109、四元式111和四元式113，\$5、\$9都与 j 保持着线性关系：$\$5 = 4 * j, \$9 = 4 * (j+1)$，这里 j 称为归纳变量。可以将这种运算变换为在循环前进行一次乘法计算，而循环中\$5和\$9每次增4。这种循环中将乘法变为加减法的操作称为强度削弱（Strength Reduction）。

强度削弱后的流图如图8.10所示，循环前置结点 B_N 中将\$5和\$9初始化，为展示清晰，这里没有采用算法8.9对四元式重新编号，而是用了两个新编号 $109'$ 和 $113'$ 表示这是由于四元式109和四元式113新插入的代码，实际实现时请使用算法8.9按顺序编号。B_5 中的四元式109和四元式113变为加法运算。

8.2.7　合并已知常量

考查新增加的四元式 $109'$ 语句，根据四元式105可知，$j = 0$，因此四元式 $109'$ 可以编译时直接计算得到 $\$5 = 0$。进一步，根据四元式 $113'$ 可以编译时计算得到 $\$9 = 4$。这样，

四元式 $109'$ 可以修改为 $(=, 0, -, \$5)$，四元式 $113'$ 可以修改为 $(=, 4, -, \$9)$，这种编译时把常量运算计算出来的过程称为合并已知常量。

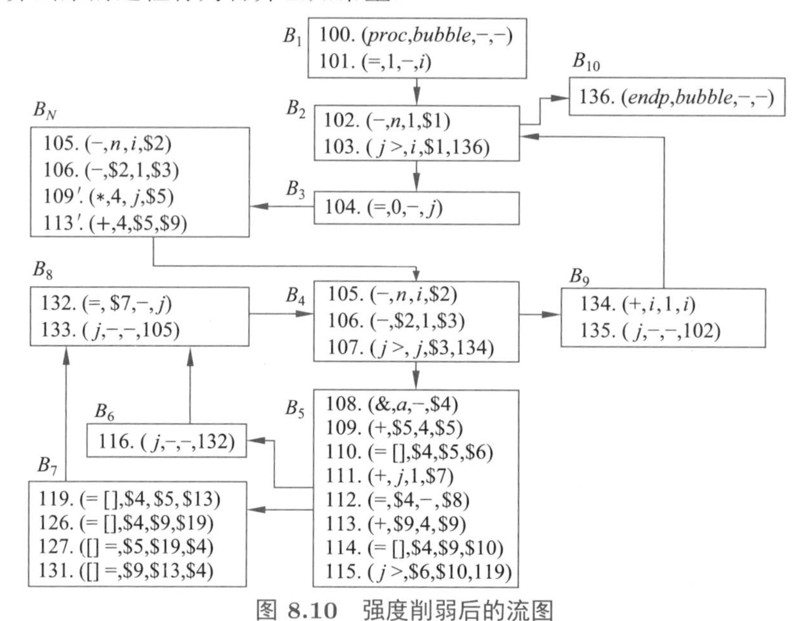

图 8.10　强度削弱后的流图

8.2.8　删除归纳变量

从图8.10可以看到，\$5 与 j 保持着 $\$5 = 4 * j$ 的线性关系。四元式 111 和四元式 132 构成了 $j = j + 1$ 的自增运算，此外内层循环中只剩下四元式 107 对 j 的条件转移的引用。而在四元式 107 的转移语句中，另一个引用变量 \$3 对内层循环来说是不变量，因此 $j > \$3$ 就等价于 $\$5 > 4 * \$3$，因此可以在循环入口的前置结点 B_N 中计算 $(*, 4, \$3, \$\$1)$，再把四元式 107 替换为 $(j >, \$5, \$\$1, 134)$。这样操作后，$j$ 的定值语句 132 不再需要，可以删除，这个操作称为删除归纳变量。合并常量和删除归纳变量后的流图如图8.11所示。

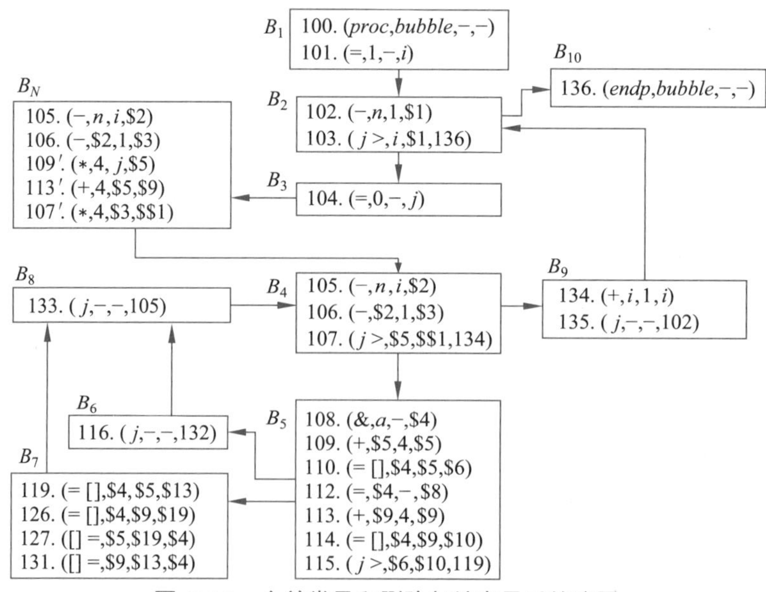

图 8.11　合并常量和删除归纳变量后的流图

8.3 局部优化

在一个基本块内进行的优化称为局部优化，局部优化采用的工具为有向无环图（Directed Acyclic Graph，DAG）。

8.3.1 基本块的DAG表示

一个基本块的DAG，是一种结点带有下述标记或附加信息的图结构。

- 结点圈内为**编号**，结点下面为**标记**，结点右面为**附加**信息。每创建一个结点，编号自增1。
- 叶子结点标记为变量名或常数，表示该结点为该变量或常数的值。当叶子结点标记为变量名时，该变量的值在其他基本块定值，在当前基本块被引用。
- 内部结点标记为运算符，表示后继结点的运算结果。
- 各结点可能附加一个或多个变量名，表示这些变量具有该结点的值，也就是对这些附加变量名定值。

不同类型四元式对应的不同DAG结点，梳理如下。

- 0型四元式：指复写运算，即形如$(=, x, -, z)$的四元式，对应DAG如图8.12(a)所示。结点标记为x，附加为z，表示$z = x$。
- 1型四元式：指一元运算，即形如$(\theta, x, -, z)$的四元式，对应DAG如图8.12(b)所示。结点1标记或附加为x，结点2标记为θ，附加为z，表示其后继结点（也就是结点1表示的变量x）进行θ运算，并赋值给z，即$z = \theta x$。
- 2型四元式：指二元运算，即形如(θ, x, y, z)的四元式，对应DAG如图8.12(c)所示。结点1标记或附加为x，结点2标记或附加为y，结点3标记为θ，附加为z，表示其后继结点进行θ运算，并赋值给z，即$z = x\theta y$。

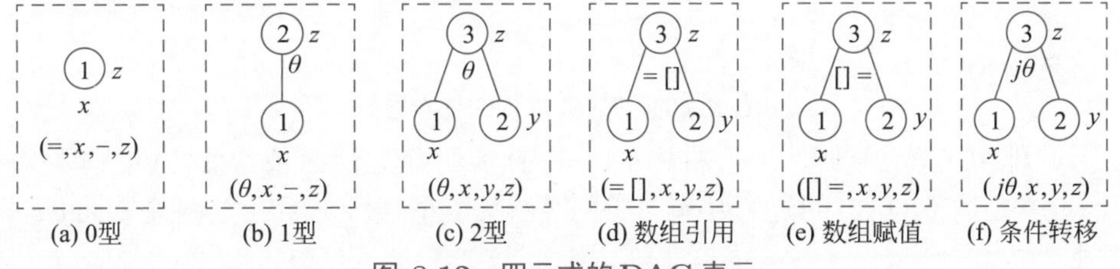

图 8.12 四元式的DAG表示

另外有几个特殊四元式形式，说明如下。

- 数组引用：指形如$(=[], x, y, z)$的四元式，即$z = x[y]$，图8.12(d)采用2型四元式的形式表示。数组在优化中是一类很特殊的存在，将在后面设置专题讨论。
- 数组赋值：指形如$([]=, x, y, z)$的四元式，即$z[x] = y$，图8.12(e)采用2型四元式的形式表示。该形式需要明确结点3不是对z定值，而是对$z[x]$定值。很多文献也将$z[x]$看作一个整体，使用0型四元式表示，也是可以的，只是这种表示形式使得z和x的计算无法删除公共子表达式。也有文献采用3型四元式表示，这里不予讨论。
- 转移语句：条件转移语句$(j\theta, x, y, z)$，可以表示为图8.12(f)的形式，这是一个2型四元式形式。同理，$(jnz, x, -, z)$可以用1型四元式表示，而无条件转移语句$(j, -, -, z)$可以用0型四元式表示。也有文献将$(j\theta, x, y, z)$用3型四元式表示，这里不予讨论。

8.3.2 DAG优化的基本思想

DAG优化的思路是在构造DAG的过程中，同时实现合并已知常量、删除无用赋值和删除公共子表达式的优化，然后用生成的DAG重新生成四元式。

下面以2型四元式(θ, x, y, z)说明DAG优化的基本思想。

(1) 对每个四元式，找出或建立代表x和y当前值的结点，如图8.13(a)所示。x或y可能是叶子结点下的标记，也可能是叶子结点或内部结点右边附加。如果找到任何一个标记或附加为x的结点，那么使用找到的这个结点表示x；y同样处理。对于找不到标记或附加为该操作数的结点，则建立新结点，标记为x或y。

(2) 若x和y都是叶子结点，且都为常数，则直接计算$x\theta y$，记为p。然后建立以运算结果p为标记的叶子结点，并把z附加上去，这一步即合并已知常量，如图8.13(b)所示。

(3) 若x或y是内部结点，或至少一个不是常数，则建立以θ为标记的新结点，此结点分别以x和y为左右直接后继结点，并把z附加上去，如图8.13(c)所示。

(4) 若在第(3)步前，DAG中已有附加标记z的结点，则在建立新结点的同时，把老结点上附加的z删除（数组定值和转移语句除外），即删除无用赋值。如图8.13(d)所示，结点4附加z前，应将结点1上附加的z删除，这是因为后定值的z值，覆盖了之前z的定值。

(5) 若原来已有代表$x\theta y$的结点，则不必建立新的结点，只需把z附加到代表$x\theta y$的结点上，即删除公共子表达式。如图8.13(e)所示，已有结点3表示$x\theta y$，其上已经附加了a，那么把z直接附加到a后面，当重新生成代码时，生成(θ, x, y, a)和$(=, a, -, z)$，这样原来重复计算的$x\theta y$只需计算一次即可。

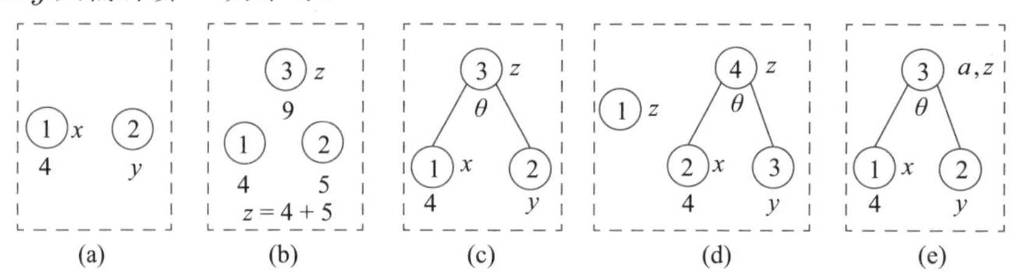

图 8.13 DAG优化的基本思想

以上过程中，第(2)步合并已知常量，第(4)步删除无用赋值，第(5)步删除公共子表达式。因此，在构造DAG的过程中就实现了优化。0型四元式和1型四元式可以仿照2型四元式处理。

8.3.3 DAG优化算法

DAG优化算法

DAG优化按照“构造运算变量结点→ 合并已知常量→ 删除公共子表达式→ 附加结果变量并删除无用赋值”的顺序进行。但由于每步都需要考虑不同型的四元式，导致算法框架比较复杂，如图8.14所示。图中判断（菱形）射出的线，向下射出表示“是（Y）”，水平向右射出表示“否（N）”。

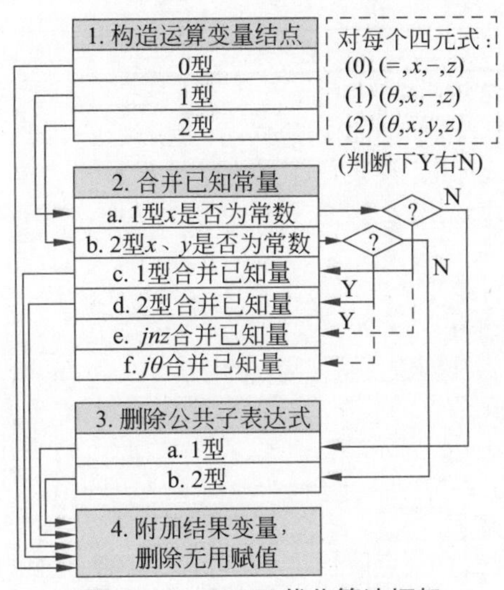

图 8.14 DAG 优化算法框架

DAG优化算法如算法8.10所示。该算法考虑的四元式类型：0型$(=,x,-,z)$、1型$(\theta,x,-,z)$、2型(θ,x,y,z)。在合并常量时，2型四元式$(jnz,x,-,z)$和$(j\theta,x,y,z)$单独处理，其他情况2型四元式统一处理。

算法 8.10 DAG优化算法

输入: 基本块的四元式序列，每个四元式为0型$(=,x,-,z)$、1型$(\theta,x,-,z)$，或2型(θ,x,y,z)

输出: DAG

```
1  1、构造运算变量的结点：反序查找代表x的结点，找不到则构造标记为x的叶子结点；
2    1.a、0型四元式：记x结点为node，转4;
3    1.b、1型四元式：转2.a;
4    1.c、2型四元式：反序查找代表y的结点，找不到则构造标记为y的叶子结点，转2.b;
5  2、合并已知常量
6    2.a、1型判断是否可合并常量;
7      如果x是标记为常数的叶子结点，且θ不是jnz，转2.c;
8      如果x是标记为常数的叶子结点，且θ是jnz，转2.e;
9      如果x不是标记为常数的叶子结点，转3.a;
10   2.b、2型判断是否可合并常量;
11     如果x和y都是标记为常数的叶子结点，且θ不是jθ，转2.d;
12     如果x和y都是标记为常数的叶子结点，且θ是jθ，转2.f;
13     如果x或y不是标记为常数的叶子结点，转3.a;
14   2.c、1型合并已知常量：令p = θx ;
15     若结点x是由于当前四元式新建立的，删除之;
16     查找或构造标记为p的叶子结点，记为node，转4;
17   2.d、2型合并已知常量：令p = xθy ;
18     若结点x或y是由于当前四元式新建立的，删除之;
19     查找或构造标记为p的叶子结点，记为node，转4;
20   2.e、1型jnz合并已知常量;
21     若结点x是由于当前四元式新建立的，删除之;
22     如果x = true，构造标记为j的叶子结点，记为node，转4;
23     如果x = false，结束退出;
```

算法 8.10 续

```
24    2.f、2型 jθ 合并已知常量：令 p = xθy ;
25      若结点 x 或 y 是由于当前四元式新建立的，删除之;
26      如果 p = true，构造标记为 j 的叶子结点，记为 node，转 4;
27      如果 p = false，结束退出;
28  3、删除公共子表达式
29    3.a、1型：检查是否有结点，其唯一后继为 x 且标记为 θ ;
30      若有，记为 node，转 4;
31      若没有，构造唯一后继为 y 且标记为 θ 的结点，记为 node，转 4;
32    3.b、2型：检查是否有结点，其左右后继分别为 x 和 y，且标记为 θ ;
33      若有，该结点记为 node，转 4;
34      若没有，构造左右后继分别为 x 和 y，且标记为 θ 的结点，记为 node，转 4;
35  4、附加 z，并删除无用赋值
36    若 θ 不是 []=，检查是否有结点附加了 z，若有，删除附加的 z;
37    若 θ 是 []=，检查是否有结点附加了 z 且无前驱，且左孩子是 x，若有，删除附加的 z;
38    在结点 node 上附加 z;
```

第1步为构造运算变量结点。不管哪种四元式，变量 x 总是存在的，因此先构造代表 x 的结点（第1行）。构造结点前，先按结点编号从大到小顺序查找代表该运算量的结点（反序查找），若找到，则直接使用；若找不到，则再构造。之所以按构造顺序反序查找结点，是因为有可能某个结点已经标记为这个运算量，后面又有结点附加了该运算量，附加是后定值的，因此使用后构造的结点。

然后转到下一步：如果是0型四元式，则记找到或新建的 x 结点为node，转4（第2行），第4步是在node结点上附加 z。如果是1型四元式，则转2.a，判断是否可以合并常量（第3行）。如果是2型四元式，找出或构造代表 y 的结点，再转2.b，判断是否可以合并常量（第4行）。

第2步为合并已知常量，2.a和2.b分别判断1型和2型四元式是否可以合并已知常量。对1型四元式（第6~9行），能合并常量的条件是 x 为常量。如果 x 是常量，根据算符是否为 jnz，分别转2.e和2.c合并常量；如果 x 不是常量，则转到3.a检查公共子表达式。对2型四元式（第10~13行），能合并常量的条件是 x 和 y 均为常量。如果 x 和 y 都是常量，根据算符是否为 $j\theta$，分别转2.f和2.d合并常量；如果 x 或 y 不是常量，则转到3.b检查公共子表达式。

2.c和2.d分别为1型和2型四元式不是转移语句情况下合并已知常量（第14~19行）。先计算出合并后常量结果 p，然后查找标记为 p 的叶子结点。若找到，则使用；若找不到，则新建，最后，转4去附加 z。

2.e是对 $(jnz, x, -, z)$ 合并常量（第20~23行），此时由于 x 是常数，只有真和假两种取值。若 x 为真，则应优化为 $(j, -, -, z)$，即构造标记为 j 的叶子结点，转4去附加 z。如果 x 为假，则永远不会转移，删除该指令即可，因此直接结束退出，这样由于结点没有附加，重新生成代码时不会生成这条指令。

2.f是对 $(j\theta, x, y, z)$ 合并常量（第24~27行），此时由于 x 和 y 是常数，因此 $p = x\theta y$ 只有真和假两种取值。若 p 为真，则应优化为 $(j, -, -, z)$，即构造标记为 j 的叶子结点，转4去附加 z。如果 p 为假，则永远不会转移，删除该指令即可，因此直接结束退出。

2.c~2.f 中，对常数运算量结点 x 或 y，如果是由当前四元式建立的，则删除之，包括第15、18、21、25 行。但这个操作是可有可无的，如果不删除，除耗费一点点编译器的存储空间外，对算法结果并没有额外的负面影响。

第 3 步为删除公共子表达式（第 28~34 行）。3.a 和 3.b 分别检查是否有代表 1 型表达式 θx 和 2 型表达式 $x\theta y$ 的结点，如果有，则转 4 直接在这个结点上附加 z；如果没有，则创建这样的结点，然后转 4 在新建的结点上附加 z。

第 4 步为附加计算结果 z 并删除无用赋值（第 35~38 行）。具体操作为先查找是否有附加为 z 的结点，如果有，则删除这个附加的 z（标记不删除），然后把 z 附加到 node 结点上。但对于 $[]=$ 操作，由于被定值的是 $z[x]$，因此判定重复赋值的条件为：标记为 $[]=$，当前结点附加了 z，且左后继为 x（第 37 行）。

算法中没有体现的一点是结点的编号。编号从 1 开始，每生成一个结点，编号自动增 1。

DAG 重新生成代码不再给出具体算法，依照 DAG 的结点形式操作即可。需要的注意事项如下。

- 严格按照结点生成的顺序，即编号从小到大的顺序生成代码（目标代码生成时，将给出一种更合理的代码生成顺序）。
- 对于有多个附加的内部结点，如一个内部结点依次附加了 $z_1, z_2, \cdots, z_k$，则生成 $(\theta, x, -, z_1)$ 或 (θ, x, y, z_1) 后，后续的附加生成代码为 $(=, z_1, -, z_2), \cdots, (=, z_1, -, z_k)$，这样就消除了公共子表达式。
- 对于叶子结点，没有附加的结点的不生成代码；有多个附加时，如某个叶子结点标记为 a，附加为 $z_1, z_2, \cdots, z_k$，则依次生成 $(=, a, -, z_1), (=, a, -, z_2), \cdots, (=, a, -, z_k)$。注意，叶子结点的操作数是标记优先的，不要像内部结点那样生成 $(=, a, -, z_1)$, $(=, z_1, -, z_2), \cdots, (=, z_1, -, z_k)$。
- 对没有附加的但有前驱的内部结点，是因为第 4 步删除无用赋值造成的附加被删除，需要生成一个新的临时变量，附加到这个结点上，再生成代码。为防止新生成的临时变量与原临时变量重名，用 "$$" 加一个数字表示 DAG 中生成的临时变量的名字。
- 当生成某个结点代码时，如果其某个后继为内部结点且有多个附加 $z_1, z_2, \cdots, z_k$，则操作数使用该后继的第一个附加 z_1，这样可以防止复写传播。如果其某个后继为叶子结点，不管这个叶子结点有没有附加，操作数都使用该叶子结点的标记，这样也是为防止复写的出现。
- 新生成代码第一个语句的编号，一定要与原代码第一个语句编号相同，这是为防止转移语句的转移目标丢失。后续每生成一个语句，编号自动增 1。DAG 优化后的语句数量一定不会多于优化前的语句数量，因此这个规则不会导致与其他基本块编号的冲突。
- 第 4 步附加 z 时，转移语句的转移目标 z 是一个整数，它代表某个四元式编号。这里 z 与任何一个常量都不相等，因为它本身代表编号，不是常数。

例题 8.10 DAG 优化 对如下代码进行 DAG 优化。

100.$(=, 3, -, \$1)$	103.$(*, \$2, \$3, a)$	106.$(*, x, y, \$5)$	109.$(*, \$6, \$7, b)$
101.$(*, 2, \$1, \$2)$	104.$(=, a, -, b)$	107.$(*, \$4, \$5, \$6)$	
102.$(*, x, y, \$3)$	105.$(*, 2, \$1, \$4)$	108.$(-, y, x, \$7)$	

解　DAG构造如图8.15所示，下面详述其构造过程。

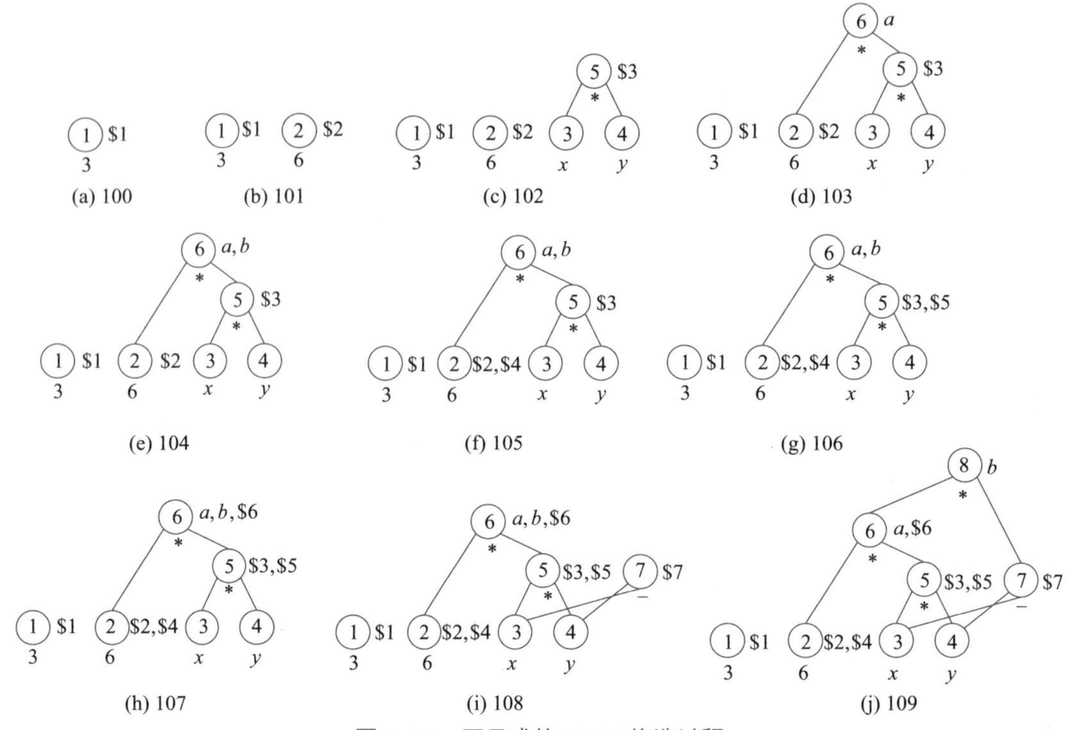

图 8.15　四元式的DAG构造过程

- 四元式100：如图8.15(a)所示，构造标记为3，附加为$1的结点1。
- 四元式101：如图8.15(b)所示，构造标记为2的结点2，而操作数$1使用结点1。由于两个操作数都是标记为常数的叶子结点，因此可以合并已知常量，计算得到$2 = 2 * 3 = 6$。由于结点2是新构造出来的，删除之。然后构造标记为6，附加为$2的新结点2。
- 四元式102：如图8.15(c)所示，构造标记为x的结点3，标记为y的结点4；然后构造以结点3和结点4分别为左右后继，标记为$*$，附加为$3的结点5。
- 四元式103：如图8.15(d)所示，构造以结点2和结点5分别为左右后继，标记为$*$，附加为a的结点6。
- 四元式104：如图8.15(e)所示，已有代表a的结点6，把b直接附加上去。
- 四元式105：如图8.15(f)所示，构造标记为2的结点7，已有代表$1的结点1，且两个为常数，因此可以合并已知常量，计算得到$2 = 2 * 3 = 6$。删除新建的结点7，标记为6的结点2已经存在，因此直接附加$4到结点2。
- 四元式106：如图8.15(g)所示，已有代表x的结点3和代表y的结点4，且有代表$x*y$的结点5，因此直接附加$5到结点5。
- 四元式107：如图8.15(h)所示，已有代表$4的结点2和代表$5的结点5，且有代表$4 * $5的结点6，因此直接附加$6到结点6。
- 四元式108：如图8.15(i)所示，已有代表y的结点4和代表x的结点3，但没有代表$y - x$的结点，因此构造左右后继分别为结点4和结点3的结点7，标记为$-$，附加为$7。注意，虽然编程容易区分左、右后继，但画图容易画反，这样生成代码时就会产生错误。

- 四元式109：如图8.15(j)所示，已有代表\$6的结点6和代表\$7的结点7，但没有代表$\$6 * \$7$的结点，因此构造左、右后继分别为结点6和结点7的结点8，标记为$*$；删除结点6上附加的b，并在结点8上附加为b。

最后，根据构造的最终DAG图8.15(j)，按结点构造顺序重新生成代码。

- 结点1，生成：$100.(=, 1, -, \$1)$。
- 结点2，生成：$101.(=, 6, -, \$2)$；$102.(=, 6, -, \$4)$。
- 结点3，叶子结点无附加，不生成代码。
- 结点4，叶子结点无附加，不生成代码。
- 结点5，生成：$103.(*, x, y, \$3)$；$104.(=, \$3, -, \$5)$。
- 结点6，生成：$105.(*, 6, \$3, a)$；$106.(=, a, -, \$6)$。
- 结点7，生成：$107.(-, y, x, \$7)$。
- 结点8，生成：$108.(*, a, \$7, b)$。

该例在构造四元式101的DAG时，删除了标记为2的老结点2，又构造了标记为6的新结点2，这里标记为6的结点编号为3也是可以的（因为删除的是结点2）。是否保证结点编号连续，在DAG优化中是无关紧要的问题，只要保证后构造的结点编号比先构造的结点编号大即可。另外，如果标记为2的结点不删除，由于它没有附加，因此不生成代码，对算法结果也没有不良影响。

例题8.11 DAG优化 对如下代码进行DAG优化。

$100.(*, a, b, \$1)$　$103.(=, \$3, -, x)$　$106.(=, 2, -, c)$　$109.(=, \$6, -, y)$
$101.(*, 2, 3, \$2)$　$104.(=, 5, -, c)$　$107.(+, 18, c, \$5)$　$110.(*, \$1, \$5, \$4)$
$102.(-, \$1, \$2, \$3)$　$105.(*, a, b, \$4)$　$108.(*, \$4, \$5, \$6)$　$111.(=, y, -, \$1)$

解　DAG构造如图8.16所示，下面详述其构造过程。

- 四元式100：如图8.16(a)所示，构造标记为a的结点1，标记为b的结点2；构造以结点1和结点2为左、右后继的结点3，标记为$*$，附加为\$1。
- 四元式101：如图8.16(b)所示，构造标记为2和3的常量结点，计算得到$\$2 = 2*3 = 6$，删除新构建的两个结点。构造标记为6的结点4，附加\$2。
- 四元式102：如图8.16(c)所示，构造以结点3和结点4为左、右后继的结点5，标记为$-$，附加为\$3。
- 四元式103：如图8.16(d)所示，已有代表\$3的结点5，将x直接附加上去。
- 四元式104：如图8.16(e)所示，构建标记为5，附加为c的叶子结点6。
- 四元式105：如图8.16(f)所示，已有代表$a * b$的结点3，将\$4直接附加上去。
- 四元式106：如图8.16(g)所示，构建标记为2的结点7，删除结点6上的附加c，将c附加到结点7。
- 四元式107：如图8.16(h)所示，构造标记为18的常量结点，与结点7合并常量，计算得到$\$5 = 18 + 2 = 20$，删除新构建的结点。构造标记为20的结点8，附加\$5。
- 四元式108：如图8.16(i)所示，构造以结点3和结点8为左、右后继的结点9，标记为$*$，附加为\$6。
- 四元式109：如图8.16(j)所示，已有代表\$6的结点9，将y直接附加上去。
- 四元式110：如图8.16(k)所示，已有代表$\$1 * \$5$的结点9，将\$4直接附加上去，并删除结点3上附加的\$4。

- 四元式111：如图8.16(l)所示，已有代表y的结点9，将\$1直接附加上去，并删除结点3上附加的\$1。

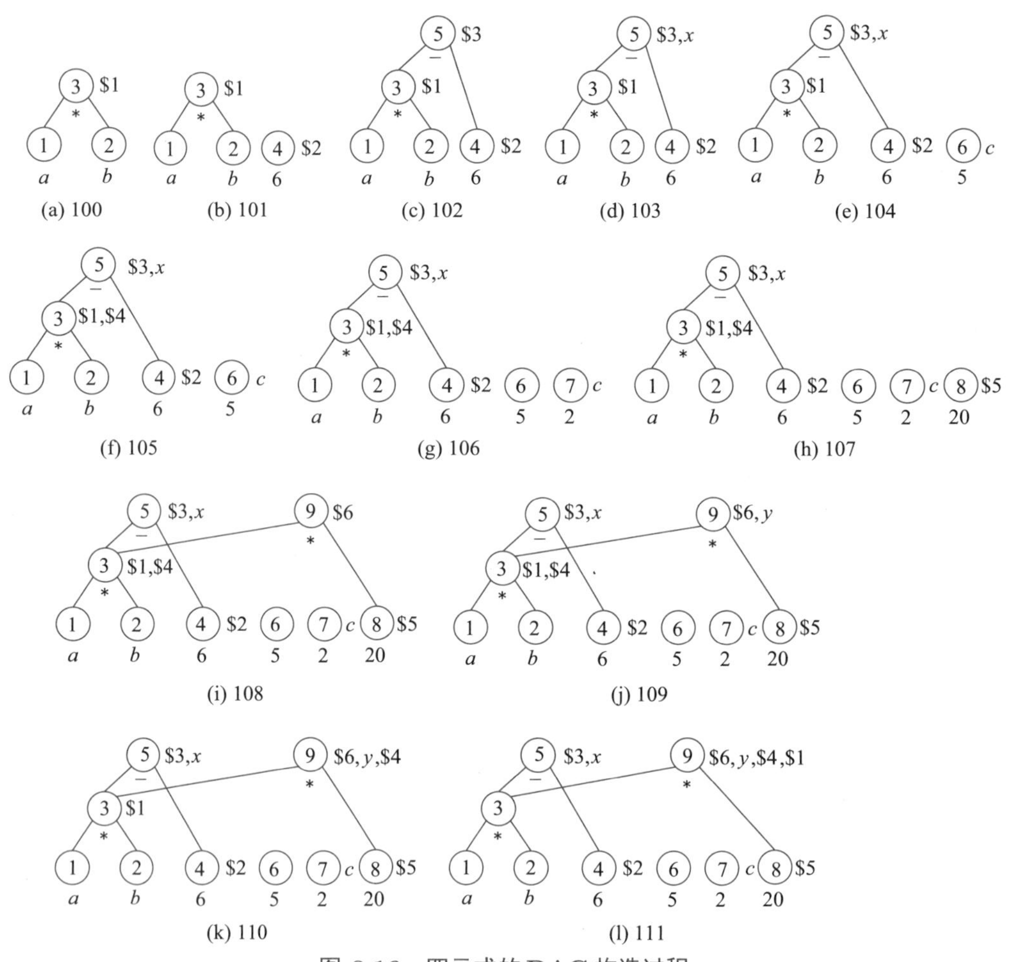

图 8.16 四元式的DAG构造过程

最后，根据构造的最终DAG图8.16(l)，按结点构造顺序重新生成代码。

- 结点1，叶子结点无附加，不生成代码。
- 结点2，叶子结点无附加，不生成代码。
- 结点3，是内部结点且无附加，生成新的临时变量\$\$1附加到该结点（图略），生成：100.$(*, a, b, \$\$1)$。
- 结点4，生成：101.$(=, 6, -, \$2)$。
- 结点5，生成：102.$(-, \$\$1, 6, \$3)$；103.$(=, \$3, -, x)$。
- 结点6，叶子结点无附加，不生成代码。
- 结点7，生成：104.$(=, 2, -, c)$。
- 结点8，生成：105.$(=, 20, -, \$5)$。
- 结点9，生成：106.$(*, \$\$1, 20, \$6)$；107.$(=, \$6, -, y)$；108.$(=, \$6, -, \$4)$；109.$(=, \$6, -, \$1)$。

8.3.4 变量附加的处理

DAG中，叶子结点的标记或者是常量，或者是来自其他基本块计算得到的变量。由于标记不能删除，复用这些结点时会导致代码时序上的混乱。在讨论这个问题前，先对算法8.10第1步中，查找代表操作数结点（x或y）时的查找顺序进行说明。

考虑如下代码：$100.(+, 3, c, x)$；$101.(=, 5, -, c)$；$102.(+, c, 7, y)$。如果按结点构造顺序查找操作数，构造的DAG如图8.17(a)所示。四元式100构造了结点1~3，四元式101构造了结点4，此时有两个代表c的结点，分别为结点2和结点4。四元式102构造时，需要查找代表c的结点，如果按结点构造顺序查找，则找到结点2，它成为运算结果结点6的左后继结点。

显然结点4才是c的最新定值，不应再使用c的旧值结点2。一般按该方法构造的DAG，其重构的代码不会有逻辑错误，实际这个DAG生成的代码与原始代码完全相同。但这种结点的错误引用，会导致一些本可以优化的代码得不到优化。

如果按结点构造顺序的反序查找结点，如图8.17(b)所示。在四元式102构造结点时，找到了代表c的正确的结点4，发现可以合并已知常量。这样构造出来的是结点5，四元式102被优化为$(=, 12, -, y)$。因此，算法8.10中查找运算量结点采用反序查找的策略。

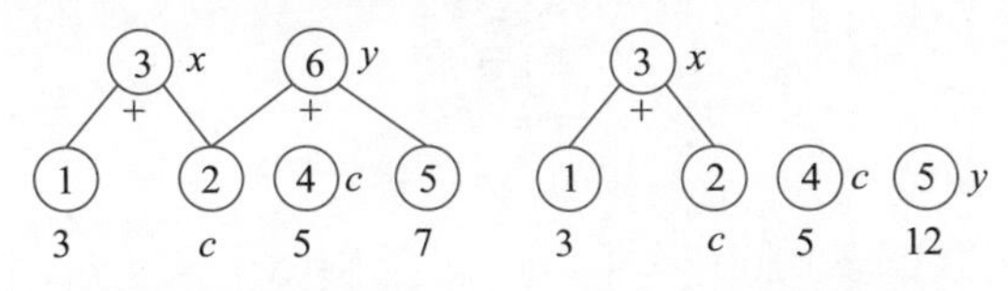

图 8.17 按不同顺序查找运算量结点得到的DAG

下面讨论复用标记结点的问题。考虑四元式：$100.(+, c, 3, x)$；$101.(=, 3, -, c)$；$102.(+, c, 7, y)$。这组代码的目的是复用常量结点3，使c的定值（附加）结点编号小于c的父结点编号。

该代码构造的DAG如图8.18(a)所示。四元式100构造了结点1~3，四元式101先找到代表常量3的结点2，然后将c附加到结点2。从代码顺序看，显然引用结点c的结点3在前（四元式100），而c的定值结点2在后（四元式101），但后者结点编号小，导致生成代码时定值会被移到前面。在四元式102构造DAG时，运算量c反序查找找到了错误的结点2，从而构建出结点4。

根据图8.18(a)得到优化后的代码：$100.(=, 3, -, c)$；$101.(+, c, 3, x)$；$102.(=, 10, -, y)$。显然这个代码的逻辑也是错误的，如果进入该基本块前$c \neq 3$，则101的计算结果与原代码不一致。这里的关键在于，某个结点i先引用了代表c的结点，又将c附加到编号比i小的结点上。

把四元式100、101中的常量3改为变量（叶子结点或内部结点均可），也会出现类似找错结点的问题。

- 情形1：$100.(+, x, y, w)$；$101.(+, w, c, u)$；$102.(=, w, -, c)$；$104.(+, c, 7, z)$。
- 情形2：$100.(+, x, y, w)$；$101.(+, w, c, u)$；$102.(+, x, y, c)$；$104.(+, c, 7, z)$。

这里关键在于，先创建了一个标记为c的结点i，之后又把c附加到先于结点i创建的另一个结点上。

解决该问题的方法是，**不允许将变量z附加到编号比标记为z的叶子结点小的结点上，**

也不允许将变量 z 附加到比引用了标记为 z 的叶子结点编号小的结点上。具体操作是，对算法8.10，在1.a、3.a和3.b寻找代表 x（0型四元式 $(=, x, -, z)$）、θx（1型四元式 $(\theta, x, -, z)$）、$x\theta y$（2型四元式 (θ, x, y, z)）的结点时，从编号最大结点开始反序查找，若先找到标记为 z 的叶子结点，或者找到的标记为 x 的叶子结点且有前驱，则视为未找到，结束查找。这样修改后，得到的DAG如图8.18(b)所示。

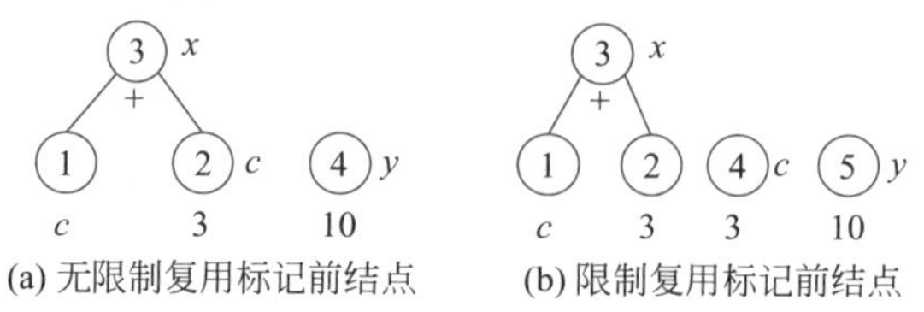

图 8.18 复用标记前结点的DAG

还应注意，在图8.18(b)中，构造结点4后，结点3就不再是 $c+3$ 的代表，因为 c 的值已经改变。这也是在查找代表 θx 或 $x\theta y$ 的结点时需要注意的。

8.3.5 数组的处理

数组的DAG优化

考虑数组引用和定值代码：100.$(=[], a, i, x)$；101.$([]=, j, y, a)$；102.$(=[], a, i, z)$。数组引用和定值的DAG如图8.19所示。

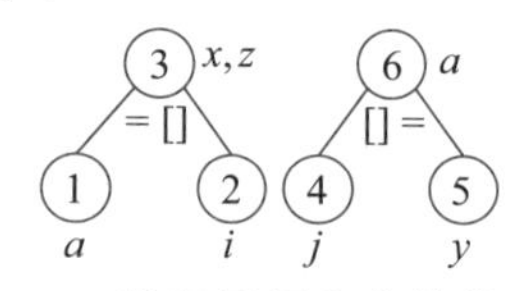

图 8.19 数组引用和定值的DAG

优化后的代码为：100.$(=[], a, i, x)$，101.$(=, x, -, z)$，102.$([]=, j, y, a)$。

运行时 $i=j$ 是有可能成立的，此时原代码中，101对 $a[i]$ 的值做了修改，再在102中赋值给 z。优化后则是先在101中把 $a[i]$ 赋值给 z，再在102中将 $a[i]$ 修改为 y。优化前后的代码不等价。

这个错误的原因是在对数组的定值上。即使 $a[i]$ 中的 a 和 i 都没有改变，其右值也可能会被改变，本例是通过 $a[j]$ 修改了 $a[i]$ 的右值。因此，一旦涉及数组元素的定值操作，该数组的引用（不一定是这个数组元素的引用）就不能再作为公共子表达式使用。

其具体操作为：为每个结点增加一个布尔型的标志位，标记该结点是否注销作为公共子表达式资格，初始值为“否”。当遇到 $a[i]$ 的定值时，搜索已构造结点，将左孩子为 a，标记为 $=[]$ 的结点标记为“是”。标记为“是”的结点，不能再附加变量。后续新建结点的该标志仍然默认标记为“否”，直到再次遇到 $a[i]$ 的定值，重复以上操作。

例题 8.12 数组DAG优化 对如下代码进行DAG优化。

100.$(=[], \$1, \$2, p)$ 102.$([]=, \$3, b, \$1)$ 104.$(=[], \$1, \$2, y)$ 106.$(=[], \$1, \$2, z)$
101.$(=[], \$1, \$2, q)$ 103.$(=[], \$1, \$2, x)$ 105.$([]=, \$4, c, \$1)$

解 四元式的DAG构造过程如图8.20所示，其中黑色结点表示被注销了作为公共子表达式资格。

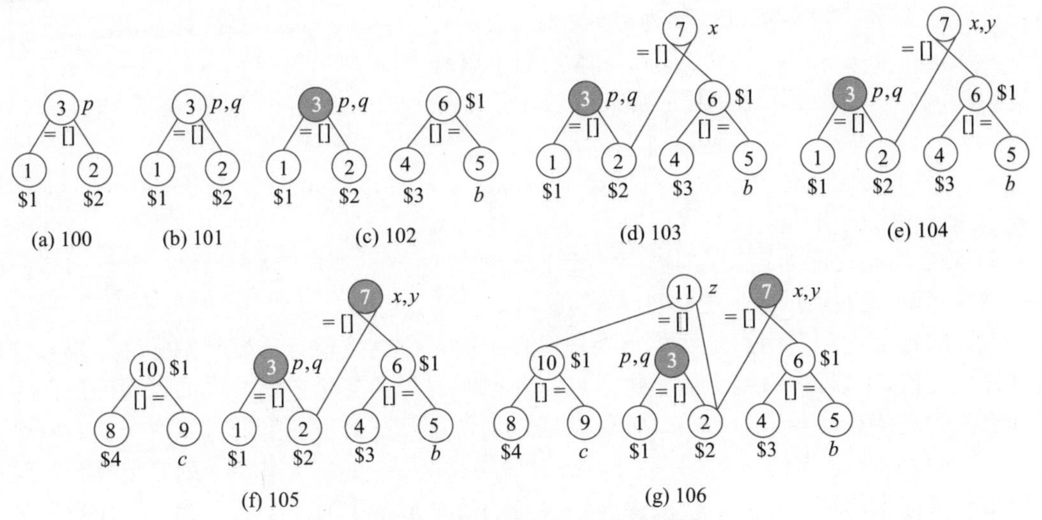

图 8.20 四元式的DAG构造过程

- 100：如图8.20(a) 所示，构造结点1、2、3。
- 101：如图8.20(b) 所示，附加q到结点3。
- 102：如图8.20(c) 所示，构造结点4、5、6，注销结点3作为公共子表达式资格。
- 103：如图8.20(d) 所示，由于结点3不能附加，因此构造新的结点7。
- 104：如图8.20(e) 所示，附加y到结点7。
- 105：如图8.20(f) 所示，构造结点8、9、10，注销结点7作为公共子表达式资格。
- 106：如图8.20(g) 所示，由于结点3、7不能附加，因此构造新的结点11。

最后，根据构造的最终DAG 图8.20(g)，按结点构造顺序重新生成代码。

- 结点1，叶子结点无附加，不生成代码。
- 结点2，叶子结点无附加，不生成代码。
- 结点3，生成：$100.(=[],\$1,\$2,p)$；$101.(=,p,-,q)$。
- 结点4，叶子结点无附加，不生成代码。
- 结点6，叶子结点无附加，不生成代码。
- 结点6，生成：$102.([]=,\$3,b,\$1)$。
- 结点7，生成：$103.(=[],\$1,\$2,x)$；$104.(=,x,-,y)$。
- 结点8，叶子结点无附加，不生成代码。
- 结点9，叶子结点无附加，不生成代码。
- 结点10，生成：$105.([]=,\$4,c,\$1)$。
- 结点11，生成：$106.(=[],\$1,\$2,z)$。

8.4 数据流分析

全局范围的优化通常涉及多个基本块间可能执行路径的分析。分析数据的数值如何在基本块之间引用和修改，这种工作称为**全局数据流分析**。数据流分析是全局优化和循环优化的基础。通常一个程序中基本块的确切执行次序不能预知，因此执行数据流分析时，假定流图中所有路径都可能执行。但是一般要求流图中有唯一的入口，可以有一到多个出口。本章介绍的全局优化算法以过程为单位，因此 $(proc, -, -, -)$ 指令所在基本块就是唯一入口基本块，$(endp, -, -, -)$ 指令所在基本块是出口基本块。

数据流分析中，经常遇到**程序点**的说法，它是四元式在代码序列中的位置，有以下3种情形。

- 指某个四元式位置，如有四元式 (θ, x, y, z)，则称该四元式为变量 z 的定值点，为变量 x 和 y 的引用点。
- 某个四元式前的点，指刚要执行该四元式时的点。
- 某个四元式后的点，指该四元式刚执行完毕时的点。

变量的定值点和引用点是两类重要程序点，而形参的定值点需要特别关注。形参一般是过程外定值，过程内引用。由于进入过程前已经对形参变量定值，当前过程的流图中看不到形参的定值点，导致形参需要特殊处理。为使各算法处理变量的方式统一，对每个形参 x，在过程定义语句 $(proc, -, -, -)$ 后插入语句 $(def, -, -, x)$，作为 x 的定值标记。这个语句是一条虚拟语句，没有实际的操作，仅是为每个形参生成一个四元式，用作形参的定值语句。至于插入语句后如何避免四元式编号重复，可参考8.1.9节的算法8.9。

数据流有很多路径到达目标，优化问题的不同，要求的执行路径范围也有所不同，分为以下两大类。

- **任意路径数据流**：只要有一条执行路径可达，即达到目标。例如，活跃变量分析，只要在一条路径上变量是活跃的，就认为该变量活跃。又如，未初始化变量引用分析，只要有一条路径上变量未初始化，则认为变量未初始化。
- **全路径数据流**：全部执行路径可达，才认为达到目标。例如，可用表达式分析，对一个表达式，只有所有路径上都计算过，才认为该表达式在某点可用。又如，非常忙（Very Busy）表达式，只有全部路径上都引用该表达式，才认为该表达式是非常忙的。

根据分析的方向，数据流又分为前向流和反向流两类。

- **前向流**（Forward-Flow）：分析方向与代码执行方向相同。
- **反向流**（Backward-Flow）：分析方向与代码执行方向相反。

以上两种路径和两种流向共4种组合，下面分别进行介绍。

8.4.1 任意路径反向流分析

任意路径反向流分析

活跃变量分析是任意路径反向流分析的一个典型应用。如果一个变量不再活跃，那么中间代码优化阶段，其定值语句可以删除；目标代码生成阶段，其占用的寄存器也可以释放。因此，活跃变量分析对中间代码优化和目标代码生成都有重要意义。

一个变量在任意路径被引用，即应该认为这个变量是活跃的，因此活跃变量分析是一个任意路径分析问题。一个变量在某个点被引用，那么可以确定在这个点前它是活跃的，而该点后不能确定是否活跃，因此活跃变量分析适合用反向流分析。

假设要分析的基本块为B，其后继基本块集合为$S(B)=\{B_1,B_2,\cdots,B_n\}$，如图8.21所示。定义要分析变量的两个集合如下。

- $in(B)$：基本块B入口处的活跃变量集合。
- $out(B)$：基本块B出口处的活跃变量集合。

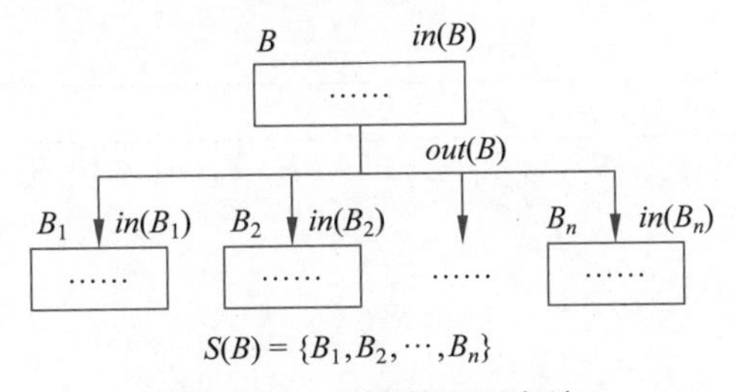

图 8.21 任意路径反向流

流图中，如果一个基本块B无后继基本块，称该基本块为**结束结点**；结束结点可能不止一个，该集合用$exits$表示。如果一个基本块B无前驱基本块，称该基本块为**开始结点**，开始结点只有一个，用$entry$表示。结束结点的出口处，所有变量都是不活跃的，即当$B_i\in exits$时，$out(B_i)=\varnothing$，如式(8.1)所示。

$$\forall B_i\in exits\Rightarrow out(B_i)=\varnothing \tag{8.1}$$

B后继模块入口处活跃的变量，在B出口处必活跃。即如果有变量$a\in in(B_i)$，则必有$a\in out(B)$。也就是$out(B)$是所有后继基本块的$in(B_i)$的并集，如式(8.2)所示。

$$out(B)=\cup_{B_i\in S(B)}in(B_i) \tag{8.2}$$

对基本块B，以反向流的方向，从$out(B)$进一步求$in(B)$。从后往前看，基本块B中的代码对变量活跃性的影响包括以下两方面。

- $killed(B)$：指在基本块B中被杀死的变量。这里的被杀死指从后往前看，因B的某个代码导致变量不再活跃。比如，在点u对某个变量z定值，后面代码如果再引用z，引用的是点u定值的z，u点前的z对u点后的引用没有任何影响。如果z在u点定值前未被引用，那可以认为z从基本块入口到定值点u是不活跃的。如果$z\in out(B)$，由于u点这条定值代码，导致$z\notin in(B)$，这就是z的活跃性被杀死。因此，$killed(B)$集合就是在基本块B中定值，且定值前未被引用的变量集合。
- $gen(B)$：指在基本块B中被生成的变量。这里的被生成指从后往前看，因B的某个代码导致变量变得活跃。如果点u存在一条对z的引用代码，而这条引用代码前不存在对z的定值，那么会导致z在出口变得活跃（因为后面要引用它），即$z\in in(B)$。因此，$gen(B)$集合就是在基本块B中引用，且引用前未被定值的变量集合。

$killed(B)$和$gen(B)$两个集合由B的代码唯一确定。基本块B出口处活跃的变量$out(B)$，去掉该基本块中被杀死的变量$killed(B)$，再加上因这个基本块变活跃的变量$gen(B)$，即为入口处活跃的变量集合$in(B)$。也就是说，知道一个基本块的$out(B)$，仅根据B的代码就能确定$in(B)$，如式(8.3)所示。

$$in(B)=gen(B)\cup(out(B)-killed(B)) \tag{8.3}$$

式(8.1)、式(8.2)和式(8.3)构成了任意路径反向流分析的数据流方程。如果规定流图只有一个唯一的开始结点，并且有一个或多个结束结点，则数据流方程是可解的。首先用空集初始化结束结点的out集合(式(8.1))。对每个基本块，out除去基本块中杀死的变量，加上生成变量，得到该基本块的in集合(式(8.3))。然后反向传播(式(8.2))，一直迭代到求出所有集合的活跃变量。

下面给出各集合计算算法，先给出求一个基本块生成和杀死活跃变量的算法，如算法8.11所示。

算法 8.11 基本块生成和杀死活跃变量的集合

输入： 流图，基本块集合为$N=\{B_1,B_2,\cdots,B_m\}$，基本块B_i的四元式 $q_{i1},q_{i2},\cdots,q_{in_i}$

输出： $gen(B)$和$killed(B)$

```
1  for i = 1 : m do
2  |  gen(B_i) = ∅, killed(B_i) = ∅;
3  |  for j = n_i : −1 : 1 do
4  |  |  gen(B_i) − = {q_ij.left};
5  |  |  killed(B_i) ∪ = {q_ij.left};
6  |  |  gen(B_i) ∪ = {q_ij.opnd1};
7  |  |  killed(B_i) − = {q_ij.opnd1};
8  |  |  if q_ij.opnd2 ≠ null then
9  |  |  |  gen(B_i) ∪ = {q_ij.opnd2};
10 |  |  |  killed(B_i) − = {q_ij.opnd2};
11 |  |  end
12 |  end
13 end
```

对每个基本块B_i（第1行），首先将生成集合和杀死集合置空（第2行）。然后反序遍历基本块B_i的四元式（第3行），将左值从生成集合移除（第4行），并加入杀死变量集合（第5行）。然后将左操作数加入生成集合（第6行），从杀死集合中移除（第7行）。如果右操作数存在，也对右操作数做相同操作（第8~11行）。

这个算法中的左值、左操作数、右操作数为变量时，才会加入生成和杀死变量集合，而对于常量、四元式编号、过程名等不做处理。如四元式$q.(j\theta,x,y,z)$中，$q.left=z$是一个四元式编号，不是变量，不应加入生成和杀死集合。为抓住主要矛盾，本章算法没有对这些特殊四元式进行处理，但编程实现时应当处理此类特殊情形。

计算活跃变量如算法8.12所示。第1~4行是结束基本块的初始化，其中第2行将$out(B_i)$置空，第3行计算$in(B_i)$。结束基本块计算一次后不再变化。第5~7行初始化非结束基本块的$in(B_i)$为空集，因为计算一个模块的out集合时，需要使用后继模块的in集合，因此对这个集合的初始化是必须的。

第8~13行的do…while循环，当$in(B_i)$发生变化时迭代计算。第9行的foreach循环对每个非结束基本块B_i进行计算，一般反向流问题按基本块编号反序计算收敛较快。第10行通过后继基本块的入口活跃变量$in(B_j)$，计算当前基本块出口活跃变量$out(B_i)$；第11行则通过当前基本块的出口活跃变量$out(B_i)$、生成的活跃变量$gen(B_i)$、杀死的活跃变量$killed(B_i)$，计算当前基本块的入口活跃变量$in(B_i)$。

算法 8.12 计算活跃变量

输入: 流图，基本块集合为N，以及已经计算得到的$gen(B)$和$killed(B)$，其中结束基本块集合为$exits$

输出: $in(B)$和$out(B)$

```
1  foreach B_i ∈ exits do
2  |   out(B_i) = ∅;
3  |   in(B_i) = gen(B_i) ∪ (out(B_i) − killed(B_i));
4  end
5  foreach B_i ∈ N − exits do
6  |   in(B_i) = ∅;
7  end
8  do
9  |   foreach B_i ∈ N − exits do
10 |   |   out(B_i) = ∪_{B_j ∈ S(B_i)} in(B_j);
11 |   |   in(B_i) = gen(B_i) ∪ (out(B_i) − killed(B_i));
12 |   end
13 while ∃in(B_i) 发生了变化;
```

例题 8.13 活跃变量分析 流图如图8.22(a)所示，其中形参为a和b，求各基本块入口和出口处的活跃变量。

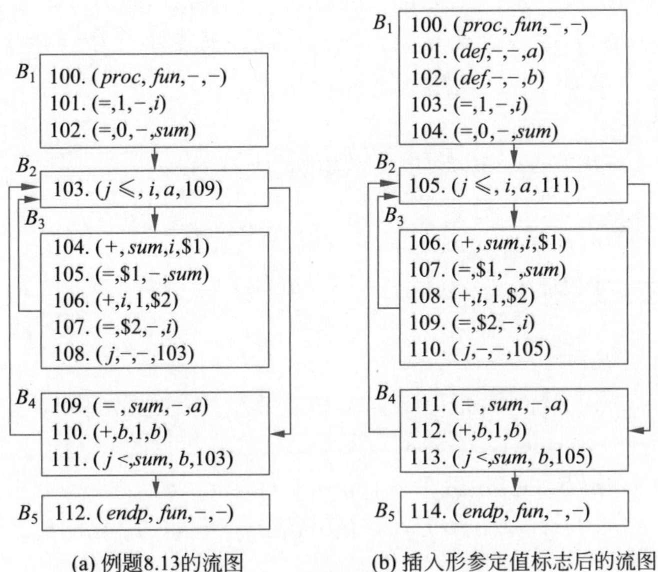

图 8.22 例题 8.13 的流图

解 (1) 插入形参定值标志语句，如图8.22(b) 所示。

(2) B_1 第一个四元式是$(proc, fun, -, -)$，因此是流图入口结点。

B_5 最后一个四元式是$(endp, fun, -, -)$，因此是出口结点。

(3) 求$gen(B)$和$killed(B)$，下述每个基本块最后一个四元式的结果，就是该基本块的最终结果。

- 基本块B_1，初始化$gen(B_1) = \varnothing, killed(B_1) = \varnothing$
  - 四元式104：无引用，定值sum，$gen(B_1) = \varnothing, killed(B_1) = \{sum\}$

   - 四元式103：无引用，定值i，$gen(B_1)=\varnothing, killed(B_1)=\{sum,i\}$
   - 四元式102：无引用，定值b，$gen(B_1)=\varnothing, killed(B_1)=\{sum,i,b\}$
   - 四元式101：无引用，定值a，$gen(B_1)=\varnothing, killed(B_1)=\{sum,i,b,a\}$
   - 四元式100：无定值和引用，$gen(B_1)=\varnothing, killed(B_1)=\{sum,i,b,a\}$
- 基本块B_2，初始化$gen(B_2)=\varnothing, killed(B_2)=\varnothing$
   - 四元式105：引用i,a，无定值，$gen(B_2)=\{i,a\}, killed(B_2)=\varnothing$
- 基本块B_3，初始化$gen(B_3)=\varnothing, killed(B_3)=\varnothing$
   - 四元式110：无引用，无定值，$gen(B_3)=\varnothing, killed(B_3)=\varnothing$
   - 四元式109：引用\$2，定值i，$gen(B_3)=\{\$2\}, killed(B_3)=\{i\}$
   - 四元式108：引用i，定值\$2，$gen(B_3)=\{i\}, killed(B_3)=\{\$2\}$
   - 四元式107：引用\$1，定值sum，$gen(B_3)=\{i,\$1\}, killed(B_3)=\{\$2,sum\}$
   - 四元式106：引用sum,i，定值\$1，$gen(B_3)=\{i,sum\}, killed(B_3)=\{\$2,\$1\}$
- 基本块B_4，初始化$gen(B_4)=\varnothing, killed(B_4)=\varnothing$
   - 四元式113：引用sum,b，无定值，$gen(B_4)=\{sum,b\}, killed(B_4)=\varnothing$
   - 四元式112：先引用b后定值b，$gen(B_4)=\{sum,b\}, killed(B_4)=\varnothing$
   - 四元式111：引用sum，定值a，$gen(B_4)=\{sum,b\}, killed(B_4)=\{a\}$
- 基本块B_5，初始化$gen(B_5)=\varnothing, killed(B_5)=\varnothing$
   - 四元式114：无引用，无定值，$gen(B_5)=\varnothing, killed(B_5)=\varnothing$

(4) 求$in(B)$和$out(B)$，第1轮迭代（对反向流，基本块反序计算收敛较快）。
- 初始化，基本块B_5
   - $out(B_5)=\varnothing$
   - $in(B_5)=gen(B_5)\cup(out(B_5)-killed(B_5))=\varnothing$
- 基本块B_4
   - $out(B_4)=in(B_2)\cup in(B_5)=\varnothing$
   - $in(B_4)=gen(B_4)\cup(out(B_4)-killed(B_4))=\{sum,b\}$
- 基本块B_3
   - $out(B_3)=in(B_2)=\varnothing$
   - $in(B_3)=gen(B_3)\cup(out(B_3)-killed(B_3))=\{i,sum\}$
- 基本块B_2
   - $out(B_2)=in(B_3)\cup in(B_4)=\{sum,b,i\}$
   - $in(B_2)=gen(B_2)\cup(out(B_2)-killed(B_2))=\{i,a,sum,b\}$
- 基本块B_1
   - $out(B_1)=in(B_2)=\{i,a,sum,b\}$
   - $in(B_1)=gen(B_1)\cup(out(B_1)-killed(B_1))=\varnothing$

(5) 第2轮迭代。
- 出口基本块B_5不变
   - $out(B_5)=\varnothing$
   - $in(B_5)=gen(B_5)\cup(out(B_5)-killed(B_5))=\varnothing$
- 基本块B_4
   - $out(B_4)=in(B_2)\cup in(B_5)=\{i,a,sum,b\}$

- $in(B_4) = gen(B_4) \cup (out(B_4) - killed(B_4)) = \{sum, b, i\}$

- 基本块 B_3
  - $out(B_3) = in(B_2) = \{i, a, sum, b\}$
  - $in(B_3) = gen(B_3) \cup (out(B_3) - killed(B_3)) = \{i, sum, a, b\}$
- 基本块 B_2
  - $out(B_2) = in(B_3) \cup in(B_4) = \{sum, b, i, a\}$
  - $in(B_2) = gen(B_2) \cup (out(B_2) - killed(B_2)) = \{i, a, sum, b\}$
- 基本块 B_1
  - $out(B_1) = in(B_2) = \{i, a, sum, b\}$
  - $in(B_1) = gen(B_1) \cup (out(B_1) - killed(B_1)) = \varnothing$

(6) 第 3 轮迭代所有 $in(B_i)$ 都不再变化，即为最终结果。

数据流方程的解不唯一。如例8.13中，如果有一个形参 c 没有增加定值标记，把它加入 $B_1 \sim B_4$ 的 $in(B_i)$ 和 $out(B_i)$ 中，从满足数据流方程的角度看，这个解仍然成立。也就是说，有没有 c 这个变量，它们都是数据流方程的解。c 这样的变量一旦加入一个循环的基本块就无法消除，因为它从未被定值，也就是不在 $killed(B_i)$ 中，因此无法减掉。

因此，就引出了数据流方程解的两种观点。

- **悲观观点**：如果在所有的后继结点中没有看到明显的定值，就认为这些变量是活跃的。
- **乐观观点**：如果在所有的后继结点中没有看到明显的引用，就认为这些变量是不活跃的。

乐观观点是最小有效解，它具有最小可能的 $in(B_i)$ 和 $out(B_i)$，且最小有效解总是存在的。就优化目的而言，最小有效解是合理的，因为活跃变量的值需要保存，而死变量的值可以不保存。因此，当一个变量发现后续会被引用后，才认为它是活跃的。

8.4.2 任意路径前向流分析

任意路径前向流分析

变量未初始化检测是任意路径前向流分析的一个典型应用。如果一个变量未初始化就被引用，其值是不确定的，因此需要检测变量引用前是否已经初始化。

一个变量在任意路径未被初始化，就应该认为这个变量未初始化，因此变量未初始化检测是一个任意路径分析问题。一个变量在基本块入口处初始化或未初始化的信息，结合该基本块的代码，决定其出口处是否被初始化，因此变量未初始化检测适合前向流分析。这里需要注意问题的定义，如果要检测**已初始化**变量，就需要变量在所有路径上初始化，因此问题变成一个全路径分析问题。

本节讨论变量未初始化检测，定义要分析变量的集合如下。

- $in(B)$：基本块 B 入口处未初始化的变量集合。
- $out(B)$：基本块 B 出口处未初始化的变量集合。
- $gen(B)$：在基本块 B 中生成的“未初始化”的变量集合，即变为未初始化的变量集合。

- $killed(B)$：在基本块 B 中被杀死的“未初始化”的变量集合，也就是取消“未初始化”属性的变量集合，或者说是被初始化的变量集合。

对开始结点基本块 $entry$，入口处所有变量都未初始化，因此 $in(entry)$ 为全集，如式 (8.4) 所示，其中 Ω 表示所有变量的全集。这里的全集，指过程中可访问的所有变量，包括登记到符号表的局部变量、临时变量和形参变量。

$$in(entry) = \Omega \tag{8.4}$$

如图8.23所示，一个变量如果在任意路径未被初始化，也就是在任何前驱基本块出口处未被初始化，则在当前基本块入口处未被初始化。如式 (8.5) 所示，基本块 B 入口处未初始化变量集合，等于其前驱模块出口处未初始化变量集合的并集。式 (8.5) 中 $P(B)$ 表示基本块 B 的前驱结点的基本块集合。

$$in(B) = \bigcup_{B_i \in P(B)} out(B_i) \tag{8.5}$$

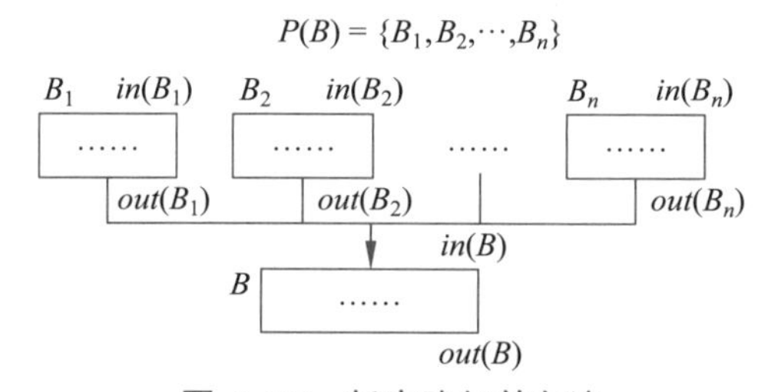

图 8.23 任意路径前向流

当前基本块从入口处计算出口处未初始化变量 $out(B)$ 的方法为：入口处未初始化的变量 $in(B)$，去掉基本块中已初始化的变量 $killed(B)$，加上基本块中取消初始化的变量 $gen(B)$，如式 (8.6) 所示。

$$out(B) = gen(B) \cup (in(B) - killed(B)) \tag{8.6}$$

式 (8.4)、式 (8.5) 和式 (8.6) 构成了任意路径前向流分析的数据流方程。数据流方程求解过程为：首先用全集初始化开始结点的 in 集合 (式 (8.4))，它除去基本块中杀死的变量，加上生成变量，得到该基本块的 out 集合 (式 (8.6))。然后前向传播 ((式8.5))，一直迭代到求出所有集合的未初始化变量。

一般来说，对某变量定值是对该变量的初始化操作；但某些特殊的定值操作属于取消变量的初始化操作，主要包括以下几种情况。

- new 运算符或 malloc 函数申请一个空间，并把指针赋值给某变量，此时指针变量已初始化，但指针指向的内容没有初始化。
- 基于对象的语言生成一个对象，但没提供初始化默认值。
- 对象定值为null，对对象指针来说是已初始化（不再是“野指针”），但对对象来说，是取消了其初始化。
- 释放了变量的空间。

基本块生成和杀死变量，如算法8.13所示。第1~12 行的循环对所有基本块遍历。首先将 gen 和 $killed$ 集合初始化为空集（第2行），然后按从前到后的顺序遍历每个四元式（第3~11 行）。对某个四元式 q_{ij}，如果它取消了左值 $q_{ij}.left$ 的初始化（第4行），则将其加入

gen集合（第5行），并从$killed$集合移除（第6行）；如果它定值了$q_{ij}.left$，并且这个定值操作不是取消初始化的操作（第7行），则从gen集合移除（第8行），并加入$killed$集合（第9行）。

算法 8.13 计算基本块生成和杀死未初始化变量的集合

输入： 流图，基本块集合为$N=\{B_1,B_2,\cdots,B_m\}$，基本块B_i的四元式$q_{i1},q_{i2},\cdots,q_{in_i}$

输出： $gen(B)$和$killed(B)$

```
1  for i = 1 : m do
2      gen(B_i) = ∅, killed(B_i) = ∅;
3      for j = 1 : n_i do
4          if q_ij 取消 q_ij.left 的初始化 then
5              gen(B_i) ∪= {q_ij.left};
6              killed(B_i) −= {q_ij.left};
7          else if q_ij 定值 q_ij.left 且非取消初始化的操作 then
8              gen(B_i) −= {q_ij.left};
9              killed(B_i) ∪= {q_ij.left};
10         end
11     end
12 end
```

计算未初始化变量集合如算法8.14所示。第1、2行为开始结点基本块的初始化，开始基本块计算一次后不再变化。第3~5行初始化非结束基本块的$out(B_i)$为空集，因为计算某个模块in集合时需要使用前驱模块的out集合，对这个集合进行初始化是必须的。后续的do⋯while循环当$out(B_i)$发生变化时迭代计算（第6~11行），foreach循环（第7~10行）根据式(8.5)和式(8.6)，对每个非开始基本块B_i进行前向传播计算。对前向流分析，按基本块编号顺序计算收敛最快。

算法 8.14 计算未初始化变量集合

输入： 流图，基本块集合为N，以及已经计算得到的$gen(B)$和$killed(B)$，其中开始结点基本块为$entry$

输出： $in(B)$和$out(B)$

```
1  in(entry) = Ω;
2  out(entry) = gen(entry) ∪ (in(entry) − killed(entry));
3  foreach B_i ∈ N − {entry} do
4      out(B_i) = ∅;
5  end
6  do
7      foreach B_i ∈ N − {entry} do
8          in(B_i) = ∪_{B_j ∈ P(B_i)} out(B_j);
9          out(B_i) = gen(B_i) ∪ (in(B_i) − killed(B_i));
10     end
11 while ∃out(B_i) 发生了变化;
```

例题 8.14 未初始化变量检测 对流图8.22(b)，求各基本块入口处和出口处的未初始化变量。

解 (1) 求$gen(B)$和$killed(B)$，下述每个基本块最后一个四元式的结果，就是该基本块的最终结果。

- 基本块B_1，初始化$gen(B_1)=\varnothing, killed(B_1)=\varnothing$
  - 四元式100：无定值，$gen(B_1)=\varnothing, killed(B_1)=\varnothing$
  - 四元式101：定值a，$gen(B_1)=\varnothing, killed(B_1)=\{a\}$
  - 四元式102：定值b，$gen(B_1)=\varnothing, killed(B_1)=\{a,b\}$
  - 四元式103：定值i，$gen(B_1)=\varnothing, killed(B_1)=\{a,b,i\}$
  - 四元式104：定值sum，$gen(B_1)=\varnothing, killed(B_1)=\{a,b,i,sum\}$
- 基本块B_2，初始化$gen(B_2)=\varnothing, killed(B_2)=\varnothing$
  - 四元式105：无定值，$gen(B_2)=\varnothing, killed(B_2)=\varnothing$
- 基本块B_3，初始化$gen(B_3)=\varnothing, killed(B_3)=\varnothing$
  - 四元式106：定值\$1，$gen(B_3)=\varnothing, killed(B_3)=\{\$1\}$
  - 四元式107：定值sum，$gen(B_3)=\varnothing, killed(B_3)=\{\$1,sum\}$
  - 四元式108：定值\$2，$gen(B_3)=\varnothing, killed(B_3)=\{\$1,sum,\$2\}$
  - 四元式109：定值i，$gen(B_3)=\varnothing, killed(B_3)=\{\$1,sum,\$2,i\}$
  - 四元式110：无定值，$gen(B_3)=\varnothing, killed(B_3)=\{\$1,sum,\$2,i\}$
- 基本块B_4，初始化$gen(B_4)=\varnothing, killed(B_4)=\varnothing$
  - 四元式111：定值a，$gen(B_4)=\varnothing, killed(B_4)=\{a\}$
  - 四元式112：定值b，$gen(B_4)=\varnothing, killed(B_4)=\{a,b\}$
  - 四元式113：无定值，$gen(B_4)=\varnothing, killed(B_4)=\{a,b\}$
- 基本块B_5，初始化$gen(B_5)=\varnothing, killed(B_5)=\varnothing$
  - 四元式114：无定值，$gen(B_5)=\varnothing, killed(B_5)=\varnothing$

(2) 求$in(B)$和$out(B)$，第1轮迭代。

- 基本块B_1是开始结点，初始化
  - $in(B_1)=\{i,sum,\$1,\$2,a,b\}$
  - $out(B_1)=gen(B_1)\cup(in(B_1)-killed(B_1))=\{\$1,\$2\}$
- 基本块B_2
  - $in(B_2)=out(B_1)\cup out(B_3)\cup out(B_4)=\{\$1,\$2\}$
  - $out(B_2)=gen(B_2)\cup(in(B_2)-killed(B_2))=\{\$1,\$2\}$
- 基本块B_3
  - $in(B_3)=out(B_2)=\{\$1,\$2\}$
  - $out(B_3)=gen(B_3)\cup(in(B_3)-killed(B_3))=\varnothing$
- 基本块B_4
  - $in(B_4)=out(B_2)=\{\$1,\$2\}$
  - $out(B_4)=gen(B_4)\cup(in(B_4)-killed(B_4))=\{\$1,\$2\}$
- 基本块B_5
  - $in(B_5)=out(B_4)=\{\$1,\$2\}$
  - $out(B_5)=gen(B_5)\cup(in(B_5)-killed(B_5))=\{\$1,\$2\}$

(3) 第2轮迭代，所有$out(B_i)$都不再变化，即为最终结果。

未初始化变量检测得到的是基本块入口处和出口处的未初始化变量，具体到对某个变量是否初始化的判断，还需要从该基本块入口处开始查找变量定值语句，确定到引用处是否初始化。

以例题8.14的基本块B_1为例，考查in集合和out集合的意义。$in(B_1)=\{i,sum,\$1,\$2,a,b\}$，变量$i$、$sum$、$a$、$b$，在$B_1$中被定值，因此在基本块$B_1$出口处已被初始化，不属于$out(B_1)$集合；变量\$1和\$2，在B_1中既未被定值也未被引用，出基本块时仍然未初始化，因此属于$out(B_1)$集合。

再考虑基本块B_3，$in(B_3)=\{\$1,\$2\}$。对入口处未初始化的变量\$1，在四元式104处被初始化，所以在四元式105处引用是合法的。变量\$2类似，在四元式106处被初始化，在四元式107处再被引用，这是合法的。对不在集合$in(B_3)$中的变量，遇到对这些变量引用时，需要判断本基本块前面语句没有取消对该变量的初始化，才能确定对它的引用是安全的。

8.4.3 全路径前向流分析

全路径前向流分析

8.3节局部优化中，介绍了使用DAG删除基本块内的公共子表达式。同样地，我们也希望能删除全局公共子表达式。

基本块中遇到相同表达式就可以判定为公共子表达式，但从全局角度看，这个方法是失效的。比如图8.23中，假设基本块B_1有四元式(θ,x,y,z_1)，B中有四元式(θ,x,y,z_2)，公共子表达式为$x\theta y$。此时基本块B中$x\theta y$的计算，并不能复用B_1中的计算结果，因为进入B的路径还有可能是B_2、B_3、…、B_n，它们可能并没有计算$x\theta y$。所以，只要有一个路径不存在$x\theta y$这个表达式，那么B中就不能消除这个重复计算。基于这样的原因，下面提出表达式可用性的概念。

定义 8.10 (可用表达式)

如果在点p上，$x\theta y$已经在之前被计算过，不需要再重新计算，就称这个表达式在该点是可用的（Available）。♣

确定表达式的可用性，是一个全路径前向数据流问题，即需要在所有路径上都满足可用性要求。该任务负责检测基本块出、入口处的可用表达式，为后续全局公共子表达式删除提供基础。

定义要分析的表达式集合如下。

- $in(B)$：基本块B入口处可用的表达式集合。
- $out(B)$：基本块B出口处可用的表达式集合。
- $gen(B)$：在基本块B中被计算的表达式集合。
- $killed(B)$：在基本块B中因相关变量定值导致不可用的表达式集合。

遍历基本块的四元式，遇到(θ,x,y,z)的四元式，那么表达式$x\theta y$就变得可用。对于单目和双目运算表达式，分别用θx和$x\theta y$的形式记录。对于单纯的赋值运算$(=,x,-,z)$，不看作是表达式。

杀死表达式可用性的情况，如在四元式(θ,x,y,z_1)后，又遇到x或y的定值，那么后面再遇到(θ,x,y,z_2)，z_1和z_2的值显然是不一样的，因此引用变量的定值会杀死表达式可用性。

如果在q点遇到变量x的定值，它应该杀死$in(B)$向$out(B)$传递的一切引用x的表达式，包括基本块入口到q点之间引用x的可用表达式，以及$in(B)$中从其他基本块传递的可用表达式。但q点只能确定被定值变量x，为确定杀死的表达式，需要构造一个包含程序所有表达式的全集，遇到x的定值，就将全集中引用x的表达式都加入$killed$集合。后面再遇到引用x的表达式时，将其从$killed$集合删除，这样就保证了q点后引用x的表达式是可用的。

计算表达式全集Ω如算法8.15所示。第2行将Ω置空，然后遍历每个基本块（第3行）的每个四元式（第4行），遇到形如(θ,x,y,z)的四元式，就将表达式(θ,x,y)加入Ω（第5行）。这里包括y为空，也就是一元表达式的情形，后续不再特别说明。

算法 8.15 计算表达式全集

输入: 基本块集合为$N=\{B_1,B_2,\cdots,B_m\}$，基本块B_i的四元式$q_{i1},q_{i2},\cdots,q_{in_i}$

输出: 表达式全集Ω

```
1 function getAllExprs(N):
2 |  Ω = ∅;
3 |  for i = 1 : m do
4 |  |  for j = 1 : n_i do
5 |  |  |  if q_ij 形如(θ, x, y, z) then  Ω ∪= (θ, x, y) ;
6 |  |  end
7 |  end
8 |  return Ω;
9 end getAllExprs
```

对入口结点基本块$entry$，入口处没有可用表达式，因此$in(entry)$为空集，如式(8.7)所示。

$$in(entry)=\varnothing \tag{8.7}$$

如图8.23所示，一个表达式只有在所有路径可用，也就是在任何前驱基本块出口处可用，才在当前基本块入口处可用，如式(8.8)所示。

$$in(B)=\bigcap_{B_i\in P(B)} out(B_i) \tag{8.8}$$

当前基本块从入口处计算出口处可用表达式$out(B)$的方法为：入口处可用表达式$in(B)$，去掉基本块中变得不可用的表达式$killed(B)$，加上基本块中变得可用的表达式$gen(B)$，如式(8.9)所示。

$$out(B)=gen(B)\cup(in(B)-killed(B)) \tag{8.9}$$

式(8.7)、式(8.8)和式(8.9)构成了全路径前向流分析的数据流方程。数据流方程求解过程为：首先用空集初始化开始结点的in集合(式(8.7))，它除去基本块中杀死的表达式，加上生成的表达式，得到该基本块的out集合(式(8.9))。然后前向传播(式(8.8))，一直迭代到求出所有集合的可用表达式。

对于表达式的描述，复用四元式的数据结构，但第4个区段不再使用。如四元式$q.(\theta,x,$

y,z)，其表达式 $x\theta y$ 可以使用 (θ,x,y) 表示。3 个区段依次使用 $oprt$、$opnd1$ 和 $opnd2$ 表示，即三元组记作 $(oprt, opnd1, opnd2)$。单目运算的 $opnd2$ 为空。

基本块生成和杀死可用表达式，如算法8.16所示。第 1 行调用算法8.15计算表达式全集。第 2~19 行遍历所有基本块，每个基本块开始时，初始化 gen 和 $killed$ 集合为空集（第 3 行）。

算法 8.16 计算基本块生成和杀死可用表达式的集合

输入： 流图，基本块集合为 $N=\{B_1,B_2,\cdots,B_m\}$，基本块 B_i 的四元式 $q_{i1},q_{i2},\cdots,q_{in_i}$

输出： $gen(B)$、$killed(B)$、基本块的表达式全集 Ω

```
1  Ω =getAllExprs(N);
2  for i = 1 : m do
3  |   gen(Bi) = ∅, killed(Bi) = ∅;
4  |   for j = 1 : ni do
5  |   |   if qij 不是形如 (θ, x, y, z) then continue;
6  |   |   gen(Bi) ∪= {(θ, x, y)};
7  |   |   killed(Bi) −= {(θ, x, y)};
8  |   |   foreach expr ∈ gen(Bi) do
9  |   |   |   if expr.opnd1 = z ∨ expr.opnd2 = z then
10 |   |   |   |   gen(Bi) −= {expr};
11 |   |   |   end
12 |   |   end
13 |   |   foreach expr ∈ Ω do
14 |   |   |   if expr.opnd1 = z ∨ expr.opnd2 = z then
15 |   |   |   |   killed(Bi) ∪= {expr};
16 |   |   |   end
17 |   |   end
18 |   end
19 end
```

第 4~18 行遍历该基本块的所有四元式，对不是形如 (θ,x,y,z) 的四元式，略过不做处理（第 5 行）。第 6 行将该四元式代表的表达式加入 gen 集合，第 7 行将该表达式从 $killed$ 集合中删除。

由于四元式 q_{ij} 对 z 定值，所以所有引用 z 的表达式，其值发生了改变，都不再有效。第 8~12 行将 gen 集合中引用了 z 的表达式，从该集合中删除。同样原因，所有引用了 z 的表达式，已经杀死了可用性，第 13~17 行将全集 Ω_{B_i} 集合中引用了 z 的表达式，都加入 $killed$ 集合。

注意，第 6 行和第 8~12 行不能交换。如遇到四元式 $q.(\theta,x,y,x)$，先根据第 6 行将 (θ,x,y) 加入 $gen(B)$，再根据第 8~12 行将其从 gen 集合移除，相当于没有加入。这是因为四元式 (θ,x,y,x) 虽然计算了 $x\theta y$ 的值，但紧接着修改了 x 的值，使得表达式 $x\theta y$ 失效。基于同样的原因，表达式 (θ,x,y) 应保存在 $killed$ 集合中，因此第 7 行和第 13~17 行也不能交换。

计算可用表达式如算法8.17所示。第 1、2 行为入口结点基本块的初始化，入口基本块计算一次后不再变化。第 3~5 行初始化非入口基本块的 $out(B_i)$ 为整个程序的表达式全集。第 6~11 行的 do⋯while 循环当 $out(B_i)$ 发生变化时迭代计算，第 7~10 行的 foreach 循环对每个非入口基本块 B_i 进行前向传播计算。

算法 8.17 计算可用表达式集合

输入： 流图，基本块集合为 N，以及已经计算得到的 $gen(B)$、$killed(B)$ 和全集 Ω，其中入口结点基本块为 $entry$

输出： $in(B)$ 和 $out(B)$

```
1  in(entry) = ∅;
2  out(entry) = gen(entry) ∪ (in(entry) − killed(entry));
3  foreach B_i ∈ N − {entry} do
4  |  out(B_i) = Ω;
5  end
6  do
7  |  foreach B_i ∈ N − {entry} do
8  |  |  in(B_i) = ∩_{B_j∈P(B_i)} out(B_j);
9  |  |  out(B_i) = gen(B_i) ∪ (in(B_i) − killed(B_i));
10 |  end
11 while ∃out(B_i) 发生了变化;
```

该算法第4行把 $out(B_i)$ 初始化为全集 Ω，之所以初始化为全集而不是空集，可以参考图8.24，其中 B_2 的前驱基本块包括 B_1 和 B_2 自身。如果 $out(B_i)$ 初始化为空集，则与任何集合的交集均为空集。如计算得到 $out(B_1) \neq \varnothing$，而因为初始化 $out(B_2) = \varnothing$，那么 $in(B_2) = out(B_1) \cap out(B_2) = \varnothing$。也就是本来应该在 B_2 入口处可用的表达式，因为求交集被屏蔽掉，这显然不合理。而初始化为全集，即 $out(B_2) = \Omega$，则 $in(B_2) = out(B_1) \cap out(B_2) = out(B_1)$，会保留 B_1 中的可用表达式，这是合理的操作。

例题 8.15 可用表达式 对流图8.25，求各基本块入口和出口处的可用表达式（本例暂不标记形参定值）。

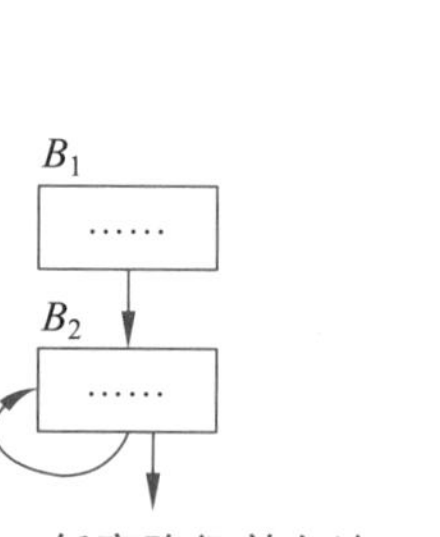

图 8.24 任意路径前向流

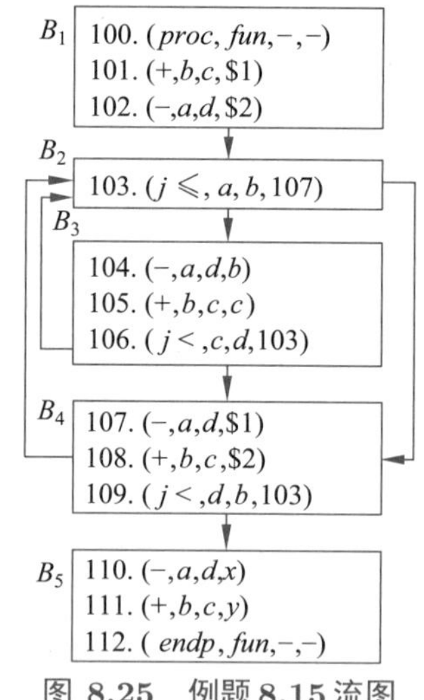

图 8.25 例题 8.15 流图

解 (1) 求全集：$\Omega = \{(+, b, c), (-, a, d)\}$。

(2) 求 $gen(B)$ 和 $killed(B)$，下述每个基本块最后一个四元式的结果，就是该基本块的最终结果。

- 基本块 B_1，初始化 $gen(B_1) = \varnothing, killed(B_1) = \varnothing$
  - 四元式100：$gen(B_1) = \varnothing, killed(B_1) = \varnothing\}$。

- 四元式101：$gen(B_1)=\{(+,b,c)\},killed(B_1)=\varnothing$。
- 四元式102：$gen(B_1)=\{(+,b,c),(-,a,d)\},killed(B_1)=\varnothing$。

• 基本块B_2，初始化$gen(B_2)=\varnothing,killed(B_2)=\varnothing$
  - 四元式103：$gen(B_2)=\varnothing,killed(B_2)=\varnothing$。

• 基本块B_3，初始化$gen(B_3)=\varnothing,killed(B_3)=\varnothing$
  - 四元式104：$gen(B_3)=\{(-,a,d)\},killed(B_3)=\{(+,b,c)\}$。
  - 四元式105：$gen(B_3)=\{(-,a,d)\},killed(B_3)=\{(+,b,c)\}$。
  - 四元式106：$gen(B_3)=\{(-,a,d)\},killed(B_3)=\{(+,b,c)\}$。

• 基本块B_4，初始化$gen(B_4)=\varnothing,killed(B_4)=\varnothing$
  - 四元式107：$gen(B_4)=\{(-,a,d)\},killed(B_4)=\varnothing$。
  - 四元式108：$gen(B_4)=\{(-,a,d),(+,b,c)\},killed(B_4)=\varnothing$。
  - 四元式109：$gen(B_4)=\{(-,a,d),(+,b,c)\},killed(B_4)=\varnothing$。

• 基本块B_5，初始化$gen(B_5)=\varnothing,killed(B_5)=\varnothing$
  - 四元式110：$gen(B_5)=\{(-,a,d)\},killed(B_5)=\varnothing$。
  - 四元式111：$gen(B_5)=\{(-,a,d),(+,b,c)\},killed(B_5)=\varnothing$。
  - 四元式112：$gen(B_5)=\{(-,a,d),(+,b,c)\},killed(B_5)=\varnothing$。

(3) 求$in(B)$和$out(B)$，第1轮迭代。

• 基本块B_1为入口基本块，初始化
  - $in(B_1)=\varnothing$。
  - $out(B_1)=gen(B_1)\cup(in(B_1)-killed(B_1))=\{(+,b,c),(-,a,d)\}$。

• 基本块B_2
  - $in(B_2)=out(B_1)\cap out(B_3)\cap out(B_4)=\{(+,b,c),(-,a,d)\}$。
  - $out(B_2)=gen(B_2)\cup(in(B_2)-killed(B_2))=\{(+,b,c),(-,a,d)\}$。

• 基本块B_3
  - $in(B_3)=out(B_2)=\{(+,b,c),(-,a,d)\}$。
  - $out(B_3)=gen(B_3)\cup(in(B_3)-killed(B_3))=\{(-,a,d)\}$。

• 基本块B_4
  - $in(B_4)=out(B_2)\cap out(B_3)=\{(-,a,d)\}$。
  - $out(B_4)=gen(B_4)\cup(in(B_4)-killed(B_4))=\{(-,a,d),(+,b,c)\}$。

• 基本块B_5
  - $in(B_5)=out(B_4)=\{(-,a,d),(+,b,c)\}$。
  - $out(B_5)=gen(B_5)\cup(in(B_5)-killed(B_5))=\{(-,a,d),(+,b,c)\}$。

(4) 第2轮迭代。

• 基本块B_1不变
  - $in(B_1)=\varnothing$。
  - $out(B_1)=\{(+,b,c),(-,a,d)\}$。

• 基本块B_2
  - $in(B_2)=out(B_1)\cap out(B_3)\cap out(B_4)=\{(-,a,d)\}$。
  - $out(B_2)=gen(B_2)\cup(in(B_2)-killed(B_2))=\{(-,a,d)\}$。

• 基本块B_3

- $in(B_3) = out(B_2) = \{(-, a, d)\}$。
- $out(B_3) = gen(B_3) \cup (in(B_3) - killed(B_3)) = \{(-, a, d)\}$。

• 基本块 B_4
- $in(B_4) = out(B_2) \cap out(B_3) = \{(-, a, d)\}$。
- $out(B_4) = gen(B_4) \cup (in(B_4) - killed(B_4)) = \{(+, b, c), (-, a, d)\}$。

• 基本块 B_5
- $in(B_5) = out(B_4) = \{(+, b, c), (-, a, d)\}$。
- $out(B_5) = gen(B_5) \cup (in(B_5) - killed(B_5)) = \{(+, b, c), (-, a, d)\}$。

(5) 第 3 轮迭代，所有 $out(B_i)$ 都不再变化，因此第 2 轮迭代就是最终结果。

8.4.4 全路径反向流分析

全路径反向流分析

8.4.3 节介绍的可用表达式，是确定一个表达式是否已经在前面计算过。另一个相对的问题是，确定后续路径是否都要使用这个表达式，这就是非常忙表达式。

定义 8.11 (非常忙表达式)

如果表达式被杀死之前，所有路径上都要引用这个表达式的值，则称该表达式是非常忙的（Very Busy）。♣

非常忙表达式有如下作用。

- 寄存器分配的主要候选，因为它的值是必须要引用的。
- 指导循环的代码外提，如果循环不变运算是非常忙的，则可以把它提到循环外。

确定非常忙表达式是一个全路径反向流问题，定义要分析的表达式集合如下。

- $in(B)$：基本块 B 入口处的非常忙表达式集合。
- $out(B)$：基本块 B 出口处的非常忙表达式集合。
- $gen(B)$：在基本块 B 中被杀死前引用的表达式集合。
- $killed(B)$：在基本块 B 中被引用前杀死的表达式集合。

生成表达式与可用表达式计算类似，但反序遍历基本块的四元式。遇到 (θ, x, y, z)，生成形如 $x\theta y$ 的表达式，杀死某个操作数为 z 的表达式。设置一个包含程序所有表达式的全集，遇到 z 的定值，就把全集中引用 z 的表达式都加入 $killed$ 集合；再遇到 z 的引用时，会把这个表达式从 $killed$ 集合移除。

对出口结点基本块 $exits$，出口处没有非常忙表达式，因此 out 集合为空集，如式 (8.10) 所示。

$$\forall B \in exits \Rightarrow out(B) = \varnothing \tag{8.10}$$

一个表达式只有在所有路径非常忙，也就是在任何后继基本块入口处非常忙，才在当前基本块出口处非常忙，如式 (8.11) 所示。

$$out(B) = \bigcap_{B_i \in S(B)} in(B_i) \tag{8.11}$$

当前基本块从出口处计算入口处非常忙表达式 $out(B)$ 的方法为：出口处非常忙表达式 $out(B)$，去掉基本块中变得不非常忙的表达式 $killed(B)$，加上基本块中变得非常忙的表达式 $gen(B)$，如式 (8.12) 所示。

$$in(B) = gen(B) \cup (out(B) - killed(B)) \tag{8.12}$$

基本块生成和杀死非常忙表达式，如算法8.18所示。第1行调用算法8.15生成表达式全集 Ω。第2~15行计算 gen 和 $killed$。对每个基本块（第2行），先将 gen 和 $killed$ 置空（第3行），然后反序对基本块的每个四元式计算（第4行）。如果四元式不是表达式形式，就略过（第5行）。对四元式 (θ, x, y, z)，将表达式 (θ, x, y) 加入 gen（第6行），并从 $killed$ 移除（第7行）。第8~10行将 gen 中引用 z 的表达式移除，第11~13行将全集中引用 z 的表达式加入 $killed$。

算法 8.18 计算基本块生成和杀死非常忙表达式的集合

输入： 流图，基本块集合为 $N = \{B_1, B_2, \cdots, B_m\}$，基本块 B_i 的四元式 $q_{i1}, q_{i2}, \cdots, q_{in_i}$

输出： $gen(B)$ 和 $killed(B)$

```
1  Ω =getAllExprs(N);
2  for i = 1 : m do
3  |  gen(B_i) = ∅, killed(B_i) = ∅;
4  |  for j = n_i : −1 : 1 do
5  |  |  if q_ij 不是形如 (θ, x, y, z) 的四元式 then  continue ;
6  |  |  gen(B_i) ∪ = {(θ, x, y)};
7  |  |  killed(B_i) − = {(θ, x, y)};
8  |  |  foreach expr ∈ gen(B_i) do
9  |  |  |  if expr.opnd1 = z ∨ expr.opnd2 = z then  gen(B_i) − = {expr} ;
10 |  |  end
11 |  |  foreach expr ∈ Ω do
12 |  |  |  if expr.opnd1 = z ∨ expr.opnd2 = z then  killed(B_i) ∪ = {expr} ;
13 |  |  end
14 |  end
15 end
```

计算非常忙表达式如算法8.19所示。这个算法与计算可用表达式算法8.17非常类似，只是计算公式发生了变化。

算法 8.19 计算非常忙表达式集合

输入： 流图，基本块集合为 N，以及已经计算得到的 $gen(B)$、$killed(B)$ 和 Ω，其中出口结点基本块为 $exits$

输出： $in(B)$ 和 $out(B)$

```
1 foreach B_i ∈ exits do
2 |  out(B_i) = ∅;
3 |  in(B_i) = gen(B_i) ∪ (out(B_i) − killed(B_i));
4 end
5 foreach B_i ∈ N − exits do
6 |  in(B_i) = Ω;
7 end
```

算法 8.19 续

```
8  do
9      foreach B_i ∈ N − exits do
10         out(B_i) = ∩_{B_j∈S(B_i)} in(B_j);
11         in(B_i) = gen(B_i) ∪ (out(B_i) − killed(B_i));
12     end
13 while ∃in(B_i) 发生了变化;
```

例题 8.16 非常忙表达式 对流图8.25，求各基本块入口处和出口处的非常忙表达式（本例暂不标记形参定值）。

解 (1) 求全集：$\Omega = \{(+,b,c),(-,a,d)\}$。

(2) 求 $gen(B)$ 和 $killed(B)$，下述每个基本块最后一个四元式的结果，就是该基本块的最终结果。

- 基本块 B_1，初始化 $gen(B_1) = \varnothing, killed(B_1) = \varnothing$
  - 四元式 102：$gen(B_1) = \{(-,a,d)\}, killed(B_1) = \varnothing$。
  - 四元式 101：$gen(B_1) = \{(+,b,c),(-,a,d)\}, killed(B_1) = \varnothing$。
  - 四元式 100：$gen(B_1) = \{(+,b,c),(-,a,d)\}, killed(B_1) = \varnothing$。
- 基本块 B_2，初始化 $gen(B_2) = \varnothing, killed(B_2) = \varnothing$
  - 四元式 103：$gen(B_2) = \varnothing, killed(B_2) = \varnothing$。
- 基本块 B_3，初始化 $gen(B_3) = \varnothing, killed(B_3) = \varnothing$
  - 四元式 106：$gen(B_3) = \varnothing, killed(B_3) = \varnothing$。
  - 四元式 105：$gen(B_3) = \varnothing, killed(B_3) = \{(+,b,c)\}$。
  - 四元式 104：$gen(B_3) = \{(-,a,d)\}, killed(B_3) = \{(+,b,c)\}$。
- 基本块 B_4，初始化 $gen(B_4) = \varnothing, killed(B_4) = \varnothing$
  - 四元式 109：$gen(B_4) = \varnothing, killed(B_4) = \varnothing$。
  - 四元式 108：$gen(B_4) = \{(+,b,c)\}, killed(B_4) = \varnothing$。
  - 四元式 107：$gen(B_4) = \{(+,b,c),(-,a,d)\}, killed(B_4) = \varnothing$。
- 基本块 B_5，初始化 $gen(B_5) = \varnothing, killed(B_5) = \varnothing$
  - 四元式 112：$gen(B_5) = \varnothing, killed(B_5) = \varnothing$。
  - 四元式 111：$gen(B_5) = \{(+,b,c)\}, killed(B_5) = \varnothing$。
  - 四元式 110：$gen(B_5) = \{(+,b,c),(-,a,d)\}, killed(B_5) = \varnothing$。

(3) 求 $in(B)$ 和 $out(B)$，第 1 轮迭代。

- 基本块 B_5 为出口基本块，初始化
  - $out(B_5) = \varnothing$。
  - $in(B_5) = gen(B_5) \cup (out(B_5) - killed(B_5)) = \{(-,a,d),(+,b,c)\}$。
- 基本块 B_4
  - $out(B_4) = in(B_2) \cap in(B_5) = \{(-,a,d),(+,b,c)\}$。
  - $in(B_4) = gen(B_4) \cup (out(B_4) - killed(B_4)) = \{(-,a,d),(+,b,c)\}$。
- 基本块 B_3
  - $out(B_3) = in(B_2) \cap in(B_4) = \{(-,a,d),(+,b,c)\}$

- $in(B_3) = gen(B_3) \cup (out(B_3) - killed(B_3)) = \{(-, a, d)\}$
- 基本块 B_2
  - $out(B_2) = in(B_3) \cap in(B_4) = \{(-, a, d)\}$。
  - $in(B_2) = gen(B_2) \cup (out(B_2) - killed(B_2)) = \{(-, a, d)\}$。
- 基本块 B_1
  - $out(B_1) = in(B_2) = \{(-, a, d)\}$。
  - $in(B_1) = gen(B_1) \cup (out(B_1) - killed(B_1)) = \{(+, b, c), (-, a, d)\}$。

(4) 求 $in(B)$ 和 $out(B)$，第 2 轮迭代。

- 基本块 B_5 为出口基本块，不变
  - $out(B_5) = \varnothing$。
  - $in(B_5) = \{(-, a, d), (+, b, c)\}$。
- 基本块 B_4
  - $out(B_4) = in(B_2) \cap in(B_5) = \{(-, a, d)\}$。
  - $in(B_4) = gen(B_4) \cup (out(B_4) - killed(B_4)) = \{(-, a, d), (+, b, c)\}$。
- 基本块 B_3
  - $out(B_3) = in(B_2) \cap in(B_4) = \{(-, a, d)\}$。
  - $in(B_3) = gen(B_3) \cup (out(B_3) - killed(B_3)) = \{(-, a, d)\}$。
- 基本块 B_2
  - $out(B_2) = in(B_3) \cap in(B_4) = \{(-, a, d)\}$。
  - $in(B_2) = gen(B_2) \cup (out(B_2) - killed(B_2)) = \{(-, a, d)\}$。
- 基本块 B_1
  - $out(B_1) = in(B_2) = \{(-, a, d)\}$。
  - $in(B_1) = gen(B_1) \cup (out(B_1) - killed(B_1)) = \{(+, b, c), (-, a, d)\}$。

(5) 第 3 轮迭代，所有 $in(B_i)$ 都不再变化，即为最终结果。

8.4.5 数据流问题的分类

数据流问题总结如表8.2所示。

表 8.2 数据流问题总结

路径	前向流	反向流
任意路径	初始化 $in(entry)$ $out(B) = gen(B) \bigcup (in(B) - killed(B))$ $in(B) = \bigcup_{B_i \in P(B)} out(B_i)$	初始化 $out(exits)$ $in(B) = gen(B) \bigcup (out(B) - killed(B))$ $out(B) = \bigcup_{B_i \in S(B)} in(B_i)$
全路径	初始化 $in(entry)$ $out(B) = gen(B) \bigcup (in(B) - killed(B))$ $in(B) = \bigcap_{B_i \in P(B)} out(B_i)$	初始化 $out(exits)$ $in(B) = gen(B) \bigcup (out(B) - killed(B))$ $out(B) = \bigcap_{B_i \in S(B)} in(B_i)$

数据流分析是一套方法论，根据路径和流向共4种组合。在任意路径问题中，要计算前驱或后继集合的并集；在全路径问题中，要计算前驱或后继集合的交集。在前向流问题中，用基本块的 in 集合求当前基本块的 out 集合，用 out 集合求后继基本块的 in 集合；在

反向流问题中，用基本块的 out 集合求当前基本块的 in 集合，用 in 集合求前驱基本块的 out 集合。

最后，作为初始化的条件，前向流问题初始化开始结点的 in 集合，反向流问题初始化结束结点的 out 集合。通常，这些集合初始化为空集或全集，由具体问题确定。

8.4.6 到达定值分析

定义 8.12 (到达定值)

设 q 是程序中变量 x 的定值点，对程序中的点 p，如果流图中有一条从 q 到 p 的通路，且此通路上不再有 x 的其他定值点，那么称 x 在点 q 的定值可以到达点 p，这些定值点也称为到达定值（Reaching Definition）点。♣

直观地讲，如果 p 点引用了变量 x，一条能到达 p 的路径上可能有多个 x 的定值点（当然也可能没有）。这条路径上在 p 点前且最接近点 p 的那个定值点，就是 x 在该路径上的到达定值点。同时，到达点 p 的路径可能有多条，每条路径上都可能有（也可能没有）x 的定值，每条路径上的到达定值点组成的集合，就构成引用-定值链。

定义 8.13 (引用-定值链)

如果程序中在 p 点引用了变量 x，则流图中所有能到达 p 的 x 的定值点组成的集合，称为 x 在引用点 p 的引用-定值链（Use-Definition Chains），简称 UD 链。♣

引用-定值链主要有如下用途。

- **循环不变运算的检测**：循环中的某个四元式 (θ, x, y, z)，如果 x 和 y 所有定值都在循环外面（或为常数），那么 $x\theta y$ 就是循环不变运算，可以提到循环外面。
- **常量合并**：如果对变量 x 的引用只有一个定值可以到达，并且该定值把一个常量赋给 x，那么可以把 x 替换为该常量。
- **变量未初始化检测**：判定变量 x 在 p 点上是否未经定值就被引用，与任意路径前向流分析中介绍的变量未初始化检测作用相同。

本节先考虑到达定值分析。到达定值分析中的定值点，显然是指一条四元式，因此定值点用四元式编号表示。到达定值分析只考虑哪些定值语句可以到达某个基本块，至于更精确的信息，到引用-定值链计算再讨论。定义如下定值点集合。

- $in(B)$：基本块 B 入口处的到达定值点集合。
- $out(B)$：基本块 B 出口处的到达定值点集合。
- $gen(B)$：在基本块 B 中被定值，且能到达 B 出口处的所有定值点集合。
- $killed(B)$：在基本块 B 外或 B 内被定值，在基本块 B 中又被重新定值，导致前面的定值被杀死，$killed(B)$ 是这些被杀死的定值点集合。

到达定值分析显然是一个任意路径前向流分析问题，其初始条件如式 (8.13) 所示，另外两个数据流方程使用式 (8.5) 和式 (8.6)。

$$in(entry) = \varnothing \tag{8.13}$$

计算基本块生成和杀死到达定值集合，如算法8.20所示。第1~6行计算了定值语句的全集。首先将全集 Ω 置空，然后对每个基本块（第2行）中的每个四元式（第3行）进行判断，如果是定值语句形式，就加入全集Ω（第4行）。

算法 8.20 计算基本块生成和杀死到达定值集合

输入： 流图，基本块集合为$N=\{B_1,B_2,\cdots,B_m\}$，基本块B_i的四元式 $q_{i1},q_{i2},\cdots,q_{in_i}$

输出： $gen(B)$和$killed(B)$

```
1  Ω = ∅;
2  for i = 1 : m do
3  |  for j = 1 : n_i do
4  |  |  if q_ij 形如(θ, x, y, z) then  Ω ∪= {q_ij} ;
5  |  end
6  end
7  for i = 1 : m do
8  |  gen(B_i) = ∅, killed(B_i) = ∅;
9  |  for j = 1 : n_i do
10 |  |  if q_ij 不是形如(θ, x, y, z)的四元式 then  continue ;
11 |  |  foreach q ∈ gen(B_i) do
12 |  |  |  if q.left = q_ij.left then  gen(B_i) −= {q} ;
13 |  |  end
14 |  |  gen(B_i) ∪= {q_ij};
15 |  |  killed(B_i) −= {q_ij};
16 |  |  foreach q ∈ Ω do
17 |  |  |  if q.left = q_ij.left ∧ q ≠ q_ij then  killed(B_i) ∪= {q} ;
18 |  |  end
19 |  end
20 end
```

第7~20行求gen和$killed$集合。对每个基本块（第7行），首先初始化gen和$killed$集合为空集（第8行）。对基本块中的每个四元式（第9行），如果不是定值形式就略过（第10行）。如果是定值形式(θ,x,y,z)，先遍历$gen(B_i)$中的四元式（第11行），如果是对$q_{ij}.left$的定值，就从$gen(B_i)$中移除（第12行），然后把当前这个定值四元式加入$gen(B_i)$（第14行）。对$killed$集合，先把当前四元式从$killed$集合移除（第15行），再把全集中对$q_{ij}.left$定值，且不是当前四元式q_{ij}的四元式加入$killed$集合（第16~18行）。

计算到达定值集合如算法8.21所示，该算法与算法8.14相比，只是第1行初始化条件不同，其他部分都完全相同。

算法 8.21 计算到达定值集合

输入： 流图，基本块集合为N，以及已经计算得到的$gen(B)$和$killed(B)$，其中开始结点基本块为$entry$

输出： $in(B)$和$out(B)$

```
1  in(entry) = ∅;
2  out(entry) = gen(entry) ∪ (in(entry) − killed(entry));
3  foreach B_i ∈ N − {entry} do
4  |  out(B_i) = ∅;
5  end
```

算法 8.21 续

```
6  do
7  |  foreach B_i ∈ N − {entry} do
8  |  |  in(B_i) = ∪_{B_j∈P(B_i)} out(B_j);
9  |  |  out(B_i) = gen(B_i) ∪ (in(B_i) − killed(B_i));
10 |  end
11 while ∃out(B_i) 发生了变化;
```

例题 8.17 到达定值分析 流图如图8.26(a)所示，m 和 n 为形参，求各基本块入口处和出口处的到达定值集合。

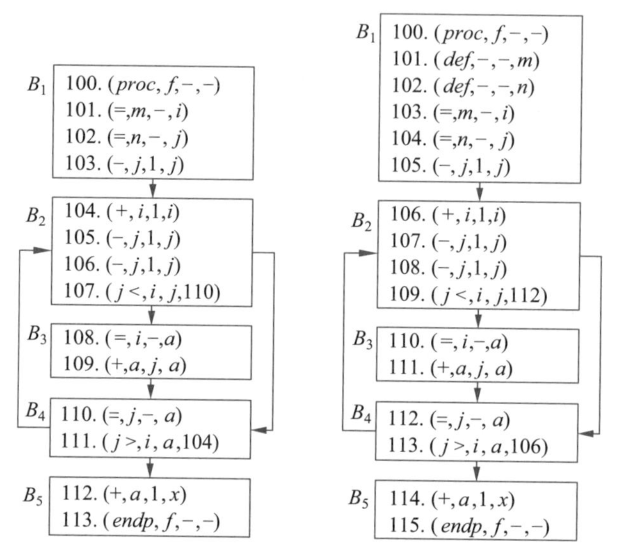

(a) 例题8.17的流图 (b) 插入形参定值标志语句后的流图

图 8.26 例题 8.17 的流图

解 (1) 插入形参定值标志语句，如图8.26(b)所示。

(2) 求全集：$\Omega = \{101, 102, 103, 104, 105, 106, 107, 108, 110, 111, 112, 114\}$。

(3) 求 $gen(B)$ 和 $killed(B)$，下述每个基本块最后一个四元式的结果，就是该基本块的最终结果。

- 基本块 B_1，初始化 $gen(B_1) = \varnothing, killed(B_1) = \varnothing$
  - 四元式 100：$gen(B_1) = \varnothing, killed(B_1) = \varnothing$。
  - 四元式 101：$gen(B_1) = \{101\}, killed(B_1) = \varnothing$。
  - 四元式 102：$gen(B_1) = \{101, 102\}, killed(B_1) = \varnothing$。
  - 四元式 103：$gen(B_1) = \{101, 102, 103\}, killed(B_1) = \{106\}$。
  - 四元式 104：$gen(B_1) = \{101, 102, 103, 104\}, killed(B_1) = \{105, 106, 107, 108\}$。
  - 四元式 105：$gen(B_1) = \{101, 102, 103, 105\}, killed(B_1) = \{104, 106, 107, 108\}$。
- 基本块 B_2，初始化 $gen(B_2) = \varnothing, killed(B_2) = \varnothing$
  - 四元式 106：$gen(B_2) = \{106\}, killed(B_2) = \{103\}$。
  - 四元式 107：$gen(B_2) = \{106, 107\}, killed(B_2) = \{103, 104, 105, 108\}$。
  - 四元式 108：$gen(B_2) = \{106, 108\}, killed(B_2) = \{103, 104, 105, 107\}$。

  - 四元式109：$gen(B_2) = \{106, 108\}, killed(B_2) = \{103, 104, 105, 107\}$。
- 基本块B_3，初始化$gen(B_3) = \varnothing, killed(B_3) = \varnothing$
  - 四元式110：$gen(B_3) = \{110\}, killed(B_3) = \{111, 112\}$。
  - 四元式111：$gen(B_3) = \{111\}, killed(B_3) = \{110, 112\}$。
- 基本块B_4，初始化$gen(B_4) = \varnothing, killed(B_4) = \varnothing$
  - 四元式112：$gen(B_4) = \{112\}, killed(B_4) = \{110, 111\}$。
  - 四元式113：$gen(B_4) = \{112\}, killed(B_4) = \{110, 111\}$。
- 基本块B_5，初始化$gen(B_5) = \varnothing, killed(B_5) = \varnothing$
  - 四元式114：$gen(B_5) = \{114\}, killed(B_5) = \varnothing$。
  - 四元式115：$gen(B_5) = \{114\}, killed(B_5) = \varnothing$。

(4) 求$in(B)$和$out(B)$，第1轮迭代。

- 基本块B_1为入口基本块，初始化
  - $in(B_1) = \varnothing$。
  - $out(B_1) = gen(B_1) \cup (in(B_1) - killed(B_1)) = \{101, 102, 103, 105\}$。
- 基本块B_2
  - $in(B_2) = out(B_1) \cup out(B_4) = \{101, 102, 103, 105\}$。
  - $out(B_2) = gen(B_2) \cup (in(B_2) - killed(B_2)) = \{101, 102, 106, 108\}$。
- 基本块B_3
  - $in(B_3) = out(B_2) = \{101, 102, 106, 108\}$。
  - $out(B_3) = gen(B_3) \cup (in(B_3) - killed(B_3)) = \{101, 102, 106, 108, 111\}$。
- 基本块B_4
  - $in(B_4) = out(B_2) \cup out(B_3) = \{101, 102, 106, 108, 111\}$。
  - $out(B_4) = gen(B_4) \cup (in(B_4) - killed(B_4)) = \{101, 102, 106, 108, 112\}$。
- 基本块B_5
  - $in(B_5) = out(B_4) = \{101, 102, 106, 108, 112\}$。
  - $out(B_5) = gen(B_5) \cup (in(B_5) - killed(B_5)) = \{101, 102, 106, 108, 112, 114\}$。

(5) 第2轮迭代。

- 基本块B_1不变
  - $in(B_1) = \varnothing$。
  - $out(B_1) = \{101, 102, 103, 105\}$。
- 基本块B_2
  - $in(B_2) = out(B_1) \cup out(B_4) = \{101, 102, 103, 105, 106, 108, 112\}$。
  - $out(B_2) = gen(B_2) \cup (in(B_2) - killed(B_2)) = \{101, 102, 106, 108, 112\}$。
- 基本块B_3
  - $in(B_3) = out(B_2) = \{101, 102, 106, 108, 112\}$。
  - $out(B_3) = gen(B_3) \cup (in(B_3) - killed(B_3)) = \{101, 102, 106, 108, 111\}$。
- 基本块B_4
  - $in(B_4) = out(B_2) \cup out(B_3) = \{101, 102, 106, 108, 111, 112\}$。
  - $out(B_4) = gen(B_4) \cup (in(B_4) - killed(B_4)) = \{101, 102, 106, 108, 112\}$。
- 基本块B_5

– $in(B_5) = out(B_4) = \{101, 102, 106, 108, 112\}$。

– $out(B_5) = gen(B_5) \cup (in(B_5) - killed(B_5)) = \{101, 102, 106, 108, 112, 114\}$。

(6) 第3轮迭代，所有 $out(B_i)$ 都不再变化，即为最终结果。

8.4.7 引用-定值链

引用-定值链精确描述了一个被引用变量的定值点，在代码优化和生成高质量目标代码方面具有不可替代的作用，本节讨论引用-定值链的构造。

引用-定值链是引用变量的定值链，因此任意一个四元式的任意引用变量，都对应一个引用-定值链。一个变量可以被引用多次，因此被引用变量需要引用点和变量名字两个信息进行描述。对四元式“$q.(\theta, x, y, z)$”，其中 q 为四元式编号，那么用 $ud(q, x)$ 和 $ud(q, y)$ 分别表示该四元式引用变量 x 和 y 的引用-定值链。

如图8.27所示，$q \in B_i$，$inRd(B_i)$ 为8.4.6节计算得到的基本块入口处到达定值集合，为与其他集合区分将 in 改名为 $inRd$。对 q 点引用的变量 x，如果基本块 B_i 入口到点 q 没有对 x 的定值，如图8.27(a) 所示，则从 $inRd(B_i)$ 找到对 x 定值的语句，就构成 $ud(q, x)$。如果基本块 B_i 入口到点 q 有对 x 的定值，如图8.27(b) 所示，点 u 和点 v 都是变量 x 的定值，则 $ud(q, x)$ 取距离 q 最近的定值点 v，即 $ud(q, x) = \{v\}$。

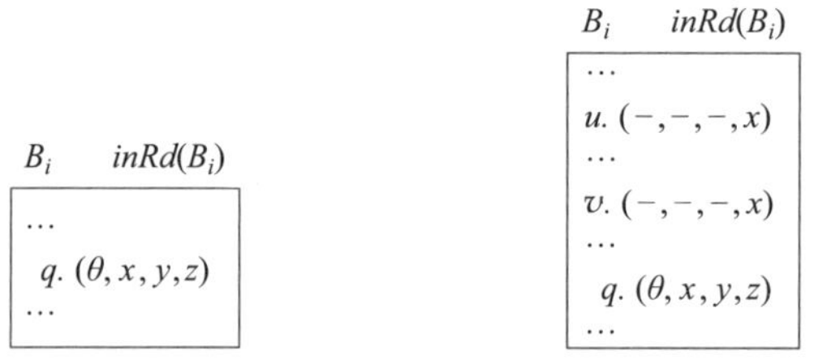

(a) 基本块入口到引用点无定值　　(b) 基本块入口到引用点有定值

图 8.27 引用-定值链计算

计算引用变量的引用-定值链如算法8.22所示。第1行先计算到达定值集合，该算法只使用入口处的到达定值集合，记作 $inRd(B)$。

算法 8.22 计算引用变量的引用-定值链

输入： 流图，基本块集合为 $N = \{B_1, B_2, \cdots, B_m\}$，基本块 B_i 的四元式 $q_{i1}, q_{i2}, \cdots, q_{in_i}$

输出： 引用-定值链

```
1  使用算法8.21计算到达定值集合，假设基本块入口处集合为inRd(B);
2  for i = 1 : m do
3  |  for j = 1 : n_i do
4  |  |  foreach x ∈ {q_ij.opnd1, q_ij.opnd2} do
5  |  |  |  flag = false;
6  |  |  |  for k = j − 1 : −1 : 1 do
7  |  |  |  |  if q_ik.left = x then
8  |  |  |  |  |  ud(q_ij, x) = {q_ik};
9  |  |  |  |  |  flag = true;
10 |  |  |  |  |  break;
11 |  |  |  |  end
12 |  |  |  end
```

算法 8.22 续

```
13 |   |   | if ¬flag then
14 |   |   |   | ud(q_ij, x) = {s|s ∈ inRd(B_i) ∧ s.left = x};
15 |   |   | end
16 |   | end
17 | end
18 end
```

对每个基本块B_i（第2行）的每个四元式q_{ij}（第3行），计算每个引用变量x（第4行）的定值点。第5行的$flag$标记当前基本块B_i到入口处是否有x的定值语句，默认为false。从四元式q_{ij}的位置向前查找（第6行），如果找到x的定值四元式（第7行），这个四元式组成的集合就是$ud(q_{ij}, x)$（第8行）。此时，置$flag$为真（第9行），中断该查找循环（第10行）。如果到基本块入口处都没有找到x的定值四元式（第13行），则把$inRd(B)$中定值x的那些四元式集合作为$ud(q_{ij}, x)$（第14行）。

例题8.18计算引用-定值链 求例题8.17的引用-定值链。

解 计算过程如下。

- 基本块B_1，$inRd(B_1) = \varnothing$
  - 四元式100：无变量引用。
  - 四元式101：无变量引用。
  - 四元式102：无变量引用。
  - 四元式103：引用变量m，101是变量m的定值，因此$ud(103, m) = \{101\}$。
  - 四元式104：引用变量n，102是变量n的定值，因此$ud(104, n) = \{102\}$。
  - 四元式105：引用变量j，104是变量j的定值，因此$ud(105, j) = \{104\}$。
- 基本块B_2，$inRd(B_2) = \{101, 102, 103, 105, 106, 108, 112\}$
  - 四元式106：引用变量i，106到B_2入口没有变量i的定值；$inRd(B_2)$中103、106是i的定值，因此$ud(106, i) = \{103, 106\}$。
  - 四元式107：引用变量j，107到B_2入口没有变量j的定值；$inRd(B_2)$中105、108是j的定值，因此$ud(107, j) = \{105, 108\}$。
  - 四元式108：引用变量j，107是变量j的定值，因此$ud(108, j) = \{107\}$。
  - 四元式109：引用变量i和j，106是变量i的定值，108是变量j的定值，因此$ud(109, i) = \{106\}, ud(109, j) = \{108\}$。
- 基本块B_3，$inRd(B_3) = \{101, 102, 106, 108, 112\}$
  - 四元式110：引用变量i，110到B_3入口没有变量i的定值；$inRd(B_3)$中106是i的定值，因此$ud(110, i) = \{106\}$。
  - 四元式111：引用变量a和j，110是变量a的定值，因此$ud(111, a) = \{110\}$；111到B_3入口没有变量j的定值，$inRd(B_3)$中108是j的定值，因此$ud(111, j) = \{108\}$。
- 基本块B_4，$inRd(B_4) = \{101, 102, 106, 108, 111, 112\}$
  - 四元式112：引用变量j，112到B_4入口没有变量j的定值；$inRd(B_4)$中108是j的定值，因此$ud(112, j) = \{108\}$。
  - 四元式113：引用变量i和a，113到B_4入口没有变量i的定值，$inRd(B_4)$中106是i的定值，因此$ud(113, i) = \{106\}$；112是变量a的定值，因此$ud(113, a) = \{112\}$。

- 基本块 B_5，$inRd(B_5) = \{101, 102, 106, 108, 112\}$
  - 四元式114：引用变量 a，114到 B_5 入口没有变量 a 的定值；$inRd(B_5)$ 中112是 a 的定值，因此 $ud(114, a) = \{112\}$。
  - 四元式115：无变量引用。

下面简单说明引用-定值链的意义。以 $ud(106, i) = \{103, 106\}$ 为例，该集合说明了四元式106中对变量 i 的引用，其值可能来自四元式103对 i 的定值，也可能来自四元式106对 i 的定值。特别是四元式106，既引用了 i，又对 i 定值，这种情况是先引用 i 的值，计算完成后再对 i 定值。这个定值可以通过路径 $B_2 \to B_4 \to B_2$ 或 $B_2 \to B_3 \to B_4 \to B_2$ 重新到达四元式106，从而被四元式106引用。

8.4.8 带引用点的活跃变量分析

引用-定值链有一个逆问题，即从定值点找到其引用点的问题，称为定值-引用链。

定义 8.14 (定值-引用链)

从 x 的定值点 p 出发，能够到达的全部 x 的引用点组成的集合，称为 x 在 p 点的定值-引用链（Definition-Use Chains），简称DU链。♣

定值-引用链在全局寄存器分配中具有不可替代的作用，其求解可以通过活跃变量分析进行。基本块入口处的活跃变量集合确定了变量在该基本块中是否被引用，出口处的活跃变量集合确定了在后继基本块中是否被引用。但定值-引用链除需要知道变量是否被引用外，还需要知道变量在哪个点被引用，这可以通过将原集合中的引用变量 x 加上引用点 q 实现，即使用二元组 (q, x) 表示。这样修改后，求解后的 $in(B)$ 和 $out(B)$ 集合中，不仅有变量是否活跃的信息，也包含导致变量活跃的引用点信息。引用点和引用变量分别用属性 $quad$ 和 var 表示，即二元组表示为 $(quad, var)$。

附加引用点信息后，对 gen 和 $killed$ 集合的计算会产生影响。如图8.28所示，q 是变量 x 的定值点。不带引用点的活跃变量分析中，遇到 x 的定值点，会将 x 加入 $killed$ 集合。如果 q 前面（箭头向上方向）不再有 x 的引用点，根据式(8.3)，$out(B_i) - killed(B_i)$ 杀死了 x 的活跃性。如果有 $x \in out(B_i)$，q 点对 x 的定值导致 x 的活跃性并不会传递到 $in(B_i)$。如果 q 前面还有 x 的引用点，则 x 会从 $killed(B_i)$ 移除，并加入 $gen(B_i)$，保持了 x 的活跃性。

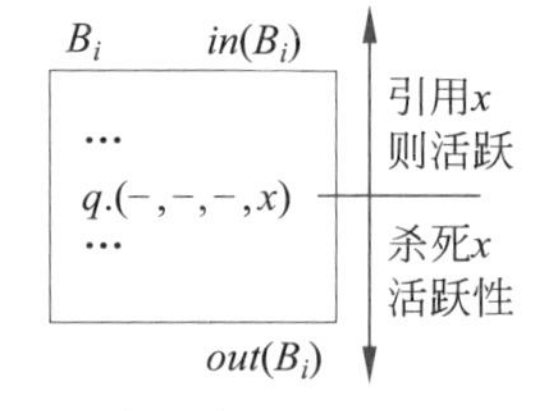

图 8.28 定值点对变量活跃性的影响

加上引用点后，同样需要杀死基本块 B_i 位于 q 后面（箭头向下方向），以及 $outLv(B_i)$ 从其他基本块传递过来的 x 的活跃性。一个思路是，遇到 x 的定值点，就把所有引用 x 的引用点和 x 组合构成二元组，都加入 $killed(B_i)$ 集合。换句话说，把所有引用点和变量的组合形成全集，在从后往前扫描 B_i 的代码时，遇到 q，就将全集中所有引用 x 的二元组都加入 $killed(B_i)$。这样处理后，$killed(B_i)$ 会杀死所有变量 x 的活跃性，当然包括 q 后面和 $outLv(B_i)$ 中 x 的活跃性。

在 q 点前再引用 x 时，为保证 x 的活跃性，可以将引用点与 x 组成的二元组加入 $gen(B_i)$ 集合，并从 $killed(B_i)$ 集合移除。这样，就可以保证只有 q 点前的所有 x 引用都存在 $in(B_i)$ 中；而 q 点后以及从别的基本块传入的 $out(B_i)$ 中的 x，都不在 $in(B_i)$ 中。

增加引用点信息后，集合 gen 和 $killed$ 中的二元组，表示为 $(quad, var)$，其中 $quad$ 为四元式编号，var 为变量。计算带引用点的基本块生成和杀死活跃变量的集合，如算法8.23所示。

算法 8.23 计算带引用点的基本块生成和杀死活跃变量的集合

```
输入: 流图，基本块集合为 N = {B1, B2, ··· , Bm}，基本块 Bi 的四元式
      qi1, qi2, ··· , qini
输出: gen(B) 和 killed(B)
1  Ω = ∅;
2  for i = 1 : m do
3  |  for j = 1 : ni do
4  |  |  if qij.opnd1 ≠ null then  Ω ∪= {(qij.quad, qij.opnd1)} ;
5  |  |  if qij.opnd2 ≠ null then  Ω ∪= {(qij.quad, qij.opnd2)} ;
6  |  end
7  end
8  for i = 1 : m do
9  |  gen(Bi) = ∅, killed(Bi) = ∅;
10 |  for j = ni : −1 : 1 do
11 |  |  foreach use ∈ gen(Bi) do
12 |  |  |  if use.var = qij.left then  gen(Bi) −= {use} ;
13 |  |  end
14 |  |  foreach use ∈ Ω do
15 |  |  |  if use.var = qij.left then  killed(Bi) ∪= {use} ;
16 |  |  end
17 |  |  foreach x ∈ {qij.opnd1, qij.opnd2} do
18 |  |  |  gen(Bi) ∪= {(qij.quad, x)};
19 |  |  |  killed(Bi) −= {(qij.quad, x)};
20 |  |  end
21 |  end
22 end
```

第1~7行求引用全集 Ω。第1行将 Ω 置空，然后对每个基本块（第2行）的每个四元式 q_{ij}（第3行），将引用点 $q_{ij}.quad$ 和左操作数 $q_{ij}.opnd1$ 组成的二元组并入 Ω。如果有右操作数，将引用点 $q_{ij}.quad$ 和右操作数 $q_{ij}.opnd2$ 组成的二元组并入 Ω。

第8~22行计算 gen 和 $killed$ 集合。对每个基本块（第8行），先初始化 gen 和 $killed$ 为空（第9行）。然后，反序遍历基本块 B_i 中的四元式 q_{ij}（第10行）。由于对 $q_{ij}.left$ 定值杀死了对该变量的引用，第11~13行将 gen 集合中关于 $q_{ij}.left$ 的引用移除，第14~16行将全集中关于 $q_{ij}.left$ 的引用加入 $killed$ 集合。对操作数，第17~20行将操作数的引用加入 gen 集合，并从 $killed$ 集合移除。

计算活跃变量的算法8.12无须修改，只是各集合由原来的变量集合，变成引用点和变量组成的二元组集合。

例题 8.19 带引用点的活跃变量分析 计算图8.26(b) 带引用点的活跃变量集合。

解 (1) 计算引用全集：$\Omega = \{(103, m), (104, n), (105, j), (106, i), (107, j), (108, j), (109, i),$

$(109,j),(110,i),(111,a),(111,j),(112,j);(113,i),(113,a),(114,a)\}$。

(2) 求 $gen(B)$ 和 $killed(B)$，下述每个基本块最后一个四元式的结果，就是该基本块的最终结果。

- 基本块 B_1，初始化 $gen(B_1)=\varnothing, killed(B_1)=\varnothing$
  - 四元式105: 引用并定值 $j, gen(B_1)=\{(105,j)\}, killed(B_1)=\{(107,j),(108,j),(109,j),(111,j),(112,j)\}$。
  - 四元式104: 引用 n,定值 $j, gen(B_1)=\{(104,n)\}, killed(B_1)=\{(105,j),(107,j),(108,j),(109,j),(111,j),(112,j)\}$。
  - 四元式103: 引用 m,定值 $i, gen(B_1)=\{(103,m),(104,n)\}, killed(B_1)=\{(105,j),(107,j),(108,j),(109,j),(111,j),(112,j),(106,i),(109,i),(110,i),(113,i)\}$。
  - 四元式102: 无引用,定值 $n, gen(B_1)=\{(103,m)\}, killed(B_1)=\{(105,j),(107,j),(108,j),(109,j),(111,j),(112,j),(106,i),(109,i),(110,i),(113,i),(104,n)\}$。
  - 四元式101: 无引用,定值 $m, gen(B_1)=\varnothing, killed(B_1)=\{(105,j),(107,j),(108,j),(109,j),(111,j),(112,j),(106,i),(109,i),(110,i),(113,i),(104,n),(103,m)\}$。
  - 四元式101: 无引用,无定值, $gen(B_1)=\varnothing, killed(B_1)=\{(105,j),(107,j),(108,j),(109,j),(111,j),(112,j),(106,i),(109,i),(110,i),(113,i),(104,n),(103,m)\}$。
- 基本块 B_2，初始化 $gen(B_2)=\varnothing, killed(B_2)=\varnothing$
  - 四元式109: 引用 i 和 j，无定值，$gen(B_2)=\{(109,i),(109,j)\}, killed(B_2)=\varnothing$。
  - 四元式108: 引用和定值 $j, gen(B_2)=\{(108,j),(109,i)\}, killed(B_2)=\{(105,j),(107,j),(109,j),(111,j),(112,j)\}$。
  - 四元式107: 引用和定值 $j, gen(B_2)=\{(107,j),(109,i)\}, killed(B_2)=\{(105,j),(108,j),(109,j),(111,j),(112,j)\}$。
  - 四元式106: 引用和定值 i, $gen(B_2)=\{(106,i),(107,j)\}, killed(B_2)=\{(105,j),(108,j),(109,j),(111,j),(112,j),(109,i),(110,i),(113,i)\}$。
- 基本块 B_3，初始化 $gen(B_3)=\varnothing, killed(B_3)=\varnothing$
  - 四元式111: 引用 a 和 j，定值 a，$gen(B_3)=\{(111,a),(111,j)\}, killed(B_3)=\{(113,a),(114,a)\}$。
  - 四元式110: 引用 i,定值 $a, gen(B_3)=\{(110,i),(111,j)\}, killed(B_3)=\{(111,a),(113,a),(114,a)\}$。
- 基本块 B_4，初始化 $gen(B_4)=\varnothing, killed(B_4)=\varnothing$
  - 四元式113: 引用 i 和 a，无定值，$gen(B_4)=\{(113,i),(113,a)\}, killed(B_4)=\varnothing$。
  - 四元式112: 引用 j,定值 $a, gen(B_4)=\{(112,j),(113,i)\}, killed(B_4)=\{(111,a),(113,a),(114,a)\}$。
- 基本块 B_5，初始化 $gen(B_5)=\varnothing, killed(B_5)=\varnothing$
  - 四元式115: 无引用和定值，$gen(B_5)=\varnothing, killed(B_5)=\varnothing$。
  - 四元式114: 引用 a，定值 x，$gen(B_5)=\{(114,a)\}, killed(B_5)=\varnothing$。

(3) 求 $in(B)$ 和 $out(B)$，第1轮迭代。

- 基本块 B_5 为出口结点，初始化
  - $out(B_5)=\varnothing$。
  - $in(B_5)=gen(B_5)\cup(out(B_5)-killed(B_5))=\{(114,a)\}$。

- 基本块 B_4
  - $out(B_4) = in(B_2) \cup in(B_5) = \{(114, a)\}$。
  - $in(B_4) = gen(B_4) \cup (out(B_4) - killed(B_4)) = \{(112, j), (113, i)\}$。
- 基本块 B_3
  - $out(B_3) = in(B_4) = \{(112, j), (113, i)\}$。
  - $in(B_3) = gen(B_3) \cup (out(B_3) - killed(B_3)) = \{(110, i), (111, j), (112, j), (113, i)\}$。
- 基本块 B_2
  - $out(B_2) = in(B_3) \cup in(B_4) = \{(110, i), (111, j), (112, j), (113, i)\}$。
  - $in(B_2) = gen(B_2) \cup (out(B_2) - killed(B_2)) = \{(106, i), (107, j)\}$。
- 基本块 B_1
  - $out(B_1) = in(B_2) = \{(106, i), (107, j)\}$。
  - $in(B_1) = gen(B_1) \cup (out(B_1) - killed(B_1)) = \varnothing$。

(4) 第2轮迭代。

- 基本块 B_5 为出口结点，不变
  - $out(B_5) = \varnothing$。
  - $in(B_5) = \{(114, a)\}$。
- 基本块 B_4
  - $out(B_4) = in(B_2) \cup in(B_5) = \{(106, i), (107, j), (114, a)\}$。
  - $in(B_4) = gen(B_4) \cup (out(B_4) - killed(B_4)) = \{(112, j), (113, i), (106, i), (107, j)\}$。
- 基本块 B_3
  - $out(B_3) = in(B_4) = \{(112, j), (113, i), (106, i), (107, j)\}$。
  - $in(B_3) = gen(B_3) \cup (out(B_3) - killed(B_3)) = \{(110, i), (111, j), (112, j), (113, i), (106, i), (107, j)\}$。
- 基本块 B_2
  - $out(B_2) = in(B_3) \cup in(B_4) = \{(110, i), (111, j), (112, j), (113, i), (106, i), (107, j)\}$。
  - $in(B_2) = gen(B_2) \cup (out(B_2) - killed(B_2)) = \{(106, i), (107, j)\}$。
- 基本块 B_1
  - $out(B_1) = in(B_2) = \{(106, i), (107, j)\}$。
  - $in(B_1) = gen(B_1) \cup (out(B_1) - killed(B_1)) = \varnothing$。

(5) 第3轮迭代，所有 $in(B_i)$ 都不再变化，即为最终结果。

8.4.9 定值-引用链

下面考虑定值-引用链的构造，基本块 B_i 出口处的活跃变量集合记作 $outLv(B_i)$。B_i 中在点 q 对变量 x 定值，点 q 后的代码有以下3种情况。

- 从 q 点向后扫描，先遇到对 x 的定值，如图8.29(a) 的 v 点所示，此时有 $du(q, x) = \varnothing$。
- 从 q 点向后扫描，先遇到 u 点对 x 的引用，又遇到 v 点对 x 的定值，如图8.29(b) 所示，此时有 $du(q, x) = \{u\}$。如果 q 和 v 之间有多个对 x 的引用点，这些引用点都属于 $du(q, x)$。
- 从 q 点向后扫描，遇到0到多个对 x 的引用点，到基本块出口没有遇到对 x 的定值。如图8.29(c) 的点 u 和点 v 是对 x 的引用，此时 $outLv(B_i)$ 中关于 x 的引用点，加上点

$q+1$到基本块出口对x的引用点u和v，都属于$du(q,x)$。

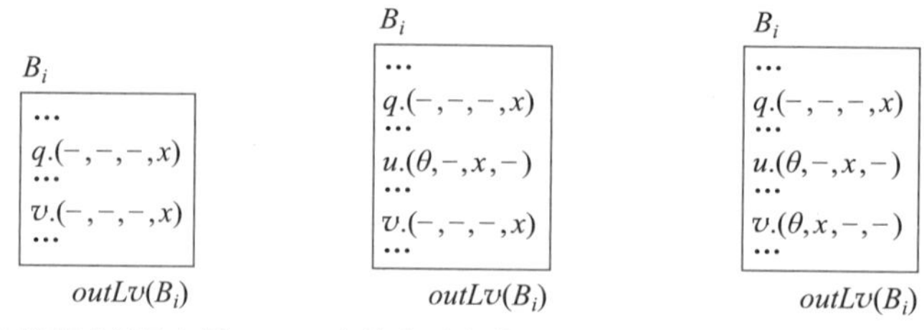

(a) 定值点后又定值　(b) 定值点后先引用后定值　(c) 定值点后只有引用

图 8.29　定值-引用链计算

计算变量的定值-引用链如算法8.24所示。首先计算带引用点的活跃变量集合，假设基本块B_i出口处的该集合为$outLv(B_i)$（第1行）。对每个基本块（第2行）的每个四元式q_{ij}（第3行），先判断其第4区段是否为变量，如果不是，则略过（第4行）。

算法 8.24　计算定值变量的定值-引用链

输入： 流图，基本块集合为$N=\{B_1,B_2,\cdots,B_m\}$，基本块B_i的四元式$q_{i1},q_{i2},\cdots,q_{in_i}$

输出： 定值-引用链

```
1  使用算法8.12计算活跃变量集合，假设基本块出口处集合为outLv(B);
2  for i = 1 : m do
3      for j = 1 : n_i do
4          if q_ij.left 不是变量 then continue;
5          du(q_ij.quad, q_ij.left) = ∅;
6          flag = true;
7          for k = j + 1 : n_i do
8              if q_ik.opnd1 = q_ij.left ∨ q_ik.opnd2 = q_ij.left then
9                  du(q_ij.quad, q_ij.left) ∪= {q_ik};
10             end
11             if q_ik.left = q_ij.left then
12                 flag = false;
13                 break;
14             end
15         end
16         if flag then
17             foreach use ∈ outLv(B_i) do
18                 if use.var = q_ij.left then
19                     du(q_ij.quad, q_ij.left) ∪= {use.quad}
20                 end
21             end
22         end
23     end
24 end
```

第5行将当前四元式左值的定值-引用链初始化为空，第6行将$flag$标志置真，这个标志为真，表示q_{ij}（不含q_{ij}）到基本块出口处没有对$q_{ij}.left$的定值。第7~15行从q_{ij}的下一条四元式开始向后遍历，如果某条四元式q_{ik}引用了$q_{ij}.left$（第8行），则将$q_{ik}.quad$并入定值-引用链（第9行）。如果q_{ik}是$q_{ij}.left$的定值四元式（第11行，注意这里是if，不是else if），则将$flag$标志置假，跳出第7~15行的循环。

如果$flag = \text{false}$，说明q_{ij}到基本块出口处有定值，对q_{ij}的处理就结束。如果$flag = \text{true}$（第16行），需要将$outLv(B_i)$中（第17行）关于$q_{ij}.left$的引用点（第18行）加入定值-引用链（第19行）。

例题8.20 计算定值-引用链 计算图8.26(b)的定值-引用链。

解 计算定值-引用链过程如下。

- 基本块B_1，$outLv(B_1) = \{(106, i), (107, j)\}$
  - 四元式100：无变量定值。
  - 四元式101：定值变量m，103处对变量m引用，101之后无对变量m的定值，$outLv(B_1)$中无对变量m的引用，因此$du(101, m) = \{103\}$。
  - 四元式102：定值变量n，104处对变量n引用，102之后无对变量n的定值，$outLv(B_1)$中无对变量n的引用，因此$du(102, n) = \{104\}$。
  - 四元式103：定值变量i，103之后无对变量i的引用和定值，$outLv(B_1)$中关于i的引用为106，因此$du(103, i) = \{106\}$。
  - 四元式104：定值变量j，105对变量j的引用并定值，因此$du(104, j) = \{105\}$。
  - 四元式105：定值变量j，105之后无对变量j的引用和定值，$outLv(B_1)$中关于j的引用为107，因此$du(105, j) = \{107\}$。
- 基本块B_2，$outLv(B_2) = \{(110, i), (111, j), (112, j), (113, i), (106, i), (107, j)\}$
  - 四元式106：定值变量i，109引用变量i，106之后无对变量i的定值，$outLv(B_2)$中关于i的引用包括106、110、113，因此$du(106, i) = \{106, 109, 110, 113\}$。
  - 四元式107：定值变量j，108引用并定值变量j，因此$du(107, j) = \{108\}$。
  - 四元式108：定值变量j，109引用变量j，108之后无对变量j的定值，$outLv(B_2)$中关于j的引用包括107、111、112，因此$du(108, j) = \{107, 109, 111, 112\}$。
  - 四元式109：无变量定值。
- 基本块B_3，$outLv(B_3) = \{(112, j), (113, i), (106, i), (107, j)\}$
  - 四元式110：定值变量a，111引用并定值变量a，因此$du(110, a) = \{111\}$。
  - 四元式111：定值变量a，111之后无对变量a的引用和定值，$outLv(B_3)$中没有关于a的引用，因此$du(111, a) = \varnothing$。
- 基本块B_4，$outLv(B_4) = \{(106, i), (107, j), (114, a)\}$
  - 四元式112：定值变量a，113引用变量a，112之后无对变量a的定值，$outLv(B_4)$关于a的引用包括114，因此$du(112, a) = \{113, 114\}$。
  - 四元式113：无变量定值。
- 基本块B_5，$outLv(B_5) = \varnothing$
  - 四元式114：定值变量x，114之后无对变量x的引用和定值，$outLv(B_5)$中无关于x的引用，因此$du(114, x) = \varnothing$。
  - 四元式115：无变量定值。

定值-引用链为空的定值，如$du(111, a) = \varnothing$，说明四元式111对a定值后，a没有再被引用过，因此这个定值是无用的，四元式111可以删除。四元式111删除后，由于$du(110, a) = \{111\}$，四元式110对a的定值也变得无用，因此也可以删除。

8.5 全局优化

通过数据流分析收集到各种信息后，可以进行全局优化，下面考虑表8.3中的几种优化。

表 8.3 全局优化和相应的数据流分析

路　径	前　向　流		反　向　流	
	问　题	初始值	问　题	初始值
任意路径	到达定值（引用-定值链）	$\varnothing$	活跃变量	$\varnothing$
	未初始化变量	Ω	定值-引用链	$\varnothing$
全路径	可达表达式	$\varnothing$	非常忙表达式	$\varnothing$
	复写传播	$\varnothing$		

关于全局优化部分的内容，各节相对独立，不阅读其中的一节并不影响理解其他节。特别是8.5.1节的代码提升，相对来说算法细节非常多，可以作为选读内容。

8.5.1 代码提升

非常忙表达式可以用来进行代码提升。以略微不同但等价于8.4.4节定义的方式，对非常忙表达式换一种描述：如果从某个程序点p开始的任何一条通路上，在对x或y定值前，都要计算表达式$x\theta y$，称表达式在点p非常忙。

如图8.30(a)所示，B_1是B_u和B_v的支配结点，表达式$x\theta y$在基本块B_1出口处非常忙。可以在B_1出口位置的转移语句前（如果有），设置一条语句(θ, x, y, t)，其中t为临时变量。然后把B_u中u点和B_v中v点的代码，变换为使用t给a和b赋值，如图8.30(b)所示，这种变换称为代码提升。

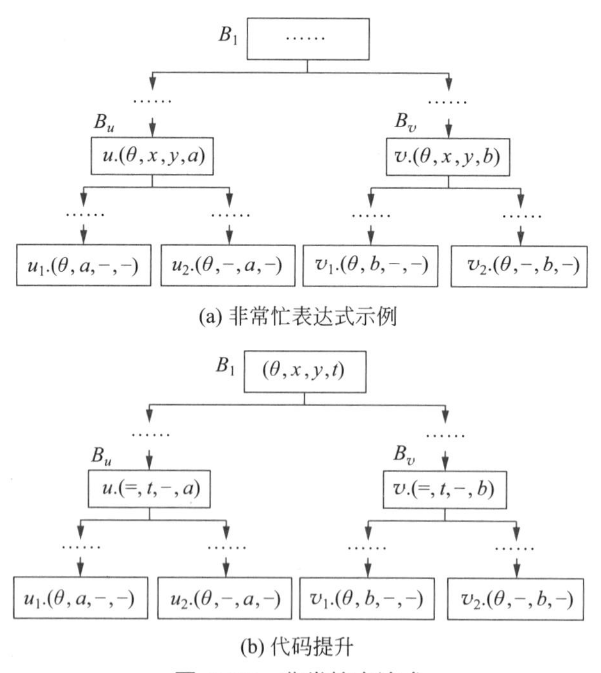

(a) 非常忙表达式示例

(b) 代码提升

图 8.30 非常忙表达式

如果把B_u和B_v看作if语句的真出口和假出口基本块，则代码提升未对程序产生任何改进。但代码提升后，如果能对u和v进行复写传播并把它们删除，那么虽然程序的运行时间没有任何改进，但位于点u和点v的两条代码，变成位于B_1基本块的一条代码，节省了存储空间。

代码提升中插入的新代码(θ, x, y, t)，有两个技术问题需要考虑。第1个问题是代码插入的位置。由于基本块只有最后一个语句可能是转移语句，因此如果B_1没有转移语句，应插入在基本块最后；如果B_1有转移语句，应插入在这个转移语句前。因此插入位置通过判断B_1最后一条语句是否为转移语句，即可确定。

进行代码提升时，即使要插入代码位置有$(\theta, x, y, -)$的代码，也不考虑表达式复用问题，因为这会在删除公共子表达式时处理。

另一个需要注意的问题是，上述变换需要考虑定值造成的表达式不可用问题。如图8.31所示，p点有一个x（或y）的定值，该定值可以不经过支配结点B_1到达v点。那么x定值后，v点会使用新的值进行计算。如果仍然进行代码提升的变换，v点代码替换为$(=, t, -, b)$后，t值是由原来x的旧值计算得出的，显然两个代码不等价。因此，当非常忙表达式的运算量被重新定值，且该定值点可以不经过支配结点B_1到达非常忙表达式时，则不能进行代码提升变换。

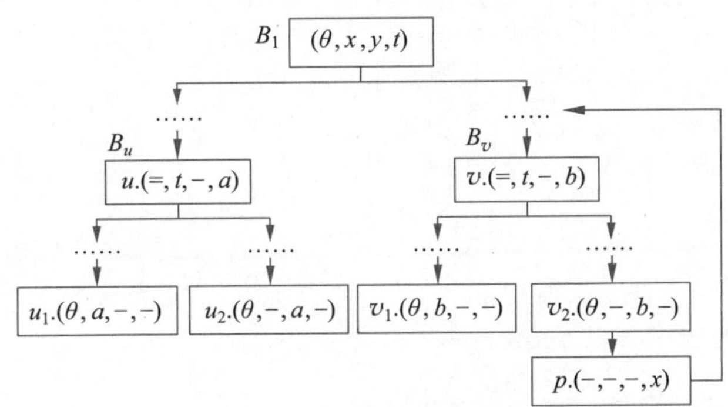

图 8.31 定值不经过支配结点

根据以上讨论，给出非常忙表达式代码提升的方法，如算法8.25所示。

第1~3行为初始化，需要计算非常忙表达式、引用-定值链和支配结点集。第4~29行遍历所有基本块，第5~28行遍历每个基本块出口处的非常忙表达式，进行代码提升。第6行计算入口非常忙表达式含有$expr$，且被当前基本块B_i支配的那些基本块，这些基本块是将要被B_i中的表达式$expr$替换的基本块。第7行判断满足条件的基本块是否达到2个，不足2个时，不做代码提升。

第8~18行判断是否有$expr$运算量的定值，可以不经过支配结点B_i到达非常忙表达式所在基本块；如果有这样的定值点，则不能进行代码提升。

第19行再次判断满足条件的基本块是否达到2个。第20、21行判断B_i的最后一个四元式是否为转移语句，如果是，则在最后一条四元式位置插入；否则，在后面追加。第22、23行为生成四元式，第24~26行修改非常忙表达式的四元式，第27行删除已经处理的这些基本块中的非常忙表达式。

其中，第12行确定点p不经过B_i到达B_j的操作，可以参考1.6.3节关于邻接矩阵和可达矩阵的相关方法。具体操作是构造流图的邻接矩阵，将B_i代表的行和列删除（或者不删除但置零），计算可达矩阵。如果 p 所在基本块与 B_j 之间有通路，则不经过 B_i 到达 B_j 为真。

算法 8.25 非常忙表达式代码提升

输入： 当前过程的流图，基本块集合为 $N=\{B_1,B_2,\cdots,B_m\}$，基本块 B_i 的四元式编号 $q_{i,1},q_{i,2},\cdots,q_{i,n_i}$

输出： 优化后的流图

```
1  计算非常忙表达式，基本块 B_i 入口和出口处非常忙表达式分别记作 inVb(B_i) 和
   outVb(B_i);
2  计算引用-定值链;
3  计算支配结点集 Dom;
4  for i = 1 : m do
5      foreach expr ∈ outVb(B_i) do
6          计算非常忙表达式基本块集合：vbb = {B | expr ∈ inVb(B) ∧ B_i ∈ Dom(B)};
7          if | vbb | < 2 then continue;
8          foreach B_j ∈ vbb do
9              确定 expr 在 B_j 中的四元式位置 u;
10             foreach opnd ∈ {expr.opnd1, expr.opnd2} do
11                 foreach p ∈ ud(u, opnd) do
12                     if p 可以不经过 B_i 到达 B_j then
13                         删除 vbb 中的 B_j;
14                         转移到第 8 行循环的下一次迭代;
15                     end
16                 end
17             end
18         end
19         if | vbb | < 2 then continue;
20         if q_{i,n_i} 为转移语句 then pos = n_i;
21         else pos = n_i + 1;
22         t = newTemp;
23         在 q_{i,pos} 位置插入代表 (expr.oprt, expr.opnd1, expr.opnd2, t);
24         foreach B_j ∈ vbb do
25             将四元式 (expr.oprt, expr.opnd1, expr.opnd2, z) 修改为 (=, t, =, z);
26         end
27         删除集合 vbb ∪ {B_i} 中的表达式 expr;
28     end
29 end
```

例题 8.21 代码提升 流图如图8.25所示，例题8.16已求出其非常忙表达式，对该代码的非常忙表达式进行代码提升。

解 (1) 对形参 a、b、c、d 做定值标记，如图8.32(a) 所示。

(2) 计算引用-定值链。

$ud(105,b)=\{102\}$　　$ud(107,a)=\{101\}$　　$ud(109,b)=\{108\}$

$ud(105,c)=\{103\}$　　$ud(107,b)=\{102,108\}$　　$ud(109,c)=\{103,109\}$

$ud(106,a)=\{101\}$　　$ud(108,a)=\{101\}$　　$ud(110,c)=\{109\}$

$ud(106,d)=\{104\}$　　$ud(108,d)=\{104\}$　　$ud(110,d)=\{104\}$

$ud(111,a)=\{101\}$　$ud(113,d)=\{104\}$　$ud(115,b)=\{102,108\}$

$ud(111,d)=\{104\}$　$ud(113,b)=\{102,108\}$　$ud(115,c)=\{103,109\}$

$ud(112,b)=\{102,108\}$　$ud(114,a)=\{101\}$

$ud(112,c)=\{103,109\}$　$ud(114,d)=\{104\}$

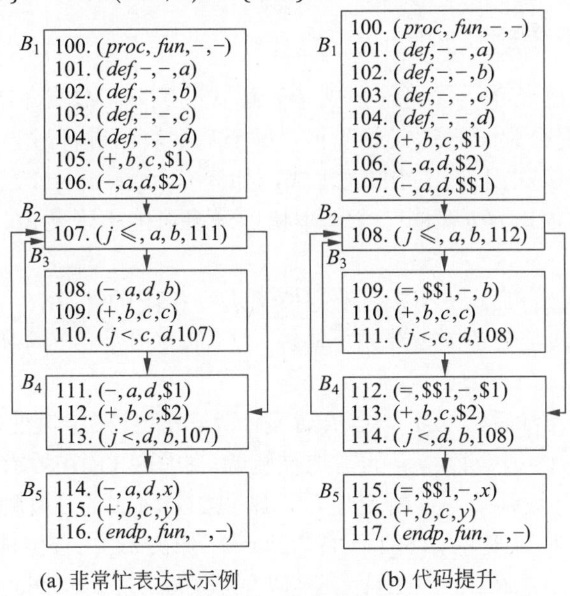

(a) 非常忙表达式示例　(b) 代码提升

图 8.32　非常忙表达式

(3) 计算支配结点集，第1次迭代。

- $Dom(B_1)=\{B_1\}$
- $Dom(B_2)=Dom(B_1)\cap Dom(B_3)\cap Dom(B_4)\cup\{B_2\}=\{B_1,B_2\}$
- $Dom(B_3)=Dom(B_2)\cup\{B_3\}=\{B_1,B_2,B_3\}$
- $Dom(B_4)=Dom(B_2)\cap Dom(B_3)\cup\{B_4\}=\{B_1,B_2,B_4\}$
- $Dom(B_5)=Dom(B_4)\cup\{B_5\}=\{B_1,B_2,B_4,B_5\}$

第2轮迭代无变化，因此以上即为支配结点集结果。

(4) 代码提升。

- 基本块B_1中有非常忙表达式$(-,a,d)$，$vbb=\{B_2,B_3,B_4,B_5\}$
  - B_2中没有表达式$(-,a,d)$。
  - B_3中表达式$(-,a,d)$为108，$ud(108,a)=\{101\}\subset B_1, ud(108,d)=\{104\}\subset B_1$，因此可以提升。
  - B_4中表达式$(-,a,d)$为111，$ud(111,a)=\{101\}\subset B_1, ud(111,d)=\{104\}\subset B_1$，因此可以提升。
  - B_5中表达式$(-,a,d)$为114，$ud(114,a)=\{101\}\subset B_1, ud(114,d)=\{104\}\subset B_1$，因此可以提升。
- 提升表达式$(-,a,d)$并删除后，没有可以再提升的表达式。

代码提升后的结果如图8.32(b)所示。

关于例题8.21的结果做以下简要说明。

- 四元式106和新增四元式107计算完全相同，需要通过公共子表达式删除进行优化。

之所以不在代码提升中优化，是因为四元式106后可能会有四元式106中引用变量的定值，放在此处优化会极大增加算法复杂度。

- 图8.32(a)中的四元式108、111、114分别修改为图8.32(b)中的四元式109、112、115。
- 注意四元式编号和转移语句第4区段进行了相应修改。

8.5.2 全局公共子表达式删除

在DAG优化中，已经介绍了局部公共子表达式的删除，本节介绍全局公共子表达式的删除。假设在进行全局公共子表达式删除前，每个基本块已进行过DAG优化。如果一个基本块中，DAG优化前多次出现相同的表达式，如先有(θ, x, y, z_1)，后有(θ, x, y, z_2)，那么DAG优化后，可用表达式$x\theta y$在同一个基本块中最多可能出现两次，不会更多。具体分析如下。

- 如果在(θ, x, y, z_1)后，x和y均未定值又进行相同的计算(θ, x, y, z_2)，DAG优化会删除第2个公共子表达式，生成$(=, z_1, -, z_2)$，如图8.33(a)所示。此时该基本块可用表达式$x\theta y$只有一个。
- 如果在(θ, x, y, z_1)后，x或y被定值后又计算$x\theta y$，且被定值变量是DAG的内部结点或叶子结点附加，那么该结点的附加被删除。如图8.33(b)所示，结点3为(θ, x, y, z_1)，结点2附加的y被结点6重新定值后，结点2上附加的y被删除，重新生成代码时会被一个新的临时变量如\$\$1代替。结点7为(θ, x, y, z_2)生成的结点，重新生成代码后，结点3生成$(\theta, x, \$\$1, z_1)$，结点7生成$(\theta, x, y, z_2)$，可用表达式$x\theta y$还是只有一个。
- 如果在(θ, x, y, z_1)后，x或y被定值后又计算$x\theta y$，只有被定值变量是标记时，才会第二次出现$x\theta y$，如图8.33(c)所示。但此时(θ, x, y, z_2)中的y已经重新定值，与(θ, x, y, z_1)已经不同。如果基本块出口处有可用表达式$x\theta y$，则对应最接近出口的(θ, x, y, z_2)；而(θ, x, y, z_1)在基本块出口处是不可用的。

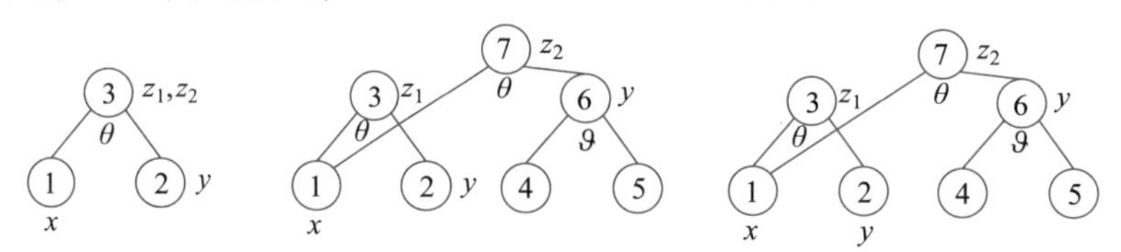

图 8.33 DAG优化后可用表达式$x\theta y$的情形

用$inAe(B_i)$和$outAe(B_i)$分别表示基本块B_i入口处和出口处的可用表达式，如果$x\theta y \in outAe(B_i)$，则对应B_i中从后往前的第一个形如$(\theta, x, y, -)$的四元式。

把一个可用表达式在流图中的第一次计算，称为源表达式；而表达式的后续计算，称为非源表达式。非源表达式可以复用源表达式的计算结果。

定义 8.15 (源表达式)

基本块B中点p处为一个表达式$x\theta y$，如果点p前该表达式不可用，但因为点p使得$x\theta y$可用，称点p处的表达式为源表达式。

相对地，如果$x\theta y$在前面代码中已经计算，当前表达式可以复用前面代码中计算得到的值，称当前这个表达式为非源表达式。♣

对一个可用表达式 $x\theta y$，为其分配一个临时变量如 \$\$1 作为存储空间。如果 (θ,x,y,z) 为源表达式，则将其替换为 $(\theta,x,y,\$\$1)$ 和 $(=,\$\$1,-,z)$ 两个四元式；如果 (θ,x,y,z) 不是源表达式，则替换为 $(=,\$\$1,-,z)$ 一个四元式。

通过全路径前向流分析找到可用表达式后，下一步的问题是把可用表达式区分为源表达式和非源表达式。图8.34是一个可用表达式 $x\theta y$ 可能的流图拓扑，在图中可见基本块中，不存在 x 和 y 的定值；在未见基本块中，不存在表达式 $x\theta y$ 的计算。

- 图8.34(a) 中，p 为源表达式，u 和 v 为非源表达式，其特征如下。
  - $x\theta y \notin inAe(B_p), x\theta y \in outAe(B_p)$
  - $x\theta y \in inAe(B_u), x\theta y \in inAe(B_v)$
- 图8.34(b) 中，u 为源表达式，v 为非源表达式，其特征如下。
  - $x\theta y \notin inAe(B_p), x\theta y \notin outAe(B_p)$
  - $x\theta y \notin inAe(B_u), x\theta y \in outAe(B_u)$
  - $x\theta y \in inAe(B_v)$
- 图8.34(c) 中，p 和 u 为源表达式，v 为非源表达式，其特征如下。
  - $x\theta y \notin inAe(B_q), x\theta y \notin outAe(B_q)$
  - $x\theta y \notin inAe(B_p), x\theta y \in outAe(B_p)$
  - $x\theta y \notin inAe(B_u), x\theta y \in outAe(B_u)$
  - $x\theta y \in inAe(B_v)$
- 图8.34(d) 中，p 和 q 为源表达式，u 和 v 为非源表达式，其特征如下。
  - $x\theta y \notin inAe(B_q), x\theta y \in outAe(B_q)$
  - $x\theta y \notin inAe(B_p), x\theta y \in outAe(B_p)$
  - $x\theta y \in inAe(B_u), x\theta y \in outAe(B_v)$

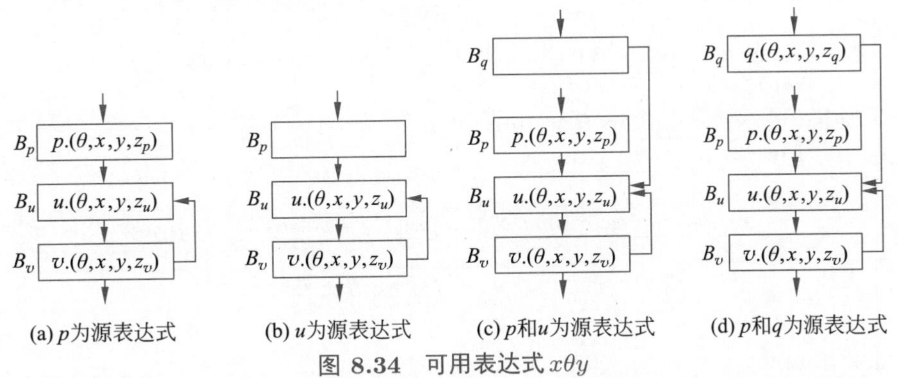

图 8.34 可用表达式 $x\theta y$

图8.34(c) 中，B_p 不是 B_u 的支配结点，因此点 u 不能复用点 p 的表达式值。点 p 实际上既不是源表达式，也不是非源表达式，但把它看作源表达式可以简化算法的设计。

综合以上分析，并考虑操作数 x 和 y 的定值，可以得到源表达式和非源表达式的确定方法。如果可用表达式 $x\theta y \in inAe(B_i)$，则从 B_i 入口处向下搜索，找到第一个形如 $(\theta,x,y,-)$ 的四元式，且期间未发现 x 或 y 的定值，则这个四元式即为非源表达式。

源表达式则包含以下两种情形。

(1) $x\theta y \notin inAe(B_i)$ 但 $x\theta y \in outAe(B_i)$，则从基本块 B_i 最后一个四元式向前搜索，找到第一个形如 $p.(\theta,x,y,-)$ 的四元式，点 p 这个四元式即为源四元式。

(2) $x\theta y \in inAe(B_i)$ 且 $x\theta y \in outAe(B_i)$，则从基本块 B_i 第一个四元式向后搜索，找到 x 或 y 被定值后的第一个形如 $p.(\theta, x, y, -)$ 的四元式，则点 p 这个四元式是源四元式。

第 (1) 种情形中，点 p 的四元式是导致表达式 $x\theta y$ 在基本块出口处可用的原因，从基本块出口处到点 p 一定不会存在 x 或 y 的定值。第 (2) 种情形中，如果基本块中 x 或 y 定值前遇到表达式 $x\theta y$ 的计算，则是非源表达式；只有 x 或 y 定值后，计算 $x\theta y$ 时，它才是源表达式。

删除全局公共子表达式，一个不太高效但相对易于理解的算法如算法8.26所示，读者可以在理解这个算法的基础上自行设计更加高效的算法。

算法 8.26 删除公共子表达式

输入： 当前过程的流图，基本块集合为 $N = \{B_1, B_2, \cdots, B_m\}$，基本块 B_i 的四元式编号 $q_{i,1}, q_{i,2}, \cdots, q_{i,n_i}$

输出： 优化后的流图

```
1  计算可用表达式，基本块 B_i 入口处和出口处可用表达式记作 inAe(B_i) 和 outAe(B_i);
2  cse = ∅;
3  for i = 1 : m do
4  |  foreach expr ∈ inAe(B_i) do
5  |  |  if expr ∉ cse ∧ findExpr(B_i, expr, false) ≠ null then  cse ∪= {expr} ;
6  |  end
7  end
8  foreach expr ∈ cse do
9  |  t = newTemp;
10 |  for i = 1 : m do
11 |  |  if expr ∈ inAe(B_i) then
12 |  |  |  q = findExpr(B_i, expr, false);
13 |  |  |  if q ≠ null then  q 替换为 (=, t, −, q.left) ;
14 |  |  |  if expr ∈ outAe(B_i) then
15 |  |  |  |  q = findExpr(B_i, expr, true);
16 |  |  |  |  if q ≠ null then  {q 后插入 (=, t, −, q.left); q.left = t} ;
17 |  |  |  end
18 |  |  else if expr ∈ outAe(B_i) then
19 |  |  |  for j = n_i : −1 : 1 do
20 |  |  |  |  if
   |  |  |  |   q_ij.oprt = expr.oprt ∧ q_ij.opnd1 = expr.opnd1 ∧ q_ij.opnd2 = expr.opnd2
   |  |  |  |   then
21 |  |  |  |  |  q_ij 后插入 (=, t, −, q_ij.left); q_ij.left = t;
22 |  |  |  |  end
23 |  |  |  end
24 |  |  end
25 |  end
26 end
27 Quad* findExpr(B_i, expr, src):
28 |  isDefined = false;
29 |  for i = 1 : n_i do
30 |  |  if q_ij.left = expr.opnd1 ∨ q_ij.left = expr.opnd2 then
31 |  |  |  if ¬src then  return null ;
32 |  |  |  else  isDefined = true ;
33 |  |  end
```

算法 8.26 续

```
34 |  | if q_ij.oprt = expr.oprt ∧ q_ij.opnd1 = expr.opnd1 ∧ q_ij.opnd2 = expr.opnd2
   |  |  then
35 |  |  | if ¬src then return q_ij ;
36 |  |  | else if isDefined then return q_ij ;
37 |  | end
38 | end
39 | return null;
40 end function
```

第27~40行定义了一个函数findExpr，用来查找基本块B_i中的源或非源表达式$expr$。如果找到，则返回这个表达式对应的四元式；如果找不到，则返回null。函数的第3个参数src是一个布尔值，当为true时，查找源表达式，为false时，查找非源表达式。这个函数只适用于$expr \in inAe(B_i)$的情形，即表达式在基本块B_i入口处可用；$expr \notin inAe(B_i)$时，需要在基本块中反序遍历四元式，此时不要调用该函数。

第28行初始化了一个定值标记$isDefined$为false，当表达式$expr$的任何一个操作数被定值后，置为true。第29~38行从前往后遍历每个四元式，查找需要的表达式。

如果当前四元式q_{ij}是对表达式$expr$的某个操作数的定值（第30行），而要查找的是非源表达式，则直接返回null即可（第31行），因为操作数改变，再找到表达式$expr$，其值也不再是入口处可用表达式的值，不会是非源表达式。如果要查找的是源表达式，则将定值标记$isDefined$置为true（第32行）。

如果当前四元式q_{ij}是表达式$expr$的计算（第34行），而要查找的是非源表达式（第35行），此时一定没有对$expr$任何操作数的定值，因为如果有定值，会在第31行返回null，从而结束这个函数的运行。那么当前四元式就是一个非源表达式，因为它的计算结果与入口处可用表达式的结果是一致的，因此直接返回该四元式即可。如果要查找的是源表达式，当$isDefined$标记为false时，当前四元式是一个非源表达式，无须任何操作，继续循环即可；当$isDefined$标记为true时，当前四元式就是源表达式，则直接返回（第36行）。

如果遍历完所有四元式，没有找到目标四元式，则返回null（第39行）。

第1~26行为算法主体部分。第1行计算可用表达式，基本块B_i入口处和出口处可用表达式分别记作$inAe(B_i)$和$outAe(B_i)$。

删除全局公共子表达式，只有当某个可用表达式是非源表达式时，这个操作才是有意义的。第2~7行计算符合优化要求的公共子表达式集合cse。第2行将集合cse置空，然后对每个基本块（第3行）的入口处的每个可用表达式$expr$（第4行）进行处理，如果这个表达式不在cse集合中，就调用findExpr()函数从当前基本块查找非源表达式，如果找到，则加入cse（第5行）。

第8~26行循环对cse中的每个可用表达式$expr$遍历，进行公共子表达式删除的优化操作。先为该表达式生成一个存储变量t（第9行），然后遍历所有基本块（第10~24行）。

如果表达式$expr$在基本块入口处可用（第11行），则从当前基本块查找这个表达式的非源表达式q（第12行），如果找到，则替换为$(=, t, -, q.left)$（第13行）。$expr$在基本块出口处也可用（第14行），再从当前基本块查找这个表达式的源表达式q（第15行），如果找到，则在q后面插入$(=, t, -, q.left)$，再将$q.left$替换为t（第16行）。

如果表达式 $expr$ 在基本块入口处不可用，但在出口处可用（第18行），则从当前基本块最后一个四元式反序查找这个表达式的源表达式（第19行）。如果找到源表达式为 q_{ij}（第20行），则在 q_{ij} 后面插入 $(=, t, -, q_{ij}.left)$，再将 $q_{ij}.left$ 替换为 t（第21行）。

例题 8.22 删除公共子表达式 流图如图8.25所示，例题8.15已求出其可用表达式，删除该代码的公共子表达式。

解 (1) 根据例题8.15的结果求得 $cse = \{(+, b, c), (-, a, d)\}$。删除公共子表达式后的结果如图8.35所示，过程如下。

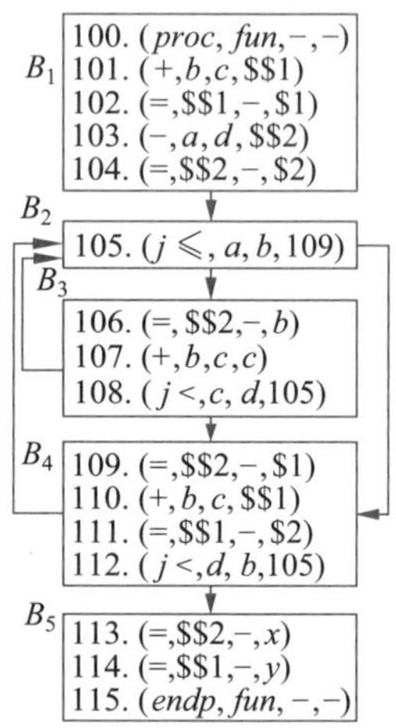

图 8.35 删除公共子表达式后的结果

(2) 对公共子表达式 $(+, b, c)$，生成临时变量 $t = \$\$1$。

- 基本块 B_1：$inLv(B_1) = \varnothing, outLv(B_1) = \{(+, b, c), (-, a, d)\}$。$(+, b, c)$ 在基本块入口处不可用，出口处可用，反序找到源表达式 $101.(+, b, c, \$1)$，替换为 $(+, b, c, \$\$1)$ 和 $(=, \$\$1, -, \$1)$，如图8.35四元式101和四元式102所示。
- 基本块 B_2：$inLv(B_2) = \{(-, a, d)\}, outLv(B_2) = \{(-, a, d)\}$。$(+, b, c)$ 在基本块入口处和出口处都不可用。
- 基本块 B_3：$inLv(B_3) = \{(-, a, d)\}, outLv(B_3) = \{(-, a, d)\}$。$(+, b, c)$ 在基本块入口处和出口处都不可用。
- 基本块 B_4：$inLv(B_4) = \{(-, a, d)\}, outLv(B_4) = \{(+, b, c), (-, a, d)\}$。$(+, b, c)$ 在基本块入口处不可用，在出口处可用，反序找到源表达式 $108.(+, b, c, \$2)$，替换为 $(+, b, c, \$\$1)$ 和 $(=, \$\$1, -, \$2)$，如图8.35四元式110和四元式111所示。
- 基本块 B_5：$inLv(B_5) = \{(+, b, c), (-, a, d)\}, outLv(B_5) = \{(+, b, c), (-, a, d)\}$。$(+, b, c)$ 在基本块入口处可用，找到非源表达式 $111.(+, b, c, y)$，替换为 $(=, \$\$1, -, y)$，如图8.35四元式114所示；$(+, b, c)$ 在基本块出口处可用，但无法再找到源表达式。

(3) 对公共子表达式 $(-, a, d)$，生成临时变量 $t = \$\$2$。

- 基本块 B_1：$inLv(B_1) = \varnothing, outLv(B_1) = \{(+, b, c), (-, a, d)\}$。$(-, a, d)$ 在基本块入口处不可用，在出口处可用，反序找到源表达式 $102.(-, a, d, \$2)$，替换为 $(-, a, d, \$\$2)$ 和 $(=, \$\$2, -, \$2)$，如图8.35四元式103和四元式104所示。
- 基本块 B_2：$inLv(B_2) = \{(-, a, d)\}, outLv(B_2) = \{(-, a, d)\}$。$(-, a, d)$ 在基本块入口处和出口处都可用，但 B_2 中没有该表达式的计算。
- 基本块 B_3：$inLv(B_3) = \{(-, a, d)\}, outLv(B_3) = \{(-, a, d)\}$。$(-, a, d)$ 在基本块入口

口处可用，找到非源表达式104.$(-,a,d,b)$，替换为$(=,\$\$2,-,b)$，如图8.35四元式106所示；$(-,a,d)$在基本块出口处可用，但无法再找到源表达式。

- 基本块B_4：$inLv(B_4)=\{(-,a,d)\}, outLv(B_4)=\{(+,b,c),(-,a,d)\}$。$(-,a,d)$在基本块入口处可用，找到非源表达式107.$(-,a,d,\$1)$，替换为$(=,\$\$2,-,\$1)$，如图8.35四元式109所示；$(-,a,d)$在基本块出口处可用，但无法再找到源表达式。
- 基本块B_5：$inLv(B_5)=\{(+,b,c),(-,a,d)\}, outLv(B_5)=\{(+,b,c),(-,a,d)\}$。$(-,a,d)$在基本块入口处可用，找到非源表达式110.$(-,a,d,x)$，替换为$(=,\$\$2,-,x)$，如图8.35四元式113所示；$(-,a,d)$在基本块出口处可用，但无法再找到源表达式。

8.5.3 删除无用赋值

如果一个变量在基本块出口处活跃，则需要保存它的值。反之，如果一个变量在出口处不活跃，就无须保留它的值，这些变量称为**死变量**，因此删除无用赋值也称为删除死变量赋值。可以从基本块出口处开始反序查找四元式，如果发现对变量z的定值，z在出口处不活跃，且z到出口处无其他引用，则z为死变量，可以把z的定值删除。反序查找四元式的目的仅仅是通过四元式位置序号删除方便，这是一个技术问题，如果使用链表方式存储四元式序列，正序查找也没有任何问题。这个操作可以反复进行，因为删除z的定值四元式后，该四元式的运算量又可能变为死变量，其定值语句可以删除。

定值-引用链记录了引用某定值的具体位置，用它确定死变量更加精确。只要定值-引用链为空，该定值就可以安全地删除，否则，就不能删除。

活跃变量法删除死变量如算法8.27所示，定值-引用链法删除死变量如算法8.28所示。两个算法均可以反复迭代，直至某次迭代未删除死变量为止。

算法8.27使用出口处活跃变量集删除死变量。第1行求出口处活跃变量集$outLv(B_i)$，然后对每个基本块（第2行），反序遍历四元式（第3行），如果四元式不是定值语句，则略过（第4行）。

算法 8.27 活跃变量法删除死变量

输入： 当前过程的流图，基本块集合为$N=\{B_1,B_2,\cdots,B_m\}$，基本块B_i的四元式编号$q_{i1},q_{i2},\cdots,q_{in_i}$

输出： 优化后的流图

```
1  进行活跃变量分析，记基本块 B_i 出口处活跃变量集为 outLv(B_i);
2  for i = 1 : m do
3  |  for j = n_i : -1 : 1 do
4  |  |  if q_ij 不是定值语句 then continue ;
5  |  |  isUsed = false;
6  |  |  for k = j + 1 : n_i do
7  |  |  |  if q_ik.opnd1 = q_ij.left ∨ q_ik.opnd2 = q_ij.left then
8  |  |  |  |  isUsed = true;
9  |  |  |  |  break;
10 |  |  |  end
11 |  |  end
12 |  |  if ¬isUsed ∧ q_ij.left ∉ outLv(B_i) then 删除四元式 q_ij ;
13 |  end
14 end
```

第5~11行判断后续四元式是否还有引用$q_{ij}.left$的语句（第7行），如果有，则$isUsed = true$；如果没有，则$isUsed = false$。如果后续没有引用$q_{ij}.left$的语句，且四元式的定值变量$q_{ij}.left$在基本块出口处不活跃，则删除四元式（第12行）。

例题8.23 删除死变量 流图如图8.26(b)所示，用活跃变量法删除流图的死变量。

解 (1) 计算活跃变量结果如下。

- 基本块B_1：$inLv(B_1) = \varnothing, outLv(B_1) = \{i, j\}$
- 基本块B_2：$inLv(B_2) = \{i, j\}, outLv(B_2) = \{i, j\}$
- 基本块B_3：$inLv(B_3) = \{i, j\}, outLv(B_3) = \{i, j\}$
- 基本块B_4：$inLv(B_4) = \{i, j\}, outLv(B_4) = \{i, j\}$
- 基本块B_5：$inLv(B_5) = \{a\}, outLv(B_5) = \varnothing$

(2) 删除死变量，第1轮迭代。

- 基本块B_1
  - 四元式105：定值变量j，后面没有对j的引用，但$j \in outLv(B_1)$，不能删除。
  - 四元式104：定值变量j，后面有对j的引用105，不能删除。
  - 四元式103：定值变量i，后面没有对i的引用，但$i \in outLv(B_1)$，不能删除。
  - 四元式102：定值变量n，后面有对n的引用104，不能删除。
  - 四元式101：定值变量m，后面有对m的引用103，不能删除。
  - 四元式100：不是定值语句，跳过。
- 基本块B_2
  - 四元式109：不是定值语句，跳过。
  - 四元式108：定值变量j，后面有对j的引用109，不能删除。
  - 四元式107：定值变量j，后面有对j的引用108，不能删除。
  - 四元式106：定值变量i，后面有对i的引用109，不能删除。
- 基本块B_3
  - 四元式111：定值变量a，后面没有对a的引用，$a \notin outLv(B_1)$，可以删除。
  - 四元式110：定值变量a，四元式111已删除，后面没有对a的引用，$a \notin outLv(B_1)$，可以删除。
- 基本块B_4
  - 四元式113：不是定值语句，跳过。
  - 四元式112：定值变量a，后面有对a的引用113，不能删除。
- 基本块B_5
  - 四元式115：不是定值语句，跳过。
  - 四元式114：定值变量x，后面没有对x的引用，$x \notin outLv(B_5)$，可以删除。

(3) 第2轮迭没有发现要删除的四元式，算法结束。最终结果如图8.36所示，其中基本块B_3中不再有四元式，被删除。

算法8.28采用定值-引用链删除死变量赋值。第1行计算定值-引用链，记作$DUChains$。注意一个定值-引用链，即$du(q, x)$就是一个集合，因此$DUChains$是$du(q, x)$这些集合的集合。

对每个基本块（第2行）的每个四元式（第3行），如果其定值-引用链为空（第4行），则可以删除。删除前先把这个定值-引用链从$DUChains$移除（第5行），然后每个定值-引用链中包含该四元式的，把当前四元式编号从定值-引用链移除（第6~8行）。这样做的目的，是下次迭代时无须再重新计算定值-引用链。最后删除当前四元式即可（第9行）。

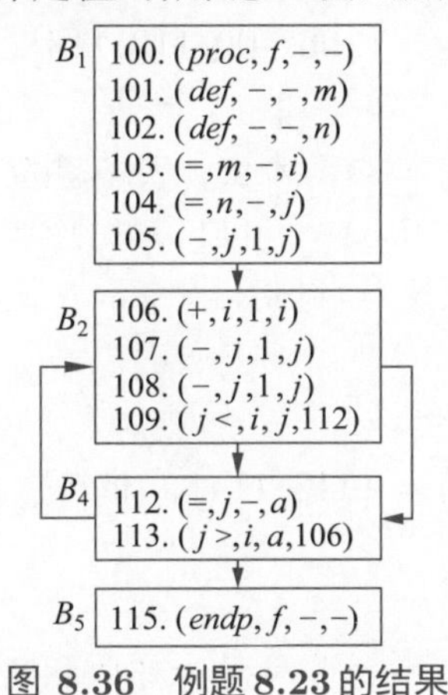

图 8.36　例题 8.23 的结果

算法 8.28　定值-引用链法删除死变量

输入: 当前过程的流图，基本块集合为 $N = \{B_1, B_2, \cdots, B_m\}$，基本块 B_i 的四元式编号 $q_{i1}, q_{i2}, \cdots, q_{in_i}$

输出: 优化后的流图

```
1  计算定值-引用链，记为 DUChains;
2  for i = 1 : m do
3      for j = n_i : -1 : 1 do
4          if q_ij 为定值语句 ∧ du(q_ij.quad, q_ij.left) = ∅ then
5              DUChains −= {du(q_ij.quad, q_ij.left)};
6              foreach du ∈ DUChains do
7                  if q_ij.quad ∈ du then  du −= {q_ij.quad} ;
8              end
9              删除四元式 q_ij;
10         end
11     end
12 end
```

例题 8.24 删除死变量　流图如图8.26(b)所示，例题8.20已经计算了其定值-引用链，用定值-引用链删除流图的死变量。

解　计算过程如下。

- 基本块 B_1
  - 四元式 105：$du(105, j) = \{107\}$，非空，不能删除。
  - 四元式 104：$du(104, j) = \{105\}$，非空，不能删除。
  - 四元式 103：$du(103, i) = \{106\}$，非空，不能删除。
  - 四元式 102：$du(102, n) = \{104\}$，非空，不能删除。
  - 四元式 101：$du(101, m) = \{103\}$，非空，不能删除。
  - 四元式 100：无变量定值
- 基本块 B_2
  - 四元式 109：无变量定值四元式 108：$du(108, j) = \{107, 109, 111, 112\}$，非空，不

能删除。
  - 四元式107：$du(107, j) = \{108\}$，非空，不能删除。
  - 四元式106：$du(106, i) = \{106, 109, 110, 113\}$，非空，不能删除。
- 基本块 B_3
  - 四元式111：$du(111, a) = \varnothing$，为空，可以删除，并修改定值-引用链。
  - 四元式110：原来 $du(110, a) = \{111\}$，删除四元式111后，$du(110, a) = \varnothing$，为空，可以删除，并修改定值-引用链。
- 基本块 B_4
  - 四元式113：无变量定值。
  - 四元式112：$du(112, a) = \{113, 114\}$，非空，不能删除。
- 基本块 B_5
  - 四元式115：无变量定值。
  - 四元式114：$du(114, x) = \varnothing$，为空，可以删除，并修改定值-引用链。

第2轮迭代没有发现要删除的四元式，算法结束。最终结果与图8.36所示相同。

8.5.4 未初始化变量检测

在诊断编译程序中，识别未初始化变量是非常重要的。8.4.2节已经介绍了基本块入口处和出口处的未初始化变量分析，本节在此基础上，进行变量引用点的未初始化检测，如算法8.29所示。

算法 8.29 未初始化变量检测

输入： 流图，基本块集合为 $N = \{B_1, B_2, \cdots, B_m\}$，基本块 B_i 的四元式为 $q_{i1}, q_{i2}, \cdots, q_{in_i}$

输出： 识别未初始化变量及所在四元式

```
1  基本块未初始化变量分析，记 B_i 入口处未初始化变量集合为 inUv(B_i);
2  for i = 1 : m do
3  |  for j = 1 : n_i do
4  |  |  if q_ij.opnd1 是变量∧¬isSafeUse(B_i, inUv(B_i), q_ij.opnd1, j) then
5  |  |  |  报告变量 q_ij.opnd1 在四元式 q_ij 的引用未初始化
6  |  |  end
7  |  |  if q_ij.opnd2 是变量∧¬isSafeUse(B_i, inUv(B_i), q_ij.opnd2, j) then
8  |  |  |  报告变量 q_ij.opnd2 在四元式 q_ij 的引用未初始化
9  |  |  end
10 |  end
11 end
12 bool isSafeUse(B_i, inUv(B_i), z, k):
13 |  for j = k − 1 : −1 : 1 do
14 |  |  if q_ij 取消了 z 的初始化 then  return false ;
15 |  |  else if q_ij 初始化了 z then  return true ;
16 |  end
17 |  return z ∉ inUv(B_i);
18 end isSafeUse
```

算法第1行先进行基本块的未初始化变量分析，记基本块 B_i 入口处未初始化变量集合

为 $inUv(B_i)$。然后遍历每个基本块（第2行）的每个四元式（第3行），分别对左右操作数调用 isSafeUse() 函数判断引用的安全性（第4~9行）。

第12~18行为函数 isSafeUse() 的定义，该函数包含以下4个参数。

- B_i：要检测的代码所属的基本块。该函数没有显式的调用基本块，但遍历基本块的四元式时，需要这个信息。
- $inUv(B_i)$：基本块 B_i 入口处未初始化变量集合。
- z：要检测的未初始化变量。
- k：要检测的变量所在四元式位置，即 q_{ik} 为变量所在的四元式。

该过程从 z 的引用点向前搜索（第13行），如果先找到了取消 z 初始化的语句，则这个引用不安全（第14行）；如果先找到了初始化 z 的语句，则这个引用是安全的（第15行）。如果到基本块的第一个语句搜索完，都没有找到对 z 初始化或取消 z 初始化的语句，则 $z \notin inUv(B_i)$ 时这个引用是安全的；$z \in inUv(B_i)$ 时，则引用不安全（第17行）。

例题 8.25 未初始化变量检测 识别例题8.14中未初始化变量的引用。

解 计算过程如下。

- 基本块 B_1：$inUv(B_1) = \{i, sum, \$1, \$2, a, b\}$
  - 四元式 100：无变量引用。
  - 四元式 101：无变量引用。
  - 四元式 102：无变量引用。
  - 四元式 103：无变量引用。
  - 四元式 104：无变量引用。
- 基本块 B_2：$inUv(B_2) = \{\$1, \$2\}$
  - 四元式 105：引用变量 i 和 a，往前搜索到 B_2 入口处两个变量均未初始化，但 $i \notin inUv(B_2), a \notin inUv(B_2)$，引用是安全的。
- 基本块 B_3：$inUv(B_3) = \{\$1, \$2\}$
  - 四元式 106：引用变量 sum 和 i，往前搜索到 B_3 入口处两个变量均未初始化，但 $sum \notin inUv(B_3), i \notin inUv(B_3)$，引用是安全的。
  - 四元式 107：引用变量 \$1，往前搜索，四元式 106 对 \$1 进行了初始化，引用是安全的。
  - 四元式 108：引用变量 i，往前搜索到 B_3 入口处变量未初始化，但 $i \notin inUv(B_3)$，引用是安全的。
  - 四元式 109：引用变量 \$2，往前搜索，四元式 108 对 \$2 进行了初始化，引用是安全的。
  - 四元式 110：无变量引用。
- 基本块 B_4：$inUv(B_4) = \{\$1, \$2\}$
  - 四元式 111：引用变量 sum，往前搜索到 B_4 入口处变量未初始化，但 $sum \notin inUv(B_4)$，引用是安全的。
  - 四元式 112：引用变量 b，往前搜索到 B_4 入口处变量未初始化，但 $b \notin inUv(B_4)$，引用是安全的。
  - 四元式 113：引用变量 sum 和 b，往前搜索到 B_4 入口处变量 sum 未初始化，但 $sum \notin inUv(B_4)$，引用是安全的；变量 b 在四元式 112 初始化，引用是安全的。

- 基本块B_5：$in(B_5)=\{\$1,\$2\}$
  - 四元式114：无变量引用。

关于未初始化变量做如下附加说明：如果检测到某个变量未初始化，但它是父过程的变量（C语言为全局变量），则需要记录该变量，然后在父级过程检查在调用该过程前是否已初始化该变量。只有在某个父级过程调用该过程前已初始化该变量，才认为该变量已初始化。

8.5.5 复写传播和常量传播

8.2节常用优化技术中，已经介绍了复写传播，即某个表达式赋值给一个变量x，变量x未改变又赋值给另外一个变量y，那么对y的引用可以修改为对x的引用。

常量传播是一种特殊的复写传播，即x被赋值为一个常量，然后又被引用。这时可以把对x的引用，修改为对常量的引用，同时另一个运算量也是常量时，还可以合并已知常量。

复写传播与常量传播如算法8.30所示。首先计算引用-定值链（第1行），然后遍历每个基本块（第2行）的每个四元式（第3行）。左操作数对应的引用-定值链为$ud(q_{ij}.quad, q_{ij}.opnd1)$，如果引用-定值链中四元式唯一且形如$(=,x,-,q_{ij}.opnd1)$（第4行），就把当前四元式的左操作数修改为$x$（第5行）。右操作数$q_{ij}.opnd2$做同样处理（第7~9行）。两个操作数都处理完毕后，检查是否可合并常量，若能则合并（第10~12行）。该算法也需要多次迭代，直至某轮迭代中未再修改四元式为止。

算法 8.30 复写传播与常量传播

输入：流图，基本块集合为$N=\{B_1,B_2,\cdots,B_m\}$，基本块B_i的四元式为$q_{i1},q_{i2},\cdots,q_{in_i}$

输出：复写传播优化后的流图

```
1  计算引用-定值链;
2  for i = 1 : m do
3      for j = 1 : n_i do
4          if |ud(q_ij.quad, q_ij.opnd1)| = 1 ∧ ud中四元式形如(=, x, −, q_ij.opnd1) then
5              q_ij.opnd1 = x;
6          end
7          if |ud(q_ij.quad, q_ij.opnd2)| = 1 ∧ ud中四元式形如(=, x, −, q_ij.opnd2) then
8              q_ij.opnd2 = x;
9          end
10         if q_ij.opnd1为常量∧(q_ij.opnd2 = null ∨ q_ij.opnd2为常量) then
11             合并常量;
12         end
13     end
14 end
```

例题8.26 复写传播和常量传播 流图如图8.26(b)所示，例题8.18已求得其引用-定值链，对其进行复写传播。

解 优化结果如图8.37所示，优化过程如下。

- 基本块B_1
  - 四元式100：无变量引用。

– 四元式 101：无变量引用。
– 四元式 102：无变量引用。
– 四元式 103：$ud(103, m) = \{101\}$，101 不是单变量赋值。
– 四元式 104：$ud(104, n) = \{102\}$，102 不是单变量赋值。
– 四元式 105：$ud(105, j) = \{104\}$，104 是单变量 n 赋值给 j，因此 105 修改为 $(-, n, 1, j)$，不能合并常量。

- 基本块 B_2
  – 四元式 106：$ud(106, i) = \{103, 106\}$，定值点不唯一。
  – 四元式 107：$ud(107, j) = \{105, 108\}$，定值点不唯一。
  – 四元式 108：$ud(108, j) = \{107\}$，107 不是单变量赋值。
  – 四元式 109：$ud(109, i) = \{106\}$，106 不是单变量赋值；$ud(109, j) = \{108\}$，108 不是单变量赋值。
- 基本块 B_3
  – 四元式 110：$ud(110, i) = \{106\}$，106 不是单变量赋值。
  – 四元式 111：$ud(111, a) = \{110\}$，110 是单变量 i 赋值给 a，因此 111 修改为 $(+, i, j, a)$；$ud(111, j) = \{108\}$，108 不是单变量赋值；不能合并常量。
- 基本块 B_4
  – 四元式 112：$ud(112, j) = \{108\}$，108 不是单变量赋值。
  – 四元式 113：$ud(113, j) = \{106\}$，106 不是单变量赋值；$ud(113, a) = \{112\}$，112 是单变量 j 赋值给 a，因此 113 修改为 $(j >, i, j, 106)$，不能合并常量。
- 基本块 B_5
  – 四元式 114：$ud(114, a) = \{112\}$，112 是单变量 j 赋值给 a，因此 114 修改为 $(+, j, 1, x)$，不能合并常量。
  – 四元式 115：无变量引用。

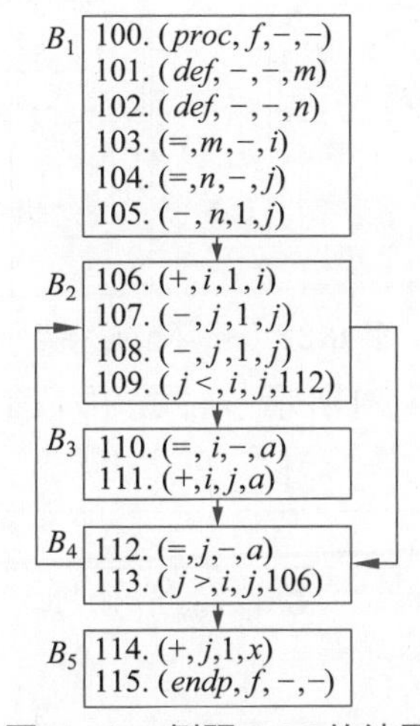

图 8.37　例题 8.26 的结果

从例题8.26结果可以看出，复写传播会为后续优化创造大量机会。四元式 105 复写传播后，四元式 104 的定值不再需要。四元式 113 和四元式 114 复写传播后，变量 a 的定值 110、111 和 112 都不再需要，变量 a 也被删除。

8.6 循环优化

目前为止，我们考虑的优化都没有对循环进行区别对待。循环的代码是反复执行的，因此特别考虑循环的优化，对提高代码效率能起到更好的作用。循环优化主要考虑代码外提、强度削弱和删除归纳变量3种优化。

本节对四元式编号采用了一种阅读优先的编写方式。某个四元式如105移动到103的位置，本节仍然保持其编号为105，而不是把编号改为103，原来的103和104修改为104和105。又如，四元式105位置不动，但因为这条语句在另外一个位置生成新的四元式，这条新的四元式编号为105′。本节中这种表示方式纯粹是为了易于阅读和理解四元式的来源，在正式的编译器设计中，还是应该按照前述的四元式编号连续的方式进行处理，否则会对后续工作造成混乱。

8.6.1 代码外提

如8.2.5节所述，如果循环中有形如(θ, x, y, z)的代码，而x和y为常量或定值都在循环外，那么不管循环多少次，每次计算出的$x\theta y$都是不变的，这种运算称为**循环不变运算**，可以把这个运算提到循环外。

代码外提时，在循环入口结点前建立一个新的基本块结点，称为循环的**前置结点**。循环前置结点如图8.38所示。

- 循环前置结点以循环入口结点为其唯一后继。
- 原来流图中循环外引入循环入口结点的有向边，现引入前置结点。
- 原来流图中循环内引入循环入口结点的有向边，仍引入入口结点。
- 循环中外提的代码均提到前置结点中。

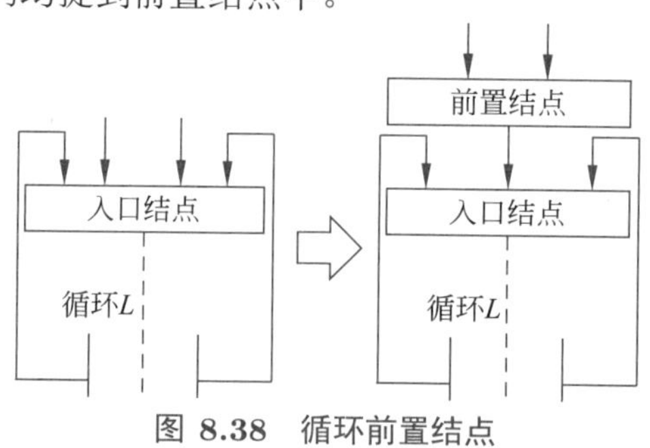

图 8.38 循环前置结点

构造前置结点的过程如算法8.31所示，注意循环前置结点在循环外，不是循环中的结点。

算法 8.31 构造循环前置结点

输入： 流图，流图中的循环；假设结点集合为N，循环结点集合为L，循环开始结点为B_s

输出： 返回循环L增加的前置结点B

1 创建空结点B，置$N = N \cup \{B\}$;
2 创建数据流弧$B \rightarrow B_s$;
3 **foreach** 每个弧$B_i \rightarrow B_s \wedge B_i \notin L$ **do**
4 | 修改为$B_i \rightarrow B$;
5 **end**
6 return B;

下面讨论循环代码外提的条件。图8.39(a) 所示的流图中，共有以下2个循环。

- 循环1：B_2 和 B_3 构成一个循环，入口结点为 B_2，出口结点为 B_2 和 B_3。
- 循环2：B_2、B_5 和 B_3 构成一个循环，入口结点为 B_2，出口结点为 B_3。

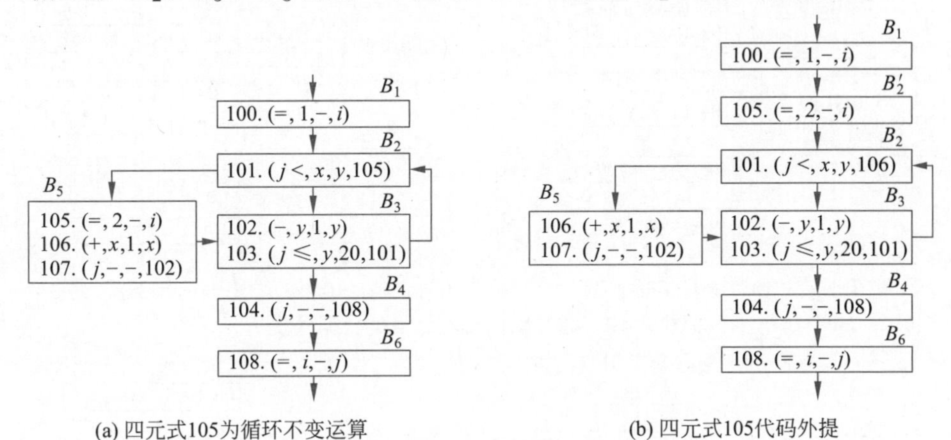

(a) 四元式105为循环不变运算　　(b) 四元式105代码外提

图 8.39　循环不变运算的代码外提

考虑循环2中的四元式105，它对 i 的定值为常量，因此四元式105是循环不变运算。如果把它提到循环外（循环前置结点），如图8.39(b) 所示，那么执行到 B_6 的四元式108时，i 的值总为2，从而 j 的值总为2。

而 B_5 并不是循环出口结点 B_3 的支配结点，因此图8.39(a) 中，可能通过路径 $B_1 \to B_2 \to B_3 \to B_4 \to B_6$ 执行。那么执行到四元式108时，i 的值为1，从而 j 的值也是1，显然与图8.39(b) 的流图不等价。

另外还应注意到，如果 i 在循环出口处（B_4 入口处）不再活跃，如果循环中 i 的引用都是循环中 i 的定值点可到达的，那么其定值点可以提到循环外。

根据以上分析，得到**循环外提条件1**如下。

- 循环不变运算所在结点，必须是循环出口结点的支配结点，该循环不变运算才可能外提。
- 循环中某个变量 x 的引用点都是其定值点可到达的，同时 x 在循环中不存在其他定值点，并且出循环后 x 不再活跃，则 x 定值为循环不变运算时可外提。

那么，如果循环不变运算所在结点，是循环出口结点的支配结点，是否一定可以外提呢？如图8.40(a) 所示，B_2 中增加了四元式101，即 $(=, 3, -, i)$。由于 B_2 是循环出口结点的支配结点，现在考虑四元式101的外提问题，如图8.40(b) 所示。

考虑执行路径 $B_2 \to B_5 \to B_3 \to B_2 \to B_3 \to B_4 \to B_6$，代码外提前的图8.40(a) 中，执行到 B_6 时，i 的值为3，因此 j 为3。代码外提后的图8.40(b) 中，执行到 B_6 时，i 的值为2，因此 j 为2。

两者不等价是由 B_5 中对 i 的定值语句106造成的。这样得到**循环外提条件2**：当把循环不变运算 (θ, x, y, z) 外提时，要求循环中其他地方不能再有 z 的定值点。

下面讨论满足循环外提条件2的例外情况。如图8.41(a) 所示，B_3 是循环 B_2、B_5、B_3 的唯一出口结点，考虑其中的四元式102。循环中除 B_3 外，其他地方没有 i 的定值点，满足循环外提条件2，将其外提后如图8.41(b) 所示。

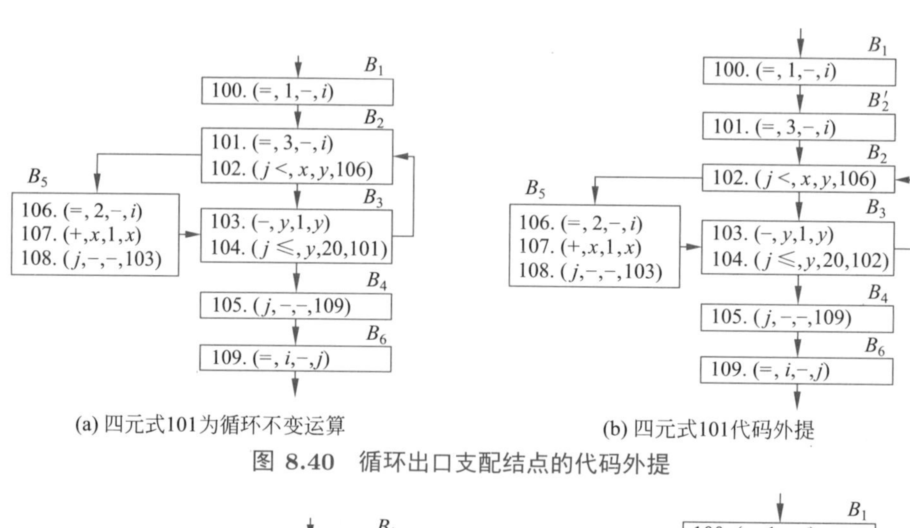

(a) 四元式101为循环不变运算　　(b) 四元式101代码外提

图 8.40　循环出口支配结点的代码外提

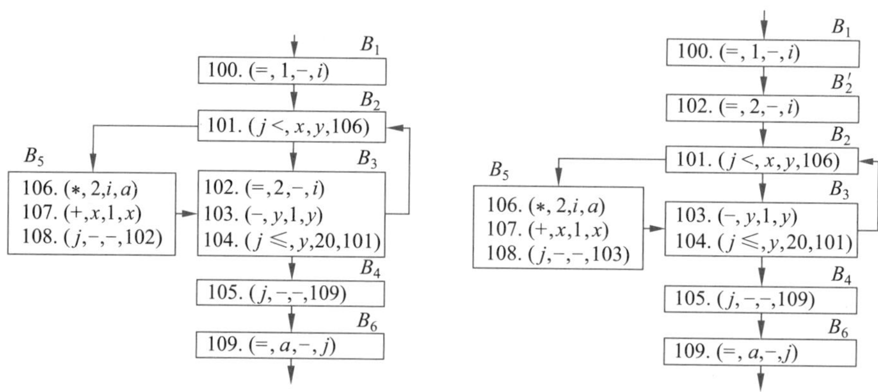

(a) 四元式102为循环不变运算　　(b) 四元式102代码外提

图 8.41　循环出口支配结点无其他定值时的代码外提

考虑执行路径 $B_2 \to B_5 \to B_3 \to B_2 \to B_3 \to B_4 \to B_6$，代码外提前的图8.41(a) 中，执行到 B_6 时，a 的值为2，因此 j 为2。代码外提后的图8.41(b) 中，执行到 B_6 时，a 的值为4，因此 j 为4。

两者不等价是由 B_5 中对 i 的引用语句106造成的。这样得到**循环外提条件3**：当把循环不变运算 (θ, x, y, z) 外提时，要求循环中 z 的所有引用点都是而且仅仅是这个定值可到达的。

标记循环不变运算如算法8.32所示。第1行计算引用-定值链，以便通过引用-定值链确定变量的定值点。第3~7行遍历四元式，将运算量为常量、定值点在循环外，或者只有一个到达定值点且已标记为循环不变运算的四元式标记为循环不变运算。重复这个过程，直到没有新的四元式被标记为循环不变运算为止（第8行）。

对于四元式 (θ, x, y, z)，梳理循环不变运算运算量的各种情况如下。

- x 为常数，则 y 满足如下之一。
  - y 未被使用。
  - y 的定值点不在循环中。
  - y 的唯一定值点已标记为循环不变运算。
- x 的定值点不在循环中，或者 x 的唯一定值点已标记为循环不变运算，则 y 满足如下之一。

- y 未被使用。
- y 为常数。
- y 的定值点不在循环中。
- y 的唯一定值点已标记为循环不变运算。

算法 8.32 标记循环不变运算

输入: 流图，循环 $L=\{q_1,q_2,\cdots,q_m\}$，其中 q_i 表示四元式

输出: 标记循环不变运算后的流图

```
1 计算引用-定值链;
2 do
3     foreach q_i ∈ L do
4         if (q_i 的运算量为常数) ∨ (q_i 的运算量的定值点 ∉ L)
          ∨(q_i 的运算量的只有一个到达定值点且该点已标记为循环不变运算) then
5             标记 q_i 为循环不变运算;
6         end
7     end
8 while 有新的四元式标记为循环不变运算;
```

代码外提如算法8.33所示。对每个编号为 q 的循环不变运算（第3行），计算4个条件并赋值给4个布尔型变量 C_1~C_4（第4~7行）。第8~10行根据这些条件，确定是否可外提。

算法 8.33 代码外提

输入: 流图，循环 L

输出: 代码外提后的流图

```
1  求出循环 L 的所有不变运算;
2  do
3      foreach 循环不变运算 q.(θ,x,y,z) ∨ q.(θ,x,−,z) do
4          条件 C_1 = q 所在结点是 L 所有出口结点的支配结点;
5          条件 C_2 = z 在 L 中不存在其他定值点;
6          条件 C_3 = z 在 L 中的所有引用点，只有定值点 q 能够到达;
7          条件 C_4 = z 离开 L 后不再活跃;
8          if (C_1 ∧ C_2 ∧ C_3) ∨ (C_2 ∧ C_3 ∧ C_4) then
9              将 q 外提到前置结点;
10         end
11     end
12 while 有循环不变运算外提到 L 的前置结点;
```

例题 8.27 代码外提 代码8.3对应的中间代码流图如图8.42(a) 所示，对其进行代码外提。

代码 8.3 for 循环代码

```
1    for i = 1 : 10
2      a[i, 2 * j] = a[i, 2 * j] + 1;
```

解 (1) 首先计算支配结点并识别循环，结点 B_2、B_3 构成一个循环，入口结点为 B_2，出口结点为 B_3。

(2) 标记循环不变运算，包括102、105、107、110。

(3) 构建循环前置结点，将循环不变运算外提到前置结点，如图8.42(b) 所示。

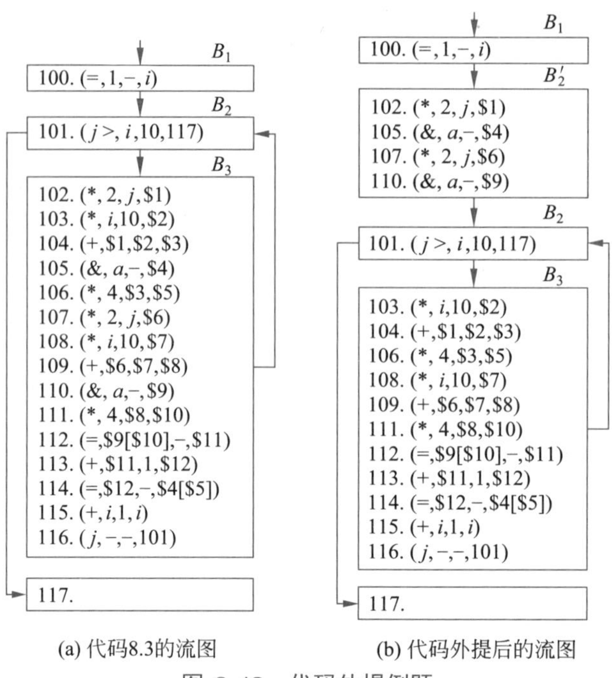

(a) 代码8.3的流图　　(b) 代码外提后的流图

图 8.42　代码外提例题

8.6.2　归纳变量识别

归纳变量（Induction Variable）即控制循环迭代次数的变量，是强度削弱和归纳变量删除两种循环优化的基础，本节给出归纳变量的定义和识别方法。

定义 8.16 (基本归纳变量)

如果循环中对变量i的定值只有唯一的一种形式：$i = i \pm c$，其中c为循环不变量，则称i为循环的基本归纳变量。♣

如代码8.3中，控制循环的变量i即为基本归纳变量。在中间代码中，表现为图8.42(a)中的四元式115，即$i = i + 1$。

定义 8.17 (归纳变量)

如果i是循环中的一个基本归纳变量，j在循环中的定值总是可以归为i的线性函数：$j = c_1 \times i \pm c_2$，其中c_1和c_2都是循环不变量，则称j为i族归纳变量，或j是与i同族的归纳变量。♣

显然，一个基本归纳变量也是一个归纳变量。图8.42(a) 中，由四元式 103 可知，$\$2 = 10i$，因此 \$2 是i族归纳变量。由四元式 102 可知，因为j在循环外定值，因此 \$1 是循环不变量。再由四元式 103 和四元式 104 可知，$\$3 = 10i + \$1$，因此 \$3 也是i族归纳变量。

大部分编译器中，归纳变量有一个标准表示，用一个三元组(i, c_1, c_2)表示$c_1 \times i + c_2$，我们也采用这个表示。同时，被定值的变量也很重要，因此实际需要 4 个分量表示归纳变量。例如，$\$3 = 10i + \$1$ 可以表示为 $\$3 = (i, 10, \$1)$，$i = i + 1$ 可以表示为$i = (i, 1, 1)$，$j = i$ 可以表示为$j = (i, 1, 0)$等。

几种常见的四元式转换为归纳变量表示，总结如下。

- $(+, i, c, j)$ 或 $(+, c, i, j)$：表示为 $j = (i, 1, c)$。
- $(-, i, c, j)$：表示为 $j = (i, 1, -c)$。
- $(-, c, i, j)$：表示为 $j = (i, -1, c)$。
- $(*, i, c, j)$ 或 $(*, c, i, j)$：表示为 $j = (i, c, 0)$。

识别归纳变量需要先识别基本归纳变量。首先，采用一个简化模型，规定基本归纳变量在循环中只更新一次，这样大大降低未来归纳变量优化的复杂性。其次，是基本归纳变量的更新方式问题。遇到 $(+, i, c, i)$ 这样的四元式（循环中不再有 i 的其他定值点），当然可以判定 i 为基本归纳变量。但实际上，对 $i = i + c$ 这样的表达式，一般会翻译为 $(+, i, c, \$1)$ 和 $(=, \$1, -, i)$ 两个连续的四元式，基本归纳变量的识别也应考虑这种情况。

归纳变量识别如算法8.34所示，其中 c 表示循环不变量；注意循环不变量可以为常量，但更多情况下是在循环外定值的变量。第2~9行检测基本归纳变量，其中第3~5行为单个四元式 $(\pm, i, c, i)$ 的情形，第6~8行为两个连续四元式 $(\pm, i, c, \$1)$ 和 $(=, \$1, -, i)$ 的情况。

算法 8.34 归纳变量识别

输入: 循环 L

输出: 识别出的归纳变量

```
1  求出 L 的所有循环不变运算;
2  foreach 四元式 q ∈ L do
3  |   if q 形如(±, i, c, i) ∧ i 在 L 中没有其他定值点 then
4  |   |   标记 i = (i, 1, ±c) 为基本归纳变量;
5  |   end
6  |   if q 形如(±, i, c, x) ∧ (q + 1) 形如(=, x, −, i) ∧ i 在 L 中没有其他定值点 then
7  |   |   标记 i = (i, 1, ±c) 为基本归纳变量;
8  |   end
9  end
10 do
11 |   foreach 四元式 q ∈ L do
12 |   |   if (q 形如(∗, i, c, j) ∨ q 形如(∗, c, i, j)) ∧ i 为归纳变量 then
13 |   |   |   标记 j = (i, c, 0) 为归纳变量，族为 i 对应的族;
14 |   |   end
15 |   |   if q 形如(±, i, c, j) ∧ i 为归纳变量 then
16 |   |   |   标记 j = (i, 1, ±c) 为归纳变量，族为 i 对应的族;
17 |   |   end
18 |   |   if q 形如(±, c, i, j) ∧ i 为归纳变量 then
19 |   |   |   标记 j = (i, ±1, c) 为归纳变量，族为 i 对应的族;
20 |   |   end
21 |   end
22 while 有新变量标记为归纳变量;
```

第10~22行迭代识别归纳变量。第12~14行为乘法关系，第15~17行和第18~20行为加减关系。这里没有考虑 $(/, i, c, j)$ 的除法关系，实际这种形式为 $j = \frac{1}{c}i$，也是一种线性关系。但考虑到 c 大部分情况下是变量，$\frac{1}{c}$ 不是一个数字，这种认定会为后面的优化造成不必要的干扰，因此放弃此种归纳变量的识别。当然如果追求极致的优化，也可以把$(/, i, c, j)$修改为$(/, 1, c, \$\$1)$和$(*, i, \$\$1, j)$，转换为乘法后再进行优化。

例题 8.28 识别归纳变量 对流图8.42(b)，识别其归纳变量。

解 (1) 识别循环，结点B_2、B_3构成一个循环，入口结点为B_2，出口结点为B_3。

(2) 循环不变量包括：\$1, \$4, \$6, \$9。

(3) 识别归纳变量。

- 识别基本归纳变量。
  - 四元式115得到基本归纳变量：$i = (i, 1, 1)$。
- 第1轮迭代。
  - 四元式103得到i族归纳变量：$\$2 = (i, 10, 0)$。
  - 四元式104得到i族归纳变量：$\$3 = (\$2, 1, \$1)$。
  - 四元式106得到i族归纳变量：$\$5 = (\$3, 4, 0)$。
  - 四元式108得到i族归纳变量：$\$7 = (i, 10, 0)$。
  - 四元式109得到i族归纳变量：$\$8 = (\$7, 1, \$6)$。
  - 四元式111得到i族归纳变量：$\$10 = (\$8, 4, 0)$。
- 第2轮迭代，未发现新的归纳变量，算法结束。

8.6.3 强度削弱

强度削弱指把程序中执行时间较长的运算，替换为执行时间较短的运算。强度削弱的效果已在8.2.6节说明，本节介绍强度削弱的算法。

为简单起见，将归纳变量$j = (i, c_1, c_2)$对应的四元式提到前置结点，然后紧跟在基本归纳变量后（属于哪个族就在哪个基本归纳变量后），生成一条j的自增语句。

下面需要考虑的是j自增的步长，以如下3条语句为例说明步长的计算，其中i是基本归纳变量。

- $j_1 = (i, c_{11}, c_{12})$
- $j_2 = (j_1, c_{21}, c_{22})$
- $j_3 = (j_2, c_{31}, c_{32})$

将以上代码展开，计算得到j_1、j_2、j_3的值分别如式(8.14)、式(8.15)、式(8.16)所示。

$$j_1 = c_{11}i + c_{12} \tag{8.14}$$

$$j_2 = c_{21}j_1 + c_{22} = c_{21}(c_{11}i + c_{12}) + c_{22} = c_{11}c_{21}i + c_{12}c_{21} + c_{22} \tag{8.15}$$

$$j_3 = c_{31}j_2 + c_{32} = c_{31}(c_{11}c_{21}i + c_{12}c_{21} + c_{22}) + c_{32} = c_{11}c_{21}c_{31}i + c_{12}c_{21}c_{31} + c_{22}c_{31} + c_{32} \tag{8.16}$$

假设i在循环中的步长为c_0，即$i = i + c_0$，则根据上述三式，j_1、j_2、j_3的步长分别为c_0c_{11}、$c_0c_{11}c_{21}$和$c_0c_{11}c_{21}c_{31}$。用f_i表示j_i的步长，f_0表示i的步长，则递归计算公式如式(8.17)所示。

$$f_i = \begin{cases} c_0, & i = 0 \\ c_{i1}f_{i-1}, & i \geqslant 1 \end{cases} \tag{8.17}$$

这样，就需要递归计算每个归纳变量的步长。例如，$f_1 = c_0c_{11}$，如果c_0和c_{11}都是常数，则可以直接计算得到f_1为常数；如果c_{21}也是常数，那么得到$f_2 = c_{21}f_1$也是常数；……。实际上，强度削弱对数组下标的优化效果最为明显。而数组声明时，如果要求每个维度的长度必须是常数，则 f_i 就都是常数，这是最常见的情形。这样，就需要归纳变量再增加一个分量，用来记录这个步长。

但是，优化过程中也不能排除循环不变量 c_0 和 c_{i1} 为变量的情形。这种情况下，就需要在前置模块生成递归计算步长的代码 $(*, c_{i1}, f_{i-1}, \$\$1)$。此时，临时变量 \$\$1 记录了 f_i 这个步长，而归纳变量记录步长的分量应该持有的是这个临时变量，而不是一个常量。

强度削弱如算法8.35所示。注意基本归纳变量可能不止一个，为支持算法运行，构造一个二维链表结构 Q，Q 的每个元素也是一个链表，对应一个基本归纳变量，而基本归纳变量的链表的每个元素是新生成的四元式。用 $Q.i.add(q)$ 表示将四元式 q 加入基本归纳变量 i 对应的链表中。每个归纳变量增加一个属性 $step$，用来记录步长。

算法 8.35 强度削弱

输入: 循环 L

输出: 识别出的归纳变量

```
1  求出 L 的所有归纳变量;
2  初始化链表 Q;
3  基本归纳变量 i = (i, 1, c) 的步长置为: i.step = c;
4  foreach 四元式 q ∈ L do
5  |  if q 对应 i 族归纳变量 z = (x, c1, c2) then
6  |  |  将 q 移动到循环前置结点的最后;
7  |  |  if c1 和 x.step 均为常数 then  z.step = c1 × x.step ;
8  |  |  else
9  |  |  |  z.step = newTemp;
10 |  |  |  前置结点最后生成四元式 (*, c1, x.step, z.step);
11 |  |  end
12 |  |  Q.i.add((+, z, z.step, z));
13 |  end
14 end
15 foreach 基本归纳变量 i do
16 |  pos = i 的递归赋值四元式 i = i ± c 位置 + 1;
17 |  foreach q ∈ Q.i do
18 |  |  将 q 插入 pos++;
19 |  end
20 end
```

算法先利用算法8.34求归纳变量（第1行）、初始化链表 Q（第2行），并将每个基本归纳变量的步长 $i.step$ 初始化（第3行）。第4~14行遍历四元式，如果当前四元式 q 被标记为归纳变量（第5行），先将其移动到循环前置结点的最后位置（第6行），然后计算步长。如果归纳变量表达式的系数 c_1 和变量步长 $x.step$ 均为常数，则计算乘积作为当前归纳变量步长（第7行）；否则，生成乘法运算放到前置结点，将计算结果变量作为步长（第8~11行）。最后为当前归纳变量生成自增四元式，加入 $Q.i$ 中（第12行）。

第15~20行找到基本归纳变量位置（第16行），将其生成的自增四元式插入该位置后（第17~19行）。

例题 8.29 强度削弱 对流图8.42(b)，进行强度削弱。

解 例题8.28中已识别出其归纳变量，强度削弱后结果如图8.43所示。

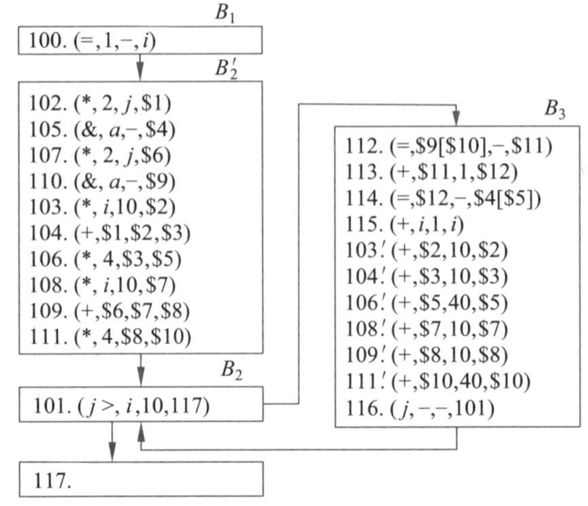

图 8.43　例题 8.29 的结果

本例只有一个基本归纳变量：$i = (i,1,1), i.step = 1$。

- 四元式103提到前置结点B_2'；对应i族归纳变量$\$2 = (i,10,0)$，即$\$2.step = 10\times 1 = 10$，生成四元式$103'$加入$Q.i$。
- 四元式104提到前置结点B_2'；对应i族归纳变量$\$3 = (\$2,1,\$1)$，即$\$3.step = 1\times 10 = 10$，生成四元式$104'$加入$Q.i$。
- 四元式106提到前置结点B_2'；对应i族归纳变量$\$5 = (\$3,4,0)$，即$\$5.step = 4\times 10 = 40$，生成四元式$106'$加入$Q.i$。
- 四元式108提到前置结点B_2'；对应i族归纳变量$\$7 = (i,10,0)$，即$\$7.step = 10\times 1 = 10$，生成四元式$108'$加入$Q.i$。
- 四元式109提到前置结点B_2'；对应i族归纳变量$\$8 = (\$7,1,\$6)$，即$\$8.step = 1\times 10 = 10$，生成四元式$109'$加入$Q.i$。
- 四元式111提到前置结点B_2'；对应i族归纳变量$\$10 = (\$8,4,0)$，即$\$10.step = 4\times 10 = 40$，生成四元式$111'$加入$Q.i$。

最后将$Q.i$的四元式按顺序插入i的自增四元式115后。

8.6.4　归纳变量删除

强度削弱后，在图8.43的循环中，归纳变量\$2、\$3、\$7、\$8都不再引用，因此经过一次删除无用赋值的优化会被删除；而归纳变量\$5、\$10则会被保留。

由于\$5、\$10都是i族归纳变量，而i除自增运算115、循环入口转移语句101的引用外，在循环中不再有其他引用和定值。因此，可以考虑用\$5或\$10替换基本归纳变量i，这里选择\$5。

根据四元式106、104和105可知，$\$5 = 4\$3 = 4\$2 + 4\$1 = 40i + 4\$1$。因此，如果四元式101中的$i$替换为\$5，则第3个区段的10应替换为$40\times 10 + 4\$1$，这个式子可以通过\$5的归纳变量形成的计算链条得到。这样替换后，就可以将115删除。

删除归纳变量如算法8.36所示。在删除归纳变量前，应先进行强度削弱（第1行，使用算法8.35），这样很多归纳变量不会再被引用；然后删除无用赋值（第2行，使用算法8.27或算法8.28），只保留那些后续仍需引用的变量。删除无用赋值时，不要删除对应的归纳变量信息，这些信息在本算法后续仍要使用。

算法 8.36 删除归纳变量

```
   输入：循环 L
   输出：删除归纳变量
1  对 L 进行强度削弱;
2  对 L 删除无用赋值;
3  foreach 基本归纳变量 i do 删除基本归纳变量 i
4      if (i 在循环出口后活跃) ∨ (i 在自增和 (jθ, i, x, −) 之外被引用) then continue ;
5      v = i;
6      do
7          寻找归纳变量 u = (v, c1, c2);
8          t = newTemp;
9          if v = i then 在前置模块末尾生成对应四元式：gen(x, c1, c2, t) ;
10         else 在前置模块末尾生成对应四元式：gen(oldTemp, c1, c2, t) ;
11         oldTemp = t;
12         v = u;
13     while v 在循环 L 中不存在定值点;
14     替换 (jθ, i, x, −) 为 (jθ, v, t, −);
15     删除 i 的自增语句;
16 end
17 对前置模块删除无用赋值;
```

然后对每个基本归纳变量i，测试其是否可删除（第3~16行）。如果i在循环出口处活跃，或者i在自增和条件转移语句外的语句中被引用，则i不能删除，进入下一个基本归纳变量的测试（第4行）。

如果i可删除，则需要寻找一个合适的归纳变量v替换条件转移语句中的i。一般在i族归纳变量中，任选一个不是i的变量即可。但为了生成更少的代码，选择经最少计算得到的归纳变量。例如，有如下i族归纳变量。

- $k = (i, c_{11}, c_{12})$
- $m = (k, c_{21}, c_{22})$
- $n = (m, c_{31}, c_{32})$

k、m、n从i算起，分别经过1、2、3步计算得到。如果k在删除无用赋值的优化中已经删除，那么选择m而不是n作为i的替代变量，因为前者的计算距离更短。

为达成这一目标，首先将基本归纳变量i赋值给一个循环变量v（第5行），循环中（第6~13行）每次迭代寻找归纳变量$u = (v, c_1, c_2)$（第7行）。先跳过第8~11行，第12行把u赋值给v，第13行的while条件为v在循环中不存在定值点。因此整个循环的逻辑就是通过归纳变量计算链条寻找第一个有定值点的归纳变量，找到v，就是用来替换基本归纳变量i的归纳变量。

第8~11行则将条件转移语句中的x，按照与i相同的计算规则，计算得到最终的替换结果。第8行先生成一个临时变量t，如果v是i，就使用$t = (x, c_1, c_2)$的归纳变量生成四元式（第9行）；否则，就使用$t = (oldTemp, c_1, c_2)$的归纳变量生成四元式（第10行）。其中$oldTemp$是上次迭代生成的临时变量（第11行）。注意，gen$(\cdots)$的4个参数不是要生成四元式的4个区段，而是代表一个归纳变量的4个分量，根据归纳变量生成四元式的规则如算法8.37所示。

do⋯while循环结束后，找到i的替换变量v，并将x按照i到v相同的计算规则得到t，因此将条件转移语句中的两项对应置换（第14行），然后删除i的自增语句即可。

所有基本归纳变量置换完成后，前置模块中可能存在因为合并常量造成的无用赋值，此时再对该基本块执行一次删除无用赋值操作（第17行）。

下面讨论根据归纳变量计算规则生成四元式，即算法8.37。对于一个归纳变量的计算规则$t=(x,c_1,c_2)$，根据8.6.2节的讨论，如果是加减法运算得到的归纳变量，则有$c_1=\pm 1$；如果是乘法运算得到的归纳变量，则有$c_2=0$。

算法 8.37 根据归纳变量生成四元式

输入： 生成四元式过程gen(x,c_1,c_2,t)，其中参数构成归纳变量$t=(x,c_1,c_2)$

输出： 生成的四元式

```
1  if c1 = 1 then
2  |   if x和c2为常数 then 生成四元式(=, x + c2, −, t) ;
3  |   else 生成四元式(+, x, c2, t) ;
4  else if c1 = −1 then
5  |   if x和c2为常数 then 生成四元式(=, c2 − x, −, t) ;
6  |   else 生成四元式(−, c2, x, t) ;
7  else if c2 = 0 then
8  |   if x和c1为常数 then 生成四元式(=, x ∗ c1, −, t) ;
9  |   else 生成四元式(∗, x, c1, t) ;
10 end
```

算法8.37根据3种情况重建四元式，具体如下。

- 如果$c_1=1$，即$t=x+c_2$，生成四元式$(+,x,c_2,t)$。
- 如果$c_1=-1$，即$t=-x+c_2$，生成四元式$(-,c_2,x,t)$。
- 如果$c_2=0$，即$t=c_1x$，生成四元式$(*,x,c_1,t)$。

如果能合并常量，则合并常量后直接赋值给变量t（第2、5、8行）；否则，生成计算变量的四元式（第3、6、9行）。

例题 8.30 删除归纳变量 对流图8.43，删除归纳变量。

解 流图8.43已经进行了强度削弱，删除无用赋值会删除四元式$103'$、$104'$、$108'$、$109'$，即删除变量\$2、\$3、\$7、\$8的定值。

转移语句101的基本归纳变量为i，另一个运算量为常量10，根据i的计算链条寻找可替换归纳变量。

- 四元式103：$\$2=(i,10,0)$，在$B_2'$末尾生成$103''.(=,40,-,\$\$1)$。\$2在循环中无定值点。
- 四元式104：$\$3=(\$2,1,\$1)$，在$B_2'$末尾生成$104''.(+,\$\$1,\$1,\$\$2)$。\$3在循环中无定值点。
- 四元式106：$\$5=(\$3,4,0)$，在$B_2'$末尾生成$106''.(*,4,\$\$2,\$\$3)$。\$5在循环中有定值点。
- 替换101的$(j>,i,10,117)$为$(j>,\$5,\$\$3,117)$。

- 删除 i 的自增语句115。
- 前置模块删除无用赋值，无变化。

最终结果如图8.44所示。

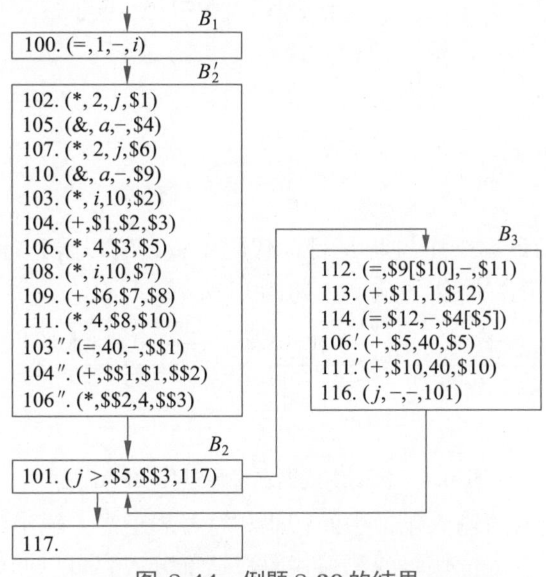

图 8.44 例题8.30的结果

第8章 中间代码优化 内容小结

- ❑ 代码拓扑涉及基本块划分，流图构建，支配结点、回边和循环识别，循环层次计算。
- ❑ 优化应遵循等价、有效和合算的原则，常用优化技术包括删除公共子表达式、复写传播、删除无用赋值、代码外提、强度削弱、合并已知常量和删除归纳变量。
- ❑ 局部优化使用DAG对基本块优化。
- ❑ 数据流分析研究数据的数值如何在基本块之间引用和修改；根据数据流的路径，可分为任意路径和全路径数据流；根据数据流的流向，可分为前向流和反向流。
- ❑ 全局优化包括代码提升、全局公共子表达式删除、未初始化变量检测、复写传播和常量传播。
- ❑ 循环优化主要考虑代码外提、强度削弱和删除归纳变量三种。

第 8 章 习题

第8章 习题

请扫描二维码查看第8章习题。

第9章

目标代码生成

编译器的最后一个过程是目标代码生成，它以源程序的中间代码作为输入，产生等价的目标程序作为输出，如图9.1所示。

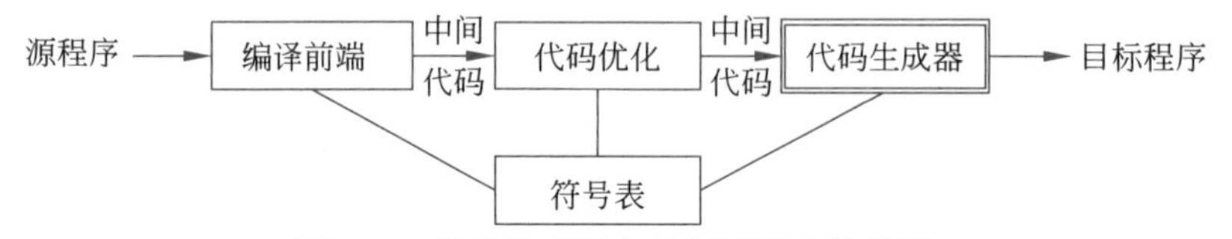

图 9.1　代码生成器在编译过程中的位置

代码生成器的输入包括中间代码和符号表信息，输出的目标代码可以是绝对机器代码、可重定位代码或汇编代码，这部分内容可以回顾1.3节目标语言部分。

代码生成要着重考虑以下两个问题。

- 空间：如何使生成的目标代码较短？
- 时间：如何充分利用寄存器，减少目标代码中访问存储单元的次数，从而使生成的目标代码运行时间较短？

两个问题都直接影响目标代码的执行效率。

至于目标代码运行时所占内存空间，在符号表确定后，每个普通变量和形参变量的相对位置就已经确定，目标代码生成阶段仅需要考虑临时变量所占空间问题。

9.1　基本问题

目标代码生成的细节依赖目标语言和操作系统，本节讨论代码生成器设计的一般问题。

9.1.1　代码生成器的输入

中间代码是代码生成器的一个输入，其形式包括以下几种。

- 线性表示法：如后缀式。
- 三地址表示法：如四元式。
- 图表示法：如抽象语法树、DAG。

由于中间代码生成和中间代码优化均用四元式表示，因此本章也采用四元式表示作为输入，但本章中许多技术都可以用于其他中间表示。

符号表是代码生成器的另一个输入。符号表是通过分析声明语句构建的，包括形参变量和局部变量。在后续中间代码生成中，又陆续加入临时变量信息。虽然在本章大部分内容中，都在目标代码中使用变量名字进行指令操作，但这个名字在目标代码中是没有定义存储位置的，代码生成的最后一步需要根据符号表中计算的变量的偏移量，把变量名字修改为相对于EBP寄存器位置的访问，才能实现对变量的访问。另外，符号表中变量的类型信息，也是生成指令的基础，因为有符号整型、无符号整型、实型等不同类型，目标代码指令也是不一样的。

假定已经做过必要的类型检查，必要的地方已经加入了类型转换，不会出现整型和实型相加这类操作。同时，假设代码中不存在任何语义错误。

9.1.2 目标程序的形式

目标程序可以是绝对机器代码、可重定位代码或汇编代码。绝对机器代码可以直接执行，适用于规模很小的机器，目前大部分系统不适用。可重定位代码允许子程序单独编译，一组可重定位目标模块可以连接在一起，在执行时由重定位寄存器和操作系统合作装入绝对地址。汇编语言作为输出，使得目标代码生成阶段变得容易，本章选择汇编代码作为目标程序。

汇编也有CISC（x86架构）和RISC（ARM架构、Risc-V架构、MIPS/LoongArch架构）之分。相对来说，RISC指令形式上较为统一，所有操作都需要放入寄存器，很少出现因为运算符不同导致需要固定使用寄存器的情况。以Intel和AMD为代表的x86架构采用CISC指令集，具有很多特殊限制，如除法指令要固定使用EAX、EDX寄存器等。

本章采用x86架构汇编指令，在设计代码生成算法时，先不考虑寄存器的特殊限制设计通用算法，此时寄存器表示为$R_0, R_1, \cdots$的形式。需要时，根据x86特点，说明限定寄存器使用时的特殊处理，此时使用特定名称的寄存器表示。

9.1.3 指令选择

后端必须将中间代码操作映射为目标处理器指令集中的指令序列，这个处理过程称为**指令选择**（Instruction Selection）。指令选择是编译器后端需要解决的3个挑战之一，这个映射任务由如下因素决定。

- 中间代码的层次。
- 指令集体系结构本身的特性。
- 想要达到的生成代码的质量。

如果中间代码是高层次的，代码生成器就要使用代码模板把每个中间代码语句翻译成机器指令序列。但这种逐语句生成的代码往往质量不佳，需要进一步优化。如果中间代码中有计算机某些低级的细节，那么生成的代码可能就更加高效。

目标机指令集本身的特性对指令选择的难度有很大影响。如果指令集是统一和完整的，那么指令选择就会变得容易。如果目标机没有统一的方式支持每种数据类型，那么每个例外都需要单独处理。x86中，乘法、除法这类普通运算都需要单独处理，进一步增加了指令选择的复杂度。但是目标机指令集的复杂度不是由我们决定的，我们只能适应各种不同的指令集模型。

目标代码的质量是一个需要着重考虑的因素。如果不考虑目标代码的质量，如一个变量都是整型的四元式$(+, x, y, z)$，可以翻译为代码9.1所示的第1~3行共3条指令。

代码 9.1 四元式$(+, x, y, z)$的目标代码

```
1    mov eax, x ; 将x加载到寄存器eax
```

```
2     add eax, y ; 将y与寄存器eax的内容相加，并存入eax
3     mov z, eax ; 将寄存器eax的内容保存到z所在地址
4     ; 假设x、y为形参，在符号表中offset为0、4
5     ; z为局部变量，在符号表中offset为0，被调函数保护3个寄存器
6     mov eax, [ebp + 8] ; mov eax, x
7     add eax, [ebp + 12] ; add eax, y
8     mov [ebp - 16], eax ; mov z, eax
```

注意，为简化问题，在使用简单代码生成器介绍代码生成原理时，变量采用的是第1~3行的名字访问形式。但实际上，由于变量没有在静态数据区声明，而是在栈帧中动态开辟空间，因此不能使用名字进行访问。请读者回顾6.2.6节变量地址计算的相关内容，需要通过EBP寄存器获得变量地址进行访问。假设x、y为形参变量，在符号表中$offset$为0、4；z为局部变量，在符号表中$offset$为0，被调函数保护3个寄存器。对于形参变量，根据式(6.2)计算形参地址，变量x和y分别使用[EBP + 8]和[EBP + 12]访问。对于局部变量，根据式(6.4)，使用[EBP− 16]访问变量z。对应代码如第6~8行所示。

上述一个四元式对应3条指令的方式生成的代码往往质量不佳，如考虑两条语句：$(+, x, y, z)$和$(+, z, u, v)$，假设u、v均为局部变量，在符号表中$offset$为4、8，则生成代码如代码9.2所示。第4行显然是多余的，因为它加载了一个刚刚保存到内存的值，此时寄存器EAX中仍然是z的值，无须加载。如果z在后续代码中不活跃，那么第3行代码也是多余的，无须保存z的值。

代码 9.2　两条四元式的目标代码

```
1     mov eax, [ebp + 8] ; 将x加载到寄存器eax
2     add eax, [ebp + 12] ; 将y与寄存器eax的内容相加，并存入eax
3     mov [ebp - 16], eax ; 将寄存器eax的内容保存到z所在地址
4     mov eax, [ebp - 16] ; 将z加载到寄存器eax
5     add eax, [ebp - 20] ; 将u与寄存器eax的内容相加，并存入eax
6     mov [ebp - 24], eax ; 将寄存器eax的内容保存到v所在地址
```

一个给定的中间代码程序可能有多种不同的代码序列可以实现，这些不同实现之间在代价上有所不同。例如，$(+, x, 1, x)$这种加1运算，inc指令要比add指令的效率更高。

目前，指令选择已经发展出多种形式化方法，如宏展开、树覆盖、有向图覆盖等[83]。由于我们的输入为四元式，因此本章不对各种图模式匹配进行讨论，只通过简单的指令模式匹配进行指令选择。

9.1.4 指令调度

代码生成器必须为目标指令选择一种执行顺序，使其更高效地执行，这一处理过程称为**指令调度**（Instruction Scheduling）。有效的指令调度必须满足指令之间的依赖性，并且不能超过处理器资源（如数据总线和功能单元）的容量。通常，指令调度旨在最小化计算出的调度的完成时间，即执行所有指令所需的周期数[84]。

指令调度是编译器后端需要解决的第2个挑战，如可以通过调整指令的执行顺序，使需要的存放中间结果的寄存器减少，或者减少数据在内存中的存取次数，从而提升执行效率。这一点是重点关注的一个内容。

指令调度更多用于流水线。因为许多处理器都有一种特性，可以在长延迟操作执行期

间发起新的操作，只要新操作完成前不引用长延迟操作的结果，执行都可以正常地进行。因此，可以通过重排指令顺序避免指令流水线停顿，最小化等待操作数所浪费的周期数。由于本章不考虑流水线模式，因此不介绍该部分调度的内容。

9.1.5 寄存器分配

指令需要使用寄存器完成操作，因此需要在最终代码中的每个位置上，确定哪些值应该位于寄存器中，以及位于哪个寄存器中，这个过程称为寄存器分配（Register Allocation）。寄存器分配是编译器后端需要解决的第3个挑战，它是一个NP完全问题，其主要方法和发展历史总结如下。

- 局部寄存器分配（Local Register Allocation）：这是早期的寄存器分配方法，1980年前它是主要的寄存器分配方法。
- 图着色寄存器分配（Graph Coloring Register Allocation）：1971年，John Cocke就提出了将全局寄存器分配看作图着色问题，直到1981年才由Chaitin实现[85]。该方法利用相交图表示程序变量的生命期是否相交，把寄存器分配问题转换为相交图着色问题。
- 线性扫描（Linear Scan）方法：1999年由Poletto和Sarkar提出[86]，通过牺牲少量运行时性能换取较快的分配速度，在GCC、LLVM和Java HotSpot编译器中得到了实现。
- 弦图（Chordal Graph）着色：2005年由Pereira提出，弦图能够在多项式时间内着色[87]。
- 基于静态单赋值（Static Single Assignment，SSA）的寄存器分配：2005年，3个研究团队独立证明了，采用SSA表示的程序的相交图是弦图[87-89]，从而使寄存器分配得到重要突破。基于SSA的编译器设计可以参阅文献[81]。

寄存器分配将作为本章的重点，介绍局部寄存器分配、图着色寄存器分配和线性扫描寄存器分配三种算法。

9.2 简单代码生成器

本节介绍一个简单的代码生成器，逐条把中间代码翻译为目标代码，并且在一个基本块范围内考虑如何充分利用寄存器的问题。本节介绍的代码生成器，仅局限于基本块范围内，因此也称为局部代码生成器。基于简单（局部）代码生成器的全局代码生成，可以简单地将各基本块代码串联，然后逐步增加全局信息，以改进生成代码的质量。

9.2.1 代码书写约定

对于每个变量，需要根据符号表的内容及保护的寄存器数量计算一个偏移量。同前面章节一样，仍然使用 $\hat{\delta}_x$ 表示变量 x 通过式(6.2)或式(6.4)计算得到的最终偏移量。那么对形参变量，访问方式为 $[\text{ebp}+\hat{\delta}_x]$；对普通变量或临时变量，访问方式为 $[\text{ebp}-\hat{\delta}_x]$。如果没有特殊说明，认为变量 x 为普通变量，即以 $[\text{ebp}-\hat{\delta}_x]$ 的方式访问。

有的临时变量计算出后接着被使用，且在后续代码中不活跃，这种临时变量无须存入栈帧。也有的临时变量计算出后要在后面引用，如果寄存器数量不足，就需要存入栈帧，因此需要为其分配一个地址单元。符号表中的临时变量偏移量$offset$记录为-1，表示不存入栈帧。当需要时，要为其分配空间，修改其在符号表中的偏移量。

在中间代码生成中，已经在符号表的表头中保存了一个过程的总字宽，用$procWidth$表示。注意这个过程总字宽不是符号表中过程登记项的字宽$width$，后者是返回值的字宽。当需要为临时变量分配空间时，这个过程总字宽就是临时变量的偏移量，将其修改到临时变量在符号表中的偏移量$offset$。之后，将$procWidth$加上临时变量字宽，写回到$procWidth$，表示过程总字宽增加了这个新分配的临时变量的宽度。

调用算法9.1可以为变量分配一个存储空间，算法的输入包括变量所属过程符号表tbl，以及要分配或获得地址的变量x。如果新分配了地址，则返回true；如果调用该函数前已分配了地址，则返回false。

算法 9.1 变量空间分配

输入： 变量所属过程符号表tbl，要分配或获得地址的变量x

输出： 如果新分配了地址，则返回true；如果调用该函数前已分配了地址，则返回false

```
1 bool allocVar(tbl, x):
2     p = lookup(tbl, x);
3     if p.offset = −1 then
4         p.offset = tbl.procWidth;
5         tbl.procWidth + = p.width;
6         return true;
7     end
8     return false;
9 end allocVar
```

算法第2行先从符号表查询x这个符号，如果符号表中$offset = -1$（第3行），说明该变量还未分配空间。取tbl表头记录的过程总字宽$procWidth$，写入该变量偏移量$p.offset$（第4行），并将tbl表头记录的过程总字宽加上该变量宽度$p.width$，写回tbl表头（第5行），最后返回true（第6行）。如果这个变量已经分配了空间，则返回false（第8行）。

9.2.2 待用信息

待用信息

寄存器分配的一个目标是把后续仍可能被引用的变量尽量保存在寄存器中，把不再被引用的变量所占用的寄存器释放，以便充分利用寄存器资源。

一个四元式的每个变量，都设计一个**待用信息**（Next-Use Information），用来表示这个变量的后续引用情况。具体来说，待用信息就是从某个点看，该变量后续被引用的情况，它包括以下两方面信息。

- 引用点（Use）：即在当前基本块中，该变量后续最近被引用的四元式编号。
- 是否活跃（Live）：即后续该变量是否活跃。

因此，待用信息用一个二元组$(use, live)$表示，其中没有引用点的use，可以用null或–表示。

例题 9.1 待用信息 赋值语句“x = (a + b) * (a − c)”，翻译为四元式的代码如下所示，假设基本块出口处只有变量x活跃。

$100.(+, a, b, \$1)$ $101.(-, a, c, \$2)$ $102.(*, \$1, \$2, \$3)$ $103.(=, \$3, -, x)$

- 四元式100的变量a的待用信息为$(102, Y)$：表示该变量后续活跃，并且在四元式102处被引用。
- 四元式100的变量b的待用信息为$(-, N)$：表示该变量后续不活跃，没有引用点。
- 四元式100的变量$1的待用信息为$(102, Y)$：表示该变量后续活跃，并且在四元式102处被引用。
- 四元式103的变量x的待用信息为$(-, Y)$：表示该变量后续活跃，但不知道引用点在哪里（不在当前基本块）。

由上例可以看出，待用信息与定值-引用链是有区别的。

- 待用信息需要知道每个引用变量和定值变量的后续引用点，而定值-引用链只计算了被定值变量的引用点，因此使用定值-引用链是无法得到待用信息的，需要重新设计待用信息求解算法。
- 定值-引用链计算了一个被定值变量所有可以到达的引用点，而待用信息只需要计算本基本块中最近的一个引用点即可。

待用信息求解的结果，是为每个四元式的每个变量求一个二元组$(use, live)$，这些信息可以附加在中间代码上，即为中间代码的每个四元式的每个变量增加这样两个属性。

待用信息分析是一个反向流问题，在基本块内反向分析四元式，需要记录每个变量的待用信息。由于所有变量（包括局部变量）都已经登记在符号表中，因此无须再从基本块中找到所有变量，只需在符号表中为每个变量增加两个域，即引用点和是否活跃。符号表中的这两个域是待用信息算法求解的临时记录空间，待用信息求解完成就不再使用，可以丢弃。求解的结果是为每个四元式的每个变量计算得到一个$(use, live)$对，这是目标代码生成使用的信息，需要保留。

求解待用信息如算法9.2所示。初始化将符号表中各变量的use设置为非待用（第1行），$live$根据基本块出口处是否活跃，设置为活跃或非活跃（第2行）。

算法 9.2 求解待用信息

输入： 基本块四元式序列$q_1, q_2, \cdots, q_m$

输出： 附加在中间代码上的待用信息

1 把基本块中各变量符号表中的use设置为“非待用（−）”;

2 根据变量在出口处是否活跃，设置符号表中变量的$live$为“活跃（Y）”或“非活跃（N）”;

3 **for** $i = m : -1 : 1$ **do**

4 　符号表中变量$q_i.left$的use和$live$赋值给四元式$q_i.left$;

5 　符号表中变量$q_i.left$的use和$live$分别置为$-$和N;

6 　符号表中变量$q_i.opnd1$和$q_i.opnd2$的use和$live$赋值给四元式的$q_i.opnd1$和$q_i.opnd2$;

7 　符号表中变量$q_i.opnd1$和$q_i.opnd2$的use和$live$分别置为q_i和Y;

8 **end**

第3~8行对四元式反序分析，四元式q_i的属性$left$、$opnd1$和$opnd2$分别表示左值、左操作数和右操作数，详见第7章语法制导翻译与中间代码生成导言部分对四元式数据结构

的描述。

先将左值$q_i.left$在符号表中的use和$live$赋值给四元式的$q_i.left$（第4行），再修改符号表中的use为$-$，$live$为N（第5行）。这是因为四元式q_i对$q_i.left$已定值，往前看到引用$q_i.left$的四元式前，$q_i.left$都是不活跃的。

然后将操作数$q_i.opnd1$、$q_i.opnd2$符号表中的use和$live$分别赋值给四元式的$q_i.opnd1$和$q_i.opnd2$（第6行），再修改符号表中的use为q_i，$live$为Y（第7行）。这是因为四元式q_i引用了$q_i.opnd1$、$q_i.opnd2$，往前看$q_i.opnd1$、$q_i.opnd2$都是活跃的，直至遇到其定值为止。

第4~7行的顺序不能颠倒，因为$q_i.opnd1$或$q_i.opnd2$有可能与$q_i.left$是同一个变量，必须先处理左值，再处理左、右两个操作数。

例题9.2 待用信息　对例题9.1中的四元式，求各变量待用信息，其中基本块出口处活跃变量为$\{x\}$。

解　表9.1记录了符号表中的待用信息变化过程，每次修改符号表内容，用“$\rightarrow$”指向的二元组表示这种变化。表9.2为附加在中间代码上的待用信息，扫描四元式时依次填写。

初始化，符号表中活跃变量x初始化为$(-,Y)$，其他变量初始为$(-,N)$。

四元式反序扫描，具体如下。

- 四元式103
  - 左值x的待用信息改为符号表中的$(-,Y)$,符号表中x的待用信息修改为$(-,N)$。
  - 左操作数\$3的待用信息修改为符号表中的$(-,N)$，符号表中\$3的待用信息修改为$(103,Y)$。
  - 无右操作数。
- 四元式102
  - 左值\$3的待用信息修改为符号表中的$(103,Y)$，符号表中\$3的待用信息修改为$(-,N)$。
  - 左操作数\$1的待用信息修改为符号表中的$(-,N)$，符号表中\$1的待用信息修改为$(102,Y)$。
  - 右操作数\$2的待用信息修改为符号表中的$(-,N)$，符号表中\$2的待用信息修改为$(102,Y)$。
- 四元式101
  - 左值\$2的待用信息修改为符号表中的$(102,Y)$，符号表中\$2的待用信息修改为$(-,N)$。
  - 左操作数c的待用信息修改为符号表中的$(-,N)$，符号表中c的待用信息修改为$(101,Y)$。
  - 右操作数b的待用信息修改为符号表中的$(-,N)$，符号表中b的待用信息修改为$(101,Y)$。
- 四元式100
  - 左值\$1的待用信息修改为符号表中的$(102,Y)$，符号表中\$1的待用信息修改为$(-,N)$。
  - 左操作数a的待用信息修改为符号表中的$(101,Y)$，符号表中a的待用信息修改为$(100,Y)$。
  - 右操作数b的待用信息修改为符号表中对应的$(-,N)$，符号表中b的待用信息修改为$(100, Y)$。

表 9.1 符号表中的待用信息变化过程

变 量 名	待用信息变化过程
a	$(-, N) \to (101, Y) \to (100, Y)$
b	$(-, N) \to (100, Y)$
c	$(-, N) \to (101, Y)$
x	$(-, Y) \to (-, N)$
\$1	$(-, N) \to (102, Y) \to (-, N)$
\$2	$(-, N) \to (102, Y) \to (-, N)$
\$3	$(-, N) \to (103, Y) \to (-, N)$

表 9.2 附加在中间代码上的待用信息

序号	四 元 式	左 值	左 操 作 数	右 操 作 数
100	$(+, a, b, \$1)$	$(102, Y)$	$(101, Y)$	$(-, N)$
101	$(-, a, c, \$2)$	$(102, Y)$	$(-, N)$	$(-, N)$
102	$(*, \$1, \$2, \$3)$	$(103, Y)$	$(-, N)$	$(-, N)$
103	$(=, \$3, -, x)$	$(-, Y)$	$(-, N)$	—

9.2.3 寄存器描述符和地址描述符

在翻译一条代码时，需要决定把哪些运算量加载到哪些寄存器，以及生成运算指令后，需要决定哪些变量保存到内存。这样，就需要知道寄存器和变量的存储情况。

每个可用寄存器都有一个**寄存器描述符**（Register Descriptor），它是一个集合，用来记录哪些变量的值存放在此寄存器中。用$Rval(R_i)$表示寄存器R_i中保存的变量。基本块级别的代码生成，初始时可以将所有寄存器的描述符置空。寄存器描述符取值有如下情况。

- $Rval(R_i) = \varnothing$：表示寄存器R_i中未保存任何变量，此时R_i是空闲的，可以直接使用。
- $Rval(R_i) = \{x\}$：表示寄存器R_i中只保存了x一个变量。如四元式$(+, x, y, z)$翻译得到的指令，执行指令Mov R_i, x后，$Rval(R_i) = \{x\}$；再执行指令Add R_i, y后，认为$Rval(R_i) = \{z\}$，也即存储的变量是由生成的目标代码决定的。
- $Rval(R_i)$含有多个变量：如$Rval(R_i) = \{x\}$，遇到四元式$(=, x, -, z)$，不需要生成任何代码，只需要修改寄存器描述符为$Rval(R_i) = \{x, z\}$即可。

每个变量都有一个**地址描述符**（Address Descriptor），它可以记录在符号表中，也是一个集合，用来记录标记变量的值存放在寄存器、内存地址，或者两者都有。用$Aval(x)$表示变量x的地址描述符，其取值有如下情况。

- $Aval(x) = \varnothing$：变量的值既不在寄存器中，也不在内存中，变量还未赋初始值时即处于这个状态。
- $Aval(x) = \{R_i\}$:变量的值只在寄存器中,如四元式$(+, x, y, z)$翻译得到的指令,执行指令Mov R_i, x和Add R_i, y后,z的值只在寄存器中,而不在内存中,即$Aval(z) = \{R_i\}$。
- $Aval(x) = \{x, R_i\}$：变量的值既在寄存器中，也在内存中，如$Aval(z) = \{R_i\}$时调

用了 Mov z, R_i，此时 $Aval(z) = \{R_i, z\}$。

- $Aval(x) = \{x\}$:变量的值只在内存中,如实参传递到函数内的参数值,或者 $Aval(x) = \{R_i, x\}$ 时把该寄存器的值通过 Mov R_i, y 修改为其他变量值。

9.2.4 简单代码生成算法

简单代码生成器

简单代码生成又称局部代码生成，指在一个基本块范围内生成目标代码。在介绍该算法前，先讨论转移指令如何转移的问题。

转移指令的第一个问题是四元式与目标代码的转移目标类型不一致的问题。在四元式表示中，形如 $(j/j\theta/jnz, -, -, q)$ 的指令，q 是一个四元式编号，它是一个数字。而目标代码中需要的是标号，是一个名字。这个处理起来比较简单，可以把四元式编号前面加个符号构成名字作为标号，只要保证不与用户名字重名即可。已经用 \$ 作为临时变量标志，选用另外一个符号如问号，作为标号的名字。例如，$(j/j\theta/jnz, -, -, 100)$ 可以在目标四元式前生成标号“?100 :”，而对应的目标代码为 $j/j\theta/jnz$?100。

第二个问题是什么位置生成标号的问题，包含以下 3 种方案。

(1) 考虑到转移语句目标只能是基本块第一个语句，因此可以在每个基本块第一个语句前生成标号。这种策略一定不会遗漏标号，但会有标号是多余的，有些标号不是任何转移语句的目标。但这是无关紧要的，多余的标号并不会影响程序效率。

(2) 更精确地，由于转移语句只可能出现在基本块最后一条语句，因此翻译到基本块最后一条语句时，如果是转移语句，则在转移的目标语句前生成标号。

(3) 翻译到基本块的第一条语句时，查找其前驱基本块最后一条转移语句，是否以当前基本块第一条语句为转移目标，如果是，则为当前语句生成标号。

方案 (1) 简单，编译时效率更高，但与方案 (2)、(3) 差别不大；方案 (2)、(3) 更精确，3 个方案都是可行方案。但后面的窥孔优化中，有时以有无标号判定一个代码块是否会从其他位置转移而来，多余的标号会对此产生负面影响，因此尽量不生成多余标号。考虑到方案 (3) 是伴随翻译步骤进行的，是在当前语句位置生成标号，因此更自然，我们选择方案 (3)。

简单代码生成算法由两部分组成，算法9.3是基于基本块的代码生成算法，是主体部分；算法9.4是基于基本块的局部寄存器分配算法，采用类似贪心算法的策略，在下一节介绍。本章算法中涉及的运算符，都用单引号引起来，以方便读者阅读。

简单代码生成算法和寄存器分配算法耦合度较高（耦合度高的算法不是好算法），主要体现在以下两方面。

- 两个算法都要使用和修改寄存器描述符 *Rval* 和地址描述符 *Aval*，两个描述符需要保持一致。
- 大部分代码由算法9.3生成，但是算法9.4中也生成了将变量保存到主存的代码。

算法中生成代码的函数 gen()，将传入参数视为字符串，按字符串生成代码，如 gen(“mov eax, x”) 表示双引号里面的字符串就是要生成的指令。为书写简洁，如果 x 是一个伪代码的元变量，则直接使用它的值作为该位置的替代。如 $x = ebx$ 时，gen(“mov eax,x”) 表示生成指令“mov eax, ebx”，而不像高级程序设计语言那样写成gen(“mov eax,” + x)。

算法 9.3 基于基本块的简单代码生成

输入: 基本块集合 $N = \{B_1, B_2, \cdots, B_m\}$，基本块 B_i 的四元式序列 $q_{i1}, q_{i2}, \cdots, q_{in_i}$

输出: 目标代码

```
1  for i = 1 : m do
2  |  计算基本块 B_i 的待用信息;
3  |  for B_j ∈ P(B_i) do
4  |  |  if (q_{jn_j} 是转移语句 ∧ q_{jn_j}.left = q_{i1}.quad) ∨ (i = m ∧ q_{jn_j}.oprt ='ret') then
5  |  |  |  gen("?q_{i1}.quad :"); break;
6  |  |  end
7  |  end
8  |  for j = 1 : n_i do
9  |  |  if q_{ij} 形如 (θ, x, y, z) then
10 |  |  |  R_z = getReg(q_{ij});
11 |  |  |  x' = ∃R_x ∈ Aval(x) ? R_x : x;
12 |  |  |  y' = ∃R_y ∈ Aval(y) ? R_y : y;
13 |  |  |  if x' = R_z then
14 |  |  |  |  gen("θ R_z, y'");
15 |  |  |  |  Aval(x)− = {R_z};
16 |  |  |  else
17 |  |  |  |  gen("mov R_z, x'"); gen("θ R_z, y'");
18 |  |  |  end
19 |  |  |  if y' = R_z then  Aval(y)− = {R_z} ;
20 |  |  |  Rval(R_z) = {z}, Aval(z) = {R_z};
21 |  |  |  releaseReg(x), releaseReg(y);
22 |  |  end
23 |  end
24 |  foreach a ∈ {a | a.live ∧ a ∉ Aval(a)} do
25 |  |  R_a = Aval(a) 中的寄存器;
26 |  |  gen("mov a, R_a");
27 |  end
28 |  if q_{in_i} 形如 (j, −, −, q) then
29 |  |  gen("jmp ?q");
30 |  else if q_{in_i} 形如 (jθ, x, y, q) then
31 |  |  x' = ∃R_x ∈ Aval(x) ? R_x : x;
32 |  |  y' = ∃R_y ∈ Aval(y) ? R_y : y;
33 |  |  if x' = x ∧ y' = y then
34 |  |  |  x' =getReg(q_{ij});
35 |  |  |  gen("mov x', x");
36 |  |  end
37 |  |  gen("cmp x', y'"); gen("jθ ?q");
38 |  end
39 |  所有寄存器描述符置空，所有变量的地址描述符置空;
40 end
```

下面说明算法9.3。输入包括一个过程所有基本块的集合，每个基本块的四元式序列，以及经过活跃变量分析得到的每个基本块出口处活跃变量集合。

第1~40行顺序遍历基本块。第2行计算当前基本块B_i的待用信息。第3~7行检测是否需要建立标号，需要建立标号语句的条件（第4行）如下。

- B_i的某个前驱基本块B_j最后一条语句q_{jn_j}为转移语句，且转移目标为当前基本块的第一条语句q_{i1}。
- 或者当前基本块是最后一个基本块B_m，某个前驱基本块B_j的最后一条语句是ret语句，此时B_m中只有$endp$一条语句。

遍历B_i的前驱基本块（第3行），如果符合建立标号的条件（第4行），则基本块B_i的第一条四元式编号前面加问号作为标号名字，生成标号语句并退出建立标号的循环（第5行）。

第8~23行的内层循环顺序遍历该基本块的四元式，将其翻译为目标代码。对每个四元式q_{ij}，如果形如(θ, x, y, z)的形式（第9行），首先调用算法9.4的getReg函数，得到分配给该四元式左值的寄存器，记作R_z（第10行）。对操作数x和y，查看地址描述符$Aval$，如果操作数已经在寄存器中，就优先使用寄存器值，否则，取主存值（第11、12行）。这里假设程序已经做过变量未初始化检测，如果变量不在寄存器中，就一定在主存中。

如果左操作数x在分配给z的寄存器R_z（第13行），则直接生成运算代码（第14行），其中θ表示add、sub等指令，mul/imul和div/idiv指令暂时不考虑其特殊性，按普通指令处理。执行该指令后，寄存器中的值变为z，x的值不再存在于寄存器R_z中，因此$Aval(x)$中去掉寄存器R_z（第15行）。如果左操作数x不在寄存器R_z中（第16行的else），则需要先将操作数x'取到寄存器R_z中，再生成运算指令（第17行）。

如果右操作数y在进行计算的寄存器R_z中，则该值也被替换为z，因此从$Aval(y)$中去掉寄存器R_z（第19行）。然后更新R_z的寄存器描述符和z的地址描述符（第20行），并试图释放操作数x和y占用的寄存器（第21行），其中释放寄存器的过程releaseReg见算法9.5。注意这个循环中，如果该基本块最后一条语句为转移语句，则未生成代码。

除转移语句外的四元式翻译完成后，检查基本块出口处的活跃变量，如果变量a活跃且不在主存中（第24行），则找到a所在的寄存器R_i（第25行），生成代码将其保存在主存中（第26行）。

之后，处理转移语句。如果最后一条四元式q_{in_i}为无条件转移指令，即形如$(j, -, -, q)$（第28行），则生成无条件转移指令（第29行）。

如果四元式q_{in_i}为条件转移指令，即形如$(j\theta, x, y, q)$（第30行），则如同四元式(θ, x, y, z)一样，两个操作数优先取寄存器作为操作数（第31、32行）。但也可能两个操作数都不在寄存器中（第33行），这时是无法比较两个操作数的，因此需要为左操作数分配一个寄存器（第34行），然后生成代码将左操作数取到这个寄存器（第35行）。最后生成比较两个操作数的指令cmp x', y'和条件转移指令$j\theta\ ?q$（第37行）。

还有一种条件转移指令(jnz, $x, -, q$)，可以看作$(j \neq, x, 0, q)$，仿照$(j\theta, x, y, q)$处理，此处略。

最后，所有寄存器描述符置空，所有变量的地址描述符置空（第39行）。这样做的目的，如图9.2所示的代码if $x < y$ then $z = x + y$ else $a = z$，如果基本块B_3翻译完成后不清理寄存器描述符和地址描述符，就有$Rval(R_i) = \{z\}, Aval(z) = \{R_i\}$。接下来翻译$B_4$，就会认为$z$在寄存器$R_i$中，这显然是不正确的。

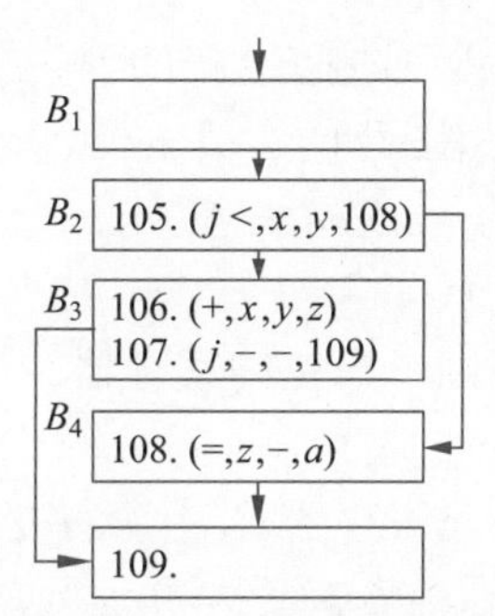

图 9.2 **if** $x < y$ **then** $z = x + y$ **else** $a = z$ 的流图

该算法没有考虑乘法、除法等的特殊性（占用固定寄存器），简单地认为所有操作都能平等地使用寄存器。考虑这个问题时，乘、除法需要清理EAX、EDX的占用，并把这两个寄存器分配给乘、除法使用。

该算法涉及的变量x'和y'，当为寄存器时，取所在寄存器名称；当为变量时，取[ebp$\pm\hat{\delta}_x$]和[ebp $\pm\hat{\delta}_y$]的形式。指令中引用的变量名称也做相同处理。例如，第24行的a只能是变量形式，因此第26行指令中的a应为[ebp $\pm\hat{\delta}_a$]的形式。

9.2.5 局部寄存器分配

下面讨论局部寄存器分配算法9.4。

算法 9.4 局部寄存器分配 getReg(q)

输入: 四元式$q.(\theta, x, y, z)$，所有寄存器的集合R
输出: 返回分配的寄存器

```
1  function getReg(q):
2      if ∃R_i ∈ Aval(x) ∧ Rval(R_i) = {x} ∧ (x = z ∨ ¬x.live) then
3          return R_i;
4      end
5      if (∃R_i)Rval(R_i) = ∅ then return R_i;
6      if (∃R_i∀a)a ∈ Rval(R_i) ⇒ (¬a.live ∨ a ∈ Aval(a)) then
7          Rval(R_i) = ∅; (∀a)Aval(a)− = {R_i};
8          return R_i;
9      end
10     R_i = argmax_{R_j∈R} min_{a∈Rval(R_j)} a.use;
11     foreach a ∈ Rval(R_i) do
12         if a ∉ Aval(a) ∧ a ≠ z then  gen("mov a, R_i") ;
13         if a = x ∨ (a = y ∧ x ∈ Rval(R_i)) then  Aval(a) = {a, R_i} ;
14         else  Aval(a) = {a} ;
15         Rval(R_i)− = {a};
16     end
17     return R_i;
18 end getReg
```

对于形如(θ, x, y, z)的四元式分配寄存器，如果左操作数x在寄存器中，优先考虑是否可以复用该寄存器。该寄存器能被使用的条件，是如下3个情况同时成立（第2行）。

- x在寄存器中，对应第2行的$\exists R_i \in Aval(x)$。

- 该寄存器中只有一个变量x，对应第2行的$Rval(R_i)=\{x\}$。
- x和z是同一个变量，对应第2行的$x=z$；或者x后续不再被使用，因此不需要再保留它的值，对应第2行的$\neg x.live=N$。

此时直接返回当前寄存器（第3行）。

如果第2行的条件不能成立，则考虑空闲寄存器。如果存在某个寄存器是空闲的，则返回这个空闲寄存器（第5行）。

如果也没有空闲寄存器，则考虑寄存器R_i中所有变量不再活跃，或者已写入主存的情况（第6行），此时清理这个寄存器（第7行），并返回该寄存器（第8行）。

如果仍未找到可以分配的寄存器，就要从已占用寄存器寻找一个合适的寄存器，将其存储的内容保存到主存，然后使用它，这个操作称为**寄存器溢出**。取最远处被引用的变量所在寄存器作为溢出寄存器，记作R_i（第15行）。第15行的min是当寄存器R_j中存在多个变量时，取最近被引用的变量。argmax则是取这些寄存器中min值最大的那个寄存器，也就是最小值中最远被调用那个变量对应的寄存器。

第11~16行溢出选中的寄存器R_i，然后返回该寄存器（第17行）。清理时需要考虑寄存器中存在的所有变量a（第11行）。如果a没有保存在主存且不是计算结果z，则生成代码保存到主存（第12行）。

第13、14行修改a的地址描述符，它要和算法9.3的第11、12行配合。

- 如果a和x是同一个变量（第13行if的第1个条件），也即a是左操作数，那么置$Aval(a)=\{a,R_i\}$，以便算法9.3中第11行x'选择寄存器，不需要生成从主存取值到寄存器的代码。
- 如果a和y是同一个变量，且x在寄存器R_i中，也就是第13行if的第2个条件，指x和y的值在同一个寄存器中，但名字不同，此时也应置$Aval(y)=\{y,R_i\}$，以保证算法9.3中第12行y'也选择寄存器。
- 其他情况，即第14行的else，因为这个寄存器马上要用作z的计算，因此a不在寄存器中，只保留在主存中。

第15行则是从寄存器描述符移除a，以释放该寄存器。

9.2.6 释放寄存器

释放变量var占用的寄存器如算法9.5所示。根据待用信息，如果变量不再活跃，且在寄存器reg中（第2行），则释放该寄存器。释放的方法为从reg的寄存器描述符删除变量var（第3行），并从变量var的地址描述符删除寄存器reg（第4行）。

算法 9.5 释放寄存器

输入： 占用寄存器的变量var

输出： 修改后的寄存器和地址描述符

```
1 function releaseReg(var):
2 |  if ¬var.live ∧ ∃reg ∈ Aval(var) then
3 |  |  Rval(reg)− = {var};
4 |  |  Aval(var)− = {reg};
5 |  end
6 end releaseReg
```

9.2.7 简单代码生成示例

例题 9.3 简单代码生成 对例题9.1中的四元式，生成目标代码。假设有两个寄存器 R_0 和 R_1，基本块出口处活跃变量为 $\{x\}$，乘法指令形式与普通指令相同。

解 例题9.2中已经计算得到待用信息，代码生成过程如下。

- 四元式 100：$(+, a, b, \$1)$，寄存器分配得到空闲寄存器 R_0，生成代码 mov R_0, a 和 add R_0, b；此时 $Rval(R_0) = \{\$1\}, Aval(\$1) = \{R_0\}$。
- 四元式 101：$(-, a, c, \$2)$，寄存器分配得到空闲寄存器 R_1，生成代码 mov R_1, a 和 sub R_1, c；此时 $Rval(R_1) = \{\$2\}, Aval(\$2) = \{R_1\}$。
- 四元式 102：$(*, \$1, \$2, \$3)$，由 $Aval(\$1) = \{R_0\}$，以及 $Rval(R_0) = \{\$1\}, \$1.live = N$ 得到分配寄存器为 R_0，生成代码 mul R_0, R_1；此时 $Rval(R_0) = \{\$3\}, Aval(\$3) = \{R_0\}, Aval(\$1) = \varnothing$。
- 四元式 103：$(=, \$3, -, x)$，不生成代码，$Rval(R_0) = \{\$3, x\}, Aval(x) = \{R_0\}$。
- 将基本块出口处活跃变量保存到主存，生成代码 mov x, R_0。

整理生成的目标代码如下所示。

1. mov R_0, [ebp $-\hat{\delta_a}$]
2. add R_0, [ebp $-\hat{\delta_b}$]
3. mov R_1, [ebp $-\hat{\delta_a}$]
4. sub R_1, [ebp $-\hat{\delta_c}$]
5. mul R_0, R_1
6. mov [ebp $-\hat{\delta_x}$], R_0

例题 9.4 完整过程的简单代码生成 图9.3(a) 是一个求和 (sum) 的完整过程的流图。sum 过程只有一个整型形参变量 n，传入 n 后计算 1 到 n 的和。两个局部变量 s 和 i 均为整型，符号表中的地址偏移量分别为 0 和 4。有寄存器 EAX、EBX、EDX，参数传递规范采用 std call，试通过简单代码生成算法生成其目标代码。

简单代码生成示例

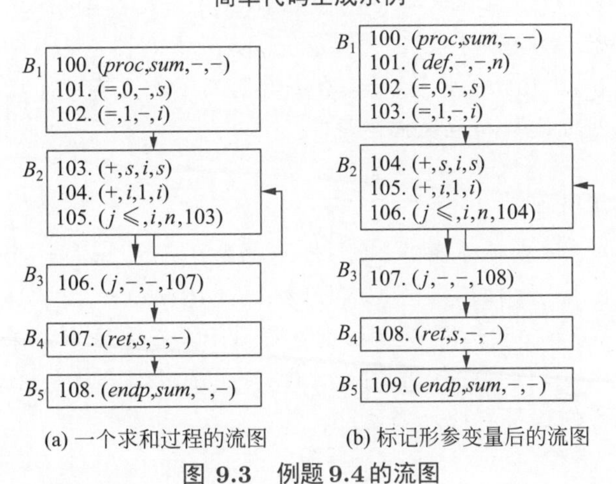

图 9.3 例题 9.4 的流图

解 (1) 标记形参变量，如图9.3(b) 所示。

(2) 求出口处活跃变量。

- $outLv(B_1) = \{n, s, i\}$
- $outLv(B_2) = \{n, s, i\}$

- $outLv(B_3) = \{s\}$
- $outLv(B_4) = \varnothing$
- $outLv(B_5) = \varnothing$

(3) 求待用信息。以基本块为单位，根据每个基本块出口处活跃变量求待用信息，过程略，结果如表9.3所示。

表 9.3 附加在中间代码上的待用信息

序号	四 元 式	左 值	左操作数	右操作数
100	$(proc, sum, -, -)$			
101	$(def, -, -, n)$	$(-, Y)$		
102	$(=, 0, -, s)$	$(-, Y)$		
103	$(=, 1, -, i)$	$(-, Y)$		
104	$(+, s, i, s)$	$(-, Y)$	$(-, N)$	$(105, Y)$
105	$(+, i, 1, i)$	$(106, Y)$	$(-, N)$	
106	$(j \leqslant, i, n, 104)$		$(-, Y)$	$(-, Y)$
107	$(j, -, -, 108)$			
108	$(ret, s, -, -)$		$(-, N)$	
109	$(endp, sum, -, -)$			

(4) 生成的目标代码见后，过程如下。

- 基本块B_1
  - 不需要生成标号。
  - 四元式100，对应目标代码 ① ~ ⑦ 。
  - 四元式101，不需要生成代码。
  - 四元式102，对应目标代码 ⑧ ：$Rval(eax) = \{s\}, Aval(s) = \{eax\}$。
  - 四元式103，对应目标代码 ⑨ ：$Rval(ebx) = \{i\}, Aval(i) = \{ebx\}$。
  - 目标代码 ⑩ 、 ⑪ ：变量s和i在寄存器而不在主存中，保留到主存。
  - 清理寄存器描述符和地址描述符。
- 基本块B_2
  - 生成标号语句 ⑫ 。
  - 四元式104，对应目标代码 ⑬ 、 ⑭ ：$Rval(eax) = \{s\}, Aval(s) = \{eax\}$。
  - 四元式105，对应目标代码 ⑮ 、 ⑯ ：$Rval(ebx) = \{i\}, Aval(i) = \{ebx\}$。
  - 目标代码 ⑰ 、 ⑱ ：变量s和i在寄存器而不在主存中，保留到主存。
  - 四元式106，对应目标代码 ⑲ 、 ⑳ ：$Rval(ebx) = \{i\}, Aval(i) = \{ebx\}$。
  - 清理寄存器描述符和地址描述符。
- 基本块B_3
  - 无须生成标号语句。
  - 没有变量在寄存器而不在主存中。
  - 四元式107，对应目标代码 ㉑ 。
  - 清理寄存器描述符和地址描述符。

- 基本块 B_4
  - 生成标号语句 ㉒ 。
  - 没有变量在寄存器而不在主存中。
  - 四元式108，对应目标代码 ㉓ 、 ㉔ 。
  - 清理寄存器描述符和地址描述符。
- 基本块 B_5
  - 生成标号语句 ㉕ 。
  - 没有变量在寄存器而不在主存中。
  - 四元式109，对应目标代码 ㉖ ~ ㉜ 。
  - 清理寄存器描述符和地址描述符。

(5) 生成的目标代码整理如下。

```
① sum proc
② push ebp
③ mov ebp, esp
④ push ebx
⑤ push esi
⑥ push edi
⑦ sub ebp, 8
⑧ mov eax, 0
⑨ mov ebx, 1
⑩ mov [ebp − 16], eax
⑪ mov [ebp − 20], ebx
⑫ ?104:
⑬ mov eax, [ebp − 16]
⑭ add eax, [ebp − 20]
⑮ mov ebx, [ebp − 20]
⑯ add ebx, 1
⑰ mov [ebp − 16], eax
⑱ mov [ebp − 20], ebx
⑲ cmp ebx, [ebp + 8]
⑳ jle ?104
㉑ jmp ?108
㉒ ?108:
㉓ mov eax, [ebp − 16]
㉔ jmp ?109
㉕ ?109:
㉖ add esp, 8
㉗ pop edi
㉘ pop esi
㉙ pop ebx
㉚ op ebp
㉛ ret 4
㉜ sum endp
```

9.3 目标代码映射

9.2节基于基本块的简单代码生成中，我们将一条中间代码映射为目标代码。本节梳理各种中间代码对应的目标代码，使每条四元式都能按规则映射到一系列目标指令。本节分整型、浮点型、数组、转移语句、地址和指针、类型转换、程序和过程七大类代码进行梳理。由于整型和浮点型指令不同，因此生成代码时需要从符号表查询运算量的类型，以决定采用哪套目标代码指令。

9.3.1 整型运算

四元式整型运算对应的目标代码如表9.4所示。

表 9.4 四元式整型运算对应的目标代码

序号	中间代码	目标代码	说明
1	$(\pm, x, y, z)$	mov R_i, x add/sub R_i, y	（1）R_i 是新分配给 z 的寄存器 （2）如果 $x \in Rval(R_i)$，则不生成第1条代码
2	$(*, x, y, z)$	mov R_i, x mul/imul R_i, y	（1）R_i 是新分配给 z 的寄存器，不考虑特殊寄存器 （2）如果 $x \in Rval(R_i)$，则不生成第1条代码

续表

序号	中间代码	目标代码	说明
3	$(/, x, y, z)$	mov R_i, x div/idiv R_i, y	（1）R_i 是新分配给 z 的寄存器，不考虑特殊寄存器 （2）如果 $x \in Rval(R_i)$，则不生成第1条代码
4	$(*, x, y, z)$	mov eax, x mul/imul y	（1）考虑特殊寄存器的乘法 （2）eax和edx如果有变量应先保存至主存

5	$(/, x, y, z)$	mov eax, x
		mov edx, 0
		div y
			（1）考虑特殊寄存器的无符号除法
			（2）eax和edx如果有变量应先保存至主存

6	$(/, x, y, z)$	mov eax, x cdq idiv y	（1）考虑特殊寄存器的有符号除法 （2）eax和edx如果有变量应先保存至主存
7	$(@, x, -, z)$	mov R_i, x neg R_i	（1）R_i 是新分配给 z 的寄存器 （2）如果 $x \in Rval(R_i)$，则不生成第1条代码
8	$(=, x, -, z)$	mov R_i, x	（1）x 不在任何寄存器，R_i 是新分配给 z 的寄存器 （2）$x \in Rval(R_i)$，则不生成代码，$Rval(R_i) \cup = \{z\}$

9.3.2 浮点运算

浮点运算需要特别关注运算量为常量的情况。因为浮点运算指令不支持立即数，也没有取任意立即数到FPU栈的指令，这就需要编译器完成立即数调用的工作。

一个可行的思路是，当 (θ, x, y, z) 中 x 或 y 为浮点常数时，使用编译器代码将该常数按IEEE 754标准转换为标准十六进制编码，然后使用push指令将其压入CPU栈帧（活动记录），再使用fld指令将其从内存栈帧取到FPU的ST(0)寄存器。

目前大部分高级程序设计语言都支持IEEE 754浮点数的编码，我们的编译器可以充分利用这一特性。如果读者采用的编译器实现语言不支持这个标准，则需要按标准自行实现这个转换。关于IEEE 754浮点数的实现可以参考“计算机组成原理”等课程的相关内容，本节给出一种利用高级程序设计语言实现该编码的方法。

以C++语言为例，浮点数在内存中存放的形式已经是IEEE 754编码，因此只需要得到其地址，按字节读出即可。代码9.3给出了单精度浮点数float和双精度浮点数double转无符号整数的代码。函数float2uint()将float转换为32位整数，函数double2uint()将double转换为64位整数。虽然C++中，unsigned long int规定为64位，但实际不同编译器的实现并不一致，本书使用两个32位表示double的值，即高32位和低32位。这样double2uint()就需要两个返回值，为统一，两个函数都采用引用参数作为返回值。

代码 9.3 浮点数转IEEE 754编码

```
1     void float2uint(float x, unsigned int &uint)
2     {
3       uint = 0;
4       unsigned char* hex = (unsigned char*)&x;
5       for (int i = 3; i >= 0; i--)
```

```
6       uint = uint * 256 + hex[i];
7     }
8     void double2uint(double x, unsigned int &uintLow, unsigned int & uintHigh)
9     {
10      uintLow = 0;
11      uintHigh = 0;
12      unsigned char* hex = (unsigned char*)&x;
13      for (int i = 3; i >= 0; i--)
14      {
15        uintLow = uintLow * 256 + hex[i];
16        uintHigh = uintHigh * 256 + hex[i + 4];
17      }
18    }
```

两个转换函数，被转换的浮点数名字都是x，第4行和第12行取得其地址，然后强制类型转换为“unsigned char*”型以便按字节访问，这些字节序列组成IEEE 754编码。栈帧中低地址在前、高地址在后，因此需要按字节反序排列。第5、6行将float按字节反序，重新生成32位整型uint，第13~17行将double按字节反序，分别生成低地址的32位整型unitLow和高地址的32位整型uintHigh。

如调用float2uint(3.14, uint)，得到uint为4048F5C3h，那么通过push 4048F5C3h写入栈帧，再通过fld dword ptr [esp] 即可把3.14取入到ST(0)。调用double2uint(3.14, uint)，得到uintHigh和unitLow分别为40091EB8h和51EB851Fh，那么通过push 40091EB8h和push 51EB851Fh写入栈帧，再通过fld qword ptr [esp] 即可把3.14取入到ST(0)。

浮点运算需要注意的第二个问题是，虽然x86的FPU有8个通用浮点寄存器，但操作只能在栈顶进行。如果一个运算数被压入栈底，要想再被存储到内存，需要将其转移到栈顶才可以，这就涉及栈中该运算数顶部诸元素的移动。另外浮点寄存器栈每弹出或压入一个运算量，原运算量所在寄存器的编号会减1或增1，寄存器名字的动态变化也为寄存器的利用造成麻烦。为简化模型，只考虑使用FPU寄存器做计算，每步浮点计算完成，马上把计算结果存入主存并清空寄存器。MSVC和GCC编译器基于x86的浮点运算也是采用这种策略。

浮点型计算各四元式对应的目标代码如表9.5所示，其中根据数据类型为float或double，real关键字为real4或real8。

表 9.5 浮点型计算各四元式对应的目标代码

序号	中间代码	目标代码	说明
1	float 常量 x	push *uint* fld dword ptr [esp] add esp, 4	（1）*uint* 是 x 的编码 （2）x 被取入到ST(0)
2	double 常量 x	push *uintHigh* push *uintLow* fld qword ptr [esp] add esp, 8	（1）*uintHigh* 和 *uintLow* 是 x 的高、低32位 （2）x 被取入到ST(0)

续表

序号	中间代码	目标代码	说明
3	(θ, x, y, z)	fld x θ y fstp real ptr z	（1）如果 x 是常数，按 1 或 2 取入到 ST(0) （2）θ 为 fadd、fsub、fmul、fdiv 等 （3）y 不是常数
4	(θ, x, y, z)	fld x 按 1 或 2 取 y θp ST(1), ST(0) fstp real ptr z	（1）θp 为 faddp、fsubp、fmulp、fdivp 等 （2）y 是常数（此时 x 不可能为常数）
5	$(@, x, -, z)$	fld x fchs fstp real ptr z	（1）@表示负号 （2）如果 x 是常数，按 1 或 2 取入到 ST(0)
6	$(=, x, -, z)$	fld x fstp real ptr z	（1）如果 x 是常数，按 1 或 2 取入到 ST(0) （2）x 不是常数时也可以内存间搬运，下同

9.3.3 数组

数组相关各四元式对应的目标代码如表9.6所示。

表 9.6　数组相关各四元式对应的目标代码

序号	中间代码	目标代码	说明

1	$(=[], x, y, z)$	mov R_j, y
		add R_j, x
		mov $R_i, [R_j]$
			（1）z 为整型，R_i、R_j 为分配给 y、z 的寄存器
			（2）若 $y \in Rval(R_j)$，不生成第 1 条代码
			（3）若 y 在寄存器不在主存且活跃，先保存 y

2	$([]=, x, y, z)$	mov R_j, x
		add R_j, z
		mov R_i, y
		mov $[R_j], R_i$
			（1）z 为整型，R_i、R_j 为分配给 y、x 的寄存器
			（2）若 $x \in Rval(R_j)$，不生成第 1 条代码
			（3）若 $y \in Rval(R_i)$，不生成第 3 条代码
			（4）若 x 在寄存器不在主存且活跃，先保存 x

3	$(=[], x, y, z)$	mov R_i, y
		add R_i, x
		fld real ptr $[R_i]$
		fstp real ptr z
			（1）z 为浮点型，R_i 为分配给 y 的寄存器
			（2）若 $y \in Rval(R_i)$，不生成第 1 条代码
			（3）若 y 在寄存器不在主存且活跃，先保存 y

4	$([]=, x, y, z)$	fld y
		mov R_i, x
		add R_i, z
		fstp real ptr $[R_i]$
			（1）y 为浮点型，R_i 为分配给 x 的寄存器
			（2）如果 y 为常数，按浮点常数取入到 ST(0)
			（3）如果 $x \in Rval(R_i)$，不生成第 2 条代码
			（4）若 x 在寄存器不在主存且活跃，先保存 x

9.3.4 转移语句

转移语句相关各四元式对应的目标代码如表9.7所示。

表 9.7 转移语句相关各四元式对应的目标代码

序号	中间代码	目标代码	说明
1	$(j,-,-,L)$	jmp ?L	无条件转移

2	$(j\theta,x,y,L)$	mov R_i,x
		cmp R_i,y
		jθ ?L
			（1）x、y 为整型，R_i 为分配给 x 的寄存器
			（2）如果 $x \in Rval(R_j)$，则不生成第1条代码
			（3）jθ 对应指令参考表1.4

3	$(jnz,x,-,L)$	mov R_i,x
		cmp $R_i,0$
		jne ?L
			（1）x 为布尔型，R_i 为分配给 x 的寄存器
			（2）如果 $x \in Rval(R_i)$，则不生成第1条代码

4	$(j\theta,x,y,L)$	fld x fcomp y fnstsw ax sahf jθ ?L	（1）x、y 为浮点型 （2）如果 x 为常数，按浮点常数取入到ST(0) （3）y 不是常数 （4）jθ 对应指令参考表1.4
5	$(j\theta,x,y,L)$	按浮点常数取 y fld x fcompp fnstsw ax sahf jθ ?L	（1）x 是浮点型 （2）y 是浮点常数 （3）如果 x 也是常数，按浮点常数取 x （4）jθ 对应指令参考表1.4

9.3.5 地址和指针

地址和指针相关各四元式对应的目标代码如表9.8所示。

表 9.8 地址和指针相关各四元式对应的目标代码

序号	中间代码	目标代码	说明
1	$(=*,x,-,z)$	mov R_j,x mov $R_i,[R_j]$	（1）z、$*x$ 为整型 （2）R_i、R_j 为新分配给 z、x 的寄存器

2	$(*=,x,-,z)$	mov R_i,x
		mov R_j,z
		mov $[R_j],R_i$
			（1）x、$*z$ 为整型
			（2）如果 $x \in Rval(R_i)$，则不生成第1条代码
			（3）R_i、R_j 为新分配给 x、z 的寄存器

3	$(\&,x,-,z)$	lea R_i,[ebp$\pm\hat{\delta}_x$]	R_i 为新分配给 z 的寄存器
4	$(=*,x,-,z)$	mov R_i,x fld real ptr $[R_i]$ fstp real ptr z	（1）$*x$、z 为浮点型 （2）R_i 为新分配给 x 的寄存器
5	$(*=,x,-,z)$	fld x mov R_i,z fstp real ptr $[R_i]$	（1）x、$*z$ 为浮点型 （2）R_i 为新分配给 z 的寄存器

9.3.6 类型转换

类型转换相关各四元式对应的目标代码如表9.9所示。

表 9.9 类型转换相关各四元式对应的目标代码

序号	中间代码	目标代码	说明
1	$(i2r, x, -, z)$	fild x fstp real ptr z	x 为整型，不是常量
2	$(i2r, x, -, z)$	push x fild dword ptr [esp] add esp, 4 fstp real ptr z	x 为整型常量
3	$(r2i, x, -, z)$	fld x fistp real ptr z	x 为浮点型，不是常量
4	$(r2i, x, -, z)$	x 按常量入栈 fld real ptr [esp] add esp, 4/8 fistp real ptr z	x 为浮点型常量

9.3.7 程序和过程

1.3.3节已经介绍了汇编代码的整体结构。在程序开始部分，需要有各种伪代码，如32位程序说明、内存模式、过程调用规范、堆栈大小、标准Windows退出服务ExitProcess的声明等。这些部分内容固定，可以在编译程序开始部分直接生成。

如果有全局变量，则将其声明在数据区。基本做法是先生成.data伪指令，然后遍历全局符号表，根据名字和数据类型生成相应的声明语句。

之后是代码区的处理。先生成.code伪指令，剩下就是逐语句转换为目标指令。除整型、浮点型运算目标代码外，还有过程相关的各种指令，对应转换规则如表9.10所示。

对过程相关的四元式，还需要附加生成一些指令，具体如下，这些内容后续章节会详细介绍。

- 四元式 $(call, id, -, -)$，如果过程没有参数，在生成的指令call id 前，还应生成保护寄存器的指令。
- 四元式 $(param, x, -, -)$，对一个过程第一个出现的参数，在生成的指令push x 前，还应生成保护寄存器的指令。

最后是程序入口和退出问题。可以参考C语言规则，约定一个固定的过程名，如main过程作为程序入口，需要做如下工作。

- 确保main过程存在且唯一。
- 对main的参数不作规定，只要能把参数正确传递进来即可（调用编译器编译的过程并传递参数是其他程序的工作，编译器只负责按程序员程序取参数）。
- 在main过程返回前，生成调用Windows标准退出服务ExitProcess的代码。
- 在编译程序的最后，生成语句end main，以指明程序入口点。

表 9.10 过程相关各四元式对应的目标代码

序号	中 间 代 码	目 标 代 码	说 明

1	$(proc, id, -, -)$	*id* proc
		push ebp
		mov ebp, esp
		push ebx
		push esi
		push edi
		sub esp, *const*
			（1）过程定义开始
			（2）保存和更新帧指针 ebp
			（3）保护寄存器 EBX、ESI、EDI
			（4）为普通变量和临时变量分配空间
			（5）*const* 为过程中需要保存的变量总字宽

2	$(endp, id, -, -)$	add esp, *const*1 pop edi pop esi pop ebx pop ebp ret *const*2 *id* endp	（1）释放普通变量和临时变量分配空间 （2）恢复寄存器 EDI、ESI、EBX、EBP （3）释放形参空间 （4）过程调用结束 （5）*const*1 为过程中需要保存的变量总字宽 （6）*const*2 为过程形参变量总字宽
3	$(param, x, -, -)$	push x	参数传递
4	$(call, id, -, -)$	call *id* add esp, c	（1）如果 eax 中有活跃变量，应先保存 （2）C 规范从符号表计算 c，std 无第 2 条指令
5	$(ret, x, -, -)$	mov eax, x jmp ?*quad*	（1）如果没有返回值，不生成第 1 条指令 （2）如果 eax 中有活跃变量，应先保存 （3）*quad* 为 endp 指令的四元式编号
6	$(=, id, -, z)$		*id* 为过程名，则 $Rval(eax) = \{z\}, Aval(z) = \{eax\}$

9.3.8 指令的执行代价

数据在寄存器之间的传送和计算是非常快的，相对来说，对内存读写的速度则非常慢。一种衡量指令运行速度的指标是该条指令执行所需访问内存的总次数，称为指令的**执行代价**。在寄存器分配中，经常需要计算指令代价，以便比较不同指令选择的时间消耗。

如果不考虑指令流水线因素，指令从内存取到指令寄存器需要一个执行代价，因此指令的执行代价等于该条指令访问内存的次数加1。下面给出几种常见指令的执行代价，其中 R 表示寄存器，M 表示内存。

- mov R_i, R_j：指令不读写内存，因此执行代价为1。
- mov R, M：指令从内存 M 读1次，因此执行代价为2。
- mov M, R：指令对内存 M 写1次，因此执行代价为2。
- θ R_1, R_2：指令不读写内存，因此执行代价为1。
- θ R, M：指令从内存 M 读1次，因此执行代价为2。
- θ $R_1, [R_2]$：指令将 R_2 内容作为地址访问主存内容1次，因此执行代价为2。
- θ $R_1, M[R_2]$：指令从内存 M 读1次，加上 R_2 内容后作为地址访问主存内容1次，因此执行代价为3。

上述指令代价的计算，适用于理想机模型大部分指令的情况，但在真实系统部分指令中可能会有变化，需要根据具体指令分析。

9.4 基于DAG的目标代码优化

本节从基本块范围考虑目标代码优化。

9.4.1 基本思想

如果寄存器数量非常少，会产生大量的主存存取指令，造成运行时效率低下。基本块内代码优化的基本思想，是通过调整代码的执行顺序，使得在计算形如(θ, x, y, z)的四元式时，如果计算完左操作数x，紧接着计算z，就可以及时利用寄存器中的信息。这种计算顺序体现在DAG中，就是尽量先计算DAG的右子树；计算完右子树再计算左子树，期望紧跟着左子树计算父结点，以充分利用左子树保存在寄存器中的值。

之所以使用DAG这个工具，是因为它记录了运算之间的依赖关系，依据DAG先计算子结点、后计算父结点的原则，其中间代码或目标代码生成不会造成计算顺序的错误。

例题9.5 基于DAG的计算顺序调整 考虑算术表达式“(a + b) − (x − (c + d))”的中间代码，即

100.$(+, a, b, \$1)$ 101.$(+, c, d, \$2)$ 102.$(-, x, \$2, \$3)$ 103.$(-, \$1, \$3, \$4)$

假设只有两个通用寄存器EAX和EBX，该中间代码对应的目标代码如下。

1. mov eax, [ebp−$\hat{\delta}_a$]
2. add eax, [ebp−$\hat{\delta}_b$]
3. mov ebx, [ebp−$\hat{\delta}_c$]
4. add ebx, [ebp−$\hat{\delta}_d$]
5. mov [ebp−$\hat{\delta}_{\$1}$], eax
6. mov eax, [ebp−$\hat{\delta}_x$]
7. sub eax, ebx
8. mov ebx, [ebp−$\hat{\delta}_{\$1}$]
9. sub ebx, eax
10. mov [ebp−$\hat{\delta}_{\$4}$], ebx

该中间代码的DAG如图9.4所示。

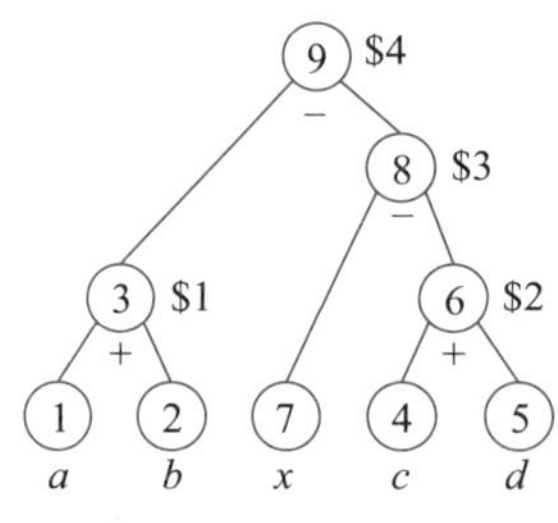

图 9.4 DAG

如果考虑先计算右子树，再计算左子树，紧接着左子树计算父结点，则结点计算顺序为6、8、3、9，得到新的代码顺序为

100.$(+, c, d, \$2)$ 101.$(-, x, \$2, \$3)$ 102.$(+, a, b, \$1)$ 103.$(-, \$1, \$3, \$4)$

调整计算顺序后的中间代码对应的目标代码如下。

1. mov eax, [ebp−$\hat{\delta}_c$]
2. add eax, [ebp−$\hat{\delta}_d$]
3. mov ebx, [ebp−$\hat{\delta}_x$]
4. sub ebx, eax
5. mov eax, [ebp−$\hat{\delta}_a$]
6. add eax, [ebp−$\hat{\delta}_b$]
7. sub eax, ebx
8. mov [ebp−$\hat{\delta}_{\$4}$], eax

调整计算顺序后生成的目标代码，省掉了把临时变量$1存入主存又取回的两条指令。

9.4.2 DAG结点重排

DAG结点重排的原则，为9.4.1节总结的规律：先计算右子树，再计算左子树，紧接着左子树计算父结点。DAG结构中，可以深度优先遍历结点，但采用右子树→左子树→根的遍历顺序。这个思路对于一棵DAG树是没有问题的，但一般DAG是一个森林，有时森林中的两棵树之间是有先后顺序要求的，处理起来比较麻烦，因此采用另外一种不同的重排策略。

算法设计上考虑用一个线性表 *seq*（sequence）记录结点计算顺序，计算顺序为从左往右，但这张表从右往左填写。没有父结点的结点，是可以放到最后计算的，因此先填入这张表空闲位置的最右端。接着测试其左子树是否可填入，如果可以就填在其左边相邻位置，这样左子树计算完就会接着计算父结点。测试一个结点是否可填入的准则有两个，具体如下。

- 如果结点没有父结点，则该结点可填入，因为这个结点在当前树中最后计算是没有问题的。
- 如果一个结点的父结点都已填入该表，则该结点可填入，因为已填入该表的父结点一定是在当前结点后计算的。

DAG结点重排如算法9.6所示，最终结点计算顺序为 $seq[1], seq[2], \cdots, seq[n]$。

算法 9.6 重排DAG结点

输入: 基本块的DAG

输出: 结点计算顺序 *seq*

```
1  nodes = { 内部结点 } ∪ { 带附加的叶子结点 } ;
2  i = | nodes |;
3  for j = 1 : i do
4  |   seq[j] = null;
5  end
6  while i > 0 do
7  |   node = max({x | x ∈ nodes ∧ x ∉ seq ∧ (x.parent = null ∨ ∀x.parent ∈ seq)});
8  |   seq[i − −] = node;
9  |   while ∀node.leftChild.parent ∈ seq do
10 |   |   node = node.leftChild;
11 |   |   seq[i − −] = node;
12 |   end
13 end
```

第1行定义 *nodes* 是内部结点和带附加的叶子结点的集合。第2行取得 *nodes* 集合的结点数量赋值给 i，i 此时指向 *nodes* 的最右一个元素，以便从右往左填写。第3~5行将 *seq* 的所有元素置空，至此初始化完成。

由于 *nodes* 中元素最终都要填入 *seq*，i 从 *seq* 的最右边元素开始填写，每填写一个就减1，最终填写完 $seq[1]$ 后，i 应等于0。因此，第6~15行的循环，只要 *nodes* 中有元素未填入 *seq*，也就是 $i > 0$，就进行循环。

第7行max函数中的集合，是同时满足如下3个条件的结点集合。

- 这些结点在 *nodes* 集合中。

- 这些结点还没有填入 seq 表。
- 这些结点没有父结点，或者父结点已经填入 seq 表中。

这个集合中取结点编号最大的作为 $node$，第8行将 $node$ 加入 seq 并使 i 减1，以便填写 seq 的左边元素。

第6~13行的循环尝试不断插入当前结点（刚刚插入的 $node$）的左孩子结点，循环条件为当前结点左孩子的父结点已经在 seq 中（第9行），这个条件有以下两层含义。

- $node$ 刚刚插入 seq 中，因此其左孩子一定不在 seq 表中。
- DAG中一个结点可以有多个父结点，因此需要检测其所有父结点是否都已经填入 seq 中。

如果条件满足，则可以将左孩子插入 seq。第10行将左孩子结点赋值给 $node$，第11行将 $node$ 加入 seq 并使 i 减1。第10行使刚刚插入 seq 的 $node$ 成为当前结点，转到第9行再次检测左孩子结点是否可以插入 seq。

例题9.6 DAG目标代码优化　对如下四元式代码，进行DAG目标代码优化；假设有EAX和EBX两个寄存器，乘法使用双操作数指令（即看作普通运算，不使用特殊寄存器EDX:EAX），基本块出口处变量 u、v 活跃，写出目标代码。

100. $(+, x, y, \$1)$　　102. $(*, \$1, \$2, \$3)$　　104. $(*, \$2, x, \$1)$　　106. $(+, \$1, \$2, u)$

101. $(-, x, y, \$2)$　　103. $(=, 3, -, x)$　　105. $(*, \$1, \$3, \$2)$　　107. $(*, \$1, \$3, v)$

解　(1) 构造DAG如图9.5(a)所示。

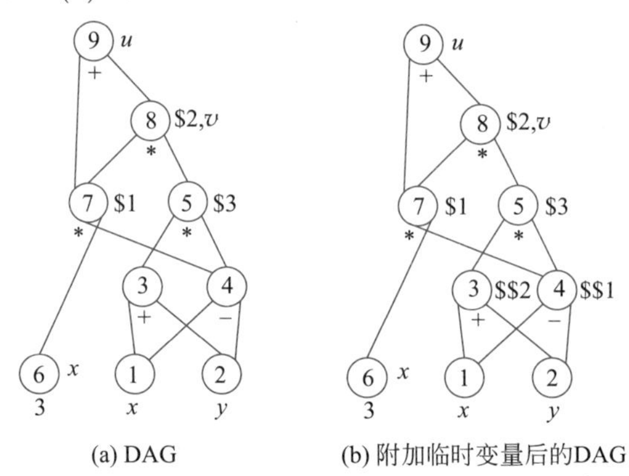

(a) DAG　　(b) 附加临时变量后的DAG

图 9.5　中间代码的DAG

(2) 重排结点，内部结点有6个，带附加的叶子结点1个，总共7个结点。

- 结点9无父结点，$seq[7] = 9$；其左孩子结点7有父结点8未在 seq 中，不能插入 seq。
- 结点8的父结点9已在 seq 中，$seq[6] = 8$；其左孩子结点7的父结点8、9均在 seq 中，$seq[5] = 7$；结点7的左孩子结点6，其父结点7已在 seq 中，$seq[4] = 6$；不再有左孩子结点。
- 结点5的父结点8已在 seq 中，$seq[3] = 5$；其左孩子结点3的父结点5已在 seq 中，$seq[2] = 3$；结点3的左孩子结点1为叶子结点且无附加，不需要插入 seq。
- 结点4的父结点5、7已在 seq 中，$seq[1] = 4$；其左孩子结点1为叶子结点且无附加，不需要插入 seq。

最终重排顺序为：$seq = (4, 3, 5, 6, 7, 8, 9)$。

(3) 按重排顺序重新生成四元式如下，DAG中内部结点3和4需要新生成临时变量并附加，如图9.5(b) 所示。

100. $(-,x,y,\$\$1)$ 102. $(*,\$\$2,\$\$1,\$3)$ 104. $(*,\$\$1,3,\$1)$ 106. $(=,\$2,-,v)$
101. $(+,x,y,\$\$2)$ 103. $(=,3,-,x)$ 105. $(*,\$1,\$3,\$2)$ 107. $(+,\$1,\$2,u)$

(4) 生成目标代码过程如下，目标代码附后。

- 四元式100: 对应目标代码 ①、②。分配寄存器EAX, 执行后 $Rval(eax) = \{\$\$1\}$, $Aval(\$\$1) = \{eax\}$。
- 四元式101: 对应目标代码 ③、④。分配寄存器EBX, 执行后 $Rval(ebx) = \{\$\$2\}$, $Aval(\$\$2) = \{ebx\}$。
- 四元式102: 对应目标代码 ⑤。\$\$2 不再活跃，寄存器EBX可以直接使用，执行后 $Rval(ebx) = \{\$3\}, Aval(\$3) = \{ebx\}$。
- 四元式103: 对应目标代码 ⑥、⑦。需要清理一个寄存器，\$3的引用点比\$\$1远，溢出EBX；执行后 $Rval(ebx) = \{x\}, Aval(x) = \{ebx\}$。
- 四元式104: 对应目标代码 ⑧。\$\$1 不再活跃，寄存器EAX可以直接使用，执行后 $Rval(eax) = \{\$1\}, Aval(\$1) = \{eax\}$。
- 四元式105: 对应目标代码 ⑨、⑩。寄存器EBX中的变量 x 不再活跃，因此分配ebx，执行后 $Rval(ebx) = \{\$2\}, Aval(\$2) = \{ebx\}$。
- 四元式106: 不生成代码，执行后 $Rval(ebx) = \{\$2, v\}, Aval(v) = \{ebx\}$。
- 四元式107: 对应目标代码 ⑪。\$1在寄存器EAX中，直接分配eax，且\$1不再活跃，因此无须保存\$1，执行后 $Rval(eax) = \{u\}, Aval(u) = \{eax\}$。
- 基本块出口，将活跃变量保存，对应目标代码 ⑫、⑬。

① mov eax, [ebp $-\hat{\delta}_x$]
② sub eax, [ebp $-\hat{\delta}_y$]
③ mov ebx, [ebp $-\hat{\delta}_x$]
④ add ebx, [ebp $-\hat{\delta}_y$]
⑤ mul ebx, eax
⑥ mov [ebp $-\hat{\delta}_{\$3}$], ebx
⑦ mov ebx, 3
⑧ imul eax, 3
⑨ mov ebx, eax
⑩ imul eax, [ebp $-\hat{\delta}_{\$3}$]
⑪ add eax, ebx
⑫ mov [ebp $-\hat{\delta}_u$], eax
⑬ mov mov [ebp $-\hat{\delta}_v$], ebx

在算法9.6第1行，大部分文献是只处理内部结点的，认为带附加的叶子结点的计算顺序是任意的。对例题9.6来说，原四元式103.$(=,3,-,x)$是一个叶子结点，但它的位置不是无关紧要的。如果算法9.6只考虑内部结点，那么叶子结点的计算或者放到中间结点计算的最前面，或者放到中间结点计算的最后面。

原四元式100和四元式101引用了 x，如果重排后四元式103放到最前面，显然先修改了形参变量 x 的值。重排后对应的四元式100和四元式101引用错误的值，逻辑上是错误的。如果重排后四元式103放到最后，由于后续四元式104原来对 x 的引用，改为对标记3的引用，因此是可以的。而算法9.6中除考虑内部结点外，也将带有附加的叶子结点一起重排，操作起来更加统一，因此采用这种方式。

9.5 面向循环的固定寄存器分配

循环中的代码是程序中执行次数最频繁的部分，多层循环的内循环更是如此。面向循环的寄存器分配，是从可用的寄存器中分出几个，固定分配给循环中的几个变量单独使用，剩余的寄存器按原规则分配给其他变量使用，从而提升运行时效率。

9.5.1 固定寄存器分配代价计算

面向循环的固定寄存器分配，一个重要工作是确定选择哪几个变量固定分配寄存器。一个思路是与原简单代码生成算法比较，计算循环中每个变量固定分配寄存器后节省的执行代价，选择节省代价最大的变量固定分配寄存器。

相对于原简单代码生成算法，固定分配寄存器算法节省的执行代价包括如下两方面。

- 原代码生成算法中，仅当变量在基本块中被定值时，其值才存放在寄存器中。固定分配寄存器后，该变量一直保存在主存中，如指令add R_0, x，会变为类似add R_0, R_1的指令。因此在该变量被定值前，每引用一次，就减少一次主存访问，执行代价就减少1。
- 原代码生成算法中，如果在基本块中被定值且在基本块出口后是活跃的，那么出基本块时要把它存储到主存中。固定分配寄存器后，出基本块时无须再转存到主存，省去诸如mov x, R_0的指令，执行代价就减少2。

用$use(x,B)$表示变量x在基本块B中定值前被引用的次数，用$live(x,B)$表示定值后出口处活跃信息。其中$live(x,B)$是一个数字（不是布尔量），当变量x在基本块B的出口处活跃，且在基本块B中有定值时，其值为1，否则为0，如式(9.1)所示，式中$outLv(B)$为基本块B出口处活跃变量集合。

$$live(x,B)=\begin{cases}1, & x\in outLv(B)\wedge(\exists q)(q\in B\wedge q.left=x)\\ 0, & \text{其他}\end{cases} \tag{9.1}$$

这样，循环L中的变量x固定分配寄存器后，节省的执行代价如式(9.2)所示。

$$cost(x)=\sum_{B\in L}[use(x,B)+2live(x,B)] \tag{9.2}$$

该计算忽略了以下问题。

- 如果变量x在循环入口处是活跃的，循环入口前需要取到固定分配寄存器，执行代价加2。但该步骤只执行一次，相对循环次数可以忽略。
- 如果B_i是循环出口基本块，B_j是循环外B_i的后继基本块，如果B_j入口处x活跃，则B_i出口处需要将x存入主存，执行代价加2；但该处也只执行一次，相对循环次数可以忽略。
- 循环一次，各基本块不一定都执行，该因素也忽略。

固定分配寄存器后，节省的执行代价计算如算法9.7所示，该算法的输入包括循环基本块集合L，以及活跃变量分析得到的基本块出口处活跃变量集合$outLv(B_i)$。

第1~15行的循环计算每个变量x的执行代价，第2行先将执行代价$cost(x)$初始化为0。第3~14行循环对每个基本块B_i中的x进行计算。首先将x定值标志$defFlag$置为false（第4行）。第5~11行对循环基本块B_i中的所有四元式反序遍历（第5行），如果某个四元式q_{ij}定值了x（第6行），则将定值标志$defFlag$置为true（第7行），并将$use(x,B_i)$置0（第8行）。也就是说，如果基本块中有多条x的定值语句，反序遍历过程中，每次遇到x的定值语句，$use(x,B_i)$都要重新置0。

如果x在后续代码中被定值($defFlag=$ true),某个四元式q_{ij}又引用了x,则$use(x,B_i)$加1（第10行）。四元式遍历完成后，如果变量x在基本块B_i出口处活跃，且定值标志$defFlag=$ true,则置$live(x,B_i)$为1;否则,置为0(第12行)。最后,将本基本块$use(x,B_i)+$

$2live(x, B_i)$ 累加到 $cost(x)$（第13行）。

算法 9.7 计算节省的执行代价

输入: 循环 $L = \{B_1, B_2, \cdots, B_m\}$，基本块 B_i 的四元式序列为 $q_{i1}, q_{i2}, \cdots, q_{in_i}$，每个基本块出口处活跃变量 $outLv(B_i)$

输出: 循环中每个变量节省的执行代价 $cost$

```
1  foreach 变量 x ∈ L do
2      cost(x) = 0;
3      foreach B_i ∈ L do
4          defFlag = false;
5          for j = n_i : −1 : 1 do
6              if q_ij.left = x then
7                  defFlag = true;
8                  use(x, B_i) = 0;
9              end
10             if defFlag ∧ (q_ij.opnd1 = x ∨ q_ij.opnd2 = x) then  use(x, B_i)+ = 1 ;
11         end
12         live(x, B_i) = (x ∈ outLv(B_i) ∧ defFlag) ? 1 : 0;
13         cost(x)+ = use(x, B_i) + 2 ∗ live(x, B_i);
14     end
15 end
```

注意第10行的 q_{ij} 即使引用了 x 两次，如 $(+, x, x, z)$，$use(x, B_i)$ 也是加1，而不是加2。因为简单代码生成中的指令可能为mov R_0, x 和add R_0, R_0，固定分配给寄存器 R_1 后可能是mov R_0, R_1 和add R_0, R_1，执行代价还是相差1。

例题 9.7 节省的执行代价计算 循环流图及出口处活跃变量如图9.6所示，计算固定寄存器分配各变量节省的执行代价。3个固定寄存器分配给3个变量，选出这3个变量。

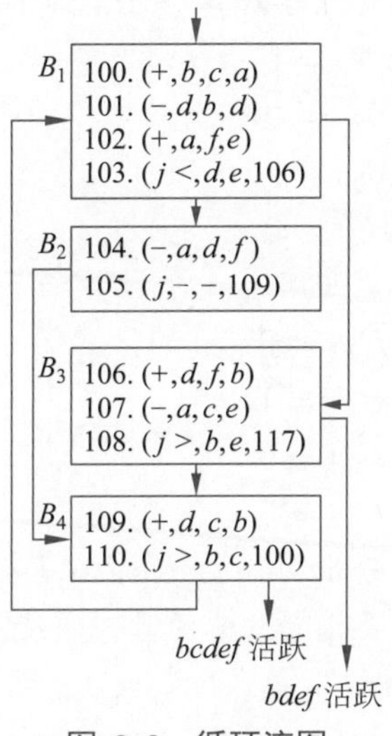

图 9.6 循环流图

解 (1) 活跃变量分析。

- $outLv(B_4) = \{b, c, d, e, f\}, inLv(B_4) = \{c, d, e, f\}$
- $outLv(B_3) = \{b, c, d, e, f\}, inLv(B_3) = \{a, c, d, f\}$

- $outLv(B_2) = \{a, c, d, e, f\}, inLv(B_2) = \{a, c, d, e\}$
- $outLv(B_1) = \{a, c, d, e, f\}, inLv(B_1) = \{b, c, d, f\}$

(2) 计算节省的执行代价。

- $cost(a) = 2 + 2 \times 1 = 4$，其中各基本块计算如下。
  - $use(a, B_1) = 0, live(a, B_1) = 1$
  - $use(a, B_2) = 1, live(a, B_2) = 0$
  - $use(a, B_3) = 1, live(a, B_3) = 0$
  - $use(a, B_4) = 0, live(a, B_4) = 0$
- $cost(b) = 2 + 2 \times 2 = 6$，其中各基本块计算如下。
  - $use(b, B_1) = 2, live(b, B_1) = 0$
  - $use(b, B_2) = 0, live(b, B_2) = 0$
  - $use(b, B_3) = 0, live(b, B_3) = 1$
  - $use(b, B_4) = 0, live(b, B_4) = 1$
- $cost(c) = 4 + 2 \times 0 = 4$，其中各基本块计算如下。
  - $use(c, B_1) = 1, live(c, B_1) = 0$
  - $use(c, B_2) = 0, live(c, B_2) = 0$
  - $use(c, B_3) = 1, live(c, B_3) = 0$
  - $use(c, B_4) = 2, live(c, B_4) = 0$
- $cost(d) = 4 + 2 \times 1 = 6$，其中各基本块计算如下。
  - $use(d, B_1) = 1, live(d, B_1) = 1$
  - $use(d, B_2) = 1, live(d, B_2) = 0$
  - $use(d, B_3) = 1, live(d, B_3) = 0$
  - $use(d, B_4) = 1, live(d, B_4) = 0$
- $cost(e) = 0 + 2 \times 2 = 4$，其中各基本块计算如下。
  - $use(e, B_1) = 0, live(e, B_1) = 1$
  - $use(e, B_2) = 0, live(e, B_2) = 0$
  - $use(e, B_3) = 0, live(e, B_3) = 1$
  - $use(e, B_4) = 0, live(e, B_4) = 0$
- $cost(f) = 2 + 2 \times 1 = 4$，其中各基本块计算如下。
  - $use(f, B_1) = 1, live(f, B_1) = 0$
  - $use(f, B_2) = 0, live(f, B_2) = 1$
  - $use(f, B_3) = 1, live(f, B_3) = 0$
  - $use(f, B_4) = 0, live(f, B_4) = 0$

(3) 6个变量节省的指令代价分别为：$cost(a) = 4, cost(b) = 6, cost(c) = 4, cost(d) = 6, cost(e) = 4, cost(f) = 4$。现在要选择3个变量，首先选择节省代价最多的两个变量b和d固定分配寄存器。剩余变量节省的指令代价都是4，可以任选一个。如果选择a，那么最终的选择为a、b和d固定分配寄存器。

9.5.2 循环代码生成

固定分配寄存器后，生成代码的算法与简单代码生成器类似，区别如下。

- 循环中，如果涉及已固定分配寄存器的变量，则采用分配的寄存器。
- 一个例外是对形如$(\theta,y,x,x)(x\neq y)$的代码，寄存器R固定分配给x，当$y\notin Rval(R)$，$x\notin Aval(x)$时，需要先生成代码mov x,R，然后认为x的值在主存中，生成mov R,y和θ,R,x两条代码。
- 如果固定分配寄存器的某个变量在**循环入口**前是活跃的，那么在循环入口的前置结点，要生成把它们值取到相应寄存器的目标代码；如果变量在入口处不活跃，说明在循环中定值，无须生成把它们值取到相应寄存器的目标代码。
- 如果固定分配寄存器的某个变量在**循环出口**后是活跃的，那么循环出口基本块最后、转移语句前，要生成代码把它们在寄存器中的值放入主存单元。
- 在循环中每个**基本块出口**，对未固定分配到寄存器的变量，仍按以前算法生成目标代码，把它们在寄存器的值存入主存单元（转移语句前保存）。
- 整个循环完成，清除固定分配的寄存器。

例题 9.8 循环代码生成 根据例题9.7，3个寄存器R_0,R_1,R_2固定分配给3个变量a,b,d，剩余1个寄存器R_3用于其他变量，生成目标代码。

解 目标代码如图9.7所示，生成过程如下。

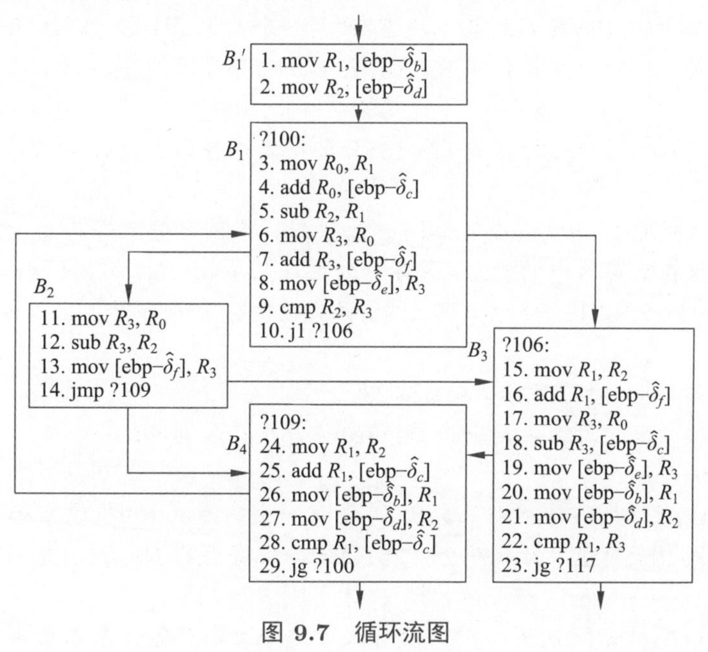

图 9.7 循环流图

- 循环前置基本块B_1'。
  - 目标代码1∼2：$inLv(B_1)=\{b,c,d,f\}$，因此在前置结点生成加载b,d的代码；$Rval(R_1)=\{b\},Rval(R_2)=\{d\},Aval(b)=\{b,R_1\},Aval(d)=\{d,R_2\}$。
- 基本块B_1。
  - B_4的四元式110转移到基本块B_1的第一个四元式100，建立标号“?100:”。
  - 四元式100，对应目标代码3∼4：R_0被固定分配给a，$Rval(R_0)=\{a\},Aval(a)=\{R_0\}$。
  - 四元式101，对应目标代码5：R_2被固定分配给d，$Rval(R_2)=\{d\},Aval(d)=\{R_2\}$。

  - 四元式102，对应目标代码6~7：分配空闲寄存器R_3，$Rval(R_3)=\{e\}, Aval(e)=\{R_3\}$。
  - 目标代码8：$outLv(B_1)=\{a,c,d,e,f\}$，未固定分配寄存器、基本块出口处活跃且仅在寄存器中的变量为e，存储到主存，$Rval(R_3)=\{e\}, Aval(e)=\{R_3,e\}$。
  - 四元式103，对应目标代码9~10。
  - 基本块结束，清除占用寄存器，$Rval(R_3)=\varnothing, Aval(e)=\varnothing$。
- 基本块B_2。
  - 没有四元式转移到基本块B_2的第一个四元式104，不需要建立标号。
  - 四元式104，对应目标代码11~12：分配空闲寄存器R_3，$Rval(R_3)=\{f\}, Aval(f)=\{R_3\}$。
  - 目标代码13：$outLv(B_2)=\{a,c,d,e,f\}$，未固定分配寄存器、基本块出口处活跃且仅在寄存器中的变量为f，存储到主存，$Rval(R_3)=\{f\}, Aval(f)=\{R_3,f\}$。
  - 四元式105，对应目标代码14。
  - 基本块结束，清除占用寄存器，$Rval(R_3)=\varnothing, Aval(a)=\varnothing$。
- 基本块B_3。
  - B_1的四元式103转移到基本块B_3的第一个四元式106，建立标号“?106:”。
  - 四元式106，对应目标代码15~16：固定分配寄存器R_1，$Rval(R_1)=\{b\}, Aval(b)=\{R_1\}$。
  - 四元式107，对应目标代码17~18：分配空闲寄存器R_3，$Rval(R_3)=\{e\}, Aval(e)=\{R_3\}$。
  - 目标代码19：$outLv(B_3)=\{b,c,d,e,f\}$，未固定分配寄存器、基本块出口处活跃且仅在寄存器中的变量e，存储到主存，$Rval(R_3)=\{e\}, Aval(e)=\{R_3,e\}$。
  - 目标代码20~21：B_3为循环出口，保存固定分配寄存器且出口处活跃的变量b和d。
  - 四元式108，对应目标代码22~23。
  - 基本块结束，清除占用寄存器，$Rval(R_3)=\varnothing, Aval(a)=\varnothing$。
- 基本块B_4。
  - B_2的四元式105转移到基本块B_4的第一个四元式109，建立标号“?109:”。
  - 四元式109，对应目标代码24~25：固定分配寄存器R_1，$Rval(R_1)=\{b\}, Aval(b)=\{R_1\}$。
  - $outLv(B_4)=\{b,c,d,e,f\}$，没有未固定分配寄存器、基本块出口处活跃且仅在寄存器中的变量。
  - 目标代码26~27：B_4为循环出口，保存固定分配寄存器且出口处活跃的变量b和d。
  - 四元式110，对应目标代码28~29。
  - 基本块结束，没有需要清除的寄存器。
- 整个循环翻译完成，清除占用的所有寄存器。

例题9.8的基本块均为循环中基本块。如果在过程范围生成代码，应先判断基本块是否属于某个循环，以确定按哪个策略生成目标代码。

9.6 图着色寄存器分配

9.4节介绍的基于DAG的目标代码优化，是在基本块范围内优化寄存器的利用。9.5节介绍的面向循环的寄存器分配，则是将一些寄存器固定地分配给循环，以优化循环的执行效率。本节的图着色方法和下节介绍的线性扫描方法，则是从整体考虑，实现寄存器的分配优化，称为全局寄存器分配。

9.6.1 算法框架

寄存器分配的目标是最小化从内存加载和存储到内存的指令数量。将寄存器分配问题简化为图着色问题，则巧妙地改变了这个目标，其"减少"的目标不是最小化内存流量，而是最小化寄存器使用。1971年，John Cocke就提出将全局寄存器分配看作图着色问题，但直到1981年，才由Chaitin实现了这种分配器，并在IBM 370的PL/I编译器中得到应用。图着色分配器的一种最成功的设计是由Briggs开发的，本节内容结合Briggs的设计[90]以及鲸书*Advanced Compiler Design and Implementation*[10]的数据结构。部分算法进行了修改，以便更容易理解，而不是单纯追求极致的效率，以及避免纠缠于代码实现中过于细节的内容。

图着色算法框架如图9.8所示。对x86系统来说，由于浮点寄存器采用的是栈式结构，因此图着色仅用于整型寄存器分配。对其他系统非栈式结构的浮点寄存器，则可以将整型、浮点寄存器混合进行分配。

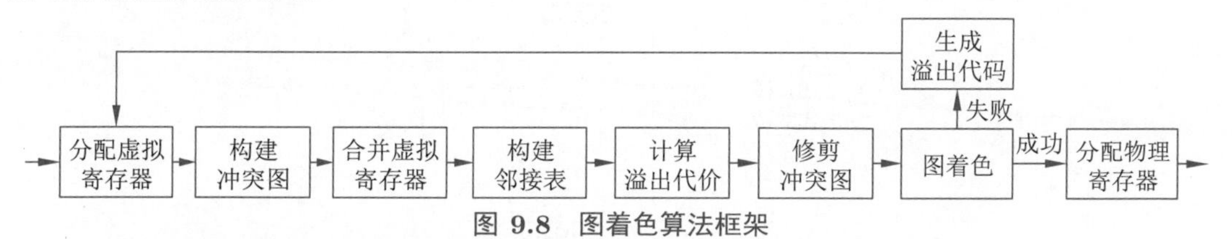

图 9.8 图着色算法框架

下面对各个步骤的功能进行简要介绍。

(1) **分配虚拟寄存器**：程序中一个变量在逻辑上可能分配一个寄存器，也可能分配多个寄存器。图着色认为有无穷多的虚拟寄存器，当一个变量可以分配一个寄存器时，就分配一个虚拟寄存器；当一个变量需要多个寄存器时，就使用不同的虚拟寄存器将它们区分。总之，采用需要多少虚拟寄存器就分配多少的策略，通过虚拟寄存器将变量取值分组，后面只需要把虚拟寄存器映射到真实的物理寄存器就完成了分配。

(2) **构建冲突图**：找出哪些虚拟寄存器是不能分配同一个物理寄存器的，它们之间连接一条边，表示有冲突。冲突图采用下三角的邻接矩阵表示。

(3) **合并虚拟寄存器**：类似复写传播，如果出现形如$(=, x, -, z)$的复写语句，则程序中的x和z使用同一个变量表示，删除另外一个变量，并删除这条复写语句。

(4) **构建邻接表**：邻接矩阵已经表示了冲突图，但为提升程序性能，采用邻接表记录一些冗余信息，以便更快地查找到所需要的数据。

(5) **计算溢出代价**：当寄存器不够用时，把寄存器的值保存到主存的过程称为**寄存器溢出**（Spill）。计算溢出代价即计算不同虚拟寄存器溢出时，额外增加的执行代价，以便以最小代价溢出寄存器。

(6) **修剪冲突图**：通过逐个剪掉结点并压入一个栈的方式，确定结点的着色顺序。

(7) **图着色**：从栈中逐个弹出结点，用与相邻结点不同的颜色对结点着色。

(8) **分配物理寄存器**：如果图着色成功，则将相同颜色的结点映射到相应的物理寄存器，完成物理寄存器的分配。

(9) **生成溢出代码**：如果图着色不成功，说明需要溢出一个虚拟寄存器到主存。选择溢出代价最小的虚拟寄存器，生成相应的溢出代码，然后转到第 (1) 步重新开始图着色过程。

9.6.2 分配虚拟寄存器

在9.2节简单代码生成器中，我们已经发现，并不是一个变量要分配到同一个寄存器中，下面进一步说明这种情况。

如图9.9所示是一个流图的片段，运算符 θ 表示某个运算符，四元式 $(\theta,-,-,x)$ 表示对 x 定值，$(\theta,x,-,-)$ 表示对 x 引用。计算定值-引用链可知，四元式 101 对 x 的定值，可以到达四元式 105 和四元式 107；四元式 103 对 x 的定值，可以到达四元式 107。由于四元式 101 和四元式 103 对 x 的定值，有共同的引用四元式 107，因此四元式 101、103、105、107 可能需要使用同一个寄存器。紧跟在四元式 107 对 x 的引用后，四元式 108 对 x 重新定值，在四元式 109 处被引用，此时 x 很可能会使用另一个与前面四元式不同的寄存器，当然也可以使用与之前相同的寄存器。

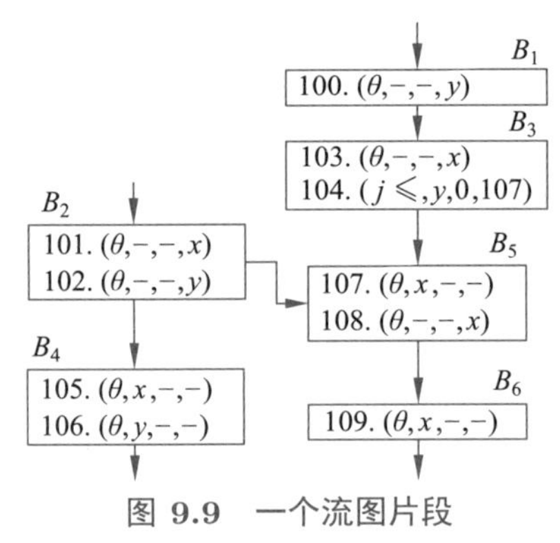

图 9.9　一个流图片段

为后续分配寄存器的方便性，图着色算法首先对变量改名，必须分配到同一个寄存器的变量使用同一个名字，而可能分配到不同寄存器的变量（当然最终也可能还是分配到同一个寄存器）使用不同的名字。这个新的名字体现了以下两方面内容。

- 从寄存器分配角度看，新的名字体现的是分配到的寄存器信息，即是否分配到同一个寄存器，因此称为**虚拟寄存器**（Virtual Register）或**符号寄存器**（Symbol Register）。相对地，CPU 中的寄存器称为**物理寄存器**（Machine Register）或**真实寄存器**（Real Register）。
- 从作用上看，新的名字体现的还是变量的定值和引用信息，因此不应限制虚拟寄存器的数量，即认为虚拟寄存器是无限的，需要多少个虚拟寄存器就认为有多少个。可以用 $v_1, v_2, \cdots$ 对虚拟寄存器进行编号，因此这个过程就变成一个对变量编号的过程。Briggs 称这个过程为重编号（Renumber），本书从物理意义的角度称这个过程为**分配虚拟寄存器**。

在流图中，寄存器分配的对象称为**网**（Web），也就是一个网分配一个虚拟寄存器。可以通过定值-引用链计算得到网，定义多条相交的定值-引用链属于同一个网，即有一个共同引用的定值-引用链称为一个网。在图9.9中，$du(101, x) = \{105, 107\}, du(103, x) = \{107\}$，因此 $du(101, x) \cap du(103, x) = \{107\} \neq \varnothing$，$du(101, x)$ 和 $du(103, x)$ 就组成一个网，它们的 x 应分配同一个虚拟寄存器。

一个网是一个四元组 $(symbol, defs, uses, vreg)$，各分量意义如下。

- $symbol$：符号的名字，也就是变量名（具体实现时，使用变量在符号表的指针）。
- $defs$：符号 $symbol$ 的定值四元式集合。
- $uses$：符号 $symbol$ 的引用四元式集合。
- $vreg$：符号 $symbol$ 的分配的虚拟寄存器，默认为空值 (null)。

其中，前3个分量是在分配虚拟寄存器前需要计算得到的，是网的主体描述。虚拟寄存器 $vreg$ 在计算得到网后分配。

在计算定值-引用链时，形参 x 按照8.4节数据流分析中介绍的方法，使用 $(def, -, -, x)$ 在过程入口处标记变量 x 的定值。

算法9.8为构建网的算法，输入为基本块及四元式序列，输出为网的集合 $webs$。

算法 9.8 构建网，并分配虚拟寄存器

```
   输入: 基本块及四元式序列
   输出: 网的集合 webs
 1 计算定值-引用链 duChains;
 2 webs = ∅, nwebs = 0;
 3 foreach du(q, s) ∈ duChains do
 4   | webs ∪= {(s, {q}, du(q, s), null)};
 5   | nwebs ++;
 6 end
 7 do
 8   | foreach web1 ∈ webs do
 9   |   | foreach web2 ∈ webs do
10   |   |   | if
     |   |   |   web2 ≠ web1 ∧ web2.symbol = web1.symbol ∧ web2.uses ∩ web1.uses ≠ ∅
     |   |   |   then
11   |   |   |   | web1.defs ∪= web2.defs;
12   |   |   |   | web1.uses ∪= web2.uses;
13   |   |   |   | webs −= {web2};
14   |   |   |   | nwebs −−;
15   |   |   | end
16   |   | end
17   | end
18 while nwebs 变化;
19 for i = 1 : nwebs do
20   | webs[i].vreg = v_i;
21 end
22 将四元式代码转换为低级中间代码表示;
```

算法第1行求定值-引用链，得到集合 $duChains$。第2行将网的集合初始化为空集，并将网的数量 $nwebs$ 初始化为0。第3~6行使用 $duChains$ 中的每个元素 $du(q, s)$ 初始化一个

网。第4行初始化一个网且并入$webs$集合，网的符号$symbol$为s，定值集合$defs$只有一个定值四元式编号q，$du(q,s)$即引用集合为网的引用集合$uses$，虚拟寄存器$vreg$使用默认值null。第5行将网的数量增1。

第7~18行将相交的网合并，最外层循环是网的数量有变化，即每轮循环有网合并时进行下一轮循环（第18行）。然后使用双层循环检查可合并的网，第8行的外层foreach循环变量为$web1$，第9行的内层foreach循环变量为$web2$。如果$web2$不是$web1$，且两者符号相同，且引用集合$uses$交集非空（第10行），则合并其定值集合和引用集合至$web1$（第11、12行），然后从网集合中删除$web2$（第13行），网的个数减1（第14行）。

第19~21行从v_1开始按顺序分配虚拟寄存器。第22行将四元式代码转换为低级中间代码表示，这步在9.6.3节单独介绍。

关于$webs$数组的下标，为简化文字描述，我们认为用虚拟寄存器访问和用数组序号访问是一致的。即$webs[i]$和$webs[v_i]$都表示第i个网，这样做也要求网的序号i与虚拟寄存器v_i时刻保持一一对应关系。

例题9.9 分配虚拟寄存器 求流图9.9中的网。

解 (1) 计算定值-引用链。

- $du(100, y) = \{104\}$
- $du(101, x) = \{105, 107\}$
- $du(102, y) = \{106\}$
- $du(103, x) = \{107\}$
- $du(108, x) = \{109\}$

(2) 使用定值-引用链初始化网。

- $webs[1] = (y, \{100\}, \{104\}, null)$
- $webs[2] = (x, \{101\}, \{105, 107\}, null)$
- $webs[3] = (y, \{102\}, \{106\}, null)$
- $webs[4] = (x, \{103\}, \{107\}, null)$
- $webs[5] = (x, \{108\}, \{109\}, null)$

(3) 合并网，$webs[2].uses \cap webs[4].uses \neq \varnothing$，可合并，其他都不可合并。然后按顺序分配虚拟寄存器，具体如下。

- $webs[1] = (y, \{100\}, \{104\}, v_1)$，为原$webs[1]$。
- $webs[2] = (x, \{101, 103\}, \{105, 107\}, v_2)$，为原$webs[2]$和$webs[4]$的合并。
- $webs[3] = (y, \{102\}, \{106\}, v_3)$，为原$webs[3]$。
- $webs[4] = (x, \{108\}, \{109\}, v_4)$，为原$webs[5]$。

例题9.10 分配虚拟寄存器 数据流图如图9.10(a)所示，b为形参，分配虚拟寄存器。

解 (1) 形参标记后流图如图9.10(b)所示，计算定值-引用链。

- $du(101, b) = \{112\}$
- $du(102, i) = \{105, 106, 108\}$
- $du(103, sum) = \{106, 111, 112\}$
- $du(104, a) = \{105\}$
- $du(106, \$1) = \{107\}$
- $du(107, sum) = \{106, 111, 112\}$

- $du(108, \$2) = \{109\}$
- $du(109, i) = \{105, 106, 108\}$
- $du(111, a) = \{105\}$

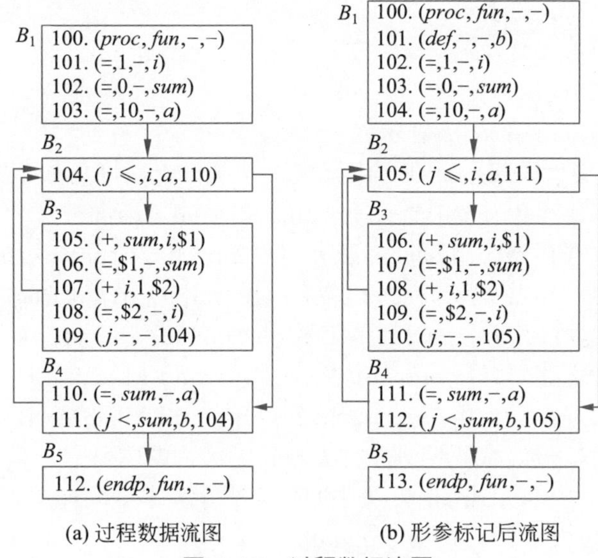

图 9.10 过程数据流图

(2) 初始化网。

- $webs[1] = (b, \{101\}, \{112\}, null)$
- $webs[2] = (i, \{102\}, \{105, 106, 108\}, null)$
- $webs[3] = (sum, \{103\}, \{106, 111, 112\}, null)$
- $webs[4] = (a, \{104\}, \{105\}, null)$
- $webs[5] = (\$1, \{106\}, \{107\}, null)$
- $webs[6] = (sum, \{107\}, \{106, 111, 112\}, null)$
- $webs[7] = (\$2, \{108\}, \{109\}, null)$
- $webs[8] = (i, \{109\}, \{105, 106, 108\}, null)$
- $webs[9] = (a, \{111\}, \{105\}, null)$

(3) 合并网，并分配虚拟寄存器。

- $webs[1] = (b, \{101\}, \{112\}, v_1)$，为原 $webs[1]$。
- $webs[2] = (i, \{102, 109\}, \{105, 106, 108\}, v_2)$，为原 $webs[2]$ 和 $webs[8]$ 合并结果。
- $webs[3] = (sum, \{103, 107\}, \{106, 111, 112\}, v_3)$，为原 $webs[3]$ 和 $webs[6]$ 合并结果。
- $webs[4] = (a, \{104, 111\}, \{105\}, v_4)$，为原 $webs[4]$ 和 $webs[9]$ 合并结果。
- $webs[5] = (\$1, \{106\}, \{107\}, v_5)$，为原 $webs[5]$。
- $webs[6] = (\$2, \{108\}, \{109\}, v_6)$，为原 $webs[7]$。

9.6.3 低级中间代码表示

分配虚拟寄存器后，原中间代码中的变量与虚拟寄存器建立对应关系。考虑将分配的虚拟寄存器，以及后续将要分配的物理寄存器信息，都附加到中间代码，形成低级中间代码表示（Low-Level Intermediate Representation），即寄存器表示。

首先回顾中间代码生成以及代码优化算法中使用的四元式，包含如下数据项。

- 运算符：用 $oprt$ 表示。
- 左值：用 $left$ 表示。
- 左操作数：用 $opnd1$ 表示。
- 右操作数：用 $opnd2$ 表示。
- 四元式编号：用 $quad$ 表示。
- 所属基本块编号：用 $block$ 表示。

设计四元式的低级代码表示，在原四元式表示基础上，增加如下数据项。

- 左值虚拟寄存器：用 $lvreg$ 表示（Lvalue Virtual Register）。
- 左操作数虚拟寄存器：用 $ovreg1$ 表示（Operand Virtual Register 1）。
- 右操作数虚拟寄存器：用 $ovreg2$ 表示（Operand Virtual Register 2）。
- 左值物理寄存器：用 $lmreg$ 表示（Lvalue Machine Register）。
- 左操作数物理寄存器：用 $omreg1$ 表示（Operand Machine Register 1）。
- 右操作数物理寄存器：用 $omreg2$ 表示（Operand Machine Register 2）。

该数据结构用 lir 表示。低级代码序列记作 $lirs$，与四元式序列一一对应，通过四元式编号进行访问，即 $lirs[q]$ 对应四元式 q 的低级中间代码表示。本章同样用 q 表示四元式，在不引起混淆的前提下也用 q 表示四元式编号 $q.quad$。

转换为低级代码表示如算法9.9所示。由于网中已经保留符号变量的定值和引用四元式，因此只是简单地找到定值四元式，将定值四元式的左值寄存器赋值为该网的虚拟寄存器（第2~4行）；找到引用四元式，将四元式的左操作数寄存器或右操作数寄存器赋值为该网的虚拟寄存器（第5~8行）。

算法 9.9 转换为低级代码表示

输入： 基本块及四元式序列，网 $webs$

输出： 低级中间代码序列 $lirs$

```
1 foreach web ∈ webs do
2     foreach def ∈ web.defs do
3         lirs[def].lvreg = web.vreg;
4     end
5     foreach use ∈ web.uses do
6         if use.opnd1 = web.symbol then  lirs[use].ovreg1 = web.vreg ;
7         if use.opnd2 = web.symbol then  lirs[use].ovreg2 = web.vreg ;
8     end
9 end
```

该算法作为虚拟寄存器分配算法9.8的最后一步，在算法框架中没有为其分配独立的一步。

9.6.4 构建冲突图

如果两个变量需要同时使用寄存器，就不能分配到同一个寄存器中。冲突图是描述两个寄存器（包括虚拟的和物理的）是否冲突的一种数据结构：如果两个寄存器有冲突，则它们之间有一条边。

Chaitin 在文献[85]中采用了在某点活跃的概念，这个概念不同于中间代码优化中活跃的定义。具体来说，名字x在一个程序P的u点活跃，指从P的入口点有一条控制流路径到达x的一个定值点，然后通过u到达x的引用点v，并且在u和v之间的路径上，没有x的定值点。也就是说，一个计算是活跃的，如果这个计算的变量被引用，且在被引用前未被重新计算。

判断虚拟寄存器v_i在定值点def是否活跃的函数liveAt(v_i, def)如算法9.10所示，如果活跃，则返回true。该函数除这两个参数外，还需要另外两个输入：一是以虚拟寄存器作为名字进行活跃变量分析，得到的def所在基本块出口处活跃虚拟寄存器集合$outLv(B_i)$；二是当前基本块四元式序列$q_{i1}, q_{i2}, \cdots, q_{in_i}$。这两个输入均采用全局变量形式输入，不作为函数参数。

算法 9.10 虚拟寄存器在定值点是否活跃

输入: 虚拟寄存器v_i，定值点def，出口处活跃虚拟寄存器集合$outLv(B_i)$，当前基本块四元式序列$q_{i1}, q_{i2}, \cdots, q_{in_i}$

输出: 活跃返回true，否则返回false

```
1 bool liveAt(v_i, def):
2   for q = def + 1 : q_{in_i} do
3     if lir[q].ovreg1 = v_i ∨ lir[q].ovreg2 = v_i then return true ;
4     if lir[q].lvreg = v_i then return false ;
5   end
6   return v_i ∈ outLv(B_i);
7 End liveAt
```

算法第2~5行从$def+1$位置遍历四元式至基本块结尾（第2行），如果先遇到对寄存器v_i的引用，则返回true，即活跃（第3行）；如果先遇到对寄存器v_i的定值，则返回false，即不活跃（第4行）。如果到基本块结尾既没遇到v_i的引用，也没遇到v_i的定值，若有$v_i \in outLv(B_i)$，则返回true（第6行）。

冲突图的结点是所有物理寄存器和虚拟寄存器。之所以要将两类寄存器混合构造冲突图，是因为目标机器中总有一些奇奇怪怪的指令，要求某个变量“不能”或“只能”放入某个物理寄存器。如x86除法指令$(/, x, y, z)$中的被除数x，要求放入物理寄存器EDX:EAX中。假设x对应的虚拟寄存器为v_x，那么最终v_x必须同时分配EDX和EAX两个物理寄存器，下面考虑这种情况的冲突图表示。

首先，考虑物理寄存器的表示。以x86为例，只考虑4个通用寄存器，EBX、ECX、EDX、EAX分别用符号R_1、R_2、R_3、R_4表示，分配时也按这个顺序分配。之所以采用这种顺序，是因为除法指令要用到EAX和EDX，而EAX又被用作过程返回值，因此EAX是最容易被占用的，EDX其次，当其他寄存器被占用后再考虑它们。所有物理寄存器是冲突的，因为一个物理寄存器不可能分配给另外一个物理寄存器，因此所有物理寄存器两两之间都有一条边。

其次，为同时分配EAX和EDX这个组合，我们认为存在一个物理寄存器R_5，这个物理寄存器就表示EAX和EDX这个组合。分配寄存器R_5，就是同时分配EAX和EDX，这样就解决了两个物理寄存器同时分配的问题。

最后，考虑冲突图中这种分配的表示。既然v_x必须分配R_5，那么就可以认为v_x与R_5之外的任何寄存器都是冲突的。换句话说，v_x与R_1~R_4的寄存器之间都有一条边，这样分配物理寄存器的时候就只能分配R_5，解决了冲突图的对此类问题的表示问题。

冲突图在技术上可以用邻接矩阵和邻接表的组合表示，本节先介绍邻接矩阵。邻居矩阵需要对所有结点指定一个顺序，假设物理寄存器有$nregs$个，而虚拟寄存器有$nwebs$个，总结点个数为$nnodes = nregs + nwebs$。物理寄存器所在行（列）从1到$nregs$编号，虚拟寄存器从物理寄存器后开始编号，即行（列）编号为$nregs + 1$到$nnodes$。

表9.11显示了这样设计的邻接矩阵。由于冲突图只用来记录两个寄存器是否有冲突这样的信息，不需要计算通路之类的参数，因此只使用下三角部分，即表中打对勾（✓）的部分。当两个寄存器之间有冲突时，在相应位置填1（或true）；无冲突时，在相应位置填0（或false）。

表 9.11　邻接矩阵

	R_1	R_2	$\cdots$	R_{nregs}	v_1	v_2	$\cdots$	v_{nwebs}
R_1								
R_2	✓							
$\cdots$	✓	✓						
R_{nregs}	✓	✓	✓					
v_1	✓	✓	✓	✓				
v_2	✓	✓	✓	✓	✓			
$\cdots$	✓	✓	✓	✓	✓	✓		
v_{nwebs}	✓	✓	✓	✓	✓	✓	✓	

下面对记号做一下约定。邻接矩阵记作$adjMatrix$，其下标可以通过寄存器名字，也可以通过行列号访问。如通过行列号访问，可以用$adjMatrix[2,1]$表示物理寄存器R_1和R_2的冲突信息，但不能用$adjMatrix[1,2]$，因为下三角表示要求行号大于列号。通过寄存器名字访问，因为是一种形式上的访问方式，需要最终转换为行列号表示，因此允许$adjMatrix[R_1,R_2]$和$adjMatrix[R_2,R_1]$两种表示形式。$adjMatrix[R_1,v_2]$和$adjMatrix[v_2,R_1]$都表示物理寄存器R_1和虚拟寄存器v_2的冲突信息，等价于$adjMatrix[nregs+2,1]$的表示。算法9.11中，函数int2reg将行列号i转换为一个寄存器名字，函数reg2int将一个寄存器名字r_i转换为行列号。

算法 9.11　邻接矩阵行列号与寄存器名字的相互转换

输入: 邻接矩阵行列号i或寄存器名字r_i

输出: 寄存器名字r_i或邻接矩阵行列号i

```
1 Reg* int2reg(i):
2     if i ⩽ nregs then return R_i ;
3     else return v_{i−nregs} ;
4 End int2reg
5 int reg2int(r_i):
6     if r_i = R_i then return i ;
7     else return i + nregs ; // r_i = v_i
8 End reg2int
```

用行列号访问时，任给行列号i和j，当$i > j$时，用$adjMatrix[i,j]$访问，当$i < j$时，用$adjMatrix[j,i]$访问，也可以统一写作$adjMatrix[\max(i,j),\min(i,j)]$。

构建邻接矩阵如算法9.12所示。第1~5行将任意两个物理寄存器之间置为有冲突，第6~10行将任意两个虚拟寄存器之间置为不冲突。

算法 9.12 构建邻接矩阵

```
输入: 网及物理寄存器，最后一个物理寄存器 R_nregs 为EAX、EDX的组合
输出: 邻接矩阵 adjMatrix
1  for i = 2 : nregs do // 初始化1：任意两个物理寄存器之间冲突
2      for j = 1 : i - 1 do
3          adjMatrix[R_i, R_j] = 1;
4      end
5  end
6  for i = 2 : nwebs do // 初始化2：任意两个虚拟寄存器之间不冲突
7      for j = 1 : i - 1 do
8          adjMatrix[v_i, v_j] = 0;
9      end
10 end
11 for i = 1 : nwebs do // 对每个虚拟寄存器
12     for j = 1 : nregs do // 虚拟寄存器和物理寄存器之间
13         if v_i 与 R_j 冲突 then adjMatrix[v_i, R_j] = 1;
14         else adjMatrix[v_i, R_j] = 0;
15     end
16     foreach def ∈ webs[i].defs do // 对 webs[i] 的每个定值点
17         for j = 1 : i - 1 do // 两个虚拟寄存器之间
18             if liveAt(webs[j].vreg, def) then  adjMatrix[v_i, v_j] = 1 ;
19         end
20         if def 为除运算 then
21             for j = 1 : nregs - 1 do
22                 adjMatrix[v_i, R_j] = 1;
23             end
24             adjMatrix[v_i, R_nregs] = 0;
25         end
26     end
27 end
```

第11~27行对每个网，也就是每个虚拟寄存器进行处理。第12~15行检测虚拟寄存器和物理寄存器之间是否有约定的冲突，并设置相应的值。对x86的通用寄存器来说，没有任何不允许将某个值放入某个通用物理寄存器的约束，但增加了一个R_{nregs}作为EAX和EDX的组合寄存器，一般变量不应使用这个寄存器，因此任意的v_i会和R_{nregs}冲突，而与$R_j(j < nregs)$不冲突。非x86系统中，浮点运算可能使用非栈类型的寄存器，就可以考虑浮点寄存器和整型寄存器统一分配，这时会有浮点数据不能放入整型寄存器，以及整型数据不能放入浮点寄存器的约束，产生虚拟寄存器和物理寄存器的冲突。

第16~26行检测$webs[i]$的每个定值，其对应的虚拟寄存器为v_i。第17~19行检测是否有其他虚拟寄存器在该定值处活跃，如果是，则两个虚拟寄存器冲突。

第20~25行针对x86系统检测除运算（非x86目标机无须该步骤），v_i与EAX和EDX的组合寄存器R_{nregs}不冲突，与其他物理寄存器冲突，因此会为其分配R_{nregs}寄存器。

需要说明的一点是，寄存器分配都是分配给被定值的变量。如除运算 $(/, x, y, z)$ 中，R_{nregs} 是分配给 z 使用的，而不是分配给 x。生成代码时，先生成 x 存入EDX:EAX的指令，然后生成除法指令idiv y，最终结果在EAX中。

例题9.11 构建冲突图 对例题9.9，使用前述x86的5个物理寄存器，即EBX、ECX、EDX、EAX分别记作 R_1、R_2、R_3、R_4，EDX:EAX记作 R_5，构建冲突图。

解 (1) 计算基本块活跃虚拟寄存器集合。

- $outLv(B_6) = \varnothing, inLv(B_6) = \{v_4\}$
- $outLv(B_5) = \{v_4\}, inLv(B_5) = \{v_2\}$
- $outLv(B_4) = \varnothing, inLv(B_4) = \{v_2, v_3\}$
- $outLv(B_3) = \{v_2\}, inLv(B_3) = \{v_1\}$
- $outLv(B_2) = \{v_2, v_3\}, inLv(B_2) = \varnothing$
- $outLv(B_1) = \{v_1\}, inLv(B_1) = \varnothing$

(2) 冲突图的邻接矩阵如表9.12所示，具体过程如下。

- 初始化1：任意两个物理寄存器之间置1
  - 对 R_2，置 $adjMatrix[R_2, R_1] = 1$。
  - 对 R_3，置 $adjMatrix[R_3, R_1] = 1, adjMatrix[R_3, R_2] = 1$。
  - 对 R_4，置 $adjMatrix[R_4, R_1] = 1, adjMatrix[R_4, R_2] = 1, adjMatrix[R_4, R_3] = 1$。
  - 对 R_5，置 $adjMatrix[R_5, R_1] = 1, adjMatrix[R_5, R_2] = 1, adjMatrix[R_5, R_3] = 1, adjMatrix[R_5, R_4] = 1$。
- 初始化2：任意两个虚拟寄存器之间置0
  - 对 v_2，置 $adjMatrix[v_2, v_1] = 0$。
  - 对 v_3，置 $adjMatrix[v_3, v_1] = 0, adjMatrix[v_3, v_2] = 0$。
  - 对 v_4，置 $adjMatrix[v_4, v_1] = 0, adjMatrix[v_4, v_2] = 0, adjMatrix[v_4, v_3] = 0$。
- 虚拟寄存器 v_1，$webs[1] = (y, \{100\}, \{104\}, v_1)$
  - 物理寄存器：与 R_1~R_4 不冲突，置 $adjMatrix[v_1, R_i] = 0(1 \leqslant i \leqslant 4)$；与 R_5 冲突，置 $adjMatrix[v_1, R_5] = 1$。
  - 定值点100，其他虚拟寄存器在此处均不活跃。
- 虚拟寄存器 v_2，$webs[2] = (x, \{101, 103\}, \{105, 107\}, v_2)$
  - 物理寄存器：与 R_1~R_4 不冲突，置 $adjMatrix[v_2, R_i] = 0(1 \leqslant i \leqslant 4)$；与 R_5 冲突，置 $adjMatrix[v_2, R_5] = 1$。
  - 定值点101，其他虚拟寄存器在此处均不活跃。
  - 定值点103，v_1 在此处活跃，置 $adjMatrix[v_2, v_1] = 1$。
- 虚拟寄存器 v_3，$webs[3] = (y, \{102\}, \{106\}, v_3)$
  - 物理寄存器：与 R_1~R_4 不冲突，置 $adjMatrix[v_3, R_i] = 0(1 \leqslant i \leqslant 4)$；与 R_5 冲突，置 $adjMatrix[v_3, R_5] = 1$。
  - 定值点102，v_2 在此处活跃，置 $adjMatrix[v_3, v_2] = 1$。
- 虚拟寄存器 v_4，$webs[4] = (x, \{108\}, \{109\}, v_4)$
  - 物理寄存器：与 R_1~R_4 不冲突，置 $adjMatrix[v_4, R_i] = 0(1 \leqslant i \leqslant 4)$；与 R_5 冲突，置 $adjMatrix[v_4, R_5] = 1$。
  - 定值点108，v_1、v_2、v_3 在此处都不活跃。

表 9.12 冲突图的邻接矩阵

	R_1	R_2	R_3	R_4	R_5	v_1	v_2	v_3	v_4
R_1									
R_2	1								
R_3	1	1							
R_4	1	1	1						
R_5	1	1	1	1					
v_1	0	0	0	0	1				
v_2	0	0	0	0	1	1			
v_3	0	0	0	0	1	0	1		
v_4	0	0	0	0	1	0	0	0	

(3) 画出冲突图，如图9.11所示（画图只是为了直观，图形不是必须的，邻接矩阵就是冲突图）。

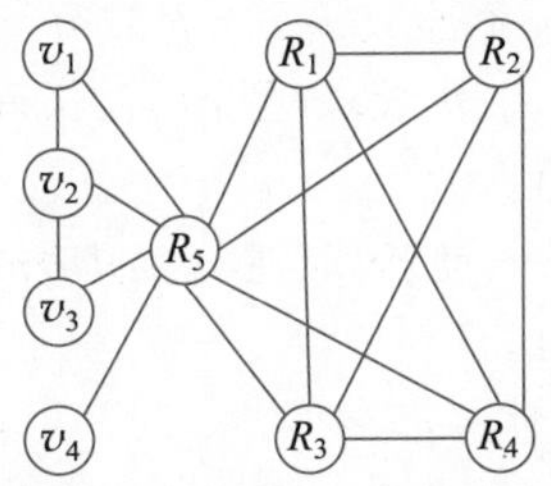

图 9.11 例题 9.11 的冲突图

例题 9.12 构建冲突图 对例题9.10，有3个物理寄存器R_1、R_2、R_3，构建冲突图。

解 (1) 计算基本块活跃虚拟寄存器集合。

- $outLv(B_5) = \varnothing, inLv(B_5) = \varnothing$
- $outLv(B_4) = \{v_1, v_2, v_3, v_4\}, inLv(B_4) = \{v_1, v_2, v_3\}$
- $outLv(B_3) = \{v_1, v_2, v_3, v_4\}, inLv(B_3) = \{v_1, v_2, v_3, v_4\}$
- $outLv(B_2) = \{v_1, v_2, v_3, v_4\}, inLv(B_2) = \{v_1, v_2, v_3, v_4\}$
- $outLv(B_1) = \{v_1, v_2, v_3, v_4\}, inLv(B_1) = \varnothing$

(2) 冲突图的邻接矩阵如表9.13所示，具体过程如下。

- 初始化1：任意两个物理寄存器之间置1
  - 对R_2，置$adjMatrix[R_2, R_1] = 1$。
  - 对R_3，置$adjMatrix[R_3, R_1] = 1, adjMatrix[R_3, R_2] = 1$。
- 初始化2：任意两个虚拟寄存器之间置0
  - 对v_2，置$adjMatrix[v_2, v_1] = 0$。
  - 对v_3，置$adjMatrix[v_3, v_1] = 0, adjMatrix[v_3, v_2] = 0$。
  - 对v_4，置$adjMatrix[v_4, v_1] = 0, adjMatrix[v_4, v_2] = 0, adjMatrix[v_4, v_3] = 0$。
  - 对v_5，置$adjMatrix[v_5, v_1] = 0, adjMatrix[v_5, v_2] = 0, adjMatrix[v_5, v_3] = 0,$ $adjMatrix[v_5, v_4] = 0$。
  - 对v_6，置$adjMatrix[v_6, v_1] = 0, adjMatrix[v_6, v_2] = 0, adjMatrix[v_6, v_3] = 0,$ $adjMatrix[v_6, v_4] = 0, adjMatrix[v_6, v_5] = 0$。

- $webs[1] = (b, \{101\}, \{112\}, v_1)$
  - 物理寄存器：与 $R_1 \sim R_3$ 不冲突，置 $adjMatrix[v_1, R_i] = 0$，其中 $i = 1,2,3$。
  - 定值点101，其他虚拟寄存器在此处均不活跃。
- $webs[2] = (i, \{102, 109\}, \{105, 106, 108\}, v_2)$
  - 物理寄存器：与 $R_1 \sim R_3$ 不冲突，置 $adjMatrix[v_2, R_i] = 0$，其中 $i = 1,2,3$。
  - 定值点102，v_1 在此处活跃，置 $adjMatrix[v_2, v_1] = 1$。
  - 定值点109，v_1、v_3、v_4 在此处活跃，置 $adjMatrix[v_2, v_1] = 1, adjMatrix[v_3, v_2] = 1, adjMatrix[v_4, v_2] = 1$。
- $webs[3] = (sum, \{103, 107\}, \{106, 111, 112\}, v_3)$
  - 物理寄存器：与 $R_1 \sim R_3$ 不冲突，置 $adjMatrix[v_3, R_i] = 0$，其中 $i = 1,2,3$。
  - 定值点103，v_1、v_2 在此处活跃，置 $adjMatrix[v_3, v_1] = 1, adjMatrix[v_3, v_2] = 1$。
  - 定值点107，v_1、v_2、v_4 在此处活跃，置 $adjMatrix[v_3, v_1] = 1, adjMatrix[v_3, v_2] = 1, adjMatrix[v_4, v_3] = 1$。
- $webs[4] = (a, \{104, 111\}, \{105\}, v_4)$
  - 物理寄存器：与 $R_1 \sim R_3$ 不冲突，置 $adjMatrix[v_4, R_i] = 0$，其中 $i = 1,2,3$。
  - 定值点104，v_1、v_2、v_3 在此处活跃，置 $adjMatrix[v_4, v_1] = 1, adjMatrix[v_4, v_2] = 1, adjMatrix[v_4, v_3] = 1$。
  - 定值点111，v_1、v_2、v_3 在此处活跃，置 $adjMatrix[v_4, v_1] = 1, adjMatrix[v_4, v_2] = 1, adjMatrix[v_4, v_3] = 1$。
- $webs[5] = (\$1, \{106\}, \{107\}, v_5)$
  - 物理寄存器：与 $R_1 \sim R_3$ 不冲突，置 $adjMatrix[v_5, R_i] = 0$，其中 $i = 1,2,3$。
  - 定值点106，v_1、v_2、v_4 在此处活跃，置 $adjMatrix[v_5, v_1] = 1, adjMatrix[v_5, v_2] = 1, adjMatrix[v_5, v_4] = 1$。
- $webs[6] = (\$2, \{108\}, \{109\}, v_6)$
  - 物理寄存器：与 $R_1 \sim R_3$ 不冲突，置 $adjMatrix[v_6, R_i] = 0$，其中 $i = 1,2,3$。
  - 定值点108，v_1、v_3、v_4 在此处活跃，置 $adjMatrix[v_6, v_1] = 1, adjMatrix[v_6, v_3] = 1, adjMatrix[v_6, v_4] = 1$。

表 9.13　冲突图的邻接矩阵

	R_1	R_2	R_3	v_1	v_2	v_3	v_4	v_5	v_6
R_1									
R_2	1								
R_3	1	1							
v_1	0	0	0						
v_2	0	0	0	1					
v_3	0	0	0	1	1				
v_4	0	0	0	1	1	1			
v_5	0	0	0	1	1	0	1		
v_6	0	0	0	1	0	1	1	0	

(3) 画出冲突图，如图9.12所示。

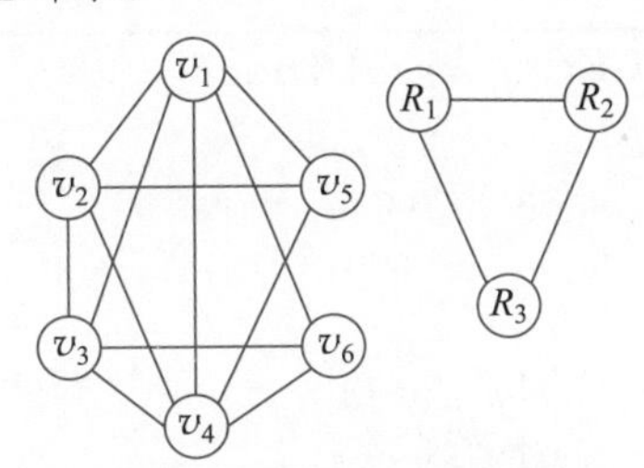

图 9.12 例题 9.12 的冲突图

9.6.5 合并寄存器

寄存器合并（Register Coalescing）或归类（Subsumption）是复写传播的一个变体，它删除从一个寄存器到另一个寄存器的复制。具体操作过程为寻找类似 $(=, v_j, -, v_i)$ 的四元式，做如下处理。

(1) 如果 v_i 与 v_j 不冲突，且 v_i 和 v_j 到程序结束没有赋值，则转 (2) 继续执行。

(2) 寻找对 v_j 的定值，修改为对 v_i 的定值。

(3) 寻找对 v_j 的引用，修改为对 v_i 的引用。

(4) 删除定值语句 $(=, v_j, -, v_i)$。

(5) 调整邻接矩阵，合并 v_i 和 v_j 所在的网。

注意，这里的操作数是虚拟寄存器，而不是变量，对于未分配虚拟寄存器的复写语句，算法并不会进行处理。

寄存器合并如算法9.13所示。

算法 9.13 寄存器合并

输入： 流图，四元式 $q_1, q_2, \cdots, q_m$，网 $webs$，邻接矩阵 $adjMatrix$

输出： 合并寄存器后的四元式、网 $webs$ 和邻接矩阵 $adjMatrix$

```
1  for i = 1 : m do
2  |  if q_i.oprt ≠= then continue;
3  |  if adjMatrix[lirs[q_i].lvreg, lirs[q_i].ovreg1] = 1 then continue;
4  |  if
   |   hasStore(webs[lirs[q_i].lvreg].defs ∪ webs[lirs[q_i].ovreg1].defs, q_i.block, q_i.quad + 1)
   |   then
5  |   |  continue;
6  |  end
7  |  for j = 1 : m do
8  |  |  if j = i then continue;
9  |  |  if lirs[q_j].lvreg = lirs[q_i].ovreg1 then
10 |  |  |  q_j.left = q_i.left;
11 |  |  |  lirs[q_j].lvreg = lirs[q_i].lvreg;
12 |  |  end
13 |  |  if lirs[q_j].ovreg1 = lirs[q_i].ovreg1 then
14 |  |  |  q_j.opnd1 = q_i.left;
15 |  |  |  lirs[q_j].ovreg1 = lirs[q_i].lvreg;
16 |  |  end
```

算法 9.13　续

```
17 |  |  if lirs[q_j].ovreg2 = lirs[q_i].ovreg1 then
18 |  |  |  q_j.opnd2 = q_i.left;
19 |  |  |  lirs[q_j].ovreg2 = lirs[q_i].lvreg;
20 |  |  end
21 |  end
22 |  k = j s.t. webs[j].vreg = lirs[q_i].lvreg;
23 |  h = j s.t. webs[j].vreg = lirs[q_i].ovreg1;
24 |  webs[k].defs = webs[k].defs ∪ webs[h].defs − {q_i};
25 |  webs[k].uses = webs[k].uses ∪ webs[h].uses − {q_i};
26 |  webs[h] = webs[nwebs];
27 |  webs[h].vreg = lirs[q_i].ovreg1;
28 |  foreach def ∈ webs[nwebs].defs do
29 |  |  lirs[def].lvreg = lirs[q_i].ovreg1;
30 |  end
31 |  foreach use ∈ webs[nwebs].uses do
32 |  |  if lirs[def].ovreg1 = webs[nwebs].vreg then
   |  |   lirs[def].ovreg1 = lirs[q_i].ovreg1 ;
33 |  |  if lirs[def].ovreg2 = webs[nwebs].vreg then
   |  |   lirs[def].ovreg2 = lirs[q_i].ovreg1 ;
34 |  end
35 |  webs− = {webs[nwebs]};
36 |  删除四元式 q_i;
37 |  for j = 1 : nnodes do
38 |  |  if j ≠ h ∧ j ≠ k ∧ adjMatrix[max(j, h), min(j, h)] = 1 then
39 |  |  |  adjMatrix[max(j, k), min(j, k)] = 1
40 |  |  end
41 |  |  adjMatrix[max(j, h), min(j, h)] = adjMatrix[nnodes, j];
42 |  end
43 |  删除 adjMatrix 的最后一行和最后一列;
44 |  nwebs − −;
45 end
```

最外层循环为遍历所有四元式，第2～6行判断该四元式是否可以合并寄存器，如果可以合并，则进行后续操作；否则，通过continue指令进入下一个四元式的测试。其中，第2行判断是否为赋值操作，即是否为$(=, v_j, -, v_i)$的形式。第3行判断左值寄存器（v_i）和左操作数寄存器（v_j）是否有冲突。第4～6行通过调用算法9.14，判断左值寄存器和左操作数寄存器到程序结尾（过程结尾）是否有定值。当有定值时，函数hasStore()返回true，停止该四元式的后续操作，进入下一个四元式测试。函数hasStore()的第一个参数$webs[lirs[q_i].lvreg].defs \cup webs[lirs[q_i].ovreg1].defs$，为左值和左操作数的定值语句集合，该函数判断这些定值语句从当前基本块$q_i.block$的下一个语句$q_i.quad+1$算起，是否出现在后续语句中。若出现，则返回true。该算法的具体细节后续介绍。

第7～21行查询对左操作数寄存器v_j的定值和引用，如果找到，则修改为对左值寄存器的定值和引用；当前四元式不修改（第8行），因为后续会删除。其中，第9～12行将左值$q_j.left$及其寄存器$lirs[q_j].lvreg$的定值修改为对$q_i.left$及其寄存器$lirs[q_i].lvreg$的定值，第 13~16 行将左操作数及其寄存器修改为对 $q_i.left$ 及其寄存器的引用，第 17~20 行将右操作数及其寄存器修改为对 $q_i.left$ 及其寄存器的引用。由于当前四元式 $(=, v_j, -, v_i)$ 的信息还需要使用，因此删除该四元式的操作，延迟到调整网后的第 36 行再进行。

接下来是对网和邻接矩阵的调整。原来的 $webs$ 中，网的顺序号和虚拟寄存器的编号是一致的，邻接矩阵中虚拟寄存器的顺序和编号是一致的，因此才能实现邻接矩阵行列号和虚拟寄存器的转换，实现两者访问的等价性。后续的调整中，依然需要保持网序号、虚拟寄存器编号、邻接矩阵行列号三者顺序的一致性。假设 v_k 为左值寄存器，v_h 为左操作数寄存器，对网的操作如图9.13(a) 所示。先将 $webs[h]$ 合并到 $webs[k]$，符号 $symbol$ 取 $webs[k]$ 的符号，$defs$ 和 $uses$ 取 $webs[k]$ 和 $webs[h]$ 两者相应并集，并去掉当前定值四元式 q_i，虚拟寄存器为 v_k，如图9.13(b) 中的 $webs[k]$ 所示。然后将最后一个网 $webs[nwebs]$ 移动到 $webs[h]$ 的位置，虚拟寄存器由 v_{nwebs} 修改为 n_h，如图9.13(b) 中的 $webs[h]$ 所示。

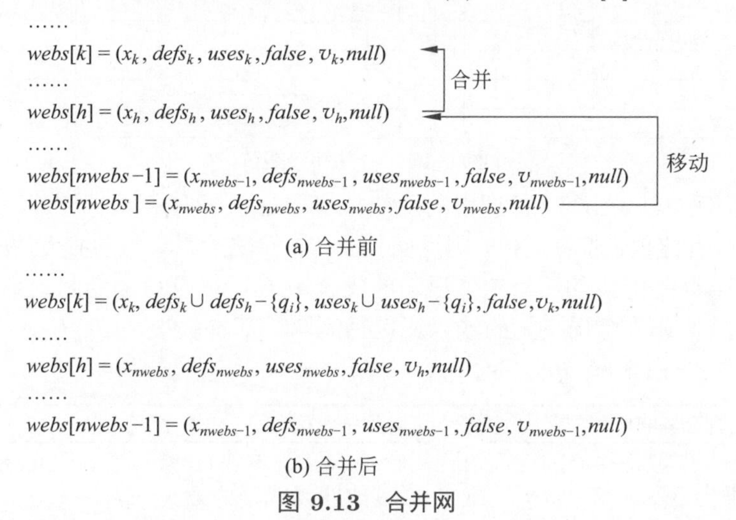

图 9.13 合并网

算法第 22~35 行为对网和低级中间代码的调整。第 22 行取得左值寄存器所在的网编号，记为 k；第 23 行取得左操作数寄存器所在网编号，记为 h。第 24 行将 $webs[h].defs$ 并入 $webs[k].defs$，并去掉要删除的四元式 q_i；第 25 行合并 $uses$ 集合，并去掉要删除的四元式 q_i。第 26 行移动最尾部一个网到 h 位置，第 27 行修改这个寄存器编号与当前位置一致，也就是 v_h。第 28~30 行将低级中间代码中左值寄存器为 $webs[nwebs].vreg$ 的，修改为新的寄存器名字 v_h；第 31~34 行将低级中间代码中左操作数或右操作数寄存器为 $webs[nwebs].vreg$ 的，修改为新的寄存器名字 v_h。第 35 行将最后一个网删除，第 36 行删除当前四元式 q_i。

邻接矩阵中相应元素的合并或移动如图9.14所示，实线箭头表示 v_h 合并到 v_k，虚线箭头表示最后一行 v_{nwebs} 移动到 v_h。v_k 对应的冲突信息，即 $adjMatrix[\max(j,k), \min(j,k)]$，当 $j < k$ 时，为 v_k 所在行；当 $j > k$ 时，为 v_k 所在列。图9.14中可以看出实线箭头所指向的点，以 (v_k, v_k) 为分界点，包括该点所在行左边部分，以及该点所在列的下边部分。同理，v_h 对应的冲突信息，即虚线箭头指向的点或实线箭头射出的点，以 (v_h, v_h) 为分界点，包括该点所在行左边部分，以及该点所在列的下边部分。而最后一行的 v_{nwebs}，则只包括最后一行，不包含列的元素。

算法第 37~44 行调整邻接矩阵。第 37 行的 for 循环为遍历所有虚拟寄存器，第 38~40 行将与 h 位置寄存器有冲突的（包括行和列），设置为与 k 位置有冲突。原来 k 位置有冲突的不改变，因此最终结果是原h位置有冲突或k位置有冲突，现h位置有冲突；原h位置和k位置都没有冲突的，现h位置没有冲突，对应网中h位置寄存器合并到k位置。第41行把最后一个位置$nwebs$的冲突信息，调整到h位置，对应网中最后一个寄存器移动到h位置。第43行把邻接矩阵的最后一行、列删除，然后网的数量减1（第44行）。

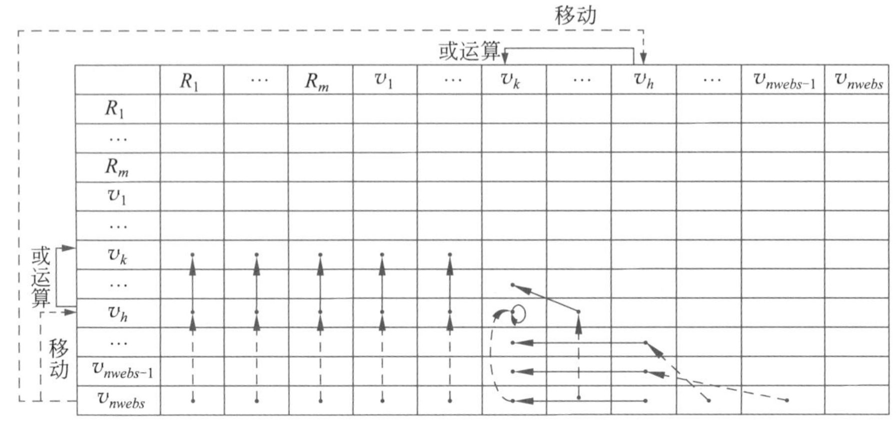

图 9.14 合并邻接矩阵

算法9.14实现算法9.13第4行调用的函数hasStore()，即判断虚拟寄存器从某程序点起到程序结束是否有定值，若有定值，则返回true。该算法输入参数包括$(=, v_j, -, v_i)$中涉及的两个虚拟寄存器v_i和v_j的所有定值语句的集合$defs$，以及检测的起始基本块$block$和起始语句$quad$。其他作为全局变量的输入还包括流图，基本块集合$B_1, B_2, \cdots, B_m$，以及基本块B_i的四元式序列为$q_{i1}, q_{i2}, \cdots, q_{in_i}$。

算法 9.14 判断虚拟寄存器从某程序点起到程序结束是否有定值

输入: 流图，虚拟寄存器的定值语句集合$defs$，基本块$block$，起始四元式$quad$，基本块集合$B_1, B_2, \cdots, B_m$，基本块B_i的四元式序列为$q_{i1}, q_{i2}, \cdots, q_{in_i}$

输出: 到程序结束有定值返回$true$，否则返回$false$

```
1  bool hasStore(defs, block, quad):
2  |  初始化基本块访问标志 visited[1 : m] = false;
3  |  初始化（基本块 B_i, 起始四元式 q_ij）栈 stack = ∅;
4  |  stack.push(block, quad), visited[block] = true;
5  |  while ¬stack.isEmpty do
6  |  |  (B_i, q_ij) = stack.pop();
7  |  |  foreach def ∈ defs do
8  |  |  |  if def ∈ B_i ∧ def ⩾ q_ij.quad then  return true ;
9  |  |  end
10 |  |  foreach B_k ∈ S(B_i) do
11 |  |  |  if ¬visited[k] then
12 |  |  |  |  stack.push(B_k, q_k1);
13 |  |  |  |  visited[k] = true;
14 |  |  |  end
15 |  |  end
16 |  end
17 |  return false;
18 end hasStore
```

第2行初始化了一个布尔型数组$visited$，用来记录基本块是否被访问过，所有元素均初始化为未访问(false)。已访问过的基本块不再进行第二次访问。第3行初始化了一个栈$stack$，它的每个元素是由基本块B_i以及起始四元式q_{ij}组成的二元组，表示从基本块B_i的四元式q_{ij}开始向后测试，是否存在$defs$里面的定值。初始压入的一个二元组，为形参传递进来的$(block, quad)$；后续压入的基本块，都是$block$可到达的后继结点，而起始四元式是这个基本块的第一个四元式。

第4行将形参传入的$(block, quad)$压入栈$stack$，并将访问标记置为true。第5~16行当栈非空时进行处理。首先弹出一个二元组，记为(B_i, q_{ij})（第6行）。然后对$defs$中的每个定值def（第7行），判断其是否在基本块B_i中且在四元式q_{ij}后（第8行的if条件）。若是，则说明到程序结束存在一个定值，返回true。

之后，对基本块B_i的所有后继基本块$B_k \in S(B_i)$（第10行），如果它未被访问过（第11行），就将B_k和这个基本块的第一个四元式q_{i1}组成二元组压入栈（第12行），并将访问标记置为已访问（第13行）。

如果最后仍然未找到某个基本块中存在$defs$中的定值，则返回false（第17行）。

例题9.13合并寄存器 根据例题9.10和例题9.12的结果，合并寄存器。

解 (1) 四元式107为复写语句，107到程序结束没有v_5和v_3的定值，可以合并；四元式108为复写语句，108到程序结束没有v_6和v_2的定值，可以合并。

(2) 寄存器合并后流图如图9.15所示，网合并后如下所示。

- $webs[1] = (b, \{101\}, \{112\}, v_1)$
- $webs[2] = (i, \{102, 108\}, \{105, 106, 108\}, v_2)$
- $webs[3] = (sum, \{103, 106\}, \{106, 111, 112\}, v_3)$
- $webs[4] = (a, \{104, 111\}, \{105\}, v_4)$

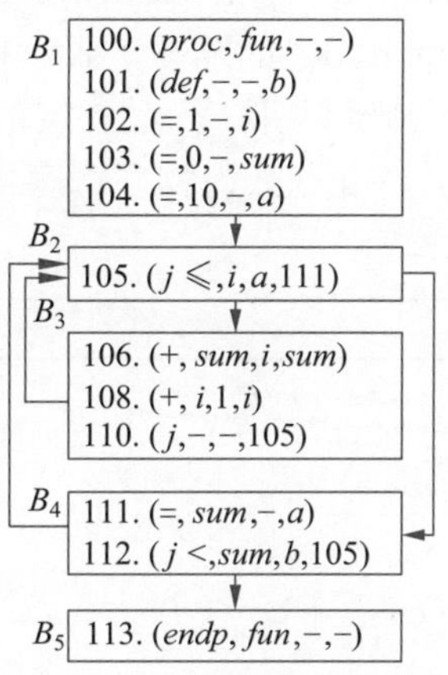

图 9.15 寄存器合并后流图

(3) 冲突图的邻接矩阵如表9.14所示，具体过程如下。

- v_5合并到v_3，邻接矩阵中v_3对应项都已是1。
- v_6移动到v_5，$adjMatrix[v_5, v_2] = 0$，其他寄存器与v_5均冲突；删除v_6对应行和列。
- v_5合并到v_2，邻接矩阵中v_2对应项都已是1。
- v_5已经是最后一个寄存器，因此删除最后一行和最后一列。

表 9.14 冲突图的邻接矩阵

	R_1	R_2	R_3	v_1	v_2	v_3	v_4
R_1							
R_2	1						
R_3	1	1					
v_1	0	0	0				
v_2	0	0	0	1			
v_3	0	0	0	1	1		
v_4	0	0	0	1	1	1	

9.6.6 构建邻接表

邻接表是邻接矩阵的冗余表示，通过邻接矩阵完全能够构造邻接表。邻接表存在的意义是以空间换时间，通过冗余数据加快查找的速度。

邻接表是一个数组，记作 $adjList$，同 $adjMatrix$ 一样可以通过寄存器名字或行列号访问。每个寄存器对应一个结点，也即邻接表 $adjList$ 中的一个元素，它由以下6个分量组成。

- $color$：结点颜色，初始值 $-\infty$ 表示结点未着色，若已着色，则表示颜色编号。
- $spill$：布尔型，表示是否溢出，溢出为true，默认为false。
- $spcost$：spill cost 的缩写，表示结点的溢出代价，虚拟寄存器的初始值为0.0，物理寄存器的初始值为 $+\infty$。
- $nints$：number of interference 的缩写，表示与当前寄存器冲突的寄存器个数。
- $adjnds$：adjacent nodes 的缩写，邻居结点，即与当前寄存器冲突的寄存器集合。
- $rmvadj$：removed adjacent nodes 的缩写，表示修剪过程中删除的寄存器集合。

算法9.15使用邻接矩阵构造邻接表。第1行最外层的循环遍历所有结点。第2~6行为邻接表元素采用默认值初始化，其中第3行为物理寄存器的 $spcost$ 初始化为 $+\infty$，虚拟寄存器的 $spcost$ 初始化为0.0。

算法 9.15 构建邻接表

输入： 邻接矩阵 $adjMatrix$

输出： 邻接表 $adjList$

```
1  for i = 1 : nnodes do // 初始化
2  |  adjList[i].color = -∞;
3  |  adjList[i].spcost = i ⩽ nregs ? +∞ : 0.0;
4  |  adjList[i].nints = 0;
5  |  adjList[i].adjnds = null;
6  |  adjList[i].rmvadj = null;
7  |  for j = 1 : i - 1 do
8  |  |  if adjMatrix[i, j] = 1 then
9  |  |  |  adjList[i].adjnds ∪= {int2reg(j)};
10 |  |  |  adjList[i].nints++;
11 |  |  |  adjList[j].adjnds ∪= {int2reg(i)};
12 |  |  |  adjList[j].nints++;
```

算法 9.15 续

```
13 |  | end
14 | end
15 end
```

第7~14行从邻接矩阵统计第i行中冲突寄存器及其数量，每行列序号j都要小于行号（第7行）。若第j个寄存器与i冲突（第8行），则将j对应的寄存器加入$adjList[i].adjnds$（第9行），并将数量增1（第10行）；同时，将i对应的寄存器加入$adjList[j].adjnds$（第11行），并将数量增1（第12行）。对于数字i对应的寄存器，如果$i \leqslant nregs$，则对应R_i；否则，对应$v_{i-nregs}$。

注意，构建邻接表的算法虽然与冲突图关系紧密，但并不是在构建冲突图后接着执行，而是在合并寄存器后再执行。

例题 9.14 构建邻接表 对例题9.11的邻接矩阵，构造邻接表。

解 所有结点的$color$为$-\infty$，$spill$为false，$rmvadj$均为null；物理寄存器和虚拟寄存器的$spcost$分别为$+\infty$和0.0。下面列出其他两个属性的计算过程。

- R_1行无冲突关系
- R_2行
  - $adjMatrix[R_2, R_1] = 1$，因此$adjList[R_2].nints = 1, adjList[R_2].adjnds = \{R_1\}$, $adjList[R_1].nints = 1, adjList[R_1].adjnds = \{R_2\}$
- R_3行
  - $adjMatrix[R_3, R_1] = 1$，因此$adjList[R_3].nints = 1, adjList[R_3].adjnds = \{R_1\}$, $adjList[R_1].nints = 2, adjList[R_1].adjnds = \{R_2, R_3\}$
  - $adjMatrix[R_3, R_2] = 1$，因此$adjList[R_3].nints = 2, adjList[R_3].adjnds = \{R_1, R_2\}, adjList[R_2].nints = 2, adjList[R_2].adjnds = \{R_1, R_3\}$
- R_4行
  - $adjMatrix[R_4, R_1] = 1$，因此$adjList[R_4].nints = 1, adjList[R_4].adjnds = \{R_1\}$, $adjList[R_1].nints = 3, adjList[R_1].adjnds = \{R_2, R_3, R_4\}$
  - $adjMatrix[R_4, R_2] = 1$，因此$adjList[R_4].nints = 2, adjList[R_4].adjnds = \{R_1, R_2\}, adjList[R_2].nints = 3, adjList[R_2].adjnds = \{R_1, R_3, R_4\}$
  - $adjMatrix[R_4, R_3] = 1$，因此$adjList[R_4].nints = 3, adjList[R_4].adjnds = \{R_1, R_2, R_3\}, adjList[R_3].nints = 3, adjList[R_3].adjnds = \{R_1, R_2, R_4\}$
- R_5行
  - $adjMatrix[R_5, R_1] = 1$，因此$adjList[R_5].nints = 1, adjList[R_5].adjnds = \{R_1\}$, $adjList[R_1].nints = 4, adjList[R_1].adjnds = \{R_2, R_3, R_4, R_5\}$
  - $adjMatrix[R_5, R_2] = 1$，因此$adjList[R_5].nints = 2, adjList[R_5].adjnds = \{R_1, R_2\}, adjList[R_2].nints = 4, adjList[R_2].adjnds = \{R_1, R_3, R_4, R_5\}$
  - $adjMatrix[R_5, R_3] = 1$，因此$adjList[R_5].nints = 3, adjList[R_5].adjnds = \{R_1, R_2, R_3\}, adjList[R_3].nints = 4, adjList[R_3].adjnds = \{R_1, R_2, R_4, R_5\}$
  - $adjMatrix[R_5, R_4] = 1$，因此$adjList[R_5].nints = 4, adjList[R_5].adjnds = \{R_1, R_2, R_3, R_4\}, adjList[R_4].nints = 4, adjList[R_4].adjnds = \{R_1, R_2, R_3, R_5\}$

- v_1 行
  - $adjMatrix[v_1, R_5] = 1$，因此 $adjList[v_1].nints = 1, adjList[v_1].adjnds = \{R_5\}$, $adjList[R_5].nints = 5, adjList[R_5].adjnds = \{R_1, R_2, R_3, R_4, v_1\}$
- v_2 行
  - $adjMatrix[v_2, R_5] = 1$，因此 $adjList[v_2].nints = 1, adjList[v_2].adjnds = \{R_5\}$, $adjList[R_5].nints = 6, adjList[R_5].adjnds = \{R_1, R_2, R_3, R_4, v_1, v_2\}$
  - $adjMatrix[v_2, v_1] = 1$，因此 $adjList[v_2].nints = 2, adjList[v_2].adjnds = \{R_5, v_1\}, adjList[v_1].nints = 2, adjList[v_1].adjnds = \{R_5, v_2\}$
- v_3 行
  - $adjMatrix[v_3, R_5] = 1$，因此 $adjList[v_3].nints = 1, adjList[v_3].adjnds = \{R_5\}$, $adjList[R_5].nints = 7, adjList[R_5].adjnds = \{R_1, R_2, R_3, R_4, v_1, v_2, v_3\}$
  - $adjMatrix[v_3, v_2] = 1$，因此 $adjList[v_3].nints = 2, adjList[v_3].adjnds = \{R_5, v_2\}, adjList[v_2].nints = 3, adjList[v_2].adjnds = \{R_5, v_1, v_3\}$
- v_4 行
  - $adjMatrix[v_4, R_5] = 1$，因此 $adjList[v_4].nints = 1, adjList[v_4].adjnds = \{R_5\}$, $adjList[R_5].nints = 8, adjList[R_5].adjnds = \{R_1, R_2, R_3, R_4, v_1, v_2, v_3, v_4\}$
  - $adjMatrix[v_4, v_1] = 1$，因此 $adjList[v_4].nints = 2, adjList[v_4].adjnds = \{R_5, v_1\}, adjList[v_1].nints = 3, adjList[v_1].adjnds = \{R_5, v_2, v_4\}$
  - $adjMatrix[v_4, v_2] = 1$，因此 $adjList[v_4].nints = 3, adjList[v_4].adjnds = \{R_5, v_1, v_2\}, adjList[v_2].nints = 4, adjList[v_2].adjnds = \{R_5, v_1, v_3, v_4\}$
  - $adjMatrix[v_4, v_3] = 1$，因此 $adjList[v_4].nints = 4, adjList[v_4].adjnds = \{R_5, v_1, v_2, v_3\}, adjList[v_3].nints = 3, adjList[v_3].adjnds = \{R_5, v_2, v_4\}$

整理每个寄存器最后的结果如下。

- $adjList[R_1].nints = 4, adjList[R_1].adjnds = \{R_2, R_3, R_4, R_5\}$
- $adjList[R_2].nints = 4, adjList[R_2].adjnds = \{R_1, R_3, R_4, R_5\}$
- $adjList[R_3].nints = 4, adjList[R_3].adjnds = \{R_1, R_2, R_4, R_5\}$
- $adjList[R_4].nints = 4, adjList[R_4].adjnds = \{R_1, R_2, R_3, R_5\}$
- $adjList[R_5].nints = 8, adjList[R_5].adjnds = \{R_1, R_2, R_3, R_4, v_1, v_2, v_3, v_4\}$
- $adjList[v_1].nints = 3, adjList[v_1].adjnds = \{R_5, v_2, v_4\}$
- $adjList[v_2].nints = 4, adjList[v_2].adjnds = \{R_5, v_1, v_3, v_4\}$
- $adjList[v_3].nints = 3, adjList[v_3].adjnds = \{R_5, v_2, v_4\}$
- $adjList[v_4].nints = 4, adjList[v_4].adjnds = \{R_5, v_1, v_2, v_3\}$

例题9.15 构建邻接表 对例题9.13的邻接矩阵，构造邻接表。

解 所有结点的 *color* 为 $-\infty$，*spill* 为 false，*rmvadj* 均为 null；物理寄存器和虚拟寄存器的 *spcost* 分别为 $+\infty$ 和 0.0。下面列出其他两个属性的计算过程。

- R_1 行无冲突关系
- R_2 行
  - $adjMatrix[R_2, R_1] = 1$，因此 $adjList[R_2].nints = 1, adjList[R_2].adjnds = \{R_1\}$, $adjList[R_1].nints = 1, adjList[R_1].adjnds = \{R_2\}$
- R_3 行

- $adjMatrix[R_3, R_1] = 1$，因此 $adjList[R_3].nints = 1, adjList[R_3].adjnds = \{R_1\}$，$adjList[R_1].nints = 2, adjList[R_1].adjnds = \{R_2, R_3\}$
- $adjMatrix[R_3, R_2] = 1$，因此 $adjList[R_3].nints = 2, adjList[R_3].adjnds = \{R_1, R_2\}, adjList[R_2].nints = 2, adjList[R_2].adjnds = \{R_1, R_3\}$

- v_1 行，无冲突
- v_2 行
  - $adjMatrix[v_2, v_1] = 1$，因此 $adjList[v_2].nints = 1, adjList[v_2].adjnds = \{v_1\}$，$adjList[v_1].nints = 1, adjList[v_1].adjnds = \{v_2\}$
- v_3 行
  - $adjMatrix[v_3, v_1] = 1$，因此 $adjList[v_3].nints = 1, adjList[v_3].adjnds = \{v_1\}$，$adjList[v_1].nints = 2, adjList[v_1].adjnds = \{v_2, v_3\}$
  - $adjMatrix[v_3, v_2] = 1$，因此 $adjList[v_3].nints = 2, adjList[v_3].adjnds = \{v_1, v_2\}, adjList[v_2].nints = 2, adjList[v_2].adjnds = \{v_1, v_3\}$
- v_4 行
  - $adjMatrix[v_4, v_1] = 1$，因此 $adjList[v_4].nints = 1, adjList[v_4].adjnds = \{v_1\}$，$adjList[v_1].nints = 3, adjList[v_1].adjnds = \{v_2, v_3, v_4\}$
  - $adjMatrix[v_4, v_2] = 1$，因此 $adjList[v_4].nints = 2, adjList[v_4].adjnds = \{v_1, v_2\}, adjList[v_2].nints = 3, adjList[v_2].adjnds = \{v_1, v_3, v_4\}$
  - $adjMatrix[v_4, v_3] = 1$，因此 $adjList[v_4].nints = 3, adjList[v_4].adjnds = \{v_1, v_2, v_3\}, adjList[v_3].nints = 3, adjList[v_3].adjnds = \{v_1, v_2, v_4\}$

整理每个寄存器最后的结果如下。

- $adjList[R_1].nints = 2, adjList[R_1].adjnds = \{R_2, R_3\}$
- $adjList[R_2].nints = 2, adjList[R_2].adjnds = \{R_1, R_3\}$
- $adjList[R_3].nints = 2, adjList[R_3].adjnds = \{R_1, R_2\}$
- $adjList[v_1].nints = 3, adjList[v_1].adjnds = \{v_2, v_3, v_4\}$
- $adjList[v_2].nints = 3, adjList[v_2].adjnds = \{v_1, v_3, v_4\}$
- $adjList[v_3].nints = 3, adjList[v_3].adjnds = \{v_1, v_2, v_4\}$
- $adjList[v_4].nints = 3, adjList[v_4].adjnds = \{v_1, v_2, v_3\}$

9.6.7 计算溢出代价

如果物理寄存器不够用，就选取一个将其保存的变量值溢出到主存（即保存到主存），该寄存器即可释放，供其他变量计算时使用。溢出操作针对的是某个虚拟寄存器，基本原则是在变量计算完成后就保存到主存，引用前再从主存加载到寄存器。

以例题9.9的流图9.9为例，假设要溢出 $web2 = (x, \{101, 103\}, \{105, 107\}, v_2)$，也就是溢出 v_2，溢出后代码如图9.16所示。定值语句101和103后，生成四元式 $(store, x, -, -)$ 将 x 从寄存器保存到主存，即101′和103′；引用语句105和107前，生成四元式 $(load, -, -, x)$ 将 x 从主存加载到寄存器，即105′和107′。

这样操作的目的是切断网，从而切断寄存器的占用。原流图9.9中，由于 $web2$，导致在101或103计算出 x 后，它一直占用寄存器，直到105引用后从 B_4 转出，或者107引用后从 B_5 转出。而图9.16中，101定值 x 后，101′马上将其保存到主存，此时寄存器即可释放；103

定值x后，$103'$马上保存，因此寄存器也可以释放。由于每个引用前都重新加载变量，因此引用后也可以马上释放寄存器。

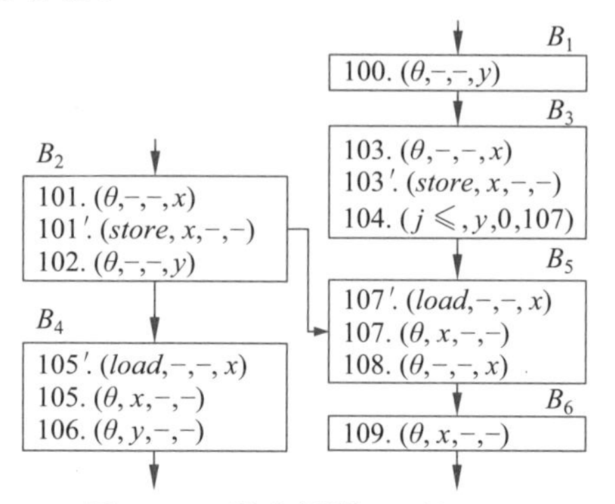

图 9.16 溢出例题 9.9 的 $web2$

这样，101和$101'$、103和$103'$、$105'$和105、$107'$和107这4组各自独立使用一个寄存器，且用完即释放。从网的角度看，$web2$被分割为4个网，这4个网应当各有一个定值语句和一个引用语句。由于101和103是定值语句，因此定义$101'$和$103'$为引用语句，四元式$(store, x, -, -)$的变量x写在左操作数位置；由于105和107是引用语句，因此定义$105'$和$107'$为定值语句，四元式$(load, -, -, x)$的变量x写在左值位置。

溢出的那个虚拟寄存器，应该是溢出后额外消耗代价最小的寄存器。**溢出代价**（Spill Cost）指将虚拟寄存器溢出到主存需要额外付出的成本，溢出变量x时付出的代价一般包括如下几个方面。

- 对x定值时，在定值语句后，插入一条语句将寄存器的值保存到主存。新增语句访问主存一次，因此执行代价为2。这个执行代价用w_d表示，即$w_d = 2$，其中下标d表示定值（define），w_d也称为**定值指令权重**。
- 对x引用时，在引用语句前，插入一条语句将主存的值加载到寄存器。新增语句访问主存一次，因此执行代价为2。这个执行代价用w_u表示，即$w_u = 2$，其中下标u表示引用（use），w_u也称为**引用指令权重**。
- 形如$(=, x, -, z)$的复写语句，在图着色中，由于不同变量会分配不同寄存器，因此不同于简单代码生成中复写语句不生成指令只修改寄存器描述符和地址描述符，图着色中它总会生成一条指令。①当x和z都被溢出时，这种语句可以删除，因此节省了一个指令。x和z都是虚拟寄存器，因此这个指令的执行代价为1。②如果z不溢出，则把x在主存的值直接取到z，这个代价与x无关，应计入z的定值指令权重；但可以节省一个从x虚拟寄存器移到z的指令，节省指令代价为1。这个执行代价用w_c表示，即$w_c = 1$，其中下标c表示复写（copy），w_c也称为**复写指令权重**。
- 形参标记指令$(def, -, -, x)$，对应从主存取值的指令可以删除，节省指令代价为2。这个执行代价用w_f表示，即$w_f = 2$，其中下标f表示形参（formal），w_f也称为**形参指令权重**。

每个网web的溢出代价可以按式(9.3)计算得到。

$$cost(web) = w_d \cdot \sum_{q \in web.defs \wedge q.oprt \neq 'def'} 10^{depth(q)}$$

$$
\begin{aligned}
&+w_u \cdot \sum_{q\in web.uses\wedge q.oprt\neq'='} 10^{depth(q)} \\
&-w_c \cdot \sum_{q\in web.uses\wedge q.oprt='='} 10^{depth(q)} \\
&-w_f \cdot \sum_{q\in web.defs\wedge q.oprt='def'} 10^{depth(q)} \qquad (9.3)
\end{aligned}
$$

其中，$depth(q)$为四元式q所在循环的深度（层次），可以按8.1.7节介绍的方法计算得到，不在循环中的四元式$depth(q)=0$。底数10是指定的一个常数，有的文献中为8，仅仅是因为底数为8的指数计算可以优化为移位运算；显然这个底数越接近循环的迭代次数越好，但这在编译时是无法预知的。$q.oprt=$'=' 表示算符等于等号，也就是复写语句；$q.oprt\neq$'=' 表示算符不等于等号，也就是非复写语句。4个权重系数w_d、w_u、w_c和w_f使用前述指令执行代价的方式指定，当然也可以使用其他启发式方法指定。

溢出代价的计算如算法9.16所示，其过程即按照式(9.3)进行累加计算。

算法 9.16 计算溢出代价

输入： 流图，网$webs$，网的个数$nwebs$，邻接表$adjList$

输出： 计算出溢出代价的邻接表

```
1  计算循环深度;
2  for i = 1 : nwebs do
3  |  foreach q ∈ webs[i].defs do
4  |  |  if q.oprt =‘def’ then  adjList[v_i].spcost − = w_f × 10^depth(q) ;
5  |  |  else adjList[v_i].spcost + = w_d × 10^depth(q) ;
6  |  end
7  |  foreach q ∈ webs[i].uses do
8  |  |  if q.oprt =‘=’ then  adjList[v_i].spcost − = w_c × 10^depth(q_i) ; // q是复写语句
9  |  |  else adjList[v_i].spcost + = w_u × 10^depth(q_i) ; // q_i 不是复写语句
10 |  end
11 end
```

第1行根据流图计算循环深度，第2～11行对每个网遍历。第3～6行先处理网中的定值语句，定值语句分形参标记语句（第4行）和普通定值语句（第5行）分别累加相应项。第7～10行处理网中的引用语句，分复写语句（第8行）和普通引用语句（第9行）分别累加相应项。

很多文献的算法对寄存器中存放常量进行了特殊处理（也就是变量的值为常量），因为常量可以直接用在指令中，引用时无须从主存取出。但所有可以在编译时计算得出常量结果的变量，本书算法优化时都已经替换为常量，因此不会出现程序中一个变量的值为常量的情况，因此不再特殊处理这种情形。

Chaitin在文献[85]中还讨论过这样一个问题，即遇到诸如(θ,x,y,z)这样的计算时，如果z需要溢出，而x、y都分配了寄存器，那么用x和y重新计算z，与把z溢出到主存引用前再加载相比，有可能前者效率更高（当然也可能更低）。因此，算法9.16的最后，应该计算“重新计算z”的开销，如果这个开销小于算法9.16计算的溢出开销，就用较小的这个开销代替它。Briggs在其博士论文[90]的第5章详细设计了这一机制，称为Rematerialization，本书对此细节不再展开。

例题9.16计算溢出代价 数据流图如图9.15所示，根据例题9.13的网和例题9.15对溢出代价的初始化结果，计算溢出代价。

解 计算溢出代价过程如下。

- $adjList[R_1].spcost = +\infty$。
- $adjList[R_2].spcost = +\infty$。
- $adjList[R_3].spcost = +\infty$。
- $webs[1] = (b, \{101\}, \{112\}, v_1)$，定值语句101为形参标记语句，循环深度为0；引用语句112不是复写语句，循环深度为1；因此$adjList[v_1].spcost = -2\times10^0+2\times10^1 = 18$。
- $webs[2] = (i, \{102, 108\}, \{105, 106, 108\}, v_2)$，定值语句102、108为普通定值语句，102循环深度为0，108循环深度为2；引用语句105、106、108不是复写语句，循环深度均为2；因此$adjList[v_2].spcost = 2\times10^0+2\times10^2+3\times2\times10^2 = 802$。
- $webs[3] = (sum, \{103, 106\}, \{106, 111, 112\}, v_3)$，定值语句103、106为普通定值语句，103循环深度为0，106循环深度为2；引用语句106、111、112不是复写语句，106循环深度均为2，111、112循环深度均为1；因此$adjList[v_3].spcost = 2\times10^0+2\times10^2+2\times10^2+2\times2\times10^1 = 442$。
- $webs[4] = (a, \{104, 111\}, \{105\}, v_4)$，定值语句104、111为普通定值语句，104循环深度为0，111循环深度为1；引用语句105不是复写语句，循环深度均为2；因此$adjList[v_4].spcost = 2\times10^0+2\times10^1+2\times10^2 = 222$。

前面的溢出代价考虑了溢出时定值、引用增加的指令执行代价，复写节省的指令执行代价，形参标记节省的指令代价，以及代码所在循环的深度。实际上，计算溢出代价时可以考虑更多因素的影响。Bernstein等在文献[91]中给出3种启发式的方法，这里做简单介绍。

图着色中，如果图的结点的度都大于或等于k，就不能用k个寄存器着色。如果溢出时溢出度数高的结点，则容易产生更多的度数小于k的结点。因此，可以考虑将结点的度纳入溢出代价，度数越高，越容易被选中溢出，因此溢出代价应当越小。考虑溢出结点的度后，溢出代价计算如式(9.4)所示。

$$h_1(web) = \frac{cost(web)}{degree^2(web)} \tag{9.4}$$

其中，$degree(web)$是网web分配的虚拟寄存器的度，也就是$adjList[web.vreg].nints$的值，如式(9.5)所示。分母中度的平方是为了增加度的影响，鲸书[10]中是没有平方项的。

$$degree(web) = adjList[web.vreg].nints \tag{9.5}$$

另外两种启发式算法引入了称为区域的度量，即

$$area(web) = \sum_{q\in web.defs\cup web.uses} width(q)\cdot 5^{depth(q)} \tag{9.6}$$

其中，q是网web涉及的指令，包括网的引用指令和定值指令，当然也可以只考虑引用而不考虑定值；$width(q)$为在q处活跃的网的个数，因此网对寄存器压力的全局作用考虑了进来；$depth(q)$还是q所在循环的深度。

两种启发式方法分别如式(9.7)和式(9.8)所示，两者的区别仅仅是度上是否有平方。

$$h_2(web) = \frac{cost(web)}{area(web)\cdot degree(web)} \tag{9.7}$$

$$h_3(web) = \frac{cost(web)}{area(web) \cdot degree^2(web)} \tag{9.8}$$

文献[91]中报告了这3种方法在15个程序的应用实验，h_1、h_2和h_3方法分别有4个、6个、8个程序效果最好，其中h_2和h_3有3个程序表现完全相同且最好。这些分配方法已经应用于IBM的Power和PowerPC编译器中。

9.6.8 修剪冲突图

修剪冲突图（Prune Graph），是将冲突图结点按某种规则一个个剪下，压入一个栈中，以便按照逆序对结点着色。

修剪冲突图使用所谓的“**度**$<R$**规则**”：给定一个冲突图，如果该图是可R着色的，则从图中删除一个度小于R的结点，此图仍然是可R着色的。基于这一规则的做法是：重复寻找图中那些度小于R的结点，每当找到一个这样的结点，便将它从图中删除，并放到栈中。如果最后能够删除此图中的所有结点，就能确定该图是可以R着色的。最后从栈中逐个弹出这些结点，并给每一个结点赋予一个颜色即可。

但在修剪图时，可能会存在所有结点度都大于或等于R的情况，此时图是不可R着色的，需要溢出一个结点。采用一种乐观的启发式方法，即选择一个度大于或等于R且具有最小溢出代价的结点，并将该结点压入栈中，这样做的目的是期望将来它的邻接点不会用完所有的颜色，因此将应在修剪冲突图时做出的决定推迟到给结点指派颜色时再处理。

需要注意修剪过程中保持代码和冲突图的同步非常困难，因为溢出代码会将一个网划分为若干个网，从冲突图中表现为一个结点变为若干个结点，因此代码和冲突图的这种同步维护代价是很昂贵的。本算法处理的方法是避免在修剪时更改代码，而是等到寄存器指派失败时，再插入溢出代码，然后在下一轮迭代中重建邻接矩阵和邻接表。

算法9.17为修剪冲突图的过程。

第1行为初始化结点栈$stack$，这是一个整数栈，记录寄存器编号；当然也可以用寄存器名字栈。整个算法后续部分为一个循环，第2行为循环条件：只要冲突图总结点个数$nnodes > 0$就一直修剪，直至没有结点。

第3~11行的do$\cdots$while循环，一直剪除度小于R的结点并压入栈，只要有新结点压入栈$stack$，就执行这个循环，这里的R为物理寄存器个数$nregs$。这个循环的内层循环为遍历一次结点（第4~10行），寻找度小于R的结点（第5行）。找到符合条件的结点i后，该结点压入栈$stack$（第6行），调用算法9.18删除该结点（第7行），并将结点数量$nnodes$减1（第8行）。删除结点i的算法会将$adjList[i].nints$置为-1（算法9.18第8行），从而该值大于或等于0，表示结点未删除；等于-1，表示结点已删除。

算法9.17的第12行检查结点总数是否大于0，如果大于0，说明第3~11行并没有将所有结点删除，也就是说已经没有度小于R的结点，需要进行溢出操作。第13行采用式(9.4)寻找溢出代价最小的结点i，找到后同前面操作一样压入栈（第14行），删除该结点（第15行）且数量减1（第16行），之后回到循环初始位置（第2行）继续修剪。

关于第13行做以下两点补充说明。

- 条件$adjList[i].nints > 0$只是为排除已删除结点的情况，执行到这一步，未删除结点已经没有度$<R$的结点，也就是未删除结点分母总有$adjList[i].nints \geqslant nregs$成立。

- 除以 $(adjList[i].nints)^2$ 不是在计算溢出代价时直接计算，即不是计算溢出代价时使用式 (9.4)，而是在修剪冲突图时再除以度的平方，原因是随着结点的删除，$adjList[i].nints$ 是可能不断减小的，它不是一个不变量。

算法 9.17 修剪冲突图

```
   输入: 邻接表 adjList
   输出: 冲突图的结点栈 stack
1  初始化结点栈 stack;
2  while nnodes > 0 do
3  |  do
4  |  |  for i = 1 : nnodes do
5  |  |  |  if 0 ⩽ adjList[i].nints < nregs then
6  |  |  |  |  stack.push(i);
7  |  |  |  |  removeNode(i);
8  |  |  |  |  nnodes − −;
9  |  |  |  end
10 |  |  end
11 |  while 本次迭代有新结点压入 stack 栈;
12 |  if nnodes > 0 then // 没有度<R的结点才会nnodes > 0时跳出上面的循环
13 |  |  i = arg min_i adjList[i].spcost / (adjList[i].nints)^2 s.t. adjList[i].nints > 0;
14 |  |  stack.push(i);
15 |  |  removeNode(i);
16 |  |  nnodes − −;
17 |  end
18 end
```

下面讨论算法9.17中删除冲突图中的结点 i，如算法9.18所示。其中一个输入邻接表 $adjList$ 是全局变量，不作为输入参数和返回值传递；另一个输入为结点编号 i，作为参数传入。

算法 9.18 删除冲突图中的结点 i

```
   输入: 邻接表 adjList，要删除的结点编号 i
   输出: 删除结点 i 后的邻接表 adjList
1  function removeNode(i):
2  |  r_i =int2reg(i);
3  |  foreach r ∈ adjList[i].adjnds do
4  |  |  adjList[r].adjnds − = {r_i};
5  |  |  adjList[r].rmvadj ∪ = {r_i};
6  |  |  adjList[r].nints − −;
7  |  end
8  |  adjList[i].nints = −1;
9  |  adjList[i].rmvadj ∪ = adjList[i].adjnds;
10 |  adjList[i].adjnds = ∅;
11 end removeNode
```

第2行将编号i转换为物理寄存器或虚拟寄存器的名字，记作r_i。第3~7行的循环，从邻接表编号为i的位置找到结点i的邻居r，然后将r结点中（$adjList$可以通过编号，也可以通过寄存器名字访问）邻接的r_i删除（第4行），并将r_i加入已删除集合（第5行），然后冲突寄存器数量减1（第6行）。

第8~10行为删除结点i。第8行将$nints$置为-1，表示这个结点已删除，不使用0表示删除结点是因为孤立结点的度为0，当删除到最后一个结点时总会出现度为0的结点。第9行将结点i的邻接结点并入已删除结点，之所以不是赋值而是求并集，是因为$rmvadj$可以因为某次执行该算法第5行导致其不为空。第10行将邻接结点集合置空。

例题9.17 修剪冲突图 根据例题9.15和例题9.16的结果，修剪冲突图。

解 共有3个物理寄存器，因此$R=3$。

- 3个物理寄存器的度小于3，因此栈中先压入R_1、R_2、R_3，此时邻接信息如下。
  - $adjList[R_1].nints=-1, adjList[R_1].adjnds=\varnothing, adjList[R_1].rmvadj=\{R_2,R_3\}$
  - $adjList[R_2].nints=-1, adjList[R_2].adjnds=\varnothing, adjList[R_2].rmvadj=\{R_1,R_3\}$
  - $adjList[R_3].nints=-1, adjList[R_3].adjnds=\varnothing, adjList[R_3].rmvadj=\{R_1,R_2\}$
  - $adjList[v_1].nints=3, adjList[v_1].adjnds=\{v_2,v_3,v_4\}, adjList[v_1].rmvadj=\varnothing$
  - $adjList[v_2].nints=3, adjList[v_2].adjnds=\{v_1,v_3,v_4\}, adjList[v_2].rmvadj=\varnothing$
  - $adjList[v_3].nints=3, adjList[v_3].adjnds=\{v_1,v_2,v_4\}, adjList[v_3].rmvadj=\varnothing$
  - $adjList[v_4].nints=3, adjList[v_4].adjnds=\{v_1,v_2,v_3\}, adjList[v_4].rmvadj=\varnothing$
- 没有度小于3的结点，剩余4个结点比较溢出代价如下。
  - $\dfrac{adjList[v_1].spcost}{(adjList[v_1].nints)^2}=\dfrac{18}{3^2}=2$。
  - $\dfrac{adjList[v_2].spcost}{(adjList[v_2].nints)^2}=\dfrac{802}{3^2}=89.111$。
  - $\dfrac{adjList[v_3].spcost}{(adjList[v_3].nints)^2}=\dfrac{442}{3^2}=49.111$。
  - $\dfrac{adjList[v_4].spcost}{(adjList[v_4].nints)^2}=\dfrac{222}{3^2}=24.667$。
- 溢出代价最小的是v_1，因此v_1入栈。4个虚拟寄存器的邻接表信息如下。
  - $adjList[v_1].nints=-1, adjList[v_1].adjnds=\varnothing, adjList[v_1].rmvadj=\{v_2,v_3,v_4\}$。
  - $adjList[v_2].nints=2, adjList[v_2].adjnds=\{v_3,v_4\}, adjList[v_2].rmvadj=\{v_1\}$。
  - $adjList[v_3].nints=2, adjList[v_3].adjnds=\{v_2,v_4\}, adjList[v_3].rmvadj=\{v_1\}$。
  - $adjList[v_4].nints=2, adjList[v_4].adjnds=\{v_2,v_3\}, adjList[v_4].rmvadj=\{v_1\}$。
- v_2,v_3,v_4度都小于3，依次入栈，4个虚拟寄存器的邻接表信息如下。
  - $adjList[v_1].nints=-1, adjList[v_1].adjnds=\varnothing, adjList[v_1].rmvadj=\{v_2,v_3,v_4\}$。
  - $adjList[v_2].nints=-1, adjList[v_2].adjnds=\varnothing, adjList[v_2].rmvadj=\{v_1,v_3,v_4\}$。
  - $adjList[v_3].nints=-1, adjList[v_3].adjnds=\varnothing, adjList[v_3].rmvadj=\{v_1,v_2,v_4\}$。
  - $adjList[v_4].nints=-1, adjList[v_4].adjnds=\varnothing, adjList[v_4].rmvadj=\{v_1,v_2,v_3\}$。

最终，入栈顺序为：$R_1,R_2,R_3,v_1,v_2,v_3,v_4$。

9.6.9 图着色

图着色先从修剪冲突图时生成的栈中逐个弹出结点，根据$adjList[i].rmvadj$记录的邻接信息重构冲突图。冲突图中新增一个结点时，获得已重构的邻居结点未使用的颜色号，赋予这个新增结点。查找未使用颜色号时，可以从最小（大）颜色号开始搜索。如果找不到未使用的颜色号，则说明该结点需要溢出，转到生成溢出代码的操作。如果所有结点都分配了颜色号，则转到修改代码的操作。

图着色如算法9.19所示。该算法根据邻接表 $adjList$ 和修剪冲突图生成的结点栈 $stack$，为每个寄存器（包括物理寄存器和虚拟寄存器）分配颜色，如果成功分配，则返回 true，如果有溢出，则返回 false。分配的颜色也记录在邻接表 $adjList$ 中。

算法 9.19 图着色

输入： 邻接表 $adjList$，修剪冲突图生成的结点栈 $stack$

输出： 分配颜色的邻接表 $adjList$，返回值为 true，表示无溢出，为 false，则表示有溢出

```
1  success = true;
2  do
3      r = stack.pop();
4      available = Ω_c − {c | ∀p ∈ adjList[r].rmvadj ∧ c = adjList[p].color ∧ c > 0};
5      if | available | > 0 then
6          adjList[r].color = min(available);
7      else
8          adjList[r].spill = true;
9          success = false;
10     end
11 while ¬stack.isEmpty;
12 return success;
```

第1行初始化成功标志 $success$ 为 true，当遇到溢出时，将其修改为 false。第2～12行的循环将栈 $stack$ 中元素逐个弹出处理，直至栈为空，记本次迭代弹出的寄存器为 r（第3行）。

第4行中 Ω_c 为颜色全集，其中颜色数量与物理寄存器数量一致，从1开始编号。例如，共有5个物理寄存器，则 $\Omega_c = \{1, 2, 3, 4, 5\}$。后面被减去的集合，是计算邻居结点使用的颜色集合。$adjList[r].rmvadj$ 为 r 的邻居结点集合，取这些邻居结点分配的颜色 c，构成邻居结点使用的颜色结点集合。由于 $adjList[i].color$ 在构建邻接表时被初始化为 $-\infty$，因此 $c > 0$ 的条件限定了未分配颜色的邻居结点，其颜色不会记入这个集合。那么第4行的结果 $available$，就是当前结点 r 可用的颜色集合。

如果未分配的颜色集合 $available$ 的元素数大于0（第5行），则说明有颜色可以分配给当前结点 r。取得最小的未分配颜色号，分配给当前结点即可（第6行）。如果没有可分配的颜色（第7行的else），则说明需要溢出。此时将邻接表 $adjList$ 的溢出标志置为 true（第8行），并将算法成功标志置为 false（第9行）。最后，算法将成功与否标志返回（第12行）。

图着色算法与分配物理寄存器、生成溢出代码算法关系密切，后两个算法介绍完毕后统一举例说明。

9.6.10 分配物理寄存器

当图着色成功时（无溢出），进入修改代码（Modify Code）的操作，实现物理寄存器的分配。这里的修改代码，只是简单地把四元式中的虚拟寄存器，根据颜色编号与物理寄

存器关联：根据虚拟寄存器 v_i 查到对应的颜色号 c_j，根据颜色号 c_j 查到对应的物理寄存器 R_k，物理寄存器 R_k 就是分配给虚拟寄存器 v_i 的寄存器。至于最终的目标代码生成，由于已经改变了简单代码生成中代码的生成方式，因此放到本章最后一部分说明。

分配物理寄存器如算法9.20所示。

算法 9.20 分配物理寄存器

输入： 邻接表 $adjList$，四元式序列 $q_1, q_2, \cdots, q_m$，低级中间代码序列 $lirs$

输出： 已分配物理寄存器的四元式序列

```
1  for i = 1 : nregs do
2  |  color2reg[adjList[i].color] = R_i;
3  end
4  for i = 1 : m do
5  |  if lirs[q_i].lvreg ≠ null then
6  |  |  c = adjList[lirs[q_i].lvreg].color;
7  |  |  lirs[q_i].lmreg = color2reg[c];
8  |  end
9  |  if lirs[q_i].ovreg1 ≠ null then
10 |  |  c = adjList[lirs[q_i].ovreg1].color;
11 |  |  lirs[q_i].omreg1 = color2reg[c];
12 |  end
13 |  if lirs[q_i].ovreg2 ≠ null then
14 |  |  c = adjList[lirs[q_i].ovreg2].color;
15 |  |  lirs[q_i].omreg2 = color2reg[c];
16 |  end
17 end
```

第1~3行建立颜色到物理寄存器的映射关系 $color2reg$，它是一个一维数组，下标为颜色编号，取值为物理寄存器名字（或编号）。由于邻接表 $adjList$ 的前 $nregs$ 项为物理寄存器，因此取其颜色作为数组下标，取物理寄存器名字对其赋值即可（第2行）。

第4~17行分配物理寄存器。其过程非常简单，就是根据分配给虚拟寄存器的颜色查到对应的物理寄存器，用物理寄存器赋值给对应的属性。第5~8行、9~12行、13~16行分别为对左值、左操作数和右操作数的替换。

9.6.11 生成溢出代码

一个冲突图着色所需要的颜色数目，称为它的**寄存器压力**（Register Pressure），因此为使图可着色而修改代码称为**减少寄存器压力**。如前所述，减少寄存器压力的做法是将需要溢出的变量 x，定值后存储到主存，即定值语句后增加四元式 $(store, x, -, -)$；引用变量 x 前从主存加载回来，即引用语句前增加四元式 $(load, -, -, x)$。

对形参变量的标记语句 $(def, -, -, x)$，不生成存储语句，且将该标记语句删除即可。

临时变量在符号表中默认没有分配内存空间，因此溢出临时变量时，需要为其分配空间。具体操作是从符号表查询过程总字节数，作为溢出临时变量的偏移量写回符号表。这个过程总字节数加上临时变量字宽，也写回符号表作为过程新的总字节数。

生成溢出代码如算法9.21所示，该算法在分配寄存器失败时执行。输入包括邻接表 $adjList$，四元式序列 $q_1, q_2, \cdots, q_m$，低级中间代码序列 $lirs$，以及当前过程的符号表 tbl。

输出为插入溢出代码后的四元式序列。

算法 9.21 生成溢出代码

输入: 邻接表 $adjList$，四元式序列 $q_1, q_2, \cdots, q_m$，低级中间代码序列 $lirs$，当前过程的符号表 tbl

输出: 插入溢出代码后的四元式序列

1 **for** $i = 1 : m$ **do**
2 　**if** $adjList[lirs[q_i].ovreg1].spill$ **then**
3 　　在 q_i 前插入四元式 $(load, -, -, q_i.opnd1)$;
4 　**end**
5 　**if** $lirs[q_i].ovreg2 \neq lirs[q_i].ovreg1 \wedge adjList[lirs[q_i].ovreg2].spill$ **then**
6 　　在 q_i 前插入四元式 $(load, -, -, q_i.opnd2)$;
7 　**end**
8 　**if** $adjList[lirs[q_i].lvreg].spill$ **then**
9 　　在 q_i 后插入四元式 $(store, q_i.left, -, -)$;
10 　　allocVar$(tbl, q_i.left)$;
11 　**end**
12 **end**

第1~12行的循环对每个四元式处理。第2行判断左操作数是否溢出，如果溢出，则在其前面插入加载指令（第3行）；第5行判断右操作数是否溢出，如果溢出，则在其前面插入加载指令（第6行）。注意，右操作数如果和左操作数是同一个虚拟寄存器（第5行），则只需加载一次，无须生成第6行的四元式。

第8行判断左值是否溢出，如果溢出，则在其后插入存储指令（第9行），并调用算法9.1的函数allocVar()为左值分配空间（第10行，如果左值已分配空间，则不会重复分配）。

插入溢出代码后，需要重新分配虚拟寄存器，从头开始图着色过程。

例题 9.18 分配物理寄存器 对例题9.17的结果，分配物理寄存器。

解 (1) 例题9.17中寄存器入栈顺序为 $R_1, R_2, R_3, v_1, v_2, v_3, v_4$，根据算法9.19，图着色过程如下。

- 弹出 v_4，由 $adjList[v_4].rmvadj = \{v_1, v_2, v_3\}$，相邻寄存器未分配颜色号，因此分配颜色号1，$adjList[v_4].color = 1$。
- 弹出 v_3，由 $adjList[v_3].rmvadj = \{v_1, v_2, v_4\}$，相邻寄存器 v_4 已分配颜色号1，因此分配颜色号2，$adjList[v_3].color = 2$。
- 弹出 v_2，由 $adjList[v_2].rmvadj = \{v_1, v_3, v_4\}$，相邻寄存器 v_3、v_4 已分配颜色号1、2，因此分配颜色号3，$adjList[v_2].color = 3$。
- 弹出 v_1，由 $adjList[v_1].rmvadj = \{v_2, v_3, v_4\}$，相邻寄存器 v_2、v_3、v_4 已分配颜色号1、2、3，无可分配颜色号，因此标记为溢出，$adjList[v_1].spill = true$。
- 弹出 R_3，由 $adjList[R_3].rmvadj = \{R_1, R_2\}$，相邻寄存器未分配颜色号，因此分配颜色号1，$adjList[R_3].color = 1$。
- 弹出 R_2，由 $adjList[R_2].rmvadj = \{R_1, R_3\}$，相邻寄存器 R_3 已分配颜色号1，因此分配颜色号2，$adjList[R_2].color = 2$。
- 弹出 R_1，由 $adjList[R_1].rmvadj = \{R_2, R_3\}$，相邻寄存器 R_2、R_3 已分配颜色号1、2，因此分配颜色号3，$adjList[R_1].color = 3$。

(2) 溢出寄存器 b (v_1)，生成溢出代码后的流图如图9.17(a) 所示。再次分配寄存器，发现还需溢出一个虚拟寄存器，从未溢出寄存器中选择一个代价最小的 a，溢出后如图9.17(b) 所示。

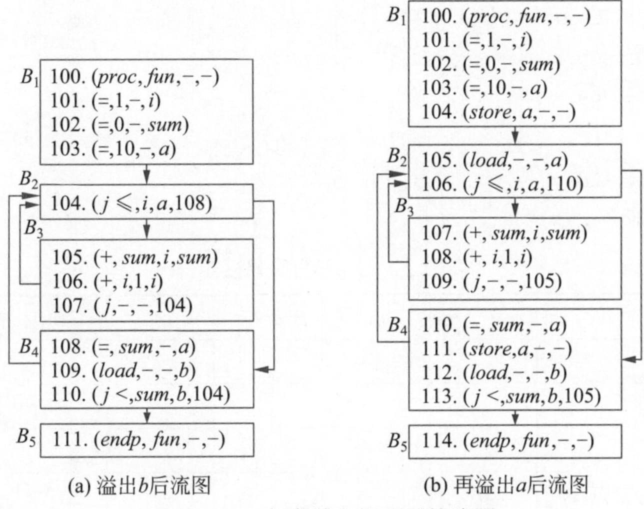

图 9.17 生成溢出代码后的流图

(3) 求定值-引用链。

- $du(101, i) = \{106, 107, 108\}$
- $du(102, sum) = \{107, 110, 113\}$
- $du(103, a) = \{104\}$
- $du(105, a) = \{106\}$
- $du(107, sum) = \{107, 110, 113\}$
- $du(108, i) = \{106, 107, 108\}$
- $du(110, a) = \{111\}$
- $du(112, b) = \{113\}$

(4) 初始化网。

- $webs[1] = (i, \{101\}, \{106, 107, 108\}, \text{null})$
- $webs[2] = (sum, \{102\}, \{107, 110, 113\}, \text{null})$
- $webs[3] = (a, \{103\}, \{104\}, \text{null})$
- $webs[4] = (a, \{105\}, \{106\}, \text{null})$
- $webs[5] = (sum, \{107\}, \{107, 110, 113\}, \text{null})$
- $webs[6] = (i, \{108\}, \{106, 107, 108\}, \text{null})$
- $webs[7] = (a, \{110\}, \{111\}, \text{null})$
- $webs[8] = (b, \{112\}, \{113\}, \text{null})$

(5) 合并网，并分配虚拟寄存器。

- $webs[1] = (i, \{101, 108\}, \{106, 107, 108\}, v_1)$，为原 $webs[1]$ 和 $webs[6]$ 的合并结果。
- $webs[2] = (sum, \{102, 107\}, \{107, 110, 113\}, v_2)$，为原 $webs[2]$ 和 $webs[5]$ 的合并结果。
- $webs[3] = (a, \{103\}, \{104\}, v_3)$，为原 $webs[3]$。
- $webs[4] = (a, \{105\}, \{106\}, v_4)$，为原 $webs[4]$。

- $webs[5] = (a, \{110\}, \{111\}, v_5)$，为原 $webs[7]$。
- $webs[6] = (b, \{112\}, \{113\}, v_6)$，为原 $webs[8]$。

(6) 计算基本块活跃虚拟寄存器集合。

- $outLv(B_5) = \varnothing, inLv(B_5) = \varnothing$
- $outLv(B_4) = \{v_1, v_2\}, inLv(B_4) = \{v_1, v_2\}$
- $outLv(B_3) = \{v_1, v_2\}, inLv(B_3) = \{v_1, v_2\}$
- $outLv(B_2) = \{v_1, v_2\}, inLv(B_2) = \{v_1, v_2\}$
- $outLv(B_1) = \{v_1, v_2\}, inLv(B_1) = \varnothing$

(7) 计算邻接矩阵，如表9.15所示。

表 9.15　冲突图的邻接矩阵

	R_1	R_2	R_3	v_1	v_2	v_3	v_4	v_5	v_6
R_1									
R_2	1								
R_3	1	1							
v_1	0	0	0						
v_2	0	0	0	1					
v_3	0	0	0	1	1				
v_4	0	0	0	1	1	0			
v_5	0	0	0	1	1	0			
v_6	0	0	0	1	1	0			

(8) 计算邻接表，所有结点的 $color$ 为 $-\infty$，$spill$ 为 false，$rmvadj$ 均为 null；所有物理寄存器结点的 $spcost$ 为 $+\infty$，虚拟寄存器结点的 $spcost$ 为 0。下面列出其他两个属性的值。

- $adjList[R_1].nints = 2, adjList[R_1].adjnds = \{R_2, R_3\}$
- $adjList[R_2].nints = 2, adjList[R_2].adjnds = \{R_1, R_3\}$
- $adjList[R_3].nints = 2, adjList[R_2].adjnds = \{R_1, R_2\}$
- $adjList[v_1].nints = 5, adjList[v_1].adjnds = \{v_2, v_3, v_4, v_5, v_6\}$
- $adjList[v_2].nints = 5, adjList[v_2].adjnds = \{v_1, v_3, v_4, v_5, v_6\}$
- $adjList[v_3].nints = 2, adjList[v_3].adjnds = \{v_1, v_2\}$
- $adjList[v_4].nints = 2, adjList[v_4].adjnds = \{v_1, v_2\}$
- $adjList[v_5].nints = 2, adjList[v_5].adjnds = \{v_1, v_2\}$
- $adjList[v_6].nints = 2, adjList[v_6].adjnds = \{v_1, v_2\}$

(9) 计算溢出代价。

- $adjList[R_1].spcost = +\infty$
- $adjList[R_2].spcost = +\infty$
- $adjList[R_3].spcost = +\infty$
- $webs[1] = (i, \{101, 108\}, \{106, 107, 108\}, v_1)$，定值语句 101、108 为普通定值语句，101 循环深度为 0，108 循环深度为 2；引用语句 106、107、108 不是复写语句，循环深度均为 2；因此 $adjList[v_1].spcost = 2 \times 10^0 + 2 \times 10^2 + 3 \times 2 \times 10^2 = 802$。

- $webs[2] = (sum, \{102, 107\}, \{107, 110, 113\}, v_2)$，定值语句 102、107 为普通定值语句，102 循环深度为 0，107 循环深度为 2；引用语句 107、110、113 不是复写语句，107 循环深度均为 2，110、113 循环深度为 1；因此 $adjList[v_2].spcost = 2 \times 10^0 + 2 \times 10^2 + 2 \times 10^2 + 2 \times 2 \times 10^1 = 442$。
- $webs[3] = (a, \{103\}, \{104\}, v_3)$，定值语句 103 为普通定值语句，循环深度为 0；引用语句 104 不是复写语句，循环深度均为 0；因此 $adjList[v_3].spcost = 2 \times 2 \times 10^0 = 4$。
- $webs[4] = (a, \{105\}, \{106\}, v_4)$，定值语句 105 为普通定值语句，循环深度为 2；引用语句 106 不是复写语句，循环深度均为 2；因此 $adjList[v_4].spcost = 2 \times 2 \times 10^2 = 400$。
- $webs[5] = (a, \{110\}, \{111\}, v_5)$，定值语句 110 为普通定值语句，循环深度为 1；引用语句 111 不是复写语句，循环深度均为 1；因此 $adjList[v_5].spcost = 2 \times 2 \times 10^1 = 40$。
- $webs[6] = (b, \{112\}, \{113\}, v_6)$，定值语句 112 为普通定值语句，循环深度为 1；引用语句 113 不是复写语句，循环深度均为 1；因此 $adjList[v_6].spcost = 2 \times 2 \times 10^1 = 40$。

(10) 修剪冲突图。

- 3 个物理寄存器的度小于 3，因此栈中先压入 R_1、R_2 和 R_3，邻接表略。
- 虚拟寄存器依次压入度小于 3 的结点 v_3、v_4、v_5，邻接表如下。
  - $adjList[R_1].nints = -1, adjList[R_1].adjnds = \varnothing, adjList[R_1].rmvadj = \{R_2, R_3\}$
  - $adjList[R_2].nints = -1, adjList[R_2].adjnds = \varnothing, adjList[R_2].rmvadj = \{R_1, R_3\}$
  - $adjList[R_3].nints = -1, adjList[R_3].adjnds = \varnothing, adjList[R_3].rmvadj = \{R_1, R_2\}$
  - $adjList[v_1].nints = 2, adjList[v_1].adjnds = \{v_2, v_6\}, adjList[v_1].rmvadj = \{v_3, v_4, v_5\}$
  - $adjList[v_2].nints = 2, adjList[v_2].adjnds = \{v_1, v_6\}, adjList[v_2].rmvadj = \{v_3, v_4, v_5\}$
  - $adjList[v_3].nints = -1, adjList[v_3].adjnds = \varnothing, adjList[v_3].rmvadj = \{v_1, v_2\}$
  - $adjList[v_4].nints = -1, adjList[v_4].adjnds = \varnothing, adjList[v_4].rmvadj = \{v_1, v_2\}$
  - $adjList[v_5].nints = -1, adjList[v_5].adjnds = \varnothing, adjList[v_5].rmvadj = \{v_1, v_2\}$
  - $adjList[v_6].nints = 2, adjList[v_6].adjnds = \{v_1, v_2\}, adjList[v_6].rmvadj = \varnothing$
- 剩余 3 个结点的度都小于 1，依次入栈 v_1、v_2、v_6，邻接表如下。
  - $adjList[R_1].nints = -1, adjList[R_1].adjnds = \varnothing, adjList[R_1].rmvadj = \{R_2, R_3\}$
  - $adjList[R_2].nints = -1, adjList[R_2].adjnds = \varnothing, adjList[R_2].rmvadj = \{R_1, R_3\}$
  - $adjList[R_3].nints = -1, adjList[R_3].adjnds = \varnothing, adjList[R_3].rmvadj = \{R_1, R_2\}$
  - $adjList[v_1].nints = -1, adjList[v_1].adjnds = \varnothing, adjList[v_1].rmvadj = \{v_2, v_3, v_4, v_5, v_6\}$
  - $adjList[v_2].nints = -1, adjList[v_2].adjnds = \varnothing, adjList[v_2].rmvadj = \{v_1, v_3, v_4, v_5, v_6\}$
  - $adjList[v_3].nints = -1, adjList[v_3].adjnds = \varnothing, adjList[v_3].rmvadj = \{v_1, v_2\}$
  - $adjList[v_4].nints = -1, adjList[v_4].adjnds = \varnothing, adjList[v_4].rmvadj = \{v_1, v_2\}$
  - $adjList[v_5].nints = -1, adjList[v_5].adjnds = \varnothing, adjList[v_5].rmvadj = \{v_1, v_2\}$
  - $adjList[v_6].nints = -1, adjList[v_6].adjnds = \varnothing, adjList[v_6].rmvadj = \{v_1, v_2\}$
- 最终入栈顺序为：R_1、R_2、R_3、v_3、v_4、v_5、v_1、v_2、v_6。

(11) 图着色。根据算法9.19，图着色过程如下。

- 弹出 v_6，由 $adjList[v_6].rmvadj = \{v_1, v_2\}$，相邻寄存器未分配颜色号，因此分配颜色号1，$adjList[v_6].color = 1$。
- 弹出 v_2，由 $adjList[v_2].rmvadj = \{v_1, v_3, v_4, v_5, v_6\}$，相邻寄存器 v_6 已分配颜色号1，因此分配颜色号2，$adjList[v_2].color = 2$。
- 弹出 v_1，由 $adjList[v_1].rmvadj = \{v_2, v_3, v_4, v_5, v_6\}$，相邻寄存器 v_2、v_6 已分配颜色号1、2，因此分配颜色号3，$adjList[v_1].color = 3$。
- 弹出 v_5，由 $adjList[v_5].rmvadj = \{v_1, v_2\}$，相邻寄存器 v_1、v_2 已分配颜色号2、3，因此分配颜色号1，$adjList[v_5].color = 1$。
- 弹出 v_4，由 $adjList[v_4].rmvadj = \{v_1, v_2\}$，相邻寄存器 v_1、v_2 已分配颜色号2、3，因此分配颜色号1，$adjList[v_4].color = 1$。
- 弹出 v_3，由 $adjList[v_3].rmvadj = \{v_1, v_2\}$，相邻寄存器 v_1、v_2 已分配颜色号2、3，因此分配颜色号1，$adjList[v_3].color = 1$。
- 弹出 R_3，由 $adjList[R_3].rmvadj = \{R_1, R_2\}$，相邻寄存器未分配颜色号，因此分配颜色号1，$adjList[R_3].color = 1$。
- 弹出 R_2，由 $adjList[R_2].rmvadj = \{R_1, R_3\}$，相邻寄存器 R_3 已分配颜色号1，因此分配颜色号2，$adjList[R_2].color = 2$。
- 弹出 R_1，由 $adjList[R_1].rmvadj = \{R_2, R_3\}$，相邻寄存器 R_2、R_3 已分配颜色号1、2，因此分配颜色号3，$adjList[R_1].color = 3$。

(12) 与物理寄存器颜色相同的虚拟寄存器分配该物理寄存器。

- $adjList[v_1].color = 3, adjList[R_1].color = 3$，因此 v_1 分配 R_1。
- $adjList[v_2].color = 2, adjList[R_2].color = 2$，因此 v_2 分配 R_2。
- $adjList[v_i].color = 1, adjList[R_3].color = 1$，因此 v_i 分配 R_3，其中 $i = 3, 4, 5, 6$。

(13) 分配物理寄存器结果如表9.16所示。

表 9.16　分配物理寄存器结果

序号	四元式	虚拟寄存器			物理寄存器		
		左值	左操作数	右操作数	左值	左操作数	右操作数
100	$(proc, fun, -, -)$	–	–	–	–	–	–
101	$(=, 1, -, i)$	v_1	–	–	R_1	–	–
102	$(=, 0, -, sum)$	v_2	–	–	R_2	–	–
103	$(=, 10, -, a)$	v_3	–	–	R_3	–	–
104	$(store, a, -, -)$	–	v_3	–	–	R_3	–
105	$(load, -, -, a)$	v_4	–	–	R_3	–	–
106	$(j\leqslant, i, a, 110)$	–	v_1	v_4	–	R_1	R_3
107	$(+, sum, i, sum)$	v_2	v_2	v_1	R_2	R_2	R_1
108	$(+, i, 1, i)$	v_1	v_1	–	R_1	R_1	–
109	$(j, -, -, 105)$	–	–	–	–	–	–

续表

序号	四 元 式	虚拟寄存器			物理寄存器		
		左值	左操作数	右操作数	左值	左操作数	右操作数
110	$(=, sum, -, a)$	v_5	v_2	–	R_3	R_2	–
111	$(store, a, -, -)$	–	v_5	–	–	R_3	–
112	$(load, -, -, b)$	v_6	–	–	R_3	–	–
113	$(j <, sum, b, 105)$	–	v_2	v_6	–	R_2	R_3
114	$(endp, fun, -, -)$	–	–	–	–	–	–

寄存器溢出的作用是将一张大网分裂成几个小网，以减少冲突的可能性。例如，例题9.18中形参变量b在溢出前，从过程入口开始占用寄存器，直至过程结束。溢出后，图9.17(a)的四元式109~110部分占用寄存器，减少了与其他寄存器冲突的可能性。图9.17(b)中，a对应的虚拟寄存器溢出后，分裂成了103~104、105~106、110~111三个小网，每个小网活跃区间很短，也减少了与其他寄存器冲突的可能性。

溢出寄存器时，如果比最小需要的寄存器溢出数量多溢出一个寄存器，可能溢出效果会更好。这是因为当需要溢出寄存器时，已经没有度$<R$的寄存器。此时按溢出代价从小到大逐个溢出寄存器，直到有一个寄存器的度$<R$。溢出时，溢出的寄存器是不着色的，相当于删除这个结点，才达到使相邻寄存器度$<R$的目的，这时下一个要修剪的结点很可能度$=R-1$。但着色时，所有寄存器都是要着色的，包括溢出的寄存器。而溢出的这个寄存器很可能和度$=R-1$的结点相邻（如果不相邻，就不会让其度减少），它着色后相当于又加回了原图，那么度$=R-1$结点又变成度$=R$，还是需要溢出寄存器才能满足度$<R$的要求。

一个可行且对算法修改最小的方案是，在算法9.19对一个寄存器标记$spill$时（第8行），再寻找一个与溢出寄存器相邻（冲突）且溢出代价最小的寄存器溢出。当然这样会造成每溢出一个寄存器，就额外附加溢出另一个寄存器。可以约束额外溢出寄存器的总数量，使得额外溢出的寄存器不要太多。

另外在二次溢出寄存器时，已经溢出的寄存器不要再次溢出。已经溢出的寄存器由于活跃区间很短，因此一般溢出代价很小，第二次溢出时很可能成为溢出首选，但已经溢出的寄存器再次溢出不会减少冲突数量。为此，需要避免将寄存器二次溢出。

为实现这一点，可以用一个数据结构记录已经溢出的寄存器，在选择溢出寄存器时排除记录的这些寄存器。也可以将溢出指令$(load, -, -, x)$和$(store, x, -, -)$的溢出代价设置为$+\infty$，这样这些已经溢出的寄存器就不会被选中再次被溢出。

9.7 线性扫描寄存器分配

图着色方法虽然在寄存器分配领域长期占据主导地位，但算法过于复杂，执行时间复杂度很高。1999年，Poletto提出了一种完全不同的寄存器分配方案，它给出变量的活跃区间，通过一遍扫描活跃区间，贪心地给出变量分配的寄存器，称为**线性扫描**（Linear Scan）[86]算法。该算法最初应用在最小C编译器（Tiny C Compiler，TCC）中，目前流行的LLVM也支持线性扫描寄存器分配算法。

相对于图着色算法，线性扫描算法速度更快、更易于实现。生成的代码虽然略为低效，但也是可接受的，适用于现代虚拟机的即时编译器（Just in Time Compiler）。同时，线性扫描思想也被吸收进其他寄存器分配算法中，因此了解线性扫描算法是必要的。本节内容主要是对文献[86]进行更具体的算法设计，涉及其他参考文献的会进行引用说明。

线性扫描的流程如图9.18所示，其中第2步活跃变量分析已在8.4.1节中介绍。线性扫描是基于活跃区间，而活跃区间可以基于变量，也可以基于虚拟寄存器，因此图中虚线部分"分配虚拟寄存器"，可以根据需要选择。一般来说，基于虚拟寄存器的活跃区间更加精确，代码效率更高，这步可以采用图着色中的分配虚拟寄存器算法。下面介绍线性扫描的其他部分。

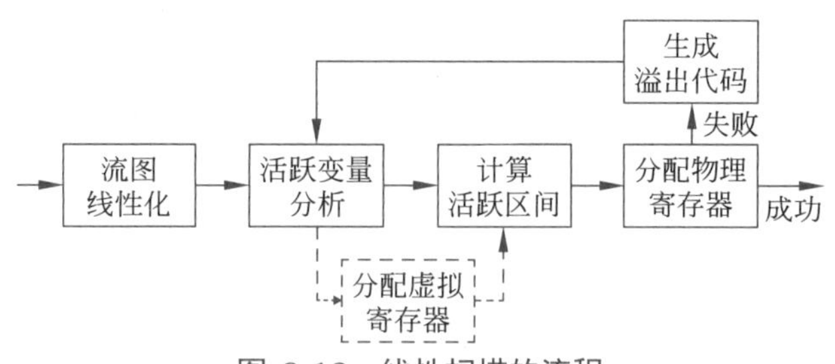

图 9.18　线性扫描的流程

阅读本节内容，需要了解图着色中9.6.2节分配虚拟寄存器，9.6.3节低级代码表示的相关内容和数据结构，以及9.6.11节生成溢出代码的算法，图着色的其他内容不需要了解。

9.7.1　流图线性化

流图线性化即将流图表示的中间代码，变换为按顺序排列的代码序列，并给出唯一编号。面向过程的结构化程序由顺序结构、分支结构和循环结构组成，只有顺序结构是按顺序排列的，分支结构和循环结构都需要进行一定的变换。

由于基本块内的代码已按顺序排列，因此只需考虑基本块的线性化即可，这种变化需要符合如下3个规则。

- 位置相近的块，例如if语句的if和else分支，按块顺序就近排列。
- 作为循环一部分的块执行的频率远高于顺序控制流的块，因此它们的顺序很重要。需要保证循环的所有块都是连续的，中间没有不属于该循环的块。这样确保了频繁执行的循环块的良好位置，并帮助分配器将寄存器分配给循环中使用的所有活跃区间。
- 已知很少执行的块，例如用于异常处理的块（本书并未涉及），需要尽可能晚地发出，并放置在末尾。

以上规则一般针对代码的图表示形式。本书生成四元式的顺序，自然而然地保证了以上规则。构造流图拓扑图时，生成的基本块顺序也符合上述规则的规定。因此，本书算法并不需要这个过程，也不对这部分展开讨论。如果需要了解相关算法，可以参阅文献[92]第5章的内容。其他的基本块排序方法包括深度优先的逆前序方法[16]、逆后续（Reverse Postorder）方法[18]等。

9.7.2　计算活跃区间

变量v的活跃区间指v在这个区间中活跃，但如果超出这个区间，v就不再活跃。因此，活跃区间是为变量v分配寄存器的区间，在此区间内为变量分配一个寄存器，若超出这个区间，变量v不再需要占用寄存器。

Poletto最初给出的变量v的活跃区间（Live Interval）指如下四元式编号区间$[i, j]$。

- 不存在$i' < i$，v在i'处活跃。
- 不存在$j' > j$，v在j'处活跃。

实际上，这个定义是非常不准确的。正确的活跃区间应从变量被计算出来开始，到变量不再活跃为止。图9.19(a)为一个过程的流图，该过程传入两个参数$p1$和$p2$，将$p2$累加$p1$次，然后把和保留在sum变量，最终赋值给$p1$，并返回。通过这个流图的分析，给出活跃区间计算的算法。

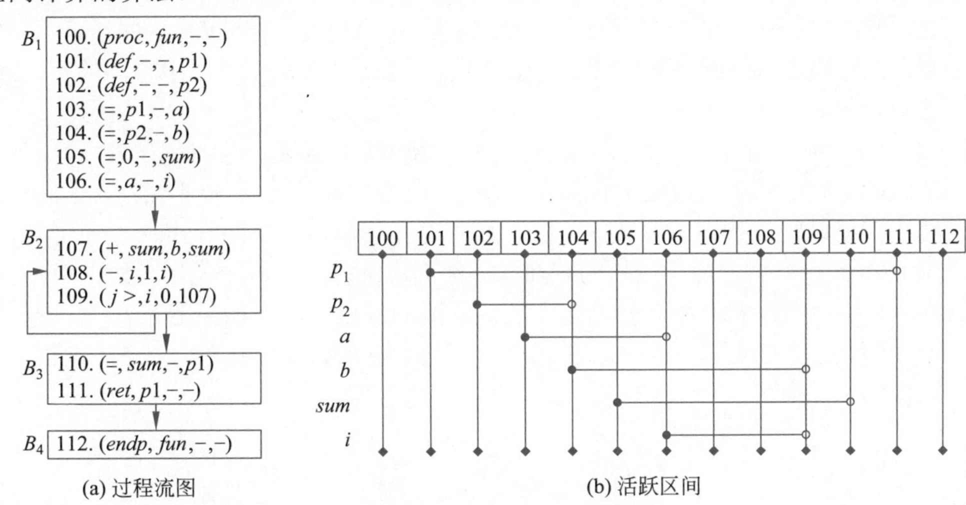

图 9.19 变量的活跃区间

图9.19(b)为该流图对应的变量的活跃区间，图中实心和空心小圆点分别表示活跃区间的开始和结束。变量a的定值出现在103处，为该活跃区间的起点。a在基本块B_1出口处不活跃，从出口处反向查找到a的第一个引用为106，因此a的活跃区间为$[103, 106]$。类似地，sum最初定值在105，最终的引用在110，因此活跃区间为$[105, 110]$。

形参$p1$、$p2$活跃区间的起点为形参标记四元式101和102，结束于最终的引用。此例中，变量$p1$的最后一个引用在111，因此活跃区间为$[102, 111]$；变量$p2$的最后一个引用在104，因此活跃区间为$[102, 104]$。

需要注意的是形参变量$p1$，在103被引用，在110被重新定值，在111再次被引用。这意味着，$p1$在103后是不需要寄存器的，直到在110点被重新计算出来。或者说，$p1$在区间$[104, 109]$是不活跃的，它有两段活跃区间$[101, 103]$和$[110, 111]$，实际上是可以更换寄存器的。$p1$在103被引用后，可以释放它的寄存器，这个寄存器可以分配给别的变量使用。到110重新计算$p1$时，可以分配一个新的寄存器。

变量i有两个定值点106和108，但它们都能到达106这个引用，则应该分配同一个寄存器。

因此，对变量活跃区间分析得到的寄存器分配实际上与图着色中按虚拟寄存器分配是完全一致的，目前大部分线性扫描算法，也是基于虚拟寄存器计算活跃区间。采用图着色第1步即9.6.2节介绍的方法分配虚拟寄存器，然后在此基础上进一步计算虚拟寄存器的活跃区间。

再考虑循环中的情形。变量b的最初定值在104，最终引用在107，但为什么它的区间不是$[104,107]$，而是$[104,109]$呢？这是因为107在循环中，执行到109后有可能回到107，如果在107后就将b的寄存器释放，则会造成变量值丢失。因此，出现在循环中的变量需要考虑更细致的活跃区间的规则。

图9.20为循环中变量a出现的几种情形，其中省略号的地方，均没有a的引用和定值。

- 图9.20(a)中，循环入口处最先出现的是q_1点a的引用，因此a在B_1入口处和B_2出口处是活跃的。q_3处a被引用后，有一条路径返回B_1，因此此时不能释放a，因为它可能在q_1处被引用。a的活跃区间的终点，至少应该是B_2的最后一条四元式。
- 图9.20(b)的q_4，也就是B_2对a的最后操作是定值。这个定值杀死了q_4前a的活跃性，但之后a仍然可能在q_1处被引用，因此B_2出口处仍然活跃。a的活跃区间的终点，也应该是B_2的最后一条四元式。但q_2处的a与q_4处的a属于不同的网，q_2处a的活跃区间，到q_3就结束了。
- 图9.20(c)中，循环入口处最先出现的是q_0点对a的定值，因此a在B_1入口处是不活跃的。如果循环出口处a不活跃，那么a在B_2出口处也可能不活跃，这时活跃区间终点就是最后引用四元式的位置，而不是循环最后一条四元式。
- 图9.20(d)中，由于分支结构的存在，该流图实际构成了两个循环。如果考虑$B_1 \to B_2 \to B_3 \to B_1$的循环，$q_2$为起点的活跃区间终止于$q_3$；如果考虑$B_1 \to B_3 \to B_1$的循环，$q_2$为起点的活跃区间终止于$q_5$。这时两个循环分开考虑，最后取终点最大值作为终点即可。

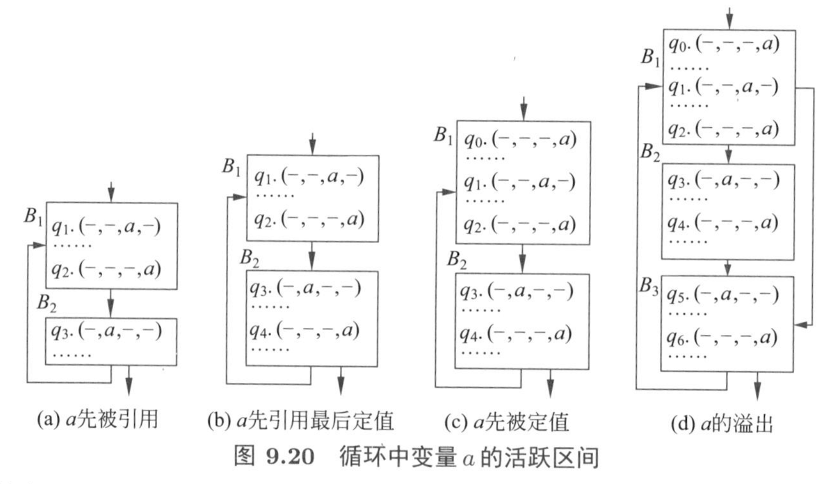

图 9.20 循环中变量a的活跃区间

综上所述，循环中变量的活跃区间终点，取决于该变量在循环出口处基本块的活跃情况。将循环基本块按控制流向排序（我们的算法得到的顺序恰好与四元式编号升序一致），如果循环中有一个变量的多个定值，活跃区间的判定规则如下。

- 如果循环中一个变量a在q点被定值，后面还有a的其他定值语句，则q点定值的a的活跃区间开始于q，终止于下一个定值语句前的最后一个引用。
- 如果循环中一个变量a在q点被定值，循环中关于a的最后一个语句是a的定值语句，且循环出口处a不活跃，则q点定值的a的活跃区间开始于定值语句，终止于循环出口前的最后一个引用语句。
- 如果循环中一个变量a在q点被定值，循环中关于a的最后一个语句是a的定值语句，且循环出口处变量活跃，则活跃区间开始于第一个定值语句，终止于循环最后一个语句。

如果构建了网，这个判定规则变得简单。因为网已经找到了定值语句所能到达的引用，因此如果一个引用在循环中，且循环中没有定值，或者虽然有定值但是一个引用在定值语句前，都可以判定活跃区间结束点在循环结束。

使用数组 $lvInter$ 表示虚拟寄存器的活跃区间，其元素 $lvInter[i]$ 和 $lvInter[v_i]$ 都表示虚拟寄存器 v_i 的活跃区间，每个元素由以下两个分量组成。

- $start$，表示活跃区间起点。
- end，表示活跃区间终点。

算法9.22为计算虚拟寄存器的活跃区间的过程。输入为四元式序列及循环集合，输出为活跃区间 $lvInter$。

算法 9.22 计算虚拟寄存器的活跃区间

```
输入: 四元式序列 q1, q2, ··· , qm，循环集合 Lset = {L1, L2, ··· , Ln}
输出: 活跃区间 lvInter
1  使用算法9.8构建网 webs，并分配虚拟寄存器，网的数量为 nwebs;
2  使用算法9.9将四元式转换为低级代码表示;
3  for i = 1 : nwebs do
4  |  lvInter[vi].start = min(webs[i].defs);
5  |  lvInter[vi].end = max(webs[i].uses);
6  |  foreach Lk ∈ Lset do
7  |  |  loopLast = max({qu | qu.block ∈ Lk});
8  |  |  if ∃qj ∈ webs[i].uses ∧ qj.block ∈ Lk ∧ loopLast > lvInter[vi].end then
9  |  |  |  minDef = min({qu | qu ∈ webs[i].defs ∧ qu ∈ Lk});
10 |  |  |  minUse = min({qu | qu ∈ webs[i].uses ∧ qu ∈ Lk});
11 |  |  |  if minUse ⩽ minDef then
12 |  |  |  |  lvInter[vi].end = loopLast;
13 |  |  |  end
14 |  |  end
15 |  end
16 end
```

第1行构建网，并分配虚拟寄存器。第2行将四元式转换为低级代码形式，也就是为四元式每个变量设置虚拟寄存器。

第3~16行对每个网进行迭代，第 i 个网，对应的虚拟寄存器为 v_i。第4行将定值语句编号最小值作为活跃区间起点，第5行暂时将引用语句编号的最大值作为活跃区间终点。

第6~15行检测所有循环，确定活跃区间终点。第7行先计算循环最后一个四元式编号。如果网的一个引用在循环中，且网的最大引用不超过循环终点（第8行），则有可能活跃区间终点为循环终点。第9行计算循环中的最小定值点，第10行计算循环中的最小引用点。如果最小引用点小于最小定值点（第11行），则区间终点就是循环终点（第12行）。注意这里之所以能直接赋值，是因为此处循环终点一定是大于区间终点的，这个条件在第8行已做判断。

例题 9.19 活跃区间 计算图9.19(a)所示流图的虚拟寄存器的活跃区间。

解 (1) 构造定值-引用链。

- $du(101, p1) = \{103\}$

- $du(102, p2) = \{104\}$
- $du(103, a) = \{106\}$
- $du(104, b) = \{107\}$
- $du(105, sum) = \{107\}$
- $du(106, i) = \{108\}$
- $du(107, sum) = \{107, 110\}$
- $du(108, i) = \{108, 109\}$
- $du(110, p1) = \{111\}$

(2) 构造网，并分配虚拟寄存器。

- $webs[1] = (p1, \{101\}, \{103\}, v_1)$
- $webs[2] = (p2, \{102\}, \{104\}, v_2)$
- $webs[3] = (a, \{103\}, \{106\}, v_3)$
- $webs[4] = (b, \{104\}, \{107\}, v_4)$
- $webs[5] = (sum, \{105, 107\}, \{107, 110\}, v_5)$
- $webs[6] = (i, \{106, 108\}, \{108, 109\}, v_6)$
- $webs[7] = (p1, \{110\}, \{111\}, v_7)$。

(3) 四元式转为低级代码表示（略）。

(4) 计算活跃区间。

- $lvInter[v_1].start = 101, lvInter[v_1].end = 103$
- $lvInter[v_2].start = 102, lvInter[v_2].end = 104$
- $lvInter[v_3].start = 103, lvInter[v_3].end = 106$
- $lvInter[v_4].start = 104, lvInter[v_4].end = 109$
- $lvInter[v_5].start = 105, lvInter[v_5].end = 110$
- $lvInter[v_6].start = 106, lvInter[v_6].end = 109$
- $lvInter[v_7].start = 110, lvInter[v_7].end = 111$

例题9.19的虚拟寄存器的活跃区间如图9.21所示。与图9.19(b) 相比，$p1$ 的活跃区间发生了变化，它被分配了两个虚拟寄存器，活跃区间分别为 $[101, 103]$ 和 $[110, 111]$。

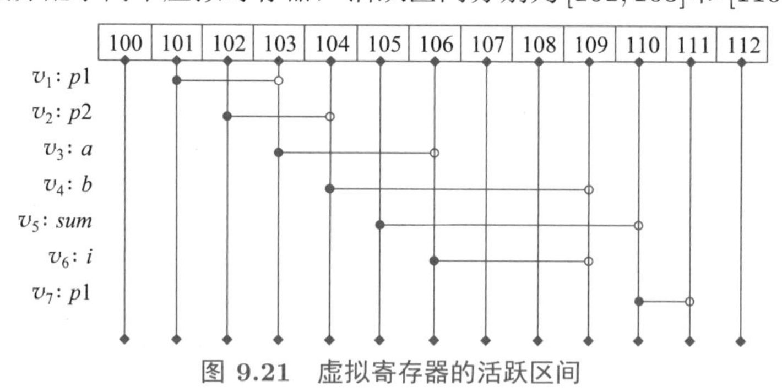

图 9.21 虚拟寄存器的活跃区间

9.7.3 分配物理寄存器

一个虚拟寄存器，在活跃区间的起点需要一个物理寄存器，到终点后可以释放这个寄存器。可以将活跃区间按起点升序排序，在程序任意点（任意一个四元式位置），该点跨越多少个活跃区间，就需要多少个物理寄存器。

如图9.21所示的虚拟寄存器已经是按起点升序排序，每个点画一条竖线，这条竖线跨越的活跃区间数，就是所需物理寄存器数目，具体如下。

- 点100：无需物理寄存器。
- 点101：需要1个物理寄存器，分配给 v_1 使用。
- 点102：需要2个物理寄存器，分配给 v_1、v_2 使用。
- 点103：需要3个物理寄存器，分配给 v_1、v_2、v_3 使用。
- 点104：需要3个物理寄存器，分配给 v_2、v_3、v_4 使用。
- 点105：需要3个物理寄存器，分配给 v_3、v_4、v_5 使用。
- 点106：需要4个物理寄存器，分配给 v_3、v_4、v_5、v_6 使用。
- 点107、108、109：需要3个物理寄存器，分配给 v_4、v_5、v_6 使用。
- 点110：需要2个物理寄存器，分配给 v_5、v_7 使用。
- 点111：需要1个物理寄存器，分配给 v_7 使用。
- 点112：无需物理寄存器。

实际上，需要分配的物理寄存器数量增加的点，一定是活跃区间的起点。如果一个点不是某个活跃区间的起点，那么分配的寄存器数量和前面一个点相比，只会减少或者保持不变，不会增加。因此，只需要检查点101、102、103、104、105、106、110共7个起点有无寄存器冲突，其他点无须检测。

考虑图9.21的点103，该点是 v_1 的终点，因此经过该点后 v_1 可以释放；该点也是 v_3 的起点，需要为 v_3 分配一个物理寄存器。该点对应一个定值语句 $(=, p1, -, a)$，如果分别为左值和左操作数分配不同物理寄存器 R_0 和 R_1，需要生成语句 mov R_0, R_1。如果考虑将 v_1 和 v_3 分配同一个物理寄存器，则不但可以减少这条mov指令，还能节省一个寄存器，对提高代码质量有非常好的帮助。同理，对二元操作，如果某点是左操作数活跃区间终点和左值活跃区间起点，左值和左操作数也应分配同一个物理寄存器。

关于物理寄存器的释放，采用滞后检测的策略，即在需要分配寄存器前（活跃区间起点）检测是否有物理寄存器需要释放。具体操作是采用一个 $active$ 集合记录当前点活跃的所有虚拟寄存器，在下一个虚拟寄存器起点处，检测该起点是否超过 $active$ 中某些虚拟寄存器的终点，超过的那些虚拟寄存器对应的物理寄存器就可以释放。为提升检索效率，$active$ 中的寄存器按终点降序排序（当然升序也可以，只是处理顺序反过来）。

下一个问题是当寄存器需要溢出时，应选择哪个虚拟寄存器进行溢出操作。一般的启发式算法中，选择 $active$ 中活跃区间终点最大的虚拟寄存器。这样做的原因是，时间跨度最长的寄存器，有可能导致更多的寄存器被溢出。

分配物理寄存器如算法9.23所示。

算法 9.23 分配物理寄存器

输入： 网 $webs$，活跃区间 $lvInter$，低级中间代码 $lirs$

输出： 分配寄存器后的四元式序列

1 $active = \varnothing$;

2 使用所有 r 个物理寄存器初始化空闲集合 $freeRegs = \{R_1, R_2, \cdots, R_r\}$;

3 初始化数组 $lvRegs[1 : nwebs]$，记录虚拟寄存器分配的物理寄存器;

4 按 $lvInter[i].start$ 升序对虚拟寄存器排序，得到排序后序列 $v_1^{'}, v_2^{'}, \cdots, v_{nwebs}^{'}$;

算法 9.23 续

```
5  for i = 1 : nwebs do
6  |  reuseReg = false;
7  |  for j = |active| : −1 : 1 do
8  |  |  if lvInter(active[j]).end < lvInter(v'_i).start then
9  |  |  |  freeRegs ∪= {lvRegs[active[j]]};
10 |  |  |  active−= {active[j]};
11 |  |  else if lvInter(active[j]).end = lvInter(v'_i).start then
12 |  |  |  if lirs[lvInter(v'_i).start].ovreg1 = active[j] then
13 |  |  |  |  setMReg(webs, v'_i, lvRegs[active[j]]);
14 |  |  |  |  active−= {active[j]};
15 |  |  |  |  v'_i 按 lvInter[···].end 降序插入 active;
16 |  |  |  |  lvRegs[v'_i] = R;
17 |  |  |  |  reuseReg = true;
18 |  |  |  end
19 |  |  else break;
20 |  end
21 |  if reuseReg then continue;
22 |  if |active| = r then
23 |  |  执行算法9.21溢出虚拟寄存器 active[0];
24 |  |  转算法9.22重新计算活跃区间;
25 |  |  return;
26 |  end
27 |  R = freeRegs[0];
28 |  freeRegs−= {R};
29 |  setMReg(webs, v'_i, R);
30 |  v'_i 按 lvInter[···].end 降序插入 active;
31 |  lvRegs[v'_i] = R;
32 end
```

第1行初始化活跃虚拟寄存器集合 $active$ 为空集，第2行使用所有 r 个物理寄存器初始化集合 $freeRegs = \{R_1, R_2, \cdots, R_r\}$，第3行初始化一个数组 $lvRegs$ 记录虚拟寄存器分配的物理寄存器，第4行按活跃区间起点升序对虚拟寄存器排序。该算法中，$active$ 记录活动的虚拟寄存器，且按活跃区间终点降序排序；$lvRegs$ 记录虚拟寄存器分配的物理寄存器，可以通过虚拟寄存器名字或序号访问。

第5~32行的循环，对排序的虚拟寄存器 v'_i 逐个处理。第6行初始化了一个布尔变量 $reuseReg$，用来记录左值是否复用了左操作数的物理寄存器，默认为false。第7~20行对 $active$ 从后向前遍历（第7行），按其活跃区间终点分以下3种情况处理。

- 活跃区间终点比当前寄存器区间起点靠前（第8行）：该寄存器可以释放。要释放的虚拟寄存器为 $active[j]$，其对应的物理寄存器为 $lvRegs[active[j]]$。第9行将要释放的物理寄存器加入 $freeRegs$，第10行将 j 位置的虚拟寄存器从活跃集合 $active$ 删除。
- 活跃区间终点与当前寄存器区间起点是同一个点（第11行）。

  - 如果$active[j]$不是当前指令左值寄存器，则什么也不做，等待下一个检测点释放。
  - 如果$active[j]$是当前指令左值寄存器（第12行），则将其对应的物理寄存器$lvRegs[active[j]]$分配给当前虚拟寄存器v_i'。第13行调用算法9.24的setMReg()函数将物理寄存器和虚拟寄存器对应，第14行将虚拟寄存器$active[j]$从活跃虚拟寄存器集合移除，第15行将当前虚拟寄存器v_i'按$lvInter[\cdots].end$降序插入$active$，第16行记录该虚拟寄存器分配的物理寄存器，第17行将$reuseReg$标记置为true。
- 活跃区间终点比当前寄存器区间起点靠后（第19行）：退出$active$集合的遍历。

如果这轮遍历中复用了物理寄存器，则新的活跃寄存器v_i'处理完毕，进行下一轮迭代（第21行）。

如果没有复用物理寄存器，则$active$要加入新的活跃寄存器v_i'。若$active$的数量达到寄存器总数量r，则需要溢出一个寄存器（第22行）。因为一个四元式语句最多定值一个虚拟寄存器，因此活跃寄存器是一个个增加到$active$的，不需要担心$active$的数量超过r的情形。如果按活跃区间终点最远的规则释放寄存器，则应释放$active[0]$（第23行），然后重新开始线性扫描算法（第24行），本算法结束（第25行）。

算法第23行生成溢出代码仍然使用9.6.11节的算法9.21，无须重新设计代码溢出算法。该算法涉及溢出点前序代码的修改，因此溢出后，需要重新计算活跃区间。

从第27行开始为分配物理寄存器给新的活跃寄存器v_i'。第27行从空闲寄存器中取第一个寄存器作为R（这个选取是任意的，随机选取一个即可），并从空闲寄存器中移除该寄存器（第28行）。第29行调用算法9.24的setMReg()函数将物理寄存器和虚拟寄存器对应，第30行将当前虚拟寄存器v_i'按$lvInter[\cdots].end$降序插入$active$，第31行记录该虚拟寄存器分配的物理寄存器。

算法9.24定义了一个函数setMReg()，将虚拟寄存器和物理寄存器在低级中间代码中对应。这个函数需要3个参数和1个全局变量：网$webs$、虚拟寄存器vr、物理寄存器mr、低级中间代码$lirs$。第2~4行将mr分配给vr定值语句的左值，第5~8行将mr分配给vr引用语句的左操作数和右操作数。

算法 9.24 设置物理寄存器

输入: 网$webs$，虚拟寄存器vr，物理寄存器mr，低级中间代码$lirs$

输出: 分配物理寄存器后的低级中间代码

```
1 void setMReg(webs, vr, mr):
2     foreach def ∈ webs[vr].defs do
3         if lirs[def].lvreg = vr then  lirs[def].lmreg = mr ;
4     end
5     foreach use ∈ webs[vr].uses do
6         if lirs[use].ovreg1 = vr then  lirs[use].omreg1 = mr ;
7         if lirs[use].ovreg2 = vr then  lirs[use].omreg2 = mr ;
8     end
9 end setMReg
```

例题 9.20 寄存器分配 为例题9.19的流图分配寄存器，假设有R_1, R_2, R_3 3个寄存器。

解 对区间起点按升序排序得到图9.21，分配物理寄存器如下（低级中间代码形式略）。

- 初始化：$active = \varnothing, freeRegs = \{R_1, R_2, R_3\}$。
- v_1：活跃区间起点为101，分配R_1，因此$lvRegs[v_1] = R_1, active = \{v_1\}, freeRegs = \{R_2, R_3\}$。
- v_2：活跃区间起点为102，分配R_2，因此$lvRegs[v_2] = R_2, active = \{v_2, v_1\}, freeRegs = \{R_3\}$。
- v_3：活跃区间起点为103，v_1为四元式103的左操作数且终点为103，因此v_3复用$lvRegs[v_1] = R_1$，得到$lvRegs[v_3] = R_1, active = \{v_3, v_2\}, freeRegs = \{R_3\}$。
- v_4：活跃区间起点为104，v_2为四元式104的左操作数且终点为104，因此v_4复用$lvRegs[v_2] = R_2$，得到$lvRegs[v_4] = R_2, active = \{v_4, v_3\}, freeRegs = \{R_3\}$。
- v_5：活跃区间起点为105，分配R_3，因此$lvRegs[v_5] = R_3, active = \{v_5, v_4, v_3\}$，$freeRegs = \varnothing$。
- v_6：活跃区间起点为106，v_3为四元式106的左操作数且终点为106，因此v_6复用$lvRegs[v_3] = R_1$，得到$lvRegs[v_6] = R_1, active = \{v_5, v_6, v_4\}, freeRegs = \varnothing$。
- v_7：活跃区间起点为110，释放v_4和v_6，v_5为四元式110的左操作数且终点为110，因此v_7复用$lvRegs[v_5] = R_3$，得到$lvRegs[v_7] = R_3, active = \{v_7\}, freeRegs = \{R_1, R_2\}$。

分配物理寄存器结果如表9.17所示。

表 9.17 分配物理寄存器结果（例题 9.20）

序号	四 元 式	虚拟寄存器			物理寄存器		
		左值	左操作数	右操作数	左值	左操作数	右操作数
100	$(proc, fun, -, -)$	–	–	–	–	–	–
101	$(def, -, -, p1)$	v_1	–	–	R_1	–	–
102	$(def, -, -, p2)$	v_2	–	–	R_2	–	–
103	$(=, p1, -, a)$	v_3	v_1	–	R_1	R_1	–
104	$(=, p2, -, b)$	v_4	v_2	–	R_2	R_2	–
105	$(=, 0, -, sum)$	v_5	–	–	R_3	–	–
106	$(=, a, -, i)$	v_6	v_3	–	R_1	R_1	–
107	$(+, sum, b, sum)$	v_5	v_5	v_4	R_3	R_3	R_2
108	$(-, i, 1, i)$	v_6	v_6	–	R_1	R_1	–
109	$(j >, i, 0, 107)$	–	v_6	–	–	R_1	–
110	$(=, sum, -, p1)$	v_7	v_5	–	R_3	R_3	–
111	$(ret, p1, -, -)$	–	v_7	–	–	–	R_3
112	$(endp, fun, -, -)$	–	–	–	–	–	–

例题 9.21 寄存器分配 流图9.22(a)包含双层循环，b为形参变量，试为其分配寄存器，假设有R_1, R_2, R_3 3个物理寄存器。

解 (1) 标记形参变量后如图9.22(b)所示，计算网。

- $webs[1] = (b, \{101\}, \{112\}, v_1)$

- $webs[2] = (i, \{102, 109\}, \{105, 106, 108\}, v_2)$
- $webs[3] = (sum, \{103, 107\}, \{106, 111, 112\}, v_3)$
- $webs[4] = (a, \{104, 111\}, \{105\}, v_4)$
- $webs[5] = (\$1, \{106\}, \{107\}, v_5)$
- $webs[6] = (\$2, \{108\}, \{109\}, v_6)$

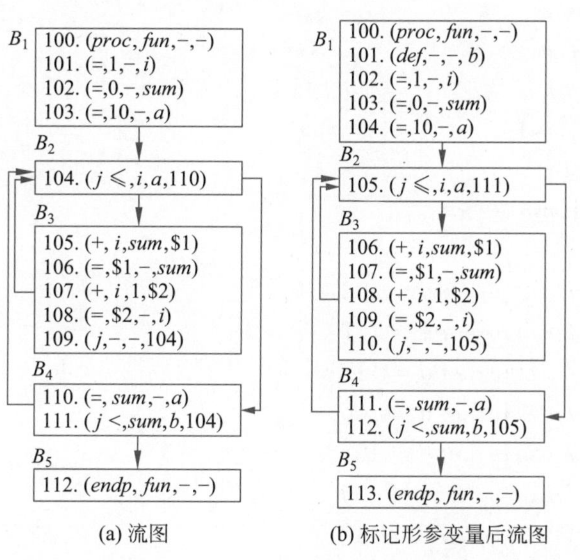

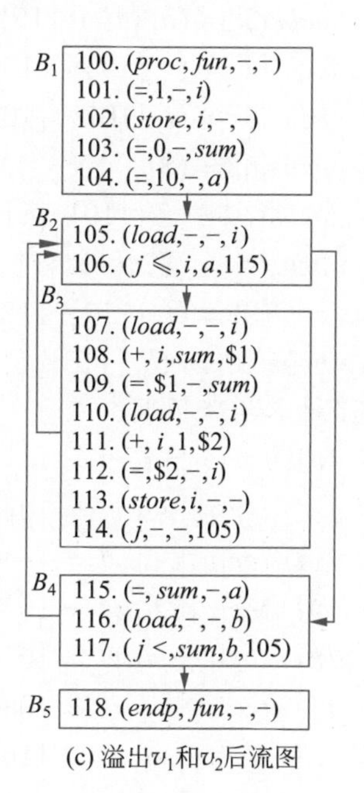

图 9.22　例题 9.21 的流图

(2) 计算活跃区间。

- $lvInter[v_1].start = 101, lvInter[v_1].end = 112$
- $lvInter[v_2].start = 102, lvInter[v_2].end = 112$
- $lvInter[v_3].start = 103, lvInter[v_3].end = 112$
- $lvInter[v_4].start = 104, lvInter[v_4].end = 112$
- $lvInter[v_5].start = 106, lvInter[v_5].end = 107$
- $lvInter[v_6].start = 108, lvInter[v_6].end = 109$

(3) 对区间起点按升序排序，分配物理寄存器如下。

- 初始化：$active = \varnothing, freeRegs = \{R_1, R_2, R_3\}$。
- v_1：活跃区间起点为 101，分配 R_1，因此 $lvRegs[v_1] = R_1, active = \{v_1\}, freeRegs = \{R_2, R_3\}$。
- v_2：活跃区间起点为 102，分配 R_2，因此 $lvRegs[v_2] = R_2, active = \{v_1, v_2\}, freeRegs = \{R_3\}$。
- v_3：活跃区间起点为 103，分配 R_3，因此 $lvRegs[v_3] = R_3, active = \{v_1, v_2, v_3\}, freeRegs = \varnothing$。
- v_4：活跃区间起点为 104，无可用寄存器，需要溢出。$active[0] = v_1$，因此溢出 b。

最后一步溢出时，$active$ 中 3 个虚拟寄存器终点是一样的，溢出哪个都有可能。

溢出 v_1 后，仍有 3 个虚拟寄存器区间终点相同，都是 112。目前只有 3 个物理寄存器，再次分配时发现仍然需要溢出一个寄存器，假设第二次溢出的是 v_2，溢出这两个寄存器后，流图如图9.22(c)所示。

(4) 计算溢出 v_1 和 v_2 后流图9.22(c)的网。

- $webs[1] = (i, \{101\}, \{102\}, v_1)$
- $webs[2] = (sum, \{103, 109\}, \{108, 115, 117\}, v_2)$
- $webs[3] = (a, \{104, 115\}, \{106\}, v_3)$
- $webs[4] = (i, \{105\}, \{106\}, v_4)$
- $webs[5] = (i, \{107\}, \{108\}, v_5)$
- $webs[6] = (\$1, \{108\}, \{109\}, v_6)$
- $webs[7] = (i, \{110\}, \{111\}, v_7)$
- $webs[8] = (\$2, \{111\}, \{112\}, v_8)$
- $webs[9] = (i, \{112\}, \{113\}, v_9)$
- $webs[10] = (b, \{116\}, \{117\}, v_{10})$

(5) 计算活跃区间。

- $lvInter[v_1].start = 101, lvInter[v_1].end = 102$
- $lvInter[v_2].start = 103, lvInter[v_2].end = 117$
- $lvInter[v_3].start = 104, lvInter[v_3].end = 117$
- $lvInter[v_4].start = 105, lvInter[v_4].end = 106$
- $lvInter[v_5].start = 107, lvInter[v_5].end = 108$
- $lvInter[v_6].start = 108, lvInter[v_6].end = 109$
- $lvInter[v_7].start = 110, lvInter[v_7].end = 111$
- $lvInter[v_8].start = 111, lvInter[v_8].end = 112$
- $lvInter[v_9].start = 112, lvInter[v_9].end = 113$
- $lvInter[v_{10}].start = 116, lvInter[v_{10}].end = 117$

(6) 对区间起点按升序排序得到图9.23，分配物理寄存器如下（低级中间代码形式略）。

- 初始化：$active = \varnothing, freeRegs = \{R_1, R_2, R_3\}$。
- v_1：活跃区间起点为101，分配 R_1，因此 $lvRegs[v_1] = R_1, active = \{v_1\}, freeRegs = \{R_2, R_3\}$。
- v_2：活跃区间起点为103。
  - 释放 v_1，因此 $active = \varnothing, freeRegs = \{R_1, R_2, R_3\}$。
  - 分配 R_1，因此 $lvRegs[v_2] = R_1, active = \{v_2\}, freeRegs = \{R_2, R_3\}$。
- v_3：活跃区间起点为104，分配 R_2，因此 $lvRegs[v_3] = R_2, active = \{v_2, v_3\}, freeRegs = \{R_3\}$。
- v_4：活跃区间起点为105，分配 R_3，因此 $lvRegs[v_4] = R_3, active = \{v_2, v_3, v_4\}$，$freeRegs = \varnothing$。
- v_5：活跃区间起点为107。
  - 释放 v_4，因此 $active = \{v_2, v_3\}, freeRegs = \{R_3\}$。
  - 分配 R_3，因此 $lvRegs[v_5] = R_3, active = \{v_2, v_3, v_5\}, freeRegs = \varnothing$。
- v_6：活跃区间起点为108，v_5 为四元式108的左操作数且终点为108，因此 v_6 复用 $lvRegs[v_5] = R_3$，得到 $lvRegs[v_6] = R_3, active = \{v_2, v_3, v_6\}, freeRegs = \varnothing$。
- v_7：活跃区间起点为110。

– 释放 v_6，因此 $active = \{v_2, v_3\}, freeRegs = \{R_3\}$。

– 分配 R_3，因此 $lvRegs[v_7] = R_3, active = \{v_2, v_3, v_7\}, freeRegs = \varnothing$。

- v_8：活跃区间起点为 111，v_7 为四元式 111 的左操作数且终点为 111，因此 v_8 复用 $lvRegs[v_7] = R_3$，得到 $lvRegs[v_8] = R_3, active = \{v_2, v_3, v_8\}, freeRegs = \varnothing$。
- v_9：活跃区间起点为 112，v_8 为四元式 112 的左操作数且终点为 112，因此 v_9 复用 $lvRegs[v_8] = R_3$，得到 $lvRegs[v_9] = R_3, active = \{v_2, v_3, v_9\}, freeRegs = \varnothing$。
- v_{10}：活跃区间起点为 116。

  – 释放 v_9，因此 $active = \{v_2, v_3\}, freeRegs = \{R_3\}$。

  – 分配 R_3，因此 $lvRegs[v_{10}] = R_3, active = \{v_2, v_3, v_{10}\}, freeRegs = \varnothing$。

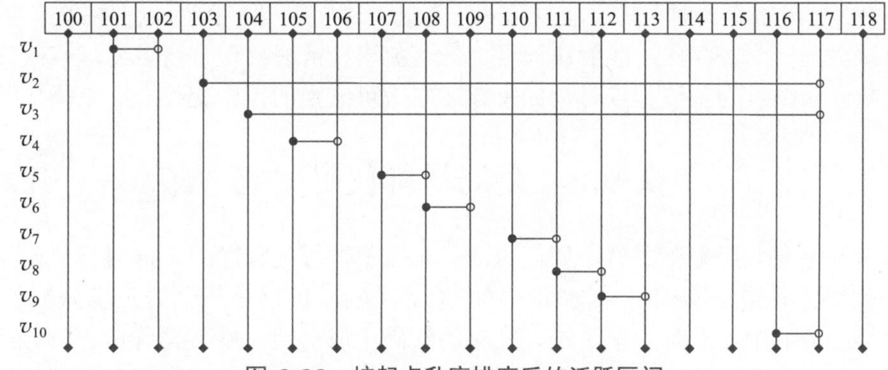

图 9.23 按起点升序排序后的活跃区间

(7) 分配物理寄存器结果如表9.18所示。

表 9.18 分配物理寄存器结果（例题 9.21）

序号	四 元 式	虚拟寄存器			物理寄存器		
		左值	左操作数	右操作数	左值	左操作数	右操作数
100	$(proc, fun, -, -)$	–	–	–	–	–	–
101	$(=, 1, -, i)$	v_1	–	–	R_1	–	–
102	$(store, i, -, -)$	–	v_1	–	–	R_1	–
103	$(=, 0, -, sum)$	v_2	–	–	R_1	–	–
104	$(=, 10, -, a)$	v_3	–	–	R_2	–	–
105	$(load, -, -, i)$	v_4	–	–	R_3	–	–
106	$(j \leqslant, i, a, 115)$	–	v_4	v_3	–	R_3	R_2
107	$(load, -, -, i)$	v_5	–	–	R_3	–	–
108	$(+, i, sum, \$1)$	v_6	v_5	v_2	R_3	R_3	R_1
109	$(=, \$1, -, sum)$	v_2	v_6	–	R_1	R_3	–
110	$(load, -, -, i)$	v_7	–	–	R_3	–	–
111	$(+, i, 1, \$2)$	v_8	v_7	–	R_3	R_3	–
112	$(=, \$2, -, i)$	v_9	v_8	–	R_3	R_3	–
113	$(store, i, -, -)$	–	v_9	–	–	R_3	–
114	$(j, -, -, 105)$	–	v_9	–	–	R_3	–

续表

序号	四 元 式	虚拟寄存器			物理寄存器		
		左值	左操作数	右操作数	左值	左操作数	右操作数
115	$(=, a, -, sum)$	v_2	v_3	–	R_1	R_2	–
116	$(load, -, -, b)$	v_{10}	–	–	R_3	–	–
117	$(j <, sum, b, 105)$	–	v_2	v_{10}	–	R_1	R_3
118	$(endp, fun, -, -)$	–	–	–	–	–	–

例题9.21中，如果图9.22(c)的四元式108不是$(+, i, sum, \$1)$，而是$(+, sum, i, \$1)$，则$v_6$（变量\$1）分配寄存器时，就不能复用v_5（变量i）的寄存器，因为v_5是右操作数。这时，就需要再次溢出一个寄存器才能解决问题。为避免这种情况出现，可以考虑修改算法9.23，当右操作数区间终点为左值起点时，如果该运算是可交换的，则交换左、右操作数。

9.8 全局目标代码生成

本节考虑全局分配寄存器后，如何生成一个完整过程的程序。全局目标代码生成实际上与简单代码生成器生成代码并没有非常本质的区别，仅仅是从全局角度分配了寄存器。但简单代码生成器中，没有一个系统、完整的代码生成框架，本节完善这一设计。

不管采用图着色还是线性扫描算法，最终都得到$lirs$这个与四元式对应的低级代码表示，使用四元式和$lirs$共同生成目标代码。

9.8.1 全局代码生成框架

为方便描述全局代码生成算法，设计算法框架如算法9.25所示。

第1~18行的循环对每个基本块遍历。第2行计算当前基本块B_i的待用信息和活跃信息，将这些信息附加到四元式。第3~8行与简单代码生成算法一样，用来在基本块第一条四元式前建立标号。如果前驱基本块中有转移到当前基本块的转移语句，或者当前基本块是最后一个基本块且程序中存在ret语句（第4行），则以第一条四元式编号前面加问号作为标号名字生成标号（第5行），然后退出这个循环（第6行）。

对基本块的每个四元式（第9行），按不同四元式类型调用相应生成四元式的代码，具体如下。

- 运算指令：包括各种一元、二元运算及赋值指令。
- 加载保存指令：包括形参标记指令、变量加载和保存指令。
- 转移指令：包括无条件转移和条件转移指令。
- 数组指令：包括数组元素引用和数组元素赋值。
- 地址指针指令：包括地址和指针的引用和定值。
- 过程指令：包括标记过程开始、结束和返回的语句。
- 过程调用指令：包括带返回值和不带返回值的过程调用。

指令之所以这样划分，仅仅是为了将指令分组，方便介绍。实际实现过程中，无须对指令分组，可以根据每个四元式种类做相应处理。

算法没有考虑浮点数的问题。如果对x86系统的CISC指令集，浮点数采用简单代码生成器的方式处理；对RISC指令集，因为浮点数也分配了相应寄存器，可以参照整型变量处理。

算法 9.25 全局代码生成框架

输入： 流图，基本块集合 $N = \{B_1, B_2, \cdots B_m\}$，基本块 B_i 的四元式序列 $q_{i1}, q_{i2}, \cdots, q_{in_i}$，低级代码表示 $lirs$，过程符号表 tbl

输出： 生成的目标代码

```
1  for i = 1 : m do
2  |  计算基本块 B_i 的待用信息和活跃信息;
3  |  foreach B_j ∈ P(B_i) do
4  |  |  if (q_{jn_j} 是转移语句 ∧ q_{jn_j}.left = q_{i1}.quad) ∨ (i = m ∧ q_{jn_j}.oprt ='ret') then
5  |  |  |  gen("?q_{i1}.quad :");
6  |  |  |  break;
7  |  |  end
8  |  end
9  |  for j = 1 : n_i do
10 |  |  if q_{ij} 为运算指令 then genOperationalInstruction(q_{ij}, lirs[q_{ij}]) ;
11 |  |  else if q_{ij} 为加载保存指令 then genLoadStoreInstruction(q_{ij}, lirs[q_{ij}]) ;
12 |  |  else if q_{ij} 为数组指令 then genArrayInstruction(q_{ij}, lirs[q_{ij}]) ;
13 |  |  else if q_{ij} 为地址指针指令 then genAddressInstruction(q_{ij}, lirs[q_{ij}]) ;
14 |  |  else if q_{ij} 为过程指令 then genProcInstruction(q_{ij}, lirs[q_{ij}], tbl,
   |  |     '?q_{m-1,1}.quad') ;
15 |  |  else if q_{ij} 为过程调用指令 then genProcCallInstruction(q_{ij}, lirs[q_{ij}], q_{i,j-1}) ;
16 |  |  else if q_{in_i} 为转移指令 then genJumpInstruction(q_{ij}, lirs[q_{ij}]) ;
17 |  end
18 end
```

9.8.2 操作数访问

现在每个变量都分配了寄存器，如果一个变量在主存中而不在寄存器中，目标代码访问这个变量就有以下两种选择。

- 直接使用这个变量的主存地址访问，也就是目标代码指令中出现主存地址的形式。这种方式对x86是适用的，但对要求操作数必须是寄存器的RISC指令集不适用。
- 生成指令将主存中的值加载到寄存器，然后通过寄存器访问。这种方式对所有指令集都适用，但如果引用某个变量的语句只有一条，先取数再计算的两条指令与直接使用内存地址计算的一条指令相比，x86损失了一个执行代价。如果有两条语句引用同一个变量，则两个方案执行代价相当；如果超过两条语句引用同一个变量，先取数后计算更优。

本书选择后一种方式。但是也应当注意，本书没有为立即数分配寄存器，因此立即数还是会出现在目标代码的指令中。如果使用除mov指令外不允许使用立即数的RISC指令集，在寄存器分配阶段就应该为每个立即数分配寄存器。

为方便操作数的访问，算法9.26提供以下两个功能函数。

- getReg(x, R)：返回变量 x 分配的寄存器 R，有如下情形。
  - 如果操作数 x 为常数，则直接返回 x。

– 如果操作数 x 在寄存器 R 中，则返回 R。
– 如果操作数 x 只在主存中，则先将 x 取到寄存器 R，再返回 R。

- getAddr(x)：获得 x 的主存地址访问形式，有如下情形。
  – 如果 x 为常数，则直接返回 x。
  – 如果 x 不是常数，则返回根据“EBP± 偏移量”形式的访问地址。

算法 9.26 获得变量访问地址

输入： 操作数 x，寄存器 R
输出： 操作数的访问形式

```
1  function getReg(x, R):
2  |  if x 为常数 then  return x ;
3  |  if R ∈ Aval(x) then
4  |  |  if R = edx:eax then  return eax ;
5  |  else
6  |  |  gen("mov R, getAddr(x)");
7  |  |  Rval(R) = {x};
8  |  |  Aval(x) = {x, R};
9  |  end
10 |  return R;
11 end getReg
12 function getAddr(x):
13 |  if x 为常数 then  return x ;
14 |  if x.category = Formal then
15 |  |  δ̂x = x.offset + 8;
16 |  |  return "[ebp+δ̂x]";
17 |  else
18 |  |  δ̂x = x.offset + x.width + 12;
19 |  |  return "[ebp−δ̂x]";
20 |  end
21 end getAddr
```

第 1~11 行为函数 getReg()。如果 x 为常数，则直接返回该常数本身（第 2 行）。如果 x 保存在寄存器 R 中（第 3 行），则先判断 R 是否为 EAX 和 EDX 的组合，如果是，不管引用还是定值只会对 EAX 操作，因此返回 EAX（第 4 行）。如果 R 不是 EAX 和 EDX 的组合，则会执行第 10 行，即返回 R。

如果 x 没有保存在寄存器 R 中（第 5 行），则生成指令将 x 加载到寄存器 R（第 6 行），其中生成指令的第 2 个操作数调用 getAddr() 取得 x 的主存访问地址。第 7 行和第 8 行分别调整寄存器描述符和地址描述符。第 10 行返回寄存器。

第 12~21 行为函数 getAddr()。如果 x 为常数，则直接返回该常数本身（第 13 行）。如果变量 x 为形参（第 14 行），其偏移量 $\hat{\delta}_x$ 要在符号表的偏移量 $x.offset$ 基础上加 8（式 (6.2)），得到主存中 x 的偏移量（第 15 行），然后返回基于 EBP 的主存地址（第 16 行）。

如果变量 x 为局部变量、临时变量或过程调用（第 17 行的 else），则在符号表偏移量基础上加上变量 x 的字宽，再加上 12（第 18 行，式 (6.4)），然后返回基于 EBP 的主存地址（第 19 行）。

9.8.3 运算指令

算法9.27为运算指令的翻译过程。

算法 9.27 运算指令翻译

输入: 四元式q，低级中间代码表示lir

输出: 目标代码

```
1  function genOperationalInstruction(q, lir):
2      opnd1 =getReg(q.opnd1, lir.omreg1);
3      opnd2 =getReg(q.opnd2, lir.omreg2);
4      if lir.lmreg = edx:eax then  R_L =eax ;
5      else  R_L = lir.lmreg ;
6      if opnd1 ≠ R_L then
7          gen("mov R_L, opnd1");
8      end
9      if q.oprt = '+' ∨ q.oprt = '−' ∨ q.oprt = '*' then
10         gen("add/sub/imul R_L, opnd2");
11     else if q.oprt = '/' then
12         if q.opnd1 或 q.opnd2 是有符号整数 then  gen("cdq") ;
13         else gen("mov edx, 0");
14         gen("div/idiv opnd2");
15     else if q.oprt = '@' then
16         gen("neg R_L");
17     end
18     setDescriptor(q.left, R_L);
19     if q.opnd1 = q.left ∧ lir.omreg1 ≠ R_L then  Rval(lir.omreg1) = ∅ ;
20     if q.opnd2 = q.left ∧ lir.omreg2 ≠ R_L then  Rval(lir.omreg2) = ∅ ;
21 end genOperationalInstruction
```

第2行和第3行分别取左操作数和右操作数寄存器，如果两个操作数不在寄存器中，则会生成加载操作数到寄存器的指令。第4~5行，如果左值寄存器为EAX和EDX的组合，则取EAX作为左值寄存器R_L；否则，把分配的寄存器作为R_L。如果左操作数寄存器与R_L不是同一个寄存器（第6行），则生成代码将左操作数加载到R_L（第7行）。

第9行为加法、减法和乘法的情形，根据运算符选择对应指令生成代码（第10行）。第11行为除法的情形。除法的寄存器是EAX和EDX的组合，第4行得到的R_L则是EAX。因此在第7行生成的代码中，被除数被写入EAX。如果是有符号除法，需要生成cdq指令进行符号扩展（第12行）；如果是无符号除法，则将EDX寄存器置0（第13行）。剩余部分与加法、减法、乘法类似，根据运算数类型选择对应指令生成代码（第14行）。第15行为负号的情形，生成取反指令即可（第16行）。

第18行调用算法9.28的setDescriptor()函数修改寄存器描述符和地址描述符，这个函数有两个参数：左值变量v_L和左值寄存器R_L。

左值$q.left$计算完成后保存在左值寄存器R_L中，因此R_L原来保存的变量都已失效，因此第2~4行将这些变量地址描述符中的寄存器移除，第5行则修改左值寄存器描述符为新计算的$q.left$，第6行修改左值$q.left$的地址描述符未R_L。

算法9.27的第19行，如果左操作数和左值是同一个变量，使用的却是不同的寄存器，那

么计算完成后 R_L 中保存的是左值和左操作数的最新值，原来左操作数寄存器 $lir.omreg1$ 中保存的左值则无效，因此置空。如果右操作数和左值是同一个变量，则同样处理（第20行）。

算法 9.28 设置寄存器描述符和地址描述符

```
   输入: 左值变量 v_L，左值寄存器 R_L
   输出: 修改后的寄存器描述符和地址描述符
1  function setDescriptor(v_L, R_L):
2      foreach x ∈ Rval(R_L) do
3          Aval(x) −= {R_L};
4      end
5      Rval(R_L) = {v_L};
6      Aval(v_L) = {R_L};
7  end setDescriptor
```

下面对复写语句的寄存器和地址描述符做一下说明。如果 q 为复写语句，即 $(=, q.opnd1, -, q.left)$，如果左值和左操作数是同一个寄存器，不需要生成任何代码；如果左值和左操作数不是同一个寄存器，则由算法9.27第7行将 $q.opnd1$ 取到寄存器 R_L。此时，应有 $Rval(R_L) = \{q.opnd1, q.left\}$，那么应有 $Aval(q.opnd1) = Aval(q.opnd1) \cup \{R_L\}, Aval(q.left) = \{R_L\}$。但考虑到全局寄存器分配会使 $q.opnd1$ 和 $q.left$ 分配各自的寄存器（寄存器可能相同，也可能不同），维护寄存器被两个变量复用的信息只能取得很小的收益，但极大增加了目标代码生成算法的复杂性。因此，本算法只认为 $q.left$ 被取到寄存器 R_L 中，即 $Rval(R_L) = \{q.left\}, Aval(q.left) = \{R_L\}$，而 $Aval(q.opnd1)$ 保持原来的值不变。

复写语句还有一种特殊形式，即 $q.opnd1$ 为过程名的情形，其语义为将过程 $q.opnd1$ 的返回值，赋值给变量 $q.left$。因为过程的返回值只能用EAX传递，因此这种情况下限定左值 $q.left$ 分配的寄存器一定是EAX。四元式中左操作数 $q.opnd1$ 的“值”，是在名为 $q.opnd1$ 过程中，过程返回时写入EAX的。因此遇到 $(=, q.opnd1, -, q.left)$ 指令时，$q.left$ 的值已经自动在寄存器EAX中，只需要修改其描述符，表示 $q.left$ 在其中即可。

9.8.4 加载保存指令

算法9.29为加载保存指令的翻译过程。

算法 9.29 加载保存指令翻译

```
    输入: 四元式 q，低级中间代码表示 lir
    输出: 目标代码
1   function genLoadStoreInstruction(q, lir):
2       if q.oprt = 'load' ∨ q.oprt = 'def' then
3           gen("mov lir.lmreg, getAddr(q.left)");
4           setDescriptor(q.left, lir.lmreg);
5           Aval(q.left) ∪= {q.left};
6       else if q.oprt = 'store' then
7           gen("mov getAddr(q.opnd1), lir.omreg1");
8           setDescriptor(q.opnd1, lir.omreg1);
9           Aval(q.opnd1) ∪= {q.opnd1};
10      end
11  end genLoadStoreInstruction
```

加载指令$load$和形参定值指令def（第2行），它们都是将主存的变量值加载到寄存器。先生成代码将变量加载到左值寄存器（第3行），然后修改寄存器描述符和地址描述符（第4行）。对这两个指令，左值原来就在主存中，因此要将左值加入地址描述符（第5行）。

存储指令$store$（第6行），先生成代码将寄存器值保存到变量地址（第7行），再修改寄存器和地址描述符（第8行）。注意setDescriptor()函数的参数，$store$指令的左操作数相当于一般指令的左值，因此传入的参数是左操作数和左操作数寄存器。保存变量后，变量的值也在主存中，因此要将左操作数加入地址描述符（第9行）。

遇到加载指令$load$，不能根据寄存器和地址描述符判断变量是否保存在寄存器，而是直接从主存加载变量。图9.24是一个if语句的流图，变量a被溢出。基本块B_1、B_2、B_3中的变量a可能分配不同物理寄存器，也可能分配同一个物理寄存器。假设B_2和B_3的变量a分配了同一个寄存器R，而B_1分配了另外一个不同的寄存器。翻译的顺序是翻译完B_2，接着翻译B_3，B_2翻译完成有$Rval(R) = \{a\}, Aval(a) = \{a, R\}$。翻译$B_3$的$q_4'$时，如果认为$a$在寄存器而直接取寄存器值，运行时有可能执行完$B_1$，接着执行$B_3$，引用了一个错误的值。

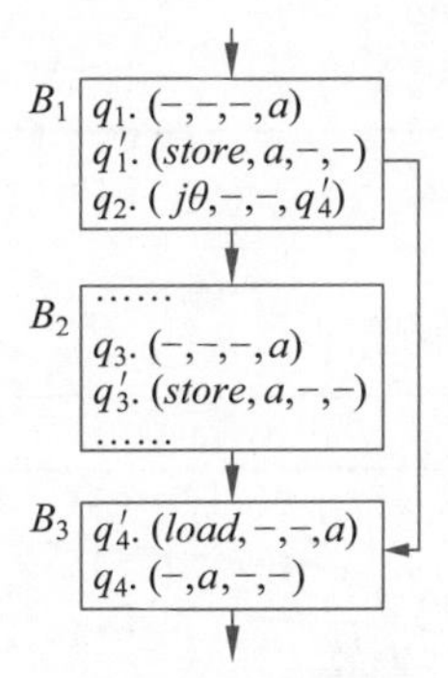

图 9.24 if语句中的加载保存指令

但是从主存取值总是正确的。如果程序做了未初始化变量检测，在加载a的所有路径上，都会有a的定值，从而将a通过store指令写入主存。因此，引用a前从主存加载a总是正确的，也就是$load$指令总是从主存直接加载变量值。

9.8.5 数组指令

算法9.30为数组指令的翻译过程。

第2、3行分别取左操作数和右操作数的寄存器。

第4~7行为数组元素赋值给单值变量的情况，即$q.left = q.opnd1[q.opnd2]$。第5行将左操作数取到左值分配的寄存器，第6行加上右操作数，得到$q.opnd1[q.opnd2]$的地址。第7行从这个地址取到数据，存入左值寄存器。这里左值和左值地址使用同一个寄存器，即生成的指令为“mov $R, [R]$”的形式，这在x86中是允许的。如果汇编指令不允许使用同一个寄存器，则可以修改为使用左操作数对应的寄存器计算地址。

第8~12行为单值变量赋值给数组元素的情况，即$q.left[q.opnd1] = q.opnd2$。第9行获得左值分配的寄存器，此时左值已经加载到了寄存器中。第10行加上左操作数，得到$q.left[q.opnd1]$的地址。第11行将左值寄存器中的数据作为地址，将右操作数存储到这个地址中。

最后，第13行修改寄存器描述符和地址描述符。

算法 9.30 数组指令翻译

```
    输入: 四元式q，低级中间代码表示lir
    输出: 目标代码
 1 function genArrayInstruction(q, lir):
 2     opnd1 =getReg(q.opnd1, lir.omreg1);
 3     opnd2 =getReg(q.opnd2, lir.omreg2);
 4     if q.oprt = '= []' then
 5         gen("mov lir.lmreg, opnd1");
 6         gen("add lir.lmreg, opnd2");
 7         gen("mov lir.lmreg, [lir.lmreg]");
 8     else if q.oprt = '[] =' then
 9         getReg(q.left, lir.lmreg);
10         gen("add lir.lmreg, opnd1");
11         gen("mov [lir.lmreg], opnd2");
12     end
13     setDescriptor(q.left, lir.lmreg);
14 end genArrayInstruction
```

9.8.6 地址指针指令

算法9.31为地址指针指令的翻译过程。

算法 9.31 地址指针指令翻译

```
    输入: 四元式q，低级中间代码表示lir
    输出: 目标代码
 1 function genAddressInstruction(q, lir):
 2     if q.oprt = '&' then
 3         gen("lea lir.lmreg, getAddr(q.opnd1)");
 4     else
 5         getReg(q.opnd1, lir.omreg1);
 6         if q.oprt = '= *' then
 7             gen("mov lir.lmreg, [lir.omreg1]");
 8         else if q.oprt = '* =' then
 9             getReg(q.left, lir.lmreg);
10             gen("mov [lir.lmreg], lir.omreg1");
11         end
12     end
13     setDescriptor(q.left, lir.lmreg);
14 end genAddressInstruction
```

第2、3行为取地址的操作，即$q.left = \&q.opnd1$，这里左值$q.left$保存的是一个地址，将左操作数的地址作为值存入$q.left$。调用getAddr($q.opnd1$)函数得到左操作数地址，存入左值寄存器即可（第3行）。

第4~12行处理指针操作。第5行通过调用getReg()函数将左操作数取到寄存器。第6~7行处理将一个指针赋值给左值的操作，即$q.left = *q.opnd1$。第7行将左操作寄存器作为一个地址，从这个地址取值，存入$q.left$分配的左值寄存器。第8~11行处理将左操作数赋值给一个指针的操作，即 $*q.left = q.opnd1$。第9行通过调用 getReg() 函数将左值取到寄存器，第10行将左值寄存器作为地址，把左操作数写入。

最后，第13行修改寄存器描述符和地址描述符。

9.8.7 转移指令

算法9.32为转移指令的翻译过程。

算法 9.32 转移指令翻译

```
   输入: 四元式q，低级中间代码表示lir
   输出: 目标代码
1  function genJumpInstruction(q, lir):
2      if q.oprt = 'j' then
3          gen("jmp ?q.left");
4      else
5          opnd1 =getReg(q.opnd1, lir.omreg1);
6          if q.oprt = 'jθ' then
7              opnd2 =getReg(q.opnd2, lir.omreg2);
8              gen("cmp opnd1, opnd2");
9              gen("jθ ?q.left");
10         else if q.oprt = 'jnz' then
11             gen("cmp opnd1, 0");
12             gen("jnz ?q.left");
13         end
14     end
15 end genJumpInstruction
```

第2、3行为无条件转移指令，直接生成转移到标号“$?q.left$”的代码。

第4~14行为条件转移指令。第5行将左操作数加载到其寄存器。第6~9行处理形如 $(j\theta, q.opnd1, q.opnd2, q.left)$ 的条件转移语句，先将右操作数加载到寄存器（第7行），然后生成cmp指令（第8行）和转移指令代码（第9行），其中指令 $j\theta$ 根据 θ 查表1.4得到。

第10~13行处理形如 $(jnz, q.opnd1, -, q.left)$ 的条件转移语句。该指令只有一个操作数 $q.opnd1$，等价于这个操作数与0比较。第11行生成cmp指令时，该操作数与常数0比较，最后生成jnz指令（第12行）。

9.8.8 过程指令

算法9.33为过程指令的翻译过程。

第2~10行生成过程定义指令，它需要生成一系列固定的操作，按时间序包括以下指令。

(1) 生成过程定义的开始语句：function_name proc。

(2) 压入动态链EBP，对应指令为：push ebp。

(3) EBP指向当前ESP位置，对应指令为：mov ebp, esp。

(4) 保护3个寄存器：EBX、ESI、EDI。

(5) 为局部变量和临时变量申请空间，假设其总空间为 $width$，则对应指令为：sub esp, $width$。

算法 9.33 过程指令翻译

输入: 四元式 q，低级中间代码表示 lir，四元式所属过程符号表 tbl，最后一个基本块的标号 $endpLabel$

输出: 目标代码

```
1  function genProcInstruction(q, lir, tbl, endpLabel):
2      if q.oprt = 'proc' then
3          gen("q.opnd1 proc");
4          gen("push ebp");
5          gen("mov ebp, esp");
6          gen("push ebx");
7          gen("push esi");
8          gen("push edi");
9          width = tbl.procWidth;
10         gen("sub esp, width");
11     else if q.oprt = 'ret' then
12         if q.opnd1 ≠ null then
13             opnd1 =getReg(q.opnd1, lir.omreg1);
14             if opnd1 ≠ eax then  gen("mov eax, opnd1") ;
15         end
16         gen("jmp endpLabel");
17     else if q.oprt = 'endp' then
18         width = tbl.procWidth;
19         gen("add esp, width");
20         gen("pop edi");
21         gen("pop esi");
22         gen("pop ebx");
23         gen("pop ebp");
24         if std call then
25             width = tbl.formalWidth;
26             gen("ret width");
27         else if cdecl then
28             gen("ret");
29         end
30         gen("q.opnd1 endp");
31     end
32 end genProcInstruction
```

第 11~16 行为 ret 四元式的翻译。首先再次明确返回指令在不同层次语言的不同之处。

- 高级语言中，return x 表示变量 x 是过程（函数）的返回值。
- 中间语言中，$(ret, x, -, -)$ 与高级语言的 return x 等价。
- 目标语言中，ret imm32 的 imm32 必须是立即数（整型常数），等价于 add esp, imm32 以及 pop eip 两条指令的组合，用于清理栈帧并返回调用函数。

当 ret 四元式的左操作数存在时（第 12 行），将其加载到寄存器（第 13 行），如果这个寄存器不是存放返回值的寄存器 EAX，则取到 EAX（第 14 行）。最后生成无条件转移语句，转移到$endp$所在基本块（第16行），这个基本块中只有$endp$这一条语句。

第17~31行为$endp$四元式的翻译，该指令按时间序需要进行以下操作。

(1) 清理临时变量和局部变量空间，对应第18、19行。

(2) 恢复保护的寄存器，对应第20~23行。

(3) 如果采用std call，使用目标语言的ret指令恢复形参空间，对应第24~26行；如果采用C call，则指生成ret指令不恢复形参空间，对应第27~29行。

(4) 生成endp指令，对应第30行。

9.8.9 过程调用指令

算法9.34为过程调用指令的翻译过程。

算法 9.34 过程调用指令翻译

输入: 四元式q，低级中间代码表示lir，四元式q的前一条四元式$qpre$

输出: 目标代码

```
1  function genProcCallInstruction(q, lir, pre):
2      if qpre = null ∨ qpre.oprt ≠ 'param' then
3          gen("push ecx");
4          gen("push edx");
5      end
6      if q.oprt = 'param' then
7          gen("push getReg(q.opnd1, lir.omreg1)");
8      else if q.oprt = 'call' then
9          gen("call q.opnd1");
10         gen("pop edx");
11         gen("pop ecx");
12     end
13 end genProcCallInstruction
```

第2~5行生成调用方保护寄存器的指令。第2行的判断条件，没有前一条语句，或者前一条语句不是$param$四元式，那么当前语句q有以下两种情况。

- 是param指令序列的第1条param指令。
- 是call指令调用一个过程，而被调用的这个过程没有参数。

这两种情况都应先保护寄存器。第3、4行分别生成保护ECX和EDX的指令。这里没有将EAX压栈，是因为EAX有可能作为过程返回值，如果调用完过程再执行“pop eax”会将返回值覆盖。

第6、7行为形参，只需要生成指令压入栈中即可。

第8~12行为过程调用。先生成调用过程的指令（第9行），然后生成指令恢复EDX和ECX寄存器（第10、11行）。如果调用的过程没有返回值，则EAX不需要处理。如果调用的过程有返回值，在中间代码生成时会在$call$语句后生成一个定值语句$(=, id.name, -, \$1)$，其中$id.name$就是$call$语句的$q.opnd1$，\$1是一个临时变量。翻译$(=, x, -, \$1)$时，根据算法9.27，若$x$是过程名，会置$Rval(eax) = \{\$1\}, Aval(\$1) = \{eax\}$，这样就将临时变量\$1与寄存器EAX关联。

9.8.10 代码生成示例

例题 9.22 图着色例题的目标代码生成 对例题9.18的结果，假设寄存器 R_1、R_2、R_3 分别对应EAX、EBX、EDX，函数fun的符号表如表9.19所示，参数传递规范采用std call，生成目标代码。

表 9.19 函数fun的符号表

名 字	类 别	类 型	大 小	偏 移 量
b	formal	integer	4	0
i	variable	integer	4	0
sum	variable	integer	4	4
a	variable	integer	4	8

解 生成的目标代码如下所示，具体过程如下。

- 基本块 B_1
  - 不需要建立标号。
  - 四元式100.$(proc, func, -, -)$，对应目标代码1～7。
  - 四元式101.$(=, 1, -, i)$，对应目标代码8：$Rval(eax) = \{i\}, Aval(i) = \{eax\}$。
  - 四元式102.$(=, 0, -, sum)$，对应目标代码9：$Rval(ebx) = \{sum\}, Aval(sum) = \{ebx\}$。
  - 四元式103.$(=, 10, -, a)$，对应目标代码10：$Rval(edx) = \{a\}, Aval(a) = \{edx\}$。
  - 四元式104.$(store, a, -, -)$,对应目标代码11:$Rval(edx)=\{a\}, Aval(a)=\{edx, a\}$。
- 基本块 B_2
  - 建立标号语句12。
  - 四元式105.$(load, -, -, a)$,对应目标代码13:$Rval(edx)=\{a\}, Aval(a)=\{edx, a\}$。
  - 四元式106.$(j \leqslant, i, a, 110)$，对应目标代码14～15。
- 基本块 B_3
  - 不需要建立标号语句。
  - 四元式107.$(+, sum, i, sum)$,对应目标代码16:$Rval(ebx) = \{sum\}, Aval(sum) = \{ebx\}$。
  - 四元式108.$(+, i, 1, i)$，对应目标代码17：$Rval(eax) = \{i\}, Aval(i) = \{eax\}$。
  - 四元式109.$(j, -, -, 105)$，对应目标代码18。
- 基本块 B_4
  - 建立标号语句19。
  - 四元式110.$(=, sum, -, a)$,对应目标代码20:$Rval(edx) = \{a\}, Aval(a) = \{edx\}$。
  - 四元式111.$(store, a, -, -)$,对应目标代码21:$Rval(edx)=\{a\}, Aval(a)=\{edx, a\}$。
  - 四元式112.$(load, -, -, b)$,对应目标代码22:$Rval(edx) = \{b\}, Aval(b) = \{edx, b\}$。
  - 四元式113.$(j <, sum, b, 105)$，对应目标代码23～24。
- 基本块 B_5
  - 建立标号语句25。
  - 四元式114.$(endp, fun, -, -)$，对应目标代码26～32。

生成的目标代码如下所示。

```
1. fun proc        9. mov ebx, 0            17. add eax, 1            25. ?114:
2. push ebp        10. mov edx, 10          18. jmp ?105              26. add esp, 12
3. mov ebp, esp    11. mov [ebp − 24], edx  19. ?110:                 27. pop edi
4. push ebx        12. ?105:                20. mov edx, ebx          28. pop esi
5. push esi        13. mov edx, [ebp − 24]  21. mov [ebp − 24], edx   29. pop ebx
6. push edi        14. cmp eax, edx         22. mov edx, [ebp + 8]    30. pop ebp
7. sub ebp, 12     15. jle ?110             23. cmp ebx, edx          31. ret 4
8. mov eax, 1      16. add ebx, eax         24. jl ?105               32. fun endp
```

例题 9.23 线性扫描例题的目标代码生成 对例题9.20的结果，假设寄存器R_1、R_2、R_3分别对应EAX、EBX、EDX，函数fun的符号表如表9.20所示，参数传递规范采用C call，生成目标代码。

表 9.20 函数 fun 的符号表

名 字	类 别	类 型	大 小	偏 移 量
p1	formal	integer	4	0
p2	formal	integer	4	4
a	variable	integer	4	0
b	variable	integer	4	4
sum	variable	integer	4	8
i	variable	integer	4	12

解 生成的目标代码如下所示，具体过程如下。

- 基本块B_1
  - 不需要建立标号语句。
  - 四元式100.$(proc, func, -, -)$，对应目标代码1~7。
  - 四元式101.$(def, -, -, p1)$,对应目标代码8:$Rval(eax) = \{p1\}, Aval(p1) = \{eax, p1\}$。
  - 四元式102.$(def, -, -, p2)$,对应目标代码9:$Rval(ebx) = \{p2\}, Aval(p2) = \{ebx, p2\}$。
  - 四元式103.$(=, p1, -, a)$，不生成代码：$Rval(eax) = \{a\}, Aval(a) = \{eax\}, Aval(p1) = \{p1\}$。
  - 四元式104.$(=, p2, -, b)$，不生成代码：$Rval(ebx) = \{b\}, Aval(b) = \{ebx\}, Aval(p2) = \{p2\}$。
  - 四元式105.$(=, 0, -, sum)$,对应目标代码10: $Rval(edx) = \{sum\}, Aval(sum) = \{edx\}$。
  - 四元式106.$(=, a, -, i)$,不生成代码:$Rval(eax) = \{i\}, Aval(i) = \{eax\}, Aval(a) = \varnothing$。
- 基本块B_2
  - 建立标号语句11。

  - 四元式107.$(+, sum, b, sum)$,对应目标代码12:$Rval(edx) = \{sum\}, Aval(sum) = \{edx\}$。
  - 四元式108.$(-, i, 1, i)$，对应目标代码13：$Rval(eax) = \{i\}, Aval(i) = \{eax\}$。
  - 四元式109.$(j >, i, 0, 107)$，对应目标代码14、15。
- 基本块B_3
  - 不需要建立标号语句。
  - 四元式110.$(=, sum, -, p1)$，不生成代码：$Rval(edx) = \{p1\}, Aval(p1) = \{edx\}$, $Aval(sum) = \varnothing$。
  - 四元式111.$(ret, p1, -, -)$，对应目标代码16、17。
- 基本块B_4
  - 建立标号语句18。
  - 四元式112.$(endp, fun, -, -)$，对应目标代码19~25。

生成的目标代码如下。

```
1. fun proc
2. push ebp
3. mov ebp, esp
4. push ebx
5. push esi
6. push edi
7. sub ebp, 16
8. mov eax,[ebp + 8]
9. mov ebx,[ebp + 12]
10. mov edx, 0
11. ?107:
12. mov edx, ebx
13. sub eax, 1
14. cmp eax, 0
15. jg ?107
16. mov eax, edx
17. jmp ?112
18. ?112:
19. add esp, 16
20. pop edi
21. pop esi
22. pop ebx
23. pop ebp
24. ret
25. fun endp
```

例题9.24线性扫描例题的目标代码生成 对例题9.21的结果，假设寄存器R_1、R_2、R_3分别对应EAX、EBX、EDX，函数fun的符号表如表9.21所示，参数传递规范采用std call，生成目标代码。

表 9.21 函数fun的符号表

名 字	类 别	类 型	大 小	偏 移 量
b	formal	integer	4	0
a	variable	integer	4	0
i	variable	integer	4	4
sum	variable	integer	4	8
$1	localvar	integer	4	−1
$2	localvar	integer	4	−1

解 生成的目标代码如下所示，具体过程如下。

- 基本块B_1
  - 不需要建立标号语句。
  - 四元式100.$(proc, func, -, -)$，对应目标代码1~7。
  - 四元式101.$(=, 1, -, i)$，对应目标代码8：$Rval(eax) = \{i\}, Aval(i) = \{eax\}$。
  - 四元式102.$(store, i, -, -)$,对应目标代码9:$Rval(eax) = \{i\}, Aval(i) = \{eax, i\}$。
  - 四元式103.$(=, 0, -, sum)$,对应目标代码10:$Rval(eax) = \{sum\}, Aval(sum) = \{eax\}, Aval(i) = \{i\}$。

  - 四元式104.$(=,10,-,a)$，对应目标代码11：$Rval(ebx)=\{a\},Aval(a)=\{ebx\}$。
- 基本块B_2
  - 建立标号语句12。
  - 四元式105.$(load,-,-,i)$，对应目标代码13：$Rval(edx)=\{i\},Aval(i)=\{edx\}$。
  - 四元式106.$(j\leqslant,i,a,115)$，对应目标代码14、15。
- 基本块B_3
  - 不需要建立标号语句。
  - 四元式107.$(load,-,-,i)$，对应目标代码16：$Rval(edx)=\{i\},Aval(i)=\{edx\}$。
  - 四元式108.$(+,i,sum,\$1)$，对应目标代码17：$Rval(edx)=\{\$1\},Aval(\$1)=\{edx\},Aval(i)=\varnothing$。
  - 四元式109.$(=,\$1,-,sum)$，对应目标代码18：$Rval(eax)=\{sum\},Aval(sum)=\{eax\}$。
  - 四元式110.$(load,-,-,i)$，对应目标代码19：$Rval(edx)=\{i\},Aval(i)=\{edx\}$，$Aval(\$1)=\varnothing$。
  - 四元式111.$(+,i,1,\$2)$，对应目标代码20：$Rval(edx)=\{\$2\},Aval(\$2)=\{edx\}$，$Aval(i)=\varnothing$。
  - 四元式112.$(=,\$2,-,i)$，不生成代码：$Rval(edx)=\{i\},Aval(i)=\{edx\},Aval(\$2)=\varnothing$。
  - 四元式113.$(store,i,-,-)$，对应目标代码21：$Rval(edx)=\{i\},Aval(i)=\{edx,i\}$。
  - 四元式114.$(j,-,-,105)$，对应目标代码22。
- 基本块B_4
  - 建立标号语句23。
  - 四元式115.$(=,a,-,sum)$，对应目标代码24：$Rval(eax)=\{sum\},Aval(sum)=\{eax\}$。
  - 四元式116.$(load,-,-,b)$，对应目标代码25：$Rval(edx)=\{b\},Aval(b)=\{edx\}$，$Aval(i)=\{i\}$。
  - 四元式117.$(j<,sum,b,105)$，对应目标代码26、27。
- 基本块B_5
  - 不需要建立标号语句。
  - 四元式118.$(endp,fun,-,-)$，对应目标代码28~34。

生成的目标代码如下。

```
1. fun proc
2. push ebp
3. mov ebp, esp
4. push ebx
5. push esi
6. push edi
7. sub ebp, 12
8. mov eax, 1
9. mov [ebp - 20], eax
10. mov eax, 0
11. mov ebx, 10
12. ?105:
13. mov edx, [ebp - 20]
14. cmp edx, ebx
15. jle ?115
16. mov edx, [ebp - 20]
17. add edx, eax
18. mov eax, edx
19. mov edx, [ebp - 20]
20. add edx, 1
21. mov [ebp - 20], edx
22. jmp ?105
23. ?115:
24. mov eax, ebx
25. mov edx, [ebp + 8]
26. cmp eax, edx
27. jl ?105
```

28. add esp, 12
29. pop edi
30. pop esi
31. pop ebx
32. pop ebp
33. ret
34. fun endp

9.9 窥孔优化

窥孔优化（Peephole Optimization）可以用于优化生成的中间代码或目标代码。该优化方法通过查看连续或不连续的一小段代码，识别某种模式并提供更高效的代码替代方案，这个小代码段称为窥孔。

窥孔优化的原理非常简单，但却很有效。优化后产生的结果可能会给后面的优化提供进一步的机会，为最大优化效果，有时需对目标代码进行若干遍处理。

9.9.1 目标代码表示

本节用t表示一条目标代码，用$t.next$表示代码t的下一条代码。每条代码有以下3个分量。

- $inst$：表示指令，如mov、add、label、jl、jmp、jnz等，有时候也用jθ表示所有关系运算的条件转移。
- $dest$：表示目的操作数。
- src：表示源操作数。

例如，目标代码t为mov ebx, [ebp−28]，则$t.inst = mov, t.dest = ebx, t.src = [ebp - 28]$。

几个特殊指令约定如下。

- 单操作数指令，如指令t为inc eax，规定操作数为目的操作数，即$t.dest = eax$。
- 转移指令，如指令t为jg ?107，规定操作数为源操作数，即$t.src =$?107。
- 标号指令，如指令t为“?107:”，规定$t.inst = label, t.src =$?107。

9.9.2 简单窥孔优化模式

1. 冗余存取

第1条代码t为“mov x, R”，它将寄存器R的内容保存到变量x的地址；紧接着，第2条代码$t.next$为“mov R, x”，它又从内存取出加载到寄存器。如果这两行代码在同一个基本块，则第2条代码可以直接删除。

如果第2条代码前为标号，则可能由其他基本块转移而来，这样第2条代码就不能删除。由于目标代码生成器中将标号也看作一个语句，因此只要前述两条代码是前后相连的，那么第2条代码就可以删除。这种模式每次检测两行代码，这两行代码就组成一个窥孔。

2. 强度削弱

如果乘以或者除以2的整数次幂，则可以转换为移位运算。如“mul $R, 2$”可以替换为“shl $R, 1$”，“mul $R, 8$”可以替换为“shl $R, 3$”等。这里的一个窥孔只有一行代码。

3. 删除无用操作

例如，“add/sub $R, 0$”，或者“mul/div $R, 1$”这样的指令，执行前后寄存器R中的值并不会发生变化，可以直接删除。这里的一个窥孔也只有一行代码。

4. 恒真转移

有时候条件转移语句的条件在编译时就能确定是恒真的，这种情况可以直接替换为无条件转移语句。如$(j <, a, b, q)$，编译时能确定a和b都是常数，分别为1和10，那么$a < b$恒成立，可以将条件转移语句替换为$(j, -, -, q)$，这样可以节省两个数值比较的cmp语句。这类语句一般在中间代码DAG优化时就被处理。

9.9.3 真、假出口转移合并

在翻译分支语句和循环语句时，一般真、假出口转移语句连接在一起，如图9.25(a)中的四元式100和四元式101分别为真、假出口，而且两个代码连接在一起。当$a < b$成立时，执行标号L_1处代码；当$a < b$不成立，即$a \geqslant b$时，则执行L_2处代码。这里为展示清晰，图中采用了中间代码和目标代码的混合程序，实际设计算法时，要么采用中间代码形式，要么采用目标代码形式，不能混用。

当真、假出口转移语句连接在一起时，可以将$j\theta$中的θ操作取反，转移目标变换为无条件转移语句的目标，并删除无条件转移语句，合并成一行代码。如图9.25(b)的四元式100所示，图9.25(a)中四元式100的$j <$替换成$j \geqslant$，转移目标替换为L_2，原无条件转移语句101被删除。这样，当$a \geqslant b$时，则执行L_2处代码；否则，自动滑下执行L_1处代码，与图9.25(a)是等价的。

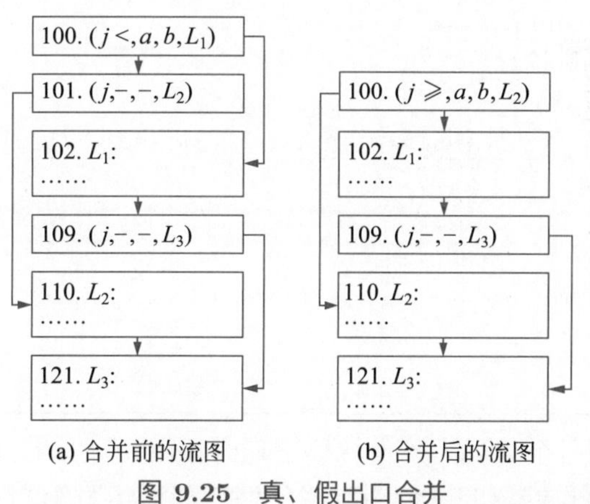

图 9.25 真、假出口合并

记关系运算θ的反操作为$\overline{\theta}$，则转换关系如式(9.9)所示。那么当遇到连续的$(j\theta, a, b, L_1)$和$(j, -, -, L_2)$两条指令，且紧跟在无条件转移后面的是标号定义语句L_1:时，就可以将两条转移指令合并为$(j\overline{\theta}, a, b, L_2)$一条指令。

$$\overline{\theta} = \begin{cases} `<\text{'}, & \theta = `\geqslant\text{'} \\ `\leqslant\text{'}, & \theta = `>\text{'} \\ `=\text{'}, & \theta = `\neq\text{'} \\ `\neq\text{'}, & \theta = `=\text{'} \\ `>\text{'}, & \theta = `\leqslant\text{'} \\ `\geqslant\text{'}, & \theta = `<\text{'} \end{cases} \tag{9.9}$$

四元式$(jnz, a, -, L)$翻译为cmp $a, 0$和jnz L两条指令，而jnz等价于jne，因此$(jnz, a, -, L)$相当于$(j \neq, a, 0, L)$。那么当遇到连续的$(jnz, a, -, L_1)$和$(j, -, -, L_2)$两条指令，且

后面是标号定义语句L_1:时，就可以合并为$(j=,a,0,L_2)$一条指令。

这种合并操作很简单，但没有把它放入简单窥孔模式部分，是因为后续有一个很关键的操作：检查有没有转移到标号L_1的转移语句，如果没有，就把标号“L_1:”删除。删除标号是为了给后续优化提供机会。

算法9.35为真、假出口转移合并的目标代码形式，当然也可以写成中间代码形式，放到中间代码优化部分执行。

算法 9.35 真、假出口转移合并

```
    输入：当前代码 t 为条件转移语句，目标代码第一条语句 t1
    输出：优化后的代码
 1  function mergeTrueFalseJump(t, t1):
 2  |  tn = t.next; tnn = tn.next;
 3  |  if tn.inst ≠ jmp then  return ;
 4  |  if tnn.inst ≠ label ∨ tnn.src ≠ t.src then return;
 5  |  if t.inst = jθ then  t.inst = j θ̄ ;
 6  |  else if t.inst = jnz then  t.inst = je ;
 7  |  t.src = tn.src;
 8  |  删除 t.next;
 9  |  removeLabel(tnn, t1);
10  end mergeTrueFalseJump
11  function removeLabel(t, t1):
12  |  while t1 ≠ null do
13  |  |  if (t1.inst = jθ ∨ t1.inst = jmp ∨ t1.inst = jnz) ∧ t1.src = t.src then
14  |  |  |  return;
15  |  |  end
16  |  |  t1 = t1.next;
17  |  end
18  |  删除 t;
19  end removeLabel
```

该算法是当检测到一个代码为条件转移语句时调用，输入是当前代码t，以及整个目标代码的第一条语句$t1$。我们忽略了遍历查找条件转移语句t的过程，这样设计是为了最后将该算法合并到一个窥孔优化的大框架下。

第2行取得t的下一条语句，记作tn；再取得tn的下一条语句，记作tnn。算法第3、4行匹配可合并的真假出口转移模式。如果t的下一条指令，也就是tn不是无条件转移指令，则直接返回，算法结束（第3行）。因此第3行确定t为条件转移，tn为无条件转移。再往后一条语句，也就是tnn应为一个标号语句，且标号为t的转移目标，如果不是，应当结束算法（第4行）。

如果到第4行算法仍未返回，则成功匹配了一个可合并的窥孔模式，从第5行开始为优化过程。当条件转移语句t指令为$j\theta$时，指令取反为$j\bar{\theta}$（第5行）；当条件转移语句t指令为jnz时，指令取反为je（第6行）。然后将条件转移语句t的转移目标更换为无条件转移语句tn的转移目标（第7行）。第8行删除无条件转移语句$t.next$，也就是tn，至此，语句合并结束。在第8行删除$t.next$后，再访问$t.next$，$t.next$变为跟在原无条件转移语句后的标号语句，也就是记录在tnn中的语句。第9行调用removeLabel()函数，试图删除标号语句。

第11~19行为试图删除标号语句的函数removeLabel()，输入为要删除的标号语句t和目标代码第一条语句$t1$。从第一条语句开始遍历所有目标语句（第12行的while），如果某个语句为转移语句，且转移目标为t的标号（第13行），则标号不能删除，算法结束（第14行）。如果不是，则取下一条语句继续测试（第16行）。如果最后没有找到转移目标为t的语句，则会执行到第18行，删除t即可。

如果目标代码生成中保持了基本块和流图的拓扑信息，removeLabel()函数的while循环中，就无须遍历所有语句，只遍历基本块最后一条语句即可。

9.9.4 不可达代码删除

无条件转移指令后的无标号指令，是程序执行无法到达的，称为**不可达代码**，应当删除。经过真、假出口转移合并以及恒真转移的优化后，会产生不可达代码。

在调试（debug）程序时，经常需要打印一些程序执行的信息，称为调试信息，供调试时判断程序是否正确或找出可能出错的地点。如代码9.4所示的C语言程序，会定义一个名字为debug的宏，调试状态将其定义为1（true）。打印调试信息的语句包含在if（debug）中，当调试完成发行（Release）程序时，将debug定义改为0，这样调试信息就不会打印出来。这里一个问题是，如果不手工删除这些打印调试信息的语句，会不会影响程序性能？

代码 9.4 打印调试信息C程序

```
1    #define debug 1
2    ...
3    if (debug) {
4       打印调试信息;
5    }
```

代码9.4的if语句翻译为中间代码，如图9.26(a)所示。注意C语言编译时，会把宏定义替换为常量。即四元式100的$(jnz, debug, -, L_1)$，当调试时，debug被定义为1，该句应为$(jnz, 1, -, L_1)$；当发行时，debug被定义为0，该句应为$(jnz, 0, -, L_1)$。

四元式$(jnz, debug, -, L_1)$相当于$(j \neq, debug, 0, L_1)$，四元式100、101进行真、假出口转移合并，会得到图9.26(b)。注意标号L_1，如果没有其他转移指令转移到L_1，则该标号被删除。

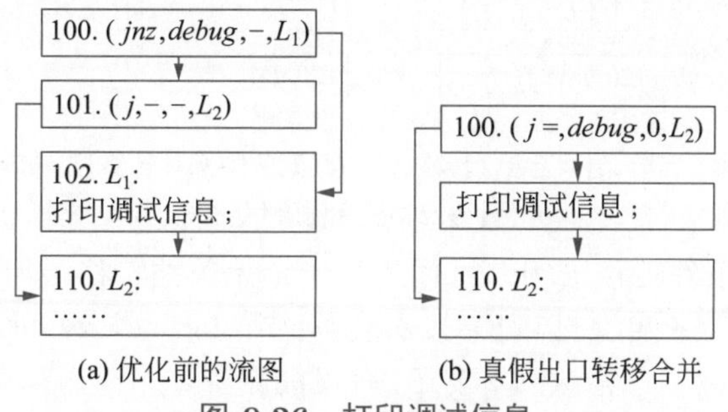

(a) 优化前的流图　　(b) 真假出口转移合并

图 9.26 打印调试信息

由于程序发行时debug被改为常数0，因此四元式100就相当于$(j =, 0, 0, L_2)$，这是个恒真转移，可以直接优化为无条件转移$(j, -, -, L_2)$。那么无条件转移下面没有标号的代码，即“打印调试信息;”的代码就可以删除。由此可知，这些包含在if (debug)中的代码，无须手工删除，窥孔优化会自动删除这些代码（程序调试时不优化，发行时优化），不会影响发行程序的性能。

算法9.36为删除不可达代码的过程。该算法从无条件转移语句的下一条语句开始，遇到语句就删除，直至遇到标号语句为止。

算法 9.36 删除不可达代码

输入： 当前代码t为无条件转移语句

输出： 优化后的代码

```
1  function removeUnreachableInstructions(t):
2  |  t = t.next;
3  |  while t ≠ null do
4  |  |  tn = t.next;
5  |  |  if t.inst = label then
6  |  |  |  return;
7  |  |  else
8  |  |  |  删除 t;
9  |  |  |  t = tn;
10 |  |  end
11 |  end
12 end removeUnreachableInstructions
```

第2行取语句t的下一条语句作为新的t，第3行判断当t非空时循环。循环中先用tn记录t的下一条语句（第4行），如果t是标号语句，则返回（第5、6行），算法结束。如果不是标号语句（第7行），则删除当前语句t（第8行），然后将tn作为t进行下一次迭代（第9行）。

9.9.5 控制流优化

下面展示几个控制流语句优化的示例，如图9.27所示。

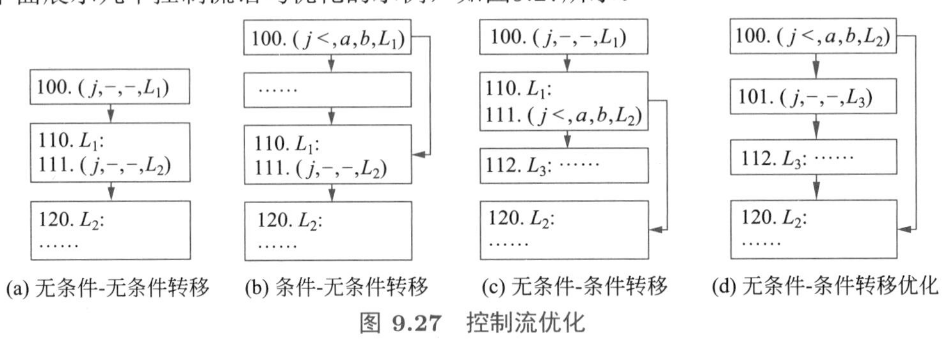

图 9.27 控制流优化

图9.27(a)中，无条件转移语句的目标是另一个无条件转移语句，即四元式100转移到L_1，而L_1的第1条语句（四元式111）接着转移到第L_2。那么四元式100可以直接转移到L_2，即修改为$(j,-,-,L_2)$，修改后标号L_1有可能删除。

图9.27(b)中，条件转移的目标是另一个无条件转移语句，即四元式100转移到L_1，而L_1的第1条语句（四元式111）接着转移到第L_2。那么四元式100可以直接转移到L_2，即修改为$(j<,a,b,L_2)$，修改后标号L_1有可能删除。

图9.27(c)中，无条件转移的目标是另一个条件转移语句，这个逻辑略微复杂。考察四元式111，当$a<b$成立时，转移到L_2；不成立时，则滑下来执行L_3。四元式100无条件转

移到 L_1，因此它也是与四元式111同样的执行逻辑。优化后如图9.27(d)所示，把图9.27(c)中的四元式100和四元式111替换为图9.27(d)的四元式100和四元式101；如果没有语句转移到标号，则图9.27(c)中的标号四元式110可以删除。优化后图9.27(c)和图9.27(d)指令条数相同，但后者可能跳过无条件转移语句，而前者总要执行无条件转移语句。

但是图9.27(c)的窥孔模式比较苛刻，要求标号 L_1 后只有一个条件转移指令，而四元式111的条件转移指令后必须紧接一个标号，这里的标号是 L_3。经过真、假出口转移合并，大部分情况下标号 L_3 并不存在，使得这种优化还需要再插入标号 L_3，处理起来比较复杂。

控制流优化可以减少连续转移，对现代计算机体系结构的优化效果非常明显。因为现代计算机体系结构指令流水线的存在，可以一边执行指令，一边并行按顺序取指令，事实上相当于取指令耗费的时间被节省。如果遇到转移指令，会导致之前取的指令无用，需要从转移目标重新取指令。因此减少转移指令，特别是连续转移指令，会得到一个很好的优化效果。

算法9.37给出了图9.27(a)和图9.27(b)的优化过程。关于图9.27(c)，请感兴趣的读者自行设计算法。

算法 9.37 合并连续转移指令

输入： 当前代码 t 为转移指令，目标代码第一条指令 $t1$

输出： 优化后的代码

```
1  function optimizeControlFlow(t, t1):
2  |  if t.inst = jmp ∨ t.inst = jθ ∨ t.inst = jnz then
3  |  |  lbl =findLabel(t.src, t1);
4  |  |  lbln = lbl.next;
5  |  |  if lbln.inst = jmp then
6  |  |  |  t.src = lbln.src;
7  |  |  |  removeLabel(lbl, t1);
8  |  |  end
9  |  end
10 end optimizeControlFlow
11 inst* findLabel(lblName, t1):
12 |  while t1 ≠ null do
13 |  |  if t1.inst = label ∧ t1.src = lblName then
14 |  |  |  return t1;
15 |  |  end
16 |  |  t1 = t1.next;
17 |  end
18 |  return null;
19 end findLabel
```

算法9.37在当前代码 t 为转移指令时被调用。如果 t 为转移语句（第2行），则调用findLabel()函数找到其转移目标对应的标号语句 lbl（第3行），其下一个语句记作 $lbln$（第4行）。如果 $lbln$ 是无条件转移（第5行），则将 t 的转移目标修改为 $lbln$ 的转移目标（第6行），然后试图删除标号语句 lbl（第7行）。

第11~19行为findLabel()函数，输入包括标签名字 $lblName$，以及目标代码第一条指令 $t1$。第12~17行遍历所有指令，如果找到标号语句且标号名称为 $lblName$，则返回该指令。

9.9.6 窥孔优化框架

下面给出窥孔优化算法框架，如算法9.38所示。

算法 9.38 窥孔优化框架

输入：目标代码第一条指令 $t1$

输出：优化后的代码

```
1  t = t1;
2  while t ≠ null do
3      tn = t.next;
4      if t.inst = mov then
5          if t.next.inst = mov ∧ t.dest = t.next.src ∧ t.src = t.next.dest then
6              删除 t.next; tn = t.next;
7          end
8      else if t.inst = mul then
9          if t.src = 1 then
10             删除 t;
11         else if t.src 为立即数 ∧(∃n ∈ ℕ ∧ t.src = 2^n) then
12             t.inst = shl, t.src = n;
13         end
14     else if t.inst = div then
15         if t.src = 1 then
16             删除 t;
17         else if t.src 为立即数 ∧(∃n ∈ ℕ ∧ t.src = 2^n) then
18             t.inst = shr, t.src = n;
19         end
20     else if (t.inst = add ∨ t.inst = sub) ∧ t.src = 0 then
21         删除 t;
22     else if (t.inst = cmp ∧ t.dest θ t.src) ∧ (t.next.inst = jθ ∨ t.next.inst = jnz)
        then
23         t.next.inst = jmp;
24         删除 t;
25     else if t.inst = jθ ∨ t.inst = jnz then
26         optimizeControlFlow(t, t1);
27         mergeTrueFalseJump(t, t1);
28     else if t.inst = jmp then
29         optimizeControlFlow(t, t1);
30         removeUnreachableInstructions(t, t1);
31     end
32     t = tn;
33 end
```

算法第1行将 t 初始化为第一条语句 $t1$。第2~33行的外层while循环遍历目标代码，第3行用 tn 记录 t 的下一条语句，第32行将记录的 tn 赋值给 t，完成所有目标代码的遍历。

第4~7行为冗余存取的情况。如果当前指令为mov指令（第4行），则判断下一行指令。如果下一行指令也是mov指令，且两条指令的源操作数和目的操作数互换（第5行），则删除后面一条指令（第6行）。由于t的下一条指令被删除，因此tn需要重新取t的下一条指令。

第8~13行为对乘法的优化。如果乘法的源操作数为1（第9行），即mul R, 1，则删除该指令（第10行）。如果源操作数为一个不是1的立即数，且可以写成2^n形式，这里n是一个正整数（第11行），则修改为左移操作（第12行）。

第14~19行为对除法的优化。如果除法的源操作数为1（第15行），即div R, 1，则删除该指令（第16行）。如果源操作数为一个不是1的立即数，且可以写成2^n形式，这里n是一个正整数（第17行），则修改为右移操作（第18行）。

第20行为加减0的操作，直接删除该指令（第21行）。

第22~24行为恒真转移。当t为比较语句cmp，且条件恒真，并且下一条语句为条件转移（第22行），则把下一条语句改为无条件转移（第23行），且删除当前指令（第24行）。

第25行为条件转移，对这种情况，进行控制流优化和合并真假出口转移的优化。第28行为无条件转移，进行控制流优化和删除不可达代码的优化。

应当注意，对于窥孔优化，多执行几次，会找到更多的优化机会。

第9章 目标代码生成 内容小结

- 目标代码生成的三大基本问题是：指令选择、指令调度和寄存器分配。
- 简单代码生成器在基本块范围生成目标代码，采用贪心算法分配寄存器。
- 通过DAG可以调整基本块内代码执行顺序，计算完左子树后紧跟着计算父结点，能更高效利用寄存器。
- 固定几个寄存器的分配给循环中的变量单独使用，可以使循环效率更高。
- 图着色是一类较完善的全局寄存器分配策略，线性扫描则通过牺牲一定的运行效率获得更快的寄存器分配结果。
- 窥孔优化通过查看连续或不连续的一小段代码实现目标代码优化，简单却有效。

第 9 章 习题

第9章 习题

请扫描二维码查看第9章习题。

面向对象语言的翻译

请扫描二维码查看附录 A。

附录 A

参考资料